MARZIA RE FRASCHINI - GABRIELLA GRAZZI

i principi della matematica

volume 3

ISBN 978-88-268-1711-8

Edizione

5	6	7	8	9	10
		2015	2016		

Direzione Editoriale: Roberto Invernici
Redazione: Domenico Gesmundo, Mario Scalvini
Progetto grafico: Ufficio Tecnico Atlas
Fotocomposizione, impaginazione e disegni: GIERRE, Bergamo
Copertina: Vavassori & Vavassori
Stampa: L.E.G.O. S.p.A. - Vicenza

Certi Car Graf
Certificazione
Cartaria, Cartotecnica, Grafica

La casa editrice ATLAS opera con il Sistema Qualità conforme alla nuova norma UNI EN ISO 9001: 2008 certificato da CISQ CERTICARGRAF.

© 2012 by ISTITUTO ITALIANO EDIZIONI ATLAS
24123 Bergamo - Via Crescenzi, 88 - Tel. (035) 249711 - Fax (035) 216047 - www.edatlas.it

Atlas

Presentazione

Nuove Indicazioni Nazionali e Matematica digitale

La scuola italiana è giunta ad un appuntamento storico, perché la didattica delle varie discipline, e della Matematica in particolare, deve integrare e coniugare contemporaneamente sia le **moderne tecnologie di insegnamento** legate agli strumenti digitali sia le nuove **Indicazioni Nazionali** che scandiscono i contenuti e gli argomenti di matematica del Secondo Biennio e del Quinto anno comuni a molti percorsi liceali. In tale contesto di novità, obiettivo fondamentale per Docenti e studenti è quindi quello di poter rispondere adeguatamente a queste nuove esigenze, sfruttando anche l'efficacia didattica di strumenti digitali e multimediali.

In questa prospettiva *Principi della Matematica* si propone come **opera mista multimediale e digitale** declinata secondo i seguenti strumenti.

1. Materiali a stampa

L'opera si struttura in tre volumi-base, uno per ogni anno del Secondo Biennio e uno per il Quinto anno, così articolati:

classe 3: Algebra, Geometria, Geometria Analitica, Goniometria e trigonometria, Vettori

classe 4: Geometria nello spazio, Funzioni esponenziali e logaritmiche, Goniometria e trigonometria, Statistica, Probabilità

classe 5: Analisi, Geometria analitica nello spazio, Probabilità

Ciascun volume è organizzato in **aree tematiche**, ognuna composta da più capitoli che trattano temi affini. Nell'occhiello di ciascuna area sono messe in evidenza le **competenze** che vengono attivate e acquisite e in ogni capitolo vengono poi declinati gli obiettivi specifici.

Impostazione e caratteristiche didattiche

Tutti gli argomenti vengono proposti con grande rigore, ma allo stesso tempo con una grande chiarezza di linguaggio e senza mai dare nulla per scontato.

Ogni capitolo si apre con la rubrica **Matematica, realtà e storia** per togliere ogni carattere di astrattezza al sapere matematico, mostrare la sua piena aderenza alla vita quotidiana e inserire il tema trattato nel contesto storico del suo sviluppo. In questo ambito, viene posto un **problema reale**, la cui risoluzione potrà avvenire dopo aver studiato i contenuti del capitolo stesso; la **soluzione** verrà indicata nell'ultima pagina prima della rubrica **I concetti e le regole**.

L'esposizione e la spiegazione della teoria, poi, viene costantemente supportata da numerosi **Esempi svolti**; lo studente, inoltre, è spesso chiamato a verificare le conoscenze man mano acquisite attraverso semplici esercizi e quesiti della rubrica **Verifica di comprensione**.

Significativa è poi la già citata scheda di sintesi della teoria **I concetti e le regole**, che si trova al termine di ogni capitolo, che ha il duplice scopo di fissare i contenuti più importanti e di servire come ripasso rapido.

In ogni volume si trova una sezione dedicata ai moduli **CLIL** (*Content and Language Integrated Learning*) nella quale vengono proposti numerosi esercizi in lingua inglese, mentre lezioni complete sono disponibili on line.

Grande varietà e quantità di esercizi

Ad ogni capitolo di teoria corrisponde un capitolo di esercizi; un primo blocco, in **due tipologie, segue l'ordine dei paragrafi** e propone:

- esercizi di **comprensione**, spesso in forma di test per verificare le conoscenze teoriche senza le quali ogni applicazione è impossibile;
- esercizi di **applicazione**, sotto forma di esercizi e problemi da svolgere, per sviluppare capacità logico-deduttive, acquisire nuove abilità di calcolo, sviluppare abilità nella scelta delle procedure più adatte a risolvere un problema.

A queste due serie di esercizi, per ogni capitolo, ne seguono altre con specifici obiettivi di sintesi:

- un gruppo di esercizi per la **valutazione delle competenze** acquisite;
- **due schede di autovalutazione**: una per l'accertamento delle conoscenze e una per l'accertamento delle abilità; queste schede possono essere usate dallo studente per testare il proprio livello di apprendimento e per la preparazione delle verifiche sommative, dal docente come verifiche formative.

2. E-book: la versione digitale

I tre volumi base Principi della Matematica 3 - 4 - 5 sono disponibili anche in versione interamente digitale, scaricabile da piattaforma dedicata.

3. Materiali on line

La versione a stampa si completa con un ricco repertorio di materiali disponibili sul sito della casa editrice all'indirizzo http://libreriaweb.edatlas.it . In particolare:

a. **laboratorio di Informatica applicata alla Matematica** che presenta esercitazioni con Derive, Wiris, Excel, Geogebra e Cabri;

b. **lezioni in lingua inglese** su vari argomenti del testo base complete di **esercizi**;

c. ulteriori **esercizi di Analisi**, data l'importanza che questo ramo della matematica ha nel permettere di acquisire una sintesi e una visione d'insieme dell'intero percorso matematico;

d. le **attività per il recupero** complete di **schede di autovalutazione** organizzate per aree, come strumento didattico essenziale per la gestione dei debiti;

e. gli **esercizi delle Gare di Matematica**, per il livello di approfondimento e di eccellenza, e per confrontarsi con gli standard di preparazione richiesti per le gare nazionali e internazionali;

f. ulteriori **schede storiche, schede di approfondimento** e di **curiosità**.

4. Per il Docente: Guida didattica e Materiali multimediali e interattivi per la LIM

A disposizione del Docente ci sono innanzitutto i **Materiali didattici per l'Insegnante**, disponibili a stampa e in formato **pdf** nell'area riservata dal sito della Casa Editrice, a cui i Docenti possono accedere con password a richiesta.

Oltre alla guida didattica i Docenti possono disporre di **materiali multimediali e interattivi** contenuti in una **pen drive USB**:

a. un **software** per la **compilazione delle verifiche**;

b. per ciascun capitolo di ogni volume del corso:

- **presentazioni in Powerpoint** che illustrano i contenuti fondamentali di ogni argomento e che possono essere utilizzate con la **LIM** per lezioni multimediali;
- un ulteriore repertorio di **esercizi interattivi** che possono essere assegnati agli studenti come autoverifiche.

L'Editore

Tema 1

Online
Sul sito www.edatlas.it trovi...

- Il laboratorio di informatica
- La scheda storica e le curiosità matematiche
- Attività di recupero

Online
Sul sito www.edatlas.it trovi...

- Il laboratorio di informatica
- La scheda storica e le curiosità matematiche
- Attività di recupero

Online
Sul sito www.edatlas.it trovi...

- Il laboratorio di informatica
- La scheda storica e le curiosità matematiche
- Attività di recupero

Online
Sul sito www.edatlas.it *trovi...*

- Il laboratorio di informatica
- La scheda storica e le curiosità matematiche
- Attività di recupero

Online
Sul sito www.edatlas.it *trovi...*

- Il laboratorio di informatica
- La scheda storica e le curiosità matematiche
- Attività di recupero

Tema 3

Online
Sul sito www.edatlas.it trovi...

- Il laboratorio di informatica
- La scheda storica e le curiosità matematiche
- Attività di recupero

Online
Sul sito www.edatlas.it trovi...

- Il laboratorio di informatica
- La scheda storica e le curiosità matematiche
- Attività di recupero

Online
Sul sito www.edatlas.it trovi...

- Il laboratorio di informatica
- La scheda storica e le curiosità matematiche
- Attività di recupero

Tema 4

Online
Sul sito www.edatlas.it *trovi...*

- Il laboratorio di informatica
- La scheda storica e le curiosità matematiche
- Attività di recupero

Online
Sul sito www.edatlas.it *trovi...*

- Il laboratorio di informatica
- La scheda storica e le curiosità matematiche
- Attività di recupero

Tema 1

Algebra

Competenze

- comprendere quali sono i problemi che la matematica può modellizzare
- saper costruire e interpretare modelli algebrici al fine di rappresentare situazioni problematiche
- essere capaci di usare modelli matematici per esporre analisi di situazioni reali
- saper leggere ed interpretare correttamente un grafico
- esporre con linguaggio appropriato le proprie conclusioni

CAPITOLO 1

La fattorizzazione dei polinomi e la divisione tra polinomi

Obiettivi

- scomporre un polinomio mediante:
  - raccoglimenti a fattor comune
  - riconoscimenti di prodotti notevoli
  - la regola del trinomio caratteristico
- eseguire la divisione tra polinomi e applicarla per eseguire scomposizioni mediante:
  - l'individuazione dei divisori col teorema di Ruffini
  - la regola della somma e della differenza di potenze di uguale esponente
- calcolare *M.C.D.* e *m.c.m.* fra due o più polinomi

MATEMATICA, REALTÀ E STORIA

- Calcolare $\dfrac{7}{18} + \dfrac{1}{45} - \dfrac{23}{30}$.

- Trovare dopo quanto tempo si apriranno nuovamente insieme le tre cassaforti temporizzate di una banca se la prima si apre ogni 2 ore, la seconda ogni 45 minuti, la terza ogni 3 ore.

- Saper dire se 1560809250 è divisibile per 3239775 senza eseguire la divisione.

- Sapere come distribuire in cassette tutte uguali preconfezionate il raccolto di 360kg di melanzane, 756kg di pomodori e 126kg di zucchine.

Questi problemi, tutti diversi tra loro, hanno qualcosa in comune: in ognuno di essi si deve ricorrere alla scomposizione in fattori primi.

Saper scomporre un numero in fattori primi è molto importante e poiché spesso i numeri sono rappresentati da lettere, diventa importante anche saper scomporre i polinomi.

In questo capitolo ci occuperemo in modo completo di questo argomento che già abbiamo iniziato a vedere, seppure in modo molto parziale e solo per alcuni casi particolari, al primo anno di corso.

Il problema da risolvere

In un film di avventura l'eroe di turno, per liberare l'amata dalle grinfie del solito cattivo, deve trovare il luogo dove si narra che sia nascosto il tesoro degli Urveli, antica popolazione che la leggenda dice costruisse città d'oro.

Dopo aver affrontato mille pericoli, raggiunge infine il luogo segreto e si trova davanti a una porta di pietra che si potrà aprire solo dando la risposta esatta ad un quesito matematico; dare una risposta sbagliata gli costerà, ahimè, la vita. Il quesito recita così.

Tre fieri leoni sono i custodi del tesoro e possiedono le tre chiavi d'accesso; il primo si sveglia ogni n ore, controlla la sua chiave e poi si riaddormenta, il secondo si sveglia ogni n + 1 ore e il terzo ogni n − 1 ore; n ore fa tutti e tre erano svegli e tu, cavaliere solitario hai perso un'occasione per impadronirti delle tre chiavi. Ma non temere, non dovrai aspettare più di tre giorni; bada però di essere presente al prossimo risveglio comune o morirai.

Se tu fossi il nostro eroe, dopo quanto tempo ti faresti trovare sul posto?

1. CHE COS'È LA FATTORIZZAZIONE

Fattorizzare un numero intero significa scriverlo come prodotto di altri numeri interi non ulteriormente scomponibili; per esempio, se consideriamo il numero 540:

$540 = 12 \cdot 3 \cdot 15$ non è una scomposizione in fattori primi perché 12 e 15 sono ulteriomente scomponibili

$540 = 2^2 \cdot 3^3 \cdot 5$ è una scomposizione in fattori primi

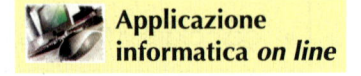
Applicazione informatica *on line*

Una definizione analoga può essere data per i polinomi.

> **Fattorizzare** o **scomporre un polinomio** significa vederlo come prodotto di due o più polinomi; se poi ciascun polinomio di tale prodotto non è ulteriormente fattorizzabile, allora la scomposizione è in fattori primi.

Per esempio:

- poiché sappiamo che $(1 - x)(1 + x) = 1 - x^2$

  allora una scomposizione del binomio $1 - x^2$ è $(1 - x)(1 + x)$

- poiché sappiamo che $(2x - 1)(x + 2) = 2x^2 + 3x - 2$

  allora una scomposizione del trinomio $2x^2 + 3x - 2$ è $(2x - 1)(x + 2)$

Polinomi come $1 - x^2$ e $2x^2 + 3x - 2$ si dicono riducibili.
Ci sono invece altri polinomi che non si possono scomporre, come per esempio $x^2 + 1$ (vedremo perché verso la fine del capitolo).
Questi polinomi si dicono irriducibili.

POLINOMI RIDUCIBILI E IRRIDUCIBILI

> Un polinomio è **riducibile** se è possibile scomporlo nel prodotto di altri polinomi, tutti di grado inferiore a quello dato. Si dice **irriducibile** in caso contrario.

Le regole per eseguire la scomposizione di un polinomio non sono del tutto nuove perché si tratta, nella maggior parte dei casi, di leggere da destra verso sinistra le regole già note sul prodotto di polinomi e sui prodotti notevoli.

2. IL RACCOGLIMENTO A FATTOR COMUNE

Gli esercizi di questo paragrafo sono a pag. 265

2.1 Il raccoglimento totale

Consideriamo l'espressione: $15 - 123 + 36 - 12$

Poiché tutti i termini hanno come fattore comune il numero 3, che è anche il *M.C.D.* tra tutti gli addendi, la possiamo riscrivere mettendo in evidenza questo fattore:

$$15 - 123 + 36 - 12 = 3 \cdot (5 - 41 + 12 - 4)$$

In sostanza i termini all'interno della parentesi sono il quoziente della divisione dei vari termini per il fattore comune 3.

La stessa procedura può essere eseguita su un polinomio se tutti i suoi termini hanno un divisore comune.

Per esempio, i termini del polinomio: $4xy - 2x^2 + 6xy^2$

hanno come fattore comune il monomio $2x$ che può essere messo in evidenza in questo modo:

$$2x \cdot \left(\underbrace{2y}_{4xy:2x} - \underbrace{x}_{2x^2:2x} + \underbrace{3y^2}_{6xy^2:2x} \right)$$

2x è il M.C.D. tra i monomi

$$4xy \qquad 2x^2 \qquad 6xy^2$$

Diamo allora la regola di raccoglimento.

LA REGOLA

> Dato un polinomio P:
> - si individua il *M.C.D.* fra i monomi di P; esso, a meno di un coefficiente numerico che a volte può essere utile raccogliere, rappresenta il fattore comune da mettere in evidenza
> - si scrive P come prodotto del fattore comune individuato per il polinomio che si ottiene dividendo ciascuno dei monomi di P per tale fattore.

Per esempio:

- $2ay^2 - 3by^2 + 5cy^2 = y^2(2a - 3b + 5c)$

- $7ax^3 - 14axy + 21a^2x^2 = 7ax(x^2 - 2y + 3ax)$

- $\dfrac{1}{2}ab^2 - \dfrac{1}{4}a^2b^2 - \dfrac{1}{2}ab = \dfrac{1}{2}ab\left(b - \dfrac{1}{2}ab - 1\right)$

Un raccoglimento di questo genere si può fare anche quando il fattore comune, anziché essere un monomio, è un polinomio.

Per esempio:

- $5x(x - 3) + 4(x - 3)$

  si può raccogliere il binomio $(x - 3)$ tenendo presente che dalla divisione di ciascun addendo per $x - 3$ otteniamo:

  $$5x(x - 3) : (x - 3) = 5x \qquad\qquad 4(x - 3) : (x - 3) = 4$$

  Quindi $5x(x - 3) + 4(x - 3) = (x - 3)(5x + 4)$

- $(a-1)^2 - 3a(a-1)$

  si può raccogliere il binomio $(a-1)$ tenendo presente che dalla divisione di ciascun addendo per $a-1$ otteniamo:

  $(a-1)^2 : (a-1) = (a-1)$ $\qquad -3a(a-1) : (a-1) = -3a$

  Quindi $\quad (a-1)^2 - 3a(a-1) = (a-1)[(a-1) - 3a] = (a-1)(-2a-1)$

Dopo un raccoglimento totale a fattor comune il numero di termini che si trovano all'interno della parentesi deve essere uguale al numero dei termini del polinomio.

E' sbagliato scrivere: $\underbrace{2ax - 3bx + x}_{\text{tre termini}} = x\left(\underbrace{2a - 3b}_{\text{due termini}}\right)$

E' corretto scrivere: $\underbrace{2ax - 3bx + x}_{\text{tre termini}} = x\left(\underbrace{2a - 3b + 1}_{\text{tre termini}}\right)$

2.2 Il raccoglimento parziale

In molti polinomi non esiste un fattore comune a tutti i termini da poter raccogliere; capita invece di frequente che ci siano dei fattori comuni solo a qualche termine, come nel seguente caso:

$$2ay + 2by + ax + bx$$

i primi due termini hanno in comune il fattore $2y$, i secondi due hanno in comune il fattore x

Possiamo allora eseguire dei raccoglimenti parziali mettendo in evidenza questi fattori comuni parziali:

$$2y(a+b) + x(a+b)$$

Quella che abbiamo ottenuto **non è ancora una scomposizione** del polinomio di partenza perché abbiamo un'addizione, ma ci siamo messi nelle condizioni di poter effettuare un raccoglimento totale visto che $(a+b)$ può essere considerato un fattore comune ai due addendi; eseguendo il raccoglimento otteniamo:

$$(a+b)(2y+x)$$

che questa volta è una scomposizione del polinomio in quanto prodotto di due binomi.

Questo procedimento di **raccoglimento parziale a fattor comune** è quindi utile tutte le volte che rende possibile un successivo raccoglimento totale; non serve invece se non si riesce a mettere in evidenza un fattore comune.
Per esempio:

- $\underbrace{3x - 6y}_{} + \underbrace{x^2 - 2xy}_{}$

  Raccogliamo 3 fra i primi due monomi e x fra i secondi due:
  $3(x - 2y) + x(x - 2y)$

  Il raccoglimento è stato utile perché abbiamo trovato un fattore comune (è il binomio $(x - 2y)$); la scomposizione del polinomio dato è quindi
  $(x - 2y)(3 + x)$

- $3x - 2xy + 3ax - 2a$

Raccogliamo x fra i primi due termini e a fra i secondi due:

$x(3 - 2y) + a(3x - 2)$

Questa volta il raccoglimento, anche se eseguito correttamente, non è di nessuna utilità perché non ha messo in evidenza un fattore comune e per scomporre il polinomio, sempre che sia possibile, occorre procedere per altra via.

ESEMPI

1. $x(a + b) - 2a(a + b) + 3y(a + b)$

Il fattore comune è $(a + b)$, quindi: $x(a + b) - 2a(a + b) + 3y(a + b) = (a + b)(x - 2a + 3y)$

2. $6a^2(a - 1) - 3a(a - 1) + ax(1 - a)$

Tra i primi due addendi uno dei fattori comuni è $(a - 1)$, ma nel terzo troviamo $(1 - a)$; conviene allora raccogliere dapprima il segno "−" nell'ultima parentesi:

$6a^2(a - 1) - 3a(a - 1) - ax(a - 1)$

Il fattore comune è $a(a - 1)$, raccogliendo otteniamo: $a(a - 1)(6a - 3 - x)$

3. $bx + xy - 2ay - 2ab$

Il raccoglimento parziale può essere fatto in diversi modi; per evidenziare i termini fra i quali eseguiamo il raccoglimento, li sottolineiamo allo stesso modo:

Prima possibilità: $bx + xy - 2ay - 2ab = x(b + y) - 2a(y + b) = (b + y)(x - 2a)$

Seconda possibilità: $bx + xy - 2ay - 2ab = b(x - 2a) + y(x - 2a) = (x - 2a)(b + y)$

4. $2x^2 - 6ax + 2x + bx - 3ab + b$

Il polinomio ha sei termini, quindi, in vista di un successivo raccoglimento totale, possiamo raccogliere i suoi monomi in gruppi di due oppure in gruppi di tre.

In gruppi di due monomi: $2x^2 - 6ax + 2x + bx - 3ab + b = 2x(x - 3a) + x(b + 2) - b(3a - 1)$

Questo raccoglimento non porta però a nulla di utile.

In gruppi di tre monomi:

$2x^2 - 6ax + 2x + bx - 3ab + b = 2x(x - 3a + 1) + b(x - 3a + 1) = (x - 3a + 1)(2x + b)$

Questo esempio ci fa riflettere sul fatto che, a volte e non sempre, se raccogliere in un certo modo non porta a nulla di utile, un raccoglimento di tipo diverso può risolvere il problema.

5. In molti casi si deve usare una combinazione di raccoglimento totale e parziale; osserva questo esempio:

$$2x^2y + 4xy^2 + 2mxy + 4my^2$$

Possiamo mettere in evidenza il fattore $2y$ per tutto il polinomio: $2y(x^2 + 2xy + mx + 2my)$

Raccogliamo adesso x fra i primi due termini all'interno della parentesi, e m fra i secondi due:

$$2y[x(x + 2y) + m(x + 2y)]$$

Raccogliamo ora di nuovo a fattor comune totale all'interno delle parentesi quadre: $2y[(x + 2y)(x + m)]$

In definitiva la scomposizione del polinomio è $2y(x + 2y)(x + m)$

in cui abbiamo eliminato le parentesi quadre perché superflue.

Gli esempi precedenti ci consentono di fare alcune considerazioni sulle modalità di raccoglimento a fattor comune totale o parziale.

■ Innanzi tutto occorre verificare se esiste la possibilità di un raccoglimento totale.

■ Se non vi è tale possibilità, o se il polinomio ottenuto dopo il raccoglimento lo permette, bisogna raccogliere parzialmente per gruppi di monomi di uguale numerosità: a due a due, a tre a tre e così via.

In genere è sconsigliabile, salvo casi particolari che avremo modo di vedere in seguito, raccogliere un fattore fra gruppi di monomi di diversa numerosità, per esempio un gruppo di tre monomi e un gruppo di due, perché così facendo non è più possibile eseguire raccoglimenti totali successivi. Per esempio, se per scomporre il polinomio $ax^2 + 2ax + 2bx^2 + 4bx + 3a + 6b$ raccogliamo x fra i primi quattro monomi e 3 fra gli ultimi due otteniamo

$$ax^2 + 2ax + 2bx^2 + 4bx + 3a + 6b = x(ax + 2a + 2bx + 4b) + 3(a + 2b)$$

che non consente di eseguire un raccoglimento totale.

Invece raccogliendo a gruppi di tre nel modo indicato otteniamo

$$ax^2 + 2ax + 3a + 2bx^2 + 4bx + 6b = a(x^2 + 2x + 3) + 2b(x^2 + 2x + 3) = (x^2 + 2x + 3)(a + 2b)$$

■ La scelta dei termini fra cui raccogliere a fattor comune parziale non segue regole precise se non quella di cercare di arrivare alla possibilità di un successivo raccoglimento totale; sarà l'esperienza man mano maturata a guidarti nelle scelte.

■ Come abbiamo visto nell'esempio numero 4, può capitare che un raccoglimento parziale fatto in un certo modo non porti a poter concludere la scomposizione; prima di abbandonare questo metodo conviene tuttavia provare ad eseguire raccoglimenti in un altro modo.

VERIFICA DI COMPRENSIONE

1. Dato il polinomio $ax^3 + 3a^2x^2 - 4a^2x^4$ il più grande fattore che si può raccogliere è:

   a. ax **b.** a^2x^2 **c.** ax^2 **d.** a^2x^4

2. Per eseguire la scomposizione del polinomio $2x^2 - xy - 2x + y$ conviene come prima cosa:

   a. raccogliere a fattor comune x fra i primi tre termini;

   b. eseguire un raccoglimento parziale del fattore x fra i primi due termini e del fattore -1 fra i secondi due;

   c. eseguire un raccoglimento parziale del fattore $2x$ fra il primo e il terzo termine e del fattore y fra il secondo e il quarto;

   d. eseguire un raccoglimento parziale del fattore $2x$ fra il primo e il terzo termine e del fattore $-y$ fra il secondo e il quarto.

   Quali sono le procedure utili?

3. Scomponendo il polinomio $ax^2 - 2ay^2 - 3bx^2 + 6by^2$ mediante raccoglimento parziale e poi totale si ottiene:

   a. $(x^2 - 2y^2)(a + 3b)$ **b.** $(x^2 + 2y^2)(a - 3b)$

   c. $(x^2 - 2y^2)(a - 3b)$ **d.** $(x^2 + 2y^2)(a + 3b)$

3. IL RICONOSCIMENTO DI PRODOTTI NOTEVOLI

Gli esercizi di questo paragrafo sono a pag. 269

Tutte le regole che abbiamo imparato sui prodotti notevoli possono anche essere lette da destra verso sinistra per individuare i polinomi da cui provengono tali espressioni e rendere quindi possibile la loro scomposizione. Rivediamoli uno per uno.

Il quadrato di un binomio

Ricordiamo le regole:

$$a^2 + 2ab + b^2 = (a + b)^2$$
$$a^2 - 2ab + b^2 = (a - b)^2 = (b - a)^2$$

Quindi se un polinomio è costituito da tre addendi, due dei quali sono quadrati di monomi o di altri polinomi, c'è la possibilità che tale trinomio provenga da un quadrato di un binomio; per stabilirlo occorre verificare che il terzo termine sia proprio il doppio prodotto delle basi considerate. Se il doppio prodotto è positivo, interporremo il segno $+$ fra le basi, se è negativo il segno $-$.

$(a - b)^2$ o $(b - a)^2$ rappresentano la stessa espressione. Nell'individuare un quadrato il segno "$-$" può essere attribuito indifferentemente a uno o all'altro dei monomi del binomio.

ESEMPI

1. $a^2 + 8a + 16$

$(a)^2 \qquad (4)^2 \qquad$ inoltre $\quad 2 \cdot a \cdot 4 = 8a \quad$ quindi: $\quad a^2 + 8a + 16 = (a + 4)^2$

2. $9x^2 - 12xy + 4y^2$

$(3x)^2 \qquad (2y)^2 \qquad$ inoltre $\quad 2 \cdot 3x \cdot 2y = 12xy \quad$ quindi:

$$9x^2 - 12xy + 4y^2 = (3x - 2y)^2 \quad \text{o anche} \quad (2y - 3x)^2$$

3. $4a^2 - 6xy + 9x^2$

$(2a)^2 \qquad (3x)^2 \qquad$ ma $\quad 2 \cdot 2a \cdot 3x = 12ax \quad$ quindi il trinomio dato non è lo sviluppo di un quadrato

Il cubo di un binomio

Ricordiamo le regole:

$$a^3 + 3a^2b + 3ab^2 + b^3 = (a + b)^3$$
$$a^3 - 3a^2b + 3ab^2 - b^3 = (a - b)^3$$

Allora se un polinomio è costituito da quattro termini di cui due sono dei cubi, c'è la possibilità che questo sia lo sviluppo del cubo di un binomio. Per stabilirlo occorre verificare che gli altri due termini siano i tripli prodotti delle basi secondo la regola ricordata.

Scrivere $(a - b)^3$ o $(b - a)^3$ **non è** la stessa cosa ed è quindi necessario individuare con precisione il monomio che è preceduto dal segno $-$.

ESEMPI

1. $x^3 + 6x^2y + 12xy^2 + 8y^3$

$(x)^3 \qquad\qquad (2y)^3 \qquad$ inoltre $\quad 3 \cdot (x)^2 \cdot (2y) = 6x^2y \quad$ e $\quad 3 \cdot (x) \cdot (2y)^2 = 12xy^2$,

quindi: $\quad x^3 + 6x^2y + 12xy^2 + 8y^3 = (x + 2y)^3$

2. $a^6 - 9a^4b + 27a^2b^2 - 27b^3$

$(a^2)^3 \qquad\qquad (-3b)^3 \quad$ inoltre $\quad 3 \cdot (a^2)^2 \cdot (-3b) = -9a^4b \quad$ e $\quad 3 \cdot (a^2) \cdot (-3b)^2 = +27a^2b^2,$

quindi: $\quad a^6 - 9a^4b + 27a^2b^2 - 27b^3 = (a^2 - 3b)^3$

Il quadrato di un trinomio

Ricordiamo la regola: $\boxed{a^2 + b^2 + c^2 + 2ab + 2ac + 2bc = (a + b + c)^2.}$

Allora se un polinomio è costituito da sei termini di cui tre sono dei quadrati, c'è la possibilità che esso sia lo sviluppo del quadrato di un trinomio. Per stabilirlo occorre verificare che gli altri tre termini siano i loro doppi prodotti.

ESEMPI

1. $a^2 + 2ab + b^2 + 4a + 4b + 4$

$(a)^2 \qquad (b)^2 \qquad\qquad (2)^2$

inoltre $\quad 2 \cdot (a) \cdot (b) = 2ab \qquad 2 \cdot (a) \cdot (2) = 4a \qquad 2 \cdot (b) \cdot (2) = 4b$

quindi: $\quad a^2 + 2ab + b^2 + 4a + 4b + 4 = (a + b + 2)^2$

2. $x^4 - 4x^2y^3 + 6x^2 + 4y^6 - 12y^3 + 9$

$(x^2)^2 \qquad\qquad (2y^3)^2 \qquad (3)^2$

inoltre $\quad 2 \cdot (x^2) \cdot (2y^3) = 4x^2y^3 \quad$ e poiché nel polinomio compare $-4x^2y^3, \quad x^2$ e $2y^3$ sono discordi

$\qquad\qquad 2 \cdot (x^2) \cdot (3) = 6x^2 \qquad$ e poiché nel polinomio compare $+6x^2, \qquad x^2$ e 3 sono concordi

$\qquad\qquad 2 \cdot (2y^3) \cdot (3) = 12y^3 \qquad$ e poiché nel polinomio compare $-12y^3, \quad 2y^3$ e 3 sono discordi

Possiamo dunque concludere che:

$x^4 - 4x^2y^3 + 6x^2 + 4y^6 - 12y^3 + 9 = (x^2 - 2y^3 + 3)^2 \quad$ oppure $\quad (-x^2 + 2y^3 - 3)^2$

Differenze di quadrati

Ricordiamo la regola: $\boxed{a^2 - b^2 = (a + b)(a - b).}$

Allora se un binomio è costituito dalla **differenza** di due monomi che sono dei quadrati, per scomporlo basta individuare le basi dei due quadrati ed indicare il prodotto della loro somma per la loro differenza.

ESEMPI

1. $9x^2 - y^2$ $\qquad\qquad\qquad\qquad\qquad$ **2.** $25y^2 - 1$

$(3x)^2 \quad (y)^2 \qquad\qquad\qquad\qquad\qquad (5y)^2 \quad (1)^2$

quindi: $\quad 9x^2 - y^2 = (3x + y)(3x - y) \qquad\qquad$ quindi: $\quad 25y^2 - 1 = (5y + 1)(5y - 1)$

3. $(a-3)^2 - x^2$

$(a-3)^2 \quad (x)^2$

quindi: $[(a-3)+x][(a-3)-x] =$

$= (a-3+x)(a-3-x)$

4. $9z^2 - (z+5)^2$

$(3z)^2 \quad (z+5)^2$

quindi: $[3z+(z+5)][3z-(z+5)] =$

$= (3z+z+5)(3z-z-5) =$

$= (4z+5)(2z-5)$

- $x^2 + 4$ **non è uguale a** $(x+2)^2$ perché manca il doppio prodotto
- $x^3 - 27$ **non è uguale a** $(x-3)^3$ perché mancano i due tripli prodotti
- $4x^2 - y^2$ **non è uguale a** $(2x-y)^2$ perché è una differenza di quadrati

VERIFICA DI COMPRENSIONE

1. Il polinomio $x^2 + 49 - 14x$ è uguale a:

   a. $(x+7)^2$ **b.** $(x+7)(x-7)$ **c.** $(x-7)^2$

2. Il polinomio $9x^2 + y^2 + 1 - 6x + 6xy - 2y$ è uguale a:

   a. $(3x+y-1)^2$ **b.** $(3x-y-1)^2$ **c.** $(3x-y+1)^2$

3. La scomposizione del polinomio $y^2 - 4b^2$ è:

   a. $(y-2b)^2$ **b.** $(2b-y)(2b+y)$ **c.** $(y-2b)(y+2b)$

4. Il polinomio $8x^3 - 27 - 36x^2 - 54x$:

   a. è il cubo di $2x-3$ **b.** è il cubo di $3-2x$ **c.** non proviene da un prodotto notevole

4. IL TRINOMIO CARATTERISTICO

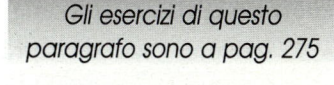

Gli esercizi di questo paragrafo sono a pag. 275

Supponiamo di dover scomporre il polinomio $a^2 + 3a + 2$. Non è possibile fare dei raccoglimenti a fattore comune significativi né riconoscere in esso il quadrato di un binomio. Possiamo però sostituire al posto di $3a$ la somma $a + 2a$ e scrivere il polinomio in questo modo:

$$a^2 + a + 2a + 2$$

Ora possiamo raccogliere a fattor comune prima parzialmente, poi totalmente:

$$a^2 + a + 2a + 2 = a(a+1) + 2(a+1) = (a+1)(a+2)$$

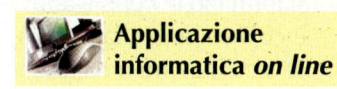

Applicazione informatica *on line*

Con questo artificio siamo riusciti a scomporre il polinomio dato. In sostanza abbiamo interpretato il coefficiente del termine di primo grado (cioè 3) come la somma di due numeri (2 e 1) che per prodotto danno proprio il termine noto, cioè 2 ($2 \cdot 1 = 2$ e $2 + 1 = 3$).

Questa procedura può essere applicata a tutti i polinomi che hanno la forma

$$x^2 + (a+b)x + ab$$

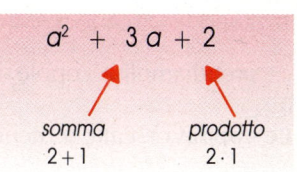

$a^2 + 3a + 2$

somma $2+1$ prodotto $2 \cdot 1$

cioè a tutti i trinomi di secondo grado che hanno:

- il coefficiente del termine di secondo grado uguale a 1

- il coefficiente del termine di primo grado che si può esprimere come somma di due numeri a e b
- il termine noto che è uguale al prodotto degli stessi due numeri a e b.

Un polinomio di questo tipo si dice **trinomio caratteristico** e per scomporlo si segue questa procedura:

La procedura per eseguire la scomposizione

■ si scrive il polinomio per esteso eseguendo la moltiplicazione indicata:
$x^2 + ax + bx + ab$

■ si effettua un raccoglimento parziale fra i primi due e i secondi due monomi:
$x(x + a) + b(x + a)$

■ si esegue un raccoglimento totale: $(x + a)(x + b)$

In definitiva, individuati i due numeri a e b si può scrivere che:

$$x^2 + (a + b)x + ab = (x + a)(x + b)$$

Scomponiamo, per esempio, il seguente polinomio applicando direttamente questa formula:

- $x^2 + 5x + 6$
  i due numeri che hanno prodotto 6 e somma 5 sono 2 e 3, quindi
  $x^2 + 5x + 6 = x^2 + (2 + 3)x + 2 \cdot 3 = (x + 2)(x + 3)$

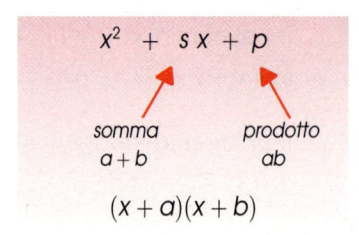

In pratica, per cercare i due numeri a e b conviene partire dal loro prodotto (il termine noto del trinomio), scrivere tutte le coppie di numeri interi che danno quel prodotto, cercare fra queste coppie quella che ha per somma il coefficiente del termine di primo grado. Se il prodotto è un numero "semplice", come per esempio 12, non è difficile scoprire che, indipendentemente dal segno, esso si può vedere come prodotto in uno dei seguenti modi:

Come trovare le coppie di numeri il cui prodotto è un numero dato

$$12 \cdot 1 \qquad 2 \cdot 6 \qquad 3 \cdot 4$$

Ma se il numero è più "complesso", per esempio 36 o un numero più grande come si può fare? Esiste una regola molto semplice:

- si scrivono i suoi divisori in ordine crescente
- si formano le coppie abbinando il primo e l'ultimo, il secondo e il penultimo e così via fino alla coppia dei due termini centrali o il numero centrale con sè stesso se ne rimane uno solo.

Cerchiamo, per esempio, le coppie di numeri il cui prodotto è 36 e la cui somma è -15:

- i divisori di 36 sono: ±1 ±2 ±3 ±4 ±6 ±9 ±12 ±18 ±36

- prendiamoli a coppie: 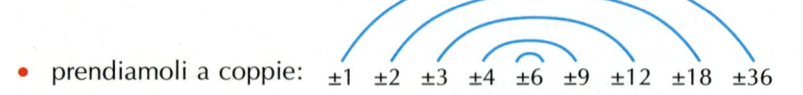 ±1 ±2 ±3 ±4 ±6 ±9 ±12 ±18 ±36

Le coppie cercate, a meno del segno, sono dunque:

$$1 \text{ e } 36 \qquad 2 \text{ e } 18 \qquad 3 \text{ e } 12 \qquad 4 \text{ e } 9 \qquad 6 \text{ e } 6$$

Poiché la somma deve essere -15 e il numero 36 è positivo, dobbiamo attribuire a entrambi i numeri delle coppie un segno negativo; non è difficile adesso scoprire che la coppia cercata è: -3 e -12

1. Scomponiamo $x^2 - 5x + 6$

   In questo caso $a \cdot b = 6$ e $a + b = -5$.

   Quindi, poiché 6 si ottiene dai prodotti $\quad +6 \cdot (+1) \quad\quad -6 \cdot (-1) \quad\quad +3 \cdot (+2) \quad\quad -3 \cdot (-2)$

   la coppia da scegliere è quella che dà per somma -5, cioè la coppia $-3, -2$ e la scomposizione è:

   $$x^2 - 5x + 6 = (x - 3)(x - 2)$$

2. Scomponiamo $x^2 + 3ax - 10a^2$

   Il prodotto dei due numeri è $-10a^2$ e la loro somma è $+3a$.

   Quindi, poiché $-10a^2$ si ottiene dai prodotti $\quad -a \cdot 10a \quad\quad a \cdot (-10a) \quad\quad 2a \cdot (-5a) \quad\quad -2a \cdot 5a$

   la coppia che dobbiamo scegliere è quella che ha per somma $+3a$, cioè $+5a$ e $-2a$.

   Allora $\quad x^2 + 3ax - 10a^2 = (x - 2a)(x + 5a)$

1. Si devono trovare due numeri la cui somma è -3 e il cui prodotto è -28; quali sono i due numeri?

2. Scomponendo il polinomio $x^2 + 2x - 35$ si ottiene:

   a. $(x - 5)(x + 3)$ **b.** $(x + 5)(x - 3)$ **c.** $(x + 5)(x - 7)$ **d.** $(x - 5)(x + 7)$

5. LA DIVISIONE TRA POLINOMI E IL TEOREMA DEL RESTO

Gli esercizi di questo paragrafo sono a pag. 279

Saper eseguire la divisione tra polinomi è utile, come vedremo, anche per scomporre un polinomio; vediamo allora come procedere.

5.1 La determinazione del quoziente e del resto

Quando eseguiamo la divisione tra due numeri naturali a e b, diciamo che a è divisibile per b se esiste un quoziente q tale che $a = q \cdot b$.

Questo non ci vieta però di eseguire la divisione anche quando a non è divisibile per b, semplicemente il resto della divisione sarà un numero diverso da zero. In ogni caso, quando eseguiamo una divisione tra due numeri a e b, troviamo un quoziente q ed un resto r tali che

$$a = q \cdot b + r$$

Dividendo per q, la relazione può anche essere scritta in questo modo:

$$\frac{a}{q} = b + \frac{r}{q}$$

Per esempio,

- poiché $12 : 6 = 2$ con resto $r = 0$, avremo che $12 = 2 \cdot 6$

- poiché $22 : 7 = 3$ con resto $r = 1$, avremo che $22 = 3 \cdot 7 + 1$ o anche $\frac{22}{7} = 3 + \frac{1}{7}$.

Possiamo pensare di ripetere lo stesso ragionamento con i polinomi. Ci chiediamo cioè se, dati due polinomi, esistono sempre il polinomio quoziente ed il resto della divisione e con quale procedimento si ottengono.

Per rispondere a questa domanda, ricorriamo ancora una volta ad un esempio numerico, scrivendo nella divisione indicata a lato anche i passaggi che di solito eseguiamo a mente. Descriviamo il procedimento seguito:

- dividiamo 127 per 31 ottenendo 4 come primo quoziente;

- moltiplichiamo $4 \cdot 31 = 124$;

- sottraiamo 124 da 127; trascrivendo accanto al risultato le altre cifre, otteniamo il primo resto parziale: 350;

- ripetiamo questa serie di operazioni finché l'ultimo resto è minore del divisore.

$$
\begin{array}{r|l}
12750 & 31 \\
-124 & 411 \\
\hline
350 & \\
-31 & \\
\hline
40 & \\
-31 & \\
\hline
9 &
\end{array}
$$

Proviamo a seguire lo stesso procedimento per eseguire una divisione tra due polinomi nelle stesse variabili.

Utilizzeremo un esempio per semplificare le cose, ma questi ragionamenti sono validi per qualsiasi coppia di polinomi ordinati, a patto che il polinomio dividendo sia di grado maggiore o uguale al polinomio divisore.

Calcoliamo $(8x^2 + 3x^3 + 2 + 7x) : (2 + 3x)$.

È possibile eseguire la divisione

$$A(x) : B(x)$$

se il grado di $A(x)$ è maggiore o uguale del grado di $B(x)$.

1° passo.

Ordiniamo i polinomi secondo le potenze decrescenti di x e costruiamo lo schema della divisione.

$$
\begin{array}{c|c}
3x^3 + 8x^2 + 7x + 2 & 3x + 2 \\
\hline
&
\end{array}
$$

2° passo.

Dividiamo il primo termine del polinomio dividendo per il primo termine del polinomio divisore: $3x^3 : 3x = x^2$.

$$
\begin{array}{c|c}
\mathbf{3x^3} + 8x^2 + 7x + 2 & \mathbf{3x} + 2 \\
\hline
& \mathbf{x^2}
\end{array}
$$

3° passo.

Moltiplichiamo il primo quoziente parziale x^2 per il polinomio divisore e sottraiamolo dal polinomio dividendo. Per facilitare il calcolo incolonneremo i termini di ugual grado, scrivendoli con il segno opposto in modo da eseguire una somma anziché una sottrazione.

$$
\begin{array}{c|c}
3x^3 + 8x^2 + 7x + 2 & 3x + 2 \\
-3x^3 - 2x^2 & x^2 \\
\hline
+6x^2 + 7x + 2 &
\end{array}
$$

4° passo.

Abbiamo ottenuto il primo resto parziale $+6x^2 + 7x + 2$. Poiché tale resto è di grado maggiore o uguale (in questo caso maggiore) del polinomio divisore, possiamo ripetere di nuovo i passi ricominciando dal primo: dividiamo $+6x^2$ per $3x$, ottenendo $2x$, il secondo monomio del quoziente.

$$
\begin{array}{c|c}
3x^3 + 8x^2 + 7x + 2 & \mathbf{3x} + 2 \\
-3x^3 - 2x^2 & x^2 + \mathbf{2x} \\
\hline
+\mathbf{6x^2} + 7x + 2 &
\end{array}
$$

Moltiplichiamo $2x$ per il polinomio divisore, cambiamo i segni e sommiamo.

$$\begin{array}{r|l} 3x^3 + 8x^2 + 7x + 2 & 3x + 2 \\ \cline{2-2} -3x^3 - 2x^2 & x^2 + 2x \\ \cline{1-1} +6x^2 + 7x + 2 & \\ -6x^2 - 4x & \\ \cline{1-1} +3x + 2 & \end{array}$$

Il secondo resto parziale $(3x + 2)$ è ancora di grado maggiore o uguale (in questo caso uguale) del polinomio divisore; ripetiamo di nuovo i passi dal primo: dividiamo $+3x$ per $3x$ ottenendo $+1$, il terzo monomio del quoziente.

$$\begin{array}{r|l} 3x^3 + 8x^2 + 7x + 2 & \mathbf{3x + 2} \\ \cline{2-2} -3x^3 - 2x^2 & x^2 + 2x + \mathbf{1} \\ \cline{1-1} +6x^2 + 7x + 2 & \\ -6x^2 - 4x & \\ \cline{1-1} +\mathbf{3x + 2} & \end{array}$$

Moltiplichiamo $+1$ per il polinomio divisore, cambiamo i segni e sommiamo.

$$\begin{array}{r|l} 3x^3 + 8x^2 + 7x + 2 & 3x + 2 \\ \cline{2-2} -3x^3 - 2x^2 & \mathbf{x^2 + 2x + 1} \\ \cline{1-1} +6x^2 + 7x + 2 & \\ -6x^2 - 4x & \\ \cline{1-1} +3x + 2 & \\ -3x - 2 & \\ \cline{1-1} \mathbf{0} & \end{array}$$

La divisione è terminata. Abbiamo dunque che: $Q(x) = x^2 + 2x + 1$ e $R(x) = 0$ cioè abbiamo trovato due polinomi $Q(x)$ ed $R(x)$ (che in questo caso è il polinomio nullo) tali che:

$$3x^3 + 8x^2 + 7x + 2 = (3x + 2) \cdot (x^2 + 2x + 1) + 0.$$

Questo modo di eseguire una divisione fra polinomi è generale e, come già detto, può essere utilizzato per qualunque coppia di polinomi, tenendo presente che:

- si esegue una divisione rispetto ad una lettera particolare, quindi i due polinomi devono avere entrambi quella lettera e devono essere considerati funzioni di quella stessa lettera; altre eventuali lettere vengono considerate allo stesso modo degli altri coefficienti numerici

- il grado del polinomio dividendo (relativo alla lettera rispetto alla quale si esegue la divisione) deve essere maggiore o uguale di quello del divisore.

Si dimostra infatti che vale il seguente teorema che garantisce che, se sono verificate le precedenti condizioni, il quoziente ed il resto si possono sempre trovare.

Teorema. Dati due polinomi funzione di una variabile x, $A(x)$ di grado n e $B(x)$ di grado m ($m \neq 0$), con $n \geq m$, esistono sempre e sono unici i polinomi $Q(x)$ e $R(x)$, rispettivamente quoziente e resto della divisione di $A(x)$ per $B(x)$, tali che:

$$A(x) = B(x) \cdot Q(x) + R(x)$$

$Q(x)$ ha grado $n - m$, $R(x)$ ha grado $p < m$.

Per esempio

$$A(x) = B(x) \cdot Q(x) + R(x)$$

$$\uparrow \qquad \uparrow \qquad \uparrow \qquad \uparrow$$

grado grado grado grado
5 3 2 < 2

Il rapporto $\dfrac{A(x)}{B(x)}$ può allora essere scritto in questo modo:

$$\boxed{\dfrac{A(x)}{B(x)} = Q(x) + \dfrac{R(x)}{B(x)}}$$

Un altro esempio.

Calcoliamo $(2x^4 - x^2 + 5x - 1) : (x^2 + 2x - 1)$.

Poiché il polinomio dividendo è incompleto (manca il termine di terzo grado), lasceremo uno spazio libero per poter incolonnare i prodotti parziali in modo da non creare confusione con le somme dei monomi simili.

$$
\begin{array}{llll|l}
2x^4 & & -x^2 + 5x - 1 & & x^2 + 2x - 1 \\
-2x^4 - 4x^3 + 2x^2 & & & & \overline{2x^2 - 4x + 9} \\
\hline
& -4x^3 + x^2 + 5x - 1 & & & \\
& +4x^3 + 8x^2 - 4x & & & 2x^4 : x^2 \quad -4x^3 : x^2 \quad 9x^2 : x^2 \\
\hline
& +9x^2 + x - 1 & & & \\
& -9x^2 - 18x + 9 & & & \\
\hline
& -17x + 8 & & &
\end{array}
$$

La divisione si arresta perché il grado del resto parziale è minore del grado del divisore. Quindi:

$$Q(x) = 2x^2 - 4x + 9 \qquad R(x) = -17x + 8$$

In base al teorema enunciato possiamo scrivere:

$$2x^4 - x^2 + 5x - 1 = (x^2 + 2x - 1) \cdot (2x^2 - 4x + 9) + (-17x + 8)$$

o anche $\quad \dfrac{2x^4 - x^2 + 5x - 1}{x^2 + 2x - 1} = 2x^2 - 4x + 9 + \dfrac{-17x + 8}{x^2 + 2x - 1}$

Il risultato della divisione di due polinomi è ancora un polinomio se il resto è nullo, ma ciò non accade sempre, come hai visto nell'esempio precedente.

Per controllare di non aver commesso errori nella divisione basta eseguire l'operazione inversa; nel nostro caso calcoliamo:

$(2x^2 - 4x + 9)(x^2 + 2x - 1) - 17x + 8 =$

$= 2x^4 + 4x^3 - 2x^2 - 4x^3 - 8x^2 + 4x + 9x^2 + 18x - 9 - 17x + 8 =$

$= 2x^4 - x^2 + 5x - 1$

Avendo ottenuto come risultato il polinomio dividendo, possiamo concludere che la divisione è stata eseguita correttamente.

LA PROVA DELLA DIVISIONE

Se $A(x) : B(x) = Q(x)$ con resto $R(x)$ allora l'espressione

$$B(x) \cdot Q(x) + R(x)$$

deve essere uguale al polinomio $A(x)$.

VERIFICA DI COMPRENSIONE

1. $(2x^4 - 3x^2 + x^3 - 1) : (x^2 - 3)$

Riscrivi il polinomio dividendo ordinato secondo le potenze decrescenti di x : ....

Completa adesso lo schema della divisione nella quale indichiamo qualche passaggio di controllo per lo svolgimento corretto dell'esercizio:

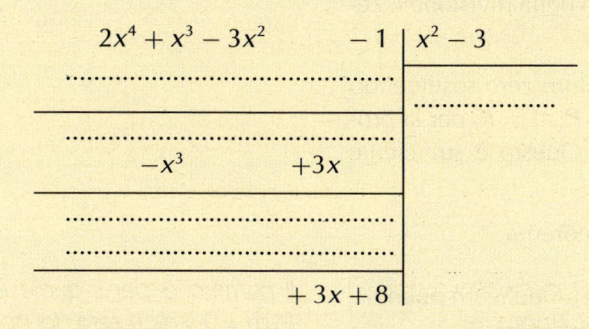

$$2x^4 + x^3 - 3x^2 \qquad - 1 \;\big|\; x^2 - 3$$

....

....

$$-x^3 \qquad\quad +3x$$

....

....

$$+ 3x + 8$$

Esegui adesso la verifica per controllare l'esattezza del calcolo.

5.2 Il teorema del resto

Per eseguire la scomposizione di un numero intero ricorriamo ai criteri di divisibilità per 2, per 3, per 5 e per 11, ma non esistono criteri di divisibilità per altri numeri: per sapere se un numero è divisibile per 13 non possiamo fare altro che provare a dividere e vedere se otteniamo resto zero.

Per i polinomi esiste un criterio di divisibilità solo nel caso in cui il polinomio divisore è di primo grado. Consideriamo quindi un polinomio $P(x)$, ordinato secondo le potenze decrescenti di x, e un binomio del tipo $(x - a)$, dove a è un numero qualsiasi; se eseguiamo la divisione, otteniamo un quoziente $Q(x)$ e un resto $R(x)$. Il resto, dovendo essere di grado inferiore a quello del polinomio divisore, che è di primo grado rispetto ad x, avrà grado zero rispetto a questa variabile. Potremo quindi scrivere:

$$P(x) = Q(x) \cdot (x - a) + R$$

Questa relazione vale qualunque sia il valore che x può assumere, quindi anche quando assume il valore a.

In questo caso essa diventa: $P(a) = Q(a) \cdot (a - a) + R$

e poiché $(a - a)$ è identicamente uguale a zero, avremo che:

$$P(a) = Q(a) \cdot 0 + R \qquad \text{e cioè} \qquad P(a) = R$$

In definitiva il resto R è uguale al valore che il polinomio $P(x)$ assume quando, al posto della variabile x, sostituiamo il valore rappresentato da a.

Possiamo allora enunciare il seguente teorema.

> **Teorema (del resto).** Dato un polinomio $P(x)$ ed un binomio di primo grado del tipo $(x - a)$, il resto della divisione di $P(x)$ per $(x - a)$ è dato da $P(a)$. In simboli:
> $$R = P(a)$$

Per esempio:

- il resto della divisione del polinomio $P(x) = 3x^2 + 2x - 1$ per

  $(x - 1)$ è $P(1) = 3 \cdot 1^2 + 2 \cdot 1 - 1 = 4$

  $(x + 2)$ è $P(-2) = 3 \cdot (-2)^2 + 2 \cdot (-2) - 1 = 7$

  $(x + 1)$ è $P(-1) = 3 \cdot (-1)^2 + 2 \cdot (-1) - 1 = 0$

Questo teorema ci è quindi utile per individuare un criterio di divisibilità; infatti:

Per esempio un numero è divisibile per 3 se la somma delle sue cifre è multipla di 3.

Applicazione informatica on line

Se il binomio divisore è della forma $(x + a)$ allora
$$R = P(-a)$$

- se $P(x)$ è divisibile per $(x - a)$, necessariamente il resto della divisione è zero, ma siccome $R = P(a)$, avremo che $P(a) = 0$

- viceversa, se $P(a) = 0$, cioè se il polinomio assume valore zero sostituendo al posto di x il valore a, poiché per il teorema del resto $P(a) = R$, per la proprietà transitiva dell'uguaglianza avremo che $R = 0$. Questo è sufficiente per dire che $P(x)$ è divisibile per $(x - a)$.

Queste due considerazioni sono riassunte nel seguente teorema:

> **Teorema (di Ruffini)**. Condizione necessaria e sufficiente affinché un polinomio $P(x)$ sia divisibile per un binomio $(x - a)$ è che sia $P(a) = 0$.

*Il numero a per il quale è $P(a) = 0$ si dice **zero** del polinomio.*

5.3 La regola di Ruffini

La divisione fra $P(x)$ e $(x - a)$, oltre che con il metodo visto al paragrafo 5.1, si può eseguire anche mediante una regola che prende il nome di «regola di Ruffini». Vogliamo eseguire, ad esempio, la divisione $(3x^2 - 2x + 5) : (x - 2)$.

1° passo. Si scrivono i coefficienti di $P(x)$ su una stessa riga, ordinati secondo le potenze decrescenti della variabile x, ricordando di scrivere 0 come coefficiente dei termini mancanti se il polinomio è incompleto. Costruiamo uno schema del tipo riportato a lato.

2° passo. Dopo aver scritto nella posizione contrassegnata con l'asterisco il valore di a, nel nostro caso 2, si riscrive in basso il primo coefficiente ($+3$).

3° passo. Si moltiplica il valore di a per il coefficiente del termine che abbiamo appena riportato nell'ultima riga e si scrive il risultato nella colonna successiva. Nel nostro caso si calcola $3 \cdot 2$ ed il risultato si incolonna a -2.

4° passo. Si sommano gli ultimi valori incolonnati e si scrive il risultato nell'ultima riga. Nel nostro caso si calcola $-2 + 6$ e si scrive il risultato incolonnato nell'ultima riga.

5° passo. Si ripetono i passi 3 e 4 fino a che si esaurisce lo schema. L'ultimo risultato scritto, in questo caso $+\mathbf{13}$, è il resto della divisione. È possibile verificare la correttezza del procedimento appena descritto andando a valutare il resto con la tecnica descritta nel paragrafo precedente:

$$R = P(2) = 3 \cdot (2)^2 - 2(2) + 5 = +13$$

I valori scritti nell'ultima riga, escluso il resto, nel nostro caso $+\mathbf{3}$ e $+\mathbf{4}$, rappresentano i coefficienti del polinomio quoziente, che, dovendo essere di un grado inferiore rispetto a quello di $P(x)$, sarà di primo grado:

$$Q(x) = 3x + 4.$$

Quindi: $\quad 3x^2 - 2x + 5 = (3x + 4) \cdot (x - 2) + 13.$

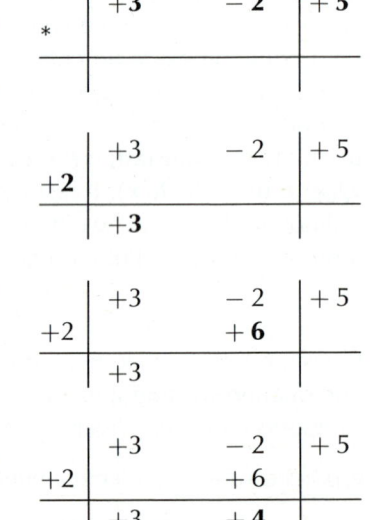

coefficienti del polinomio quoziente | resto

> ### ESEMPI
>
> **1.** Calcoliamo $(2y^4 + 3y^3 - 2y - 1) : (y + 2)$.
>
> In questo caso $a = -2$ e lo schema della divisione è il seguente

$$\begin{array}{c|cccc|c} & +2 & +3 & 0 & -2 & -1 \\ -2 & & -4 & +2 & -4 & +12 \\ \hline & +2 & -1 & +2 & -6 & +11 \end{array}$$

$Q(y) = 2y^3 - y^2 + 2y - 6 \qquad R = +11$

quindi: $\quad 2y^4 + 3y^3 - 2y - 1 = \left(2y^3 - y^2 + 2y - 6\right) \cdot (y + 2) + 11$

2. Calcoliamo $\quad (6ax^2 - 3a^2x - 3a^3) : (x - a)$.

Il polinomio è funzione sia di x che di a, tuttavia, se vogliamo eseguire la divisione per $(x - a)$, possiamo pensare alla lettera a come parte integrante dei coefficienti delle varie potenze di x:

$$\underbrace{6a}_{\text{coefficiente di } x^2} x^2 - \underbrace{3a^2}_{\text{coefficiente di } x} x - \underbrace{3a^3}_{\text{termine noto}}$$

Lo schema della divisione diventa il seguente:

$$\begin{array}{c|cc|c} & +6a & -3a^2 & -3a^3 \\ +a & & +6a^2 & +3a^3 \\ \hline & +6a & +3a^2 & 0 \end{array}$$

$Q(x) = 6ax + 3a^2 \qquad R = 0$

quindi: $\quad 6ax^2 - 3a^2x - 3a^3 = (6ax + 3a^2) \cdot (x - a)$.

VERIFICA DI COMPRENSIONE

1. Stabilisci se il polinomio $P(x) = 3x^3 - 4x^2 + x + 8$ è divisibile per i binomi $(x - 1)$, $(x + 1)$, $(x - 2)$.

Divisibilità per $(x - 1)$:   calcola $P(1) = \ldots\ldots\ldots$ divisibile: SI NO

Divisibilità per $(x + 1)$:   calcola $P(....) = \ldots\ldots\ldots$ divisibile: SI NO

Divisibilità per $(x - 2)$:   calcola $P(....) = \ldots\ldots\ldots$ divisibile: SI NO

2. Esegui la divisione $(y^3 - 2y^2 + 1) : (y - 1)$ con la regola di Ruffini completando lo schema seguente:

$$\begin{array}{c|ccc|c} & 1 & -2 & \ldots & \ldots \\ 1 & & \ldots & \ldots & \ldots \\ \hline & 1 & \ldots & \ldots & \ldots \end{array}$$

Il quoziente è il polinomio $Q(y) = \ldots\ldots\ldots\ldots$

Il resto è $R = \ldots\ldots$

3. Stabilisci la divisibilità del polinomio $P(a) = 2a^3 - 5a^2 - 4a + 3$ per i binomi:

$a - 1 \qquad a + 1 \qquad a - 3 \qquad a - 2$

Trova poi il quoziente della divisione nei casi in cui i due polinomi sono divisibili.

$P(1) = \ldots\ldots\ldots \qquad P(-1) = \ldots\ldots\ldots \qquad P(3) = \ldots\ldots\ldots \qquad P(2) = \ldots\ldots\ldots$

Devi eseguire la divisione per $\ldots\ldots$ e $\ldots\ldots\ldots$

$$
\begin{array}{c|ccc|c}
 & 2 & -5 & -4 & +3 \\
\hline
\dots & & \dots & \dots & \dots \\
\hline
 & 2 & \dots & \dots & \dots
\end{array}
\qquad
\begin{array}{c|ccc|c}
 & 2 & -5 & -4 & +3 \\
\hline
\dots & & \dots & \dots & \dots \\
\hline
 & 2 & \dots & \dots & \dots
\end{array}
$$

$Q(a) = \dots$ \qquad\qquad $Q(a) = \dots$

6. LA SCOMPOSIZIONE MEDIANTE LA RICERCA DEI DIVISORI

Gli esercizi di questo paragrafo sono a pag. 285

Quando la scomposizione di un polinomio non si può fare con uno dei metodi precedenti, l'unica cosa che rimane è ricercare i suoi eventuali divisori.
Ricordiamo allora che l'unico criterio di divisibilità che conosciamo per un polinomio è quello del teorema di Ruffini.
Allora, accertato che $P(x)$ sia divisibile per $x - a$, basta eseguire la divisione per trovare il quoziente $Q(x)$ e scrivere quindi che $P(x) = Q(x) \cdot (x - a)$.
Per esempio, vediamo se il polinomio $P(x) = 3x^3 - x^2 - 8x - 4$ è divisibile per $x - 2$:

$$R = P(2) = 24 - 4 - 16 - 4 = 0.$$

> **Teorema di Ruffini:** $P(x)$ è divisibile per $x - a$ se e solo se
> $$P(a) = 0$$

Avendo ottenuto resto zero, il polinomio $P(x)$ ammette fra i suoi divisori $(x - 2)$. Calcoliamo il quoziente con la regola di Ruffini:

$$
\begin{array}{c|ccc|c}
 & 3 & -1 & -8 & -4 \\
+2 & & +6 & +10 & +4 \\
\hline
 & 3 & +5 & +2 & 0
\end{array}
\qquad Q(x) = 3x^2 + 5x + 2
$$

quindi una prima scomposizione del polinomio dato è:

$$3x^3 - x^2 - 8x - 4 = (x - 2)(3x^2 + 5x + 2).$$

Possiamo provare a scomporre ancora il polinomio $3x^2 + 5x + 2$.

È divisibile per $x - 1$? $R = Q(1) = 3 + 5 + 2 \neq 0$ no

per $x + 1$? $R = Q(-1) = 3 - 5 + 2 = 0$ sì

Calcoliamo il quoziente:

$$
\begin{array}{c|cc|c}
 & +3 & +5 & +2 \\
-1 & & -3 & -2 \\
\hline
 & +3 & +2 & 0
\end{array}
\qquad Q(x) = 3x + 2
$$

allora: $3x^2 + 5x + 2 = (x + 1)(3x + 2)$.

In definitiva: $3x^3 - x^2 - 8x - 4 = (x - 2)(3x^2 + 5x + 2) = (x - 2)(x + 1)(3x + 2)$.

In questa ricerca del binomio $(x - a)$ eventuale divisore di $P(x)$, se il coefficiente del termine di grado massimo è uguale ad 1, ci aiuta una regola:

> i valori di a, se esistono, vanno ricercati fra i divisori del termine noto di $P(x)$.

LA REGOLA PER TROVARE I DIVISORI $x - a$

Questa regola può essere estesa al caso in cui il polinomio $P(x)$ ha il coefficiente del termine di grado massimo diverso da 1; essa si enuncia dicendo che:

> i valori di a, se esistono, vanno ricercati fra i divisori del termine noto di $P(x)$ e fra le frazioni che hanno al numeratore i divisori del termine noto e al denominatore i divisori del coefficiente del termine di grado massimo.

Nel polinomio
$$x^3 - 4x^2 + x - 10$$
i valori di a vanno ricercati tra i divisori di 10:
$$\pm 1 \quad \pm 2 \quad \pm 5 \quad \pm 10$$

Per esempio, dato il polinomio $2x^3 - 3x^2 - 11x + 6$, poiché i divisori di 6 sono ± 1, ± 2, ± 3, ± 6 ed i divisori di 2 sono ± 1, ± 2, i valori di a sono da ricercare fra i seguenti

$$\pm 1, \quad \pm 2, \quad \pm 3, \quad \pm 6, \quad \pm \frac{1}{2}, \quad \pm \frac{3}{2}.$$

ESEMPI

1. $3x^3 + 13x^2 + 2x - 8$

Cerchiamo i binomi $x - a$ possibili divisori del polinomio dato; i valori di a vanno ricercati fra i divisori di 8, cioè fra i numeri ± 1, ± 2, ± 4, ± 8 e fra le frazioni $\pm \frac{1}{3}$, $\pm \frac{2}{3}$, $\pm \frac{4}{3}$, $\pm \frac{8}{3}$.

Conviene provare prima per i valori interi di a; calcoliamo allora i valori assunti dal polinomio in corrispondenza di tali numeri fino a quando ne troviamo uno per cui $P(a) = 0$:

$P(1) = 3 + 13 + 2 - 8 = 10 \neq 0$

$P(-1) = -3 + 13 - 2 - 8 = 0$

Dunque il polinomio $P(x)$ è divisibile per $x + 1$; eseguiamo la divisione con la regola di Ruffini:

	$+3$	$+13$	$+2$	-8
-1		-3	-10	$+8$
	$+3$	$+10$	-8	0

$Q(x) = 3x^2 + 10x - 8$

Una prima scomposizione del polinomio dato è dunque la seguente: $(x + 1)(3x^2 + 10x - 8)$

Per scomporre il trinomio $3x^2 + 10x - 8$ possiamo continuare nella ricerca dei divisori. Tenendo presente che non vale la pena di valutare $Q(1)$ perché se il polinomio $P(x)$ non era divisibile per $x - 1$, non lo è nemmeno il quoziente $Q(x)$, ma che potrebbe ancora essere divisibile per $x + 1$, cerchiamo gli altri divisori:

$Q(-1) = 3 - 10 - 8 = -15 \neq 0$ $\qquad Q(2) = 3 \cdot 4 + 10 \cdot 2 - 8 = 24 \neq 0$

$Q(-2) = 3 \cdot 4 - 10 \cdot 2 - 8 = -16 \neq 0$ $\qquad Q(4) = 48 + 40 - 8 = 80 \neq 0$

$Q(-4) = 48 - 40 - 8 = 0$ $\qquad$ il polinomio è divisibile per $x + 4$

Eseguiamo la divisione:

	$+3$	$+10$	-8
-4		-12	$+8$
	$+3$	-2	0

$Q(x) = 3x - 2$

In definitiva: $3x^3 + 13x^2 + 2x - 8 = (x + 1)(x + 4)(3x - 2)$.

Dalla ricerca dei divisori di un polinomio possiamo dedurre altre regole di scomposizione che risultano particolarmente utili.

Somme e differenze di cubi

In base al teorema di Ruffini:

- un polinomio del tipo $x^3 + a^3$ è sempre divisibile per $x + a$; infatti:

$$P(-a) = (-a)^3 + a^3 = -a^3 + a^3 = 0$$

Eseguendo la divisione con la regola di Ruffini troviamo:

$$
\begin{array}{c|ccc|c}
 & 1 & 0 & 0 & +a^3 \\
-a & & -a & +a^2 & -a^3 \\
\hline
 & 1 & -a & +a^2 & 0
\end{array}
$$

quindi $\boxed{x^3 + a^3 = (x + a)(x^2 - ax + a^2)}$

- un polinomio del tipo $x^3 - a^3$ è sempre divisibile per $x - a$; infatti:

$$P(a) = a^3 - a^3 = 0$$

Eseguendo la divisione con la regola di Ruffini troviamo:

$$
\begin{array}{c|ccc|c}
 & 1 & 0 & 0 & -a^3 \\
+a & & +a & +a^2 & +a^3 \\
\hline
 & 1 & +a & +a^2 & 0
\end{array}
$$

quindi $\boxed{x^3 - a^3 = (x - a)(x^2 + ax + a^2)}$

Ricordare queste regole è facile se si tiene presente il seguente schema:

$$x^3 + a^3 = \underbrace{(x + a)}_{\text{somma delle basi}} \cdot (x^2 - ax + a^2)$$

quadrato della prima base

quadrato della seconda base

prodotto cambiato di segno delle due basi

$$x^3 - a^3 = \underbrace{(x - a)}_{\text{differenza delle basi}} \cdot (x^2 + ax + a^2)$$

Si verifica poi che i polinomi ottenuti dal quoziente, cioè $x^2 - ax + a^2$ e $x^2 + ax + a^2$ non si possono scomporre ulteriormente, sono cioè irriducibili. Per esempio:

- $x^3 - 27 = (x - 3)(x^2 + 3x + 9)$ • $8y^3 + 1 = (2y + 1)(4y^2 - 2y + 1)$

basi delle potenze x e 3   basi delle potenze $2y$ e 1

Somme e differenze di potenze in genere

Qualunque differenza di potenze pari può essere interpretata come una differenza di quadrati ed essere scomposta con la stessa regola.
Non è invece possibile scomporre una somma di potenze pari considerandole come dei quadrati. Per esempio:

- $x^4 - 1$ si può considerare una differenza di quadrati:

$$x^4 - 1 = (x^2 - 1)(x^2 + 1)$$

Il fattore $(x^2 - 1)$ si può ulteriormente scomporre come differenza di quadrati, mentre il fattore $(x^2 + 1)$ è irriducibile; in definitiva:

$$x^4 - 1 = (x^2 - 1)(x^2 + 1) = (x - 1)(x + 1)(x^2 + 1)$$

- $x^6 + 1$ non si può scomporre come somma di quadrati; tuttavia, considerando che $x^6 = (x^2)^3$, il binomio può essere scomposto come somma di cubi:

  $$x^6 + 1 = (x^2 + 1)(x^4 - x^2 + 1)$$

- $x^6 - 1$ si può inizialmente scomporre come una differenza di quadrati e poi applicare la regola sulla somma e differenza di cubi:

  $$x^6 - 1 = (x^3 - 1)(x^3 + 1) = (x - 1)(x^2 + x + 1)(x + 1)(x^2 - x + 1)$$

GLI ERRORI DA EVITARE

- Le somme di quadrati non si possono scomporre:

  $x^2 + 4$ non è uguale a $(x + 2)(x - 2)$

               non è nemmeno uguale a $(x + 2)^2$

  $x^2 + 4$ è **irriducibile**

- Nella scomposizione della somma e della differenza di cubi il polinomio di secondo grado che si ottiene assomiglia a un quadrato, **ma non è** un quadrato

  $$x^3 - 8 = (x - 2)(x^2 + 2x + 4)$$

  ed **è sbagliato** proseguire in questo modo:

  $$x^3 - 8 = (x - 2)(x^2 + 2x + 4) = (x - 2)(x + 2)^2$$

  Polinomi del tipo di $x^2 + 2x + 4$ non rappresentano il quadrato di un binomio perché vi è il prodotto semplice delle due basi e non il doppio prodotto; essi si chiamano **falsi quadrati**.

VERIFICA DI COMPRENSIONE

1. Dato il polinomio $3x^3 - x^2 - 10x + 8$ e considerati i divisori della forma $(x - a)$:

   a. elenca quali possono essere i valori di a : ....

   b. scegli fra i seguenti quali sono suoi divisori:

   ① $(x - 1)$ ② $(x + 4)$ ③ $(x + 2)$ ④ $(x + 1)$ ⑤ $(x - 2)$

   c. la sua scomposizione è: ① $(x - 1)(x + 2)(3x - 4)$ ② $(x + 1)(x - 2)(3x - 2)$

                             ③ $(x - 1)(x - 2)(3x - 4)$ ④ $(x + 1)(x + 4)(3x - 1)$

2. Il binomio $8a^3 - 1$ si scompone in:

   a. $(2a - 1)(4a^2 - 2a + 1)$ **b.** $(2a + 1)(4a^2 + 2a + 1)$

   c. $(2a - 1)(4a^2 + 2a + 1)$ **d.** $(2a - 1)(2a + 1)^2$

7. SINTESI SULLA SCOMPOSIZIONE

Gli esercizi di questo paragrafo sono a pag. 287

Quando si deve scomporre un polinomio bisogna guardare bene la sua forma per capire quale, fra i metodi che abbiamo visto, è il più adatto. In generale, conviene seguire una procedura di questo tipo:

- verificare se è possibile eseguire un raccoglimento totale

- verificare se è possibile eseguire un raccoglimento parziale finalizzato a un raccoglimento totale

- verificare se il polinomio può essere lo sviluppo di un prodotto notevole o deriva da una regola particolare; importante in questo caso è contare il numero dei suoi termini; per esempio:
  - se ne ha due può essere una differenza di quadrati oppure una somma o una differenza di cubi,
  - se ne ha tre può essere il quadrato di un binomio o un trinomio caratteristico

  e così via

- trovare i suoi divisori della forma $x - a$ applicando il teorema di Ruffini ed eseguire le divisioni

- usare una combinazione dei metodi precedenti.

ESEMPI

1. $4ax + 6x^2 - 2ay - 3xy$

si può eseguire un raccoglimento parziale: $2x(2a + 3x) - y(2a + 3x)$

eseguiamo adesso un raccoglimento totale: $(2a + 3x)(2x - y)$

2. $ay^3 - 27ax^3$

si può eseguire un raccoglimento totale: $a(y^3 - 27x^3)$

il binomio nelle parentesi è una differenza di cubi: $a(y - 3x)(y^2 + 3xy + 9x^2)$

3. $18a - 12ax + 2ax^2$

si può eseguire un raccoglimento totale: $2a(9 - 6x + x^2)$

il polinomio fra parentesi è il quadrato di un binomio: $2a(x - 3)^2$

4. $9a^2 - (x - 2y)^2$

è una differenza di quadrati: $[3a - (x - 2y)][3a + (x - 2y)] = (3a - x + 2y)(3a + x - 2y)$

5. $3bx^2 + 3bx - 6b$

si può eseguire un raccoglimento totale: $3b(x^2 + x - 2)$

il trinomio nella parentesi è caratteristico: $3b(x - 1)(x + 2)$

8. M.C.D. e m.c.m. TRA POLINOMI

Accade spesso che due o più polinomi abbiano uno stesso polinomio divisore, che in questo caso si chiama divisore comune. Quando è possibile determinare, fra tutti i divisori comuni a due o più polinomi, quello di grado più elevato, si dice che si è trovato il Massimo Comun Divisore.

Per determinare il *M.C.D.* fra due o più polinomi:

- si scompongono i polinomi in fattori;
- si scrive il prodotto dei soli fattori comuni con l'esponente più piccolo con cui compaiono.

Se un polinomio è divisibile per altri polinomi, si dice che esso è un multiplo comune a tali polinomi. Due o più polinomi possono avere infiniti multipli comuni, quello di grado meno elevato si chiama minimo comune multiplo.

Gli esercizi di questo paragrafo sono a pag. 290

 **Applicazione informatica *on line***

LE REGOLE

Per determinare il *m.c.m.* fra due o più polinomi:

- ■ si scompongono i polinomi in fattori;
- ■ si scrive il prodotto dei fattori comuni e non comuni con l'esponente più grande con cui compaiono.

Il *M.C.D.* e il *m.c.m.* si possono sempre trovare quando siamo sicuri di aver scomposto i polinomi in fattori irriducibili. Quando non abbiamo questa certezza perché, per esempio, nella fattorizzazione troviamo dei polinomi di grado superiore al primo che, per qualche motivo, non riusciamo a scomporre con i metodi che abbiamo visto, possiamo solo parlare di divisori comuni e di multipli comuni.

ESEMPI

Calcoliamo *M.C.D.* e *m.c.m.* fra i seguenti polinomi.

1. $8x^2 + 16xy + 8y^2$; $\qquad 4x^4 - 4x^2y^2$; $\qquad 12x^2 + 12xy$

Scomponiamo in fattori i tre polinomi:

- $8x^2 + 16xy + 8y^2 = 8(x^2 + 2xy + y^2) = \mathbf{8(x + y)^2}$
- $4x^4 - 4x^2y^2 \qquad = 4x^2(x^2 - y^2) = \mathbf{4x^2(x - y)(x + y)}$
- $12x^2 + 12xy \qquad = \mathbf{12x(x + y)}$

$M.C.D. = 4(x + y) \qquad m.c.m. = 24x^2(x + y)^2(x - y)$

2. $x^4 + 5x^3 - 5x^2 + 5x - 6$; $\qquad x^3 - x^2 - x + 1$

- Scomponiamo inizialmente il primo polinomio con la regola di Ruffini:

$P(1) = 1 + 5 - 5 + 5 - 6 = 0$, $\qquad$ quindi è divisibile per $(x - 1)$

$$
\begin{array}{c|cccc|c}
 & +1 & +5 & -5 & +5 & -6 \\
+1 & & +1 & +6 & +1 & +6 \\
\hline
 & +1 & +6 & +1 & +6 & 0
\end{array}
\qquad Q(x) = x^3 + 6x^2 + x + 6
$$

$x^4 + 5x^3 - 5x^2 + 5x - 6 = (x - 1)(x^3 + 6x^2 + x + 6)$

$\qquad\qquad = (x - 1)[x^2(x + 6) + 1(x + 6)]$ raccoglimento parziale nella seconda parentesi

$\qquad\qquad = \mathbf{(x - 1)(x + 6)(x^2 + 1)}$ $\qquad$ raccoglimento totale

Osserviamo che $x^2 + 1$ è irriducibile e quindi non si può procedere oltre nella scomposizione.

- $x^3 - x^2 - x + 1 = x^2(x - 1) - (x - 1) = (x - 1)(x^2 - 1) = (x - 1)(x - 1)(x + 1) = \mathbf{(x - 1)^2(x + 1)}$

Allora: $M.C.D. = x - 1 \qquad m.c.m. = (x - 1)^2(x + 6)(x^2 + 1)(x + 1)$

VERIFICA DI COMPRENSIONE

1. Scomponi i seguenti polinomi:

$2a^2x - 3abx = \dots\dots\dots\dots$ $\qquad 2a^2x^2 - 3abx^2 = \dots\dots\dots$ $\qquad 4a^3x - 9ab^2x = \dots\dots\dots$

Il loro *M.C.D.* è uguale a ....;

il loro *m.c.m.* è uguale a ....

Determina adesso il valore di verità delle seguenti proposizioni:

a. un divisore comune è a^2 V F

b. un divisore comune è x V F

c. un multiplo comune è $8a^2x^2(2a - 3b)(2a + 3b)$ V F

d. un multiplo comune è $a^2(2a - 3b)^2$.   V F

Sul sito www.edatlas.it trovi...

- il laboratorio di informatica
- la scheda storica e le curiosità matematiche
- le attività di recupero

Si tratta di calcolare il *m.c.m.* fra i polinomi n $n + 1$ $n - 1$.

Il *m.c.m.* cercato è uguale a $n(n - 1)(n + 1)$

Dunque, se il primo leone era sveglio n ore fa, il prossimo risveglio comune sarà fra un numero di ore pari a

$$R = n(n - 1)(n + 1) - n = n[(n - 1)(n + 1) - 1] = n(n^2 - 2)$$

La risposta al quesito iniziale

Osserviamo che R è un numero positivo solo se $n \geq 2$ ed è:

$n = 2 \quad \rightarrow \quad R = 4$

$n = 3 \quad \rightarrow \quad R = 21$

$n = 4 \quad \rightarrow \quad R = 56$

$n = 5 \quad \rightarrow \quad R = 115$

Poiché non conosciamo il valore di n, ma sappiamo che non si deve aspettare più di tre giorni, il nostro eroe, se non vuole morire, dovrà essere davanti alla porta fra 4 ore, oppure fra 21 ore, oppure fra 56 ore.

I concetti e le regole

La fattorizzazione

Scomporre un polinomio significa scriverlo come prodotto di due o più polinomi, se possibile non ulteriormente scomponibili. I primi metodi per eseguire la scomposizione si basano sui seguenti criteri:

- i raccoglimenti a fattor comune parziale o totale
- il riconoscimento di prodotti notevoli
- la regola del trinomio caratteristico.

Il teorema del resto e la divisibilità dei polinomi

Le divisioni di un polinomio $P(x)$ per un binomio di primo grado della forma $(x - a)$ hanno un particolare rilievo; per esse valgono i seguenti teoremi:

- **teorema del resto:** il resto della divisione di $P(x)$ per $(x - a)$ è uguale a $P(a)$.

  $P(x) = x^3 - 2x^2 + 4$ divisore: $x - 1$ $\rightarrow$ resto: $P(1) = 3$

- **teorema di Ruffini:** un polinomio $P(x)$ è divisibile per il binomio $(x - a)$ se e solo se $P(a) = 0$.

  In questo caso a rappresenta uno **zero** del polinomio.

Il teorema di Ruffini rappresenta quindi un criterio di divisibilità di $P(x)$ per $(x - a)$.

Come eseguire una fattorizzazione

Nella pratica, per scomporre un polinomio conviene tenere presenti, in successione, le seguenti considerazioni:

- controllare se è possibile eseguire un raccoglimento totale o parziale
- riferirsi a regole particolari guardando il numero dei termini del polinomio; se è un:

- binomio	differenza di quadrati	$x^2 - a^2 = (x - a)(x + a)$
	somma di quadrati	$x^2 + a^2$ irriducibile
	somma di cubi	$x^3 + a^3 = (x + a)(x^2 - ax + a^2)$
	differenza di cubi	$x^3 - a^3 = (x - a)(x^2 + ax + a^2)$
- trinomio	quadrato di un binomio	$a^2 \pm 2ab + b^2 = (a \pm b)^2$
	trinomio caratteristico	$x^2 + (a + b)x + ab = (x + a)(x + b)$
- quadrinomio	cubo di un binomio	$a^3 \pm 3a^2b + 3ab^2 \pm b^3 = (a \pm b)^3$
	differenza di due quadrati	$a^2 + 2ab + b^2 - x^2 = (a + b)^2 - x^2 = (a + b + x)(a + b - x)$

- polinomio di sei termini
  - può essere il quadrato di un trinomio $a^2 + 4b^2 + 9 + 4ab - 6a - 12b = (a + 2b - 3)^2$
  - può essere la differenza dei quadrati di due binomi

    $a^2 + 2a + 1 - x^2 + 2xy - y^2 = (a^2 + 2a + 1) - (x^2 - 2xy + y^2) =$
    $= (a + 1)^2 - (x - y)^2 = (a + 1 + x - y)(a + 1 - x + y)$

- cercare i divisori della forma $x - a$ con il teorema di Ruffini.

M.C.D. e m.c.m. fra polinomi

- Il $M.C.D.$ fra due o più polinomi già fattorizzati è il prodotto dei soli fattori comuni con il minimo esponente.
- Il $m.c.m.$ fra due o più polinomi già fattorizzati è il prodotto dei fattori comuni e non comuni con il massimo esponente.

CAPITOLO 2

Le *frazioni algebriche*

Obiettivi

- operare con le frazioni algebriche eseguendo:
  - semplificazioni
  - addizioni e sottrazioni
  - moltiplicazioni e divisioni

- applicare il calcolo con le frazioni algebriche per:
  - risolvere equazioni frazionarie
  - costruire il modello algebrico di situazioni problematiche

MATEMATICA, REALTÀ E STORIA

Monomi e polinomi non sono sufficienti ad esprimere in linguaggio algebrico una qualunque situazione problematica, sostanzialmente perché quando in un modello algebrico sono coinvolte anche le divisioni, quasi sempre si ha a che fare con qualcosa di diverso. Del resto anche con i numeri è lo stesso: la divisione tra numeri interi porta a dover operare con i numeri razionali, cioè con le frazioni.

Per esempio, a un numero aggiungi 1 e poi fanne il reciproco, a questo aggiungi 1 e poi fanne il reciproco, a questo aggiungi 1 e poi ......

Per sapere che cosa si trova dopo un certo numero di passaggi, per esempio 5, indicato con x il numero iniziale, dobbiamo saper trovare il valore dell'espressione

$$\cfrac{1}{\cfrac{1}{\cfrac{1}{\cfrac{1}{x+1}+1}+1}+1}+1$$

e se, dopo aver studiato i contenuti di questo capitolo, vorrai calcolare il risultato di questa espressione, troverai che è $\dfrac{5x+8}{3x+5}$.

Lavorare con l'algebra come siamo abituati oggi è abbastanza semplice una volta che abbiamo imparato le regole per eseguire le quattro operazioni. Ma non è sempre stato così; la forma del calcolo con le lettere così come la conosciamo noi è relativamente recente. In assenza di simboli, fino al 1500, si usava il linguaggio naturale; si diceva per esempio:

due volte una quantità incognita addizionata a tre unità sono eguali a sei volte la stessa quantità incognita e come trovare il valore di questa quantità incognita era alquanto complicato da descrivere.

Le basi del calcolo letterale furono poste da Viète nel 1591 che cominciò ad usare le lettere sia per indicare quantità ignote che per indicare quantità note e se vuoi avere maggiori informazioni su questo argomento puoi accedere on line ad una scheda con gli sviluppi storici dell'algebra.

Il problema da risolvere

Quando si vuole investire del denaro per avere un ritorno economico, si deve prestare attenzione al rischio che l'investimento comporta; per questo motivo, le agenzie di rating stilano una classifica dei livelli di rischio indicandoli con una serie di lettere:

- *AAA* significa massima sicurezza dell'investimento con elevatissima probabilità di rimborso, diciamo del 98%

- *AA* significa elevata probabilità di rimborso, diciamo del 90%

- *A* indica alta capacità di rimborso che può essere soggetta a qualche rischio in presenza di circostanze avverse, stimiamo una probabilità di rimborso pari all'83%

- *BBB* indica un investimento che presenta qualche rischio, con una probabilità di rimborso diciamo intorno al 75%

Le lettere successive sono *BB*, *B* poi si passa alla tripla *C* e via di seguito fino alla lettera *D* che indica insolvenza.

La situazione è in realtà un po' più complessa di quella illustrata perché esistono anche situazioni intermedie rappresentate dai simboli *AA+*, *A−* e così via; noi ci poniamo in una situazione semplificata.

Ovviamente, i titoli che hanno un alto livello di rating hanno un rendimento piuttosto basso, mentre i titoli che sono più rischiosi hanno un rendimento più alto per invogliare l'investitore ad acquistarli.

La storia recente del nostro Paese ci racconta di tassi arrivati all'8% di interesse sui Titoli di Stato alla fine del 2011 e inizio 2012 a causa di un declassamento dell'Italia a livello *AA* e poi *A*.

Supponiamo che un tale abbia investito il suo capitale in tre forme di investimento aventi livelli di rischio *AAA*, *AA* e *BBB*. Se le somme investite sono rispettivamente x, y e z, come si può esprimere il livello medio di sicurezza dell'investimento fatto?

1. RAPPORTI FRA POLINOMI

Gli esercizi di questo paragrafo sono a pag. 296

Il quoziente fra due monomi o fra due polinomi non sempre si può esprimere come un monomio o un polinomio; per esempio:

- $6x^2y : 5xy^3 = \dfrac{6}{5}xy^{-2} = \dfrac{6x}{5y^2}$ e l'espressione $\dfrac{6x}{5y^2}$ non è un monomio;

- $(x^2 - 4x + 5) : (x - 1)$

   non è esprimibile mediante un polinomio in quanto la divisione non è esatta

   e si ottiene $\dfrac{x^2 - 4x + 5}{x - 1} = x - 3 + \dfrac{2}{x - 1}$.

In casi come questi si parla di frazione algebrica.

Si chiama **frazione algebrica** l'espressione $\dfrac{A}{B}$ che esprime il quoziente di due polinomi (o monomi) A e B, supposto $B \neq 0$.

Il polinomio A è il numeratore della frazione, B ne è il denominatore e, visto che la divisione per zero non è un'operazione consentita, B non può essere il polinomio nullo.

Le due espressioni $\dfrac{6x}{5y^2}$ e $\dfrac{x^2 - 4x + 5}{x - 1}$ sono dunque frazioni algebriche

in senso proprio; tuttavia anche le espressioni monomie o polinomie possono essere considerate frazioni algebriche il cui denominatore è uguale a 1. Questa interpretazione, analoga a quella che era stata data per le frazioni numeriche, ci consente di stabilire una relazione di inclusione fra gli insiemi delle frazioni algebriche, dei polinomi e dei monomi (**figura 1**) che ci permetterà di eseguire le operazioni fondamentali fra una frazione e un polinomio o un monomio.

Figura 1

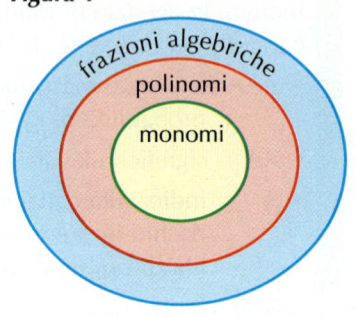

Anche una frazione algebrica è funzione delle sue lettere e, a seconda dei valori numerici da esse assunti, la frazione assume valori diversi. Tuttavia, mentre un polinomio ha significato per qualunque valore attribuito alle variabili, una frazione non ha significato per i valori che annullano il suo denominatore. Per esempio:

- $\dfrac{x^2 - 4x + 1}{x - 3}$ ha significato per qualsiasi valore reale di x, ad esclusione di $x = 3$

- $\dfrac{2a - 1}{a(a - 2)}$ ha significato per qualsiasi valore reale di a, ad esclusione di $a = 0$ e $a = 2$

L'insieme dei valori che è possibile attribuire alle lettere di un'espressione algebrica rappresenta il suo **insieme di definizione** o **dominio**.
Per rappresentare questo insieme si scrivono le **condizioni di esistenza** (C.d.E.) della frazione che indicano quali elementi devono essere esclusi.
Se le C.d.E. sono più di una, come nel caso della seconda delle precedenti frazioni, esse si elencano una dopo l'altra inteponendo la congiunzione "e". Tale congiunzione, posta tra due o più condizioni, indica che esse devono essere tutte verificate contemporaneamente.
In matematica, per esprimere questo concetto si usa il simbolo $\land$; relativamente ai due esempi precedenti le C.d.E. sono rispettivamente:

- $x \neq 3$
- $a \neq 0 \ \land \ a \neq 2$

La condizione di esistenza (C.d.E.) della frazione $\dfrac{A(x)}{B(x)}$ è $B(x) \neq 0$

Come per le frazioni numeriche, anche per quelle algebriche possiamo poi introdurre il concetto di equivalenza.

Due frazioni algebriche, funzioni delle stesse variabili, sono **equivalenti** se diventano numeri uguali in corrispondenza di ogni valore che sia possibile attribuire alle variabili.

La definizione ci permette di capire se due frazioni non sono equivalenti; basta infatti trovare un caso numerico che soddisfa la C.d.E. delle due frazioni per il quale si ottengono due valori diversi. Per esempio:

$$\frac{2x}{2x - 1} \quad \text{e} \quad \frac{x}{x - 1}$$

in corrispondenza di $x = 2$ valgono rispettivamente $\dfrac{4}{3}$ e 2, quindi non sono equivalenti.

Non è invece possibile applicare la definizione per riconoscere l'equivalenza (si dovrebbero sostituire infiniti valori alle variabili) ed è necessario ricorrere ad altre considerazioni. Il criterio che si applica è analogo a quello stabilito per le frazioni numeriche.

CRITERIO DI EQUIVALENZA

Le frazioni algebriche $\dfrac{A}{B}$ e $\dfrac{C}{D}$ sono equivalenti se $A \cdot D = B \cdot C$.

Per esempio:

$\dfrac{2a}{a^2 - a}$ e $\dfrac{2a + 2}{a^2 - 1}$ sono equivalenti nel loro dominio comune perché $2a(a^2 - 1) = (2a + 2)(a^2 - a)$

Infatti: sviluppando il primo membro otteniamo $2a(a^2 - 1) = 2a^3 - 2a$

sviluppando il secondo membro otteniamo $(2a + 2)(a^2 - a) = 2a^3 - 2a$.

Riconoscere l'equivalenza è quindi semplice, ma ciò che ci interessa di più è sapere quali sono le operazioni che si possono eseguire su una frazione algebrica per ottenerne una ad essa equivalente. Le operazioni "lecite" sono quelle che applicano la proprietà invariantiva della divisione e quindi, data una frazione algebrica, possiamo:

> *Proprietà invariantiva della divisione:* se si moltiplicano o si dividono numeratore e denominatore di una frazione per uno stesso numero non nullo, si ottiene una frazione equivalente a quella data.

■ dividere numeratore e denominatore per uno stesso monomio o polinomio (non nullo) e questo ci porterà a poter semplificare una frazione

■ moltiplicare numeratore e denominatore per uno stesso monomio o polinomio (non nullo) e questo ci servirà per ridurre due o più frazioni allo stesso denominatore in modo da poterle sommare o sottrarre.

ESEMPI

1. Troviamo il dominio delle seguenti frazioni algebriche.

a. $\dfrac{3a + b}{4a}$ La frazione è funzione delle variabili a e b; mentre b può assumere qualsiasi valore numerico, a non può valere zero: C.d.E. $a \neq 0$.

b. $\dfrac{2y}{y^2 - 2y + 1}$ Scomponiamo dapprima il denominatore della frazione: $\dfrac{2y}{y^2 - 2y + 1} = \dfrac{2y}{(y - 1)^2}$

Il denominatore si annulla se $y = 1$, quindi la C.d.E. è $y \neq 1$.

2. Stabiliamo se le due frazioni $\dfrac{x}{x + 1}$ e $\dfrac{x^2 - x}{x^2 - 1}$ sono equivalenti.

La prima frazione esiste se $x + 1 \neq 0$; il denominatore della seconda si scompone in $(x - 1)(x + 1)$, quindi la frazione esiste se $x - 1 \neq 0 \ \wedge \ x + 1 \neq 0$; complessivamente deve quindi essere $x \neq \pm 1$.

Affinché le due frazioni siano equivalenti deve essere: $x(x^2 - 1) = (x^2 - x)(x + 1)$

Sviluppiamo il primo membro: $x(x^2 - 1) = x^3 - x$

Sviluppiamo il secondo membro: $(x^2 - x)(x + 1) = x^3 - x^2 + x^2 - x = x^3 - x$

Avendo ottenuto la stessa espressione, possiamo concludere che le due frazioni sono equivalenti.

1. La C.d.E. della frazione algebrica $\dfrac{3(b+1)}{b-1}$ è:

   a. qualunque $b \in R$ **b.** $b \neq 1$ **c.** $b \neq -1$ **d.** $b \neq 0$

2. Considerata la frazione $\dfrac{x-3}{(x-y)(x+2y)}$, indica quali delle seguenti coppie di valori non è possibile attribuire alle variabili:

   a. $x = 3,\ y = 4$ **b.** $x = -4,\ y = 2$

   c. $x = 3,\ y = 2$ **d.** $x = -2,\ y = -2$

   e. $x = 0,\ y = 0$ **f.** $x = 1,\ y = -2$

   g. $x = -1,\ y = 1$ **h.** $x = -2,\ y = 1$

3. Nell'ambito del loro dominio, indica a quali delle seguenti frazioni è equivalente $\dfrac{a-2}{a-3}$:

   a. $\dfrac{a^2-2a}{a^2-3}$ **b.** $\dfrac{a^2-4}{a^2-9}$ **c.** $\dfrac{a^2-2a}{a^2-3a}$ **d.** $\dfrac{2-a}{3-a}$

2. LA SEMPLIFICAZIONE DELLE FRAZIONI ALGEBRICHE

Gli esercizi di questo paragrafo sono a pag. 298

Una frazione algebrica $\dfrac{A}{B}$, nel suo insieme di definizione, si può semplificare se il $M.C.D.$ fra il numeratore A e il denominatore B è diverso da 1, cioè se A e B hanno divisori comuni; in caso contrario si dice che la frazione è **irriducibile**.

LA PROCEDURA DI SEMPLIFICAZIONE

L'algoritmo per semplificare una frazione è il seguente:

- si scompongono numeratore e denominatore
- si individuano i divisori comuni, cioè il $M.C.D.$
- si dividono il numeratore e il denominatore per il loro $M.C.D.$

 **Applicazione informatica *on line***

La proprietà invariantiva assicura che il risultato dopo la divisione è equivalente alla frazione iniziale.

Applichiamo questa procedura per semplificare la frazione $\dfrac{x^3 - x}{x^3 - 2x^2 + x}$:

- scomponiamo numeratore e denominatore: $\dfrac{x(x^2-1)}{x(x^2-2x+1)} = \dfrac{x(x-1)(x+1)}{x(x-1)^2}$

- il $M.C.D.$ fra numeratore e denominatore è: $x(x-1)$

- dividiamo per $x(x-1)$: $\dfrac{[x(x-1)(x+1)] : [x(x-1)]}{[x(x-1)^2] : [x(x-1)]} = \dfrac{x+1}{x-1}$

Per le condizioni di esistenza deve essere

$$x \neq 0 \wedge x - 1 \neq 0$$

Nella pratica si procede in modo più veloce semplificando, come nelle frazioni numeriche, i fattori uguali al numeratore e al denominatore con un tratto di penna, sottintendendo il quoziente 1; per la precedente frazione si scrive di solito così:

$$\frac{\cancel{x}(x-1)(x+1)}{\cancel{x}(x-1)^{\cancel{2}}} = \frac{x+1}{x-1}$$

1. $\dfrac{3abx^3}{2ax^2}$ si può semplificare per a e per x^2: $\dfrac{3\cancel{a}bx^{\cancel{3}}}{2\cancel{a}x^{\cancel{2}}} = \dfrac{3bx}{2}$

2. $\dfrac{8a^3y^2}{4a^4y}$ si può semplificare per 4, per a^3 e per y: $\dfrac{\overset{2}{\cancel{8}}\cancel{a^3}y^{\cancel{2}}}{\cancel{4}a^{\cancel{4}}\cancel{y}} = \dfrac{2y}{a}$

3. $\dfrac{5x^2 + 10x}{5x} = \dfrac{5x(x+2)}{5x} = x + 2$ 4. $\dfrac{3a^2x^2 - 9a^3x}{ax^3 - 3a^2x^2} = \dfrac{3a^{\cancel{2}}x(x - 3a)}{ax^{\cancel{2}}(x - 3a)} = \dfrac{3a}{x}$

5. $\dfrac{y^2 - 2y}{3y^3 - 12y^2 + 12y} = \dfrac{y(y-2)}{3y(y^2 - 4y + 4)} = \dfrac{\cancel{y}(\cancel{y-2})}{3\cancel{y}(y-2)^{\cancel{2}}} = \dfrac{1}{3(y-2)}$

6. $\dfrac{a + 2b}{a^2 - b^2} = \dfrac{a + 2b}{(a - b)(a + b)}$

il numeratore e il denominatore non hanno divisori comuni al di fuori dell'unità e quindi la frazione è irriducibile

---

- $\dfrac{x^2 + y^2}{x^2}$

  è irriducibile; **non si può** semplificare in questo modo: $\dfrac{\cancel{x^2} + y^2}{\cancel{x^2}} = y^2$

- $\dfrac{2 + x}{2 - a}$

  è irriducibile; **non si può** semplificare in questo modo: $\dfrac{\cancel{2} + x}{\cancel{2} - a} = -\dfrac{x}{a}$

- $\dfrac{a(a - 1) + a}{a(a - 1)}$ non è uguale a $\dfrac{a\cancel{(a - 1)} + a}{a\cancel{(a - 1)}} = a$

            ma è uguale a $\dfrac{a^2 - a + a}{a(a - 1)} = \dfrac{a^{\cancel{2}}}{\cancel{a}(a - 1)} = \dfrac{a}{a - 1}$

In sostanza: **in una frazione algebrica si semplificano i fattori, non si semplificano gli addendi**.

VERIFICA DI COMPRENSIONE

1. La frazione $\dfrac{2ab - a^2}{ab}$ si semplifica in:

   a. $\dfrac{2b - a}{b}$ **b.** $-a^2$ **c.** $2 - a^2$ **d.** non si semplifica perché è irriducibile

2. Nella semplificazione delle seguenti frazioni sono stati commessi degli errori. Individuali e correggili:

   a. $\dfrac{3x^3 - 9x^2}{3x^3 - 6x^2} = \dfrac{-9x^2}{-6x^2} = \dfrac{3}{2}$ **b.** $\dfrac{2a^2 - 4a + 2}{a^2 - 1} = \dfrac{2(a - 1)^{\cancel{2}}}{\cancel{(a - 1)}(a + 1)} = \dfrac{2}{a + 1}$

3. L'ADDIZIONE E LA SOTTRAZIONE

Gli esercizi di questo paragrafo sono a pag. 302

Come per le frazioni numeriche, la somma o la differenza di frazioni algebriche **che hanno lo stesso denominatore** si calcola sommando o sottraendo i rispettivi numeratori.

Con le frazioni numeriche: $\dfrac{3}{4} + \dfrac{7}{4} - \dfrac{9}{4} = \dfrac{3 + 7 - 9}{4} = \dfrac{1}{4}$

Con le frazioni algebriche: $\dfrac{x}{x-1} - \dfrac{3x-4}{x-1} + \dfrac{2-x}{x-1} = \dfrac{x - (3x-4) + (2-x)}{x-1} = \dfrac{x - 3x + 4 + 2 - x}{x-1} = \dfrac{6 - 3x}{x-1}$

Se le frazioni non hanno lo stesso denominatore, occorre prima determinare un denominatore comune, di solito il *m.c.m.* fra i denominatori, e poi eseguire la somma o la differenza come nel caso precedente.

Con le frazioni numeriche	Con le frazioni algebriche
$\dfrac{7}{6} + \dfrac{5}{9}$	$\dfrac{a-1}{a} + \dfrac{2a+1}{a+2}$ C.d.E.: $a \neq 0 \ \wedge \ a + 2 \neq 0$
$m.c.m.(6, 9) = 18$	$m.c.m.(a, (a+2)) = a(a+2)$
$\dfrac{21}{18} + \dfrac{10}{18}$	$\dfrac{(a-1)(a+2)}{a(a+2)} + \dfrac{a(2a+1)}{a(a+2)}$
$\dfrac{21 + 10}{18} = \dfrac{31}{18}$	$\dfrac{(a-1)(a+2) + a(2a+1)}{a(a+2)} = \dfrac{3a^2 + 2a - 2}{a(a+2)}$

In generale, per sommare o sottrarre due o più frazioni algebriche conviene seguire questa procedura (le parti fra parentesi si riferiscono al precedente esempio):

LA PROCEDURA DI CALCOLO

- scomporre innanzi tutto i denominatori delle frazioni e porre le condizioni di esistenza (primo passaggio)
- semplificare le frazioni che non sono irriducibili
- trovare il *m.c.m.* fra i denominatori (secondo passaggio)
- ridurre tutte le frazioni allo stesso denominatore (terzo passaggio)
- eseguire le addizioni e le sottrazioni e semplificare la frazione ottenuta se necessario (quarto passaggio).

Di solito, poi, come avrai modo di vedere negli esempi che seguono, la riduzione allo stesso denominatore e l'esecuzione dell'addizione o della sottrazione si eseguono nello stesso passaggio.

ESEMPI

1. $\dfrac{3b}{2x+y} + \dfrac{2a}{2x-y} =$ \qquad C.d.E. \quad $2x + y \neq 0 \ \wedge \ 2x - y \neq 0$

$= \dfrac{3b(2x-y)}{(2x+y)(2x-y)} + \dfrac{2a(2x+y)}{(2x+y)(2x-y)} =$ \qquad riduzione allo stesso denominatore **(A)**

$= \dfrac{3b(2x-y) + 2a(2x+y)}{(2x+y)(2x-y)} =$ \qquad somma algebrica dei numeratori

$$= \frac{6bx - 3by + 4ax + 2ay}{(2x + y)(2x - y)}$$ svolgimento dei calcoli

Poiché la frazione è irriducibile, questo è anche il risultato dell'addizione.

Di solito, per abbreviare la sequenza dei passaggi, l'operazione di riduzione allo stesso denominatore si svolge contemporaneamente a quella di addizione fra i numeratori, riducendo i due passaggi ad uno solo. In pratica, si omette di scrivere il passaggio **(A)**.

2. $\dfrac{2a - b}{ab} - \dfrac{a + 2b}{a^2 + ab} + \dfrac{a}{ab + b^2} =$

$$= \frac{2a - b}{ab} - \frac{a + 2b}{a(a + b)} + \frac{a}{b(a + b)} =$$ scomposizione dei denominatori
C.d.E. $a \neq 0 \ \wedge \ b \neq 0 \ \wedge \ a + b \neq 0$

$$= \frac{(2a - b)(a + b) - (a + 2b)b + a^2}{ab(a + b)} =$$ denominatore comune e somma algebrica dei numeratori

$$= \frac{2a^2 + 2ab - ab - b^2 - ab - 2b^2 + a^2}{ab(a + b)} =$$ svolgimento dei calcoli

$$= \frac{3a^2 - 3b^2}{ab(a + b)} =$$ riduzione dei monomi simili

$$= \frac{3(a - b)(a + b)}{ab(a + b)} =$$ scomposizione del numeratore

$$= \frac{3(a - b)\,\cancel{(a + b)}}{ab\,\cancel{(a + b)}} = \frac{3(a - b)}{ab}$$ semplificazione della frazione e risultato

3. $\dfrac{x - 3}{3x^2 + x} - \dfrac{x + 3}{x - 3x^2} - \dfrac{x}{9x^2 - 1} + \dfrac{13x^2 - 8}{9x^3 - x} =$

$$= \frac{x - 3}{x(3x + 1)} - \frac{\color{red}{x + 3}}{\color{red}{x(1 - 3x)}} - \frac{x}{(3x - 1)(3x + 1)} + \frac{13x^2 - 8}{x(9x^2 - 1)} =$$

Fai attenzione alle parti evidenziate in colore rosso. Poiché i denominatori delle altre frazioni hanno come fattore $3x - 1$ che differisce da $1 - 3x$ per i segni dei suoi termini, dobbiamo raccogliere un segno "$-$" in modo da trasformare $1 - 3x$ in $3x - 1$: $\quad 1 - 3x = -(3x - 1)$

$$= \frac{x - 3}{x(3x + 1)} - \frac{\color{red}{x + 3}}{\color{red}{-x(3x - 1)}} - \frac{x}{(3x - 1)(3x + 1)} + \frac{13x^2 - 8}{x(3x - 1)(3x + 1)} =$$

È poi opportuno non lasciare il segno negativo al denominatore ma portarlo davanti alla linea di frazione; tale operazione cambia il segno che c'è davanti alla frazione. In questo caso il segno da "$-$" è diventato "$+$".

$$= \frac{x - 3}{x(3x + 1)} + \frac{\color{red}{x + 3}}{\color{red}{x(3x - 1)}} - \frac{x}{(3x - 1)(3x + 1)} + \frac{13x^2 - 8}{x(3x - 1)(3x + 1)} =$$

C.d.E. $x \neq 0 \quad \wedge \quad x \neq -\dfrac{1}{3} \quad \wedge \quad x \neq \dfrac{1}{3}$

$$= \frac{(x - 3)(3x - 1) + (x + 3)(3x + 1) - x^2 + 13x^2 - 8}{x(3x - 1)(3x + 1)} =$$

$$= \frac{3x^2 - x - 9x + 3 + 3x^2 + x + 9x + 3 - x^2 + 13x^2 - 8}{x(3x-1)(3x+1)} =$$

$$= \frac{18x^2 - 2}{x(3x-1)(3x+1)} = \frac{2(9x^2-1)}{x(3x-1)(3x+1)} = \frac{2\,(3x-1)(3x+1)}{x\,(3x-1)(3x+1)} = \frac{2}{x}$$

VERIFICA DI COMPRENSIONE

1. Completa in modo da ottenere una frazione equivalente a quella data:

a. $\dfrac{2a}{a+1} = \dfrac{\ldots\ldots}{a^2-1}$ **b.** $\dfrac{x-1}{2x} = \dfrac{3x-3}{\ldots\ldots}$ **c.** $\dfrac{x+1}{3x+2} = \dfrac{x^2-1}{\ldots\ldots}$ **d.** $\dfrac{3x^2}{2x^3+2x} = \dfrac{\ldots\ldots}{4(x^2+1)}$

2. Completa i passaggi $\quad \dfrac{2}{a} - \dfrac{1}{a-1} = \dfrac{\ldots\ldots\ldots\ldots\ldots}{a(a-1)} = \dfrac{\ldots\ldots\ldots}{a(a-1)}:$

Il risultato è: **a.** $\dfrac{1}{a-1}$ **b.** $\dfrac{2a-3}{a(a-1)}$ **c.** $\dfrac{a-2}{a(a-1)}$ **d.** $-\dfrac{3}{a-1}$

3. L'espressione $\quad \dfrac{1}{b+1} - \dfrac{b}{1-b} - \dfrac{3}{b^2-1} \quad$ è equivalente a (sono possibili più risposte):

a. $\dfrac{1}{b+1} - \dfrac{b}{b-1} - \dfrac{3}{b^2-1}$ **b.** $-\dfrac{1}{b-1} + \dfrac{b}{b-1} - \dfrac{3}{b^2-1}$

c. $\dfrac{1}{1+b} - \dfrac{b}{1-b} + \dfrac{3}{1-b^2}$ **d.** $\dfrac{1}{b+1} + \dfrac{b}{b-1} - \dfrac{3}{b^2-1}$

4. LA MOLTIPLICAZIONE E LA DIVISIONE

Gli esercizi di questo paragrafo sono a pag. 308

Anche queste operazioni si eseguono con regole del tutto analoghe a quelle viste per le frazioni numeriche (nel seguito omettiamo le condizioni di esistenza).

■ La **moltiplicazione** di due frazioni algebriche si esegue moltiplicando fra loro i numeratori e i denominatori e semplificando poi la frazione ottenuta; per esempio:

$$\frac{4a+b}{a^2} \cdot \frac{2a}{b^2} = \frac{2a(4a+b)}{a^2 b^2} = \frac{2(4a+b)}{ab^2}$$

■ La **divisione** di due frazioni si esegue moltiplicando la prima frazione per il reciproco della seconda; per esempio:

$$\frac{x-y}{x} : \frac{2}{x+3y} = \frac{x-y}{x} \cdot \frac{x+3y}{2} = \frac{(x-y)(x+3y)}{2x}$$

■ L'**elevamento a potenza** di una frazione algebrica si ottiene elevando a quella potenza il numeratore e il denominatore; per esempio:

$$\left(\frac{2a}{a-3b}\right)^2 = \frac{(2a)^2}{(a-3b)^2} = \frac{4a^2}{(a-3b)^2}$$

Nella pratica, quando si deve eseguire una moltiplicazione, è comodo eseguire prima le eventuali semplificazioni e poi il prodotto:

- si scompongono tutti i polinomi delle frazioni, sia quelli al numeratore che quelli al denominatore
- si eseguono le semplificazioni dei fattori al numeratore con quelli al denominatore, anche di frazioni diverse
- si esegue il prodotto.

Per esempio:

$$\frac{4x^2 - y^2}{x^2 + 2xy + y^2} \cdot \frac{3x + 3y}{2x - y} = \frac{(2x - y)(2x + y)}{(x + y)^2} \cdot \frac{3(x + y)}{2x - y} = \frac{3(2x + y)}{x + y}$$

ESEMPI

1. $\dfrac{5ab}{2x^2} \cdot \dfrac{3x}{10a^2}$

Come nel caso del prodotto fra frazioni numeriche, conviene prima fare le semplificazioni possibili:

- $5ab$ al numeratore della prima frazione con $10a^2$ al denominatore della seconda

- x al numeratore della seconda frazione con x^2 al denominatore della prima.

$$\frac{5ab}{2x^2} \cdot \frac{3x}{10a^2} = \frac{3b}{4ax}$$

2. $\dfrac{x^2 - 2xy + y^2}{a^2 - b^2} \cdot \dfrac{3a - 3b}{x - y}$

Scomponiamo i polinomi delle due frazioni: $\dfrac{(x - y)^2}{(a - b)(a + b)} \cdot \dfrac{3(a - b)}{x - y}$

Eseguiamo le semplificazioni possibili: $\dfrac{(x - y)^2}{(a - b)(a + b)} \cdot \dfrac{3(a - b)}{x - y} = \dfrac{3(x - y)}{a + b}$

3. $\dfrac{3xy^2}{2x - 4y} : \dfrac{x^2y^2}{x^2 - 4y^2}$

Trasformiamo la divisione in moltiplicazione: $\dfrac{3xy^2}{2x - 4y} \cdot \dfrac{x^2 - 4y^2}{x^2y^2}$

Scomponiamo: $\dfrac{3xy^2}{2(x - 2y)} \cdot \dfrac{(x - 2y)(x + 2y)}{x^2y^2}$

Semplifichiamo: $\dfrac{3xy^2}{2(x - 2y)} \cdot \dfrac{(x - 2y)(x + 2y)}{x^2y^2} = \dfrac{3(x + 2y)}{2x}$

4. $\left(-\dfrac{x^2y^3}{x^2 + y}\right)^2$

Il segno della frazione potenza è positivo; eleviamo al quadrato numeratore e denominatore:

$$+\frac{(x^2y^3)^2}{(x^2 + y)^2} = \frac{x^4y^6}{(x^2 + y)^2}$$

Di solito la potenza dei polinomi al denominatore si lascia indicata e non è indispensabile sviluppare il calcolo.

1. Completa i passaggi $\dfrac{a-b}{a^2(a^2+b^2)} \cdot (a^4-b^4) = \dfrac{(a-b)}{a^2(a^2+b^2)} \cdot (\ldots\ldots\ldots)(\ldots\ldots\ldots) = \ldots\ldots\ldots$

Il risultato che si ottiene è:

a. $\dfrac{a^3+b^3}{a^2}$ **b.** $\dfrac{a^3-b^3}{a^2}$ **c.** $\dfrac{(a+b)(a-b)^2}{a^2}$ **d.** $\dfrac{(a-b)(a+b)^2}{a^2}$

2. L'espressione $\dfrac{x+y}{x-y} : \dfrac{2x(x+y)}{y(x-y)} \cdot 4x$ è uguale a (sono possibili più risposte):

a. $\dfrac{x+y}{x-y} : \left[\dfrac{2x(x+y)}{y(x-y)} \cdot \dfrac{1}{4x} \right]$ **b.** $\dfrac{x+y}{x-y} : \left[\dfrac{2x(x+y)}{y(x-y)} \cdot 4x \right]$

c. $\dfrac{x+y}{x-y} \cdot \dfrac{y(x-y)}{2x(x+y)} \cdot \dfrac{1}{4x}$ **d.** $\dfrac{x+y}{x-y} \cdot \dfrac{y(x-y)}{2x(x+y)} \cdot 4x$

3. L'espressione $\left(\dfrac{2a}{a-b} \right)^2 : \left(\dfrac{a^2-b^2}{ab} \right)^{-2}$

a. è equivalente a:

  ① $\left(\dfrac{2a}{a-b} \right)^2 \cdot \left(\dfrac{ab}{a^2-b^2} \right)^2$ ② $\left(\dfrac{2a}{a-b} \right)^2 \cdot \left(\dfrac{a^2-b^2}{ab} \right)^2$ ③ nessuna delle precedenti

b. ha risultato:

  ① $\dfrac{2(a+b)^2}{b^2}$ ② $\dfrac{4(a+b)^2}{b^2}$ ③ nessuno dei precedenti

5. LE ESPRESSIONI CON LE FRAZIONI ALGEBRICHE

Gli esercizi di questo paragrafo sono a pag. 315

In una espressione, le operazioni fra frazioni algebriche devono essere eseguite rispettando la consueta precedenza:

- prima le eventuali potenze
- poi le moltiplicazioni e le divisioni
- da ultimo le addizioni e le sottrazioni

a cominciare dalle parentesi più interne.

Vediamo allora alcuni esempi riassuntivi.

ESEMPI

1. $\left(\dfrac{4x+3}{8x} - \dfrac{x-2}{4x^2} + \dfrac{3-x}{2x} \right) \cdot \left(1 - \dfrac{13x-4}{13x+4} \right)$

Eseguiamo dapprima le operazioni all'interno delle parentesi:

$$\dfrac{x(4x+3) - 2(x-2) + 4x(3-x)}{8x^2} \cdot \dfrac{13x+4-(13x-4)}{13x+4} =$$

$$= \frac{4x^2 + 3x - 2x + 4 + 12x - 4x^2}{8x^2} \cdot \frac{13x + 4 - 13x + 4}{13x + 4} =$$

$$= \frac{13x + 4}{8x^2} \cdot \frac{8}{13x + 4}$$

Semplifichiamo ed eseguiamo il prodotto: $\dfrac{\cancel{13x + 4}}{\cancel{8}x^2} \cdot \dfrac{\cancel{8}}{\cancel{13x + 4}} = \dfrac{1}{x^2}$

2. $\left(\dfrac{2}{3 - x} - \dfrac{12}{9 - x^2} \right)^2 \cdot \dfrac{x^2 + 6x + 9}{2x - 2}$

Tenendo presente che $9 - x^2 = (3 - x)(3 + x)$ eseguiamo come prima cosa la differenza all'interno della parentesi:

$$\left[\frac{2(3 + x) - 12}{(3 - x)(3 + x)} \right]^2 \cdot \frac{x^2 + 6x + 9}{2x - 2} = \left[\frac{-2\cancel{(3 - x)}}{\cancel{(3 - x)}(3 + x)} \right]^2 \cdot \frac{x^2 + 6x + 9}{2x - 2} = \left(-\frac{2}{3 + x} \right)^2 \cdot \frac{x^2 + 6x + 9}{2x - 2}$$

Eseguiamo la potenza, lasciando indicata quella al denominatore, e scomponiamo contemporaneamente i polinomi della seconda frazione; dopo le opportune semplificazioni, calcoliamo il prodotto:

$$\frac{4}{(3 + x)^2} \cdot \frac{(3 + x)^2}{2(x - 1)} = \frac{\overset{2}{\cancel{4}}}{\cancel{(3 + x)^2}} \cdot \frac{\cancel{(3 + x)^2}}{\cancel{2}(x - 1)} = \frac{2}{x - 1}$$

3. $\left[\left(\dfrac{a}{a - b} - \dfrac{a - b}{a} \right) : \dfrac{b}{a} + \dfrac{2a}{a - b} \right]^2 \cdot \left(\dfrac{b - 2a}{b - 4a} - 1 \right) =$

$$= \left[\frac{a^2 - (a - b)^2}{a(a - b)} \cdot \frac{a}{b} + \frac{2a}{a - b} \right]^2 \cdot \frac{b - 2a - b + 4a}{b - 4a} =$$

$$= \left[\frac{a^2 - a^2 + 2ab - b^2}{a(a - b)} \cdot \frac{a}{b} + \frac{2a}{a - b} \right]^2 \cdot \frac{2a}{b - 4a} = \left[\frac{2ab - b^2}{a(a - b)} \cdot \frac{a}{b} + \frac{2a}{a - b} \right]^2 \cdot \frac{2a}{b - 4a} =$$

$$= \left[\frac{\cancel{b}(2a - b)}{\cancel{a}(a - b)} \cdot \frac{\cancel{a}}{\cancel{b}} + \frac{2a}{a - b} \right]^2 \cdot \frac{2a}{b - 4a} = \left[\frac{2a - b}{a - b} + \frac{2a}{a - b} \right]^2 \cdot \frac{2a}{b - 4a} =$$

$$= \left[\frac{4a - b}{a - b} \right]^2 \cdot \frac{2a}{b - 4a} = \frac{(4a - b)^2}{(a - b)^2} \cdot \frac{2a}{b - 4a} = \qquad \text{ricorda che} \quad (4a - b)^2 = (b - 4a)^2$$

$$= \frac{(b - 4a)^{\cancel{2}}}{(a - b)^2} \cdot \frac{2a}{\cancel{(b - 4a)}} = \frac{2a(b - 4a)}{(a - b)^2}$$

4. $\dfrac{\dfrac{2x - 9}{2x} \cdot \dfrac{1}{4x^2 - 81}}{\dfrac{1}{4x^2 + 18x}}$

Ricordando che una linea di frazione indica l'operazione di divisione, possiamo riscrivere l'espressione in questo modo:

$$\left(\frac{2x - 9}{2x} \cdot \frac{1}{4x^2 - 81} \right) : \frac{1}{4x^2 + 18x}$$

Semplificando otteniamo:

$$\left[\frac{2x-9}{2x}\cdot\frac{1}{(2x-9)(2x+9)}\right]:\frac{1}{2x(2x+9)}=\frac{1}{2x(2x+9)}\cdot\frac{2x(2x+9)}{1}=1$$

VERIFICA DI COMPRENSIONE

1. Data l'espressione $\dfrac{x}{x-1}+\dfrac{x}{x^2-1}\cdot\dfrac{x+1}{2x^2}$:

a. la prima operazione da eseguire è l'addizione $\quad\dfrac{x}{x-1}+\dfrac{x}{x^2-1}$ ☑ Ⅎ

b. la prima operazione da eseguire è la moltiplicazione $\quad\dfrac{x}{x^2-1}\cdot\dfrac{x+1}{2x^2}$ ☑ Ⅎ

c. semplificando l'espressione si ottiene $\quad\dfrac{x^2+1}{x(x-1)}$ ☑ Ⅎ

d. semplificando l'espressione si ottiene $\quad\dfrac{2x^2+1}{2x(x-1)}$ ☑ Ⅎ

6. LE EQUAZIONI NUMERICHE FRAZIONARIE

Gli esercizi di questo paragrafo sono a pag. 317

Un'equazione è l'uguaglianza tra due espressioni algebriche che è verificata solo se la variabile assume particolari valori; risolvere un'equazione significa trovare questi valori che prendono il nome di soluzioni o radici dell'equazione. Per affrontare la risoluzione di un'equazione si devono applicare i principi di equivalenza che ricordiamo di seguito.

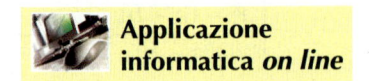 **Applicazione informatica *on line***

Primo principio. Se ai due membri di un'equazione si aggiunge una stessa espressione, avente lo stesso dominio di quella data, si ottiene un'equazione ad essa equivalente:

$$A(x)=B(x)\qquad\text{è equivalente a}\qquad A(x)+C(x)=B(x)+C(x)$$

Secondo principio. Se i due membri di un'equazione vengono moltiplicati per una stessa espressione, avente lo stesso dominio di quella data e non nulla, si ottiene un'equazione ad essa equivalente:

$$A(x)=B(x)\quad\text{è equivalente a}\quad A(x)\cdot C(x)=B(x)\cdot C(x)\quad\text{se }C(x)\neq 0$$

Ricordiamo poi che un'equazione si dice:

- **determinata** se ha un numero finito di soluzioni
- **indeterminata** se ha un numero infinito di soluzioni
- **impossibile** se non ha soluzioni.

Sappiamo già come si risolve un'equazione intera; vediamo come si deve procedere per risolvere un'**equazione frazionaria**, cioè un'equazione in cui l'incognita si trova anche al denominatore.
La prima osservazione, di fondamentale importanza, è che:

il dominio di un'equazione frazionaria, in generale, non è più l'insieme R in quanto si devono escludere i valori che annullano i denominatori delle frazioni.

Per esempio:

- l'equazione $\dfrac{x-1}{x-2} + \dfrac{x+2}{x+1} = 1$

  ha significato se: $\quad x - 2 \neq 0 \quad$ e $\quad x + 1 \neq 0$

  cioè se: $\quad x \neq 2 \quad$ e $\quad x \neq -1$

  Il dominio di questa equazione è quindi l'insieme R esclusi questi due valori:
  $$D = R - \{-1, 2\}$$

Alle disuguaglianze del tipo
$$A(x) \neq 0$$
si applicano gli stessi principi di equivalenza delle equazioni.

- l'equazione $\quad \dfrac{1}{x^2 - 9} - \dfrac{x}{x - 3} = \dfrac{3}{2},$

  cioè scomponendo il primo denominatore $\quad \dfrac{1}{(x-3)(x+3)} - \dfrac{x}{x-3} = \dfrac{3}{2}$

  ha significato se: $\quad x - 3 \neq 0 \quad$ e $\quad x + 3 \neq 0$

  cioè se: $\quad x \neq 3 \quad$ e $\quad x \neq -3$

  Il dominio di questa equazione è quindi l'insieme R esclusi questi due valori:
  $$D = R - \{-3, 3\}$$

Per indicare che dall'insieme R sono esclusi alcuni valori si scrive così:

$R - \{$elenco dei valori esclusi$\}$

In pratica, per determinare quali sono i valori di x da escludere dal dominio si procede così:

- ■ si esegue, se necessario, la scomposizione dei polinomi ai denominatori

- ■ si impone che ciascun fattore al denominatore sia diverso da zero (condizioni di esistenza)

- ■ si risolvono le condizioni di esistenza con la stessa procedura usata per le equazioni intere.

LA REGOLA PER DETERMINARE IL DOMINIO

Una volta determinato il dominio, si procede alla risoluzione dell'equazione applicando i principi di equivalenza.

Trovata la soluzione, **occorre poi verificare che essa appartenga al dominio D dell'equazione**.

Nel caso in cui la soluzione coincida con uno dei valori esclusi da D, si deve scartarla e concludere che, non avendo soluzioni accettabili, l'equazione è impossibile.

Per capire meglio la procedura completa, risolviamo l'equazione

$$\frac{x+2}{x-1} + \frac{x}{x+1} = 2 - \frac{1}{x^2 - 1}$$

- *Dominio dell'equazione:*
  $R - \{-1, 2\}$

- *Valore trovato per x:*
  $x = 2$

- *Insieme delle soluzioni:*
  $S = \varnothing$

- Scomponiamo i denominatori $\quad \dfrac{x+2}{x-1} + \dfrac{x}{x+1} = 2 - \dfrac{1}{(x-1)(x+1)}$

- Troviamo le C.d.E. dell'equazione $\quad x \neq 1 \ \wedge \ x \neq -1 \quad \rightarrow \quad \boldsymbol{D = R - \{-1, 1\}}$

- Riduciamo le frazioni allo stesso denominatore comune $\quad \dfrac{(x+2)(x+1) + x(x-1)}{(x-1)(x+1)} = \dfrac{2(x-1)(x+1) - 1}{(x-1)(x+1)}$

- Moltiplichiamo entrambi i membri per tale denominatore

$$(x-1)(x+1) \cdot \frac{(x+2)(x+1) + x(x-1)}{(x-1)(x+1)} = \frac{2(x-1)(x+1) - 1}{(x-1)(x+1)} \cdot (x-1)(x+1)$$

Osserviamo che quest'ultima operazione:

- rispetta il secondo principio, perché siamo nell'ipotesi in cui l'espressione $(x-1)(x+1)$ non è nulla;

- ci consente di giungere ad un'equazione intera equivalente che sappiamo risolvere.

- Sviluppiamo i calcoli

$$(x+2)(x+1) + x(x-1) = 2(x-1)(x+1) - 1$$

$$x^2 + x + 2x + 2 + x^2 - x = 2x^2 - 2 - 1$$

$$2x^2 + 2x + 2 = 2x^2 - 3 \quad \rightarrow \quad 2x = -3 - 2 \quad \rightarrow \quad 2x = -5 \quad \rightarrow \quad x = -\frac{5}{2}$$

- Confrontiamo la soluzione trovata con il dominio: poiché $-\frac{5}{2}$ non coincide con nessuno dei valori esclusi, la soluzione è accettabile e quindi: $S = \left\{ -\frac{5}{2} \right\}$.

ESEMPI

1. $\dfrac{1}{x^2 - 4} - \dfrac{3}{x-2} = \dfrac{5}{x+2} \quad \rightarrow \quad \dfrac{1}{(x-2)(x+2)} - \dfrac{3}{x-2} = \dfrac{5}{x+2}$

C.d.E.: $x + 2 \neq 0 \ \wedge \ x - 2 \neq 0 \qquad$ cioè $\qquad x \neq -2 \ \wedge \ x \neq 2, \qquad \boldsymbol{D = R - \{-2, 2\}}.$

Trasformiamo l'equazione da frazionaria a intera:

$$(x-2)(x+2) \cdot \frac{1 - 3(x+2)}{(x-2)(x+2)} = \frac{5(x-2)}{(x-2)(x+2)} \cdot (x-2)(x+2) \quad \rightarrow \quad 1 - 3(x+2) = 5(x-2)$$

Risolviamo l'equazione ottenuta:

$$1 - 3x - 6 = 5x - 10 \quad \rightarrow \quad -3x - 5x = -10 + 6 - 1 \quad \rightarrow \quad -8x = -5 \quad \rightarrow \quad x = \frac{5}{8}$$

Poiché $\dfrac{5}{8}$ non coincide con uno dei valori esclusi dal dominio, la soluzione è accettabile: $S = \left\{ \dfrac{5}{8} \right\}$.

2. $\dfrac{2x}{x^2 - 1} + \dfrac{1}{x} = \dfrac{3x + 1}{x^2 - 1}$

Scomponiamo i denominatori: $\quad \dfrac{2x}{(x-1)(x+1)} + \dfrac{1}{x} = \dfrac{3x+1}{(x-1)(x+1)}$

C.d.E.: $x \neq 0 \ \wedge \ x - 1 \neq 0 \ \wedge \ x + 1 \neq 0, \qquad \boldsymbol{D = R - \{0, 1, -1\}}.$

$$x(x-1)(x+1) \cdot \frac{2x^2 + x^2 - 1}{x(x-1)(x+1)} = \frac{3x^2 + x}{x(x-1)(x+1)} \cdot x(x-1)(x+1)$$

$$3x^2 - 3x^2 - x = 1 \quad \rightarrow \quad -x = 1 \quad \rightarrow \quad x = -1.$$

Il valore -1 coincide con uno dei valori esclusi dal dominio, quindi non può essere soluzione dell'equazione e perciò: $S = \varnothing$.

1. Il dominio dell'equazione $\dfrac{x^2 - 2x + 4}{x - 2} = \dfrac{3x + 1}{3}$ è:

   a. $R - \{0\}$ **b.** $R - \{2\}$ **c.** $R - \{2, 3\}$ **d.** $R - \{3\}$

2. L'equazione $\dfrac{1}{x - 1} = \dfrac{3x - 2}{x^2 - x}$, nell'ambito del suo dominio, è equivalente all'equazione intera $2x = 2$; di essa si può dire che:

   a. ha soluzione $x = 1$ **b.** ha soluzione $x = -1$ **c.** è impossibile   **d.** è indeterminata

3. L'equazione frazionaria $\dfrac{1}{x} = 3$ ha soluzione:

   a. $\dfrac{1}{3}$ **b.** $-\dfrac{1}{3}$ **c.** 3 **d.** -3

7. LE EQUAZIONI LETTERALI

Gli esercizi di questo paragrafo sono a pag. 322

Quando si deve risolvere un'equazione letterale, si deve prestare attenzione a che le operazioni che si eseguono abbiano sempre significato.
In particolare:

non è possibile moltiplicare o dividere per un coefficiente letterale senza aver posto tale coefficiente diverso da zero.

Un'altra importante considerazione riguarda il dominio di un'equazione letterale.

IL DOMINIO DI UN'EQUAZIONE LETTERALE E LA DISCUSSIONE

- Se l'equazione è intera, il dominio è l'insieme R; può darsi però che ci siano delle frazioni che hanno il parametro al denominatore ed allora bisogna escludere quei valori che li annullano.

   Per esempio, l'equazione $\dfrac{x - 1}{a + 2} - \dfrac{x + 2}{a} = \dfrac{x}{a - 2}$:

   - ha dominio R perché l'equazione è intera

   - bisogna però imporre che sia $a \neq -2 \ \wedge \ a \neq 0 \ \wedge \ a \neq 2$ perché in caso contrario l'equazione non ha significato.

- Se l'equazione è frazionaria, il dominio è in genere diverso da R perché bisogna escludere quei valori di x che annullano i denominatori; di conseguenza, una volta trovate le soluzioni, bisogna essere certi che queste siano accettabili.
Il confronto può però non essere immediato come accade per le equazioni numeriche e spesso occorre fare qualche calcolo.

Per esempio, se il dominio di un'equazione frazionaria è $R - \{3\}$ e risolvendo l'equazione si trova che $x = \dfrac{a + 1}{2a}$, dobbiamo chiederci per quali valori di a si verifica che $\dfrac{a + 1}{2a} \neq 3$.

In una equazione letterale bisogna distinguere:

- *il dominio, determinato rispetto all'incognita x*

$$\dfrac{2a}{x - 1} + \dfrac{1}{a} = 2$$

$$\uparrow$$

$$x \neq 1 \qquad D = R - \{1\}$$

- *le condizioni sul parametro*

$$\dfrac{2a}{x - 1} + \dfrac{1}{a} = 2$$

$$\uparrow$$

$$a \neq 0$$

Se consideriamo *a* come incognita e risolviamo questa disuguaglianza otteniamo:

$$a + 1 \neq 6a \qquad \rightarrow \qquad -5a \neq -1 \qquad \rightarrow \qquad a \neq \frac{1}{5}$$

La soluzione è quindi accettabile se $a \neq \frac{1}{5}$.

Riassumendo, possiamo dire che quando risolviamo un'equazione letterale, intera o frazionaria, ci dobbiamo sempre chiedere se le operazioni che stiamo facendo sono lecite e se i risultati che otteniamo hanno senso per qualsiasi valore del parametro e, di conseguenza, escludere quelli che non vanno bene; quando si fanno queste considerazioni si dice che si discute l'equazione.

> **Discutere un'equazione** significa analizzare come cambia l'insieme delle soluzioni al variare dei parametri.

I simboli usati

Per sintetizzare la discussione di un'equazione letterale, useremo dei simboli particolari che esprimono alcuni concetti matematici precisi.

■ Il simbolo $\wedge$, che già conosciamo, posto tra due relazioni matematiche, sta ad indicare che, affinché l'intera espressione possa essere considerata vera, entrambe le relazioni devono essere vere.
Per esempio, se scriviamo

$$a > 0 \quad \wedge \quad a \neq 2$$

significa che la lettera *a* può assumere solo valori positivi ($a > 0$), ma non uguali a 2 ($a \neq 2$).

■ Il simbolo $\vee$ posto tra due relazioni matematiche, sta ad indicare che, affinché l'intera espressione possa essere considerata vera, almeno una delle relazioni deve essere vera.
Per esempio, se scriviamo

$$a = 1 \quad \vee \quad a > 3$$

significa che la lettera *a* può assumere indifferentemente il valore 1 o un qualsiasi valore maggiore di 3.

Accanto a questi useremo altri due simboli che prendono il nome di **quantificatori**.

■ Il quantificatore universale, il cui simbolo è $\forall$ e che si legge *per ogni*, normalmente è legato agli elementi di un insieme:

$$\forall x \in R \qquad \text{si legge } per\ ogni\ x\ appartenente\ a\ R$$

indica che *x* può essere un qualsiasi numero reale.
Per esempio, se scriviamo:

$$x^2 \geq 0 \quad \forall x \in R$$

significa che il quadrato di un numero *x* è positivo o nullo qualunque sia il valore reale di *x*.

■ Il quantificatore esistenziale, il cui simbolo è ∃ e che si legge *esiste*, anch'esso legato agli elementi di un insieme:

$$\exists x \in R \qquad \text{si legge } \textit{esiste un x appartenente a R}$$

indica che nell'insieme R si riesce a trovare almeno un elemento x che abbia le caratteristiche richieste.

Per esempio, se scriviamo:

$$\exists x \in R \quad \text{tale che} \quad x + 1 = 4$$

significa che in R si riesce a trovare un numero che sommato a 1 dà 4.

> Lo stesso simbolo barrato indica la sua negazione:
>
> $\nexists$ significa non esiste

ESEMPI

1. $\dfrac{3x - a}{a} - \dfrac{x - a}{2a} = \dfrac{1 - x}{2}$

L'equazione è intera e ha dominio R: $\boldsymbol{D = R}$

C'è però il parametro a al denominatore:

- condizione iniziale sul parametro $a \neq 0$.

Svolgendo i calcoli otteniamo: $\dfrac{2(3x - a) - (x - a)}{2a} = \dfrac{a(1 - x)}{2a}$

Possiamo moltiplicare entrambi i membri per $2a$ avendo supposto $a \neq 0$:

$$2a \cdot \frac{2(3x - a) - (x - a)}{2a} = \frac{a(1 - x)}{2a} \cdot 2a \quad \rightarrow \quad 6x - 2a - x + a = a - ax \quad \rightarrow \quad ax + 5x = 2a$$

Raccogliamo x a fattor comune al primo membro:

$$x(a + 5) = 2a \tag{1}$$

Discutiamo adesso su $a + 5$.

- Se $a + 5 \neq 0$, cioè se $a \neq -5$, possiamo dividere per tale fattore ottenendo:

$$\frac{(a + 5)x}{a + 5} = \frac{2a}{a + 5} \quad \rightarrow \quad x = \frac{2a}{a + 5}.$$

- Se $a + 5 = 0$, cioè se $a = -5$, non possiamo dividere; sostituiamo -5 al posto di a nell'equazione **(1)**:

$$x(a + 5) = 2a \quad \text{diventa} \quad 0 \cdot x = 2(-5) \quad \text{cioè} \quad 0 \cdot x = -10 \quad \text{che è impossibile.}$$

Riassumendo:

- se $a \neq 0, -5 : S = \left\{ \dfrac{2a}{a + 5} \right\}$

- se $a = 0 :$ l'equazione perde significato
- se $a = -5 : S = \varnothing$.

2. $\dfrac{a}{x + 1} + \dfrac{a(a + 1)}{x^2 - 1} = \dfrac{1}{x - 1}$

L'equazione è frazionaria; per determinare il dominio scomponiamo in fattori il secondo denominatore:

$$\frac{a}{x + 1} + \frac{a(a + 1)}{(x + 1)(x - 1)} = \frac{1}{x - 1}$$

C.d.E. $x - 1 \neq 0 \ \wedge \ x + 1 \neq 0 \quad \rightarrow \quad \boldsymbol{D = R - \{-1, 1\}}$.

Non ci sono condizioni iniziali sul parametro.

Eseguiamo i calcoli ed eliminiamo i denominatori:

$$\cancel{(x+1)}\cancel{(x-1)} \cdot \frac{a(x-1) + a(a+1)}{\cancel{(x+1)}\cancel{(x-1)}} = \frac{x+1}{(x+1)\cancel{(x-1)}} \cdot \cancel{(x+1)}(x-1)$$

$$ax - \cancel{a} + a^2 + \cancel{a} = x + 1 \quad \rightarrow \quad ax - x = 1 - a^2 \quad \rightarrow \quad \boldsymbol{x(a-1) = -(a-1)(a+1)}$$

Discutiamo adesso su $a - 1$.

- Se $a - 1 \neq 0$, cioè $a \neq 1$ l'equazione ha soluzione $x = -a - 1$.

- Se $a - 1 = 0$, cioè $a = 1$ l'equazione diventa $\quad 0 \cdot x = -2 \cdot 0 \quad$ cioè $\quad 0x = 0 \quad$ ed è indeterminata, vale a dire che l'insieme delle soluzioni coincide con il dominio, cioè con l'insieme $R - \{-1, 1\}$.

Non sappiamo però se il valore trovato per x è accettabile, perché per qualche valore di a potrebbe assumere il valore -1 o il valore 1, esclusi da D. Dobbiamo quindi procedere al **confronto della soluzione** trovata, $-a - 1$, con i valori -1 e 1 per determinare quali valori del parametro vanno esclusi.

- $-a - 1 \neq -1 \qquad$ se $\qquad a \neq 0$

- $-a - 1 \neq 1 \qquad$ se $\qquad a \neq -2$

La soluzione trovata è quindi accettabile se $a \neq 0 \ \wedge \ a \neq -2$.

Riassumendo:

- se $a \neq 1, 0, -2 : S = \{-a - 1\}$
- se $a = 1 : S = R - \{-1, 1\}$ $\quad$ (equazione indeterminata)
- se $a = 0 \ \vee \ a = -2 : S = \emptyset$ $\quad$ (il valore trovato non è accettabile).

3. $\dfrac{b-1}{b(x+1)} = \dfrac{1}{x} + \dfrac{x-1}{x(x+1)}$

C.d.E.: $x \neq 0 \ \wedge \ x \neq -1 \qquad \rightarrow \qquad \boldsymbol{D = R - \{-1, 0\}}$

Condizioni iniziali sul parametro: $\ b \neq 0$.

Svolgiamo i calcoli:

$$\cancel{bx(x+1)} \cdot \frac{x(b-1)}{\cancel{bx(x+1)}} = \frac{b(x+1) + b(x-1)}{\cancel{bx(x+1)}} \cdot \cancel{bx(x+1)} \quad \rightarrow \quad \cancel{bx} - x = \cancel{bx} + \cancel{b} + bx - \cancel{b}$$

$$bx + x = 0 \quad \rightarrow \quad \boldsymbol{x(b+1) = 0}$$

- Se $b \neq -1 \qquad x = \dfrac{0}{b+1} \qquad \rightarrow \qquad x = 0$

- Se $b = -1 \qquad x \cdot 0 = 0 \qquad \rightarrow \qquad$ l'equazione è indeterminata.

La soluzione trovata non è però accettabile perchè esclusa dal dominio e si deve concludere che, se $b \neq -1$ l'equazione è impossibile.

Riassumendo:

- se $b \neq 0, -1 : S = \varnothing$
- se $b = 0$: l'equazione perde significato
- se $b = -1 : S = R - \{-1, 0\}$.

VERIFICA DI COMPRENSIONE

1. L'equazione $\dfrac{x}{a-1} + \dfrac{2x-1}{a} = 0$ ha come soluzione $x = \dfrac{a-1}{3a-2}$. Quali sono le affermazioni vere tra le seguenti?

a. l'equazione è intera

b. ha dominio $R - \{0, 1\}$

c. ha la soluzione indicata per qualsiasi valore di a

d. ha la soluzione indicata se $a \neq \dfrac{2}{3} \wedge a \neq 0 \wedge a \neq 1$

e. ha la soluzione indicata se $a \neq \dfrac{2}{3}$

2. L'equazione $\dfrac{a-1}{x} + \dfrac{a}{x-2} = \dfrac{1}{x(a-1)}$ ha dominio:

a. $R - \{1\}$ **b.** $R - \{0, 1, 2\}$ **c.** $R - \{0, 1\}$ **d.** $R - \{0, 2\}$

3. Un'equazione di dominio $D = R - \{1\}$ ha forma normale $3x + 2 - a = 0$. Completa:

la soluzione è $x = $ ....

la condizione di accettabilità è: ....

Di conseguenza, il valore di x trovato:

a. è accettabile per qualsiasi valore di a **b.** è accettabile solo se $a \neq 0$

c. è accettabile solo se $a \neq 5$ **d.** è accettabile solo se $a \neq 2$.

8. I SISTEMI FRAZIONARI

Gli esercizi di questo paragrafo sono a pag. 328

Un sistema è frazionario se almeno una delle sue equazioni è frazionaria; per risolverlo si procede in questo modo:

Passo 1 Si pongono le condizioni di esistenza delle equazioni imponendo ai denominatori di essere diversi da zero.

Passo 2 Si riduce ciascuna equazione in forma intera e il sistema in forma normale.

Passo 3 Si procede alla risoluzione del sistema intero equivalente con il metodo che si ritiene più opportuno.

Passo 4 Si confrontano le soluzioni trovate con le condizioni di esistenza e si scartano quelle incompatibili.

Vediamo alcuni esempi.

1. $\begin{cases} 5x - 2y = 1 \\ \dfrac{3}{x-1} + \dfrac{2}{y+1} = 0 \end{cases}$

① Affinché il sistema abbia significato deve essere: $x \neq 1 \ \wedge \ y \neq -1$

② Riduciamo il sistema in forma intera:

$$\begin{cases} 5x - 2y = 1 \\ \dfrac{3(y+1) + 2(x-1)}{(x-1)(y+1)} = 0 \end{cases} \quad \rightarrow \quad \begin{cases} 5x - 2y = 1 \\ 2x + 3y = -1 \end{cases}$$

③ Scegliamo come metodo di risoluzione quello di Cramer:

$$\Delta = \begin{vmatrix} 5 & -2 \\ 2 & 3 \end{vmatrix} = 19 \qquad \Delta x = \begin{vmatrix} 1 & -2 \\ -1 & 3 \end{vmatrix} = 1 \qquad \Delta y = \begin{vmatrix} 5 & 1 \\ 2 & -1 \end{vmatrix} = -7$$

Dunque $\begin{cases} x = \dfrac{1}{19} \\ y = -\dfrac{7}{19} \end{cases}$

④ La soluzione trovata non contrasta con le condizioni iniziali, quindi $\quad S = \left\{ \left(\dfrac{1}{19}, -\dfrac{7}{19} \right) \right\}$.

2. $\begin{cases} \dfrac{1}{y} - \dfrac{2}{x-1} = \dfrac{4}{xy - y} \\ 2x - 3y = 8 \end{cases} \quad \rightarrow \quad \begin{cases} \dfrac{1}{y} - \dfrac{2}{x-1} = \dfrac{4}{y(x-1)} \\ 2x - 3y = 8 \end{cases}$

① Per le condizioni di esistenza dobbiamo imporre che sia: $\quad y \neq 0 \ \wedge \ x \neq 1$.

② Riduciamo il sistema in forma normale:

$$\begin{cases} x - 1 - 2y = 4 \\ 2x - 3y = 8 \end{cases} \quad \rightarrow \quad \begin{cases} x - 2y = 5 \\ 2x - 3y = 8 \end{cases}$$

③ Risolviamo con il metodo di sostituzione:

$$\begin{cases} x = 2y + 5 \\ 2(2y + 5) - 3y = 8 \end{cases} \quad \rightarrow \quad \begin{cases} x = 2y + 5 \\ y = -2 \end{cases} \quad \rightarrow \quad \begin{cases} x = 1 \\ y = -2 \end{cases}$$

④ Confrontiamo la soluzione con le condizioni iniziali: poiché deve essere $x \neq 1$, la soluzione non è accettabile e, di conseguenza, il sistema è impossibile: $S = \varnothing$.

VERIFICA DI COMPRENSIONE

1. Le condizioni di esistenza di un sistema frazionario richiedono che sia $\quad x \neq 2y \ \wedge \ y \neq 2$.
Se risolvendo il sistema intero equivalente si trova che:

a. $x = 1 \wedge y = \dfrac{1}{2}$ allora il sistema è:

① determinato con soluzione $\left(1, \dfrac{1}{2} \right)$ ② indeterminato   ③ impossibile

b. $x = 3 \land y = 2$ allora il sistema è:

   ① determinato con soluzione (3, 2)   ② indeterminato   ③ impossibile

c. $x = 0 \land y = 0$ allora il sistema è:

   ① determinato con soluzione (0, 0)   ② indeterminato   ③ impossibile

d. $x = -2 \land y = 1$ allora il sistema è:

   ① determinato con soluzione (−2, 1)   ② indeterminato   ③ impossibile

Sul sito www.edatlas.it *trovi...*

- il laboratorio di informatica
- la scheda storica e le curiosità matematiche
- le attività di recupero

Quello che l'investitore si aspetta di ottenere come valore dal primo investimento, escludendo gli interessi, è pari a $0,98x$.

Analogamente, dagli altri due investimenti si aspetta di ottenere $0,90y$ e $0,75z$.

Rispetto al totale dell'investimento, il livello medio di sicurezza si può esprimere con la frazione algebrica:

$$\frac{0,98x + 0,90y + 0,75z}{x + y + z}$$

La risposta al quesito iniziale

I concetti e le regole

Le frazioni algebriche

Una frazione algebrica rappresenta il quoziente $\dfrac{A}{B}$ fra due polinomi A e B con $B \neq 0$.

Essa è funzione delle lettere che vi compaiono e, poiché la divisione per zero non è consentita, le variabili non possono assumere valori che annullano il polinomio al denominatore.
L'insieme dei valori che è possibile attribuire alle lettere è il **dominio** della frazione.
Per determinare il dominio è necessario scomporre il polinomio B e imporre che ciascun fattore della scomposizione sia diverso da zero (condizioni di esistenza).

Frazioni equivalenti

Due frazioni algebriche sono **equivalenti** se attribuendo valori uguali a lettere uguali, si ottengono sempre frazioni numeriche equivalenti.

L'equivalenza fra due frazioni algebriche $\dfrac{A}{B}$ e $\dfrac{C}{D}$ si riconosce verificando l'uguaglianza $A \cdot D = B \cdot C$.

Per passare da una frazione a un'altra ad essa equivalente si applica la proprietà invariantiva, cioè si moltiplicano o si dividono numeratore e denominatore della frazione per uno stesso polinomio non nullo.

Le operazioni

Con le frazioni algebriche si possono eseguire tutte le operazioni che si possono eseguire con le frazioni numeriche; quindi:

- si può semplificare una frazione scomponendo i suoi termini e dividendo numeratore e denominatore per i fattori comuni

- si possono sommare, sottrarre, moltiplicare o dividere due frazioni algebriche con regole analoghe a quelle applicate alle stesse operazioni con le frazioni numeriche:

$$\frac{A}{B} + \frac{C}{D} = \frac{AD + BC}{BD} \qquad \frac{A}{B} \cdot \frac{C}{D} = \frac{AC}{BD} \qquad \frac{A}{B} : \frac{C}{D} = \frac{A}{B} \cdot \frac{D}{C} = \frac{AD}{BC}$$

- si può elevare a potenza una frazione elevando a quella potenza il numeratore e il denominatore: $\left(\dfrac{A}{B}\right)^n = \dfrac{A^n}{B^n}$

Le equazioni frazionarie

La procedura di risoluzione di un'equazione frazionaria è la seguente:

- si determina il dominio ponendo le condizioni di esistenza delle frazioni
- si riconduce l'equazione alla forma intera mediante il calcolo del denominatore comune
- si confrontano le soluzioni con i valori esclusi dal dominio.

CAPITOLO 3

Modelli di secondo grado

Obiettivi

- risolvere equazioni di secondo grado
- conoscere le relazioni fra i coefficienti e le radici di un'equazione
- risolvere sistemi non lineari
- risolvere problemi di secondo grado

MATEMATICA, REALTÀ E STORIA

Nel precedente capitolo abbiamo accennato al fatto che lo sviluppo dell'algebra, così come oggi noi la conosciamo, è stato lento e irto di difficoltà e che, normalmente, le relazioni che noi oggi scriviamo in forma simbolica, nel passato erano espresse con un linguaggio verbale.

A Bagdad, a cavallo tra l'ottavo e il nono secolo dell'era cristiana, visse e lavorò Muhammad Ibn Musà, conosciuto ai più con il nome di **al-Khwarizmi** dalla città di cui era originario; egli scrisse due importanti opere di matematica, una delle quali era prevalentemente dedicata a come risolvere problemi della vita quotidiana. In quest'opera egli descrive anche come si devono risolvere le equazioni di secondo grado, che però non erano espresse nella forma in cui le scriviamo noi oggi.

L'equazione che noi oggi scriveremmo così:

$$ax^2 + bx = c$$

veniva espressa con la frase: *i quadrati e le radici sono uguali a un numero*

e in questa frase la parola *radice* indicava l'incognita x.

Anche il metodo per trovare le soluzioni veniva descritto a parole; per fare un esempio, supponiamo che l'equazione da risolvere sia la seguente:

$$x^2 + 8x = 48$$

Ecco la procedura che al-Khuwarizmi indica:

- *prendi la metà del numero delle radici*   cioè $\dfrac{8}{2} = 4$

- *poi moltiplicalo per sé stesso* $4 \cdot 4 = 16$

- *somma a questo otto e quaranta* $\qquad$ $16 + 48 = 64$

  il numero 48 veniva letto indicando prima le unità e poi le decine

- *prendi la radice di questo numero* $\qquad$ $\sqrt{64} = 8$

- *sottrai da essa la metà del numero delle radici* $\quad$ $8 - 4 = 4$

- *questa è la radice del quadrato che cercavi* $\quad$ cioè $x = 4$

In questo modo si trova una sola delle radici di un'equazione, nel nostro caso quella positiva; teniamo presente che i numeri negativi non avevano senso per gli antichi che semplicemente li ignoravano in quanto per essi erano privi di significato.

Se però l'equazione era scritta in un'altra forma, per esempio $ax^2 + c = bx$, e veniva espressa con la frase *i quadrati e i numeri sono uguali alle radici*, la procedura cambiava.

Vedrai in questo capitolo che oggi, per risolvere un'equazione di secondo grado, basta applicare una semplice formula e che con essa troviamo tutte le radici, non solo quella positiva.

Il problema da risolvere

È il compleanno di Sofia, una ragazza che si è inserita solo quest'anno nella terza G; i compagni, per darle il benvenuto e farla sentire una di loro, decidono di farle un regalo e un gruppo si reca a fare l'acquisto spendendo € 81.

«Secondo me avete proprio sbagliato tipo di regalo» dice un ragazzo.

«A noi è sembrato carino!» replica uno del gruppo di quelli che ha fatto l'acquisto.

«E poi avete speso troppo» dice un altro.

Dopo qualche battibecco arriva la conclusione sentenziata da una ragazza della classe: «Allora ditelo chiaro che non volete partecipare al regalo, così facciamo prima!»

La spesa deve quindi essere ripartita su due ragazzi in meno e chi ha fatto i conti dice: «Va bene, ciascuno di noi deve pagare 24 centesimi in più rispetto al previsto».

Tenendo presente che, ovviamente, anche la nuova ragazza non contribuisce alla spesa, quanti sono i ragazzi quest'anno nella terza G?

Potrai dare la risposta dopo aver imparato i contenuti di questo capitolo; in ogni caso, ti rimandiamo alla fine del capitolo.

1. LA FORMA DELL'EQUAZIONE

Un'equazione di secondo grado si può sempre ricondurre alla forma

$$ax^2 + bx + c = 0$$

LA FORMA DELL'EQUAZIONE COMPLETA

dove a, b, c sono numeri reali ed è $a \neq 0$ altrimenti l'equazione sarebbe di primo grado.

Il coefficiente c, che non è legato all'incognita, si chiama anche **termine noto**. Se tutti i coefficienti sono diversi da zero si dice che l'equazione è **completa**, se b oppure c sono nulli, si dice **incompleta**.

Un'equazione incompleta può quindi avere la forma:

- $ax^2 + bx = 0$ se $b \neq 0$ e $c = 0$ e in questo caso si dice **spuria**
- $ax^2 + c = 0$ se $b = 0$ e $c \neq 0$ e in questo caso si dice **pura**
- $ax^2 = 0$ se $b = 0$ e $c = 0$ e in questo caso si dice **monomia**.

LA FORMA DELL'EQUAZIONE INCOMPLETA

Per esempio:

- è completa l'equazione $4x^2 - 3x + 1 = 0$
  dove è $a = 4, \quad b = -3, \quad c = 1$

- è incompleta spuria l'equazione $3x^2 - 5x = 0$
  dove è $a = 3, \quad b = -5, \quad c = 0$

- è incompleta pura l'equazione $x^2 - 6 = 0$
  dove è $a = 1, \quad b = 0, \quad c = -6$

- è monomia l'equazione $7x^2 = 0$
  dove è $a = 7, \quad b = 0, \quad c = 0$

2. LE EQUAZIONI INCOMPLETE

Gli esercizi di questo paragrafo sono a pag. 336

Le equazioni incomplete sono le più semplici da risolvere perché, a meno che il binomio sia irriducibile, si può ricorrere alla scomposizione del polinomio al primo membro e all'applicazione successiva della legge di annullamento del prodotto.
Vediamo dapprima alcuni esempi.

- $x^2 - 6x = 0$

  Scomponiamo il polinomio al primo membro e applichiamo la legge di annullamento del prodotto:

  $$x(x - 6) = 0$$

  $$x = 0 \quad \vee \quad x - 6 = 0$$
  $$x = 0 \quad \vee \quad x = 6$$

  Quindi $S = \{0, 6\}$.

Legge di annullamento del prodotto:
$$a \cdot b = 0$$
se e solo se
$$a = 0 \vee b = 0$$

- $x^2 - 5 = 0$

  Scomponiamo il polinomio al primo membro e applichiamo la legge di annullamento del prodotto:

  $$\left(x - \sqrt{5}\right)\left(x + \sqrt{5}\right) = 0$$

  $$x - \sqrt{5} = 0 \quad \vee \quad x + \sqrt{5} = 0$$
  $$x = \sqrt{5} \quad \vee \quad x = -\sqrt{5}$$

  In alternativa a questo metodo, possiamo riscrivere l'equazione in modo da lasciare x^2 al primo membro e il termine noto al secondo: $x^2 = 5$

  Calcoliamo la radice quadrata delle espressioni nei due membri: $|x| = \sqrt{5}$

  da cui $x = \begin{cases} -\sqrt{5} \\ +\sqrt{5} \end{cases}$

Ricordiamo che
$$\sqrt{x^2} = |x| = \begin{cases} x \text{ se } x \geq 0 \\ -x \text{ se } x < 0 \end{cases}$$

In entrambi i casi troviamo che $S = \{-\sqrt{5}, \sqrt{5}\}$.

- $x^2 + 9 = 0$

Il polinomio $x^2 + 9$ è irriducibile, quindi non possiamo applicare il metodo della scomposizione.

Se ricorriamo alla definizione di radicale otteniamo $x^2 = -9$ e sappiamo che la radice quadrata di un numero negativo non esiste in R.

Dobbiamo quindi concludere che, non avendo soluzioni reali, l'equazione è impossibile in tale insieme.

- $4x^2 = 0$

Il prodotto di 4 per x^2 è nullo solamente se $x = 0$.

Da questi esempi possiamo trarre delle regole generali per la risoluzione delle equazioni di secondo grado incomplete.

Qualunque equazione della forma

$$ax^n = 0$$

ha come sola soluzione

$$x = 0$$

■ **Equazione della forma $ax^2 + bx = 0$**

Si scompone il polinomio $ax^2 + bx$ mediante raccoglimento a fattor comune e si applica la legge di annullamento del prodotto:

$$x(ax + b) = 0$$

$$x = 0 \quad \vee \quad ax + b = 0$$

$$x = 0 \quad \vee \quad x = -\frac{b}{a}$$

Le due soluzioni sono quindi $x = 0 \ \vee \ x = -\dfrac{b}{a}$.

I METODI DI RISOLUZIONE

■ **Equazione della forma $ax^2 + c = 0$**

Primo metodo.

Si scompone il polinomio, se è possibile, e si applica la legge di annullamento del prodotto.

Secondo metodo.

Dopo aver scritto l'equazione nella forma $x^2 = -\dfrac{c}{a}$, si calcola la radice quadrata dei due membri

$$x^2 = -\frac{c}{a} \quad \rightarrow \quad \begin{cases} \text{se } -\dfrac{c}{a} \geq 0 & |x| = \sqrt{-\dfrac{c}{a}} \quad \rightarrow \quad x = \pm\sqrt{-\dfrac{c}{a}} \\ \\ \text{se } -\dfrac{c}{a} < 0 & \text{l'equazione è impossibile} \end{cases}$$

■ **Equazione della forma $ax^2 = 0$**

L'unica soluzione è $x = 0$.

ESEMPI

1. $(x - 2)^3 + x^2 = x^3 + 6x(2 - x)$

Svolgiamo i calcoli e scriviamo l'equazione in forma normale

$$x^3 - 6x^2 + 12x - 8 + x^2 = x^3 + 12x - 6x^2 \quad \rightarrow \quad x^2 - 8 = 0$$

Si tratta di un'equazione in cui manca il termine in x; risolvendo rispetto a x^2 otteniamo

$$x^2 = 8 \qquad \text{da cui} \qquad x = \pm\sqrt{8} \qquad \text{cioè} \qquad x = \pm 2\sqrt{2}$$

L'insieme delle soluzioni è $S = \{-2\sqrt{2}, +2\sqrt{2}\}$.

2. $(x - 1)(3x + 1) = 2x - 1$

Svolgiamo i calcoli e scriviamo l'equazione in forma normale

$$3x^2 - 3x + x - 1 = 2x - 1 \qquad \rightarrow \qquad 3x^2 - 4x = 0$$

L'equazione è incompleta perché manca il termine noto; raccogliamo x a fattor comune e applichiamo la legge di annullamento del prodotto:

$$x(3x - 4) = 0 \qquad \rightarrow \qquad x = 0 \ \lor \ 3x - 4 = 0 \qquad \rightarrow \qquad x = 0 \ \lor \ x = \frac{4}{3}$$

L'insieme delle soluzioni è $S = \left\{0, \dfrac{4}{3}\right\}$.

3. $(x + 1)^2 + 7x + 1 = (4x + 1)(x + 2)$

Svolgiamo i calcoli e riduciamo l'equazione in forma normale:

$$x^2 + 1 + 2x + 7x + 1 = 4x^2 + 9x + 2 \qquad \rightarrow \qquad 3x^2 = 0$$

L'equazione ha due soluzioni coincidenti uguali a zero, quindi $S = \{0\}$.

GLI ERRORI DA EVITARE

- L'equazione $\quad 4x^2 = 0$

  non è equivalente a $\quad x^2 = 4 \qquad$ quindi non ha soluzione $\quad x = \pm 2$

  non è equivalente a $\quad x^2 = \dfrac{1}{4} \qquad$ quindi non ha soluzione $\quad x = \pm\dfrac{1}{2}$

  La sua soluzione è $x = 0$.

- L'equazione $\quad x^2 + 1 = 0$

  si può scrivere nella forma $\quad x^2 = -1$

  ma **non ha soluzione** $\qquad x = \pm 1 \qquad$ perché in R non esiste $\sqrt{-1}$

  Questa equazione è impossibile in R.

VERIFICA DI COMPRENSIONE

1. L'equazione $x^2 + k = 0$:

    a. ha sempre due radici reali e distinte $\forall k \in R$ Ⓥ Ⓕ

    b. se $k > 0$ non ha radici reali   Ⓥ Ⓕ

    c. ha sempre almeno la soluzione $x = 0$ Ⓥ Ⓕ

    d. se $k < 0$ ha due soluzioni opposte.   Ⓥ Ⓕ

2. L'equazione $6x^2 + x = 0$:

    a. non ha soluzioni reali   **b.** ha soluzioni $x = 0 \ \lor \ x = -\dfrac{1}{6}$

    c. ha soluzioni $x = 0 \ \lor \ x = -6$ **d.** ha soluzioni $x = \pm\dfrac{1}{\sqrt{6}}$

3. LE EQUAZIONI COMPLETE

Gli esercizi di questo paragrafo sono a pag. 338

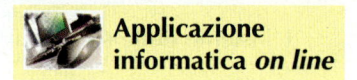

In questo paragrafo ci proponiamo di trovare una regola per risolvere un'equazione di secondo grado completa che ha quindi la forma

$$ax^2 + bx + c = 0 \qquad \text{con } a, b, c \text{ non nulli}$$

Facciamo prima qualche osservazione introduttiva mediante un esempio.

Consideriamo l'equazione $(x - 3)^2 = 4$

nella quale ci chiediamo per quali valori di x il quadrato di $x - 3$ è uguale a 4; se pensiamo alla definizione di radicale, rispondiamo subito che deve essere $|x - 3| = 2$ cioè $x - 3 = \pm 2$, quindi:

$$x - 3 = -2 \qquad \rightarrow \qquad x = 1$$
$$x - 3 = +2 \qquad \rightarrow \qquad x = 5$$

L'equazione ha come insieme delle soluzioni $S = \{1, 5\}$.
Questa equazione, se avessimo sviluppato i calcoli, avrebbe avuto la forma dell'equazione completa:

- $(x - 3)^2 = 4$ diventa $x^2 - 6x + 5 = 0$

La procedura per risolvere un'equazione completa può allora essere questa:

IL METODO DEL COMPLETAMENTO DEL QUADRATO

- operare sull'equazione in modo da scriverla come l'uguaglianza fra il quadrato di un binomio ed un numero
- procedere applicando la definizione di radicale.

Vediamo dapprima un esempio e poi il caso generale.

Consideriamo l'equazione $16x^2 + 8x - 3 = 0$

Il termine $16x^2$ è il quadrato di $4x$, il termine $8x = 2 \cdot 4x \cdot 1$ può essere considerato il doppio prodotto se il secondo termine del binomio è 1; se aggiungiamo 1 ad entrambi i membri dell'equazione (rispettando in questo modo i principi di equivalenza) otteniamo:

$$(16x^2 + 8x + 1) - 3 = 1 \qquad \rightarrow \qquad (4x + 1)^2 = 4$$

Procedendo adesso come nei precedenti esempi troviamo le soluzioni dell'equazione data:

$$4x + 1 = 2 \quad \vee \quad 4x + 1 = -2 \qquad \rightarrow \qquad x = \frac{1}{4} \quad \vee \quad x = -\frac{3}{4}$$

Ripetiamo le stesse operazioni nel caso generale al fine di giungere ad una regola.

$$ax^2 + bx + c = 0$$

Il termine ax^2 deve essere il quadrato del primo termine del binomio; conviene allora moltiplicare entrambi i membri dell'equazione per $4a$ (ricorda che stiamo lavorando nell'ipotesi che sia $a \neq 0$) in modo da essere sicuri che questo monomio sia un quadrato:

Si moltiplica per 4a per facilitare il riconoscimento del quadrato.

$$4a^2x^2 + 4abx + 4ac = 0$$

A questo punto: $4a^2x^2 = (2ax)^2$ è il quadrato del primo monomio

$\qquad\qquad\qquad 4abx = 2 \cdot 2ax \cdot b$ deve essere il doppio prodotto

In questo doppio prodotto c'è il termine b che deve quindi essere il secondo addendo del binomio da elevare al quadrato; aggiungiamo dunque il termine b^2 ad entrambi i membri dell'equazione:

$$(4a^2x^2 + 4abx + b^2) + 4ac = b^2$$

Evidenziando il quadrato e riorganizzando i termini otteniamo alla fine

$$(2ax + b)^2 = b^2 - 4ac$$

■ Se $b^2 - 4ac \geq 0$ possiamo calcolare la radice quadrata dei due membri ottenendo

$$|2ax + b| = \sqrt{b^2 - 4ac} \quad \text{cioè} \quad 2ax + b = \pm\sqrt{b^2 - 4ac}$$

da cui ricaviamo infine che:

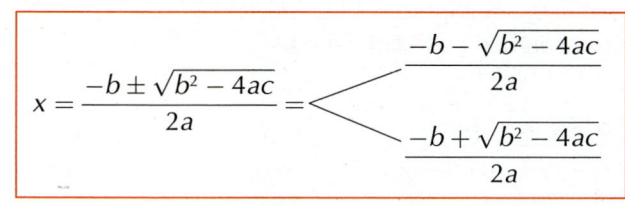

$$x = \frac{-b \pm \sqrt{b^2 - 4ac}}{2a} = \begin{cases} \dfrac{-b - \sqrt{b^2 - 4ac}}{2a} \\[2mm] \dfrac{-b + \sqrt{b^2 - 4ac}}{2a} \end{cases}$$

LA FORMULA RISOLUTIVA DELL'EQUAZIONE DI SECONDO GRADO

■ Se $b^2 - 4ac < 0$ non possiamo invece calcolare la radice quadrata di questa espressione e dobbiamo concludere che l'equazione è impossibile in R.

Siamo quindi giunti alla regola che volevamo ottenere.

Osserviamo che nell'espressione delle due soluzioni il radicale viene una volta sottratto e l'altra sommato; esso è quindi il termine che differenzia una soluzione dall'altra. Per questo motivo l'espressione $b^2 - 4ac$ (senza la radice), che viene indicata con il simbolo Δ, viene detta **discriminante** dell'equazione.

$$\Delta = b^2 - 4ac$$

Vediamo alcuni esempi di applicazione di questa regola:

• risolviamo l'equazione $2x^2 + x - 6 = 0$ nella quale $a = 2; \quad b = 1; \quad c = -6$
applichiamo la formula

$$x = \frac{-1 \pm \sqrt{1^2 - 4 \cdot 2 \cdot (-6)}}{2 \cdot 2} = \frac{-1 \pm \sqrt{49}}{4} = \frac{-1 \pm 7}{4} = \begin{cases} \dfrac{-1-7}{4} = -2 \\[2mm] \dfrac{-1+7}{4} = \dfrac{3}{2} \end{cases} \quad \rightarrow \quad S = \left\{-2, \frac{3}{2}\right\}$$

• risolviamo l'equazione $x^2 + 8x + 16 = 0$ nella quale $a = 1; \quad b = 8; \quad c = 16$
applichiamo la formula

$$x = \frac{-8 \pm \sqrt{8^2 - 4 \cdot 1 \cdot 16}}{2 \cdot 1} = \frac{-8 \pm 0}{2} = -4 \quad \rightarrow \quad S = \{-4\}$$

In questo caso l'equazione ha due soluzioni coincidenti; in effetti l'espressione al primo membro è il quadrato del binomio $x + 4$ che è nullo solo se $x = -4$.

• risolviamo l'equazione $x^2 - 3x + 8 = 0$ nella quale $a = 1; \quad b = -3; \quad c = 8$

applichiamo la formula $\quad x = \dfrac{3 \pm \sqrt{3^2 - 4 \cdot 1 \cdot 8}}{2 \cdot 1} = \dfrac{3 \pm \sqrt{-23}}{2}$

Questa volta non possiamo procedere nella determinazione delle soluzioni perché $\sqrt{-23}$ non ha significato in R e dobbiamo concludere che l'equazione non ha soluzioni reali: $\quad S = \varnothing$.

Questa formula ha carattere generale e può essere applicata anche per risolvere le equazioni incomplete. Per esempio:

- $4x^2 - 3x = 0$ dove $a = 4$ $b = -3$ $c = 0$ $\to$ $x = \dfrac{3 \pm \sqrt{9 - 4 \cdot 4 \cdot 0}}{8} = \dfrac{3 \pm 3}{8} = \begin{cases} 0 \\ \dfrac{3}{4} \end{cases}$

- $x^2 - 8 = 0$ dove $a = 1$ $b = 0$ $c = -8$ $\to$ $x = \dfrac{0 \pm \sqrt{0 + 32}}{2} = \dfrac{\pm \sqrt{32}}{2} = \dfrac{\pm 4\sqrt{2}}{2} = \pm 2\sqrt{2}$

Appare comunque evidente che i metodi specifici che abbiamo visto sono più immediati. Riassumendo possiamo dire che:

> l'equazione di secondo grado $ax^2 + bx + c = 0$, nell'ipotesi che sia $a \neq 0 \wedge b^2 - 4ac \geq 0$, ammette come soluzioni i numeri reali dati dalle seguenti espressioni
>
> $$\frac{-b - \sqrt{b^2 - 4ac}}{2a} \qquad \vee \qquad \frac{-b + \sqrt{b^2 - 4ac}}{2a}$$
>
> L'espressione $\Delta = b^2 - 4ac$ è il discriminante dell'equazione e si verifica che:
>
> - se $\Delta > 0$ l'equazione ammette come soluzioni due numeri reali diversi (si dice che le soluzioni sono **reali distinte**)
> - se $\Delta = 0$ l'equazione ammette come soluzione due numeri reali uguali (si dice che le soluzioni sono **reali coincidenti**)
> - se $\Delta < 0$ l'equazione **non ammette soluzioni reali**.

ESEMPI

Calcoliamo le soluzioni delle seguenti equazioni, dopo averne determinato la natura individuando il segno del discriminante.

1. $6x^2 - 17x + 5 = 0$

Calcoliamo il discriminante: $\Delta = (-17)^2 - 4 \cdot 6 \cdot 5 = 289 - 120 = 169$

$\Delta > 0$, quindi le soluzioni sono reali e distinte, determiniamole:

$$x = \frac{17 \pm \sqrt{169}}{12} = \frac{17 \pm 13}{12} = \begin{cases} \dfrac{17 - 13}{12} = \dfrac{4}{12} = \dfrac{1}{3} \\[2mm] \dfrac{17 + 13}{12} = \dfrac{30}{12} = \dfrac{5}{2} \end{cases} \quad \to \quad S = \left\{ \frac{1}{3}, \frac{5}{2} \right\}.$$

2. $4x^2 + 4x + 1 = 0$

Calcoliamo il discriminante: $\Delta = (+4)^2 - 4 \cdot 4 \cdot 1 = 16 - 16 = 0$

$\Delta = 0$, quindi le soluzioni sono reali e coincidenti: $x = \dfrac{-4 \pm 0}{2 \cdot 4} = -\dfrac{1}{2} \quad \to \quad S = \left\{ -\dfrac{1}{2} \right\}.$

Questo risultato si poteva dedurre subito osservando l'equazione; infatti il polinomio al primo membro è il quadrato di un binomio. L'equazione può quindi essere scritta nella forma:

$(2x + 1)^2 = 0$ cioè, tenendo conto che una potenza vale zero solo se è zero la base,

$2x + 1 = 0$ da cui $x = -\dfrac{1}{2}.$

3. $(3x - 1)^2 + \dfrac{1}{2}(x - 1)^3 - \dfrac{1}{2} = \dfrac{1}{2}(x - 1)(x^2 + x + 1)$

Riduciamo l'equazione in forma normale: $9x^2 + 1 - 6x + \dfrac{1}{2}(x^3 - 1 - 3x^2 + 3x) - \dfrac{1}{2} = \dfrac{1}{2}(x^3 - 1)$

$$9x^2 + 1 - 6x + \dfrac{1}{2}x^3 - \dfrac{1}{2} - \dfrac{3}{2}x^2 + \dfrac{3}{2}x - \dfrac{1}{2} = \dfrac{1}{2}x^3 - \dfrac{1}{2}$$

$18x^2 + 2 - 12x - 3x^2 + 3x - 1 = 0 \qquad \rightarrow \qquad 15x^2 - 9x + 1 = 0$

Calcoliamo il discriminante: $\Delta = 81 - 60 = 21$

$\Delta > 0$, quindi le soluzioni sono reali e distinte: $x = \dfrac{9 \pm \sqrt{21}}{30} = \begin{cases} \dfrac{9 - \sqrt{21}}{30} \\[2mm] \dfrac{9 + \sqrt{21}}{30} \end{cases}$

Allora $S = \left\{ \dfrac{9 - \sqrt{21}}{30}, \dfrac{9 + \sqrt{21}}{30} \right\}$.

4. $\dfrac{x^2 + 1 - 5x}{15} = -\dfrac{1 - 3x}{15} - \dfrac{8}{5}$

Calcoliamo il *m.c.m.* fra i denominatori, quindi scriviamo l'equazione nella sua forma normale.

$x^2 + 1 - 5x = -1 + 3x - 24 \qquad \rightarrow \qquad x^2 - 8x + 26 = 0$

Calcoliamo il discriminante: $\Delta = 64 - 104 = -40 < 0$, quindi non esistono soluzioni reali: $S = \varnothing$.

La formula ridotta

Quando il coefficiente b dell'equazione $ax^2 + bx + c = 0$ è un numero pari la formula risolutiva può essere usata in forma semplificata; infatti, posto $b = 2k$, l'equazione diventa:

$$ax^2 + 2kx + c = 0$$

Applichiamo la formula: $x = \dfrac{-2k \pm \sqrt{4k^2 - 4ac}}{2a}$

Raccogliamo il fattore 4 nel discriminante e portiamolo fuori dalla radice:

$$x = \dfrac{-2k \pm \sqrt{4(k^2 - ac)}}{2a} = \dfrac{-2k \pm 2\sqrt{k^2 - ac}}{2a}$$

Raccogliamo il fattore 2 al numeratore e semplifichiamo: $x = \dfrac{2(-k \pm \sqrt{k^2 - ac})}{2a} = \dfrac{-k \pm \sqrt{k^2 - ac}}{a}$

In definitiva, se teniamo presente che $k = \dfrac{b}{2}$, la formula risolutiva diventa

$$x = \dfrac{-\dfrac{b}{2} \pm \sqrt{\left(\dfrac{b}{2}\right)^2 - ac}}{a}$$

LA FORMULA RIDOTTA

Il discriminante di questa equazione, se sviluppiamo il calcolo, è uguale a $\dfrac{b^2 - 4ac}{4}$ e per questo motivo si indica con il simbolo $\dfrac{\Delta}{4}$.

$$\dfrac{\Delta}{4} = \left(\dfrac{b}{2}\right)^2 - ac$$

Questa formula è comoda perché rende i calcoli meno laboriosi e i risultati che si trovano sono spesso già semplificati.

Risolviamo per esempio con la formula normale e con quella ridotta l'equazione $3x^2 + 4x - 1 = 0$.

■ **Con la formula normale:** $x = \dfrac{-4 \pm \sqrt{16 + 12}}{6} = \dfrac{-4 \pm \sqrt{28}}{6} = \dfrac{-4 \pm 2\sqrt{7}}{6} = \dfrac{2(-2 \pm \sqrt{7})}{\cancel{6}_3} = \begin{cases} \dfrac{-2 - \sqrt{7}}{3} \\[2mm] \dfrac{-2 + \sqrt{7}}{3} \end{cases}$

■ **Con la formula ridotta** $\left(\dfrac{b}{2} = 2\right)$: $\quad x = \dfrac{-2 \pm \sqrt{4 + 3}}{3} = \begin{cases} \dfrac{-2 - \sqrt{7}}{3} \\[2mm] \dfrac{-2 + \sqrt{7}}{3} \end{cases}$

GLI ERRORI DA EVITARE

- Se dobbiamo risolvere l'equazione $\quad x(2x - 1) = 1$

  - **è sbagliato** scrivere $\quad x = 1 \quad \lor \quad 2x - 1 = 1$

  - per risolvere correttamente l'equazione si devono sviluppare i calcoli, scrivere l'equazione in forma normale e applicare la formula risolutiva

$$2x^2 - x - 1 = 0 \qquad x = \dfrac{1 \pm \sqrt{1 + 8}}{4} = \dfrac{1 \pm 3}{4} \begin{cases} -\dfrac{1}{2} \\[2mm] 1 \end{cases}$$

- Se applichiamo la formula ridotta alla risoluzione dell'equazione $x^2 - 6x + 5 = 0$:

  - **è sbagliato** scrivere $\quad x = \dfrac{3 \pm \sqrt{9 - 5}}{2} \qquad \leftarrow$ il denominatore non è $2a$ ma a

  - **è corretto** scrivere $\quad x = 3 \pm \sqrt{9 - 5} \qquad \leftarrow$ il denominatore è 1

VERIFICA DI COMPRENSIONE

1. Applicando la formula risolutiva a un'equazione di secondo grado intera si ottiene $x = \dfrac{1 \pm \sqrt{-4}}{2}$.
In R, l'insieme delle soluzioni è:

   a. $S = \left\{ -\dfrac{1}{2}, \dfrac{3}{2} \right\}$ **b.** $S = \left\{ \dfrac{1}{2} \right\}$ **c.** $S = \left\{ -\dfrac{1}{2} \right\}$ **d.** $S = \varnothing$

2. La formula risolutiva applicata all'equazione $4x^2 - 5x - 6 = 0$ ha espressione:

   a. $\dfrac{5 \pm \sqrt{25 + 24}}{8}$ **b.** $\dfrac{-5 \pm \sqrt{25 + 96}}{8}$ **c.** $\dfrac{5 \pm \sqrt{25 + 96}}{8}$ **d.** $\dfrac{5 \pm \sqrt{25 + 96}}{4}$

3. Applicando la formula ridotta all'equazione $x^2 - 6x + 8 = 0$ si ottiene:

   a. $\dfrac{3 \pm \sqrt{9 - 8}}{2}$ **b.** $3 \pm \sqrt{9 - 8}$ **c.** $\dfrac{3 \pm \sqrt{9 + 8}}{2}$ **d.** $3 \pm \sqrt{9 - 32}$

---

4. LE EQUAZIONI FRAZIONARIE

Gli esercizi di questo paragrafo sono a pag. 344

Se l'equazione è frazionaria occorre determinare per prima cosa il suo dominio D; ricondotta poi l'equazione alla forma intera, si applica la formula risolutiva se l'equazione è completa, si usano gli algoritmi specifici se è incompleta.

Una volta trovate le soluzioni di quest'ultima equazione, è necessario confrontarle con il dominio per verificarne l'appartenenza.

1. $-\dfrac{3}{x} + x = 2$

Il dominio dell'equazione è $D = R - \{0\}$.

Scriviamo l'equazione in forma normale: $-3 + x^2 = 2x \quad \rightarrow \quad x^2 - 2x - 3 = 0 \quad \rightarrow$

$\rightarrow \quad x = 1 \pm \sqrt{1 + 3} = 1 \pm 2 \quad \rightarrow \quad x = -1 \lor x = 3$

Dunque, poiché entrambe le soluzioni appartengono a D, $\quad S = \{-1, 3\}$.

2. $\dfrac{2x - 1}{x - 1} + \dfrac{3x + 1}{x - 3} = \dfrac{-2}{x^2 - 4x + 3}$

Sia per determinare il dominio che per calcolare il *m.c.m.* fra i denominatori, dobbiamo scomporre come prima cosa il denominatore della frazione al secondo membro:

$$\frac{2x - 1}{x - 1} + \frac{3x + 1}{x - 3} = \frac{-2}{(x - 1)(x - 3)}$$

Deve essere $x \neq 1 \ \land \ x \neq 3$

Allora $D = R - \{1, 3\}$ e, per i valori di x che gli appartengono, possiamo scrivere l'equazione in forma normale

$(2x - 1)(x - 3) + (3x + 1)(x - 1) = -2 \quad \rightarrow \quad 2x^2 - 6x - \cancel{x} + 3 + 3x^2 - 3x + \cancel{x} - 1 + 2 = 0 \quad \rightarrow$

$\rightarrow \quad 5x^2 - 9x + 4 = 0$

Calcoliamo il discriminante: $\Delta = 81 - 80 = 1 > 0$; le soluzioni sono dunque reali e distinte:

$x = \dfrac{9 \pm 1}{10} \quad \rightarrow \quad x = \dfrac{4}{5} \lor x = 1$

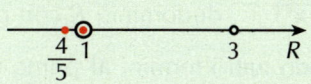

Poiché $1 \notin D$, l'insieme delle soluzioni è $\quad S = \left\{ \dfrac{4}{5} \right\}$.

1. Se il dominio di un'equazione è $R - \{-2, 0\}$ e la sua forma equivalente intera è $x^2 + 2x = 0$, l'insieme delle soluzioni è:

a. $S = \{0, -2\}$ **b.** $S = \{2\}$ **c.** $S = \left\{ -\dfrac{1}{2} \right\}$ **d.** $S = \varnothing$

2. L'equazione $x - \dfrac{5}{x + 1} = \dfrac{2x - 3}{x + 1}$ ridotta in forma normale assume la forma $x^2 - x - 2 = 0$. Le sue soluzioni sono:

a. 2, 1   **b.** 2, −1   **c.** 1   **d.** 2

5. LE EQUAZIONI LETTERALI

Gli esercizi di questo paragrafo sono a pag. 346

Sappiamo che, quando un'equazione contiene dei parametri, cioè altre lettere oltre l'incognita, è necessario discutere che cosa accade all'insieme delle soluzioni al variare di tali parametri. Ricordiamo allora la procedura da seguire.

■ Bisogna stabilire innanzi tutto qual è il dominio dell'equazione, cioè l'insieme dei valori che può assumere l'incognita: il dominio è in genere R se l'equazione è intera, è R esclusi i valori che rendono nulli i denominatori se l'equazione è frazionaria; per esempio

$$x^2 - \frac{x+a}{2} = 3a \qquad \text{ha dominio } R$$

$$\frac{x+a}{x-2} - \frac{x+1}{x-a} = 1 \quad \text{poiché deve essere } x \neq 2 \text{ e } x \neq a, \quad \text{ha dominio } R - \{2, a\}$$

■ Se l'equazione ha dei denominatori letterali, è necessario che questi non siano nulli; per esempio nell'equazione

$$\frac{x^2-2}{a+1} - \frac{x+1}{a-2} = a - 1 \quad \text{si deve porre} \quad a \neq -1 \ \wedge \ a \neq 2$$

Attenzione a non confondere il dominio di un'equazione con le condizioni che devono essere imposte al parametro: l'equazione precedente è intera e quindi il suo dominio è R, le condizioni sul parametro sono poste affinché l'equazione non perda significato. Nel seguito supporremo che il parametro sia un numero reale.

■ Si devono applicare correttamente i principi di equivalenza delle equazioni; per esempio si deve essere certi che, quando si dividono entrambi i membri di un'equazione per una stessa espressione letterale, questa non sia nulla.

■ Quando si applica la formula risolutiva, si deve essere certi che il coefficiente a di x^2 non sia nullo perché, in caso contrario, la formula non si può applicare.

Il dominio di un'equazione si valuta sull'incognita, non sul parametro. Nell'equazione

$$\frac{1}{x-2} + \frac{ax}{a-1} = 0$$

- *il dominio è $R - \{2\}$*
- *relativamente al parametro deve essere $a \neq 1$*

Vediamo allora un esempio di come procedere nella risoluzione di un'equazione letterale; risolviamo l'equazione:

$$\boldsymbol{x(2p - x) + 1 = -p(1 + x^2)} \qquad \text{di dominio } R \text{ con parametro } p \in R$$

$$D = R$$

Svolgiamo i calcoli trasportando tutti i termini al primo membro e scriviamo l'equazione in modo da avere prima i termini in x^2, poi i termini in x e da ultimo i termini noti:

$$2px - x^2 + 1 = -p - px^2$$

$$px^2 - x^2 + 2px + p + 1 = 0$$

Effettuiamo adesso opportuni raccoglimenti in modo da evidenziare il coefficiente di x^2, il coefficiente di x e il gruppo dei termini noti (**forma normale dell'equazione**):

(**A**) $$(p-1)x^2 + 2px + (p+1) = 0$$

Nella forma normale dell'equazione ci deve essere:
- *un solo termine in x^2*
- *un solo termine in x*
- *il termine noto.*

Si tratta di un'equazione completa in cui:

- $p - 1$ è il coefficiente di x^2 che corrisponde al valore a nella formula risolutiva

- $2p$ è il coefficiente di x che corrisponde al valore b

- $p + 1$ è il termine noto che corrisponde al valore c.

Essendo poi $2p$ pari, possiamo usare la formula ridotta.

Calcoliamo prima il discriminante:

$$\frac{\Delta}{4} = p^2 - (p-1)(p+1) = p^2 - p^2 + 1 = 1$$

Distinguiamo allora i seguenti casi:

- se $p - 1 \neq 0$, cioè $p \neq 1$, applicando la formula risolutiva si ottiene:

$$x = \frac{-p \pm 1}{p-1} = \begin{cases} \dfrac{-p-1}{p-1} = \dfrac{p+1}{1-p} \\[2mm] \dfrac{-p+1}{p-1} = -1 \end{cases}$$

- se $p - 1 = 0$, cioè $p = 1$, l'equazione non è più di secondo grado; sostituendo 1 al posto di p nell'equazione scritta nella forma normale (**A**) si ottiene l'equazione:

$2x + 2 = 0$ dalla quale si ricava la sola soluzione $x = -1$.

Riassumendo:

- se $p \neq 1 : S = \left\{ \dfrac{p+1}{1-p}, -1 \right\}$

- se $p = 1 : S = \{-1\}$

LA DISCUSSIONE DELL'EQUAZIONE

L'insieme dei ragionamenti che si fanno sul parametro per stabilire quante e quali sono le soluzioni di un'equazione rappresenta la **discussione dell'equazione**.

Uno schema generale su come procedere è il seguente.

■ **Caso dell'equazione intera**

Il dominio è R, non ci sono condizioni sull'incognita; possono però esserci condizioni iniziali sul parametro.
Arrivati alla forma normale:

- si pone il coefficiente di x^2 diverso da zero (questa operazione non è necessaria se tale coefficiente è numerico o se la condizione coincide con una di quelle iniziali) e si risolve l'equazione;

- si verifica che cosa accade quando il parametro assume quel o quei valori che sono stati esclusi al punto precedente.

■ **Caso dell'equazione frazionaria**

Il dominio è R ad esclusione dei valori dell'incognita che annullano i denominatori; possono anche esserci condizioni iniziali sul parametro.
Arrivati alla forma normale:

- si pone il coefficiente di x^2 diverso da zero (questa operazione non è necessaria se tale coefficiente è numerico o se la condizione coincide con una di quelle iniziali) e si risolve l'equazione; trovate le soluzioni si procede al confronto con le condizioni imposte dal dominio;

- si verifica che cosa accade quando il parametro assume quel o quei valori che sono stati esclusi al punto precedente.

Osserva gli esempi.

Se Δ dipende da un parametro, si deve imporre che sia $\Delta \geq 0$.

Per poter applicare la formula risolutiva all'equazione
$$ax^2 + bx + c = 0$$
deve essere $a \neq 0$.

Quando, per risolvere un'equazione letterale, si applica la formula, il discriminante è di solito letterale; occorre quindi che sia $\Delta \geq 0$.
Per esempio
$$x^2 - 2x + a = 0$$
$$x = 1 \pm \sqrt{1-a}$$
e deve essere
$$1 - a \geq 0$$

1. $2ax^2 - (1 - 4a^2)x - 2a = 0$ $\qquad D = R$

L'equazione si presenta già in forma normale; possiamo subito calcolare il discriminante:

$$\Delta = (1 - 4a^2)^2 + 16a^2 = 1 + 16a^4 + 8a^2 = (1 + 4a^2)^2$$

Il coefficiente di x^2 è $2a$; procediamo alla discussione:

- se $a \neq 0$: $\quad x = \dfrac{1 - 4a^2 \pm (1 + 4a^2)}{4a} = \begin{cases} \dfrac{1 - 4a^2 - 1 - 4a^2}{4a} = \dfrac{-8a^2}{4a} = -2a \\[2mm] \dfrac{1 - 4a^2 + 1 + 4a^2}{4a} = \dfrac{2}{4a} = \dfrac{1}{2a} \end{cases}$

- se $a = 0$, l'equazione assume la forma $\quad -x = 0$

  che è un'equazione di primo grado che ammette come soluzione soltanto il valore 0.

Riassumendo: $\quad$ se $a \neq 0$: $\quad S = \left\{ -2a, \dfrac{1}{2a} \right\}$

$\qquad\qquad\qquad$ se $a = 0$: $\quad S = \{0\}$

2. $\dfrac{3x^2 + 4a}{3a + 1} = 2x$ $\qquad D = R$

Condizioni iniziali sul parametro: $\quad a \neq -\dfrac{1}{3}$

Scriviamo l'equazione in forma normale $\quad 3x^2 - 2(3a + 1)x + 4a = 0$

Calcoliamo il discriminante usando la formula ridotta: $\quad \dfrac{\Delta}{4} = (3a + 1)^2 - 12a = 9a^2 - 6a + 1 = (3a - 1)^2$

Il coefficiente di x^2 è numerico, troviamo subito le soluzioni:

$$x = \frac{(3a + 1) \pm (3a - 1)}{3} = \begin{cases} \dfrac{3a + 1 - 3a + 1}{3} = \dfrac{2}{3} \\[2mm] \dfrac{3a + 1 + 3a - 1}{3} = 2a \end{cases}$$

Riassumendo: $\quad$ se $a \neq -\dfrac{1}{3}$: $\quad S = \left\{ \dfrac{2}{3}, 2a \right\}$

$\qquad\qquad\qquad$ se $a = -\dfrac{1}{3}$: $\quad$ l'equazione perde significato.

3. $\dfrac{5(x + 2)}{2} + \dfrac{b}{2} + \dfrac{b}{x} = 0$

L'equazione è frazionaria e deve essere $\quad x \neq 0 \quad \rightarrow \quad D = R - \{0\}$.

Scriviamola in forma normale: $\quad 5x(x + 2) + bx + 2b = 0 \qquad \rightarrow \qquad 5x^2 + (10 + b)x + 2b = 0$

Calcoliamo il discriminante: $\quad \Delta = (10 + b)^2 - 40b = 100 + b^2 - 20b = (10 - b)^2$

Il coefficiente di x^2 è numerico, troviamo subito le soluzioni:

$$x = \frac{-10 - b \pm (10 - b)}{10} = \begin{cases} -\dfrac{20}{10} = -2 \\[2mm] -\dfrac{2b}{10} = -\dfrac{b}{5} \end{cases}$$

Vediamo se le soluzioni trovate sono accettabili.

- la soluzione -2 appartiene sicuramente al dominio

- dobbiamo invece confrontare la soluzione $-\dfrac{b}{5}$ con 0: $\quad -\dfrac{b}{5} \neq 0 \quad$ se $\quad b \neq 0$

  Quindi se $b = 0$ la soluzione $-\dfrac{b}{5}$ non è accettabile e deve essere scartata.

Riassumendo: se $b \neq 0$: $\quad S = \left\{ -2, -\dfrac{b}{5} \right\}$

se $b = 0$: $\quad S = \{-2\}$

VERIFICA DI COMPRENSIONE

1. Prima di applicare la formula risolutiva all'equazione $x(a - 3) - 2 + x^2(a - 1) = ax^2$ è necessario porre:
   a. $a \neq 3$ **b.** $a \neq 1$ **c.** $a \neq 1 \wedge a \neq 0$ **d.** nessuna condizione

2. L'equazione $ax^2 - (a^2 + 1)x + a = 0$ di dominio R ha soluzioni:

   a. $a \vee \dfrac{1}{a}$ per ogni a V F

   b. $a \vee \dfrac{1}{a}$ se $a \neq 0$ V F

   c. 0 se $a = 0$ V F

   d. 1 se $a = 1$ V F

3. Un'equazione di secondo grado di dominio $R - \{0, 1\}$ ha soluzioni a e $a - 1$; le soluzioni sono entrambe accettabili se:
   a. $a \neq 0$ **b.** $a \neq 0 \wedge a \neq 1$ **c.** $a \neq 0 \wedge a \neq 1 \wedge a \neq 2$ **d.** per qualunque valore di a

6. I LEGAMI FRA COEFFICIENTI E SOLUZIONI

Gli esercizi di questo paragrafo sono a pag. 353

Le soluzioni di un'equazione di secondo grado $ax^2 + bx + c = 0$ sono ovviamente funzioni dei suoi coefficienti.

Ci si può allora domandare se esiste qualche relazione significativa fra a, b, c e le soluzioni dell'equazione che indichiamo con x_1 e x_2. Scriviamo allora per esteso le due soluzioni:

$$x_1 = \frac{-b - \sqrt{b^2 - 4ac}}{2a} \qquad x_2 = \frac{-b + \sqrt{b^2 - 4ac}}{2a}$$

Poiché le due espressioni differiscono solo per il segno fra i due addendi al numeratore:

■ se eseguiamo la loro somma i due radicali si elidono:

$$x_1 + x_2 = \frac{-b - \sqrt{b^2 - 4ac}}{2a} + \frac{-b + \sqrt{b^2 - 4ac}}{2a} = \frac{-b - \sqrt{b^2 - 4ac} - b + \sqrt{b^2 - 4ac}}{2a} = \frac{-2b}{2a} = -\frac{b}{a}$$

■ il loro prodotto è un prodotto notevole che dà origine ad una differenza di quadrati:

$$x_1 \cdot x_2 = \frac{\left(-b - \sqrt{b^2 - 4ac}\right) \cdot \left(-b + \sqrt{b^2 - 4ac}\right)}{4a^2} = \frac{b^2 - (b^2 - 4ac)}{4a^2} = \frac{4ac}{4a^2} = \frac{c}{a}$$

Le relazioni che abbiamo trovato ci dicono che la somma e il prodotto delle soluzioni si possono trovare a partire dai coefficienti dell'equazione senza dover obbligatoriamente risolvere l'equazione:

$$\boxed{x_1 + x_2 = -\frac{b}{a}} \qquad \boxed{x_1 \cdot x_2 = \frac{c}{a}}$$

SOMMA E PRODOTTO DELLE SOLUZIONI

Per esempio:

- nell'equazione $x^2 - 5x + 6 = 0$, essendo $a = 1$, $b = -5$, $c = 6$, si ha che $x_1 + x_2 = 5$ e $x_1 \cdot x_2 = 6$

- nell'equazione $2x^2 + x - 6 = 0$, essendo $a = 2$, $b = 1$, $c = -6$, si ha che $x_1 + x_2 = -\frac{1}{2}$ e $x_1 \cdot x_2 = -\frac{6}{2} = -3$

Queste relazioni si possono sfruttare per risolvere alcuni problemi.

I problema

Trovare le soluzioni di un'equazione senza applicare la formula risolutiva.

Riprendiamo l'equazione $x^2 - 5x + 6 = 0$ dell'esempio precedente di cui sappiamo che $x_1 + x_2 = 5$ e $x_1 \cdot x_2 = 6$. E' semplice in questo caso dire che le soluzioni dell'equazione sono 3 e 2 perché la somma di questi numeri è 5 ed il loro prodotto è 6. Analogamente:

■ $x^2 - 4x - 5 = 0$ $x_1 + x_2 = 4$ e $x_1 \cdot x_2 = -5$

allora $x_1 = -1$ e $x_2 = 5$ infatti $-1 + 5 = 4$ e $-1 \cdot 5 = -5$

■ $x^2 + 5x - 24 = 0$ $x_1 + x_2 = -5$ e $x_1 \cdot x_2 = -24$

allora $x_1 = -8$ e $x_2 = 3$ infatti $-8 + 3 = -5$ e $-8 \cdot 3 = -24$

Questo metodo non è tuttavia consigliabile se non è facile individuare da quali numeri provengono la somma e il prodotto; per esempio, per risolvere l'equazione $8x^2 - 2x - 3 = 0$, conviene applicare la formula risolutiva perché non è facile individuare due numeri la cui somma è $\frac{1}{4}$ ed il cui prodotto è $-\frac{3}{8}$.

II problema

Individuare due numeri conoscendo la loro somma e il loro prodotto.

Indichiamo con s la somma dei due numeri e con p il loro prodotto; se pensiamo ai due numeri come alle soluzioni di un'equazione di secondo grado, questo problema diventa l'inverso del precedente; allora, per trovare tali numeri, basta risolvere l'equazione

$$x^2 - sx + p = 0$$

Per esempio, i due numeri la cui somma s è $\dfrac{1}{15}$ ed il cui prodotto p è $-\dfrac{2}{15}$, sono le soluzioni dell'equazione

$$x^2 - \frac{1}{15}x - \frac{2}{15} = 0 \quad \text{cioè} \quad 15x^2 - x - 2 = 0 \quad x = \frac{1 \pm \sqrt{1 + 120}}{30} = \begin{cases} -\dfrac{1}{3} \\ \dfrac{2}{5} \end{cases}$$

I due numeri sono quindi $-\dfrac{1}{3}$ e $\dfrac{2}{5}$.

III problema

Scrivere l'equazione che ha per soluzioni due numeri assegnati.

Indichiamo con x_1 e x_2 i due numeri; se s è la loro somma e p è il loro prodotto, l'equazione che li ha per soluzioni è

$$x^2 - sx + p = 0$$

Per esempio, scriviamo l'equazione che ha per soluzioni i numeri $-\dfrac{1}{3}$ e $\dfrac{7}{2}$.
Calcoliamo la loro somma ed il loro prodotto:

$$s = -\frac{1}{3} + \frac{7}{2} = \frac{19}{6} \qquad p = -\frac{1}{3} \cdot \frac{7}{2} = -\frac{7}{6}$$

L'equazione ha quindi la forma $\quad x^2 - \dfrac{19}{6}x - \dfrac{7}{6} = 0 \quad$ o anche $\quad 6x^2 - 19x - 7 = 0$

Un altro modo di procedere per risolvere questo problema sfrutta la legge di annullamento del prodotto. Se x_1 e x_2 sono le due radici, significa che l'equazione che cerchiamo si può scrivere nella forma $(x - x_1)(x - x_2) = 0$.
Nel nostro caso otteniamo:

$$\left(x + \frac{1}{3}\right)\left(x - \frac{7}{2}\right) = 0 \quad \rightarrow \quad x^2 + \frac{1}{3}x - \frac{7}{2}x - \frac{7}{6} = 0 \quad \rightarrow \quad 6x^2 - 19x - 7 = 0$$

IV problema

Scomporre un trinomio di secondo grado.

Finora, per scomporre un trinomio di secondo grado, ci siamo serviti della regola del trinomio caratteristico oppure della regola di Ruffini. Tuttavia con questi metodi risulta praticamente impossibile scomporre il trinomio $x^2 - 3x - 1$.
Ancora una volta ci vengono in aiuto le relazioni fra i coefficienti e le soluzioni di un'equazione di secondo grado. Dato dunque il trinomio

$$ax^2 + bx + c$$

e indicate con x_1 e x_2 le soluzioni dell'equazione $ax^2 + bx + c = 0$ associata al polinomio, supposto che sia $\Delta \geq 0$, possiamo scrivere che:

$$ax^2 + bx + c = a\left(x^2 + \frac{b}{a}x + \frac{c}{a}\right) = a\left[x^2 - \left(-\frac{b}{a}\right)x + \frac{c}{a}\right] = a[x^2 - (x_1 + x_2)x + x_1 \cdot x_2]$$

Proseguendo nei calcoli e raccogliendo a fattor comune si ottiene:

$$ax^2 + bx + c = a(x^2 - x_1 x - x_2 x + x_1 x_2) = a[x(x - x_1) - x_2(x - x_1)] = a(x - x_1)(x - x_2)$$

In definitiva, se $\Delta \geq 0$ $\qquad \boxed{ax^2 + bx + c = a(x - x_1)(x - x_2)}$

Se invece $\Delta < 0$ il trinomio è irriducibile.

Per esempio, scomponiamo il trinomio $3x^2 - 7x + 2$. Le soluzioni dell'equazione $3x^2 - 7x + 2 = 0$ sono

$$x = \frac{7 \pm \sqrt{49 - 24}}{6} = \begin{cases} \dfrac{1}{3} \\[2mm] 2 \end{cases}$$

Si ha quindi che: $3x^2 - 7x + 2 = 3\left(x - \dfrac{1}{3}\right)(x - 2) = (3x - 1)(x - 2)$

GLI ERRORI DA EVITARE

Per scomporre il trinomio $6x^2 + 13x - 5$ si risolve l'equazione:

$$6x^2 + 13x - 5 = 0 \quad \rightarrow \quad x = \frac{-13 \pm 17}{12} = \begin{cases} -\dfrac{5}{2} \\[2mm] \dfrac{1}{3} \end{cases}$$

La scomposizione del polinomio **non è** $\left(x + \dfrac{5}{2}\right)\left(x - \dfrac{1}{3}\right)$

ma è $6\left(x + \dfrac{5}{2}\right)\left(x - \dfrac{1}{3}\right) = 6 \cdot \dfrac{2x + 5}{2} \cdot \dfrac{3x - 1}{3} = (2x + 5)(3x - 1)$

VERIFICA DI COMPRENSIONE

1. L'equazione che ha per soluzione i numeri -2 e 5 è:

a. $x^2 + 3x - 10 = 0$ **b.** $x^2 - 3x + 10 = 0$ **c.** $x^2 - 3x - 10 = 0$ **d.** $x^2 - 10x - 3 = 0$

2. Il polinomio $6x^2 + x - 2$ si scompone in:

a. $\left(x + \dfrac{2}{3}\right)\left(x - \dfrac{1}{2}\right)$ **b.** $(3x + 2)(2x - 1)$ **c.** $\left(x - \dfrac{2}{3}\right)\left(x + \dfrac{1}{2}\right)$ **d.** $(3x - 2)(2x + 1)$

3. L'equazione $x^2 + (k - 1)x + k - 3 = 0$ ammette soluzioni reali $\forall k \in R$; il valore di k per il quale:

a. una radice ha valore 3 è: ① $k = -\dfrac{4}{3}$ ② $k = \dfrac{4}{3}$ ③ $k = -\dfrac{3}{4}$ ④ $k = \dfrac{3}{4}$

b. il prodotto delle radici vale 4 è: ① $k = -1$ ② $k = 1$ ③ $k = 7$ ④ $k = 3$

7. LA PARABOLA E L'INTERPRETAZIONE GRAFICA DI UN'EQUAZIONE DI SECONDO GRADO

Gli esercizi di questo paragrafo sono a pag. 356

7.1 La parabola e la sua equazione

Una delle curve che è importante conoscere per le numerose applicazioni è la parabola che si definisce in questo modo.

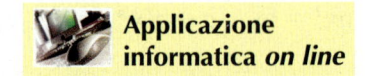 **Applicazione informatica *on line***

> La **parabola** è l'insieme di tutti e soli i punti P che sono equidistanti da un punto fisso F detto **fuoco** e da una retta fissa d detta **direttrice**.

Per capire come è fatta questa curva, disegniamo una retta d (la direttrice) e un punto F (il fuoco) che non le appartiene; in base alla definizione, un punto P appartiene alla parabola se il segmento PF è congruente al segmento PH che rappresenta la distanza di P dalla retta d (**figura 1a**).

L'insieme di tutti i punti che hanno questa caratteristica definiscono una linea che ha la forma rappresentata in **figura 1b**.

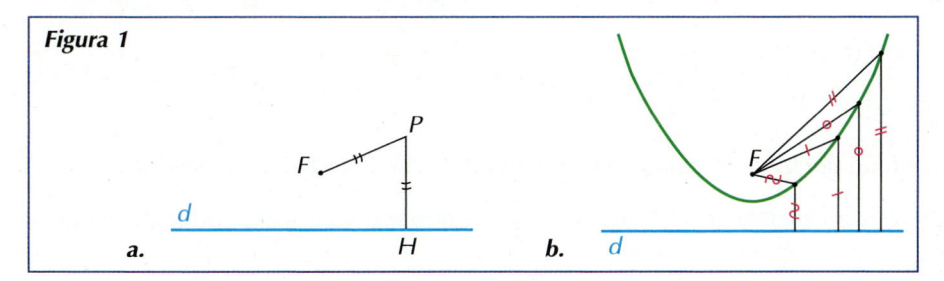

Figura 1

a.

b.

Le caratteristiche geometriche di questa curva sono le seguenti (osserva la **figura 2**):

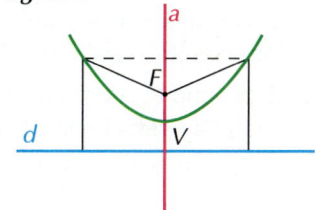

Figura 2

- possiede un **asse di simmetria** che è la retta a che si ottiene tracciando da F la perpendicolare alla direttrice; infatti ogni punto che si trova alla destra del fuoco rispetto a questa retta ha un suo corrispondente sulla sinistra

- in questa simmetria il punto V di intersezione della parabola con il suo asse è il solo punto che ha per corrispondente se stesso; a tale punto si dà il nome di **vertice** della parabola.

Lo scorso anno, nel capitolo sulla retta abbiamo visto che, fissato nel piano un sistema di riferimento cartesiano ortogonale, ad ogni retta si può associare un'equazione lineare.

L'EQUAZIONE DELLA PARABOLA

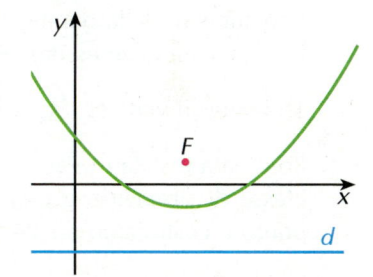

Figura 3

Anche ad una parabola si può associare un'equazione; se si fissa il sistema di riferimento in modo che la direttrice sia parallela all'asse x (**figura 3**), si può dimostrare (faremo la dimostrazione in uno dei prossimi capitoli) che l'equazione che si ottiene ha questa forma:

$$y = ax^2 + bx + c$$

dove il coefficiente a non può mai essere uguale a zero.

In tal caso, l'asse di simmetria della parabola risulta parallelo all'asse y e, posto $\Delta = b^2 - 4ac$, si dimostra che:

- il vertice è il punto V di coordinate $\left(-\dfrac{b}{2a}, -\dfrac{\Delta}{4a}\right)$

- l'asse di simmetria è la retta di equazione $x = -\dfrac{b}{2a}$.

Il coefficiente a determina la forma della parabola:

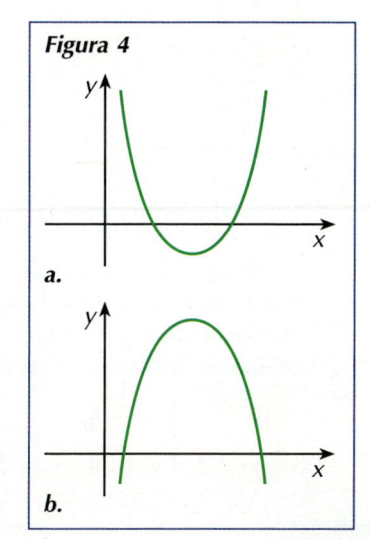

Figura 4

a.

b.

- se $a > 0$, la parabola ha una forma come quella indicata in **figura 4a** e si dice che ha la **concavità rivolta verso l'alto**

- se $a < 0$, la parabola ha una forma come quella indicata in **figura 4b** e si dice che ha la **concavità rivolta verso il basso**.

Per costruire il grafico di una parabola occorre sempre determinare le coordinate del vertice; l'asse di simmetria è poi la retta parallela all'asse y che passa per il vertice. Come abbiamo fatto per la retta, altri punti del grafico possono essere trovati attribuendo opportuni valori alla variabile x e calcolando quelli corrispondenti di y.

Costruiamo i grafici delle seguenti parabole.

1. $y = x^2 - 2x - 1$

In questa parabola $a = 1$, $b = -2$, $c = -1$ ed essendo $a > 0$, la concavità deve essere verso l'alto.

Troviamo il vertice V:

$$x_V = -\frac{b}{2a} = -\frac{-2}{2} = 1 \qquad y_V = -\frac{b^2 - 4ac}{4a} = -\frac{4 + 4}{4} = -2 \qquad \rightarrow \qquad V(1, -2)$$

Osserviamo poi che il vertice è un punto della parabola e che quindi le sue coordinate ne devono soddisfare l'equazione; una volta trovata l'ascissa con la formula $-\frac{b}{2a}$, si può quindi trovare l'ordinata anche sostituendo nell'equazione:

$$y_V = 1^2 - 2 \cdot 1 - 1 = -2$$

L'asse di simmetria della parabola è la retta parallela all'asse y che passa per il vertice ed ha quindi equazione $x = 1$.

Troviamo le coordinate di qualche punto (normalmente ne bastano due oltre il vertice); conviene scegliere valori di x che si trovano tutti a sinistra o tutti a destra rispetto all'asse della parabola e costruire poi i loro simmetrici:

x	0	-1
y	-1	2

Il grafico che ne risulta è in **figura 5**.

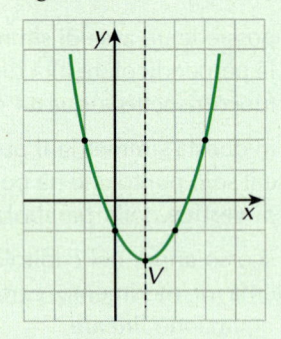
Figura 5

2. $y = -x^2 + 4$

I coefficienti della parabola sono $a = -1$, $b = 0$, $c = 4$ ed essendo $a < 0$, la concavità deve essere verso il basso.

Troviamo il vertice: $x_V = -\frac{0}{-2} = 0 \qquad y_V = 4 \qquad \rightarrow \qquad V(0, 4)$

l'ordinata è stata trovata per sostituzione.
L'asse di simmetria è proprio l'asse y; troviamo le coordinate di qualche punto e costruiamo anche i loro simmetrici:

x	1	2
y	3	0

Il grafico di questa parabola è in **figura 6**.

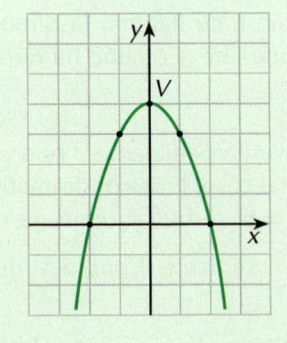
Figura 6

3. $y = \frac{1}{4}x^2$

Conosciamo già questa curva per averla studiata come proporzionalità quadratica. Essa è una parabola i cui coefficienti sono $a = \frac{1}{4}$, $b = c = 0$ e la concavità è verso l'alto.
In questo caso $x_V = 0$ $y_V = 0$ quindi il vertice è proprio l'origine e l'asse di simmetria è l'asse y. Coordinate di qualche punto:

x	2	4
y	1	4

Il grafico è in **figura 7**.

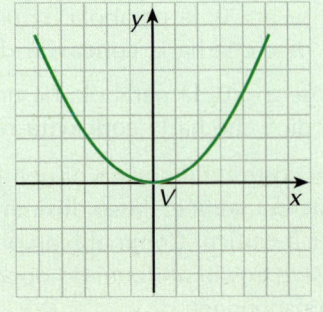
Figura 7

Nella determinazione dell'ascissa del vertice di una parabola, occorre fare attenzione al valore dei coefficienti a, b, c.

- Nella parabola di equazione $\qquad y = x^2 + 3$:

  – il vertice **non ha** ascissa $\qquad x_V = \dfrac{-3}{2}$

  – il valore corretto dell'ascissa è $\qquad x_V = 0$ perché b è 0 e non 3.

- Nella parabola di equazione $\qquad y = x^2 - 3x$

  – l'ascissa del vertice è $\qquad x_V = \dfrac{3}{2}$

  – l'ordinata, applicando la formula $\qquad \dfrac{-b^2 + 4ac}{4a}$:

  non è uguale a $\qquad y_V = \dfrac{-9 + 4}{4}$

  ma è uguale a $\qquad y_V = \dfrac{-9 + 4 \cdot 0}{4}$ perché $c = 0$.

Figura 8

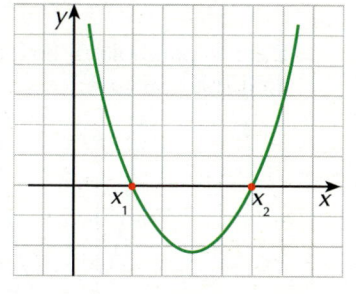

Figura 9

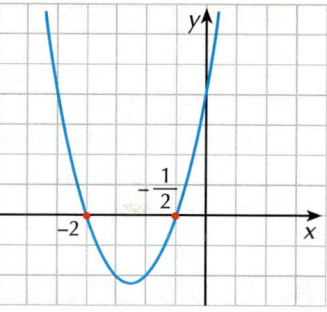

7.2 Gli zeri della parabola

Le soluzioni di un'equazione di secondo grado $ax^2 + bx + c = 0$ si possono interpretare come le ascisse dei punti di intersezione della parabola $y = ax^2 + bx + c$ con l'asse x (**figura 8**); esse rappresentano quindi gli zeri della parabola. Per esempio:

- la parabola $y = 2x^2 + 5x + 2$, il cui grafico è in **figura 9**, ha due zeri di valore -2 e $-\dfrac{1}{2}$ perché l'equazione $2x^2 + 5x + 2 = 0$ ha soluzioni

$$x = \frac{-5 \pm \sqrt{25 - 16}}{4} = \frac{-5 \pm 3}{4} = \begin{cases} -2 \\ -\dfrac{1}{2} \end{cases}$$

- La parabola $y = x^2 + 3x + 4$ non ha invece zeri perché l'equazione

$$x^2 + 3x + 4 = 0$$

avendo un discriminante negativo ($\Delta = 9 - 16 = -7$), non ha soluzioni reali; il suo grafico non interseca l'asse x ed è interamente contenuto nel semipiano delle y positive (**figura 10a**).

- La parabola $y = 4x^2 - 4x + 1$ ha due zeri coincidenti perché l'equazione ad essa associata ha un discriminante uguale a zero (**figura 10b**):

$$4x^2 - 4x + 1 = 0 \quad \rightarrow \quad x = \frac{2 \pm \sqrt{4 - 4}}{4} \quad \rightarrow \quad x = \frac{1}{2}$$

Il suo grafico interseca l'asse x in un solo punto che corrisponde al vertice.

Figura 10

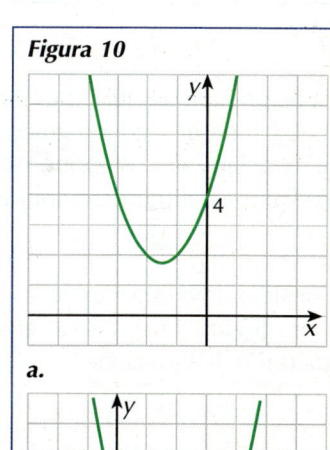

a.

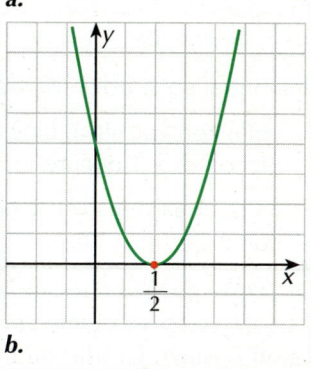

b.

VERIFICA DI COMPRENSIONE

1. La parabola di equazione $y = -x^2 + 1$:

   a. ha vertice nel punto: ① $(0, -1)$ ② $(1, 0)$ ③ $(0, 1)$ ④ $(1, 1)$

b. ha concavità: ① verso l'alto ② verso il basso

c. ha per asse di simmetria: ① l'asse x ② l'asse y ③ la retta $x = 1$ ④ la retta $y = 1$

2. Data la parabola di equazione $y = -x^2 + 2x$:

a. il suo grafico è:

① 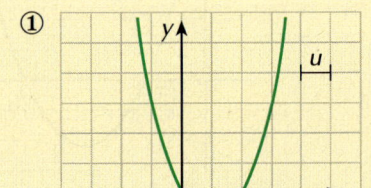 ② 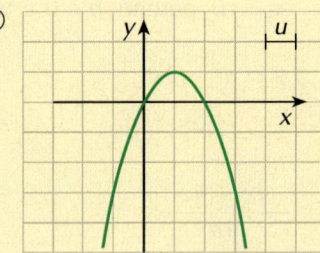 ③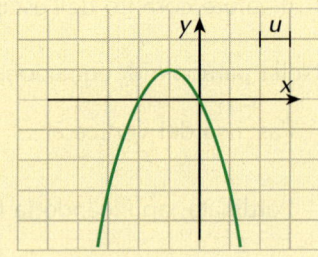

b. i suoi zeri sono i punti di ascissa: ① 0, 2 ② 0, −2 ③ 2, −2

3. La parabola che ha due zeri nei punti $x = 2$ e $x = 3$ ha equazione:

a. $y = x^2 - 5x + 6$ **b.** $y = x^2 + 5x - 6$ **c.** $y = x^2 - 5x - 6$ **d.** $y = x^2 + 5x + 6$

8. LE DISEQUAZIONI DI SECONDO GRADO

Gli esercizi di questo paragrafo sono a pag. 359

8.1 La procedura risolutiva

La parabola è un utile strumento anche per determinare le soluzioni di una disequazione di secondo grado data nella forma $ax^2 + bx + c \gtreqless 0$ se pensiamo di associarle la corrispondente parabola di equazione $y = ax^2 + bx + c$.
Vediamo subito un esempio e risolviamo la disequazione

$$x^2 + 2x - 3 > 0$$

Consideriamo la parabola $y = x^2 + 2x - 3$ e rappresentiamola nel piano cartesiano (**figura 11a**). Essa interseca l'asse delle ascisse nei punti che sono le soluzioni dell'equazione

$$x^2 + 2x - 3 = 0 \qquad \text{cioè in} \qquad x = -3 \quad \text{e} \quad x = 1$$

Il suo grafico si trova (**figura 11b**):

- nella zona positiva, cioè al di sopra dell'asse x, quando x assume valori più piccoli di −3 oppure più grandi di 1

- nella zona negativa, cioè al di sotto dell'asse x, quando x assume valori compresi tra −3 e 1.

Di conseguenza, se ci chiediamo per quali valori di x si ha che $x^2 + 2x - 3 > 0$, ci interessano le zone dell'asse x in cui la parabola assume valori positivi. La risposta è quindi:

$$x^2 + 2x - 3 > 0 \qquad \text{se} \qquad x < -3 \ \lor \ x > 1$$

Vediamo un secondo esempio: risolviamo la disequazione $x^2 - 2x + 3 > 0$.

Consideriamo la parabola $y = x^2 - 2x + 3$, troviamo i suoi zeri e costruiamo il grafico:

$$x^2 - 2x + 3 = 0 \qquad \rightarrow \qquad x = 1 \pm \sqrt{1 - 3} = 1 \pm \sqrt{-2}$$

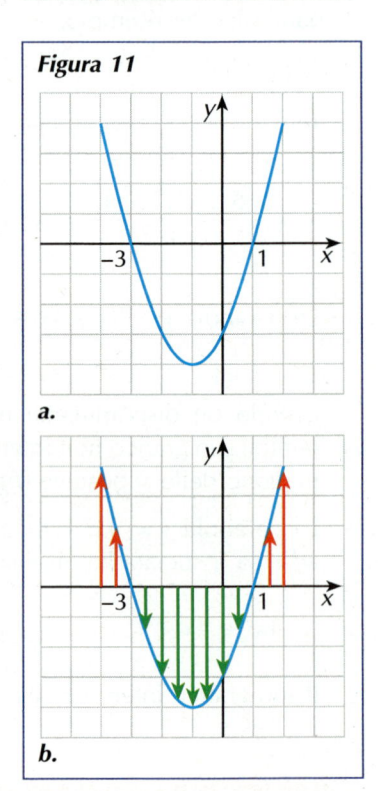

Figura 11

a.

b.

I punti $x = -3$ e $x = 1$ sono gli zeri della funzione rappresentata dalla parabola.

Poiché il discriminante è negativo, la parabola non interseca l'asse delle ascisse e il suo grafico si trova per intero nel semipiano delle ordinate positive (cioè al di sopra dell'asse delle ascisse) (**figura 12**). Poiché ci chiediamo quando il trinomio $x^2 - 2x + 3$ è positivo, dobbiamo concludere che:

$$x^2 - 2x + 3 > 0 \qquad \text{per qualsiasi valore reale di } x.$$

Osserviamo adesso che nella disequazione $ax^2 + bx + c \gtrless 0$:

- poiché possiamo sempre fare in modo che il coefficiente a del trinomio $ax^2 + bx + c$ sia positivo (se fosse negativo basta cambiare segni e verso alla disequazione), la parabola associata alla disequazione avrà sempre la concavità rivolta verso l'alto;

- inoltre la sola cosa che interessa della parabola è la sua posizione relativamente all'asse x, quindi è importante individuare, se esistono, quali sono i suoi zeri, ma non è di nessun interesse conoscere la posizione esatta del vertice.

Le soluzioni delle precedenti due disequazioni, tenendo conto di queste considerazioni, si possono individuare con le seguenti rappresentazioni grafiche:

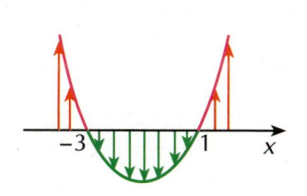 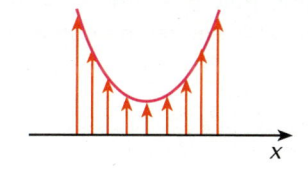

In base agli esempi e alle considerazioni fatte, possiamo riassumere la procedura risolutiva di una disequazione di secondo grado nei seguenti passi.

Figura 12

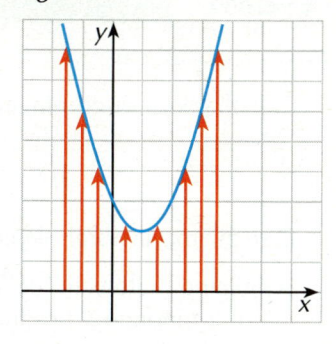

LA PROCEDURA RISOLUTIVA

Data la disequazione $\quad ax^2 + bx + c > 0 \qquad$ oppure $\qquad ax^2 + bx + c < 0$ con $a > 0$:

- ■ consideriamo la parabola $y = ax^2 + bx + c$ associata al trinomio al primo membro

- ■ troviamo le sue intersezioni con l'asse x risolvendo l'equazione $ax^2 + bx + c = 0$; si possono presentare i seguenti casi a seconda del valore del discriminante (osserva la **figura 13**):

  - $\Delta > 0$: ci sono due intersezioni x_1 e x_2 con l'asse x ed il trinomio è:
    - positivo per $x < x_1 \ \lor \ x > x_2$
    - negativo per $x_1 < x < x_2$

  - $\Delta = 0$: c'è una sola intersezione x_1 con l'asse x ed il trinomio è:
    - sempre positivo tranne per $x = x_1$ dove si annulla

  - $\Delta < 0$: non ci sono intersezioni con l'asse x ed il trinomio è:
    - sempre positivo

- ■ scegliamo l'intervallo delle soluzioni a seconda del verso della disequazione:
  - nella disequazione $ax^2 + bx + c > 0$ ricerchiamo gli intervalli di positività
  - nella disequazione $ax^2 + bx + c < 0$ ricerchiamo gli intervalli di negatività.

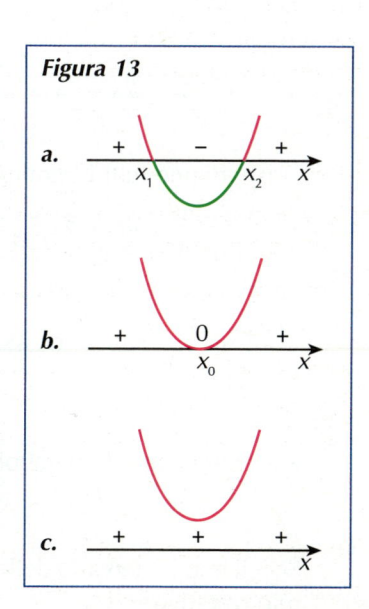

Figura 13

1. $x^2 - 3x + 2 > 0$

Calcoliamo il discriminante e, se è positivo o nullo, troviamo le radici dell'equazione associata:

$$\Delta = 9 - 8 = 1 \qquad \rightarrow \qquad x = \frac{3 \pm 1}{2} \qquad \rightarrow \qquad x = 1 \ \lor \ = 2$$

Disegniamo la parabola corrispondente:

Scegliamo l'intervallo delle soluzioni (stiamo cercando gli intervalli in cui il trinomio è positivo):

$$x < 1 \ \lor \ x > 2$$

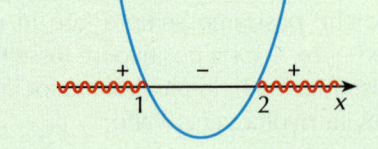

2. $x^2 - 4x + 5 < 0$

Calcoliamo il discriminante: $\dfrac{\Delta}{4} = 4 - 5 = -1$

Poiché $\Delta < 0$, la parabola non interseca l'asse delle ascisse

Il trinomio è sempre positivo e quindi, poiché stiamo cercando gli intervalli in cui il trinomio è negativo, la disequazione non è mai verificata: $S = \varnothing$.

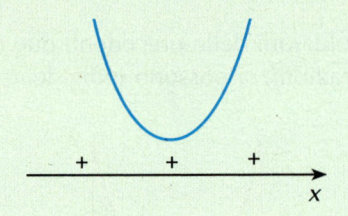

3. $30x - 9x^2 - 25 < 0$

Cambiamo i segni e il verso: $9x^2 - 30x + 25 > 0$

Calcoliamo il discriminante: $\dfrac{\Delta}{4} = 225 - 225 = 0 \quad \rightarrow \quad x = \dfrac{5}{3}$

La parabola interseca l'asse x in un solo punto (corrispondente al vertice) dove vale zero ed è positiva in tutti gli altri punti. Poiché stiamo cercando gli intervalli in cui il trinomio è positivo (abbiamo cambiato segni e verso), la disequazione è verificata $\forall x \in R - \left\{ \dfrac{5}{3} \right\}$.

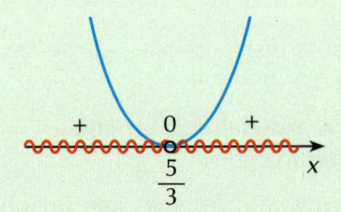

4. $\dfrac{x^2}{4} + \dfrac{x - 1}{2} < \dfrac{2x + 5}{6}$

Trasportiamo tutti i termini al primo membro e sviluppiamo il calcolo:

$$\frac{x^2}{4} + \frac{x - 1}{2} - \frac{2x + 5}{6} < 0 \qquad \frac{3x^2 + 6(x - 1) - 2(2x + 5)}{12} < 0 \qquad 3x^2 + 2x - 16 < 0$$

Risolviamo l'equazione associata: $x = \dfrac{-1 \pm 7}{3} = \begin{cases} -\dfrac{8}{3} \\[2mm] 2 \end{cases}$

Rappresentiamo la parabola: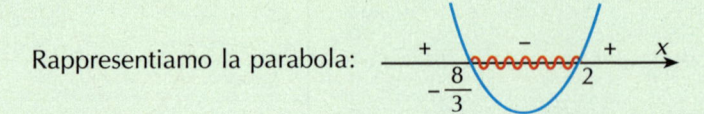

Scegliamo l'intervallo delle soluzioni, tenendo presente che cerchiamo i valori di x che rendono il trinomio negativo:

$$-\frac{8}{3} < x < 2$$

- Per risolvere la disequazione $\quad x^2 - 9 > 0$

  – è sbagliato scrivere: $\quad x^2 > 9 \quad \rightarrow \quad x > \pm 3$

  – è corretto scrivere: $\quad$ soluzioni dell'equazione $x = \pm 3$

  $\qquad\qquad\qquad\qquad$ soluzioni della disequazione $x < -3 \ \lor \ x > 3$

- Per risolvere la disequazione $\quad x^2 + x + 1 > 0$

  – è sbagliato scrivere:

  soluzioni dell'equazione $\qquad x = \dfrac{-1 \pm \sqrt{1-4}}{2} = \dfrac{-1 \pm \sqrt{-3}}{2}$

  poiché non vi sono soluzioni reali la disequazione non è mai verificata

  – è corretto scrivere:

  l'equazione non ha soluzioni reali

  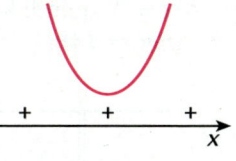

  la disequazione è verificata $\quad \forall x \in R$

- Per risolvere la disequazione $\quad x(x-3) > 0$

  – è sbagliato scrivere: $\quad x > 0 \ \lor \ x > 3$

  – è corretto scrivere:

  soluzioni dell'equazione $x = 0 \ \lor \ x = 3$

  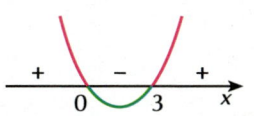

  soluzioni della disequazione $x < 0 \ \lor \ x > 3$

- Per risolvere la disequazione $\quad (x-5)^2 > 0$

  – è sbagliato scrivere: $\quad x - 5 > 0 \quad \rightarrow \quad x > 5$

  – è corretto dire che è verificata se $x \in R - \{5\}$

  perché un quadrato è sempre positivo o nullo e non è mai negativo.

Le disequazioni frazionarie

Abbiamo già visto nel primo biennio come si studia il segno di una frazione; rivediamo la procedura.

Una volta scritta la disequazione nella forma $\dfrac{A(x)}{B(x)} \gtrless 0$:

LA PROCEDURA RISOLUTIVA

- ◼ si studiano i segni dei fattori che si trovano al numeratore e al denominatore

- ◼ si costruisce la tabella dei segni

- ◼ si deduce il segno finale della frazione in base alle regole sul prodotto dei segni

- ◼ si individua l'insieme delle soluzioni.

Se la disequazione non si presenta nella forma indicata sopra, occorre trasportare tutti i termini al primo membro e svolgere i calcoli.
Ricordiamo poi che, nella tabella dei segni, gli elementi esclusi dal dominio saranno rappresentati da una doppia linea verticale.

*In una disequazione **non è possibile eliminare i denominatori** dei quali non si conosce il segno.*

Nella tabella dei segni ogni fattore deve avere una e una sola riga di segni

1. $\dfrac{x^2 + 3}{x^2 - 2x} > 0$ deve essere $x \neq 0 \ \wedge \ x \neq 2$

La disequazione si presenta già nella forma $\dfrac{A(x)}{B(x)} > 0$ e il suo dominio

è $R - \{0, 2\}$. Studiamo il segno dei polinomi al numeratore e al denominatore:

- $x^2 + 3 > 0$

  poiché $\Delta < 0$, la disequazione è verificata $\forall x \in R$ (**figura 14a**)

- $x^2 - 2x > 0$

  l'equazione associata ha soluzioni $x = 0 \ \vee \ x = 2$, quindi la disequazione è verificata se $x < 0 \ \vee \ x > 2$ (**figura 14b**)

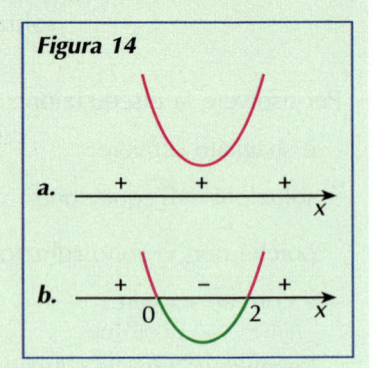

Figura 14

Costruiamo la tabella dei segni:

	0	2	R
segno di x^2+3	+	+	+
segno di x^2-2x	+	−	+
frazione	+	−	+
S			

L'insieme delle soluzioni è quindi formato dagli intervalli: $x < 0 \quad \vee \quad x > 2$.

2. $\dfrac{2x}{x - 1} \geq \dfrac{5x}{x^2 - 1} - \dfrac{2}{3 - 3x}$

Scomponiamo i denominatori e trasportiamo tutti i termini al primo membro:

$\dfrac{2x}{x - 1} - \dfrac{5x}{(x - 1)(x + 1)} + \dfrac{2}{3(1 - x)} \geq 0$ deve essere $x \neq -1 \ \wedge \ x \neq 1$

Il dominio è l'insieme $D = R - \{-1, 1\}$ e conviene riscrivere la terza frazione cambiando segno al denominatore:

$\dfrac{2x}{x - 1} - \dfrac{5x}{(x - 1)(x + 1)} - \dfrac{2}{3(x - 1)} \geq 0$

Scriviamo la disequazione in forma normale:

$$\dfrac{6x(x + 1) - 15x - 2(x + 1)}{3(x - 1)(x + 1)} \geq 0 \quad \rightarrow \quad \dfrac{6x^2 - 11x - 2}{3(x - 1)(x + 1)} \geq 0 \quad \rightarrow \quad \dfrac{6x^2 - 11x - 2}{x^2 - 1} \geq 0$$

Studiamo il segno dei fattori al numeratore e al denominatore:

- $6x^2 - 11x - 2 \geq 0$ l'equazione associata ha soluzioni

$$x = \dfrac{11 \pm \sqrt{121 + 48}}{12} = \begin{cases} -\dfrac{1}{6} \\ 2 \end{cases}$$

La disequazione è verificata se $x \leq -\dfrac{1}{6} \vee x \geq 2$ (**figura 15a**)

- $x^2 - 1 > 0$ l'equazione associata ha soluzioni $x = \pm 1$

La disequazione è verificata se $x < -1 \ \vee \ x > 1$ (**figura 15b**)

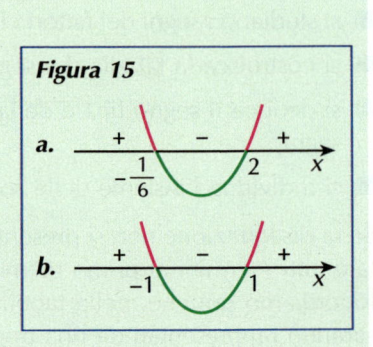

Figura 15

Tabella dei segni:

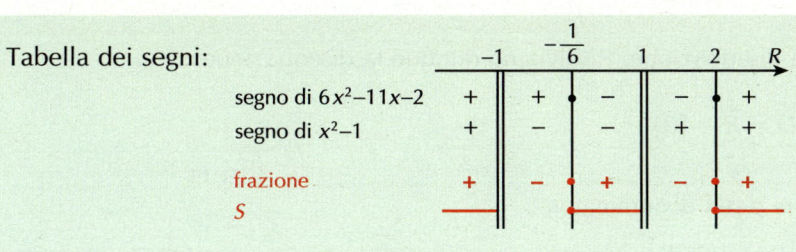

In definitiva: $x < -1 \quad \vee \quad -\dfrac{1}{6} \le x < 1 \quad \vee \quad x \ge 2$

8.2 I sistemi di disequazioni

Ricordiamo che un sistema di disequazioni è verificato nell'insieme intersezione delle soluzioni di ciascuna disequazione; conviene quindi:

- risolvere ciascuna disequazione
- costruire la tabella delle soluzioni in modo da mettere in evidenza le eventuali intersezioni.

Vediamo alcuni esempi.

1. $\begin{cases} x^2 + 2x + 1 > 0 \\ x^2 - 8x \le 0 \end{cases}$

Risolviamo la prima disequazione: $x^2 + 2x + 1 > 0 \qquad (x + 1)^2 > 0 \qquad \forall x \in R - \{-1\} \qquad \leftarrow \ \boldsymbol{S_1}$

Risolviamo la seconda disequazione: $x^2 - 8x \le 0 \qquad 0 \le x \le 8 \qquad \leftarrow \ \boldsymbol{S_2}$

Nella tabella delle soluzioni abbiamo indicato con un pallino vuoto il valore -1 escluso dalle soluzioni della prima disequazione:

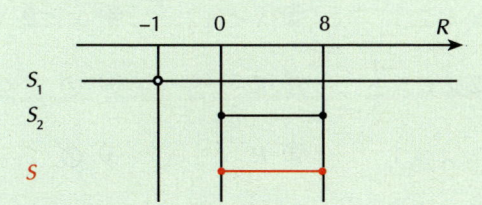

Il sistema è verificato se $\ 0 \le x \le 8$.

2. $\begin{cases} x^2 < 0 \\ x^2 + 5 > 0 \\ 3x^2 - 1 \le 0 \end{cases}$

Osserviamo che la prima disequazione non è mai verificata; è quindi inutile risolvere le altre perché, dovendo determinare l'intersezione fra gli insiemi soluzione, si ha che comunque: $\ S = \varnothing$.

3. $\begin{cases} \dfrac{x^2 - 1}{x} \ge 0 \\ x^2 + 1 > 0 \end{cases}$

Osserviamo che la seconda disequazione è sempre verificata, quindi l'insieme delle soluzioni del sistema coincide con quello della prima disequazione. Risolviamo dunque la disequazione:

$$\frac{x^2 - 1}{x} \geq 0 \qquad \text{di dominio} \qquad D = R - \{0\}.$$

Studiamo il segno del numeratore e del denominatore:

- $x^2 - 1 \geq 0 \qquad\qquad x \leq -1 \lor x \geq 1$
- $x > 0$

Tabella dei segni:

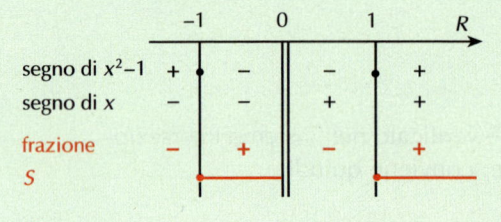

L'insieme S delle soluzioni del sistema è costituito dagli intervalli $\quad -1 \leq x < 0 \lor x \geq 1$.

VERIFICA DI COMPRENSIONE

1. Il grafico associato a un certo trinomio $ax^2 + bx + c$ è in figura; barra vero o falso:

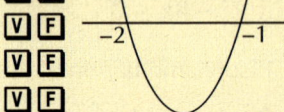

a. il trinomio è positivo per tutti gli x minori di -2 V F

b. il trinomio è positivo solo se $x > -1$ V F

c. il trinomio è negativo se $-2 < x < -1$ V F

d. il trinomio è positivo se $x < -2 \lor x > -1$ V F

e. il trinomio non è mai positivo perché si annulla per due valori negativi.   V F

2. Scegli fra quelle indicate le relazioni che individuano l'insieme delle soluzioni delle seguenti disequazioni:

a. $4 - x^2 > 0$:   ① $x < -2 \lor x > 2$ ② $-2 < x < 2$ ③ $x < \pm 2$ ④ $x < 2$

b. $3x^2 + 2x - 8 > 0$:   ① $-2 < x < \dfrac{4}{3}$ ② $x < -2 \lor x > \dfrac{4}{3}$ ③ R ④ $\varnothing$

c. $-9x^2 + 12x - 5 > 0$:   ① $\dfrac{1}{3} < x < 1$ ② $x < \dfrac{1}{3} \lor x > 1$ ③ R ④ $\varnothing$

3. La disequazione $(x^2 - 9)^2 > 0$ è verificata se:

a. $x < -3 \lor x > 3$ b. $-3 < x < 3$ c. $\forall x \in R$ d. $\forall x \neq \pm 3$

4. Il sistema $\begin{cases} x^2 + 4 < 0 \\ x - 1 > 0 \end{cases}$ ha per soluzione:

a. R b. $x > 1$ c. $\varnothing$ d. $1 < x < 2$

9. PROBLEMI DI SECONDO GRADO

Gli esercizi di questo paragrafo sono a pag. 368

Si chiamano così tutti quei problemi che hanno come modello un'equazione di secondo grado. Per la risoluzione di questi problemi valgono le stesse considerazioni che avevamo fatto per i problemi lineari, quindi è necessario: focalizzare le richieste del problema, porre attenzione alla scelta dell'incognita e alla determinazione del suo dominio in relazione al problema e così via.

Per i problemi che coinvolgono figure geometriche occorre poi ricordare le proprietà delle figure e i teoremi più importanti.

In particolare si usano spesso i teoremi di Pitagora e di Euclide relativi ai triangoli rettangoli che ricordiamo di seguito (**figura 16**):

DALLA GEOMETRIA

Figura 16

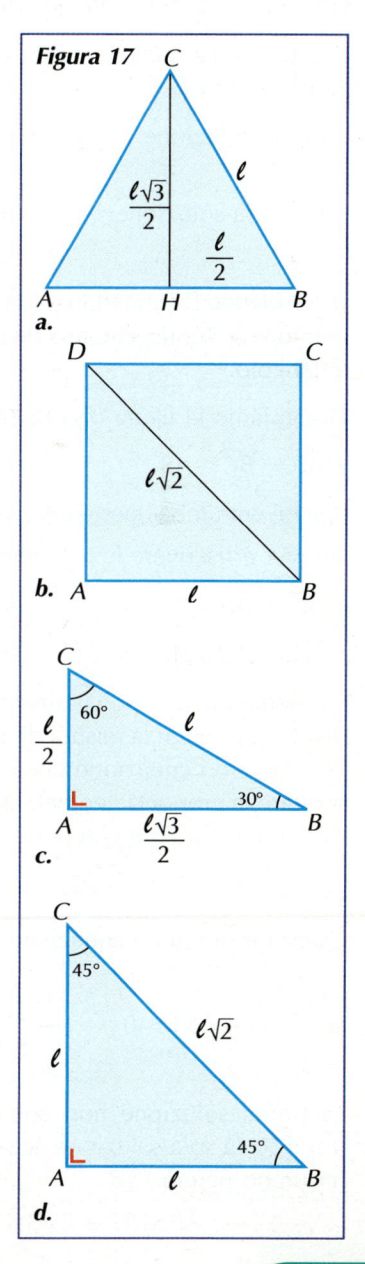

■ **teorema di Pitagora:** $\overline{AB}^2 + \overline{AC}^2 = \overline{BC}^2$

■ **primo teorema di Euclide:** $\overline{AB}^2 = \overline{BC} \cdot \overline{BH}$ $\overline{AC}^2 = \overline{BC} \cdot \overline{CH}$

■ **secondo teorema di Euclide:** $\overline{AH}^2 = \overline{BH} \cdot \overline{HC}$

Risultano poi particolarmente utili le seguenti relazioni fra i lati e gli angoli di poligoni particolari:

■ **triangolo equilatero (*figura 17a*):**

posto $\overline{BC} = \ell$, si ha che: $\overline{HB} = \dfrac{1}{2}\ell$ $\overline{CH} = \sqrt{\ell^2 - \dfrac{1}{4}\ell^2} = \dfrac{\sqrt{3}}{2}\ell$

(abbiamo applicato il teorema di Pitagora)

■ **quadrato (*figura 17b*):**

posto $\overline{AB} = \ell$, si ha che: $\overline{DB} = \sqrt{\ell^2 + \ell^2} = \sqrt{2}\ell$

■ **triangolo rettangolo con gli angoli di 30° e 60° (*figura 17c*):**

posto $\overline{BC} = \ell$ → $\overline{AC} = \dfrac{1}{2}\ell$ → $\overline{AB} = \dfrac{\sqrt{3}}{2}\ell$

perché tale triangolo è la metà di un triangolo equilatero

■ **triangolo rettangolo isoscele** (angoli acuti di 45° ciascuno) (*figura 17d*):

posto $\overline{AB} = \ell$, si ha che: $\overline{BC} = \sqrt{2}\ell$

perché tale triangolo è la metà di un quadrato

I problema. In una frazione il denominatore supera il numeratore di 3 unità; se si somma il doppio della frazione con la metà della sua reciproca si ottiene $\dfrac{41}{20}$. Qual è la frazione?

Scriviamo i dati indicando con n il numeratore e con d il denominatore della frazione:

● $d = n + 3$

● $2 \cdot \underbrace{\dfrac{n}{d}}_{\substack{\text{il doppio} \\ \text{della frazione}}} + \underbrace{\dfrac{1}{2} \cdot \dfrac{d}{n}}_{\substack{\text{la metà della} \\ \text{frazione reciproca}}} = \dfrac{41}{20}$

Poiché il denominatore è espresso in funzione del numeratore, sembra conveniente indicare con x il numeratore della frazione che, dovendo poi utilizzare la frazione reciproca, deve essere un numero intero non nullo: $x \in Z - \{0\}$.

Dalla prima informazione ricaviamo che il denominatore è $x + 3$.

La frazione è dunque $\dfrac{x}{x+3}$.

Dalla seconda ricaviamo che $\quad 2 \cdot \dfrac{x}{x+3} + \dfrac{1}{2} \cdot \dfrac{x+3}{x} = \dfrac{41}{20}$

Questa è dunque l'equazione modello del problema; affinché essa abbia significato deve essere $x \neq 0$, condizione già indicata dal problema, e $x \neq -3$. Il dominio deve quindi essere modificato ed è $x \in \mathbf{Z} - \{-3, 0\}$.
Risolvendo l'equazione otteniamo:

$$x^2 - 7x + 10 = 0 \quad \rightarrow \quad x = \begin{cases} 2 \\ 5 \end{cases}$$

Entrambi i valori trovati appartengono al dominio del problema e sono quindi accettabili. La frazione è il rapporto $\dfrac{x}{x+3}$, quindi abbiamo due possibili soluzioni:

- prima soluzione: per $x = 2$ la frazione è $\dfrac{2}{5}$

- seconda soluzione: per $x = 5$ la frazione è $\dfrac{5}{8}$.

Il problema. Di un rettangolo si sa che un lato supera di 13m l'altro e inoltre è inferiore di 4m rispetto alla diagonale; vogliamo calcolare le misure dei lati del rettangolo.

Disegniamo la figura (**figura 18**) e scriviamo i dati in relazione ad essa:

Figura 18

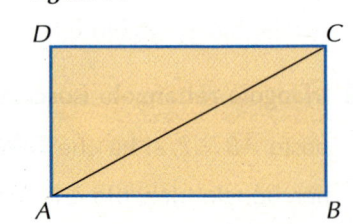

- $\overline{AB} = \overline{BC} + 13$ • $\overline{AB} = \overline{AC} - 4$

Poiché entrambe queste relazioni coinvolgono il segmento AB, conviene porre $\overline{AB} = x$ e riscrivere le precedenti relazioni in funzione di $\overline{AB}$:

- $\overline{BC} = \overline{AB} - 13 \quad \rightarrow \quad \overline{BC} = x - 13$
- $\overline{AC} = \overline{AB} + 4 \quad \rightarrow \quad \overline{AC} = x + 4$

L'insieme in cui x può variare è quello dei numeri reali positivi maggiori di 13 perché altrimenti la misura di BC sarebbe negativa; deve quindi essere $x > 13$.
Per scrivere l'equazione che ci permetterà di trovare il valore di x dobbiamo sfruttare le proprietà geometriche della figura; osserviamo allora che il triangolo ABC è rettangolo e che per esso vale il teorema di Pitagora, quindi:

$$\overline{AB}^2 + \overline{BC}^2 = \overline{AC}^2 \qquad \text{cioè} \qquad x^2 + (x - 13)^2 = (x + 4)^2$$

Questa è dunque l'equazione modello del problema; risolvendola si ottiene:

$$x^2 - 34x + 153 = 0 \quad \rightarrow \quad x = \begin{cases} 17 - 2\sqrt{34} \approx 5{,}34 \\ 17 + 2\sqrt{34} \approx 28{,}66 \end{cases}$$

La prima soluzione non appartiene al dominio del problema (deve essere $x > 13$); la sola soluzione accettabile è quindi la seconda. I lati del rettangolo misurano perciò:

$$\overline{AB} = 17 + 2\sqrt{34} \qquad \overline{BC} = \overline{AB} - 13 = 4 + 2\sqrt{34}$$

III problema. Sia P un punto del lato AB di un triangolo equilatero ABC di lato ℓ e siano PH e PK le sue distanze dagli altri due lati. Determiniamo la lunghezza di AP in modo che sia verificata la relazione $\overline{PH}^2 + \overline{PK}^2 + \overline{PC}^2 = \dfrac{23}{20}\ell^2$.

Costruiamo la figura del problema facendo attenzione a non posizionare il punto P nel punto medio del lato AB (sarebbe un caso particolare) e studiamo dapprima le sue proprietà (**figura 19**).

Poiché in un triangolo equilatero gli angoli hanno ampiezza di 60°, i triangoli PAH e PBK sono due triangoli rettangoli che hanno gli angoli acuti di 30° e di 60° (i due triangoli non sono però congruenti). I triangoli rettangoli PCH e PCK non sono invece triangoli particolari.

Visto che il problema chiede di determinare la lunghezza del segmento AP conviene porre $\overline{AP} = x$ e poiché P deve stare sul segmento AB deve essere $0 < x < \ell$. Vediamo se possiamo accettare anche i casi $x = 0$ e $x = \ell$:

- per $x = 0$ il punto P coincide con A e abbiamo la situazione di **figura 20a**; poiché la relazione del problema ha significato possiamo accettare questo caso nel dominio del problema;

- per $x = \ell$ il punto P coincide con B ed abbiamo la situazione di **figura 20b**; anche in questo caso la relazione del problema ha significato.

In definitiva, il dominio del problema è: $0 \leq x \leq \ell$.

Conviene considerare come equazione la relazione indicata nel testo del problema e cioè $\overline{PH}^2 + \overline{PK}^2 + \overline{PC}^2 = \dfrac{23}{20}\ell^2$; dobbiamo quindi trovare le misure dei segmenti PH, PK e PC in funzione di x.

- Troviamo $\overline{PH}$:

  per quanto osservato in precedenza, se $\overline{AP} = x$ allora $\overline{PH} = \dfrac{\sqrt{3}}{2}x$.

- Troviamo $\overline{PK}$:

  $\overline{PB} = \ell - x$ $\qquad$ $\overline{PK} = \dfrac{\sqrt{3}}{2}(\ell - x)$

- Troviamo $\overline{PC}$:

  consideriamo il triangolo PCH e applichiamo il teorema di Pitagora:

  $\overline{AH} = \dfrac{1}{2}x \qquad \overline{HC} = \ell - \dfrac{1}{2}x \qquad \overline{PC}^2 = \overline{HC}^2 + \overline{PH}^2 = \left(\ell - \dfrac{1}{2}x\right)^2 + \left(\dfrac{\sqrt{3}}{2}x\right)^2 = x^2 - \ell x + \ell^2$

Possiamo adesso impostare l'equazione del problema:

$$\left(\dfrac{\sqrt{3}}{2}x\right)^2 + \left[\dfrac{\sqrt{3}}{2}(\ell - x)\right]^2 + x^2 - \ell x + \ell^2 = \dfrac{23}{20}\ell^2$$

Svolgendo i calcoli otteniamo:

$$25x^2 - 25\ell x + 6\ell^2 = 0 \qquad \rightarrow \qquad x = \begin{cases} \dfrac{3}{5}\ell \\ \dfrac{2}{5}\ell \end{cases}$$

Entrambe le soluzioni sono accettabili perché positive e minori di ℓ, quindi

$$\overline{AP} = \dfrac{3}{5}\ell \ \vee \ \overline{AP} = \dfrac{2}{5}\ell$$

Osserviamo che queste due soluzioni corrispondono, come è prevedibile, a posizioni simmetriche di P rispetto al punto medio di AB.

Figura 19

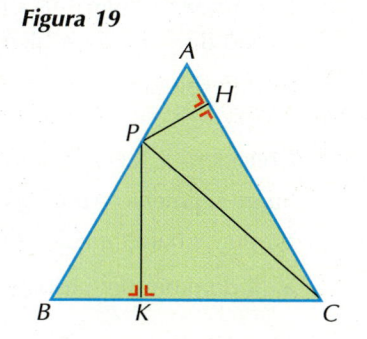

Figura 20

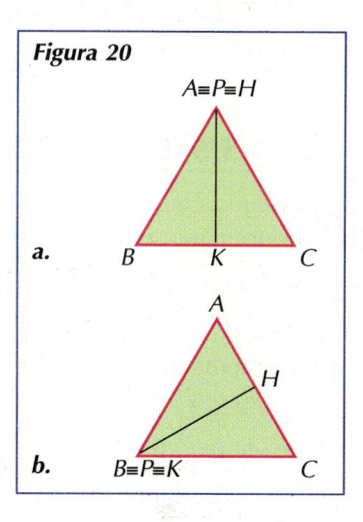

a.

b.

1. Le limitazioni a cui è soggetta l'incognita x di un problema indicano che x deve essere compresa tra 0 e 1.

Risolvendo l'equazione modello del problema si trova che $x = \dfrac{1 - \sqrt{2}}{2} \ \vee \ x = \dfrac{1 + \sqrt{2}}{2}$.
Si può dire che il problema ha:

    a. due soluzioni   **b.** una sola soluzione   **c.** nessuna soluzione.

2. Considera il seguente problema.

Su un segmento AB lungo 10cm si vuole individuare un punto C in modo che il segmento AC sia medio proporzionale fra AB e BC. Posto $\overline{AC} = x$:

    a. il dominio del problema è: ① $x < 10$ ② $0 < x < 10$ ③ $x > 0$

    b. l'equazione del problema è: ① $x^2 = 10(x - 10)$ ② $x^2 = 10(10 - x)$ ③ $x^2 = \dfrac{x - 10}{10}$

10. I SISTEMI DI GRADO SUPERIORE AL PRIMO

Gli esercizi di questo paragrafo sono a pag. 375

Ricordiamo che il grado di un sistema è il prodotto dei gradi delle equazioni che lo formano; di conseguenza:

Applicazione informatica *on line*

- un sistema di secondo grado deve avere tutte le equazioni di primo grado tranne una che è di secondo (2 si può ottenere solo dal prodotto $2 \cdot 1$);

- un sistema di terzo grado deve avere tutte le equazioni di primo grado e una sola di terzo (3 si può ottenere solo dal prodotto $3 \cdot 1$)

e così via per gli altri gradi.

Per esempio, dato il sistema:

$$\begin{cases} 3x - 2y = 1 & \longleftarrow \text{ equazione di primo grado} \\ x^2 - 2xy + 4x = 1 - y & \longleftarrow \text{ equazione di secondo grado} \end{cases}$$

il grado complessivo è: $1 \cdot 2 = 2$.

Per risolvere questi sistemi si applicano ancora gli stessi principi di equivalenza che abbiamo studiato a proposito dei sistemi lineari e che ricordiamo di seguito.

- **Principio di sostituzione.** Se in un sistema si sostituisce ad una incognita la sua espressione ricavata da un'altra equazione, si ottiene un sistema equivalente a quello dato.

- **Principio di riduzione.** Se in un sistema si sommano membro a membro le sue equazioni (tutte o solo alcune) e si sostituisce l'equazione ottenuta ad una di esse, si ottiene un sistema equivalente a quello dato.

I sistemi di due equazioni

Se nel sistema è presente un'equazione di primo grado, conviene ricavare l'espressione di una delle incognite da tale equazione e sostituire poi nell'altra. Vediamo alcuni esempi.

1. $\begin{cases} y - 2x + 1 = 0 \\ x^2 + y = 4x - 1 \end{cases}$

Conviene ricavare l'espressione di y dalla prima equazione e sostituire nella seconda:

$$\begin{cases} y = 2x - 1 \\ x^2 + \boxed{2x - 1} = 4x - 1 \end{cases} \rightarrow \begin{cases} y = 2x - 1 \\ x^2 - 2x = 0 \end{cases} \rightarrow \begin{cases} y = 2x - 1 \\ x(x - 2) = 0 \end{cases}$$

Risolvendo la seconda equazione si ottiene: $x = \begin{cases} 0 \\ 2 \end{cases}$

Figura 21

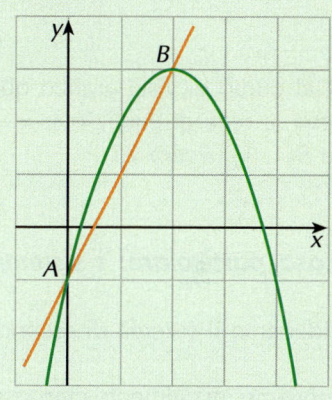

Sostituiamo adesso questi valori nella prima equazione:

- sostituendo $x = 0$: $\begin{cases} x = 0 \\ y = 2 \cdot 0 - 1 \end{cases} \rightarrow \begin{cases} x = 0 \\ y = -1 \end{cases}$

- sostituendo $x = 2$: $\begin{cases} x = 2 \\ y = 2 \cdot 2 - 1 \end{cases} \rightarrow \begin{cases} x = 2 \\ y = 3 \end{cases}$

Il sistema ha quindi come soluzione le coppie ordinate (x, y):

$$(0, -1) \lor (2, 3).$$

Dal punto di vista grafico questo sistema rappresenta l'intersezione della parabola di equazione $y = -x^2 + 4x - 1$ con la retta di equazione $y = 2x - 1$; le soluzioni del sistema sono le coordinate dei punti di intersezione. Le due curve quindi si intersecano nei punti $A(0, -1)$ e $B(2, 3)$ (**figura 21**).

Figura 22

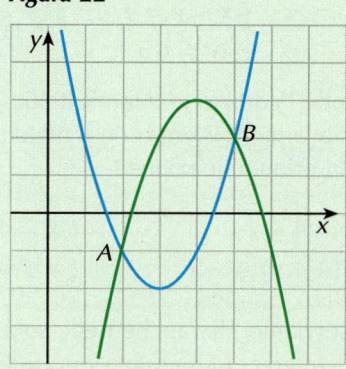

2. Troviamo i punti di intersezione delle due parabole di equazioni $y = x^2 - 6x + 7$ e $y = -x^2 + 8x - 13$.

Disegnando le due parabole troviamo che esse si intersecano in due punti (**figura 22**).

Per trovare le loro coordinate dobbiamo risolvere il sistema

$$\begin{cases} y = x^2 - 6x + 7 \\ y = -x^2 + 8x - 13 \end{cases}$$ che è di quarto grado.

Confrontando le due espressioni di y otteniamo: $\begin{cases} -x^2 + 8x - 13 = x^2 - 6x + 7 \\ y = -x^2 + 8x - 13 \end{cases} \rightarrow \begin{cases} x^2 - 7x + 10 = 0 \\ y = -x^2 + 8x - 13 \end{cases}$

Risolvendo la prima equazione otteniamo: $x = 2 \lor x = 5$

Il sistema ha quindi soluzioni $\begin{cases} x = 2 \\ y = -1 \end{cases} \lor \begin{cases} x = 5 \\ y = 2 \end{cases}$

e le due parabole si intersecano nei punti $A(2, -1)$ e $B(5, 2)$.

3. $\begin{cases} xy = 4 \\ x - 4y = 0 \end{cases}$

Ricaviamo x dalla seconda equazione e sostituiamo nella prima: $\begin{cases} \boxed{4y} \cdot y = 4 \\ x = 4y \end{cases} \rightarrow \begin{cases} y^2 = 1 \\ x = 4y \end{cases}$

Dalla prima equazione ricaviamo che $y = \begin{cases} -1 \\ 1 \end{cases}$

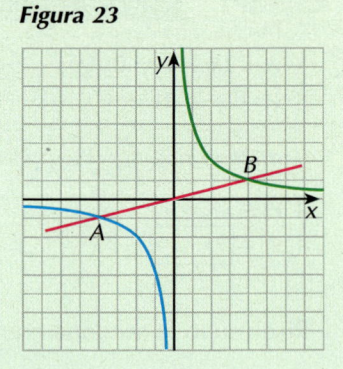

Figura 23

Sostituiamo nella seconda equazione:

- sostituendo $y = -1$: $\begin{cases} y = -1 \\ x = -4 \end{cases}$

- sostituendo $y = 1$: $\begin{cases} y = 1 \\ x = 4 \end{cases}$

Il sistema ha quindi come soluzione le coppie ordinate (x, y) :

$$(-4, -1) \lor (4, 1).$$

Dal punto di vista grafico questo sistema rappresenta l'intersezione dell'iperbole di equazione $xy = 4$ con la retta di equazione $x - 4y = 0$; le coordinate dei punti di intersezione sono quindi $A(-4, -1)$ e $B(4, 1)$ (**figura 23**).

Un caso particolare: i sistemi simmetrici

Consideriamo il sistema di secondo grado $\begin{cases} x + y = 4 \\ xy = -5 \end{cases}$

e osserviamo inizialmente che, se scambiamo le due variabili ponendo x al posto di y e viceversa, il sistema rimane lo stesso:

$$\begin{cases} x + y = 4 \\ xy = -5 \end{cases} \quad \text{è la stessa cosa di} \quad \begin{cases} y + x = 4 \\ yx = -5 \end{cases}$$

perché l'addizione e la moltiplicazione sono operazioni commutative.
Risolviamo il sistema con il metodo di sostituzione ricavando l'espressione di x dalla prima equazione:

$$\begin{cases} x = 4 - y \\ y(4 - y) = -5 \end{cases} \rightarrow \begin{cases} x = 4 - y \\ y^2 - 4y - 5 = 0 \end{cases} \rightarrow \begin{cases} x = 5 \\ y = -1 \end{cases} \lor \begin{cases} x = -1 \\ y = 5 \end{cases}$$

Osserviamo che anche nelle soluzioni x e y si scambiano i valori.
Un sistema che presenta queste caratteristiche si dice simmetrico.

**LA DEFINIZIONE
E LE CARATTERISTICHE**

> Si dice **simmetrico** un sistema di due equazioni nelle due incognite x e y che rimane invariato se x si scambia con y.
> Se un sistema simmetrico ammette come soluzione la coppia (a, b), allora ammette anche la coppia (b, a).

Un sistema simmetrico di secondo grado è sempre riconducibile alla forma

$$\begin{cases} x + y = s \\ xy = p \end{cases}$$

dove s e p sono numeri reali.
Questo sistema è il modello algebrico di un problema che abbiamo già affrontato nel paragrafo 6 di questo capitolo: trovare due numeri x e y conoscendo la loro somma s ed il loro prodotto p.
Oltre al metodo di sostituzione, per risolvere un sistema simmetrico possiamo

Le soluzioni del sistema

$$\begin{cases} x + y = s \\ xy = p \end{cases}$$

sono le coppie (t_1, t_2) e (t_2, t_1) che sono le radici dell'equazione

$$t^2 - st + p = 0$$

allora anche ricondurci alla determinazione delle radici dell'equazione di secondo grado

$$t^2 - st + p = 0$$

Le soluzioni di questa equazione, chiamiamole t_1 e t_2, accoppiate nei due modi possibili, sono anche le soluzioni del sistema; si ha cioè che il sistema è verificato dalle coppie:

$$\begin{cases} x = t_1 \\ y = t_2 \end{cases} \quad \vee \quad \begin{cases} x = t_2 \\ y = t_1 \end{cases}$$

Se applichiamo questo metodo al sistema precedente, dobbiamo risolvere l'equazione

$$t^2 - 4t - 5 = 0$$

(osserviamo che essa coincide con l'equazione $y^2 - 4y - 5 = 0$ che avevamo ottenuto risolvendo il sistema col metodo di sostituzione); poiché le soluzioni di questa equazione sono $t_1 = -1$ e $t_2 = 5$, l'insieme delle soluzioni è

$$S = \{(-1, 5); (5, -1)\}$$

ESEMPI

1. $\begin{cases} x + y = -2 \\ xy = -15 \end{cases}$

Impostiamo l'equazione ausiliaria $\quad t^2 + 2t - 15 = 0$

le cui soluzioni sono $t = 3 \ \vee \ t = -5$. Allora le soluzioni del sistema sono le coppie ordinate (x, y) tali che:

$$\begin{cases} x = 3 \\ y = -5 \end{cases} \quad \vee \quad \begin{cases} x = -5 \\ y = 3 \end{cases} \qquad \text{cioè} \qquad S = \{(3, -5); (-5, 3)\}.$$

2. $\begin{cases} (x + y)^2 = x^2 - 64 + y^2 \\ 3x + y = 2(x + 2) \end{cases}$

Svolgiamo i calcoli e scriviamo il sistema in forma normale:

$$\begin{cases} x^2 + y^2 + 2xy = x^2 - 64 + y^2 \\ 3x + y = 2x + 4 \end{cases} \quad \rightarrow \quad \begin{cases} xy = -32 \\ x + y = 4 \end{cases}$$

L'equazione ausiliaria è $\quad t^2 - 4t - 32 = 0$

che ha soluzioni $t = -4 \ \vee \ t = 8$, allora le soluzioni del sistema sono le coppie ordinate (x, y) tali che

$$\begin{cases} x = -4 \\ y = 8 \end{cases} \quad \vee \quad \begin{cases} x = 8 \\ y = -4 \end{cases} \qquad \text{cioè} \qquad S = \{(-4, 8); (8, -4)\}.$$

VERIFICA DI COMPRENSIONE

1. Associa a ciascun sistema il proprio grado:

① $\begin{cases} xy = 9 \\ x^2 = 3y \end{cases}$ ② $\begin{cases} x^2 + y^2 = 4 \\ x - 4y = 1 \end{cases}$ ③ $\begin{cases} x + 2y^3 - xy = 1 \\ x^2 = y \end{cases}$ ④ $\begin{cases} 2x - 4y = 1 \\ 3x^2 - x^2 y = 0 \\ x^3 - 1 = y \end{cases}$

a. 2 **b.** 9 **c.** 4 **d.** 6

2. La parabola $y = 2 - 3x^2$ e la retta $y = 2x + 1$ si intersecano nei punti di coordinate:

    a. $(-1, -1) \lor \left(\dfrac{1}{3}, \dfrac{5}{3}\right)$ **b.** $(1, 1) \lor \left(\dfrac{1}{3}, \dfrac{5}{3}\right)$

    c. $(-1, -1) \lor \left(-\dfrac{1}{3}, -\dfrac{5}{3}\right)$ **d.** non si intersecano

3. Per risolvere il sistema $\begin{cases} x + y = 3 \\ xy = -5 \end{cases}$ devi risolvere l'equazione:

    a. $t^2 + 3t - 5 = 0$ **b.** $t^2 + 3t + 5 = 0$ **c.** $t^2 - 3t - 5 = 0$ **d.** $t^2 - 3t + 5 = 0$

Sul sito www.edatlas.it trovi...

- il laboratorio di informatica
- la scheda storica e le curiosità matematiche
- le attività di recupero

Se x è il numero dei ragazzi della classe, tranne Sofia, la spesa preventivata per ciascuno è pari a € $\dfrac{81}{x}$; questa spesa deve essere aumentata di € 0,24 per il ritiro di due compagni.

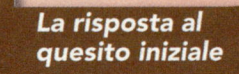
La risposta al quesito iniziale

La spesa complessiva, che è di € 81, va calcolata su $x - 2$ ragazzi, quindi si può impostare l'equazione

$$\left(\frac{81}{x} + 0{,}24\right)(x - 2) = 81$$

Risolvendola si trova che deve essere $x = -25$ oppure $x = 27$.
Ovviamente la soluzione negativa va scartata e possiamo concludere che i ragazzi della classe, compresa Sofia, sono 28.

I concetti e le regole

Le equazioni di secondo grado

Un'equazione di secondo grado si può sempre ricondurre alla sua forma normale $ax^2 + bx + c = 0$ nella quale deve essere $a \neq 0$. Se i coefficienti b o c sono nulli l'equazione si dice incompleta e le sue soluzioni si trovano applicando la legge di annullamento del prodotto oppure la definizione di radicale:

- $ax^2 + bx = 0 \qquad \rightarrow \qquad x(ax + b) = 0 \qquad \rightarrow \qquad x = 0 \ \lor \ x = -\dfrac{b}{a}$

- $ax^2 + c = 0 \qquad \rightarrow \qquad x = \pm\sqrt{-\dfrac{c}{a}} \qquad \text{se} \quad -\dfrac{c}{a} > 0$

- $ax^2 = 0 \qquad \rightarrow \qquad x = 0$

Le soluzioni dell'equazione completa si trovano applicando la formula $\quad x = \dfrac{-b \pm \sqrt{b^2 - 4ac}}{2a}$

nella quale l'espressione $b^2 - 4ac$ si chiama **discriminante** e si indica con il simbolo Δ,

oppure la formula ridotta se b è pari $\quad x = \dfrac{-\dfrac{b}{2} \pm \sqrt{\left(\dfrac{b}{2}\right)^2 - ac}}{a}$

In base al valore del discriminante l'equazione:
- ammette due soluzioni reali e distinte se $\Delta > 0$
- ammette due soluzioni reali coincidenti se $\Delta = 0$
- non ha soluzioni reali se $\Delta < 0$.

Relazioni fra coefficienti e soluzioni

Fra le soluzioni x_1 e x_2 di un'equazione di secondo grado ed i suoi coefficienti sussistono le seguenti relazioni:

$$x_1 + x_2 = -\frac{b}{a} \qquad\qquad x_1 \cdot x_2 = \frac{c}{a}$$

Mediante la loro applicazione è possibile:
- trovare due numeri conoscendo la loro somma s ed il loro prodotto p risolvendo l'equazione:
  $x^2 - sx + p = 0$
- scomporre il trinomio $ax^2 + bx + c$ con la formula: $\quad a(x - x_1)(x - x_2)$.

La parabola

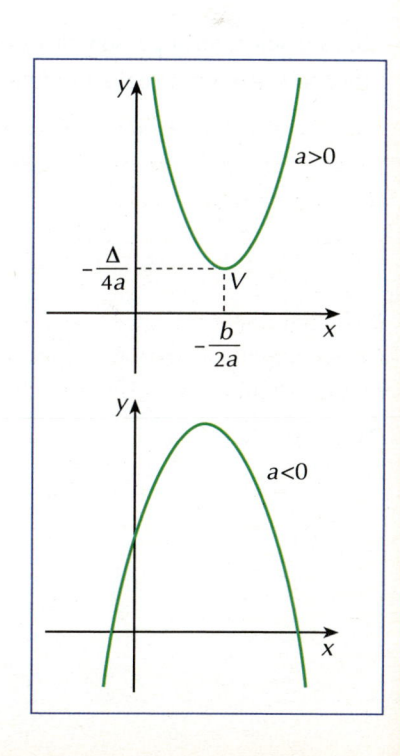

- La parabola è il luogo dei punti del piano equidistanti da un punto fisso detto **fuoco** e da una retta fissa detta **direttrice**. È una curva simmetrica rispetto alla retta che passa per il fuoco ed è perpendicolare alla direttrice. Il punto di intersezione di tale asse di simmetria con la parabola si chiama **vertice**.

- In un sistema di riferimento cartesiano ortogonale, una parabola che ha l'asse di simmetria parallelo all'asse y ha equazione $y = ax^2 + bx + c$.

  Se $a > 0$, la parabola volge la concavità verso l'alto, se $a < 0$ la concavità è verso il basso.

  Posto $\Delta = b^2 - 4ac$, il vertice è il punto $V\left(-\dfrac{b}{2a}, \ -\dfrac{\Delta}{4a}\right)$, l'asse di simmetria ha equazione $x = -\dfrac{b}{2a}$.

Come si risolve una disequazione di secondo grado

Per risolvere la disequazione $ax^2 + bx + c \gtrless 0$, dove si suppone che sia $a > 0$, si disegna la parabola $y = ax^2 + bx + c$ rappresentando la sua posizione relativamente all'asse x; i casi che si possono presentare, a seconda del segno del discriminante, sono i seguenti:

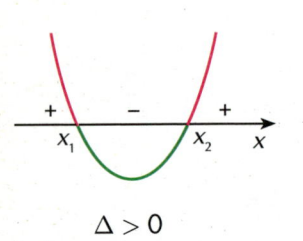
$\Delta > 0$

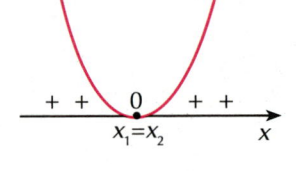
$\Delta = 0$

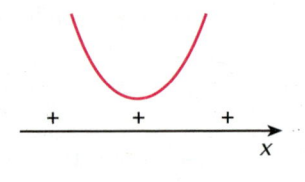
$\Delta < 0$

Di conseguenza:

- se $\Delta > 0$ il trinomio è positivo per valori esterni all'intervallo delle radici, è negativo per valori compresi
- se $\Delta = 0$ il trinomio è positivo per ogni $x \in R$ escluso il punto in cui il trinomio si annulla e non è mai negativo
- se $\Delta < 0$ il trinomio è sempre positivo.

Sistemi non lineari

Un sistema è non lineare se almeno una delle sue equazioni è di grado superiore al primo.
Per risolvere un sistema di questo tipo si applicano i principi di equivalenza dei sistemi; in particolare, se nel sistema è presente un'equazione di primo grado, si ricava l'espressione di una variabile da questa equazione e la si sostituisce nell'altra.
Un caso particolare è costituito dai sistemi simmetrici che sono quelli che assumono la forma:

$$\begin{cases} x + y = s \\ xy = p \end{cases}$$

Le loro soluzioni si possono trovare anche risolvendo l'equazione di secondo grado $t^2 - st + p = 0$.
Se t_1 e t_2 sono le soluzioni di tale equazione, allora le coppie (t_1, t_2) e (t_2, t_1) sono le soluzioni del sistema.

CAPITOLO 4

Modelli di grado superiore e irrazionali

Obiettivi

- risolvere equazioni e disequazioni di grado superiore al secondo
- risolvere equazioni e disequazioni irrazionali

MATEMATICA, REALTÀ E STORIA

Abbiamo visto nel precedente capitolo che, nonostante si fosse trovato un modo per risolvere le equazioni di secondo grado, tuttavia sia l'equazione che la procedura risolutiva venivano rappresentate a parole (ricorda per esempio che l'incognita veniva chiamata *cosa*).

Furono gli algebristi del sedicesimo secolo che inizarono ad usare le lettere per rappresentare le incognite di un'equazione e i suoi coefficienti; il primo a servirsi di lettere fu Francoise Viète (1540-1603), che peraltro non era un matematico di professione ma un avvocato e un politico francese. Il suo uso delle lettere non era ancora come lo concepiamo noi oggi; egli indicava le incognite con le vocali e i coefficienti con le consonanti, ma non usava la simbologia della potenza: per scrivere A^3 egli scriveva *A cubus* e per indicare A^2 scriveva *A quadratus*.

Nonostante le difficoltà, tuttavia, già nel cinquecento si erano trovate delle formule per risolvere le equazioni di terzo e quarto grado, formule che usavano i radicali ma piuttosto complesse da applicare e per le quali si dovevano anche introdurre dei metodi per calcolare le radici quadrate dei numeri negativi.

In realtà si conoscevano già da tempo algoritmi per la risoluzione approssimata delle equazioni, ma il fatto di aver trovato delle formule fece progredire in modo notevole gli studi dell'algebra e, da allora, i matematici cercarono metodi anche per risolvere equazioni di grado superiore. Fu solo nell'ottocento che Paolo Ruffini e Niels Abel sancirono con un teorema l'impossibilità di trovare formule risolutive delle equazioni di grado $n \geq 5$.

Il problema da risolvere

In un gioco televisivo che permette di vincere un consistente premio in denaro viene proposto un quiz che dice così:

si ha a disposizione uno spago, carta, matita e un righello; si vuole calcolare l'area di un triangolo rettangolo che ha un cateto lungo 8cm e che può essere completamente ed esattamente circondato dallo spago.

Come può fare il concorrente a vincere il premio?
Non serve fare prove, basta ragionare su un triangolo rettangolo, dopo aver studiato i contenuti di questo capitolo; ovviamente la lunghezza ℓ dello spago si deve considerare nota. Nella risoluzione del problema che trovi al termine del capitolo abbiamo supposto che sia $\ell = 24$cm.

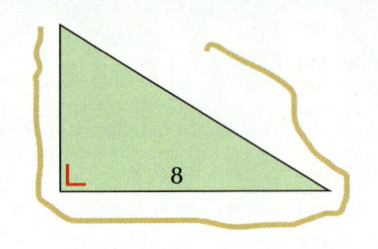

1. LE EQUAZIONI POLINOMIALI

Gli esercizi di questo paragrafo sono a pag. 387

Qualunque equazione razionale, una volta sviluppati i calcoli e ricondotta alla forma intera, si può scrivere nella forma

$$E(x) = 0$$

dove $E(x)$ è un polinomio di grado n nella variabile x.
Come abbiamo evidenziato nell'introduzione, non esistono delle formule semplici per risolvere equazioni di grado $n > 2$; tuttavia, moltissime equazioni polinomiali di questa forma possono essere risolte scomponendo il polinomio $E(x)$ ed applicando poi la legge di annullamento del prodotto.
Vediamo alcuni esempi.

ESEMPI

1. $x^3 - 8x = 2x^2 - 16$

Raccogliamo x al primo membro e 2 al secondo: $x(x^2 - 8) = 2(x^2 - 8)$
Trasportiamo tutti i termini al primo membro: $x(x^2 - 8) - 2(x^2 - 8) = 0$
Raccogliamo $(x^2 - 8)$ a fattor comune: $(x^2 - 8)(x - 2) = 0$
Applichiamo la legge di annullamento del prodotto: $x^2 - 8 = 0 \quad \vee \quad x - 2 = 0$
Risolvendo la prima equazione otteniamo: $x = \pm\sqrt{8} \qquad \rightarrow \qquad x = \pm 2\sqrt{2}$
risolvendo la seconda otteniamo: $x = 2$
L'insieme delle soluzioni è quindi: $S = \{2, -2\sqrt{2}, 2\sqrt{2}\}$.

2. $x^2 - 2x = 2x^3 - x^4$

Trasportiamo tutti i termini al primo membro: $x^4 - 2x^3 + x^2 - 2x = 0$
Raccogliamo x: $x(x^3 - 2x^2 + x - 2) = 0$
Raccogliamo parzialmente all'interno della parentesi: $x[x^2(x - 2) + (x - 2)] = 0$
Raccogliamo totalmente: $x(x - 2)(x^2 + 1) = 0$
Applichiamo la legge di annullamento del prodotto: $x = 0 \quad \vee \quad x - 2 = 0 \quad \vee \quad x^2 + 1 = 0$
La seconda equazione ha soluzione 2, la terza è impossibile in R, quindi $S = \{0, 2\}$.

3. $3x^3 + 2x^2 - 7x + 2 = 0$

Per scomporre il polinomio al primo membro dobbiamo usare la regola di Ruffini e trovare i divisori del tipo $x - a$; ricordiamo che i valori di a sono da ricercarsi fra i divisori del termine noto e fra le frazioni della forma $\dfrac{m}{n}$ dove m è un divisore del termine noto e n è un divisore del coefficiente del termine di grado massimo.

Nel nostro caso i possibili valori di a sono: $\pm 1,\ \pm 2,\ \pm\dfrac{1}{3},\ \pm\dfrac{2}{3}$

Cominciamo a valutare $E(1)$: $E(1) = 3 + 2 - 7 + 2 = 0$

Possiamo già concludere che 1, visto che soddisfa l'equazione, è una delle sue radici. Per trovare le altre determiniamo il polinomio $Q(x)$ quoziente della divisione di $E(x)$ per $(x - 1)$:

$$
\begin{array}{r|rrr|r}
 & 3 & 2 & -7 & 2 \\
1 & & 3 & 5 & -2 \\
\hline
 & 3 & 5 & -2 & 0
\end{array}
\qquad Q(x) = 3x^2 + 5x - 2
$$

Dobbiamo quindi risolvere l'equazione

$$3x^2 + 5x - 2 = 0 \qquad \rightarrow \qquad x = \frac{-5 \pm \sqrt{25 + 24}}{6} = \frac{-5 \pm 7}{6} = \begin{cases} -2 \\[4pt] \dfrac{1}{3} \end{cases}$$

In definitiva, l'insieme delle soluzioni è $\ S = \left\{ -2, \dfrac{1}{3}, 1 \right\}$.

4. $2x^3 - 3x^2 - 3x + 2 = 0$

Osserviamo che il polinomio $E(x)$ al primo membro ha i coefficienti dei termini equidistanti dagli estremi che sono uguali: $\ 2x^3 - 3x^2 - 3x + 2 = 0$

Esso si annulla quindi se $x = -1$: $\qquad E(-1) = 2 \cdot (-1)^3 - 3 \cdot (-1)^2 - 3 \cdot (-1) + 2 = 0$
Una soluzione dell'equazione è allora $x = -1$; cerchiamo le altre scomponendo $E(x)$ con le regola di Ruffini

$$
\begin{array}{r|rrr|r}
 & 2 & -3 & -3 & 2 \\
-1 & & -2 & 5 & -2 \\
\hline
 & 2 & -5 & 2 & 0
\end{array}
\qquad Q(x) = 2x^2 - 5x + 2
$$

Dobbiamo risolvere l'equazione: $\ 2x^2 - 5x + 2 = 0$: $\qquad x = \dfrac{5 \pm \sqrt{25 - 16}}{4} = \dfrac{5 \pm 3}{4} = \begin{cases} \dfrac{1}{2} \\[4pt] 2 \end{cases}$

Dunque $S = \left\{ -1, \dfrac{1}{2}, 2 \right\}$.

Equazioni come questa che, una volta scritto il polinomio $E(x)$ in forma ordinata, presentano la caratteristica di avere i coefficienti dei termini equidistanti dagli estremi uguali oppure opposti, si dicono **reciproche**.
Esse si annullano sempre per $x = 1$ oppure per $x = -1$ e le altre soluzioni hanno la caratteristica di essere valori reciproci; nel caso di questo esempio le soluzioni trovate, oltre a -1, sono $\dfrac{1}{2}$ e 2 che sono appunto numeri reciproci.

5. $12x^4 - 25x^3 + 25x - 12 = 0$

In questo caso i termini equidistanti dagli estremi hanno i coefficienti che sono opposti e si ha che:

$$E(1) = 12 - 25 + 25 - 12 = 0 \qquad\qquad E(-1) = 12 + 25 - 25 - 12 = 0$$

Determiniamo il quoziente della divisione di $E(x)$ per $(x - 1)$ e $(x + 1)$:

$$
\begin{array}{r|rrrr|r}
 & 12 & -25 & 0 & 25 & -12 \\
1 & & 12 & -13 & -13 & 12 \\
\hline
 & 12 & -13 & -13 & 12 & 0 \\
-1 & & -12 & 25 & -12 & \\
\hline
 & 12 & -25 & 12 & 0 &
\end{array}
\qquad Q(x) = 12x^2 - 25x + 12
$$

Risolviamo l'equazione $12x^2 - 25x + 12 = 0$: $\quad x = \dfrac{25 \pm \sqrt{625 - 576}}{24} = \dfrac{25 \pm 7}{24} = \begin{cases} \dfrac{3}{4} \\[2mm] \dfrac{4}{3} \end{cases}$

Dunque $S = \left\{ 1, \ -1, \ \dfrac{3}{4}, \ \dfrac{4}{3} \right\}$. Anche in questo caso puoi notare che a S appartengono le soluzioni reciproche $\dfrac{3}{4}$ e $\dfrac{4}{3}$.

Casi particolari: le equazioni binomie e trinomie

> Un'equazione si dice **binomia** se si può scrivere nella forma
> $$x^n = k$$
> dove n è un intero positivo e k un numero reale.

Anche se n può essere un valore intero positivo qualsiasi, i casi che ci interessano ora sono quelli in cui $n > 2$, in quanto per $n = 1$ oppure $n = 2$ ci troviamo a dover risolvere equazioni di primo o secondo grado.
Anche un'equazione binomia si può risolvere mediante scomposizione, ma è più immediato risolverla mediante l'uso dei radicali.
A questo proposito ricordiamo che:

Per esempio $x^3 - 1 = 0$ si può risolvere così:
$$(x - 1)(x^2 + x + 1) = 0$$
- $x - 1 = 0 \ \to \ x = 1$
- $x^2 + x + 1 = 0 \to \Delta = -3$ non ci sono soluzioni reali.

- la radice di indice dispari di un numero x esiste qualunque sia il valore di x e ha lo stesso segno di x; in particolare $\sqrt[n]{x^n} = x$:

$$\sqrt[3]{5^3} = 5 \qquad \sqrt[3]{-7^3} = -\sqrt[3]{7^3} = -7$$

- la radice di indice pari di un numero x esiste solo se $x \geq 0$; in particolare $\sqrt[n]{x^n} = |x|$:

$$\sqrt[4]{2^4} = 2 \qquad \sqrt[4]{-3^4} \quad \text{non esiste}$$

Vediamo allora un esempio di risoluzione nei due casi n dispari e n pari.

- $x^3 = -27$

  Se calcoliamo la radice cubica di entrambi i membri otteniamo:

  $$\sqrt[3]{x^3} = \sqrt[3]{-27} \qquad \text{cioè} \qquad x = -\sqrt[3]{27} \qquad \text{vale a dire} \qquad x = -3$$

- $x^4 = 16$

  Se calcoliamo la radice quarta di entrambi i membri dell'equazione otteniamo:

  $$\sqrt[4]{x^4} = \sqrt[4]{16} \qquad \text{cioè} \qquad |x| = 2 \qquad \text{vale a dire} \qquad x = \pm 2$$

L'equazione $x^n = k$ è equivalente in R all'equazione $\sqrt[n]{x^n} = \sqrt[n]{k}$ e si ha che:

- ◼ se n è pari l'equazione ammette:
  - due soluzioni opposte se $k \geq 0$: $\quad x = \pm\sqrt[n]{k}$
  - nessuna soluzione se $k < 0$

- ◼ se n è dispari l'equazione ammette:
  - una sola soluzione per qualsiasi valore di k : $\quad x = \sqrt[n]{k}$

Per esempio:

- $x^4 = 9$ $\qquad x = \pm\sqrt[4]{9}$ $\qquad x = \pm\sqrt{3}$
- $x^3 = -1$ $\qquad x = \sqrt[3]{-1}$ $\qquad x = -1$

LE EQUAZIONI TRINOMIE

Un'equazione si dice **trinomia** se si può scrivere nella forma
$$ax^{2n} + bx^n + c = 0 \quad \text{con } a \neq 0$$
dove n è un intero positivo e gli esponenti dell'incognita sono uno il doppio dell'altro.

Per risolvere queste equazioni possiamo operare un cambio di variabile ponendo $x^n = t$, e quindi $x^{2n} = t^2$, trasformando in questo modo l'equazione data in una di secondo grado della quale sappiamo trovare le soluzioni.

Per esempio, l'equazione $x^6 - 9x^3 + 8 = 0$, posto $x^3 = t$ e quindi $x^6 = t^2$, diventa
$$t^2 - 9t + 8 = 0 \qquad \text{che ha soluzioni} \qquad t = 8 \ \lor \ t = 1$$

Tornando poi alla variabile x abbiamo che: $\quad x^3 = 8 \quad \lor \quad x^3 = 1$

Da queste due equazioni binomie ricaviamo poi che $\quad x = 2 \quad \lor \quad x = 1$.

Generalizziamo il procedimento.

Per risolvere l'equazione trinomia $\quad ax^{2n} + bx^n + c = 0$

- si opera la sostituzione di variabile $x^n = t$
- si risolve l'equazione di secondo grado in t così ottenuta $at^2 + bt + c = 0$
- indicate con t_1 e t_2 le due soluzioni, se esistono reali, si risolvono le due equazioni binomie $x^n = t_1 \quad \lor \quad x^n = t_2$.

*Nel caso particolare in cui $n = 2$, l'equazione assume la forma $ax^4 + bx^2 + c = 0$ e si dice **biquadratica**.*

ESEMPI

1. $8x^3 + 1 = 0 \qquad x^3 = -\dfrac{1}{8}$

n è dispari, quindi l'equazione ammette una sola soluzione reale: $\quad x = \sqrt[3]{-\dfrac{1}{8}} \quad$ cioè $\quad x = -\dfrac{1}{2}$

Allora $S = \left\{ -\dfrac{1}{2} \right\}$.

2. $4x^4 + 9 = 0 \qquad x^4 = -\dfrac{9}{4}$

n è pari, ma $-\dfrac{9}{4}$ è un numero negativo, quindi l'equazione non ha soluzioni reali: $\quad S = \varnothing$.

3. $2x^4 - x^2 - 3 = 0$

Essendo $n = 2$ l'equazione è biquadratica.

Operando la sostituzione $x^2 = t$ otteniamo $\quad 2t^2 - t - 3 = 0$

Risolviamo ora l'equazione nell'incognita t: $\quad t = \dfrac{1 \pm \sqrt{1 + 24}}{4} = \begin{cases} -1 \\ \dfrac{3}{2} \end{cases}$

Operando la sostituzione inversa si ha: $\quad x^2 = \dfrac{3}{2} \quad$ da cui $\quad x = \pm\sqrt{\dfrac{3}{2}}$

$$x^2 = -1 \quad \text{che non ha soluzioni reali}$$

L'insieme delle soluzioni pertanto è: $\quad S = \left\{ \sqrt{\dfrac{3}{2}}, \ -\sqrt{\dfrac{3}{2}} \right\}$.

VERIFICA DI COMPRENSIONE

1. L'equazione $3x(x^2 - 2)(x^2 + 4) = 0$ ha soluzioni:

    a. $-\dfrac{1}{3}, \ \pm\sqrt{2}$ **b.** $\dfrac{1}{3}, \ \pm\sqrt{2}$ **c.** $0, \ \pm\sqrt{2}$ **d.** $0, \ \pm\sqrt{2}, \ \pm 2$

2. Senza svolgere calcoli di alcun tipo si può dire che l'equazione $5x^3 - 6x^2 + 6x - 5 = 0$ ammette fra le sue soluzioni:

    a. 1 **b.** -1 **c.** 1 e -1 **d.** 5 e $\dfrac{1}{5}$

3. Stabilisci, senza risolverle, quali tra le seguenti equazioni binomie hanno soluzioni in R:

    a. $x^5 + 32 = 0$ **b.** $x^4 + 81 = 0$ **c.** $8x^3 - 27 = 0$ **d.** $-81x^4 + 16 = 0$

4. L'equazione $\quad x^4 - 8x^2 + 12 = 0 \quad$ ha come radici:

    a. $6, 2$ **b.** $\sqrt{6}, \sqrt{2}$ **c.** $\pm\sqrt{6}, \ \pm\sqrt{2}$

2. LE EQUAZIONI IRRAZIONALI

Gli esercizi di questo paragrafo sono a pag. 394

2.1 Le equazioni irrazionali e l'equivalenza

Si dice **irrazionale** un'equazione che contiene radicali nei cui argomenti compare l'incognita.

 **Applicazione informatica *on line***

Per esempio:

- sono equazioni irrazionali:

$$\sqrt{2x + 1} = 3x - 1 \quad \text{e} \quad \sqrt[3]{x} + 1 = 2x$$

- non sono equazioni irrazionali:

$$\sqrt{7}x = x + 2 \quad\quad \text{e} \quad x^2 + \sqrt{3} = \sqrt{2}x - 3$$

Per risolvere un'equazione irrazionale occorre in qualche modo passare ad un'equazione equivalente nella quale si è riusciti ad eliminare qualsiasi simbolo di radice; ma il solo modo possibile di eliminare una radice di indice n è quello di elevare a potenza n.
Consideriamo, ad esempio, l'equazione

$$\sqrt{x-1} = x - 3$$

se eleviamo al quadrato i due membri otteniamo

$$\left(\sqrt{x-1}\right)^2 = (x-3)^2 \qquad \rightarrow \qquad x - 1 = x^2 - 6x + 9$$

Il problema è che i principi di equivalenza, validi per qualunque equazione, non consentono di fare questa operazione, o meglio, non garantiscono che elevando entrambi i membri di un'equazione a potenza n, l'equazione che si ottiene sia equivalente a quella data.
In effetti, se risolviamo l'equazione $x - 1 = x^2 - 6x + 9$, troviamo come soluzioni 2 e 5, ma di queste solo la seconda è soluzione anche dell'equazione irrazionale; basta fare una verifica:

- per $x = 2$ $\qquad \sqrt{2-1} = 2 - 3 \qquad \rightarrow \qquad 1 = -1 \qquad$ falso
- per $x = 5$ $\qquad \sqrt{5-1} = 5 - 3 \qquad \rightarrow \qquad 2 = 2 \qquad$ vero

L'equazione ottenuta dall'elevamento al quadrato non è quindi equivalente a quella data.

Tuttavia, se ripetiamo la stessa operazione sull'equazione $\sqrt[3]{x^2 + 6x} = 3$, elevando entrambi i membri al cubo otteniamo:

$$x^2 + 6x = 27 \qquad \rightarrow \qquad x^2 + 6x - 27 = 0 \qquad \rightarrow \qquad x = -9 \ \lor \ x = 3$$

ed entrambe le soluzioni trovate sono anche soluzioni dell'equazione irrazionale:

- per $x = -9$ $\qquad \sqrt[3]{81 - 54} = 3 \qquad \rightarrow \qquad 3 = 3 \qquad$ vero
- per $x = 3$ $\qquad \sqrt[3]{9 + 18} = 3 \qquad \rightarrow \qquad 3 = 3 \qquad$ vero

In questo caso l'equazione ottenuta dopo l'elevamento a potenza è equivalente all'equazione irrazionale.

Sembrerebbe che l'equivalenza fra un'equazione e quella che si ottiene elevando alla stessa potenza n entrambi i suoi membri sia garantita in R solo se n è dispari. In effetti, questo è quello che accade quando pensiamo ad una qualunque equazione polinomiale:

- l'equazione $x = -2$ e l'equazione $x^2 = (-2)^2$ cioè $x^2 = 4$ non hanno le stesse soluzioni in R e quindi non sono equivalenti

- l'equazione $x = -2$ e l'equazione $x^3 = (-2)^3$ cioè $x^3 = -8$ hanno le stesse soluzioni in R e quindi sono equivalenti.

Questo capita perché:

■ un elevamento a potenza pari dà origine ad un'espressione che è sempre positiva qualunque sia il segno della base; il rischio che si corre è quindi quello di introdurre soluzioni estranee all'equazione di partenza. Per esempio, se consideriamo l'elevamento a potenza 2:

Non esiste un principio di equivalenza che afferma che l'equazione

$$A(x) = B(x)$$

è equivalente all'equazione

$$[A(x)]^n = [B(x)]^n$$

per qualsiasi valore di n.

$A(x) = B(x)$
non è la stessa cosa di
$[A(x)]^2 = [B(x)]^2$

l'equazione $[A(x)]^2 = [B(x)]^2$ si ottiene dalle due equazioni

$$A(x) = B(x) \quad \vee \quad A(x) = -B(x)$$

quindi non si può dire che $[A(x)]^2 = [B(x)]^2$ è equivalente a $A(x) = B(x)$

- un elevamento a potenza dispari, invece, mantiene sempre il segno della base e non si corre il rischio di introdurre nuove soluzioni. Per esempio, se consideriamo l'elevamento a potenza 3:

  l'equazione $[A(x)]^3 = [B(x)]^3$ si ottiene dalla sola equazione $A(x) = B(x)$

  quindi $[A(x)]^3 = [B(x)]^3$ è equivalente a $A(x) = B(x)$.

> $A(x) = B(x)$
> *è la stessa cosa di*
> $[A(x)]^3 = [B(x)]^3$

In definitiva, in R:

- un elevamento di entrambi i membri di un'equazione a **potenza pari** non conduce in generale a un'equazione equivalente a quella data

- un elevamento di entrambi i membri di un'equazione a **potenza dispari** conduce sempre a un'equazione equivalente a quella data.

2.2 Le equazioni con un solo radicale

Queste equazioni si possono tutte ricondurre alla forma $\sqrt[n]{A(x)} = B(x)$

In base alle osservazioni fatte nel precedente paragrafo, dobbiamo comportarci in modo diverso a seconda del valore di n.

Il caso n dispari

E' il caso più semplice perché basta elevare a potenza n entrambi i membri e risolvere l'equazione equivalente ottenuta; le equazioni che si incontrano con più frequenza sono poi quelle con i radicali cubici per le quali vale la relazione:

> *Per risolvere l'equazione*
> $\sqrt[3]{A(x)} = B(x)$
> *basta elevare al cubo entrambi i membri:*
> $A(x) = [B(x)]^3$

$$\sqrt[3]{A(x)} = B(x) \qquad \rightarrow \qquad A(x) = [B(x)]^3$$

Per esempio, risolviamo l'equazione $\dfrac{1}{3}x - \sqrt[3]{x+2} = 0$

Riscriviamola in modo da isolare il radicale al primo membro $\sqrt[3]{x+2} = \dfrac{1}{3}x$

Eleviamo al cubo e risolviamo l'equazione polinomiale che si ottiene:

$$x + 2 = \frac{1}{27}x^3 \quad \rightarrow \quad x^3 - 27x - 54 = 0 \quad \rightarrow \quad (x-6)(x+3)^2 = 0 \quad \rightarrow \quad x = 6 \vee x = -3$$

L'insieme delle soluzioni dell'equazione irrazionale è quindi $S = \{-3, 6\}$.

Il caso n pari

Se n è pari, e il caso più frequente è quello in cui $n = 2$, l'equazione ha la forma

$$\sqrt{A(x)} = B(x)$$

e abbiamo visto che elevando a potenza n non si ottiene in generale un'equazione equivalente a quella data perché c'è il rischio di introdurre delle soluzioni estranee. Si può allora procedere nei seguenti due modi.

- Risolvere l'equazione polinomiale ottenuta dopo l'elevamento a potenza ed effettuare una verifica delle soluzioni trovate.

- Determinare le condizioni per cui l'equazione irrazionale è equivalente a quella che si ottiene elevando al quadrato i due membri.
Osserviamo allora che:

1. affinché il radicale abbia significato deve essere $A(x) \geq 0$
2. poiché il primo membro rappresenta un numero positivo o nullo, affinché l'equazione abbia senso, anche il secondo membro deve essere positivo o nullo: $B(x) \geq 0$

In queste ipotesi, l'equazione $A(x) = [B(x)]^2$ è equivalente a quella data.

Quest'ultima relazione ci dice però che, essendo $B(x)$ un numero positivo o nullo (è elevato al quadrato), anche $A(x)$ deve necessariamente essere positivo o nullo; la condizione al punto 1. precedente, cioè $A(x) \geq 0$, diventa quindi superflua. In definitiva, possiamo affermare che:

> $\sqrt{A(x)} = B(x)$ è equivalente al sistema $\begin{cases} B(x) \geq 0 \\ A(x) = [B(x)]^2 \end{cases}$

Un esempio può chiarire i due percorsi; risolviamo in entrambi i modi l'equazione $\sqrt{x^2 + 2x - 4} = 3x - 4$

I metodo

Eleviamo al quadrato: $x^2 + 2x - 4 = (3x - 4)^2$

sviluppiamo i calcoli: $8x^2 - 26x + 20 = 0$

risolviamo l'equazione: $x = \dfrac{13 \pm \sqrt{169 - 160}}{8} = \begin{cases} \dfrac{5}{4} \\ 2 \end{cases}$

Poiché è possibile che siano state introdotte soluzioni estranee, effettuiamo la verifica:

- per $x = \dfrac{5}{4}$: $\sqrt{\dfrac{25}{16} + 2 \cdot \dfrac{5}{4} - 4} = 3 \cdot \dfrac{5}{4} - 4$ $\rightarrow$ $\dfrac{1}{4} = -\dfrac{1}{4}$ falsa

  $\dfrac{5}{4}$ **non è soluzione** dell'equazione irrazionale

- per $x = 2$: $\sqrt{4 + 4 - 4} = 3 \cdot 2 - 4$ $\rightarrow$ $2 = 2$ vera

  2 **è soluzione** dell'equazione irrazionale

Quindi $S = \{2\}$.

II metodo

Per la condizione di equivalenza deve essere $3x - 4 \geq 0$ $\rightarrow$ $x \geq \dfrac{4}{3}$

e questo insieme rappresenta l'insieme di accettabilità delle soluzioni.
L'equazione polinomiale che si ottiene elevando al quadrato è la stessa di quella ottenuta con il precedente metodo. Delle due soluzioni trovate, $\dfrac{5}{4}$ non appartiene all'insieme di accettabilità perché non è maggiore di $\dfrac{4}{3}$; la sola soluzione è quindi $x = 2$.

La condizione

$$B(x) \geq 0$$

rappresenta la condizione di equivalenza delle equazioni

$$\sqrt{A(x)} = B(x)$$

e

$$A(x) = [B(x)]^2$$

Per risolvere $\sqrt{A(x)} = B(x)$ si può:

- *risolvere l'equazione*
  $$A(x) = [B(x)]^2$$
  e procedere alla verifica delle soluzioni

- *risolvere il sistema*
  $$\begin{cases} B(x) \geq 0 \\ A(x) = [B(x)]^2 \end{cases}$$

1. $\sqrt{2x-1} = 3$

Il secondo membro dell'equazione è positivo e quindi, essendoci concordanza di segno fra i due membri, elevando al quadrato otteniamo un'equazione equivalente:

$$2x - 1 = 9 \qquad \rightarrow \qquad x = 5 \qquad \text{quindi} \qquad S = \{5\}$$

2. $\sqrt{x^2 - 4} = -2$

Il secondo membro dell'equazione è negativo mentre il primo è positivo o nullo; poiché non può sussistere l'uguaglianza fra un numero positivo o nullo ed un numero negativo, dobbiamo concludere che l'equazione è impossibile: $S = \varnothing$

3. $\sqrt[3]{x+1} = -3$

L'indice del radicale è dispari ed il dominio dell'equazione è R; possiamo elevare al cubo entrambi i membri essendo certi di ottenere un'equazione equivalente a quella data:

$$x + 1 = -27 \qquad x = -28 \qquad S = \{-28\}$$

4. $\sqrt{x+1} - 2x + 1 = 0$

Scriviamo innanzi tutto l'equazione nella forma $\sqrt{A(x)} = B(x)$; trasportiamo cioè tutti i termini razionali al secondo membro isolando il radicale:

$$\sqrt{x+1} = 2x - 1$$

Risolviamo l'equazione nei due modi che abbiamo visto.

I metodo: eleviamo al quadrato e procediamo poi alla verifica delle soluzioni.

$$x + 1 = (2x-1)^2 \quad \rightarrow \quad x + 1 = 4x^2 - 4x + 1 \quad \rightarrow \quad 4x^2 - 5x = 0 \quad \rightarrow \quad x = 0 \quad \vee \quad x = \frac{5}{4}$$

Verifica delle soluzioni:

- per $x = 0$ otteniamo $\sqrt{0+1} = 2 \cdot 0 - 1$ $\qquad 1 = -1$ l'equazione non è verificata

- per $x = \frac{5}{4}$ otteniamo $\sqrt{\frac{5}{4}+1} = 2 \cdot \frac{5}{4} - 1$ $\qquad \frac{3}{2} = \frac{3}{2}$ l'equazione è verificata

Quindi $S = \left\{ \frac{5}{4} \right\}$.

II metodo: determiniamo l'insieme di accettabilità delle soluzioni.

Condizione di equivalenza: $2x - 1 \geq 0$ $\qquad x \geq \frac{1}{2}$

L'insieme di accettabilità è: $x \geq \frac{1}{2}$

Elevando al quadrato i due membri dell'equazione e risolvendola otteniamo: $x = 0 \vee x = \frac{5}{4}$.

Poiché solo la seconda soluzione appartiene all'insieme di accettabilità, $S = \left\{ \frac{5}{4} \right\}$.

2.3 Equazioni con i radicali al denominatore

I seguenti esempi completano la trattazione sulle equazioni irrazionali e presentano casi diversi da quelli visti nei precedenti paragrafi.

Risolviamo l'equazione $\sqrt{x} + 1 = \dfrac{20}{\sqrt{x}}$.

Determiniamo il dominio dell'equazione osservando che, visto che $\sqrt{x}$ compare anche al denominatore, dovremo porre $x > 0$ e non $x \geq 0$.

Riduciamo l'equazione in forma intera: $x + \sqrt{x} = 20$

L'equazione ottenuta ha un solo radicale; isolandolo otteniamo: $\sqrt{x} = 20 - x$

Le soluzioni saranno accettabili se il secondo membro è positivo (visto che x non può essere zero, anche $20 - x$ non può esserlo):

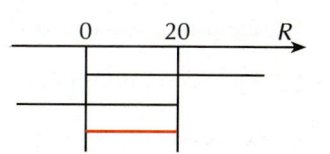

$$\begin{cases} x > 0 \\ 20 - x > 0 \end{cases} \quad \rightarrow \quad 0 < x < 20$$

Eleviamo al quadrato: $x = 400 + x^2 - 40x \quad \rightarrow \quad x^2 - 41x + 400 = 0$

Risolviamo l'equazione: $x = 25 \quad \vee \quad x = 16$

Solo la seconda delle soluzioni trovate appartiene all'insieme di accettabilità, quindi $S = \{16\}$.

Risolviamo l'equazione $\sqrt{x + 2} + \sqrt{x + 4} = \dfrac{6}{\sqrt{x + 4}}$

Imponiamo le condizioni di esistenza dei radicali

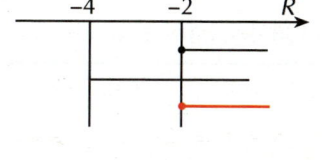

$$\begin{cases} x + 2 \geq 0 \\ x + 4 > 0 \end{cases} \quad \text{cioè} \quad x \geq -2$$

Riduciamo l'equazione in forma intera: $\sqrt{(x + 2)(x + 4)} + x + 4 = 6$

Isoliamo il radicale: $\sqrt{(x + 2)(x + 4)} = 2 - x$

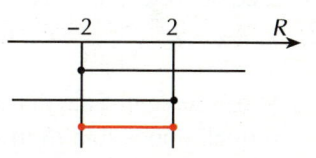

Le soluzioni saranno accettabili se: $\begin{cases} x \geq -2 \\ 2 - x \geq 0 \end{cases} \quad \rightarrow \quad -2 \leq x \leq 2$

Eleviamo al quadrato e risolviamo l'equazione:

$$(x + 2)(x + 4) = (2 - x)^2 \quad \rightarrow \quad 10x + 4 = 0 \quad \rightarrow \quad x = -\frac{2}{5}$$

La soluzione trovata appartiene all'insieme di accettabilità, quindi $S = \left\{ -\dfrac{2}{5} \right\}$.

APPROFONDIMENTI

LE EQUAZIONI IRRAZIONALI CON DUE RADICALI

Quando un'equazione irrazionale ha più di un radicale in genere non basta un solo elevamento a potenza per giungere a un'equazione razionale ed è necessario ripetere più volte questa operazione. Vediamo qualche esempio.

I esempio: $\sqrt{x + 2} = 2 - \sqrt{x + 1}$

Eleviamo al quadrato entrambi i membri: $x + 2 = 4 - 4\sqrt{x + 1} + x + 1$

Svolgiamo i calcoli e isoliamo il radicale: $4\sqrt{x + 1} = 3$

Eleviamo una seconda volta al quadrato: $16(x + 1) = 9$

Troviamo la soluzione: $x = -\dfrac{7}{16}$

Verifichiamo adesso se la soluzione trovata è anche soluzione dell'equazione iniziale:

$$\sqrt{-\frac{7}{16} + 2} = 2 - \sqrt{-\frac{7}{16} + 1} \quad \rightarrow \quad \sqrt{\frac{25}{16}} = 2 - \sqrt{\frac{9}{16}} \quad \rightarrow \quad \frac{5}{4} = \frac{5}{4}$$

Avendo trovato un'identità, possiamo dire che l'insieme delle soluzioni è $S = \left\{ -\dfrac{7}{16} \right\}$.

II esempio: $\sqrt{x + 6} + \sqrt{x - 2} = 4$

Eseguiamo un primo elevamento a potenza:

$$\left(\sqrt{x + 6} + \sqrt{x - 2} \right)^2 = 16 \quad \rightarrow \quad x + 6 + x - 2 + 2\sqrt{(x + 6)(x - 2)} = 16$$

Isoliamo adesso il radicale, dividiamo per 2 i due membri dell'equazione ed eleviamo di nuovo al quadrato

$$2\sqrt{(x + 6)(x - 2)} = -2x + 12 \quad \rightarrow \quad \sqrt{(x + 6)(x - 2)} = -x + 6$$

$$(x + 6)(x - 2) = (6 - x)^2 \quad \rightarrow \quad 16x = 48 \quad \rightarrow \quad x = 3$$

Verifichiamo se il valore trovato è soluzione dell'equazione:

$$\sqrt{3 + 6} + \sqrt{3 - 2} = 4 \quad \rightarrow \quad 3 + 1 = 4 \qquad \text{l'equazione è verificata.}$$

Quindi $\quad S = \{3\}$.

VERIFICA DI COMPRENSIONE

1. L'equazione $\sqrt{x^2 - 16} = x - 3$ è equivalente a $x^2 - 16 = (x - 3)^2$:

   a. $\forall x \in R$ **b.** se $x \geq 3$ **c.** se $x \leq 4$ **d.** se $x \leq -4 \ \vee \ x \geq 4$

2. Senza svolgere calcoli e solo osservando la forma, indica quali fra le seguenti equazioni sono possibili (P) e quali impossibili (I) in R:

   a. $\sqrt{5x} = -3$ **b.** $\sqrt{x^2 + 9} = 6$ **c.** $\sqrt{x - 4} + 3 = 0$ **d.** $\sqrt[3]{5x^2 - 1} = -1$

3. L'equazione $\sqrt{x^2 + 8x} - 3 = 0$

   a. è sempre verificata in R **b.** ha soluzione -9 e 1

   c. non è mai verificata in R **d.** ha soluzione 1

3. LE DISEQUAZIONI IRRAZIONALI

Gli esercizi di questo paragrafo sono a pag. 401

Una disequazione irrazionale, se ha un solo radicale, si presenta nella forma

$$\sqrt[n]{A(x)} > B(x) \quad \text{oppure} \quad \sqrt[n]{A(x)} < B(x)$$

Per risolvere questo tipo di disequazioni è necessario elevare entrambi i membri a potenza n, ma questa operazione comporta dei problemi di equivalenza ancora più vasti rispetto alla stessa operazione fatta sulle equazioni.

Facciamo qualche osservazione iniziale di tipo numerico.

■ Elevamento a potenza dispari

Qualunque sia il segno delle basi, un elevamento a potenza dispari non altera il verso della disuguaglianza:

$$+2 < +3 \rightarrow (+2)^5 < (+3)^5 \qquad -4 < -1 \rightarrow (-4)^3 < (-1)^3 \qquad -3 < +4 \rightarrow (-3)^3 < (+4)^3$$

■ Elevamento a potenza pari

A seconda del segno e del valore delle basi, un elevamento a potenza pari può alterare il verso della disuguaglianza:

$$+2 < +5 \rightarrow (+2)^4 < (+5)^4 \quad \text{ma} \quad -6 < -3 \rightarrow (-6)^2 > (-3)^2$$
$$-1 < +4 \rightarrow (-1)^2 < (+4)^2 \quad \text{ma} \quad -3 < +2 \rightarrow (-3)^2 > (+2)^2$$

Nel risolvere una disequazione irrazionale dovremo dunque tenere presenti queste considerazioni e, visto che i casi più frequenti sono quelli in cui $n = 2$ o $n = 3$, ci occuperemo esclusivamente di questi casi.

Le disequazioni irrazionali con $n = 3$

Se il radicale è di indice dispari basta elevare al cubo entrambi i membri della disequazione e procedere alla risoluzione dell'equazione razionale ottenuta. Vediamo qualche esempio.

> $\sqrt[3]{A(x)} \gtrless B(x)$
> è equivalente a
> $A(x) \gtrless [B(x)]^3$

I esempio

Sia da risolvere la disequazione $\sqrt[3]{4x - 1} > 3$.

Sappiamo che un radicale di indice dispari esiste purché esista il radicando, quindi il dominio della disequazione è l'insieme R. Per le considerazione fatte, possiamo elevare entrambi i membri della disequazione al cubo, ottenendo

$$4x - 1 > 27 \qquad \text{da cui} \qquad x > 7$$

II esempio

Sia da risolvere la disequazione $\sqrt[3]{x^3 - 9} < x - 3$.

Il dominio della disequazione è l'insieme R; eleviamo entrambi i membri della disequazione al cubo, ottenendo

$$x^3 - 9 < x^3 - 9x^2 + 27x - 27 \rightarrow x^2 - 3x + 2 < 0 \quad \text{cioè} \quad 1 < x < 2$$

Le disequazioni irrazionali con $n = 2$

Vediamo dapprima qualche esempio in modo da giungere a una regola generale.

I esempio

Risolviamo la disequazione $\sqrt{x^2 - 4} < x + 1$

Per l'esistenza del radicale deve essere: $x^2 - 4 \geq 0$. Osserviamo adesso che:

- il primo membro è un numero positivo o nullo
- la disequazione richiede che il primo membro sia minore del secondo
- quindi il secondo membro non può essere negativo e deve necessariamente essere un numero positivo.

$\sqrt{x^2 - 4}$ $\downarrow$	$<$	$x + 1$ $\downarrow$	
numero positivo o nullo	$<$	numero positivo	è possibile
numero positivo o nullo	$<$	numero negativo	non è possibile

In queste condizioni (disuguaglianza fra due numeri non negativi) possiamo elevare al quadrato mantenendo il verso della disequazione: $x^2 - 4 < (x+1)^2$

In definitiva, la disequazione data è equivalente al sistema:

$$\begin{cases} x^2 - 4 \geq 0 & \text{condizione di esistenza del radicale} \\ x + 1 > 0 & \text{condizione di positività del secondo membro} \\ x^2 - 4 < (x+1)^2 & \text{disequazione dopo l'elevamento al quadrato} \end{cases}$$

Risolvendolo si ottiene: $\begin{cases} x \leq -2 \ \lor \ x \geq 2 \\ x > -1 \\ x > -\dfrac{5}{2} \end{cases} \quad \rightarrow \quad x \geq 2$

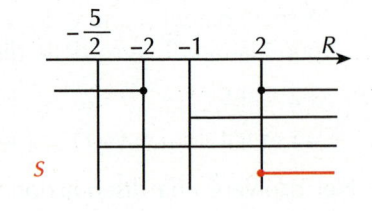

II esempio

Risolviamo la disequazione $\sqrt{x-2} > 2x - 5$

Per l'esistenza del radicale deve essere: $x - 2 \geq 0$. Osserviamo adesso che:

- il primo membro è un numero positivo o nullo
- la disequazione richiede che il primo membro sia maggiore del secondo
- quindi il secondo membro può essere sia un numero positivo che un numero negativo.

$\sqrt{x-2}$ $\downarrow$	$>$	$2x - 5$ $\downarrow$	
numero positivo o nullo	$>$	numero positivo o nullo	è possibile
numero positivo o nullo	$>$	numero negativo	è possibile ed è sempre vero

Per risolvere la disequazione dobbiamo considerare entrambe le situazioni:

- se i due membri sono entrambi positivi o nulli, possiamo elevare al quadrato ottenendo il sistema:

$$\begin{cases} x - 2 \geq 0 \\ 2x - 5 \geq 0 \\ x - 2 > (2x - 5)^2 \end{cases}$$

Dalla terza disequazione si deduce che $x - 2$, dovendo essere maggiore di un quadrato, è necessariamente positivo; possiamo quindi ritenere superflua la prima disequazione e considerare il sistema:

$$\begin{cases} 2x - 5 \geq 0 \\ x - 2 > (2x - 5)^2 \end{cases}$$

- se il secondo membro è negativo, la disequazione è automaticamente soddisfatta; dobbiamo quindi considerare il sistema:

$$\begin{cases} x - 2 \geq 0 \\ 2x - 5 < 0 \end{cases}$$

In definitiva, le soluzioni della disequazione si trovano risolvendo i due sistemi:

$$\begin{cases} 2x - 5 \geq 0 \\ x - 2 > (2x - 5)^2 \end{cases} \quad \lor \quad \begin{cases} x - 2 \geq 0 \\ 2x - 5 < 0 \end{cases}$$

e calcolando l'unione degli intervalli ottenuti.

I sistema: $\begin{cases} 2x - 5 \geq 0 \\ x - 2 > (2x - 5)^2 \end{cases} \rightarrow \begin{cases} x \geq \dfrac{5}{2} \\ \dfrac{9}{4} < x < 3 \end{cases} \rightarrow S_1 : \dfrac{5}{2} \leq x < 3$

II sistema: $\begin{cases} x - 2 \geq 0 \\ 2x - 5 < 0 \end{cases} \rightarrow \begin{cases} x \geq 2 \\ x < \dfrac{5}{2} \end{cases} \rightarrow S_2 : 2 \leq x < \dfrac{5}{2}$

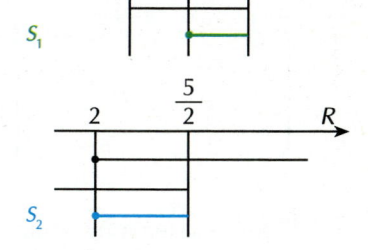

Determiniamo infine l'unione dei due intervalli (**figura 1**), che è anche la soluzione della disequazione: $2 \leq x < 3$.

Dagli esempi presentati possiamo trarre le seguenti regole.

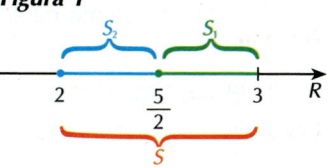

> ■ Per risolvere la disequazione $\sqrt[3]{A(x)} \gtrless B(x)$ basta elevare alla terza potenza entrambi i membri e risolvere l'equazione algebrica ottenuta.
>
> ■ Per risolvere la disequazione $\sqrt{A(x)} < B(x)$ si deve risolvere il sistema
> $$\begin{cases} A(x) \geq 0 \\ B(x) > 0 \\ A(x) < [B(x)]^2 \end{cases}$$
>
> ■ Per risolvere la disequazione $\sqrt{A(x)} > B(x)$ si devono risolvere i sistemi
> $$\begin{cases} A(x) \geq 0 \\ B(x) < 0 \end{cases} \quad \vee \quad \begin{cases} B(x) \geq 0 \\ A(x) > [B(x)]^2 \end{cases}$$
>
> La soluzione della disequazione è l'**unione** degli insiemi delle soluzioni di ciascuno dei due sistemi.

Figura 1

LA REGOLA

ESEMPI

1. $2x - 5 > \sqrt{x^2 - 6x + 10}$

Per riconoscerne il tipo, riscriviamo la disequazione in modo che il radicale sia al primo membro: $\sqrt{x^2 - 6x + 10} < 2x - 5$.

Essa è quindi equivalente al sistema: $\begin{cases} x^2 - 6x + 10 \geq 0 & \text{esistenza del radicale} \\ 2x - 5 > 0 & \text{il } 2° \text{ membro deve essere positivo} \\ x^2 - 6x + 10 < (2x - 5)^2 & \text{verifica della disuguaglianza} \end{cases}$

$\begin{cases} \forall\, x \in R & \textbf{(A)} \\ x > \dfrac{5}{2} & \textbf{(B)} \\ x < \dfrac{5}{3} \vee x > 3 & \textbf{(C)} \end{cases}$

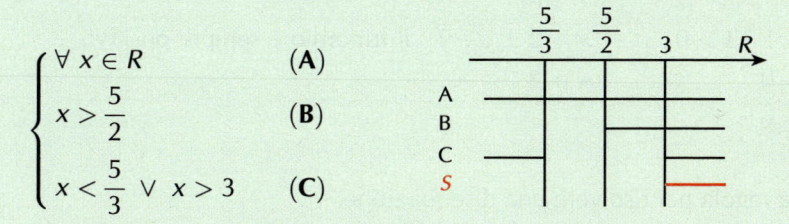

Dall'analisi della tabella si deduce che l'insieme delle soluzioni è $x > 3$.

2. $\sqrt{x^2 - 8x + 15} > 2x - 1$

La disequazione ha la forma $\sqrt{A(x)} > B(x)$. Essa è quindi equivalente ai due sistemi:

$$\begin{cases} x^2 - 8x + 15 \geq 0 \\ 2x - 1 < 0 \end{cases} \quad \lor \quad \begin{cases} 2x - 1 \geq 0 \\ x^2 - 8x + 15 > (2x - 1)^2 \end{cases}$$

$$\begin{cases} x \leq 3 \ \lor \ x \geq 5 \\ \\ x < \dfrac{1}{2} \end{cases} \quad \lor \quad \begin{cases} x \geq \dfrac{1}{2} \\ \\ \dfrac{-2 - \sqrt{46}}{3} < x < \dfrac{-2 + \sqrt{46}}{3} \end{cases}$$

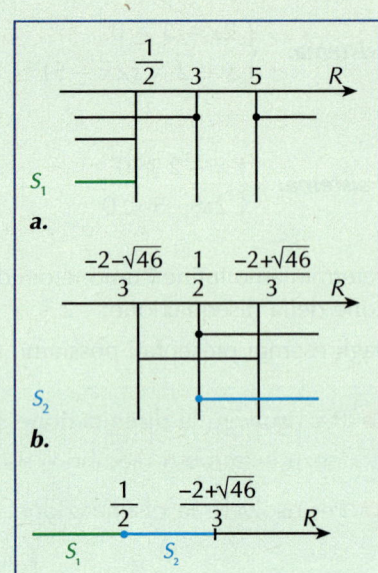

Il primo sistema ha soluzione (**tabella a.**) $S_1 : x < \dfrac{1}{2}$

Il secondo sistema ha soluzione (**tabella b.**) $S_2 : \dfrac{1}{2} \leq x < \dfrac{-2 + \sqrt{46}}{3}$

La disequazione ha soluzione (**tabella c.**) $S = S_1 \cup S_2 : x < \dfrac{-2 + \sqrt{46}}{3}$

3. $\sqrt[3]{\dfrac{x + 1}{x}} \geq 2$

L'indice del radicale è dispari, quindi per risolvere la disequazione basta elevare entrambi i membri al cubo.

Il radicando è però costituito da una frazione algebrica di cui dobbiamo determinare l'esistenza: il dominio della disequazione è l'insieme $D = R - \{0\}$.

Elevando al cubo otteniamo la disequazione equivalente $\dfrac{x + 1}{x} \geq 8$.

Svolgendo i calcoli su quest'ultima troviamo $\dfrac{1 - 7x}{x} \geq 0$.

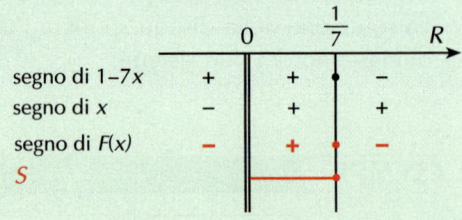

Dall'analisi della tabella a lato si deduce che l'insieme soluzione è $0 < x \leq \dfrac{1}{7}$.

4. $\sqrt{\dfrac{x^2 + 1}{x - 3}} \geq 2$

La disequazione è del tipo $\sqrt{A(x)} \geq B(x)$ che prevede la risoluzione di due sistemi. Osserviamo però che il secondo membro è comunque positivo e che quindi basta risolvere la disequazione

$$\dfrac{x^2 + 1}{x - 3} \geq 4 \quad \longrightarrow \quad \dfrac{x^2 - 4x + 13}{x - 3} \geq 0$$

segno del numeratore: $\quad x^2 - 4x + 13 > 0 \qquad x = 2 \pm \sqrt{-9} \quad$ il trinomio è sempre positivo

segno del denominatore: $\ x - 3 > 0 \qquad\qquad x > 3$

La disequazione ha soluzione $\ S : x > 3$.

L'ultimo esempio visto ci suggerisce una regola per risolvere una disequazione irrazionale nel caso in cui il secondo membro sia un numero k positivo.

> Se $k > 0$:
> - $\sqrt{A(x)} > k \qquad$ è equivalente a $\qquad A(x) > k^2$
> - $\sqrt{A(x)} < k \qquad$ è equivalente a $\qquad A(x) < k^2$

- Nella disequazione $\sqrt{x} > -2$ si può essere tentati di dire che è sempre verificata; in realtà essa è sempre verificata nell'ambito del suo dominio che è l'insieme $x \geq 0$. Si deve quindi concludere che essa è verificata se $x \geq 0$.

- Nella disequazione $\sqrt{x} < -5$ possiamo invece dire subito che non è mai verificata perché un numero positivo o nullo $(\sqrt{x})$ non può essere minore di un numero negativo.

In entrambi i casi **è comunque sbagliato** scrivere

$$\sqrt{x} > -2 \quad \to \quad x > 4 \qquad\qquad \sqrt{x} < -5 \quad \to \quad x < 25$$

VERIFICA DI COMPRENSIONE

1. Senza svolgere calcoli, indica quali fra le seguenti disequazioni sono impossibili:

a. $\sqrt{x+3} + 1 < 0$ **b.** $\sqrt[3]{x^3 + 8} + 3 < 0$ **c.** $\sqrt{x^2 - 4} + x > 0$ **d.** $-3 > \sqrt{2x+1}$

2. La disequazione $\sqrt{x^2 - 8x} > -3$ ha soluzione:

a. $\varnothing$ **b.** R **c.** $x \leq 0 \vee x \geq 8$ **d.** $x < -1 \vee x > 9$

Sul sito www.edatlas.it trovi...

- il laboratorio di informatica
- la scheda storica e le curiosità matematiche
- le attività di recupero

Misuriamo con il righello la lunghezza dello spago, supponiamo 24cm; questa lunghezza, visto che lo spago lo deve circondare, rappresenta il perimetro del triangolo.
Si tratta quindi di determinare le lunghezze dei lati di un triangolo rettangolo di perimetro 24cm che ha un cateto di 8cm (**figura 2**).
Indicata con x la misura dell'altro cateto, quella dell'ipotenusa si può calcolare applicando il teorema di Pitagora ed è $\sqrt{x^2 + 64}$.
Visto che del triangolo conosciamo il perimetro, per trovare il valore di x e poter quindi calcolare l'area, basta risolvere l'equazione

$$\sqrt{x^2 + 64} + x + 8 = 24 \qquad \text{cioè} \qquad \sqrt{x^2 + 64} + x - 16 = 0$$

con $0 \leq x \leq 24$ visto che si tratta della misura di un segmento e che tale segmento non può superare il perimetro.
L'equazione ottenuta è irrazionale; per risolverla isoliamo il radicale

$$\sqrt{x^2 + 64} = 16 - x$$

Risolviamo il sistema

$$\begin{cases} 16 - x \geq 0 \\ x^2 + 64 = (16 - x)^2 \end{cases} \to \begin{cases} x \leq 16 \\ 32x - 192 = 0 \end{cases} \to \begin{cases} x \leq 16 \\ x = 6 \end{cases}$$

Poiché 6 è un valore accettabile, un cateto del triangolo è lungo 6cm, l'altro cateto è lungo 8cm.
L'area del triangolo è quindi $\dfrac{6 \cdot 8}{2} = 24\text{cm}^2$.

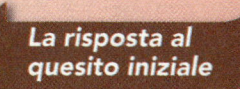

La risposta al quesito iniziale

Figura 2

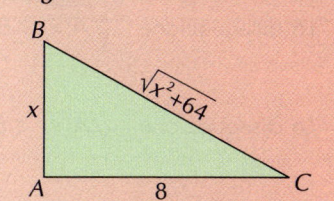

I concetti e le regole

Le equazioni polinomiali

Ogni equazione polinomiale del tipo $E(x) = 0$ di grado $n > 2$ si può risolvere solo se il polinomio $E(x)$ è scomponibile in fattori al più di secondo grado; in tal caso, per trovare le soluzioni, si applica la legge di annullamento del prodotto.

In particolare:

- le **equazioni reciproche**, cioè le equazioni $E(x) = 0$ in cui i coefficienti del polinomio $E(x)$ che sono equidistanti dagli estremi sono uguali oppure opposti, hanno sempre soluzione $x = 1$ oppure $x = -1$; le altre soluzioni si trovano scomponendo il polinomio $E(x)$ applicando la regola di Ruffini

- le **equazioni binomie** sono quelle del tipo $x^n = k$ e per risolverle si applica la definizione di radicale:

  se n è pari e $k \geq 0$ $\qquad x = \pm \sqrt[n]{k}$

  se n è pari e $k < 0$ $\qquad$ l'equazione è impossibile

  se n è dispari $\qquad x = \sqrt[n]{k}$

- le equazioni **trinomie** sono riconducibili alla forma $\quad ax^{2n} + bx^n + c = 0 \quad$ e per risolverle si opera la sostituzione $x^n = t$.

  Nel caso in cui $n = 2$ l'equazione si dice **biquadratica**.

Le equazioni irrazionali

Un'equazione è **irrazionale** se l'incognita fa parte dell'argomento di un radicale.

- Le equazioni della forma $\qquad \sqrt{A(x)} = B(x) \qquad$ si possono risolvere in due modi:

  - risolvendo l'equazione $\qquad A(x) = \left[B(x)\right]^2 \qquad$ e procedendo alla verifica delle soluzioni

  - risolvendo l'equazione $\qquad A(x) = \left[B(x)\right]^2 \qquad$ con la condizione $B(x) \geq 0$.

- Le equazioni della forma $\qquad \sqrt[3]{A(x)} = B(x) \qquad$ sono sempre equivalenti all'equazione $\quad A(x) = \left[B(x)\right]^3$.

Le disequazioni irrazionali

- La disequazione $\quad \sqrt[3]{A(x)} \gtrless B(x) \quad$ è equivalente a $\quad A(x) \gtrless \left[B(x)\right]^3$

- La disequazione $\quad \sqrt{A(x)} < B(x) \quad$ è equivalente al sistema $\quad \begin{cases} A(x) \geq 0 \\ B(x) > 0 \\ A(x) < \left[B(x)\right]^2 \end{cases}$

- La disequazione $\quad \sqrt{A(x)} > B(x) \quad$ è equivalente ai due sistemi $\quad \begin{cases} B(x) \geq 0 \\ A(x) > \left[B(x)\right]^2 \end{cases} \quad \vee \quad \begin{cases} A(x) \geq 0 \\ B(x) < 0 \end{cases}$

Tema 2

Geometria: approccio sintetico

Competenze

- saper mettere in evidenza le peculiarità di un modello geometrico
- riconoscere proprietà e invarianti delle figure
- saper condurre correttamente una dimostrazione
- saper generalizzare
- esporre con linguaggio appropriato le proprie conclusioni

La circonferenza e i poligoni

Obiettivi

- comprendere il concetto di *luogo geometrico*
- conoscere le proprietà della circonferenza e del cerchio
- stabilire posizioni reciproche di circonferenze e rette e di circonferenze tra loro
- riconoscere angoli alla circonferenza e angoli al centro e conoscere le loro proprietà
- riconoscere poligoni inscritti e circoscritti a una circonferenza con particolare riferimento ai triangoli e ai quadrilateri
- individuare i punti notevoli di un triangolo
- calcolare la lunghezza di una circonferenza e l'area di un cerchio in funzione del raggio

MATEMATICA REALTÀ E STORIA

La maggior parte delle strade urbane ed extraurbane ha una linea (continua o tratteggiata) che separa le due corsie nei due sensi di marcia; le superstrade e le autostrade hanno delle linee tratteggiate che separano una corsia dall'altra per ogni senso di marcia. Se volessimo spiegare ad un operaio come dipingere le strisce dovremmo dirgli di mantenere sempre la stessa distanza dai bordi della carreggiata o da una corsia all'altra se ce n'è più di una.

Da un punto di vista geometrico, i punti che appartengono a una linea di separazione fra due corsie hanno la caratteristica di essere equidistanti dai bordi della carreggiata; non solo, possiamo anche dire che questi punti sono anche i soli ad avere questa proprietà nello spazio delimitato dalla strada (**figura 1**). Una linea di separazione di due corsie può quindi essere definita dicendo che è l'insieme di tutti e soli i punti che sono equidistanti dai bordi della carreggiata.

La locuzione *tutti e soli* è di fondamentale importanza perché sottolinea che non esistono punti dell'insieme che non abbiano la proprietà indicata e che non esistono altri punti al di fuori di quelli dell'insieme che ce l'abbiano. Nella nostra esperienza quotidiana sono tanti gli oggetti con cui abbiamo a che fare che sono caratterizzati dal possedere una certa proprietà.

Se vogliamo descrivere una palla diciamo che è rotonda e con tale termine intendiamo che i punti che stanno sulla sua superficie esterna sono tutti alla stessa distanza da un centro.

La forma circolare è la più frequente sia in natura che negli oggetti prodotti

Figura 1

dall'uomo (in **figura 2** la sezione di un limone e in **figura 3** una galassia a spirale circolare). La maggior parte degli oggetti di uso quotidiano richiama la forma circolare: piatti, bicchieri, bottiglie, pentole, tavoli; la più grande invenzione dell'uomo è stata la ruota.

La forma circolare presenta indubbiamente molte caratteristiche interessanti:

- il poter rotolare senza strisciare limita gli attriti e riduce le difficoltà di movimento

- una forma che è simmetrica per eccellenza (oltre ad un centro di simmetria vedremo che esistono anche infiniti assi di simmetria) può essere messa in qualunque posizione, non presenta problemi di incastro ed è relativamente semplice da produrre

- in un cerchio si possono inserire delle forme poligonali e, viceversa, in molte forme poligonali si possono inserire dei cerchi.

I gioiellieri, per esempio, applicano il principio dell'inscrittibilità nell'incastonatura delle pietre in un supporto a cestello come quello in **figura 4**: la pietra, che viene di solito tagliata in modo da assumere sezioni di forma poligonale, viene inserita fra i due cerchi e fissata ripiegando la parte eccedente dei filamenti.

Figura 2

Figura 3

Figura 4

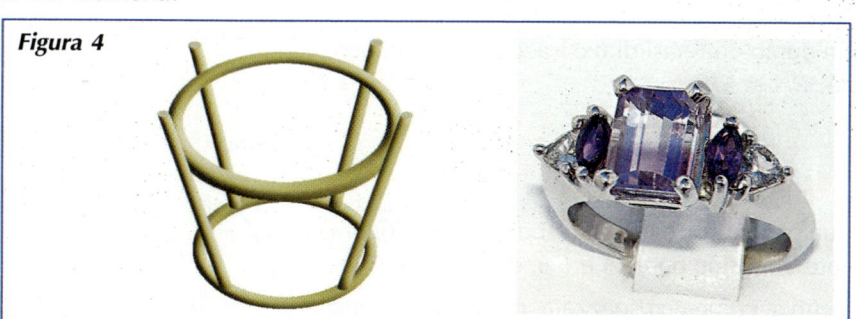

Il problema da risolvere

Il simbolo rappresentato nella figura a lato apparve per la prima volta nel 1913 nell'intestazione di una lettera scritta da De Coubertin; fu De Coubertin stesso a disegnarli e a presentarli un anno dopo come simbolo della bandiera olimpica al Congresso Olimpico di Parigi. I cerchi rappresentano i cinque continenti della Terra: il blu per l'Europa, il giallo per l'Asia, il rosso per l'America, il nero per l'Africa e il verde per l'Oceania.

Nei giochi olimpici invernali che si sono tenuti a Torino nel 2006, la splendida coreografia con ballerini sospesi a mezz'aria che anticipava l'entrata della fiaccola olimpica utilizzava cinque cerchi del diametro di 7 metri. Nell'ipotesi semplificatrice che i tre cerchi superiori fossero tangenti, così come i due inferiori, e che i cerchi inferiori passino per i punti di tangenza di quelli superiori, quanto spazio occupavano i cerchi della coreografia?

1. I LUOGHI GEOMETRICI E LA CIRCONFERENZA

1.1 La definizione di luogo

Un luogo geometrico è l'insieme di tutti e soli gli oggetti della geometria che soddisfano una certa caratteristica che viene normalmente espressa da una proprietà p. In particolare:

Gli esercizi di questo paragrafo sono a pag. 411

> un **luogo di punti** è l'insieme di tutti e soli i punti che godono della proprietà *p*.

Un luogo di punti è quindi una figura geometrica *F* i cui punti hanno le seguenti caratteristiche:

- tutti i punti di *F*, nessuno escluso, soddisfano *p*
- non ci sono altri punti oltre a quelli di *F* che soddisfano *p*.

Nella nostra trattazione abbiamo già incontrato alcuni luoghi di punti che vogliamo ora mettere in evidenza.

■ L'**asse di un segmento** è il luogo dei punti equidistanti dagli estremi del segmento (***figura 5a***).

- *Figura F*: asse *r* di un segmento *AB*
- *Proprietà p*: indicato con *R* un punto qualsiasi dell'asse, le distanze *RA* e *RB* sono congruenti.

■ La **bisettrice di un angolo** è il luogo dei punti qualsiasi equidistanti dai lati dell'angolo (***figura 5b***).

- *Figura F*: bisettrice *b* dell'angolo
- *Proprietà p*: indicato con *R* un punto qualsiasi di *b* e tracciate da *R* le perpendicolari ai lati dell'angolo, *RH* ≅ *RK*.

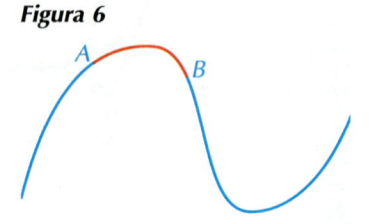

Figura 5

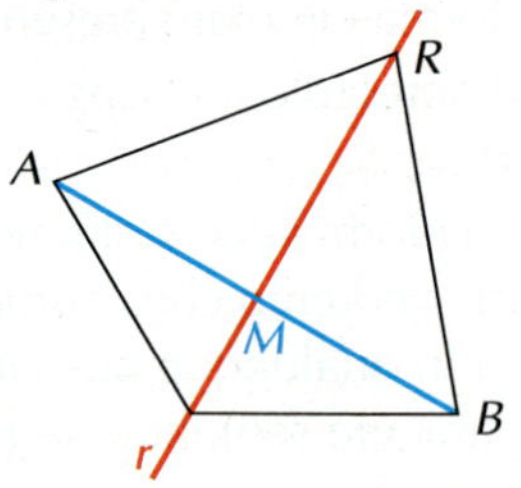

a.

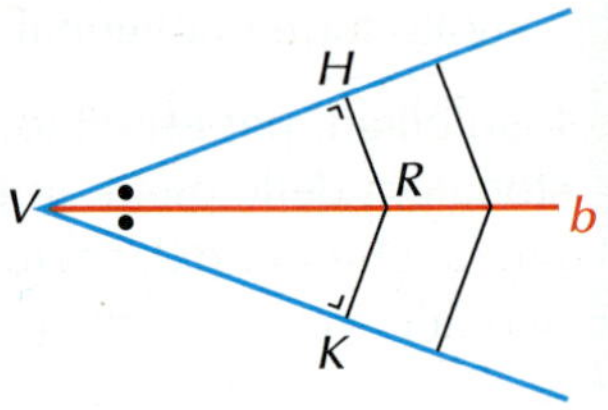

b.

1.2 La circonferenza e il cerchio

Una linea tale che nessuna delle sue parti sia un segmento si dice **curva** (***figura 6***); qualunque tratto di linea compresa fra due punti *A* e *B* si dice arco e si indica con il simbolo $\widehat{AB}$. Una linea curva, come una spezzata, può essere aperta o chiusa, semplice o intrecciata (***figura 7***).

Figura 6

Figura 7

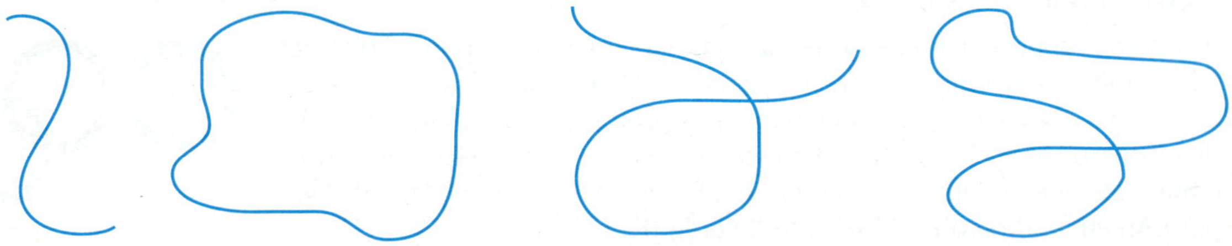

linea curva
aperta semplice

linea curva
chiusa semplice

linea curva
intrecciata aperta

linea curva
intrecciata chiusa

Fra tutte le linee curve chiuse semplici, particolare importanza riveste la circonferenza.

> Si chiama **circonferenza** il luogo dei punti del piano che hanno distanza costante da un punto fisso assegnato detto **centro**.

La distanza costante si chiama **raggio** (***figura 8***), quindi ogni segmento che unisce il centro con un qualsiasi punto della circonferenza è un raggio; i raggi di una circonferenza sono tutti segmenti fra loro congruenti.
Ogni segmento che passa per il centro e che ha come estremi due punti della circonferenza si chiama **diametro**; il diametro ha quindi lunghezza doppia del raggio.

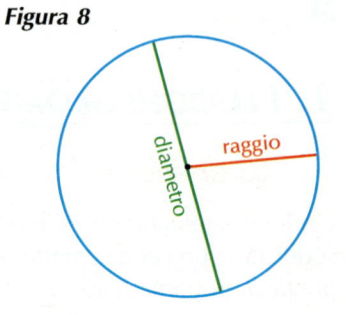

Figura 8

diametro

raggio

Poiché la circonferenza è una linea chiusa semplice, essa determina nel piano due regioni distinte: la regione dei punti P che hanno distanza dal centro C minore del raggio (in colore giallo in **figura 9**) e la regione dei punti Q che hanno distanza dal centro maggiore del raggio (in colore azzurro nella stessa figura). I punti P sono interni alla circonferenza, i punti Q sono esterni.

> Si chiama **cerchio** l'insieme dei punti di una circonferenza e dei suoi punti interni.

Figura 9

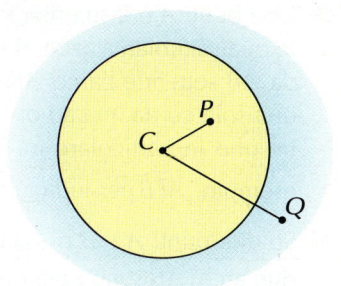

La circonferenza costituisce quindi il contorno del cerchio. E' poi evidente che due circonferenze o due cerchi sono congruenti se e solo se hanno raggi congruenti. Queste figure hanno poi caratteristiche che le rendono uniche nell'ambito delle figure geometriche.

■ Hanno un centro di simmetria che è il centro della circonferenza (**figura 10a**).

■ Hanno infiniti assi di simmetria rappresentati dalle rette che passano per il centro (**figura 10b**).

■ Sono unite in ogni rotazione attorno al centro O.

La circonferenza ed il cerchio sono quindi le figure simmetriche per eccellenza e questa loro caratteristica ci permetterà di individuare altre proprietà.

Figura 10

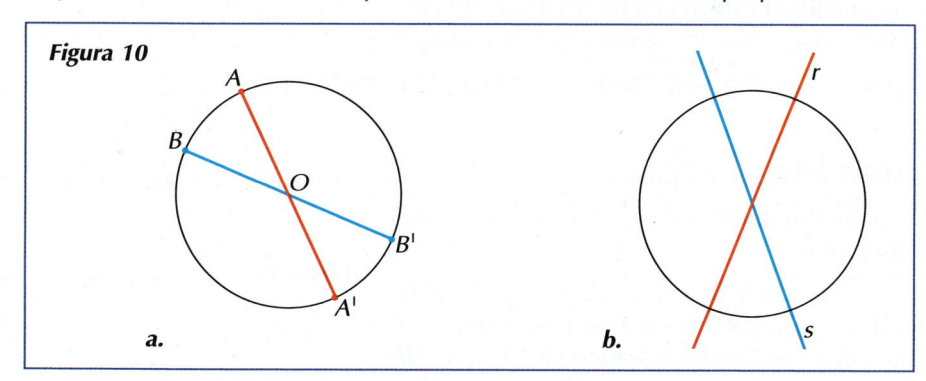

a.　　　　　　b.

Le condizioni per individuare una circonferenza

Per individuare in modo unico una circonferenza è sufficiente assegnare un punto che sia il centro ed un segmento che sia il raggio; ma si possono anche assegnare due punti di cui uno sia il centro e l'altro un punto della circonferenza: il segmento da essi definito è il raggio e ci troviamo nella condizione precedente.

È anche possibile costruire una circonferenza che passi per tre punti A, B e D, a condizione che essi non siano allineati, seguendo questa procedura (**figura 11**):

• si tracciano i segmenti AD e BD

• si costruiscono i loro assi che si intersecano in C.

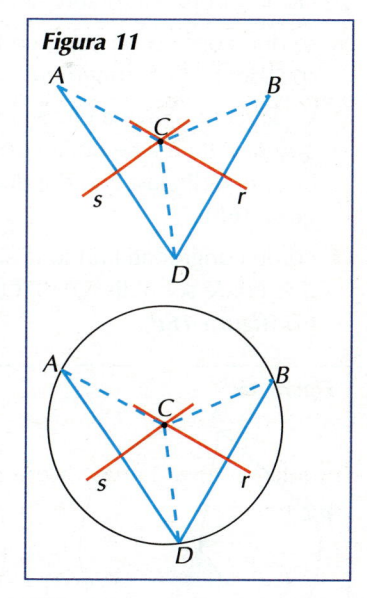

Figura 11

Tale punto è equidistante da A, da B e da D ed è quindi il centro della circonferenza; uno qualunque dei segmenti CA, CB, CD ne è raggio.

Se invece i tre punti A, B e D sono allineati, gli assi dei segmenti AB e BD sono paralleli; non è quindi possibile individuare il centro e la circonferenza non esiste (**figura 12**). Questo ragionamento ci porta ad enunciare il seguente teorema.

Figura 12

> Per tre punti non allineati passa una e una sola circonferenza.

Conseguenza immediata di questo teorema è che:

- due circonferenze distinte non possono avere più di due punti di intersezione;
  infatti se ne avessero tre sarebbero la stessa circonferenza.

- una circonferenza non può avere punti allineati.

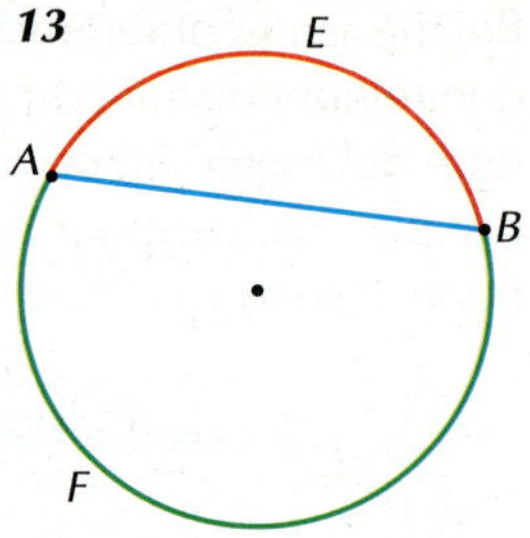

Introduciamo ora alcune definizioni che riguardano gli elementi che si possono individuare in una circonferenza.

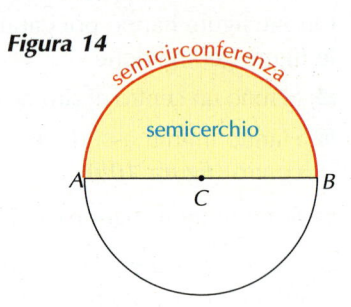

Figura 13

- Due punti A e B su una circonferenza la dividono in due parti ciascuna delle quali si chiama **arco**; il segmento AB si chiama **corda** e si dice che la corda AB sottende l'arco AB (**figura 13**). Ad ogni arco AB corrisponde quindi una sola corda, ma ad ogni corda AB corrispondono due archi; per indicarne uno in particolare fra i due si usa un punto intermedio e si scrive, per esempio, $\overset{\frown}{AEB}$ per indicare l'arco in rosso, $\overset{\frown}{AFB}$ per indicare l'arco in verde.

GLI ELEMENTI DI UNA CIRCONFERENZA

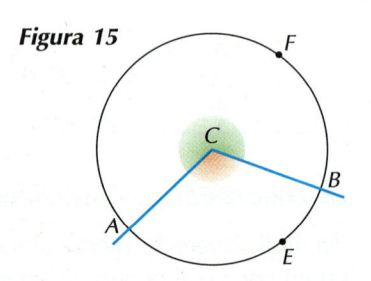

Figura 14

- Se due punti A e B di una circonferenza sono gli estremi di un diametro, i due archi $\overset{\frown}{AB}$ sono congruenti e ciascuno di essi si chiama **semicirconferenza**; la parte di cerchio delimitata da un diametro e da una semicirconferenza si dice **semicerchio** (**figura 14**).

- Ad ogni arco corrisponde poi un **angolo al centro** che ha il vertice nel centro della circonferenza ed i cui lati passano per gli estremi dell'arco; in **figura 15** l'angolo convesso $\overset{\frown}{ACB}$ insiste sull'arco $\overset{\frown}{AEB}$, l'angolo concavo $\overset{\frown}{ACB}$ insiste sull'arco $\overset{\frown}{AFB}$.

Le corde di una circonferenza godono di alcune proprietà:

LE PROPRIETÀ DELLE CORDE

- se due corde sono congruenti, gli archi e gli angoli al centro ad esse corrispondenti sono congruenti (**figura 16a**);

- se dal centro di una circonferenza si traccia la perpendicolare ad una corda, questa retta è asse della corda, dimezza i due archi che la sottendono ed è bisettrice di ciascuno dei due angoli al centro che insistono su tali archi (**figura 16b**);

Figura 15

- corde congruenti hanno la stessa distanza dal centro (**figura 16c**), mentre se due corde sono disuguali, quella maggiore ha una minore distanza dal centro (**figura 16d**).

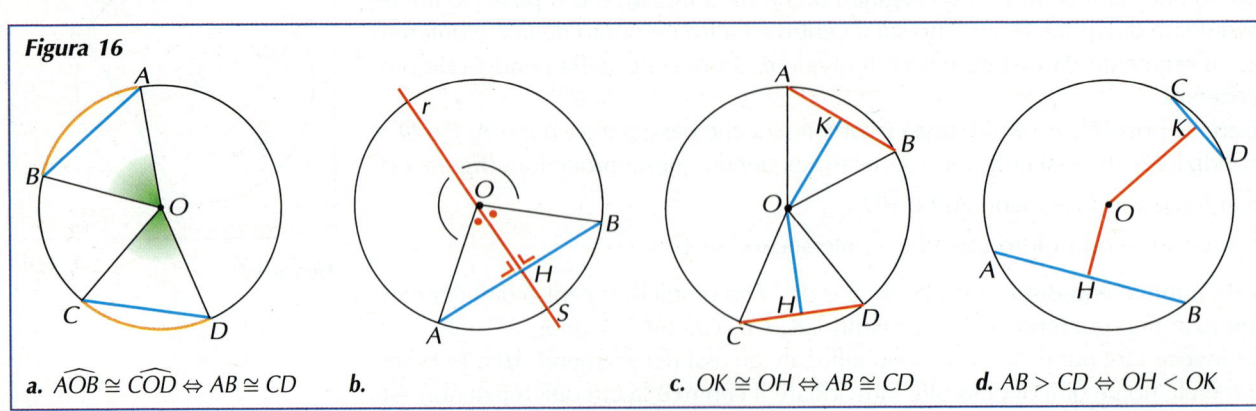

Figura 16

a. $\overset{\frown}{AOB} \cong \overset{\frown}{COD} \Leftrightarrow AB \cong CD$ **b.**   **c.** $OK \cong OH \Leftrightarrow AB \cong CD$ **d.** $AB > CD \Leftrightarrow OH < OK$

Relativamente al cerchio si individuano i seguenti elementi:

GLI ELEMENTI DI UN CERCHIO

- ciascuna delle due parti in cui un cerchio viene diviso da una corda AB si chiama **segmento circolare a una base** (*figura 17a*); la parte di cerchio delimitata da due corde parallele AB e CD si chiama **segmento circolare a due basi** (*figura 17b*);

■ si dice **settore circolare** ciascuna parte di cerchio delimitata da due raggi (*figura 17c*).

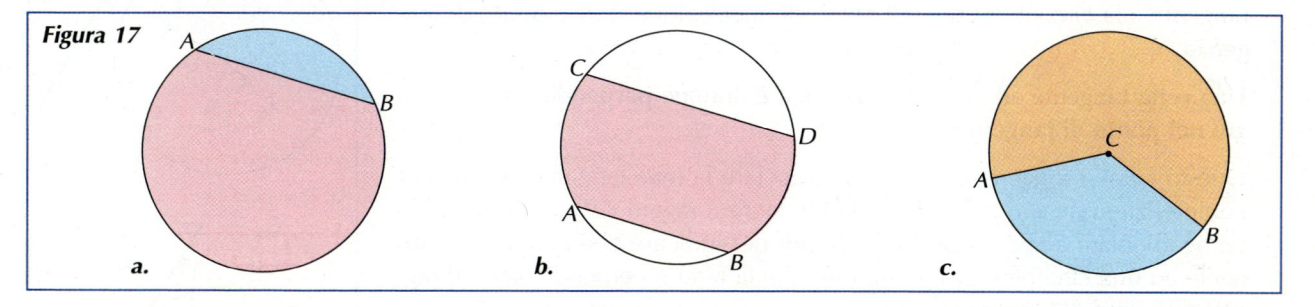

Figura 17

a. b. c.

VERIFICA DI COMPRENSIONE

1. Determina il valore di verità delle seguenti proposizioni.

   a. I punti di una corda rappresentano un sottoinsieme dei punti di una circonferenza.   V F

   b. I punti di un arco rappresentano un sottoinsieme dei punti di una circonferenza.   V F

   c. Due corde AB e CD di una circonferenza che non si intersecano individuano sempre un segmento circolare a due basi.   V F

   d. Ogni angolo al centro di una circonferenza insiste su un solo arco.   V F

2. Dati in un piano quattro punti A, B, C, D a tre a tre non allineati si può dire che:

   a. esiste sempre una circonferenza che passa per tre qualunque di essi   V F

   b. non può esistere una circonferenza che passa per i quattro punti   V F

   c. esistono infinite circonferenze che passano per due di essi   V F

   d. esiste sempre una circonferenza che ha centro in C e passa per A e per B.   V F

3. Un triangolo OAB ha un vertice nel centro O di una circonferenza e gli altri due sono punti della circonferenza. Quali delle seguenti affermazioni sono vere?

   a. Il diametro perpendicolare al lato AB lo interseca nel punto medio.

   b. Qualunque diametro che interseca AB è perpendicolare ad AB.

   c. L'asse del lato AB passa per il centro della circonferenza.

   d. L'angolo di vertice O è congruente all'angolo di vertice A.

2. RETTE E CIRCONFERENZE: POSIZIONI RECIPROCHE

Gli esercizi di questo paragrafo sono a pag. 414

Circonferenze e rette

Data una circonferenza γ ed una retta r ci chiediamo quali siano le situazioni che si possono presentare quando vogliamo determinare la loro intersezione. Considerato che una circonferenza e una retta non possono avere più di due punti in comune, prendiamo una circonferenza γ di centro C e raggio r, una retta s e tracciamo dal centro C di γ la perpendicolare CH a s.
Si presentano le seguenti situazioni.

- Il segmento *CH* è maggiore del raggio della circonferenza (**figura 18a**). In questo caso la retta e la circonferenza non hanno punti di intersezione e si dice che la retta è **esterna** alla circonferenza.

- Il segmento *CH* è congruente al raggio della circonferenza (**figura 18b**). Allora la retta e la circonferenza si intersecano in un punto, la retta si dice **tangente** alla circonferenza ed il punto di intersezione si dice **punto di tangenza**.

  Una retta tangente ad una circonferenza è dunque perpendicolare al raggio nel punto di tangenza.

  Questo fatto ci suggerisce il modo di tracciare la retta tangente ad una circonferenza in un suo punto *P*: basta tracciare il raggio *CP* e considerare la perpendicolare a tale raggio in *P*. Quindi per indicare che una retta è tangente ad una circonferenza, basta dire che la retta è perpendicolare al raggio nel punto di tangenza.

- Il segmento *CH* è minore del raggio della circonferenza (**figura 18c**). La retta e la circonferenza si intersecano in due punti distinti e si dice che la retta è **secante** rispetto alla circonferenza.

Vogliamo evidenziare ora una proprietà delle rette tangenti che risulta particolarmente utile nelle applicazioni.

> **Teorema**. Se da un punto *P* esterno ad una circonferenza si mandano le tangenti alla circonferenza stessa, i segmenti di tangente sono congruenti e la semiretta di origine *P* che passa per il centro è bisettrice dell'angolo formato dalle tangenti.

Hp. *PA* è tangente alla circonferenza

PB è tangente alla circonferenza

Th. $PA \cong PB$

$\widehat{APC} \cong \widehat{BPC}$

Dimostrazione.

Tracciamo i raggi nei punti di tangenza che sono perpendicolari alle rispettive tangenti (**figura 19**). I triangoli *APC* e *BPC* sono triangoli rettangoli e di essi sappiamo che

$AC \cong CB$ perché raggi

$CP \cong CP$ per la proprietà riflessiva della congruenza

Avendo l'ipotenusa ed un cateto ordinatamente congruenti, i due triangoli sono congruenti e in particolare $PA \cong PB$ e $\widehat{APC} \cong \widehat{BPC}$. ◀

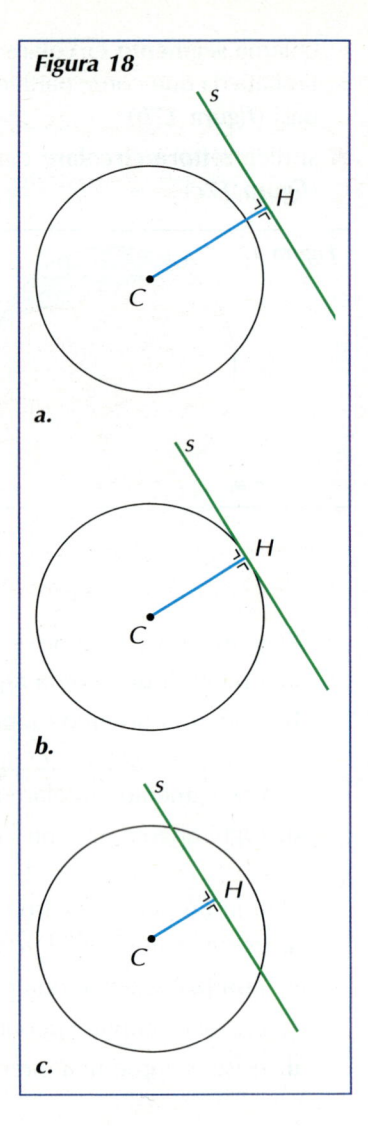

Figura 18

a.

b.

c.

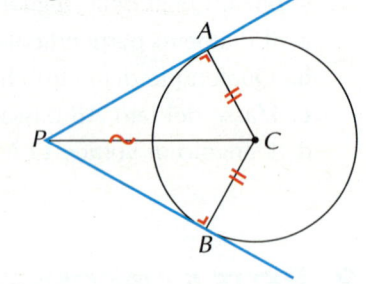

Figura 19

Circonferenze e circonferenze

Vediamo ora quali sono le posizioni reciproche di due circonferenze nel piano.

Abbiamo già detto nel paragrafo precedente che due circonferenze distinte non possono avere più di due punti di intersezione, quindi o non ne hanno, o ne hanno uno solo, oppure ne hanno due.

Per analizzare tutte le possibili situazioni disegniamo dapprima due circonferenze di centri *C* e *C'* e raggi *r* e *r'* (con $r > r'$) sufficientemente "lontane" in modo da non avere punti comuni; consideriamo poi le circonferenze che si ottengono avvicinando la seconda alla prima mediante traslazione. I casi che si possono presentare sono i seguenti.

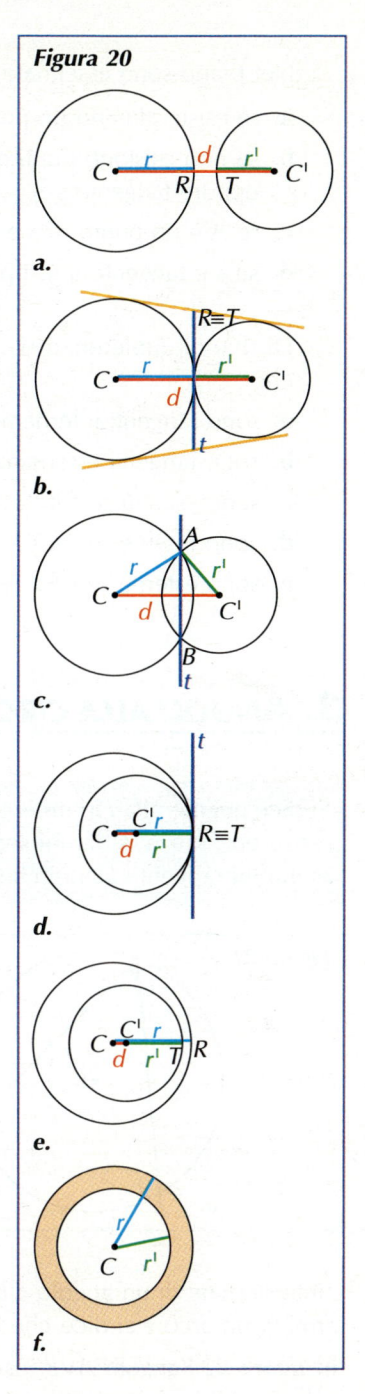

Figura 20

■ Le due circonferenze non hanno punti di intersezione e si dicono **esterne** l'una all'altra (**figura 20a**); questa situazione è caratterizzata dal fatto che, indicando con d la distanza fra i centri, si ha che $d > r + r'$.
Infatti $CC' \cong CR + RT + TC'$, quindi $CC' > CR + TC'$.

■ Se trasliamo la seconda circonferenza verso la prima di un vettore di modulo TR, i punti R e T coincidono e le due circonferenze hanno un solo punto in comune; si dice che sono **tangenti esternamente** e questa situazione è caratterizzata dal fatto che $d \cong r + r'$ (**figura 20b**).
Le due circonferenze sono entrambe tangenti alla retta t che passa per R ed è perpendicolare alla retta dei centri. Esse hanno poi la caratteristica di avere altre due tangenti comuni che sono le rette in giallo nella stessa figura.

■ Trasliamo ancora la seconda circonferenza in modo che la sua corrispondente sia più vicina alla prima (**figura 20c**); le due circonferenze hanno questa volta due punti di intersezione e si dicono **secanti**. Tenendo presente che congiungendo i centri con uno dei punti di intersezione, per esempio A, si viene a formare il triangolo CAC' e che in un triangolo ciascun lato è minore della somma degli altri due e maggiore della loro differenza, possiamo caratterizzare questa situazione dicendo che $d < r + r'$ o anche che $d > r - r'$.
La retta AB che passa per i punti di intersezione delle due circonferenze è perpendicolare alla retta dei centri.

■ Una successiva opportuna traslazione porta la seconda circonferenza a trovarsi internamente alla prima (**figura 20d**) e con un solo punto di intersezione con essa ; in questo caso si dice che le due circonferenze sono **tangenti internamente** e si ha che $d \cong r - r'$.
Come nel caso delle circonferenze tangenti esternamente, ambedue le circonferenze sono tangenti alla retta t che passa per il punto comune ed è perpendicolare alla retta dei centri. Le due circonferenze non hanno altre tangenti comuni.

■ Se trasliamo ulteriormente la seconda circonferenza rispetto alla prima, le due circonferenze non hanno punti di intersezione e sono una **interna** all'altra; in questo caso $d < r - r'$ (**figura 20e**).
Infatti $CC' \cong CR - C'T - TR$, quindi $CC' < CR - C'T$.

■ Infine, quando i due centri coincidono, le circonferenze si dicono **concentriche** e la parte di piano che si ottiene togliendo dal cerchio più grande quello più piccolo si chiama **corona circolare** (**figura 20f**).

VERIFICA DI COMPRENSIONE

1. In una circonferenza di centro O e raggio r sono disegnate due corde AB e CD la cui distanza dal centro è rappresentata da due segmenti di lunghezza rispettivamente h e k. Si può dire che:

a. se $AB \cong CD$ allora $h \cong k$ V F

b. $AB + CD \leq 4r$ V F

c. se $AB > CD$ allora $h > k$ V F

d. se $\widehat{AOB} < \widehat{COD}$ allora $h > k$.   V F

2. Nel piano sono assegnate una retta s e una circonferenza γ di centro O e raggio r

   a. se esiste almeno un punto $A \in s$ tale che sia $OA < r$, allora la retta s è secante rispetto a γ V F

   b. se non esistono punti di s la cui distanza da O è minore di r, allora la retta s è esterna oppure tangente a γ V F

   c. se A è un punto di s e $OA = r$, allora s è tangente a γ V F

   d. se s è tangente a γ, i punti di s distano dal centro di un segmento congruente a r.   V F

3. Di due circonferenze γ e γ' rispettivamente di centri O e O' e di raggi r e r' con $r > r'$, si può dire che:

   a. sono tangenti internamente se $OO' \cong r - r'$ V F

   b. sono tangenti esternamente se $OO' > r - r'$ V F

   c. sono secanti se $OO' < r - r'$ V F

   d. sono interne se $OO' < r - r'$.   V F

   e. sono esterne se $OO' > r + r'$.   V F

3. ANGOLI ALLA CIRCONFERENZA E ANGOLI AL CENTRO

Gli esercizi di questo paragrafo sono a pag. 417

DEFINIZIONE DI ANGOLO ALLA CIRCONFERENZA

Si dice **angolo alla circonferenza** un angolo che ha il vertice sulla circonferenza ed i lati o entrambi secanti oppure uno secante e l'altro tangente (o entrambi tangenti) alla circonferenza (**figura 21**).

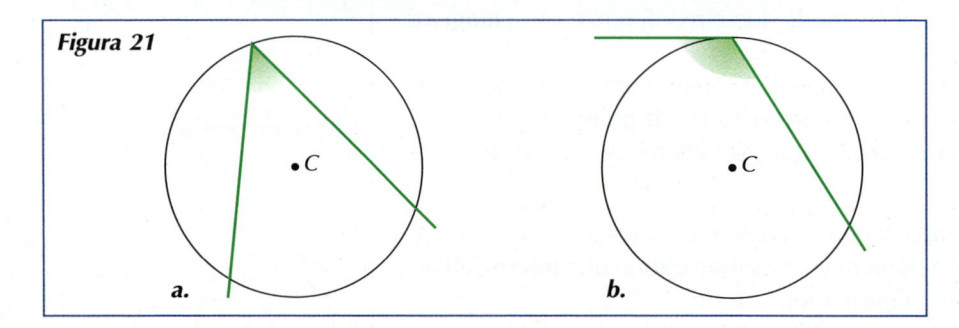

Figura 21

  a.   **b.**

L'intersezione di un angolo alla circonferenza con la circonferenza stessa determina un arco e si dice che l'angolo alla circonferenza insiste su quell'arco (in **figura 22** l'angolo $\widehat{AVB}$ insiste sull'arco AB in colore, l'angolo $\widehat{EPD}$ insiste sull'arco EP in colore).

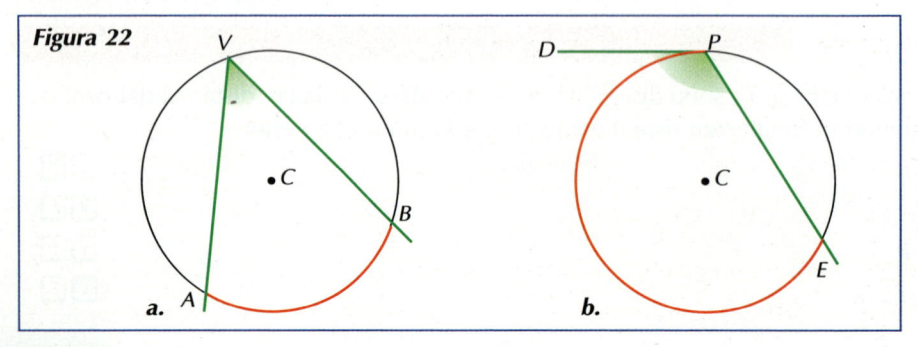

Figura 22

  a.   **b.**

In alcuni casi può non essere immediato individuare l'arco su cui insiste un angolo alla circonferenza, soprattutto quando uno dei lati è tangente alla circonferenza. Se sei in difficoltà, immagina che i lati dell'angolo siano delle barriere; se ti trovi all'interno dell'angolo, nelle immediate vicinanze del vertice, le barriere ti consentono di vedere solo una parte di circonferenza, impedendoti di vedere quella rimanente. La parte che puoi vedere è l'arco su cui insiste l'angolo.

Angoli come quelli in **figura 23** non sono angoli alla circonferenza: il primo ha un lato tangente ma l'altro non è secante, il secondo ha un lato secante ma l'altro lato non è né tangente né secante.

GLI ERRORI DA EVITARE

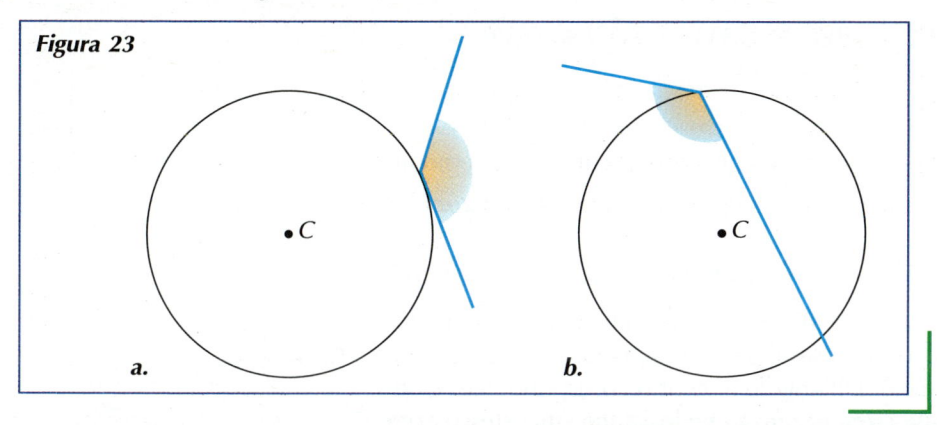

Figura 23

a.   b.

Consideriamo adesso un angolo alla circonferenza $\widehat{AVB}$ che insiste su un arco $\overset{\frown}{AB}$ e tracciamo le semirette che hanno origine nel centro della circonferenza e che passano per i punti A e B (**figura 24**); l'angolo $\widehat{ACB}$ ottenuto è un angolo al centro.

Possiamo allora stabilire una corrispondenza fra un angolo alla circonferenza e l'angolo al centro che insiste sullo stesso arco; osserviamo che tale corrispondenza è solo univoca e non biunivoca perché ci sono infiniti angoli alla circonferenza che hanno come corrispondente lo stesso angolo al centro (**figura 25**). Fra gli angoli alla circonferenza ed i corrispondenti angoli al centro sussiste una importante relazione espressa dal seguente teorema.

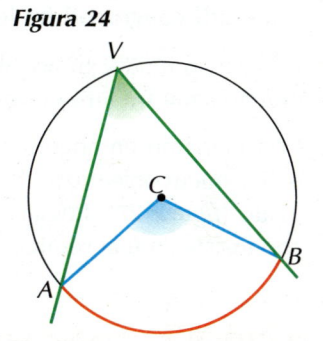

Figura 24

> **Teorema.** Ogni angolo alla circonferenza è la metà del corrispondente angolo al centro.

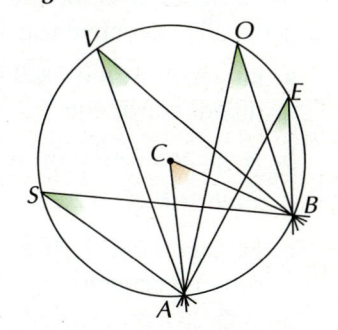

Figura 25

Hp. $\widehat{AVB}$ è un angolo alla circonferenza

$\widehat{ACB}$ è il corrispondente angolo al centro

Th. $\widehat{AVB} \cong \dfrac{1}{2}\widehat{ACB}$

Dimostrazione.

Sia $\widehat{AVB}$ una angolo alla circonferenza e sia $\widehat{ACB}$ il corrispondente angolo al centro. Supponiamo che il centro C sia interno all'angolo $\widehat{AVB}$ e tracciamo il diametro VD (**figura 26a** di pagina seguente).

Il triangolo ACV è isoscele e $\widehat{ACD}$ è un suo angolo esterno, quindi:

$$\widehat{ACD} \cong \widehat{AVC} + \widehat{VAC} \cong 2\widehat{AVC}$$

Anche il triangolo BCV è isoscele e $\widehat{BCD}$ è un suo angolo esterno, quindi:

$$\widehat{BCD} \cong \widehat{BVC} + \widehat{CBV} \cong 2\widehat{BVC}$$

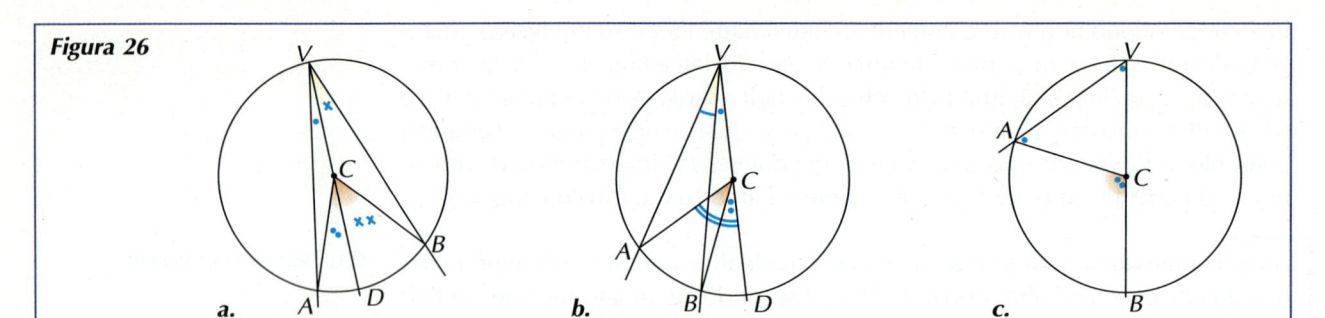

Figura 26

a.   b.   c.

Di conseguenza: $\widehat{ACB} \cong 2\widehat{AVC} + 2\widehat{BVC} \cong 2(\widehat{AVC} + \widehat{BVC}) \cong 2\widehat{AVB}$

ovvero $\widehat{AVB} \cong \dfrac{1}{2}\widehat{ACB}$.

Un'analoga dimostrazione può essere condotta nel caso in cui C sia esterno all'angolo $\widehat{AVB}$ (**figura 26b**) oppure appartenga a uno dei suoi lati (**figura 26c**). ◀

Facciamo alcune considerazioni relative alle conseguenze di questo teorema.

■ Abbiamo osservato che ogni angolo al centro ha infiniti angoli alla circonferenza che gli corrispondono; in base al teorema appena dimostrato, ciascuno di questi angoli è la metà dell'angolo al centro corrispondente. Questo significa che **gli angoli alla circonferenza che insistono sullo stesso arco sono tutti congruenti fra loro** (rivedi la **figura 25**).

Figura 27

■ Allo stesso modo, **gli angoli alla circonferenza che insistono su archi congruenti sono fra loro congruenti** perché lo sono i rispettivi angoli al centro.

■ Consideriamo un angolo alla circonferenza che insiste su un arco pari ad una semicirconferenza, il suo angolo al centro corrispondente è un angolo piatto (**figura 27**). Possiamo allora dire che **un angolo alla circonferenza che insiste su una semicirconferenza è retto.**

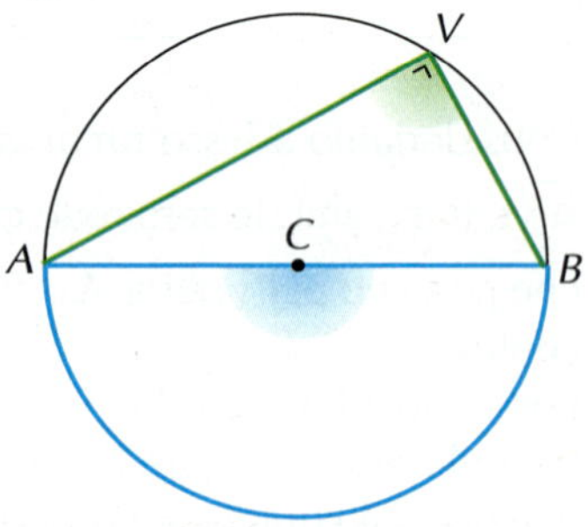

VERIFICA DI COMPRENSIONE

1. Nella **figura 28** A, B, C e D sono punti della circonferenza e BP è tangente alla circonferenza; si può dire che:

Figura 28

  a. gli angoli $\widehat{ACB}$ e $\widehat{DCB}$ insistono sullo stesso arco e sono quindi congruenti   V F

  b. se gli archi $\widehat{AB}$ e $\widehat{BC}$ sono congruenti, allora
$$\widehat{ADB} \cong \widehat{BDC} \cong \widehat{ACB} \cong \widehat{BAC}$$ V F

  c. gli angoli $\widehat{PBC}$ e $\widehat{ACB}$ insistono sullo stesso arco e quindi sono congruenti   V F

  d. $\widehat{PBC} \cong \widehat{BAC} \cong \widehat{BDC}$ perché insistono tutti sull'arco $\widehat{BC}$ V F

Figura 29

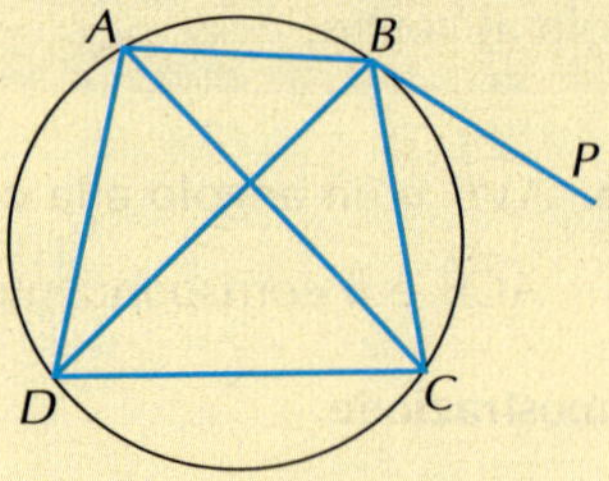

2. Relativamente alla **figura 29** dove la retta r è tangente alla circonferenza, quali delle seguenti relazioni sono vere?

  a. $\alpha \cong \beta$ **b.** $\delta \cong \beta$ **c.** $\gamma \cong \delta$

  d. $\gamma \cong \vartheta$ **e.** $\beta \cong \gamma$ **f.** $\vartheta \cong \beta$

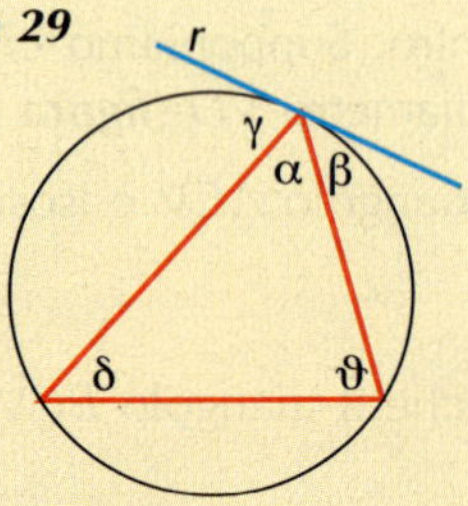

4. POLIGONI INSCRITTI E POLIGONI CIRCOSCRITTI

Gli esercizi di questo paragrafo sono a pag. 419

Presi *n* punti su una circonferenza (con $n > 2$) è sempre possibile:

- disegnare il poligono che ha per vertici tali punti (**figura 30a**)

- tracciare da questi punti le tangenti alla circonferenza e considerare il poligono che ha come sostegno dei lati queste rette (**figura 30b**).

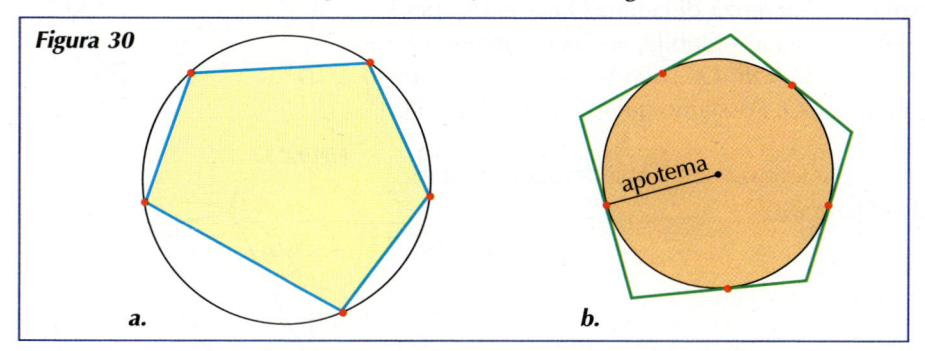

Figura 30

a.   b.

Nel primo caso diciamo che il poligono è inscritto nella circonferenza, nel secondo caso che è circoscritto.

> Un poligono si dice **inscritto** in una circonferenza se tutti i suoi vertici sono punti della circonferenza; la circonferenza si dice **circoscritta** al poligono.

> Un poligono si dice **circoscritto** ad una circonferenza se tutti i suoi lati sono tangenti alla circonferenza; si dice anche che la circonferenza è **inscritta** nel poligono ed il raggio si chiama **apotema** del poligono.

DEFINIZIONE DI POLIGONO INSCRITTO E DI POLIGONO CIRCOSCRITTO

Data una circonferenza è quindi sempre possibile sia inscrivere che circoscrivere un poligono con un qualsivoglia numero di lati.
Viceversa, è abbastanza evidente che, dato un poligono qualsiasi, non è sempre possibile inscriverlo oppure circoscriverlo ad una circonferenza; basta osservare i poligoni nella **figura 31** per rendersene conto:

- nei casi **a.** e **b.** c'è un vertice che non appartiene alla circonferenza, quindi i due poligoni non sono inscrittibili

- nel caso **c.** c'è un lato che non è tangente e quindi il poligono non è circoscrittibile.

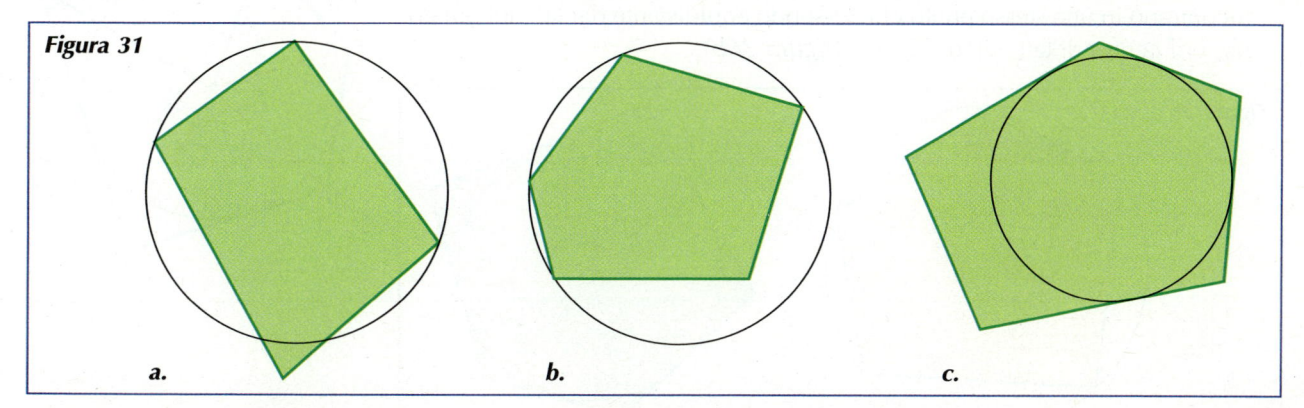

Figura 31

a.   b.   c.

Si tratta dunque di definire i criteri in base ai quali sia possibile inscrivere o circoscrivere un poligono ad una circonferenza. Vediamo quali caratteristiche devono avere questi poligoni.

Poligoni inscrittibili

Consideriamo un poligono qualsiasi e tracciamo gli assi di due lati consecutivi; sia O il loro punto di intersezione (**figura 32**).
Sappiamo che esiste una e una sola circonferenza di centro O che passa per i punti A, B, C, quindi, affinché il poligono sia inscrittibile, anche i segmenti OD e OE devono essere congruenti ai raggi OA, OB, OC; questo capita solo se anche gli assi dei lati DC e DE passano per O. Possiamo quindi concludere che:

> un poligono è **inscrittibile** in una circonferenza se gli assi dei suoi lati si incontrano tutti nello stesso punto (**figura 33**).

Poligoni circoscrittibili

Considerato un poligono qualsiasi, tracciamo le bisettrici di due suoi angoli consecutivi che si incontrano in O (**figura 34**).
Poiché i punti della bisettrice sono equidistanti dai lati dell'angolo, i segmenti OK, OH, OR (che sono perpendicolari ai rispettivi lati) sono tutti congruenti fra loro ed esiste perciò una circonferenza di centro O che è tangente ai lati EA, AB, BC.
Affinché questa circonferenza sia tangente anche ai lati CD e DE, occorre che le distanze di O da questi lati siano congruenti ai precedenti segmenti OK, OH, OR; questo accade solo se anche le bisettrici degli altri angoli del poligono si incontrano in O. Possiamo quindi concludere che:

> Un poligono è **circoscrittibile** ad una circonferenza se le bisettrici dei suoi angoli si incontrano tutte nello stesso punto (**figura 35**).

Questi due teoremi possono essere invertiti diventando proprietà dei poligoni inscritti e circoscritti:

- gli assi dei lati di un poligono inscritto in una circonferenza si incontrano in uno stesso punto che, essendo equidistante dai vertici del poligono, è il centro di tale circonferenza (**figura 36a**);

- le bisettrici degli angoli di un poligono circoscritto ad una circonferenza si incontrano in uno stesso punto che, essendo equidistante dai lati del poligono, è il centro di tale circonferenza (**figura 36b**).

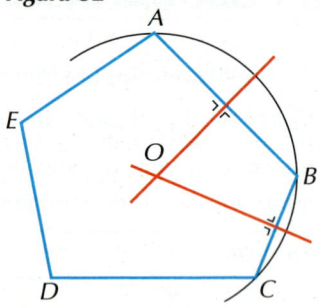

Figura 32

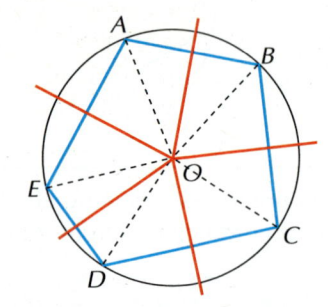

Figura 33

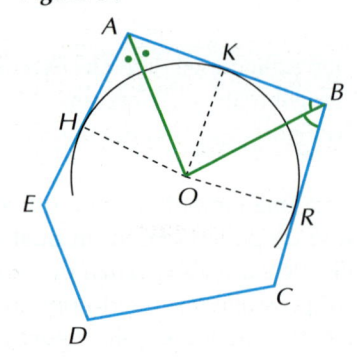

Figura 34

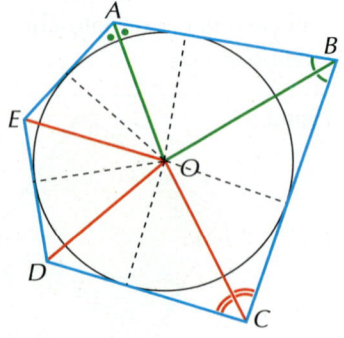

Figura 35

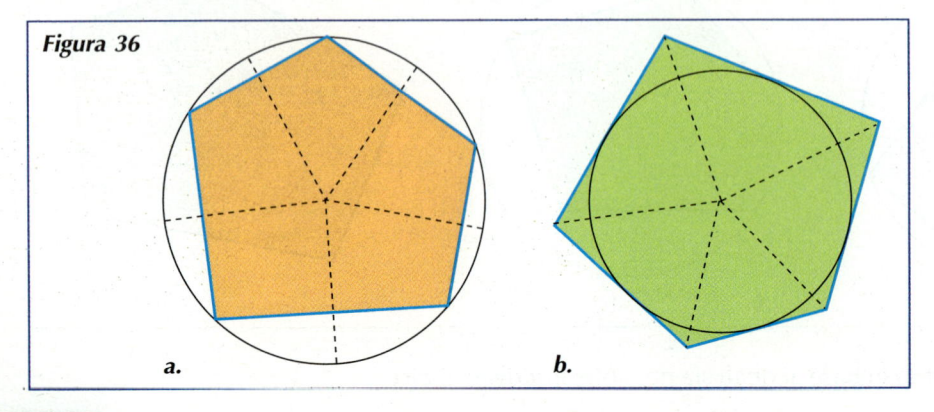

Figura 36

a.

b.

Il caso particolare dei quadrilateri

I quadrilateri hanno delle caratteristiche che rendono più semplice stabilire se sono inscrittibili oppure circoscrittibili ad una circonferenza.

> **Teorema (sui quadrilateri inscritti).** Un quadrilatero inscritto in una circonferenza ha gli angoli opposti supplementari.

Hp. $ABDE$ è inscritto in una circonferenza   (**figura 37**)

Th. $\widehat{A} + \widehat{D} \cong \pi \quad \wedge \quad \widehat{E} + \widehat{B} \cong \pi$

Dimostrazione.

Dato il quadrilatero $ABDE$ inscritto in una circonferenza, congiungiamo i vertici E e B con il centro C. Avremo che:

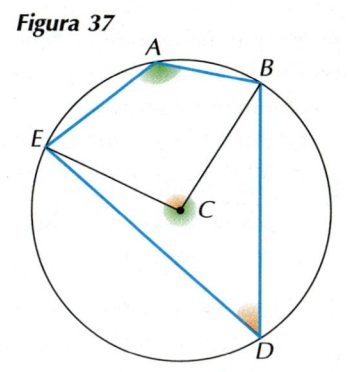

Figura 37

- $\widehat{EAB} \cong \dfrac{1}{2} \widehat{ECB}$ concavo   (angoli in verde di **figura 37**)

- $\widehat{EDB} \cong \dfrac{1}{2} \widehat{ECB}$ convesso   (angoli in arancio di **figura 37**)

perché un angolo alla circonferenza è la metà del corrispondente angolo al centro. Quindi, poiché $\widehat{ECB}$ concavo $+ \widehat{ECB}$ convesso $= 2\pi$

$$\widehat{EAB} + \widehat{EDB} \cong \frac{1}{2} \cdot 2\pi \cong \pi$$

Analogamente, congiungendo i punti A e D con C, si dimostra che anche la somma dell'altra coppia di angoli opposti è congruente ad un angolo piatto.   ◄

Questo teorema è invertibile, si può dimostrare cioè che:

- **se un quadrilatero ha gli angoli opposti supplementari, allora è inscrittibile in una circonferenza.**

In realtà, visto che la somma degli angoli interni di un quadrilatero è uguale a due angoli piatti, per stabilire se un quadrilatero è inscrittibile in una circonferenza basta verificare che abbia una coppia di angoli opposti supplementari.

> **Teorema (sui quadrilateri circoscritti).** Un quadrilatero circoscritto ad una circonferenza ha la somma di due lati opposti che è congruente alla somma degli altri due.

Hp. $ABDE$ è circoscritto ad una circonferenza   (**figura 38**)

Th. $AB + DE \cong AE + BD$

Dimostrazione.

Consideriamo il quadrilatero $ABDE$ circoscritto ad una circonferenza. Abbiamo dimostrato nel precedente capitolo che, se da un punto esterno tracciamo le tangenti ad una circonferenza, i segmenti di tangente sono congruenti. Valgono perciò le relazioni:

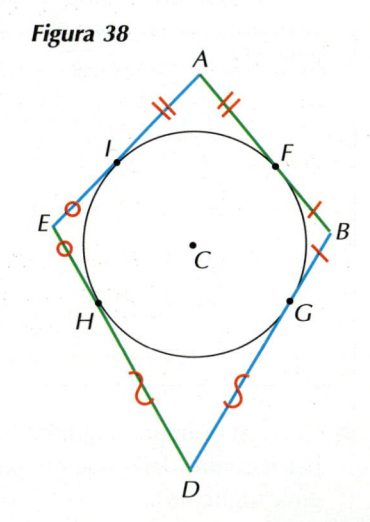

Figura 38

$$AF \cong AI; \qquad BF \cong BG; \qquad GD \cong HD; \qquad HE \cong EI$$

Quindi: $AB + DE \cong (AF + FB) + (DH + HE) \cong AI + BG + GD + EI \cong$

$\cong (AI + EI) + (BG + GD) \cong AE + BD.$ ◄

Anche questo teorema è invertibile, cioè:

■ **se in un quadrilatero la somma di due lati opposti è congruente alla somma degli altri due, allora il quadrilatero si può circoscrivere ad una circonferenza.**

Come applicazione di questi teoremi possiamo fare qualche considerazione relativa ai quadrilateri che abbiamo studiato finora.

■ Un parallelogramma generico non è inscrittibile in una circonferenza perché i suoi angoli opposti sono congruenti ma non supplementari e non è nemmeno circoscrittibile perché la somma di due lati opposti non è congruente alla somma degli altri due.

■ Un rettangolo è invece sempre inscrittibile in una circonferenza perché i suoi angoli opposti, essendo retti, sono supplementari; non è invece circoscrittibile (**figura 39a**).

■ Un rombo è sempre circoscrittibile ad una circonferenza perché, essendo i lati congruenti, la somma di due lati opposti è congruente alla somma degli altri due; non è invece inscrittibile perché gli angoli opposti non sono supplementari (**figura 39b**).

■ Un quadrato è sempre sia inscrittibile che circoscrittibile ad una circonferenza perché si comporta come un rettangolo (quindi è inscrittibile) e come un rombo (quindi è circoscrittibile) (**figura 39c**).

La circonferenza e i poligoni regolari

I poligoni regolari che abbiamo iniziato a studiare nel corso del primo biennio hanno caratteristiche particolari che li rendono particolarmente interessanti; vediamone alcune.

■ Sono sempre sia inscrittibili che circoscrittibili a una circonferenza e le due circonferenze hanno lo stesso centro (**figura 40**).

■ I poligoni con un numero pari di lati hanno come centro di simmetria il centro della circonferenza inscritta (o circoscritta visto che le due circonferenze hanno lo stesso centro); non hanno invece un centro di simmetria i poligoni con un numero dispari di lati (**figura 41**).

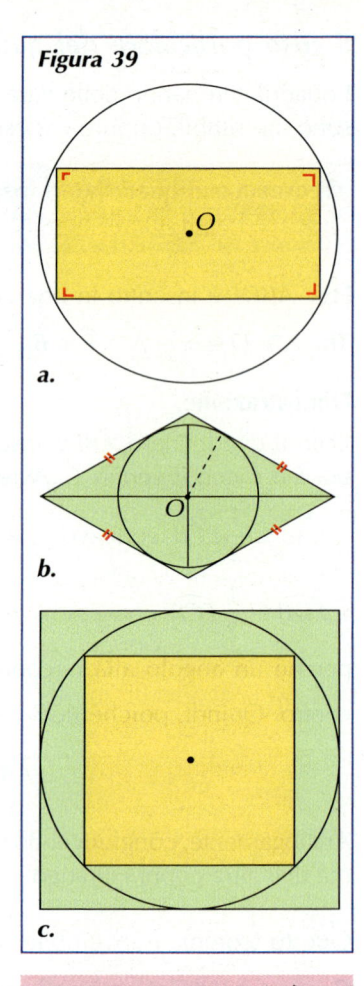

Figura 39

a.

b.

c.

Un poligono regolare è un poligono che ha tutti i lati e tutti gli angoli tra loro congruenti.

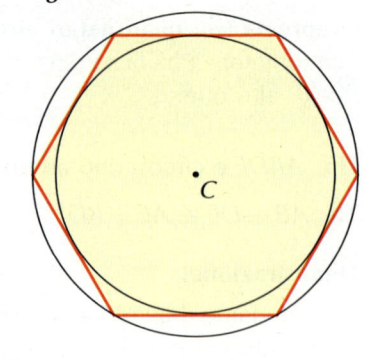

Figura 40

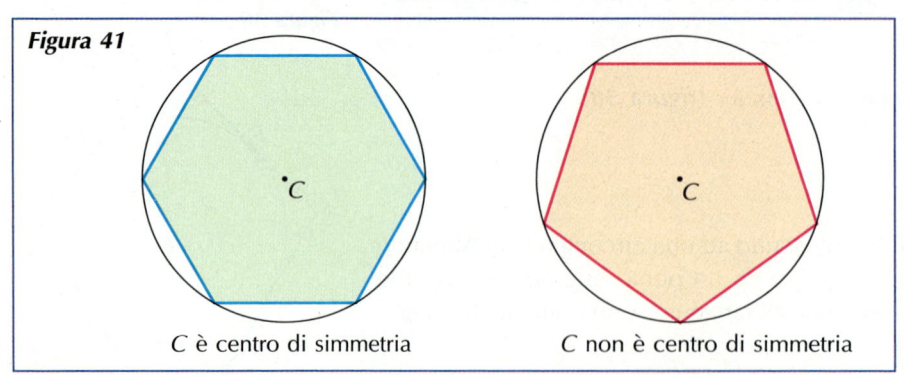

Figura 41

C è centro di simmetria   C non è centro di simmetria

■ Ciascun poligono regolare ha diversi assi di simmetria; tutti gli assi passano per il centro delle due circonferenze inscritta e circoscritta (**figura 42** di pagina seguente).

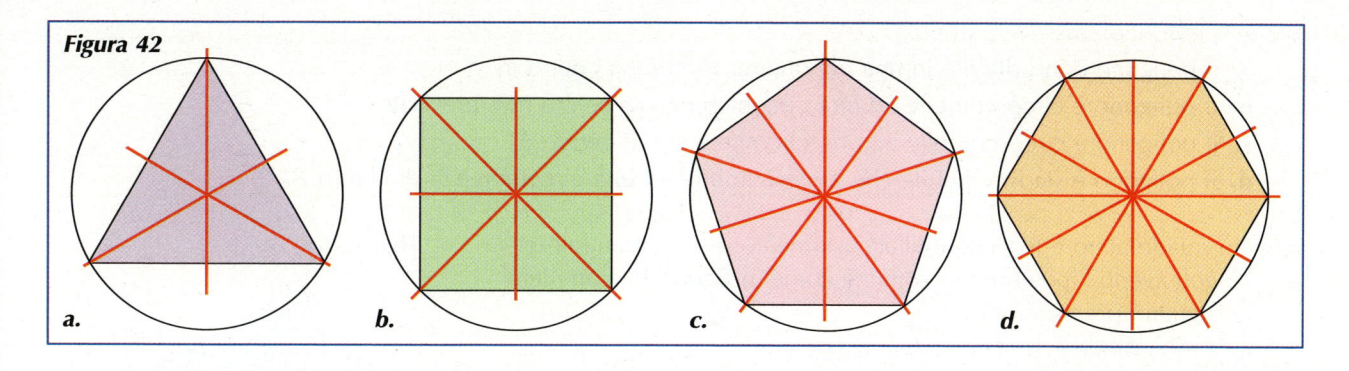

Figura 42

a.   b.   c.   d.

I punti notevoli dei triangoli

Abbiamo visto che, se un poligono non ha caratteristiche precise, non si riesce in generale ad inscriverlo o circoscriverlo ad una circonferenza; non sempre infatti gli assi dei lati o le bisettrici degli angoli passano per uno stesso punto. Il triangolo è invece una figura particolare in cui è sempre possibile sia inscrivere che circoscrivere una circonferenza; avevamo infatti visto nel primo biennio le seguenti proprietà.

■ Gli assi dei lati di un triangolo passano per uno stesso punto O che si chiama **circocentro** (**figura 43**).

Ogni triangolo può quindi essere inscritto in una circonferenza e il centro di tale circonferenza è il punto di intersezione degli assi dei lati del triangolo; da qui il nome di circocentro dato a questo punto.

■ Le bisettrici degli angoli interni di un triangolo passano per uno stesso punto O detto **incentro** (**figura 44**).

Il punto O è equidistante dai lati del triangolo ed esiste perciò una circonferenza con centro in O e raggio OH che passa anche per i punti F e K. Tale circonferenza è quindi inscritta nel triangolo; da qui il nome di incentro (centro della circonferenza inscritta) dato al punto O.

Ricordiamo poi gli altri punti notevoli dei triangoli:

■ l'**ortocentro**, punto d'incontro delle altezze (**figura 45a**)

■ il **baricentro**, punto d'incontro delle mediane (**figura 45b**).

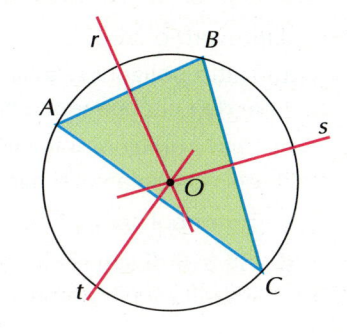

Figura 43

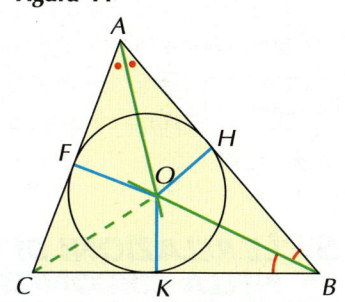

Figura 44

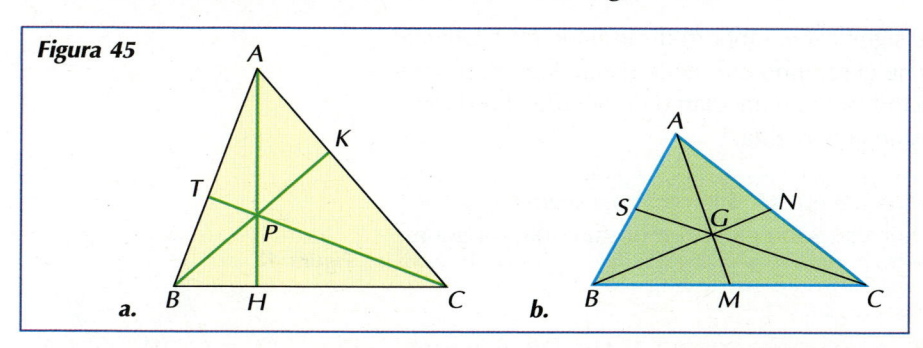

Figura 45

a.   b.

VERIFICA DI COMPRENSIONE

1. Di un poligono si sa che le bisettrici dei suoi angoli si intersecano tutte in un punto P; una sola delle seguenti affermazioni è esatta, individuala motivando la scelta:

a. il poligono è inscrittibile in una circonferenza che ha centro in P

b. il poligono è circoscrittibile ad una circonferenza di centro non precisato

c. il poligono è circoscrittibile ad una circonferenza di centro P

d. il poligono è sia inscrittibile che circoscrittibile ad una circonferenza di centro P.

2. Un quadrilatero è formato dall'accostamento di due triangoli rettangoli aventi l'ipotenusa in comune come in **figura 46**; completa le seguenti proposizioni:

a. è inscrittibile in una circonferenza perché ....

b. il diametro della circonferenza ad esso circoscritta è il segmento ....

c. è circoscrittibile ad una circonferenza solo se ....

Figura 46

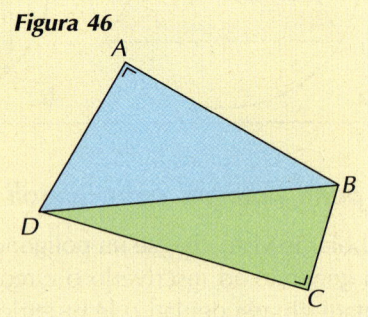

3. Barra vero o falso.

a. Tutti i poligoni regolari possono essere sia inscritti che circoscritti ad una circonferenza ma le due circonferenze hanno centri diversi. Ⓥ Ⓕ

b. Tutti i poligoni regolari possono essere sia inscritti che circoscritti ad una circonferenza e le due circonferenze hanno lo stesso centro. Ⓥ Ⓕ

c. Tutti i poligoni regolari hanno come centro di simmetria il centro della circonferenza inscritta. Ⓥ Ⓕ

d. Gli assi di simmetria di un poligono regolare passano tutti per il centro della circonferenza inscritta o circoscritta. Ⓥ Ⓕ

4. Siano γ la circonferenza circoscritta e γ' la circonferenza inscritta in un triangolo ABC; si può dire che:

a. il centro di γ è il punto di intersezione delle altezze del triangolo Ⓥ Ⓕ

b. il centro di γ' è il punto di intersezione delle bisettrici degli angoli del triangolo Ⓥ Ⓕ

c. γ e γ' sono sempre circonferenze concentriche Ⓥ Ⓕ

d. γ e γ' sono circonferenze concentriche solo se ABC è equilatero. Ⓥ Ⓕ

5. LE RELAZIONI DI PROPORZIONALITÀ NELLA CIRCONFERENZA

Gli esercizi di questo paragrafo sono a pag. 422

Vogliamo ora evidenziare alcuni significativi rapporti di similitudine relativi ad elementi di una circonferenza, che ci saranno utili nella risoluzione di problemi. Consideriamo allora una circonferenza e tracciamo due corde che si intersecano in un punto P; vale il seguente teorema.

Teorema. Se due corde di una circonferenza si intersecano, i segmenti dell'una sono i medi ed i segmenti dell'altra sono gli estremi di una proporzione.

TEOREMA DELLE CORDE

Figura 47

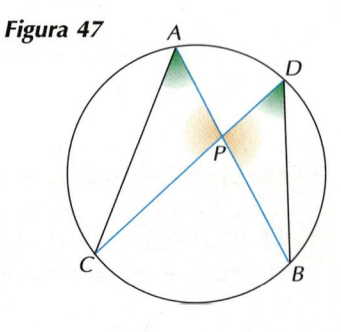

Dimostrazione.

Dobbiamo dimostrare che vale la proporzione $CP : BP = AP : DP$ (**figura 47**). Consideriamo i triangoli CPA e BPD. In essi:

$\widehat{CAB} \cong \widehat{CDB}$ perché angoli alla circonferenza che insistono sullo stesso arco $\overset{\frown}{CB}$

$\widehat{CPA} \cong \widehat{BPD}$ perché opposti al vertice

I due triangoli sono simili per il primo criterio di similitudine e dunque vale la proporzione (ricorda che i segmenti omologhi sono quelli opposti agli angoli congruenti) $CP : BP = AP : DP$. ◄

Valgono inoltre i seguenti teoremi.

TEOREMA DELLE SECANTI

> **Teorema.** Se da un punto esterno a una circonferenza si tracciano due secanti, una secante e la sua parte esterna sono i medi, l'altra secante e la sua parte esterna sono gli estremi di una proporzione.

In questo e nel successivo teorema quando diciamo "la secante e la sua parte esterna" intendiamo rispettivamente i segmenti che hanno per estremi il punto esterno P e i due punti di intersezione con la circonferenza più lontano e più vicino a P, cioè PB e PA (**figura 48**).

Figura 48

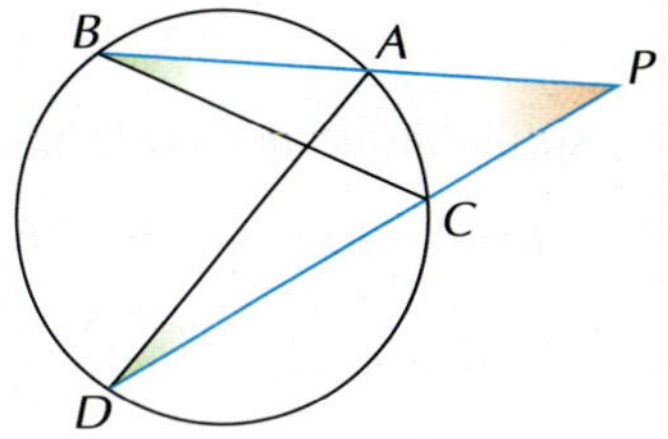

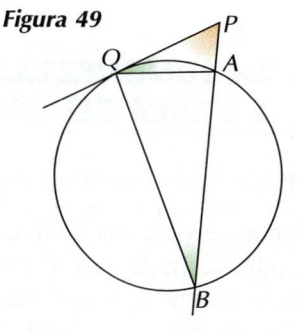

Dimostrazione.

Con riferimento alla stessa figura, dobbiamo dimostrare che $PD : PB = PA : PC$. Consideriamo i triangoli PAD e PBC. In essi:

$\widehat{APD} \cong \widehat{BPC}$ per la proprietà riflessiva della congruenza

$\widehat{PDA} \cong \widehat{PBC}$ perché angoli alla circonferenza che insistono sullo stesso arco $\overset{\frown}{AC}$

I due triangoli sono simili per il primo criterio di similitudine e dunque vale la proporzione $PD : PB = PA : PC$. ◄

TEOREMA DELLA SECANTE E DELLA TANGENTE

> **Teorema.** Se da un punto esterno a una circonferenza si tracciano una secante ed una tangente, il segmento di tangente è medio proporzionale fra l'intera secante e la sua parte esterna.

Dimostrazione.

Da un punto P esterno a una circonferenza tracciamo una secante e una tangente come in **figura 49**; dobbiamo dimostrare che $PB : PQ = PQ : PA$. Consideriamo i triangoli PBQ e PAQ. In essi

$\widehat{BPQ} \cong \widehat{APQ}$ per la proprietà riflessiva della congruenza (è lo stesso angolo)

$\widehat{PBQ} \cong \widehat{PQA}$ perché angoli alla circonferenza che insistono sullo stesso arco $\overset{\frown}{AQ}$

Figura 49

I due triangoli sono simili per il primo criterio di similitudine e dunque vale la proporzione $PB : PQ = PQ : PA$. ◄

APPROFONDIMENTI

LA SEZIONE AUREA

Dividere in **sezione aurea** un segmento significa dividerlo in due parti tali che una di esse risulti media proporzionale fra l'intero segmento e l'altra parte. Il segmento che è il medio proporzionale è la **parte aurea** del segmento stesso.
Per costruirlo si può seguire questo procedimento che utilizza il teorema relativo alla tangente e alla se-

cante di una circonferenza e le proprietà delle proporzioni (segui la costruzione in **figura 50**).

Disegniamo un segmento AB, tracciamo la perpendicolare in B ad AB e prendiamo su di essa un punto C tale che $CB \cong \frac{1}{2} AB$.

Tracciamo adesso la circonferenza di centro C e raggio CB che è in questo modo tangente ad AB in B; tracciamo la semiretta AC e indichiamo con R e Q i suoi punti di intersezione con la circonferenza.

Con centro in A e raggio AR, tracciamo un arco di circonferenza che incontra AB in D. Se ora applichiamo il teorema della secante e della tangente (AB è la tangente, AQ è la secante) troviamo che

$$AQ : AB = AB : AR$$

Applichiamo adesso la proprietà dello scomporre $(AQ - AB) : AB = (AB - AR) : AR$.

Tenendo presente che $AB \cong RQ$ e che $AR \cong AD$, si ha che

$$AQ - AB \cong AQ - RQ \cong AR \cong AD \quad e \quad AB - AR \cong AB - AD \cong DB$$

La proporzione allora diventa $\quad AD : AB = DB : AD \quad$ o anche $\quad AB : AD = AD : DB$

cioè AD è medio proporzionale fra AB e DB. Dunque **AD è la parte aurea del segmento AB**.

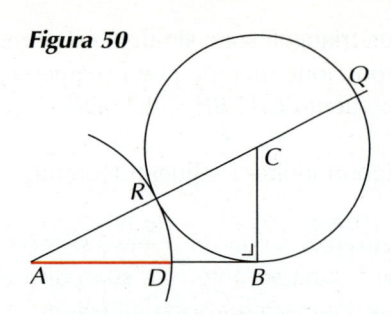

Figura 50

VERIFICA DI COMPRENSIONE

1. Con riferimento alla figura a lato individua fra le seguenti le proporzioni vere:

a. $BP : DP = PC : PA$ **b.** $PB : PA = PA : AB$

c. $PD : PH = PH : PC$ **d.** $PB : PH = PH : AB$

e. $AK : KD = CK : KB$ **f.** $CK : AK = KD : KB$

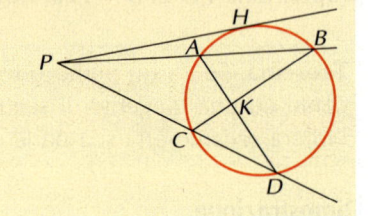

6. LA LUNGHEZZA DELLA CIRCONFERENZA E L'AREA DEL CERCHIO

Gli esercizi di questo paragrafo sono a pag. 424

6.1 La lunghezza di una linea e la circonferenza rettificata

Misurare è forse una delle cose che maggiormente coinvolge l'uomo in ogni sua attività. Tra le misure, particolare rilevanza ha quella che riguarda le lunghezze, perché se si sa misurare una lunghezza, poi si possono valutare anche misure di aree e di volumi. Se la lunghezza da misurare è assimilabile ad un segmento di retta, sappiamo come fare (lo abbiamo visto lo scorso anno scolastico e hai iniziato a vedere questo problema anche in Fisica), ma se la linea è curva, come per esempio quella in **figura 51a**, come possiamo procedere?

L'idea che sta alla base dei ragionamenti che faremo è questa: se fissiamo dei punti sulla linea, li congiungiamo con dei segmenti e poi li sommiamo, quello che otteniamo è un valore approssimato della lunghezza della linea, che diventa tanto più vicino al valore vero tanto maggiore è il numero di punti, e quindi di segmenti, che prendiamo (**figura 51b**).

In questa sede vogliamo applicare questo principio per determinare la lunghezza di una circonferenza.

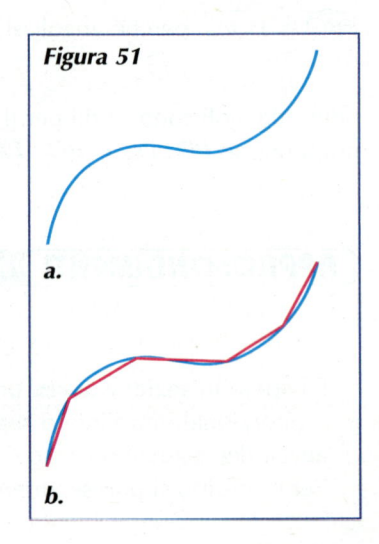

Figura 51

a.

b.

La circonferenza rettificata

Premettiamo un nuovo **assioma** (***figura 52***):

> Ogni arco di circonferenza è maggiore della corda che lo sottende e minore della somma dei due segmenti di tangente condotti dagli estremi dell'arco fino al loro punto di intersezione: $AB < \overset{\frown}{AB} < AP + PB$.

Figura 52

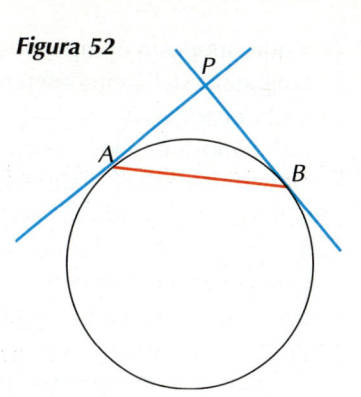

Questo significa che, se consideriamo un qualunque poligono inscritto nella circonferenza e un qualunque poligono ad essa circoscritto, accade che (***figura 53***):

- il perimetro p del poligono inscritto è minore della lunghezza della circonferenza;

- il perimetro p' del poligono circoscritto è maggiore della lunghezza della circonferenza.

Tale lunghezza è quindi un valore compreso fra i due perimetri p e p'.

Figura 53

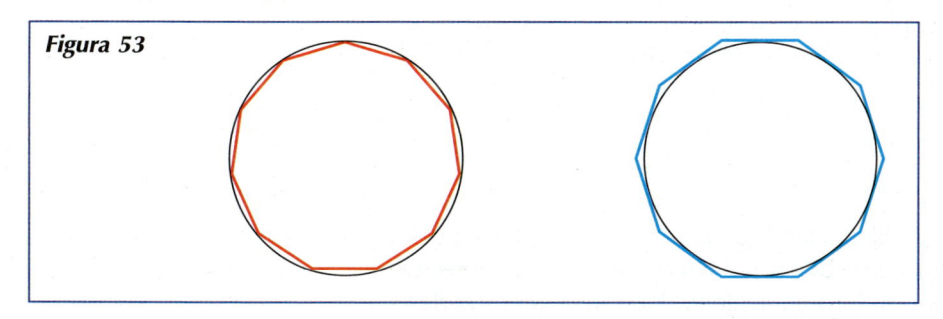

Inoltre, se aumentiamo il numero dei lati, i due perimetri approssimano sempre meglio la lunghezza della circonferenza che viene così ad essere l'elemento che fa da "confine" fra i perimetri dei poligoni inscritti e i perimetri dei poligoni circoscritti.
Alla lunghezza di una circonferenza possiamo allora associare il segmento che si ottiene considerando il perimetro del poligono in essa inscritto o quello del poligono ad essa circoscritto con un numero infinito di lati; a tale segmento si dà il nome di **circonferenza rettificata**.
Si dimostra che:

> le circonferenze rettificate sono proporzionali ai rispettivi raggi.

PROPRIETÀ DELLE CIRCONFERENZE RETTIFICATE

Questo significa che, indicando con C e C' le lunghezze di due circonferenze rettificate e con r e r' i loro raggi, vale la proporzione

$$C : C' = r : r' \qquad \text{o anche, permutando i medi} \qquad C : r = C' : r'$$

In definitiva, il precedente teorema ci dice che il rapporto fra la lunghezza della circonferenza rettificata ed il suo raggio è costante.
Se è costante il rapporto fra C ed il raggio, è anche costante il rapporto fra C e il diametro. Quest'ultimo rapporto si indica con la lettera greca π, si pone cioè

$$\frac{C}{2r} = \pi \qquad \text{da cui ricaviamo che} \qquad \boxed{C = 2\pi r}$$

Dunque, supposto di sapere qual è il valore di π, è possibile determinare anche la lunghezza della circonferenza rettificata conoscendo la misura del suo raggio. Ma quanto vale π?

Si può dimostrare che π è un numero irrazionale e quindi non è possibile indicare con esattezza il suo valore; inoltre non si sa ancora oggi se le cifre decimali di π si susseguono con una particolare regola (anche un numero irrazionale può esser costruito con una regola; per esempio 0,121122111222...).

Quello che si può fare è determinare i suoi valori approssimati (per difetto e per eccesso) con qualche algoritmo di calcolo. Un algoritmo concettualmente semplice è quello che segue i ragionamenti sui poligoni inscritti e circoscritti che abbiamo fatto in questo paragrafo.

Per esempio, se consideriamo l'esagono regolare inscritto e quello circoscritto, i cui lati hanno lunghezza rispettivamente r e $\dfrac{2r}{\sqrt{3}}$, si ha che

$$6r < 2\pi r < 6 \cdot \frac{2r}{\sqrt{3}} \qquad \text{cioè} \qquad 3 < \pi < 3{,}464....$$

Aumentando il numero dei lati dei poligoni inscritti e circoscritti e calcolando i loro perimetri, avremo valori sempre più precisi di π; già il valore dei perimetri dei poligoni regolari inscritto e circoscritto di 48 lati danno per π un valore compreso fra 3,1393 e 3,1461.

Nel 1761 il matematico tedesco Johann Lambert dimostrò che π non è un numero razionale.

6.2 L'area del cerchio

Anche per il cerchio si pone un problema analogo a quello che si è posto per la circonferenza: abbiamo definito l'*area* di un poligono come la caratteristica che hanno in comune i poligoni fra loro equivalenti. Ha senso allora parlare di *area del cerchio*? E come facciamo eventualmente a misurarla?

Per dare una risposta a queste domande seguiremo un ragionamento del tutto analogo a quello che abbiamo portato avanti per la circonferenza. Consideriamo dunque un cerchio ed i poligoni inscritti e circoscritti alla circonferenza che lo delimita. Di questi poligoni ci interessano le aree e possiamo dire che (fai ancora riferimento alla **figura 49**):

- aumentando il numero dei lati di un poligono inscritto, l'area aumenta.

- aumentando il numero dei lati di un poligono circoscritto, l'area diminuisce.

Si può quindi definire l'area del cerchio come il "*confine*" fra le aree dei poligoni inscritti e le aree dei poligoni circoscritti al crescere del numero dei lati. Per valutare tale area ci viene in aiuto il seguente teorema.

> **Teorema.** Un cerchio ha la stessa area di un triangolo che ha per base la circonferenza rettificata e per altezza un segmento congruente al raggio della circonferenza (**figura 54**).

Figura 54

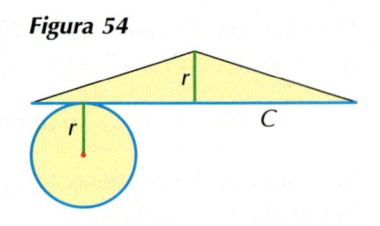

Da questo teorema e tenendo presente l'espressione che indica la lunghezza della circonferenza, troviamo subito che

$$S = \frac{1}{2}(2\pi r)r \qquad \text{cioè} \qquad \boxed{S = \pi r^2}$$

cioè **l'area del cerchio è proporzionale al quadrato del raggio** e la costante di proporzionalità è π.

6.3 Archi e settori circolari

Ricordiamo che, in ogni circonferenza, gli archi e i settori circolari sono proporzionali ai rispettivi angoli al centro. Se allora indichiamo con ℓ la lunghezza di un arco, con α la misura in gradi del corrispondente angolo al centro e con C la lunghezza della circonferenza, possiamo scrivere che (**figura 55**):

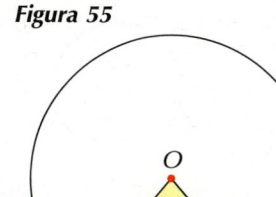

Figura 55

$$\ell : C = \alpha : 360 \qquad \text{da cui} \qquad \boxed{\ell = C \cdot \frac{\alpha}{360}}$$

Analogamente, indicando con T l'area di un settore circolare e con S l'area del cerchio, possiamo scrivere la proporzione

$$T : S = \alpha : 360 \qquad \text{da cui} \qquad \boxed{T = S \cdot \frac{\alpha}{360}}$$

Per esempio, se in una circonferenza di raggio r è dato un angolo al centro di 80°:

- l'arco corrispondente è lungo $\quad \ell = 2\pi r \dfrac{80}{360} = \dfrac{4}{9}\pi r$

- il settore circolare corrispondente ha area $\quad T = \pi r^2 \dfrac{80}{360} = \dfrac{2}{9}\pi r^2$.

VERIFICA DI COMPRENSIONE

1. La lunghezza di una circonferenza è $26\pi a$; il suo diametro è lungo:

   a. 13   **b.** $13a$ **c.** $26a$ **d.** 26π

2. Il diametro di un cerchio è 34cm; la sua area è: **a.** 289   **b.** 289π **c.** 1156π **d.** 17π

3. Una circonferenza è inscritta in un quadrato di lato $8a$; la parte di quadrato che non è occupata dal cerchio misura rispetto ad a^2 :

   a. $64 - 16\pi$ **b.** $a^2(64 - 16\pi)$ **c.** $a^2(64 - 64\pi)$ **d.** $48a^2$

Sul sito www.edatlas.it trovi...

- il laboratorio di informatica
- la scheda storica e le curiosità matematiche
- le attività di recupero

Si tratta di calcolare l'area della regione di piano delimitata dai cinque cerchi (**figura 56a** di pagina seguente).

Il raggio di ciascun cerchio è di 3,5m e l'area di ognuno, in m², è quindi $\pi \cdot 3,5^2 = 12,25\pi$.

Per avere l'area complessiva, dall'area dei cinque cerchi dobbiamo sottrarre l'area di ciascuna delle regioni comuni (evidenziate con un tratteggio in **figura 56b**).

La risposta al quesito iniziale

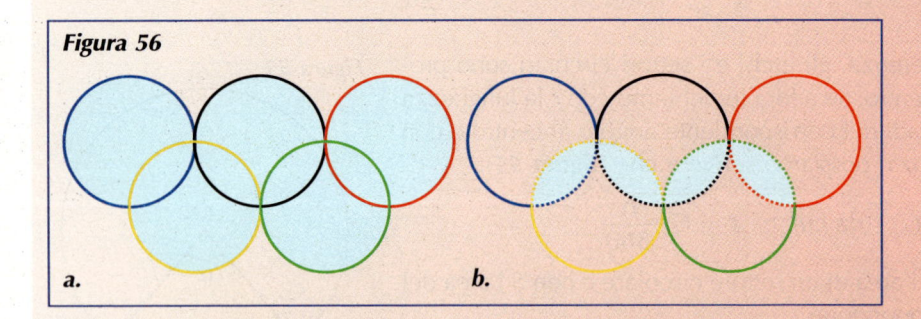

Figura 56

a. b.

L'area di ciascuna regione è il doppio dell'area evidenziata in **figura 57**; tale area è uguale a:

Figura 57

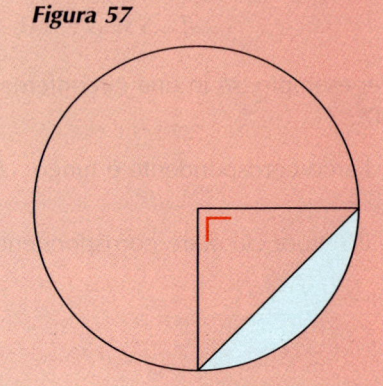

$$\underbrace{\frac{\pi \cdot 3{,}5^2}{4}}_{\text{area del quadrante}} - \underbrace{\frac{1}{2} \cdot 3{,}5^2}_{\text{area del triangolo}} = \frac{\pi - 2}{4} \cdot 12{,}25 \, (\text{m}^2)$$

In definitiva, l'area cercata è:

$$5 \cdot 12{,}25\pi - 8 \cdot \frac{\pi - 2}{4} \cdot 12{,}25 = 12{,}25 \cdot (3\pi + 4) \approx 164{,}45 \, (\text{m}^2)$$

I concetti e le regole

I luoghi geometrici

Un **luogo geometrico** è l'insieme di tutti e soli gli oggetti geometrici che hanno una stessa proprietà p; in particolare, si parla di luogo di punti quando gli oggetti sono dei punti. Fra i luoghi di punti ricordiamo:

- l'asse di un segmento: luogo dei punti equidistanti dagli estremi del segmento
- la bisettrice di un angolo: luogo dei punti equidistanti dai lati dell'angolo.

La circonferenza e il cerchio

La **circonferenza** è il luogo dei punti equidistanti da un punto fisso che si chiama centro; la distanza comune è il raggio. Il **cerchio** è invece il luogo dei punti che hanno distanza dal centro minore o uguale al raggio; esso è quindi la figura convessa che ha come contorno la circonferenza.

Queste figure sono le figure simmetriche per eccellenza perché hanno:

- un centro di simmetria: il centro della circonferenza
- infiniti assi di simmetria: qualunque retta che passa per il centro.

Si dimostra poi che per individuare una circonferenza sono necessari e sufficienti tre punti non allineati.

Elementi di una circonferenza

In una circonferenza si possono individuare alcuni elementi:

- le **corde**, sono i segmenti che hanno per estremi due punti della circonferenza; la corda che passa per il centro si chiama diametro
- gli **archi**, sono le parti di circonferenza delimitate da due suoi punti
- gli **angoli al centro**, sono gli angoli che hanno il vertice nel centro della circonferenza.

Si verifica che:

- ad archi congruenti corrispondono corde e angoli al centro rispettivamente congruenti; mentre se sono disuguali, relazioni dello stesso verso sussistono fra le corrispondenti corde e angoli al centro
- corde che hanno uguale distanza dal centro sono congruenti e viceversa, mentre se due corde sono disuguali le loro distanze dal centro sono disuguali nel verso opposto.

Posizioni reciproche di rette e circonferenze

In uno stesso piano, una retta e una circonferenza non possono avere più di due punti in comune; indicata con d la distanza del centro della circonferenza dalla retta e con r il raggio si ha che la retta:

- è **secante** se $d < r$
- è **tangente** se $d \cong r$
- è **esterna** se $d > r$

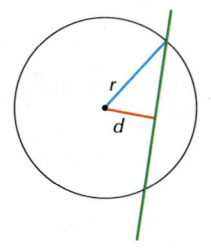 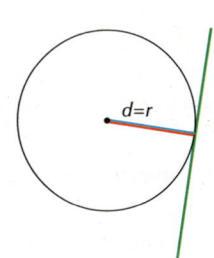 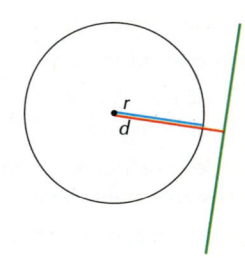

Relativamente alle rette tangenti si può inoltre dire che:

- ogni retta tangente è perpendicolare al raggio nel punto di tangenza
- se da un punto esterno ad una circonferenza si conducono le due rette ad essa tangenti, i segmenti di tangenza sono congruenti e la retta che unisce il punto esterno con il centro è bisettrice dell'angolo formato dalle due tangenti.

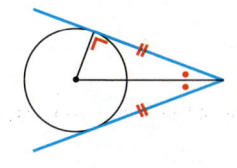

Angoli alla circonferenza e angoli al centro

Ciascun angolo che ha il vertice sulla circonferenza e per lati due semirette secanti oppure una semiretta secante e l'altra tangente si dice **angolo alla circonferenza**.

Ad ogni angolo alla circonferenza α corrisponde un angolo al centro che ha il vertice nel centro della circonferenza e insiste sullo stesso arco su cui insiste α. L'angolo al centro è sempre il doppio del corrispondente angolo alla circonferenza; di conseguenza, tutti gli angoli alla circonferenza che insistono sullo stesso arco sono fra loro congruenti. In particolare, angoli che insistono su una semicirconferenza sono retti.

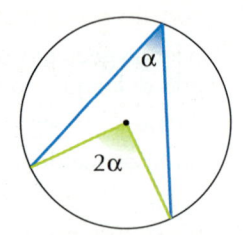

Poligoni inscritti e circoscritti

Un poligono si dice:

- **inscritto** in una circonferenza se tutti i suoi vertici sono punti della circonferenza; la circonferenza, a sua volta, si dice circoscritta al poligono. Condizione necessaria e sufficiente affinché un poligono sia **inscrittibile** in una circonferenza è che gli assi dei suoi lati si intersechino in uno stesso punto che è il centro della circonferenza

- **circoscritto** a una circonferenza se tutti i suoi lati sono tangenti alla circonferenza che, a sua volta, si dice inscritta nel poligono; il raggio della circonferenza è l'**apotema** del poligono. Condizione necessaria e sufficiente affinché un poligono sia **circoscrittibile** ad una circonferenza è che le bisettrici dei suoi angoli si intersechino in uno stesso punto che è il centro della circonferenza.

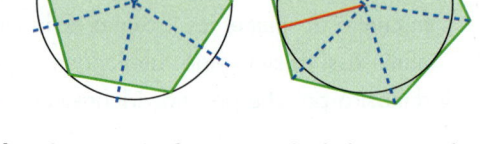

Relativamente ai quadrilateri valgono poi le seguenti proprietà:

- un quadrilatero è inscrittibile in una circonferenza se e solo se gli angoli opposti sono supplementari
- un quadrilatero è circoscrittibile a una circonferenza se e solo se la somma di due lati opposti è congruente alla somma degli altri due.

Poligoni regolari

Un poligono si dice **regolare** se ha tutti i lati e tutti gli angoli fra loro congruenti. Se un poligono è regolare, allora:

- ha tanti assi di simmetria quanti sono i suoi lati
- ha un centro di simmetria solo se ha un numero pari di lati
- è sempre inscrittibile e circoscrittibile a una circonferenza e le due circonferenze inscritta e circoscritta hanno lo stesso centro.

Punti notevoli dei triangoli

In ogni triangolo:

- gli assi dei lati si intersecano in uno stesso punto chiamato **circocentro** che è il centro della circonferenza circoscritta al triangolo
- le bisettrici degli angoli si intersecano in uno stesso punto chiamato **incentro** che è il centro della circonferenza inscritta nel triangolo
- le altezze si intersecano in uno stesso punto chiamato **ortocentro**
- le mediane si incontrano in uno stesso punto detto **baricentro**; il baricentro divide ciascuna mediana in due parti delle quali quella che contiene il vertice è doppia dell'altra.

Il triangolo è quindi il solo poligono che è sempre sia inscrittibile che circoscrittibile a una circonferenza.

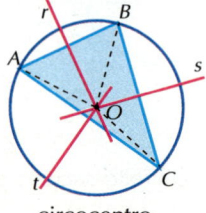

circocentro

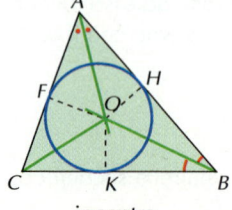

incentro

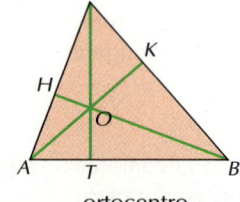

ortocentro

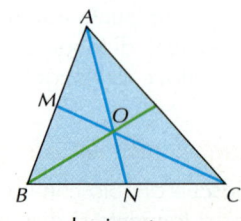

baricentro

Le relazioni di proporzionalità nella circonferenza

Relativamente ad una circonferenza e alle sue corde, secanti e tangenti, valgono le seguenti proprietà:

- se due corde di una circonferenza si intersecano, i segmenti di una corda sono i medi, i segmenti dell'altra corda sono gli estremi di una proporzione
- se da un punto esterno si tracciano due secanti, una secante e la sua parte esterna sono i medi, l'altra secante e la sua parte esterna sono gli estremi di una proporzione
- se da un punto esterno a una circonferenza si tracciano una secante e una tangente, il segmento di tangente è medio proporzionale fra l'intera secante e la sua parte esterna.

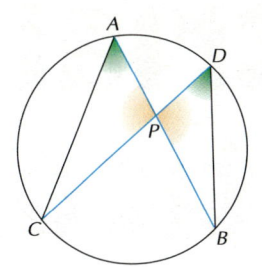 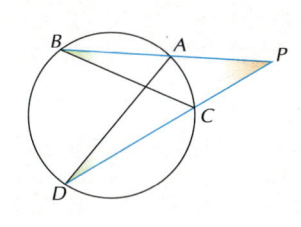 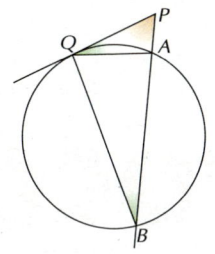

① $CP : BP = AP : DP$ ② $PD : PB = PA : PC$ ③ $PB : PQ = PQ : PA$

La lunghezza della circonferenza e l'area del cerchio

La lunghezza di una linea curva può essere definita mediante una poligonale approssimante con un numero infinito di lati. In particolare la lunghezza di una circonferenza è definita mediante i poligoni in essa inscritti e ad essa circoscritti.

Le formule per il calcolo della lunghezza C della circonferenza rettificata e dell'area S del cerchio sono:

- $C = 2\pi r$ • $S = \pi r^2$

Dalla proporzionalità fra angoli al centro α (in gradi) e archi ℓ e fra angoli al centro e settori circolari T si deducono poi le seguenti relazioni:

- $\ell = 2\pi r \cdot \dfrac{\alpha}{360}$ • $T = \pi r^2 \cdot \dfrac{\alpha}{360}$

Tema 3

Geometria: approccio analitico

Competenze

- passare dal modello geometrico di un problema al corrispondente modello algebrico e viceversa mettendo in evidenza le peculiarità di ognuno
- riconoscere trasformazioni e saperne determinare le caratteristiche invarianti
- saper leggere ed interpretare correttamente un grafico
- estrarre da un problema le informazioni necessarie alla sua risoluzione e correlarle tra loro
- saper scegliere in modo conveniente la variabile indipendente di un problema così da poter utilizzare le conoscenze acquisite
- saper elaborare una o più strategie per la risoluzione di un problema e saperle poi confrontare mettendo in evidenza le caratteristiche e le potenzialità di ciascuna
- saper esporre correttamente e con linguaggio appropriato le proprie conclusioni
- saper inquadrare storicamente la nascita e gli sviluppi della geometria analitica
- essere consapevoli della funzione unificatrice dello strumento algebrico nello studio di enti geometrici

La parabola

Obiettivi

- riconoscere l'equazione di una parabola e comprenderne le caratteristiche
- scrivere l'equazione di una parabola note alcune informazioni su di essa
- determinare la posizione reciproca di una parabola e una retta individuando, in particolare, le rette tangenti
- risolvere problemi di varia natura utilizzando la parabola

MATEMATICA, REALTÀ E STORIA

La parabola, curva che abbiamo già introdotto in un capitolo precedente, ha una particolarità molto interessante: una sorgente di luce collocata nel fuoco riflettendosi sulla curva produce un fascio di luce parallelo all'asse di simmetria, e viceversa un raggio di luce parallelo all'asse che incide su una parabola si concentra nel suo punto focale (**figura 1**).

Questa proprietà della parabola era già nota in epoche molto antiche; si racconta che Archimede, durante l'assedio di Siracusa nel 212 a.C., usasse specchi ustori di forma parabolica per incendiare le navi romane.

Anche se questo episodio è poco credibile dal punto di vista storico, tuttavia il metodo di concentrazione dei raggi solari funziona e viene usato ai giorni nostri in alcune centrali per la produzione di energia elettrica. Il 14 luglio del 2010 a Siracusa è stata inaugurata *Archimede*, la prima centrale solare che utilizza 54 giganteschi specchi parabolici messi uno in fila all'altro (**figura 2**). Gli specchi concentrano il calore del sole in un tubo posto nel loro fuoco dove scorre una miscela di sali fertilizzanti i quali, alla temperatura di 28°C fondono e diventano un fluido. Dopo un percorso di più di 5 chilometri tra gli specchi, questo fluido esce dalla condotta ad una temperatura di 550°C e, mediante uno scambiatore di calore, produce vapore che fa girare una turbina che genera energia elettrica. I fertilizzanti fusi tornano poi in un serbatoio dove portano ad ebollizione l'acqua in esso contenuta; anche quando le nuvole coprono il sole! Gli impianti solari termodinamici a sali fusi, tra i cui fautori c'è il premio Nobel Carlo Rubbia, producono energia senza emissioni né inquinamento, non utilizzano materiali tossici o pericolosi; in particolare il fluido vettore è un comune fertilizzante già ampiamente utilizzato in agricoltura.

Figura 1

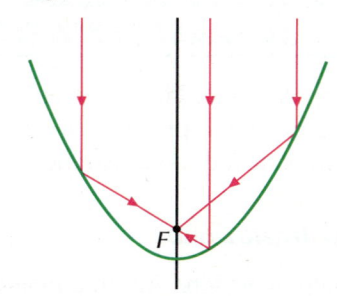

Figura 2

Questa caratteristica della parabola di concentrare i raggi luminosi viene usata in molte altre applicazioni, per esempio nei fari delle automobili; uno specchio parabolico concavo viene usato anche durante la cerimonia di accensione della fiaccola prima di ogni edizione dei Giochi Olimpici.

Anche le onde elettromagnetiche si riflettono allo stesso modo dei raggi di luce e per questo le antenne di ricezione dei segnali TV hanno forma parabolica.

La parabola è poi legata anche a questioni di equilibrio: il profilo dei tiranti dei ponti sospesi è proprio quello di un parabola; in **figura 3**, dove viene raffigurato il Golden Gate, è ben visibile questa caratteristica.

Sappiamo poi che il moto di un proiettile segue una traiettoria parabolica; questa proprietà venne dimostrata da Galileo nel *Dialogo intorno a Due Nuove Scienze*. Prima di Galileo si credeva che un corpo lanciato in direzione orizzontale si muovesse in tale direzione fino a quando non perdeva il suo "impeto"; solo dopo cadeva verso terra, seguendo una traiettoria curvilinea che però non era nota. Fu Galileo che si accorse che nel moto di un proiettile, oltre alla forza che lo spingeva in orizzontale, agiva anche la gravità che lo faceva cadere a terra e che era la combinazione dei due moti che produceva la traiettoria parabolica.

Figura 3

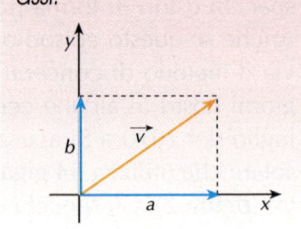

Il problema da risolvere

Dato il grafico di una parabola, trovare il suo fuoco e la retta direttrice.

1. UNA PREMESSA: LE TRASFORMAZIONI NEL PIANO CARTESIANO

Gli esercizi di questo paragrafo sono a pag. 436

L'applicazione delle isometrie rende in alcuni casi più semplice l'analisi e la risoluzione di problemi. Rivediamo quindi le equazioni di quelle principali e le modalità di applicazione.

La traslazione

Dato un vettore $\vec{v}(a, b)$ e indicati con $P(x, y)$ un punto del piano cartesiano e con $P'(x', y')$ il suo corrispondente nella traslazione di vettore $\vec{v}$, le equazioni che fanno corrispondere P a P' sono le seguenti (**figura 4**)

$$\begin{cases} x' = x + a \\ y' = y + b \end{cases}$$

Per esempio, la traslazione di vettore $\vec{v}(2, -1)$ ha equazioni $\begin{cases} x' = x + 2 \\ y' = y - 1 \end{cases}$

Un vettore nel piano cartesiano è individuato dalle sue componenti lungo gli assi:

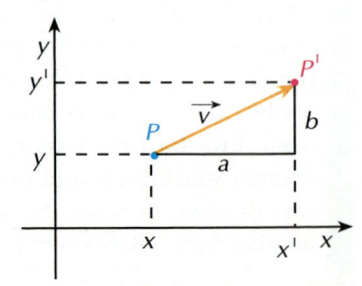

e se il punto P ha coordinate $(-3, 5)$, il suo corrispondente P' nella traslazione ha coordinate:

$$(-3 + 2, 5 - 1) \qquad \rightarrow \qquad P'(-1, 4)$$

Consideriamo adesso una funzione di equazione $y = f(x)$; vogliamo trovare un metodo che ci permetta di scrivere l'equazione di quella che le corrisponde in una traslazione di vettore $\vec{v}$ assegnato.

Prendiamo per esempio la retta r di equazione $y = 2x - 3$, il cui grafico è in

Figura 4

figura 5, e troviamo la sua corrispondente nella traslazione individuata dalle precedenti equazioni; in sostanza dobbiamo sostituire nell'equazione di r le espressioni di x e di y ricavate dalle equazioni della trasformazione:

$$\begin{cases} x = x' - 2 \\ y = y' + 1 \end{cases} \qquad \rightarrow \qquad y' + 1 = 2(x' - 2) - 3$$

cioè r' ha equazione $\quad y' = 2x' - 8$

Figura 5

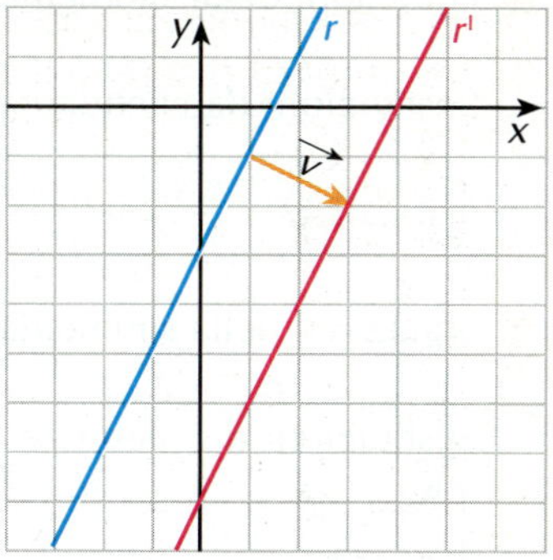

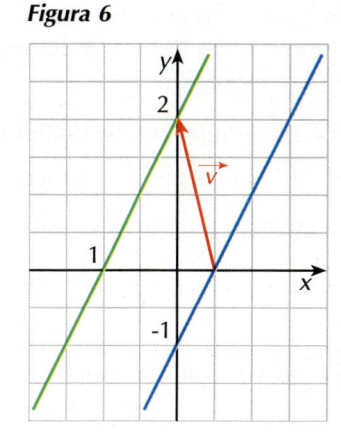

Le variabili x' e y' rappresentano le coordinate dei punti P' che sono i corrispondenti dei punti P sulla retta r; ai fini della scrittura dell'equazione è quindi ininfluente usare le variabili x e y al posto di x' e y' e possiamo dire che la retta r' ha equazione $y = 2x - 8$.

In definitiva, per trovare l'equazione di r' è stato sufficiente operare le sostituzioni

$$\begin{cases} x \rightarrow x - 2 \\ y \rightarrow y + 1 \end{cases}$$

In generale:

> ■ **Se dobbiamo trovare le coordinate del punto P'** che corrisponde ad un punto $P(x, y)$ nella traslazione di vettore $\vec{v}(a, b)$ dobbiamo sostituire al posto di x e y le espressioni $x + a$ e $y + b$
> $$\begin{cases} x \rightarrow x + a \\ y \rightarrow y + b \end{cases}$$
>
> ■ **Se dobbiamo trovare l'equazione della curva γ'** che corrisponde ad una curva γ che ha una certa equazione, dobbiamo sostituire al posto di x e y le espressioni $x - a$ e $y - b$
> $$\begin{cases} x \rightarrow x - a \\ y \rightarrow y - b \end{cases}$$

Consideriamo, per esempio, la traslazione di vettore $\vec{v}(-1, 2)$ che ha equazioni $\begin{cases} x' = x - 1 \\ y' = y + 2 \end{cases}$. In essa:

Figura 6

- il triangolo di vertici $A(1, 0)$, $B(-2, 3)$ e $C(3, 2)$ ha come corrispondente il triangolo $A'B'C'$ di vertici:

A' :	$1 - 1 = 0$	$0 + 2 = 2$	$\rightarrow$	$A'(0, 2)$
B' :	$-2 - 1 = -3$	$3 + 2 = 5$	$\rightarrow$	$B'(-3, 5)$
C' :	$3 - 1 = 2$	$2 + 2 = 4$	$\rightarrow$	$C'(2, 4)$

- la retta di equazione $y = 2x - 1$ ha come corrispondente quella la cui equazione si ottiene applicando le sostituzioni

$$x \rightarrow x + 1 \qquad e \qquad y \rightarrow y - 2$$

cioè: $\quad y - 2 = 2(x + 1) - 2 \qquad \rightarrow \qquad y = 2x + 2 \quad$ (**figura 6**)

La simmetria rispetto agli assi cartesiani

Con ragionamenti analoghi a quelli condotti per la traslazione, possiamo individuare le equazioni delle simmetrie rispetto agli assi cartesiani:

■ equazioni della simmetria rispetto all'asse x: $\begin{cases} x' = x \\ y' = -y \end{cases}$ (**figura 7a**)

Sostituzioni da effettuare per trovare l'equazione della curva simmetrica:

$$\begin{cases} x \to x \\ y \to -y \end{cases}$$

■ equazioni della simmetria rispetto all'asse y: $\begin{cases} x' = -x \\ y' = y \end{cases}$ (**figura 7b**)

Sostituzioni da effettuare per trovare l'equazione della curva simmetrica:

$$\begin{cases} x \to -x \\ y \to y \end{cases}$$

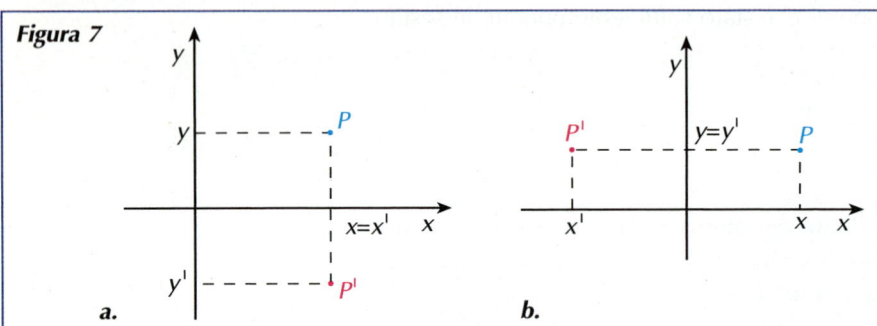

Figura 7

a.   b.

Troviamo per esempio le equazioni delle simmetriche rispetto agli assi cartesiani della retta r: $y = \dfrac{1}{2}x - 3$ (**figura 8**):

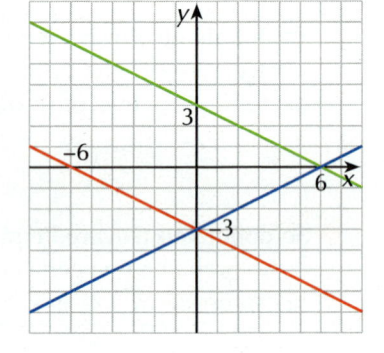

Figura 8

• retta s simmetrica rispetto all'asse x: $-y = \dfrac{1}{2}x - 3$ cioè $y = -\dfrac{1}{2}x + 3$

• retta t simmetrica rispetto all'asse y: $y = \dfrac{1}{2}(-x) - 3$ cioè $y = -\dfrac{1}{2}x - 3$

Figura 9

La simmetria rispetto alla bisettrice $y = x$

Due punti che si corrispondono nella simmetria avente per asse la bisettrice del primo e terzo quadrante hanno le coordinate che si scambiano i ruoli (**figura 9**); per esempio:

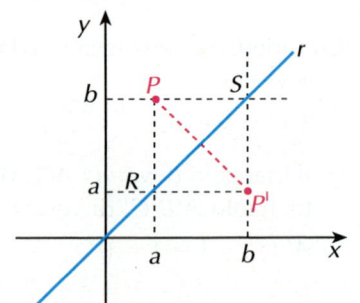

$A(2, 1)$ ha per simmetrico il punto $A'(1, 2)$

$B(-4, 3)$ ha per simmetrico il punto $B'(3, -4)$.

Le equazioni di questa trasformazione sono allora

$$\begin{cases} x' = y \\ y' = x \end{cases}$$

Figura 10

e le sostituzioni da operare sull'equazione di una curva sono

$$\begin{cases} x \to y \\ y \to x \end{cases}$$

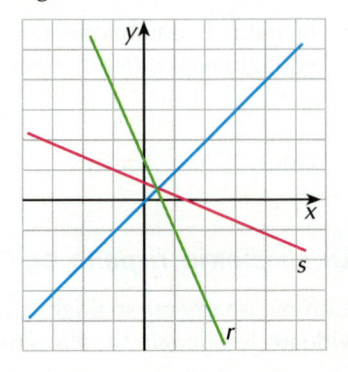

Per esempio, la simmetrica della retta r di equazione $3y = -7x + 4$ è la retta s che si ottiene scambiando la variabile x con la variabile y cioè la retta di equazione $3x = -7y + 4$; in **figura 10** i loro grafici.

2. LA PARABOLA E LA SUA EQUAZIONE

Gli esercizi di questo paragrafo sono a pag. 439

Fissato un punto F e una retta d, sappiamo che la parabola è il luogo dei punti che sono equidistanti da F e da d; i suoi punti sono quindi tutti e soli i punti P per i quali $\overline{PF} = \overline{PH}$, essendo H il piede della perpendicolare condotta da P su d (**figura 11**). L'equazione di una parabola assume una forma diversa a seconda di come viene fissato il sistema di riferimento cartesiano; vediamo in questo paragrafo i casi più significativi.

Figura 11

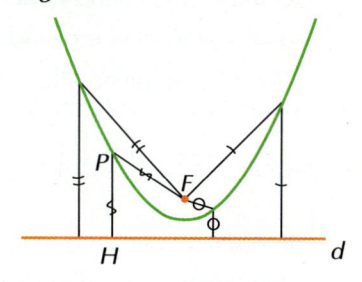

2.1 La parabola con asse parallelo all'asse y

La parabola con vertice nell'origine

Consideriamo dapprima il caso più semplice in cui la parabola ha vertice nell'origine. In questo caso (**figura 12**):

- il fuoco è un punto dell'asse y e ha coordinate $\quad F(0, p)$
- di conseguenza la direttrice d ha equazione $\quad y = -p$
- un punto $P(x, y)$ appartiene alla parabola se $\quad$ distanza $(P, d) = \overline{PF}$

Figura 12

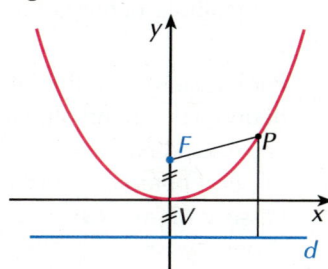

Calcoliamo allora le due distanze:

distanza $(P, d) = |y + p| \qquad \overline{PF} = \sqrt{(x - 0)^2 + (y - p)^2}$

e poniamole uguali: $\quad |y + p| = \sqrt{(x - 0)^2 + (y - p)^2}$

Sviluppando i calcoli sull'equazione ottenuta (si deve elevare al quadrato), abbiamo:

$$y^2 + 2py + p^2 = x^2 + y^2 - 2py + p^2 \qquad \rightarrow \qquad y = \frac{1}{4p}x^2$$

Applicazione informatica *on line*

Dunque, considerando che l'espressione $\dfrac{1}{4p}$ è una costante che possiamo indicare con a:

> l'equazione di una parabola che ha il vertice nell'origine ha la forma
>
> $$y = ax^2$$

Avendo posto $\dfrac{1}{4p} = a$, troviamo che $p = \dfrac{1}{4a}$; perciò se conosciamo l'equazione della parabola possiamo trovare anche le coordinate del fuoco e l'equazione della direttrice:

$$F\left(0, \frac{1}{4a}\right) \qquad \text{direttrice: } y = -\frac{1}{4a}$$

ESEMPI

1. Determiniamo l'equazione della parabola con asse di simmetria coincidente con quello delle ordinate, avente vertice nell'origine degli assi, sapendo che l'equazione della direttrice è $y = -\dfrac{1}{3}$.

La parabola ha equazione del tipo $y = ax^2$; per determinare il valore di a possiamo procedere in due modi.

I modo: applicando la definizione.

Osserviamo che, essendo il vertice nell'origine degli assi, il fuoco F ha coordinate $\left(0, \dfrac{1}{3}\right)$. Un punto $P(x, y)$ appartiene alla parabola se $\overline{PF} = \overline{PH}$, cioè se

$$(x-0)^2 + \left(y - \frac{1}{3}\right)^2 = \left(y + \frac{1}{3}\right)^2 \quad \text{da cui ricaviamo l'equazione} \quad y = \frac{3}{4}x^2$$

II modo: applicando le formule.

L'equazione della direttrice ci dice che $p = \dfrac{1}{3}$, quindi, sapendo che $a = \dfrac{1}{4p}$, ricaviamo subito che $a = \dfrac{3}{4}$.

La parabola richiesta ha quindi equazione $y = \dfrac{3}{4}x^2$.

Per costruire il grafico in modo preciso occorre trovare le coordinate di uno o due punti oltre al vertice (che si trova nell'origine); nel nostro caso, se poniamo $x = 2$ otteniamo che $y = 3$, quindi la parabola passa per il punto di coordinate $(2, 3)$ e per il suo simmetrico rispetto all'asse y (**figura 13**).

Figura 13

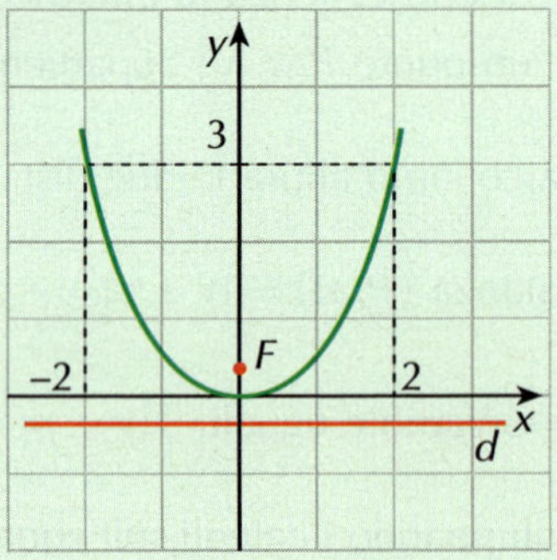

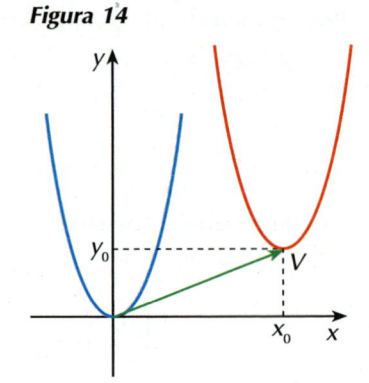

2. Troviamo le coordinate del fuoco e l'equazione della direttrice della parabola di equazione $y = 3x^2$.

Sappiamo che $a = 3$, quindi possiamo trovare il valore di p:

$p = \dfrac{1}{4 \cdot 3} = \dfrac{1}{12}$. Il fuoco ha quindi coordinate $\left(0, \dfrac{1}{12}\right)$, la direttrice ha equazione $y = -\dfrac{1}{12}$.

La forma generale dell'equazione

Possiamo trovare l'equazione di una parabola che ha vertice nel punto $V(x_0, y_0)$ a partire dall'equazione $y = ax^2$ applicando la traslazione che porta l'origine (vertice di questa parabola) nel punto V (**figura 14**):

Figura 14

- equazione della traslazione:
$$\begin{cases} x' = x + x_0 \\ y' = y + y_0 \end{cases}$$

- sostituzioni da applicare:
$$\begin{cases} x \to x - x_0 \\ y \to y - y_0 \end{cases}$$

- equazione della parabola:
$$y - y_0 = a(x - x_0)^2$$

Svolgendo i calcoli sull'equazione ottenuta abbiamo:

$$y = ax^2 - 2ax_0 x + ax_0^2 + y_0$$

e ponendo (ricordiamo che a, x_0 e y_0 sono numeri):
$$\begin{cases} -2ax_0 = b \\ ax_0^2 + y_0 = c \end{cases} \quad \textbf{(A)}$$

otteniamo infine che l'equazione della parabola è $y = ax^2 + bx + c$.
Abbiamo così ritrovato l'equazione nota.

Risolvendo poi il sistema (**A**) precedente rispetto a x_0 e y_0 troviamo le coordinate del vertice di questa parabola:

$$\begin{cases} x_0 = -\dfrac{b}{2a} \\[3mm] y_0 = -\dfrac{b^2 - 4ac}{4a} \end{cases}$$

L'asse di simmetria è la retta parallela all'asse y che passa per il vertice ed ha quindi equazione: $\quad x = -\dfrac{b}{2a}$

Le coordinate del fuoco F e l'equazione della direttrice d si ottengono da quelle della parabola $y = ax^2$ applicando la stessa traslazione:

$$x_F = 0 + x_0 = -\frac{b}{2a} \qquad y_F = \frac{1}{4a} + y_0 = \frac{1}{4a} - \frac{b^2 - 4ac}{4a} = \frac{1 - b^2 + 4ac}{4a} \qquad \rightarrow \qquad F\left(-\frac{b}{2a}, \frac{1 - b^2 + 4ac}{4a}\right)$$

direttrice $\quad y = -\dfrac{1}{4a} + y_0 = -\dfrac{1}{4a} - \dfrac{b^2 - 4ac}{4a} = -\dfrac{1 + b^2 - 4ac}{4a} \qquad \rightarrow \qquad y = -\dfrac{1 + b^2 - 4ac}{4a}$

Riassumiamo le caratteristiche della parabola nella seguente tabella:

	Parabola $y = ax^2 + bx + c$	Ponendo $\Delta = b^2 - 4ac$
Vertice	$\left(-\dfrac{b}{2a}, -\dfrac{b^2 - 4ac}{4a}\right)$	$\left(-\dfrac{b}{2a}, -\dfrac{\Delta}{4a}\right)$
Fuoco	$\left(-\dfrac{b}{2a}, \dfrac{1 - b^2 + 4ac}{4a}\right)$	$\left(-\dfrac{b}{2a}, \dfrac{1 - \Delta}{4a}\right)$
Asse	$x = -\dfrac{b}{2a}$	$x = -\dfrac{b}{2a}$
Direttrice	$y = -\dfrac{1 + b^2 - 4ac}{4a}$	$y = -\dfrac{1 + \Delta}{4a}$

> *L'ordinata del vertice, oltre che con la formula $-\dfrac{\Delta}{4a}$, può anche essere calcolata sostituendo l'ascissa nell'equazione della parabola.*

È opportuno poi ricordare anche la forma dell'equazione in funzione delle coordinate del vertice:

$$y - y_0 = a(x - x_0)^2$$

Il grafico

Sappiamo già come costruire il grafico di una parabola. Vale però la pena di sottolineare alcuni casi particolari che si possono presentare a seconda del valore assunto dai coefficienti b e c (**figura 15**).

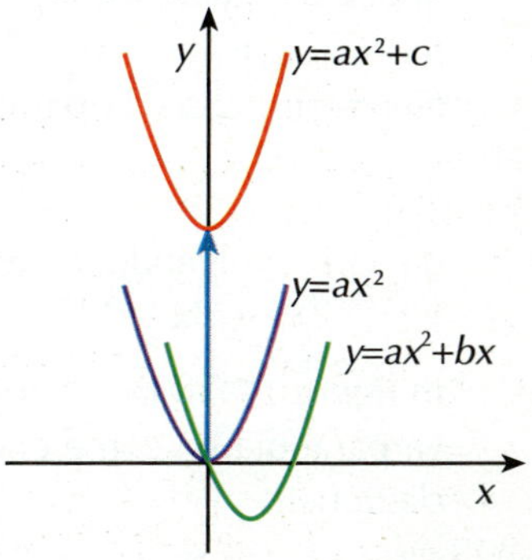

■ Se $c = 0$, l'equazione assume la forma $y = ax^2 + bx$.
Le coordinate dell'origine soddisfano tale equazione, quindi ogni parabola di questo tipo passa per l'origine degli assi.

■ Se $b = 0$, l'equazione assume la forma $y = ax^2 + c$.
In questo caso il vertice ha ascissa uguale a zero e perciò appartiene all'asse

Figura 15

delle ordinate. Possiamo anche pensare che tale parabola sia associata a quella di equazione $y = ax^2$ in una traslazione di un vettore avente la direzione dell'asse y e modulo c; il vertice ha quindi coordinate $(0, c)$.

■ Se $\boldsymbol{b = 0} \wedge \boldsymbol{c = 0}$, l'equazione assume la forma che conosciamo $y = ax^2$ che rappresenta una parabola con vertice nell'origine del sistema di riferimento e asse coincidente con quello delle ordinate.

ESEMPI

1. Data l'equazione della parabola $y = 2x^2 - 4x + 3$, determiniamo le coordinate del vertice e del fuoco, l'equazione dell'asse e della direttrice; costruiamone poi il grafico.

Calcoliamo dapprima le coordinate del vertice applicando le formule della tabella e, visto che in esse compare spesso l'espressione indicata con Δ, calcoliamo prima questo valore:

$$\Delta = 16 - 4 \cdot 2 \cdot 3 = -8$$

Allora $\quad x_V = -\dfrac{b}{2a} = -\dfrac{-4}{4} = 1 \quad$ e $\quad y_V = \begin{cases} \dfrac{8}{8} = 1 & \text{usando la formula } \dfrac{-\Delta}{4a} \\[2mm] 2 - 4 + 3 = 1 & \text{sostituendo nell'equazione} \end{cases}$

pertanto il vertice ha coordinate $\quad V(1, 1)$.

Calcoliamo le coordinate del fuoco utilizzando le formule relative:

$$x_F = 1 \qquad y_F = \frac{1 + 8}{8} = \frac{9}{8} \qquad \text{pertanto} \quad F\left(1, \frac{9}{8}\right)$$

L'asse di simmetria ha equazione $\quad x = 1$.

La direttrice ha equazione $\quad y = -\dfrac{1 - 8}{8} \quad$ cioè $\quad y = \dfrac{7}{8}$.

La parabola passa poi per il punto $(0, 3)$ e per il suo simmetrico $(2, 3)$.

Il suo grafico è in **figura 16**.

Figura 16

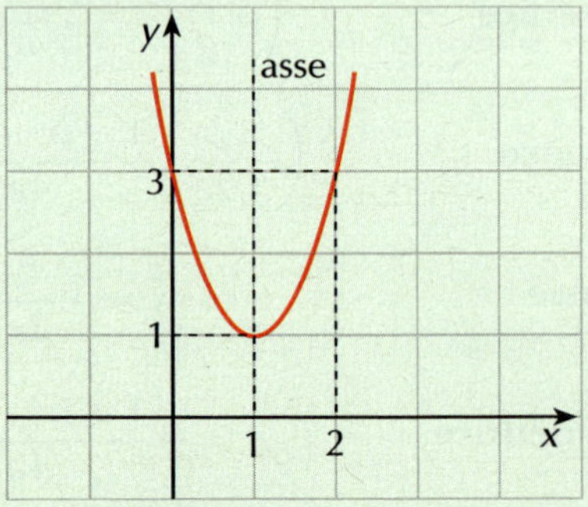

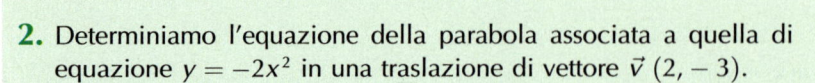

2. Determiniamo l'equazione della parabola associata a quella di equazione $y = -2x^2$ in una traslazione di vettore $\vec{v}(2, -3)$.

Sappiamo che alla parabola di equazione $y = ax^2$ è associata quella di equazione $y - y_0 = a(x - x_0)^2$ nella traslazione di vettore $\vec{v}(x_0, y_0)$.
Nel nostro caso, la parabola cercata ha equazione

$$y + 3 = -2(x - 2)^2$$

da cui, svolgendo i calcoli, otteniamo l'equazione desiderata:
$y = -2x^2 + 8x - 11$.

In **figura 17** il relativo grafico. Osserviamo che il vertice della nuova parabola ha come coordinate le componenti del vettore di traslazione.

Figura 17

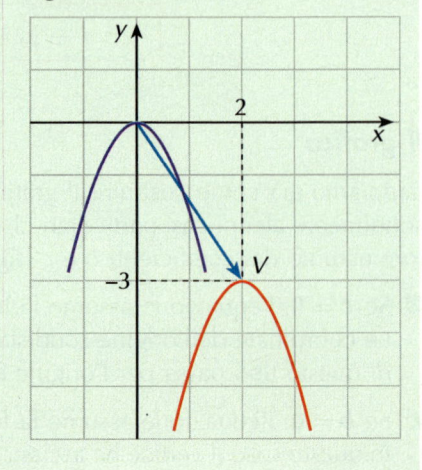

1. Della parabola di equazione $y = -\dfrac{1}{3}x^2$ puoi dire che:

   a. ha vertice nell'origine   V F

   b. è concava verso l'alto   V F

   c. il fuoco ha coordinate $\left(0, -\dfrac{3}{4}\right)$ V F

   d. la direttrice ha equazione $x = \dfrac{3}{4}$ V F

2. La parabola $y = 2x^2$ e la parabola $y = 2(x-1)^2 + 3$ si corrispondono nella traslazione di vettore:

   a. $\vec{v}(1, 3)$ **b.** $\vec{v}(-1, 3)$ **c.** $\vec{v}(1, -3)$ **d.** $\vec{v}(-1, -3)$

3. L'equazione $y = (k-1)x^2 - 2kx + 1$ rappresenta una parabola con la concavità rivolta verso l'alto:

   a. per qualsiasi valore di k **b.** se $k \neq 1$ **c.** se $k > 1$ **d.** se $k > 0$

2.2 La parabola con asse parallelo all'asse x

Un altro modo di fissare il sistema di riferimento è quello di considerare come fuoco un punto sull'asse x, come vertice l'origine e come direttrice una retta parallela all'asse y; operando poi con una traslazione come nel caso precedente, si ottiene l'equazione della generica parabola con asse di simmetria parallelo all'asse delle ascisse.

Tuttavia, per ottenere in modo rapido l'equazione di questa parabola, possiamo anche osservare che una parabola con asse di simmetria parallelo all'asse y e una parabola con asse di simmetria parallelo all'asse x si corrispondono in una simmetria rispetto alla bisettrice del primo e terzo quadrante (**figura 18**).

Consideriamo dunque la parabola Γ di equazione $y = ax^2 + bx + c$ e la sua simmetrica Γ' rispetto alla bisettrice del primo e terzo quadrante (**figura 18a**). La sua equazione si ottiene operando le sostituzioni

$$x \to y \quad \text{e} \quad y \to x$$

e quindi assume la forma $\boxed{x = ay^2 + by + c}$

Equazioni della simmetria rispetto alla bisettrice $y = x$:

$$\begin{cases} x' = y \\ y' = x \end{cases}$$

La parabola Γ' ha le seguenti caratteristiche che si deducono immediatamente dalla simmetria considerata (**figura 18b**):

Figura 18

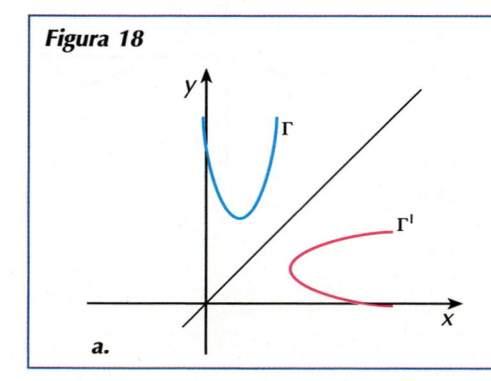

a.

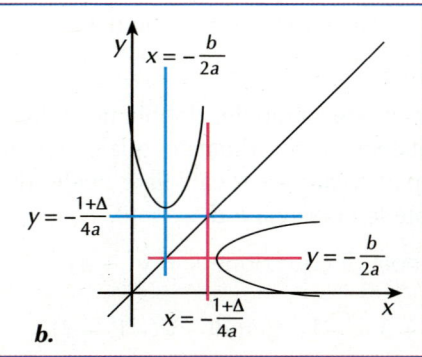

b.

- l'asse di simmetria è una retta parallela all'asse x che si trova a distanza $-\dfrac{b}{2a}$ da quest'ultimo

- il vertice ed il fuoco hanno le coordinate scambiate rispetto agli analoghi punti della parabola Γ

- la direttrice è una retta parallela all'asse y che si trova a distanza $-\dfrac{1+\Delta}{4a}$ da quest'ultimo.

Per esempio, la parabola Γ di equazione $y = x^2 - 2x - 1$ ha come corrispondente la parabola Γ' di equazione $x = y^2 - 2y - 1$ (**figura 19**) e si ha che

Figura 19

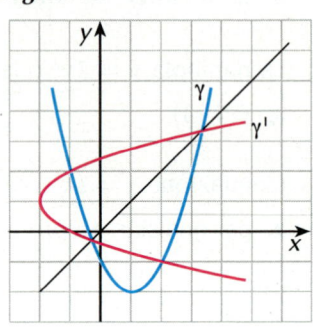

parabola Γ	**parabola Γ'**
$V(1, -2)$	$V'(-2, 1)$
$F\left(1, -\dfrac{7}{4}\right)$	$F'\left(-\dfrac{7}{4}, 1\right)$
asse $x = 1$	asse $y = 1$
direttrice $y = -\dfrac{9}{4}$	direttrice $x = -\dfrac{9}{4}$

Possiamo riassumere queste considerazioni nella seguente tabella che evidenzia le corrispondenze fra gli elementi delle due parabole nel caso generale.

Parabola	$y = ax^2 + bx + c$	$x = ay^2 + by + c$
Vertice	$\left(-\dfrac{b}{2a}, -\dfrac{\Delta}{4a}\right)$	$\left(-\dfrac{\Delta}{4a}, -\dfrac{b}{2a}\right)$
Fuoco	$\left(-\dfrac{b}{2a}, \dfrac{1-\Delta}{4a}\right)$	$\left(\dfrac{1-\Delta}{4a}, -\dfrac{b}{2a}\right)$
Asse	$x = -\dfrac{b}{2a}$	$y = -\dfrac{b}{2a}$
Direttrice	$y = -\dfrac{1+\Delta}{4a}$	$x = -\dfrac{1+\Delta}{4a}$

In particolare, poi, possiamo dire che (**figura 20**):

- se $a > 0$, la parabola volge la concavità nella direzione del semiasse positivo delle ascisse

- se $a < 0$, la parabola volge la concavità nella direzione del semiasse negativo delle ascisse.

Figura 20

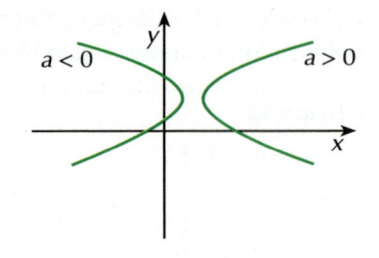

Anche per disegnare il grafico di queste parabole, dobbiamo individuarne il vertice e l'asse di simmetria; per ottenere le coordinate di qualche punto è conveniente poi attribuire un valore particolare a y e calcolare quello di x (attenzione poi a prendere correttamente le coordinate dei punti).

Disegniamo, ad esempio, la parabola di equazione $x = y^2 + 4y + 3$:

$$y_v = -\frac{b}{2a} = -2 \qquad x_v = 4 - 8 + 3 = -1 \quad \text{quindi} \quad V(-1, -2).$$

Individuiamo le coordinate di qualche punto:

$$y = 0 \quad \rightarrow \quad x = 3 \quad (3, 0)$$

$$y = -1 \quad \rightarrow \quad x = 0 \quad (0, -1)$$

Dopo aver disegnato anche i simmetrici di tali punti rispetto all'asse della parabola, possiamo costruirne il grafico (**figura 21**).

Figura 21

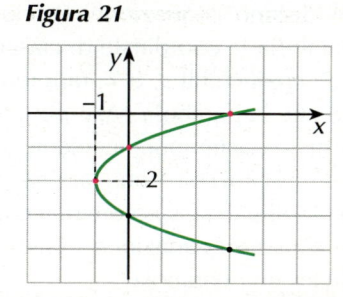

VERIFICA DI COMPRENSIONE

1. Della parabola di equazione $x = -2y^2 + 1$, avente asse di simmetria parallelo all'asse x, si può dire che:
 a. volge la concavità nella direzione del semiasse positivo delle ascisse $\boxed{V}\boxed{F}$
 b. ha ampiezza maggiore della parabola $x = -y^2 + y$ $\boxed{V}\boxed{F}$
 c. ha vertice sull'asse delle ascisse $\boxed{V}\boxed{F}$
 d. passa per l'origine degli assi. $\boxed{V}\boxed{F}$

2. L'equazione $x(x - 1) + y = 0$ rappresenta:
 a. una retta
 b. una parabola con asse parallelo all'asse x
 c. una parabola con asse parallelo all'asse y
 d. nessuna delle precedenti curve.

3. Riferendoti alla curva di equazione $x = (k - 1)y^2 - (k + 1)y + k$, completa:
 a. rappresenta una retta se $k = ...$
 b. rappresenta una parabola con il vertice sull'asse x se $k = ...$
 c. rappresenta una parabola che passa per l'origine se $k = ...$
 d. rappresenta una parabola con la concavità verso il semiasse negativo delle ascisse se $k....$

3. CONDIZIONI PER DETERMINARE L'EQUAZIONE DI UNA PARABOLA

Gli esercizi di questo paragrafo sono a pag. 443

 **Applicazione informatica *on line***

Una parabola è univocamente determinata dal punto di vista algebrico se si conoscono i coefficienti a, b, c della sua equazione.
Quando dobbiamo scrivere l'equazione di una parabola, abbiamo quindi bisogno di un certo numero di informazioni che ci permettano di determinarli; se le informazioni riguardano il fuoco e la direttrice, sappiamo come risolvere il problema (basta applicare la definizione di parabola come luogo di punti), ma potrebbero essere assegnati il vertice ed un altro punto della curva, oppure le coordinate del fuoco e quelle del punto in cui la curva taglia l'asse y, oppure ancora le coordinate di qualche suo punto particolare.
Ci chiediamo allora come sia possibile risalire da queste informazioni all'equazione della parabola e quante informazioni siano necessarie e sufficienti per risolvere il problema. Osserviamo subito che, dovendo determinare il valore di tre parametri, sarà necessario avere un numero di informazioni tale da poter scrivere tre equazioni indipendenti. Negli esempi che seguono, ti proponiamo quelli più frequenti fra i casi che si possono presentare.

Condizione di appartenenza di un punto a una curva $y = f(x)$: si ottiene sostituendo le coordinate del punto nell'equazione della curva.

I Problema

Determinare l'equazione della parabola che passa per tre punti assegnati.

Un punto, come sappiamo, appartiene ad una curva se le sue coordinate ne soddisfano l'equazione. Perciò se sostituiamo nell'equazione generale della parabola le coordinate di ciascuno dei punti assegnati, otteniamo tre relazioni fra i coefficienti a, b, c, rappresentate da equazioni indipendenti una dall'altra. Perché la parabola passi per i tre punti, tali equazioni devono essere poi soddisfatte contemporaneamente; questo significa che possiamo scriverle in un sistema la cui soluzione rappresenta i particolari valori di a, b e c che risolvono il problema. Essi, sostituiti nell'equazione generale della parabola, ci consentono di scrivere l'equazione richiesta. Tre punti sono quindi sufficienti per individuare una parabola.

ESEMPI

1. Determiniamo l'equazione della parabola, con asse parallelo a quello delle ordinate, che passa per i punti $A(1, 0)$, $B(4, -3)$ e $C(0, 5)$.

La parabola richiesta ha equazione generale della forma $y = ax^2 + bx + c$. Imponiamo che essa sia soddisfatta dalle coordinate di ciascuno dei punti assegnati

$$\begin{cases} 0 = a + b + c & \text{la parabola passa per } A \\ -3 = 16a + 4b + c & \text{la parabola passa per } B \\ 5 = c & \text{la parabola passa per } C \end{cases}$$

Risolvendo il sistema formato dalle tre equazioni otteniamo:

$$\begin{cases} a = 1 \\ b = -6 \\ c = 5 \end{cases}$$

Se sostituiamo tali valori nell'equazione generale della parabola troviamo $y = x^2 - 6x + 5$.

Il vertice di tale parabola è il punto $V(3, -4)$; conosciamo inoltre già tre dei suoi punti (quelli assegnati) e possiamo costruire i loro simmetrici rispetto all'asse di simmetria della parabola. Il grafico che ne risulta è in **figura 22**. Osserviamo che possiamo verificare di non aver commesso errori nella individuazione dell'equazione della parabola: basta semplicemente verificare che essa passi davvero per i punti assegnati, cioè che le loro coordinate ne soddisfino l'equazione. Esegui la verifica da solo.

Figura 22

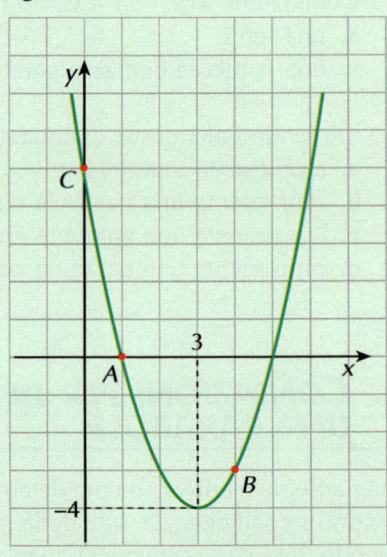

2. E' assegnata l'equazione $y = x^2 - 2x + c$. Fra le parabole da essa rappresentate, vogliamo determinare quella che passa per il punto $P(2, -5)$.

Osserviamo che, poiché l'equazione della parabola dipende da un solo parametro, il coefficiente c, la conoscenza delle coordinate di un solo punto è sufficiente per risolvere il problema.
Imponiamo allora alle coordinate di P, come nell'esempio precedente, di soddisfare l'equazione della parabola:

$$-5 = 4 - 4 + c$$

Risolvendo l'equazione ottenuta troviamo che deve essere $c = -5$; la parabola richiesta ha dunque equazione

$$y = x^2 - 2x - 5$$

Il suo grafico è in **figura 23**.

Figura 23

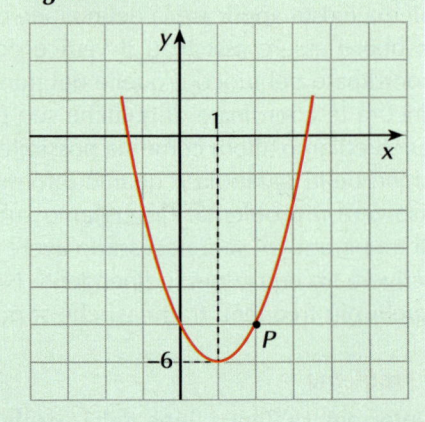

Il Problema

Determinare l'equazione di una parabola conoscendo le coordinate del vertice.

Ricordiamo che l'equazione di una parabola avente vertice nel punto $V(x_0, y_0)$, può essere scritta nella forma

$$y - y_0 = a(x - x_0)^2 \qquad \text{se il suo asse è parallelo all'asse } y$$

$$x - x_0 = a(y - y_0)^2 \qquad \text{se il suo asse è parallelo all'asse } x$$

La conoscenza del vertice equivale a due condizioni indipendenti.

Se le coordinate del vertice sono note, l'equazione dipende solo dal parametro a e quindi, per determinare in modo unico la parabola, è sufficiente avere una sola informazione aggiuntiva, ad esempio le coordinate di un altro punto, oppure le coordinate del fuoco, oppure l'equazione della direttrice.
La conoscenza dell'equazione dell'asse della parabola non costituisce invece una informazione aggiuntiva perché essa è implicita nelle coordinate del vertice.
Osserva con attenzione gli esempi che seguono.

ESEMPI

1. Determiniamo l'equazione della parabola, con asse parallelo a quello delle ordinate, di vertice $V(1, 2)$ e passante per $P(2, 0)$.

I modo: utilizziamo l'equazione della parabola nella forma $y - y_0 = a(x - x_0)^2$.

Sostituiamo le coordinate del vertice ottenendo $\quad y - 2 = a(x - 1)^2$

Imponiamo ora alle coordinate di P di soddisfare l'equazione

$$0 - 2 = a(2 - 1)^2$$

Figura 24

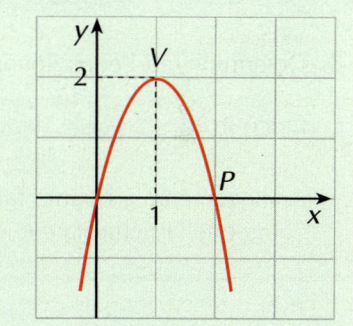

Da questa relazione si ottiene $a = -2$, quindi l'equazione della parabola richiesta è

$$y - 2 = -2(x - 1)^2$$

da cui, svolgendo i calcoli otteniamo $\quad y = -2x^2 + 4x$

Il grafico di questa parabola è in **figura 24**.

Anche in questo caso puoi verificare di non aver commesso errori nel risolvere il problema: la parabola ottenuta deve avere il vertice nel punto richiesto e deve passare per P.

II modo: considerata l'equazione generale della parabola $y = ax^2 + bx + c$ devono essere verificate le seguenti relazioni:

- P è un punto della parabola, quindi $\quad 0 = 4a + 2b + c$

- V è un punto della parabola $\quad 2 = a + b + c$

- l'ascissa del vertice vale 1 $\qquad -\dfrac{b}{2a} = 1$

Risolvendo il sistema formato da queste equazioni si ottiene $\quad \begin{cases} a = -2 \\ b = 4 \\ c = 0 \end{cases}$

cioè la parabola ha equazione $y = -2x^2 + 4x$.

Osserviamo infine che la seconda oppure la terza equazione del sistema, in alternativa, possono essere sostituite dalla seguente

- l'ordinata del vertice vale 2

$$\frac{-b^2 + 4ac}{4a} = 2.$$

Il sistema che si ottiene è però di secondo grado e meno semplice da risolvere; in ogni caso questi ultimi metodi sono meno rapidi del primo proposto.

2. Determiniamo l'equazione della parabola con asse parallelo all'asse x che ha il vertice nel punto $V(-1, 2)$ e passa per $Q(1, 3)$.

Usiamo l'equazione nella forma $\qquad x - x_0 = a(y - y_0)^2$

Sostituendo le coordinate del vertice otteniamo $\qquad x + 1 = a(y - 2)^2$

Imponendo il passaggio per Q otteniamo $\qquad 1 + 1 = a(3 - 2)^2 \quad \rightarrow \quad a = 2$

La parabola ha dunque equazione $\qquad x + 1 = 2(y - 2)^2 \quad \rightarrow \quad x = 2y^2 - 8y + 7$

Anche per risolvere questo esercizio si poteva usare il secondo metodo proposto nell'esercizio precedente; considerata l'equazione generale $x = ay^2 + by + c$:

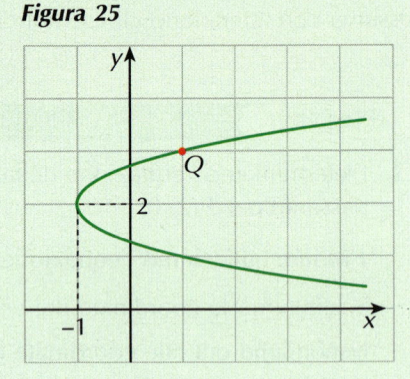

Figura 25

$$\begin{cases} 1 = 9a + 3b + c & \text{passaggio della parabola per } Q \\ -1 = 4a + 2b + c & \text{passaggio per } V \\ -\dfrac{b}{2a} = 2 & \text{ordinata del vertice uguale a 2} \end{cases}$$

Risolvendo il sistema si ottiene, ovviamente, la stessa parabola.

Il grafico relativo è in **figura 25**.

3. Determiniamo l'equazione della parabola, con asse parallelo all'asse y, che ha vertice in $V\left(\dfrac{1}{2}, 0\right)$ e fuoco in $F\left(\dfrac{1}{2}, \dfrac{1}{8}\right)$.

Analogamente a quanto fatto negli esempi precedenti, possiamo dire che l'equazione di una parabola come quella richiesta che ha vertice in V è

$$y - 0 = a\left(x - \frac{1}{2}\right)^2$$

cioè, svolgendo i calcoli $\quad y = ax^2 - ax + \dfrac{1}{4}a$

Dobbiamo adesso determinare il valore di a. La conoscenza dell'ascissa del fuoco non ci dà informazioni aggiuntive perché coincide con quella del vertice; infatti $-\dfrac{b}{2a} = \dfrac{a}{2a} = \dfrac{1}{2}$. L'ordinata invece ci dice che

deve essere $\dfrac{1 - b^2 + 4ac}{4a} = \dfrac{1}{8}$, cioè nel nostro caso $\dfrac{1 - a^2 + a^2}{4a} = \dfrac{1}{8}$ da cui $\quad a = 2$.

L'equazione della parabola è dunque: $\quad y = 2x^2 - 2x + \dfrac{1}{2}$.

Accanto ai due problemi presentati ora e che sono quelli che capita più frequentemente di incontrare, ti presentiamo adesso altri casi che, pur essendo diversi nel genere di informazioni, si risolvono tutti con analoghi criteri.

III Problema

Determinare l'equazione della parabola di cui si conoscono le coordinate del fuoco e quelle di un punto che le appartiene.

Siano dati ad esempio il fuoco $F\left(3, \dfrac{5}{4}\right)$ ed il punto $P(-3, 3)$ e supponiamo che la parabola abbia l'asse parallelo all'asse x.

Ricordiamo che l'equazione generale di questa parabola ha la forma

$$x = ay^2 + by + c$$

e che le coordinate del fuoco sono: $\left(\dfrac{1 - \Delta}{4a}, -\dfrac{b}{2a}\right)$

Conoscere l'ascissa del fuoco ci dà la prima informazione traducibile in equazione: basta imporre che $\dfrac{1 - \Delta}{4a}$ sia uguale al valore dato. Nel nostro caso

prima equazione $\rightarrow \quad \dfrac{1 - b^2 + 4ac}{4a} = 3$

Analogamente, conoscere l'ordinata del fuoco ci dà la seconda informazione; nel nostro caso

seconda equazione $\rightarrow \quad -\dfrac{b}{2a} = \dfrac{5}{4}$

La conoscenza delle coordinate del punto P ci dà la terza informazione di cui abbiamo bisogno per risolvere il problema; basta infatti sostituire nell'equazione della parabola le coordinate del punto P; in questo modo otteniamo

terza equazione $\rightarrow \quad -3 = 9a + 3b + c$

Siamo dunque ricondotti a risolvere il sistema $\begin{cases} 1 - b^2 + 4ac = 12a \\ -2b = 5a \\ 9a + 3b + c = -3 \end{cases}$

che ha due soluzioni:

$$a = -2 \ \wedge \ b = 5 \ \wedge \ c = 0 \qquad e \qquad a = \frac{2}{49} \ \wedge \ b = -\frac{5}{49} \ \wedge \ c = -\frac{150}{49}$$

Anche il problema ammette allora due soluzioni: le parabole di equazioni

$$x = -2y^2 + 5y \qquad e \qquad x = \frac{2}{49}y^2 - \frac{5}{49}y - \frac{150}{49}$$

IV Problema

Determinare l'equazione della parabola della quale si conoscono l'equazione della direttrice e le coordinate del fuoco.

Sia, ad esempio, $y = -\dfrac{5}{2}$ l'equazione della direttrice e sia $F\left(\dfrac{1}{2}, -3\right)$ il fuoco della parabola.

Per risolvere il problema possiamo procedere in due modi diversi:

■ possiamo sfruttare le coordinate generiche del fuoco e della direttrice ed imporre che esse siano uguali ai valori dati, oppure

■ possiamo applicare la definizione di parabola come luogo di punti.

I modo: la parabola ha asse di simmetria parallelo all'asse y; imponendo che le coordinate generiche del fuoco e l'equazione della direttrice coincidano con quelle date otteniamo il seguente sistema:

$$\begin{cases} -\dfrac{b}{2a} = \dfrac{1}{2} & \text{l'ascissa del fuoco deve valere } \quad \dfrac{1}{2} \\[3mm] \dfrac{1-b^2+4ac}{4a} = -3 & \text{l'ordinata del fuoco deve valere } -3 \\[3mm] -\dfrac{1+b^2-4ac}{4a} = -\dfrac{5}{2} & \text{l'equazione della direttrice deve avere parametro } -\dfrac{5}{2} \end{cases}$$

che, risolto, dà i seguenti valori $a=-1 \wedge b=1 \wedge c=-3$

L'equazione della parabola cercata è dunque $y=-x^2+x-3$.

II modo: indicando con (x, y) le generiche coordinate di un punto P della parabola, imponiamo che le distanze di P dal fuoco e dalla direttrice siano uguali; otteniamo così l'equazione

$$\sqrt{\left(x-\frac{1}{2}\right)^2+(y+3)^2} = \left|y+\frac{5}{2}\right|$$

Svolgendo i calcoli, si trova l'equazione della parabola che, ovviamente, coincide con la precedente.

VERIFICA DI COMPRENSIONE

1. Una parabola ha equazione $y=ax^2-2bx+1$; in quale dei seguenti casi puoi determinare la sua equazione in modo unico?
   a. passa per i punti di coordinate $(1, 1)$ e $(-2, 0)$
   b. ha per asse di simmetria la retta di equazione $x=3$
   c. ha per asse di simmetria la retta di equazione $x=1$ e passa per $A(-1, 2)$
   d. ha vertice sull'asse x e interseca l'asse delle ordinate in $y=1$
   e. ha fuoco nel punto $(1, 2)$.

2. Stabilisci in quali dei seguenti casi il problema è determinato (**D**) ed in quali ammette infinite soluzioni (**I**). Scrivere l'equazione di una parabola conoscendo:
   a. le coordinate di tre suoi punti;   D I
   b. l'equazione dell'asse di simmetria e le coordinate del vertice;   D I
   c. l'equazione dell'asse di simmetria e le coordinate di un punto;   D I
   d. le coordinate del fuoco e del vertice;   D I
   e. l'equazione della direttrice e le coordinate di un punto.   D I

4. POSIZIONI RECIPROCHE DI UNA RETTA E UNA PARABOLA

Gli esercizi di questo paragrafo sono a pag. 448

I punti d'intersezione di una retta con una parabola si determinano risolvendo il sistema delle equazioni delle due curve e possiamo già dire che, essendo il sistema di secondo grado, esse non possono avere più di due punti di intersezione (rivedi anche il capitolo 3 della prima area tematica).

Intersechiamo, per esempio, la parabola $y = x^2 - x - 2$ con la retta $y = x + 1$:

$$\begin{cases} y = x^2 - x - 2 \\ y = x + 1 \end{cases}$$

Figura 26

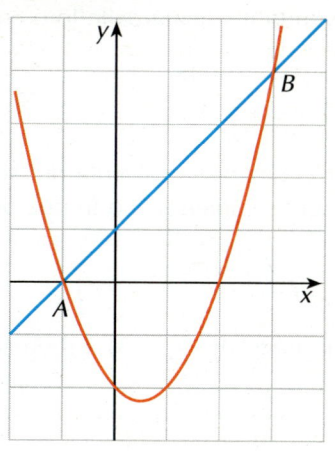

Sostituendo l'espressione di y ricavata dalla seconda equazione nella prima troviamo il sistema

$$\begin{cases} x + 1 = x^2 - x - 2 \\ y = x + 1 \end{cases} \quad \rightarrow \quad \begin{cases} x^2 - 2x - 3 = 0 \\ y = x + 1 \end{cases}$$

che ha soluzioni $\quad \begin{cases} x = -1 \\ y = 0 \end{cases} \quad \lor \quad \begin{cases} x = 3 \\ y = 4 \end{cases}$

La parabola e la retta si intersecano quindi nei punti $A(-1, 0)$ e $B(3, 4)$ (**figura 26**).

Il numero di soluzioni di un sistema di questo tipo è legato, dal punto di vista algebrico, all'equazione di secondo grado che si ottiene dopo la sostituzione; nel caso dell'esempio l'equazione di secondo grado in x aveva due soluzioni reali distinte, abbiamo trovato due punti di intersezione.

In generale possiamo dire che (**figura 27**):

> la posizione di una retta rispetto a una parabola è legata al discriminante dell'equazione di secondo grado che si ottiene dopo l'applicazione del principio di sostituzione e che chiameremo **equazione risolvente**.
>
> Se in essa
>
> - $\triangle > 0$: il sistema ha due soluzioni reali distinte; la retta e la parabola si intersecano in due punti distinti e si dice che la retta è **secante** rispetto alla parabola
>
> - $\triangle = 0$: il sistema ha due soluzioni reali coincidenti; la retta e la parabola si intersecano in due punti coincidenti e si dice che la retta è **tangente** rispetto alla parabola
>
> - $\triangle < 0$: il sistema non ha soluzioni reali; la retta e la parabola non hanno punti di intersezione e si dice che la retta è **esterna** rispetto alla parabola.

La retta del precedente esempio è secante rispetto alla parabola.

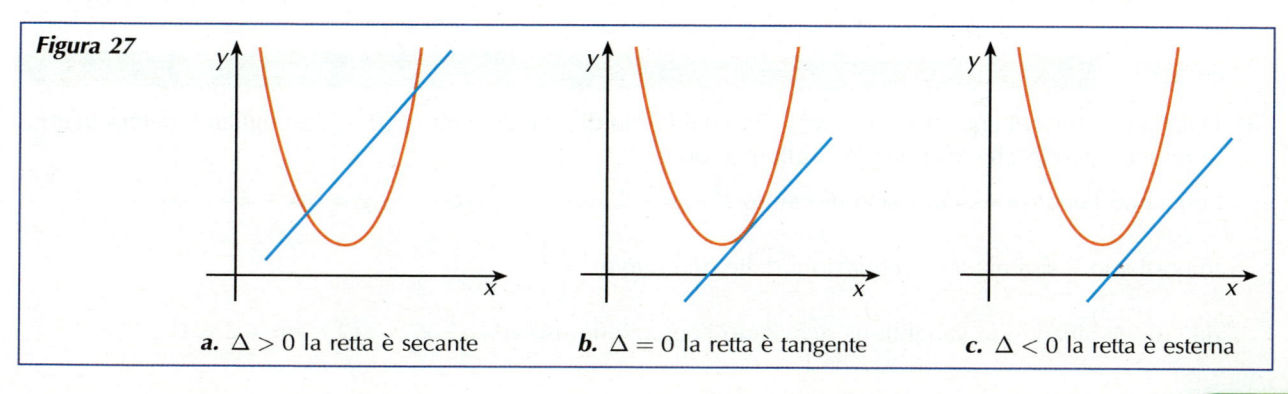

Figura 27

a. $\triangle > 0$ la retta è secante   **b.** $\triangle = 0$ la retta è tangente   **c.** $\triangle < 0$ la retta è esterna

Consideriamo invece la parabola $y = x^2 + 3x - 1$ e la retta $y = x - 2$; risolvendo il sistema delle loro equazioni si ottiene:

$$\begin{cases} y = x^2 + 3x - 1 \\ y = x - 2 \end{cases} \quad \rightarrow \quad \begin{cases} x - 2 = x^2 + 3x - 1 \\ y = x - 2 \end{cases} \quad \rightarrow \quad \begin{cases} x^2 + 2x + 1 = 0 \\ y = x - 2 \end{cases}$$

L'equazione risolvente del sistema ha un discriminante nullo, quindi le due curve si intersecano in due punti coincidenti (**figura 28**):

$$\begin{cases} x = -1 \\ y = -3 \end{cases}$$

il punto $A(-1, -3)$ è il punto di tangenza delle due curve.

Figura 28

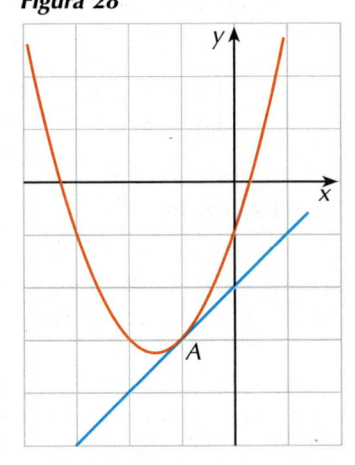

4.1 Il caso delle rette tangenti

Particolare interesse riveste il caso della retta tangente ad una parabola condotta da un punto P del piano.

Come avremo modo di vedere meglio nel proseguimento degli studi, la retta tangente ad una curva è quella che la approssima meglio nelle vicinanze del punto di tangenza.

Nel caso della parabola si possono presentare tre differenti situazioni (**figura 29**):

- se il punto P è esterno alla parabola, allora le rette tangenti sono sempre due

- se il punto P appartiene alla parabola, allora la retta tangente è una sola

- se il punto P è interno alla parabola, allora non esistono rette tangenti.

> La condizione di tangenza tra una retta e una parabola è che sia uguale a zero il discriminante dell'equazione risolvente il sistema parabola-retta: $\Delta = 0$.

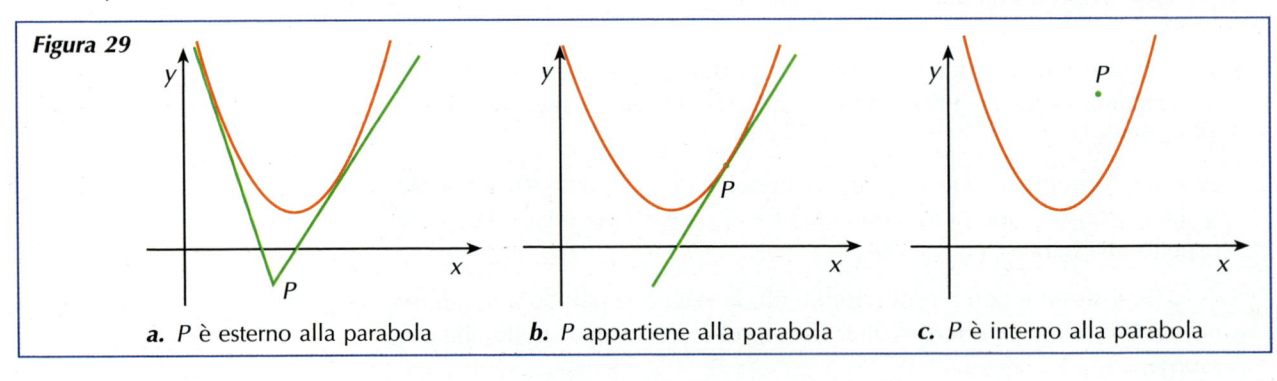

Figura 29

a. P è esterno alla parabola   **b.** P appartiene alla parabola   **c.** P è interno alla parabola

Osserva attentamente gli esempi che seguono nei quali ti proponiamo la risoluzione di problemi relativi a questo argomento.

ESEMPI

1. Data la parabola di equazione $y = x^2 + 2x$ ed il fascio di rette di centro $P(0, -2)$, vogliamo determinare le rette del fascio che sono tangenti alla parabola.

Scriviamo l'equazione del fascio di centro P: $y + 2 = mx$ cioè $y = mx - 2$

Impostiamo il sistema fra le equazioni delle due curve $\begin{cases} y = x^2 + 2x \\ y = mx - 2 \end{cases}$

da cui, eliminando la variabile y, ricaviamo l'equazione risolvente $x^2 + x(2 - m) + 2 = 0$

Affinché la retta sia tangente alla parabola, il discriminante di questa equazione deve essere nullo:

$$\Delta = 0: \quad (2-m)^2 - 8 = 0 \quad \text{da cui} \quad m = 2 \pm 2\sqrt{2}$$

In corrispondenza di questi valori di m, si hanno le due rette tangenti alla parabola (*figura 30*)

$$y = \left(2 + 2\sqrt{2}\right)x - 2 \quad \text{e} \quad y = \left(2 - 2\sqrt{2}\right)x - 2$$

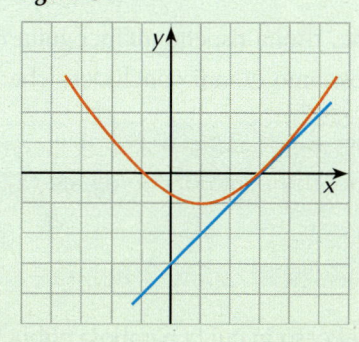

Figura 30

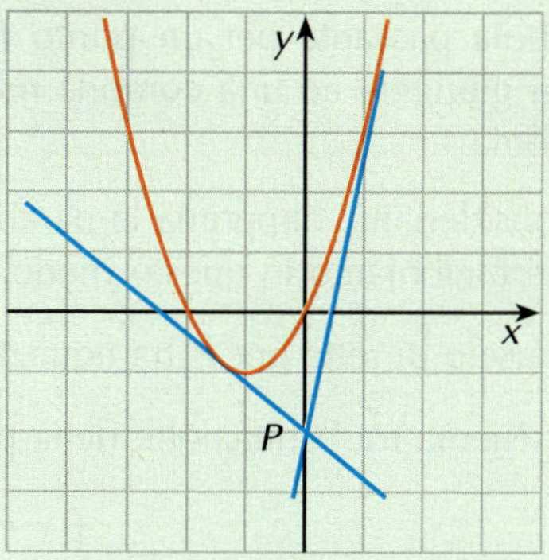

2. Vogliamo determinare l'equazione della parabola, con asse parallelo a quello delle ordinate, che ha vertice in $V(1, -1)$ in modo che sia tangente alla retta di equazione $y = x - 3$.

La parabola di vertice V ha equazione $\quad y + 1 = a(x - 1)^2$.

Fra tutte queste parabole, dobbiamo determinare quella tangente alla retta data.

Scriviamo allora il sistema formato dalle equazioni della parabola e della retta $\quad \begin{cases} y + 1 = a(x-1)^2 \\ y = x - 3 \end{cases}$

Determiniamo l'equazione risolvente eliminando la variabile y da una delle due equazioni

$$x - 3 + 1 = a(x-1)^2 \quad \text{cioè} \quad ax^2 - x(2a+1) + a + 2 = 0$$

Calcoliamo il discriminante di questa equazione: $\quad \Delta = (2a+1)^2 - 4a(a+2)$

La condizione di tangenza impone che sia $\Delta = 0$.

Si ha allora l'equazione nell'incognita a

$$(2a+1)^2 - 4a(a+2) = 0 \quad \rightarrow \quad 4a - 1 = 0 \quad \rightarrow \quad a = \frac{1}{4}$$

Figura 31

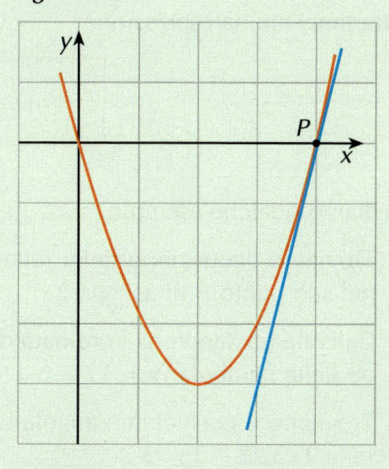

La parabola cercata ha quindi equazione (*figura 31*):

$$y + 1 = \frac{1}{4}(x-1)^2 \quad \text{cioè} \quad y = \frac{1}{4}x^2 - \frac{1}{2}x - \frac{3}{4}$$

3. Vogliamo determinare l'equazione della retta passante per il punto $P(4, 0)$ e tangente alla parabola di equazione $y = x^2 - 4x$.

Poiché il punto P appartiene alla parabola (prova a sostituire le sue coordinate nell'equazione della parabola), ci aspettiamo di trovare una sola retta tangente.
L'equazione del fascio di rette per P è $\quad y = m(x - 4)$.

Figura 32

Per determinare fra queste rette quella tangente alla parabola, scriviamo il sistema formato dalle equazioni delle due curve:

$$\begin{cases} y = x^2 - 4x \\ y = m(x - 4) \end{cases}$$

L'equazione risolvente è $\quad x^2 - 4x = m(x - 4)$
$$x^2 - x(4 + m) + 4m = 0$$

La condizione di tangenza impone che il discriminante sia nullo

$$(4 + m)^2 - 16m = 0 \quad \text{da cui} \quad m = 4$$

La retta tangente, come avevamo previsto, è una sola ed ha equazione (*figura 32*): $\quad y = 4(x - 4)$.

La tangente alla parabola passante per un suo punto

Il procedimento per determinare l'equazione della retta tangente ad una parabola passante per un punto $P(x_0, y_0)$ assegnato può essere generalizzato per giungere ad una comoda relazione nel caso in cui P appartenga alla parabola.

Consideriamo dapprima la parabola avente asse di simmetria parallelo all'asse y e ragioniamo in questo modo.

PARABOLA $y = ax^2 + bx + c$

Il fascio di rette per P ha equazione $\quad y - y_0 = m(x - x_0)$

Il sistema fra l'equazione della parabola e quella del fascio è

$$\begin{cases} y = ax^2 + bx + c \\ y - y_0 = m(x - x_0) \end{cases}$$

L'equazione risolvente del sistema è $\quad ax^2 + (b - m)x + c + mx_0 - y_0 = 0$

Affinché la retta sia tangente alla parabola, questa equazione deve avere due soluzioni coincidenti in P, cioè due soluzioni che valgono entrambe x_0; ricordando allora che la somma delle soluzioni di un'equazione di secondo grado è data dal rapporto cambiato di segno fra il coefficiente del termine di primo grado e quello del termine di secondo grado, cioè nel nostro caso $-\dfrac{b - m}{a}$, otteniamo la relazione

$$-\frac{b - m}{a} = 2x_0$$

> Dette x_1 e x_2 le soluzioni dell'equazione
>
> $$ax^2 + bx + c = 0$$
>
> si ha che:
>
> $$x_1 + x_2 = -\frac{b}{a}$$
>
> $$x_1 \cdot x_2 = \frac{c}{a}$$

che, risolta rispetto all'incognita m, dà il valore del coefficiente angolare.

Possiamo quindi concludere che:

> il coefficiente angolare della retta tangente alla parabola $y = ax^2 + bx + c$ nel suo punto di coordinate (x_0, y_0) è dato da:
>
> $$m = 2ax_0 + b$$

Nel caso in cui la parabola abbia l'asse parallelo all'asse x, con considerazioni del tutto analoghe alle precedenti, si dimostra che il coefficiente angolare della retta tangente ha espressione

PARABOLA $x = ay^2 + by + c$

$$m = \frac{1}{2ay_0 + b}$$

Vediamo qualche esempio.

■ Troviamo l'equazione della retta tangente alla parabola $y = 3x^2 - 3x + 1$ nel suo punto P di ascissa 2.

Calcoliamo dapprima l'ordinata del punto sostituendo 2 alla x nell'equazione della parabola: $y = 12 - 6 + 1 = 7 \qquad \rightarrow \qquad P(2, 7)$

Troviamo il coefficiente angolare della tangente; essendo $a = 3$ e $b = -3$: $m = 2 \cdot 3 \cdot 2 - 3 = 9$

La retta ha quindi equazione: $y - 7 = 9(x - 2) \qquad \rightarrow \qquad y = 9x - 11$.

■ Troviamo l'equazione della retta tangente alla parabola $x = \dfrac{3}{2}y^2 + y - 1$ nel suo punto di ordinata 1.

Calcoliamo dapprima l'ascissa del punto sostituendo 1 alla y nell'equazione della parabola: $\quad x = \dfrac{3}{2} + 1 - 1 \quad \rightarrow \quad P\left(\dfrac{3}{2},\, 1\right)$

Troviamo il coefficiente angolare della tangente; essendo $a = \dfrac{3}{2}$ e $b = 1$:

$$m = \frac{1}{2 \cdot \dfrac{3}{2} \cdot 1 + 1} = \frac{1}{4}$$

La retta ha quindi equazione: $\quad y - 1 = \dfrac{1}{4}\left(x - \dfrac{3}{2}\right) \quad \rightarrow \quad y = \dfrac{1}{4}x + \dfrac{5}{8}.$

VERIFICA DI COMPRENSIONE

1. La retta $y = mx + q$ è tangente alla parabola $y = ax^2 + bx + c$ se:
  a. $b^2 - 4ac = 0$
  b. è nullo il discriminante dell'equazione risolvente il sistema *retta-parabola*
  c. $ax^2 + bx + c = 0$
  d. $ax^2 + bx + c = mx + q$

2. Della parabola di equazione $y = -x^2 + 4x - 4$ si può dire che:
  a. nel punto di coordinate $(2, 0)$ ha come unica tangente l'asse delle ascisse　　Ⓥ Ⓕ
  b. per il punto di coordinate $(0, -4)$ passa una sola retta tangente alla parabola　　Ⓥ Ⓕ
  c. per il punto di coordinate $(1, -3)$ passano due rette tangenti alla parabola　　Ⓥ Ⓕ
  d. per il punto di coordinate $(0, -2)$ passano due rette tangenti alla parabola.　　Ⓥ Ⓕ

Sul sito www.edatlas.it trovi...

- il laboratorio di informatica
- la scheda storica e le curiosità matematiche
- le attività di recupero

Disegnata una parabola e il suo asse di simmetria r come in **figura 33a**, una possibile costruzione è la seguente (segui la **figura 33b**):

La risposta al quesito iniziale

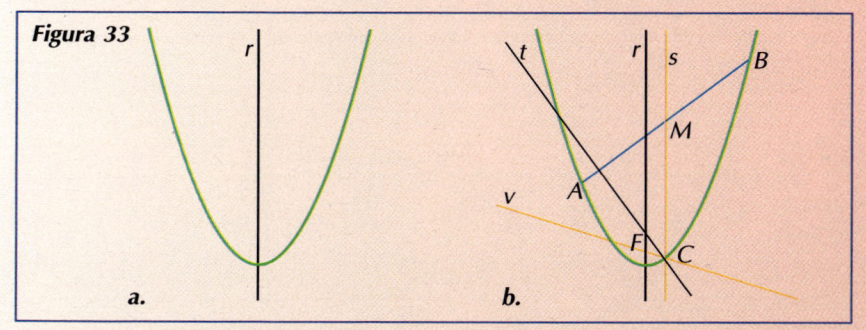

Figura 33

a.

b.

- disegniamo una corda *AB* non perpendicolare all'asse di simmetria e indichiamo con *M* il suo punto medio

- tracciamo da *M* la parallela all'asse *r* (retta *s*) e indichiamo con *C* il suo punto d'intersezione con la parabola

- da *C* tracciamo la retta *t* perpendicolare ad *AB*

- tracciamo adesso la retta *v* simmetrica di *s* rispetto a *t*.

Il fuoco della parabola è il punto *F* di intersezione di *v* con l'asse *r*.
Puoi eseguire questa costruzione con GeoGebra; modificando le posizioni dei punti *A* e *B*, il punto *F*, come è ovvio che sia, non modifica la sua posizione.

I concetti e le regole

La parabola e la sua equazione

La parabola è il luogo dei punti che hanno uguale distanza da un punto fisso F, detto fuoco, e da una retta fissa d, detta direttrice.

In un sistema di riferimento cartesiano ortogonale, l'equazione di una parabola ha forma diversa a seconda che l'asse di simmetria sia parallelo all'asse x o all'asse y.

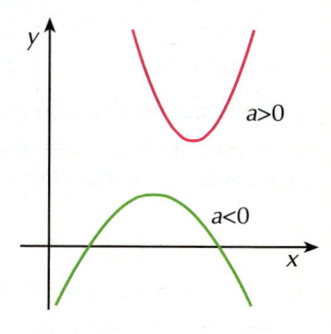

- Se l'asse di simmetria è parallelo all'asse y la parabola ha equazione

$$y = ax^2 + bx + c$$

  e la concavità è rivolta: verso l'alto se $a > 0$
  verso il basso se $a < 0$

- Se l'asse di simmetria è parallelo all'asse x la parabola ha equazione

$$x = ay^2 + by + c$$

  e la concavità è rivolta: verso destra se $a > 0$
  verso sinistra se $a < 0$

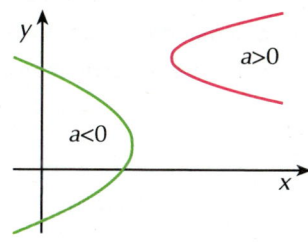

Gli elementi caratteristici

Se si conosce l'equazione di una parabola, posto $\triangle = b^2 - 4ac$, si possono trovare il vertice, il fuoco, l'equazione dell'asse e della direttrice con queste formule:

- per la parabola $y = ax^2 + bx + c$:

  vertice $\quad V\left(-\dfrac{b}{2a}, -\dfrac{\triangle}{4a}\right)$

  fuoco $\quad F\left(-\dfrac{b}{2a}, \dfrac{1-\triangle}{4a}\right)$

  asse $\quad x = -\dfrac{b}{2a}$

  direttrice $\quad y = -\dfrac{1+\triangle}{4a}$

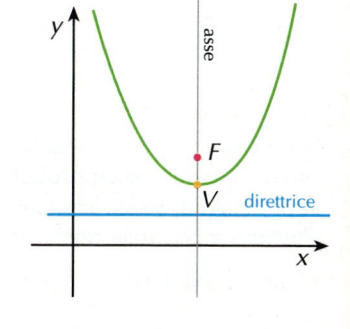

- per la parabola $x = ay^2 + by + c$:

  vertice $\quad V\left(-\dfrac{\triangle}{4a}, -\dfrac{b}{2a}\right)$

  fuoco $\quad F\left(\dfrac{1-\triangle}{4a}, -\dfrac{b}{2a}\right)$

  asse $\quad y = -\dfrac{b}{2a}$

  direttrice $\quad x = -\dfrac{1+\triangle}{4a}$

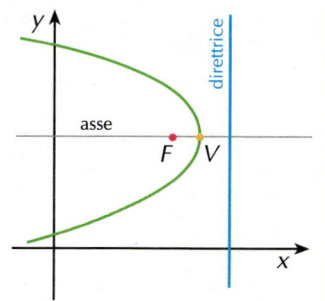

Il grafico

Per tracciare il grafico di una parabola quando è nota la sua equazione è indispensabile trovare il vertice e le coordinate di qualche punto (non è necessario, anche se può essere utile, trovare le coordinate del fuoco e l'equazione dell'asse o della direttrice).

Le condizioni per determinare l'equazione di una parabola

Per trovare l'equazione di una parabola sono necessarie e sufficienti tre informazioni indipendenti; in particolare:

- se è noto il vertice (x_0, y_0) è comodo usare la formula

  $y - y_0 = a(x - x_0)^2$ se la parabola ha l'asse di simmetria parallelo all'asse y

  $x - x_0 = a(y - y_0)^2$ se la parabola ha l'asse di simmetria parallelo all'asse x

  Serve poi un'altra informazione per determinare il parametro a.

- se sono note le coordinate di tre punti, basta sostituire tali coordinate nell'equazione generale della parabola e risolvere il sistema ottenuto.

Rette e parabole

Per determinare la **posizione di una retta rispetto a una parabola** si deve:

- impostare il sistema retta-parabola
- determinare l'equazione risolvente di secondo grado nella variabile x (oppure y) a seconda del tipo di parabola
- calcolare il discriminante Δ di questa equazione: se $\Delta > 0$ la retta è secante la parabola

  se $\Delta = 0$ la retta è tangente alla parabola

  se $\Delta < 0$ la retta non interseca la parabola

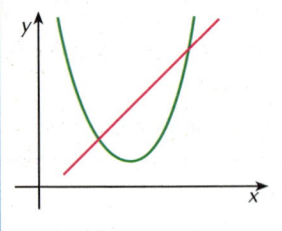 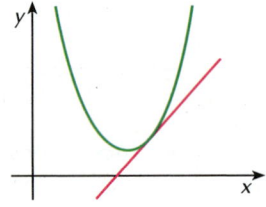 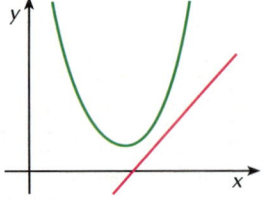

a. $\Delta > 0$ la retta è secante   **b.** $\Delta = 0$ la retta è tangente   **c.** $\Delta < 0$ la retta è esterna

Le rette tangenti

Per trovare l'equazione della **retta tangente** a una parabola si deve calcolare il discriminante Δ dell'equazione risolvente il sistema retta-parabola e imporre che sia $\Delta = 0$.

In particolare, se la retta tangente deve passare per un punto $P(x_0, y_0)$ che appartiene alla parabola, oltre al metodo illustrato è possibile anche scrivere l'equazione della retta $y - y_0 = m(x - x_0)$ dove:

- $m = 2ax_0 + b$ se la parabola è del tipo $y = ax^2 + bx + c$

- $m = \dfrac{1}{2ay_0 + b}$ se la parabola è del tipo $x = ay^2 + by + c$

CAPITOLO 2

La circonferenza

Obiettivi

- riconoscere l'equazione di una circonferenza, individuarne:
  – il centro
  – il raggio
  e tracciarne il grafico

- scrivere l'equazione di una circonferenza note alcune caratteristiche

- determinare la posizione reciproca di una circonferenza e una retta e, in particolare, individuare le rette tangenti

- risolvere problemi di varia natura sulla circonferenza

MATEMATICA, REALTÀ E STORIA

Nella vita c'è chi scappa e c'è chi insegue: un ghepardo insegue una gazzella, l'auto della polizia insegue il malvivente, un bambino per gioco insegue il suo cagnolino, un calciatore insegue l'avversario per togliergli la palla. Naturalmente, se l'inseguitore vuole raggiungere la sua preda, deve correre più forte, deve cioè avere una velocità maggiore; ma esiste una strategia di inseguimento che permette di raggiungere l'obiettivo nel minor tempo possibile?

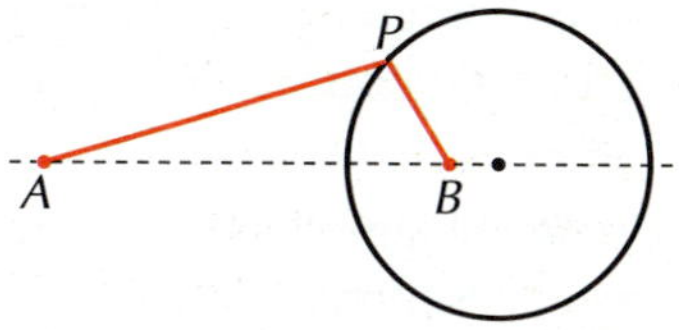

A risolvere questo problema ci ha pensato un matematico, o meglio un geometra, della Grecia antica, Apollonio da Perga. In realtà egli dimostrò solamente che il luogo geometrico dei punti le cui distanze da due punti fissi hanno rapporto costante è un cerchio; nella **figura 1**, i punti A e B sono quelli fissi, e i punti del cerchio sono quelli per i quali il rapporto $\dfrac{PA}{PB}$ è uguale a 3; osserva che il cerchio ha il centro proprio sulla retta AB.

Ma in che modo il cerchio di Apollonio può essere utile per risolvere un problema di inseguimento?
Supponiamo che la preda, qualunque essa sia, si trovi in un punto Q e si stia muovendo nella direzione indicata dalla retta r ad una certa velocità v (**figura 2a**) e che il suo inseguitore, che si trova in S, abbia una velocità $2v$. Indichiamo con P l'ipotetico punto, ancora ignoto, in cui l'inseguitore raggiungerà la preda; questo significa che la rotta che l'inseguitore dovrà seguire è quella della retta a. Nel tempo in cui la preda percorre il tratto

Figura 1

Figura 2a

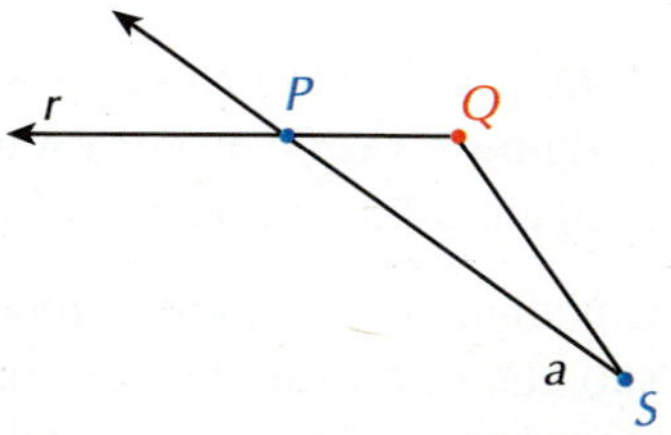

QP, che è pari a *vt*, l'inseguitore percorre il tratto *SP* che è pari a 2*vt*, quindi il rapporto $\frac{SP}{QP}$ è uguale a 2.

Si tratta allora di costruire il cerchio di Apollonio con *Q* e *S* come punti fissi e valore del rapporto uguale a 2. Sappiamo che il centro di questo cerchio si trova sulla retta *QS* e possiamo trovare gli estremi *A* e *B* di un diametro in questo modo (segui la **figura 2b**):

- il punto *A* è quello che si trova internamente al segmento *SQ* e lo divide in parti proporzionali a 2 e 1, cioè tali che $AS \cong 2AQ$

- il punto *B* è quello che si trova esternamente al segmento *SQ* e tale che sia $BS \cong 2BQ$; quindi *B* è il simmetrico di *S* rispetto a *Q*.

Trovati i punti *A* e *B* basta adesso costruire il cerchio di diametro *AB*.
Il punto *P* dove l'inseguitore raggiungerà la sua preda impiegando il minor tempo possibile è l'intersezione della retta *r* con il cerchio di Apollonio.

Il problema da risolvere

Dimostrare che il luogo dei punti le cui distanze da due punti fissi hanno rapporto costante è proprio un cerchio.

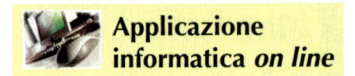

Figura 2b

1. LA CIRCONFERENZA NEL PIANO CARTESIANO

Gli esercizi di questo paragrafo sono a pag. 458

Applicazione informatica *on line*

Come abbiamo già avuto occasione di dire, anche la circonferenza è un luogo di punti; più precisamente:

> la **circonferenza** è il luogo dei punti del piano che hanno la stessa distanza da un punto fisso chiamato **centro**. Tale distanza si chiama **raggio**.

LA CIRCONFERENZA CON CENTRO NELL'ORIGINE

Come abbiamo fatto per la retta e per la parabola, cerchiamo anche in questo caso di esprimere da un punto di vista algebrico la relazione che lega i punti di questo luogo. A questo scopo, fissiamo un sistema di riferimento cartesiano e, per semplificare il calcolo, facciamo in modo che l'origine *O* sia nel centro della circonferenza; indicata con *r* la misura del raggio, un punto *P*(*x*, *y*) del piano le appartiene se e solo se $\overline{PO} = r$ (**figura 3**).
Dal punto di vista algebrico ciò accade se

$$\sqrt{(x-0)^2 + (y-0)^2} = r$$

cioè, elevando al quadrato $\boxed{x^2 + y^2 = r^2}$

L'equazione ottenuta rappresenta dunque una **circonferenza con centro nell'origine e raggio *r***. Per esempio la circonferenza che ha centro nell'origine e raggio 3 ha equazione $x^2 + y^2 = 9$.

Chiediamoci ora come si modifica l'equazione di una circonferenza quando il suo centro non si trova più nell'origine degli assi; supponiamo per esempio di voler trovare l'equazione della circonferenza che ha centro nel punto *C*(3, 4) e

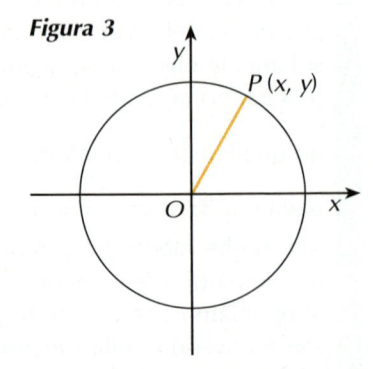

Figura 3

LA CIRCONFERENZA TRASLATA

raggio 2. Per determinare tale equazione possiamo considerare dapprima l'equazione della circonferenza ad essa congruente ma con centro nell'origine e poi la sua associata nella traslazione che fa corrispondere i due centri. L'equazione della circonferenza con centro in O e raggio 2 usando la formula precedente è

$$x^2 + y^2 = 4$$

La traslazione che associa il punto O al punto C è individuata dal vettore $\vec{v}(3, 4)$ (**figura 4**) ed ha equazioni

$$\begin{cases} x' = x + 3 \\ y' = y + 4 \end{cases} \qquad \text{ovvero} \qquad \begin{cases} x = x' - 3 \\ y = y' - 4 \end{cases}$$

Operando allora le sostituzioni $\quad \begin{cases} x \longrightarrow x - 3 \\ y \longrightarrow y - 4 \end{cases}$

nell'equazione trovata otteniamo $\quad (x - 3)^2 + (y - 4)^2 = 4$

che rappresenta quindi l'equazione della circonferenza cercata. Svolgendo i calcoli abbiamo poi

$$x^2 + y^2 - 6x - 8y + 21 = 0$$

Generalizzando, se vogliamo scrivere l'equazione di una circonferenza con centro in $C(p, q)$ e raggio r, consideriamo dapprima la circonferenza ad essa congruente che ha centro nell'origine e che ha quindi equazione

$$x^2 + y^2 = r^2$$

Applichiamo poi a tale curva la traslazione di vettore $\vec{v}(p, q)$ che fa corrispondere i due centri; essa ha equazioni

$$\begin{cases} x = x' - p \\ y = y' - q \end{cases}$$

Operando quindi la sostituzione $\quad \begin{cases} x \longrightarrow x - p \\ y \longrightarrow y - q \end{cases}$

nell'equazione della circonferenza con centro in O, otteniamo l'equazione

$$\boxed{(x - p)^2 + (y - q)^2 = r^2} \qquad \text{(A)}$$

L'EQUAZIONE IN FUNZIONE DEL CENTRO E DEL RAGGIO

che rappresenta dunque una **circonferenza con centro in $C(p, q)$ e raggio r**. Svolgendo i calcoli otteniamo poi

$$x^2 + y^2 - 2px - 2qy + p^2 + q^2 - r^2 = 0$$

e, tenendo presente che p, q, r sono delle costanti, e che quindi possiamo porre

$$-2p = a \qquad -2q = b \qquad p^2 + q^2 - r^2 = c \qquad \text{(B)}$$

l'equazione assume la forma $\quad \boxed{x^2 + y^2 + ax + by + c = 0}$

L'EQUAZIONE GENERALE DELLA CIRCONFERENZA

che è la **forma generale dell'equazione di una circonferenza**.

Poniamoci ora il problema inverso: data l'equazione generale di una circonferenza, come possiamo determinare le coordinate del centro e la misura del raggio? Riconsideriamo il sistema formato dalle tre equazioni (**B**) precedenti:

$$\begin{cases} -2p = a \\ -2q = b \\ p^2 + q^2 - r^2 = c \end{cases}$$

Figura 4

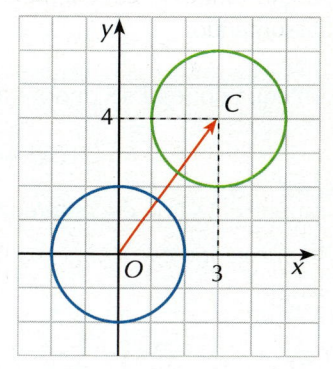

Risolvendo rispetto a p, q, r otteniamo:

$$p = -\frac{a}{2} \qquad q = -\frac{b}{2} \qquad r = \frac{1}{2}\sqrt{a^2 + b^2 - 4c}$$

con $a^2 + b^2 - 4c \geq 0$ per l'esistenza del radicale.

Abbiamo così ritrovato le coordinate (p, q) del centro e l'espressione del raggio r in funzione dei coefficienti a, b, c dell'equazione.
Riassumendo:

> un'equazione di secondo grado in x e y della forma
>
> $$x^2 + y^2 + ax + by + c = 0$$
>
> rappresenta una circonferenza se e solo se $\quad a^2 + b^2 - 4c \geq 0$
>
> In queste ipotesi, il centro della circonferenza ed il raggio sono dati dalle relazioni
>
> $$C\left(-\frac{a}{2}, -\frac{b}{2}\right) \qquad r = \frac{1}{2}\sqrt{a^2 + b^2 - 4c}$$

Per esempio:

- l'equazione $x^2 + y^2 - 2x + 4y - 1 = 0$ è una circonferenza di centro $C(1, -2)$ e raggio $r = \frac{1}{2}\sqrt{4 + 16 + 4} = \sqrt{6}$

- l'equazione $x^2 + y^2 - 8x + 10y + 50 = 0$ non rappresenta una circonferenza perché $a^2 + b^2 - 4c = 64 + 100 - 200 = -36 < 0$.

Le caratteristiche e i casi particolari

Le caratteristiche dell'equazione di una circonferenza sono dunque le seguenti:

- ■ è di secondo grado in x e y

- ■ contiene sempre i termini x^2 e y^2 con coefficiente uguale a 1

- ■ non esiste il termine xy

- ■ i coefficienti a e b dei termini di primo grado servono ad individuare la posizione del centro.

Al variare dei valori assunti dai parametri a, b, c dell'equazione, potremo quindi avere situazioni diverse; in particolare:

> - ■ se $a = 0$, anche l'ascissa del centro vale 0 e quindi il centro della circonferenza appartiene all'asse delle ordinate (**figura 5a**);
>
> - ■ se $b = 0$, anche l'ordinata del centro vale 0 e quindi il centro della circonferenza appartiene all'asse delle ascisse (**figura 5b**);
>
> - ■ se $c = 0$, l'origine degli assi soddisfa l'equazione; questo significa che la circonferenza passa per tale punto (**figura 5c**);
>
> - ■ se $a = 0 \wedge c = 0$, la circonferenza ha il centro sull'asse y e passa per l'origine degli assi, in questo caso il raggio è l'ordinata del centro (**figura 5d**);

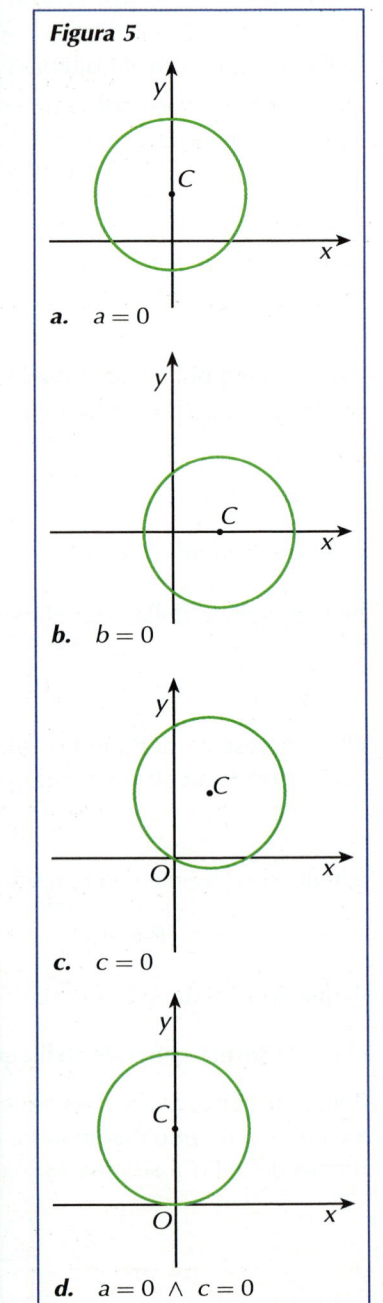

Figura 5

a. $a = 0$

b. $b = 0$

c. $c = 0$

d. $a = 0 \wedge c = 0$

■ se $b = 0 \land c = 0$, la circonferenza ha il centro sull'asse x e passa per l'origine, in questo caso il raggio è l'ascissa del centro (**figura 5e**);

■ se $a = 0 \land b = 0$, ritroviamo l'equazione della circonferenza che ha centro nell'origine degli assi (**figura 5f**).
Se poi anche $c = 0$, l'equazione assume la forma $x^2 + y^2 = 0$ che rappresenta una circonferenza con centro nell'origine e raggio nullo; in questo caso la circonferenza si riduce ad un punto, il suo centro.

Per esempio

- $x^2 + y^2 - 4x - 1 = 0$
è una circonferenza che ha centro sull'asse delle ascisse perché manca il termine in y, ed è $C(2, 0)$

- $x^2 + y^2 - 6y = 0$
è una circonferenza che ha centro sull'asse delle ordinate perché manca il termine in x e passa per l'origine perché manca il termine noto, ed è $C(0, 3)$

- $x^2 + y^2 - 8 = 0$
è una circonferenza che ha centro nell'origine, il suo raggio è $r = 2\sqrt{2}$.

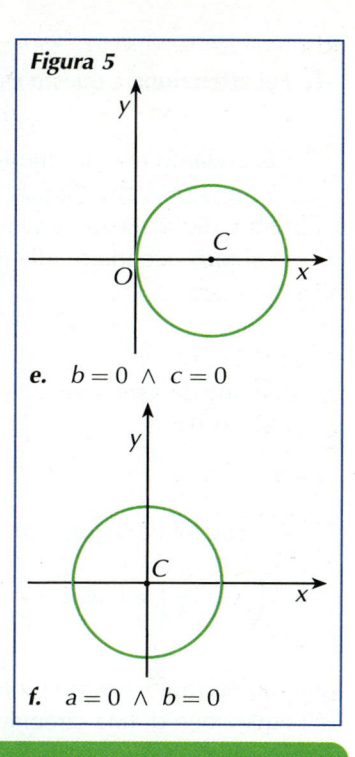

Figura 5

e. $b = 0 \land c = 0$

f. $a = 0 \land b = 0$

ESEMPI

1. Scriviamo l'equazione della circonferenza che ha centro in $C(1, -2)$ e raggio 3.

Conoscendo le coordinate del centro e la misura del raggio, possiamo scrivere l'equazione della circonferenza usando la forma $(x - p)^2 + (y - q)^2 = r^2$; tenendo presente che, nel nostro caso, $p = 1$ e $q = -2$, otteniamo

$$(x - 1)^2 + (y + 2)^2 = 9$$

da cui, svolgendo i calcoli $x^2 + y^2 - 2x + 4y - 4 = 0$.

2. Scriviamo l'equazione della circonferenza che ha centro nel punto $C(0, 3)$ e passa per il punto $A(2, 1)$.

Osserviamo che il segmento CA è proprio il raggio della circonferenza e che quindi possiamo ricondurci al problema dell'esempio precedente se calcoliamo la sua misura

$$\overline{CA} = \sqrt{2^2 + 2^2} = \sqrt{8} = 2\sqrt{2}$$

L'equazione della circonferenza è: $(x - 0)^2 + (y - 3)^2 = 8$ cioè $x^2 + y^2 - 6y + 1 = 0$

3. Data l'equazione $x^2 + y^2 - 2x + 4y - 11 = 0$, stabiliamo se essa rappresenta una circonferenza, ed in caso affermativo determiniamo le coordinate del suo centro e la misura del raggio.

L'equazione rappresenta una circonferenza se $a^2 + b^2 - 4c \geq 0$. Nel nostro caso:

$$a^2 + b^2 - 4c = 4 + 16 + 44 = 64$$

quindi l'equazione data è quella di una circonferenza. Il suo centro C ha coordinate

$$x_c = -\frac{a}{2} = 1 \qquad y_c = -\frac{b}{2} = -2 \qquad \rightarrow \qquad C(1, -2)$$

Il raggio r misura $r = \frac{1}{2}\sqrt{a^2 + b^2 - 4c} = \frac{1}{2}\sqrt{64} = 4$ (**figura 6**)

Figura 6

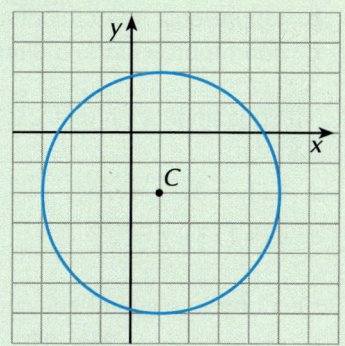

4. Fai attenzione a questo esempio: l'equazione $3x^2 + 3y^2 + 6x - 4y + 1 = 0$ rappresenta una circonferenza?

Osserviamo che, in questo caso, i termini x^2 e y^2 non hanno coefficiente 1, ma che l'equazione potrebbe essere ugualmente quella di una circonferenza perché, dividendo entrambi i suoi membri per 3, ci si può ricondurre alla forma canonica:

$$x^2 + y^2 + 2x - \frac{4}{3}y + \frac{1}{3} = 0$$

Figura 7

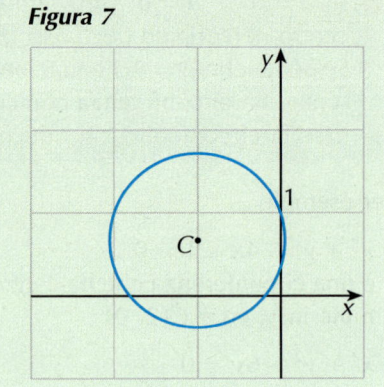

Rimane da verificare la condizione di esistenza del raggio; nel nostro caso si ha

$$a^2 + b^2 - 4c = 4 + \frac{16}{9} - \frac{4}{3} = \frac{40}{9} > 0$$

L'equazione rappresenta quindi la circonferenza di centro $C\left(-1; \frac{2}{3}\right)$ e raggio $r = \frac{\sqrt{10}}{3}$ (**figura 7**)

L'ultimo esempio svolto ci induce ad una considerazione sulle caratteristiche dell'equazione di una circonferenza: essa, a patto che esista il raggio, rappresenta una circonferenza anche se i termini di secondo grado non hanno coefficiente 1; è necessario però che tali coefficienti siano uguali.

In tal caso, per determinare le coordinate del centro e la misura del raggio, occorre prima ridurre l'equazione in forma canonica dividendo entrambi i membri dell'equazione per il coefficiente di x^2 e di y^2. Per esempio:

$$2x^2 + 2y^2 - 6x + 3y + 1 = 0 \qquad \rightarrow \qquad x^2 + y^2 - 3x + \frac{3}{2}y + \frac{1}{2} = 0$$

$$x_c = -\frac{a}{2} = \frac{3}{2} \qquad y_c = -\frac{b}{2} = -\frac{3}{4} \qquad \rightarrow \qquad C\left(\frac{3}{2}, -\frac{3}{4}\right)$$

$$r = \frac{1}{2}\sqrt{a^2 + b^2 - 4c} = \frac{1}{2}\sqrt{9 + \frac{9}{4} - 4 \cdot \frac{1}{2}} = \frac{\sqrt{37}}{4}$$

VERIFICA DI COMPRENSIONE

1. L'equazione $x^2 + y^2 + 9 = 0$:
   a. rappresenta una circonferenza con centro nell'origine e raggio 3
   b. rappresenta una circonferenza con centro nell'origine e raggio 9
   c. non rappresenta una circonferenza.

2. All'equazione $x^2 + y^2 + 2x - 6y + 5 = 0$ corrisponde una circonferenza che ha centro in C e raggio r dati da:
   a. $C(1, -3)$, $r = \sqrt{5}$ **b.** $C(-1, 3)$, $r = 5$
   c. $C(-1, 3)$, $r = \sqrt{5}$ **d.** $C(-1, 3)$, $r = 2\sqrt{5}$

3. Quali fra le seguenti equazioni non rappresentano una circonferenza?
   a. $x^2 + y^2 - 6x + 2y - 10 = 0$ **b.** $x^2 + 2y^2 - 3x - 4y - 1 = 0$
   c. $x^2 + y^2 - 2x + 4 = 0$ **d.** $2x^2 + 2y^2 - 8x - 5y + 7 = 0$

2. COME DETERMINARE L'EQUAZIONE DI UNA CIRCONFERENZA

Gli esercizi di questo paragrafo sono a pag. 461

Ti presentiamo ora alcuni problemi relativi alla determinazione dell'equazione di una circonferenza fra i casi che si presentano più frequentemente. Ricordiamo che, poiché l'equazione di una circonferenza dipende dai suoi tre coefficienti a, b, c, per risolvere il problema dovremo avere tre informazioni indipendenti. Inoltre, è bene ricordare che molti problemi si possono risolvere anche sfruttando le conoscenze geometriche sulla circonferenza; negli esempi che proponiamo abbiamo tenuto conto anche di questa considerazione.

Applicazione informatica _on line_

I Problema: **scrivere l'equazione di una circonferenza conoscendo le coordinate degli estremi di un diametro.**

Supponiamo ad esempio che il diametro sia il segmento di estremi $A\left(-\dfrac{1}{2}, 1\right)$ e $B\left(3, -\dfrac{3}{2}\right)$.

I modo: sfruttiamo le conoscenze geometriche e osserviamo che il centro C della circonferenza è il punto medio del segmento AB e che il raggio ne è la sua metà (**figura 8**). Si ha così che

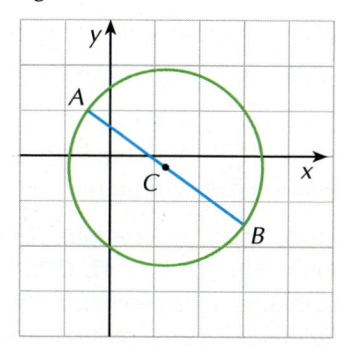

Figura 8

$$x_c = \frac{1}{2}\left(3 - \frac{1}{2}\right) = \frac{5}{4} \qquad y_c = \frac{1}{2}\left(1 - \frac{3}{2}\right) = -\frac{1}{4}$$

Il centro ha dunque coordinate $\quad C\left(\dfrac{5}{4}, -\dfrac{1}{4}\right)$

$$r = \frac{1}{2}\overline{AB} = \frac{1}{2}\sqrt{\left(3 + \frac{1}{2}\right)^2 + \left(-\frac{3}{2} - 1\right)^2} = \frac{1}{4}\sqrt{74}$$

L'equazione della circonferenza è allora

$$\left(x - \frac{5}{4}\right)^2 + \left(y + \frac{1}{4}\right)^2 = \frac{74}{16} \quad \rightarrow \quad x^2 + y^2 - \frac{5}{2}x + \frac{1}{2}y - 3 = 0$$

che si può anche scrivere nella forma $2x^2 + 2y^2 - 5x + y - 6 = 0$.
Osserviamo di nuovo che i coefficienti dei termini di secondo grado non valgono 1, ma sono comunque uguali.

II modo: avremmo potuto anche risolvere il problema con considerazioni algebriche; l'equazione generale della circonferenza è $x^2 + y^2 + ax + by + c = 0$ e quindi, essendo $\left(\dfrac{5}{4}, -\dfrac{1}{4}\right)$ le coordinate del centro, deve essere verificato il sistema:

$$\begin{cases} -\dfrac{a}{2} = \dfrac{5}{4} & \text{l'ascissa del centro vale } \dfrac{5}{4} \\[2ex] -\dfrac{b}{2} = -\dfrac{1}{4} & \text{l'ordinata del centro vale } -\dfrac{1}{4} \\[2ex] \dfrac{1}{4} + 1 - \dfrac{1}{2}a + b + c = 0 & \text{la circonferenza passa per } A \end{cases}$$

Risolvendo il sistema si trova appunto $a = -\dfrac{5}{2}$ $b = \dfrac{1}{2}$ $c = -3$.

II Problema: scrivere l'equazione di una circonferenza conoscendo le coordinate del centro e quelle di un suo punto.

Abbiamo già risolto un problema di questo tipo nell'esempio 2 del paragrafo precedente osservando che il raggio della circonferenza è proprio il segmento individuato dai due punti assegnati.

Si può però procedere per altra via sfruttando le formule che danno le coordinate del centro come abbiamo fatto nell'esercizio precedente.

Scriviamo ad esempio l'equazione della circonferenza che ha centro in $C(-4, 3)$ e passa per $A(0, 1)$ (**figura 9**). Scriviamo il sistema

Figura 9

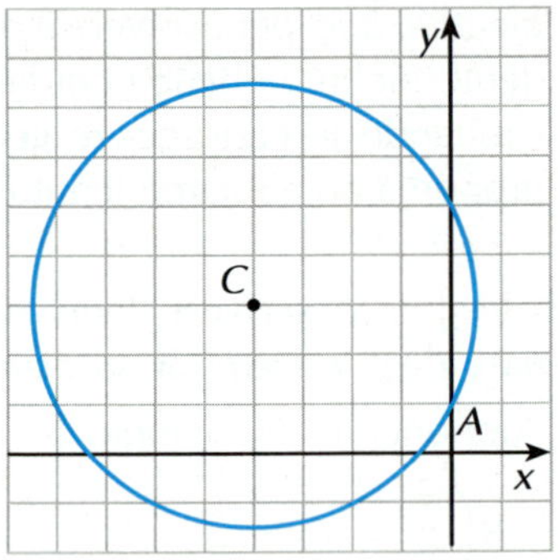

$$\begin{cases} -\dfrac{a}{2} = -4 & \text{l'ascissa del centro vale } -4 \\[2ex] -\dfrac{b}{2} = 3 & \text{l'ordinata del centro vale } 3 \\[2ex] 1 + b + c = 0 & \text{la circonferenza passa per } A \end{cases}$$

Risolvendolo troviamo che $a = 8$ $b = -6$ $c = 5$.

La circonferenza ha dunque equazione $x^2 + y^2 + 8x - 6y + 5 = 0$.

III Problema: scrivere l'equazione di una circonferenza conoscendo le coordinate di tre suoi punti.

Supponiamo ad esempio di sapere che la circonferenza passa per i seguenti punti: $A(6, 0)$, $B(0, 4)$, $C(5, 5)$.

Sappiamo dalla geometria che per tre punti non allineati passa una ed una sola circonferenza: nel nostro caso dunque, poiché i tre punti dati non sono allineati (oltre all'eventuale verifica sul disegno, la condizione di allineamento di tre punti è quella indicata a lato), il problema è determinato.

Sfruttiamo la condizione di appartenenza di un punto ad una curva.

L'equazione di una circonferenza ha la forma $x^2 + y^2 + ax + by + c = 0$.

Imponiamo alle coordinate di ciascuno dei punti dati di soddisfare tale equazione

$$\begin{cases} 36 + 6a + c = 0 & \text{passaggio per } A \\ 16 + 4b + c = 0 & \text{passaggio per } B \\ 25 + 25 + 5a + 5b + c = 0 & \text{passaggio per } C \end{cases}$$

Risolvendo il sistema ottenuto abbiamo $\begin{cases} a = -6 \\ b = -4 \\ c = 0 \end{cases}$

> *Tre punti (x_1, y_1) (x_2, y_2) (x_3, y_3) sono allineati se il coefficiente angolare della retta che passa per i primi due è uguale al coefficiente angolare della retta che passa per il secondo e il terzo:*
>
> $$\dfrac{y_2 - y_1}{x_2 - x_1} = \dfrac{y_3 - y_2}{x_3 - x_2}$$

La circonferenza ha dunque equazione $x^2 + y^2 - 6x - 4y = 0$ e, poiché in essa manca il termine noto, possiamo concludere che passa anche per l'origine degli assi (**figura 10**).

Figura 10

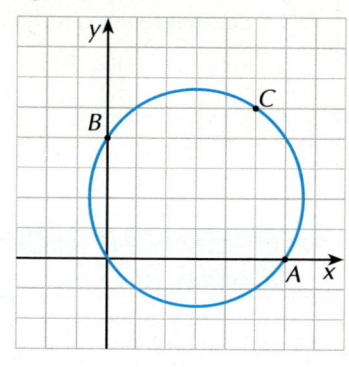

IV Problema: **scrivere l'equazione di una circonferenza sapendo che il centro appartiene ad una retta assegnata e che inoltre passa per due punti dati.**

Sia ad esempio $x - 2y + 2 = 0$ l'equazione della retta sulla quale si trova il centro e siano $A(-1, 3)$, $B(4, -2)$ i punti assegnati.
Anche in questo caso possiamo procedere in modi diversi.

I modo: data l'equazione della circonferenza $x^2 + y^2 + ax + by + c = 0$, possiamo imporre il passaggio per i punti A e B ed inoltre richiedere che le coordinate del centro, che sono $\left(-\dfrac{a}{2}, -\dfrac{b}{2}\right)$, soddisfino l'equazione della retta; otteniamo così il sistema:

$$\begin{cases} 1 + 9 - a + 3b + c = 0 & \text{la circonferenza passa per } A \\ 16 + 4 + 4a - 2b + c = 0 & \text{la circonferenza passa per } B \\ -\dfrac{a}{2} - 2\left(-\dfrac{b}{2}\right) + 2 = 0 & \text{il centro appartiene alla retta data} \end{cases}$$

che, risolto, ci consente di individuare i coefficienti dell'equazione

$$\begin{cases} a = -8 \\ b = -6 \\ c = 0 \end{cases}$$

Si ha così l'equazione della circonferenza: $x^2 + y^2 - 8x - 6y = 0$.

II modo: osserviamo che il centro della circonferenza richiesta si trova, oltre che sulla retta data, anche sull'asse della corda AB (**figura 11**). Una volta individuato il centro Q intersecando tali rette, il raggio è il segmento QA (oppure QB). Schematizzando i passaggi:

Figura 11

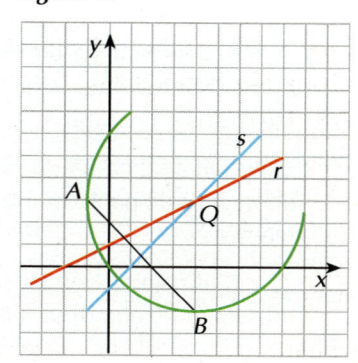

equazione dell'asse di AB: $\qquad x - y - 1 = 0$

centro della circonferenza: $\qquad \begin{cases} x - y - 1 = 0 \\ x - 2y + 2 = 0 \end{cases} \qquad Q(4, 3)$

misura del raggio: $\qquad\qquad \overline{QA} = 5$

equazione della circonferenza: $(x - 4)^2 + (y - 3)^2 = 25$
$$x^2 + y^2 - 8x - 6y = 0$$

VERIFICA DI COMPRENSIONE

1. Si può determinare in modo unico l'equazione di una circonferenza sapendo che la curva:
- **a.** passa per due punti dati che sono anche gli estremi di un diametro
- **b.** passa per due punti dati
- **c.** il centro appartiene all'asse x e passa per l'origine
- **d.** il centro appartiene a una retta data ed è noto il raggio
- **e.** passa per tre punti non allineati.

Gli esercizi di questo paragrafo sono a pag. 464

2. La circonferenza che ha centro in $C(0, -3)$ e passa per $P(-2, 4)$ ha equazione:

a. $x^2 + (y-3)^2 = 53$ **b.** $x^2 + (y-3)^2 + 53 = 0$

c. $x^2 + (y+3)^2 + 53 = 0$ **d.** $x^2 + (y+3)^2 = 53$

3. POSIZIONI RECIPROCHE DI UNA CIRCONFERENZA E UNA RETTA

Nell'area precedente abbiamo già studiato dal punto di vista geometrico il problema della tangente ad una circonferenza; in particolare abbiamo visto che una retta rispetto ad una circonferenza si dice (**figura 12**):

■ **secante** se le due curve hanno due punti di intersezione distinti,

■ **tangente** se hanno un solo punto di intersezione,

■ **esterna** se non si intersecano.

Per determinare dal punto di vista algebrico le coordinate dei punti di intersezione, se esistono, fra una retta ed una circonferenza, dobbiamo risolvere il sistema formato dalle loro equazioni

$$\begin{cases} x^2 + y^2 + ax + by + c = 0 \\ y = mx + q \end{cases}$$

Sostituendo nella prima equazione al posto di y (oppure al posto di x) l'espressione ricavata dalla seconda si ottiene l'equazione risolvente del sistema che è un'equazione di secondo grado.
Se in questa equazione:

■ $\Delta > 0$, il sistema ha due soluzioni reali distinte, le due curve hanno due punti distinti di intersezione quindi la retta è **secante** rispetto alla circonferenza;

■ $\Delta = 0$, il sistema ha due soluzioni reali coincidenti, le due curve hanno allora un solo punto di intersezione, quindi la retta è **tangente** alla circonferenza;

■ $\Delta < 0$, il sistema non ha soluzioni reali, le due curve non hanno punti di intersezione, quindi la retta è **esterna** alla circonferenza.

Per risolvere questo problema possiamo però sfruttare anche altre considerazioni di tipo geometrico.

Ricorderai infatti che (**figura 13** di pagina seguente):

■ se la retta è secante la circonferenza, allora la distanza del centro dalla retta è minore del raggio;

■ se la retta è tangente alla circonferenza, allora la distanza è uguale al raggio;

■ se la retta è esterna alla circonferenza, allora la distanza è maggiore del raggio.

Figura 12

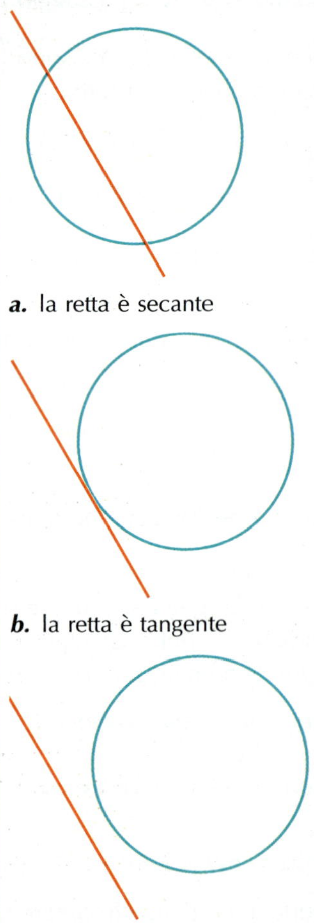

a. la retta è secante

b. la retta è tangente

c. la retta è esterna

La distanza del punto di coordinate (x_0, y_0) dalla retta $ax + by + c = 0$ si calcola con la formula

$$d = \frac{|ax_0 + by_0 + c|}{\sqrt{a^2 + b^2}}$$

Figura 13

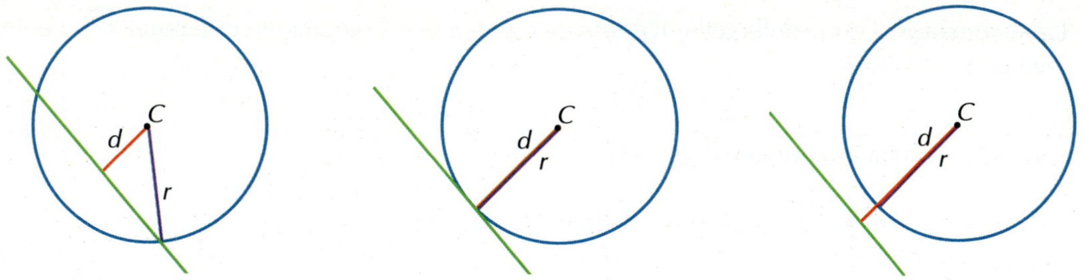

a. $d < r \rightarrow$ la retta è secante **b.** $d = r \rightarrow$ la retta è tangente **c.** $d > r \rightarrow$ la retta è esterna

Poiché sappiamo come calcolare la distanza di un punto da una retta, potremo anche sfruttare queste considerazioni per individuare la posizione di una retta rispetto ad una circonferenza. Osserva gli esempi che ti proponiamo.

ESEMPI

1. Date la circonferenza di equazione $x^2 + y^2 + 4x - 6y - 4 = 0$ e la retta di equazione $x - 2y - 1 = 0$, vogliamo stabilire la loro posizione reciproca ed eventualmente determinare le coordinate dei loro punti di intersezione.

Possiamo impostare la risoluzione del problema in due modi diversi:

■ dopo aver determinato la misura del raggio e la distanza del centro della circonferenza dalla retta, verificare quale relazione esiste fra le due misure e stabilire quindi la loro posizione reciproca;

■ risolvere il sistema formato dalle due equazioni.

Nel nostro caso, poiché dobbiamo individuare, se ci sono, i punti di intersezione, conviene risolvere il problema nel secondo modo. Impostiamo allora il sistema delle due equazioni date

$$\begin{cases} x^2 + y^2 + 4x - 6y - 4 = 0 \\ x - 2y - 1 = 0 \end{cases}$$

Ricaviamo x dalla seconda equazione e sostituiamo nella prima ottenendo l'equazione risolvente

$$(2y + 1)^2 + y^2 + 4(2y + 1) - 6y - 4 = 0 \quad \rightarrow \quad 5y^2 + 6y + 1 = 0$$

Il discriminante di questa equazione è positivo $\left(\dfrac{\Delta}{4} = 4 \right)$, il sistema ha dunque due soluzioni reali distinte e quindi la retta è secante la circonferenza. Proseguendo nella risoluzione del sistema troviamo

$$\begin{cases} x = -1 \\ y = -1 \end{cases} \quad \vee \quad \begin{cases} x = \dfrac{3}{5} \\ y = -\dfrac{1}{5} \end{cases}$$. I punti di intersezione sono dunque $A(-1, -1)$ e $B\left(\dfrac{3}{5}, -\dfrac{1}{5} \right)$.

2. Una circonferenza ha centro nel punto $C(3, 2)$ e raggio $r = 2\sqrt{3}$; vogliamo sapere qual è la posizione della retta $3x + y + 1 = 0$ rispetto ad essa.

Non è necessario trovare l'equazione della circonferenza; basta calcolare la distanza del centro dalla retta data e vedere se è maggiore, uguale o minore del raggio:

$$d = \frac{|9 + 2 + 1|}{\sqrt{9 + 1}} = \frac{12}{\sqrt{10}} = \frac{6\sqrt{10}}{5}$$

Poiché $\dfrac{6\sqrt{10}}{5} \approx 3,79$ e $2\sqrt{3} \approx 3,46$, si ha che $d > r$ e quindi la retta è esterna alla circonferenza.

3. Stabiliamo la posizione della retta di equazione $y = x - \sqrt{2}$ e della circonferenza con centro nell'origine degli assi e raggio 1.

I modo

L'equazione della circonferenza è $x^2 + y^2 = 1$

Scriviamo il sistema delle equazioni delle due curve $\begin{cases} x^2 + y^2 = 1 \\ y = x - \sqrt{2} \end{cases}$

Determiniamo l'equazione risolvente $x^2 + (x - \sqrt{2})^2 = 1 \quad \rightarrow \quad 2x^2 - 2\sqrt{2}x + 1 = 0$

Calcoliamo il discriminante $\dfrac{\Delta}{4} = 2 - 2 = 0$

Avendo ottenuto un discriminante nullo possiamo concludere che le soluzioni dell'equazione risolvente sono reali coincidenti e che quindi la retta è tangente alla circonferenza.

II modo

La circonferenza ha centro in $O(0, 0)$ e raggio 1; calcoliamo la distanza di O dalla retta:

$$d = \frac{|\sqrt{2}|}{\sqrt{2}} = 1$$

Poiché $d = r$, la retta è tangente alla circonferenza.

3.1 Il caso particolare delle rette tangenti

Particolare interesse riveste il caso delle **rette tangenti ad una circonferenza condotte da un punto del piano**. Analogamente a quanto detto per la parabola, si possono presentare tre casi a seconda della posizione del punto P (**figura 14**):

■ se P **è esterno alla circonferenza**, ci sono due rette tangenti

■ se P **appartiene alla circonferenza**, c'è una sola retta tangente

■ se P **è interno alla circonferenza**, non ci sono rette tangenti.

Osserva gli esempi che seguono.

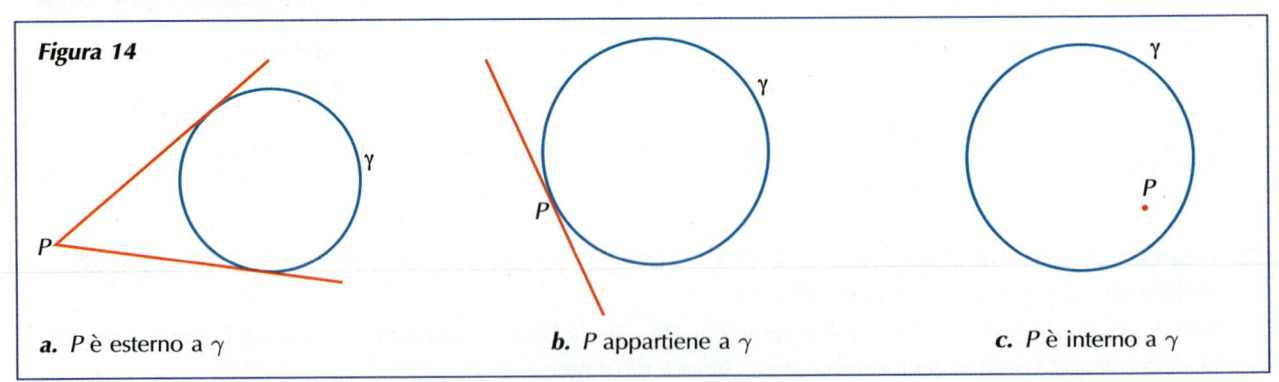

Figura 14

a. P è esterno a γ **b.** P appartiene a γ **c.** P è interno a γ

1. Data la circonferenza di equazione $x^2 + y^2 + 6x - 2y + 6 = 0$, vogliamo scrivere le equazioni delle rette ad essa tangenti passanti per l'origine degli assi.

L'origine è un punto esterno alla circonferenza (**figura 15**) e dunque troveremo due rette tangenti. Possiamo procedere in due modi.

Figura 15

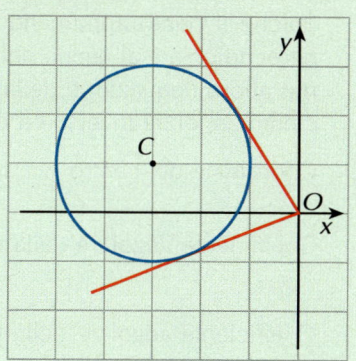

I modo

Scriviamo l'equazione del fascio di rette di centro O e, impostato il sistema formato dalle equazioni della circonferenza e del fascio di rette, imponiamo che il discriminante dell'equazione risolvente sia nullo.

Equazione del fascio di rette di centro O $y = mx$

Sistema
$$\begin{cases} x^2 + y^2 + 6x - 2y + 6 = 0 \\ y = mx \end{cases}$$

Equazione risolvente $(1 + m^2)x^2 + 2(3 - m)x + 6 = 0$

Discriminante $\dfrac{\Delta}{4} = (3 - m)^2 - 6(1 + m^2)$

Condizione di tangenza $(3 - m)^2 - 6(1 + m^2) = 0$ $\rightarrow$ $5m^2 + 6m - 3 = 0$ $\rightarrow$ $m = \dfrac{-3 \pm 2\sqrt{6}}{5}$

Le rette tangenti si ottengono attribuendo ad m i valori trovati:

$$y = \frac{-3 - 2\sqrt{6}}{5}x \qquad\qquad y = \frac{-3 + 2\sqrt{6}}{5}x$$

II modo

Scriviamo l'equazione del fascio di rette di centro O e ricerchiamo, fra esse, le rette la cui distanza dal centro è uguale al raggio.

Equazione del fascio di rette in forma implicita $-mx + y = 0$

Centro della circonferenza $C(-3, 1)$

Misura del raggio $r = \dfrac{1}{2}\sqrt{36 + 4 - 24} = 2$

Distanza del centro dal fascio di rette $\dfrac{|3m + 1|}{\sqrt{m^2 + 1}}$

Equazione da risolvere $\dfrac{|3m + 1|}{\sqrt{m^2 + 1}} = 2$

Risolvendo l'equazione si ottengono gli stessi valori trovati con il metodo precedente.

2. Scriviamo l'equazione della retta tangente alla circonferenza di equazione $x^2 + y^2 + 2x - 4y - 20 = 0$ nel suo punto P di ascissa 3 e ordinata positiva.

Troviamo innanzi tutto l'ordinata di P andando a sostituire 3 al posto di x nell'equazione della circonferenza:

$$9 + y^2 + 6 - 4y - 20 = 0 \qquad y^2 - 4y - 5 = 0 \qquad y = 5 \ \lor \ y = -1 \qquad \rightarrow \qquad P(3, 5).$$

Possiamo procedere in due modi.

I modo

Analogamente al problema precedente, scriviamo l'equazione del fascio di rette di centro P e imponiamo che la distanza del centro della circonferenza dalla generica retta del fascio sia uguale al raggio.

Il modo

Poiché il punto appartiene alla circonferenza, la retta tangente è perpendicolare al raggio nel punto di tangenza (**figura 16**). Scriviamo allora l'equazione della retta che passa per P e che ha coefficiente angolare inverso ed opposto a quello della retta CP.

Figura 16

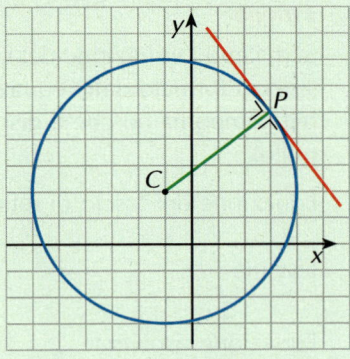

Coordinate del centro $\qquad$ $C(-1, 2)$

Coefficiente angolare della retta CP $\qquad$ $\dfrac{5-2}{3+1} = \dfrac{3}{4}$

Coefficiente angolare della tangente $\qquad$ $-\dfrac{4}{3}$

Equazione della tangente per P $\qquad$ $y - 5 = -\dfrac{4}{3}(x - 3)$

cioè svolgendo i calcoli $\qquad$ $4x + 3y - 27 = 0$

3. Data la circonferenza di equazione $x^2 + y^2 + 2x - 9 = 0$, determiniamo, fra le rette del fascio di equazione $3y - x + k = 0$, quella tangente alla circonferenza.

Il centro della circonferenza è il punto $C(-1, 0)$, il raggio è $r = \sqrt{10}$.

Calcoliamo allora la distanza di C dalla generica retta del fascio $\quad d = \dfrac{|1 + k|}{\sqrt{10}}$

In questa formula, al variare di k otteniamo la distanza di ciascuna delle rette del fascio dal centro della circonferenza; fra tutte, quella che ha valore uguale al raggio individua la retta tangente. Imponiamo allora che sia

$$\dfrac{|1 + k|}{\sqrt{10}} = \sqrt{10} \qquad \text{cioè} \qquad |1 + k| = 10$$

da cui otteniamo $\quad k = 9 \quad \vee \quad k = -11$.

Le rette tangenti hanno quindi equazioni $\quad 3y - x + 9 = 0 \quad$ e $\quad 3y - x - 11 = 0$.

4. Scriviamo l'equazione della circonferenza che ha centro in $C(3, -2)$ ed è tangente alla retta di equazione $4y - x + 24 = 0$.

Il raggio della circonferenza è la distanza del punto C dalla retta data

$$r = \dfrac{|-8 - 3 + 24|}{\sqrt{16 + 1}} = \dfrac{13}{\sqrt{17}}$$

Possiamo subito scrivere l'equazione della circonferenza richiesta

$$(x - 3)^2 + (y + 2)^2 = \dfrac{169}{17} \qquad \text{da cui} \qquad 17x^2 + 17y^2 - 102x + 68y + 52 = 0$$

5. Scriviamo le equazioni delle rette tangenti alla circonferenza di equazione $x^2 + y^2 - 8y + 12 = 0$ condotte dal punto $P(2, -2)$.

Scriviamo l'equazione del fascio di rette per P $\qquad y + 2 = m(x - 2)$

che, in forma implicita, assume la forma $\qquad y - mx + 2m + 2 = 0$

La circonferenza ha centro nel punto $(0, 4)$ e raggio $r = 2$

La distanza del centro dalla generica retta del fascio è $\dfrac{|4 + 2m + 2|}{\sqrt{1 + m^2}} = \dfrac{|2m + 6|}{\sqrt{1 + m^2}}$

La condizione di tangenza impone che tale distanza sia uguale al raggio

$$\frac{|2m + 6|}{\sqrt{1 + m^2}} = 2$$

Figura 17

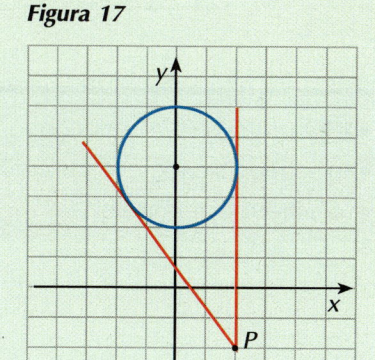

Svolgendo i calcoli otteniamo $3m + 4 = 0 \rightarrow m = -\dfrac{4}{3}$

La retta tangente ha quindi equazione $y = -\dfrac{4}{3}x + \dfrac{2}{3}$.

Essendo P esterno alla circonferenza (**figura 17**), ci saremmo aspettati di trovare due rette tangenti; osserviamo allora che la seconda tangente è parallela all'asse y ed ha equazione $x = 2$, quindi la sua equazione non è deducibile da quella del fascio di centro P.

La tangente alla circonferenza passante per un suo punto

Come abbiamo visto anche negli esempi precedenti, i metodi per trovare l'equazione della retta tangente quando il punto P appartiene alla circonferenza sono diversi; li sintetizziamo di seguito:

I METODI

- ■ trovata l'equazione risolvente del sistema retta-circonferenza, si impone che il discriminante sia uguale a zero

- ■ si calcola la distanza del centro della circonferenza dalla retta e si impone che sia uguale al raggio

- ■ si calcola il coefficiente angolare m della retta del raggio nel punto di tangenza e si scrive l'equazione della retta per P che ha coefficiente angolare $-\dfrac{1}{m}$.

VERIFICA DI COMPRENSIONE

1. La circonferenza di equazione $(x + 5)^2 + (y - 1)^2 = 1$ è tangente:
   a. alla retta di equazione $3x - 4y + 12 = 0$ **b.** all'asse delle ascisse
   c. all'asse delle ordinate   **d.** a entrambi gli assi coordinati.
   Individua la sola risposta giusta fra quelle proposte.

2. L'equazione della retta tangente alla circonferenza di equazione $x^2 + y^2 + 6x - 4y + 9 = 0$ nel suo punto P di ascissa -1 è:
   a. la perpendicolare in P alla retta di equazione $y = 1$
   b. la parallela per P alla bisettrice $y = x$
   c. la retta di equazione $x + 1 = 0$
   d. la retta di coefficiente angolare m soluzione dell'equazione $\dfrac{|2m|}{\sqrt{m^2 + 1}} = 2$.
   Individua la sola risposta sbagliata fra quelle proposte.

3. Fra le rette del fascio di equazione $(k-1)x + (k+1)y - 2 = 0$ non vi sono tangenti alla circonferenza $x^2 + y^2 = 9$. Dai una spiegazione esauriente di questa affermazione.

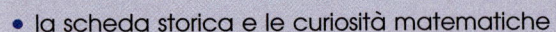

Sul sito www.edatlas.it trovi...

- il laboratorio di informatica
- la scheda storica e le curiosità matematiche
- le attività di recupero

Consideriamo di nuovo la **figura 1** e fissiamo il sistema di riferimento in modo che l'origine coincida con il punto A e l'asse x abbia la direzione della retta AB (**figura 18**); se fissiamo come unità di misura la distanza AB, abbiamo che B ha coordinate $(1, 0)$.

Un punto P che appartiene al cerchio di Apollonio deve essere tale da soddisfare la relazione

$$\frac{AP}{BP} = k \qquad \text{con } k \text{ costante reale positiva}$$

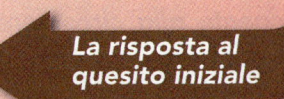
Figura 18

Posto $P(x, y)$, la precedente relazione diventa:

$$\frac{\sqrt{(x-0)^2 + (y-0)^2}}{\sqrt{(x-1)^2 + (y-0)^2}} = k \qquad \rightarrow \qquad \frac{\sqrt{x^2 + y^2}}{\sqrt{x^2 - 2x + 1 + y^2}} = k$$

Svolgendo i calcoli otteniamo l'equazione

$$(1 - k^2)x^2 + (1 - k^2)y^2 + 2k^2 x - k^2 = 0$$

che rappresenta una circonferenza avente centro nel punto $C\left(\dfrac{k^2}{k^2 - 1}, 0\right)$, quindi sulla retta AB, e raggio $r = \left|\dfrac{k}{k^2 - 1}\right|$.

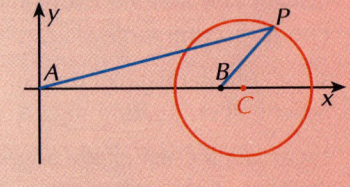
Figura 19

Osserviamo che:

- se $k = 1$ il cerchio degenera nella retta $x = \dfrac{1}{2}$ che è l'asse del segmento AB, come è logico che sia dovendo essere il luogo dei punti per i quali $\dfrac{AP}{BP} = 1$ (**figura 19**)

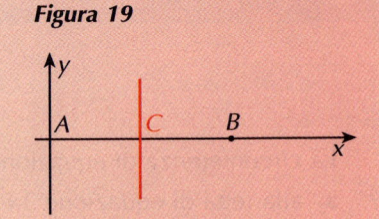
Figura 20

- se $k > 1$, come nel caso della **figura 18** dove abbiamo assunto $k = 3$, allora $AP > PB$ e il punto B è interno al cerchio

- se $0 < k < 1$, allora $AP < PB$ ed è il punto A ad essere interno, come si vede in **figura 20** dove abbiamo assunto $k = \dfrac{1}{3}$.

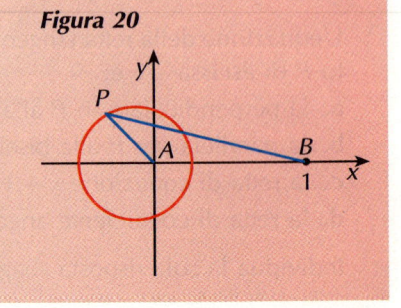

I concetti e le regole

La circonferenza e la sua equazione

La circonferenza è il luogo dei punti del piano che hanno la stessa distanza da un punto fisso chiamato centro; la distanza comune è il raggio.

Nel piano cartesiano l'equazione di una circonferenza ha sempre la forma $x^2 + y^2 + ax + by + c = 0$

Il centro e il raggio si possono calcolare con le formule $C\left(-\dfrac{a}{2}, -\dfrac{b}{2}\right)$ $r = \dfrac{1}{2}\sqrt{a^2 + b^2 - 4c}$

Se $a^2 + b^2 - 4c < 0$ la circonferenza non esiste.

In particolare, una circonferenza che ha centro nell'origine e raggio r ha equazione $x^2 + y^2 = r^2$.

Le condizioni per determinare l'equazione di una circonferenza

Per trovare l'equazione di una circonferenza sono necessarie e sufficienti tre informazioni indipendenti; in particolare:

- se si conoscono le coordinate (p, q) del centro e la misura r del raggio, la sua equazione è $(x - p)^2 + (y - q)^2 = r^2$
- se si conoscono le coordinate di tre punti, basta sostituire tali coordinate nell'equazione generale della circonferenza e risolvere il sistema ottenuto.

Le rette tangenti

Per trovare la retta tangente ad una circonferenza si può procedere in due modi.

I modo:

- si scrive il sistema fra l'equazione della circonferenza e l'equazione della retta e si trova l'equazione risolvente
- si impone che il discriminante di tale equazione sia uguale a zero.

II modo:

- si calcola la distanza del centro della circonferenza dalla retta
- si impone che tale distanza sia uguale al raggio.

In particolare, se la retta tangente passa per un punto P che appartiene alla circonferenza, indicato con C il centro, si può anche scrivere la retta che passa per P e che è perpendicolare alla retta CP.

CAPITOLO 3

L'ellisse e l'iperbole

Obiettivi

- riconoscere l'equazione di un'ellisse e di un'iperbole; individuare:
  - i fuochi
  - i semiassi
  - l'eccentricità
  e tracciarne il grafico
- scrivere l'equazione di un'ellisse e di un'iperbole note alcune caratteristiche
- determinare la posizione di un'ellisse e di un'iperbole rispetto a una retta e, in particolare, scrivere le equazioni delle rette tangenti
- risolvere problemi di varia natura sull'ellisse e sull'iperbole

MATEMATICA, REALTÀ E STORIA

Quando devi disegnare un cerchio in prospettiva, non fai altro che disegnare un'ellisse (**figura 1a**); la pianta del Colosseo e piazza San Pietro a Roma hanno forma ellittica (**figura 1b**); un arco di ellisse è anche quello che viene descritto dall'estremità inferiore della porta di un garage quando si apre (**figura 1c**).

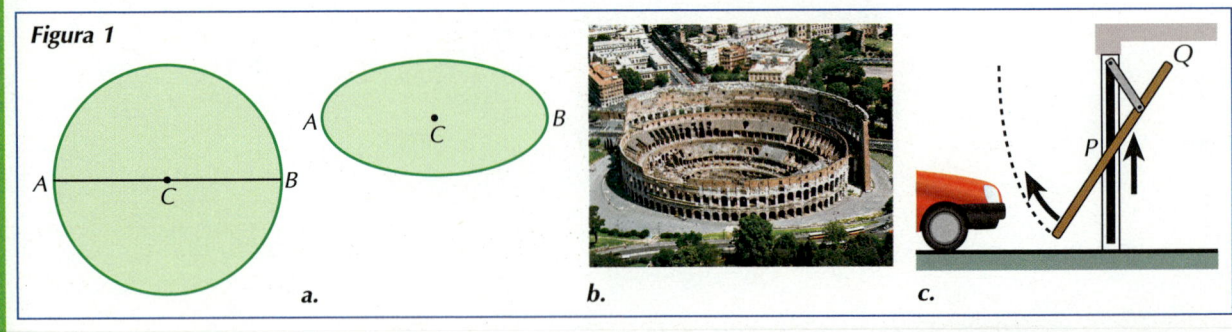

Figura 1

a.   b.   c.

L'umanità ha creduto per secoli che le traiettorie seguite dai pianeti fossero delle circonferenze delle quali la Terra occupava il centro, ma già all'inizio del 1600 Keplero era giunto alla conclusione che queste curve avevano forma ellittica. Alcuni ingranaggi hanno forma ellittica per scopi precisi. Per esempio, due ruote di forma ellittica ma con schiacciamenti diversi si usano come variatori di velocità: mentre un'ellisse ruota attorno ad uno dei fuochi di moto uniforme (quindi con velocità costante), l'altra ha una velocità variabile (**figura 2**).

Figura 2

L'iperbole ci è già nota dal biennio in una sua forma particolare, quella che rappresenta la proporzionalità inversa tra due grandezze; quello che non sappiamo ancora è che questa curva presenta caratteristiche quantomeno strane.

Prendiamo ad esempio l'iperbole di equazione $y = \dfrac{1}{x}$, il cui grafico è in **figura 3a**, e consideriamo la regione di piano (nella figura è evidenziata in verde) delimitata dalla curva, dalla retta $x = 1$ e dall'asse x; si tratta di una regione illimitata del piano perché la distanza tra la curva e l'asse delle ascisse diminuisce al crescere di x ma non diventa mai uguale a zero in quanto l'iperbole non interseca l'asse x.

Immaginiamo adesso di far ruotare questa regione attorno all'asse delle ascisse; il solido che viene generato è rappresentato in **figura 3b** e viene detto *tromba di Torricelli* o anche *tromba di Gabriele* (forse in ricordo della tromba che l'arcangelo Gabriele suonerà nel giorno del Giudizio finale). La sua caratteristica è di avere una superficie infinita ma un volume finito. In altre parole, può contenere una certa quantità di vernice, ma tutta la vernice di questo mondo non sarebbe sufficiente per dipingerla.

Una cosa sorprendente, che tuttavia si può spiegare utilizzando il calcolo integrale che impareremo nel quinto anno di corso.

Anche l'iperbole viene usata in architettura; un esempio è la cattedrale di Brasilia che puoi vedere in **figura 4**.

Il problema da risolvere

Considera l'equazione $\left|\dfrac{x}{a}\right|^n + \left|\dfrac{y}{b}\right|^n = 1$; per $n = 2$ abbiamo l'equazione di un'ellisse. Usando GeoGebra oppure Wiris disegna le curve che si ottengono per valori crescenti di n dopo aver attribuito ad a e b due valori a scelta. Per esempio, ponendo $a = 3$ e $b = 2$

- per $n = 2$ abbiamo l'equazione dell'ellisse: $\dfrac{x^2}{3^2} + \dfrac{y^2}{2^2} = 1$

- per $n = 4, 5, 6$ otteniamo le equazioni:

$$\dfrac{x^4}{3^4} + \dfrac{y^4}{2^4} = 1 \qquad \dfrac{|x|^5}{3^5} + \dfrac{|y|^5}{2^5} = 1 \qquad \dfrac{x^6}{3^6} + \dfrac{y^6}{2^6} = 1$$

Queste curve si chiamano **superellissi** e hanno la caratteristica di approssimare un rettangolo al crescere degli esponenti. Cerca online del materiale su questo argomento e scopri l'origine di questi studi.

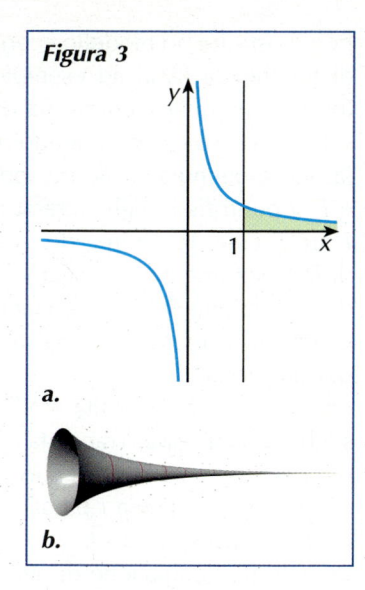

Figura 3

a.

b.

Figura 4

1. L'EQUAZIONE DELL'ELLISSE

Gli esercizi di questo paragrafo sono a pag. 477

Un altro luogo geometrico che, come vedremo, è rappresentato da un'equazione di secondo grado è l'ellisse che definiamo nel seguente modo.

> Si chiama **ellisse** il luogo dei punti del piano per i quali è costante la somma delle distanze da due punti fissi detti fuochi.

Indicati con F_1 e F_2 i due fuochi, un punto P che appartiene a questo luogo deve quindi essere tale che la somma dei due segmenti PF_1 e PF_2 non cambi al variare del punto P (**figura 5**).

Figura 5 $\quad PF_1 + PF_2$ è costante

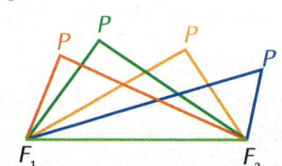

Puoi costruire un modello sperimentale di questa curva utilizzando uno spago di lunghezza fissa, ad esempio 10cm, fissato nei suoi estremi ad un foglio (puoi usare delle puntine da disegno); infila ora la punta di una matita al di sotto dello spago e, tenendolo ben teso, falla scorrere sul foglio (**figura 6**); la figura ottenuta è tale da soddisfare la condizione posta: indicando con F_1 e F_2 i punti fissi degli estremi dello spago e prendendo un punto qualunque P su di essa, la somma dei segmenti PF_1 e PF_2 è sempre costante al variare di P (la somma dei due segmenti è la lunghezza dello spago). Un tale metodo di costruzione dell'ellisse viene detto "metodo del giardiniere" perché questo è proprio il modo che usano i giardinieri per costruire aiuole che abbiano questa forma.

Per come è stata definita, l'ellisse è una curva che presenta evidenti caratteristiche di simmetria. Tracciata la retta dei fuochi r e indicato con O il punto medio del segmento $F_1 F_2$, la curva è simmetrica sia rispetto alla retta r sia rispetto alla perpendicolare a r passante per O (**figura 7a**); di conseguenza è simmetrica anche rispetto ad O.

Per trovare l'equazione di questo luogo è allora conveniente fissare il sistema di riferimento in modo che l'origine coincida con il punto O e gli assi cartesiani con le rette r e s (**figura 7b**).

1.1 L'ellisse con i fuochi sull'asse x

Supponiamo dapprima che i fuochi si trovino sull'asse delle ascisse, per esempio nei punti

$$F_1(-\sqrt{5}, 0) \qquad e \qquad F_2(\sqrt{5}, 0)$$

e che la somma costante, rispetto a una prefissata unità di misura, sia uguale a 6. Un punto $P(x, y)$ del piano appartiene al luogo cercato se le sue coordinate soddisfano la relazione:

$$\sqrt{(x+\sqrt{5})^2 + y^2} + \sqrt{(x-\sqrt{5})^2 + y^2} = 6$$

Per scriverla in modo che non compaiano più le radici, isoliamo un radicale ed eleviamo poi entrambi i membri al quadrato ottenendo così:

$$\sqrt{(x+\sqrt{5})^2 + y^2} = 6 - \sqrt{(x-\sqrt{5})^2 + y^2}$$

$$x^2 + 5 + 2\sqrt{5}x + y^2 = 36 + x^2 + 5 - 2\sqrt{5}x + y^2 - 12\sqrt{(x-\sqrt{5})^2 + y^2}$$

$$12\sqrt{x^2 + 5 - 2\sqrt{5}x + y^2} = 36 - 4\sqrt{5}x$$

da cui, dividendo per 4:

$$3\sqrt{x^2 + 5 - 2\sqrt{5}x + y^2} = 9 - \sqrt{5}x$$

Eleviamo di nuovo al quadrato e svolgiamo i calcoli

$$9x^2 + 45 - 18\sqrt{5}x + 9y^2 = 81 + 5x^2 - 18\sqrt{5}x \quad \rightarrow \quad 4x^2 + 9y^2 = 36$$

Osserviamo che, nell'equazione ottenuta, se sostituiamo $-x$ al posto di x e $-y$ al posto di y, una alla volta oppure contemporaneamente, otteniamo ancora la stessa equazione; questo conferma che l'ellisse è una curva simmetrica rispetto agli assi cartesiani e rispetto all'origine.

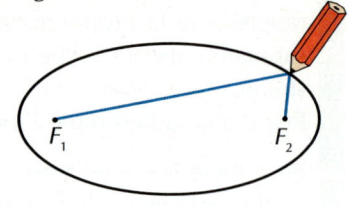
Figura 6

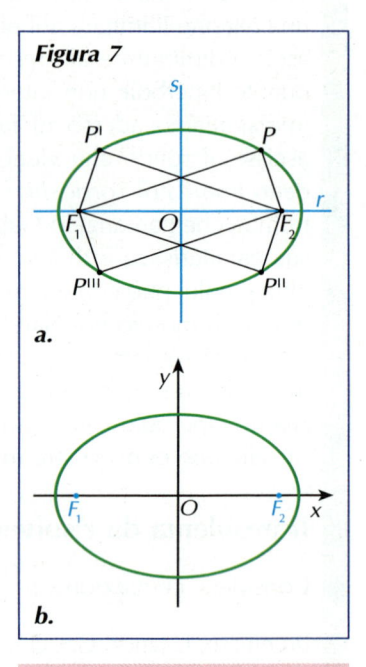
Figura 7

a.

b.

La somma delle distanze di un punto P dai fuochi deve essere maggiore della distanza tra i fuochi.

Ricerchiamo gli eventuali punti di intersezione con gli assi cartesiani risolvendo i sistemi

$$\begin{cases} 4x^2 + 9y^2 = 36 \\ x = 0 \end{cases} \quad e \quad \begin{cases} 4x^2 + 9y^2 = 36 \\ y = 0 \end{cases}$$

$$\begin{cases} x = 0 \\ y = \pm 2 \end{cases} \quad e \quad \begin{cases} y = 0 \\ x = \pm 3 \end{cases}$$

La curva taglia quindi l'asse y nei punti $B_1(0, -2)$ e $B_2(0, 2)$, e l'asse x nei punti $A_1(-3, 0)$ e $A_2(3, 0)$.

In base al modello che abbiamo costruito per via sperimentale, potremmo già costruire il grafico dell'ellisse ottenuta; tuttavia, per avere una conferma anche dal punto di vista algebrico di quanto ottenuto sperimentalmente, esplicitiamo l'equazione prima rispetto a una variabile e poi rispetto all'altra, ottenendo così:

$$x = \pm \frac{3}{2} \sqrt{4 - y^2} \qquad y = \pm \frac{2}{3} \sqrt{9 - x^2}$$

Il dominio della prima equazione è, in R, $\quad -2 \leq y \leq 2$

quello della seconda $\qquad\qquad\qquad\qquad -3 \leq x \leq 3$

Questo significa che i punti della curva sono compresi nell'intersezione delle due strisce di piano individuate da queste disuguaglianze (**figura 8a**).

Trovati alcuni punti di coordinate positive appartenenti alla curva e tenendo conto delle simmetrie evidenziate, possiamo tracciare il grafico associato all'equazione del luogo dei punti descritto (**figura 8b**).

Osserviamo poi che, dividendo l'equazione dell'ellisse per il fattore numerico al secondo membro, cioè dividendo per 36, otteniamo un'equazione nella forma

$$\frac{x^2}{9} + \frac{y^2}{4} = 1$$

in cui il termine x^2 ha al denominatore 9, che è il quadrato di -3 e di $+3$, cioè dei due numeri che determinano l'intervallo di definizione della variabile x. Analogamente il termine y^2 ha al denominatore 4, che è il quadrato di -2 e di $+2$, cioè dei due numeri che determinano l'intervallo di definizione della variabile y. E' conveniente allora scrivere l'equazione di una ellisse in questa forma, in modo da evidenziare gli estremi di tali intervalli, che rappresentano anche i suoi punti di intersezione con gli assi cartesiani.

Ripetiamo adesso gli stessi calcoli nel caso generale.

Supponiamo che i fuochi appartengano all'asse x e abbiano coordinate

$$F_1(-c, 0) \qquad\qquad F_2(c, 0)$$

e indichiamo con $2a$ la costante che esprime la somma dei due segmenti PF_1 e PF_2; un punto $P(x, y)$ del piano appartiene all'ellisse se (**figura 9**):

$$\overline{PF_1} + \overline{PF_2} = 2a$$

cioè se: $\sqrt{(x + c)^2 + (y - 0)^2} + \sqrt{(x - c)^2 + (y - 0)^2} = 2a$

Svolgendo i calcoli come nel caso numerico precedente otteniamo l'equazione

$$(a^2 - c^2)x^2 + a^2 y^2 = a^2(a^2 - c^2)$$

Consideriamo adesso il triangolo PF_1F_2 della **figura 9** del quale possiamo dire che, per le disuguaglianze triangolari, $\overline{F_1 F_2} < \overline{PF_1} + \overline{PF_2}$, cioè $2c < 2a$.

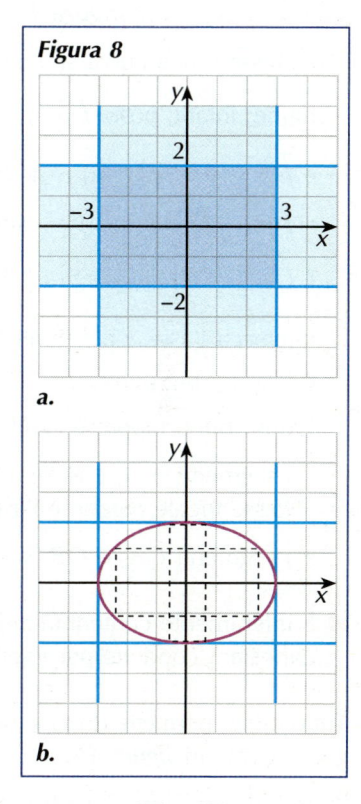

Figura 8

a.

b.

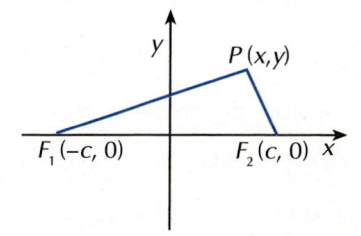

Figura 9 $\quad \overline{PF_1} + \overline{PF_2} = 2a$

La quantità $(a^2 - c^2)$ dell'equazione ottenuta è quindi positiva e perciò possiamo porre

$$a^2 - c^2 = b^2$$

Operando questa sostituzione nell'equazione ottenuta, essa diventa

$$b^2 x^2 + a^2 y^2 = a^2 b^2$$

e, se dividiamo entrambi i membri per $a^2 b^2$, otteniamo $\quad \dfrac{x^2}{a^2} + \dfrac{y^2}{b^2} = 1$

Possiamo quindi concludere che:

> la forma canonica dell'equazione generale di un'ellisse che ha centro nell'origine e fuochi sull'asse x è
>
> $$\frac{x^2}{a^2} + \frac{y^2}{b^2} = 1$$

Generalizzando poi le considerazioni fatte nell'esempio possiamo fare le seguenti osservazioni (**figura 10a**).

■ L'ellisse è una curva simmetrica rispetto agli assi cartesiani e rispetto all'origine; infatti, posto $f(x, y) = \dfrac{x^2}{a^2} + \dfrac{y^2}{b^2} - 1$:

- $f(-x, y) = f(x, y)$ (simmetria rispetto all'asse y)
- $f(x, -y) = f(x, y)$ (simmetria rispetto all'asse x)
- $f(-x, -y) = f(x, y)$ (simmetria rispetto all'origine).

■ Interseca l'asse x nei punti $A_1(-a, 0)$ $A_2(a, 0)$
e l'asse y nei punti: $B_1(0, -b)$ $B_2(0, b)$

Questi punti rappresentano i **vertici** dell'ellisse, mentre:

- i segmenti $A_1 A_2$ e $B_1 B_2$ si dicono **assi** dell'ellisse e, in particolare, $A_1 A_2$ è l'asse focale perché è l'asse a cui appartengono anche i fuochi
- i segmenti OA_2 e OB_2 si dicono **semiassi** e OF_2 è il semiasse focale.

■ È interamente contenuta nel rettangolo individuato dalle parallele agli assi cartesiani condotte per i vertici.

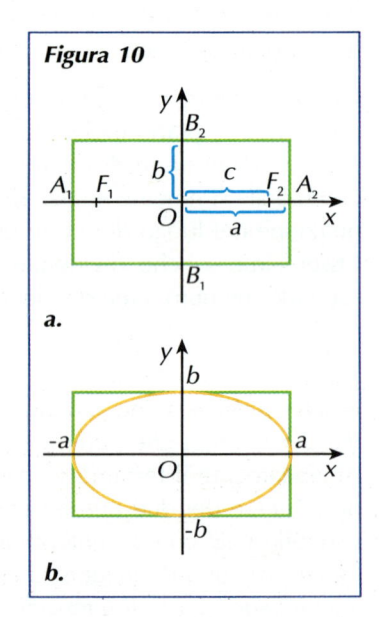

Figura 10

a.

b.

Tutto ciò ci permette di concludere che il grafico di un'ellisse può essere disegnato come in **figura 10b**.

Inoltre, dati i valori di a e b, è possibile determinare le coordinate dei fuochi di una ellisse. Infatti dalla relazione $a^2 - c^2 = b^2$, possiamo ricavare

$$c^2 = a^2 - b^2 \qquad \text{ovvero} \qquad c = \sqrt{a^2 - b^2}$$

(ricorda che abbiamo posto $c > 0$).

Allora i fuochi hanno coordinate

$$F_1\left(-\sqrt{a^2 - b^2}, 0\right) \qquad F_2\left(\sqrt{a^2 - b^2}, 0\right)$$

Costruiamo i grafici delle ellissi le cui equazioni sono date di seguito.

1. $\dfrac{x^2}{25} + \dfrac{y^2}{9} = 1$

Poiché $a^2 = 25$ e $b^2 = 9$, il semiasse maggiore dell'ellisse è 5 (lungo l'asse delle ascisse), il semiasse minore è 3 (lungo l'asse delle ordinate).
I vertici sono dunque i punti di coordinate

$$(-5, 0), \quad (5, 0), \quad (0, -3), \quad (0, 3)$$

Il suo grafico è in **figura 11**.

Figura 11

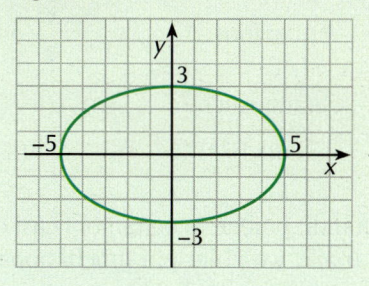

2. $\dfrac{x^2}{6} + \dfrac{y^2}{2} = 1$

Il semiasse maggiore è $\sqrt{6}$, quello minore è $\sqrt{2}$; i vertici hanno coordinate

$$(-\sqrt{6}, 0), \quad (\sqrt{6}, 0), \quad (0, -\sqrt{2}), \quad (0, \sqrt{2}).$$

Il grafico dell'ellisse è in **figura 12**.

Figura 12

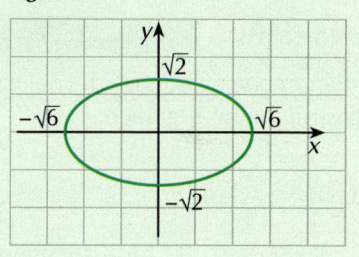

1.2 L'ellisse con i fuochi sull'asse y

Fissiamo adesso il sistema di riferimento in modo che la retta dei fuochi sia l'asse y e l'origine coincida con il punto medio del segmento da essi individuato (**figura 13**).
In queste ipotesi si ha che $F_1(0, -c)$ e $F_2(0, c)$; procedendo in modo del tutto analogo, dobbiamo imporre che la somma $\overline{PF_1} + \overline{PF_2}$ sia costante. Al fine di ottenere un'equazione analoga a quella precedente, indichiamo con $2b$ il valore di tale costante; vedremo che, in questo modo, verrà mantenuta la convenzione di indicare con a il semiasse che appartiene all'asse x e con b il semiasse che appartiene all'asse y. La relazione che otteniamo è la seguente:

Figura 13

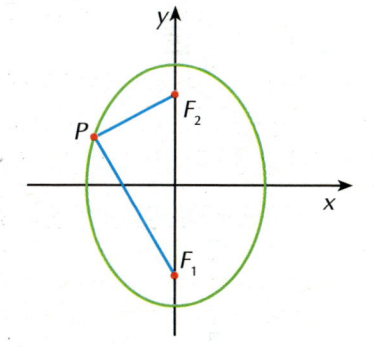

$$\sqrt{x^2 + (y + c)^2} + \sqrt{x^2 + (y - c)^2} = 2b$$

Svolgendo i calcoli in modo del tutto simile, si giunge all'equazione

$$b^2 x^2 + (b^2 - c^2) y^2 = b^2 (b^2 - c^2)$$

Poiché per le disuguaglianze triangolari è $2b > 2c$, possiamo porre $b^2 - c^2 = a^2$; dividendo entrambi i membri per $a^2 b^2$, si ottiene di nuovo l'equazione

$$\boxed{\dfrac{x^2}{a^2} + \dfrac{y^2}{b^2} = 1}$$

> Per le disuguaglianze triangolari relative al triangolo PF_1F_2 si ha che
> $$PF_1 + PF_2 > F_1F_2$$
> $$2b > 2c$$

dove il parametro b^2 è maggiore del parametro a^2 ed è $c = \sqrt{b^2 - a^2}$.

I fuochi di questa ellisse hanno dunque coordinate $\left(0, \pm \sqrt{b^2 - a^2}\right)$ e i suoi vertici sono, come per l'altro tipo di ellisse, i punti $A(\pm a, 0)$ e $B(0, \pm b)$.

In definitiva, paragonando le equazioni ottenute nei due casi, possiamo dire che:

COME RICONOSCERE LA TIPOLOGIA DELL'ELLISSE

Ellisse	Fuochi su asse x	Fuochi su asse y
Equazione	$\frac{x^2}{a^2}+\frac{y^2}{b^2}=1$	$\frac{x^2}{a^2}+\frac{y^2}{b^2}=1$
Caratteristiche	$a>b \quad c^2=a^2-b^2$	$a<b \quad c^2=b^2-a^2$
Fuochi	$(\pm c,\ 0)$	$(0,\ \pm c)$

Quindi, poiché in entrambi i casi considerati a è sempre riferito alla variabile x e b alla variabile y, i fuochi appartengono all'asse individuato dalla lettera a cui corrisponde il parametro maggiore.

ESEMPI

Studiamo le caratteristiche delle ellissi che hanno le seguenti equazioni e costruiamone il grafico.

1. $\frac{x^2}{9}+\frac{y^2}{4}=1$

Essendo $9>4$ i fuochi appartengono all'asse x ed è:

$a=3 \qquad b=2 \qquad c=\sqrt{9-4}=\sqrt{5} \qquad \rightarrow \qquad F(\pm\sqrt{5},\ 0)$

Il grafico è in ***figura 14***.

Figura 14

2. $\frac{x^2}{16}+\frac{y^2}{25}=1$

Essendo $25>16$ i fuochi appartengono all'asse y ed è:

$a=4 \qquad b=5 \qquad c=\sqrt{25-16}=3 \qquad \rightarrow \qquad F(0,\ \pm 3)$

Il grafico è in ***figura 15***.

Figura 15

VERIFICA DI COMPRENSIONE

1. Considerata l'ellisse di equazione $4x^2+25y^2=100$:

a. la sua forma canonica è: ① $\frac{x^2}{4}+\frac{y^2}{25}=1$ ② $25x^2+4y^2=100$ ③ $\frac{x^2}{25}+\frac{y^2}{4}=1$

b. l'asse focale è: ① l'asse x ② l'asse y

c. i fuochi hanno coordinate: ① $(\pm\sqrt{29},\ 0)$ ② $(\pm\sqrt{21},\ 0)$ ③ $(0,\ \pm\sqrt{21})$

d. il semiasse maggiore è lungo: ① 5 ② 25 ③ 4

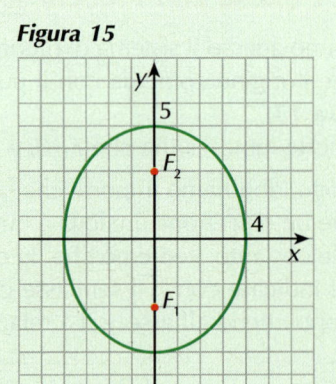

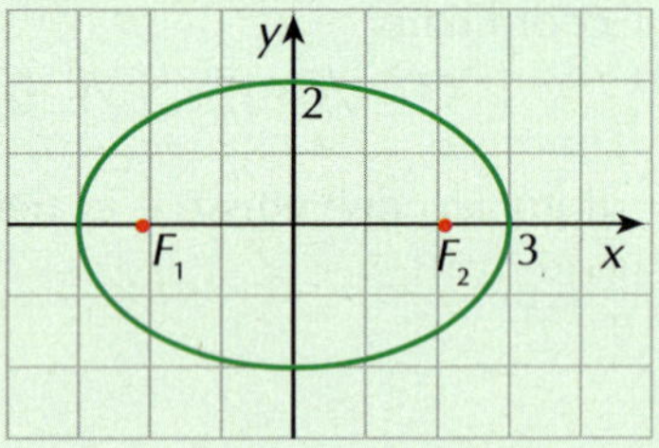

2. Un'ellisse ha il semiasse appartenente all'asse x lungo 1 e il semiasse appartenente all'asse y lungo 3; relativamente alla sua equazione si può dire che:

a. è $\dfrac{x^2}{9} + y^2 = 1$ **b.** è $x^2 + \dfrac{y^2}{3} = 1$

c. è $x^2 + \dfrac{y^2}{9} = 1$ **d.** i dati sono insufficienti per poterla determinare in modo unico

2. L'ECCENTRICITÀ DI UNA ELLISSE

Gli esercizi di questo paragrafo sono a pag. 479

Osserviamo i grafici delle ellissi di equazioni:

$$\frac{x^2}{25} + \frac{y^2}{16} = 1 \qquad \frac{x^2}{25} + \frac{y^2}{9} = 1 \qquad \frac{x^2}{25} + \frac{y^2}{4} = 1 \qquad \frac{x^2}{25} + y^2 = 1$$

che hanno tutte il semiasse maggiore $a = 5$ e il semiasse b rispettivamente uguale a 4, 3, 2, 1 (**figura 16**).

Figura 16

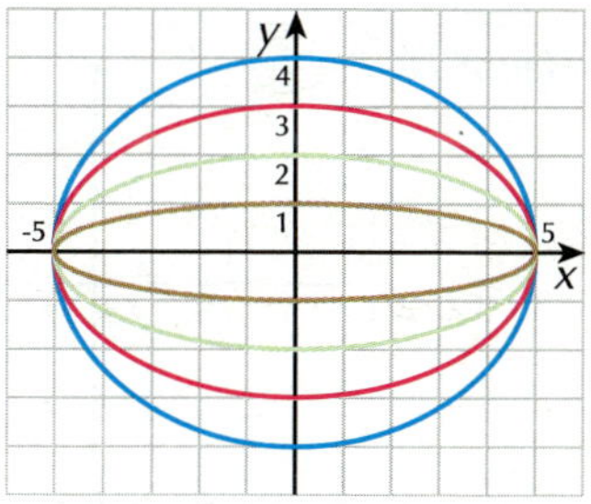

Se dovessimo descrivere le differenze tra una e l'altra, diremmo probabilmente che quella più esterna è meno "schiacciata" di quelle più interne.
Questo "schiacciamento" dipende dal fatto che, pur avendo lo stesso semiasse maggiore, la distanza focale aumenta per ellissi più interne:

- $\dfrac{x^2}{25} + \dfrac{y^2}{16} = 1$ $a = 5$ $b = 4$ $c = \sqrt{25 - 16} = 3$ $\dfrac{c}{a} = \dfrac{3}{5} = 0{,}6$

- $\dfrac{x^2}{25} + \dfrac{y^2}{9} = 1$ $a = 5$ $b = 3$ $c = \sqrt{25 - 9} = 4$ $\dfrac{c}{a} = \dfrac{4}{5} = 0{,}8$

- $\dfrac{x^2}{25} + \dfrac{y^2}{4} = 1$ $a = 5$ $b = 2$ $c = \sqrt{25 - 4} = \sqrt{21}$ $\dfrac{c}{a} = \dfrac{\sqrt{21}}{5} = 0{,}92$

- $\dfrac{x^2}{25} + y^2 = 1$ $a = 5$ $b = 1$ $c = \sqrt{25 - 1} = \sqrt{24}$ $\dfrac{c}{a} = \dfrac{\sqrt{24}}{5} = 0{,}98$

Anche il rapporto tra il semiasse focale c e il semiasse maggiore a aumenta pur mantenendosi minore di 1 e possiamo dire che più questo rapporto si avvicina a 1, più l'ellisse appare "schiacciata".

Diamo allora la seguente definizione.

Si dice **eccentricità** di un'ellisse il rapporto fra il semiasse focale e il semiasse maggiore:

$$e = \frac{\text{semiasse focale}}{\text{semiasse maggiore}}$$

In particolare:
- se l'ellisse ha i fuochi sull'asse delle ascisse $e = \dfrac{c}{a}$

- se l'ellisse ha i fuochi sull'asse delle ordinate $e = \dfrac{c}{b}$

Inoltre, poiché la semidistanza focale è sempre minore o uguale del semiasse maggiore, si ha che

$$0 \leq e \leq 1$$

Per come è stata definita, l'eccentricità rappresenta lo "schiacciamento" dell'ellisse sul suo asse maggiore: più il valore di e si avvicina a 0, meno l'ellisse è schiacciata, più si avvicina ad 1 più lo diventa (**figura 17**).

Il caso particolare in cui $e = 0$ si verifica quando $c = 0$, cioè quando $a = b$ e quindi i semiassi dell'ellisse sono uguali; la sua equazione diventa allora del tipo

$$\frac{x^2}{a^2} + \frac{y^2}{a^2} = 1 \quad \text{cioè} \quad x^2 + y^2 = a^2$$

e rappresenta una circonferenza con centro nell'origine e raggio a (**figura 18a**). Possiamo quindi anche interpretare una circonferenza come un'ellisse di eccentricità nulla.

Se invece $e = 1$, allora c è uguale al semiasse maggiore, cioè i vertici coincidono con i fuochi ed il semiasse minore vale zero; questo significa che l'ellisse degenera nel segmento $F_1 F_2$ (**figura 18b**).

Figura 17

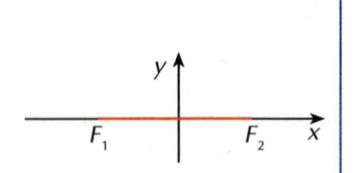

Figura 18

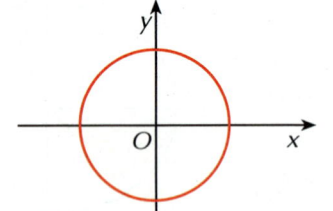

a. $e = 0$: l'ellisse è una circonferenza

b. $e = 1$: l'ellisse degenera nel segmento $F_1 F_2$

ESEMPI

Determiniamo l'eccentricità delle seguenti ellissi.

1. $\dfrac{x^2}{10} + \dfrac{y^2}{3} = 1$

   Abbiamo che: $a = \sqrt{10}, \quad b = \sqrt{3}, \quad c = \sqrt{7} \quad$ quindi $\quad e = \sqrt{\dfrac{7}{10}}$.

2. $\dfrac{x^2}{8} + \dfrac{y^2}{64} = 1$

   Abbiamo che: $a = 2\sqrt{2}, \quad b = 8, \quad c = 2\sqrt{14} \quad$ quindi $\quad e = \dfrac{2\sqrt{14}}{8} = \dfrac{\sqrt{14}}{4}$.

---

3. L'EQUAZIONE DELL'IPERBOLE

Gli esercizi di questo paragrafo sono a pag. 480

> Si chiama **iperbole** il luogo dei punti del piano per i quali è costante la differenza delle distanze da due punti fissi detti **fuochi**.

Indicati con F_1 e F_2 i due fuochi, un punto P appartiene a questo luogo se la differenza $\overline{PF_1} - \overline{PF_2}$ non cambia il suo valore al variare del punto P nel piano.

Osserviamo però che, se $PF_1 > PF_2$, la differenza considerata è positiva, se invece $PF_1 < PF_2$, essa è negativa (**figura 19**). Affinché in entrambi i casi P appartenga al luogo, dobbiamo considerare costante il modulo di tale differenza, vale a dire che dobbiamo individuare i punti P del piano per i quali si mantiene costante l'espressione

$$\left| \overline{PF_1} - \overline{PF_2} \right|$$

Cerchiamo dunque di trovare la relazione algebrica che lega le coordinate dei punti di una iperbole, una volta che sia stato fissato un sistema di riferimento cartesiano ortogonale opportuno.

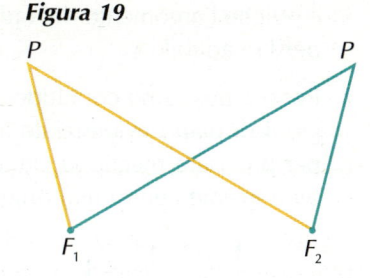

Figura 19

3.1 L'iperbole con i fuochi sull'asse x

Osserviamo che, in base alla definizione data, se un punto P appartiene all'iperbole, le appartiene anche il suo simmetrico P' rispetto all'asse r del segmento F_1F_2 perché $|PF_1 - PF_2| = |P'F_1 - P'F_2|$ (**figura 20a**).
Conviene allora considerare la retta F_1F_2 come asse delle ascisse e l'asse r come asse delle ordinate (**figura 20b**).
Se ad esempio, in tale sistema di riferimento, i due fuochi hanno coordinate

$$F_1(-3, 0) \qquad F_2(3, 0)$$

e se la differenza costante è 4 rispetto all'unità di misura prefissata, un punto $P(x, y)$ del piano appartiene al luogo cercato se le sue coordinate soddisfano la relazione:

$$\left| \sqrt{(x+3)^2 + y^2} - \sqrt{(x-3)^2 + y^2} \right| = 4$$

Elevando al quadrato entrambi i membri e svolgendo i calcoli (come nel caso dell'ellisse è necessario ripetere due volte l'elevamento a potenza) otteniamo infine l'equazione

$$\frac{x^2}{4} - \frac{y^2}{5} = 1$$

Determiniamo le sue caratteristiche.

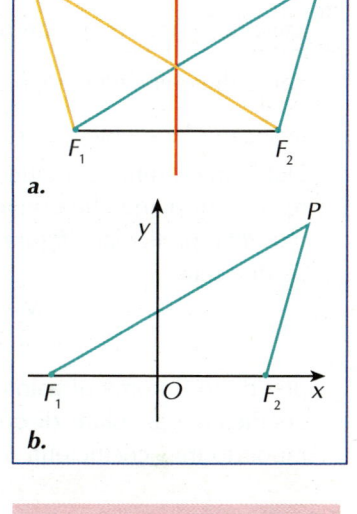

Figura 20

a.

b.

- Come nel caso dell'ellisse operando le sostituzioni $x \to -x$ e $y \to -y$ si ottiene la stessa equazione, quindi la curva è simmetrica sia rispetto ad entrambi gli assi cartesiani, sia rispetto all'origine.

- Se poniamo $x = 0$ otteniamo $-\dfrac{y^2}{5} = 1$ che è un'equazione impossibile; la curva non interseca quindi l'asse delle ordinate.

  Se invece poniamo $y = 0$ otteniamo $\dfrac{x^2}{4} = 1$ che ha come soluzioni $x = \pm 2$; la curva interseca quindi l'asse x nei punti di coordinate $(-2, 0)$ e $(2, 0)$.

- Esplicitando l'equazione rispetto a y otteniamo:

$$y = \pm \frac{1}{2} \sqrt{5(x^2 - 4)}$$

e questo significa che, dovendo essere $x^2 - 4 \geq 0$, il grafico dell'iperbole potrà essere disegnato solo per $x \leq -2 \lor x \geq 2$ (**figura 21**).

Esplicitando invece rispetto a x otteniamo: $\quad x = \pm 2 \sqrt{\dfrac{y^2 + 5}{5}}$

> I due membri dell'equazione sono entrambi positivi, quindi l'equazione che si ottiene elevando al quadrato è equivalente a quella data.

Figura 21

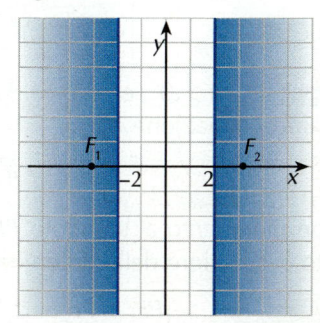

e poiché l'argomento del radicale è sempre positivo, non ci sono limitazioni per la variabile y.

Per ora possiamo concludere che il grafico dell'iperbole appartiene alle regioni di piano evidenziate in colore nella **figura 21** di pagina precedente; per precisare meglio la situazione intersechiamo l'iperbole con il fascio di rette avente centro nell'origine:

$$\begin{cases} \dfrac{x^2}{4} - \dfrac{y^2}{5} = 1 \\ y = mx \end{cases} \quad \text{da cui otteniamo} \quad \begin{cases} x^2 = \dfrac{20}{5 - 4m^2} \\ y = mx \end{cases}$$

Le soluzioni di questo sistema sono reali, cioè l'iperbole interseca una delle rette del fascio, solamente se:

$$5 - 4m^2 > 0 \qquad \text{cioè} \qquad -\frac{\sqrt{5}}{2} < m < \frac{\sqrt{5}}{2}$$

Esistono quindi due rette particolari, una di coefficiente angolare $-\dfrac{\sqrt{5}}{2}$ e l'altra di coefficiente angolare $\dfrac{\sqrt{5}}{2}$, che fanno da confine tra le rette che intersecano l'iperbole e le rette che non la intersecano (**figura 22a**).

Dobbiamo quindi concludere che l'iperbole è interamente contenuta nella regione di piano che contiene anche l'asse x e che è delimitata da queste due rette particolari (**figura 22b**).

Le due rette

$$y = -\frac{\sqrt{5}}{2}x \qquad e \qquad y = \frac{\sqrt{5}}{2}x$$

prendono il nome di **asintoti** dell'iperbole. Osserviamo che il modulo del coefficiente angolare di queste due rette è proprio la radice quadrata del rapporto tra i coefficienti 5 e 4 dell'equazione dell'iperbole.

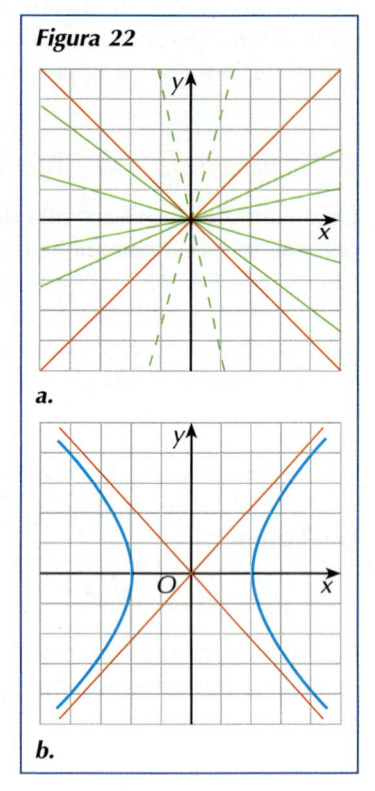

Figura 22

a.

b.

IL CASO GENERALE

Estendiamo queste considerazioni al caso generale. Scegliamo dunque il sistema di riferimento in modo che l'asse delle ascisse sia la retta dei fuochi e l'asse delle ordinate sia l'asse del segmento F_1F_2. In tali ipotesi, siano

$$F_1(-c, 0) \qquad F_2(c, 0)$$

le coordinate dei due fuochi; indicando con $2a$ la costante che esprime la differenza delle misure dei due segmenti PF_1 e PF_2 (**figura 23**), possiamo dire che un punto $P(x, y)$ del piano appartiene all'iperbole se le sue coordinate soddisfano la relazione

$$\left| \overline{PF_1} - \overline{PF_2} \right| = 2a$$

cioè se

$$\left| \sqrt{(x+c)^2 + y^2} - \sqrt{(x-c)^2 + y^2} \right| = 2a$$

supposto $a > 0$ e $c > 0$. Elevando al quadrato e svolgendo i calcoli, otteniamo l'equazione

$$(c^2 - a^2)x^2 - a^2y^2 = a^2(c^2 - a^2)$$

Con riferimento al triangolo PF_1F_2 della **figura 23** precedente, poiché ciascun lato è maggiore della differenza degli altri due, possiamo dedurre che

$$F_1F_2 > |PF_1 - PF_2| \qquad \text{cioè} \qquad 2c > 2a \qquad \text{ovvero} \qquad c > a$$

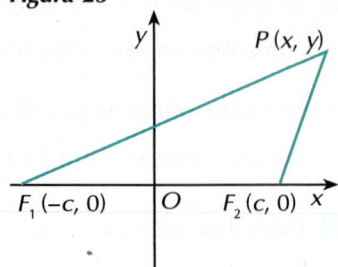

Figura 23

Allora l'espressione $c^2 - a^2$ è sicuramente positiva.

Possiamo perciò porre $\qquad\qquad c^2 - a^2 = b^2$

e scrivere l'equazione nella forma $\qquad b^2 x^2 - a^2 y^2 = a^2 b^2$

da cui, dividendo per $a^2 b^2$, otteniamo $\qquad \dfrac{x^2}{a^2} - \dfrac{y^2}{b^2} = 1$

L'EQUAZIONE SE I FUOCHI APPARTENGONO ALL'ASSE x

> L'iperbole avente centro nell'origine e i fuochi sull'asse delle ascisse ha equazione
> $$\frac{x^2}{a^2} - \frac{y^2}{b^2} = 1$$

Le sue caratteristiche sono le stesse di quelle già messe in evidenza nell'esempio precedente (**figura 24**).

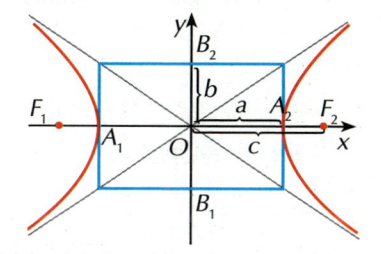

Figura 24

- È una curva simmetrica rispetto agli assi cartesiani e all'origine.

- Intersecando l'iperbole con l'asse x troviamo i punti $A_1(-a, 0)$ e $A_2(a, 0)$ che sono i suoi **vertici reali**; il segmento $A_1 A_2$ è l'**asse trasverso** e il segmento OA_1 (oppure OA_2) il **semiasse trasverso**.

- L'iperbole non ha invece intersezioni con l'asse y; tuttavia è utile considerare i punti $B_1(0, -b)$ e $B_2(0, b)$ che si dicono **vertici immaginari**; il segmento $B_1 B_2$ è l'**asse non trasverso** e il segmento OB_1 (oppure OB_2) il **semiasse non trasverso**.

- Il suo grafico è interamente contenuto nella regione di piano che contiene l'asse x e che è delimitata dalle due rette di equazione

LE EQUAZIONI DEGLI ASINTOTI

$$y = -\frac{b}{a}x \qquad e \qquad y = \frac{b}{a}x$$

Tali rette rappresentano gli **asintoti** della curva.

Il loro coefficiente angolare, in modulo, è il rapporto tra il semiasse non trasverso b e il semiasse trasverso a; dal punto di vista grafico quindi, gli asintoti sono rappresentati dalle diagonali del rettangolo delimitato dalle rette $x = \pm a$ e $y = \pm b$.

- Avendo posto $b^2 = c^2 - a^2$, cioè $c^2 = a^2 + b^2$, i fuochi, in funzione dei parametri dell'iperbole, hanno coordinate:

$$F_1\left(-\sqrt{a^2 + b^2},\, 0\right) \qquad F_2\left(\sqrt{a^2 + b^2},\, 0\right)$$

A questo punto tracciare il grafico di un'iperbole diventa semplice se teniamo conto di tutte le considerazioni fatte.

Data la sua equazione, dobbiamo:

- individuare i semiassi trasverso e non trasverso e quindi i suoi vertici

- disegnare il rettangolo con centro nell'origine che ha per dimensioni l'asse trasverso e quello non trasverso (**figura 25a** di pagina seguente)

- tracciare gli asintoti, cioè le rette delle diagonali del rettangolo costruito (**figura 25b**)

- disegnare l'iperbole nella coppia di angoli opposti al vertice individuata dalle diagonali e che contiene i fuochi (**figura 25c**).

Figura 25

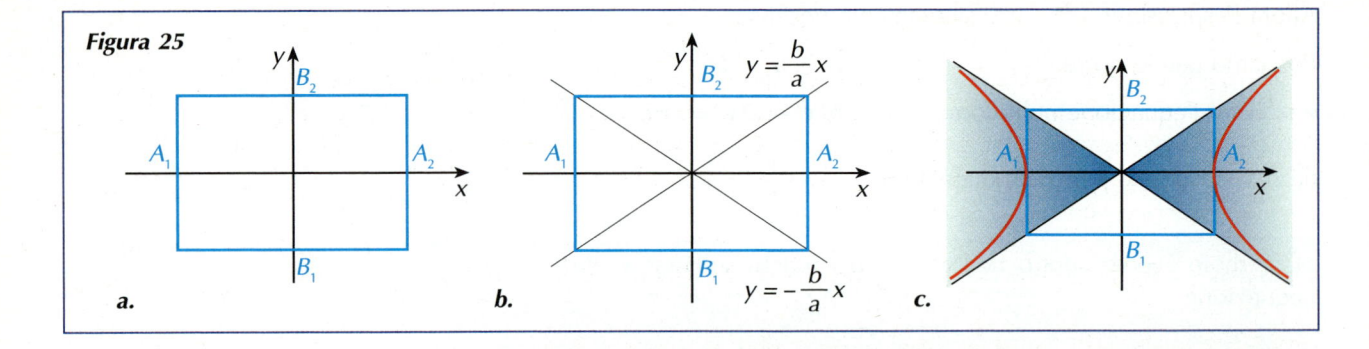

a.   b.   c.

ESEMPI

1. Determiniamo le caratteristiche delle seguenti iperboli e costruiamone il grafico.

a. $\dfrac{x^2}{16} - \dfrac{y^2}{4} = 1$

Figura 26

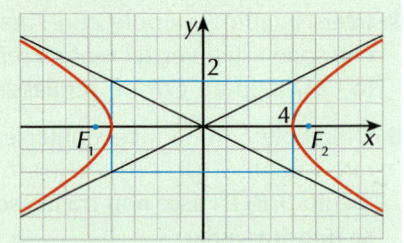

Essendo $a^2 = 16$ e $b^2 = 4$, troviamo che $c^2 = 16 + 4 = 20$.
Di conseguenza:

- i vertici reali sono i punti $A_1(-4, 0)$ e $A_2(4, 0)$ e i vertici immaginari sono i punti $B_1(0, -2)$ e $B_2(0, 2)$;

- gli asintoti sono le rette di equazione $y = \pm \dfrac{1}{2}x$

- i fuochi hanno coordinate $F_1(-2\sqrt{5}, 0)$ e $F_2(2\sqrt{5}, 0)$.

Il grafico è in **figura 26**.

b. $\dfrac{x^2}{4} - \dfrac{y^2}{9} = 1$

Figura 27

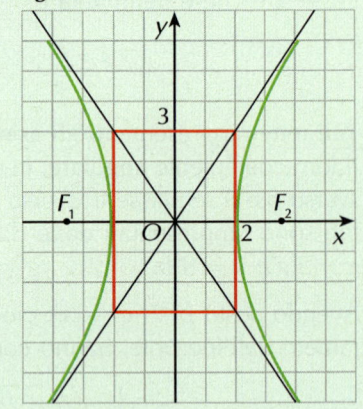

In questo caso $a^2 = 4$, $b^2 = 9$, quindi $c^2 = 9 + 4 = 13$.
Possiamo quindi dire che:

- i vertici reali sono i punti $A_1(-2, 0)$ e $A_2(2, 0)$ e i vertici immaginari sono i punti $B_1(0, -3)$ e $B_2(0, 3)$;

- gli asintoti sono le rette di equazione $y = \pm \dfrac{3}{2}x$

- i fuochi hanno coordinate $F_1(-\sqrt{13}, 0)$ e $F_2(\sqrt{13}, 0)$.

Il grafico è in **figura 27**.

2. Scriviamo l'equazione dell'iperbole che ha un vertice nel punto $A(3, 0)$ ed un fuoco nel punto $F(5, 0)$ e tracciamone poi il grafico.

Figura 28

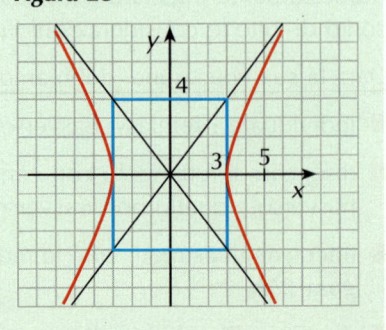

Le informazioni del problema ci dicono che $a = 3$ e $c = 5$, quindi $b^2 = 25 - 9 = 16$. L'equazione dell'iperbole è quindi

$$\frac{x^2}{9} - \frac{y^2}{16} = 1$$

Per tracciarne il grafico, disegniamo il rettangolo con centro di simmetria nell'origine O e dimensioni 6 sull'asse x e 8 sull'asse y; le sue diagonali sono gli asintoti dell'iperbole.

In **figura 28** il grafico della curva.

3.2 L'iperbole con i fuochi sull'asse y

Come nel caso dell'ellisse, anche per l'iperbole possiamo scegliere un sistema di riferimento che abbia i fuochi sull'asse delle ordinate (**figura 29**).
Se $P(x, y)$ è un punto dell'iperbole e $F_1(0, -c)$, $F_2(0, c)$ sono i fuochi e se indichiamo con $2b$ la costante che rappresenta la differenza in modulo dei segmenti PF_1 e PF_2, otteniamo l'equazione

Figura 29

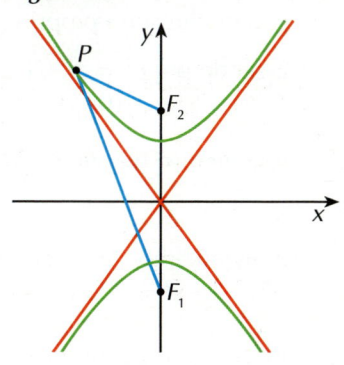

$$\left|\overline{PF_1} - \overline{PF_2}\right| = 2b \quad \rightarrow \quad \left|\sqrt{x^2 + (y + c)^2} - \sqrt{x^2 + (y - c)^2}\right| = 2b$$

Svolgendo i calcoli in modo analogo al precedente paragrafo troviamo

$$b^2x^2 - (c^2 - b^2)y^2 = -b^2(c^2 - b^2)$$

Con riferimento al triangolo PF_1F_2, dove $\overline{F_1F_2} = 2c$, per le disuguaglianze triangolari abbiamo che $2c > 2b$, quindi la differenza $c^2 - b^2$ è positiva e possiamo porre $c^2 - b^2 = a^2$; con ciò l'equazione diventa

$$b^2x^2 - a^2y^2 = -a^2b^2 \qquad \text{e dividendo per } a^2b^2 \qquad \frac{x^2}{a^2} - \frac{y^2}{b^2} = -1$$

> L'iperbole con centro nell'origine e fuochi sull'asse delle ordinate ha equazione
>
> $$\frac{x^2}{a^2} - \frac{y^2}{b^2} = -1$$

L'EQUAZIONE SE I FUOCHI APPARTENGONO ALL'ASSE y

Questa equazione è molto simile a quella dell'iperbole con i fuochi sull'asse delle ascisse; la differenza sostanziale è che nel membro di destra c'è -1 anziché 1.
Evidenziamo subito le caratteristiche di questa iperbole che si deducono in modo del tutto analogo al caso precedente (**figura 30**):

Figura 30

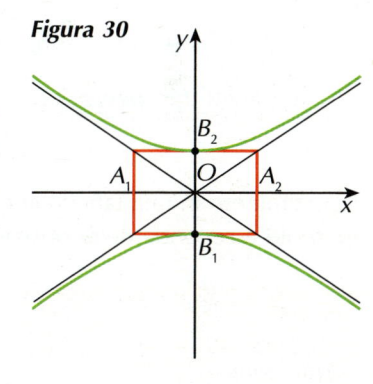

- ■ i vertici reali sono i punti $B_1(0, -b)$ e $B_2(0, b)$, l'asse trasverso è il segmento B_1B_2 e vale $2b$, il semiasse trasverso è il segmento OB_1 (oppure OB_2) e vale b

- ■ i vertici immaginari sono i punti $A_1(-a, 0)$ e $A_2(a, 0)$, l'asse non trasverso è il segmento A_1A_2 e vale $2a$, il semiasse non trasverso è il segmento OA_1 (oppure OA_2) e vale a

- ■ gli asintoti sono le rette di equazione $y = \pm\dfrac{b}{a}x$

- ■ fra i parametri a, b, c vale ancora la relazione $c^2 = a^2 + b^2$.

Il semiasse reale appartiene quindi all'asse y, quello immaginario all'asse x.

ESEMPI

1. Disegniamo l'iperbole di equazione $\dfrac{x^2}{9} - \dfrac{y^2}{16} = -1$ e calcoliamo le coordinate dei suoi fuochi.

La forma dell'equazione indica che i fuochi dell'iperbole appartengono all'asse delle ordinate, così come i vertici reali. Si ha allora che, essendo $a^2 = 9$ e $b^2 = 16$, è $a = 3$ e $b = 4$.
I vertici della curva sono i punti $B_1(0, -4)$ e $B_2(0, 4)$, mentre gli asintoti sono le rette di equazione $y = \pm\dfrac{4}{3}x$.

Dopo aver disegnato il rettangolo con centro nell'origine di dimensioni 8 sull'asse y e 6 sull'asse x, tracciamo le rette delle diagonali che sono proprio gli asintoti.

Essendo poi $c^2 = a^2 + b^2$, cioè $c^2 = 25$, i fuochi hanno coordinate $F_1(0, -5)$ e $F_2(0, 5)$.

Il grafico di questa iperbole è in **figura 31**.

Figura 31

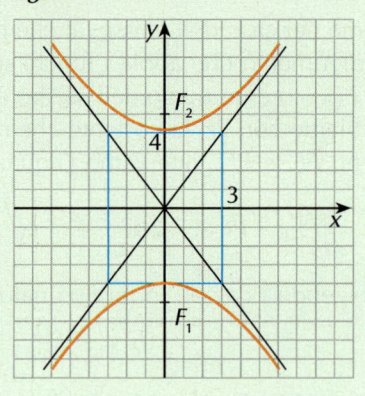

2. Individuiamo le caratteristiche della curva di equazione $25y^2 - 9x^2 = 225$ e costruiamone il grafico.

Riscriviamo per prima cosa l'equazione in forma canonica per individuarne il tipo:

$$\frac{x^2}{25} - \frac{y^2}{9} = -1$$

Si tratta quindi di un'iperbole con i fuochi sull'asse y; essendo $a = 5$ e $b = 3$, si ha che:

$$c = \sqrt{25 + 9} = \sqrt{34}$$

quindi:

Figura 32

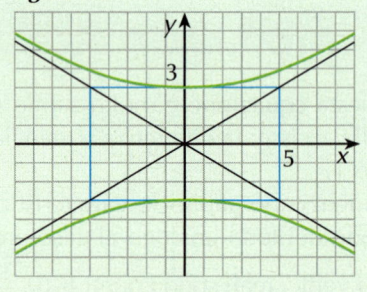

- i vertici reali della curva sono i punti $B_1(0, -3)$ e $B_2(0, 3)$

- i vertici immaginari sono i punti $A_1(-5, 0)$ e $A_2(5, 0)$

- i fuochi hanno coordinate $F_1\left(0, -\sqrt{34}\right)$ e $F_2\left(0, \sqrt{34}\right)$

- gli asintoti hanno equazione $y = \pm\dfrac{3}{5}x$.

Il grafico è in **figura 32**.

Riassumiamo in una tabella le caratteristiche algebriche dell'equazione di una iperbole a seconda della posizione dei fuochi.

	Iperbole con i fuochi sull'asse x	**Iperbole con i fuochi sull'asse y**
Equazione	$\dfrac{x^2}{a^2} - \dfrac{y^2}{b^2} = 1$	$\dfrac{x^2}{a^2} - \dfrac{y^2}{b^2} = -1$
Semiasse trasverso	a (in corrispondenza del denominatore di x^2)	b (in corrispondenza del denominatore di y^2)
Semiasse non trasverso	b	a
Vertici	$A_1(-a, 0)$ $A_2(a, 0)$	$B_1(0, -b)$ $B_2(0, b)$
Relazione tra i coefficienti	$c^2 = a^2 + b^2$	$c^2 = a^2 + b^2$
Fuochi	$F_1\left(-\sqrt{a^2+b^2}, 0\right)$ $F_2\left(\sqrt{a^2+b^2}, 0\right)$	$F_1\left(0, -\sqrt{a^2+b^2}\right)$ $F_2\left(0, \sqrt{a^2+b^2}\right)$
Asintoti	$y = \pm\dfrac{b}{a}x$	$y = \pm\dfrac{b}{a}x$

1. Dell'iperbole di equazione $\dfrac{x^2}{25} - \dfrac{y^2}{8} = 1$ si può dire che:

a. i vertici reali hanno coordinate:

① $(\pm 5, 0)$ ② $(\pm 2\sqrt{2}, 0)$ ③ $(0, \pm 5)$ ④ $(\pm 25, 0)$

b. i vertici immaginari hanno coordinate:

① $(\pm 2\sqrt{2}, 0)$ ② $(\pm 5, 0)$ ③ $(0, \pm 2\sqrt{2})$ ④ $(0, \pm 8)$

c. gli asintoti hanno equazione:

① $y = \pm \dfrac{8}{25} x$ ② $y = \pm \dfrac{2\sqrt{2}}{5} x$ ③ $y = \pm \dfrac{5}{2\sqrt{2}} x$ ④ $y = \pm \dfrac{5}{8} x$

d. i fuochi hanno coordinate:

① $(0, \pm \sqrt{17})$ ② $(0, \pm \sqrt{33})$ ③ $(\pm \sqrt{33}, 0)$ ④ $(\pm \sqrt{17}, 0)$

2. Un'iperbole con i fuochi sull'asse x ha asse trasverso uguale a 16 e asse non trasverso uguale a 12; la sua equazione è:

a. $\dfrac{x^2}{16} - \dfrac{y^2}{12} = 1$ **b.** $\dfrac{x^2}{64} - \dfrac{y^2}{36} = 1$ **c.** $\dfrac{x^2}{26} - \dfrac{y^2}{64} = 1$ **d.** $\dfrac{x^2}{256} - \dfrac{y^2}{144} = 1$

3. Tra le seguenti equazioni, individua quella che corrisponde ad un'iperbole con i fuochi sull'asse y.

a. $\dfrac{y^2}{9} - \dfrac{x^2}{16} = -1$ **b.** $\dfrac{y^2}{9} - \dfrac{x^2}{16} = 1$ **c.** $-\dfrac{x^2}{9} - \dfrac{y^2}{16} = -1$ **d.** $\dfrac{x^2}{9} - \dfrac{y^2}{16} = 1$

4. Gli asintoti dell'iperbole di equazione $8x^2 - 5y^2 + 80 = 0$ sono le rette di equazioni:

a. $y = \pm \dfrac{\sqrt{10}}{4} x$ **b.** $y = \pm \dfrac{8}{5} x$ **c.** $y = \pm \dfrac{5}{8} x$ **d.** $y = \pm \dfrac{4}{\sqrt{10}} x$

5. I fuochi dell'iperbole di equazioni $\dfrac{x^2}{9} - y^2 = -1$ sono i punti di coordinate:

a. $(\pm 2\sqrt{2}, 0)$ **b.** $(0, \pm 2\sqrt{2})$ **c.** $(\pm \sqrt{10}, 0)$ **d.** $(0, \pm \sqrt{10})$

4. L'ECCENTRICITÀ DELL'IPERBOLE

Gli esercizi di questo paragrafo sono a pag. 482

Anche per l'iperbole si può introdurre il concetto di **eccentricità**, definita come **il rapporto fra la semidistanza focale ed il semiasse trasverso**; si pone cioè

$$e = \frac{\text{semiasse focale}}{\text{semiasse trasverso}} = \begin{cases} \dfrac{c}{a} & \text{se i fuochi appartengono all'asse } x \\[2ex] \dfrac{c}{b} & \text{se i fuochi appartengono all'asse } y \end{cases}$$

Osserviamo subito che, essendo $c > a$ nel primo caso e $c > b$ nel secondo, l'eccentricità di un'iperbole è sempre maggiore di 1.

Cerchiamo di capire cosa rappresenta dal punto di vista geometrico questo rapporto. Consideriamo le tre iperboli di equazioni

$$\frac{x^2}{9} - \frac{y^2}{4} = 1 \qquad \frac{x^2}{9} - \frac{y^2}{25} = 1 \qquad \frac{x^2}{9} - \frac{y^2}{49} = 1$$

i cui grafici sono in **figura 33**.

Esse hanno tutte lo stesso semiasse trasverso che misura 3, ma hanno semiassi non trasversi che sono diversi uno dall'altro: nella prima è $b = 2$, nella seconda è $b = 5$, nella terza è $b = 7$; di conseguenza per le tre iperboli è rispettivamente

$$c = \sqrt{13}, \qquad c = \sqrt{34}, \qquad c = \sqrt{58}$$

Quello che cambia nelle tre curve è la loro "apertura": quando b cresce, e quindi quando c cresce, anche l'apertura dei rami dell'iperbole aumenta. L'eccentricità dell'iperbole diventa allora tanto più grande quanto più l'iperbole è ampia; nel nostro caso, le tre iperboli hanno rispettivamente eccentricità

$$e = \frac{\sqrt{13}}{3} \approx 1,20 \qquad e = \frac{\sqrt{34}}{3} \approx 1,94 \qquad e = \frac{\sqrt{58}}{3} \approx 2,54$$

Dunque l'eccentricità di una iperbole è una misura della sua ampiezza.

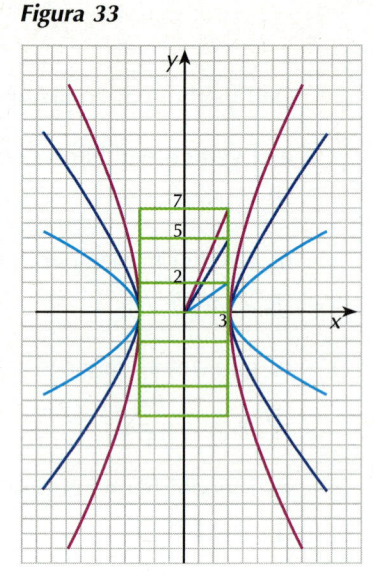

Figura 33

5. PROBLEMI SULL'ELLISSE E SULL'IPERBOLE

Molti dei problemi che riguardano l'ellisse e l'iperbole hanno le stesse caratteristiche di quelli che abbiamo visto sulla circonferenza e sulla parabola. Osserviamo però che, a differenza delle equazioni di tali curve che dipendevano da tre parametri (i coefficienti a, b, c dell'equazione), l'equazione di una ellisse o di un'iperbole dipende da due soli parametri, le misure dei semiassi a e b. Sarà dunque sufficiente avere due informazioni indipendenti per poter scrivere l'equazione cercata.

Gli esercizi di questo paragrafo sono a pag. 483 e 489

Per esempio:

- se si conoscono le coordinate di due suoi punti (non simmetrici rispetto ai suoi assi o all'origine), questo è sufficiente per poterne determinare l'equazione; per ottenerla si deve imporre alle coordinate dei punti di soddisfare l'equazione canonica della curva;

- se il problema è di determinare la tangente ad un'ellisse o a un'iperbole condotta da un punto P non interno ad essa, come già abbiamo visto per le altre curve, si deve imporre al sistema formato dalle equazioni della retta per P e della curva di avere soluzioni reali coincidenti.

Osserviamo poi che l'equazione canonica di una ellisse o di un'iperbole dipende dalla determinazione di a^2 e di b^2; sarà dunque sufficiente risolvere equazioni o sistemi fino ad arrivare a trovare tali valori.

5.1 Problemi sull'ellisse

I Problema: determinare l'equazione di una ellisse conoscendo le coordinate di due suoi punti: $A\left(1, \frac{5\sqrt{3}}{2}\right)$ e $B\left(-\frac{3}{2}, \frac{5\sqrt{7}}{4}\right)$.

Il problema ci dà due informazioni: il passaggio della curva per A, il passaggio

della curva per B; poiché i due punti non sono simmetrici né rispetto all'origine né rispetto agli assi cartesiani, otterremo l'equazione di una sola ellisse.
Imponiamo quindi il passaggio per i due punti:

$$\begin{cases} \dfrac{1}{a^2} + \dfrac{75}{4b^2} = 1 & \text{passaggio per } A \\[3mm] \dfrac{9}{4a^2} + \dfrac{175}{16b^2} = 1 & \text{passaggio per } B \end{cases}$$

Per risolvere in modo semplice tale sistema, consideriamo $\dfrac{1}{a^2}$ e $\dfrac{1}{b^2}$ come variabili; poniamo cioè $\dfrac{1}{a^2} = u$ e $\dfrac{1}{b^2} = v$.

Figura 34

Il sistema diventa così $\begin{cases} u + \dfrac{75}{4} v = 1 \\[3mm] \dfrac{9}{4} u + \dfrac{175}{16} v = 1 \end{cases}$

le cui soluzioni sono $\begin{cases} u = \dfrac{1}{4} \\[3mm] v = \dfrac{1}{25} \end{cases}$ cioè $\begin{cases} a^2 = 4 \\ b^2 = 25 \end{cases}$

L'ellisse ha allora equazione $\dfrac{x^2}{4} + \dfrac{y^2}{25} = 1$ ed i suoi fuochi, essendo $a^2 < b^2$, si trovano sull'asse delle ordinate (**figura 34**).

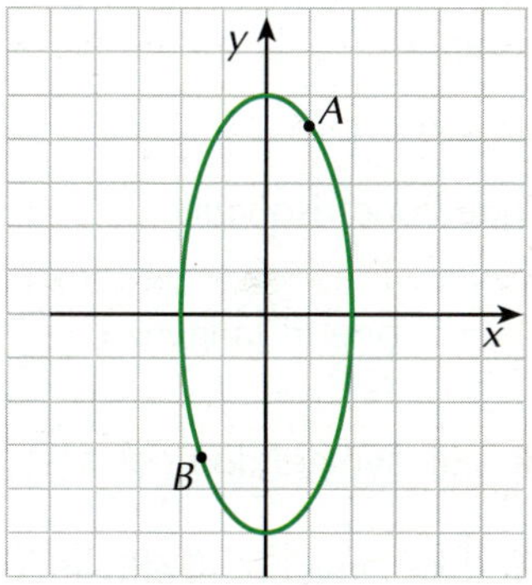

II Problema: determinare l'equazione di una ellisse conoscendo i suoi vertici.

Supponiamo per esempio che i vertici siano i punti $P_1(0, 2)$ e $P_2(3, 0)$.
L'equazione dell'ellisse si può scrivere immediatamente in quanto $a = 3$ e $b = 2$: $\dfrac{x^2}{9} + \dfrac{y^2}{4} = 1$.

La conoscenza di due vertici che appartengono entrambi all'asse x o all'asse y non consente invece di determinare l'equazione di una sola ellisse. Per esempio conoscere i vertici $P_1(-4, 0)$ e $P_2(4, 0)$ ci permette solo di dire che $a = 4$, ma non ci consente di trovare b.

III Problema: calcolare l'eccentricità di un'ellisse nota la sua equazione: $8x^2 + 9y^2 = 360$.

Per prima cosa, scriviamo l'equazione dell'ellisse in forma canonica dividendo entrambi i membri per 360:

Figura 35

$$\frac{x^2}{45} + \frac{y^2}{40} = 1$$

Essendo $a^2 = 45$ e $b^2 = 40$, l'ellisse ha i fuochi sull'asse delle ascisse. I vertici hanno coordinate (**figura 35**)

$$A_1\left(-3\sqrt{5},\, 0\right) \qquad A_2\left(3\sqrt{5},\, 0\right) \qquad B_1\left(0,\, -2\sqrt{10}\right) \qquad B_2\left(0,\, 2\sqrt{10}\right)$$

Inoltre, essendo $c^2 = 5$, i fuochi hanno coordinate $F_1\left(-\sqrt{5},\, 0\right)$ e $F_2\left(\sqrt{5},\, 0\right)$

L'eccentricità dell'ellisse è, allora, $e = \dfrac{c}{a} = \dfrac{\sqrt{5}}{3\sqrt{5}} = \dfrac{1}{3}$.

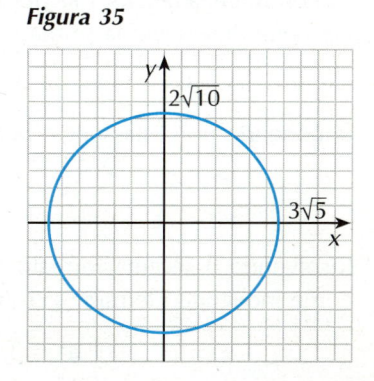

Le rette tangenti all'ellisse

IV Problema: determinare le equazioni delle rette tangenti ad una ellisse.

Data l'ellisse $\frac{x^2}{5} + \frac{y^2}{3} = 1$ troviamo le tangenti condotte dal punto $P(0, 2)$.

Il fascio di rette per P ha equazione $y = mx + 2$; fra queste infinite rette dobbiamo scegliere quelle che hanno una sola intersezione con l'ellisse (**figura 36**). Osserviamo che, poiché P è esterno all'ellisse e appartiene all'asse y che ne è un asse di simmetria, le rette tangenti dovranno essere simmetriche e questo significa che dovremo trovare due valori opposti per m. Dopo aver scritto il sistema formato dalle equazioni delle due curve, imponiamo, come al solito, all'equazione risolvente di avere il discriminante nullo.

Figura 36

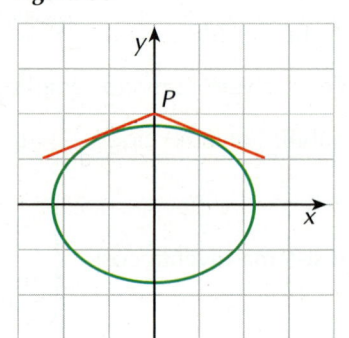

Sistema
$$\begin{cases} \dfrac{x^2}{5} + \dfrac{y^2}{3} = 1 \\ y = mx + 2 \end{cases}$$

Equazione risolvente
$$(3 + 5m^2)x^2 + 20mx + 5 = 0$$

Condizione di tangenza $\left(\dfrac{\Delta}{4} = 0\right)$
$$100m^2 - 5(3 + 5m^2) = 0$$

da cui, svolgendo i calcoli:
$$m^2 = \frac{1}{5} \quad \rightarrow \quad m = \pm\frac{\sqrt{5}}{5}$$

Le rette tangenti all'ellisse condotte dal punto P hanno dunque equazioni

$$y = -\frac{\sqrt{5}}{5}x + 2 \qquad e \qquad y = \frac{\sqrt{5}}{5}x + 2$$

5.2 Problemi sull'iperbole

I Problema: scrivere l'equazione dell'iperbole, con centro nell'origine degli assi, conoscendo le coordinate del fuoco F e di un suo punto P: $F(\sqrt{5}, 0)$, $P(3, 2)$.

Poiché i fuochi appartengono all'asse delle ascisse, l'equazione dell'iperbole ha la forma
$$\frac{x^2}{a^2} - \frac{y^2}{b^2} = 1$$

La conoscenza dell'ascissa del fuoco, poiché vale la relazione $a^2 + b^2 = c^2$, ci permette di scrivere la prima relazione fra i parametri a e b

$$a^2 + b^2 = 5$$

Imponendo poi il passaggio per il punto P, abbiamo la seconda relazione

$$\frac{9}{a^2} - \frac{4}{b^2} = 1$$

Risolvendo il sistema formato da queste due equazioni, in cui consideriamo come incognite i termini a^2 e b^2, troviamo che

$$\begin{cases} a^2 = 3 \\ b^2 = 2 \end{cases} \quad \vee \quad \begin{cases} a^2 = 15 \\ b^2 = -10 \end{cases}$$

La seconda soluzione non è accettabile (b^2 non può essere negativo), l'equazione dell'iperbole è quindi

$$\frac{x^2}{3} - \frac{y^2}{2} = 1$$

Il suo grafico è in **figura 37**.

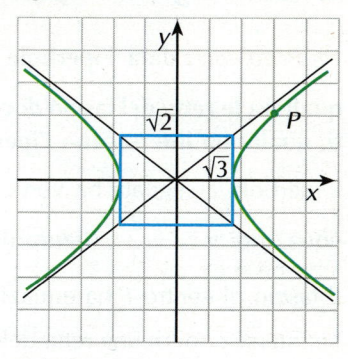

Figura 37

II Problema: determinare l'equazione dell'iperbole con i fuochi sull'asse x che passa per due punti assegnati: $P\left(-\sqrt{3}, -1\right)$ e $Q\left(-\sqrt{6}, 3\right)$.

L'equazione da considerare è del tipo $\frac{x^2}{a^2} - \frac{y^2}{b^2} = 1$.

Imponiamo che le coordinate dei punti P e Q soddisfino l'equazione dell'iperbole; otteniamo il sistema:

$$\begin{cases} \dfrac{3}{a^2} - \dfrac{1}{b^2} = 1 \\ \dfrac{6}{a^2} - \dfrac{9}{b^2} = 1 \end{cases}$$

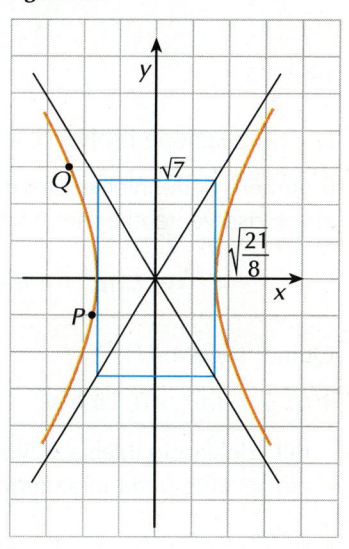

Figura 38

da cui, considerando come incognite $\dfrac{1}{a^2}$ e $\dfrac{1}{b^2}$, ricaviamo

$$\begin{cases} \dfrac{1}{a^2} = \dfrac{8}{21} \\ \dfrac{1}{b^2} = \dfrac{1}{7} \end{cases} \quad \text{cioè} \quad \begin{cases} a^2 = \dfrac{21}{8} \\ b^2 = 7 \end{cases}$$

L'iperbole ha quindi equazione $\dfrac{8x^2}{21} - \dfrac{y^2}{7} = 1$ o anche $8x^2 - 3y^2 = 21$
Il suo grafico è in **figura 38**.

III Problema: scriviamo l'equazione dell'iperbole conoscendo un vertice e l'eccentricità.

Supponiamo per esempio di sapere che un vertice reale ha coordinate $(0, 2)$ e che $e = \sqrt{3}$.
Il vertice e quindi anche i fuochi appartengono all'asse y, quindi l'equazione dell'iperbole ha la forma

$$\frac{x^2}{a^2} - \frac{y^2}{b^2} = -1$$

Dall'informazione relativa al vertice deduciamo che è $b = 2$.
Dall'informazione relativa all'eccentricità possiamo scrivere l'equazione

$$\frac{\sqrt{a^2 + b^2}}{b} = \sqrt{3}$$

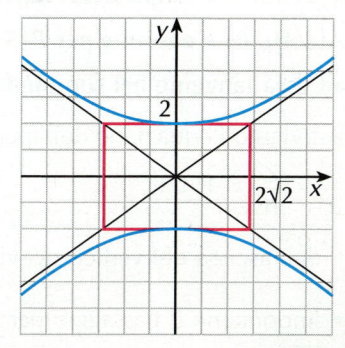

Figura 39

dalla quale, sostituendo al posto di b il valore 2, otteniamo

$$\frac{\sqrt{a^2 + 4}}{2} = \sqrt{3} \quad \rightarrow \quad a^2 = 8$$

L'iperbole richiesta ha quindi equazione (il grafico è in **figura 39**)

$$\frac{x^2}{8} - \frac{y^2}{4} = -1$$

Le rette tangenti all'iperbole

IV Problema: data l'iperbole di equazione $\frac{x^2}{9} - \frac{y^2}{4} = 1$, vogliamo stabilire quali fra le rette del fascio di centro $P(0, -1)$ sono secanti, quali sono tangenti, quali non intersecano l'iperbole.

L'iperbole assegnata ha vertici nei punti $(\pm 3, 0)$ ed ha per asintoti le rette di equazioni $y = \pm \frac{2}{3}x$ (**figura 40**).

Il fascio di centro P ha equazione $y + 1 = mx$.

Le intersezioni di una retta del fascio con l'iperbole sono le soluzioni del sistema

$$\begin{cases} \dfrac{x^2}{9} - \dfrac{y^2}{4} = 1 \\ y = mx - 1 \end{cases}$$

Figura 40

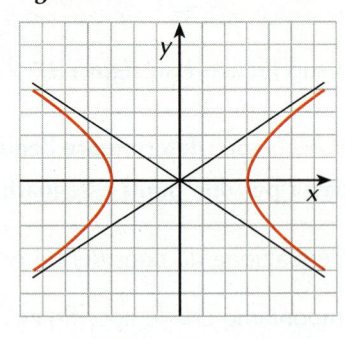

la cui equazione risolvente è $(4 - 9m^2)x^2 + 18mx - 45 = 0$.

Il numero delle intersezioni dipende dal discriminante dell'equazione risolvente che, nel nostro caso, è

$$\frac{\Delta}{4} = 81m^2 + 45(4 - 9m^2) = 36(5 - 9m^2)$$

Quindi (**figura 41**):

Figura 41

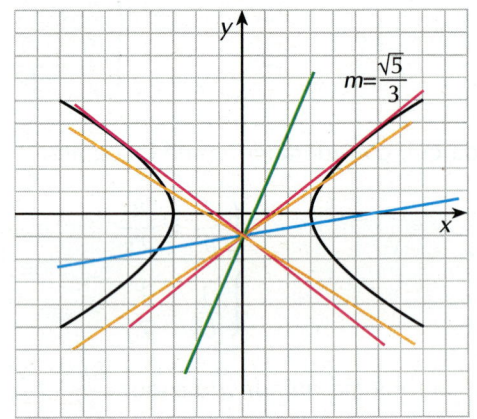

- se $5 - 9m^2 > 0$, cioè se $-\frac{\sqrt{5}}{3} < m < \frac{\sqrt{5}}{3}$, la corrispondente retta del fascio interseca l'iperbole in due punti distinti ed è perciò secante (retta in azzurro)

- se $5 - 9m^2 < 0$, cioè se $m < -\frac{\sqrt{5}}{3} \ \lor \ m > \frac{\sqrt{5}}{3}$, la corrispondente retta del fascio non interseca l'iperbole (retta in verde)

- se $5 - 9m^2 = 0$, cioè se $m = \pm \frac{\sqrt{5}}{3}$, abbiamo le due rette tangenti all'iperbole (rette in rosso).

Osserviamo poi che se $4 - 9m^2 = 0$, cioè se $m = \pm \frac{2}{3}$, l'equazione risolvente diventa di primo grado e le corrispondenti rette del fascio intersecano l'iperbole in un solo punto (retta in arancio nella figura); tali rette sono quelle parallele agli asintoti.

V Problema: dopo aver scritto l'equazione dell'iperbole avente vertice in $A(\sqrt{10}, 0)$ e passante per $B(5\sqrt{2}, -2)$, determiniamo l'equazione della retta ad essa tangente nel suo punto P di ascissa $2\sqrt{5}$ e ordinata positiva.

Scriviamo l'equazione dell'iperbole che, avendo i vertici sull'asse x, è del tipo $\frac{x^2}{a^2} - \frac{y^2}{b^2} = 1$:

- dall'ascissa del vertice ricaviamo $a^2 = 10$

- imponiamo il passaggio per B $\quad \frac{50}{a^2} - \frac{4}{b^2} = 1$

Risolvendo il sistema formato da queste equazioni, otteniamo $a^2 = 10$ e $b^2 = 1$, quindi l'equazione dell'iperbole è

$$\frac{x^2}{10} - y^2 = 1 \quad \text{che possiamo anche scrivere nella forma} \quad x^2 - 10y^2 = 10$$

Una volta trovata l'ordinata del punto P, che è uguale a 1, per trovare la retta tangente, che è una sola visto che P appartiene all'iperbole, procediamo nel solito modo e scriviamo il sistema dell'equazione dell'iperbole e del fascio di rette per P:

$$\begin{cases} x^2 - 10y^2 = 10 \\ y - 1 = m\left(x - 2\sqrt{5}\right) \end{cases}$$

la cui equazione risolvente è

$$(1 - 10m^2)x^2 - 20m\left(1 - 2\sqrt{5}m\right)x - 200m^2 + 40\sqrt{5}m - 20 = 0$$

imponiamo la condizione di tangenza $\left(\dfrac{\Delta}{4} = 0\right)$

$$100m^2\left(1 - 2\sqrt{5}m\right)^2 - (1 - 10m^2)\left(-200m^2 + 40\sqrt{5}m - 20\right) = 0$$

$$5m^2 - 2\sqrt{5}m + 1 = 0 \quad \text{da cui} \quad m = \frac{\sqrt{5}}{5}.$$

Allora l'equazione della retta tangente all'iperbole, che è una sola come avevamo previsto, è $y = \dfrac{\sqrt{5}}{5}x - 1$ (**figura 42**).

Figura 42

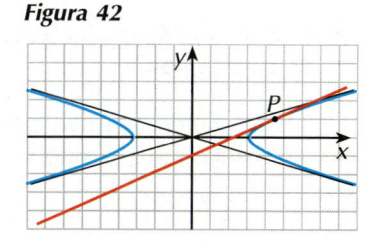

VERIFICA DI COMPRENSIONE

1. Di una ellisse si sa che passa per i punti di coordinate $(1, 3)$ e $(-1, 3)$; quali delle seguenti affermazioni è esatta?

    a. L'ellisse ha equazione $x^2 + \dfrac{y^2}{9} = 1$.

    b. L'ellisse è la circonferenza di equazione $x^2 + y^2 = 10$.

    c. L'ellisse ha equazione $\dfrac{x^2}{9} + y^2 = 1$.

    d. Non è possibile determinare l'equazione dell'ellisse.

2. Si vuole scrivere l'equazione dell'iperbole riferita al centro e agli assi che passa per i punti di coordinate $(2, 1)$ e $(3, 2)$:

    a. il problema non è risolvibile perché non si conosce la posizione dei fuochi

    b. il problema è risolvibile e l'iperbole ha equazione $3x^2 - 5y^2 = 7$

    c. il problema è risolvibile e l'iperbole ha equazione $3x^2 - 5y^2 = -7$

    d. il problema è risolvibile e si ottengono le due iperboli di equazione $3x^2 - 5y^2 = 7 \,\wedge\, 3x^2 - 5y^2 = -7$.

3. L'equazione della tangente all'iperbole di equazione $\dfrac{x^2}{16} - \dfrac{y^2}{9} = 1$, nel suo punto di ascissa $4\sqrt{2}$ e ordinata positiva è:

    a. $3\sqrt{2}x + 4y - 12 = 0$ **b.** $3\sqrt{2}x - 4y - 12 = 0$

    c. $3\sqrt{2}x - 4y + 12 = 0$ **d.** $-4x + 3\sqrt{2}y - 12 = 0$

6. L'IPERBOLE EQUILATERA

Gli esercizi di questo paragrafo sono a pag. 492

Un'iperbole si dice equilatera se ha i semiassi uguali, cioè se $a = b$. La sua equazione assume in questo caso la forma:

■ $x^2 - y^2 = a^2$ se i fuochi sono sull'asse x e si ha che:
  • i vertici hanno coordinate $(\pm a, 0)$
  • i fuochi hanno coordinate $(\pm a\sqrt{2}, 0)$

■ $x^2 - y^2 = -a^2$ se i fuochi sono sull'asse y e si ha che:
  • i vertici hanno coordinate $(0, \pm a)$
  • i fuochi hanno coordinate $(0, \pm a\sqrt{2})$

Gli asintoti, in entrambi i casi, hanno equazioni $y = \pm x$, cioè coincidono con le bisettrici dei quadranti e sono perciò rette perpendicolari.
In **figura 43** sono disegnate le iperboli di equazioni:

• $x^2 - y^2 = 4$ (**figura 43a**)
  avente vertici e fuochi rispettivamente nei punti $A(\pm 2, 0)$, $F(\pm 2\sqrt{2}, 0)$

• $x^2 - y^2 = -25$ (**figura 43b**)
  avente vertici e fuochi rispettivamente nei punti $B(0, \pm 5)$, $F(0, \pm 5\sqrt{2})$.

Un'altra caratteristica dell'iperbole equilatera è che l'eccentricità assume un valore particolare; essendo infatti $a = b$, si ha che

$$e = \frac{\sqrt{a^2 + b^2}}{a} = \frac{\sqrt{2a^2}}{a} = \sqrt{2}.$$

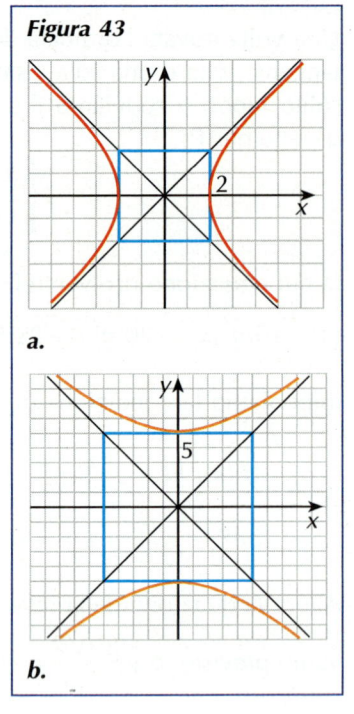

Figura 43

a.

b.

L'iperbole riferita agli asintoti

Abbiamo visto che gli asintoti di un iperbole equilatera sono perpendicolari; si può allora pensare di scriverne l'equazione in un sistema di riferimento dove gli asintoti diventano gli assi cartesiani. In sostanza, basta ruotare l'iperbole di 45° in senso orario (**figura 44a**) oppure antiorario (**figura 44b**) attorno all'origine.
Si dimostra che, in questo caso, l'equazione dell'iperbole assume la forma

$$xy = h$$

e rappresenta il grafico di una **proporzionalità inversa**.

*L'iperbole equilatera di equazione $x^2 - y^2 = \pm a^2$ si dice che è **riferita al centro e agli assi**.*
*L'iperbole equilatera di equazione $xy = h$ si dice che è **riferita agli asintoti**.*

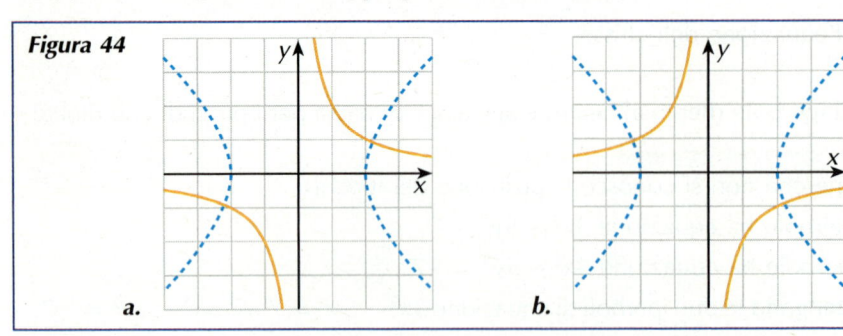

Figura 44

a.   **b.**

ESEMPI

1. Descriviamo le caratteristiche delle iperboli equilatere che hanno le seguenti equazioni:
  a. $x^2 - y^2 = 9$;   **b.** $xy = 5$;   **c.** $xy = -4$.

a. L'iperbole è riferita al centro e agli assi ed ha quindi come asintoti le bisettrici dei quadranti. Essendo $a^2 = 9$ i suoi vertici hanno coordinate $(-3, 0)$ e $(3, 0)$ ed il grafico è in **figura 45a**.

b. L'iperbole appartiene al primo e terzo quadrante ed il suo grafico è in **figura 45b**.

c. L'iperbole appartiene al secondo e quarto quadrante ed il suo grafico è in **figura 45c**.

Figura 45

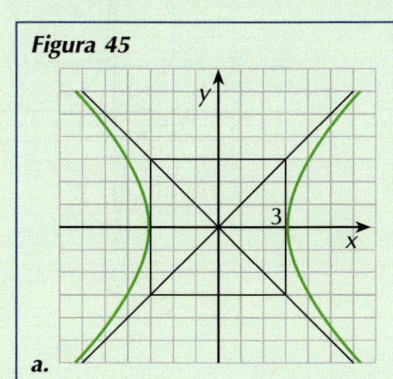 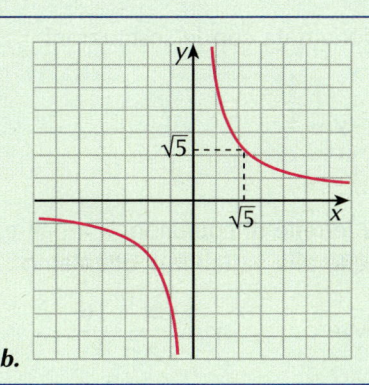 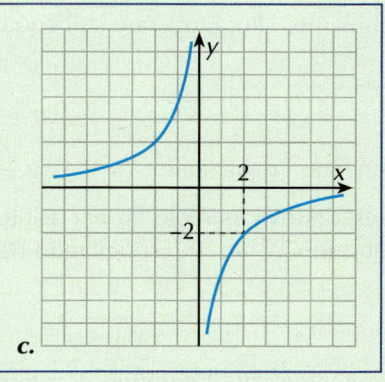

a.   b.   c.

2. Dopo aver scritto l'equazione dell'iperbole equilatera riferita agli asintoti che passa per il punto $P\left(\dfrac{3}{2}, -\dfrac{5}{3}\right)$, scriviamo l'equazione della retta ad essa tangente nel suo punto A di ascissa $\dfrac{5}{4}$.

L'equazione dell'iperbole ha la forma $xy = h$. La costante h si ottiene imponendo il passaggio della curva per P:

$$\frac{3}{2} \cdot \left(-\frac{5}{3}\right) = h \qquad \text{da cui} \qquad h = -\frac{5}{2}.$$

L'equazione dell'iperbole è dunque $xy = -\dfrac{5}{2}$.

Il punto A ha coordinate $\left(\dfrac{5}{4}, -2\right)$.

Scriviamo il sistema dell'equazione dell'iperbole e del fascio di rette con centro nel punto A:

$$\begin{cases} xy = -\dfrac{5}{2} \\ y + 2 = m\left(x - \dfrac{5}{4}\right) \end{cases}$$

Figura 46

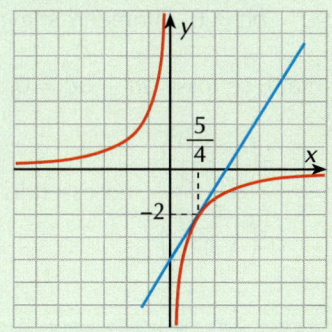

la cui equazione risolvente è: $\quad 4mx^2 - x(5m + 8) + 10 = 0$

Imponiamo la condizione di tangenza $\Delta = 0$:

$(5m + 8)^2 - 160m = 0 \quad \rightarrow \quad 25m^2 - 80m + 64 = 0$

da cui $\quad m = \dfrac{8}{5}$

L'equazione della retta è dunque $\quad y = \dfrac{8}{5}x - 4$.

In **figura 46** il grafico.

La funzione omografica

Operando con una traslazione su un'iperbole equilatera riferita agli asintoti si ottiene una funzione particolare che prende il nome di **funzione omografica**. Consideriamo per esempio l'iperbole equilatera di equazione $xy = 4$ e determiniamo quella dell'iperbole ad essa associata nella traslazione di vettore $\vec{v}(-4, 3)$ (**figura 47**).

Dobbiamo, allora, operare sull'equazione data con le sostituzioni

$$\begin{cases} x \rightarrow x + 4 \\ y \rightarrow y - 3 \end{cases}$$

ottenendo l'equazione $(x + 4)(y - 3) = 4$

Questa nuova iperbole ha per asintoti le rette di equazioni $x = -4$ e $y = 3$ e centro in $O'(-4, 3)$. Esplicitando rispetto alla variabile y otteniamo

$$y - 3 = \frac{4}{x + 4} \qquad \text{ovvero} \qquad y = \frac{3x + 16}{x + 4}$$

Osserviamo che il dominio di questa funzione, che prevede che sia $x \neq -4$, evidenzia che sulla retta $x = -4$ non ci sono punti della curva: resta quindi confermato che tale retta è un asintoto per l'iperbole; inoltre il rapporto fra i coefficienti della variabile x al numeratore e al denominatore, nel nostro caso 3, rappresenta proprio il parametro che definisce l'altro asintoto dell'iperbole, cioè la retta $y = 3$. Generalizzando, si può dimostrare che un'equazione della forma

$$y = \frac{ax + b}{cx + d} \qquad \text{con} \quad a, b, c, d \in R$$

rappresenta l'equazione di un'iperbole equilatera avente per asintoti le rette di equazione

$$x = -\frac{d}{c} \qquad \text{e} \qquad y = \frac{a}{c}$$

a condizione che sia

- $c \neq 0$, altrimenti si avrebbe l'equazione di una retta: $y = \frac{a}{d}x + \frac{b}{d}$

- $ad - bc \neq 0$, altrimenti si avrebbe una retta parallela all'asse x.

Infatti, se fosse $ad - bc = 0$, cioè $\frac{d}{c} = \frac{b}{a}$ l'equazione diventerebbe

$$y = \frac{a\left(x + \dfrac{b}{a}\right)}{c\left(x + \dfrac{d}{c}\right)} \qquad \text{ed essendo uguali i due termini tra parentesi} \quad y = \frac{a}{c}.$$

Figura 47

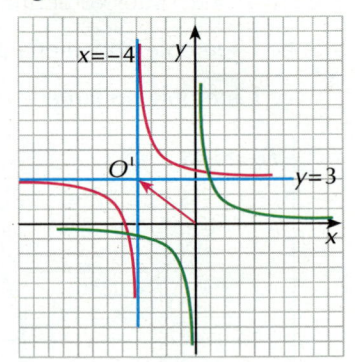

ESEMPI

1. Costruiamo il grafico della curva associata alla funzione omografica di equazione $y = \dfrac{3x - 1}{-x + 1}$.

L'equazione rappresenta un'iperbole equilatera i cui asintoti hanno equazione $x = 1$ e $y = -3$. Per costruire il suo grafico con più precisione determiniamo le coordinate di qualche punto. La curva interseca ad esempio gli assi coordinati nei punti $P\left(\dfrac{1}{3}, 0\right)$ e $Q(0, -1)$, ed ha i vertici nei punti di intersezione con la retta di coefficiente angolare -1 che passa per il suo centro di simmetria cioè il punto $(1, -3)$.

Si ha così il sistema
$$\begin{cases} y = \dfrac{3x-1}{1-x} \\ y+3 = -(x-1) \end{cases}$$

le cui soluzioni sono i punti di coordinate $\left(1 \pm \sqrt{2}, -3 \mp \sqrt{2}\right)$.

In **figura 48** il suo grafico.

Figura 48

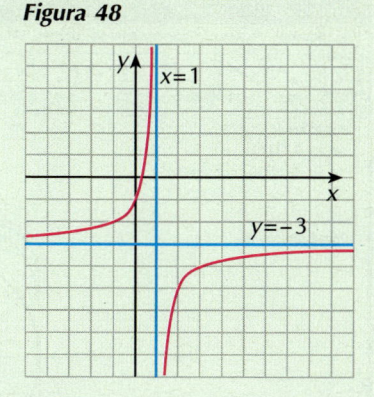

VERIFICA DI COMPRENSIONE

1. Di un'iperbole equilatera riferita agli assi si sa che $a = 2$; quale fra le seguenti può essere la sua equazione?

   a. $xy = 2$ **b.** $xy = 4$ **c.** $x^2 - y^2 = -4$ **d.** $x^2 - y^2 = 2$

2. L'iperbole di equazione $xy = h$ rappresenta un'iperbole equilatera:

   a. solo se $h = 1$ **b.** per ogni valore reale di h **c.** per ogni $h \neq 0$ **d.** solo se $h \neq 1$

3. La funzione $y = \dfrac{3x-1}{x+2}$ rappresenta una funzione omografica che:

   a. ha asintoto orizzontale di equazione $y = 3$ V F

   b. ha asintoto verticale di equazione $x = 2$ V F

   c. ha centro nel punto $C(-2, 3)$ V F

   d. interseca l'asse x nel punto di ascissa $\dfrac{1}{3}$ V F

   e. non interseca l'asse y V F

Sul sito www.edatlas.it *trovi...*

- il laboratorio di informatica
- la scheda storica e le curiosità matematiche
- le attività di recupero

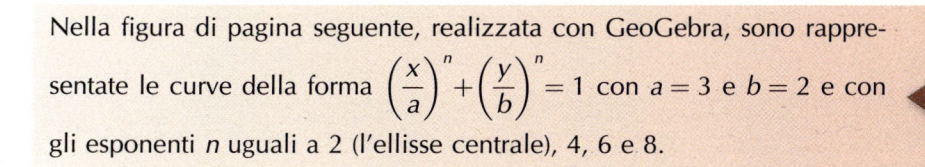

Nella figura di pagina seguente, realizzata con GeoGebra, sono rappresentate le curve della forma $\left(\dfrac{x}{a}\right)^n + \left(\dfrac{y}{b}\right)^n = 1$ con $a = 3$ e $b = 2$ e con gli esponenti n uguali a 2 (l'ellisse centrale), 4, 6 e 8.

La risposta al quesito iniziale

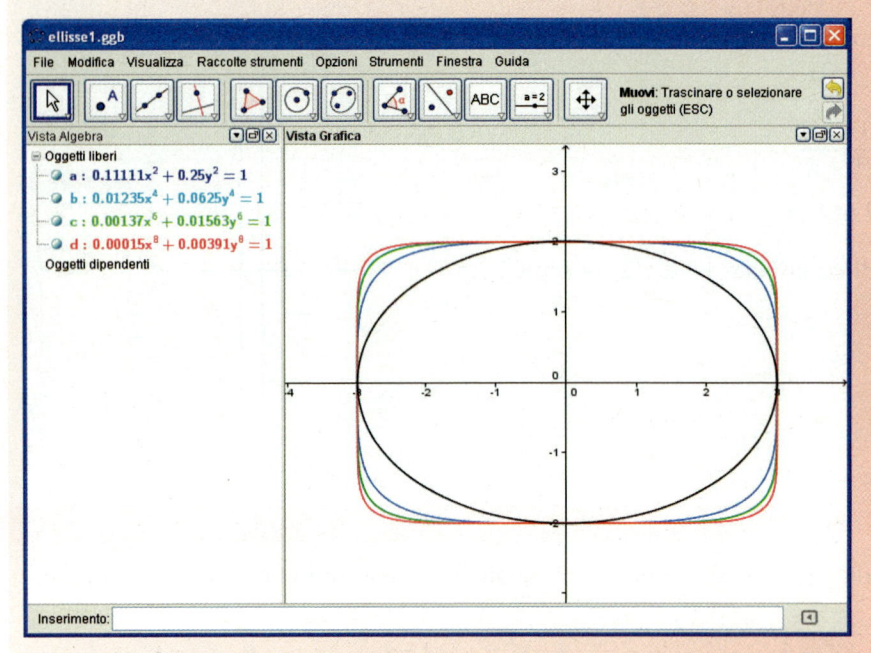

L'approssimazione al rettangolo di dimensioni 6 e 4 è evidente.

Questo tipo di curve furono studiate per la prima volta da Gabriel Lamé (1795-1870), ma sono legate all'architetto nonché scrittore e matematico danese Piet Hein (1905-1996) che scelse come esponente $n = 2,5$ e utilizzò la forma ottenuta per varie realizzazioni urbanistiche, tra cui Piazza Sergel a Stoccolma. Realizzò poi vari pezzi di arredamento, quali mobili, tavoli, sedie e letti superellittici.

I concetti e le regole

L'ellisse e la sua equazione

L'ellisse è il luogo dei punti del piano per i quali è costante la somma delle distanze da due punti fissi detti fuochi. L'equazione di un'ellisse con centro nell'origine e assi di simmetria coincidenti con gli assi cartesiani è:

$$\frac{x^2}{a^2} + \frac{y^2}{b^2} = 1$$

dove a e b rappresentano rispettivamente il semiasse appartenente all'asse delle ascisse e a quello delle ordinate.

Le caratteristiche di un'ellisse

Le caratteristiche di un'ellisse si possono ricavare dalla sua equazione:

- i vertici sono i punti di coordinate $(\pm a, 0)$ $(0, \pm b)$

- i fuochi appartengono all'asse x se è $a > b$ $F\left(\pm\sqrt{a^2 - b^2},\ 0\right)$

- i fuochi appartengono all'asse y se è $a < b$ $F\left(0,\ \pm\sqrt{b^2 - a^2}\right)$

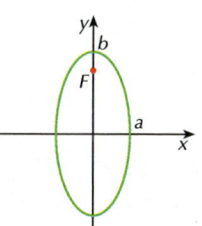

L'eccentricità di un'ellisse

L'eccentricità e di un'ellisse è definita come il rapporto fra la semidistanza focale c ed il semiasse maggiore:

$$e = \frac{c}{\text{semiasse maggiore}}$$

Essa rappresenta lo "schiacciamento" dell'ellisse sulla retta del semiasse maggiore ed è un numero reale compreso fra 0 e 1; se $e = 0$ l'ellisse diventa una circonferenza, se $e = 1$ l'ellisse degenera nel segmento individuato dai fuochi.

L'iperbole e la sua equazione

L'iperbole è il luogo dei punti del piano per i quali è costante la differenza delle distanze da due punti fissi detti fuochi. L'equazione di un'iperbole che ha centro nell'origine e assi di simmetria coincidenti con gli assi cartesiani è

- $\dfrac{x^2}{a^2} - \dfrac{y^2}{b^2} = 1$ se i fuochi appartengono all'asse delle ascisse

- $\dfrac{x^2}{a^2} - \dfrac{y^2}{b^2} = -1$ se i fuochi appartengono all'asse delle ordinate

Le caratteristiche di un'iperbole

Le caratteristiche di un'iperbole si possono ricavare dalla sua equazione:

■ nel caso dell'iperbole di equazione $\dfrac{x^2}{a^2} - \dfrac{y^2}{b^2} = 1$:

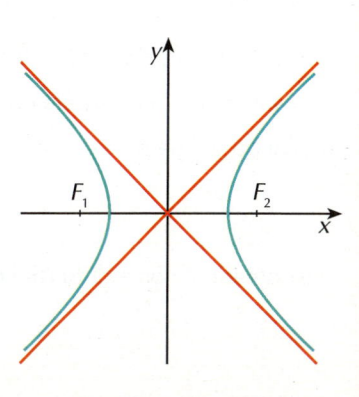

- a rappresenta il semiasse trasverso
- b rappresenta il semiasse non trasverso
- i vertici reali sono i punti di coordinate $(-a, 0)$ $(a, 0)$
- i vertici immaginari sono i punti di coordinate $(0, -b)$ $(0, b)$
- i fuochi sono i punti di coordinate $(\pm c, 0)$ dove $c = \sqrt{a^2 + b^2}$
- gli asintoti hanno equazione $y = \pm\dfrac{b}{a}x$

■ nel caso dell'iperbole di equazione $\dfrac{x^2}{a^2} - \dfrac{y^2}{b^2} = -1$:

- b rappresenta il semiasse trasverso
- a rappresenta il semiasse non trasverso
- i vertici reali sono i punti di coordinate $\quad(0, -b)\quad(0, b)$
- i vertici immaginari sono i punti di coordinate $(-a, 0)\quad(a, 0)$
- i fuochi sono i punti di coordinate $\quad(0, \pm c)$ dove $c = \sqrt{a^2 + b^2}$
- gli asintoti hanno equazione $\qquad y = \pm\dfrac{b}{a}x$

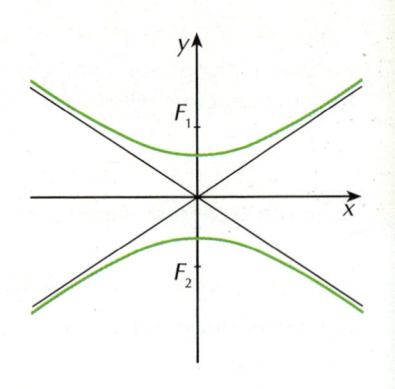

L'eccentricità di un'iperbole

L'**eccentricità** e di un'iperbole è definita come il rapporto fra la semidistanza focale c ed il semiasse trasverso:

$$e = \frac{\text{semiasse focale}}{\text{semiasse trasverso}} = \begin{cases} \dfrac{c}{a} & \text{se i fuochi appartengono all'asse } x \\[2mm] \dfrac{c}{b} & \text{se i fuochi appartengono all'asse } y \end{cases}$$

Essa rappresenta l'ampiezza dell'iperbole ed è un numero reale maggiore di 1.

Le rette tangenti

Per trovare l'equazione della **retta tangente** ad un'ellisse o ad un'iperbole si deve:
- scrivere l'equazione generale della retta
- impostare il sistema fra l'equazione dell'ellisse (o dell'iperbole) e l'equazione della retta
- trovare l'equazione risolvente del sistema
- calcolare il discriminante di questa equazione e imporre che sia uguale a zero.

L'iperbole equilatera

Se in un'iperbole $a = b$, essa si dice **equilatera** e la sua equazione diventa:
- equazione riferita al centro e agli assi:

$$x^2 - y^2 = a^2 \qquad \text{se i fuochi sono sull'asse } x \quad \rightarrow \quad F(\pm a\sqrt{2}, 0) \qquad \text{asintoti} \quad y = \pm x$$

$$x^2 - y^2 = -a^2 \qquad \text{se i fuochi sono sull'asse } y \quad \rightarrow \quad F(0, \pm a\sqrt{2}) \qquad \text{asintoti} \quad y = \pm x$$

- equazione riferita agli asintoti:

$$xy = h \qquad \text{se gli asintoti coincidono con gli assi cartesiani}$$

La curva di equazione $xy = h$ è il grafico della proporzionalità inversa.

L'eccentricità di un'iperbole equilatera è sempre $e = \sqrt{2}$.

Traslando un'iperbole equilatera riferita agli asintoti si ottiene una nuova iperbole la cui equazione ha la forma

$$y = \frac{ax + b}{cx + d} \quad \text{con} \quad c \neq 0 \quad \wedge \quad ad - bc \neq 0$$

Essa prende il nome di **funzione omografica** e l'iperbole che rappresenta ha per asintoti le rette

$$y = \frac{a}{c} \qquad e \qquad x = -\frac{d}{c}$$

Tema 4

Trigonometria
e calcolo vettoriale

Competenze

- saper applicare le funzioni goniometriche fondamentali degli angoli alle diverse situazioni problematiche
- saper applicare il calcolo vettoriale in contestualizzazioni diverse
- estrarre da un problema le informazioni necessarie alla sua risoluzione e correlarle tra loro
- esporre con linguaggio appropriato le proprie conclusioni

CAPITOLO 1

Goniometria e trigonometria

Obiettivi

- definire le funzioni goniometriche fondamentali e conoscerne le caratteristiche
- conoscere e saper applicare le principali formule goniometriche
- conoscere e saper applicare i teoremi sui triangoli
- risolvere problemi riguardanti i triangoli

MATEMATICA, REALTÀ E STORIA

Molti problemi che hanno a che vedere con la fisica, l'astronomia, la topografia e altre scienze portano spesso a dover lavorare con triangoli dei quali si conoscono alcuni elementi e se ne vogliono trovare altri. Per esempio, è possibile calcolare l'altezza di una torre se possiamo misurare la lunghezza della sua ombra proiettata al suolo e l'inclinazione dei raggi solari (*figura 1*).

In questo capitolo ci accingiamo a studiare le relazioni che intercorrono tra i lati e gli angoli di un triangolo e che ci porteranno a risolvere problemi del tipo di quello presentato.

Ma come si fa a misurare le ampiezze degli angoli che i raggi solari formano con il suolo? In termini più generali, come si fa a misurare angoli i cui lati non sono direttamente disegnabili?

Lo strumento che serve a questo scopo si chiama **teodolite** (in *figura 2* un esemplare del XIX secolo).

Un teodolite è uno strumento che serve a misurare angoli posti su piani orizzontali (angoli azimutali) oppure verticali (angoli zenitali) ed è costituito da un cannocchiale che può ruotare sia attorno ad un asse orizzontale, sia attorno ad un asse verticale; sui due piani orizzontale e verticale sono disposti due cerchi graduati che funzionano da goniometro.

Per misurare l'angolo di vertice V i cui lati passano per i punti A e B che non sono direttamente accessibili, si pone il teodolite in V (*figura 3* di pagina seguente) e si punta il cannocchiale nella direzione di A rilevando sul goniometro orizzontale la misura dell'angolo α (nella figura abbiamo posto un'asta verticale in A e in B per la rilevazione corretta della direzione); si ripete la stessa cosa puntando il cannocchiale in direzione di B e si legge la

Figura 1

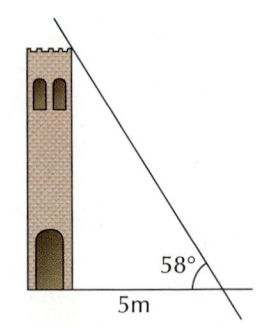

58°

5m

Figura 2

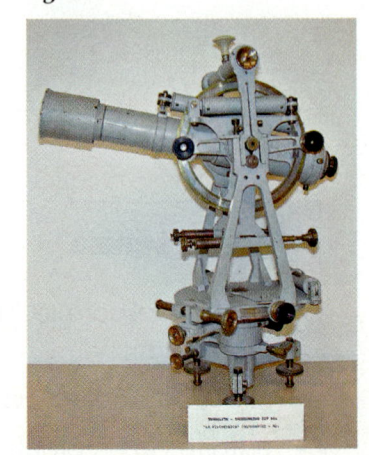

misura dell'angolo β. L'angolo $\widehat{AVB}$ è dato dalla differenza dei due angoli letti sul cerchio graduato orizzontale.

Analogamente si procede se l'angolo da misurare è verticale; di solito si devono misurare angoli di altezza, come nel caso dell'inclinazione dei raggi solari nell'esempio iniziale; in questo caso, un lato è orizzontale (*figura 4*), l'altro è una semiretta che può trovarsi al di sopra del lato orizzontale, e in questo caso si parla di **angolo di elevazione**, oppure al di sotto del lato orizzontale, e in questo caso si parla di **angolo di depressione**.

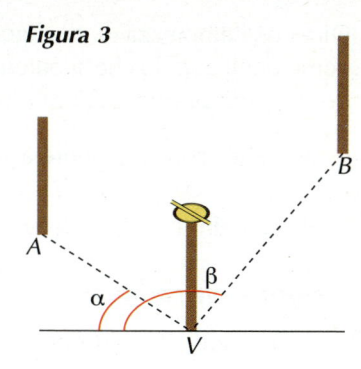

Figura 3

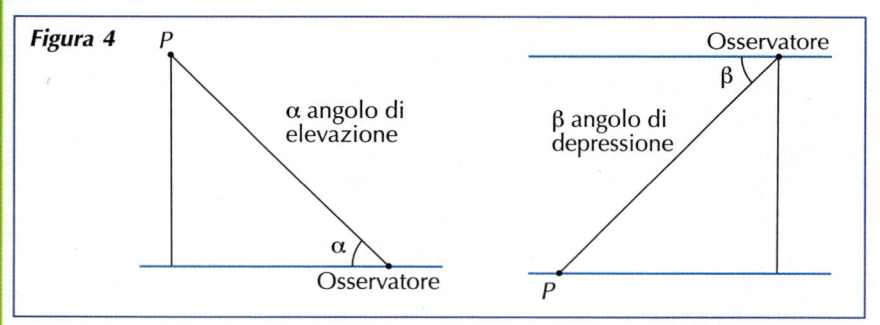

Figura 4

P · α angolo di elevazione · α Osservatore

Osservatore · β · β angolo di depressione · P

Oggi i moderni teodoliti sono delle *stazioni totali* controllate elettronicamente e sono fornite di un misuratore di distanze che funziona con un raggio laser, ma il principio di funzionamento è ancora lo stesso del primo teodolite costruito da Leonard Digges verso la metà del Cinquecento.

Il problema da risolvere

In una giornata senza sole, dove non ci sono ombre da poter misurare, si deve valutare l'altezza di un palazzo; usando un teodolite per misurare gli angoli e facendo misurazioni sul terreno, si sono recuperati i dati evidenziati nella *figura a lato* dove $AB = 5m$.
Quanto è alto il palazzo?

1. COME SI MISURANO GLI ANGOLI

Gli esercizi di questo paragrafo sono a pag. 504

Possiamo definire un angolo come la parte di piano descritta da una semiretta a che ruota attorno alla sua origine e poiché la rotazione può avvenire in due modi diversi, diciamo che un angolo:

- è orientato positivamente se la rotazione avviene in senso antiorario (*figura 5a*)

- è orientato negativamente se la rotazione avviene in senso orario (*figura 5b*).

Gli angoli si possono misurare in **gradi** oppure in **radianti**; si attribuisce una misura positiva agli angoli che hanno un orientamento positivo, una misura negativa agli angoli che hanno un orientamento negativo.

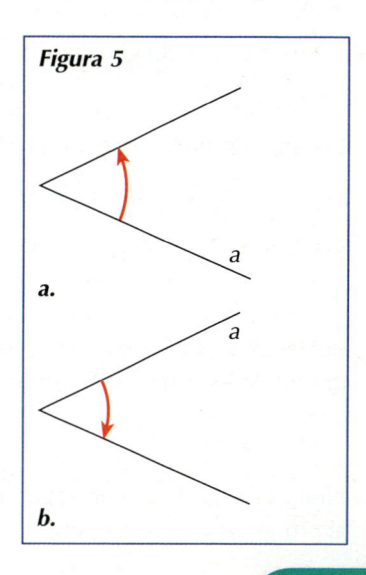

Figura 5

a.

b.

Misurare in gradi

Il grado sessagesimale viene definito come la novantesima parte dell'angolo retto, vale a dire che si prende un angolo retto, lo si divide in 90 parti congruenti e si chiama grado l'ampiezza di ciascuna di queste parti.

Dire che l'ampiezza di un angolo α è di 65° significa quindi dire che α è ampio come quell'angolo che si ottiene dalla somma di 65 angoli di ampiezza un grado. Il grado non ha multipli, ma ha dei sottomultipli:

■ il **primo**, corrispondente a $\frac{1}{60}$ di grado

■ il **secondo**, corrispondente a $\frac{1}{60}$ di primo, cioè a $\frac{1}{3600}$ di grado.

Misurare in radianti

Un altro modo di misurare gli angoli utilizza il confronto tra due lunghezze. Consideriamo un angolo α di vertice C e tracciamo una circonferenza avente centro in C e raggio arbitrario r; indichiamo con ℓ la lunghezza dell'arco AB individuato sulla circonferenza dall'angolo α (**figura 6a**).
Al variare di α anche la lunghezza dell'arco AB cambia (**figura 6b**) e, poiché gli angoli al centro di una circonferenza sono proporzionali agli archi che sottendono, si potrebbe pensare di assumere ℓ come misura di α; ciò però non è possibile perché, per ogni angolo α, la lunghezza dell'arco AB dipende dal raggio della circonferenza e non è costante (**figura 6c**).
Se cambia la lunghezza ℓ dell'arco AB, non cambia però il rapporto $\frac{\ell}{r}$ tra l'arco e il raggio; possiamo allora assumere questo rapporto come misura dell'angolo α.

> Dato un angolo α e la circonferenza avente centro nel vertice dell'angolo e raggio r, si assume come misura di α il rapporto tra la lunghezza ℓ dell'arco sotteso da α e il raggio r:
>
> $$\text{misura di } \alpha = \frac{\ell}{r}$$

L'unità di questo nuovo sistema di misurazione si chiama *radiante*.

> Un **radiante** è l'ampiezza di un angolo al quale corrisponde un arco AB la cui lunghezza ℓ è uguale al raggio r.

In questo modo, ad esempio, un angolo giro misura

$$\frac{\text{lunghezza circonferenza rettificata}}{\text{raggio}} = \frac{2\pi r}{r} = 2\pi$$

Un angolo piatto, essendo la metà di un angolo giro, misura, in radianti, π. Un angolo retto, essendo la metà di un angolo piatto, misura, in radianti, $\frac{\pi}{2}$.

Per passare da un sistema di misura all'altro si usa la proporzione

$$x : \pi = y : 180°$$

dove con x abbiamo indicato la misura dell'angolo in radianti e con y quella in gradi. Da essa ricaviamo che:

$$x = y \cdot \frac{\pi}{180°} \quad \text{e} \quad y = x \cdot \frac{180°}{\pi}$$

Nella tabella di pagina seguente abbiamo indicato le misure di alcuni angoli sia in gradi che in radianti.

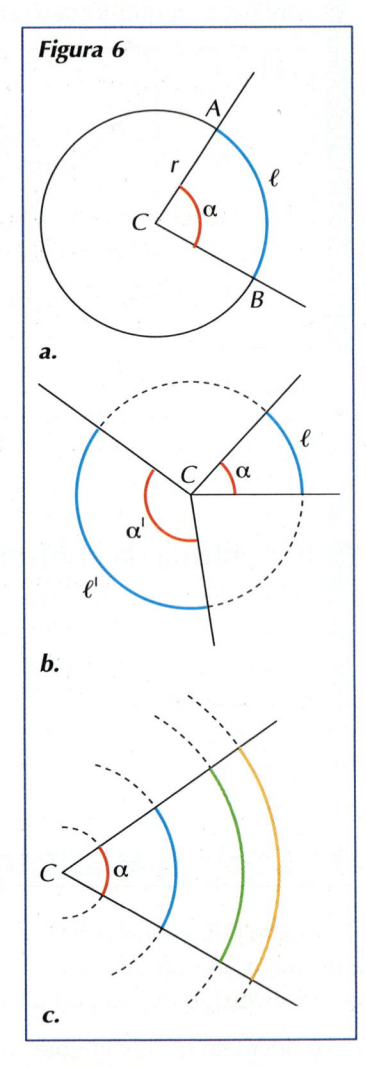

Figura 6

a.

b.

c.

CONVERSIONE DA UN SISTEMA DI MISURA ALL'ALTRO

L'espressione $\frac{\pi}{180}$ rappresenta il fattore di conversione da gradi a radianti.

L'espressione $\frac{180}{\pi}$ rappresenta il fattore di conversione da radianti a gradi.

Gli angoli e la calcolatrice scientifica

Per effettuare il passaggio da un sistema di misurazione degli angoli all'altro è spesso utile servirsi di una calcolatrice scientifica; le modalità di utilizzo variano però a seconda della calcolatrice, per cui ti consigliamo di leggere attentamente il manuale di quella che utilizzi abitualmente. In generale, comunque, i tasti che vengono utilizzati sono i seguenti:

- il tasto MODE consente di passare dal sistema radiale a quello sessagesimale; tali sistemi vengono indicati con i simboli:
  - DEG   per l'impostazione in gradi sessagesimali
  - RAD   per l'impostazione in radianti

  Vi è poi anche la modalità GRAD che però non ci riguarda.

- nel sistema sessagesimale (impostazione DEG), il tasto ○ ′ ″ oppure DMS che sta per Degrees-Minutes-Seconds, converte in notazione decimale il valore dell'angolo espresso in gradi, primi e secondi. A seconda delle calcolatrici si opera sostanzialmente in due modi diversi; vediamo per esempio come convertire in forma decimale l'angolo di $65°12'48''$:

  - si digita ciascun gruppo di cifre premendo ogni volta il tasto ○ ′ ″ :

    65 ○ ′ ″ 12 ○ ′ ″ 48 ○ ′ ″   →   65,21333

  - si digita il valore dei gradi, il punto decimale e di seguito il numero di primi e di secondi sempre con due cifre per gruppo (per esempio 5′ diventa 05) seguito dal tasto DMS :

    65.1248 DMS   →   65,21333

L'operazione contraria, cioè la conversione dalla forma decimale a quella in gradi, primi e secondi è effettuata dallo stesso tasto ○ ′ ″ oppure DMS preceduto dal tasto SHIFT oppure 2-ND oppure ancora INV a seconda delle calcolatrici.

α (gradi)	α (radianti)
0°	0
30°	$\dfrac{\pi}{6}$
45°	$\dfrac{\pi}{4}$
60°	$\dfrac{\pi}{3}$
90°	$\dfrac{\pi}{2}$
180°	π
270°	$\dfrac{3}{2}\pi$
360°	2π

La conversione da gradi, primi e secondi a gradi decimali è necessaria per la trasformazione della misura di un angolo da gradi a radianti e per altre operazioni che vedremo più avanti.

ESEMPI

1. Calcoliamo la misura x in radianti dell'angolo di $15°35'12''$.

Per eseguire il calcolo e determinare il valore di x occorre prima trasformare la misura dell'angolo, che così è espressa in gradi, primi e secondi, solo in gradi. Tenendo conto delle relazioni fra grado, primo e secondo, si ha che:

$$15°35'12'' = \left(15 + \frac{35}{60} + \frac{12}{3600}\right)° = 15,5867 \quad \text{(oppure usa la calcolatrice per la conversione automatica)}$$

Possiamo ora scrivere la proporzione: $\pi : x = 180° : 15,5867°$ da cui $x = 15,5867° \cdot \dfrac{\pi}{180°}$

Ricaviamo allora che $x = 0,2720392$

2. Calcoliamo la misura y in gradi di un angolo che, in radianti, misura 1,7354.

Scriviamo la proporzione: $\pi : 1,7354 = 180 : y$ da cui $y = \left(\dfrac{1,7354 \cdot 180}{\pi}\right)° = 99,431096°$

La misura calcolata, è espressa in gradi; per trasformarla in gradi, primi e secondi possiamo usare il tasto di conversione automatica che c'è sulla calcolatrice trovando così che la misura dell'angolo è $99°25'52''$.

2. LE FUNZIONI GONIOMETRICHE FONDAMENTALI

Gli esercizi di questo paragrafo sono a pag. 506

2.1 Le definizioni

La parola *goniometria* deriva dal greco e significa *misura degli angoli*; *trigonometria* significa invece *misura degli elementi di un triangolo* e, visto che gli elementi di un triangolo sono i suoi lati e i suoi angoli, studiare trigonometria significa cercare le relazioni che esistono tra questi elementi.

Per poter stabilire queste relazioni è necessario introdurre alcune **funzioni angolari**. In un sistema di riferimento cartesiano ortogonale consideriamo una circonferenza avente centro nell'origine O e raggio unitario che chiameremo **circonferenza goniometrica**. Una semiretta OP, a partire dal semiasse Ox e ruotando in senso antiorario, descrive un angolo positivo α (**figura 7**).

Figura 7

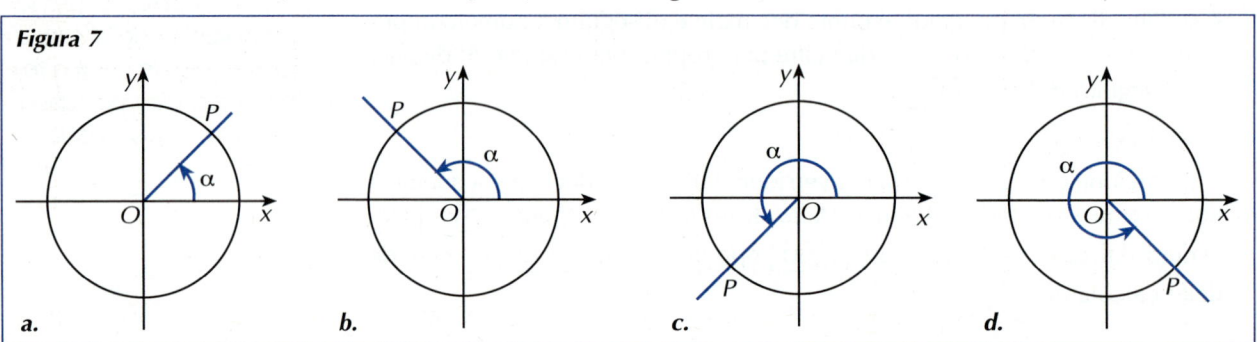

a. **b.** **c.** **d.**

A seconda dell'ampiezza di α, il punto P può appartenere:

- al primo quadrante se $0° < \alpha < 90°$ (in radianti $0 < \alpha < \frac{\pi}{2}$) (**figura 7a**)

- al secondo quadrante se $90° < \alpha < 180°$ (in radianti $\frac{\pi}{2} < \alpha < \pi$) (**figura 7b**)

- al terzo quadrante se $180° < \alpha < 270°$ (in radianti $\pi < \alpha < \frac{3}{2}\pi$) (**figura 7c**)

- al quarto quadrante se $270° < \alpha < 360°$ (in radianti $\frac{3}{2}\pi < \alpha < 2\pi$) (**figura 7d**)

Diremo che α appartiene al primo, al secondo, al terzo o al quarto quadrante in corrispondenza di dove si trova il punto P.

I punti P degli angoli che sono maggiori di $360°$ si ottengono facendo compiere più "giri" alla semiretta OP, mentre quelli degli angoli che sono negativi si ottengono facendo compiere una rotazione oraria ad OP (**figura 8**); in ogni caso, possiamo dire che ad ogni angolo resta associato un solo punto P della circonferenza goniometrica.

Questa corrispondenza non è però biunivoca perché ad ogni punto P della circonferenza goniometrica corrispondono infiniti angoli; per esempio al punto

Figura 8

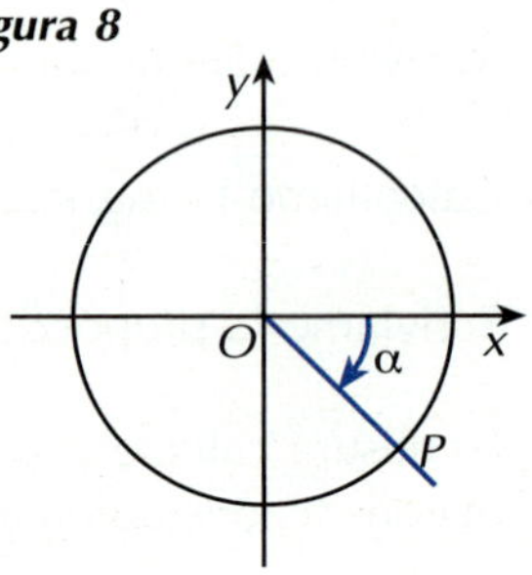

che individua l'angolo di 120°, sono associati anche gli angoli di 480°, 840°, −240° (**figura 9**) e in generale tutti gli angoli di ampiezza 120° + k360°, dove k è un numero intero positivo o negativo che indica il numero di giri completi (antiorari se k > 0, orari se k < 0) che deve compiere la semiretta OP per ritornare su se stessa.

Stabilita questa convenzione, un angolo α è completamente individuato, a meno di multipli dell'angolo giro, se sono date le coordinate del punto P sulla circonferenza goniometrica. Introduciamo allora le seguenti definizioni (**figura 10**).

Chiamiamo:

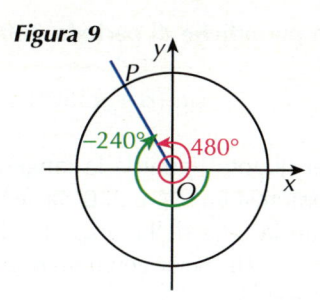
Figura 9

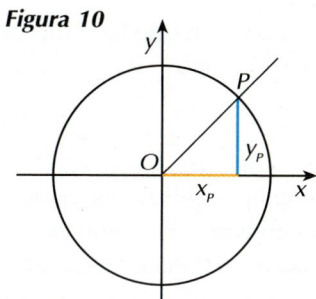
Figura 10

> ■ **seno** dell'angolo α, e scriviamo sin α, l'ordinata del punto P: $\sin \alpha = y_P$
>
> ■ **coseno** dell'angolo α, e scriviamo cos α, l'ascissa del punto P: $\cos \alpha = x_P$

Consideriamo poi la retta t tangente alla circonferenza goniometrica nel punto A di intersezione della circonferenza stessa con il semiasse positivo delle ascisse. Se l'angolo α è del primo o del quarto quadrante la semiretta OP incontra t in un punto Q (**figura 11a**); se α è del secondo o del terzo quadrante, per determinare il punto Q occorre prolungare la semiretta OP dalla parte di O fino ad incontrare la retta t (**figura 11b**).

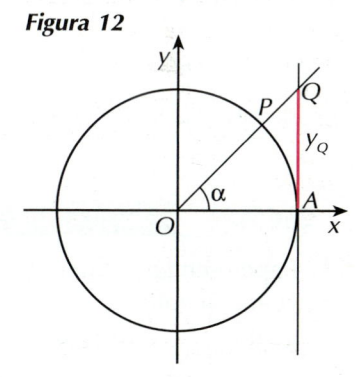
Figura 12

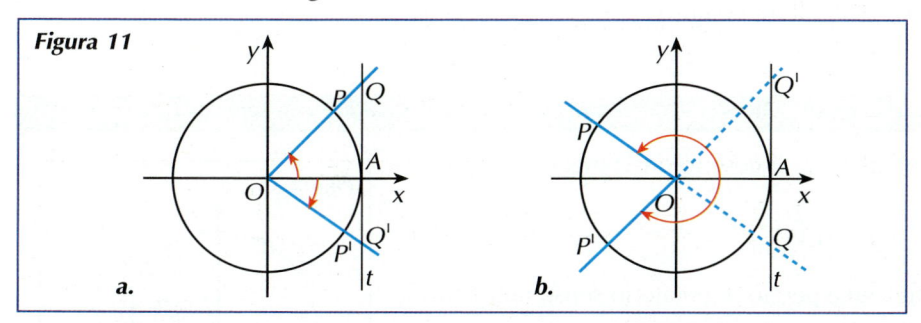

Figura 11

a. b.

In ogni caso, ad ogni angolo α resta associato un solo punto Q sulla retta t e possiamo dare la seguente definizione (**figura 12**). Chiamiamo:

> ■ **tangente** dell'angolo α, e scriviamo tan α, l'ordinata del punto Q:
> $\tan \alpha = y_Q$

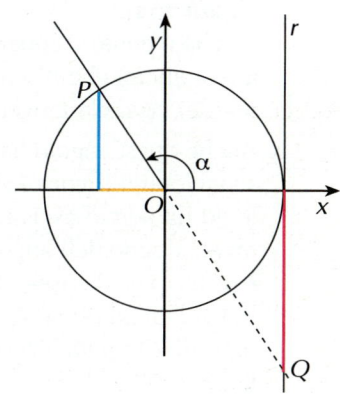
Figura 13

Osserviamo che, per come sono stati definiti, il seno, il coseno e la tangente di un angolo sono numeri reali positivi, nulli o negativi a seconda di dove si trova il punto P; se, per esempio, α è un angolo ottuso e quindi P si trova nel secondo quadrante (**figura 13**), allora sin α è positivo, cos α è negativo, tan α è negativa.

Inoltre, poiché il punto P ed il punto Q hanno coordinate che variano al variare dell'angolo α, possiamo dire che sin α, cos α e tan α sono funzioni di α; esse si indicano in generale con il termine di **funzioni goniometriche**.

Descriviamo le caratteristiche più importanti di queste funzioni. Cominciamo innanzi tutto con l'osservare che angoli di ampiezza α, α ± 360°, α ± 2 · 360° e in generale α + k · 360° (con k numero intero positivo o negativo) hanno lo stesso seno e lo stesso coseno perché la semiretta OP che li definisce è la stessa (**figura 14a**).

Si esprime questo fatto dicendo che **la funzione seno e la funzione coseno so-**

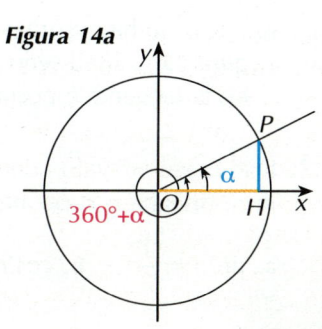
Figura 14a

no periodiche di periodo 360°, cioè

$$\sin(\alpha + k360°) = \sin \alpha \qquad \cos(\alpha + k360°) = \cos \alpha \qquad k \in Z.$$

Per quanto riguarda la tangente osserviamo che, visto che per tutti gli angoli compresi fra 90° e 270° la semiretta OP deve essere prolungata fino ad incontrare la retta della tangente, angoli di ampiezza di α, $\alpha \pm 180°$, $\alpha \pm 2 \cdot 180°$, $\alpha \pm 3 \cdot 180°$ e in generale $\alpha + k180°$ (con k intero) hanno la stessa tangente (**figura 14b**).

Si esprime questo fatto dicendo che **la funzione tangente è periodica di periodo** 180°, cioè

$$\tan(\alpha + k180°) = \tan \alpha \qquad k \in Z.$$

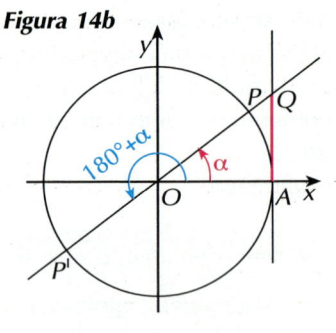

Figura 14b

In molte applicazioni viene usata una quarta funzione goniometrica chiamata **cotangente**, che viene definita come la reciproca della funzione tangente nell'ipotesi che sia $\tan \alpha \neq 0$; si pone cioè:

LA FUNZIONE COTANGENTE

$$\cotan \alpha = \frac{1}{\tan \alpha}$$

Per esempio, sapendo che $\tan \alpha = -2$, allora $\cotan \alpha = -\dfrac{1}{2}$.

ESEMPI

1. Rappresentiamo graficamente il seno, il coseno e la tangente dei seguenti angoli:

   a. 30°   **b.** 140°   **c.** −135°

   a. L'angolo ha misura positiva ed è perciò orientato in senso antiorario (**figura 15a**).
      Poiché il punto P appartiene al primo quadrante, sia il coseno (in colore arancio) che il seno (in colore azzurro) dell'angolo sono positivi, così come la tangente (in colore rosso).

   b. Anche quest'angolo ha misura positiva ed è quindi orientato in senso antiorario (**figura 15b**). Il punto P appartiene al secondo quadrante ed ha perciò ascissa negativa ed ordinata positiva; conseguentemente il seno dell'angolo considerato (nella figura in colore azzurro) è positivo ed il coseno (nella figura in colore arancio) è negativo. Per individuare il punto Q dobbiamo prolungare la semiretta OP; l'ordinata di Q (nella figura in colore rosso) è negativa quindi anche $\tan \alpha < 0$.

   c. L'angolo ha misura negativa e perciò è orientato in senso orario (**figura 15c**). Sia il seno che il coseno dell'angolo sono negativi, mentre la tangente è positiva.

2. Dati i seguenti valori del seno, del coseno o della tangente di un angolo α, disegna α supponendo che sia $0° \leq \alpha \leq 360°$.

   a. $\sin \alpha = \dfrac{1}{2}$ **b.** $\cos \alpha = -\dfrac{2}{3}$ **c.** $\tan \alpha = \dfrac{3}{2}$

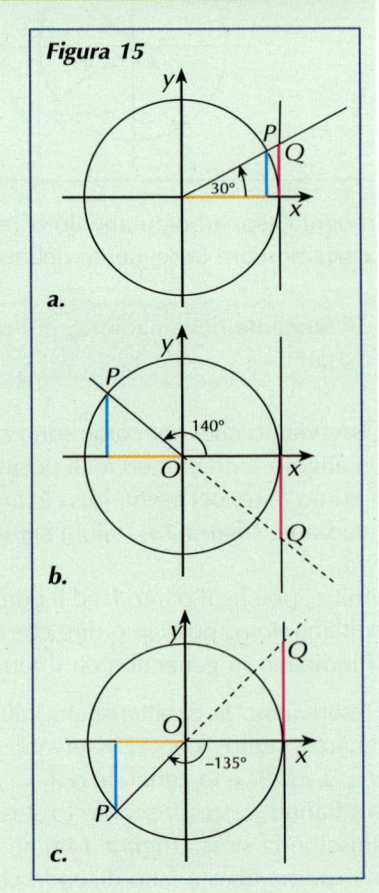

Figura 15

a.

b.

c.

a. Disegniamo la circonferenza goniometrica e, ricordando che il seno di un angolo è l'ordinata del punto P, disegniamo sull'asse y un segmento di lunghezza $\frac{1}{2}$, individuando così un punto A (**figura 16a**).

Se da A tracciamo una retta parallela all'asse delle ascisse, determiniamo sulla circonferenza goniometrica due punti P e P'. Le semirette OP e OP' individuano due angoli orientati, α e α', il cui seno vale proprio $\frac{1}{2}$. Tenendo presente che, per questioni di simmetria, anche l'angolo $\widehat{P'OR} = \alpha$, abbiamo che $\alpha' = 180° - \alpha$.

b. Disegniamo la circonferenza goniometrica e, ricordando che il coseno di un angolo è l'ascissa del punto P, disegniamo sull'asse x un segmento di lunghezza $-\frac{2}{3}$, individuando così un punto B (**figura 16b**).

Se da B tracciamo una retta parallela all'asse delle ordinate, determiniamo sulla circonferenza goniometrica due punti P e P'. Le semirette OP e OP' individuano gli angoli α e α' cercati. Inoltre, poiché $\widehat{P'OS} = \alpha$, abbiamo che $\alpha' = -\alpha$ o anche $\alpha' = 360° - \alpha$.

c. Disegniamo la circonferenza goniometrica e la retta su cui si individua la tangente. Su tale retta disegniamo il punto Q di ordinata $\frac{3}{2}$ (**figura 16c**); la retta OQ interseca la circonferenza goniometrica nei punti P e P' definendo così i due angoli α e $\alpha' = 180° + \alpha$ cercati.

Figura 16

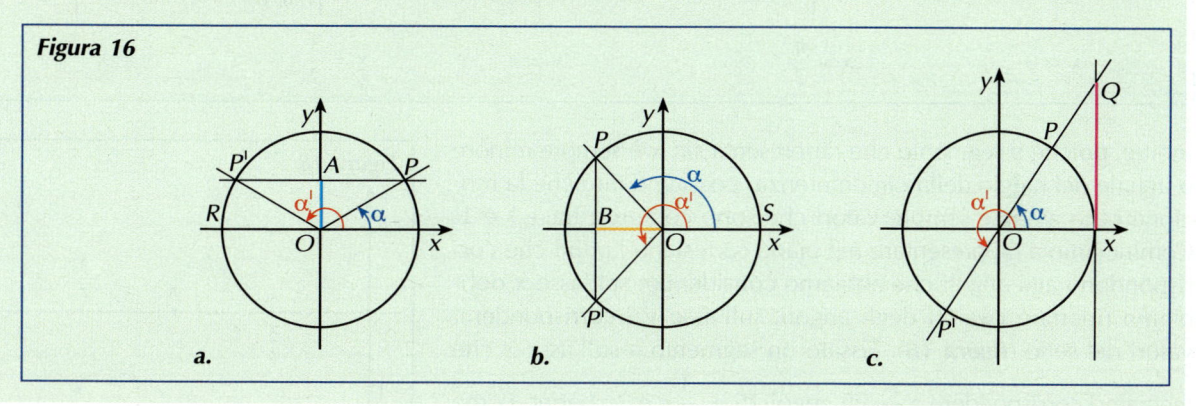

a.   b.   c.

2.2 I grafici

Abbiamo visto che il seno, il coseno e la tangente di un angolo α sono funzioni dell'angolo stesso; poiché in una funzione si è soliti rappresentare la variabile indipendente con x, e la variabile dipendente con y, scriviamo le equazioni delle funzioni goniometriche in questa forma:

$$y = \sin x \qquad y = \cos x \qquad y = \tan x$$

Per costruire il loro grafico, non possiamo però procedere come al solito trovando le coordinate di qualche punto; la difficoltà sta nel fatto che se assegniamo a x un valore, per esempio 20°, non sappiamo come calcolare $\sin 20°$, $\cos 20°$ e $\tan 20°$.

Possiamo però determinare il valore y mediante un ragionamento di tipo grafico come abbiamo fatto negli esempi del precedente paragrafo; vediamo come procedere.

Nei grafici delle funzioni goniometriche gli angoli devono essere misurati in radianti perché sull'asse x si possono rappresentare i numeri reali e non i gradi.
Inoltre, vista la periodicità delle funzioni seno, coseno e tangente, attribuiamo a x valori compresi tra 0 e 2π per le prime due, compresi tra $-\frac{\pi}{2}$ e $\frac{\pi}{2}$ per la terza.

Il grafico di y = sin x

Come prima cosa osserviamo che sappiamo determinare il valore di sin x per particolari valori di x (segui la **figura 17**):

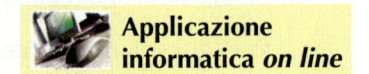

- se $x = 0$, il punto P si trova sull'asse x e ha coordinate $(1, \mathbf{0})$; poiché il seno è l'ordinata del punto P, si ha subito che sin $0 = 0$

- se $x = \dfrac{\pi}{2}$, il punto P si trova sull'asse y e ha coordinate $(0, \mathbf{1})$, quindi
  $$\sin \frac{\pi}{2} = 1$$

- se $x = \pi$, P ha coordinate $(-1, \mathbf{0})$, quindi sin $\pi = 0$

- se $x = \dfrac{3}{2}\pi$, P ha coordinate $(0, -\mathbf{1})$, quindi $\sin \dfrac{3}{2}\pi = -1$

- se infine $x = 2\pi$, abbiamo la stessa situazione di quando $x = 0$, P ha coordinate $(1, \mathbf{0})$, quindi sin $2\pi = 0$.

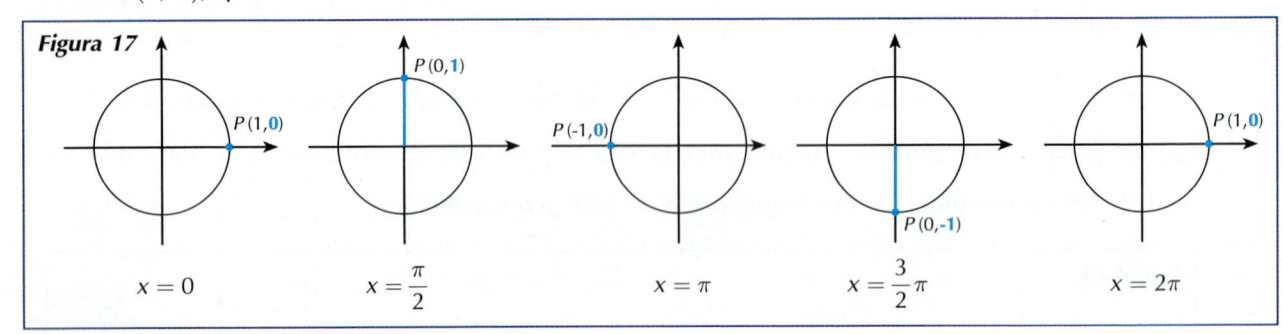

Figura 17

$x = 0$ $x = \dfrac{\pi}{2}$ $x = \pi$ $x = \dfrac{3}{2}\pi$ $x = 2\pi$

Inoltre, poiché il segmento che rappresenta sin x è sempre minore o uguale del raggio della circonferenza, possiamo dire che la funzione seno assume sempre valori che sono compresi tra -1 e 1. Cominciamo a rappresentare nel piano cartesiano i punti che corrispondono agli angoli che abbiamo considerato; sull'asse x dobbiamo riportare i valori degli angoli, sull'asse y i corrispondenti valori del seno (**figura 18**). Fissato un segmento a sull'asse x che facciamo corrispondere a $\dfrac{\pi}{2}$, gli angoli di π, $\dfrac{3}{2}\pi$ e 2π hanno come corrispondenti i punti rappresentati da due, tre, quattro segmenti uguali ad a; sull'asse y fissiamo un segmento che rappresenta l'unità.

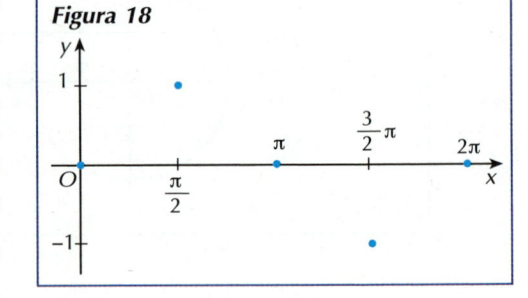

Figura 18

La funzione $y = \sin x$ passa dunque per i punti

$$(0, 0) \qquad \left(\frac{\pi}{2}, 1\right) \qquad (\pi, 0) \qquad \left(\frac{3}{2}\pi, -1\right) \qquad (2\pi, 0)$$

Per trovare qualche altro punto, usiamo una costruzione particolare (segui la **figura 19** di pagina seguente):

- a sinistra dell'asse y riportiamo la circonferenza goniometrica (il suo raggio è il segmento che abbiamo usato come unità di misura sull'asse y) in modo che il suo asse y sia parallelo all'asse y del piano cartesiano e il suo asse x sia lo stesso del piano cartesiano

- dividiamo ciascun quadrante della circonferenza in un certo numero di parti uguali, per esempio tre

- per ciascuno degli angoli così individuati rappresentiamo il segmento che corrisponde a sin x

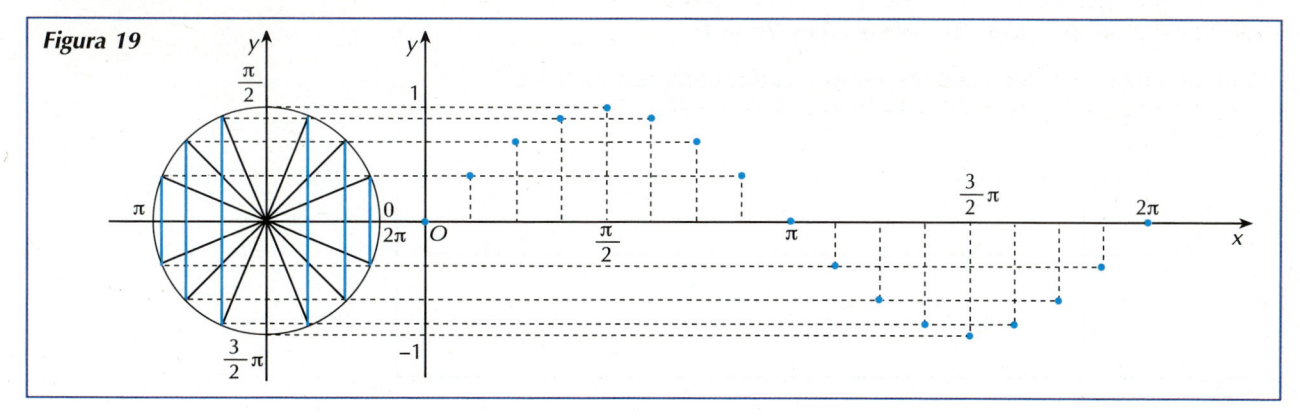

Figura 19

Eseguiamo una procedura analoga sull'asse x :

- dividiamo ciascun segmento tra 0 e $\dfrac{\pi}{2}$, tra $\dfrac{\pi}{2}$ e π e così via in tre parti uguali;

  ciascuno dei punti individuati corrisponde all'ampiezza degli angoli sulla circonferenza goniometrica

- riportiamo nel piano cartesiano il valore del seno di ciascun angolo (il segmento misurato sull'asse y).

Il numero di punti ottenuto dà un'idea migliore rispetto alla precedente dell'andamento del grafico. Volendo essere ancora più precisi si può dividere ciascun quadrante e ciascun segmento corrispondente sull'asse x in un numero maggiore di parti uguali e infittire il numero dei punti del grafico.
In questo modo, si ottiene la linea in **figura 20**.
Inoltre, poiché abbiamo detto che la funzione seno è periodica di periodo 2π, il suo grafico si ripete identico ad ogni intervallo successivo o precedente di ampiezza 2π (**figura 21**).

Figura 20

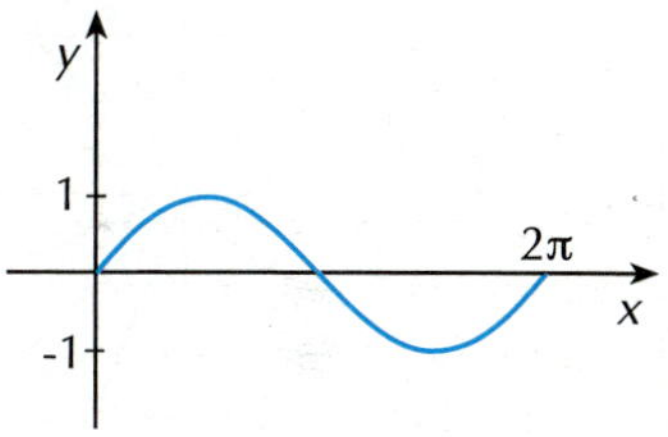

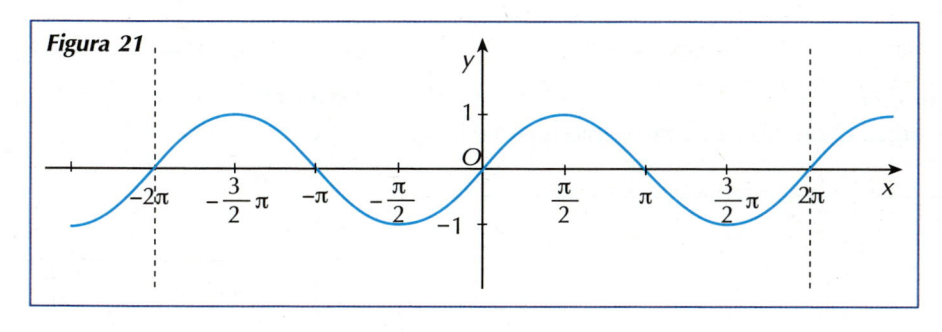

Figura 21

> Il grafico della funzione seno è simmetrico rispetto all'origine
>
> $$\sin(-\alpha) = -\sin \alpha$$

Il grafico di $y = \cos x$

In modo del tutto analogo possiamo costruire il grafico della funzione coseno (**figura 22** di pagina seguente); questa volta però il valore di $\cos x$ è dato dall'ascissa dei punti P, quindi:

- se $x = 0$ $\rightarrow$ $P(\mathbf{1}, 0)$ $\rightarrow$ $\cos 0 = 1$

- se $x = \dfrac{\pi}{2}$ $\rightarrow$ $P(\mathbf{0}, 1)$ $\rightarrow$ $\cos \dfrac{\pi}{2} = 0$

- se $x = \pi$ $\rightarrow$ $P(-\mathbf{1}, 0)$ $\rightarrow$ $\cos \pi = -1$

- se $x = \dfrac{3}{2}\pi \quad \rightarrow \quad P(\mathbf{0}, -1) \quad \rightarrow \quad \cos \dfrac{3}{2}\pi = 0$

- se $x = 2\pi \quad \rightarrow \quad P(\mathbf{1}, 0) \quad \rightarrow \quad \cos 2\pi = 1$

Anche la funzione coseno assume sempre valori compresi tra -1 e 1.

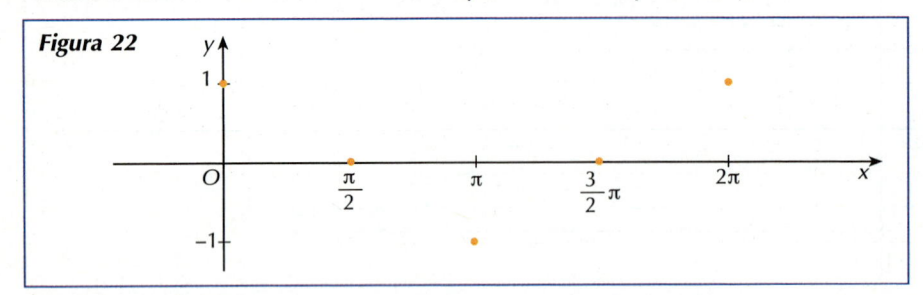

Figura 22

Usiamo ancora la circonferenza goniometrica avendo però l'accortezza di ruotarla di $\dfrac{\pi}{2}$ rispetto alla costruzione precedente perché il coseno di un angolo si misura sull'asse x (**figura 23**).

Dividiamo ciascun quadrante in tre parti uguali, individuiamo il coseno di ciascun angolo e riportiamolo nel piano cartesiano.

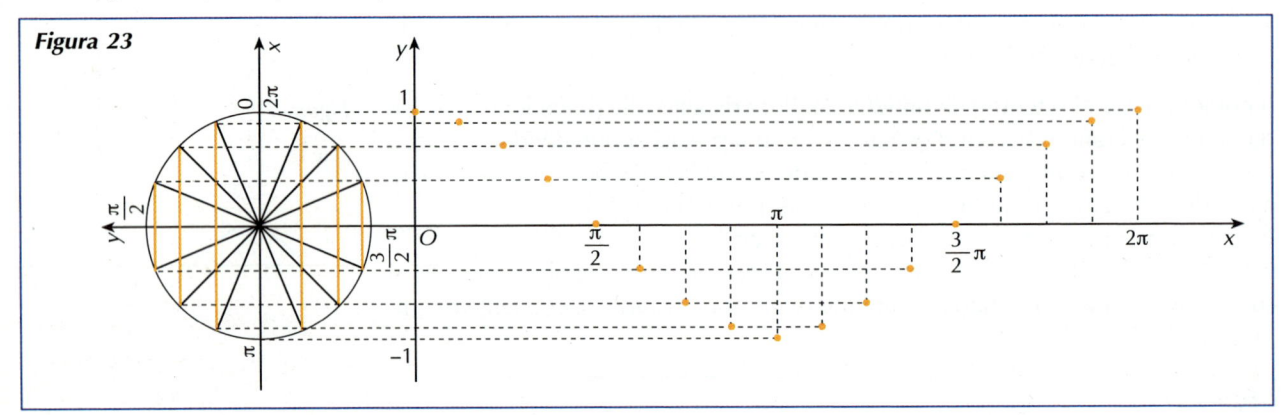

Figura 23

Il grafico che si ottiene è in **figura 24**.
Anche la funzione coseno è periodica di periodo 2π e possiamo ripetere il grafico ottenuto (**figura 25**).

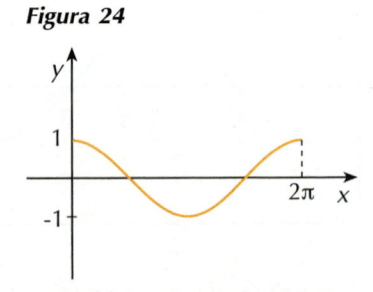

Figura 24

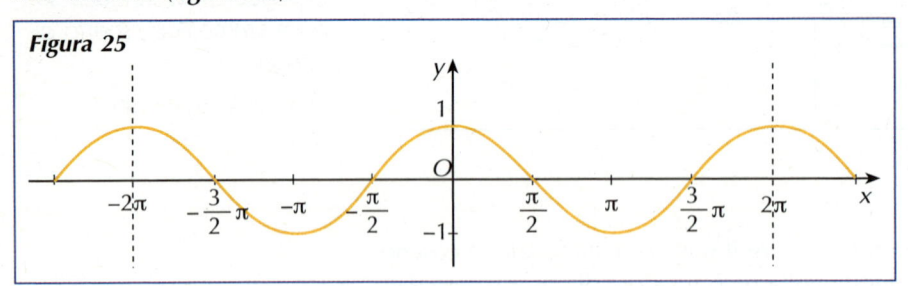

Figura 25

Il grafico della funzione coseno è simmetrico rispetto all'asse y, quindi

$$\cos(-\alpha) = \cos \alpha$$

La funzione $y = \tan x$

Individuiamo adesso le caratteristiche della funzione $y = \tan x$.
Essendo la funzione periodica di periodo π, la studiamo per valori di x compresi fra $-\dfrac{\pi}{2}$ e $+\dfrac{\pi}{2}$.

Per ottenere il suo grafico ripetiamo nuovamente la costruzione fatta per disegnare le due funzioni goniometriche precedenti, osservando però che, quando $x = \frac{\pi}{2}$ oppure $x = -\frac{\pi}{2}$, la tangente non esiste perché, essendo la semiretta OP parallela alla retta della tangente, non esiste nemmeno il punto Q (**figura 26**); inoltre, man mano che l'angolo x si avvicina a $\frac{\pi}{2}$ oppure a $-\frac{\pi}{2}$, il valore della tangente aumenta in valore assoluto e tende a diventare molto grande (si dice che tende all'infinito). Dal punto di vista grafico, questo significa che la curva della tangente si avvicina alle rette $x = -\frac{\pi}{2}$ e $x = \frac{\pi}{2}$ senza mai intersecarle; queste rette sono dette **asintoti** per la curva della tangente (**figura 27**).

Dall'osservazione del grafico deduciamo che:

- la funzione tangente può assumere un qualunque valore reale;

- angoli compresi fra 0 e $\frac{\pi}{2}$ hanno una tangente positiva che cresce molto rapidamente al crescere di x;

- angoli compresi fra $-\frac{\pi}{2}$ e 0 hanno una tangente negativa che diminuisce molto rapidamente quando x si avvicina a $-\frac{\pi}{2}$;

- quando $x = 0$, $\tan x$ assume valore 0;

- quando $x = \frac{\pi}{2}$ oppure quando $x = -\frac{\pi}{2}$, $\tan x$ non esiste.

Ripetendo infinite volte lo stesso disegno, otteniamo poi il grafico completo della funzione tangente (**figura 28**) che prende il nome di **tangentoide**.

Figura 26

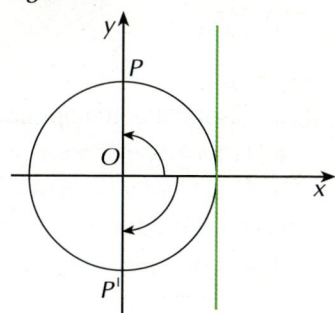

Figura 27

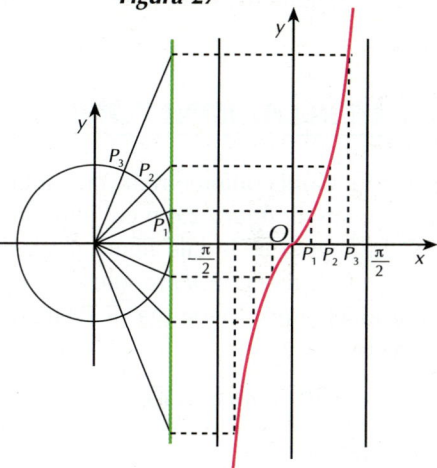

Figura 28

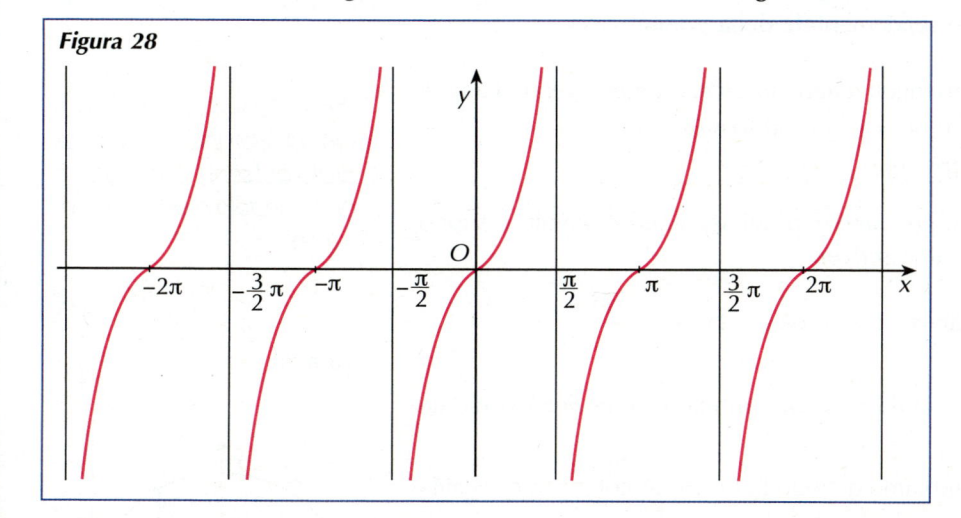

> Il grafico della funzione tangente è simmetrico rispetto all'origine, quindi
>
> $$\tan(-\alpha) = -\tan \alpha$$

VERIFICA DI COMPRENSIONE

1. L'ampiezza di un angolo α è compresa fra $\frac{\pi}{2}$ e π; quali fra le seguenti relazioni sono possibili?

   a. $\sin \alpha = \frac{3}{4}$ **b.** $\cos \alpha = \frac{1}{6}$ **c.** $\tan \alpha = 2$

d. $\sin \alpha = -\dfrac{\sqrt{2}}{5}$ **e.** $\cos \alpha = -\dfrac{2}{5}$ **f.** $\tan \alpha = -8$

2. In base alle definizioni date, si può dire che:

  a. la funzione seno assume valori compresi fra -1 e 1, estremi inclusi   Ⓥ Ⓕ

  b. la funzione tangente può assumere qualunque valore reale   Ⓥ Ⓕ

  c. $\sin \alpha$ e $\cos \alpha$ si possono definire per qualsiasi angolo α Ⓥ Ⓕ

  d. $\tan \alpha$ si può definire per qualsiasi angolo α Ⓥ Ⓕ

  e. se $\dfrac{\pi}{2} < \alpha < \dfrac{3}{2}\pi$, per individuare $\tan \alpha$ conviene tracciare la retta tangente alla circonferenza goniometrica nel punto $(-1, 0)$.   Ⓥ Ⓕ

3. LE RELAZIONI FONDAMENTALI

Gli esercizi di questo paragrafo sono a pag. 509

Fra le funzioni goniometriche che abbiamo definito esistono delle relazioni; osserva infatti la **figura 29** in cui è rappresentato, sulla circonferenza goniometrica, un angolo α. In tale figura il segmento orientato HP rappresenta $\sin \alpha$, il segmento orientato OH rappresenta $\cos \alpha$, OP è il raggio unitario.
Se applichiamo il teorema di Pitagora al triangolo rettangolo OPH possiamo scrivere

$$\overline{HP}^2 + \overline{OH}^2 = \overline{OP}^2 \qquad \text{cioè} \qquad (\sin \alpha)^2 + (\cos \alpha)^2 = 1$$

Figura 29

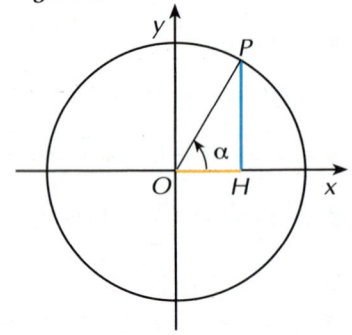

La relazione:

$$\boxed{\sin^2\alpha + \cos^2\alpha = 1}$$

rappresenta la **prima relazione fondamentale della goniometria**.

Osserviamo ora la **figura 30**: i triangoli rettangoli OPH e OQK, avendo l'angolo α in comune, sono simili e perciò vale la proporzione

$$HP : OH = KQ : OK$$

Tenendo presente il significato goniometrico dei segmenti coinvolti e supponendo che sia $\cos \alpha \neq 0$ possiamo scrivere

$$\sin \alpha : \cos \alpha = \tan \alpha : 1 \qquad \text{cioè} \qquad \boxed{\tan \alpha = \dfrac{\sin \alpha}{\cos \alpha}}$$

Quest'ultima rappresenta la **seconda relazione fondamentale della goniometria**.

Da questa, ricordando come abbiamo definito la funzione cotangente, ricaviamo che:

$$\cotan \alpha = \dfrac{\cos \alpha}{\sin \alpha} \qquad \text{se } \sin \alpha \neq 0$$

Con queste due regole è possibile calcolare una qualsiasi delle funzioni goniometriche se è noto il valore di una di esse.

Per esempio, se $\sin \alpha = \dfrac{2}{3}$ e α è un angolo acuto, anche $\cos \alpha$ e $\tan \alpha$ sono positivi:

> Per evitare l'uso delle parentesi, per indicare il quadrato del seno o del coseno di un angolo si usano le notazioni:
> $$\sin^2\alpha \qquad \text{e} \qquad \cos^2\alpha$$

Figura 30

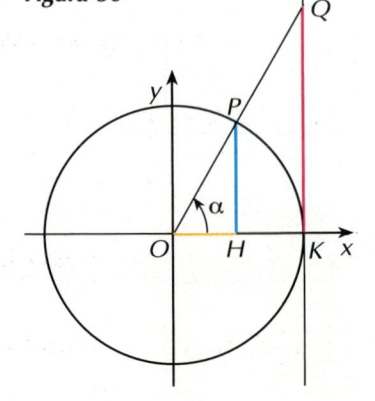

- dalla prima relazione fondamentale ricaviamo che

$$\cos\alpha = \sqrt{1 - \sin^2\alpha} = \sqrt{1 - \frac{4}{9}} = \frac{\sqrt{5}}{3}$$

- dalla seconda ricaviamo che: $\tan\alpha = \dfrac{\sin\alpha}{\cos\alpha} = \dfrac{\frac{2}{3}}{\frac{\sqrt{5}}{3}} = \dfrac{2}{\sqrt{5}}$

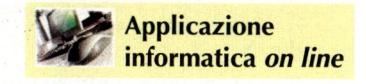 **Applicazione informatica** *on line*

Nella tabella che segue abbiamo riassunto le formule che permettono di esprimere il seno, il coseno e la tangente di un angolo in funzione delle altre.

	$\sin\alpha$	$\cos\alpha$	$\tan\alpha$
$\sin\alpha$	$\sin\alpha$	$\pm\sqrt{1 - \cos^2\alpha}$	$\pm\dfrac{\tan\alpha}{\sqrt{1 + \tan^2\alpha}}$
$\cos\alpha$	$\pm\sqrt{1 - \sin^2\alpha}$	$\cos\alpha$	$\pm\dfrac{1}{\sqrt{1 + \tan^2\alpha}}$
$\tan\alpha$	$\pm\dfrac{\sin\alpha}{\sqrt{1 - \sin^2\alpha}}$	$\pm\dfrac{\sqrt{1 - \cos^2\alpha}}{\cos\alpha}$	$\tan\alpha$

ESEMPI

1. Sapendo che $\sin\alpha = \dfrac{3}{4}$ e che α è un angolo ottuso, calcoliamo le altre funzioni goniometriche fondamentali di α.

Dalle precedenti relazioni, tenendo presente che il coseno e la tangente di un angolo ottuso sono negativi, troviamo subito che

$$\cos\alpha = -\sqrt{1 - \sin^2\alpha} = -\sqrt{1 - \frac{9}{16}} = -\frac{\sqrt{7}}{4} \qquad \tan\alpha = \frac{\sin\alpha}{\cos\alpha} = \frac{3}{4}\cdot\left(-\frac{4}{\sqrt{7}}\right) = -\frac{3}{\sqrt{7}}$$

2. Sapendo che $\cos\alpha = -\dfrac{2}{3}$ e che $\pi < \alpha < \dfrac{3}{2}\pi$, calcoliamo il valore delle altre funzioni goniometriche di α.

Poiché α appartiene al terzo quadrante, $\sin\alpha$ è negativo, quindi:

$$\sin\alpha = -\sqrt{1 - \cos^2\alpha} = -\sqrt{1 - \frac{4}{9}} = -\sqrt{\frac{5}{9}} = -\frac{\sqrt{5}}{3}$$

Dalla seconda relazione fondamentale ricaviamo poi che $\tan\alpha = \dfrac{\sin\alpha}{\cos\alpha} = \dfrac{-\frac{\sqrt{5}}{3}}{-\frac{2}{3}} = \dfrac{\sqrt{5}}{2}$

3. Sapendo che $\tan\alpha = -2$ e che α è un angolo ottuso, troviamo i valori delle altre funzioni goniometriche fondamentali.

Un angolo ottuso ha il seno positivo e il coseno negativo; per applicare correttamente la formula che esprime $\sin\alpha$ dobbiamo quindi cambiare segno a $\tan\alpha$:

$$\sin\alpha = \frac{-\tan\alpha}{\sqrt{1 + \tan^2\alpha}} = \frac{2}{\sqrt{5}} \qquad \cos\alpha = -\frac{1}{\sqrt{1 + \tan^2\alpha}} = -\frac{1}{\sqrt{5}}$$

1. Il seno di un angolo acuto α è uguale a $\dfrac{1}{2}$, il coseno dello stesso angolo è uguale a:

   a. $\dfrac{1}{2}$ **b.** $\dfrac{3}{4}$ **c.** $\dfrac{\sqrt{3}}{2}$ **d.** nessuno dei precedenti valori

2. Di un angolo α si sa che $\tan\alpha < 0$ e che $\cos\alpha > 0$; dell'angolo α si può dire che:

  a. $\sin\alpha < 0$ V F

  b. $\pi < \alpha < \dfrac{3}{2}\pi$ V F

  c. $\dfrac{3}{2}\pi < \alpha < 2\pi$ V F

  d. i dati sono insufficienti per stabilire la tipologia dell'angolo.   V F

4. I VALORI DELLE FUNZIONI GONIOMETRICHE FONDAMENTALI

> *Gli esercizi di questo paragrafo sono a pag. 511*

4.1 Angoli particolari

Ci poniamo ora il problema di come si possa calcolare il valore del seno, del coseno e della tangente di un angolo x dato. Per esempio, se $x = 72°$, quanto valgono $\sin 72°$, $\cos 72°$ e $\tan 72°$? Cominciamo dal caso di angoli particolari per i quali ci viene in aiuto la geometria.

Figura 31

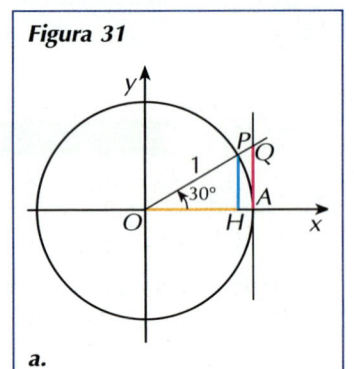

a.

■ Se $x = 30°$ (in radianti $\dfrac{\pi}{6}$), il seno ed il coseno di x sono i cateti di un triangolo rettangolo con gli angoli di 30° e di 60° e con l'ipotenusa che, essendo il raggio della circonferenza goniometrica, ha misura 1 (**figura 31a**); possiamo quindi dire che:

essendo $\overline{HP} = \dfrac{1}{2}\overline{OP}$ $\overline{OH} = \dfrac{\sqrt{3}}{2}\overline{OP}$ $\overline{AQ} = \dfrac{\overline{HP}}{\overline{OH}} = \dfrac{\sqrt{3}}{3}$

allora $\sin 30° = \dfrac{1}{2}$ $\cos 30° = \dfrac{\sqrt{3}}{2}$ $\tan 30° = \dfrac{\sqrt{3}}{3}$

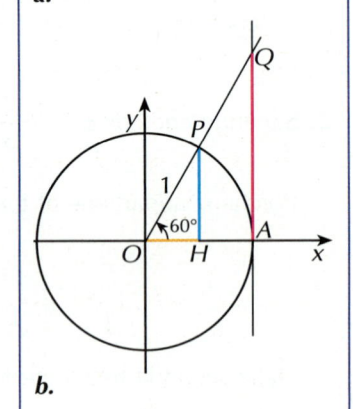

b.

■ Con considerazioni analoghe (**figura 31b**) possiamo trovare i valori delle funzioni goniometriche dell'angolo di 60° (in radianti $\dfrac{\pi}{3}$):

$\overline{HP} = \dfrac{\sqrt{3}}{2}\overline{OP}$ $\overline{OH} = \dfrac{1}{2}\overline{OP}$ $\overline{AQ} = \dfrac{\overline{HP}}{\overline{OH}} = \sqrt{3}$

$\sin 60° = \dfrac{\sqrt{3}}{2}$ $\cos 60° = \dfrac{1}{2}$ $\tan 60° = \sqrt{3}$

■ Le funzioni dell'angolo di 45° (in radianti $\dfrac{\pi}{4}$) si ricavano osservando che il triangolo OPH in **figura 31c** è rettangolo isoscele e quindi

essendo $\overline{HP} = \overline{OH} = \dfrac{\sqrt{2}}{2}\overline{OP}$,   allora

$\sin 45° = \dfrac{\sqrt{2}}{2}$ $\cos 45° = \dfrac{\sqrt{2}}{2}$ $\tan 45° = 1$

c.

Riassumiamo in una tabella i risultati ottenuti.

x (in gradi)	30°	45°	60°
x (in radianti)	$\dfrac{\pi}{6}$	$\dfrac{\pi}{4}$	$\dfrac{\pi}{3}$
$\sin x$	$\dfrac{1}{2}$	$\dfrac{\sqrt{2}}{2}$	$\dfrac{\sqrt{3}}{2}$
$\cos x$	$\dfrac{\sqrt{3}}{2}$	$\dfrac{\sqrt{2}}{2}$	$\dfrac{1}{2}$
$\tan x$	$\dfrac{\sqrt{3}}{3}$	1	$\sqrt{3}$

4.2 Le funzioni goniometriche con la calcolatrice

A parte i casi che abbiamo visto e pochissimi altri che però non possiamo ancora considerare, non è possibile calcolare il valore del seno, del coseno o della tangente di un angolo qualunque con considerazioni geometriche; è però possibile determinarne un valore approssimato usando una calcolatrice scientifica.
Ogni calcolatrice ha delle procedure di calcolo proprie ed è per questo consigliabile consultare il libretto delle istruzioni; nella maggior parte dei casi, tuttavia, la procedura è simile a quella che descriviamo di seguito.
Dopo aver acceso la tua calcolatrice accertati che la modalità di misurazione degli angoli sia in gradi: sul display deve comparire la dicitura **DEG** (DEG sta per degree) oppure D.
Vediamo come procedere attraverso degli esempi.

Dall'angolo alle funzioni goniometriche

La procedura più diffusa tra le calcolatrici è la seguente (a destra puoi vedere come esempio il calcolo di sin 38°):

- si preme il tasto della funzione goniometrica $\boxed{\sin}$
- si digita l'ampiezza dell'angolo in gradi   38
- si preme il tasto uguale $\boxed{=}$ sin 38° = 0,615661475

Occorre prestare attenzione quando l'angolo è espresso in gradi, primi e secondi; in questo caso occorre prima convertire l'angolo in gradi decimali usando il tasto $\boxed{°\,'\,''}$ oppure $\boxed{\text{DMS}}$.

Di seguito mostriamo alcuni esempi indicando i tasti da premere in sequenza.

■ Calcoliamo sin 25°12′34″ : $\boxed{\sin}$ 25 $\boxed{°\,'\,''}$ 12 $\boxed{°\,'\,''}$ 34 $\boxed{°\,'\,''}$ $\boxed{=}$
    valore restituito: 0,425928434

■ Calcoliamo cos 47° : $\boxed{\cos}$ 47 $\boxed{=}$
    valore restituito: 0,68199836

■ Calcoliamo tan 75°27′ : $\boxed{\tan}$ 75 $\boxed{°\,'\,''}$ 27 $\boxed{°\,'\,''}$ $\boxed{=}$
    valore restituito: 3,852839622

Dalle funzioni goniometriche all'angolo

Questo problema è l'inverso del precedente, vale a dire che si conosce il valore di una delle funzioni goniometriche di un angolo e si vuole calcolare la sua ampiezza. Per risolvere questo problema si deve utilizzare il tasto della funzione inversa che, a seconda delle calcolatrici, è individuato da

$$\boxed{\text{SHIFT}} \quad \boxed{\text{INV}} \quad \boxed{\text{2-nd}}$$

La procedura più diffusa è la seguente (a destra puoi vedere come esempio il calcolo dell'angolo α per il quale $\sin \alpha = 0{,}25$):

- si preme il tasto della funzione inversa seguito dal tasto della funzione .... $\boxed{\text{SHIFT}}$ $\boxed{\sin}$

- si digita il valore della funzione goniometrica usando il punto decimale 0.25

- si preme il tasto uguale .... $\boxed{=}$

- si preme il tasto di conversione in gradi, primi e secondi $\boxed{\circ \, ' \, ''}$

- si approssima, se necessario, il valore dei secondi $\alpha = 14°28'39''$

In alcune calcolatrici il tasto $\boxed{\circ \, ' \, ''}$ per la conversione della misura dell'angolo in gradi, primi e secondi deve essere preceduto dal tasto $\boxed{\text{SHIFT}}$.

Osserviamo però che l'angolo trovato non è il solo il cui seno vale 0,25 in quanto tra 0° e 360° ci sono due angoli che soddisfano a questa condizione (**figura 32**) e questo vale in genere anche per le altre funzioni goniometriche. La calcolatrice restituisce però un solo valore, quello dell'angolo acuto e vedremo più avanti qual è il motivo di questo comportamento.
Vediamo qualche altro esempio.

Figura 32

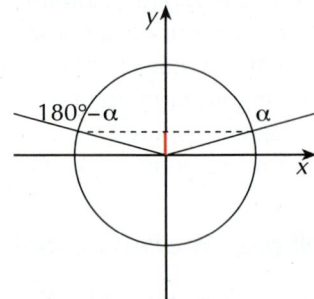

■ Troviamo l'angolo acuto α per il quale $\cos \alpha = 0{,}325$:

$\boxed{\text{SHIFT}}$ $\boxed{\cos}$ $0{,}325$ $\boxed{=}$ $\boxed{\circ \, ' \, ''}$
valore restituito: $71°2'4''$

■ Troviamo l'angolo acuto α per il quale $\sin \alpha = 0{,}81$:

$\boxed{\text{SHIFT}}$ $\boxed{\sin}$ $0{,}81$ $\boxed{=}$ $\boxed{\circ \, ' \, ''}$
valore restituito: $54°5'45''$

■ Troviamo l'angolo acuto α per il quale $\tan \alpha = 7{,}38$:

$\boxed{\text{SHIFT}}$ $\boxed{\tan}$ $7{,}38$ $\boxed{=}$ $\boxed{\circ \, ' \, ''}$
valore restituito: $82°17'$

La tangente e il coefficiente angolare di una retta

Sappiamo che il coefficiente angolare m di una retta ne valuta la pendenza, è cioè un'indicazione dell'ampiezza dell'angolo α che la retta forma con la direzione positiva dell'asse x. È naturale chiedersi se ci sia un legame fra m e le funzioni goniometriche di α.
In un sistema di riferimento cartesiano ortogonale, consideriamo allora una retta r di coefficiente angolare m passante per l'origine O; la circonferenza goniometrica interseca r in un punto A le cui coordinate sono $x_A = \cos \alpha$ e $y_A = \sin \alpha$ (**figura 33**).
Il coefficiente angolare m, per definizione, è il rapporto $\dfrac{\Delta y}{\Delta x}$ fra le coordinate di

Figura 33

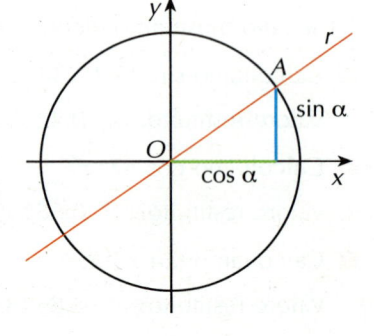

due punti qualsiasi della retta; se come punti scegliamo O e A, abbiamo che:

$$m = \frac{y_A}{x_A} \quad \text{cioè} \quad m = \frac{\sin \alpha}{\cos \alpha} \quad \text{e quindi} \quad \boxed{m = \tan \alpha}$$

Poiché tutte le rette fra loro parallele hanno lo stesso coefficiente angolare, questa relazione è vera per qualsiasi retta, tranne per quelle parallele all'asse

y per le quali m non è definito (anche $\tan \frac{\pi}{2}$ non esiste).

In definitiva quindi:

> il **coefficiente angolare** di una retta non parallela all'asse y è la tangente trigonometrica dell'angolo α che la retta forma con la direzione positiva dell'asse x.

Per esempio:

- la retta $y = \sqrt{3}x - 1$ ha coefficiente angolare $m = \sqrt{3}$.

  Poiché $\tan 60° = \sqrt{3}$, essa ha un'inclinazione di 60° con la direzione positiva dell'asse x;

- la retta che passa per il punto $A(2, -1)$ ed ha una pendenza di 45° ha coefficiente angolare $m = \tan 45° = 1$; essa ha quindi equazione

  $$y + 1 = 1 \cdot (x - 2) \quad \text{cioè} \quad y = x - 3.$$

VERIFICA DI COMPRENSIONE

1. Semplificando l'espressione $\cos 45° + \sin 60° - \cos 30° + \tan 45°$ si ottiene:

  a. $\sqrt{2}$ **b.** $\dfrac{\sqrt{2}+2}{2}$ **c.** $\dfrac{\sqrt{2}+1}{2}$ **d.** 0

2. Un valore approssimato del coseno dell'angolo di ampiezza $17°30'$ è:

  a. $0,2974$ **b.** $0,9548$ **c.** $0,9537$ **d.** $0,3007$

3. Di un angolo α si sa che $\sin \alpha = 0,32$; i possibili valori di α sono:

  a. $161°20'13''$ **b.** $18°39'47''$ **c.** $108°39'47''$ **d.** $161°33'71''$

4. Una retta ha equazione $\sqrt{3}x - 3y - 6 = 0$; l'angolo che essa forma con la direzione positiva dell'asse x è uguale a:

  a. $30°$ **b.** $60°$ **c.** $120°$ **d.** $150°$

5. GLI ARCHI ASSOCIATI

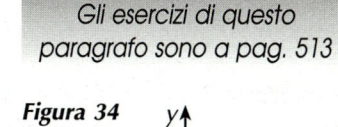

Gli esercizi di questo paragrafo sono a pag. 513

Consideriamo un angolo α e rappresentiamo sulla circonferenza goniometrica i valori del seno e del coseno di α (**figura 34**).

Il triangolo OPA e gli altri triangoli rettangoli da esso ottenuti per simmetria rispetto agli assi cartesiani e all'origine sono tutti congruenti fra loro; ne consegue che i cateti di questi triangoli sono a due a due congruenti e che quindi, a meno del segno, anche il seno e il coseno degli angoli individuati dalle semirette OP, OP', OP'', OP''' sono uguali.

Fissato un angolo α, esistono quindi altri angoli, oltre ad α, che hanno i valori

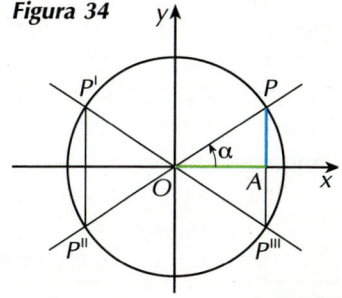

Figura 34

delle funzioni goniometriche che sono complessivamente uguali a quelle di α; parliamo in questi casi di **angoli associati** ad α.

Il primo gruppo di angoli dei quali ci occupiamo sono quelli di ampiezza

$$180° - \alpha \qquad\qquad 180° + \alpha \qquad\qquad 360° - \alpha$$

Nelle figure che seguono abbiamo indicato l'ampiezza dell'angolo direttamente sulla semiretta OP che, insieme all'asse x, lo definisce; questa convenzione verrà usata anche in seguito.

Con riferimento alla **figura 35** troviamo che:

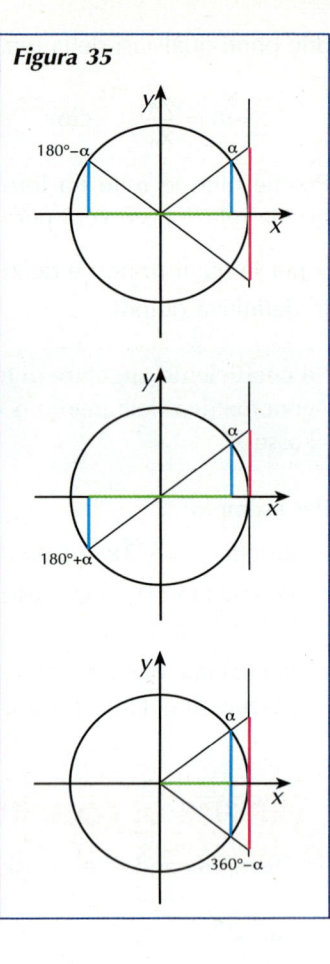

Figura 35

$$\text{angolo } 180° - \alpha \quad \rightarrow \quad \begin{aligned} &\sin(180° - \alpha) = \sin \alpha \\[4pt] &\cos(180° - \alpha) = -\cos \alpha \\[4pt] &\tan(180° - \alpha) = \frac{\sin \alpha}{-\cos \alpha} = -\tan \alpha \end{aligned}$$

$$\text{angolo } 180° + \alpha \quad \rightarrow \quad \begin{aligned} &\sin(180° + \alpha) = -\sin \alpha \\[4pt] &\cos(180° + \alpha) = -\cos \alpha \\[4pt] &\tan(180° + \alpha) = \frac{-\sin \alpha}{-\cos \alpha} = \tan \alpha \end{aligned}$$

$$\text{angolo } 360° - \alpha \quad \rightarrow \quad \begin{aligned} &\sin(360° - \alpha) = \sin(-\alpha) = -\sin \alpha \\[4pt] &\cos(360° - \alpha) = \cos(-\alpha) = \cos \alpha \\[4pt] &\tan(360° - \alpha) = \tan(-\alpha) = \frac{-\sin \alpha}{\cos \alpha} = -\tan \alpha \end{aligned}$$

All'angolo α risultano associati anche gli angoli:

$$90° - \alpha \qquad 90° + \alpha \qquad 270° - \alpha \qquad 270° + \alpha$$

per i quali valgono le seguenti relazioni (osserva la **figura 36** e confronta i triangoli rettangoli):

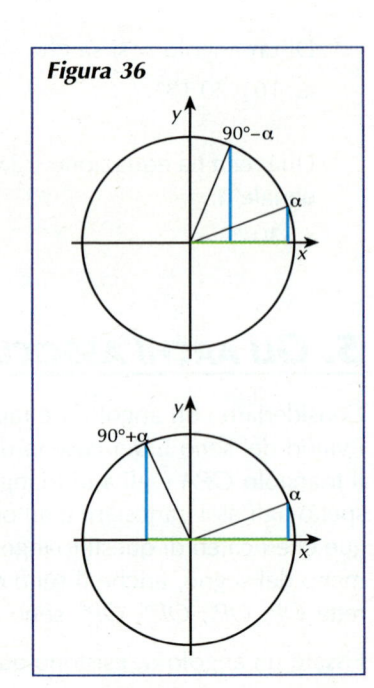

Figura 36

$$\text{angolo } 90° - \alpha \quad \rightarrow \quad \begin{aligned} &\sin(90° - \alpha) = \cos \alpha \\[4pt] &\cos(90° - \alpha) = \sin \alpha \\[4pt] &\tan(90° - \alpha) = \frac{\cos \alpha}{\sin \alpha} = \cotan \alpha \end{aligned}$$

$$\text{angolo } 90° + \alpha \quad \rightarrow \quad \begin{aligned} &\sin(90° + \alpha) = \cos \alpha \\[4pt] &\cos(90° + \alpha) = -\sin \alpha \\[4pt] &\tan(90° + \alpha) = \frac{\cos \alpha}{-\sin \alpha} = -\cotan \alpha \end{aligned}$$

$$\text{angolo } 270° - \alpha \quad \rightarrow \quad \begin{aligned} &\sin(270° - \alpha) = -\cos\alpha \\ &\cos(270° - \alpha) = -\sin\alpha \\ &\tan(270° - \alpha) = \frac{-\cos\alpha}{-\sin\alpha} = \cotan\alpha \end{aligned}$$

$$\text{angolo } 270° + \alpha \quad \rightarrow \quad \begin{aligned} &\sin(270° + \alpha) = -\cos\alpha \\ &\cos(270° + \alpha) = \sin\alpha \\ &\tan(270° + \alpha) = \frac{-\cos\alpha}{\sin\alpha} = -\cotan\alpha \end{aligned}$$

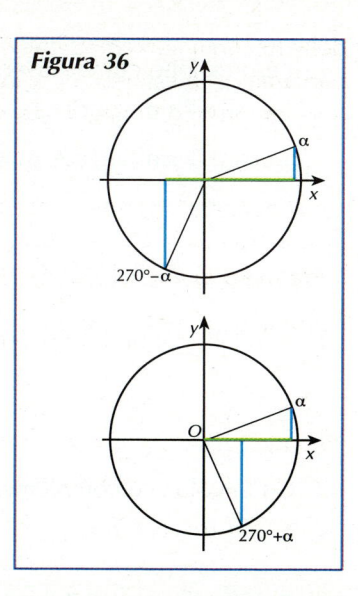

Figura 36

ESEMPI

1. Calcoliamo le funzioni goniometriche fondamentali dell'angolo di 120°.

Poiché $120° = 180° - 60°$ (**figura 37**), allora:

$$\sin 120° = \sin(180° - 60°) = \sin 60° = \frac{\sqrt{3}}{2}$$

$$\cos 120° = \cos(180° - 60°) = -\cos 60° = -\frac{1}{2}$$

$$\tan 120° = \tan(180° - 60°) = -\tan 60° = -\sqrt{3}$$

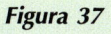

Figura 37

2. Calcoliamo le funzioni goniometriche fondamentali dell'angolo di 330°.

Poiché $330° = 360° - 30°$ (**figura 38**) si ha che:

$$\sin 330° = \sin(360° - 30°) = -\sin 30° = -\frac{1}{2}$$

$$\cos 330° = \cos(360° - 30°) = \cos 30° = \frac{\sqrt{3}}{2}$$

$$\tan 330° = \tan(360° - 30°) = -\tan 30° = -\frac{\sqrt{3}}{3}$$

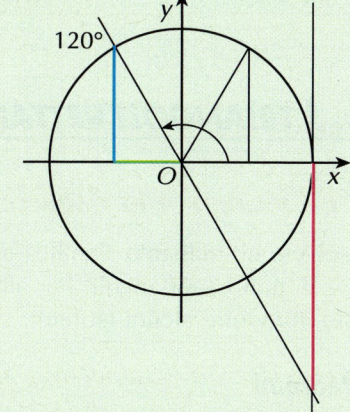

3. Calcoliamo, in funzione dell'angolo α, il valore dell'espressione

$$\cos(\pi + \alpha) + \sin(\pi - \alpha) - \tan\left(\frac{\pi}{2} - \alpha\right) \cdot \cos\left(\frac{\pi}{2} + \alpha\right)$$

Sappiamo che:

$$\cos(\pi + \alpha) = -\cos\alpha$$

$$\sin(\pi - \alpha) = \sin\alpha$$

$$\tan\left(\frac{\pi}{2} - \alpha\right) = \cotan\alpha$$

$$\cos\left(\frac{\pi}{2} + \alpha\right) = -\sin\alpha$$

Figura 38

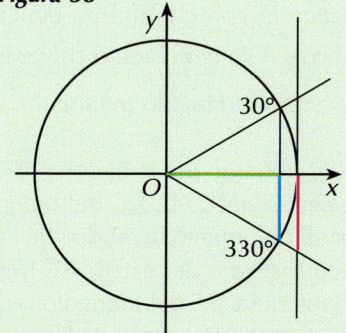

l'espressione quindi diventa:

$$-\cos \alpha + \sin \alpha - \cotan \alpha \cdot (-\sin \alpha) = -\cos \alpha + \sin \alpha - \frac{\cos \alpha}{\sin \alpha} \cdot (-\sin \alpha) =$$

$$-\cos \alpha + \sin \alpha + \cos \alpha = \sin \alpha$$

VERIFICA DI COMPRENSIONE

1. L'angolo del primo quadrante associato ad $\alpha = \frac{4}{3}\pi$ ha ampiezza:

   a. $\dfrac{\pi}{3}$ **b.** $\dfrac{\pi}{6}$ **c.** $\dfrac{\pi}{4}$ **d.** nessuno dei precedenti

2. Un angolo β è complementare dell'angolo α; quali di queste relazioni sono vere?

   a. $\tan \beta = \cotan \alpha$ **b.** $\sin \alpha = -\sin \beta$ **c.** $\cos \beta = -\sin \alpha$ **d.** $\sin \beta = \cos \alpha$

3. Stabilisci cosa si ottiene applicando le formule degli archi associati all'espressione

$$\cos (\pi + \alpha) - \cos (\pi - \alpha) + \cos \left(\frac{\pi}{2} + \alpha\right) - \cos \left(\frac{3}{2}\pi - \alpha\right)$$

   a. $2\cos \alpha$ **b.** $2\sin \alpha$ **c.** 0 **d.** $\cos \alpha - \sin \alpha$

6. I TRIANGOLI RETTANGOLI

Gli esercizi di questo paragrafo sono a pag. 516

6.1 I teoremi e la risoluzione dei triangoli

Risolvere un triangolo significa trovare le lunghezze di tutti i suoi lati e le misure di tutti i suoi angoli. Per affrontare questo problema dobbiamo prima di tutto introdurre alcuni teoremi.

Applicazione informatica *on line*

I teoremi

Consideriamo un triangolo *ABC* rettangolo in *A* e stabiliamo di indicare:

- con *a* la misura dell'ipotenusa *BC*, con *b* la misura del cateto opposto al vertice *B*, con *c* la misura del cateto opposto al vertice *C* (**figura 39**)
- con β l'angolo acuto di vertice *B*, con γ l'angolo acuto di vertice *C*.

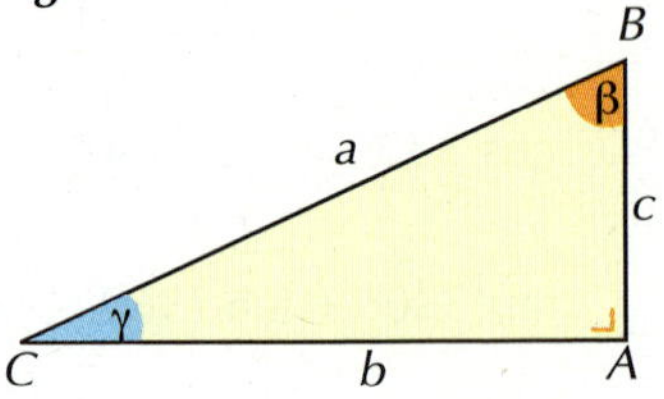

Essendo il triangolo rettangolo, è evidentemente $\beta + \gamma = 90°$.

Figura 39

Consideriamo ora la circonferenza goniometrica avente centro nel vertice *C* del triangolo e fissiamo il sistema di riferimento in modo che l'asse delle ascisse sia la retta sostegno del cateto *AC* (**figura 40**).
L'ipotenusa *BC* del triangolo incontra la circonferenza in un punto *P* le cui coordinate sono $(\cos \gamma, \sin \gamma)$. Se da *P* tracciamo la perpendicolare all'asse *x* il triangolo *PHC* così ottenuto è simile al triangolo *ABC* dato. Si ha dunque che

$$\frac{\overline{HP}}{\overline{CP}} = \frac{\overline{AB}}{\overline{CB}}$$

Figura 40

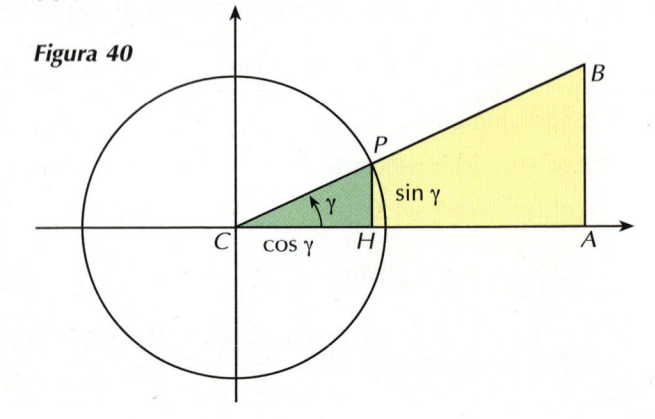

e poiché $\overline{HP} = \sin\gamma$ e $\overline{CP} = 1$ possiamo scrivere che

$$\frac{\overline{AB}}{\overline{CB}} = \sin\gamma \qquad \text{cioè} \qquad \overline{AB} = \overline{CB}\sin\gamma$$

Relativamente agli stessi triangoli possiamo anche scrivere la relazione

$$\frac{\overline{CH}}{\overline{CP}} = \frac{\overline{CA}}{\overline{CB}}$$

che, essendo $\overline{CH} = \cos\gamma$, diventa

$$\frac{\overline{CA}}{\overline{CB}} = \cos\gamma \qquad \text{cioè} \qquad \overline{CA} = \overline{CB}\cos\gamma$$

Le due relazioni che esprimono la misura dei cateti AB e AC in funzione dell'ipotenusa BC e degli angoli acuti del triangolo rappresentano l'enunciato del seguente **primo teorema sui triangoli rettangoli**.

PRIMO TEOREMA

Teorema. In ogni triangolo rettangolo, la misura di un cateto è uguale:

■ al prodotto della misura dell'ipotenusa per il seno dell'angolo opposto (al cateto che si deve trovare),

oppure

■ al prodotto della misura dell'ipotenusa per il coseno dell'angolo adiacente (al cateto che si deve trovare).

In simboli, adottando la convenzione esposta (**figura 41**)

$$
\begin{array}{ll}
b = a\sin\beta & b = a\cos\gamma \\
c = a\sin\gamma & c = a\cos\beta
\end{array}
$$

Figura 41

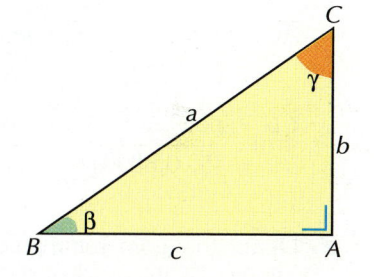

Sempre riferendoci ai triangoli simili CPH e CAB della **figura 40**, possiamo anche scrivere che

$$\frac{\overline{HP}}{\overline{CH}} = \frac{\overline{AB}}{\overline{CA}}$$

cioè, tenendo sempre presente che $\overline{HP} = \sin\gamma$ e $\overline{CH} = \cos\gamma$,

$$\frac{\overline{AB}}{\overline{CA}} = \frac{\sin\gamma}{\cos\gamma} \qquad \text{quindi} \qquad \overline{AB} = \overline{CA}\tan\gamma$$

o anche $\overline{CA} = \dfrac{\overline{AB}}{\tan\gamma} = \overline{AB}\cot\!an\gamma$.

Possiamo allora enunciare il **secondo teorema sui triangoli rettangoli**.

Ricorda che

$$\frac{1}{\tan\alpha} = \cot\!an\,\alpha$$

SECONDO TEOREMA

Teorema. In ogni triangolo rettangolo, la misura di ciascun cateto è uguale:

■ al prodotto della misura dell'altro cateto per la tangente dell'angolo opposto (al cateto che si deve trovare),

oppure

■ al prodotto della misura dell'altro cateto per la cotangente dell'angolo adiacente (al cateto che si deve trovare).

In simboli (riferisciti ancora alla **figura 41**):

$$b = c \tan \beta \qquad b = c \cotan \gamma$$
$$c = b \tan \gamma \qquad c = b \cotan \beta$$

I problemi sui triangoli rettangoli

Con questi due teoremi siamo in grado di risolvere un qualsiasi problema di misura nel quale siano coinvolti triangoli rettangoli.
Osserviamo che per risolvere un triangolo rettangolo si devono conoscere due dei suoi elementi, oltre all'angolo retto, dei quali almeno uno sia un lato; per esempio, si possono conoscere la misura di un cateto e di un angolo acuto, le misure dei due cateti e così via.
Vediamo alcuni esempi.

Non si può risolvere un triangolo se sono noti solo i suoi angoli; tutti i triangoli simili tra loro hanno infatti gli stessi angoli.

ESEMPI

1. In un triangolo ABC, rettangolo in C, l'ipotenusa AB è lunga 15cm e l'angolo di vertice B ha ampiezza 36°. Vogliamo risolvere il triangolo.

Poiché l'angolo $\widehat{C}$ è retto, ricaviamo subito che (**figura 42**) $\widehat{A} = 90° - 36° = 54°$.

Per determinare le misure dei cateti (in centimetri) usiamo le prime due relazioni:

$\overline{AC} = $ ipotenusa · seno dell'angolo opposto $= \overline{AB} \cdot \sin 36° =$
$= 15 \cdot 0{,}58778..... = 8{,}82$

$\overline{CB} = $ ipotenusa · coseno dell'angolo adiacente $= \overline{AB} \cdot \cos 36° =$
$= 15 \cdot 0{,}80901..... = 12{,}14$

Figura 42

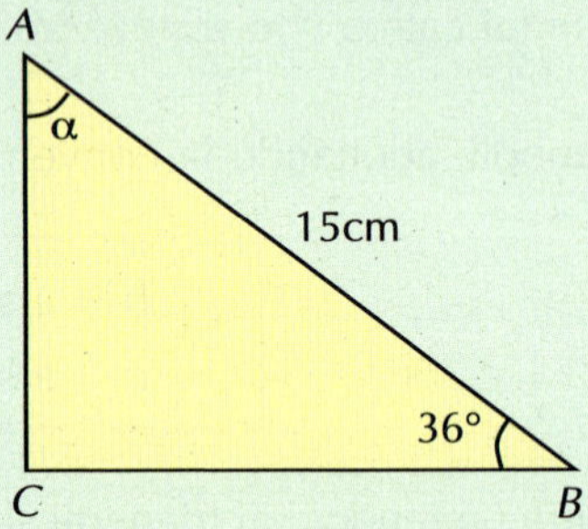

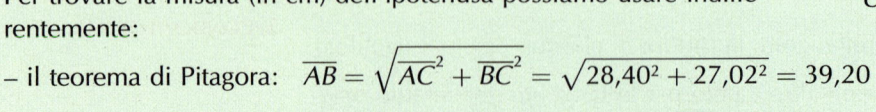

2. Di un triangolo rettangolo sono note la lunghezza di un cateto, 28,4cm, e l'ampiezza dell'angolo acuto opposto, 46°25′18″. Vogliamo risolvere il triangolo.

Con riferimento alla **figura 43**, poniamo $\overline{AC} = 28{,}40$ e $\beta = 46°25′18″$; di conseguenza

$$\alpha = 90° - 46°25′18″ = 43°34′42″$$

Per trovare la misura (in cm) del cateto BC usiamo la terza relazione:
$\overline{BC} = \overline{AC} \cdot \tan \alpha = 28{,}40 \cdot \tan 43°34′42″ = 27{,}02$

Per trovare la misura (in cm) dell'ipotenusa possiamo usare indifferentemente:

– il teorema di Pitagora: $\overline{AB} = \sqrt{\overline{AC}^2 + \overline{BC}^2} = \sqrt{28{,}40^2 + 27{,}02^2} = 39{,}20$

– la prima relazione: $\overline{AC} = \overline{AB} \cdot \sin \beta \quad \rightarrow \quad \overline{AB} = \dfrac{\overline{AC}}{\sin \beta} = 39{,}20$

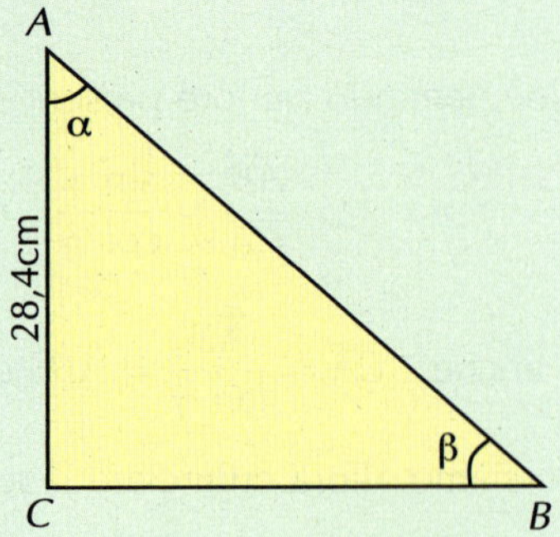

Il secondo metodo è di solito preferibile perché usa i dati del problema e non introduce altri errori di arrotondamento dei risultati.

Figura 43

3. Di un triangolo rettangolo sono note le misure in cm di due cateti: $b = 12,40$, $c = 9,60$. Vogliamo risolvere il triangolo e determinare la misura dell'altezza relativa all'ipotenusa.

Con il teorema di Pitagora possiamo subito determinare la misura dell'ipotenusa:

$$a = \sqrt{b^2 + c^2} = \sqrt{12,40^2 + 9,60^2} \approx 15,68$$

Dalla terza relazione ricaviamo poi che (**figura 44**):

$$\tan \beta = \frac{b}{c} \quad \text{cioè} \quad \tan \beta = \frac{124}{96} \quad \text{da cui} \quad \beta = 52°15'12''$$

Possiamo ora calcolare $\alpha = 90° - 52°15'12'' = 37°44'48''$.

Figura 44

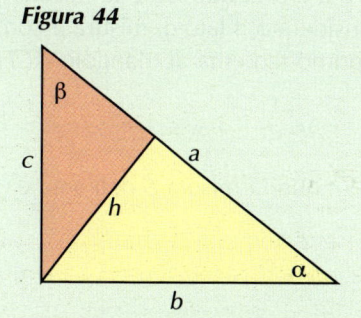

Per trovare l'altezza relativa all'ipotenusa, basta applicare il primo teorema a uno dei due triangoli rettangoli che si ottengono tracciando l'altezza; relativamente al triangolo in colore arancio nella figura, dove c rappresenta la misura dell'ipotenusa, si ha che

$$h = c \sin \beta = 9,60 \sin 52°15'12'' = 7,59 \text{ (cm)}$$

VERIFICA DI COMPRENSIONE

1. Se a è la misura di un cateto di un triangolo rettangolo e α è l'angolo acuto ad esso opposto, la misura dell'ipotenusa è data da:

a. $a \cos \alpha$ 　　　　**b.** $a \sin \alpha$ 　　　　**c.** $\dfrac{a}{\sin \alpha}$ 　　　　**d.** $\dfrac{a}{\cos \alpha}$

2. Del triangolo in figura, ottenuto mediante l'accostamento di due triangoli rettangoli, si conoscono gli elementi indicati.
Calcola quanto indicato di seguito:

$\overline{BH} = ...$ 　　　$\overline{AH} = ...$ 　　　$\overline{HC} = ...$ 　　　$\overline{AC} = ...$

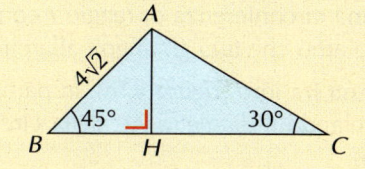

3. Del trapezio $ABCD$ si hanno le informazioni indicate in figura, dove le misure dei segmenti sono espresse mediante la stessa unità.
Considera le seguenti uguaglianze:

① $\overline{BC} = 3,42$ 　　　② $\overline{DC} = 8,83$ 　　　③ $\overline{AD} = 1,17$

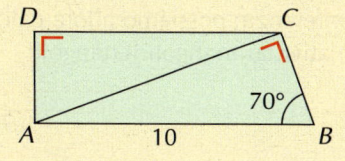

Di esse sono vere:

a. tutte e tre 　　　　**b.** solo la ① 　　　　**c.** tutte tranne la ③

d. nessuna perché i dati sono insufficienti per determinare le misure dei lati del trapezio.

6.2 Le applicazioni

I teoremi sui triangoli rettangoli ci permettono di risolvere problemi più generali di vario tipo; vediamo in particolare i due che seguono.

Il calcolo delle aree

Il calcolo dell'area di un poligono qualsiasi può sempre essere ricondotto mediante opportune suddivisioni, per esempio tracciando le diagonali uscenti da un vertice (**figura 45**), al calcolo dell'area di un triangolo. Possiamo quindi concentrare la nostra attenzione sui metodi per calcolare l'area di un triangolo. Consideriamo dunque un triangolo ABC di cui supponiamo siano note le misure a e b di due lati e la misura γ dell'angolo fra essi compreso (**figura 46a**); considerato il lato di misura a come base, la misura h dell'altezza, applicando il primo teorema al triangolo ACH, è

$$h = b \cdot \sin \gamma$$

e dunque la misura S dell'area è $\dfrac{a \cdot h}{2} = \dfrac{a \cdot b \sin \gamma}{2}$ cioè

$$S = \frac{1}{2} ab \sin \gamma$$

Questa relazione vale anche nel caso in cui γ è un angolo ottuso (**figura 46b**); in questo caso l'altezza è il segmento AH in **figura 46b** e si ha che:

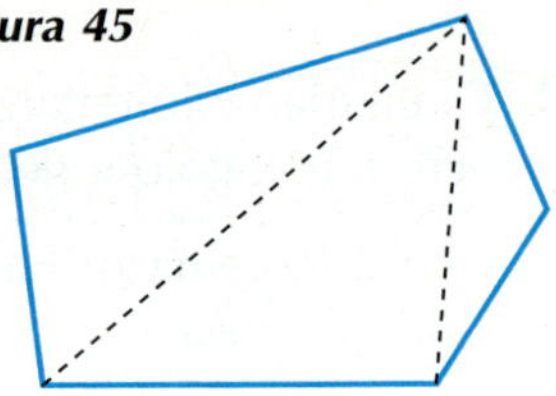

$$\overline{AH} = b \sin (180° - \gamma) \qquad \text{e poiché} \qquad \sin (180° - \gamma) = \sin \gamma$$

di nuovo si ha che $\overline{AH} = b \sin \gamma$.
In definitiva possiamo dire che:

> la misura dell'area di un triangolo è data dal semiprodotto delle misure di due suoi lati per il seno dell'angolo fra essi compreso.

Il teorema della corda

In una circonferenza di raggio r consideriamo una corda AB. Dalla geometria sappiamo che tutti gli angoli alla circonferenza che insistono su AB sono congruenti fra loro (**figura 47a**). In particolare, anche l'angolo $\widehat{ACB}$ che si ottiene tracciando il diametro AC della circonferenza ha la stessa ampiezza α (**figura 47b**).
Osserviamo che il triangolo ABC è rettangolo in B perché inscritto in una semicirconferenza; possiamo allora calcolare la misura di AB con la prima relazione relativa ai triangoli rettangoli:

$$\overline{AB} = 2r \sin \alpha$$

Osserviamo poi che tutti gli angoli alla circonferenza che insistono sull'arco AB hanno ampiezza α oppure $180° - \alpha$ (**figura 47c**) ma che, in ogni caso, $\sin \alpha = \sin (180° - \alpha)$.
Possiamo allora enunciare il seguente teorema:

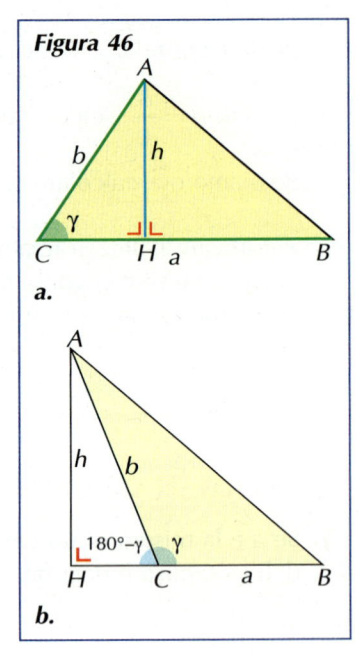

Figura 45

Figura 46

a.

b.

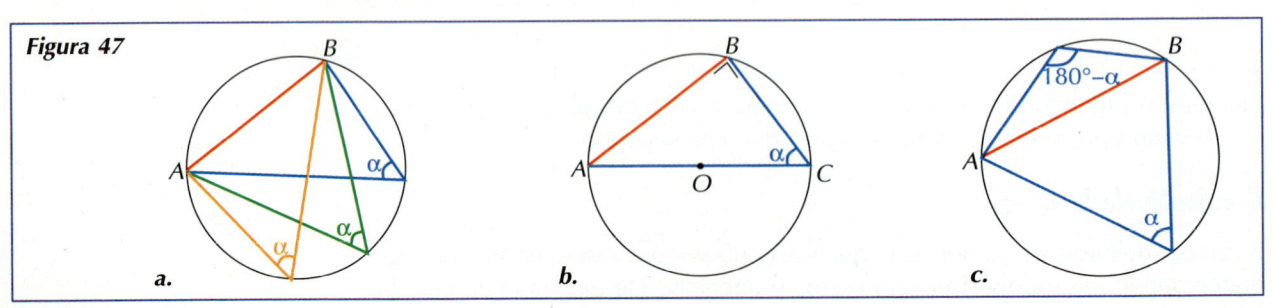

Figura 47

a.   b.   c.

> **Teorema.** In ogni circonferenza, ciascuna corda è uguale al prodotto del diametro per il seno di uno qualunque degli angoli alla circonferenza che insistono sulla corda.

ESEMPI

1. Di un parallelogramma $ABCD$ si sa che il lato AB è lungo 6cm, che la diagonale AC è lunga 8cm e che $\sin \widehat{CAB} = \dfrac{2}{3}$. Vogliamo calcolare l'area del parallelogramma.

Costruito il parallelogramma come in **figura 48**, la sua area è il doppio dell'area del triangolo ABC di cui sono note le misure di due lati e del seno dell'angolo compreso. Si ha dunque che:

$$\text{area}(ABCD) = 2\,\text{area}(\widehat{ABC}) = 2 \cdot \frac{1}{2} \cdot 6 \cdot 8 \cdot \sin \widehat{CAB} = 48 \cdot \frac{2}{3} = 32 \,(\text{cm}^2)$$

Figura 48

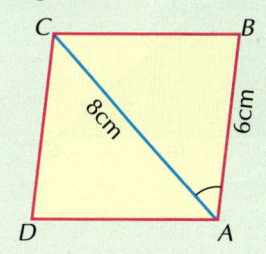

2. In una circonferenza di raggio 15cm è inscritto un triangolo isoscele avente l'angolo al vertice di 25°. Vogliamo calcolare il perimetro e l'area del triangolo.

Con riferimento alla **figura 49**, l'angolo di vertice A misura 25°, mentre gli angoli alla base del triangolo misurano ciascuno $\dfrac{180° - 25°}{2} = 77,5°$.

Applicando il teorema della corda possiamo dunque calcolare le misure dei lati del triangolo (valori approssimati a meno di 0,01):

Figura 49

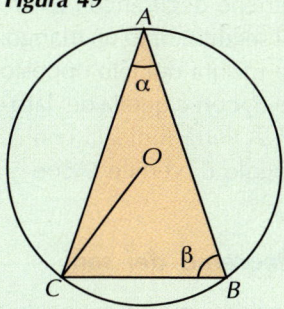

- $\overline{BC} = 2r \sin \alpha = 30 \sin 25° = 12,68$
- $\overline{AB} = \overline{AC} = 2r \sin \beta = 30 \sin 77,5° = 29,29$

Il perimetro del triangolo è quindi uguale a: $\quad 12,68 + 2 \cdot 29,29 = 71,26\,\text{cm}$

Per calcolare l'area del triangolo applichiamo la formula: $\quad S = \dfrac{1}{2} \cdot 29,29 \cdot 29,29 \cdot \sin 25° = 181,28$

VERIFICA DI COMPRENSIONE

1. Di un triangolo ABC si sa che, rispetto ad una stessa unità di misura, $\overline{AB} = 15$, $\overline{AC} = 24$ ed inoltre $\widehat{BAC} = 120°$; l'area del triangolo misura:

   a. 45   **b.** $180\sqrt{3}$ **c.** $90\sqrt{3}$ **d.** non si può calcolare con questi dati

2. Una corda di una circonferenza è lunga 12cm ed ha come angolo al centro un angolo di 150°; il raggio della circonferenza misura:

   a. 12,42   **b.** 23,18   **c.** 12   **d.** 6,21

7. I TRIANGOLI QUALSIASI

Gli esercizi di questo paragrafo sono a pag. 524

Con i teoremi sui triangoli rettangoli possiamo risolvere molti problemi, ma non tutti. Supponiamo, per esempio, di conoscere le misure dei lati di un triangolo (**figura 50**) e di voler trovare quelle degli angoli. Per poter applicare i teoremi sui triangoli rettangoli dobbiamo tracciare le altezze, ma anche in questo modo non riusciamo a trovare quello che vogliamo.

Figura 50

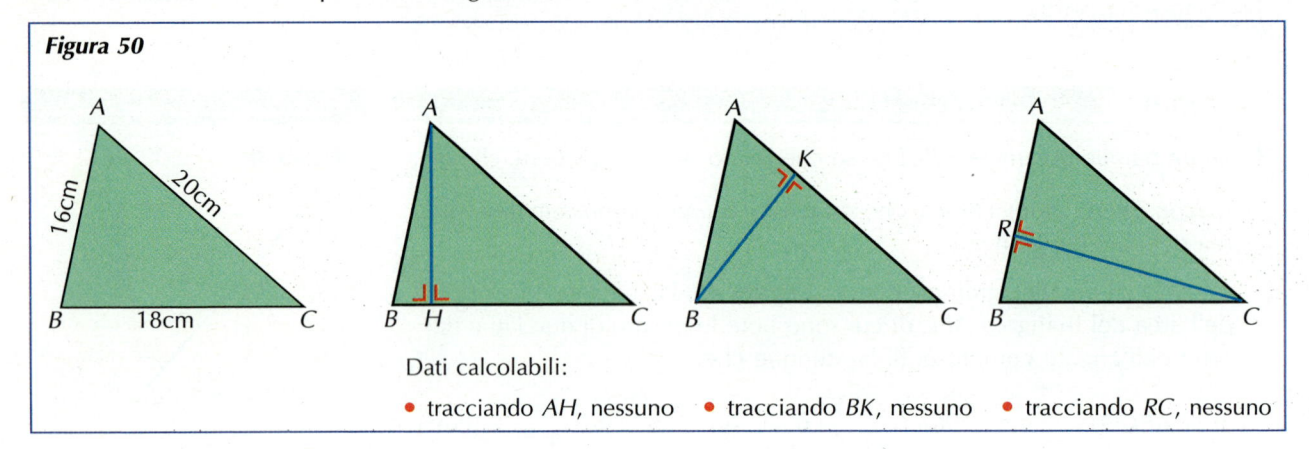

Dati calcolabili:

- tracciando *AH*, nessuno   • tracciando *BK*, nessuno   • tracciando *RC*, nessuno

Dobbiamo allora costruire altre relazioni che leghino i lati e le funzioni goniometriche degli angoli di un triangolo qualsiasi.

Nel seguito, dato un triangolo *ABC*, adotteremo la convenzione di indicare con *a* la misura del lato opposto al vertice *A*, con *b* quella del lato opposto al vertice *B*, con *c* quella del lato opposto al vertice *C*; l'ampiezza dell'angolo di vertice *A* verrà indicata con α, quella dell'angolo di vertice *B* con β, quella dell'angolo di vertice *C* con γ come illustrato in **figura 51**.

Figura 51

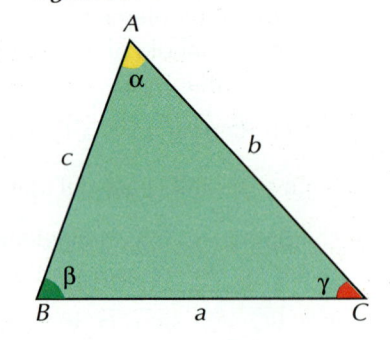

Il teorema dei seni

Consideriamo un triangolo qualsiasi e cerchiamo di scoprire se esistono delle relazioni fra i suoi lati ed i suoi angoli. Sicuramente possiamo inscrivere tale triangolo in una circonferenza: basta tracciare gli assi dei suoi lati per individuarne il centro, il raggio è poi il segmento che unisce il centro con uno qualunque dei vertici del triangolo.

In tale situazione possiamo allora utilizzare il teorema della corda; infatti l'angolo α è uno degli angoli alla circonferenza che insistono sul lato di misura *a*, l'angolo β insiste sul lato di misura *b* e l'angolo γ insiste sul lato di misura *c* (**figura 52**). Possiamo quindi scrivere che:

Figura 52

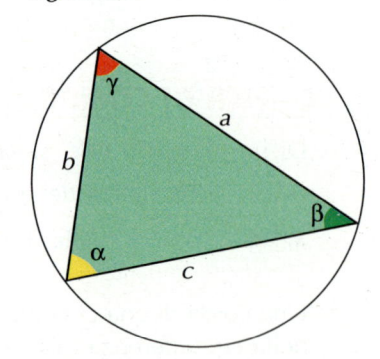

- $a = 2r \sin \alpha$ cioè $\dfrac{a}{\sin \alpha} = 2r$

- $b = 2r \sin \beta$ cioè $\dfrac{b}{\sin \beta} = 2r$

- $c = 2r \sin \gamma$ cioè $\dfrac{c}{\sin \gamma} = 2r$

Le ultime relazioni scritte indicano che, in un triangolo, è costante il rapporto fra un lato ed il seno dell'angolo opposto e che tale rapporto è uguale alla misura del diametro della circonferenza circoscritta al triangolo. Uguagliando tali rapporti otteniamo

$$\frac{a}{\sin \alpha} = \frac{b}{\sin \beta} = \frac{c}{\sin \gamma} = 2r$$

Possiamo quindi enunciare il seguente teorema.

> **Teorema (dei seni).** In ogni triangolo i lati sono proporzionali ai seni degli angoli opposti.

Questo teorema ci consente di risolvere in modo semplice alcuni problemi relativi ai triangoli e alle figure che ad essi si possono ricondurre. Consideriamo ad esempio il parallelogramma di **figura 53** su cui si hanno le seguenti informazioni: $AB = 28\,\text{cm}$, $\widehat{ADB} = 60°$, $\widehat{DBA} = 45°$. Vogliamo calcolare il suo perimetro.

Per risolvere il problema è sufficiente calcolare la misura di AD; a questo scopo possiamo applicare il teorema dei seni al triangolo ABD:

$$\frac{\overline{AB}}{\sin 60°} = \frac{\overline{AD}}{\sin 45°}$$

da cui ricaviamo

$$\overline{AD} = \frac{\overline{AB} \cdot \sin 45°}{\sin 60°} = \frac{28 \cdot \frac{\sqrt{2}}{2}}{\frac{\sqrt{3}}{2}} = \frac{28}{3}\sqrt{6} \approx 22,86\,\text{cm}.$$

Il perimetro del parallelogramma è quindi $2p = 2(28 + 22,86) = 101,72$

Il teorema di Carnot

Il teorema dei seni non è sufficiente a risolvere un triangolo in tutte le situazioni che si possono presentare; per esempio, quando sono noti due lati e l'angolo compreso l'applicazione del teorema dei seni non porta alla risoluzione del triangolo (**figura 54a**). In casi come questo si ricorre ad un teorema che si può dedurre dai teoremi sui triangoli rettangoli. Consideriamo ancora lo stesso triangolo e, dal vertice A, tracciamo l'altezza relativa al lato BC (**figura 54b**). Procediamo adesso in questo modo:

- troviamo la misura di AH e di CH applicando il primo teorema sui triangoli rettangoli al triangolo ACH:

$$\overline{AH} = \overline{AC}\,\sin 40° = 10\,\sin 40° = 6,43$$
$$\overline{CH} = \overline{AC}\,\cos 40° = 10\,\cos 40° = 7,66$$

- troviamo la misura di HB per differenza: $\overline{HB} = 12 - 7,66 = 4,34$

- troviamo la misura di AB applicando il teorema di Pitagora al triangolo AHB:

$$\overline{AB} = \sqrt{6,43^2 + 4,34^2} = 7,76$$

Se adesso indichiamo con a la misura del lato BC, con b la misura del lato AC, con c la misura del lato AB e con γ la misura dell'angolo di vertice C del triangolo, possiamo generalizzare la procedura (**figura 55**):

- triangolo ACH: $\quad \overline{AH} = b\,\sin\gamma \qquad \overline{CH} = b\,\cos\gamma$

- misura di HB per differenza: $\quad \overline{HB} = a - b\,\cos\gamma$

- misura di AB col teorema di Pitagora:

$$c = \sqrt{\overline{AH}^2 + \overline{HB}^2} = \sqrt{(b\,\sin\gamma)^2 + (a - b\,\cos\gamma)^2}$$

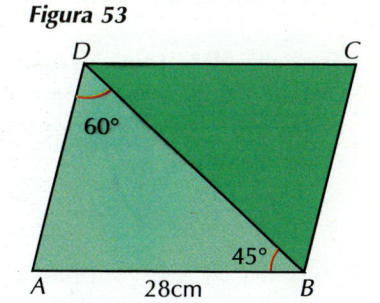

Figura 53

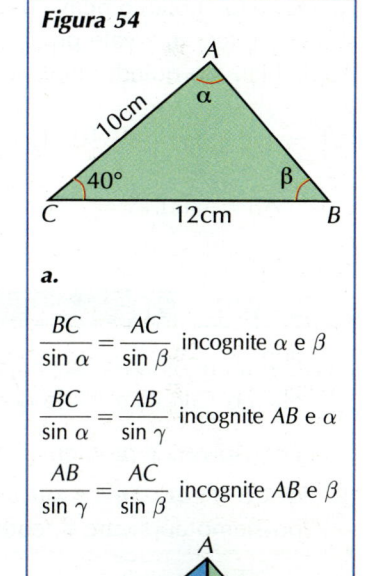

Figura 54

a.

$$\frac{BC}{\sin\alpha} = \frac{AC}{\sin\beta} \quad \text{incognite } \alpha \text{ e } \beta$$

$$\frac{BC}{\sin\alpha} = \frac{AB}{\sin\gamma} \quad \text{incognite } AB \text{ e } \alpha$$

$$\frac{AB}{\sin\gamma} = \frac{AC}{\sin\beta} \quad \text{incognite } AB \text{ e } \beta$$

b.

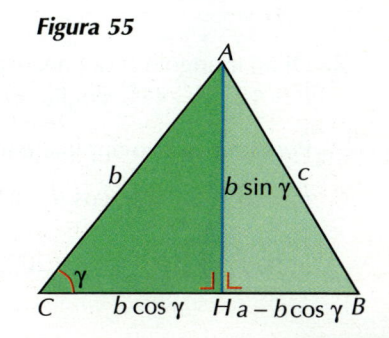

Figura 55

Elevando al quadrato entrambi i membri e sviluppando i calcoli troviamo la seguente relazione

$$c^2 = a^2 + b^2 - 2ab \cos \gamma$$

che costituisce un nuovo teorema che possiamo così enunciare.

Teorema (di Carnot). In ogni triangolo, il quadrato della misura di un lato è uguale alla somma dei quadrati delle misure degli altri due lati, diminuita del loro doppio prodotto moltiplicato per il coseno dell'angolo fra essi compreso. In simboli

$$a^2 = b^2 + c^2 - 2bc \cos \alpha$$
$$b^2 = a^2 + c^2 - 2ac \cos \beta$$
$$c^2 = a^2 + b^2 - 2ab \cos \gamma$$

Questo teorema è anche noto come **teorema del coseno** perché coinvolge questa funzione goniometrica.

Anche se lo abbiamo ricavato ragionando su un triangolo acutangolo, si dimostra che il teorema vale per qualsiasi tipo di triangolo.

Applichiamolo quindi direttamente al triangolo di **figura 54b** per trovare $\overline{AB}$:

$$\overline{AB}^2 = 10^2 + 12^2 - 2 \cdot 10 \cdot 12 \cdot \cos 40° = 100 + 144 - 240 \cos 40° = 60,15$$

cioè $\quad \overline{AB} = \sqrt{60,15} = 7,76$

ESEMPI

1. Del triangolo ABC sappiamo che $AB = 27$cm, $\widehat{C} = 60°$, $\widehat{B} = 45°$. Vogliamo calcolare il suo perimetro.

Per risolvere il problema è sufficiente calcolare la misura di AC e quella di CB (**figura 56**). A questo scopo, dopo aver osservato che $\widehat{A} = 75°$, possiamo applicare il teorema dei seni e scrivere le due relazioni

- $\dfrac{\overline{AB}}{\sin 60°} = \dfrac{\overline{AC}}{\sin 45°}$ $\quad$ da cui $\quad \overline{AC} = \dfrac{\overline{AB} \cdot \sin 45°}{\sin 60°} = 9\sqrt{6} = 22,05$

- $\dfrac{\overline{AB}}{\sin 60°} = \dfrac{\overline{CB}}{\sin 75°}$ $\quad$ da cui $\quad \overline{CB} = \dfrac{\overline{AB} \cdot \sin 75°}{\sin 60°} = 30,11$

Il perimetro è dunque $\quad 27 + 22,05 + 30,11 = 79,16$(cm).

Figura 56

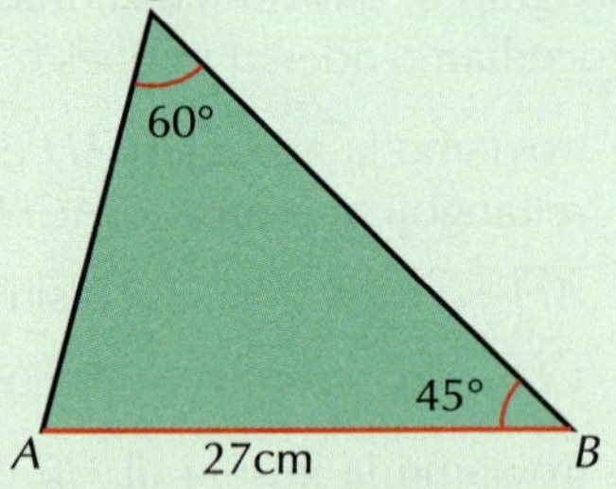

2. Di un triangolo si sa che, rispetto ad una certa unità di misura, $a = 8$, $c = 12$, $\beta = 45°$. Vogliamo determinare la misura del terzo lato.

Possiamo subito applicare il teorema di Carnot (**figura 57**) e scrivere

$$b^2 = a^2 + c^2 - 2ac \cos \beta = 64 + 144 - 2 \cdot 8 \cdot 12 \cos 45° = 208 - 96\sqrt{2}$$

Si ha così che $\quad b = \sqrt{208 - 96\sqrt{2}} \approx 8,5$.

Figura 57

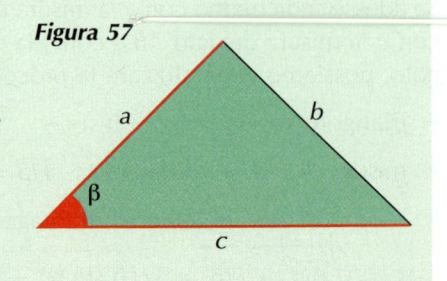

1. Il teorema dei seni esprime la considerazione che si mantiene costante il rapporto tra la misura di un lato e:

  a. il seno dell'angolo ad esso opposto   **b.** l'angolo ad esso opposto

  c. il coseno dell'angolo ad esso opposto   **d.** il seno di uno degli angoli ad esso adiacenti.

2. Di un triangolo si conoscono le misure a, b, c dei tre lati; dell'angolo α si può dire che:

  a. $\sin \alpha = \dfrac{b^2 + c^2 - a^2}{2bc}$ **b.** $\cos \alpha = \dfrac{b^2 + c^2 - a^2}{2bc}$ **c.** $\cos \alpha = \sqrt{\dfrac{b^2 + c^2 - a^2}{2bc}}$

8. LA RISOLUZIONE DEI TRIANGOLI

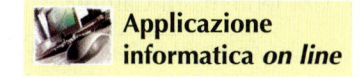

Gli esercizi di questo paragrafo sono a pag. 527

Applicazione informatica *on line*

Il teorema dei seni e quello di Carnot ci consentono di risolvere qualsiasi triangolo. Nei problemi che ti presentiamo di seguito, abbiamo evidenziato tutti i casi che si possono presentare ed in ogni situazione abbiamo cercato di individuare quale teorema fosse più opportuno applicare a seconda dei dati a disposizione. Nei problemi che seguono le misure dei lati si intendono espresse nella stessa unità di misura; trattandosi poi di calcoli spesso necessariamente approssimati, conveniamo di approssimare il risultato finale alla seconda cifra decimale se si tratta di un lato, ai secondi se si tratta di un angolo. Tieni però presente che, per evitare di introdurre errori di approssimazione troppo grandi, è bene eseguire i calcoli con tutte le cifre decimali che la calcolatrice propone ed arrotondare solo il risultato finale.

Ricordiamo poi alcune proprietà geometriche dei triangoli che possono essere utili nell'analisi di un problema.

- La somma degli angoli interni di un triangolo è 180°; di conseguenza, se si conoscono le misure di due angoli si può trovare quella del terzo angolo.

- La conoscenza di tre angoli non consente di risolvere il triangolo; è necessario che sia assegnata almeno la misura di un lato.

- Ogni lato è minore della somma degli altri due e maggiore della loro differenza (disuguaglianze triangolari); questa proprietà è utile come controllo nella risoluzione dei problemi: non sarà possibile accettare casi in cui, per esempio, i lati misurano 3, 4 e 8 perché 8 non è minore di $3 + 4$.

- Al lato maggiore è opposto l'angolo maggiore e, viceversa, all'angolo maggiore è opposto il lato maggiore; anche questa proprietà sarà utile per individuare la tipologia di un triangolo.

I Problema.

Di un triangolo sono noti due angoli ed un lato (*figura 58*).

In particolare si sa che $\alpha = 60°$, $\gamma = 45°$, $b = 15$. Vogliamo risolvere il triangolo.

Conoscendo due angoli del triangolo possiamo subito determinare anche il terzo

$$\beta = 180° - (\alpha + \gamma) = 180° - (60° + 45°) = 75°$$

Per calcolare le misure dei lati, dobbiamo scegliere se applicare il teorema dei seni o quello di Carnot.

Figura 58

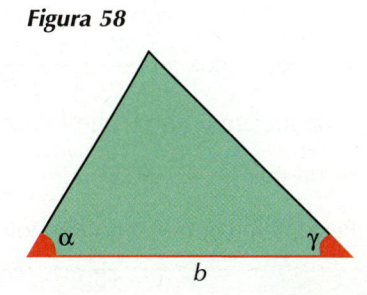

Osserviamo che, per usare il teorema di Carnot, dobbiamo conoscere almeno le misure di due lati, cosa che non avviene nel nostro problema. Con il teorema dei seni possiamo invece scrivere la relazione

$$\frac{a}{\sin \alpha} = \frac{b}{\sin \beta}$$

da cui, conoscendo b, α, β, possiamo ricavare a

$$a = \frac{b \sin \alpha}{\sin \beta} = \frac{15 \sin 60°}{\sin 75°} = 13,45$$

Per calcolare c possiamo di nuovo applicare il teorema dei seni, oppure, in alternativa, usare il teorema di Carnot.

- Col teorema dei seni: $\dfrac{c}{\sin \gamma} = \dfrac{b}{\sin \beta}$ da cui $c = \dfrac{b \sin \gamma}{\sin \beta} = \dfrac{15 \sin 45°}{\sin 75°} = 10,98$

- Col teorema di Carnot:

$$c = \sqrt{a^2 + b^2 - 2ab \cos \gamma} = \sqrt{13,45^2 + 15^2 - 2 \cdot 13,45 \cdot 15 \cos 45°} = 10,98$$

II Problema.

Di un triangolo sono noti due lati e l'angolo fra essi compreso (*figura 59*).

Figura 59

In particolare sia $a = 7$, $c = 14$, $\beta = 50°$. Vogliamo risolvere il triangolo.

Osserviamo subito che non possiamo applicare il teorema dei seni perché, comunque si imposti la proporzione, ci sono sempre due termini incogniti. Possiamo invece usare il teorema di Carnot per calcolare b:

$$b^2 = a^2 + c^2 - 2ac \cos \beta = 49 + 196 - 2 \cdot 7 \cdot 14 \cdot \cos 50° = 119,01$$

da cui $b = \sqrt{119,01} = 10,91$.

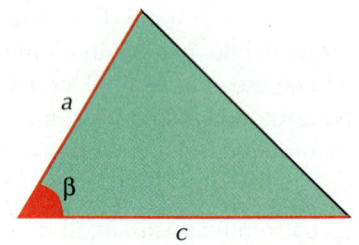

Per determinare le misure degli angoli α e γ, possiamo applicare indifferentemente il teorema dei seni o il teorema di Carnot. Osserviamo però che, a meno di sapere a priori se il triangolo è acutangolo oppure ottusangolo, l'applicazione del teorema dei seni non sempre consente di individuarne la tipologia perché il seno di un angolo acuto e di un angolo ottuso sono sempre positivi; poiché, invece, il coseno di un angolo acuto è positivo e quello di un angolo ottuso è negativo, l'applicazione del teorema di Carnot ci permette di conoscere il tipo di triangolo. Applichiamo quindi il teorema di Carnot e troviamo l'angolo γ:

Trovare per esempio che $\sin \alpha = \dfrac{1}{3}$ non permette di sapere se α è acuto oppure ottuso; trovare che $\cos \alpha = -\dfrac{1}{4}$ permette invece di sapere che α è ottuso.

- dalla relazione $c^2 = a^2 + b^2 - 2ab \cos \gamma$

- ricaviamo che $\cos \gamma = \dfrac{a^2 + b^2 - c^2}{2ab}$

- cioè: $\cos \gamma = \dfrac{49 + 119,01 - 196}{2 \cdot 7 \cdot 10,91} = -0,18325$

  deduciamo quindi che l'angolo è ottuso

- da cui $\gamma = 100°33'33''$

Per differenza troviamo l'angolo α:

$$\alpha = 180° - (50° + 100°33'33'') = 29°26'27''$$

III Problema.

Di un triangolo sono note le misure dei tre lati (*figura 60*).

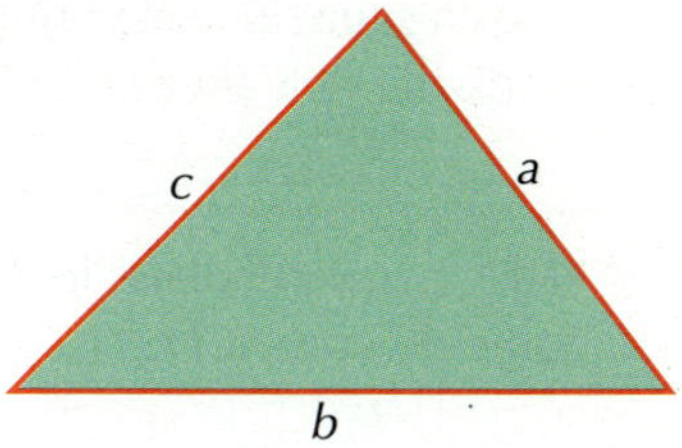

In particolare si ha $a = 10$, $b = 20$, $c = 12$. Vogliamo risolvere il triangolo.

Osserviamo innanzi tutto che il problema ha soluzione perché le misure dei lati sono tali da soddisfare le disuguaglianze triangolari ricordate all'inizio del capitolo.
Per determinare la misura di uno degli angoli del triangolo, ad esempio di α, dobbiamo ricorrere al teorema di Carnot:

$$\cos \alpha = \frac{b^2 + c^2 - a^2}{2bc} = \frac{20^2 + 12^2 - 10^2}{2 \cdot 20 \cdot 12} = \frac{444}{480} \qquad \text{da cui} \qquad \alpha = 22°19'54''$$

Per determinare l'angolo β, possiamo usare ancora lo stesso teorema, oppure quello dei seni. Per le considerazioni fatte in precedenza usiamo il teorema di Carnot che consente inoltre di usare i dati del problema:

$$\cos \beta = \frac{a^2 + c^2 - b^2}{2ac} = \frac{10^2 + 12^2 - 20^2}{2 \cdot 10 \cdot 12} = -\frac{156}{240}$$

da cui $\quad \beta = 130°32'30''$

Il triangolo è quindi ottusangolo (con il teorema dei seni non avremmo individuato il tipo). Calcoliamo γ come supplementare della somma degli altri due:

$$\gamma = 180° - (\alpha + \beta) = 27°7'36''$$

IV Problema.

Di un triangolo sono note le misure di due lati e dell'angolo opposto ad uno di essi.

In particolare siano note le misure a del lato BC, b del lato AC e quella dell'angolo α.

Per impostare correttamente la risoluzione di questo problema costruiamo il triangolo in questo modo (segui la ***figura 61a***):

- disegniamo l'angolo α di vertice A e lati r e s

- riportiamo il lato AC su uno dei suoi lati, per esempio su r

- per sapere dove si trova il punto B costruiamo la circonferenza di centro C e raggio BC.

A questo punto si possono presentare tre situazioni.

■ La circonferenza non interseca la semiretta s e quindi non è possibile costruire il triangolo (***figura 61b***).
Questa situazione corrisponde al caso in cui il segmento BC è minore dell'altezza $CH = b \sin \alpha$ del triangolo, cioè si verifica che:

$$a < b \sin \alpha$$

■ La circonferenza interseca la semiretta s in un solo punto e quindi esiste un solo triangolo che è soluzione del problema (***figura 61c***).
In questo caso il segmento BC è maggiore o uguale al segmento AC, cioè

$$a \geq b$$

Figura 60

Figura 61

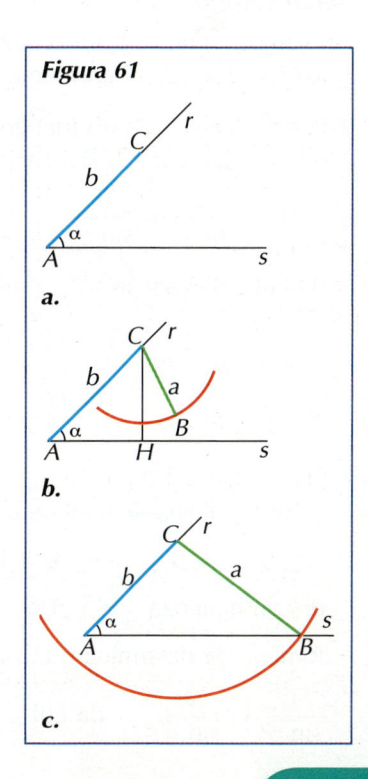

a.

b.

c.

■ La circonferenza interseca la semiretta s in due punti distinti e quindi esistono due triangoli che sono soluzione del problema (**figura 61d**).
Questa situazione si verifica se il segmento BC ha una lunghezza compresa fra quella dell'altezza CH e quella del segmento AC, cioè

$$b \sin \alpha < a < b$$

Nel caso particolare in cui $a = b \sin \alpha$, il triangolo diventa rettangolo e coincide con ACH.

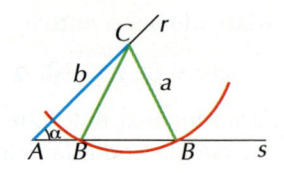
Figura 61d.

Vediamo alcuni esempi relativi ai tre casi presentati.

Primo caso: $b = 10$, $a = 8$, $\alpha = 65°$.

Abbiamo che $b \sin \alpha = 9,063$, quindi essendo $a < 9,063$ il triangolo non esiste ed il problema non ha soluzioni (**figura 62a**).

Secondo caso: $b = 15$, $a = 18$, $\alpha = 72°$.

Essendo $a > b$ (**figura 62b**), il problema ha una sola soluzione. Determiniamo l'angolo β (che, essendo $b < a$, è minore di $72°$, quindi acuto) e poi c applicando il teorema dei seni:

$$\frac{a}{\sin \alpha} = \frac{b}{\sin \beta} \qquad \rightarrow \qquad \sin \beta = \frac{b \sin \alpha}{a} = 0,7925471$$

da cui $\beta = 52°25'27''$

$\gamma = 180 - (\alpha + \beta) = 55°34'33''$

$$\frac{c}{\sin \gamma} = \frac{a}{\sin \alpha} \qquad \text{da cui} \qquad c = \frac{a \sin \gamma}{\sin \alpha} = 15,61$$

Figura 62

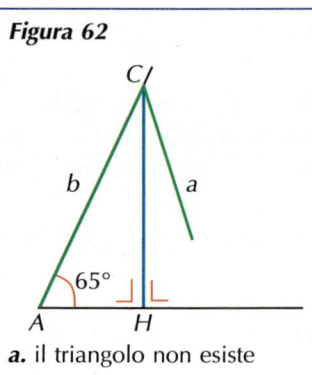

a. il triangolo non esiste

b. il problema ha una soluzione

Terzo caso: $b = 12$, $a = 9$, $\alpha = 36°$.

Abbiamo che $b \sin \alpha = 7,053$, quindi, essendo $b \sin \alpha < a < b$ $(7,053 < 9 < 12)$, il problema ha due soluzioni.

• Per risolvere il primo triangolo (quello acutangolo in **figura 62c**) possiamo servirci del teorema dei seni:

$$\frac{a}{\sin \alpha} = \frac{b}{\sin \beta} \qquad \rightarrow \qquad \sin \beta = \frac{b \sin \alpha}{a} = 0,7837137$$

da cui $\beta = 51°36'7''$

$\gamma = 180° - (\alpha + \beta) = 92°23'53''$

$$\frac{a}{\sin \alpha} = \frac{c}{\sin \gamma} \qquad \text{da cui} \qquad c = \frac{a \sin \gamma}{\sin \alpha} = 15,30$$

• Per risolvere il secondo triangolo (quello ottusangolo), osserviamo che l'angolo β' è il supplementare dell'angolo β quindi

$$\beta' = 180 - \beta = 128°23'53''$$

di conseguenza $\gamma' = 180 - (\alpha + \beta') = 15°36'7''$.

Rimane da determinare c usando il teorema dei seni:

$$\frac{c}{\sin \gamma'} = \frac{a}{\sin \alpha} \qquad \text{da cui} \qquad c = \frac{a \sin \gamma'}{\sin \alpha} = 4,12$$

Figura 62

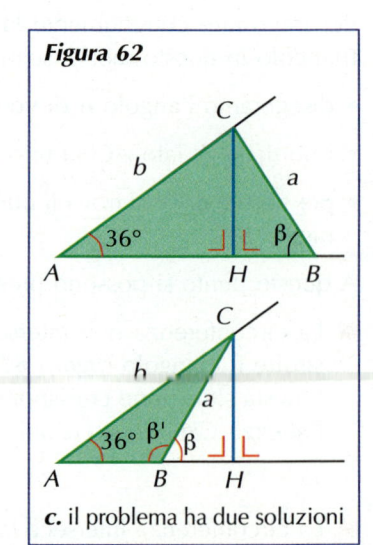

c. il problema ha due soluzioni

1. Di un triangolo sono noti gli elementi indicati. In ciascun caso, stabilisci se il problema ammette una soluzione, due soluzioni o nessuna soluzione.

a. $a = 90$ $b = 110$ $\alpha = 70°$

b. $a = 70$ $\alpha = 40°$ $\beta = 80°$

c. $a = 18$ $c = 20$ $\alpha = 55°$

d. $a = 10$ $b = 18$ $c = 6$

Sul sito www.edatlas.it trovi...

- il laboratorio di informatica
- la scheda storica e le curiosità matematiche
- le attività di recupero

L'altezza del palazzo può essere determinata in questo modo.

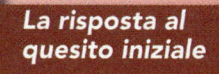

- Troviamo dapprima la misura dell'angolo di vertice C del triangolo ABC :

$$\widehat{ACB} = 180° - (76° + 88°) = 16°$$

- Calcoliamo la misura del lato BC del triangolo ABC applicando il teorema dei seni:

$$\frac{\overline{BC}}{\sin 76°} = \frac{\overline{AB}}{\sin 16°} \quad \rightarrow \quad \overline{BC} = \frac{5}{\sin 16°} \cdot \sin 76° = 17,6\,\text{m}$$

- Calcoliamo l'altezza del palazzo applicando il primo teorema sui triangoli rettangoli al triangolo CBH, rettangolo in H :

$$\overline{CH} = \overline{BC} \cdot \sin \widehat{CBH} \quad \rightarrow \quad \overline{CH} = 17,6 \cdot \sin 70° = 16,5\,\text{m}$$

La risposta al quesito iniziale

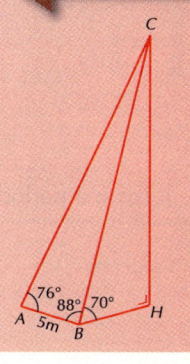

I concetti e le regole

Angoli e misure

Gli angoli si possono misurare in **gradi** oppure in **radianti**:

- se α è un angolo al centro di una circonferenza di raggio r che insiste su un arco AB:

$$\alpha \text{ (in radianti)} = \frac{\text{lunghezza dell'arco } AB \text{ rettificato}}{r}$$

- se x è la misura di α in radianti e y è quella in gradi, per passare da un sistema all'altro si usa la proporzione
$\pi : x = 180 : y$

Le funzioni goniometriche fondamentali e i grafici

Considerata la circonferenza goniometrica (avente centro nell'origine di un sistema di assi cartesiani ortogonali e raggio unitario) ed un angolo α avente vertice nell'origine e un lato coincidente con il semiasse positivo delle ascisse, si definisce:

- $\sin \alpha$ l'ordinata del punto P
- $\cos \alpha$ l'ascissa del punto P
- $\tan \alpha$ l'ordinata del punto Q

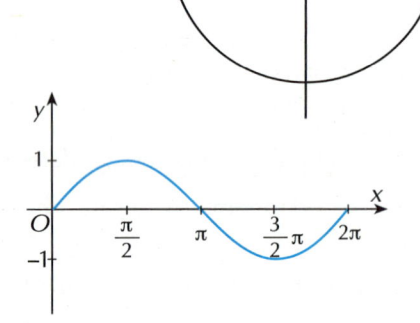

La funzione $y = \sin x$ è periodica di periodo 2π ed il suo grafico è:

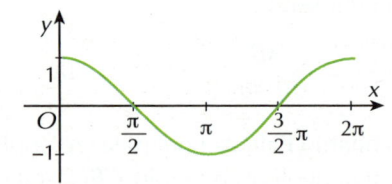

La funzione $y = \cos x$ è periodica di periodo 2π ed il suo grafico è:

La funzione $y = \tan x$ è periodica di periodo π ed il suo grafico è:

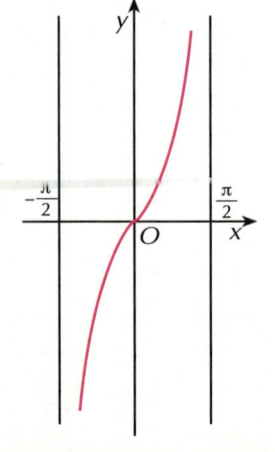

Le relazioni fondamentali

Le relazioni fondamentali che legano le funzioni goniometriche sono:

- $\sin^2\alpha + \cos^2\alpha = 1$
- $\tan\alpha = \dfrac{\sin\alpha}{\cos\alpha}$

Da esse si ricavano le formule di:

- $\sin\alpha$ in funzione di $\cos\alpha$: $\quad \sin\alpha = \pm\sqrt{1-\cos^2\alpha}$
- $\sin\alpha$ in funzione di $\tan\alpha$: $\quad \sin\alpha = \pm\dfrac{\tan\alpha}{\sqrt{1+\tan^2\alpha}}$

- $\cos\alpha$ in funzione di $\sin\alpha$: $\quad \cos\alpha = \pm\sqrt{1-\sin^2\alpha}$
- $\cos\alpha$ in funzione di $\tan\alpha$: $\quad \cos\alpha = \pm\dfrac{1}{\sqrt{1+\tan^2\alpha}}$

La seconda relazione fondamentale consente poi di stabilire che il coefficiente angolare di una retta rappresenta la tangente dell'angolo α che essa forma con la direzione positiva dell'asse x: $m = \tan\alpha$.

Gli archi associati

Gli angoli associati ad un angolo α sono quelli che hanno i valori delle funzioni goniometriche complessivamente uguali a quelli di α. Per ricavare i valori del seno, del coseno e della tangente di tali angoli basta ricordare i seguenti disegni:

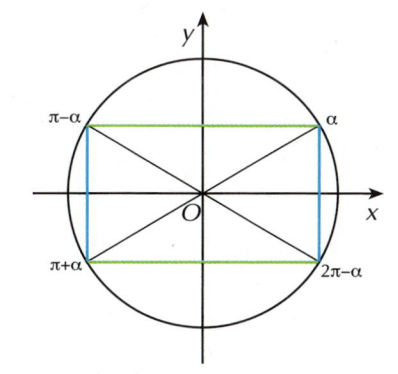 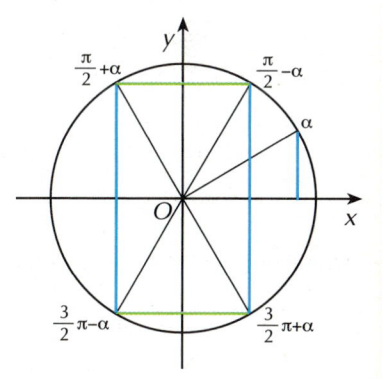

I triangoli rettangoli

I triangoli rettangoli godono delle proprietà enunciate dai seguenti teoremi:

- **Primo teorema.** In ogni triangolo rettangolo la misura di un cateto è uguale al prodotto della misura dell'ipotenusa per
  - il seno dell'angolo opposto: $\qquad b = a\sin\beta \qquad c = a\sin\gamma$
  - il coseno dell'angolo adiacente: $\qquad b = a\cos\gamma \qquad c = a\cos\beta$
- **Secondo teorema.** In ogni triangolo rettangolo la misura di un cateto è uguale al prodotto della misura dell'altro cateto per
  - la tangente dell'angolo opposto: $\qquad b = c\tan\beta \qquad c = b\tan\gamma$
  - la cotangente dell'angolo adiacente: $\qquad b = c\,\mathrm{cotan}\,\gamma \qquad c = b\,\mathrm{cotan}\,\beta$

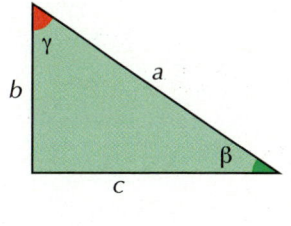

L'area di un triangolo e il teorema della corda

Le conseguenze immediate dei due precedenti teoremi sono le seguenti:

- l'area di un triangolo qualsiasi si può trovare calcolando il semiprodotto della misura di due lati per il seno dell'angolo fra essi compreso:

$$\text{area} = \frac{1}{2}ab\sin\gamma$$

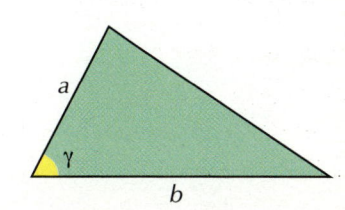

- la misura di una corda AB di una circonferenza di raggio r è uguale al prodotto del diametro per il seno di uno qualsiasi degli angoli alla circonferenza α che insistono sulla corda:

$$\overline{AB} = 2r \sin \alpha$$

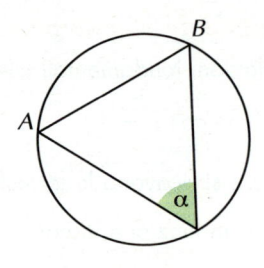

I triangoli qualunque

Per i triangoli di qualsiasi tipo valgono i seguenti teoremi:

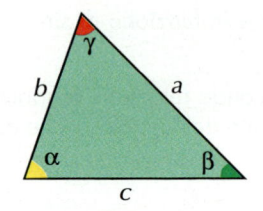

- **Teorema dei seni:** $\dfrac{a}{\sin \alpha} = \dfrac{b}{\sin \beta} = \dfrac{c}{\sin \gamma}$

- **Teorema di Carnot:**
$$a^2 = b^2 + c^2 - 2bc \cos \alpha$$
$$b^2 = a^2 + c^2 - 2ac \cos \beta$$
$$c^2 = a^2 + b^2 - 2ab \cos \gamma$$

CAPITOLO 2

I vettori

Obiettivi

- rappresentare un vettore nel piano ed operare con esso
- scomporre un vettore lungo due direzioni prestabilite
- operare con i vettori nel piano cartesiano
- applicare alla Fisica le conoscenze acquisite

MATEMATICA REALTÀ E STORIA

Un giochino di un Iphone è così configurato. Un esploratore deve attraversare un fiume per raggiungere il tesoro che si trova sull'altra sponda direttamente di fronte a lui (**figura 1**); per arrivare all'obiettivo si serve di una barca ma, ovviamente, deve affrontare diverse prove e superare mille ostacoli: indigeni ostili che cercano di colpirlo con punte di frecce avvelenate, uccelli rapaci che gli piombano addosso arrivando da non si sa dove, pesci dalle improbabili dentature che cercano di fargli perdere i remi. Come se non bastasse c'è anche una forte corrente che ostacola l'andamento della barca. Per poter raggiungere la riva opposta nel punto esatto in cui si trova il tesoro occorre dare alla barca la giusta direzione che tiene conto della velocità della corrente. Come si deve regolare l'esploratore, e quindi tu che stai giocando, per arrivare al tesoro?

Per rispondere a questa domanda occorre avere qualche conoscenza sul calcolo vettoriale. Abbiamo già avuto a che fare con questo argomento a proposito delle traslazioni e in quella sede abbiamo visto quali sono le caratteristiche principali di un vettore; ma, oltre che per indicare traslazioni, i vettori si usano in moltissimi altri campi.

Prima di tutto in Fisica, quando si devono descrivere velocità e spostamenti (come nel caso del giochino dell'Iphone), forze che agiscono su oggetti, pressioni, campi gravitazionali, campi elettrici o magnetici.

Il termine *vettore* compare anche in informatica, anche se in quel campo un vettore è semplicemente una lista di numeri identificabili mediante un nome comune e individuabili singolarmente mediante un indice. Il significato che hanno questi numeri dipende dall'ambito dell'applicazione; potrebbero essere le temperature massime registrate in sette giorni successivi in una località e in questo caso avremmo un vettore che è una lista di sette numeri, potrebbero essere i costi di uno stesso prodotto venduto in cinque località

Figura 1

campione e in questo caso avremmo una lista di cinque numeri, oppure ancora le coordinate di un punto del piano e in questo caso avremmo un vettore di due elementi. Del resto abbiamo già visto nell'area tematica dedicata alle funzioni e ai loro grafici che, per descrivere una traslazione nel piano cartesiano, è necessario assegnare un vettore tramite le sue componenti lungo gli assi cartesiani; per esempio $\vec{v}(3, -2)$ indica il vettore che, applicato a ciascun punto del piano di coordinate (x, y) lo trasforma nel punto di coordinate $(x + 3, y - 2)$.

Ma torniamo al concetto di vettore in Fisica; che sia rappresentato graficamente mediante una freccia o algebricamente mediante le sue componenti, un vettore serve ad esprimere l'effetto di un'azione compiuta da qualche cosa su un oggetto: se spingi un libro sul tavolo, questo si muove; se metti una calamita vicino a un pezzo di ferro, questo ne viene attratto; se sostieni un oggetto con una fune, questo non cade. La Fisica è in grado di dare spiegazioni a tutte queste situazioni e per farlo usa ampiamente i vettori e utilizza tutte le operazioni che si possono fare con essi.

Dobbiamo allora completare le nostre conoscenze su questo argomento riprendendo in parte ciò che già conosciamo ed ampliandolo; anche per giocare e fare in modo che l'esploratore riesca a raggiungere il suo tesoro.

Il problema da risolvere

Riprendi il problema dell'esploratore e supponi che la velocità della corrente sia di 3m/s mentre l'esploratore abbia la capacità di remare mantenendo una velocità costante di 4m/s. In che direzione deve remare per raggiungere il tesoro?

1. SCALARI E VETTORI

Gli esercizi di questo paragrafo sono a pag. 539

In Fisica si lavora con due tipi di grandezze: le **grandezze scalari** e le **grandezze vettoriali**.

GRANDEZZE SCALARI

> Le **grandezze scalari** sono quelle grandezze che sono individuate in modo completo da un numero, il quale esprime la misura della grandezza rispetto all'unità prefissata.

Sono per esempio grandezze scalari il tempo (si misura in secondi con i suoi multipli), la massa (si misura in chilogrammi, con i suoi multipli e sottomultipli), la lunghezza (si misura in metri, con i suoi multipli e sottomultipli), l'angolo (si misura in gradi oppure in radianti).

Parlando con un collega di lavoro che ci chiede quante ore abbiamo impiegato ad arrivare in ufficio quella mattina, basta rispondere con un numero, per esempio 2; il numero 2 identifica in modo unico la grandezza scalare *tempo*. Operare con le grandezze scalari non comporta alcuna difficoltà perché si tratta di operare con i numeri reali:

- se a una lunghezza di 5 metri aggiungiamo una lunghezza di 7,2 metri otteniamo una lunghezza di 12,2 metri;

- dell'appartamento del nostro amico, che è grande il doppio del nostro che è di 120 metri quadrati, possiamo dire che è di 240 metri quadrati.

Non aggiungiamo quindi altro sulle operazioni con le grandezze scalari.

Altre grandezze fisiche, per poter essere descritte, necessitano di un numero maggiore di informazioni; per esempio, se dobbiamo indicare uno spostamento, non basta dire "Mi sono spostato di tre metri", dobbiamo anche indicare in quale direzione e verso ci siamo mossi.

Grandezze come quella di questo esempio si dicono vettoriali.

GRANDEZZE VETTORIALI

> Le **grandezze vettoriali** sono quelle grandezze che sono individuate da tre caratteristiche:
>
> ■ una **direzione**, che indica la retta lungo cui agisce la grandezza
>
> ■ un **verso**, determinato dal senso di percorrenza della retta che rappresenta la direzione
>
> ■ una **intensità** o **modulo**, che è il valore numerico che esprime la misura della grandezza rispetto a una certa unità.

Altri esempi di grandezze vettoriali oltre agli spostamenti sono la velocità e l'accelerazione.

Per rappresentare una grandezza vettoriale si usa un **vettore**.

Un vettore si rappresenta mediante un segmento orientato e si indica di solito con una lettera minuscola cui viene sovrapposta una freccia (**figura 2**):

$$\vec{v} \qquad \vec{s} \qquad \vec{a}$$

Il modulo di un vettore si indica con la stessa lettera senza la freccia:

$$v \qquad s \qquad a$$

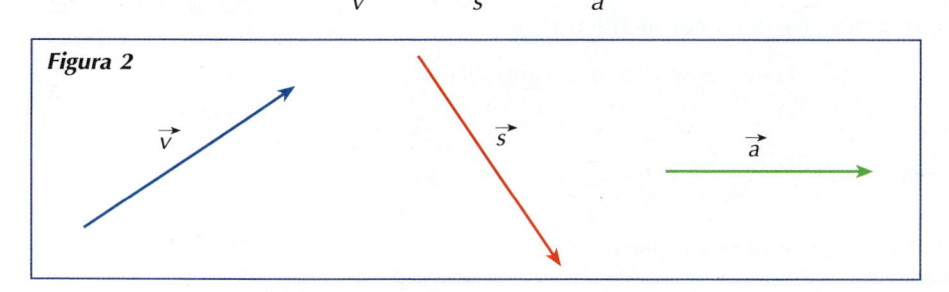

Figura 2

Un vettore è **nullo** se il segmento orientato che lo rappresenta ha il primo estremo che coincide con il secondo; la direzione e il verso di un vettore nullo sono necessariamente arbitrari. Il vettore nullo si indica con il simbolo $\vec{0}$ e il suo modulo è uguale a zero.

Se due vettori hanno la stessa direzione e lo stesso modulo ma versi opposti, diremo che sono **opposti** (**figura 3**). L'opposto di un vettore $\vec{v}$ si indica con $-\vec{v}$.

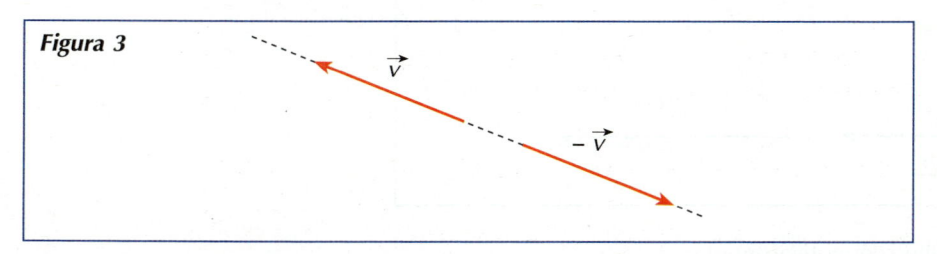

Figura 3

Le grandezze vettoriali si possono sommare e sottrarre, fra esse si possono anche eseguire dei prodotti, ma le regole sono diverse rispetto a quelle delle operazioni con i numeri.

Per esempio, consideriamo un oggetto che si sposta da un punto *A* a un punto *B* e poi da *B* a un punto *C* (**figura 4**):

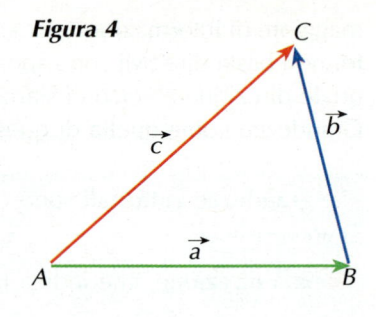

Figura 4

- lo spostamento corrispondente al tratto *AB* si può descrivere con il vettore $\vec{a}$, supponiamo di modulo 4,

- lo spostamento corrispondente al tratto *BC* si può descrivere con il vettore $\vec{b}$, supponiamo di modulo 3,

- lo spostamento complessivo, corrispondente al tratto *AC*, è descritto dal vettore $\vec{c}$ che si può considerare la somma dei due spostamenti $\vec{a}$ e $\vec{b}$:

$$\vec{c} = \vec{a} + \vec{b}$$

Non possiamo però dire che il vettore $\vec{c}$ ha come modulo la somma dei moduli di $\vec{a}$ e $\vec{b}$: il modulo di $\vec{c}$ non è uguale a $4 + 3 = 7$.
Per le operazioni con le grandezze vettoriali è necessario introdurre altre regole.

2. LE OPERAZIONI CON I VETTORI

Gli esercizi di questo paragrafo sono a pag. 539

L'addizione

> Dati due vettori $\vec{a}$ e $\vec{b}$, si definisce loro **somma** il vettore $\vec{c}$ che si ottiene con la seguente regola:
>
> - si dispongono i due vettori in modo che $\vec{b}$ sia consecutivo ad $\vec{a}$
>
> - si considera il vettore $\vec{c}$ che ha come origine l'origine di $\vec{a}$ e come secondo estremo l'estremo di $\vec{b}$.
>
> Di $\vec{c}$ si dice che è il **vettore risultante** della somma $\vec{a} + \vec{b}$.

*Questa regola è nota con il nome di **punta-coda** perché il secondo vettore ha la coda dove il primo ha la punta.*

In **figura 5** abbiamo evidenziato i casi che si possono presentare.

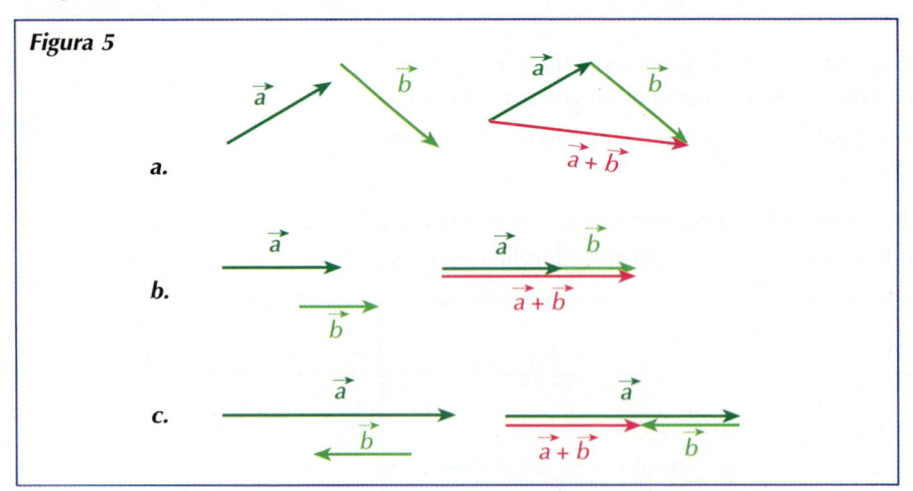

Figura 5

a.

b.

c.

L'addizione fra vettori gode delle seguenti proprietà:

- è **commutativa**: $\vec{a} + \vec{b} = \vec{b} + \vec{a}$ (**figura 6a** di pagina seguente)
- è **associativa**: $(\vec{a} + \vec{b}) + \vec{c} = \vec{a} + (\vec{b} + \vec{c})$ (**figura 6b**)

- possiede **elemento neutro**, il vettore nullo $\vec{0}$
- ogni vettore $\vec{a}$ ha il suo opposto $-\vec{a}$
- la somma di due vettori opposti è il vettore nullo.

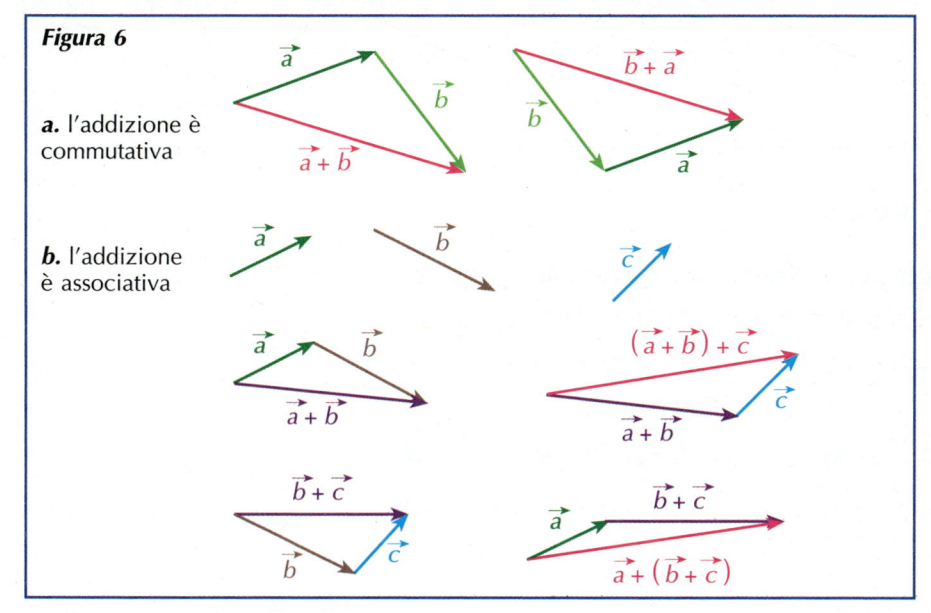

Figura 6

a. l'addizione è commutativa

b. l'addizione è associativa

La sottrazione

Dati due vettori $\vec{a}$ e $\vec{b}$, si dice loro **differenza** il vettore $\vec{c}$ che si ottiene sommando $\vec{a}$ con l'opposto di $\vec{b}$.

In **figura 7** puoi vedere qualche esempio.

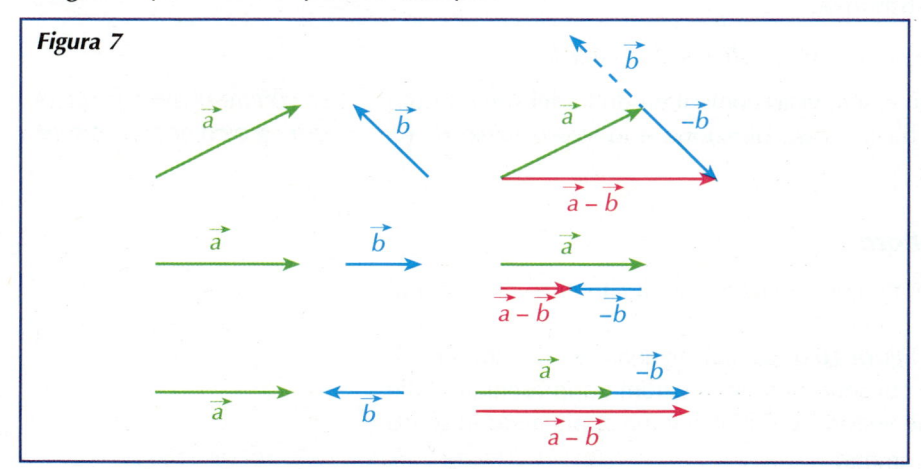

Figura 7

Le definizioni date di somma e differenza di due vettori $\vec{a}$ e $\vec{b}$, che costituiscono anche un procedimento per determinarle, equivalgono a quella che solitamente viene indicata come "regola del parallelogramma".
Disegnati i due vettori in modo che le loro origini coincidano in un punto O, si costruisce il parallelogramma che ha per lati i due vettori (**figura 8a** di pagina seguente): la loro somma è la diagonale uscente da O, la loro differenza è l'altra diagonale (orientata verso il primo termine della sottrazione) (**figura 8b**).

LA SOMMA E LA DIFFERENZA CON LA REGOLA DEL PARALLELOGRAMMA

Figura 8

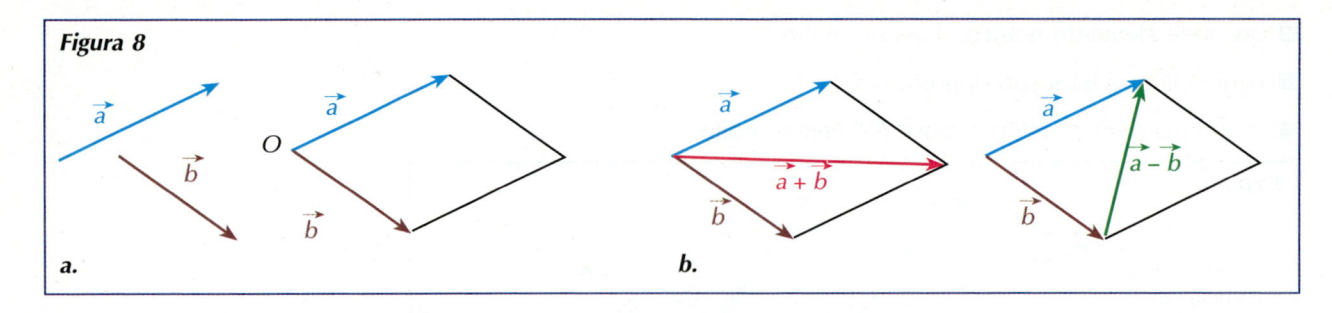

a.   b.

La moltiplicazione per uno scalare

Consideriamo un vettore $\vec{a}$ e un numero reale k non nullo (uno scalare); si dice **prodotto di $\vec{a}$ per k**, e si indica con $k \cdot \vec{a}$, il vettore che ha

- la stessa direzione di $\vec{a}$

- lo stesso verso di $\vec{a}$ se è $k > 0$, verso opposto ad $\vec{a}$ se è $k < 0$

- modulo che si ottiene moltiplicando il modulo di $\vec{a}$ per il valore assoluto di k.

Se è $k = 0$ il prodotto $k \cdot \vec{a}$ è il vettore nullo.

In **figura 9** puoi vedere qualche esempio.
La moltiplicazione di un vettore per un numero reale gode delle seguenti proprietà:

- è **commutativa**: $k\vec{a} = \vec{a}k$

- è **associativa**: $(hk)\vec{a} = h(k\vec{a})$ con $h, k \in R$

- il numero 1 è l'**elemento neutro**: $1 \cdot \vec{a} = \vec{a} \cdot 1 = \vec{a}$

- valgono le due **proprietà distributive**:

$$k(\vec{a} + \vec{b}) = k\vec{a} + k\vec{b} \qquad e \qquad (h + k)\vec{a} = h\vec{a} + k\vec{a}$$

In particolare, ogni vettore $\vec{v}$ può essere visto come il prodotto del suo modulo v per il vettore unitario $\vec{u}$ che ha la stessa direzione e lo stesso verso di $\vec{v}$: $\vec{v} = v \cdot \vec{u}$.

Figura 9

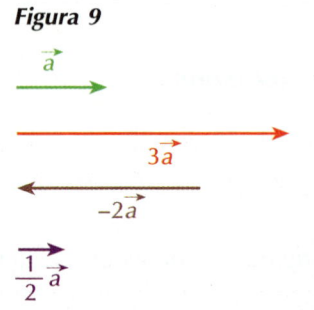

*Un vettore di modulo uguale a 1 si dice anche **versore**.*

La scomposizione di un vettore

Ogni vettore può essere considerato come la risultante di altri due vettori di cui sono note le direzioni.
Supponiamo che il vettore $\vec{v}$ in **figura 10** di pagina seguente sia il vettore risultante di altri due vettori $\vec{r}$ e $\vec{s}$ di cui sono note le direzioni (rappresentate dalle rette r e s nella **figura 10a**). I due vettori $\vec{r}$ e $\vec{s}$ si ottengono applicando in senso inverso la regola del parallelogramma:

- si tracciano dal secondo estremo del vettore $\vec{v}$ le parallele alle direzioni r e s (**figura 10b**)

- individuati gli altri due vertici del parallelogramma, si tracciano i vettori $\vec{r}$ e $\vec{s}$ uscenti da O (**figura 10c**).

Dei due vettori $\vec{r}$ e $\vec{s}$ si dice che sono le **componenti del vettore** $\vec{v}$ lungo le direzioni prescelte.

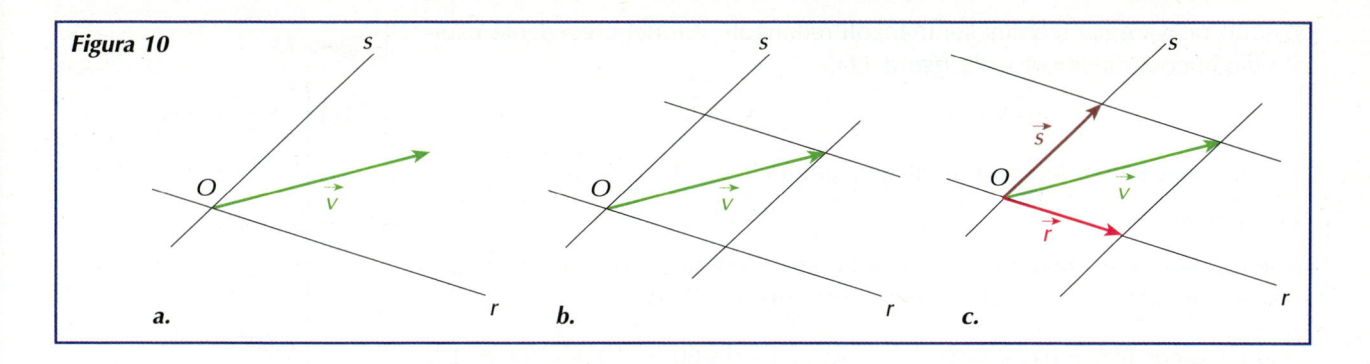

Figura 10

a.   b.   c.

1. Costruisci il vettore somma $\vec{a} + \vec{b}$ nei seguenti casi:

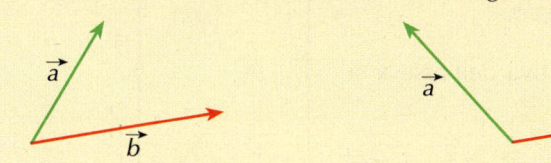

2. Costruisci il vettore differenza $\vec{a} - \vec{b}$ nei seguenti casi:

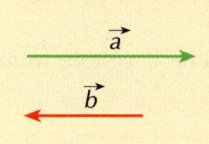

3. I VETTORI NEL PIANO CARTESIANO

Vettori uscenti dall'origine

Gli esercizi di questo paragrafo sono a pag. 541

Per come lo abbiamo definito, si può sempre supporre che un vettore $\vec{v}$ nel piano cartesiano sia rappresentato da un segmento orientato che ha la sua origine nell'origine O degli assi. In tal caso, esso può essere scomposto nei due vettori $\vec{v}_x$ e $\vec{v}_y$ che hanno per direzioni rispettivamente l'asse x e l'asse y (**figura 11**) e risulta quindi che $\vec{v} = \vec{v}_x + \vec{v}_y$.

Si conviene di associare al modulo dei vettori $\vec{v}_x$ e $\vec{v}_y$ un segno positivo se essi giacciono sui semiassi positivi delle ascisse e delle ordinate, un segno negativo se essi giacciono sui semiassi negativi. In questo modo, il modulo del vettore $\vec{v}_x$ è semplicemente l'ascissa del punto P, secondo estremo del vettore $\vec{v}$, il modulo del vettore $\vec{v}_y$ è l'ordinata del punto P.

Per indicare che v_x e v_y sono i moduli delle componenti del vettore $\vec{v}$ lungo gli assi cartesiani si scrive, con una notazione già usata a proposito delle traslazioni:

$$\vec{v}(v_x, v_y)$$

Per esempio, il vettore $\vec{v}(3, -2)$ è rappresentato in **figura 12**.

Se ora indichiamo con α l'angolo orientato che il vettore forma con la direzione positiva dell'asse delle ascisse, fra i moduli v_x e v_y delle componenti cartesiane del vettore $\vec{v}$ e il modulo di $\vec{v}$ stesso sussistono le seguenti relazioni che si

Figura 11

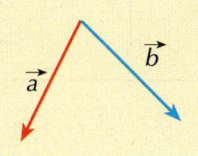

Figura 12

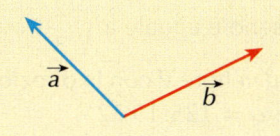

possono ricavare dai teoremi sui triangoli rettangoli visti nel precedente capitolo (fai ancora riferimento alla **figura 11**):

$$v_x = v \cos \alpha \qquad v_y = v \sin \alpha$$

Inoltre, applicando il teorema di Pitagora si ha che: $v = \sqrt{v_x^2 + v_y^2}$.

Per esempio:

- se il vettore $\vec{v}$ ha modulo 10 e forma un angolo di 60° con la direzione positiva dell'asse x, le sue componenti sono (**figura 13a**):

$$v_x = 10 \cos 60° = 10 \cdot \frac{1}{2} = 5 \qquad v_y = 10 \sin 60° = 10 \cdot \frac{\sqrt{3}}{2} = 5\sqrt{3}$$

- se $\vec{v}(-1, \sqrt{2})$, allora $v_x = -1$, $v_y = \sqrt{2}$ ed è (**figura 13b**):

$$v = \sqrt{(-1)^2 + (\sqrt{2})^2} = \sqrt{1 + 2} = \sqrt{3}$$

Dell'angolo α che il vettore forma con la direzione positiva dell'asse x si può dire che:

$$\sin \alpha = \frac{\sqrt{2}}{\sqrt{3}} = \sqrt{\frac{2}{3}} \qquad \cos \alpha = -\frac{1}{\sqrt{3}} = -\frac{\sqrt{3}}{3} \qquad \tan \alpha = -\frac{\sqrt{2}}{1} = -\sqrt{2}$$

L'angolo α è quindi ottuso.

Se cerchiamo con la calcolatrice l'angolo il cui seno è uguale a $\sqrt{\frac{2}{3}}$ troviamo l'angolo $\beta = 54°44'8''$; l'angolo α formato dal vettore $\vec{v}$ con la direzione positiva dell'asse x è il suo supplementare, cioè $\alpha = 125°15'52''$.

Se avessimo cercato l'angolo il cui coseno è $-\frac{\sqrt{3}}{3}$ avremmo trovato subito l'angolo di $125°15'52''$, mentre usando la tangente avremmo trovato un angolo negativo uguale a $-54°44'8''$ e a questo avremmo dovuto aggiungere 180°.

Vettori mediante le coordinate degli estremi

Se un vettore $\overrightarrow{AB}$ è dato mediante le coordinate dei suoi estremi (non necessariamente il primo è l'origine), le sue componenti cartesiane sono le misure (con segno) dei cateti orientati del triangolo ACB in **figura 14a**; allora, se $A(x_A, y_A)$ e $B(x_B, y_B)$ sono rispettivamente il primo ed il secondo estremo del vettore $\overrightarrow{AB}$, si ha che:

$$x = x_B - x_A \qquad e \qquad y = y_B - y_A$$

Per la determinazione del modulo e dell'angolo α che individua la direzione del vettore, valgono le precedenti relazioni.

Per esempio se $A(3, 2)$ e $B(-1, 4)$, allora (**figura 14b**):

$$x = -1 - 3 = -4 \qquad y = 4 - 2 = 2 \qquad |\overrightarrow{AB}| = \sqrt{16 + 4} = 2\sqrt{5};$$

$$\sin \alpha = \frac{\overline{CB}}{\overline{AB}} = \frac{2}{2\sqrt{5}} = \frac{1}{\sqrt{5}}, \qquad \cos \alpha = \frac{\overline{AC}}{\overline{AB}} = \frac{-4}{2\sqrt{5}} = -\frac{2}{\sqrt{5}},$$

$$\tan \alpha = \frac{\overline{CB}}{\overline{AC}} = \frac{2}{-4} = -\frac{1}{2},$$

quindi $\alpha = 153°26'6''$

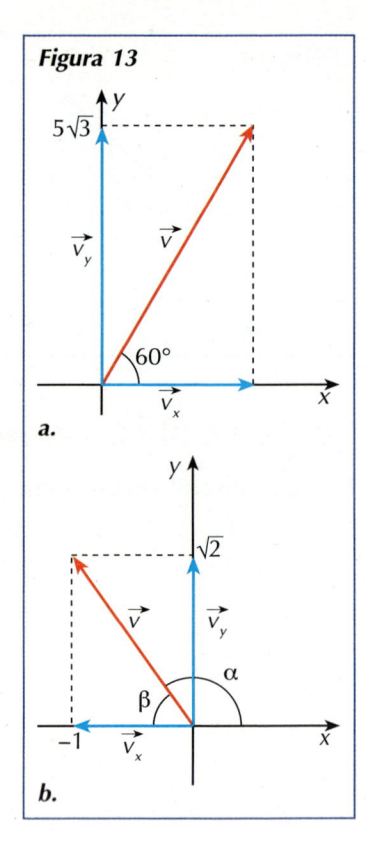

Figura 13

a.

b.

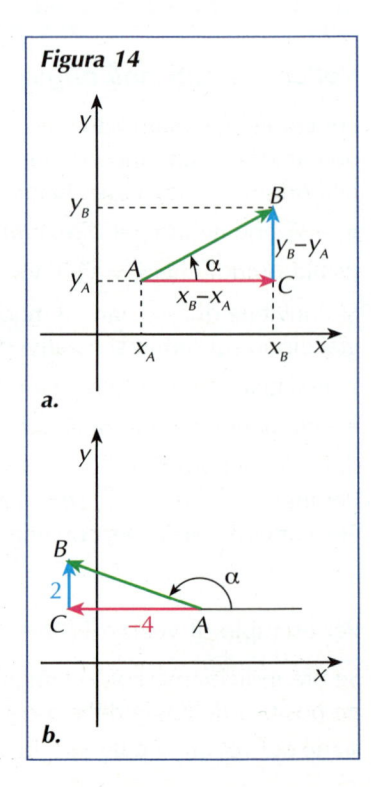

Figura 14

a.

b.

1. Dato il vettore $\vec{v}(3, -\sqrt{3})$, calcoliamo il suo modulo e l'angolo che esso forma con la direzione positiva dell'asse delle ascisse.

Considerando il vettore che ha origine in O, abbiamo che (**figura 15**)

$$v = \sqrt{9+3} = \sqrt{12} = 2\sqrt{3}$$

$$\left.\begin{array}{l} \tan\alpha = -\dfrac{\sqrt{3}}{3} \\[2ex] \cos\alpha = \dfrac{3}{2\sqrt{3}} = \dfrac{\sqrt{3}}{2} \end{array}\right\} \quad \text{cioè} \quad \alpha = -30°$$

Figura 15

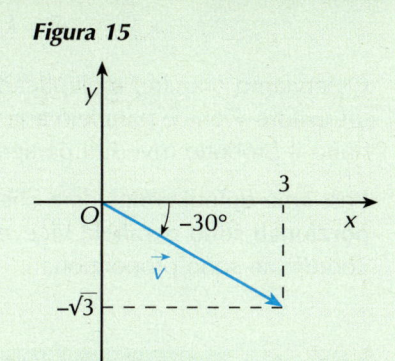

2. Un vettore $\vec{v}$ uscente dall'origine e di modulo 3 forma con la direzione positiva dell'asse delle ascisse un angolo di 120°. Vogliamo determinare le sue componenti cartesiane.

Dalle relazioni della trigonometria ricaviamo subito che (**figura 16**)

$$x = v \cdot \cos 120° = 3 \cdot \left(-\frac{1}{2}\right) = -\frac{3}{2}$$

$$y = v \cdot \sin 120° = 3 \cdot \frac{\sqrt{3}}{2} = \frac{3\sqrt{3}}{2}$$

Quindi $\vec{v}\left(-\dfrac{3}{2}, \dfrac{3\sqrt{3}}{2}\right)$.

Figura 16

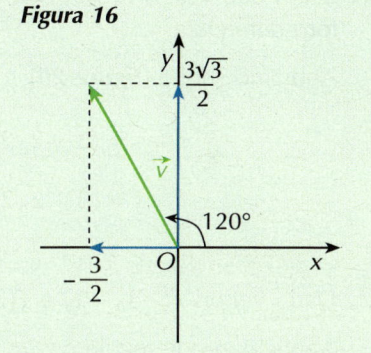

Le operazioni con i vettori nel piano cartesiano

Sommare o sottrarre due vettori diventa molto semplice se questi sono dati mediante le loro componenti cartesiane.

■ Con riferimento alla **figura 17** a lato, osserviamo che, essendo $OA \cong CB$, perché lati opposti di un parallelogramma, anche le loro proiezioni sugli assi cartesiani sono congruenti; si ha quindi che dati $\vec{r}(r_x, r_y)$ e $\vec{s}(s_x, s_y)$ allora

$$\vec{v} = \vec{r} + \vec{s} = (r_x + s_x, \; r_y + s_y)$$

cioè **il vettore somma ha per componenti la somma delle componenti dei due vettori addendi.**

Figura 17

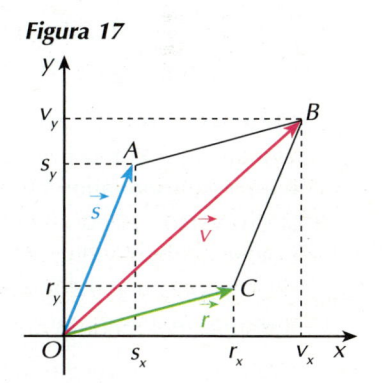

■ Analogamente per la sottrazione (**figura 18**), tenendo anche conto che sottrarre due vettori significa sommare il primo con l'opposto del secondo, si ha che dati $\vec{r}(r_x, r_y)$ e $\vec{s}(s_x, s_y)$ allora

$$\vec{v} = \vec{r} - \vec{s} = (r_x - s_x, \; r_y - s_y)$$

cioè **il vettore differenza ha per componenti la differenza delle componenti dei due vettori dati.**

Figura 18

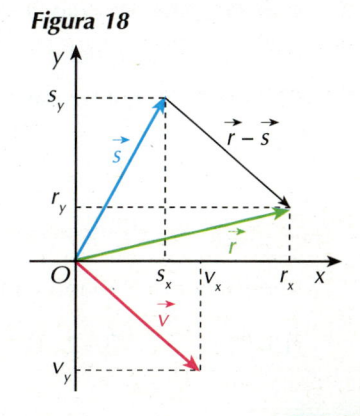

■ Per la moltiplicazione con uno scalare (**figura 19**) dati $\vec{r}(r_x, r_y)$ e $k \in R$ allora

$$\vec{v} = k\vec{r} = (kr_x, kr_y)$$

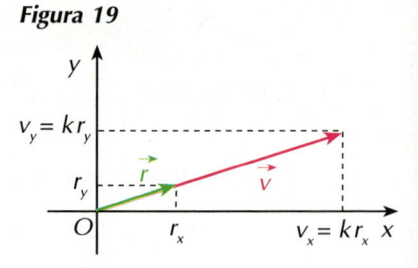

Figura 19

Osserviamo ora che, moltiplicando un vettore $\vec{r}$ per uno scalare, si ottiene un vettore $\vec{v}$ che è parallelo a $\vec{r}$; i due vettori infatti, per come abbiamo definito il prodotto (rivedi il paragrafo 2) hanno la stessa direzione.

Possiamo quindi concludere che **due vettori che hanno le coordinate proporzionali sono paralleli;** viceversa, se i due vettori sono paralleli, le loro coordinate sono proporzionali.

ESEMPI

1. Dati i due vettori $\vec{r}(3,2)$ e $\vec{s}(-2,1)$, calcoliamo la loro somma e la loro differenza.

Abbiamo subito (**figura 20**)

$$\vec{r} + \vec{s} = (3 - 2, 2 + 1) = (1,3)$$

$$\vec{r} - \vec{s} = (3 + 2, 2 - 1) = (5,1)$$

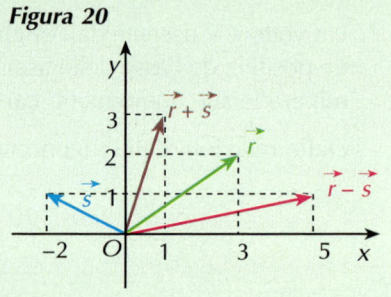

Figura 20

2. Dati i vettori $\vec{r}(-3, -1)$ e $\vec{s}(2, -4)$ calcoliamo il vettore $\vec{v} = 2\vec{r} - 5\vec{s}$.

Applichiamo le regole $\quad v_x = 2 \cdot (-3) - 5 \cdot 2 = -16 \qquad v_y = 2 \cdot (-1) - 5 \cdot (-4) = 18$

Si ha dunque che $\qquad \vec{v}(-16, 18)$.

3. Dato il vettore $\vec{a}(3,2)$, ci chiediamo quale sia la sua posizione rispetto ai vettori $\vec{b}(6,4)$, $\vec{c}(-6, -4)$ e $\vec{d}(6, -4)$.

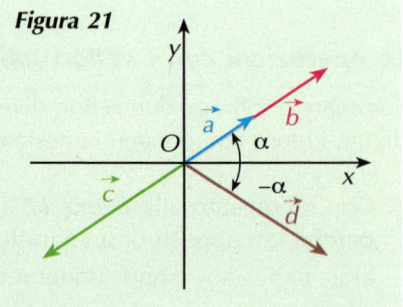

Figura 21

Osserviamo subito che i vettori $\vec{a}$ e $\vec{b}$ hanno le componenti proporzionali, così come i vettori $\vec{a}$ e $\vec{c}$. Allora i vettori delle prime due coppie sono paralleli ed in particolare i primi due hanno anche lo stesso verso, i secondi due hanno versi opposti (**figura 21**). Inoltre, poiché le componenti dei due vettori nelle due coppie sono, a meno del segno, le une il doppio delle altre, i moduli dei vettori $\vec{b}$ e $\vec{c}$ sono il doppio del modulo del vettore $\vec{a}$.

I vettori $\vec{a}$ e $\vec{d}$ invece non hanno le componenti proporzionali perché le ascisse hanno come rapporto 2 e le ordinate hanno come rapporto -2. Se indichiamo con α l'angolo formato dal vettore $\vec{a}$ con la direzione positiva dell'asse delle ascisse, allora l'angolo formato dal vettore $\vec{d}$ è $-\alpha$ (riferisciti ancora alla **figura 21**); anche in questo caso il vettore $\vec{d}$ ha modulo doppio del vettore $\vec{a}$.

VERIFICA DI COMPRENSIONE

1. Rappresenta nel piano cartesiano i seguenti vettori:

$$\vec{r}(5, 1) \qquad \vec{s}(-2, 3) \qquad \vec{v}(-4, -2) \qquad \vec{w}\left(\frac{5}{4}, -\frac{3}{2}\right)$$

2. Dati i vettori $\vec{a}(3, -2)$, $\vec{b}\left(\dfrac{1}{2}, -3\right)$, $\vec{c}(0,5)$, calcola

    a. $\vec{a} + 2\vec{b} - \vec{c}$ **b.** $-3\vec{a} + \vec{c}$

    Calcola poi il modulo dei due vettori risultanti e l'angolo che essi formano con la direzione positiva dell'asse delle ascisse.

3. Stabilisci se i vettori $\overrightarrow{AB}$ e $\overrightarrow{CD}$ di estremi $A(1,2)$ e $B(5,4)$, $C(-1, -1)$ e $D(1,0)$ sono paralleli.

APPROFONDIMENTI

I VETTORI NELLO SPAZIO

I vettori con cui abbiamo lavorato finora erano tutti vettori complanari, ma a volte si presenta il problema di dover operare con vettori non appartenenti allo stesso piano; in questo caso la rappresentazione non può essere fatta nel piano cartesiano, ma si deve lavorare nello spazio.

Un sistema di riferimento cartesiano ortogonale nello spazio può essere fissato considerando una terna di assi mutuamente perpendicolari che si incontrano in uno stesso punto O, l'origine del sistema di riferimento, e che indichiamo con x, y e z; in genere l'orientamento di tali assi è quello indicato in **figura 22** in cui l'asse x si sovrappone all'asse y mediante una rotazione antioraria di 90° (sistema *destrorso*).

Figura 22

Fissata un'unità di misura su ciascun asse (se l'unità è la stessa sui tre assi il sistema si dice *monometrico*), ad ogni terna ordinata di numeri (a, b, c) corrisponde un solo punto P dello spazio che si costruisce in questo modo (segui ancora la stessa figura):

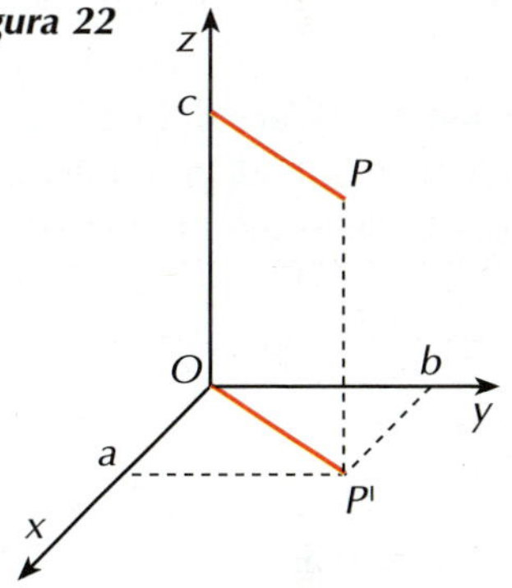

- si trova dapprima il punto P' di coordinate (a, b) appartenente al piano individuato dagli assi x e y

- da P' si traccia una retta parallela all'asse z e su di essa si prende il punto P corrispondente al valore c.

Viceversa, ad ogni punto P dello spazio, con una costruzione inversa rispetto alla precedente, si può associare una sola terna di numeri (a, b, c).

Esiste quindi corrispondenza biunivoca tra i punti dello spazio e le terne ordinate di numeri reali; se $P(a, b, c)$:

- a è l'**ascissa** di P

- b è l'**ordinata** di P

- c è la **quota** di P

Figura 23

In modo del tutto analogo a quanto visto nel piano, un vettore $\overrightarrow{OP}$ dello spazio avente origine in O si può vedere come somma di tre vettori $\overrightarrow{OP}_x$, $\overrightarrow{OP}_y$, $\overrightarrow{OP}_z$, che sono le sue componenti lungo gli assi cartesiani e i cui moduli sono le coordinate cartesiane spaziali del punto P (**figura 23**):

$$\overrightarrow{OP} = \overrightarrow{OP}_x + \overrightarrow{OP}_y + \overrightarrow{OP}_z$$

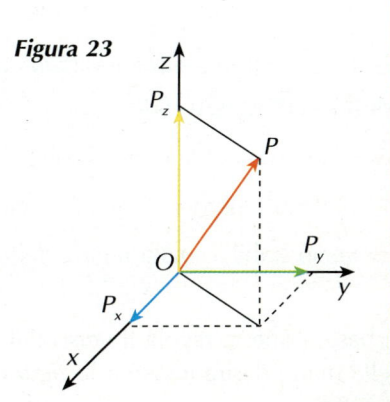

Applicando il teorema di Pitagora ai triangoli rettangoli $OP'P_x$ prima e OPP' poi otteniamo il modulo del vettore $\overrightarrow{OP}$:

$$OP = \sqrt{OP_x^2 + OP_y^2 + OP_z^2}$$

Con una notazione analoga a quella usata nel piano, la scrittura $\vec{v}(v_x, v_y, v_z)$ sta poi ad indicare che v_x, v_y e v_z sono i moduli delle componenti cartesiane del vettore $\vec{v}$.

Per esempio, il vettore $\vec{v}(3, 2, -1)$ ha modulo $v = \sqrt{3^2 + 2^2 + (-1)^2} = \sqrt{14}$.

4. LE APPLICAZIONI ALLA FISICA

Gli esercizi di questo paragrafo sono a pag. 547

Il prodotto tra vettori

Oltre alle operazioni di addizione e sottrazione tra vettori e di moltiplicazione di un vettore per uno scalare, in Fisica si definiscono anche due tipi di prodotto tra vettori: il **prodotto scalare**, il cui risultato è uno scalare, e il **prodotto vettoriale**, il cui risultato è un vettore.

IL PRODOTTO SCALARE

Il **prodotto scalare** di due vettori $\vec{a}$ e $\vec{b}$ si indica con il simbolo $\vec{a} \cdot \vec{b}$; esso è uno scalare (quindi un numero) che, indicato con α l'angolo formato dai due vettori, si definisce in questo modo (**figura 24**)

$$\vec{a} \cdot \vec{b} = ab \cos \alpha$$

Figura 24

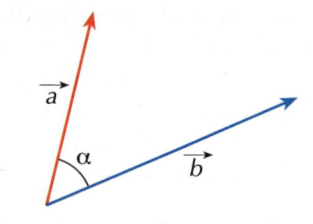

Per esempio:

- se il modulo di $\vec{a}$ è 4, il modulo di $\vec{b}$ è 6 e i due vettori formano un angolo α di 45°, allora

$$\vec{a} \cdot \vec{b} = 4 \cdot 6 \cdot \cos 45° = 24 \cdot \frac{\sqrt{2}}{2} = 12\sqrt{2}$$

- se il modulo di $\vec{a}$ è $\frac{1}{2}$, il modulo di $\vec{b}$ è 8 e i due vettori formano un angolo α di 120°, allora

$$\vec{a} \cdot \vec{b} = \frac{1}{2} \cdot 8 \cdot \cos 120° = 4 \cdot \left(-\frac{1}{2}\right) = -2.$$

Il prodotto scalare viene usato in Fisica in diverse occasioni, per esempio per il calcolo di un lavoro, come puoi vedere in uno dei problemi successivi.

IL PRODOTTO VETTORIALE

Dati due vettori $\vec{a}$ e $\vec{b}$ e indicato con α l'angolo da essi formato, il loro **prodotto vettoriale** si indica con il simbolo $\vec{a} \times \vec{b}$; esso è un vettore $\vec{c}$ che ha:

- modulo dato dall'espressione $c = ab \sin \alpha$
- direzione perpendicolare al piano definito dai due vettori $\vec{a}$ e $\vec{b}$
- verso stabilito dalla regola della mano destra.

In base a questa regola il verso del vettore risultante si calcola usando le dita della mano destra (osserva la **figura 25** di pagina seguente):

- si punta il pollice nella direzione del primo vettore (il vettore $\vec{a}$)

- si puntano le altre dita nella direzione del secondo vettore (il vettore $\vec{b}$)

- il verso del vettore $\vec{c}$ è uscente dal palmo della mano.

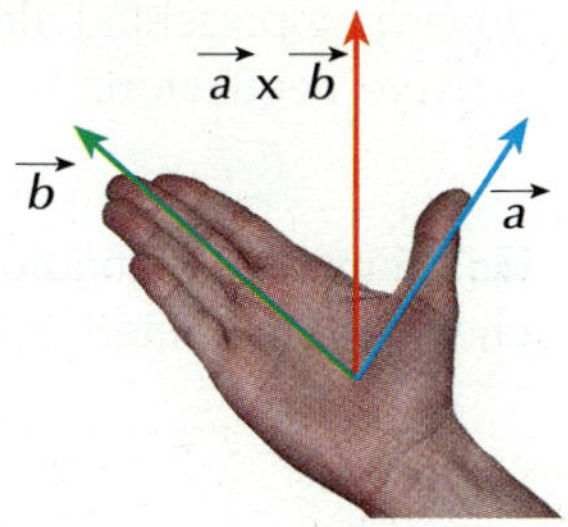

Per esempio, sapendo che i vettori $\vec{a}$ e $\vec{b}$ appartengono al piano della pagina che stai leggendo e sono orientati come in **figura 26**, che $\vec{a}$ ha modulo 8, $\vec{b}$ ha modulo 12 e che l'angolo fra i due vettori è di 60°, del prodotto $\vec{c} = \vec{a} \times \vec{b}$ si può dire che:

Figura 25

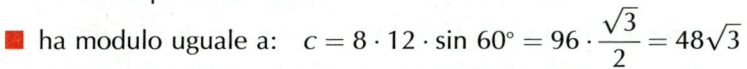

- ha modulo uguale a: $c = 8 \cdot 12 \cdot \sin 60° = 96 \cdot \dfrac{\sqrt{3}}{2} = 48\sqrt{3}$

Figura 26

- ha direzione perpendicolare al piano della pagina

- verso entrante nella pagina (il pollice nella direzione di $\vec{a}$, le altre dita nella direzione di $\vec{b}$, la mano è rivolta con il palmo appoggiato alla pagina).

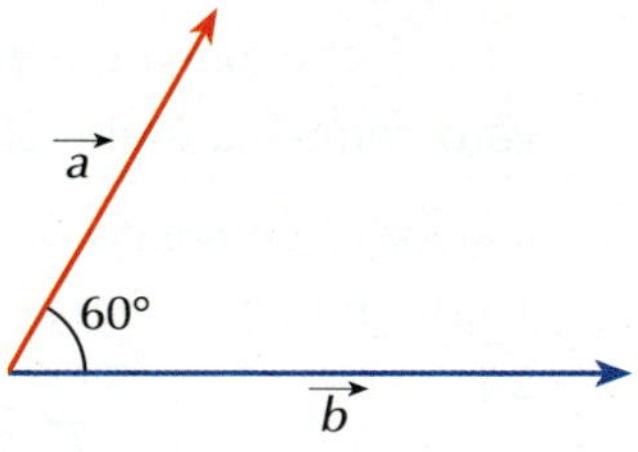

Di seguito vediamo alcuni problemi di Fisica che, per essere risolti, necessitano delle conoscenze sui vettori apprese in questo capitolo.

ESEMPI

1. Un corpo di massa $m = 500g$, soggetto al proprio peso, scivola senza attrito lungo un piano, inclinato di 15° rispetto al suolo. Vogliamo calcolare la componente della forza peso che agisce nella direzione del piano inclinato.

Ricordiamo che la forza peso è $F = mg$, dove g rappresenta l'accelerazione gravitazionale che vale $9,8 m/s^2$, e che tale forza ha sempre direzione verticale. Per calcolare la sua componente F' nella direzione del piano inclinato ci possiamo riferire al triangolo rettangolo formato dalle due forze F e F' e dalla perpendicolare alla linea del piano stesso; tale triangolo, infatti, ha gli stessi angoli del triangolo che è il modello del piano inclinato (**figura 27**).

Figura 27

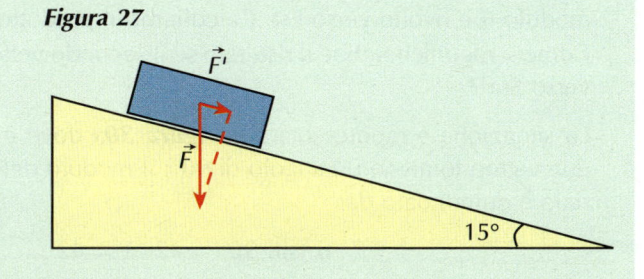

Tenendo conto che $F = 0,5 kg \cdot 9,8 m/s^2$, possiamo quindi scrivere che la misura di F', espressa in Newton, è

$$F' = F \cdot \sin 15° = (0,5 \cdot 9,8 \cdot \sin 15°) = 1,27$$

2. Un corpo scivola senza attrito lungo un piano inclinato di lunghezza 300m e arriva in fondo con una velocità di $v = 30 m/s$. Vogliamo determinare l'inclinazione del piano rispetto a quello orizzontale.

Il modello geometrico del problema è un triangolo rettangolo come quello in **figura 28** di cui conosciamo, per il momento, solo l'ipotenusa e di cui vogliamo determinare l'angolo β.

La velocità finale di un corpo che scivola lungo un piano inclinato è data, in assenza di attrito, dalla relazione

$$v = \sqrt{2gh}$$

Figura 28

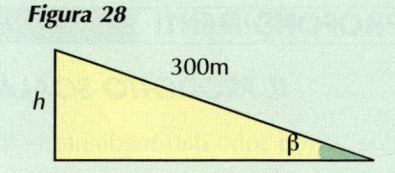

dove h rappresenta l'altezza del piano e g è l'accelerazione gravitazionale. Poiché $v = 30\text{m/s}$ possiamo scrivere l'equazione

$$30 = \sqrt{2 \cdot 9,8 \cdot h} \qquad \text{da cui} \qquad h = 45,92(\text{m})$$

Del triangolo rettangolo modello del problema conosciamo ora l'ipotenusa e il cateto opposto all'angolo che vogliamo determinare; usando allora la prima relazione sui triangoli rettangoli otteniamo

$$\sin \beta = \frac{45,92}{300} \qquad \text{da cui} \qquad \beta = 8°48'17''$$

3. Un corpo che si sta muovendo su una traiettoria rettilinea viene fermato in uno spazio di 15m da una forza $\vec{F}$ che forma un angolo di 162° con la direzione dello spostamento. Qual è il modulo di $\vec{F}$ se il lavoro compiuto è di −285J?

Il lavoro L compiuto da una forza costante $\vec{F}$ quando il corpo si sposta di un tratto $\vec{s}$ è dato dal prodotto scalare dei due vettori (**figura 29**)

$$L = \vec{F} \cdot \vec{s} \qquad \text{cioè} \qquad L = F \cdot s \cos\alpha$$

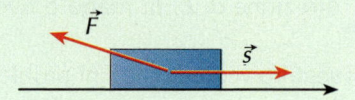

Figura 29

Sostituendo i valori noti troviamo l'equazione

$$-285 = F \cdot 15 \cdot \cos 162°$$

da cui ricaviamo che $\quad F = -\dfrac{285}{15 \cdot \cos 162°} \quad$ cioè $\quad F = 19,98\text{N}$

4. Un vettore $\vec{v}$ di modulo 7 è rivolto verso Nord; un altro vettore $\vec{s}$ di modulo 6 è rivolto verso Est. Calcoliamo il prodotto $\vec{v} \times \vec{s}$.
Come si modificherebbe il risultato se il secondo vettore fosse diretto verso Sud?

La situazione è rappresentata in **figura 30a** dove è evidente che i due vettori formano un angolo di 90°; il modulo del prodotto vettoriale è quindi dato da:

$$7 \cdot 6 \cdot \sin 90° = 42 \cdot 1 = 42$$

La direzione è perpendicolare al piano della pagina e il verso, applicando la regola della mano destra, è entrante nella pagina.

Se il secondo vettore fosse diretto verso Sud, l'angolo fra i due vettori diventerebbe di 180° (**figura 30b**) e poiché $\sin 180° = 0$, il prodotto vettoriale darebbe il vettore nullo.

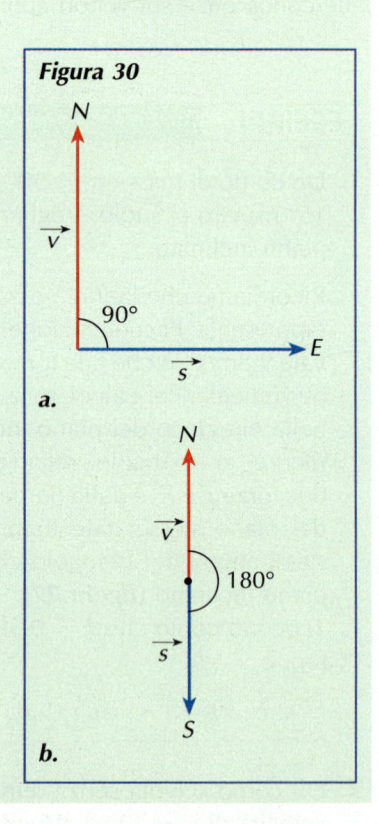

Figura 30

a.

b.

APPROFONDIMENTI

IL PRODOTTO SCALARE E VETTORIALE NEL PIANO CARTESIANO

Se due vettori sono dati mediante le loro componenti cartesiane:

$$\vec{a}(a_x, a_y) \qquad \vec{b}(b_x, b_y)$$

allora:

- il loro **prodotto scalare** è uguale alla somma dei prodotti delle componenti omonime dei due vettori:

$$\vec{a} \cdot \vec{b} = a_x b_x + a_y b_y$$

- il loro **prodotto vettoriale** $\vec{c} = \vec{a} \times \vec{b}$ ha modulo dato dall'espressione

$$\left| a_x b_y - a_y b_x \right|$$

Inoltre, considerato che i due vettori $\vec{a}$ e $\vec{b}$ appartengono al piano xy di un sistema di riferimento cartesiano ortogonale, il vettore prodotto $\vec{c}$ è perpendicolare a tale piano e appartiene perciò all'asse z di un sistema di riferimento nello spazio (**figura 31**); in tal caso, il segno dell'espressione $a_x b_y - a_y b_x$ determina il verso del vettore prodotto:

Figura 31

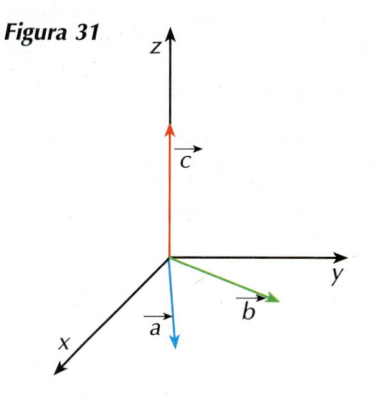

- se è positiva, il verso di $\vec{c}$ coincide con il verso dell'asse z
- se è negativa, il verso di $\vec{c}$ è opposto al verso dell'asse z.

Per esempio, se $\vec{a}(2, 4)$ e $\vec{b}(-1, 3)$:

- $\vec{a} \cdot \vec{b} = 2 \cdot (-1) + 4 \cdot 3 = 10$

- $\vec{a} \times \vec{b}$:
  - ha modulo $c = \left| 2 \cdot 3 - 4 \cdot (-1) \right| = |+10| = 10$
  - poiché l'espressione all'interno del modulo è positiva, il vettore $\vec{c}$ ha verso nella direzione positiva dell'asse z.

Sul sito www.edatlas.it trovi...

- il laboratorio di informatica
- la scheda storica e le curiosità matematiche
- le attività di recupero

La situazione dell'esploratore, indichiamo con E la sua posizione sulla riva del fiume, è rappresentata in **figura 32** nella quale il vettore $\vec{v}_c$ rappresenta la velocità della corrente. Ovviamente se l'esploratore procedesse in direzione del tesoro, rappresentata dalla retta ET, non lo raggiungerebbe mai per via della forte corrente che lo trascinerebbe a valle; egli deve quindi remare controcorrente di un certo angolo α, vale a dire che la barca deve dirigersi verso un punto P più a sinistra di T. Per conoscere questa direzione dobbiamo considerare che la linea ET deve essere la direzione della risultante tra il vettore $\vec{v}_c$ e il vettore $\vec{v}_E$ che rappresenta la velocità con cui l'esploratore è in grado di remare.

La situazione può essere rappresentata graficamente nello schema che rappresenta i tre vettori dove conosciamo il valore di v_c e quello di v_E e vogliamo calcolare l'ampiezza dell'angolo α; in base ai teoremi sui triangoli rettangoli abbiamo subito che:

$$\cos \alpha = \frac{v_c}{v_E}$$

Nel nostro caso, essendo $v_C = 3\text{m/s}$ e $v_E = 4\text{m/s}$, si ha che:

$$\cos \alpha = \frac{3}{4} \qquad \text{cioè} \qquad \alpha = 41°24'35''$$

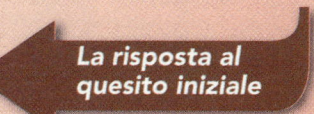

La risposta al quesito iniziale

Figura 32

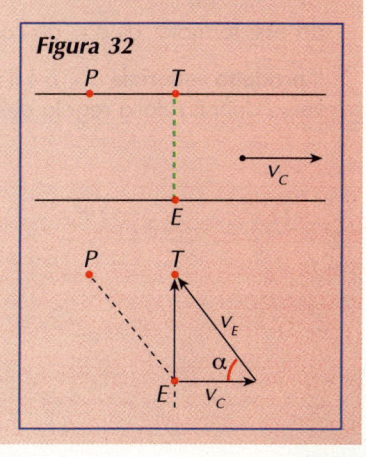

I concetti e le regole

Scalari e vettori

Una grandezza è di tipo **scalare** se si può individuare mediante un numero.
Una grandezza è di tipo **vettoriale** se per individuarla sono necessari una direzione, un verso e un modulo o intensità.
Per eseguire operazioni che coinvolgono quantità scalari si applicano le regole delle operazioni con i numeri.
Per eseguire operazioni con i vettori si seguono regole particolari:

- per **sommare** due vettori si segue la regola punta-coda oppure la regola del parallelogramma

- per **sottrarre** due vettori si somma il primo vettore con l'opposto del secondo

- il **prodotto** di un vettore per uno scalare k è il vettore che ha la stessa direzione del vettore dato, lo stesso verso se $k > 0$, verso opposto se $k < 0$, modulo uguale a k volte il modulo del vettore dato.

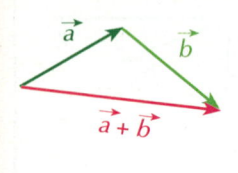 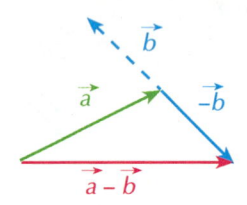 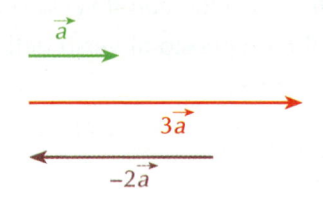 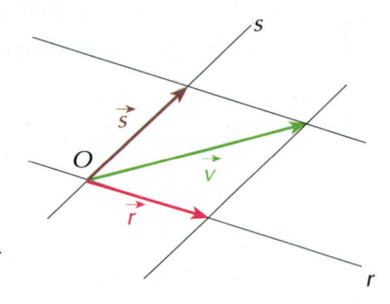

Di ogni vettore si possono sempre trovare le componenti lungo due direzioni particolari tracciando dalla sua punta le parallele alle direzioni.

I vettori nel piano cartesiano

Ogni vettore $\vec{v}$ si può rappresentare in un piano cartesiano mediante le coordinate dei suoi punti estremi; in particolare, è spesso conveniente raffigurarlo con il primo estremo nell'origine.
In tal caso, indicate con v_x e v_y le sue componenti lungo gli assi cartesiani, con v il suo modulo e con α l'angolo che la sua direzione forma con il semiasse positivo delle ascisse si ha che:

$$v_x = v \cos \alpha \qquad v_y = v \sin \alpha \qquad v = \sqrt{v_x^2 + v_y^2}$$

Se i vettori sono dati mediante le loro componenti lungo gli assi cartesiani, la somma, la differenza e il prodotto per uno scalare k si determinano con le seguenti regole:

$$\vec{r} + \vec{s} = (r_x + s_x, \, r_y + s_y) \qquad \vec{r} - \vec{s} = (r_x - s_x, \, r_y - s_y) \qquad k\vec{r} = (kr_x, \, kr_y)$$

Il prodotto scalare e il prodotto vettoriale

In Fisica si usano due particolari tipi di prodotto fra vettori che sono così definiti:

- il **prodotto scalare** $\vec{a} \cdot \vec{b}$ è lo scalare che si ottiene moltiplicando i moduli dei due vettori per il coseno dell'angolo α da essi formato: $\vec{a} \cdot \vec{b} = ab \cos \alpha$

- il **prodotto vettoriale** $\vec{a} \times \vec{b}$ è il vettore che ha modulo $ab \sin \alpha$, direzione perpendicolare al piano definito da $\vec{a}$ e $\vec{b}$, verso definito dalla regola della mano destra.

La fattorizzazione dei polinomi e la divisione tra polinomi

IL RACCOGLIMENTO A FATTOR COMUNE

la teoria è a pag. 11

> **RICORDA**
>
> - Per poter eseguire un raccoglimento totale, il *M.C.D.* fra i monomi del polinomio deve essere diverso da 1; in questo caso si applica la proprietà di raccoglimento:
>
> $$3x - 6x^2 = 3x \cdot 1 - 3x \cdot 2x = 3x\,(1 - 2x)$$
>
> fattore comune
> $3x$
>
> - Per eseguire un raccoglimento parziale, si raccoglie il *M.C.D.* fra gruppi di monomi in modo da ottenere polinomi uguali nelle parentesi e poter procedere successivamente ad un raccoglimento totale:
>
> fattore comune
> $2a$
>
> $$3by + 2ay - 2a - 3b = 3b\,(y - 1) + 2a\,(y - 1) = (y - 1)(3b + 2a)$$
>
> fattore comune $3b$ fattore comune $(y - 1)$

Comprensione

1 Le seguenti uguaglianze sono tutte vere; alcune di esse sono scomposizioni dei polinomi indicati al primo membro, altre non lo sono. Indica quali sono le scomposizioni.

a. $a^2 x^2 - 4a^2 = (ax - 2a)(ax + 2a)$

b. $9y^3 + 6y^2 + y = y(3y + 1)^2$

c. $x^2 - 4x + ax - 4a = x(x - 4) + a(x - 4)$

d. $a^4 - 8ax^3 = a(a - 2x)(a^2 + 2ax + 4x^2)$

2 Per scomporre il polinomio $2ax^2 - 3ax + a^2 x^2 - a$ mediante un raccoglimento a fattor comune totale si deve raccogliere:

a. ax **b.** $a^2 x^2$ **c.** a **d.** x

3 Dato il polinomio $2x + 2xy - a - ay + 6bx - 3ab$, indica quali fra i seguenti raccoglimenti parziali a fattor comune sono utili per un successivo raccoglimento totale:

a. $\underline{2x + 2xy} - \underline{a - ay} + \underline{6bx - 3ab} = 2x(1 + y) - a(1 + y) + 3b(2x - a)$

b. $\underline{2x + 2xy} - \underline{a - ay} + \underline{6bx - 3ab} = (2x - a) + y(2x - a) + 3b(2x - a)$

c. $2x + 2xy - a - ay + 6bx - 3ab = 2x(1 + y + 3b) - a(1 + y + 3b)$

d. $2x + 2xy - a - ay + 6bx - 3ab = 2x(1 + 3b) + y(2x - a) - a(1 + 3b)$

4 Dato il polinomio $x - y + 2ax - 2ay + bx - by$, esegui i raccoglimenti fra i termini sottolineati con lo stesso colore e indica quali di essi sono utili per scomporre il polinomio:

a. $x - y + 2ax - 2ay + bx - by = (x - y) + \dots\dots\dots\dots$

b. $x - y + 2ax - 2ay + bx - by = \dots\dots\dots\dots$

c. $x - y + 2ax - 2ay + bx - by = \dots\dots\dots\dots$

Applicazione

Scomponi i seguenti polinomi mediante raccoglimenti totali.

5 **ESERCIZIO GUIDA**

- $3ax^2y - 2x^2y^2 + 5ax^2y^2$

  Il $M.C.D.$ fra tutti i monomi che compongono il polinomio è x^2y; eseguiamo le divisioni:

  $+3ax^2y : x^2y = +3a$ $\qquad -2x^2y^2 : x^2y = -2y$ $\qquad +5ax^2y^2 : x^2y = +5ay$

  Dunque: $\quad 3ax^2y - 2x^2y^2 + 5ax^2y^2 = x^2y(3a - 2y + 5ay)$

- $2b^2x - 2ab^2x - 4bx^2$

  Il $M.C.D.$ fra tutti i monomi del polinomio è $2bx$: $\quad 2b^2x - 2ab^2x - 4bx^2 = 2bx(b - ab - 2x)$

- $3x^2 - 2y + 1$

  Poiché $M.C.D.$ fra i monomi del polinomio è 1, non si può scomporre con un raccoglimento totale.

6 **ESERCIZIO GUIDA**

- $15x^3 - 20x^7 + 5x^2 = 5x^2(\dots\dots - \dots\dots + \dots\dots)$

- $3a^2b + 3ab^2 - 6ab = 3ab(\dots\dots + \dots\dots - \dots\dots)$

- $\dfrac{1}{3}a^2x^2 - \dfrac{1}{2}a^3x + 2a^2x = a^2x(\dots\dots - \dots\dots + \dots\dots)$

7 $3ab + 9a^2$; $\qquad\qquad 9x^4 - 6x^3$ $\qquad\qquad\qquad [3a(b + 3a), 3x^3(3x - 2)]$

8 $y^4 + \dfrac{1}{2}y$; $\qquad\qquad 5a^3 + 15a^2$ $\qquad\qquad\qquad \left[y\left(y^3 + \dfrac{1}{2}\right), 5a^2(a + 3)\right]$

9 $\dfrac{1}{5}x^3y^6 - 5xy^2$; $\qquad\quad 3xy - 12y^2 + 18x^2y$ $\qquad \left[xy^2\left(\dfrac{1}{5}x^2y^4 - 5\right), 3y(x - 4y + 6x^2)\right]$

10 $4ab + 5a - 3a^2$; $\qquad\quad 8a^3x + 2a^2 - 4a^6y$ $\qquad [a(4b + 5 - 3a), 2a^2(4ax + 1 - 2a^4y)]$

11 $13a^3b^2 - 26ab^3 + 39ab$; $\qquad x^3 - ax^2 - 4a^2x$ $\qquad [13ab(a^2b - 2b^2 + 3), x(x^2 - ax - 4a^2)]$

12 $\dfrac{1}{2}x^2 - 3x + \dfrac{2}{3}a$; $\qquad\quad \dfrac{1}{3}x^3 - \dfrac{1}{2}x^6 + 3x^2$ $\qquad \left[\text{irriducibile}, x^2\left(\dfrac{1}{3}x - \dfrac{1}{2}x^4 + 3\right)\right]$

13 $5x^3 - 2x^2 + x$; $\qquad\quad 6a^3 - 12ab^3 + 24a^2b^2$ $\qquad [x(5x^2 - 2x + 1), 6a(a^2 - 2b^3 + 4ab^2)]$

14 $2z^2 - 2az - az^3;$ $\qquad 3by - 4b^2y + 5$ $\qquad [z(2z - 2a - az^2),\ \text{irriducibile}]$

15 $\dfrac{1}{2}x^2y + \dfrac{1}{4}xy^2 - \dfrac{3}{2}xy;$ $\qquad 3a^2b^4 + 27a^2b^3 - 24a^3b^2$ $\qquad \left[\dfrac{1}{2}xy\left(x + \dfrac{1}{2}y - 3\right),\ 3a^2b^2(b^2 + 9b - 8a)\right]$

16 $7abc - 21ab^2c^3 - 14ab^3c + 7a^2b^3c^2$ $\qquad [7abc(1 - 3bc^2 - 2b^2 + ab^2c)]$

17 $2xy + 2xy^2 - 4x^2y$ $\qquad [2xy(-2x + y + 1)]$

18 $3abx^3 + 6a^2bx^2 - 6a^3b^2x^2$ $\qquad [3abx^2(x - 2a^2b + 2a)]$

19 $9xz^2 + 9x^2z^2 - 6x^3z^2$ $\qquad [3xz^2(3 - 2x^2 + 3x)]$

20 $2a^2b^2 - 10a^2b^3 - 6a^3b^2$ $\qquad [2a^2b^2(1 - 3a - 5b)]$

21 $4x^3y^2z - xyz^3 + 2x^2y^3z^2$ $\qquad [-xyz(z^2 - 4x^2y - 2xy^2z)]$

22 $\dfrac{2}{3}x^2y^2 - \dfrac{4}{3}x^4y^3 - \dfrac{7}{9}x^2y^3$ $\qquad \left[\dfrac{1}{3}x^2y^2\left(2 - 4x^2y - \dfrac{7}{3}y\right)\right]$

23 $-3x^2y^4 - 6x^3y^4 + 12x^3y^5 - 18xy^6$ $\qquad [3xy^4(-x - 2x^2 + 4x^2y - 6y^2)]$

24 $8xy^2z - 12x^2y^3z + 16x^3z + 6xz^3$ $\qquad [2xz(4y^2 - 6xy^3 + 8x^2 + 3z^2)]$

25 $\dfrac{7}{3}a^2bx + \dfrac{1}{3}abx - \dfrac{5}{3}ab^2x - \dfrac{2}{3}abx^2$ $\qquad \left[\dfrac{1}{3}abx(7a + 1 - 5b - 2x)\right]$

26 **ESERCIZIO GUIDA**

- $x(2y + 3) - y(2y + 3) + (2y + 3)$

  Il fattore comune è il binomio $(2y + 3)$; eseguiamo le divisioni:

  $x(2y + 3) : (2y + 3) = x$ $\qquad -y(2y + 3) : (2y + 3) = -y$ $\qquad (2y + 3) : (2y + 3) = 1$

  Dunque: $x(2y + 3) - y(2y + 3) + (2y + 3) = (2y + 3)(x - y + 1)$

- $5x(2x + y) - x^2(2x + y) + 3x(2x + y)^2$

  Il fattore comune è $x(2x + y)$; mettiamolo in evidenza:

  $5x(2x + y) - x \cdot x(2x + y) + 3(2x + y) \cdot x(2x + y)$

  Raccogliamo a fattor comune: $x(x + 2y)\,[5 - x + 3(2x + y)]$

  Svolgendo i calcoli all'interno della parentesi quadra otteniamo: $x(2x + y)(5 + 5x + 3y)$

27 $3(a + 1) + 2x(a + 1) - 5y(a + 1)$ $\qquad [(a + 1)(3 + 2x - 5y)]$

28 $7(x^2 + y^2) + 3(x^2 + y^2) - a(x^2 + y^2)$ $\qquad [(x^2 + y^2)(10 - a)]$

29 $3x(a - b) + y(a - b) + a - b$ $\qquad [(a - b)(3x + y + 1)]$

30 $-(y - 2x) + a(y - 2x) - 2b(y - 2x)$ $\qquad [(y - 2x)(a - 2b - 1)]$

31 $15x(a - b) - 5y(a - b) + (a - b)$ $\qquad [(a - b)(15x - 5y + 1)]$

32 $a(x^2 + 2y + z^3) + 2b(x^2 + 2y + z^3) - c(x^2 + 2y + z^3)$ $\qquad [(x^2 + 2y + z^3)(a + 2b - c)]$

33 $(a + b)^3 - 2(a + b)^5$ $\qquad [(a + b)^3[1 - 2(a + b)^2]]$

34 $3a(x + y)^2 - 2b(x + y)^4 + 5(x + y)^3$ $\qquad [(x + y)^2[3a - 2b(x + y)^2 + 5(x + y)]]$

35 $(a - 2b)^2 - 2(a - 2b) + 3(a - 2b)^3$ $\qquad [(a - 2b)[a - 2b - 2 + 3(a - 2b)^2]]$

36 $5(3x-y)^3 - 3(3x-y)^2 + 4a(y-3x)$ $\qquad \left[(3x-y)\left[5(3x-y)^2 - 3(3x-y) - 4a\right]\right]$

37 $(a+b)(a-2b) - (a+b)(2a-b) + (5a-3b)(a+b)$ $\qquad [4(a+b)(a-b)]$

38 $-3a(a+5b)^2 + 4b(a+5b)(a-b) + 3a(a+5b)(a+b)$ $\qquad [-4b(2a+b)(a+5b)]$

39 $42x^2y^3(a-1) - 2ax^3y^2(a-1) + 12xy(a-1)$ $\qquad \left[2xy(a-1)\left(21xy^2 - ax^2y + 6\right)\right]$

40 $(x-y)^2(x+y) - (x-y)(x+y)^2 + (x-y)^2(x+y)$ $\qquad [(x+y)(x-y)(x-3y)]$

41 $2a(3x-y) - 3a^2(3x-y)^2 + 6a(y-3x)$ $\qquad [a(y-3x)(9ax-3ay+4)]$

42 $5xy(a-2b) + 15xy(2b-a)^2 - 20xy^2(a-2b)$ $\qquad [5xy(2b-a)(6b-3a+4y-1)]$

Scomponi i seguenti polinomi in fattori mediante raccoglimenti parziali e totali.

43 ██ **ESERCIZIO GUIDA** ██

$$\underbrace{2x-2}_{2} \; \underbrace{-\,ax+a}_{-a} = 2(x-1) - a(x-1) = (x-1)(2-a)$$

44 ██ **ESERCIZIO GUIDA** ██

- $\underbrace{x^3y^2 - x^2y^3}_{x^2y^2} \; \underbrace{-\,5x+5y}_{-5} = x^2y^2(\ldots\ldots) - 5(\ldots\ldots) = \ldots\ldots\ldots$

- $\overset{3a}{\overbrace{6a^2 - 4ab}} + \underbrace{3a-2b}_{-2b} = 3a(\ldots\ldots) - 2b(\ldots\ldots) = \ldots\ldots$

- $\underbrace{x^2 - 4xy}_{x} + \underbrace{2x-8y}_{2} = x(\ldots\ldots) + 2(\ldots\ldots) = \ldots\ldots$

45 $3a - b + 3az - bz$ $\qquad [(z+1)(3a-b)]$

46 $3x^2 - x + 3x^3 - 1$ $\qquad [(x+1)(3x^2-1)]$

47 $by - 3ay - 2ab + 6a^2$ $\qquad [(y-2a)(b-3a)]$

48 $6ax - 4bx - 9az + 6bz$ $\qquad [(3a-2b)(2x-3z)]$

49 $3ax^2 + 2bx^2 - 3az^2 - 2bz^2$ $\qquad [(x^2-z^2)(3a+2b)]$

50 $x + \dfrac{3}{2}xy - 1 - \dfrac{3}{2}y$ $\qquad \left[(x-1)\left(1+\dfrac{3}{2}y\right)\right]$

51 $\dfrac{1}{4}ax + 3by - \dfrac{1}{4}ay - 3bx$ $\qquad \left[\left(\dfrac{1}{4}a-3b\right)(x-y)\right]$

52 $3 - 4x^3 + 2x - 6x^2$ $\qquad [(2x+3)(1-2x^2)]$

53 $abx^2 + acx - b^2x - bc$ $\qquad [(ax-b)(bx+c)]$

54 $6ax - 3ay - 2x^2 + xy$ $\qquad [(2x-y)(3a-x)]$

55 $14x^3 - 7x^2y - 6xy + 3y^2$ $\qquad [(7x^2-3y)(2x-y)]$

56 $2ax + 2az - bx - by + 2ay - bz$ $\quad\quad\quad [(2a-b)(x+y+z)]$

57 $x^2 - xy + xz - xy^2z^2 + y^3z^2 - y^2z^3$ $\quad\quad\quad [(x-y^2z^2)(x-y+z)]$

58 $\dfrac{1}{3}a - \dfrac{1}{3}x + ab - bx - \dfrac{1}{2}ac + \dfrac{1}{2}cx$ $\quad\quad\quad \left[(a-x)\left(\dfrac{1}{3}+b-\dfrac{1}{2}c\right)\right]$

59 $2ax - ay - a^2 - 4bx + 2by + 2ab$ $\quad\quad\quad [(a-2b)(2x-y-a)]$

60 $\dfrac{2}{3}ax + by - \dfrac{1}{3}ay - \dfrac{1}{3}az + bz - 2bx$ $\quad\quad\quad \left[\left(\dfrac{1}{3}a-b\right)(2x-y-z)\right]$

61 $2a - 2b - \dfrac{1}{2}ay + \dfrac{1}{2}by + (b-a)^2$ $\quad\quad\quad \left[(a-b)\left(2-\dfrac{1}{2}y+a-b\right)\right]$

62 $5\left(\dfrac{1}{2}x - y\right)^2 - 5y + \dfrac{5}{2}x$ $\quad\quad\quad \left[5\left(\dfrac{1}{2}x-y\right)\left(\dfrac{1}{2}x-y+1\right)\right]$

63 $-5a(x-y)^2 + 3(x-y)^3 - 3ax + 3ay$ $\quad\quad\quad [(x-y)[3(x-y)^2-5a(x-y)-3a]]$

64 $3ay^2 + 3xy^2 - 3a^2y^2 - 3axy^2$ $\quad\quad\quad [3y^2(a+x)(1-a)]$

65 $7a^2 + 7ab - 4a(a+b)^2 - 3a(a+b)$ $\quad\quad\quad [4a(a+b)(1-a-b)]$

66 $\dfrac{1}{3}x^2 - \dfrac{1}{3}xy + \dfrac{2}{9}(x-y)^2 - \dfrac{5}{9}x^2 + \dfrac{5}{9}xy$ $\quad\quad\quad \left[-\dfrac{2}{9}y(x-y)\right]$

67 $x^3 + 4x^2y + 3xy(x+4y) + xy^2 + 4y^3$ $\quad\quad\quad [(x+4y)(3xy+x^2+y^2)]$

68 $2ab^2 - 2b^3 - 4b(a-b)^2 + (a-b)^3$ $\quad\quad\quad [(a-b)(a^2-6ab+7b^2)]$

69 $4ab(x-3y) - 2a^2b(3y-x) + 2ab^2x - 6ab^2y$ $\quad\quad\quad [2ab(x-3y)(2+a+b)]$

70 $2xy(2b-x)^3 + 4xy(x-2b)^2 - x^2y^2(2b-x)^2$ $\quad\quad\quad \left[xy(x-2b)^2(4b-2x-xy+4)\right]$

CORREGGI GLI ERRORI

71 $2ax - 3bx + x = x(2a - 3b)$

72 $3x^2 - ax + x + 3bx - ab = x(3x - a + 1) - b(3x - a) = (x-b)(3x-a)$

73 $by - 2b + y - 2 = b(y-2) + (y-2) = (y-2) \cdot b$

74 $x - 1 + ax - a - 2bx + 2b = x - 1 + a(x-1) - 2b(x-1) = (x-1)(a-2b)$

75 $a^5 + a^2 + b^5 - b^2 = a^2(a^3 + 1) - b^2(b^3 + 1) = (b^3+1)(a^3+1)(a^2-b^2)$

IL RICONOSCIMENTO DI PRODOTTI NOTEVOLI

la teoria è a pag. 15

RICORDA

Per la scomposizione di un polinomio è importante saper riconoscere prodotti notevoli; in particolare:

- $a^2 \pm 2ab + b^2 = (a \pm b)^2$ ricorda poi che $(a-b)^2 = (b-a)^2$
- $a^2 + b^2 + c^2 + 2ab + 2ac + 2bc = (a+b+c)^2$
- $a^2 - b^2 = (a-b)(a+b)$
- $a^3 \pm 3a^2b + 3ab^2 \pm b^3 = (a \pm b)^3$ ricorda poi che $(a-b)^3 = -(b-a)^3$

Comprensione

76 Indica quali fra i seguenti polinomi rappresentano dei quadrati di binomi o trinomi:

a. $y^4 - y^2 + \dfrac{1}{4}$

b. $4x^2 - 8xy + 16y^2$

c. $4b^4 + a^4 - 4a^2b^2$

d. $\dfrac{1}{4}b^2 + \dfrac{1}{9}a^4 - \dfrac{1}{3}a^2b$

e. $4ab - ac - 2bc + a^2 + 4b^2 - \dfrac{1}{4}c^2$

f. $30a - 20b - 12ab + 9a^2 + 4b^2 + 25$

g. $16y - 2x - 2xy + \dfrac{1}{4}x^2 + 4y^2 + 16$

77 Solo una fra le seguenti è la scomposizione corretta del polinomio $9x^2 - 25y^2$; individuala:

a. $(9x - 5y)(9x + 5y)$ **b.** $(3x - 5y)^2$ **c.** $(3x - 5y)(3x + 5y)$ **d.** $(3x + 5y)^2$

78 Associa ai polinomi A, B, C la propria scomposizione scegliendola fra quelle indicate:

$A.\ 4ax^2 + 4ax + a$ $B.\ 8x^3 + \dfrac{1}{8}y^3 + \dfrac{3}{2}xy^2 + 6x^2y$ $C.\ x^4 + xy^3 + 3x^3y + 3x^2y^2$

① $x(x + y)^3$ ② $\left(-2x - \dfrac{1}{2}y\right)^3$ ③ $4a(x + 1)^2$ ④ $4ax(x + 1) + a$

⑤ $a(2x + 1)^2$ ⑥ $x(x^3 + y^3) + 3x^2y(x^2 + y^2)$ ⑦ $\left(2x + \dfrac{1}{2}y\right)^3$ ⑧ $x^4 + xy(y^2 + 3x^2 + 3xy)$

Applicazione

Riscrivi in forma di quadrato di un binomio.

79 **ESERCIZIO GUIDA**

- $4a^2 - 12ab + 9b^2 = (2a)^2 + (3b)^2 - 2 \cdot 2a \cdot 3b = (2a - 3b)^2$ oppure anche $(3b - 2a)^2$

- $y^4 + 10y^2 + 25 = (y^2)^2 + 5^2 + 2 \cdot 5 \cdot y^2 = \dots\dots\dots\dots$

- $81a^2 - 9ab + \dfrac{1}{4}b^2 = (9a)^2 + \left(\dfrac{1}{2}b\right)^2 - 2 \cdot 9a \cdot \dfrac{1}{2}b = \dots\dots\dots$

80 $9a^2 - 6a + 1;$ $4xy + x^2 + 4y^2;$ $25a^2 - 10ab + b^2$ $\left[(3a - 1)^2;\ (x + 2y)^2;\ (5a - b)^2\right]$

81 $9y^2 - 12y + 4;$ $y^2 + x^4 - 2x^2y;$ $b^2 + a^4 - 2a^2b$ $\left[(2 - 3y)^2;\ (x^2 - y)^2;\ (a^2 - b)^2\right]$

82 $4b^2 + a^6 - 4a^3b;$ $24xy + 9x^2 + 16y^2;$ $4a^2 - 4ab + b^2$ $\left[(a^3 - 2b)^2;\ (3x + 4y)^2;\ (2a - b)^2\right]$

83 $b^2 + 9a^4 - 6a^2b;$ $4a^4 + 25b^4 - 20a^2b^2;$ $9y^4 + 4x^6 + 12x^3y^2$

$$\left[(3a^2 - b)^2;\ (2a^2 - 5b^2)^2;\ (2x^3 + 3y^2)^2\right]$$

84 $0,25a^2 + ab + b^2;$ $0,36x^2 - 1,2xy^2 + y^4;$ $x^4 - x^2y + 0,25y^2$

$$\left[(0,5a + b)^2;\ (0,6x - y^2)^2;\ (x^2 - 0,5y)^2\right]$$

85 $\dfrac{4}{25}x^2 - \dfrac{4}{15}xy + \dfrac{1}{9}y^2;$ $\dfrac{1}{4}a^2 - ax + x^2;$ $\dfrac{4}{3}ab + a^2 + \dfrac{4}{9}b^2$

$$\left[\left(\dfrac{2}{5}x - \dfrac{1}{3}y\right)^2;\ \left(x - \dfrac{1}{2}a\right)^2;\ \left(\dfrac{2}{3}b + a\right)^2\right]$$

Scomponi in fattori.

86 **ESERCIZIO GUIDA**

$3x^3 - 12x^2y + 12xy^2$

Raccogliamo $3x$ a fattor comune totale: $3x(x^2 - 4xy + 4y^2)$

Il polinomio nella parentesi tonda è un quadrato: $3x(x - 2y)^2$

87 **ESERCIZIO GUIDA**

- $18ax^2 + 32a - 48ax = 2a(............................) = ...$

- $a^3b + 2a^2b + ab = ab(............................) = ...$

88 $2ax^2 + 8ay^2 + 8axy$; $\qquad 5a^2xy - 20abxy + 20b^2xy$ $\qquad \left[2a(x + 2y)^2; \; 5xy(a - 2b)^2\right]$

89 $7a^2 + 28a + 28$; $\qquad 20a^3 + 45ab^2 - 60a^2b$ $\qquad \left[7(a + 2)^2; \; 5a(2a - 3b)^2\right]$

90 $-5x^2 - 20y^2 + 20xy$; $\qquad 14mn^2 - 7n^4 - 7m^2$ $\qquad \left[-5(x - 2y)^2; \; -7(m - n^2)^2\right]$

91 $-2a^5b + 4a^3b^4 - 2ab^7$; $\qquad 2x^6 - 8x^4y + 8x^2y^2$ $\qquad \left[-2ab(a^2 - b^3)^2; \; 2x^2(x^2 - 2y)^2\right]$

92 $8x - 24abx + 18a^2b^2x$; $\qquad 20x^3 - 20x^2y + 5xy^2$ $\qquad \left[2x(3ab - 2)^2; \; 5x(2x - y)^2\right]$

93 $9a^2x^2y^2 + 4b^2x^2y^2 - 12abx^2y^2$; $\qquad -12a^7 - 3a + 12a^4$ $\qquad \left[x^2y^2(3a - 2b)^2; \; -3a(2a^3 - 1)^2\right]$

Riconosci nei seguenti polinomi il quadrato di un trinomio e indicalo.

94 **ESERCIZIO GUIDA**

$a^2 + 4b^2 + 1 + 4ab - 2a - 4b$
$\quad \downarrow \quad \downarrow \quad \downarrow$
$(a)^2 \; (2b)^2 \; (1)^2$

Inoltre poiché $\quad 2 \cdot a \cdot 2b = 4ab \qquad 2 \cdot a \cdot 1 = 2a \qquad 2 \cdot 2b \cdot 1 = 4b$

si ha che $\qquad a^2 + 4b^2 + 1 + 4ab - 2a - 4b = (a + 2b - 1)^2$

95 $x^2 + y^2 + 1 + 2x - 2y - 2xy$ $\qquad \left[(x - y + 1)^2\right]$

96 $x^2 + 4y^2 + 4 + 4xy - 8y - 4x$ $\qquad \left[(x + 2y - 2)^2\right]$

97 $2a - 4b - 4ab + a^2 + 4b^2 + 1$ $\qquad \left[(a - 2b + 1)^2\right]$

98 $9x^2 + y^2 + 9 + 6xy - 6y - 18x$ $\qquad \left[(3x + y - 3)^2\right]$

99 $a^2 + b^2 + c^2 + 2ab - 2ac - 2bc$ $\qquad \left[(a + b - c)^2\right]$

100 $x^2 + 4y^2 + 1 + 4xy - 2x - 4y$ $\qquad \left[(x + 2y - 1)^2\right]$

101 $x^2 + y^2 + 9 - 2xy - 6x + 6y$ $\qquad \left[(x - y - 3)^2\right]$

102 $a^2 + 4b^2 - 4ab + 10a - 20b + 25$ $\qquad \left[(a - 2b + 5)^2\right]$

103 $4x^2 + 16y^2 + z^2 + 16xy - 4xz - 8yz$ $\qquad\left[(2x + 4y - z)^2\right]$

104 $24xz - 12xy - 16yz + 9x^2 + 4y^2 + 16z^2$ $\qquad\left[(3x - 2y + 4z)^2\right]$

105 $-6abc + a^2 - 12abc^3 + 4a^2c^2 + 9b^2c^2 + 4a^2c^4$ $\qquad\left[(3bc - a - 2ac^2)^2\right]$

106 $\dfrac{1}{4}ac - ab - \dfrac{1}{2}bc + \dfrac{1}{4}a^2 + b^2 + \dfrac{1}{16}c^2$ $\qquad\left[\left(\dfrac{1}{2}a - b + \dfrac{1}{4}c\right)^2\right]$

107 $\dfrac{5}{3}yz - \dfrac{4}{3}xz - 10xy + 4x^2 + \dfrac{25}{4}y^2 + \dfrac{1}{9}z^2$ $\qquad\left[\left(2x - \dfrac{5}{2}y - \dfrac{1}{3}z\right)^2\right]$

108 $\dfrac{1}{4}x^2 + y^4 + \dfrac{1}{9}y^2 - xy^2 + \dfrac{1}{3}xy - \dfrac{2}{3}y^3$ $\qquad\left[\left(\dfrac{1}{2}x - y^2 + \dfrac{1}{3}y\right)^2\right]$

109 ⬤ **ESERCIZIO GUIDA**

> $3x - 6xy + 12x^2 + 12x^3 + 3xy^2 - 12x^2y$
>
> Raccogli dapprima $3x$ a fattor comune: $3x(1 - 2y + 4x + 4x^2 + y^2 - 4xy) = 3x(\dots\dots\dots)^2$

110 $2x^3 - 24abx - 8ax^2 + 8a^2x + 12bx^2 + 18b^2x$ $\qquad\left[2x(2a - 3b - x)^2\right]$

111 $a - 8ax + 20ax^2 - 16ax^3 + 4ax^4$ $\qquad\left[a(2x^2 - 4x + 1)^2\right]$

112 $x^6y^2 - x^5y^3 - \dfrac{1}{2}x^4y^4 + \dfrac{1}{4}x^3y^5 + \dfrac{1}{4}x^4y^4 + \dfrac{1}{16}x^2y^6$ $\qquad\left[x^2y^2\left(x^2 - \dfrac{1}{2}xy - \dfrac{1}{4}y^2\right)^2\right]$

Scomponi in fattori le seguenti differenze di quadrati.

113 ⬤ **ESERCIZIO GUIDA**

> $x^4 - y^2 = (x^2 - y)(x^2 + y)$
> $\quad\downarrow\qquad\downarrow$
> $(x^2)^2\ (y)^2$

114 ⬤ **ESERCIZIO GUIDA**

> • $a^2 - \dfrac{1}{4} = (a - \dots)(a + \dots)$ $\qquad\qquad$ • $y^2 - 81 = \dots\dots$
> $\quad\downarrow\qquad\downarrow$ $\qquad\qquad\qquad\qquad\qquad\quad\downarrow\qquad\downarrow$
> $\quad(a)^2\ \left(\dfrac{1}{2}\right)^2$ $\qquad\qquad\qquad\qquad\qquad(y)^2\ (9)^2$
>
> • $\dfrac{1}{4}x^4 - 9 = \left(\dfrac{1}{2}x^2 - 3\right)(\dots\dots\dots)$ $\qquad$ • $x^2 - 49 = (x - \dots)(x + \dots)$
>
> • $16x^4 - 81y^4 = (4x^2 - 9y^2)(4x^2 + 9y^2)$
> $\qquad\qquad\quad\uparrow\qquad\uparrow\qquad\quad\uparrow$
> $\qquad\qquad(2x)^2\ (3y)^2 \qquad$ non è ulteriormente scomponibile
> $\qquad\quad = (2x - 3y)(2x + 3y)(4x^2 + 9y^2)$

115 $a^2 - x^2;$ $\qquad\qquad 9 - y^2;$ $\qquad\qquad 25a^2 - b^2$ $\qquad\left[(a - x)(a + x); (3 - y)(3 + y); (5a - b)(5a + b)\right]$

116 $16 - x^2 y^2$; $\qquad x^6 - z^4$; $\qquad 1 - y^4$ $\qquad [(4 - xy)(4 + xy); (x^3 - z^2)(x^3 + z^2); (1 - y)(1 + y)(1 + y^2)]$

117 $a^4 b^2 - \dfrac{1}{16}$; $\qquad \dfrac{1}{9} x^2 - \dfrac{4}{25} y^6$; $\qquad 25 a^2 b^2 - x^4$

$$\left[\left(a^2 b - \frac{1}{4} \right) \left(a^2 b + \frac{1}{4} \right); \left(\frac{1}{3} x - \frac{2}{5} y^3 \right) \left(\frac{1}{3} x + \frac{2}{5} y^3 \right); (5ab - x^2)(5ab + x^2) \right]$$

118 $b^2 - 49$; $\qquad 16x^6 - 25y^4$; $\qquad a^{10} - b^2$ $\qquad [(b - 7)(b + 7); (4x^3 - 5y^2)(4x^3 + 5y^2); (a^5 - b)(a^5 + b)]$

119 $\dfrac{1}{25} a^4 b^2 - 4$; $\qquad \dfrac{1}{4} x^4 - \dfrac{4}{81} y^2$; $\qquad 1 - \dfrac{1}{4} x^8$

$$\left[\left(\frac{1}{5} a^2 b - 2 \right) \left(\frac{1}{5} a^2 b + 2 \right); \left(\frac{1}{2} x^2 - \frac{2}{9} y \right) \left(\frac{1}{2} x^2 + \frac{2}{9} y \right); \left(1 - \frac{1}{2} x^4 \right) \left(1 + \frac{1}{2} x^4 \right) \right]$$

120 $81 a^4 - 16 c^4$; $\qquad x^6 - 4y^6$; $\qquad a^4 b^4 - 16$

$$[(3a - 2c)(3a + 2c)(9a^2 + 4c^2); (x^3 - 2y^3)(x^3 + 2y^3); (ab - 2)(ab + 2)(a^2 b^2 + 4)]$$

121 **ESERCIZIO GUIDA**

- $b^3 - 9b$

  raccogliamo b a fattor comune: $\quad b(b^2 - 9)$

  $\qquad\qquad\qquad\qquad\qquad\qquad\quad b(b - 3)(b + 3)$

- $100 a^2 x^2 - 25 a^2$

  raccogliamo $25 a^2$: $\quad 25 a^2 (\dots\dots\dots)$

  scomponiamo: $\qquad 25 a^2 (\dots\dots - \dots\dots)(\dots\dots + \dots\dots)$

122 $125 x^6 - 5 x^2 y^4$; $\qquad 27 a^6 - 75 a^2$ $\qquad [5x^2(5x^2 + y^2)(5x^2 - y^2); 3a^2(3a^2 + 5)(3a^2 - 5)]$

123 $0{,}04 b^3 - 0{,}01 a^2 b$; $\qquad 6 ax^2 - 24 a$ $\qquad [b(0{,}2b - 0{,}1a)(0{,}2b + 0{,}1a); 6a(x - 2)(x + 2)]$

124 $4 ax^3 - 9 ax$; $\qquad 1{,}44 a^2 x^2 - a^2 b^2$ $\qquad [ax(2x - 3)(2x + 3); a^2(1{,}2x - b)(1{,}2x + b)]$

125 $\dfrac{1}{2} b^3 - 2b$; $\qquad \dfrac{3}{4} x^3 - \dfrac{1}{12} xy^2$ $\qquad \left[\dfrac{1}{2} b(b - 2)(b + 2); \dfrac{3}{4} x \left(x + \dfrac{1}{3} y \right) \left(x - \dfrac{1}{3} y \right) \right]$

126 $x^3 - 4x$; $\qquad 2 a^2 y - 18 y$ $\qquad [x(x - 2)(x + 2); 2y(a - 3)(a + 3)]$

127 $12 a^3 - 3 ab^2$; $\qquad 9 x^3 y^2 - x$ $\qquad [3a(2a - b)(2a + b); x(3xy - 1)(3xy + 1)]$

128 **ESERCIZIO GUIDA**

$$(a - 2x)^2 - x^2 = [(a - 2x) - x][(a - 2x) + x] = (a - 3x)(a - x)$$

129 $(a + 3b)^2 - 1$; $\qquad (x + y)^2 - a^2$ $\qquad [(a + 3b - 1)(a + 3b + 1); (x + y - a)(x + y + a)]$

130 $x^2 - (1 + y)^2$; $\qquad 9 a^2 - (a - b)^2$ $\qquad [(x - 1 - y)(x + 1 + y); (2a + b)(4a - b)]$

131 $1 - (2a - b)^2$; $\qquad (x - 3y)^2 - 9y^2$ $\qquad [(1 - 2a + b)(1 + 2a - b); x(x - 6y)]$

132 $\left(\dfrac{1}{2} x + 2y \right)^2 - 9$; $\qquad (2 + b)^2 - a^2$ $\qquad \left[\left(\dfrac{1}{2} x + 2y - 3 \right) \left(\dfrac{1}{2} x + 2y + 3 \right); (2 + b - a)(2 + b + a) \right]$

133 $4 a^2 - (2a - 3b)^2$; $\qquad (x + y)^2 - (2x - y)^2$ $\qquad [3b(4a - 3b); 3x(2y - x)]$

134 $(a + 3b)^2 - (2a + b)^2$; $\qquad (2x + y)^2 - (y - 3x)^2$ $\qquad [(2b - a)(3a + 4b); 5x(2y - x)]$

135 $81a^4 - b^4$; $\qquad$ $x^5y - xy^5$ $\qquad$ $[(3a - b)(3a + b)(9a^2 + b^2); \; xy(x - y)(x + y)(x^2 + y^2)]$

136 $(x + y)^2 - 4$; $\qquad$ $4x^2 - (3x - y)^2$ $\qquad$ $[(x + y - 2)(x + y + 2); \; (5x - y)(y - x)]$

137 $(2a + 3b)^2 - 9x^2$; $\qquad$ $1 - (x + 2a)^2$ $\qquad$ $[(2a + 3b - 3x)(2a + 3b + 3x); \; (1 - x - 2a)(2a + x + 1)]$

138 $9 - (x + 3y)^2$; $\qquad$ $(x + 1)^2 - (y + 2)^2$ $\qquad$ $[(3 - 3y - x)(x + 3y + 3); \; (x + y + 3)(x - y - 1)]$

Dopo averli ridotti a differenze di due quadrati, scomponi in fattori i seguenti polinomi.

139 **ESERCIZIO GUIDA**

$$a^2 + 4a + 4 - 16x^2 = (a^2 + 4a + 4) - 16x^2 = (a + 2)^2 - (4x)^2 = (a + 2 - 4x)(a + 2 + 4x)$$

140 **ESERCIZIO GUIDA**

- $x^2 - x^4 - 25 + 10x^2 = x^2 - (x^4 + 25 - 10x^2) = \dots\dots\dots\dots\dots\dots\dots$

- $9 - a^2 + ab - \dfrac{1}{4}b^2 = 9 - \left(a^2 - ab + \dfrac{1}{4}b^2\right) = \dots\dots\dots\dots\dots\dots\dots$

141 $x^2 + 4x + 4 - 9y^2$; $\qquad$ $a^4 + 9 - 6a^2 - 25b^2$ $\qquad$ $[(x + 2 + 3y)(x + 2 - 3y); \; (a^2 - 3 + 5b)(a^2 - 3 - 5b)]$

142 $4a^2 + 9 - 16b^2 - 12a$; $\qquad$ $9x^2 + 12xy + 4y^2 - 1$ $\quad$ $[(2a - 3 + 4b)(2a - 3 - 4b); \; (3x + 2y - 1)(3x + 2y + 1)]$

143 $b^2 + 49 - 14b - 9a^2$ $\qquad\qquad\qquad\qquad\qquad\qquad\qquad$ $[(b - 7 - 3a)(b - 7 + 3a)]$

144 $\dfrac{4}{9}a^2 + 1 - \dfrac{4}{3}a - 25b^2$ $\qquad\qquad\qquad\qquad\qquad$ $\left[\left(1 - \dfrac{2}{3}a - 5b\right)\left(1 - \dfrac{2}{3}a + 5b\right)\right]$

145 $1 - 4x^2 - \dfrac{1}{4}y^2 + 2xy$ $\qquad\qquad\qquad\qquad\qquad$ $\left[\left(1 - 2x + \dfrac{1}{2}y\right)\left(1 + 2x - \dfrac{1}{2}y\right)\right]$

146 $16b^2 - a - 1 - \dfrac{1}{4}a^2$ $\qquad\qquad\qquad\qquad\qquad$ $\left[\left(4b - 1 - \dfrac{1}{2}a\right)\left(4b + 1 + \dfrac{1}{2}a\right)\right]$

147 $36y^2 - 14x - 49 - x^2$ $\qquad\qquad\qquad\qquad\qquad\quad$ $[(6y - x - 7)(6y + x + 7)]$

148 $25x^6 - 40x^3y + 16y^2 - 9$ $\qquad\qquad\qquad\qquad\qquad$ $[(5x^3 - 4y + 3)(5x^3 - 4y - 3)]$

149 $25a^2b^2 - 10ab + 1 - b^2$ $\qquad\qquad\qquad\qquad\qquad$ $[(5ab - 1 - b)(5ab - 1 + b)]$

150 $x^2 - y^2 - 2yz - z^2$ $\qquad\qquad\qquad\qquad\qquad\qquad$ $[(x - y - z)(x + y + z)]$

151 $81x^4 - a^2 - 2ab - b^2$ $\qquad\qquad\qquad\qquad\qquad\quad$ $[(9x^2 - a - b)(9x^2 + a + b)]$

152 $49x^2y^4 - 9a^2 + 6ab - b^2$ $\qquad\qquad\qquad\qquad\qquad$ $[(7xy^2 - 3a + b)(7xy^2 + 3a - b)]$

153 $4a^2 - 6a + \dfrac{9}{4} - a^2b^2$ $\qquad\qquad\qquad\qquad\qquad$ $\left[\left(2a - \dfrac{3}{2} - ab\right)\left(2a - \dfrac{3}{2} + ab\right)\right]$

154 $\dfrac{1}{9}x^2 - 4y^2 + 2y - \dfrac{1}{4}$ $\qquad\qquad\qquad\qquad\qquad$ $\left[\left(\dfrac{1}{3}x - 2y + \dfrac{1}{2}\right)\left(\dfrac{1}{3}x + 2y - \dfrac{1}{2}\right)\right]$

155 $9a^2 - b^2 - \dfrac{1}{9}c^2 + \dfrac{2}{3}bc$ $\qquad\qquad\qquad\qquad\qquad$ $\left[\left(3a - b + \dfrac{1}{3}c\right)\left(3a + b - \dfrac{1}{3}c\right)\right]$

Riconosci nei seguenti polinomi i cubi di un binomio e indicali.

156 **ESERCIZIO GUIDA**

$$x^3 + 6x^2 + 12x + 8$$

$$\downarrow \qquad\qquad \downarrow$$

$$(x)^3 \qquad\qquad (2)^3 \qquad\qquad \text{Inoltre} \quad 3 \cdot (x)^2 \cdot 2 = 6x^2 \qquad 3 \cdot x \cdot (2)^2 = 12x$$

$$\text{quindi} \quad x^3 + 6x^2 + 12x + 8 = (x+2)^3$$

157 $a^3 - 3a^2 + 3a - 1;$ $\qquad\qquad 8x^3 - 12x^2 + 6x - 1$ $\qquad\qquad [(a-1)^3; \ (2x-1)^3]$

158 $y^3 + 8a^3 + 6ay^2 + 12a^2y;$ $\qquad\qquad 8x^3 - 36x^2 + 54x - 27$ $\qquad\qquad [(y+2a)^3; \ (2x-3)^3]$

159 $a^3 + 6a^2b^2 + 8b^6 + 12ab^4;$ $\qquad\qquad \dfrac{1}{27}t^3 + t - 1 - \dfrac{1}{3}t^2$ $\qquad\qquad \left[(a+2b^2)^3; \ \left(\dfrac{1}{3}t - 1\right)^3\right]$

160 $-x^3 - \dfrac{1}{8} - \dfrac{3}{2}x^2 - \dfrac{3}{4}x;$ $\qquad -8a^6 + 27b^3 - 54a^2b^2 + 36a^4b$ $\qquad \left[\left(-x - \dfrac{1}{2}\right)^3; \ (3b - 2a^2)^3\right]$

161 $0{,}001x^9 - y^3 - 0{,}03x^6y + 0{,}3x^3y^2;$ $\qquad \dfrac{1}{8}a^3 - 27b^3 - \dfrac{9}{4}a^2b + \dfrac{27}{2}ab^2$ $\qquad \left[(0{,}1x^3 - y)^3; \ \left(\dfrac{1}{2}a - 3b\right)^3\right]$

162 $\dfrac{1}{27}a^3 + b^3 + \dfrac{1}{3}a^2b + ab^2;$ $\qquad\qquad 8x^3 - 6x^2y + \dfrac{3}{2}xy^2 - \dfrac{1}{8}y^3$ $\qquad \left[\left(\dfrac{1}{3}a + b\right)^3; \ \left(2x - \dfrac{1}{2}y\right)^3\right]$

163 $\dfrac{8}{27}y^3 - 27x^3 - 4xy^2 + 18x^2y;$ $\qquad\qquad \dfrac{3}{4}a^2b^2 + \dfrac{3}{2}ab^4 + \dfrac{1}{8}a^3 + b^6$ $\qquad \left[\left(\dfrac{2}{3}y - 3x\right)^3; \ \left(\dfrac{1}{2}a + b^2\right)^3\right]$

CORREGGI GLI ERRORI

164 $3ab + a^2 + 9b^2 = (a + 3b)^2$ $\qquad\qquad$ **165** $4x^2 - 20ax - 25a^2 = (2x - 5a)^2$

166 $9x^2 + 16y^2 = (3x + 4y)(3x - 4y)$ $\qquad\qquad$ **167** $25a^2 - 64 = (5a - 8)^2$

168 $x^3 + 3x^2y + 3xy^2 + 9y^3 = (x + 3y)^3$ $\qquad\qquad$ **169** $x^2 - (a + b)^2 = (x + a + b)(x - a + b)$

170 $3x^2 + 12 = 3(x^2 + 4) = 3(x + 2)^2$ $\qquad\qquad$ **171** $b^2 + 4a^2 - 2ab = (b - 2a)^2$

172 $5x^2 + 10xy - 5y^2 = 5(x - y)^2$ $\qquad\qquad$ **173** $x^3 + 3x^2y - 3xy^2 - y^3 = (x - y)^3$

IL TRINOMIO CARATTERISTICO

la teoria è a pag. 17

RICORDA

- Trinomio caratteristico è un trinomio che si può scrivere nella forma $x^2 + sx + p$ dove s rappresenta la somma di due numeri e p il loro prodotto.

  Trovati dunque due numeri a e b tali che $a + b = s$ e $ab = p$ il trinomio $x^2 + sx + p$ si scompone nel prodotto $(x + a)(x + b)$;

$$x^2 - 5x + 6 = (x - 2)(x - 3)$$

$$-5 = -2 - 3 \qquad\quad 6 = (-2)(-3)$$

Comprensione

174 Completa:
- **a.** due numeri che hanno come prodotto -14 e come somma -5 sono ....
- **b.** due numeri che hanno come prodotto $+3$ e come somma -4 sono ....
- **c.** due numeri che hanno come prodotto -8 e come somma $+2$ sono ....

175 Il polinomio $x^2 - 4x - 21$ si scompone mediante la regola del trinomio caratteristico in:
- **a.** $(x + 3)(x - 7)$
- **b.** $(x + 7)(x - 3)$
- **c.** $(x - 7)(x - 3)$
- **d.** non si può scomporre con questa regola

176 Associa a ciascuno dei seguenti trinomi la corrispondente scomposizione in fattori:
- **a.** $x^2 + 3x - 4$
- **b.** $x^2 - 2x - 24$
- **c.** $x^2 - 3x - 4$
- **d.** $x^2 + 3x - 18$

- ① $(x + 1)(x - 4)$
- ② $(x - 3)(x + 6)$
- ③ $(x - 1)(x + 4)$
- ④ $(x + 4)(x - 6)$

Applicazione

Trinomi del tipo $x^2 + sx + p$

Scomponi in fattori i seguenti trinomi caratteristici.

177 **ESERCIZIO GUIDA**

$x^2 + x - 12$

Il prodotto deve essere -12 e la somma $+1$; analizziamo in quanti modi si ottiene -12 valutando contemporaneamente anche la somma:

$-12 \rightarrow -12 \cdot 1$ oppure $12 \cdot (-1)$ ma la somma non è $+1$

$-12 \rightarrow -3 \cdot 4$ oppure $3 \cdot (-4)$ la somma è $+1$ se i due numeri sono -3 e 4

Si ha quindi che: $x^2 + x - 12 = (x - 3)(x + 4)$

178 **ESERCIZIO GUIDA**

- $x^2 + 5x - 6$ il prodotto deve essere -6 e la somma $+5$: $(x + 6)(x - ...)$
- $y^2 - 9y + 8$ il prodotto deve essere $+8$ e la somma -9 : $(y - 1)(y - ...)$
- $b^2 + 4b - 5$ il prodotto deve essere -5 e la somma $+4$: $(b - 1)(b + ...)$

179 $a^2 + 3a + 2$; $t^2 - t - 2$; $x^2 - 2x - 35$ $[(a + 2)(a + 1); (t + 1)(t - 2); (x + 5)(x - 7)]$

180 $a^2 + 9a + 8$; $a^2 + 7a + 12$; $x^2 - 15x + 36$ $[(a + 8)(a + 1); (a + 4)(a + 3); (x - 3)(x - 12)]$

181 $b^2 - 7b + 10$; $y^2 + 6y - 16$; $a^2 + 4a - 32$ $[(b - 2)(b - 5); (y + 8)(y - 2); (a + 8)(a - 4)]$

182 $a^2 - 5a + 6$; $x^2 - 7x + 12$; $a^2 - 13a + 42$ $[(a - 2)(a - 3); (x - 3)(x - 4); (a - 6)(a - 7)]$

183 $x^2 - 11x + 10$; $a^2 - 7a - 8$; $y^2 - 11y - 12$ $[(x - 1)(x - 10); (a + 1)(a - 8); (y + 1)(y - 12)]$

184 $y^2 - 9y - 36$; $a^2 + 7a - 8$; $y^2 - y - 20$ $[(y + 3)(y - 12); (a + 8)(a - 1); (y + 4)(y - 5)]$

185 $t^2 + 7t + 10$; $x^2 - 8x + 15$; $a^2 - 3a - 10$ $[(t + 5)(t + 2); (x - 3)(x - 5); (a + 2)(a - 5)]$

186 $a^2 + 5a + 6$; $t^2 - 2t - 35$; $b^2 + b - 6$ $[(a + 3)(a + 2); (t + 5)(t - 7); (b + 3)(b - 2)]$

187 $x^2 + 5x - 24$; $t^2 - 11t + 30$; $x^2 + 10x + 21$ $[(x + 8)(x - 3); (t - 5)(t - 6); (x + 7)(x + 3)]$

188 $x^2 - 8x + 12$; $x^2 - 3x - 18$; $b^2 - 7b - 60$ $[(x - 2)(x - 6); (x + 3)(x - 6); (b + 5)(b - 12)]$

189 $x^2 - 2x - 63$; $y^2 + y - 56$; $b^2 + 17b + 60$ $[(x+7)(x-9); (y+8)(y-7); (b+12)(b+5)]$

190 $a^2 + 3a - 40$; $z^2 + 12z - 45$; $y^2 - 11y + 24$ $[(a+8)(a-5); (z+15)(z-3); (y-3)(y-8)]$

191 ⬭ **ESERCIZIO GUIDA**

$x^2 - 9ax - 36a^2$

Il prodotto deve essere $-36a^2$, la somma $-9a$; i due numeri sono $-12a$ e $+3a$.
Quindi $x^2 - 9ax - 36a^2 = (x - 12a)(x + 3a)$

192 $t^2 + 6bt - 16b^2$; $a^2 + 5ab + 6b^2$ $[(t+8b)(t-2b); (a+3b)(a+2b)]$

193 $x^2 + 10ax - 24a^2$; $t^2 - 8at + 15a^2$ $[(x+12a)(x-2a); (t-3a)(t-5a)]$

194 $x^2 - xy - 30y^2$; $x^2 - xy - 42y^2$ $[(x-6y)(x+5y); (x+6y)(x-7y)]$

195 $x^2 - 4bx - 45b^2$; $a^2 - 4ab - 60b^2$ $[(x-9b)(x+5b); (a+6b)(a-10b)]$

196 $y^2 + 2ay - 24a^2$; $b^2 + 10by - 24b^2$ $[(y-4a)(y+6a); (b+12y)(b-2y)]$

197 ⬭ **ESERCIZIO GUIDA**

$x^4 - 2x^2 - 24$

Possiamo considerare x^2 come variabile e applicare la stessa regola: due numeri il cui prodotto è -24 e la cui somma è -2 sono -6 e $+4$, quindi:

$$x^4 - 2x^2 - 24 = (x^2 - 6)(x^2 + 4)$$

198 $a^4 + 9a^2 - 36$; $x^4 - 8x^2 - 9$ $[(a^2-3)(a^2+12); (x^2+1)(x-3)(x+3)]$

199 $y^4 + 6y^2 - 16$; $x^4 - 17x^2 + 16$ $[(y^2-2)(y^2+8); (x-1)(x+1)(x-4)(x+4)]$

200 $y^4 + 2y^2 - 24$; $y^4 - 6y^2 - 16$ $[(y+2)(y-2)(y^2+6); (y^2+2)(y^2-8)]$

Trinomi della forma $mx^2 + nx + q$

Scomponi in fattori i seguenti trinomi caratteristici.

201 ⬭ **ESERCIZIO GUIDA**

$6x^2 - x - 2$

Se il coefficiente del termine di secondo grado non è uguale a 1 la regola del trinomio caratteristico deve essere modificata.
La forma generale di questo trinomio è $mx^2 + nx + q$ e si devono trovare due numeri il cui prodotto è mq e la cui somma è n; detti a e b tali numeri, si riscrive il trinomio in questo modo:

$$mx^2 + (a + b)x + q$$

(in pratica si scrive n come somma dei due numeri trovati) e si procede ad un raccoglimento parziale e poi totale.

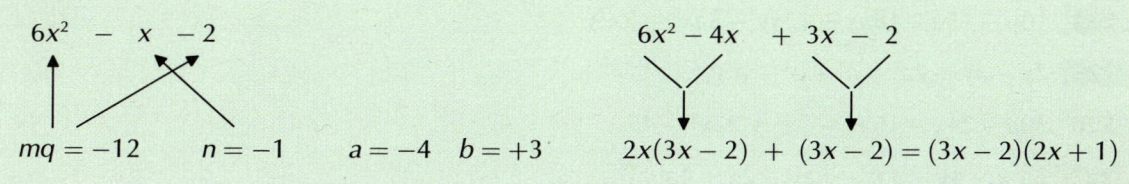

$2y^2 + 5y + 3$

Troviamo due numeri il cui prodotto è $2 \cdot 3 = 6$ e la cui somma è 5. Tali numeri sono proprio 2 e 3, quindi possiamo scrivere il polinomio in questo modo

$$2y^2 + 2y + 3y + 3$$

e procedere mediante raccoglimento: $2y(y+1) + 3(y+1) = (y+1)(2y+3)$

203	$3y^2 - 4y - 4;$	$2t^2 - 3t - 2$	$[(3y+2)(y-2); (t-2)(2t+1)]$
204	$2x^2 - 7x + 6;$	$7y + 4y^2 - 2$	$[(x-2)(2x-3); (4y-1)(y+2)]$
205	$12 + 13a + 3a^2;$	$3y^2 - 5y - 8$	$[(3a+4)(a+3); (y+1)(3y-8)]$
206	$6t^2 - 7t + 1;$	$3a^2 - 14a - 5$	$[(t-1)(6t-1); (3a+1)(a-5)]$
207	$6y^2 + 11y - 2;$	$2y^2 - 3y - 5$	$[(y+2)(6y-1); (y+1)(2y-5)]$
208	$3a^2 - 5a + 2;$	$4x^2 + 11x + 7$	$(a-1)(3a-2); (x+1)(4x+7)$
209	$5x^2 + 7x + 2;$	$3x^2 + 8x - 3$	$[(x+1)(5x+2); (x+3)(3x-1)]$
210	$4x^2 + 7x + 3;$	$4y^2 + 3y - 10$	$[(x+1)(4x+3); (y+2)(4y-5)]$
211	$3x^2 + 5x - 2;$	$6a^2 - 5a - 1$	$[(x+2)(3x-1); (a-1)(6a+1)]$
212	$7x^2 - 9xy + 2y^2;$	$5t^2 + 7ty - 6y^2$	$[(x-y)(7x-2y); (t+2y)(5t-3y)]$

Scomponi i seguenti polinomi.

213	$15ax - 42a + 3ax^2$	$4bx^2 - 4abx - 8a^2b$	$[3a(x+7)(x-2); 4b(x-2a)(x+a)]$
214	$5x^3 + 5x^2 - 60x$	$2x^3 - 5x^2y - 3xy^2$	$[5x(x-3)(x+4); x(x-3y)(2x+y)]$
215	$10ay^2 - 11ay + ay^3$	$a^2b^3 + ab^2 - 2b$	$[ay(y-1)(y+11); b(ab-1)(ab+2)]$
216	$2x^2y - 24x^2 + x^2y^2$	$4x^3 - 18ax^2 - 10a^2x$	$[x^2(y-4)(y+6); 2x(x-5a)(2x+a)]$
217	$a^4xy^2 + 7a^2xy^2 + 6xy^2$		$[xy^2(a^2+1)(a^2+6)]$
218	$3x^3y - 5x^2y^2 + 2xy^3$		$[xy(x-y)(3x-2y)]$
219	$12a^2b + 7a^2bx^2 + a^2bx^4$		$[a^2b(x^2+4)(x^2+3)]$
220	$6a^3b + 5a^2b - 4ab$		$[ab(2a-1)(3a+4)]$
221	$abx^2 - 20ab + abx^4$		$[ab(x-2)(x+2)(x^2+5)]$
222	$x^4 - 5x^3y - 6x^2y^2$		$[x^2(x+y)(x-6y)]$
223	$ax^2 - 2ax - 8a + bx^2 - 2bx - 8b$		$[(a+b)(x-4)(x+2)]$
224	$10y - 15a - 18ax + 12xy - 3ax^2 + 2x^2y$		$[(2y-3a)(x+5)(x+1)]$
225	$2y - ay - 2a^2 + a^3 + a^4 - a^2y$		$[(a+2)(a-1)(a^2-y)]$
226	$30a + 24x - 16ax - 3x^2 + 2ax^2 - 45$		$[(2a-3)(x-5)(x-3)]$
227	$2a^2x - 4y - 3ax - 6ay - 2x + 4a^2y$		$[(a-2)(2a+1)(x+2y)]$

RICORDA

- Dato il polinomio $P(x)$ ed il binomio $(x - a)$, il resto della divisione di $P(x)$ per $(x - a)$ è $P(a)$.
  In simboli possiamo scrivere $R = P(a)$.

- Condizione necessaria e sufficiente affinché un polinomio $P(x)$ sia divisibile per $(x - a)$ è che sia $P(a) = 0$.

Comprensione

228 Scegli l'alternativa corretta. La divisione fra due polinomi:

a. dà sempre origine a un polinomio

b. dà origine a un polinomio solo se il polinomio dividendo ha grado maggiore del polinomio divisore

c. dà origine ad un polinomio quando il resto è zero

d. non dà mai un polinomio.

229 Dividendo un polinomio $A(x)$ di grado k per un polinomio $B(x)$ di grado h (con $k \geq h$) si ottiene il polinomio $Q(x)$ come quoziente e il polinomio $R(x)$ come resto.
Si può dire che:

a. $Q(x)$ ha grado $k - h$ V F

b. $R(x)$ ha grado minore di h V F

c. se $Q(x)$ ha grado 1, $R(x)$ ha sempre grado 0   V F

d. se $R(x)$ ha grado 0, $A(x)$ è divisibile per $B(x)$ V F

e. se $R = 0$, $A(x)$ è divisibile per $B(x)$.   V F

230 Dato il polinomio $P(x)$ e il binomio $(x - a)$, indicato con R il resto della divisione di $P(x)$ per $(x - a)$, si può dire che:

a. $R = P(a)$ V F

b. $R = P(-a)$ V F

c. se $P(a) = 0$ allora $P(x)$ è divisibile per $(x - a)$ V F

d. se $P(a) \neq 0$ allora $R \neq 0$.   V F

231 Considera le seguenti divisioni e stabilisci a quali di esse si possono applicare il teorema del resto e quello di Ruffini:

a. $(x^4 + 6x^2 - 3x + 5) : (x^2 + 1)$

b. $(8a^3 - 2a + 4) : (a + 12)$

c. $(y^2 - 3y + 4) : (3 + y)$

232 Il resto della divisione del polinomio $P(y) = y^3 - 2y^2 + 4$ per il binomio $(y + 1)$ è:

a. 3   **b.** −1   **c.** 1   **d.** 7

233 Il polinomio $2x^3 - 5x^2 - 4x + 3$ è divisibile per:

a. $x - 3$ **b.** $x - 1$ **c.** $x + 1$ **d.** $x + 3$

234 Dividendo il polinomio $(y^3 - 4y^2 + 3)$ per il binomio $(y + 1)$ si ottiene:

a. come quoziente il polinomio: ① $y^2 + 5y + 5$ ② $y^2 - 5y + 5$ ③ $y^2 - 5$

b. come resto: ① 2   ② −2   ③ 8

Applicazione

La divisione fra polinomi con una sola variabile

Calcola il quoziente e il resto delle seguenti divisioni.

235 **ESERCIZIO GUIDA**

$$(2x^4 - 2x^3 + 11x^2 - 3x + 12) : (2x^2 + 3)$$

$$
\begin{array}{l}
2x^4 - 2x^3 + 11x^2 - 3x + 12 \quad | \quad 2x^2 + 3 \\
-2x^4 \qquad\quad -3x^2 \qquad\quad | \quad x^2 - x + 4 \\
\hline
\qquad -2x^3 + 8x^2 - 3x + 12 \\
\qquad +2x^3 \qquad\qquad +3x \\
\hline
\qquad\qquad 8x^2 \qquad\qquad +12 \\
\qquad\qquad -8x^2 \qquad\qquad -12 \\
\hline
\qquad\qquad\qquad\qquad 0
\end{array}
$$

$2x^4 : 2x^2 \quad -2x^3 : 2x^2 \quad 8x^2 : 2x^2$

$Q(x) = x^2 - x + 4; \quad R = 0$

236 $(3x^3 + 6x^2 - x - 2) : (3x^2 - 1)$ $[Q(x) = x + 2]$

237 $(2x^4 - 2x^3 - 4x^2 + 5x - 1) : (x - 1)$ $[Q(x) = 2x^3 - 4x + 1]$

238 $(2y^3 - 4y - y^2 + 2) : (2y + 3)$ $[Q(y) = y^2 - 2y + 1; R(y) = -1]$

239 $(a^5 + a^4 + 2a^3 + 3a^2 - a + 5) : (a^2 - a + 1)$ $[Q(a) = a^3 + 2a^2 + 3a + 4; R(a) = 1]$

240 $(a^4 - 2a^3 + 2a^2 + 9a - 6) : (a^2 + a - 1)$ $[Q(a) = a^2 - 3a + 6]$

241 $(3x^3 - x^2 + 4) : (x^2 + x - 2)$ $[Q(x) = 3x - 4; R(x) = 10x - 4]$

242 $(x^3 - x^4 + x - 1) : (x^2 + x + 1)$ $[Q(x) = -x^2 + 2x - 1]$

243 $(3t^2 + 2 - 2t^3 - 3t^5) : (3t^2 + 2)$ $[Q(t) = -t^3 + 1]$

244 $\left(\dfrac{1}{2}x^2 - x + \dfrac{1}{6}x^3 - 1\right) : \left(\dfrac{1}{3}x + 1\right)$ $\left[Q(x) = \dfrac{1}{2}x^2 - 3; R(x) = 2\right]$

245 $(4x^3 + 2x^2 - 2x - 1) : (2x^2 - 1)$ $[Q(x) = 2x + 1]$

246 $\left(\dfrac{3}{2}m^5 - 5m^2 + \dfrac{17}{10}m^3 - 2\right) : (5m^2 - 1)$ $\left[Q(m) = \dfrac{3}{10}m^3 + \dfrac{2}{5}m - 1; R(m) = \dfrac{2}{5}m - 3\right]$

247 $(x^3 - x^2 - x - 2) : (x^2 + x + 1)$ $[Q(x) = x - 2]$

248 $(3y^3 - 7y^2 + 8y - 1) : (y^2 - 2y + 2)$ $[Q(y) = 3y - 1; R(y) = 1]$

249 $(2a^6 + a^4 - 7a^2 + 6) : (2a^2 - 1)$ $[Q(a) = a^4 + a^2 - 3; R = 3]$

250 $\left(\dfrac{3}{2}t^5 - 3t^4 - t^2 + \dfrac{5}{2}t + 2\right) : \left(\dfrac{1}{2}t - 1\right)$ $[Q(t) = 3t^4 - 2t + 1; R = 3]$

251 $(8b - 2b^2 + 6b^3 + 6) : (2b^2 - 2b + 4)$ $[Q(b) = 3b + 2; R(b) = -2]$

252 $(y^6 - 4) : (y^3 - 1)$ $[Q(y) = y^3 + 1; R = -3]$

Il teorema del resto e la regola di Ruffini

Calcola il resto delle seguenti divisioni senza eseguirle.

253 **ESERCIZIO GUIDA**

$(x^3 + 2x^2 - 2x - 2) : (x + 1)$

Il resto della divisione è $P(-1)$, cioè il valore che si ottiene sostituendo -1 al posto di x nel polinomio dividendo:

$$P(-1) = (-1)^3 + 2(-1)^2 - 2(-1) - 2 = 1$$

Dunque $R = 1$.

254 **ESERCIZIO GUIDA**

- $(x^3 - 3x - 8) : (x - 2)$ $\qquad R = P(2) = 2^3 - 3 \cdot 2 - 8 = \dots$

- $(2y^3 + 5y^2 - y + 1) : (y + 3)$ $\qquad R = P(-3) = \dots$

255 $(3x^3 - x^2 - 1) : (x - 1)$	$(2x^2 - 18) : (x + 2)$	$[1; -10]$
256 $(3a^3 - a^2 - 3a + 2) : (a + 2)$	$(5y^2 - 6y + 1) : (y - 2)$	$[-20; 9]$
257 $(3y^2 - 2y - 5) : (y - 2);$	$(3x^3 - 2x^2 - 4x - 1) : (x + 1)$	$[3; -2]$
258 $(2x + 9x^2 + 2x^3 - 11) : (x + 1);$	$(4y^3 - 5y + 6) : (y + 1)$	$[-6; 7]$
259 $(3a^3 - 4a^2 + 5a - 1) : (a - 2);$	$(6b^2 - 5b + 3) : (b + 3)$	$[17; 72]$
260 $(a^3 + 8a^2 - 8a + 1) : (a + 2);$	$(b^5 - b^3 + b^2 - 1) : (b - 1)$	$[41; 0]$
261 $(2t^4 - 3t^2 + 4t - 16) : (t - 2);$	$(x^6 + 7x^3 - 8) : (x - 1)$	$[12; 0]$

Calcola il resto delle seguenti divisioni considerando sempre come variabile la prima lettera del polinomio divisore.

262 **ESERCIZIO GUIDA**

$(2x^3 - 3ax^2 - a^2x + 12a^3) : (x + 2a)$

La divisione è rispetto alla lettera x; calcoliamo quindi $P(-2a)$:

$$P(-2a) = 2(-2a)^3 - 3a(-2a)^2 - a^2(-2a) + 12a^3 = -16a^3 - 12a^3 + 2a^3 + 12a^3 = -14a^3$$

Il resto è quindi $-14a^3$.

263 $(x^3 - 2ax^2 - a^2x - 6a^3) : (x - 3a)$	$[0]$
264 $(6z^3 - 3az^2 + 2a^2z - a^3) : (z - a)$	$[4a^3]$
265 $(a^4 - a^3b + a^2b^2 - 2ab^3 + 4b^4) : (a - 2b)$	$[12b^4]$
266 $(a^6 - 3a^3b^3 + b^6) : (a + b)$	$[5b^6]$
267 $(a^4 - 2a^2x^2 + x^4) : (a - 2x)$	$[9x^4]$
268 $(3x^3 - 2ax^2 - a^2x + 2a^3) : (x - 2a)$	$[16a^3]$

Determina se i seguenti polinomi sono divisibili per i binomi indicati a fianco.

269 $x^2 - 5x + 4$ $\qquad$ $x - 1;$ $\qquad$ $x + 2;$ $\qquad$ $x - 4$

270 $3y^3 - 8y^2 - 5y + 6$ $\qquad$ $y - 2;$ $\qquad$ $y + 1;$ $\qquad$ $y - 3$

271 $2b^3 - 10b^2 + 16b - 8$ $\qquad$ $b - 1;$ $\qquad$ $b - 2;$ $\qquad$ $b + 3$

272 $y^4 - 10y^2 + 9$ $\qquad$ $y + 1;$ $\qquad$ $y - 3;$ $\qquad$ $y + 3$

273 $a^4 + a^2 - 2$ $\qquad$ $a + 2;$ $\qquad$ $a + 1;$ $\qquad$ $a - 1$

274 $x^3 - 2x^2 + 1$ $\qquad$ $x - 1;$ $\qquad$ $x + 2;$ $\qquad$ $x - 2$

275 $2x^4 - 3x^3 - 4x^2 + 3x + 2$ $\qquad$ $x + 1;$ $\qquad$ $x - 2;$ $\qquad$ $x - 3$

276 $z^4 + 5z^3 + 5z^2 - 5z - 6$ $\qquad$ $z + 1;$ $\qquad$ $z + 2;$ $\qquad$ $z - 4$

277 $x^4 - \dfrac{3}{2}x^3 - \dfrac{7}{2}x^2 + 4x - 1$ $\qquad$ $x + 1;$ $\qquad$ $x - \dfrac{3}{2};$ $\qquad$ $x - \dfrac{1}{2}$

Trova il valore del parametro a affinché ciascuno dei seguenti polinomi sia divisibile per il binomio indicato a fianco.

278 **ESERCIZIO GUIDA**

$P(x) = 2x^3 - ax^2 + 4x - 1 \qquad x - 1$

Calcoliamo $P(1) = 2 - a + 4 - 1 = 5 - a$

Affinché i due polinomi siano divisibili, occorre che $P(1) = 0$. Dunque a deve valere 5.

279 $b^2 + ab - 3$ $\qquad$ $b + 1$ $\qquad$ $[-2]$

280 $x^3 - 4ax^2 + ax - 1$ $\qquad$ $x - 2$ $\qquad$ $\left[\dfrac{1}{2}\right]$

281 $x^4 - (a + 1)x + a$ $\qquad$ $x + 1$ $\qquad$ $[-1]$

282 $y^3 - 2ay + 2$ $\qquad$ $y + 2$ $\qquad$ $\left[\dfrac{3}{2}\right]$

283 $\dfrac{1}{2}x^3 + \dfrac{1}{2}(a - 1)x^2 - ax + 3$ $\qquad$ $x - 1$ $\qquad$ $[6]$

284 $m^4 - 2(a + 1)m^3 + m - a$ $\qquad$ $m - 1$ $\qquad$ $[0]$

285 $m^4 + 2(a + 1)m^3 + m - a$ $\qquad$ $m - 1$ $\qquad$ $[-4]$

286 $x^3 - ax^2 + (a - 1)x - a$ $\qquad$ $x - 2$ $\qquad$ $[2]$

287 $b^4 + 2(a + 1)b^2 - ab - 14$ $\qquad$ $b + 2$ $\qquad$ $[-1]$

Divisioni per binomi della forma $(x - a)$

Utilizzando la regola di Ruffini, determina quoziente e resto delle seguenti divisioni.

288 **ESERCIZIO GUIDA**

$(x^3 + 4x^2 + 2) : (x + 1)$

Prepariamo lo schema della divisione.

Osserviamo che, poiché manca il termine di primo grado, dobbiamo mettere uno zero come suo coefficiente:

	1	4	0	2
-1		-1	-3	3
	1	3	-3	5

Il polinomio quoziente è di secondo grado ed è: $Q(x) = x^2 + 3x - 3$. Il resto è $R = 5$

289 $(3x^2 - 2x - 4) : (x - 2)$ $\qquad\qquad [Q(x) = 3x + 4; R = +4]$

290 $(2x^3 - 2x^2 - 3x + 5) : (x - 1)$ $\qquad\qquad [Q(x) = 2x^2 - 3; R = +2]$

291 $(y^3 + y^2 + 2y - 1) : (y + 1)$ $\qquad\qquad [\dot{Q}(y) = y^2 + 2; R = -3]$

292 $(2x^3 + 7x^2 + 5x - 6) : (x + 2)$ $\qquad\qquad [Q(x) = 2x^2 + 3x - 1; R = -4]$

293 $(x^3 - 4x^2 + 2x - 6) : (x + 1)$ $\qquad\qquad [Q(x) = x^2 - 5x + 7; R = -13]$

294 $(2y^3 + 5y^2 + 2y - 1) : \left(y + \dfrac{1}{2}\right)$ $\qquad\qquad [Q(y) = 2y^2 + 4y; R = -1]$

295 $\left(x^3 - \dfrac{1}{3}x^2 - 2x - \dfrac{11}{3}\right) : (x - 1)$ $\qquad\qquad \left[Q(x) = x^2 + \dfrac{2}{3}x - \dfrac{4}{3}; R = -5\right]$

296 $\left(\dfrac{1}{2}a^3 - a^2 + \dfrac{3}{4}a - 1\right) : \left(a + \dfrac{1}{2}\right)$ $\qquad\qquad \left[Q(a) = \dfrac{1}{2}a^2 - \dfrac{5}{4}a + \dfrac{11}{8}; R = -\dfrac{27}{16}\right]$

297 **ESERCIZIO GUIDA**

$(2x^3 - ax^2 - 7a^2x + 4a^3) : (x - 2a)$ $\qquad$ variabile: x

Se consideriamo x come variabile, i coefficienti sono, nell'ordine: $2 \qquad -a \qquad -7a^2 \qquad +4a^3$

Lo schema della divisione è dunque il seguente:

	2	$-a$	$-7a^2$	$+4a^3$
$+2a$		$+4a$	$+6a^2$	$-2a^3$
	2	$+3a$	$-a^2$	$+2a^3$

Il polinomio quoziente è quindi: $Q(x) = 2x^2 + 3ax - a^2$. Il resto della divisione è: $R = +2a^3$

298 $\left(y^3 + ay^2 - \dfrac{3}{4}a^2y + a^3\right) : \left(y - \dfrac{1}{2}a\right)$ $\quad$ variabile: y $\qquad \left[Q(y) = y^2 + \dfrac{3}{2}ay; R = a^3\right]$

299 $(2m^3 + m^2n - 5mn^2 + n^3) : \left(m - \dfrac{1}{2}n\right)$ $\quad$ variabile: m $\qquad [Q(m) = 2m^2 + 2mn - 4n^2; R = -n^3]$

300 $(x^4 - 2x^3y + x^2y^2 - 4y^4) : (x - 2y)$ $\quad$ variabile: x $\qquad [Q(x) = x^3 + y^2x + 2y^3; R = 0]$

301 $\left(\dfrac{1}{2}x^3 - 4x^2y + \dfrac{2}{3}xy^2 - \dfrac{1}{2}y^3\right) : (x + y)$ $\quad$ variabile: x $\qquad \left[Q(x) = \dfrac{1}{2}x^2 - \dfrac{9}{2}xy + \dfrac{31}{6}y^2; R = -\dfrac{17}{3}y^3\right]$

302 $(x^3 - 4ax^2 + 5a^2x - 6a^3) : (x - a)$ $\quad$ variabile: x $\qquad [Q(x) = x^2 - 3ax + 2a^2; R = -4a^3]$

303 $\left(\dfrac{1}{4}y^4 - by^3 + \dfrac{7}{2}b^3y - 6b^4\right) : (y + 2b)$ $\quad$ variabile: y $\qquad \left[Q(y) = \dfrac{1}{4}y^3 - \dfrac{3}{2}by^2 + 3b^2y - \dfrac{5}{2}b^3; R = -b^4\right]$

Divisioni per binomi della forma $(ax - b)$

Utilizzando la regola di Ruffini, determina quoziente e resto delle seguenti divisioni.

304 **ESERCIZIO GUIDA**

$(2x^3 - 4x^2 + 5x - 1) : (2x - 1)$

Quando applichiamo la proprietà invariantiva della divisione moltiplicando o dividendo entrambi i termini dell'operazione per uno stesso fattore, il quoziente non cambia mentre il resto rimane moltiplicato o diviso per quel fattore. Ad esempio:

$$\frac{178}{42} \qquad \text{equivale a} \qquad \frac{89}{21}$$

ma $\qquad 178 : 42 = 4$ con resto 10 $\qquad$ e $\qquad 89 : 21 = 4$ con resto 5

Tenendo presente questa osservazione possiamo usare il metodo di Ruffini anche per eseguire divisioni in cui il polinomio divisore è un binomio del tipo $ax + b$. In questo caso basta applicare la proprietà invariantiva dividendo per a e moltiplicare poi di nuovo l'eventuale resto per il fattore a.

Quindi per eseguire $\qquad (2x^3 - 4x^2 + 5x - 1) : (2x - 1)$

dividiamo per il fattore **2** $\quad \left(x^3 - 2x^2 + \frac{5}{2}x - \frac{1}{2} \right) : \left(x - \frac{1}{2} \right)$

Applichiamo il metodo di Ruffini per determinare quoziente e resto

	1	-2	$\frac{5}{2}$	$-\frac{1}{2}$
$\frac{1}{2}$		$\frac{1}{2}$	$-\frac{3}{4}$	$\frac{7}{8}$
	1	$-\frac{3}{2}$	$\frac{7}{4}$	$\frac{3}{8}$

$$Q(x) = x^2 - \frac{3}{2}x + \frac{7}{4} \qquad e \qquad R = \frac{3}{8} \cdot 2 = \frac{3}{4}$$

305 $(6x^3 + 3x^2 + 4x + 1) : (2x + 1)$ $\qquad\qquad [Q(x) = 3x^2 + 2; R = -1]$

306 $(-3x^4 + 2x^3 + 3x^2 - 5x + 3) : (-3x + 2)$ $\qquad [Q(x) = x^3 - x + 1; R = 1]$

307 $(3x^3 + 8x^2 - 15x + 2) : (3x - 1)$ $\qquad\qquad [Q(x) = x^2 + 3x - 4; R = -2]$

308 $(8a^4 + 4a^3 + 10a - 1) : (2a + 1)$ $\qquad\qquad [Q(a) = 4a^3 + 5; R = -6]$

309 $\left(m^6 - \frac{7}{2}m^5 + 3m^4 + 2m - 3 \right) : (2m - 3)$ $\qquad \left[Q(m) = \frac{1}{2}m^5 - m^4 + 1; R = 0 \right]$

310 $\left(\frac{3}{2}a^5 - \frac{1}{2}a^4 - 3a + 5 \right) : (3a - 1)$ $\qquad \left[Q(x) = \frac{1}{2}a^4 - 1; R = +4 \right]$

311 $(2x^3 + 3x^2 - 6x) : (2x - 1)$ $\qquad\qquad [Q(x) = x^2 + 2x - 2; R = -2]$

312 $\left(6y^3 - 5y^2 + \frac{7}{3}y - \frac{7}{9} \right) : (3y - 2)$ $\qquad \left[Q(y) = 2y^2 - \frac{1}{3}y + \frac{5}{9}; R = \frac{1}{3} \right]$

313 $(4a^3 - 13a^2 + 7a + 2) : (4a - 1)$ $\qquad\qquad [Q(a) = a^2 - 3a + 1; R = 3]$

314 $\left(x^6 - 6x - \frac{3}{2}x^5 + 5 \right) : (2x - 3)$ $\qquad \left[Q(x) = \frac{1}{2}x^5 - 3; R = -4 \right]$

RICORDA

I divisori di primo grado di un polinomio $P(x)$ vanno ricercati fra i binomi della forma $(x - a)$ dove a è un divisore del termine noto oppure è una delle frazioni che hanno al numeratore un divisore del termine noto e al denominatore un divisore del coefficiente del termine di grado massimo.

Per il teorema di Ruffini, se $P(a) = 0$, allora:

$$P(x) = (x - a) \cdot Q(x)$$

dove $Q(x)$ è il quoziente della divisione di $P(x)$ per $x - a$.

In particolare:

- le differenze e le somme di cubi si scompongono con le seguenti regole:

$a^3 - b^3 = (a - b)(a^2 + ab + b^2)$

$a^3 + b^3 = (a + b)(a^2 - ab + b^2)$

- le somme di quadrati sono irriducibili.

Comprensione

315 Barra vero o falso.

  a. Una differenza di cubi è sempre divisibile per la differenza delle basi. $\boxed{V}$ $\boxed{F}$

  b. Una somma di cubi non è mai divisibile per la differenza delle basi. $\boxed{V}$ $\boxed{F}$

  c. Una somma di potenze pari è sempre irriducibile. $\boxed{V}$ $\boxed{F}$

  d. Il polinomio $x^6 + y^6$ è irriducibile. $\boxed{V}$ $\boxed{F}$

316 La scomposizione del binomio $a^3 - 27$ è:

  a. $(a - 3)(a^2 - 3a + 9)$ **b.** $(a - 3)(a^2 + 3a + 9)$

  c. $(a - 3)(a^2 + 6a + 9)$ **d.** $(a + 3)(a^2 + 3a + 9)$

317 Associa ai polinomi A e B la loro scomposizione scegliendola fra le seguenti:

  A. $8x^3 - y^3$ B. $8x^3 + y^3$

  ① $(2x - y)(4x^2 + 2xy + y^2)$ ② $(2x + y)(4x^2 + 2xy + y^2)$ ③ $(2x - y)(4x^2 - 2xy + y^2)$

  ④ $(2x - y)(4x^2 + 8xy + y^2)$ ⑤ $(2x + y)(4x^2 - 2xy + y^2)$ ⑥ $(2x + y)(4x^2 - 8xy + y^2)$

318 Il polinomio $x^3 - 13x + 12$:

  a. è divisibile per: ① $x + 1$ ② $x - 3$ ③ $x + 6$ ④ $x - 1$

  b. si scompone in: ① $(x - 1)(x + 4)(x + 3)$ ② $(x - 1)(x + 4)(x - 3)$

  ③ $(x + 1)(x + 4)(x - 3)$ ④ $(x - 1)(x - 4)(x - 3)$

319 Scrivi un polinomio $P(x)$ di quarto grado che abbia come divisori tutti i seguenti binomi:
  $x - 2,$ $2x - 5,$ $x + 4.$

Applicazione

Scomponi i seguenti polinomi ricercando i loro divisori.

320 **ESERCIZIO GUIDA**

$3x^3 - 2x^2 - 7x - 2$

I possibili binomi divisori della forma $x - a$ sono quelli in cui a vale ± 1 ± 2 $\pm \frac{1}{3}$ $\pm \frac{2}{3}$

$P(1) = 3 - 2 - 7 - 2 \neq 0$

$P(-1) = -3 - 2 + 7 - 2 = 0$ il polinomio è divisibile per $x + 1$

Eseguiamo la divisione con la regola di Ruffini:

$$
\begin{array}{c|ccc|c}
 & 3 & -2 & -7 & -2 \\
-1 & & -3 & +5 & +2 \\
\hline
 & 3 & -5 & -2 & 0
\end{array}
\qquad P(x) = (x + 1)(3x^2 - 5x - 2)
$$

Scomponiamo $3x^2 - 5x - 2$; i valori di a sono gli stessi ad esclusione di 1 per il quale abbiamo già visto che $P(1) \neq 0$.

$P(-1) = 3 + 5 - 2 \neq 0$

$P(2) = 12 - 10 - 2 = 0$ il polinomio è divisibile per $x - 2$, applichiamo ancora la regola di Ruffini:

$$
\begin{array}{c|cc|c}
 & 3 & -5 & -2 \\
2 & & 6 & 2 \\
\hline
 & 3 & 1 & 0
\end{array}
\qquad P(x) = (x + 1)(x - 2)(3x + 1)
$$

In alternativa, per scomporre $3x^2 - 5x - 2$ si può usare la regola del trinomio caratteristico.

---

321 $a^3 - 3a^2 - a + 3$; $\qquad y^3 - 3y^2 - 6y + 8$ $\qquad [(a-1)(a+1)(a-3); (y-4)(y+2)(y-1)]$

322 $11a - 6a^2 + a^3 - 6$; $\qquad 2a^2 - 6a + a^3 + 3$ $\qquad [(a-1)(a-3)(a-2); (a-1)(a^2+3a-3)]$

323 $x^3 + x - 10$; $\qquad 4x^2 - 7x + x^3 - 10$ $\qquad [(x-2)(x^2+2x+5); (x-2)(x+1)(x+5)]$

324 $y^3 + 2y^2 - 5y - 6$; $\qquad x^3 - 2x^2 - 5x + 6$ $\qquad [(y+1)(y-2)(y+3); (x-1)(x+2)(x-3)]$

325 $x^3 - 8x^2 + 17x - 10$; $\qquad 2a^3 - 3a^2 - 7a + 8$ $\qquad [(x-1)(x-2)(x-5); (a-1)(2a^2-a-8)]$

326 $14x + 7x^2 + x^3 + 8$; $\qquad 3t^3 - 4t^2 - 5t + 2$ $\qquad [(x+1)(x+2)(x+4); (t-2)(t+1)(3t-1)]$

327 $x^3 + 3x^2 - 6x - 8$; $\qquad y^3 - 5y^2 - 4y + 20$ $\qquad [(x+1)(x-2)(x+4); (y-2)(y+2)(y-5)]$

328 $2x^4 - 7x^3 + x^2 + 7x - 3$; $\qquad a^3 + 4a^2 + a - 6$ $\qquad [(x-1)(x+1)(x-3)(2x-1); (a-1)(a+2)(a+3)]$

329 $4a^4 - 7a^3 - 13a^2 + 28a - 12$; $\qquad x^4 + 5x^2 - 9x - 3x^3 + 6$
$$[(a-1)(a-2)(a+2)(4a-3); (x-1)(x-2)(x^2+3)]$$

330 $6x^4 - 17x^3 + 2x^2 + 19x - 6$; $\qquad y^4 - y^3 - 2y - 4$ $\quad [(x+1)(x-2)(2x-3)(3x-1); (y-2)(y+1)(y^2+2)]$

331 $x^5 - 2x^3 + 2x^2 + 2 - 3x$; $\qquad t^5 + 5t^2 - 45 - 9t^3$ $\qquad \left[(x+2)(x-1)^2(x^2+1); (t-3)(t+3)(t^3+5)\right]$

332 $b^4 + 2b^3 + b^2 + 8b - 12$; $\qquad 2y^4 + 3y^3 + 3y - 2$ $\qquad \left[(b-1)(b+3)(b^2+4); (y+2)(2y-1)(y^2+1)\right]$

333 $a^4 + a^3 + 2a - 4$; $\qquad x^5 - x^4 - 2x^3 + 5x^2 - 5x - 10$
$$[(a-1)(a+2)(a^2+2); (x+1)(x-2)(x^3+5)]$$

334 $x^4 + 3x^3 - 2x^2 - 12x - 8$; $\qquad b^5 - 8b^4 + 10b^3 + 10b^2 + 9b + 18$
$$\left[(x+1)(x-2)(x+2)^2; (b+1)(b-3)(b-6)(b^2+1)\right]$$

Scomponi le seguenti somme e differenze di potenze.

335 ┃ **ESERCIZIO GUIDA**

- $x^3 + 1$ è una somma di cubi aventi per basi x e 1: $x^3 + 1 = (x+1)(x^2 - x + 1)$
- $a^3 - 27$ è una differenza di cubi aventi per basi a e 3: $a^3 - 27 = (a-3)(a^2 + 3a + 9)$

336 $x^3 - 1;$ $8y^3 + 1$ **337** $y^3 - 1;$ $y^3 + 8$

338 $8a^3 - b^3;$ $1 - a^3$ **339** $64x^3 + y^3;$ $a^3 - 27b^3$

340 $x^3 + 8y^3;$ $27x^3 + 8y^3$ **341** $\dfrac{1}{64}a^3 + b^3;$ $125a^3 - 1$

342 $\dfrac{1}{8}x^3 + a^6;$ $\dfrac{1}{125}x^3y^3 - 27$ **343** $8b^3 - \dfrac{1}{27}y^6;$ $64x^3 - a^9$

344 $x^6 + y^3;$ $a^6 - b^6$ $\left[(x^2 + y)(x^4 - x^2y + y^2); (a-b)(a+b)(a^2 - ab + b^2)(a^2 + ab + b^2)\right]$

345 $64a^6 - 8;$ $a^3b^9 - \dfrac{1}{64}$ $\left[8(2a^2 - 1)(4a^4 + 2a^2 + 1); \dfrac{1}{64}(4ab^3 - 1)(16a^2b^6 + 4ab^3 + 1)\right]$

346 $x^2 + 9;$ $81 - b^4$ $\left[x^2 + 9; (9 + b^2)(3 - b)(3 + b)\right]$

347 $a^6 - 64;$ $y^4 + 1$ $\left[(a-2)(a+2)(a^2 + 2a + 4)(a^2 - 2a + 4); y^4 + 1\right]$

348 $8y^3 - 27x^3z^3$ $16a^4b^2 - 25x^2$ $\left[(2y - 3xz)(6xyz + 4y^2 + 9x^2z^2); (4a^2b - 5x)(5x + 4a^2b)\right]$

349 $48a^4x^3 - 6a;$ $32a^5 - 2ab^4$ $\left[6a(2ax - 1)(4a^2x^2 + 1 + 2ax); 2a(2a - b)(2a + b)(4a^2 + b^2)\right]$

350 $\dfrac{1}{27}x^2y^3 - 8x^5$ $\dfrac{1}{8}a^2b^4 - \dfrac{1}{2}b^2$ $\left[x^2\left(\dfrac{1}{3}y - 2x\right)\left(\dfrac{2}{3}xy + 4x^2 + \dfrac{1}{9}y^2\right); \dfrac{1}{2}b^2\left(\dfrac{1}{2}ab - 1\right)\left(\dfrac{1}{2}ab + 1\right)\right]$

┃ **CORREGGI GLI ERRORI**

351 $8a^3 - 1 = (2a - 1)^3$ **352** $y^3 + 27 = (y+3)(y^2 - 3y + 9) = (y+3)(y-3)^2$

353 $x^3 - y^3 = (x^2 - y^2)(x + y)$ **354** $9a^3 - 1 = (3a - 1)(9a^2 + 3a + 1)$

355 $x^3 - 8 = (x - 2)(x^2 - 2x + 4)$ **356** $27a^3 + b^3 = (3a + b)(9a^2 + 3ab + b^2)$

ESERCIZI DI SINTESI SULLA SCOMPOSIZIONE

la teoria è a pag. 29

Scomponi i seguenti polinomi.

357 $2ax - 3x - 8ay + 12y$ $[(2a - 3)(x - 4y)]$

358 $13a^2 + 13a + 2ab + 2b$ $[(13a + 2b)(a + 1)]$

359 $4a^5 - 4a - 8a^4 + 8$ $[4(a - 2)(a^2 + 1)(a - 1)(a + 1)]$

360 $a^3 - a^2 - a^4 + a^5$ $[a^2(a - 1)(a^2 + 1)]$

361 $6ax^3 + 4a^2x^2 - 2a^3x$ $[2ax(x + a)(3x - a)]$

362 $8a^4 + 8a^3 - a - 1$
$$[(a+1)(2a-1)(4a^2+2a+1)]$$

363 $a^2 - 9b^2 + a^2b^2 - 9$
$$[(1+b^2)(a-3)(a+3)]$$

364 $6 + 3y + 10ab + 5aby$
$$[(2+y)(3+5ab)]$$

365 $x^2 - 3x + 2 - 2y + xy$
$$[(x-2)(x+y-1)]$$

366 $x^2 - ax - 2xy + 2ay$
$$[(x-a)(x-2y)]$$

367 $a^3 + 3a^2 - 10a$
$$[a(a-2)(a+5)]$$

368 $4a^3 + 8a^2b - 4a^2 - 8ab + a + 2b$
$$\left[(2a-1)^2(a+2b)\right]$$

369 $2a^2x + 2ax - 12x$
$$[2x(a+3)(a-2)]$$

370 $a^2 - 4ab + 4b^2 + 9 - 6a + 12b$
$$[(a-2b-3)^2]$$

371 $\dfrac{1}{4}x^2y^2z + \dfrac{25}{4}x^2z - \dfrac{5}{2}x^2yz$
$$\left[\dfrac{1}{4}x^2z(y-5)^2\right]$$

372 $6a^4 + a^3 + 5a^2 + a - 1$
$$[(3a-1)(2a+1)(a^2+1)]$$

373 $27b^4 - 54ab^3 + 36a^2b^2 - 8a^3b$
$$[b(3b-2a)^3]$$

374 $\dfrac{1}{8}a^3b^3x^2 - 27x^2$
$$\left[x^2\left(\dfrac{1}{2}ab-3\right)\left(\dfrac{1}{4}a^2b^2+\dfrac{3}{2}ab+9\right)\right]$$

375 $27x^2y^2 + 3x^3y^3 + 81xy + 81$
$$[3(3+xy)^3]$$

376 $y^3 - 2y^2 - 15y$
$$[y(y-5)(y+3)]$$

377 $9b - 9a + ax^4 - bx^4$
$$[(x^2+3)(x^2-3)(a-b)]$$

378 $\dfrac{3}{16}a^4b^4 + 3a^2c^6 + \dfrac{3}{2}a^3b^2c^3$
$$\left[3a^2\left(\dfrac{1}{4}ab^2+c^3\right)^2\right]$$

379 $0{,}09x^3y^2 - \dfrac{36}{25}x^3y^4$
$$\left[x^3y^2\left(\dfrac{3}{10}-\dfrac{6}{5}y\right)\left(\dfrac{3}{10}+\dfrac{6}{5}y\right)\right]$$

380 $\dfrac{81}{4}a^3y - \dfrac{3}{4}b^3y$
$$\left[\dfrac{3}{4}y(3a-b)(9a^2+3ab+b^2)\right]$$

381 $x^2yz^2 + 15yx^2 + 8x^2yz$
$$[x^2y(z+3)(z+5)]$$

382 $5y^4 - 35y^2 + 50$
$$[5(y^2-2)(y^2-5)]$$

383 $x^6 - 6x^5 + 12x^4 - 8x^3$
$$[x^3(x-2)^3]$$

384 $5ax^2y^2 - 45axy^2 + 40ay^2$
$$[5ay^2(x-1)(x-8)]$$

385 $3a^4b + 21a^3b + 18a^2b$
$$[3a^2b(a+1)(a+6)]$$

386 $ay^2 - 3aby + 2ab^2$
$$[a(y-b)(y-2b)]$$

387 $x^4 - x^2 - 12$
$$[(x-2)(x+2)(x^2+3)]$$

388 $by^4 - by^2 - 2b$
$$b(y^2-2)(y^2+1)$$

389 $x^3 + 2bx^2 - 8b^2x$
$$[x(x-2b)(x+4b)]$$

390 $\dfrac{1}{3}a^3 + \dfrac{1}{81}a^3b^3$
$$\left[\dfrac{1}{3}a^3\left(1+\dfrac{1}{3}b\right)\left(1-\dfrac{1}{3}b+\dfrac{1}{9}b^2\right)\right]$$

391 $y^2 - y + 3y^3 + 1$ $\qquad [(y+1)(3y^2 - 2y + 1)]$

392 $5x^3 + 3x^2 - 5x - 3$ $\qquad [(x-1)(x+1)(5x+3)]$

393 $x^4 - 6 - x^3 - 3x + x^2$ $\qquad [(x-2)(x^2+3)(x+1)]$

394 $x^5 + 9x^4 + 27x^3 + 27x^2$ $\qquad [x^2(x+3)^3]$

395 $a^4 - a^2 + 24a$ $\qquad [a(a+3)(a^2 - 3a + 8)]$

396 $x^3 - x^2 - 9a^2x + 9a^2$ $\qquad [(x-3a)(x+3a)(x-1)]$

397 $3a^3 + 6a^2 + 3a - 12$ $\qquad [3(a-1)(a^2 + 3a + 4)]$

398 $2a^3x - a^2x - 5ax - 2x$ $\qquad [x(a+1)(a-2)(2a+1)]$

399 $y^3 + 3ay^2 - 2a^2y - 6a^3$ $\qquad [(y+3a)(y^2 - 2a^2)]$

400 $x^4 - 5x^3 + 21x - 18 + x^2$ $\qquad [(x-3)^2(x-1)(x+2)]$

401 $y^4 - y^3 - 11y^2 - y - 12$ $\qquad [(y^2+1)(y-4)(y+3)]$

402 $7a^4 - 28 + 14a^3 + 28a$ $\qquad [7(a^2+2)(a^2 - 2 + 2a)]$

403 $1 + 12ab - 4a^2 - 9b^2$ $\qquad [(1 - 2a + 3b)(1 + 2a - 3b)]$

404 $a^5 + a^3 - 3a^2 - 2a + 3$ $\qquad [(a-1)^2(a+1)(a^2 + a + 3)]$

405 $9a^2y^2 - y^2 - 144a^2 + 16$ $\qquad [(y-4)(y+4)(3a-1)(3a+1)]$

406 $2x^3 - 6x^2 + 2x - 6$ $\qquad [2(x-3)(x^2+1)]$

407 $6y^2 - 6b^2 - 9by$ $\qquad [3(y-2b)(2y+b)]$

408 $x - y + ax - xy + a + 1$ $\qquad [(x+1)(a-y+1)]$

409 $3a - 2x + y - 2ax + ay + 3$ $\qquad [(a+1)(y - 2x + 3)]$

410 $x^4 - 2y^4 + x^2y^2$ $\qquad [(x-y)(x+y)(x^2 + 2y^2)]$

CORREGGI GLI ERRORI

411 $\frac{1}{3}a^2y + 3 = 3(a^2y + 1)$

412 $a(x+1) + b(x-1) = (a+b)(x-1)$

413 $5(a+b)^2 - 3x(a+b)^3 = (a+b)^2(5 - 3x)$

414 $6x^4 + 9x^2 + 3 = 3x(2x^3 + 3x + 1)$

415 $3 + 3x + 6y = 3(x + 2y)$

416 $x(a-b) - y(b-a) = (a-b)(x-y)$

417 $4x^2 + \frac{2}{3}xy + \frac{1}{9}y^2 = \left(2x + \frac{1}{3}y\right)^2$

418 $x^2 + y^2 = (x+y)(x+y)$

419 $2a^2 - 3a - 2 = a(2a - 3) - 2 = (a-2)(2a-3)$

420 $\frac{1}{4}x^2 + 2xy + y^2 = \left(\frac{1}{2}x + y\right)^2$

421 $y^2 + 2y^2t^2 + t^2 = (y+t)^2$

422 $a^2 + b^2 = (a+b)^2$

423 $a^3 - b^3 = (a-b)^3$

424 $9 - (x+y)^2 = (3 - x + y)(3 + x + y)$

425 $4x^2 - 2xy + y^2 = (2x - y)^2$

426 $\frac{9}{4}x^2 + 25y^2 + \frac{15}{2}xy = \left(\frac{3}{2}x + 5y\right)^2$

427 $y^3 - 3y^2x - 3yx^2 + x^3 = (y-x)^3$

428 $a^3b^3 + 3a^2b^2 + 3ab - 1 = (ab - 1)^3$

429 $a^3 - 1 = (a-1)(a^2+1)$

430 $a^6 + b^2 = (a^3+b)(a^3-b)$

431 $x^2 - 8x + 12 = (x-4)(x-3)$

432 $x^2 - 9xy + 8y^2 = (x-4y)(x-2y)$

433 $x^3 - 8y^3 = (x-2y)(x^2-2y+4y^2)$

434 $b^2 - 7b + 10 = (b-5)(b+2)$

M.C.D. E m.c.m. TRA POLINOMI

la teoria è a pag. 30

Comprensione

435 Dati i polinomi $\quad 2ax \quad ax(x-a)^2 \quad x(x-a)(x+a)$:

a. il loro *M.C.D.* è: ① ax ② x ③ $x(x-a)$ ④ $(x-a)^2$

b. il loro *m.c.m.* è: ① $2ax(x-a)^2$ ② $ax(x+a)$ ③ $2ax(x-a)^2(x+a)$ ④ $(x-a)^2(x+a)$

436 Il *M.C.D.* fra due polinomi è $x(2x+y)$ ed il loro *m.c.m.* è $x(2x+y)(4x^2-2xy+y^2)$; quali fra i seguenti possono essere i due polinomi?

a. $4x^2 - y^2 \quad$ e $\quad 8x^3 + y^3$ **b.** $8x^4 + xy^3 \quad$ e $\quad 2x^2 + xy$ **c.** $4x^2 + y^2 - 4xy \quad$ e $\quad 2x^2 + xy$

Applicazione

Calcola il m.c.m. ed il M.C.D. fra i seguenti polinomi.

437 $x + 1;$ $x^2 - 1$ $[m.c.m.\ (x-1)(x+1);\ M.C.D.\ x+1]$

438 $2x - 2y;$ $x^2 - 2xy + y^2$ $[m.c.m.\ 2(x-y)^2;\ M.C.D.\ x-y]$

439 $x - 3;$ $x^2 - 9$ $[m.c.m.\ (x-3)(x+3);\ M.C.D.\ x+3]$

440 $4a - 4b;$ $a^2 - 2ab + b^2$ $\left[m.c.m.\ 4(a-b)^2;\ M.C.D.\ a-b\right]$

441 $25 - x^2;$ $20x + 2x^2 + 50$ $[m.c.m.\ 2(5-x)(5+x)^2;\ M.C.D.\ 5+x]$

442 $3a^2 - 48;$ $a^2 - 2a - 8$ $[m.c.m.\ 3(a-4)(a+4)(a+2);\ M.C.D.\ a-4]$

443 $4x^2 - 16x + 16;$ $(x^3 - 8)$ $[m.c.m.\ 4(x-2)^2(2x+x^2+4);\ M.C.D.\ x-2]$

444 $9 - a^2;$ $3a^2 + 27 - 18a$ $[m.c.m.\ 3(a-3)^2(a+3);\ M.C.D.\ 3-a]$

445 $2a^3 - 2b^3 + 3a - 3b;$ $5a^2 - 5b^2$ $[m.c.m.\ 5(a-b)(a+b)(2a^2+2ab+2b^2+3);\ M.C.D.\ a-b]$

446 $\dfrac{1}{2}ax^2 + \dfrac{1}{2}ay^2;$ $3x^4 - 3y^4$ $[m.c.m.\ a(x^2+y^2)(x-y)(x+y);\ M.C.D.\ x^2+y^2]$

447 $3x + 3y;$ $5x^2 - 5y^2;$ $ax + ay$ $[m.c.m.\ 15a(x-y)(x+y);\ M.C.D.\ x+y]$

448 $x^2 - 25;$ $ax - 5a;$ $3x - 15$ $[m.c.m.\ 3a(x-5)(x+5);\ M.C.D.\ x-5]$

449 $\dfrac{1}{9} - x^2;$ $\dfrac{1}{12} - \dfrac{1}{4}x;$ $x^2 + \dfrac{1}{9} - \dfrac{2}{3}x$ $\left[m.c.m.\ \left(\dfrac{1}{3}-x\right)^2\left(\dfrac{1}{3}+x\right);\ M.C.D.\ \dfrac{1}{3}-x\right]$

450 $3x + 6a;$ $x^2 - 4a^2;$ $4x - 8a$ $[m.c.m.\ 12(x+2a)(x-2a);\ M.C.D.\ 1]$

451 $2x^3 + 18xy^2 + 12x^2y;$ $x^3 + 27y^3;$ $4x + 12y$ $\left[\begin{array}{l} m.c.m.\ 4x(x+3y)^2(x^2-3xy+9y^2); \\ M.C.D.\ x+3y \end{array}\right]$

452 $54x^2 + 150y^2 - 180xy;$ $9x^2 - 25y^2;$ $6ax - 10ay + 6bx - 10by$

$$\left[m.c.m.\ 6(3x - 5y)^2(3x + 5y)(a + b);\ M.C.D.\ 3x - 5y \right]$$

453 $a^2 - 4a - 5;$ $4a^2 + 8a + 4;$ $a^2 - 7a + 10$

$$\left[m.c.m.\ 4(a - 5)(a - 2)(a + 1)^2;\ M.C.D.\ 1 \right]$$

454 $2x - 2x^3;$ $\dfrac{1}{3} - 0,\overline{3}x^4;$ $x^3 - 2x^2 + x$

$$\left[m.c.m.\ x(1 + x)(1 + x^2)(1 - x)^2;\ M.C.D.\ 1 - x \right]$$

455 $x^2 - x - 6;$ $2x^2 - 5x - 3;$ $8x^3 - 8x^2 + 12x + 9$

$$\left[m.c.m.\ (x - 3)(x + 2)(2x + 1)(4x^2 - 6x + 9);\ M.C.D.\ 1 \right]$$

456 $a^2 + 2ab - 3b^2;$ $a^2 - 9ab - 36b^2;$ $a^2 + 6ab + 9b^2$

$$\left[m.c.m.\ (a - b)(a - 12b)(a + 3b)^2;\ M.C.D.\ a + 3b \right]$$

457 $3ax + by + 3ay + bx;$ $27a^3 + b^3;$ $9a^2 + b^2 + 6ab$

$$\left[m.c.m.\ (3a + b)^2(x + y)(9a^2 - 3ab + b^2);\ M.C.D.\ 3a + b \right]$$

Per la verifica delle competenze

1 Per quale valore del parametro a i seguenti trinomi si possono scomporre nel prodotto di fattori di primo grado?

a. $x^2 + ax - 3$ [± 2]

b. $x^2 + ax + 8$ [$\pm 6, \pm 9$]

c. $x^2 + (a - 1)x - 6$ [$-4, 0, 2, 6$]

2 Dopo aver scomposto il polinomio $x^3 - kx^2 - 4x + 4k$, determina il valore di k per il quale la scomposizione contiene il quadrato di un binomio. [$k = \pm 2$]

3 La scomposizione di un polinomio è $(x - 2a + 1)(3a + x - 1)(x - a)$; rispondi alle seguenti domande:

a. esiste un valore del parametro a per il quale la scomposizione risulta $x(x - 1)(x + 1)$? [0]

b. esiste un valore di a per il quale la scomposizione contiene il quadrato di un binomio? $\left[1, \dfrac{1}{4}, \dfrac{2}{5} \right]$

c. esiste un valore di a per il quale il polinomio rappresenta il cubo di un binomio? [$\nexists a$]

4 Sono dati due numeri pari consecutivi; che relazione esiste fra la differenza dei loro quadrati e il numero dispari fra essi compreso? [è il quadruplo]

5 Trova il valore del parametro k per il quale i due polinomi $P(x) = x^4 - 2x^3 + x^2 - 2x$ e $Q(x) = x^3 - x^2 - 4x + k$ hanno un divisore della forma $(x - a)$ in comune. [$k = 4$]

6 Verifica che la differenza fra i cubi di due numeri pari consecutivi è sempre multipla di 8.

7 Determina per quale valore del parametro a i quozienti delle due divisioni indicate sono identici, supponendo che, in entrambi i casi, le divisioni siano esatte:

a. $(x^3 + x^2 - 7x + 2) : (x - 2)$ **b.** $(x^3 + 2x^2 - 4x + a) : (x - 1)$ [$a = 1$]

8 Dati i polinomi $A(x) = x^2 - 2x + 3$, $B(x) = 2x^3 - x^2 + 4$, dopo aver calcolato $A(-1)$ e $B(-1)$, determina per quale valore di k il polinomio $C(x) = A(x) \cdot B(x) + k$ ammette uno zero per $x = -1$.   [−6]

Soluzioni esercizi di comprensione

1 a., b., d.   **2** c.   **3** b., c.   **4** a., c.

76 a., c., d., f.   **77** c.   **78** A. ⑤, B. ⑦, C. ①

174 a. −7, 2, b. −3, −1, c. +4, −2   **175** a.   **176** a. ③, b. ④, c. ①, d. ②

228 c.   **229** a. V, b. V, c. F, d. F, e. V   **230** a. V, b. F, c. V, d. V

231 a. no, b. si, c. si   **232** c.   **233** a., c.   **234** a. ②, b. ②

315 a. V, b. V, c. F, d. F   **316** b.   **317** A. ①, B. ⑤   **318** a. ②, ④, b. ②

435 a. ②, b. ③   **436** b.

Test finale di autovalutazione

CONOSCENZE

1 Individua, fra i seguenti, il raccoglimento a fattor comune corretto nel polinomio $3x^3y + 6x^4y^2 + 3x^2y$:

    a. $3x^2y^2(x + 2x^2 + y)$ **b.** $3x^3y(1 + 2xy + x)$ **c.** $3x^2y(x + 2x^2y)$ **d.** $3x^2y(x + 2x^2y + 1)$

5 punti

2 Scomponendo il polinomio $2x - 3y - 2xy + 3y^2$ si ottiene:

    a. $(3y + 2x)(y - 1)$ **b.** $(y + 1)(3y - 2x)$ **c.** $(y - 1)(3y - 2x)$ **d.** $(y + 1)(3y + 2x)$

5 punti

3 Il polinomio $9x^2 - 4y^2 - 12xy$:

    a. è il quadrato di $(3x - 2y)$ **b.** è il quadrato di $(3x + 2y)$

    c. si scompone in $3x(3x - 4y) - 4y^2$ **d.** è irriducibile

5 punti

4 Associa a ciascun polinomio la sua scomposizione:

    a. $x^2 + 4x - 21$ **b.** $x^2 - 9x + 20$ **c.** $x^2 - 4x - 12$ **d.** $x^2 - 4x - 21$

    ① $(x - 5)(x - 4)$ ② $(x - 7)(x + 3)$ ③ $(x - 3)(x + 7)$ ④ $(x - 6)(x + 2)$

16 punti

5 Barra Vero o Falso:

    a. $4a^2b^2 - a^2 + 4b^2 - 1 = (a^2 + 1)(2b - 1)(2b + 1)$ Ⓥ Ⓕ

    b. $ax^2 - 4a^3 = (x - 2a)(x + 2a^2)$ Ⓥ Ⓕ

    c. $3a^3 - 9a^2b + 9ab^2 + 3b^3 = 3(a - b)^3$ Ⓥ Ⓕ

    d. $bx^2 - 3bx - 4b = b(x - 1)(x + 4)$ Ⓥ Ⓕ

    e. $bx - 4ax - 2ab + 2x^2 = (x - 2a)(2x + b)$ Ⓥ Ⓕ

15 punti

6 Affinché sia $9x^3 - 6ax^2 + ... = x(3x - a)^2$ il termine da inserire al posto dei puntini è:

    a. $4a^2x$ **b.** a^2 **c.** a^2x **d.** ax

5 punti

7 Dalla divisione di $A(x) = 6x^3 - 5x^2 - 4x - 2$ per $B(x) = 3x^2 + 2x + 1$ si ottiene:

    a. $Q(x) = (2x - 3)$ e $R = 1$ **b.** $Q(x) = (2x + 3)$ e $R = 1$

    c. $Q(x) = (2x - 3)$ e $R = 0$ **d.** $Q(x) = (2x + 3)$ e $R = 0$

8 punti

8 Dato il polinomio $b^3 - 2b^2 - b + 2$, indica quali fra i seguenti sono suoi divisori:

    a. $b + 1$ **b.** $b + 2$ **c.** $b + 3$ **d.** $b - 1$ **e.** $b - 2$ **f.** $b - 3$

6 punti

9 La scomposizione corretta del polinomio $8a^3x - 216x$ è:

    a. $8x(a - 3)^2(a + 3)$ **b.** $8x(a - 3)^3$

    c. $x(2a - 6)(4a^2 + 12a + 36)$ **d.** $8x(a - 3)(a^2 + 3a + 9)$

8 punti

10 Dati i polinomi: $4x + 4x^2 + 1$ $\quad 2x^2 - 3x - 2$ $\quad 6x + 12x^2 + 8x^3 + 1$:

   a. il loro *M.C.D.* è: $\quad$ ① $2x + 1$ $\qquad$ ② $(2x + 1)^2$ $\qquad$ ③ $(2x + 1)^3$

   b. il loro *m.c.m.* è: $\quad$ ① $(2x + 1)^3$ $\qquad$ ② $(2x + 1)(x - 2)$ $\qquad$ ③ $(2x + 1)^3(x - 2)$

17 punti

Esercizio	1	2	3	4	5	6	7	8	9	10	Totale
Punteggio											

Voto: $\dfrac{\text{totale}}{10} + 1 =$

ABILITÀ

1 Scomponi i seguenti polinomi mediante raccoglimenti a fattor comune:

   a. $4xy + 12xy^2 + 8x^2y$ $\qquad$ **b.** $6xy - 9ay - 6ax + 4x^2$ $\qquad$ **c.** $3a - 2b + 4c + 6ax - 4bx + 8cx$

9 punti

2 Scomponi i seguenti polinomi riconoscendo anche prodotti notevoli:

   a. $2a^2 - 8ab + 8b^2$ $\qquad\qquad$ **b.** $x^2 + 9y^2 + 4 - 6xy + 4x - 12y$

   c. $a^5 - 81a$ $\qquad\qquad$ **d.** $8a^3 - \dfrac{1}{27}x^3 + \dfrac{2}{3}ax^2 - 4a^2x$

   e. $16x^4 - 1$ $\qquad\qquad$ **f.** $a^4 - 6a^3 + 12a^2 - 8a$

12 punti

3 Scomponi applicando anche le regole sul trinomio caratteristico:

   a. $x^2 - 8x - 20$ $\qquad\qquad$ **b.** $2x^3 - 4x^2 - 6x$ $\qquad\qquad$ **c.** $4a^2 + 6a^2b + 2a^2b^2$

9 punti

4 Calcola quoziente e resto della seguente divisione: $\quad (3x + 13x^2 - 8x^3 + 6x^4 + 3) : (2x^2 + 1)$.

6 punti

5 Calcola quoziente e resto delle seguenti divisioni applicando la regola di Ruffini:

   a. $(3x^3 + 7x^2 + x - 6) : (x + 2)$

   b. $(x^3 - 2x^2 - x - 6) : (x - 3)$

8 punti

6 Scomponi i seguenti polinomi:

   a. $xy^2 - 4xy - 21x$ $\qquad$ **b.** $x^4 + 8xy^3$ $\qquad\qquad$ **c.** $3a^3 - 2a^2 - 5a$

   d. $2x^3 + 3x^2 - 3x - 2$ $\qquad$ **e.** $y^3 - 6y^2 + 11y - 6$ $\qquad$ **f.** $24x^3 + 36x^2y + 18xy^2 + 3y^3$

   g. $3x^4 - 2x^2 - 1$ $\qquad$ **h.** $2abx^2 - 4abx - 8ab - abx^3 + abx^4$

   i. $a^4b - 6a^2b - 27b$ $\qquad$ **l.** $8x^3 + \dfrac{1}{8}b^3$

   m. $x^3 - 2x^2 - 5x + 6$ $\qquad$ **n.** $8x^3 - 4x^2 - 2a^2x + a^2$

36 punti

7 Calcola *M.C.D.* e *m.c.m.* fra i polinomi: $\quad x^4 + 8x \qquad x^2 + 4 + 4x \qquad 3x^3 + 6x^2 - x - 2$.

10 punti

Esercizio	1	2	3	4	5	6	7	Totale
Punteggio								

Voto: $\dfrac{totale}{10} + 1 =$

Soluzioni

CONOSCENZE

1 d.

2 c.

3 d.

4 a. ③, b. ①, c. ④, d. ②

5 a. V, b. F, c. F, d. F, e. V

6 c.

7 a.

8 a., d., e.

9 d.

10 a. ①, b. ③

ABILITÀ

1 a. $4xy(2x + 3y + 1)$; b. $(2x - 3a)(2x + 3y)$; c. $(2x + 1)(3a - 2b + 4c)$

2 a. $2(a - 2b)^2$; b. $(x - 3y + 2)^2$; c. $a(a - 3)(a + 3)(a^2 + 9)$; d. $\left(2a - \dfrac{1}{3}x\right)^3$;
e. $(2x - 1)(2x + 1)(4x^2 + 1)$; f. $a(a - 2)^3$

3 a. $(x + 2)(x - 10)$; b. $2x(x - 3)(x + 1)$; c. $2a^2(b + 2)(b + 1)$

4 $Q(x) = 3x^2 - 4x + 5; R(x) = 7x - 2$

5 a. $Q(x) = 3x^2 + x - 1; R = -4$ b. $Q(x) = x^2 + x + 2$

6 a. $x(y + 3)(y - 7)$;
b. $x(x + 2y)(x^2 - 2xy + 4y^2)$;
c. $a(a + 1)(3a - 5)$;
d. $(x - 1)(x + 2)(2x + 1)$;
e. $(y - 1)(y - 2)(y - 3)$;
f. $3(2x + y)^3$;
g. $(x - 1)(x + 1)(3x^2 + 1)$;
h. $ab(x - 2)(x + 1)(x^2 + 4)$;
i. $b(a - 3)(a + 3)(a^2 + 3)$;
l. $\left(2x + \dfrac{1}{2}b\right)\left(4x^2 - xb + \dfrac{1}{4}b^2\right)$;
m. $(x - 1)(x + 2)(x - 3)$;
n. $(2x - 1)(2x - a)(a + 2x)$

7 m.c.m. $x(x + 2)^2(x^2 - 2x + 4)(3x^2 - 1)$; M.C.D. $x + 2$

Le frazioni algebriche

RAPPORTI FRA POLINOMI

la teoria è a pag. 35

Comprensione

1 Una frazione algebrica ha significato per tutti i valori delle lettere che in essa compaiono tranne:
a. per quelli che rendono nullo il denominatore;
b. per quelli che rendono nullo il numeratore;
c. per quelli che rendono nullo il numeratore oppure il denominatore;
d. per quelli che rendono uguale a 1 il denominatore.

2 La frazione algebrica $\dfrac{x^2 + 4}{x^2 - 3x - 4}$ non ha significato:

a. solo per $x = -1$ **b.** solo per $x = 4$ **c.** per $x = -1$ o $x = 4$ **d.** ha sempre significato

3 Completa:

a. la frazione $\dfrac{x - 2}{x + 1}$ esiste se ...., si annulla se ....

b. la frazione $\dfrac{x + 1}{x^2 + 1}$ si annulla se ...., esiste se ....

c. la frazione $\dfrac{x^2 - 1}{x^2 - 4x + 3}$ per $x = 2$ vale ...., per $x = 1$ ....

4 Determina il valore di verità delle seguenti proposizioni:

a. le frazioni $\dfrac{x}{x - 1}$ e $\dfrac{2x}{x + 1}$ sono equivalenti perchè assumono lo stesso valore per $x = 0$ Ⓥ Ⓕ

b. le frazioni $\dfrac{x}{x - 1}$ e $\dfrac{2x}{x + 1}$ non sono equivalenti   Ⓥ Ⓕ

c. le frazioni $\dfrac{x}{x + 1}$ e $\dfrac{x^2}{x^2 + x}$ sono equivalenti per ogni valore di x diverso da -1 Ⓥ Ⓕ

d. le frazioni $\dfrac{x}{x - 1}$ e $\dfrac{x^2}{x^2 - x}$ sono equivalenti per ogni valore di x diverso da 0 e da 1.   Ⓥ Ⓕ

5 La frazione $\dfrac{3 - y}{2 - y}$ è equivalente a (sono possibili più risposte):

a. $\dfrac{y - 3}{y - 2}$ **b.** $-\dfrac{y - 3}{y - 2}$ **c.** $-\dfrac{3 - y}{y - 2}$ **d.** $-\dfrac{y - 3}{2 - y}$

6 Nell'ambito del suo dominio, la frazione $\dfrac{3a - 6}{a^2 - 5a + 6}$ è uguale a zero:

a. se $a = 6$ **b.** se $a = 2$ o $a = 3$ **c.** se $a = 3$ **d.** mai

7 Considerata la frazione algebrica $\dfrac{x^2 - 1}{x^2 + 3x + 2}$, in quale dei seguenti casi è stata applicata correttamente la proprietà invariantiva?

a. $\dfrac{x^2 - 1 + 4}{x^2 + 3x + 2 + 4}$ **b.** $\dfrac{3x^2 - 3}{3x^2 + 3x + 2}$ **c.** $\dfrac{x - 1}{x + 2}$ **d.** $\dfrac{x^2 + x - 2}{(x + 2)^2}$

Applicazione

Determina le condizioni di esistenza delle seguenti frazioni algebriche.

8 **ESERCIZIO GUIDA**

$$\frac{2x - 5y}{x(y - 3)}$$

Una frazione ha significato se il suo denominatore non è nullo.
Dobbiamo quindi escludere tutti quei valori delle variabili che lo rendono uguale a zero.
Nel nostro caso il denominatore si annulla se $x = 0$ oppure se $y - 3 = 0$ perché un prodotto è zero se almeno uno dei suoi fattori è zero.
Allora, perché la frazione abbia senso deve essere $x \neq 0 \ \wedge \ y - 3 \neq 0$.

9 $\dfrac{2a - b}{b}$; $\qquad \dfrac{x - 2y}{3x}$ **10** $\dfrac{2x + y^2}{3y}$; $\qquad \dfrac{a - b}{a^2}$

11 $\dfrac{a + 2b}{3a}$; $\qquad \dfrac{3a + b}{b - 5}$ **12** $\dfrac{2y - 3}{y + 3}$; $\qquad \dfrac{5y - 2}{y + 7}$

13 $\dfrac{1}{x^3}$; $\qquad \dfrac{2}{3ab}$ **14** $\dfrac{5}{3y^3}$; $\qquad \dfrac{-7}{y - 1}$

15 $\dfrac{x + y}{2x^2y^2}$; $\qquad \dfrac{a + b}{a^2b^2c}$ **16** $\dfrac{2ab}{a - 2}$; $\qquad \dfrac{3}{y + 3}$

17 $\dfrac{b}{a - b}$; $\qquad \dfrac{8}{x + y}$ **18** $\dfrac{1}{x(x - 1)}$; $\qquad \dfrac{a}{2ab^2}$

19 $\dfrac{2}{x - 3}$; $\qquad \dfrac{3}{y + 1}$ **20** $\dfrac{b}{a(b - 1)}$; $\qquad \dfrac{5}{x(x - 2)}$

Indica, fra le seguenti coppie di frazioni, quali sono quelle equivalenti nell'insieme di definizione comune.

21 **ESERCIZIO GUIDA**

$$\frac{x + 1}{x + 2} \qquad \frac{x^2 - 1}{x^2 + x - 2}$$

Le due frazioni, quando esistono, sono equivalenti se $(x + 1)(x^2 + x - 2) = (x^2 - 1)(x + 2)$
Sviluppando separatamente i due membri dell'uguaglianza ottieni:
I membro: $(x + 1)(x^2 + x - 2) = $ ....
II membro: $(x^2 - 1)(x + 2) = $ ....
Puoi quindi concludere che ....

22 $\dfrac{2a}{a - 1}$; $\qquad \dfrac{a^2}{\dfrac{1}{2}a^2 - \dfrac{1}{2}a}$ **23** $\dfrac{3x - 2}{3x}$; $\qquad \dfrac{3x - 2 + 6}{3x + 6}$

24 $\dfrac{x^2-1}{x^2-x-2}$; $\qquad \dfrac{x-1}{x-2}$

25 $\dfrac{x-2y}{x+2y}$; $\qquad \dfrac{2y-x}{x+2y}$

26 $\dfrac{x-3}{3-x}$; $\qquad \dfrac{2x+1}{-2x-1}$

27 $\dfrac{2x-y}{x}$; $\qquad \dfrac{y-2x}{-x}$

28 $\dfrac{x^2-25}{(x-5)(x+5)}$; $\qquad \dfrac{(x-3)(x+3)}{x^2-9}$

29 $\dfrac{x+3}{x^2+5x+6}$; $\qquad \dfrac{1}{x+2}$

30 $\dfrac{3x-3y}{x^2+y^2-2xy}$; $\qquad \dfrac{-3}{y-x}$

31 $\dfrac{x^2+y^2}{6x}$; $\qquad \dfrac{x+y^2}{6}$

32 $\dfrac{5x^2-20}{3x^3-24}$; $\qquad \dfrac{5x+10}{3x^2+6x+12}$

33 $\dfrac{y^2+5y-6}{y^2-1}$; $\qquad \dfrac{y+6}{y-1}$

34 $\dfrac{x^2+x}{x^2-1}$; $\qquad \dfrac{x}{1-x}$

35 $\dfrac{y-1}{x-y}$; $\qquad \dfrac{y^2-1}{xy-x-y^2+y}$

Completa in modo che le seguenti coppie di frazioni siano equivalenti.

36 $\dfrac{x-2}{x-5}=\dfrac{2-x}{....}$ $\qquad \dfrac{y+1}{2-x}=-\dfrac{y+1}{....}$ $\qquad -\dfrac{x-3}{y-2}=\dfrac{....}{y-2}$

37 $-\dfrac{x-6}{y-1}=\dfrac{....}{1-y}$ $\qquad -\dfrac{4+x}{2x-1}=\dfrac{4+x}{.....}$ $\qquad \dfrac{(x-1)^2}{(1-x)^2}=.....$

38 $-\dfrac{(y-3)^3}{(3-y)^3}=....$ $\qquad \dfrac{(a-3)^3}{(3-a)^3}=......$ $\qquad -\dfrac{-(x+2y)}{x-y}=\dfrac{........}{y-x}$

LA SEMPLIFICAZIONE DELLE FRAZIONI ALGEBRICHE

la teoria è a pag. 38

Comprensione

39 Semplificando la frazione $\dfrac{x^3+y^3}{x+y}$ si ottiene:

a. x^2+y^2 $\qquad$ **b.** x^2-y^2 $\qquad$ **c.** x^2-xy+y^2 $\qquad$ **d.** x^2+xy+y^2

40 Semplificando la frazione $\dfrac{a^2+b^2}{a+b}$ si ottiene:

a. $a+b$ $\qquad$ **b.** $a-b$ $\qquad$ **c.** $\dfrac{a^2+b^2}{a+b}$ perché è irriducibile

41 Barra vero o falso.

a. Semplificando la frazione $\dfrac{a^2+b^2}{ab}$ si ottiene $a+b$. $\qquad$ Ⅴ Ⅎ

b. Semplificando la frazione $\dfrac{2a+b}{2a-3c}$ si ottiene $\dfrac{b}{-3c}$. $\qquad$ Ⅴ Ⅎ

c. Semplificando la frazione $\dfrac{5ab}{2a^2b}$ si ottiene $\dfrac{5}{2a}$. $\qquad$ Ⅴ Ⅎ

d. Semplificando la frazione $\dfrac{2a^2-3ab^2}{6ab}$ si ottiene $\dfrac{2a-3b^2}{6b}$. $\qquad$ Ⅴ Ⅎ

e. La frazione $\dfrac{x^2-9}{x^2+1}$ è irriducibile. $\qquad$ Ⅴ Ⅎ

42 Scegli, fra quelli indicati, il risultato corretto della semplificazione delle seguenti frazioni:

a. $\dfrac{(x-1)^2}{(1-x)^2 b}:$ ① $\dfrac{1}{b}$ ② $-\dfrac{1}{b}$ ③ nessuno dei precedenti

b. $\dfrac{(a-2b)^3}{(2b-a)^2}:$ ① $a-2b$ ② $2b-a$ ③ nessuno dei precedenti

c. $\dfrac{ax-x^2}{ax}:$ ① $-x^2$ ② x ③ nessuno dei precedenti

43 Associa a ciascuna frazione quella ad essa equivalente ottenuta semplificando:

a. $\dfrac{16a^3 b^4}{24a^4 b^4}$ **b.** $\dfrac{2a^2 + ab}{a}$ **c.** $\dfrac{8a^3 + b^3}{2a^2 + ab}$ **d.** $\dfrac{-3b + ab^2}{a^2 b^2 - 2ab - 3}$

① $\dfrac{4a^2 - 2ab + b^2}{a}$ ② $\dfrac{b}{ab+1}$ ③ $\dfrac{2}{3a}$ ④ $2a+b$

Applicazione

N.B.: Negli esercizi che seguono sono sottointese le condizioni di esistenza.

Semplifica le seguenti frazioni algebriche.

44 ### ESERCIZIO GUIDA

- $\dfrac{6x^2 y^3}{3x^4 y}$

Per semplificare una frazione algebrica occorre dividere numeratore e denominatore per il *M.C.D.* dei due termini applicando la proprietà invariantiva.

In questo caso $M.C.D.(6x^2 y^3, 3x^4 y) = 3x^2 y$, quindi $\dfrac{6x^2 y^3 : 3x^2 y}{3x^4 y : 3x^2 y} = \dfrac{2y^2}{x^2}$

Più semplicemente di solito si scrive così $\dfrac{\overset{2}{\cancel{6}} \cancel{x^2} y^{\cancel{3}2}}{\cancel{3} x^{\cancel{4}2} \cancel{y}} = \dfrac{2y^2}{x^2}$

- $\dfrac{4a^2 b^3}{xy}$

Numeratore e denominatore di questa frazione non hanno fattori comuni, perché $M.C.D.(4a^2 b^2, xy) = 1$, la frazione è irriducibile.

45 $\dfrac{a^3 bc}{ab};$ $\dfrac{4x^3 y^4 z}{16xy^5};$ $\dfrac{-7x^5 y^7}{21x^4 y^3}$ $\left[a^2 c; \; \dfrac{x^2 z}{4y}; \; -\dfrac{1}{3} xy^4 \right]$

46 $\dfrac{15a^6 b^3 c}{3a^4 b};$ $\dfrac{18a^3 b^2 c^4}{-36a^7 b^4 c^5};$ $\dfrac{-20x^5 y^8 z^{10}}{30x^8 y^6 z^4}$ $\left[5a^2 b^2 c; \; -\dfrac{1}{2a^4 b^2 c}; \; -\dfrac{2y^2 z^6}{3x^3} \right]$

47 $\dfrac{5x^2 y^3}{25x^4 z};$ $\dfrac{-4a^6 b^2}{-8a^{12} b^4};$ $\dfrac{t^{12} z^{10}}{-t^3 z^{12}}$ $\left[\dfrac{y^3}{5x^2 z}; \; \dfrac{1}{2a^6 b^2}; \; -\dfrac{t^9}{z^2} \right]$

48 $\dfrac{3a^3 x^2 z}{9az^2};$ $\dfrac{8x^6}{4x^5};$ $\dfrac{2b^6 y^4}{12b^6 y}$ $\left[\dfrac{a^2 x^2}{3z}; \; 2x; \; \dfrac{y^3}{6} \right]$

49 $\dfrac{12a^7 b^9 c^{15}}{24b^8 c^{11}};$ $\dfrac{8b^4 ac^3}{-24b^5 c^5};$ $\dfrac{2x^{18} y^{16}}{4x^{10} y^4}$ $\left[\dfrac{a^7 bc^4}{2}; \; -\dfrac{a}{3bc^2}; \; \dfrac{x^8 y^{12}}{2} \right]$

$$\frac{7x^3 + 7}{14x^2 - 14}$$

Per semplificare la frazione dobbiamo prima scomporre i polinomi al numeratore e al denominatore:

$$\frac{7(x^3 + 1)}{14(x^2 - 1)} = \frac{7(x + 1)(x^2 - x + 1)}{14(x + 1)(x - 1)}$$

Dividiamo i termini della frazione per il fattore comune $7(x + 1)$

$$\frac{7(x + 1)(x^2 - x + 1)}{14(x + 1)(x - 1)} = \frac{x^2 - x + 1}{2(x - 1)}$$

51 $\dfrac{x^2 + 3x}{7x + 21}$; $\qquad$ $\dfrac{5ab}{15a^2 + 15ab}$ $\qquad$ $\left[\dfrac{x}{7} ; \dfrac{b}{3(a + b)}\right]$

52 $\dfrac{3x}{3x + 9}$; $\qquad$ $\dfrac{-5x + 10}{x - 2}$ $\qquad$ $\left[\dfrac{x}{x + 3} ; -5\right]$

53 $\dfrac{5y - 10}{5y}$; $\qquad$ $\dfrac{x^2 + 1}{x - 1}$ $\qquad$ $\left[\dfrac{y - 2}{y} ; \dfrac{x^2 + 1}{x - 1}\right]$

54 $\dfrac{6xy + 3y}{9y}$; $\qquad$ $\dfrac{-2x^2 - 2x}{5x + 5}$ $\qquad$ $\left[\dfrac{2x + 1}{3} ; -\dfrac{2x}{5}\right]$

55 $\dfrac{-a^2 - 2a}{-a}$; $\qquad$ $\dfrac{4a^2 + 4a + 1}{4a^2 - 1}$ $\qquad$ $\left[a + 2; \dfrac{2a + 1}{2a - 1}\right]$

56 $\dfrac{4a - 4}{2 - 2a^2}$; $\qquad$ $\dfrac{1 - 2xy}{4x^2y^2 - 4xy + 1}$ $\qquad$ $\left[-\dfrac{2}{a + 1} ; \dfrac{1}{1 - 2xy}\right]$

57 $\dfrac{4z^3 + 16z + 16z^2}{3z + 6}$; $\qquad$ $\dfrac{x^3 + 1}{x^2 + x + 1}$ $\qquad$ $\left[\dfrac{4}{3}z(z + 2); \text{irriducibile}\right]$

58 $\dfrac{4x^2 - 4x + 1}{7x - 2x^2 - 3}$; $\qquad$ $\dfrac{2x^3 - 16}{2x^2 + 4x + 8}$ $\qquad$ $\left[\dfrac{1 - 2x}{x - 3} ; x - 2\right]$

59 $\dfrac{x^2 - y^2}{3x^3y^3 - 3x^2y^4}$; $\qquad$ $\dfrac{a^2 + 6a + 9}{a^2 - 9}$ $\qquad$ $\left[\dfrac{x + y}{3x^2y^3} ; \dfrac{a + 3}{a - 3}\right]$

60 $\dfrac{4x^3 - 4x^2}{16x^3}$; $\qquad$ $\dfrac{12xy - 16y^2}{6x - 8y}$ $\qquad$ $\left[\dfrac{x - 1}{4x} ; 2y\right]$

61 $\dfrac{3x^2 + 5x - 2}{(1 - 3x)^2}$; $\qquad$ $\dfrac{2x^3 - 16}{2x^2 + 4x + 8}$ $\qquad$ $\left[\dfrac{x + 2}{3x - 1} ; x - 2\right]$

62 $\dfrac{ax - x - 2a + 2}{ax^2 - x^2 - 4a + 4}$; $\qquad$ $\dfrac{ax + ay - y - x}{ax^2 - ay^2}$ $\qquad$ $\left[\dfrac{1}{x + 2} ; \dfrac{a - 1}{a(x - y)}\right]$

63 $\dfrac{3a^2y - 6ay^2}{4a^2y - 2a^3}$; $\qquad$ $\dfrac{x^2y^3z^2}{x^2 + y^3 + z^2}$ $\qquad$ $\left[-\dfrac{3y}{2a} ; \text{irriducibile}\right]$

64 $\dfrac{5x + 5y}{3x + 3y + ax + ay}$; $\qquad$ $\dfrac{(y - 1)^2 - 2y + 2}{4 - (y - 1)^2}$ $\qquad$ $\left[\dfrac{5}{3 + a} ; \dfrac{1 - y}{1 + y}\right]$

65 $\dfrac{3ab + 3a - 3(b + 1)^2}{b^2 - 1}$; $\qquad$ $\dfrac{4x^2 - xy - 4x + y}{1 - x^2}$ $\qquad$ $\left[\dfrac{3(a - b - 1)}{b - 1} ; \dfrac{y - 4x}{x + 1}\right]$

66 $\dfrac{2-2y-y^2+y^3}{1-y+3y^2-3y^3};$ $\dfrac{a^3-8-6a^2+12a}{a^3-8}$ $\left[\dfrac{2-y^2}{1+3y^2};\dfrac{(a-2)^2}{a^2+2a+4}\right]$

67 $\dfrac{a^3-a^2+3a^2(a-1)}{16a^2+16-32a};$ $\dfrac{7z^2-28}{2z^2+8+8z}$ $\left[\dfrac{a^2}{4(a-1)};\dfrac{7(z-2)}{2(z+2)}\right]$

68 $\dfrac{100-81t^2}{-300t-243t^3+540t^2};$ $\dfrac{25-9x^2}{25+9x^2+30x}$ $\left[\dfrac{10+9t}{3t(9t-10)};\dfrac{5-3x}{5+3x}\right]$

69 $\dfrac{(3x-1)^2-(x-3)^2}{x^3-x^2+4x-4};$ $\dfrac{24x^2-6}{8x^2-8x+2}$ $\left[\dfrac{8(x+1)}{x^2+4};\dfrac{3(2x+1)}{2x-1}\right]$

70 $\dfrac{3x^2-75}{6x^2-36x+30};$ $\dfrac{a^2+b^2}{2a^2-2b^2}$ $\left[\dfrac{x+5}{2(x-1)};\text{irriducibile}\right]$

71 $\dfrac{y^3-3ay^2+3a^2y-a^3}{y^3-a^3};$ $\dfrac{a^2+2a+1}{4a^2+28a+24}$ $\left[\dfrac{(y-a)^2}{y^2+ay+a^2};\dfrac{a+1}{4(a+6)}\right].$

72 $\dfrac{ax^2-4a}{6x^2+24x+24};$ $\dfrac{x^6+x^3y^4}{x^6-y^8}$ $\left[\dfrac{a(x-2)}{6(x+2)};\dfrac{x^3}{x^3-y^4}\right]$

73 $\dfrac{x^2+9+6x}{-2x^2+6x+36};$ $\dfrac{x^2+1+4y^2-2x+4xy-4y}{x^2+4y^2+4xy-1}$ $\left[\dfrac{x+3}{2(6-x)};\dfrac{x-1+2y}{x+2y+1}\right]$

74 $\dfrac{a^2+2a+1-y^2}{(y+a)^2-1};$ $\dfrac{8x^3+36x^2+54x+27}{24x^2-54}$ $\left[\dfrac{a+1-y}{a+y-1};\dfrac{(2x+3)^2}{6(2x-3)}\right]$

75 $\dfrac{3a^3-a+1-3a^2}{9a^4-1};$ $\dfrac{x^2-2xy-15y^2}{x^2-8xy+15y^2}$ $\left[\dfrac{a-1}{3a^2+1};\dfrac{x+3y}{x-3y}\right]$

76 $\dfrac{2a-4}{4a^3-32-24a^2+48a};$ $\dfrac{z^3+3z^2-4z-12}{3z^2+15z+18}$ $\left[\dfrac{1}{2(a-2)^2};\dfrac{z-2}{3}\right]$

77 $\dfrac{(2a+6b)^3-8a^3}{72ab};$ $\dfrac{27-x^3}{x^2-9}$ $\left[\dfrac{a^2+3ab+3b^2}{a};-\dfrac{x^2+3x+9}{x+3}\right]$

78 $\dfrac{a^6-b^6}{(a^2+b^2)^2-a^2b^2};$ $\dfrac{32x^4+8y^4}{4x^4-y^4}$ $[a^2-b^2;\text{irriducibile}]$

79 $\dfrac{x^2-2x-3}{9-x^2};$ $\dfrac{(2a-2b)^2}{8a^3-8b^3}$ $\left[-\dfrac{x+1}{x+3};\dfrac{a-b}{2(a^2+ab+b^2)}\right]$

80 $\dfrac{a^3+3a^2+3a+2}{9a^3-9};$ $\dfrac{z^2-(a+b)z+ab}{z^2+a^2-2az}$ $\left[\dfrac{a+2}{9(a-1)};\dfrac{z-b}{z-a}\right]$

81 $\dfrac{12ay-3y^2-12a^2}{y^2+ay-6a^2};$ $\dfrac{5x^3+5y^3}{10(x-y)^2+10xy}$ $\left[\dfrac{3(2a-y)}{y+3a};\dfrac{x+y}{2}\right]$

82 $\dfrac{8a^3-27b^3}{8a^3b+12a^2b^2+18ab^3};$ $\dfrac{a^2-15a+56}{2a^2-2a-112}$ $\left[\dfrac{2a-3b}{2ab};\dfrac{a-7}{2(a+7)}\right]$

83 $\dfrac{4x^3-8x^2-3x+9}{2x^3-3x^2-2x+3};$ $\dfrac{a^4+a^3-a^2+a-2}{a^4-1}$ $\left[\dfrac{2x-3}{x-1};\dfrac{a+2}{a+1}\right]$

84 $\dfrac{x^6-y^6}{(x^2-y^2)[(x^2+y^2)^2-x^2y^2]};$ $\dfrac{x^2+1+y^4+2x-2y^2-2xy^2}{x^2-1-y^4+2y^2}$ $\left[1;\dfrac{x-y^2+1}{-1+x+y^2}\right]$

85 $\dfrac{a^6 - a^3 y^3}{a^4 + a^3 - ay^3 - y^3};$ $\qquad \dfrac{16b^2 - (2a+b)^2}{2ab - 3b^2 - 2a + 3b}$ $\qquad \left[\dfrac{a^3}{a+1}; \dfrac{2a+5b}{1-b}\right]$

86 $\dfrac{4 + (2z-1)^2 + 4(2z-1)}{8z^3 + 1 + 12z^2 + 6z};$ $\qquad \dfrac{4x^4 + 4x^3 - 80x^2}{8x^5 + 32x^4 - 40x^3}$ $\qquad \left[\dfrac{1}{2z+1}; \dfrac{x-4}{2x(x-1)}\right]$

87 $\dfrac{5x^2 - 5xy - 3x + 3y}{5x^2 + 5xy - 3x - 3y};$ $\qquad \dfrac{x^4 - y^4 + x^2 - y^2}{x^3 + xy^2 + x + yx^2 + y^3 + y}$ $\qquad \left[\dfrac{x-y}{x+y}; x-y\right]$

88 $\dfrac{a^4 + a^3 b - a^2 b^2 + ab^3 - 2b^4}{a^4 - b^4};$ $\qquad \dfrac{x^2 - (2+a)x + 2a}{\dfrac{1}{5}x^2 - \dfrac{4}{5}x + \dfrac{4}{5}}$ $\qquad \left[\dfrac{a+2b}{a+b}; \dfrac{5(x-a)}{x-2}\right]$

89 $\dfrac{2x^3 - 7x^2 + 2x + 3}{x^3 - 3x^2 - x + 3};$ $\qquad \dfrac{2x^2 + 5x - 12}{2x^3 + 4x - 3x^2 - 6}$ $\qquad \left[\dfrac{2x+1}{x+1}; \dfrac{x+4}{x^2+2}\right]$

90 $\dfrac{a^3 + 2a^2 - 13a + 10}{(a^2 + 1 - 2a)(3a^2 + 9a - 30)};$ $\qquad \dfrac{2a^3 + a^2 - 2ab^2 - b^2}{2a^2 - 2ab + a - b}$ $\qquad \left[\dfrac{1}{3(a-1)}; a+b\right]$

CORREGGI GLI ERRORI

91 $\dfrac{\cancel{3}x + y}{\cancel{3}} = x + y$

92 $\dfrac{x^2 - y^2}{x - \cancel{y}} = x - y$

93 $\dfrac{4x^{\cancel{6}2}\,y^{\cancel{2}}}{3x^{\cancel{3}}y^{\cancel{8}4}} = \dfrac{4x^2 y}{3xy^4}$

94 $\dfrac{4(a-1)}{2(1 - a^2)} = \dfrac{{}^2\cancel{4}(a-1)}{\cancel{2}(1-a)(1+a)} = \dfrac{2}{1+a}$

95 $\dfrac{a^{\cancel{2}} + b^{\cancel{2}}}{\cancel{a} + \cancel{b}} = a + b$

96 $\dfrac{x^2 + y^2}{(x+y)^2} = 1$

97 $\dfrac{(x+2)\,\cancel{(3x-1)}}{(1-3x)^{\cancel{2}}} = \dfrac{x+2}{1-3x}$

98 $\dfrac{x(x-y) + 2x}{2x} = x(x-y)$

99 $\dfrac{5a(a+b)}{5a - 1} = \dfrac{a+b}{-1}$

100 $\dfrac{x+y}{(x+y)^2 + 1} = \dfrac{1}{x+y+1}$

101 $\dfrac{x(a-b) + y}{\cancel{x}} = a - b + y$

102 $\dfrac{a^6 - b^4}{a^6 - a^3 b^2 + b^2} = \dfrac{\cancel{(a^3 - b^2)}(a^3 + b^2)}{a^3\cancel{(a^3 - b^2)} + b^2} = \dfrac{a^3 + b^2}{a^3 + b^2} = 1$

L'ADDIZIONE E LA SOTTRAZIONE

la teoria è a pag. 40

> **RICORDA**
>
> • Se due frazioni hanno lo stesso denominatore: $\dfrac{A}{B} + \dfrac{C}{B} = \dfrac{A+C}{B}$
>
> • se due frazioni hanno denominatori diversi, per eseguire l'addizione o la sottrazione si devono trovare le frazioni ad esse equivalenti che hanno lo stesso denominatore; come denominatore comune si sceglie il *m.c.m.* fra i denominatori.

Comprensione

103 Il denominatore comune fra le seguenti frazioni $\dfrac{3}{2x-1}$, $\dfrac{x}{2-x}$, $\dfrac{1-x}{2x^2 - 5x + 2}$ è:

a. $(2x-1)(x-2)$ **b.** $(2x^2-5x+2)(2x-1)(2-x)$

c. $(2x^2-5x+2)(2-x)$ **d.** $(2x^2-5x+2)(2x-1)$

104 Considerate le seguenti frazioni $\dfrac{x}{x+1}$ $\dfrac{x-1}{x}$ $\dfrac{x+1}{x^2}$:

a. il *m.c.m.* fra i denominatori è:

① $x(x+1)$ ② $x^3(x+1)$ ③ $x^2(x+1)$ ④ x^2

b. riducendole allo stesso denominatore si ottiene:

① $\dfrac{x^2}{x^2(x+1)}$ $\dfrac{(x-1)(x+1)}{x^2(x+1)}$ $\dfrac{(x+1)^2}{x^2(x+1)}$ ② $\dfrac{x^2+1}{x^2}$ $\dfrac{x(x-1)}{x^2}$ $\dfrac{x+1}{x^2}$

③ $\dfrac{x^2}{x(x+1)}$ $\dfrac{(x-1)(x+1)}{x(x+1)}$ $\dfrac{x+1}{x(x+1)}$ ④ $\dfrac{x^3}{x^2(x+1)}$ $\dfrac{x(x-1)(x+1)}{x^2(x+1)}$ $\dfrac{(x+1)^2}{x^2(x+1)}$

105 Eseguendo l'addizione $\dfrac{2}{x}+\dfrac{x}{x-1}$ si ottiene:

a. $\dfrac{2+x}{x-1}$ **b.** $\dfrac{2+x-1}{x}$ **c.** $\dfrac{2(x-1)+x}{x(x-1)}$ **d.** $\dfrac{2(x-1)+x^2}{x(x-1)}$

Applicazione

Riduci allo stesso denominatore i gruppi di frazioni dei seguenti esercizi.

106   **ESERCIZIO GUIDA**

• $\dfrac{2}{3a}$ $\dfrac{5b}{2a^2}$ $\dfrac{a}{b^2}$

Le frazioni assegnate sono irriducibili; il *m.c.m.* fra i denominatori è $6a^2b^2$; dividiamo $6a^2b^2$ per ciascun denominatore e moltiplichiamo il quoziente ottenuto per ciascun numeratore:

$$\frac{2}{3a}=\frac{2\cdot 2ab^2}{6a^2b^2}=\frac{4ab^2}{6a^2b^2} \qquad \frac{5b}{2a^2}=\frac{5b\cdot 3b^2}{6a^2b^2}=\frac{15b^3}{6a^2b^2} \qquad \frac{a}{b^2}=\frac{a\cdot 6a^2}{6a^2b^2}=\frac{6a^3}{6a^2b^2}$$

• $\dfrac{x+a}{x^2-1}$ $\dfrac{x-ax}{x^3-x^2}$ $\dfrac{x+a}{x}$

Semplifichiamo dapprima la seconda frazione e scomponiamo il denominatore della prima:

$$\frac{x+a}{(x-1)(x+1)} \qquad \frac{x-ax}{x^3-x^2}=\frac{\cancel{x}(1-a)}{x^{\cancel{2}}(x-1)}=\frac{1-a}{x(x-1)} \qquad \frac{x+a}{x}$$

Il *m.c.m.* fra i denominatori delle tre frazioni è $x(x-1)(x+1)$, quindi:

$$\frac{x+a}{(x-1)(x+1)}=\frac{x(x+a)}{x(x-1)(x+1)} \qquad \frac{1-a}{x(x-1)}=\frac{(1-a)(x+1)}{x(x-1)(x+1)} \qquad \frac{x+a}{x}=\frac{(x+a)(x+1)(x-1)}{x(x-1)(x+1)}$$

107 $\dfrac{7}{x}$; $\dfrac{2a}{y}$; $\dfrac{3}{2x^2y}$ $\left[\dfrac{14xy}{2x^2y}\,;\,\dfrac{4ax^2}{2x^2y}\,;\,\dfrac{3}{2x^2y}\right]$

108 $-\dfrac{2}{x^2}$; $\dfrac{a}{2x}$; $\dfrac{b}{3x^3}$ $\left[-\dfrac{12x}{6x^3}\,;\,\dfrac{3ax^2}{6x^3}\,;\,\dfrac{2b}{6x^3}\right]$

109 $\dfrac{4a^2}{a^5}$; $\dfrac{6}{2a}$; $\dfrac{8}{a^2}$ $\left[\dfrac{4}{a^3}\,;\,\dfrac{3a^2}{a^3}\,;\,\dfrac{8a}{a^3}\right]$

110 $\dfrac{a}{2yx^2}$; $\qquad \dfrac{x+y}{8xy^2}$; $\qquad \dfrac{b}{4x^2y^2}$ $\qquad\qquad \left[\dfrac{4ay}{8x^2y^2}; \dfrac{x(x+y)}{8x^2y^2}; \dfrac{2b}{8x^2y^2}\right]$

111 $\dfrac{1}{x+y}$; $\qquad \dfrac{3a}{2x+2y}$; $\qquad \dfrac{7}{3x+3y}$ $\qquad\qquad \left[\dfrac{6}{6(x+y)}; \dfrac{9a}{6(x+y)}; \dfrac{14}{6(x+y)}\right]$

112 $\dfrac{a+b}{7a-7b}$; $\qquad \dfrac{5a}{5a-5b}$; $\qquad \dfrac{2b}{2a-2b}$ $\qquad\qquad \left[\dfrac{(a+b)}{7(a-b)}; \dfrac{7a}{7(a-b)}; \dfrac{7b}{7(a-b)}\right]$

113 $\dfrac{-y^2}{3x^2-3y^2}$; $\qquad \dfrac{2y+2x}{6x-6y}$; $\qquad \dfrac{3x^2}{9x+9y}$ $\qquad \left[\dfrac{-y^2}{3(x^2-y^2)}; \dfrac{(x+y)^2}{3(x^2-y^2)}; \dfrac{x^2(x-y)}{3(x^2-y^2)}\right]$

114 $\dfrac{1-a}{a^2-1}$; $\qquad \dfrac{3a}{a^2+2a+1}$; $\qquad \dfrac{4}{2a+2}$ $\qquad \left[\dfrac{-(a+1)}{(a+1)^2}; \dfrac{3a}{(a+1)^2}; \dfrac{2(a+1)}{(a+1)^2}\right]$

115 $\dfrac{4}{a^2-3a}$; $\qquad \dfrac{a-3}{2a}$; $\qquad \dfrac{5a}{2a-6}$ $\qquad \left[\dfrac{8}{2a(a-3)}; \dfrac{(a-3)^2}{2a(a-3)}; \dfrac{5a^2}{2a(a-3)}\right]$

116 $\dfrac{3+2a}{4a^2+9+12a}$; $\qquad \dfrac{5a}{10a+15}$; $\qquad \dfrac{-7a^2}{4a^2-9}$ $\quad \left[\dfrac{2a-3}{(2a-3)(2a+3)}; \dfrac{a(2a-3)}{(2a-3)(2a+3)}; \dfrac{-7a^2}{(2a-3)(2a+3)}\right]$

117 $\dfrac{x-2}{-6x+6y}$; $\qquad \dfrac{y+1}{x^2-y^2}$; $\qquad \dfrac{2}{3x+3y}$ $\qquad \left[\dfrac{(2-x)(x+y)}{6(x^2-y^2)}; \dfrac{6(y+1)}{6(x^2-y^2)}; \dfrac{4(x-y)}{6(x^2-y^2)}\right]$

118 $\dfrac{2-3x}{9x^2+4-12x}$; $\qquad \dfrac{4y}{24x-16}$; $\qquad \dfrac{-3x^2}{9x^2-4}$ $\quad \left[\dfrac{2(2+3x)}{2(4-9x^2)}; \dfrac{-y(2+3x)}{2(4-9x^2)}; \dfrac{6x^2}{2(4-9x^2)}\right]$

Esegui le addizioni e sottrazioni fra le seguenti frazioni algebriche.

119 **ESERCIZIO GUIDA**

$$\dfrac{x+3y}{2x}+\dfrac{2y-x}{6y}= \qquad\qquad \text{Il } m.c.m. \text{ fra i denominatori è } 6xy$$

$$=\dfrac{3y(x+3y)+x(2y-x)}{6xy}=\dfrac{3xy+9y^2+2xy-x^2}{6xy}=\dfrac{9y^2+5xy-x^2}{6xy}$$

120 $\dfrac{4x}{y}-\dfrac{9x}{4y}$; $\qquad\qquad \dfrac{a}{2b}+5-\dfrac{3a}{2b^2}$ $\qquad\qquad \left[\dfrac{7x}{4y}; \dfrac{ab+10b^2-3a}{2b^2}\right]$

121 $2x+\dfrac{3x}{y}-\dfrac{4x}{2}$; $\qquad\qquad \dfrac{2a+3}{8a}-\dfrac{a-2}{4a^2}$ $\qquad\qquad \left[\dfrac{3x}{y}; \dfrac{2a^2+a+4}{8a^2}\right]$

122 $\dfrac{3}{2x}+\dfrac{4}{3y}$; $\qquad\qquad \dfrac{x}{9}+\dfrac{2y}{27}-xy$ $\qquad\qquad \left[\dfrac{9y+8x}{6xy}; \dfrac{3x+2y-27xy}{27}\right]$

123 $\dfrac{1}{2z}+\dfrac{2}{3z}-\dfrac{1}{z}$; $\qquad\qquad \dfrac{5}{12a^2}+\dfrac{1}{4a}-\dfrac{2}{4a^2}$ $\qquad\qquad \left[\dfrac{1}{6z}; \dfrac{3a-1}{12a^2}\right]$

124 $\dfrac{3}{a}+\dfrac{a-6}{2a}-\dfrac{1}{3}$; $\qquad\qquad \dfrac{9}{a^3b}-\dfrac{a^2}{a^3b^3}$ $\qquad\qquad \left[\dfrac{1}{6}; \dfrac{9b^2-a^2}{a^3b^3}\right]$

125 $-3b+\dfrac{1}{2a}$; $\qquad\qquad \dfrac{3x+1}{4}-\dfrac{x-1}{6}+\dfrac{x+2}{3}$ $\qquad\qquad \left[\dfrac{1-6ab}{2a}; \dfrac{11x+13}{12}\right]$

126 $\dfrac{5}{a^2}-1$; $\qquad\qquad \dfrac{3}{10ab^2}-\dfrac{2}{5a^2}+\dfrac{1}{2b^2}$ $\qquad\qquad \left[\dfrac{5-a^2}{a^2}; \dfrac{3a-4b^2+5a^2}{10a^2b^2}\right]$

127 $\dfrac{x-4y}{15}+\dfrac{x-y}{3}-\dfrac{3x-4y}{5}$; $-\dfrac{7a-5b}{8}+\dfrac{5a-3b}{2}-a$ $\left[\dfrac{y-x}{5}\ ;\ \dfrac{5a-7b}{8}\right]$

128 🔴 **ESERCIZIO GUIDA**

$$\dfrac{x-2}{x+1}-\dfrac{x}{x-1}$$

Il m.c.m. fra i denominatori è $(x+1)(x-1)$: $\dfrac{(x-2)(x-1)-x(x+1)}{(x+1)(x-1)}$

Svolgiamo il calcolo al numeratore: $\dfrac{x^2-x-2x+2-x^2-x}{(x+1)(x-1)}=\dfrac{-4x+2}{(x+1)(x-1)}$

La frazione ottenuta è irriducibile.

129 $\dfrac{y}{2y-3}-3$; $1-\dfrac{x+a}{x-a}$ $\left[\dfrac{9-5y}{2y-3}\ ;\ \dfrac{2a}{a-x}\right]$

130 $\dfrac{1}{z-3}+\dfrac{4}{5z-15}$; $\dfrac{3}{ab}-\dfrac{2}{ab-1}$ $\left[\dfrac{9}{5(z-3)}\ ;\ \dfrac{ab-3}{ab(ab-1)}\right]$

131 $\dfrac{x+2}{x^2-9}+\dfrac{2}{3x+9}$; $\dfrac{2x-4y}{20xy}-\dfrac{8y+3z}{30yz}$ $\left[\dfrac{5x}{3(x^2-9)}\ ;\ \dfrac{3z+4x}{-15xz}\right]$

132 $\dfrac{3}{7a+7}-\dfrac{a-5}{14a+14}$; $\dfrac{a}{x+1}+\dfrac{a+b}{x^2-1}-\dfrac{b}{x-1}$ $\left[\dfrac{11-a}{14(a+1)}\ ;\ \dfrac{x(a-b)}{(x^2-1)}\right]$

133 $\dfrac{1}{2x-5}+\dfrac{1}{2x+5}-\dfrac{10}{4x^2-25}$; $\dfrac{1}{x-1}-\dfrac{1}{2x-2}+\dfrac{2}{5x-5}$ $\left[\dfrac{2}{2x+5}\ ;\ \dfrac{9}{10(x-1)}\right]$

134 $\dfrac{3}{y^2}-\dfrac{1}{y}+\dfrac{1}{y+2}$; $\dfrac{2x}{x+3}-\dfrac{3x-1}{2x+6}+\dfrac{3}{3x+9}$ $\left[\dfrac{y+6}{y^2(y+2)}\ ;\ \dfrac{1}{2}\right]$

135 🔴 **ESERCIZIO GUIDA**

$$\dfrac{3}{y-2}+\dfrac{9}{10-5y}-\dfrac{y+2}{y^2-4}$$

Scomponiamo i denominatori $\dfrac{3}{y-2}+\dfrac{9}{5(2-y)}-\dfrac{y+2}{(y+2)(y-2)}$

Osserviamo che il denominatore della seconda frazione differisce da quello della prima (e anche della terza) per il segno e che inoltre la terza frazione, supponendo $y+2\neq 0$, può essere semplificata. Ottieni così

$$\dfrac{3}{y-2}-\dfrac{9}{5(y-2)}-\dfrac{1}{(y-2)}\qquad\left[\dfrac{1}{5(y-2)}\right]$$

136 $\dfrac{a-1}{a+1}-\dfrac{15a+11}{1-a^2}+\dfrac{3a}{a-1}$; $\dfrac{4b}{b-y}+\dfrac{5b}{b+y}-\dfrac{8by}{b^2-y^2}$. $\left[\dfrac{4(a+3)}{a-1}\ ;\ \dfrac{9b}{b+y}\right]$

137 $\dfrac{2-ay}{y^2-1}+\dfrac{6a+1}{y+1}-\dfrac{5a+1}{y-1}$; $\dfrac{2y^2-xy}{2x-4y}+\dfrac{x^2-2xy}{6y-3x}+\dfrac{y}{2}$ $\left[-\dfrac{11a}{y^2-1}\ ;\ -\dfrac{x}{3}\right]$

138 $\dfrac{1}{y-1}+\dfrac{5-y}{2y^2-2}+\dfrac{3}{6y+6}$; $\dfrac{1}{x-1}+x^2+x+1$ $\left[\dfrac{y+3}{y^2-1}\ ;\ \dfrac{x^3}{x-1}\right]$

139 $2-\dfrac{a+3b}{a-3b}-\dfrac{a-3b}{a+3b}$; $\dfrac{3a-x}{3x+9a}+\dfrac{x-a}{5x+15a}+\dfrac{2}{15}$ $\left[\dfrac{-36b^2}{a^2-9b^2}\ ;\ \dfrac{6a}{5(x+3a)}\right]$

140 $\dfrac{4a^2}{a^3-a}-\dfrac{1}{3a+3}+\dfrac{4}{1-a}$; $-\dfrac{7}{x+3y}-\left(\dfrac{42y}{x^2-9y^2}-\dfrac{7}{x-3y}\right)$ $\left[\dfrac{a+11}{3(1-a^2)}\ ;\ 0\right]$

141 $\left(\dfrac{1}{2x^2} - \dfrac{1}{3x} - \dfrac{1}{2}\right) - \left(\dfrac{1}{3x^2} + \dfrac{1}{2x} + \dfrac{1}{6}\right)$ $\qquad \left[-\dfrac{4x^2 + 5x - 1}{6x^2}\right]$

142 $\dfrac{1}{a - b - 1} + \dfrac{1}{a - b + 1} + \dfrac{a^2 + b^2 - 2ab + 1}{a^2 + b^2 - 2ab - 1}$ $\qquad \left[\dfrac{a - b + 1}{a - b - 1}\right]$

143 $\dfrac{3x}{y^2 - 2xy + x^2} - \dfrac{3}{x - y} + \dfrac{9}{2y - 2x}$ $\qquad \left[\dfrac{3(5y - 3x)}{2(x - y)^2}\right]$

144 $\dfrac{4y + x}{xy} - \left[\dfrac{x - y}{y(x - 2y)} - \dfrac{1}{x - 2y} + \dfrac{4}{xy}\right]$ $\qquad \left[\dfrac{4(y - 1)}{xy}\right]$

145 $\dfrac{x^2 - 1}{3x^2 - 10x + 3} - \left(\dfrac{1}{1 - 3x} + \dfrac{1}{x - 3}\right)$ $\qquad \left[\dfrac{x + 1}{3x - 1}\right]$

146 $\dfrac{x}{x^2 - 8x + 15} - \dfrac{4x}{x^2 - 2x - 15} - \dfrac{3x}{x^2 - 9}$ $\qquad \left[\dfrac{6x}{9 - x^2}\right]$

147 $\dfrac{2y - 4}{y^3 - 8 - 6y^2 + 12y} - \dfrac{y - 1}{y^2 + 4 - 4y} + \dfrac{1}{y - 2}$ $\qquad \left[\dfrac{1}{(y - 2)^2}\right]$

148 $\dfrac{2x(x + 1)}{x^3 - 8} + \dfrac{x^2}{2x^2 + 4x + 8} - \dfrac{x}{4 - 2x}$ $\qquad \left[\dfrac{x}{x - 2}\right]$

149 $\dfrac{x^2 - 1}{x^2 - 2x + 1} + \dfrac{1 - x^2}{x^2 + 2x + 1} - \dfrac{4x^2}{x^2 - 1}$ $\qquad \left[-\dfrac{4x}{x + 1}\right]$

150 $\dfrac{a + b}{ab - b^2} - \dfrac{a - b}{b^2 + ab} - \left(\dfrac{5a + b}{a^2 - b^2} - \dfrac{1}{b}\right)$ $\qquad \left[\dfrac{a - 2b}{b(a - b)}\right]$

151 $\dfrac{y^2 - 1}{y - 2} - \dfrac{y^2 - 4y + 4}{y - 1} - \dfrac{5y^2 - 17}{y^2 - 3y + 2}$ $\qquad \left[\dfrac{13}{1 - y}\right]$

152 $\dfrac{x + 2}{4} - \dfrac{x^3 - 8 - 6x^2 + 12x}{4x^2 + 16 + 16x} - \dfrac{3x^2 - 1}{x^2 + 4 + 4x}$ $\qquad \left[\dfrac{5}{(x + 2)^2}\right]$

153 $\dfrac{24x}{x^2 + 3x - 4} + \dfrac{x + 1}{x^2 - 3x + 2} - \dfrac{18(x - 1)}{x^2 + 2x - 8}$ $\qquad \left[\dfrac{7(x + 1)}{(x + 4)(x - 1)}\right]$

154 $\dfrac{x - 1}{x^2 - 9} - \dfrac{x + 3}{x^2 - 2x - 3} + \dfrac{x^2 + 6x + 1}{x^3 - 9x - 9 + x^2}$ $\qquad \left[\dfrac{1}{x + 1}\right]$

155 $\dfrac{a^3 - y^3}{a^3 + 3ay^2 - 3a^2y - y^3} + \dfrac{ay}{a^2 - 2ay + y^2} + \dfrac{a + y}{y - a}$ $\qquad \left[\dfrac{2y(a + y)}{(a - y)^2}\right]$

156 $\dfrac{1 - x}{2x^2 + x - 1} - \dfrac{1}{2x^2 - 3x + 1} + \dfrac{2x}{x^2 - 1}$ $\qquad \left[\dfrac{3x + 2}{(2x - 1)(x + 1)}\right]$

157 $\dfrac{3}{3b + 1} + \dfrac{1}{2a + 1} - \dfrac{2a + 3b + 2}{6ab + 2a + 3b + 1}$ $\qquad \left[\dfrac{2}{3b + 1}\right]$

158 $\dfrac{9x^2 + 4y^2 - 12xy}{x - y} - \left(\dfrac{9x^2 + 4y^2 + 12xy}{x + y} - 6y\right)$ $\qquad \left[\dfrac{2y^3}{x^2 - y^2}\right]$

159 $\dfrac{2y(x - y)}{y^3 - x^3 - 3xy^2 + 3x^2y} + \dfrac{x + y}{x^2 + y^2 - 2xy} + \dfrac{1}{x - y}$ $\qquad \left[\dfrac{2}{x - y}\right]$

160 $\dfrac{a - 5}{a^2 - 9} + \dfrac{1}{a + 3} - \left(\dfrac{1}{3a - a^2} + \dfrac{1}{a}\right) - \dfrac{a^2 + a - 4}{a^2 + 3a}$ $\qquad \left[-\dfrac{a}{a + 3}\right]$

161 $\left(\dfrac{2}{y^2 - 9y + 20} - \dfrac{2}{25 - y^2} \right) - \left[\dfrac{4}{y^2 + y - 20} - \dfrac{y - 26}{(y^2 - 25)(y - 4)} \right]$ $\left[\dfrac{1}{y^2 - 25} \right]$

162 $\left[\dfrac{4a(y - a)}{y^3 + 8a^3} + \dfrac{1}{y + 2a} \right] - \left(\dfrac{y - a}{y^2 - 2ay + 4a^2} - \dfrac{2y^2 - 5ay + 6a^2}{8a^3 + y^3} \right)$ $\left[\dfrac{2}{y + 2a} \right]$

163 $\dfrac{-12}{x^2 + y^2 + 2xy - 4} + \left(\dfrac{3}{x + y - 2} - \dfrac{2}{x + y + 2} \right)$ $\left[\dfrac{1}{x + y + 2} \right]$

164 $\dfrac{x - y}{2} - \left(\dfrac{x^2 y - xy^2}{x^2 + y^2 + 2xy} - \dfrac{y^4}{2x^3 + 2y^3 + 6x^2 y + 6xy^2} \right)$ $\left[\dfrac{x^4}{2(x + y)^3} \right]$

165 $\dfrac{3y - 21}{2y^2 - 20y + 42} - \left(\dfrac{y + 2}{y^2 - y - 6} + \dfrac{1}{3y - 9} \right)$ $\left[\dfrac{1}{6(y - 3)} \right]$

166 $\dfrac{y + 2x}{6xy + 3y^2 - 2x - y} + \dfrac{1}{4x + 2y} - \left(\dfrac{1 - 3y}{6y - 9y^2 - 1} - \dfrac{3}{2x + y} \right)$ $\left[\dfrac{7}{2(2x + y)} \right]$

167 $\dfrac{2 - b}{2 + b} + \left[\dfrac{y(b + 2)}{by - b + 2y - 2} + \dfrac{2(2y - b)}{2y^2 + by^2 - 2 - b} \right]$ $\left[\dfrac{1}{1 + y} \right]$

168 $\dfrac{2x - 3y}{x - 3y} - \left[\dfrac{3(x - y)}{2x - 3y} + \dfrac{9y^2}{2x^2 - 9xy + 9y^2} \right] - \dfrac{x}{2x - 3y}$ $\left[\dfrac{3y}{2x - 3y} \right]$

169 $\left(\dfrac{3x - 2}{x^2 - 4x + 3} - \dfrac{1 - x}{x^2 + x - 2} \right) - \left[\dfrac{5x - 4}{-x^2 + 4x - 3} + \dfrac{8x^2 + 7x - 3}{(x^2 - 4x + 3)(x + 2)} \right]$ $\left[\dfrac{1}{x - 1} \right]$

170 $\dfrac{4y}{y^3 - 27 - 9y^2 + 27y} + \left[\dfrac{2}{y - 3} - \dfrac{2y + 1}{y^2 - 6y + 9} + \dfrac{3y - 10}{(y - 3)^3} \right]$ $\left[\dfrac{11}{(y - 3)^3} \right]$

171 $\dfrac{3a}{x^2 + 1 - 2x - a^2} - \left(\dfrac{3}{2x - 2 - 2a} + \dfrac{5}{3x - 3 + 3a} \right)$ $\left[\dfrac{1}{6(x - 1 + a)} \right]$

172 $\dfrac{x^2}{x^3 + x^2 - 4x - 4} - \left(\dfrac{-x}{x^3 - x^2 - 4x + 4} + \dfrac{5x}{x^4 - 5x^2 + 4} \right)$ $\left[\dfrac{x}{x^2 - 1} \right]$

173 $\dfrac{1}{x} + \dfrac{2(x - 1)}{1 + x} - \left[\dfrac{x}{x^2 - 1} - \dfrac{2x + 1}{x^3 - x} - \dfrac{(x + 1)^2}{x^2 - 2x + 1} + \dfrac{3\left(x^3 - \dfrac{5}{3} \right) - 5x(x - 3)}{x^3 - x^2 - x + 1} \right]$ $\left[\dfrac{2}{(x + 1)} \right]$

CORREGGI GLI ERRORI

174 $x + \dfrac{a}{a + x} = \dfrac{ax + x + a}{a + x}$

175 $\dfrac{1}{x} + \dfrac{3}{y} = \dfrac{y + 3x}{x + y}$

176 $\dfrac{3}{a} + \dfrac{a}{2a + 1} = \dfrac{6 + a}{2a + 1}$

177 $\dfrac{1}{x} - \dfrac{x + 1}{x^2} = \dfrac{x^2 - x^2 + x}{x^3}$

178 $-\dfrac{1}{x} + \dfrac{2}{x + y} = \dfrac{-x + y + 2x}{x(x + y)}$

179 $\dfrac{x}{x - 2} - \dfrac{x + 3}{x^2 - 4} = \dfrac{x(x + 2) - x + 3}{(x - 2)(x + 2)}$

180 $\dfrac{2xy}{x + y} + \dfrac{3x}{x - y} = \dfrac{2xy}{x + y} - \dfrac{3x}{x + y} = \dfrac{2xy - 3x}{x + y}$

181 $\dfrac{x}{x - 1} - \dfrac{x - 3}{x^2 - 1} = \dfrac{x(x + 1) - (x - 3)}{(x + 1)(x - 1)}$

182 $\dfrac{3}{2a - b} + \dfrac{4a}{b - 2a} = \dfrac{3 + 4a}{2a - b}$

183 $\dfrac{2}{y} - \dfrac{3y - 4}{y + 1} = \dfrac{2y + 2 - 3y^2 - 4y}{y(y + 1)}$

RICORDA

- $\dfrac{A}{B} \cdot \dfrac{C}{D} = \dfrac{AC}{BD}$
- $\dfrac{A}{B} : \dfrac{C}{D} = \dfrac{A}{B} \cdot \dfrac{D}{C}$
- $\left(\dfrac{A}{B}\right)^n = \dfrac{A^n}{B^n}$

Comprensione

184 Individua quale, fra le seguenti, è la reciproca della frazione $\dfrac{-3}{x-2}$:

a. $\dfrac{3}{x-2}$ **b.** $\dfrac{x-2}{3}$ **c.** $\dfrac{2-x}{3}$ **d.** nessuna delle precedenti

185 La frazione $\dfrac{A}{B}$ e la frazione $\dfrac{B}{A}$ hanno lo stesso insieme di definizione? Motiva la risposta.

186 Il risultato della seguente moltiplicazione $\dfrac{x^2-9}{3x+3} \cdot \dfrac{5x+5}{x^2+9}$ è:

a. $\dfrac{5}{3}$ **b.** $-\dfrac{5}{3}$ **c.** $\dfrac{5(x+3)}{3(x-3)}$ **d.** $\dfrac{5(x^2-9)}{3(x^2+9)}$

187 L'espressione $\dfrac{a+3}{a-3} : \left(\dfrac{a^2+9}{a^2-9} - \dfrac{a+3}{a-3}\right)$ è equivalente a:

a. $\dfrac{a+3}{a-3} \cdot \left(\dfrac{a^2-9}{a^2+9} - \dfrac{a-3}{a+3}\right)$ **b.** $\dfrac{a+3}{a-3} \cdot \left(\dfrac{a^2-9}{a^2+9} - \dfrac{a+3}{a-3}\right)$

c. $\dfrac{a+3}{a^2-9} : \dfrac{a^2+9}{a^2-9} - \dfrac{a+3}{a^2-9} : \dfrac{a+3}{a-3}$ **d.** nessuna delle precedenti

188 Stabilisci se le seguenti uguaglianze sono vere o sono false.

a. $\left(\dfrac{x+y}{x}\right)^2 = \dfrac{x^2+y^2}{x^2}$ Ⓥ Ⓕ

b. $\left[\dfrac{(x-y)(a-2b)}{x(a+b)}\right]^{-2} = -\dfrac{(x-y)^2(a-2b)^2}{x^2(a+b)^2}$ Ⓥ Ⓕ

c. $\left[\dfrac{x(x+1)}{x^2-4}\right]^{-3} = \dfrac{(x^2-4)^3}{x^3(x+1)^3}$ Ⓥ Ⓕ

189 L'espressione $\left(\dfrac{1}{a} + \dfrac{1}{b}\right)^{-1}$ è equivalente a:

a. $a+b$ **b.** $\dfrac{1}{a+b}$ **c.** $\dfrac{a+b}{ab}$ **d.** $\dfrac{ab}{a+b}$

190 Inserisci al posto dei puntini il simbolo $=$ o il simbolo $\neq$ a seconda dei casi:

a. $(a^3+b^3)^{-1} \dots \dfrac{1}{a^3} + \dfrac{1}{b^3}$ **b.** $\left(\dfrac{3}{2} + \dfrac{a}{x}\right)^{-1} \dots \dfrac{2}{3} + \dfrac{x}{a}$

c. $(x+y)^{-1} \dots \dfrac{1}{x+y}$ **d.** $\left(\dfrac{1}{x} - 2\right)^{-1} \dots \dfrac{x}{1-2x}$

La moltiplicazione

Esegui le seguenti moltiplicazioni fra frazioni algebriche e calcola il valore delle espressioni.

191 **ESERCIZIO GUIDA**

$$\frac{12a^2b}{xy} \cdot \frac{5x^2y}{9a^3}$$

Eseguiamo una semplificazione incrociata $\quad 12a^2b$ con $9a^3 \quad$ e $\quad 5x^2y$ con xy

Otteniamo: $\qquad \dfrac{\overset{4}{12a^2b}}{xy} \cdot \dfrac{5x^2y}{9a^3} = \dfrac{20bx}{3a}$

192 $\dfrac{a^2b^3}{x^3z^3} \cdot \dfrac{x^2z^2}{a^2b^2};$ $\qquad\qquad \dfrac{3bc^2}{7a} \cdot \dfrac{14a^2}{6b^2c}$ $\qquad \left[\dfrac{b}{xz}; \dfrac{ac}{b}\right]$

193 $\dfrac{3x^2}{2y^2} \cdot \dfrac{4y^3z^2}{x};$ $\qquad\qquad \dfrac{a^2b^5}{c^3} \cdot \dfrac{c^5}{a^3b^5}$ $\qquad \left[6xyz^2; \dfrac{c^2}{a}\right]$

194 $\dfrac{1}{2} \cdot \dfrac{8a^4b^4}{x^3y^4} \cdot \dfrac{xy^6}{4a^3b^2};$ $\qquad -\dfrac{1}{7} \cdot \dfrac{a^4b^2c^3}{ay^4} \cdot \dfrac{49}{bc^3}$ $\qquad \left[\dfrac{ab^2y^2}{x^2}; \dfrac{-7a^3b}{y^4}\right]$

195 $\dfrac{4a^2}{b^3c^2}\left(-\dfrac{b^2c}{a^2}\right)\left(-\dfrac{1}{2}ac\right);$ $\qquad \left(-\dfrac{y^3}{16}\right) \cdot \dfrac{8a^4x^2}{y} \cdot \dfrac{4x}{a^3y^2}$ $\qquad \left[\dfrac{2a}{b}; -2ax^3\right]$

196 $\dfrac{1}{12a^2}\left(-\dfrac{7a^2b^2}{5}\right)\left(-\dfrac{60a^3}{b^3}\right);$ $\qquad \dfrac{2x-4}{x} \cdot \dfrac{3x^3}{x^2-4} \cdot \dfrac{x+2}{9}$ $\qquad \left[\dfrac{7a^3}{b}; \dfrac{2}{3}x^2\right]$

197 **ESERCIZIO GUIDA**

$$\frac{x^2-2x-3}{2x^2-2x} \cdot \frac{3x^2-4x+1}{x^2-x-6} \cdot \frac{4x^2}{3x^2-x}$$

Scomponiamo i polinomi: $\quad \dfrac{(x+1)(x-3)}{2x(x-1)} \cdot \dfrac{(x-1)(3x-1)}{(x-3)(x+2)} \cdot \dfrac{4x^2}{x(3x-1)}$

Semplifichiamo: $\quad \dfrac{(x+1)\cancel{(x-3)}}{2\cancel{x}\cancel{(x-1)}} \cdot \dfrac{\cancel{(x-1)}\cancel{(3x-1)}}{\cancel{(x-3)}(x+2)} \cdot \dfrac{\overset{2}{\cancel{4x^2}}}{\cancel{x}\cancel{(3x-1)}}$

Moltiplichiamo: $\quad \dfrac{2(x+1)}{x+2}$

198 $\dfrac{2(x+y)}{3y} \cdot \dfrac{6xy}{x+y};$ $\qquad \dfrac{3a}{x^2+1} \cdot \dfrac{3(x^2+1)}{a-1}$ $\qquad \left[4x; \dfrac{9a}{a-1}\right]$

199 $\dfrac{3a+3}{8} \cdot \dfrac{16}{4a+4};$ $\qquad \dfrac{x^2-1}{3x} \cdot \dfrac{6x^2}{x+1}$ $\qquad \left[\dfrac{3}{2}; 2x(x-1)\right]$

200 $\dfrac{ax+a-x-1}{ax-a-2x+2} \cdot \dfrac{ax-2a-2x+4}{x^2-x-2};$ $\qquad \dfrac{9}{3x-12} \cdot \dfrac{x^2-16}{3x^2+48+24x}$ $\qquad \left[\dfrac{a-1}{x-1}; \dfrac{1}{x+4}\right]$

201 $\dfrac{x^2-x+xy-y}{2x^2-2xy-2x+2y} \cdot \dfrac{x^2-2xy+y^2}{3x-3y};$ $\qquad \dfrac{x^3+27}{x^3-9x} \cdot \dfrac{x-3}{9-3x+x^2}$ $\qquad \left[\dfrac{x+y}{6}; \dfrac{1}{x}\right]$

202 $\dfrac{2y^2-18}{b-4}\cdot\dfrac{b^2-8b+16}{2y-6}$; $\qquad\qquad \dfrac{x^2-y^2}{x^2+y^2}\cdot\dfrac{x^2}{y-x}\cdot\dfrac{1}{x^2+xy}$ $\qquad\left[(b-4)(y+3);\ -\dfrac{x}{x^2+y^2}\right]$

203 $\dfrac{x^4-81}{x^3+27+9x^2+27x}\cdot\dfrac{x^2+x-6}{27+3x^2}\cdot\dfrac{6x+18}{2x^2-8}$ $\qquad\left[\dfrac{x-3}{x+2}\right]$

204 $\dfrac{3x^6}{a^2-b^2}\cdot\dfrac{2a^2-4ab+2b^2}{12x^4}\cdot\dfrac{3a+3b}{6a-6b}$ $\qquad\left[\dfrac{x^2}{4}\right]$

205 $\dfrac{3x^2-48}{x^3-x^2-9x+9}\cdot\dfrac{x^2-9}{3x-12}\cdot\dfrac{x^2+1-2x}{5x+20}$ $\qquad\left[\dfrac{x-1}{5}\right]$

206 $\dfrac{a^2-3a+2}{2a-1}\cdot\dfrac{8a^3-1}{4a^2-4a-8}\cdot\dfrac{24a+24}{12a^2+6a+3}$ $\qquad[2(a-1)]$

207 $\dfrac{a^2-3ab+2b^2}{a^3+4a^2b+4ab^2}\cdot\dfrac{ab+2b^2}{9a^2b-36ab^2+36b^3}\cdot\dfrac{3a^3-12ab^2}{2b-2a}$ $\qquad\left[-\dfrac{1}{6}\right]$

208 $\dfrac{4a^2-16}{a^3-8}\cdot\dfrac{a^2x+4x+2ax-4-2a-a^2}{3x-2-x^2}\cdot\dfrac{x^2-5x+6}{2a+4}$ $\qquad[2(3-x)]$

209 $\dfrac{z^2-4z+3}{y^2+3y+2}\cdot\dfrac{y^3+6y^2+12y+8}{z^3-27}\cdot\dfrac{3z^2+9z+27}{zy+2z-y-2}$ $\qquad\left[\dfrac{3(y+2)}{y+1}\right]$

210 $\left(\dfrac{x}{a}-1\right)\left(\dfrac{x}{a}+1\right)\left(\dfrac{x+a}{x-a}-\dfrac{x-a}{x+a}\right)\left(\dfrac{1}{x}-\dfrac{1}{4x}\right)$ $\qquad\left[\dfrac{3}{a}\right]$

211 $\left(x-5-\dfrac{4}{x-2}\right)\left(\dfrac{x-2}{x+1}+\dfrac{2-x}{x-6}\right)\left(\dfrac{1}{1-x}-1\right)$ $\qquad\left[\dfrac{7x}{x+1}\right]$

212 $\left(\dfrac{b}{b^3-1}+\dfrac{1}{b-1}\right)\left(\dfrac{1}{b}-\dfrac{2}{b+1}\right)\left(\dfrac{b+1}{b}-\dfrac{1}{b+1}\right)$ $\qquad\left[-\dfrac{1}{b^2}\right]$

213 $\left(\dfrac{1}{x}-\dfrac{x}{xy-2y^2}+\dfrac{2}{x-2y}\right)\cdot\dfrac{2y^2-xy}{x^2+y^2-2xy}\cdot\left(\dfrac{x}{y}-1\right)$ $\qquad\left[\dfrac{x-2y}{xy}\right]$

214 $\left(\dfrac{x-2}{x+2}+\dfrac{x+2}{x-2}\right)\left(\dfrac{1}{x^2}+1\right)\cdot\dfrac{x^3-4x}{x^4+5x^2+4}$ $\qquad\left[\dfrac{2}{x}\right]$

215 $\left(\dfrac{3}{1-b^3-3b+3b^2}+\dfrac{2b-3}{b^2+1-2b}+\dfrac{2}{b-1}\right)\cdot\dfrac{4b^2-3b-1}{16b^2-1}$ $\qquad\left[\dfrac{b-2}{(b-1)^2}\right]$

216 $\left(x-y-\dfrac{x^2+y^2}{x-y}\right)\left(\dfrac{2}{1-x}-\dfrac{x}{x-1}+\dfrac{2x^2+1}{x^2-x}\right)\cdot\dfrac{y^2+x^2-2xy}{2-2x}$ $\qquad[y(x-y)]$

217 $\left(\dfrac{a-1}{4a-4}-\dfrac{a-3}{4-4a}+\dfrac{a+1}{a^2-4a+3}\right)\left[-2\left(\dfrac{3}{a-4}+1\right)\right]$ $\qquad\left[\dfrac{a^2-3a+8}{(a-3)(4-a)}\right]$

218 $\left(\dfrac{1}{b-y}+\dfrac{3}{b+y}-\dfrac{2by}{b^3-by^2}\right)\left(\dfrac{y}{b-y}-\dfrac{5by-y^2}{y^2-b^2}-\dfrac{6by}{b^2-y^2}\right)$ $\qquad[0]$

219 $\left(-\dfrac{x^3-3b^2x}{x^3-b^3}+\dfrac{x}{x-b}\right)\left(\dfrac{b}{x}-1\right)\left(\dfrac{2b-1}{4b+x}-\dfrac{1}{2}\right)$ $\qquad\left[\dfrac{b(2+x)}{2(x^2+b^2+bx)}\right]$

220 $\left(\dfrac{x+3}{2x^2-3x-9}-\dfrac{2x-3}{x^2-6x+9}\right)\left(\dfrac{2x+3}{x^2+6x+9}-\dfrac{x-3}{2x^2+3x-9}\right)\cdot\dfrac{(9-4x^2)(x^2-9)}{(-3x)^2}$ $\qquad\left[\dfrac{x^2}{x^2-9}\right]$

221 $\left(-\dfrac{y^3}{y+1} + y^2 - y + 1 \right)\left(1 + \dfrac{2y+1}{y^2} \right)\left\{ \dfrac{2y}{1-y} - \left[\dfrac{y^2}{(y-1)^2} + \dfrac{y - 3y^2 + 2y^3}{(1-y)^3} \right] \right\}$ $\left[\dfrac{y+1}{y(1-y)} \right]$

222 $\dfrac{4a^2}{4a^2-1} \cdot \left(2 - \dfrac{1}{a} \right)\left(\dfrac{1-6a}{1-2a} - \dfrac{12a^2-1}{4a^2-1} \right)\left(a^2 + \dfrac{1+4a}{4} \right)$ $\left[\dfrac{4a^4}{2a-1} \right]$

223 $\left(-\dfrac{1}{x-2b} + \dfrac{x-9b}{2bx-4b^2} \right)\left(-\dfrac{2x^2-18bx+28b^2}{x+3b} \right)\left(\dfrac{x-b}{x-7b} - \dfrac{56b^2}{x^2-18bx+77b^2} \right)$ $\left[\dfrac{15b-x}{b} \right]$

224 $\left[\dfrac{x^3-y^3}{x^3-3x^2y+3xy^2-y^3} - \dfrac{(x-y)(x+y)-xy}{x^2-2xy+y^2} \right]\left(\dfrac{x}{xy+y^2} - \dfrac{x+2y}{xy+x^2} - \dfrac{y-2x}{xy} \right)$ $\left[\dfrac{6(x+y)}{x(x-y)} \right]$

La potenza

Esegui i calcoli indicati nei seguenti esercizi, nei quali compaiono le potenze di frazioni algebriche.

225 $\left(-\dfrac{2ax^2}{y^3} \right)^2 ; \qquad \left(\dfrac{5a^3b}{3x^2} \right)^{-1} ; \qquad \left[\dfrac{b^2(x^2-y^2)}{x+y} \right]^4$ $\left[\dfrac{4a^2x^4}{y^6} ; \ \dfrac{3x^2}{5a^3b} ; \ b^8(x-y)^4 \right]$

226 **ESERCIZIO GUIDA**

$$\left(\dfrac{2x^2-2x}{x+2} \right)^3 \cdot \left(\dfrac{x^2-1}{x^2+3x+2} \right)^{-2}$$

Scomponiamo i polinomi delle due frazioni e trasformiamo la seconda potenza in modo che abbia esponente positivo:

$$\left[\dfrac{2x(x-1)}{x+2} \right]^3 \cdot \left[\dfrac{(x-1)(x+1)}{(x+2)(x+1)} \right]^{-2} = \dfrac{8x^3(x-1)^3}{(x+2)^3} \cdot \left(\dfrac{x+2}{x-1} \right)^2$$

Eseguiamo anche la seconda potenza e completiamo il calcolo: $\dfrac{8x^3(x-1)^3}{(x+2)^3} \cdot \dfrac{(x+2)^2}{(x-1)^2} = \dfrac{8x^3(x-1)}{x+2}$

227 $\left(\dfrac{a^2b-ab^2}{a+b} \right)^2 \cdot \left(\dfrac{ab-b^2}{a+b} \right)^{-3} ; \qquad \left(\dfrac{x-3}{x+3} \right)^2\left(\dfrac{x^2-9}{x+3} \right)^2$ $\left[\dfrac{a^2(a+b)}{b(a-b)} ; \ \dfrac{1}{(x+3)^2} \right]$

228 $\left(\dfrac{5x+10}{x-2} \right)^3\left(\dfrac{15x+30}{3x-6} \right)^4 ; \qquad \left(\dfrac{x-3y}{x+y} \right)^3\left(\dfrac{x^2-9y^2}{x^2+4xy+3y^2} \right)^2$ $\left[\dfrac{5^7(x+2)^7}{(x-2)^7} ; \ \dfrac{(x-3y)^5}{(x+y)^5} \right]$

229 $\dfrac{4y^4}{4y^2-1} \cdot \left(\dfrac{3y-1}{y} \right)^2\left(4 - \dfrac{1}{y^2} \right) ; \qquad \left(\dfrac{x^2-1}{x+1} \right)^{-2} \cdot \dfrac{x^2-1}{x^2+1} \cdot \left[\dfrac{(x-1)^2}{x^4-1} \right]^{-1}$ $\left[4(3y-1)^2 ; \ \left(\dfrac{x+1}{x-1} \right)^2 \right]$

230 $\dfrac{(2x-a)^2-1}{(2x-a+1)^3} \cdot \left(\dfrac{4x-2a+2}{3} \right)^2 ; \qquad \left(2 - \dfrac{a^2+3a}{a^2+6a+9} \right) \cdot \dfrac{a+3}{a^2-36}$ $\left[\dfrac{4}{9}(2x-a-1); \ \dfrac{1}{a-6} \right]$

231 $\left(\dfrac{3+3a}{a} \right)^3\left(\dfrac{7a^3}{-3a^3-3a^4} \right)^2\left(1 - \dfrac{1}{a+1} \right)$ $\left[\dfrac{147}{a^2} \right]$

232 $\left(\dfrac{1}{x} + \dfrac{1}{y} \right)^2\left(\dfrac{1}{x} - \dfrac{1}{y} \right)^2\left(\dfrac{x+y}{x-y} - \dfrac{x-y}{x+y} \right)$ $\left[\dfrac{4(x^2-y^2)}{x^3y^3} \right]$

233 $\left(\dfrac{a+b}{a-2b} - 1 \right)^2\left(a - \dfrac{4b^2}{a} \right)^2\left(\dfrac{a-2b}{a+2b} + 1 \right)^2$ $[36b^2]$

234 $\left(\dfrac{a}{a-1} \right)^2\left(\dfrac{1}{2}a - \dfrac{1}{2a^2} \right)\left(\dfrac{1}{a^2+a+1} - \dfrac{1}{a^2+2a} \right)$ $\left[\dfrac{1}{2a(a+2)} \right]$

235 $\left(\dfrac{y^2 - 2y + 4}{y^3} - \dfrac{1}{y+2}\right)^3 \left(\dfrac{14 - 9y}{4 - y^2} + \dfrac{1}{2 - y}\right)^2$ $\qquad \left[\dfrac{1}{y^9}\left(\dfrac{8}{2+y}\right)^5\right]$

236 $\left(\dfrac{2x - 1}{x^2 - 5x + 6} + \dfrac{1}{2 - x}\right)^2 \left(\dfrac{x - 3}{x - 2}\right)^3 \left(\dfrac{x + 2}{x} - \dfrac{8}{x + 2}\right)^2$ $\qquad \left[\dfrac{x - 3}{x^2(x - 2)}\right]$

237 $\left(\dfrac{x}{x - 1}\right)^2 \cdot \left(x - \dfrac{1}{x}\right)^2 \left(x - \dfrac{x}{x + 1}\right)^3 \cdot x^{-4}$ $\qquad \left[\dfrac{x^2}{x + 1}\right]$

La divisione

Esegui le seguenti divisioni fra frazioni algebriche e calcola il valore delle espressioni.

238 **ESERCIZIO GUIDA**

$$\dfrac{2ab}{x} : \dfrac{a^2}{3x}$$

Trasformiamo la divisione in una moltiplicazione e semplifichiamo $\qquad \dfrac{2ab}{x} \cdot \dfrac{3x}{a^2} = \dfrac{6b}{a}$

239 $\dfrac{x^3 y^2}{2x} : \dfrac{xy^3}{4x^2};$ $\qquad -\dfrac{1}{3}x^5 y^3 : \dfrac{x^4 y^4}{9}$ $\qquad \left[\dfrac{2x^3}{y}; \ -\dfrac{3x}{y}\right]$

240 $\dfrac{2a^2 b^3}{4c^2} : \dfrac{(3ab)^2}{16c};$ $\qquad \dfrac{14a^6 x}{9y^5} : \left(-\dfrac{7a^3 x}{18y^6}\right)$ $\qquad \left[\dfrac{8b}{9c}; \ -4a^3 y\right]$

241 $-\dfrac{32x^5 y^3}{25z^2} : \left(-\dfrac{64x^3 y^3}{15z^4}\right);$ $\qquad 1 : \left(-\dfrac{3ab}{x^3}\right)^2$ $\qquad \left[\dfrac{3}{10}z^2 x^2; \ \dfrac{x^6}{9a^2 b^2}\right]$

242 $\dfrac{4y}{x + y} : \dfrac{3y^2}{2x + 2y};$ $\qquad \dfrac{a - 2b}{9b^2} : \dfrac{6b - 3a}{27b}$ $\qquad \left[\dfrac{8}{3y}; \ -\dfrac{1}{b}\right]$

243 $\dfrac{7ab}{a + b} : \dfrac{21a}{3a + 3b};$ $\qquad -\dfrac{5x^2}{x + 2y} : \dfrac{3x}{3x + 6y}$ $\qquad [b; \ -5x]$

244 $\dfrac{3a + 3b}{a - 2} : \dfrac{6}{2a - 4};$ $\qquad \dfrac{-2x + 2y}{x + 1} : \dfrac{10}{-5x - 5}$ $\qquad [a + b; \ x - y]$

245 $\dfrac{x^2 + 5}{3xy} : \dfrac{2x^2 + 10}{x};$ $\qquad \dfrac{a + b}{3} : \dfrac{a^2 + 2ab + b^2}{9a}$ $\qquad \left[\dfrac{1}{6y}; \ \dfrac{3a}{a + b}\right]$

246 $\dfrac{x^2 - 16}{2xy} : \dfrac{2x + 8}{8y};$ $\qquad \dfrac{3x + 3 - ax - a}{a - 3} : \dfrac{x + 1}{2}$ $\qquad \left[\dfrac{2(x - 4)}{x}; \ -2\right]$

247 $\dfrac{x^2 + 6x + 9}{3x - 3} : \dfrac{x^2 + 4x + 3}{x^2 - 1};$ $\qquad \dfrac{a^2 - a - 2}{a^2 - 1} : \dfrac{6 - 3a}{12}$ $\qquad \left[\dfrac{x + 3}{3}; \ \dfrac{4}{1 - a}\right]$

248 $\dfrac{a^3 - 8}{a^2 b} : (a^2 + 2a + 4);$ $\qquad \dfrac{2bx - b + 2ax - a}{2x + 1} : \dfrac{12x - 6}{6x + 3}$ $\qquad \left[\dfrac{a - 2}{a^2 b}; \ \dfrac{b + a}{2}\right]$

249 $\dfrac{8x^3 - 1}{7x - 3 - 2x^2} : \dfrac{(2x + 1)^2 - 2x}{9 - x^2};$ $\qquad \dfrac{7a^3 - 56b^3}{14} : (a^2 + 2ab + 4b^2)$ $\qquad \left[x + 3; \ \dfrac{a - 2b}{2}\right]$

250 $\dfrac{x^2 + 2x - 15}{x^2 + 7x + 10} : \dfrac{3x(x - 2) + 12}{x^3 + 8};$ $\qquad \dfrac{a^2 - 4}{a^2 + 4} : \dfrac{a + 2}{a^3 + 4a}$ $\qquad \left[\dfrac{x - 3}{3}; \ a(a - 2)\right]$

251 $\dfrac{(3y - a)2x^2 - 9yz^2 + 3az^2}{4x^2 - 6z^2} : \dfrac{9y^2 + a^2 - 6ay}{8}$ $\qquad \left[\dfrac{4}{3y - a}\right]$

252 $\dfrac{a^3b^3 + 3a^3 - 3b^3 - 9}{4a^5 - 2a^3} : \dfrac{2a^2b^3 + 6a^2 - b^3 - 3}{4a^4 + 1 - 4a^2}$ $\qquad \left[\dfrac{a^3 - 3}{2a^3}\right]$

253 $\dfrac{27 - a^3 - 27a + 9a^2}{a^3 - a^2 - 9a + 9} : \dfrac{3a^2 - 18a + 27}{a^2 + 2a - 3}$ $\qquad \left[-\dfrac{1}{3}\right]$

254 $\dfrac{-16x^2 - 36y^2 - 48xy}{2x^2 + 3xy - 2x - 3y} : \dfrac{2x^2 + 3xy + 2x + 3y}{x^2 - 1}$ $\qquad [-4]$

255 $\dfrac{12a^2x^2 - 8a^3 - 6ax^4 + x^6}{x^4 + 4ax^2 + 4a^2} : \dfrac{3x^4 + 12a^2 - 12ax^2}{x^6 + 8a^3}$ $\qquad \left[\dfrac{(x^2 - 2a)(x^4 - 2ax^2 + 4a^2)}{3(x^2 + 2a)}\right]$

256 $\dfrac{4a^2 - 9y^2 - 6b^2y - b^4}{8a + 12y + 4b^2} : \dfrac{4a^2 + 9y^2 + b^4 - 12ay - 4ab^2 + 6b^2y}{16a^2}$ $\qquad \left[\dfrac{4a^2}{2a - 3y - b^2}\right]$

257 $\dfrac{81a^4 - 16b^4}{9a^3 + 4ab^2 - 9a^2b - 4b^3} : \dfrac{9a^2 + 4b^2 + 12ab}{3a^2 - ab - 2b^2}$ $\qquad [3a - 2b]$

258 $\dfrac{a^5 - 6a^4b + 12a^3b^2 - 8a^2b^3}{a^2 - 3ab + 2b^2} : \dfrac{a^2 - ab - 2b^2}{3a^2 - 3b^2}$ $\qquad [3a^2(a - 2b)]$

259 $\dfrac{4x^2 + 4xy - 9 + y^2}{a^3 + 3a^2b^2 + 3ab^4 + b^6} : \dfrac{4x^2 + y^2 + 9 + 4xy - 12x - 6y}{(-a - b^2)\cdot(a^2 + b^4 + 2ab^2)}$ $\qquad \left[\dfrac{-(2x + y + 3)}{2x + y - 3}\right]$

260 **ESERCIZIO GUIDA**

Attenzione all'ordine con cui vengono eseguite le operazioni.

Osserva il seguente esercizio: $\quad \dfrac{x^3 - 1}{2x^2 + 2} : \dfrac{x^2 - 1}{x^2 - 2x + 1} : \dfrac{x^3 - 3x^2 + 3x - 1}{4(x^4 - 1)}$

Poiché non ci sono parentesi che privilegiano alcune operazioni, esse vanno eseguite nell'ordine in cui si presentano

$$= \left[\dfrac{(x - 1)\cdot(x^2 + x + 1)}{2(x^2 + 1)} \cdot \dfrac{(x - 1)^2}{(x - 1)\cdot(x + 1)}\right] : \dfrac{(x - 1)^3}{4(x^2 - 1)\cdot(x^2 + 1)} =$$

$$= \dfrac{(x^2 + x + 1)\cdot(x - 1)^2}{2\,(x^2 + 1)\cdot(x + 1)} \cdot \dfrac{4\,(x - 1)\cdot(x + 1)\cdot(x^2 + 1)}{(x - 1)^3} = 2(x^2 + x + 1)$$

Avremmo ottenuto un risultato diverso se avessimo considerato prioritaria la seconda divisione. In questo caso infatti è come se l'espressione fosse scritta nel seguente modo

$$\dfrac{x^3 - 1}{2x^2 + 2} : \left[\dfrac{x^2 - 1}{x^2 - 2x + 1} : \dfrac{x^3 - 3x^2 + 3x - 1}{4(x^4 - 1)}\right]$$

Svolgendo la divisione nella parentesi quadra avremmo trovato

$$= \dfrac{x^3 - 1}{2(x^2 + 1)} : \left[\dfrac{(x - 1)\cdot(x + 1)}{(x - 1)^2} \cdot \dfrac{4\,(x - 1)\cdot(x + 1)\cdot(x^2 + 1)}{(x - 1)^3}\right] =$$

$$= \dfrac{(x - 1)\cdot(x^2 + x + 1)}{2(x^2 + 1)} \cdot \dfrac{(x - 1)^3}{4(x + 1)^2\cdot(x^2 + 1)} = \dfrac{(x - 1)^4\cdot(x^2 + x + 1)}{8(x + 1)^2\cdot(x^2 + 1)^2}$$

I risultati ottenuti sono ovviamente diversi.

261 $\dfrac{3y}{2y+5} : \dfrac{6y^3}{4y+10} : \dfrac{4}{y^3-5y^2};$ $\qquad \dfrac{3y}{2y+5} : \left(\dfrac{6y^3}{4y+10} : \dfrac{4}{y^3-5y^2} \right)$ $\left[\dfrac{y-5}{4} ; \dfrac{4}{y^4(y-5)} \right]$

262 $\left(\dfrac{x^2-3x-4}{x^2-8x+16} : \dfrac{2x^2+4x+2}{3x-12} \right) \cdot \left(\dfrac{x^2-x-2}{4x+x^2+3} : \dfrac{18x}{6x+18} \right)$ $\left[\dfrac{x-2}{2x^2+2x} \right]$

263 $\dfrac{a-2b}{a+2b} : \dfrac{a}{a^2-4b^2} \cdot \dfrac{a-2b}{a^3-6a^2b+12ab^2-8b^3}$ $\left[\dfrac{1}{a} \right]$

264 $\dfrac{4y^2-81}{3a-3b} : \left(\dfrac{4y^2+81-36y}{24} \cdot \dfrac{8y+36}{a^2-b^2} \right)$ $\left[\dfrac{2(a+b)}{2y-9} \right]$

265 $\left(\dfrac{2ax+2ay-4x-4y}{4a^2-16} : \dfrac{x^2-y^2}{2a+4} \right) : \left(\dfrac{x+y+1}{x-2y} \cdot \dfrac{2x^2-6xy+4y^2}{1+2y+y^2-x^2} \right)$ $\left[\dfrac{y-x+1}{2(x-y)^2} \right]$

266 $\dfrac{3x^2y}{2a^3+a^2y} \cdot \left(\dfrac{2a^2+ay}{x^3y} : \dfrac{3a+3y}{a^2x-axy} \right)$ $\left[\dfrac{a-y}{a+y} \right]$

267 $\dfrac{3x+9}{x^2+2x-3} : \dfrac{x^2-9x+8}{x^2+1-2x} : \left(\dfrac{3x+6}{x-8} \right)^2$ $\left[\dfrac{x-8}{3(x+2)^2} \right]$

268 $\dfrac{9y^2-81}{4y^3-196y} : \dfrac{3y+9}{2y^2-14y} : \left(-\dfrac{3y-9}{2y+14} \right)$ $[-1]$

269 $\dfrac{7a+7x}{3a-3x} : \dfrac{14a+14x}{9x^2-9a^2} \left(\dfrac{3a^2-9a+3ax-9x}{a^2-4a+3} \right)^{-1}$ $\left[\dfrac{1-a}{2} \right]$

270 $\dfrac{y^3+9y-6y^2}{y^3-27} : \left(\dfrac{xy-3x+y-3}{xy-2x+y-2} : \dfrac{xy^2+3xy+9x+y^2+3y+9}{y^3-4y^2+4y} \right)$ $\left[\dfrac{x+1}{y-2} \right]$

271 $\dfrac{xy-4y-2x+8}{xy-3y-2x+6} \cdot \dfrac{4-y^2}{x^2-7x+12} : \dfrac{xy+2x}{x^2-6x+9}$ $\left[\dfrac{2-y}{x} \right]$

272 $\left(\dfrac{1}{x}+\dfrac{1}{y} \right) : \left(\dfrac{1}{x}-\dfrac{1}{y} \right) \cdot \dfrac{x^2-y^2}{(x+1)^2-(y-1)^2}$ $\left[\dfrac{x+y}{y-x-2} \right]$

273 $\left(x-\dfrac{x-4}{x-3} \right) : \left[(2-x)^2 : \left(1-\dfrac{3}{x} \right) \right]$ $\left[\dfrac{1}{x} \right]$

274 $\left(\dfrac{2}{a}-\dfrac{1}{a-1} \right) : \left(\dfrac{1}{a^2-2a+1}-\dfrac{3}{a-1}+a \right) : \left(\dfrac{a^4-2a^2}{a^2-3a+2} \right)^{-1}$ $\left[\dfrac{a}{a-2} \right]$

275 $\left(\dfrac{a+1}{a-1}+\dfrac{1-a}{a+1} \right) : \left(\dfrac{a}{1-a} : \dfrac{a^2+3a+2}{20a^2} \right)$ $\left[-\dfrac{a+2}{5a^2} \right]$

276 $\left(2a-b-\dfrac{4a^2+b^2}{2a+b} \right) \left\{ \left(-\dfrac{4}{2a+b}+\dfrac{4a^2+b^2-2ab}{2a^3} \right) : \left[\dfrac{b^2}{2a} \left(1-\dfrac{2a}{2a+b} \right) \right] \right\}$ $\left[-\dfrac{2b^2}{a^2(2a+b)} \right]$

277 $\left\{ \left(\dfrac{x-y}{y^2}-\dfrac{3}{x+y} \right) : \left[-\dfrac{2(1+2y)}{x+1}+\dfrac{x}{y} \right] \right\} \left(1+\dfrac{1}{x+2y} \right)$ $\left[\dfrac{x+1}{y(x+y)} \right]$

278 $\left[\dfrac{a-3}{a^2+3a+2} : \left(\dfrac{2}{a+2}-\dfrac{3}{a+1} \right) \right] : \left[\left(\dfrac{1}{2a}+\dfrac{1}{a+1} \right) \left(\dfrac{3a+1}{a^2-2a-3} \right)^{-1} \right]$ $\left[-\dfrac{2a}{a+4} \right]$

Semplifica le seguenti espressioni di riepilogo sulle frazioni algebriche.

279 $\dfrac{1}{x-3}\left(x+\dfrac{1}{x-3}\right)-\dfrac{1}{x-2}\left(x-\dfrac{1}{2-x}\right)-\dfrac{x^2(x-6)+13x-11}{(x^2-5x+6)^2}$ $\left[\dfrac{1}{x^2-5x+6}\right]$

280 $\left\{\left[-\left(\dfrac{x}{y^2-x^2}+\dfrac{x}{x^2+y^2}\right):\dfrac{2x}{x^3-x^2y+xy^2-y^3}-\dfrac{x^2}{x+y}\right]-\dfrac{y^2}{x+y}\right\}:\dfrac{x^2}{x+y}$ $[-1]$

281 $\left[\left(\dfrac{3ab}{ab+2}-\dfrac{3ab}{ab-2}\right)\dfrac{a^2b^2-4}{9ab}+\dfrac{a^2+5a+6}{a^2+2a-3}\right]:\dfrac{10-a}{3a^2-6a+3}$ $[a-1]$

282 $\dfrac{2}{3}b+\dfrac{a^6-b^6}{3a-3b}:\dfrac{a^4-b^4}{2a^2+2b^2}\cdot\dfrac{(b-a)^2}{(a^2+b^2)^2-a^2b^2}$ $\left[\dfrac{2}{3}a\right]$

283 $\left[\left(\dfrac{ab+5}{ab+1}-1\right):(ab)-\left(\dfrac{1}{ab-1}-\dfrac{1}{ab}\right)-\dfrac{2}{1-a^2b^2}\right]\left(\dfrac{10}{ab}\right)^{-1}$ $\left[\dfrac{1}{2(ab+1)}\right]$

284 $\left(\dfrac{1}{ab}+\dfrac{1}{ab^2}-\dfrac{1}{a^2b}\right)\cdot\dfrac{a^2b^2-a^2b+ab^2}{a^2b^2-a^2-b^2+2ab}-\dfrac{1}{b}$ $\left[\dfrac{1-a}{ab}\right]$

285 $\left(\dfrac{6a}{8a^3+1}+\dfrac{1}{2a+1}\right):\dfrac{a-2}{4a^2+1-2a}-\dfrac{4a-3}{a^2-3a+2}$ $\left[\dfrac{2a-1}{a-1}\right]$

286 $\left\{\left[\dfrac{x^4-y^4}{x^2+y^2}:\dfrac{(x-y)^2}{x^2-y^2}\right]\cdot\dfrac{1}{x^2+y^2+2xy}\right\}^3$ $[1]$

287 $\left(\dfrac{1}{3xy-2y-3x+2}+\dfrac{1}{3xy+2y-3x-2}\right):\dfrac{6x}{9x^2-4}-\dfrac{2}{y^2-1}$ $\left[\dfrac{1}{y+1}\right]$

288 $\dfrac{x+3}{7x-7x^2+42}:\left(\dfrac{x-3}{x+3}:\dfrac{x^2-6x+9}{x^2+6x+9}\right)$ $\left[-\dfrac{1}{7(x+2)}\right]$

289 $\left(-\dfrac{6}{y}+1+\dfrac{9}{y^2}\right)\left(\dfrac{1}{y^2-4y+3}+\dfrac{1}{y-3}\right)^2$ $\left[\dfrac{1}{(y-1)^2}\right]$

290 $\left(\dfrac{a}{a-b}-\dfrac{b}{a+b}+\dfrac{a^2+b^2}{a^2-b^2}\right)\left(\dfrac{a^2-b^2}{a^2+b^2}-1\right)$ $\left[-\dfrac{4b^2}{a^2-b^2}\right]$

291 $\left(\dfrac{y}{x^2+xy}-\dfrac{x}{xy+y^2}\right):\left(\dfrac{x}{xy-y^2}-\dfrac{x+y}{xy}\right)^{-1}$ $\left[-\dfrac{1}{x^2}\right]$

292 $\left(\dfrac{a+2}{2a}+\dfrac{1-3a}{a^2}\right)\cdot\dfrac{4a^2}{a^2-4a+2}+\dfrac{1}{a-1}$ $\left[\dfrac{2a-1}{a-1}\right]$

293 $\left(\dfrac{1-3ab}{3a^2+ab}+\dfrac{b}{a}\right):\left(\dfrac{b}{3a-b}-\dfrac{1-9a^2}{-9a^2+b^2}+\dfrac{3a}{3a+b}\right)$ $\left[\dfrac{3a-b}{a}\right]$

294 $x\left(1+\dfrac{y+2}{y-2}\right)+a\left(1-\dfrac{y+2}{2-y}\right)$ $\left[\dfrac{2y(a+x)}{y-2}\right]$

295 $\left(3x-1+\dfrac{x^2-2x}{3x^2-7x+2}+\dfrac{x-x^3}{x-3x^2}\right)\cdot\dfrac{3x-1}{1-4x+4x^2}$ $\left[\dfrac{5x}{2x-1}\right]$

296 $\left(\dfrac{a}{a-b}-\dfrac{b}{a+b}+\dfrac{a^2+b^2}{a^2-b^2}\right):\left(a-b+\dfrac{a^2+3b^2}{a+b}\right)$ $\left[\dfrac{1}{a-b}\right]$

297 $\left(\dfrac{x+2y}{x-2y}+\dfrac{x-2y}{x+2y}-\dfrac{2x^2+1+4y^2}{x^2-4y^2}\right):\dfrac{4y^2+1+4y}{3x^2-12y^2}$ $\qquad\left[\dfrac{3(2y-1)}{2y+1}\right]$

298 $\left(\dfrac{x}{x-y}+\dfrac{6xy}{x^2-y^2}\right):\left(\dfrac{x}{2x+2y}-\dfrac{2x}{3x-3y}\right)-1$ $\qquad[-7]$

299 $\dfrac{2(9a^2+6a+1)}{9a^2-9}:\dfrac{3a+1}{3-3a}\cdot\dfrac{a^2+4a+3}{3a+1}+a+2$ $\qquad\left[\dfrac{1}{3}a\right]$

300 $\left[\dfrac{2(4x-3x^2-1)}{1-6x+9x^2}+\dfrac{3x-2}{3x-1}\right]:\dfrac{x^2}{9x^2-1}\cdot\left[x\cdot\left(\dfrac{1}{3x+1}-\dfrac{3x}{9x^2+6x+1}\right)\right]$ $\qquad\left[\dfrac{1}{3x+1}\right]$

301 $\left[\left(\dfrac{x-2}{2-5x}+\dfrac{3x+1}{x}+\dfrac{2x^2-x-2}{5x^2-2x}\right)\left(\dfrac{2-4x}{x}\right)^{-2}-\dfrac{x}{5x-2}\right]\cdot\dfrac{4x^2-1}{6x}$ $\qquad\left[\dfrac{2x+1}{3(5x-2)}\right]$

302 $\dfrac{x^3-3x^2}{x^2-4}\cdot\dfrac{x^2-x-2}{x^2-3x}\cdot\dfrac{x+2}{x^2+x}+\left[\dfrac{2x+y}{x^2-xy}\cdot\left(\dfrac{3x}{2x+y}-1\right)\right]:\dfrac{1}{x}$ $\qquad[2]$

303 $\left(\dfrac{2x^3}{x^3+8}-\dfrac{4}{x+2}+\dfrac{4}{x}-2\right):\left[\dfrac{8a^2}{3a(x+2)^3}\cdot\dfrac{(x+2)^2}{x^2-2x+4}\right]$ $\qquad\left[\dfrac{3(x-2)^2}{ax}\right]$

304 $\dfrac{x^2-4}{x^2-1}:\left(\dfrac{2}{3x}-\dfrac{1}{x+1}\right)\left(\dfrac{1}{x}+\dfrac{1}{x+2}\right)+\left(\dfrac{y-2}{yx-y+x-1}-\dfrac{y+2}{yx-y-x+1}\right)\left(\dfrac{1}{y}-y\right)$ $\qquad\left[\dfrac{6x}{1-x}\right]$

305 $\left\{\left[\dfrac{1}{a-b}+\dfrac{b^2}{(b-a)^3}-\dfrac{a-2b}{(a-b)^2}\right]\cdot\dfrac{(a-b)^3}{2b-a}+\dfrac{1}{b}\right\}:(1+b)$ $\qquad\left[\dfrac{1-b}{b}\right]$

306 $\left[\left(\dfrac{x+4}{x-1}+\dfrac{x-4}{x+1}\right)\cdot\left(\dfrac{x+4}{x-1}-\dfrac{x-4}{x+1}\right)-\dfrac{20x^2(x+2)}{(1-x^2)^2}\right]\cdot\dfrac{x^2-1}{40x^2-80x}$ $\qquad\left[\dfrac{1}{1-x^2}\right]$

307 $\left(\dfrac{1}{x^2+3x+2}+\dfrac{1}{x-x^2}-\dfrac{2}{1-x^2}\right)\left(\dfrac{2x}{x^2+4x+4}\right)^{-1}$ $\qquad\left[\dfrac{x+2}{x^2}\right]$

308 $\left(\dfrac{8}{3x+3y}\cdot\dfrac{x^2-y^2}{2x}\right)^2\left(\dfrac{2y}{4x^2-y^2}-\dfrac{1}{2x-y}+\dfrac{1}{2x+y}\right)$ $\qquad[0]$

309 $\left(\dfrac{y^2+y}{y-1}+y\right)(2y-3)-(y-2)\left(y-\dfrac{y^2+y}{1-y}\right)$ $\qquad[2y^2]$

310 $\left(\dfrac{x+1}{x-2}-\dfrac{x+2}{x-1}\right):\dfrac{6x+18}{6x+6}\cdot\dfrac{x^2-x-2}{(x+1)^2}$ $\qquad\left[\dfrac{3}{(x-1)(x+3)}\right]$

311 $\left(\dfrac{7a-10}{a^2-3a+2}-\dfrac{3}{a-1}-\dfrac{4}{a-2}\right):\left(\dfrac{1}{a-b}:\dfrac{a}{a+b}\right)$ $\qquad[0]$

312 $\dfrac{x^2y^2}{x^4-y^4}\cdot\dfrac{x^2+y^2}{x^2}:\dfrac{y^2}{x-y}-\dfrac{x^2-y^2}{(x+y)^3}$ $\qquad\left[\dfrac{2y}{(x+y)^2}\right]$

313 $\left(\dfrac{a-1}{a+1}+\dfrac{a^2+1}{1-a^2}+\dfrac{a+1}{a-1}\right)^5\left(\dfrac{a}{a-1}-\dfrac{1}{a+1}\right)^{-4}$ $\qquad\left[\dfrac{a^2+1}{a^2-1}\right]$

314 $\left(\dfrac{7x^2+7}{x+1}\cdot\dfrac{x+1}{2x-2}:\dfrac{21x^2+21}{6x^2+6-12x}\right)^2:\left(\dfrac{1}{2x}-1+\dfrac{x}{2}\right)$ $\qquad[2x]$

315 $\left[\left(\dfrac{y+1}{y^2-4y+3}-\dfrac{y-3}{4y-4}+\dfrac{1}{4}\right):\left(\dfrac{1}{2}+\dfrac{1}{y-1}+\dfrac{1}{y-3}\right)-1\right]\cdot\dfrac{y^2-5}{y-4}$ $[-y-1]$

316 $\left(1-\dfrac{a^2}{a^2-b^2}\right)^3\left[\left(\dfrac{2a-b}{a+b}-\dfrac{a-b}{a}\right):\dfrac{a^2b^2-ab^3+b^4}{a^2+2ab+b^2}\right]^3$ $\left[-\dfrac{1}{a^3(a-b)^3}\right]$

317 $\left(\dfrac{a^2-3a+1}{a-3}-1-\dfrac{1}{3-a}\right):\dfrac{a-5}{a-3}-\left(\dfrac{-3-2a}{a^2+3a+2}+\dfrac{1}{a+2}+\dfrac{2}{a+1}\right):\dfrac{1}{a+1}$ $\left[\dfrac{a^2-5a+10}{a-5}\right]$

318 $\left(\dfrac{3y^2-2xy}{x^3-y^3}+\dfrac{x+3y}{x^2+xy+y^2}\right)\left(1-\dfrac{y^3}{x^3}\right)-\dfrac{1}{x+1}$ $\left[\dfrac{1}{x(x+1)}\right]$

319 $\left(\dfrac{3}{a^3-2a^2+a}+\dfrac{a-1}{a^3}+\dfrac{a+1}{a^2-a^3}\right)\left(1+\dfrac{a^3-2a^2-3a+1}{4a-1}\right)$ $\left[\dfrac{1}{a^2}\right]$

320 $\dfrac{2x-2y}{5}\cdot\dfrac{15x}{x^2-y^2}:\dfrac{3x}{(x+y)^2}+\left(\dfrac{2y^2}{x-y}-x-y\right)$ $\left[\dfrac{x^2+y^2}{x-y}\right]$

321 $\left[\dfrac{x+1}{2x^2+2}-\dfrac{2x-1}{3x^2-3x+3}+\dfrac{1}{2(3x+3)}\right]\cdot\dfrac{x^5+x^3+x^2+1}{2x}$ $\left[\dfrac{1}{2x}\right]$

322 $\left[\dfrac{a^3}{a^3-b^3}:\dfrac{a^2}{a^2+b^2+ab}-\dfrac{a(a+1)}{(a^2-b^2)}\right]\cdot\dfrac{a^2-b^2}{b-1}$ $[a]$

323 $\dfrac{3a^3-4a^2}{a-1}:(4a-3a^2)+\left(\dfrac{a}{a-1}-\dfrac{1}{1-a}\right)\cdot\dfrac{a}{a+1}$ $[0]$

324 $\dfrac{1}{a^2+2ab+b^2}:\left[\left(\dfrac{a^2-ab+b^2}{y^3-27}:\dfrac{a^3+b^3}{y^2+9+3y}\right):\dfrac{1}{y-3}\right]$ $\left[\dfrac{1}{a+b}\right]$

325 $\dfrac{x^2-2x-3}{x^2-x-6}+\dfrac{ax+ay+x+y}{a^2-a-2}\cdot\dfrac{a^2-3a+2}{3a^2-3}:\dfrac{x+y}{3a+3}$ $\left[\dfrac{2x+3}{x+2}\right]$

326 $\left[\dfrac{a-1}{4a^3-a}+\dfrac{a^2+a}{(2a^2-a)(2a+1)}+\dfrac{5a-9}{2a(2a+1)}\right]:\dfrac{12a-7}{4a^2-1}$ $\left[\dfrac{a-1}{2a}\right]$

327 $\dfrac{x^2+x-2}{y-xy}:\dfrac{5x^2+x^3-x-5}{y+x^2y-2xy}\cdot\dfrac{x^2-25-25x+x^3}{x^2-6x+5}\cdot\left(\dfrac{x^2+3x+2}{x+y}\right)^{-1}$ $\left[-\dfrac{x+y}{x+1}\right]$

LE EQUAZIONI NUMERICHE FRAZIONARIE

la teoria è a pag. 46

Comprensione

328 Risolvendo un'equazione di dominio $D = R - \{1, 2\}$ si trova che $x = -1 \vee x = 2$; l'insieme delle soluzioni è:

a. $\{-1\}$ **b.** $\{-1, 2\}$ **c.** $\{2\}$ **d.** $\varnothing$

329 In un'equazione di dominio Z si trova che $2x = 3$; l'insieme delle soluzioni è:

a. $S = \left\{\dfrac{3}{2}\right\}$ **b.** $S = \left\{\dfrac{2}{3}\right\}$ **c.** $S = \varnothing$ **d.** $S = \{1\}$

Fra gli insiemi elencati individua il dominio dell'equazione data.

330 $\dfrac{1}{2x-3} - \dfrac{x-1}{x+1} = 0$

    a. $R - \left\{\dfrac{3}{2}, 0\right\}$;   **b.** R;   **c.** $R - \{1, -1\}$;

    d. $R - \left\{\dfrac{3}{2}, 1\right\}$;   **e.** $R - \left\{-\dfrac{3}{2}, -1\right\}$;   **f.** $R - \left\{\dfrac{3}{2}, -1\right\}$.

331 $\dfrac{x}{1-4x} + \dfrac{x+1}{-2x-1} = \dfrac{1}{8}$

    a. R;   **b.** $R - \left\{\dfrac{1}{2}, \dfrac{1}{4}\right\}$;   **c.** $R - \{8, 0\}$;

    d. $R - \{8, -1\}$;   **e.** $R - \left\{\dfrac{1}{4}, -\dfrac{1}{2}\right\}$;   **f.** $R - \left\{\dfrac{1}{2}, -\dfrac{1}{4}\right\}$.

Applicazione

Risolvi le seguenti equazioni frazionarie.

332 **ESERCIZIO GUIDA**

$$-\frac{1}{x} + \frac{2}{x+1} = 0$$

L'equazione è frazionaria perché l'incognita compare al denominatore. Dobbiamo quindi porre le condizioni di esistenza imponendo che i denominatori siano diversi da zero:

$$\text{C.d.E.} \quad x \neq 0 \quad \wedge \quad x \neq -1$$

Dunque $D = R - \{0, -1\}$.

Eseguiamo le operazioni al primo membro e riduciamo l'equazione in forma normale:

$$\frac{-(x+1)+2x}{x(x+1)} = 0 \quad \rightarrow \quad -x-1+2x = 0 \quad \rightarrow \quad x-1 = 0 \quad \text{cioè} \quad x = 1$$

Il valore trovato appartiene all'insieme D (non coincide infatti con nessuno dei valori esclusi), quindi $S = \{1\}$.

333 $\dfrac{1}{x+2} = \dfrac{2}{x+3}$; $\dfrac{1}{x-1} = 1$ $[S = \{-1\}; S = \{2\}]$

334 $3 - \dfrac{1}{x} = 0$; $\dfrac{2(x-1)}{x+1} = 0$ $\left[S = \left\{\dfrac{1}{3}\right\}; S = \{1\}\right]$

335 $\dfrac{3x+9}{x-3} = 0$; $\dfrac{4x}{x+1} = \dfrac{3x}{x+1}$ $[S = \{-3\}; S = \{0\}]$

336 $\dfrac{1}{x+2} = 1$; $\dfrac{-3x}{x-3} = \dfrac{6}{x-3}$ $[S = \{-1\}; S = \{-2\}]$

337 **ESERCIZIO GUIDA**

$$\frac{-3}{2x-1} = \frac{4x+1}{1-2x}$$

Poniamo le condizioni di esistenza: $2x-1 \neq 0 \quad \rightarrow \quad x \neq \dfrac{1}{2}$

Il dominio dell'equazione è quindi: $R - \left\{\dfrac{1}{2}\right\}$

338 $\dfrac{1}{x-1} = \dfrac{2}{1-x}$ $\qquad$ $\dfrac{-(x+6)}{x^2-25} = 0$ $\qquad$ $[S = \varnothing; \ S = \{-6\}]$

339 $\dfrac{2x+4}{x+2} = 0$ $\qquad$ $\dfrac{3}{x-2} = \dfrac{27}{9(x-2)}$ $\qquad$ $[S = \varnothing; \ S = R - \{2\}]$

340 $\dfrac{x+4}{x-3} = \dfrac{7}{x-3}$ $\qquad$ $\dfrac{6x-6}{x-1} = 6$ $\qquad$ $[S = \varnothing; \ S = R - \{1\}]$

341 $\dfrac{3}{x-2} = -\dfrac{3}{2-x}$ $\qquad$ $\dfrac{3x-1}{x+1} = \dfrac{3x-4}{x-2}$ $\qquad$ $[S = R - \{2\}; \ S = \{1\}]$

342 $\dfrac{7}{x-8} = 0$ $\qquad$ $\dfrac{4}{x^2-25} = 0$ $\qquad$ $[S = \varnothing; \ S = \varnothing]$

343 $\dfrac{x-5}{x-1} = \dfrac{x-1}{x-5}$ $\qquad$ $\dfrac{3x}{x^2+x} = 0$ $\qquad$ $[S = \{3\}; \ S = \varnothing]$

344 $\dfrac{3}{x-1} + \dfrac{5}{2x} + \dfrac{5}{2x^2-2x} = 0$ $\qquad$ $\dfrac{x}{x^2-1} - \dfrac{2}{x+1} = \dfrac{1}{x-1}$ $\qquad$ $\left[S = \varnothing; \ S = \left\{\dfrac{1}{2}\right\}\right]$

345 $\dfrac{x}{x-1} + \dfrac{2}{x} = 1 - \dfrac{2}{x^2-x}$ $\qquad$ $1 - \dfrac{x-1}{x+2} - \dfrac{1}{x+1} = -\dfrac{1}{x^2+3x+2}$ $\qquad$ $[S = \varnothing; \ S = \varnothing]$

346 $\dfrac{x-1}{x+1} - \dfrac{x+1}{x-1} = \dfrac{4x}{1-x^2}$ $\qquad$ $\dfrac{1}{x-4} + \dfrac{x-2}{16-x^2} = \dfrac{6}{x^2-16}$ $\qquad$ $[S = R - \{\pm 1\}; \ S = R - \{\pm 4\}]$

347 $x+3 - \dfrac{6x}{2x-1} = x - \dfrac{3}{2x-1}$ $\qquad$ $\dfrac{1}{3}\left(\dfrac{1}{x} - 1\right) - 3 = -\dfrac{x+2}{x}$ $\qquad$ $\left[S = R - \left\{\dfrac{1}{2}\right\}; \ S = \{1\}\right]$

348 $\dfrac{x-2}{x} + \dfrac{1}{2x^2} - \dfrac{x+1}{x+2} = \dfrac{1-x^2}{x^3+2x^2}$ $\qquad$ $2\left(\dfrac{3x-2}{6x}\right) = \dfrac{2x+1}{x} - \left(1 - \dfrac{1}{x}\right)$ $\qquad$ $[S = \varnothing; \ S = \varnothing]$

349 $\dfrac{5}{x^2-9} - \dfrac{x-2}{3-x} = \dfrac{x-1}{3+x}$ $\qquad$ $\dfrac{2}{x-5} - \dfrac{1}{x} = \dfrac{2(x-1)^2}{5x-x^2} + 2$ $\qquad$ $\left[S = \left\{\dfrac{4}{5}\right\}; \ S = \{-1\}\right]$

350 $\dfrac{1}{x+2} + \dfrac{x}{x^2-4} = \dfrac{3x}{2-x} + 3$ $\qquad$ $\dfrac{x+5}{x^2-25} + \dfrac{4x+5}{x^2-5x} = \dfrac{2}{x}$ $\qquad$ $\left[S = \left\{-\dfrac{5}{4}\right\}; \ S = \varnothing\right]$

351 $\dfrac{5}{1-4x^2} + \dfrac{1}{2x-1} = \dfrac{x}{2x^2+x}$ $\qquad$ $\dfrac{1}{3x+1} - \dfrac{2}{3x} = \dfrac{2x^2}{x^2+x-6x^3}$ $\qquad$ $[S = \varnothing; \ S = \{2\}]$

352 🟠 **ESERCIZIO GUIDA**

$\dfrac{x-1}{x^2-1} + \dfrac{1}{x-1} = \dfrac{5}{x+1}$

Scomponiamo il primo denominatore: $\dfrac{x-1}{(x-1)(x+1)} + \dfrac{1}{x-1} = \dfrac{5}{x+1}$

Determiniamo il dominio: C.d.E. $x \neq -1 \wedge x \neq 1 \quad \rightarrow \quad D = R - \{-1, 1\}$

Prima di procedere al calcolo del denominatore comune, semplifichiamo la prima frazione:

$$\frac{\cancel{x-1}}{(\cancel{x-1})(x+1)} + \frac{1}{(x-1)} = \frac{5}{x+1} \quad \rightarrow \quad \frac{1}{x+1} + \frac{1}{x-1} = \frac{5}{x+1}$$

Risolviamo adesso l'equazione:

$$\frac{x-1+x+1}{(x-1)(x+1)} = \frac{5(x-1)}{(x-1)(x+1)} \quad \rightarrow \quad 2x = 5x - 5$$

$$3x = 5 \quad \rightarrow \quad x = \frac{5}{3}$$

La soluzione trovata non è in contrasto con le C.d.E. quindi $S = \left\{\dfrac{5}{3}\right\}$.

353 $\quad \dfrac{4x^2 + 1 - 4x}{2x - 1} - \dfrac{4x^2 + 1 + 4x}{2x + 1} + \dfrac{2 + x}{1 - x} = 0$ $\qquad\qquad [S = \{0\}]$

354 $\quad \dfrac{x}{x^2 - 2x} + \dfrac{3x + 4}{x^2 - x - 2} = \dfrac{3}{x + 1}$ $\qquad\qquad [S = \{-11\}]$

355 $\quad \dfrac{2x - 2}{x^2 - x} = \dfrac{3}{2x} + \dfrac{x}{x^2 + x}$ $\qquad\qquad [S = \varnothing]$

356 $\quad \dfrac{(x-2)(x-3)}{x^3 - 6x^2 + 12x - 8} \cdot \left(\dfrac{1-x}{3-x} + 1\right) = \dfrac{2}{x^2 - 5x + 6}$ $\qquad\qquad [S = \{4\}]$

357 $\quad \dfrac{2x}{4x^2 - 6x + 9} + \dfrac{1}{8x^3 + 27} = \dfrac{1}{2x + 3}$ $\qquad\qquad \left[S = \left\{\dfrac{2}{3}\right\}\right]$

358 $\quad \dfrac{3x^2}{x^3 - 8} + \dfrac{x^2 + 1}{x^2 + 2x + 4} + \dfrac{x - 1}{2 - x} = \left(1 - \dfrac{8}{8 - x^3}\right)\dfrac{1}{x^2}$ $\qquad\qquad [S = \{1\}]$

359 $\quad \dfrac{9x^2 + 2x + 1}{x^2 - 7x} + \dfrac{(x-1)^2}{x} = \dfrac{(x-1)(-1-x)}{7 - x}$ $\qquad\qquad \left[S = \left\{\dfrac{1}{3}\right\}\right]$

360 $\quad \dfrac{1}{x + 2} + \dfrac{2}{3x - 2} = \dfrac{1}{3x^2 + 4x - 4}$ $\qquad\qquad \left[S = \left\{-\dfrac{1}{5}\right\}\right]$

361 $\quad \dfrac{x + 5}{5x - x^2} + \dfrac{x - 5}{x^2 + 5x} = \dfrac{20}{x^3 - 25x}$ $\qquad\qquad [S = \{-1\}]$

362 $\quad \dfrac{1}{x + 8} - \left(\dfrac{2}{x + 2} - \dfrac{12}{x^2 + 10x + 16}\right) = 0$ $\qquad\qquad [S = \varnothing]$

363 $\quad \dfrac{-3}{x^2 + 2x} + \dfrac{2}{x^2 - 2x} - \dfrac{10}{x^2 - 4} = 0$ $\qquad\qquad \left[S = \left\{\dfrac{10}{11}\right\}\right]$

364 $\quad \dfrac{3x}{x^2 - 9} = \dfrac{5}{9 - x^2} - \left(\dfrac{1}{x^2 - 3x} - \dfrac{3}{3 + x}\right)$ $\qquad\qquad \left[S = \left\{-\dfrac{1}{5}\right\}\right]$

365 $\quad \dfrac{x(6x - x^2 - 16)}{x^4 - 16} + \dfrac{x^2 - 2x}{x^2 + 4} = \dfrac{x^2 - 3x - 2}{x^2 - 4}$ $\qquad\qquad [S = \varnothing]$

366 $\quad \dfrac{2(1 - 2x)}{x + 1} + 1 = \dfrac{3x + 4}{1 - x} + \dfrac{2(5x + 2)}{x^2 - 1}$ $\qquad\qquad [S = \varnothing]$

367 $-\dfrac{8}{x+4} = \dfrac{x}{2+\dfrac{x}{2}} - \left(1+\dfrac{1}{4}\right) \cdot \dfrac{2^3}{5}$ $\hfill [S = R - \{-4\}]$

368 $\dfrac{2}{x-3} + \dfrac{5x-9}{x^2-9} = 2\left(\dfrac{1}{x+3} + \dfrac{1}{x-3}\right)$ $\hfill [S = \{1\}]$

369 $\dfrac{x-1}{x+3} - \dfrac{1}{x^2+5x+6} = \dfrac{x^2+x}{(x+2)^2} \cdot \left(1+\dfrac{2}{x}\right)$ $\hfill [S = \varnothing]$

370 $\dfrac{2}{x} = \dfrac{2}{3x+9} - \left(\dfrac{3-x}{x^2-9} - \dfrac{5}{3x+x^2}\right)$ $\hfill [S = \varnothing]$

371 $\left(1 - \dfrac{x^2}{x^2+5x+6}\right) : \left(1 - \dfrac{x^2}{x^2+x-6}\right) = 5$ $\hfill [S = \varnothing]$

372 $\dfrac{4}{x^2-2x+4} + \dfrac{3}{x+2} = \dfrac{3x^2+10}{x^3+8}$ $\hfill [S = \{5\}]$

373 $\dfrac{2(2x^2-3)}{3x^2+12-12x} = \dfrac{1}{6} - \dfrac{x}{6x-12} + \dfrac{4x}{3x-6}$ $\hfill \left[S = \left\{\dfrac{8}{9}\right\}\right]$

374 $\dfrac{3x-2}{6} + \dfrac{8}{27\left(x-\dfrac{2}{3}\right)} - \dfrac{x}{2} = \dfrac{3x^3}{3x-2} - \dfrac{x(3x+2)}{3}$ $\hfill [S = \varnothing]$

375 $\dfrac{2(x+2)(x-4)}{x^2-5x+6} = \dfrac{x-3}{x-2} + \left(\dfrac{2-x}{3-x} - 1\right)(x-2)$ $\hfill \left[S = \left\{\dfrac{29}{6}\right\}\right]$

376 $\dfrac{1-x}{2-x} - \dfrac{x-2}{x-1} = \dfrac{x^2+x}{x^2-3x+2}\left(\dfrac{1}{x} - \dfrac{1}{x+1}\right)$ $\hfill [S = \varnothing]$

377 $\dfrac{x+1}{x-1} - \left(\dfrac{6}{x^2+x-2} + \dfrac{x-3}{x+2}\right) = \dfrac{x+1}{x} \cdot \dfrac{x^2-x}{x^2-1}$ $\hfill [S = \{5\}]$

378 $\dfrac{x}{x^2-2x+1} - \dfrac{1}{4-4x} = \left(\dfrac{6x^2-2x}{x^2} : \dfrac{1-9x^2}{3x+1}\right)\left(-\dfrac{x}{2}\right) - 1$ $\hfill \left[S = \left\{\dfrac{1}{5}\right\}\right]$

379 $-\left(\dfrac{5-2x}{3x+6} + \dfrac{1}{2}\right) = \dfrac{1}{3(x+2)} - \left(\dfrac{2-x}{6x+12} + \dfrac{8}{3x+6}\right)$ $\hfill [S = R - \{-2\}]$

380 $2x - 3 - \dfrac{7}{x^2} - \dfrac{(x-2)^3}{x^2} = x + \dfrac{1}{x^2} + 3\left(\dfrac{x+1}{x}\right)$ $\hfill [S = \varnothing]$

381 $\dfrac{2x}{3x-5} - \left(\dfrac{x+1}{2} + \dfrac{1}{5-3x}\right) = \dfrac{1-x}{2}\left[\left(\dfrac{1}{x+1} + \dfrac{1}{x-1}\right)\dfrac{x^2-1}{2x}\right]$ $\hfill [S = \{6\}]$

382 $-\dfrac{5x}{12-6x} - \left(\dfrac{2x}{6-3x} + \dfrac{x}{2x-4}\right) = \left(\dfrac{1}{x-2} + \dfrac{1}{x+2}\right) \cdot \left(-\dfrac{x+2}{2}\right)$ $\hfill [S = \{0\}]$

383 $\dfrac{4+2x}{x+4} + \dfrac{2-4x}{4-x} = \dfrac{8(3x^2+8)}{x^2-16} : \left(2 - x + \dfrac{x^2-4}{x-2}\right)$ $\hfill [S = \varnothing]$

384 $\dfrac{1}{2(3x-1)} - \left(\dfrac{1}{4} - \dfrac{2}{3x-1}\right) = \dfrac{2x-6}{24x-8} + \dfrac{2x-6}{1-3x}$ $\hfill \left[S = \left\{\dfrac{5}{2}\right\}\right]$

385 $\dfrac{5+2x}{x^3-27} + \dfrac{24}{15-5x}\left(\dfrac{x+1}{x} + \dfrac{x+4}{2x} - \dfrac{2x+9}{3x}\right) = \dfrac{9-4x}{x^2+3x+9}$ $\hfill \left[S = \left\{-\dfrac{4}{31}\right\}\right]$

386 $\dfrac{3x+2}{3x-2} - \dfrac{x+3x^2-2}{3x+2}\left(1 - \dfrac{x}{x+1}\right) = -\dfrac{24x}{4-9x^2}$ $\qquad \left[S = R - \left\{-\dfrac{2}{3}, \dfrac{2}{3}, -1\right\}\right]$

387 $\left(1 - \dfrac{1}{3}\right)\left(1 - \dfrac{2x}{3x-1}\right) = \left(1 + \dfrac{1}{3}\right)\left(\dfrac{7x-1}{6x+2} - 1\right)$ $\qquad \left[S = \left\{\dfrac{1}{2}\right\}\right]$

388 $\dfrac{(2x-5)^2}{1-x} + \dfrac{1}{2}x - \dfrac{(2-x)(2+x)}{2-2x} = \dfrac{(1+2x)^2}{1-x} + \dfrac{13}{2-2x}$ $\qquad \left[S = \left\{\dfrac{31}{47}\right\}\right]$

389 $\dfrac{1}{3-2x} - \dfrac{2}{2x^2-7x+6} = \dfrac{2}{2-x}\left(\dfrac{2}{x-2} + \dfrac{3}{x-1}\right) : \dfrac{5x-8}{x^2-3x+2}$ $\qquad [S = \varnothing]$

390 $\dfrac{3x+1}{1-x} - \left(\dfrac{x+1}{x^2-x} - \dfrac{x+2}{x}\right) = \dfrac{-4x}{x-1}\left[\left(\dfrac{1}{x} - 1\right) : \left(\dfrac{2}{x} - 2\right)\right]$ $\qquad [S = \{-3\}]$

391 $\dfrac{4x}{x+1} - \left(\dfrac{7}{x-4} + \dfrac{4x^2}{x^2-3x-4}\right) = \dfrac{3x}{4-x}\left(\dfrac{x+\frac{1}{2}}{x} - \dfrac{x-\frac{1}{2}}{x}\right)$ $\qquad \left[S = \left\{-\dfrac{1}{5}\right\}\right]$

392 $\left(\dfrac{x-3}{x+2} - \dfrac{x+2}{x-3}\right) : \dfrac{20x^2-5}{x^2-x-6} + \dfrac{1}{2x} = \dfrac{3}{4x^2+4x+1}$ $\qquad \left[S = \left\{\dfrac{1}{4}\right\}\right]$

393 $(2x+1)^2 - \dfrac{8}{x^2+9-6x} = \left[2(x+3) + \dfrac{19}{x-3}\right]^2 + \dfrac{9x^2-20x^3}{(x-3)^2}$ $\qquad [S = \{0\}]$

394 $\dfrac{2+x}{3-x} - \left(\dfrac{5-x}{1-x} - \dfrac{x^2-1}{3-4x+x^2}\right) = \dfrac{9-x^2}{2x}\left(\dfrac{1}{x+3} + \dfrac{1}{x-3}\right)$ $\qquad \left[S = \left\{\dfrac{11}{3}\right\}\right]$

395 $\dfrac{5x^2-14x-16}{x^2-4x} + \dfrac{x-2}{4-x} = \left(\dfrac{x+4}{x} + 3\right)\left(\dfrac{2x^2}{x^3-8} - \dfrac{x+2}{x^2+2x+4} + \dfrac{1}{2-x}\right) : \dfrac{4x}{16-2x^3}$ $\qquad [S = R - \{0, 4, 2\}]$

396 $\dfrac{1}{x^2-4x} - \dfrac{4}{x^2-3x-4} + \dfrac{1}{x^2+x} = \dfrac{1}{x^2-3x-4}$ $\qquad [S = \varnothing]$

397 $1 - \left(\dfrac{3x+1}{2-x} - \dfrac{x}{2x-4}\right) = \dfrac{1-2x}{x-2} - \dfrac{2x^2+4x}{4-x^2}$ $\qquad \left[S = \left\{\dfrac{4}{9}\right\}\right]$

LE EQUAZIONI LETTERALI

la teoria è a pag. 49

Comprensione

398 Risolvendo un'equazione di dominio $D = R - \{0\}$ si trova che $x = \dfrac{a-2}{a}$; la soluzione è accettabile se:

   a. $a \neq 2 \land a \neq 0$ **b.** $a \neq 2$ **c.** $a \neq 0$ **d.** $\forall a \in R$

399 Indica quali sono le condizioni che il parametro a deve soddisfare affinché le seguenti equazioni non perdano significato:

   a. $\dfrac{x-3}{a} = 1$ **b.** $x - 2 = \dfrac{1}{a-2} + 3x$ **c.** $\dfrac{x+1}{a-1} = 0$

   d. $\dfrac{x}{a^2+5a+6} - 3 = 0$ **e.** $\dfrac{x-2}{a^2+2a+1} + \dfrac{1}{a} = 0$ **f.** $\dfrac{x}{a^2-1} + \dfrac{x-1}{a^2+4} = \dfrac{x+2}{a}$

Applicazione

Equazioni letterali intere

400 **ESERCIZIO GUIDA**

$$2b - x = \frac{x}{b}$$

L'equazione è intera ed ha dominio R; dobbiamo porre però le condizioni sul parametro: affinchè l'equazione abbia significato deve essere $b \neq 0$.

In questa ipotesi riduciamo tutti i termini nei due membri allo stesso denominatore e svolgiamo i calcoli:

$$\cancel{b} \cdot \frac{2b^2 - bx}{\cancel{b}} = \frac{x}{\cancel{b}} \cdot \cancel{b} \quad \rightarrow \quad x + bx = 2b^2 \quad \rightarrow \quad x(b+1) = 2b^2$$

Discussione.

• Se $b \neq -1$ $\quad \rightarrow \quad x = \dfrac{2b^2}{b+1}$

• Se $b = -1$ $\quad \rightarrow \quad 0 \cdot x = 2$ $\qquad$ l'equazione è impossibile

Riassumendo: se $b \neq 0 \wedge b \neq -1$ allora $\quad S = \left\{ \dfrac{2b^2}{b+1} \right\}$;

$\qquad\qquad\qquad$ se $b = 0$ $\qquad$ allora $\quad$ l'equazione perde significato;

$\qquad\qquad\qquad$ se $b = -1$ allora $\quad S = \varnothing$.

---

401 $\dfrac{1-x}{a} + 1 = \dfrac{1+x}{a}$

$\left[\text{se } a = 0 : \text{l'equazione perde significato; se } a \neq 0 : S = \left\{ \dfrac{a}{2} \right\} \right]$

402 $\dfrac{x}{a^2} - \dfrac{x-a}{2a} + \dfrac{1}{a-2} = 1$

$\left[\begin{array}{l} \text{se } a = 0 \wedge a = 2 : \text{l'equazione perde significato;} \\ \text{se } a \neq 0 \wedge a \neq 2 : S = \left\{ \dfrac{a^2(4-a)}{(a-2)^2} \right\} \end{array} \right]$

403 $\dfrac{x-2}{a+2} - \dfrac{x+2}{3-a} = \dfrac{12 - a(2a+3)}{a^2 - a - 6}$

$\left[\begin{array}{l} \text{se } a = -2 \vee a = 3 : \text{l'equazione perde significato;} \\ \text{se } a \neq -2 \wedge a \neq 3 \wedge a \neq \dfrac{1}{2} : S = \{-(a+2)\}; \\ \text{se } a = \dfrac{1}{2} : S = R \end{array} \right]$

404 $\dfrac{2x-1}{a+2} - \dfrac{x+1}{2-a} = \dfrac{1}{a^2 - 4}$

$\left[\begin{array}{l} \text{se } a = 2 \vee a = -2 : \text{l'equazione perde significato;} \\ \text{se } a \neq 2 \wedge a \neq -2 \wedge a \neq \dfrac{2}{3} : S = \left\{ \dfrac{3}{2-3a} \right\}; \\ \text{se } a = \dfrac{2}{3} : S = \varnothing \end{array} \right]$

405 $\dfrac{x+3}{2a+4} + \dfrac{x-3}{2a-4} = \dfrac{ax-6}{a^2-4}$

$\left[\begin{array}{l} \text{se } a = 2 \vee a = -2 : \text{l'equazione perde significato;} \\ \text{se } a \neq 2 \wedge a \neq -2 : S = R \end{array} \right]$

406 $\dfrac{x}{a^2 - a} + \dfrac{x}{a^2 + a} + \dfrac{1}{a} = \dfrac{1}{a - a^3}$

$\left[\begin{array}{l} \text{se } a = 0 \vee a = 1 \vee a = -1 : \text{l'equazione perde significato;} \\ \text{se } a \neq 0 \wedge a \neq 1 \wedge a \neq -1 : S = \left\{ -\dfrac{a}{2} \right\} \end{array} \right]$

407 $\dfrac{x}{a-1} + \dfrac{x}{a+1} + \dfrac{2x}{1-a^2} = 0$

$\left[\begin{array}{l} \text{se } a = 1 \vee a = -1 : \text{l'equazione perde significato;} \\ \text{se } a \neq 1 \wedge a \neq -1 : S = \{0\} \end{array} \right]$

408 $\left(2-\dfrac{1}{2}\right)a+\left(\dfrac{2a^2}{2+a}+2+a\right)x=(3a-2)x+\left(1+\dfrac{1}{2}\right)a$

$$\begin{bmatrix} \text{se } a=-2 : \text{l'equazione perde significato;} \\ \text{se } a\neq -2 : S=\{0\} \end{bmatrix}$$

409 $\dfrac{x+2}{a-2}=\dfrac{ax-4}{a^2-4}+\dfrac{(x-2)(a+3)}{a^2+5a+6}$

$$\begin{bmatrix} \text{se } a=\pm 2 \ \lor \ a=-3 : \text{l'equazione perde significato;} \\ \text{se } a\neq 4 \ \land \ a\neq -3 \ \land \ a\neq \pm 2 : S=\left\{\dfrac{-4(1+a)}{4-a}\right\}; \\ \text{se } a=4 : S=\varnothing \end{bmatrix}$$

410 $\dfrac{x}{a^2+2a}-\dfrac{a+1}{a+2}+\dfrac{x-1}{a+2}=\dfrac{x-2}{a^2}$

$$\begin{bmatrix} \text{se } a=0 \ \lor \ a=-2 : \text{l'equazione perde significato;} \\ \text{se } a\neq 0 \ \land \ a\neq -2 \ \land \ a^2\neq 2 : S=\{a+2\}; \\ \text{se } a^2=2 : S=R \end{bmatrix}$$

411 $\dfrac{x-1}{a-3}+\dfrac{x+1}{a-2}=\dfrac{4(a^2-6)-2}{a^2-5a+6}$

$$\begin{bmatrix} \text{se } a=3 \ \lor \ a=2 : \text{l'equazione perde significato;} \\ \text{se } a\neq 3 \ \land \ a\neq 2 \ \land \ a\neq \dfrac{5}{2} : S=\{2a+5\}; \\ \text{se } a=\dfrac{5}{2} : S=R \end{bmatrix}$$

412 $\dfrac{(x-3)(a+3)}{a^3-27}-\dfrac{x}{a^2-6a+9}-\dfrac{1}{3-a}=0$

$$\begin{bmatrix} \text{se } a=3 : \text{l'equazione perde significato;} \\ \text{se } a\neq 3 \ \land \ a\neq -6 : S=\left\{\dfrac{a^2(a-3)}{3(a+6)}\right\}; \\ \text{se } a=-6 : S=\varnothing \end{bmatrix}$$

413 $3x-\dfrac{3a}{1+3a}=3a\left(x+\dfrac{3a}{1+3a}\right)$

$$\begin{bmatrix} \text{se } a=-\dfrac{1}{3} : \text{l'equazione perde significato;} \\ \text{se } a\neq 1 \ \land \ a\neq -\dfrac{1}{3} : S=\left\{\dfrac{a}{1-a}\right\}; \\ \text{se } a=1 : S=\varnothing \end{bmatrix}$$

414 $\dfrac{x}{a+1}+\left(1-\dfrac{a+1}{a-1}\right)\dfrac{1}{a+1}=\dfrac{a-1}{(a+1)^2}x$

$$\begin{bmatrix} \text{se } a=\pm 1 : \text{l'equazione perde significato;} \\ \text{se } a\neq \pm 1 : S=\left\{\dfrac{a+1}{a-1}\right\} \end{bmatrix}$$

415 $\dfrac{a+1}{2a^2}\cdot\left[\dfrac{a^2(x+2)}{2-a}+x(a-1)\right]=0$

$$\begin{bmatrix} \text{se } a\neq -1 \ \land \ a\neq 2 \ \land \ a\neq 0 \ \land \ a\neq \dfrac{2}{3} : S=\left\{\dfrac{2a^2}{2-3a}\right\}; \\ \text{se } a=2 \ \lor \ a=0 : \text{l'equazione perde significato;} \\ \text{se } a=\dfrac{2}{3} : S=\varnothing; \ \text{se } a=-1 : S=R \end{bmatrix}$$

416 $\dfrac{x-1}{a^2-2a+1}+\dfrac{x}{a^2+a-2}-\dfrac{4x}{(1-a)^2(a+2)}+\dfrac{2}{a-1}=0$

$$\begin{bmatrix} \text{se } a=-2 \ \lor \ a=1 : \text{l'equazione perde significato;} \\ \text{se } a\neq -2 \ \land \ a\neq 1 \ \land \ a\neq \dfrac{3}{2} : S=\{-(a+2)\}; \\ \text{se } a=\dfrac{3}{2} : S=R \end{bmatrix}$$

417 $\dfrac{3x(2-a)}{a}-\dfrac{2x}{2-a}=\dfrac{25-x(3a^2+a-13)}{a^2-2a}$

$$\begin{bmatrix} \text{se } a=2 \ \lor \ a=0 : \text{l'equazione perde significato;} \\ \text{se } a\neq 2 \ \land \ a\neq 0 \ \land \ a\neq \dfrac{5}{3} : S=\left\{\dfrac{5}{3a-5}\right\}; \\ \text{se } a=\dfrac{5}{3} : S=\varnothing \end{bmatrix}$$

418 $\dfrac{2x}{a+2}+\dfrac{x-1}{a^2-4}=\dfrac{x+1}{a+2}-\dfrac{2}{a^2-4}$

$$\begin{bmatrix} \text{se } a=\pm 2 : \text{l'equazione perde significato;} \\ \text{se } a\neq \pm 2 \ \land \ a\neq 1 : S=\left\{\dfrac{a-3}{a-1}\right\}; \ \text{se } a=1 : S=\varnothing \end{bmatrix}$$

419 $\dfrac{2x - 5a}{3} - \dfrac{1}{3} = \dfrac{x + 2}{2a} + \dfrac{x - 2a}{6} - \dfrac{2(a + 3)}{3a}$

$$\left[\begin{array}{l} \text{se } a = 0 : \text{l'equazione perde significato;} \\[2mm] \text{se } a \neq 0 \ \wedge \ a \neq 1 : S = \left\{\dfrac{2}{3}(4a + 3)\right\}; \text{ se } a = 1 : S = R \end{array}\right]$$

420 $\dfrac{x - 1}{a^2 - 2a - 3} - \dfrac{x - 2}{a^2 + 3a + 2} = \dfrac{1}{a^2 - a - 6}$

$$\left[\begin{array}{l} \text{se } a = -1 \ \vee \ a = -2 \ \vee \ a = 3 : \text{l'equazione perde significato;} \\[2mm] \text{se } a \neq -1 \ \wedge \ a \neq -2 \ \wedge \ a \neq 3 : S = \left\{\dfrac{9}{5}\right\} \end{array}\right]$$

421 $\dfrac{x + 1}{3a - 3} - \dfrac{x + 1}{1 - a} = -\dfrac{2}{3}(x - 1)$

$$\left[\begin{array}{l} \text{se } a = 1 : \text{l'equazione perde significato;} \\[2mm] \text{se } a \neq 1 \ \wedge \ a \neq -1 : S = \left\{\dfrac{a - 3}{a + 1}\right\}; \text{ se } a = -1 : S = \varnothing \end{array}\right]$$

Equazioni letterali frazionarie

Risolvi le seguenti equazioni frazionarie, determinando prima il dominio dell'incognita x e le eventuali condizioni da imporre ai parametri.

422 **ESERCIZIO GUIDA**

$$\dfrac{a + 1}{x + 1} = 2a$$

L'equazione, oltre ad essere frazionaria è anche parametrica. Per le C.d.E. deve essere $x \neq -1$, quindi $D = R - \{-1\}$.

Troviamo la soluzione che, alla fine, dovrà essere confrontata con i valori esclusi dal dominio per stabilire la sua accettabilità. Moltiplicando per $x + 1$ otteniamo

$$\dfrac{a + 1}{x + 1} = \dfrac{2a(x + 1)}{x + 1} \qquad \text{cioè, svolgendo i calcoli} \qquad 2ax = 1 - a$$

Discussione.

- Se $a \neq 0 \qquad \rightarrow \qquad x = \dfrac{1 - a}{2a}$

- Se $a = 0 \qquad \rightarrow \qquad 0 \cdot x = 1 \quad$ equazione impossibile

Confronto della soluzione trovata con il valore escluso dal dominio:

$$\dfrac{1 - a}{2a} \neq -1 \qquad \rightarrow \qquad 1 - a \neq -2a \qquad \rightarrow \qquad a \neq -1$$

Riassumendo: se $a \neq 0 \ \wedge \ a \neq -1 \quad$ allora $\quad S = \left\{\dfrac{1 - a}{2a}\right\}$;

se $a = 0 \ \vee \ a = -1 \quad$ allora $\quad S = \varnothing$.

423 **ESERCIZIO GUIDA**

$$\dfrac{2b}{1 - x} = \dfrac{1}{x + 1} \qquad \text{C.d.E.} \quad x \neq \text{.....} \text{ e } x \neq \text{.....} \qquad D = R - \{\text{.................}\}$$

Svolgendo i calcoli si ottiene: $\dfrac{2b(x + 1)}{(1 - x)(x + 1)} = \dfrac{1 - x}{(1 - x)(x + 1)}$

$$2bx + 2b = 1 - x \qquad \rightarrow \qquad 2bx + x = 1 - 2b$$

raccogliendo il fattore x si ottiene l'equazione in forma normale $\quad x(2b + 1) = 1 - 2b$

Discussione.

- Se $b \neq$ .... $\rightarrow$ $x =$ ....
- Se $b =$ .... $\rightarrow$ $0 \cdot x =$ ....

Confronto con 1 e -1: $\quad \dfrac{1-2b}{2b+1} \neq 1 \quad \wedge \quad \dfrac{1-2b}{2b+1} \neq -1$

$$b \neq \text{.........} \qquad b \neq \text{.............}$$

Riassumendo: se $b \neq 0 \wedge b \neq -\dfrac{1}{2}$ allora $S = \left\{ \dfrac{1-2b}{1+2b} \right\};$

se $b = 0 \vee b = -\dfrac{1}{2}$ allora $S = \varnothing$.

---

424 $\quad \dfrac{a+x}{1-x} = a$ $\qquad\qquad$ $[\text{se } a \neq -1 : S = \{0\}; \text{ se } a = -1 : S = R - \{1\}]$

425 $\quad \dfrac{2a-1}{x^2-x} + \dfrac{1}{x-1} = \dfrac{x-2a}{x^2}$ $\qquad$ $\left[\text{se } a \neq 0 : S = \left\{ \dfrac{1}{2} \right\}; \text{ se } a = 0 : S = R - \{0,\, 1\} \right]$

426 $\quad \dfrac{2a-x}{x-3} - \dfrac{2ax+3}{6-2x} = a$ $\qquad$ $\left[\text{se } a \neq \dfrac{3}{10} : S = \left\{ \dfrac{10a+3}{2} \right\}; \text{ se } a = \dfrac{3}{10} : S = \varnothing \right]$

427 $\quad \dfrac{a}{x-1} + \dfrac{3x}{x+1} = -\dfrac{3x^2}{1-x^2}$ $\qquad$ $\left[\text{se } a \neq 3 \wedge a \neq \dfrac{3}{2} : S = \left\{ \dfrac{a}{3-a} \right\}; \text{ se } a = 3 \vee a = \dfrac{3}{2} : S = \varnothing \right]$

428 $\quad \dfrac{b-2x}{x^2+3x} + \dfrac{4x-6b}{2x^2-6x} + \dfrac{12}{9-x^2} = 0$ $\qquad$ $[\text{se } b \neq 0 : S = \{-6\}; \text{ se } b = 0 : S = R - \{0,\, \pm 3\}]$

429 $\quad \dfrac{3+ax}{x-a} - 2 = 0$ $\qquad$ $\left[\text{se } a \neq 2 : S = \left\{ \dfrac{2a+3}{2-a} \right\}; \text{ se } a = 2 : S = \varnothing \right]$

430 $\quad \dfrac{2}{a+x} = \dfrac{3}{a-x}$ $\qquad$ $\left[\text{se } a \neq 0 : S = \left\{ \dfrac{-a}{5} \right\}; \text{ se } a = 0 : S = \varnothing \right]$

431 $\quad \dfrac{5}{2+bx} + \dfrac{2}{3-bx} = 0$ $\qquad$ $\left[\text{se } b \neq 0 : S = \left\{ \dfrac{19}{3b} \right\}; \text{ se } b = 0 : S = \varnothing \right]$

432 ◖ **ESERCIZIO GUIDA** ◗

$$\dfrac{1-b}{x} - \dfrac{1+b}{x} = \dfrac{b}{b-2}$$

Per le C.d.E. relativamente all'incognita deve essere: $\qquad x \neq 0$

relativamente al parametro deve essere: $\qquad b \neq 2$

Riduciamo l'equazione in forma intera:

$$\dfrac{(1-b)(b-2) - (1+b)(b-2)}{x(b-2)} = \dfrac{bx}{x(b-2)} \quad \rightarrow \quad bx = 2b(2-b)$$

Discussione.

- Se $b \neq 0$: $\qquad x = \dfrac{2b(2-b)}{b} \quad \rightarrow \quad x = 2(2-b)$

- Se $b = 0$: $\qquad 0 \cdot x = 0 \qquad \rightarrow \quad$ equazione indeterminata

433 $\dfrac{3x - b}{4x} = \dfrac{3x - 2b}{4x - b}$

$[$ se $b \neq 0 : S = \{-b\};$ se $b = 0 : S = R - \{0\}]$

434 $\dfrac{3}{1 + ax} + \dfrac{2}{2 - ax} = 0$

$\left[$ se $a \neq 0 : S = \left\{\dfrac{8}{a}\right\};$ se $a = 0 : S = \varnothing\right]$

435 $\dfrac{x - a}{ax} - \dfrac{x}{x^2 - ax} + \dfrac{x}{a^2 - ax} = 0$

$\left[$ se $a = 0 :$ l'equazione perde significato; se $a \neq 0 : S = \left\{\dfrac{a}{3}\right\}\right]$

436 $\dfrac{x + a}{x - a} - \dfrac{x - a}{x + a} - \dfrac{x}{a^2 - x^2} = 0$

$\left[\begin{array}{l} \text{se } a \neq 0 \land a \neq -\dfrac{1}{4} : S = \{0\}; \\ \text{se } a = 0 : S = \varnothing; \\ \text{se } a = -\dfrac{1}{4} : S = R - \left\{\dfrac{1}{4}, \ -\dfrac{1}{4}\right\} \end{array}\right]$

437 $2 - \dfrac{x - a}{x + a} = \dfrac{x + a}{x - a}$

$[$ se $a \neq 0 : S = \varnothing;$ se $a = 0 : S = R - \{0\}]$

438 $\dfrac{a + 1}{x - a} + \dfrac{a}{a + 2} = \dfrac{x + a}{x - a}$

$\left[\begin{array}{l} \text{se } a \neq 1 \land a \neq -2 : S = \left\{\dfrac{-a^2 + a + 2}{2}\right\} \\ \text{se } a = 1 \lor a = -2 : S = \varnothing \end{array}\right]$

439 $\dfrac{x + (1 + b)^2}{x(1 + b)} - \dfrac{x + (1 - b)^2}{x(1 - b)} = 0$

$\left[\begin{array}{l} \text{se } b = \pm 1 :$ l'equazione perde significato; \\ \text{se } b \neq \pm 1 \land b \neq 0 : S = \{1 - b^2\}; \\ \text{se } b = 0 : S = R - \{0\} \end{array}\right]$

440 $\dfrac{(x + a)(a - 1)}{x - a} = -(1 - a) + \dfrac{a}{x + a}$

$\left[\begin{array}{l} \text{se } a \neq 0 \land a \neq \dfrac{3}{2} \land a \neq 1 : S = \left\{\dfrac{a(1 - 2a)}{2a - 3}\right\}; \\ \text{se } a = \dfrac{3}{2} \lor a = 1 : S = \varnothing; \\ \text{se } a = 0 : S = R - \{0\} \end{array}\right]$

441 $\dfrac{4}{2x - a} - \dfrac{8x}{4x^2 - a^2} = \dfrac{4}{2x + a}$

$[$ se $a \neq 0 : S = \{a\};$ se $a = 0 : S = \varnothing]$

442 $\dfrac{2ax - 1}{x} + \dfrac{2a^2 - 1}{a} = \dfrac{a + 1}{ax}$

$\left[\begin{array}{l} \text{se } a = 0 :$ l'equazione perde significato; \\ \text{se } a \neq 0 \land a \neq -\dfrac{1}{2} \land a \neq \dfrac{1}{2} : S = \left\{\dfrac{1}{2a - 1}\right\}; \\ \text{se } a = -\dfrac{1}{2} : S = R - \{0\}; \\ \text{se } a = \dfrac{1}{2} : S = \varnothing \end{array}\right]$

443 $\dfrac{1}{x} + \dfrac{1}{a} - 2 = \dfrac{2a + 1}{2ax}$

$\left[\begin{array}{l} \text{se } a = 0 :$ l'equazione perde significato; \\ \text{se } a \neq 0 \land a \neq \dfrac{1}{2} : S = \left\{\dfrac{1}{2(1 - 2a)}\right\}; \\ \text{se } a = \dfrac{1}{2} : S = \varnothing \end{array}\right]$

Comprensione

444 Le condizioni di esistenza di un sistema frazionario richiedono che sia $x + y \neq 0$ e $2x - y \neq 1$. Se il sistema intero ad esso equivalente ha come soluzione una delle coppie (x, y) che seguono, quali possono essere considerate anche soluzioni del sistema dato?

a. $(-3, 3)$ **b.** $(4, 7)$ **c.** $(2, 2)$ **d.** $(1, 1)$ **e.** $\left(\dfrac{1}{2}, 0\right)$ **f.** $\left(0, \dfrac{1}{2}\right)$ **g.** $(0, 0)$

445 Le condizioni di esistenza di un sistema frazionario richiedono che sia $x - 2y \neq 0$ e $y \neq 0$. Delle seguenti coppie (x, y) :

① $(2, 0)$ ② $\left(\dfrac{2}{5}, -\dfrac{1}{5}\right)$ ③ $(0, 0)$ ④ $(-4, 2)$

possono essere soluzione del sistema dato:

a. solo la ②   **b.** la ① e la ②   **c.** tutte tranne la ③   **d.** la ② e la ④

Applicazione

446 **ESERCIZIO GUIDA**

$$\begin{cases} \dfrac{3}{x - y} = 1 \\ 1 + \dfrac{y(y - x) - 1}{(x + 1)(y + 1)} = \dfrac{y - 1}{x + 1} \end{cases}$$

Il sistema è frazionario, dobbiamo quindi porre $x \neq y \ \wedge \ x \neq -1 \ \wedge \ y \neq -1$.

Liberando le equazioni dai denominatori otteniamo:
$$\begin{cases} 3 = x - y \\ (x + 1)(y + 1) + y(y - x) - 1 = (y - 1)(y + 1) \end{cases}$$

e svolgendo i calcoli: $\begin{cases} x - y = 3 \\ x + y = -1 \end{cases}$ da cui ricaviamo che $\begin{cases} x = 1 \\ y = -2 \end{cases}$

Poiché la soluzione trovata non contrasta con le condizioni poste, $S = \{(1, -2)\}$.

447 **ESERCIZIO GUIDA**

$$\begin{cases} \dfrac{x}{y} = \dfrac{x + 3}{y + 1} \\ \dfrac{5(x - 3)}{x + y - 4} = 1 \end{cases}$$

Affinché il sistema abbia significato deve essere $y \neq 0 \ \wedge \ y \neq -1 \ \wedge \ x + y \neq 4$.
Liberando le equazioni dai denominatori e sviluppando il calcolo si ottiene:

$$\begin{cases} xy + x = xy + 3y \\ 5x - 15 = x + y - 4 \end{cases} \rightarrow \begin{cases} x = 3y \\ 4x - y = 11 \end{cases} \rightarrow \begin{cases} x = 3y \\ 12y - y = 11 \end{cases} \rightarrow \begin{cases} x = 3 \\ y = 1 \end{cases}$$

La soluzione non è però accettabile perché nelle condizioni iniziali abbiamo posto $x + y \neq 4$; il sistema è quindi impossibile e dunque $S = \varnothing$.

448
$$\begin{cases} \dfrac{3x-1}{y} = 5 \\[2mm] \dfrac{2+y}{x} = 6 \end{cases}$$
$$\begin{cases} \dfrac{3(x-y)}{1+x} + \dfrac{1}{x+1} = 2 \\[2mm] 3x - 3y = 5 \end{cases}$$
$$\left[S = \varnothing; \ S = \left\{ \left(2, \dfrac{1}{3} \right) \right\} \right]$$

449
$$\begin{cases} \dfrac{1}{x} - \dfrac{1}{y} = 0 \\[2mm] x - 2(y+1) = 3y + 6(x-1) \end{cases}$$
$$\begin{cases} \dfrac{2x-3}{x+y} = 1 \\[2mm] \dfrac{x-6}{2} - y = 0 \end{cases}$$
$$\left[S = \left\{ \left(\dfrac{2}{5}, \dfrac{2}{5} \right) \right\}; \ S = \{ (0, -3) \} \right]$$

450
$$\begin{cases} -\dfrac{2}{x-2} = 1 + \dfrac{x+3y}{2-x} \\[2mm] \dfrac{1-x}{2} = \dfrac{3(x-2y)}{4} + (y-x) \end{cases}$$
$$\begin{cases} 3 - \dfrac{4}{y-1} = \dfrac{x-2y}{1-y} \\[2mm] 3(2x-y) = 1 - 2(x-2y) \end{cases}$$
$$\left[S = \varnothing; \ S = \left\{ \left(\dfrac{10}{3}, \dfrac{11}{3} \right) \right\} \right]$$

451
$$\begin{cases} \dfrac{x+y-1}{x-1} + \dfrac{2x}{x+1} = \dfrac{x(3x+y)}{x^2-1} \\[2mm] \dfrac{2x}{2-y} + \dfrac{y(2x+y)}{y^2-4} = \dfrac{y+3}{y+2} \end{cases}$$
$$\begin{cases} \dfrac{2}{x-y} = \dfrac{3}{x+y} \\[2mm] \dfrac{1}{2x-3} = \dfrac{2}{1-y} \end{cases}$$
$$\left[S = \left\{ \left(\dfrac{5}{6}, \dfrac{8}{3} \right) \right\}; \ S = \left\{ \left(\dfrac{5}{3}, \dfrac{1}{3} \right) \right\} \right]$$

452
$$\begin{cases} \dfrac{x+12}{4} + \dfrac{x-2}{y} = \dfrac{1}{4}x \\[2mm] 2x - y = 6 \end{cases}$$
$$\begin{cases} \dfrac{x+2y-1}{3x-4} = 1 \\[2mm] \dfrac{x+2y}{x-y-2} = \dfrac{3}{2} \end{cases}$$
$$\left[S = \left\{ \left(\dfrac{20}{7}, -\dfrac{2}{7} \right) \right\}; \ S = \left\{ \left(\dfrac{3}{4}, -\dfrac{3}{4} \right) \right\} \right]$$

453
$$\begin{cases} \dfrac{x}{x+3} = \dfrac{y}{y+2} \\[2mm] \dfrac{xy-23}{x-5} = y - 3 \end{cases}$$
$$\begin{cases} \dfrac{x+2}{y-3} = \dfrac{1}{2} \\[2mm] \dfrac{3-y}{x+2} = -2 \end{cases}$$
$$[S = \{ (6, 4) \}; \ \text{indeterminato con } x \neq -2 \ \wedge \ y \neq 3]$$

454
$$\begin{cases} \dfrac{x+1}{x-3} + \dfrac{y+13}{y+1} = 2 \\[2mm] \dfrac{3x-2}{x-4} = \dfrac{3(y+8)}{y-2} \end{cases}$$
$$\begin{cases} \dfrac{2x-y+3}{x+y-1} = \dfrac{1}{2} \\[2mm] \dfrac{1}{2}(x-2) = \dfrac{3}{4}(y+1) - x \end{cases}$$
$$\left[S = \varnothing; \ S = \left\{ \left(\dfrac{14}{3}, 7 \right) \right\} \right]$$

455
$$\begin{cases} \dfrac{2x-4}{x-y} = 1 \\[2mm] 2x - \dfrac{y}{2} = 3 \end{cases}$$
$$\begin{cases} \dfrac{5}{3-x} = \dfrac{2}{y-2} \\[2mm] \dfrac{x-1}{y} + \dfrac{y-2}{x} - \dfrac{x^2+y^2}{xy} = 0 \end{cases}$$
$$[S = \varnothing; \ S = \{ (-32, 16) \}]$$

456
$$\begin{cases} \dfrac{3x+y}{2x-1} = \dfrac{1}{4} \\[2mm] \dfrac{3x+y}{3y+2} = 1 - \dfrac{1}{18y+12} \end{cases}$$
$$\begin{cases} 3 = \dfrac{1-x+4y}{x} \\[2mm] \dfrac{2x-7}{3y-1} - 2 = \dfrac{x}{2-6y} \end{cases}$$
$$\left[S = \varnothing; \ S = \left\{ \left(-1, -\dfrac{5}{4} \right) \right\} \right]$$

457
$$\begin{cases} \dfrac{2x-y+1}{x-2} = 1 \\[2mm] \dfrac{x}{x-2} + \dfrac{y}{x+1} = \dfrac{x^2+xy}{x^2-x-2} \end{cases}$$
$$\begin{cases} 1 - \dfrac{x^2-y}{y} = -\dfrac{(x-1)^2}{y} \\[2mm] \dfrac{2-x}{1-y} = 1 \end{cases}$$
$$[S = \{ (-6, -3) \}; \ S = \varnothing]$$

458 $\begin{cases} \dfrac{x-y}{x-2} = \dfrac{3(x-y)+2}{3x-1} \\ \dfrac{1}{x-2} - \dfrac{1}{y} = 0 \end{cases}$ $\begin{cases} \dfrac{x+y-2}{x+1} = \dfrac{1}{2} \\ \dfrac{x-y+2}{y+1} - \dfrac{1}{3} = 0 \end{cases}$ $[S = \{(7, 5)\}; S = \{(1, 2)\}]$

459 $\begin{cases} \dfrac{8x^2-y}{4x-1} = 2x \\ \dfrac{3}{x+y} - \dfrac{4}{x^2-y^2} = \dfrac{5}{y-x} \end{cases}$ $\begin{cases} 5\left(\dfrac{1}{y} - \dfrac{1}{x}\right) = \dfrac{1}{x} + \dfrac{1}{y} \\ \dfrac{3x-2y}{x+1} = \dfrac{5}{4} \end{cases}$ $\left[S = \left\{\left(\dfrac{1}{3}, \dfrac{2}{3}\right)\right\}; S = \{(3, 2)\}\right]$

Per la verifica delle competenze

1 Dopo aver semplificato le due espressioni algebriche $\dfrac{x(a-2)}{(a+1)(b-2)} - \dfrac{1}{ab-2a+b-2}$ e

$\dfrac{1}{b-2} + \dfrac{x}{a+1}$, verifica che esse sono uguali se $x = \dfrac{a+2}{a-b}$ e determina il loro comune valore.

$$\left[\dfrac{a^2-a+b-4}{(a+1)(a-b)(b-2)}\right]$$

2 Data la frazione algebrica $\dfrac{x^2-3x+5}{kx^2-2kx+1}$ con $k \in R$, determina sotto quali condizioni si verifica che:

a. il valore $x = 1$ non appartiene al dominio della frazione; $[1-k=0]$
b. il valore $x = 0$ appartiene al dominio della frazione; $[\forall k]$
c. il valore $x = -2$ appartiene al dominio della frazione. $[8k+1 \neq 0]$

3 Considerata la frazione algebrica $\dfrac{4x^3+2x^2+kx-2k}{ax+2}$ con $a, k \in R$, determina sotto quali condizioni si verifica che:

a. il valore $x = -1$ non appartiene al dominio della funzione; $[2-a=0]$
b. per $a = 1$, la frazione diventa un polinomio. $[-4k-24=0]$

4 Per quale valore del parametro k la frazione $\dfrac{x^2-4x+3+kx-k}{x^2+3x+2}$ una volta semplificata, si riduce a:

a. $\dfrac{x-1}{x+1}$ **b.** $\dfrac{x-1}{x+2}$ $[\textbf{a. } k=5; \textbf{b. } k=4]$

5 Se $a + \dfrac{1}{a} = 2$, quanto vale $a^3 + \dfrac{1}{a^3}$?

(Suggerimento: pensa allo sviluppo del cubo del binomio) $[2]$

6 Sia P un polinomio; quale valore assume la frazione $1 + \dfrac{1}{1 - \dfrac{1}{1 + \dfrac{1}{P}}}$ nei seguenti casi?

a. $P = a - b$ $[a-b+2]$
b. $P = x^2 - 2$ $[x^2]$
c. $P = \dfrac{1-x}{x}$ $\left[\dfrac{x+1}{x}\right]$

Qualunque sia l'espressione di P, quanto vale la frazione? $[P+2]$

Determina per quale valore del parametro k le seguenti equazioni hanno lo stesso insieme di soluzioni.

7 $\dfrac{1}{x} + \dfrac{k+1}{x-3} = \dfrac{x}{2x-6} - \dfrac{1}{2}$; $\qquad\qquad$ $\dfrac{k-1}{x} + \dfrac{2k}{x-1} = \dfrac{1}{x}$ $\qquad\qquad$ $\left[10 \vee \dfrac{1}{2}\right]$

8 $\dfrac{2+k}{x+1} - \dfrac{2}{x} = \dfrac{3}{x^2+x}$; $\qquad\qquad$ $\dfrac{1}{2x+1} - k = \dfrac{2k-3}{2x+1}$ $\qquad\qquad$ $[-2]$

9 La frazione $\dfrac{3x+4}{x-2}$, dove x è un numero naturale, rappresenta un numero intero positivo. Quali sono i valori che può assumere x? $\qquad\qquad$ $[3, 4, 7, 12]$

10 **ESERCIZIO GUIDA**

Trova i valori dei parametri a, b, c in modo che l'espressione $\dfrac{a}{x-1} + \dfrac{b}{x}$ sia uguale a $\dfrac{2x+1}{x(x-1)}$.

Svolgiamo i calcoli sull'espressione data: $\dfrac{ax + b(x-1)}{x(x-1)} = \dfrac{x(a+b)-b}{x(x-1)}$

Affinché il risultato sia quello voluto, deve essere $\begin{cases} a+b=2 \\ -b=1 \end{cases} \rightarrow \begin{cases} a=3 \\ b=-1 \end{cases}$

11 Trova i valori dei parametri a, b, c in modo che l'espressione $\dfrac{ax}{x^2-1} + \dfrac{b(x-2)}{x^2+2x-3} + \dfrac{c}{x^2+4x+3}$ sia uguale a $\dfrac{2x+1}{(x+3)(x^2-1)}$. $\qquad\qquad$ $\left[a=\dfrac{1}{2}, b=-\dfrac{1}{2}, c=0\right]$

12 Trova i valori dei parametri a e b in modo che l'espressione $\dfrac{a}{x^2-x-2} + \dfrac{b}{x^2-3x+2} - \dfrac{3}{x^2-1}$ sia uguale a $\dfrac{7}{(x^2-1)(x-2)}$. $\qquad\qquad$ $[a=1, b=2]$

Soluzioni esercizi di comprensione

1 a. $\qquad\qquad$ **2 c** $\qquad\qquad$ **3 a.** $x \neq -1$, $x = 2$; **b.** $x = -1$, $x \in R$; **c.** -3, non è definita

4 a. F, **b.** V, **c.** F, **d.** V $\qquad$ **5 a., c., d.** $\qquad$ **6 d.** $\qquad\qquad$ **7 c.**

39 c. $\qquad\qquad$ **40 c.** $\qquad\qquad$ **41 a.** F, **b.** F, **c.** V, **d.** V, **e.** V $\qquad$ **42 a.** ①, **b.** ①, **c.** ③

43 a. ③, **b.** ④, **c.** ①, **d.** ② $\qquad$ **103 a.** $\qquad$ **104 a.** ③, **b.** ④ $\qquad\qquad$ **105 d.**

184 c. $\qquad\qquad$ **186 d.** $\qquad\qquad$ **187 d.** $\qquad\qquad$ **188 a.** F, **b.** F, **c.** V

189 d. $\qquad\qquad$ **190 a.** $\neq$, **b.** $\neq$, **c.** $=$, **d.** $=$ $\qquad\qquad$ **328 a.**

329 c. $\qquad\qquad$ **330 f.** $\qquad$ **331 e.** $\qquad\qquad$ **398 a.**

399 a. $a \neq 0$, **b.** $a \neq 2$, **c.** $a \neq 1$, **d.** $a \neq -3 \wedge a \neq -2$, **e.** $a \neq -1 \wedge a \neq 0$, **f.** $a \neq \pm 1 \wedge a \neq 0$

444 c., f. $\qquad\qquad$ **445 d.**

Test finale di autovalutazione

CONOSCENZE

1 Quali delle seguenti frazioni sono equivalenti a $\dfrac{x}{x-3}$?

a. $\dfrac{x^2}{x^2-3x}$ se $x \neq 0$ **b.** $\dfrac{2x}{2x-3}$ se $x \neq 0$ **c.** $\dfrac{x-1}{x-3-1}$ se $x \neq 1$ **d.** $\dfrac{x^2+x}{(x-3)(x+1)}$ se $x \neq -1$

> 8 punti

2 Considerata la frazione algebrica $\dfrac{k^2-1}{k^2-k}$, scegli fra quelle elencate la risposta corretta:

a. le C.d.E. sono: ① $k \neq 0$ ② $k \neq 1$ ③ $k \neq 0 \wedge k \neq 1$

b. è equivalente a: ① $\dfrac{1}{k}$ ② $\dfrac{k+1}{k}$ ③ $\dfrac{k-1}{k}$

> 10 punti

3 Eseguendo la somma $\dfrac{x}{x-a} - \dfrac{x-a}{x+a}$ si ottiene:

a. $\dfrac{a(3x-a)}{x^2-a^2}$ **b.** $\dfrac{3x-a}{x^2-a^2}$ **c.** $\dfrac{3x-a}{x^2-a}$ **d.** $\dfrac{3x-a}{x-a}$

> 10 punti

4 Eseguendo la divisione $\dfrac{x^2-4}{x^2-1} : \dfrac{x-2}{x^2+x}$ si ottiene:

a. $\dfrac{x+2}{x-1}$ **b.** $\dfrac{x(x+2)}{x-1}$ **c.** $\dfrac{x(x-2)}{x-1}$ **d.** $\dfrac{x(x+2)}{x+1}$

> 10 punti

5 L'insieme delle soluzioni di un'equazione frazionaria è $S = \{-1, 2\}$, quale fra i seguenti può essere il suo dominio?

a. $D = R - \{0, -1\}$ **b.** $D = R - \{-1, 2\}$ **c.** $D = R - \{-2\}$ **d.** $D = R - \{2\}$

> 10 punti

6 L'equazione $\dfrac{1}{x} = \dfrac{4}{x+1}$:

a. ha dominio: ① $R - \{0\}$ ② $R - \{0, 1\}$ ③ $R - \{-1, 0\}$

b. ha soluzione: ① $\left\{\dfrac{1}{3}\right\}$ ② $\{3\}$ ③ $\{-3\}$

> 12 punti

7 L'equazione $\dfrac{1}{x-3} = \dfrac{1}{a}$:

a. ha dominio: ① $R - \{3\}$ ② $R - \{0, 3\}$ ③ $R - \{0\}$

b. ha soluzione $x = a + 3$ se: ① $a \neq 0$ ② $a \neq -3$ ③ per qualsiasi valore di a

> 15 punti

8 Il sistema $\begin{cases} \dfrac{x}{x-y} = 2 \\ \dfrac{y}{x+y} = 3 \end{cases}$:

a. ha come soluzione la coppia $(0, 0)$ **b.** ha come soluzione la coppia $(1, 0)$

c. ha come soluzione la coppia $(0, 1)$ **d.** è impossibile

> 15 punti

Esercizio	1	2	3	4	5	6	7	8	Totale
Punteggio									

Voto: $\dfrac{\text{totale}}{10} + 1 =$

ABILITÀ

1 Dopo aver scomposto i denominatori delle seguenti frazioni, scrivi le condizioni di esistenza di ciascuna di esse:

a. $\dfrac{2x}{x^2 - 25}$

1 punto

b. $\dfrac{b+1}{2b^3 + 2b + 4b^2}$

1 punto

c. $\dfrac{m-4}{m^2 + m}$

1 punto

2 Stabilisci se le seguenti coppie di frazioni sono equivalenti determinando anche il loro insieme di definizione:

a. $\dfrac{2x - 3y}{x - 5y}$ $\qquad$ $\dfrac{2x^2 - xy - 3y^2}{5y^2 + 4xy - x^2}$

4 punti

b. $\dfrac{4x - 6y}{2x + 10y}$ $\qquad$ $\dfrac{3y - 2x + 2xy - 3y^2}{xy - 5y - x + 5y^2}$

4 punti

3 Semplifica, se possibile, le seguenti frazioni:

a. $\dfrac{2a^3 - a^2 - 18a + 9}{a^2 - 9}$

4 punti

b. $\dfrac{8a + 3a^2 - 3}{9a - 27a^2 + 27a^3 - 1}$

4 punti

c. $\dfrac{x^4 - 16}{x^4 - x^3 + 2x^2 - 4x - 8}$

4 punti

d. $\dfrac{a^4 - 2a^2 - 3}{a^3 - 3a + 9 - 3a^2}$

4 punti

4 Semplifica le seguenti espressioni:

a. $a - \left(2a - \dfrac{3 - 4a}{a - 2}\right) + \dfrac{a^2 + 1}{a + 2}$

5 punti

b. $\dfrac{2x^2 - 3x + 1}{5 - 5x} : \left(\dfrac{3x^2 + 6x + 3}{9x^2 - 9} : \dfrac{5}{1 - 2x}\right)$

5 punti

c. $\left(\dfrac{9y^2 - 7y}{y + 1} + 1\right)\left[\left(\dfrac{1}{y} + 1\right) : \left(\dfrac{9y^2 - 1}{3y}\right)^2\right] - \dfrac{5y}{9y^2 + 6y + 1}$

6 punti

d. $\left[\dfrac{a^2-1}{5ab} \cdot (a-2)\right] : \left[(2-a) \cdot \dfrac{a^2b+ab}{a^2b}\right]$

6 punti

e. $\left\{\left[\left(1+\dfrac{x^2+1}{2x}\right) : \left(\dfrac{x}{x^2+1}\right)^{-1}\right] \cdot \left(-\dfrac{4(1+x^2)}{1-x^2}\right) - 3\right\}^{-1}$

6 punti

5 Risolvi le seguenti equazioni numeriche frazionarie:

a. $\dfrac{3+4x}{2x+2} - \dfrac{5x}{x-2} = -3$

6 punti

b. $\dfrac{x+2}{x^2-2x} - \dfrac{2x}{x^2-4} + \dfrac{x-2}{x^2+2x} - \dfrac{4}{x^2-4} = 0$

6 punti

6 Risolvi e discuti le seguenti equazioni letterali:

a. $\dfrac{x-2}{a-1} + \dfrac{x+2}{a} = \dfrac{1}{a}$

7 punti

b. $\dfrac{2ax}{x-2a} + \dfrac{a}{x+2a} = 2a$

8 punti

7 Risolvi il seguente sistema: $\begin{cases} \dfrac{2}{x} - \dfrac{3}{y} = \dfrac{1}{xy} \\[2mm] \dfrac{x+1}{x} - \dfrac{y-3}{y} = \dfrac{1}{2xy} \end{cases}$

8 punti

Esercizio	1	2	3	4	5	6	7	Totale
Punteggio								

Voto: $\dfrac{\text{totale}}{10} + 1 =$

Soluzioni

CONOSCENZE

1 a., d.	**2** a. ③, b. ②	**3** a.	**4** b.
5 c.	**6** a. ③, b. ①	**7** a. ①, b. ①	**8** d.

ABILITÀ

1 **a.** $x + 5 \neq 0 \wedge x - 5 \neq 0$; **b.** $b + 1 \neq 0 \wedge b \neq 0$; **c.** $m \neq 0 \vee m + 1 \neq 0$

2 **a.** non sono equivalenti; **b.** sono equivalenti per $x + 5y \neq 0 \wedge y \neq 1$

3 **a.** $2a - 1$; **b.** $\dfrac{a + 3}{(3a - 1)^2}$; **c.** $\dfrac{x + 2}{x + 1}$; **d.** $\dfrac{a^2 + 1}{a - 3}$

4 **a.** $\dfrac{2(3a^2 - 2)}{4 - a^2}$; **b.** $\dfrac{3(x - 1)}{x + 1}$; **c.** $\dfrac{4y}{(3y + 1)^2}$; **d.** $\dfrac{1 - a}{5b}$; **e.** $\dfrac{1 - x}{x - 5}$

5 **a.** $S = \left\{ -\dfrac{6}{7} \right\}$; **b.** $x = 2$ non accettabile: $S = \varnothing$

6 **a.** se $a \neq \dfrac{1}{2} \wedge a \neq 0 \wedge a \neq 1 : S = \left\{ \dfrac{a + 1}{2a - 1} \right\}$;

     se $a = 0 \vee a = 1$ l'equazione perde significato;

     se $a = \dfrac{1}{2} : S = \varnothing$

  b. se $a \neq 0 \wedge a \neq -\dfrac{1}{4} : S = \left\{ \dfrac{2a(1 - 4a)}{4a + 1} \right\}$;

     se $a = 0 : S = R - \{0\}$;

     se $a = -\dfrac{1}{4} : S = \varnothing$

7 $\begin{cases} x = 0 \\ y = \dfrac{1}{2} \end{cases}$ soluzione non accettabile: $S = \varnothing$

Modelli di secondo grado

LE EQUAZIONI INCOMPLETE

la teoria è a pag. 59

RICORDA

- Per risolvere un'equazione di secondo grado della forma $ax^2 + bx = 0$ si esegue un raccoglimento a fattor comune e si applica la legge di annullamento del prodotto:

$$ax^2 + bx = 0 \quad \rightarrow \quad x(ax + b) = 0 \quad \rightarrow \quad x = 0 \lor x = -\frac{b}{a}$$

- Per risolvere un'equazione di secondo grado della forma $ax^2 + c = 0$ si applica la definizione di radicale:

$$ax^2 + c = 0 \quad \rightarrow \quad x^2 = -\frac{c}{a} \quad \rightarrow \quad x = \pm\sqrt{-\frac{c}{a}} \quad \text{se } -\frac{c}{a} \geq 0$$

oppure si applica la legge di annullamento del prodotto se $ax^2 + c$ è scomponibile.

Comprensione

1 Un'equazione di secondo grado della forma $ax^2 + bx = 0$:
  a. ammette sempre come soluzione $x = 0$ Ⓥ Ⓕ
  b. ha sempre due soluzioni reali   Ⓥ Ⓕ
  c. non ha soluzioni reali se i coefficienti a e b sono concordi   Ⓥ Ⓕ
  d. ha soluzione $x = 0$ solo se $a = 0$.   Ⓥ Ⓕ

2 Un'equazione di secondo grado della forma $ax^2 + c = 0$:
  a. non ha mai soluzione $x = 0$ Ⓥ Ⓕ
  b. è impossibile se $a = 0 \land c \neq 0$ Ⓥ Ⓕ
  c. non ha soluzioni reali se i coefficienti a e c sono concordi   Ⓥ Ⓕ
  d. se ha soluzioni reali, queste sono opposte.   Ⓥ Ⓕ

3 Associa a ciascuna delle seguenti equazioni il proprio insieme soluzione:

  a. $3x = 2\sqrt{3}x^2$ **b.** $x^2 + 3\sqrt{3}x = 0$ **c.** $5x = 15x^2$ **d.** $3x^2 - \sqrt{3}x = 0$

  ① $S = \left\{0, \dfrac{1}{3}\right\}$ ② $S = \left\{0, -3\sqrt{3}\right\}$ ③ $S = \left\{0, \dfrac{\sqrt{3}}{3}\right\}$ ④ $S = \left\{0, \dfrac{\sqrt{3}}{2}\right\}$

4 In R, l'equazione $(1 + \sqrt{3})x^2 = 1 - \sqrt{3}$ ha:

  a. una soluzione   **b.** due soluzioni   **c.** nessuna soluzione

5 Indica quale fra le seguenti equazioni ha soluzioni 0 e -4 :
  a. $x^2 - 4x = 0$ **b.** $x^2 + 16 = 0$ **c.** $x^2 - 16 = 0$ **d.** $x^2 + 4x = 0$

Applicazione

Risolvi le seguenti equazioni.

6 **ESERCIZIO GUIDA**

$2x^2 - 5x = 0$

Scomponiamo raccogliendo x: $\quad x(2x - 5) = 0$

Applichiamo la legge di annullamento del prodotto: $\quad x = 0 \ \lor \ 2x - 5 = 0 \quad \to \quad x = \dfrac{5}{2}$

Quindi $\quad S = \left\{0, \dfrac{5}{2}\right\}$.

7 $5x^2 - 15x = 0$ $\qquad\qquad$ $13x^2 + 26x = 0$ $\qquad\qquad$ $[S = \{0, 3\}; S = \{0, -2\}]$

8 $-3x^2 + 2x = 0$ $\qquad\qquad$ $7x - 4x^2 = 0$ $\qquad\qquad$ $\left[S = \left\{0, \dfrac{2}{3}\right\}; S = \left\{0, \dfrac{7}{4}\right\}\right]$

9 $15x - 5x^2 = 0$ $\qquad\qquad$ $x^2 - \sqrt{3}x = 0$ $\qquad\qquad$ $\left[S = \{0, 3\}; S = \{0, \sqrt{3}\}\right]$

10 $\sqrt{5}x^2 + 10x = 0$ $\qquad\qquad$ $3x - \sqrt{6}x^2 = 0$ $\qquad\qquad$ $\left[S = \{0, -2\sqrt{5}\}; S = \left\{0, \dfrac{\sqrt{6}}{2}\right\}\right]$

11 **ESERCIZIO GUIDA**

$9x^2 - 5 = 0$

Ricaviamo x^2: $\quad x^2 = \dfrac{5}{9}$

Applichiamo la definizione di radicale: $\quad x = \pm\sqrt{\dfrac{5}{9}} \quad \to \quad x = \pm\dfrac{\sqrt{5}}{3} \qquad\qquad S = \left\{-\dfrac{\sqrt{5}}{3}, \dfrac{\sqrt{5}}{3}\right\}$.

12 $x^2 - 9 = 0$ $\qquad\qquad$ $5x^2 + 5 = 0$ $\qquad\qquad$ $[S = \{\pm 3\}; S = \varnothing]$

13 $9x^2 - 4 = 0$ $\qquad\qquad$ $4\left(x^2 - \dfrac{7}{4}\right) = 2$ $\qquad\qquad$ $\left[S = \left\{\pm\dfrac{2}{3}\right\}; S = \left\{\pm\dfrac{3}{2}\right\}\right]$

14 $0{,}1x = 0{,}01x^2$ $\qquad\qquad$ $x^2 + \sqrt{5}x = 0$ $\qquad\qquad$ $[S = \{0, 10\}; S = \{0, -\sqrt{5}\}]$

15 $-9x^2 = 1$ $\qquad\qquad$ $10 - 2x^2 = 0$ $\qquad\qquad$ $[S = \varnothing; S = \{\pm\sqrt{5}\}]$

16 $(4x - 1)^2 + 5x = 1$ $\qquad\qquad$ $(2x - 2)(x + 1) + 5 = 7$ $\qquad\qquad$ $\left[S = \left\{0, \dfrac{3}{16}\right\}; S = \{\pm\sqrt{2}\}\right]$

17 $(x + 2)^2 = \dfrac{22}{3}x - \dfrac{2}{3}x\left(5 + \dfrac{8}{3}x\right)$ $\qquad\qquad$ $[S = \varnothing]$

18 $(x - 3)(x - 2) - 6 = 0$ $\qquad\qquad$ $[S = \{0, 5\}]$

19 $(10x - 1)^2 - (8x - 3)(x + 1) - 20 = (8x + 3)^2 - 73x$ $\qquad\qquad$ $\left[S = \left\{\pm\dfrac{5\sqrt{7}}{14}\right\}\right]$

20 $-2x + (x - 1)^3 = x + (x - 1)(x^2 + x + 1)$ $\qquad\qquad$ $[S = \{0\}]$

21 $\dfrac{x - (8 - x)}{2} = x - 4 + \left(\dfrac{x - 2}{2}\right)^2 - 1$ $\qquad\qquad$ $[S = \{4, 0\}]$

22 $\left(x - \sqrt{3}\right)^2 + 2(x - 1)^2 = 5 - 4x$ $\qquad\qquad$ $\left[S = \left\{0, \dfrac{2\sqrt{3}}{3}\right\}\right]$

23 $(2x - \sqrt{2})^2 + \frac{1}{5}(x - 2)^2 = \frac{1}{5}[x(x - 4) + 14]$ $\qquad$ $[S = \{0, \sqrt{2}\}]$

24 $3\left(x + \frac{1}{2}\right)\left(x + \frac{1}{3}\right) + \frac{1}{3}(x - 3)(x + 3) = \frac{5}{6}(1 + 3x)$ $\qquad$ $[S = \{\pm 1\}]$

25 $\frac{4}{3}(x - \sqrt{3})(x + \sqrt{3}) = \frac{5}{6}(x - 1)(x + 1) - \frac{7}{6}$ $\qquad$ $[S = \{\pm 2\}]$

26 $(2x - 1)(1 - 2x) - (3 - x)(3 + x) + 10 = 0$ $\qquad$ $\left[S = \left\{0, \frac{4}{3}\right\}\right]$

27 $(1 + x)\left(\frac{x}{3} - \frac{2 - x}{2}\right) + \frac{4 + 7x}{6} = x$ $\qquad$ $\left[S = \left\{\pm \frac{\sqrt{10}}{5}\right\}\right]$

28 $\frac{2x^2 + 1}{3} - \frac{3x - 2}{4} = \frac{5}{6}$ $\qquad$ $\left[S = \left\{0, \frac{9}{8}\right\}\right]$

29 $\left(\frac{1}{2}x - 1\right)\left(-1 - \frac{1}{2}x\right) - \frac{3}{2}x = (x - 1)^2$ $\qquad$ $\left[S = \left\{0, \frac{2}{5}\right\}\right]$

30 $-(\sqrt{5} - x)(\sqrt{5} + x) = 7$ $\qquad$ $[S = \{\pm 2\sqrt{3}\}]$

CORREGGI GLI ERRORI

31 $5x^2 - 3x = 0$ $\qquad$ $x(5x - 3) = 0$ $\qquad$ $5x - 3 = 0$ $\qquad$ $x = \frac{3}{5}$

32 $1 - 6x^2 = 0$ $\qquad$ $x^2 = 6$ $\qquad$ $x = \pm\sqrt{6}$

33 $x^2 - 5 = 0$ $\qquad$ $x^2 = 5$ $\qquad$ $x = \sqrt{5}$

34 $x^2 + 9 = 0$ $\qquad$ $x^2 = -9$ $\qquad$ $x = -3$

35 $3x - 4x^2 = 0$ $\qquad$ $x(3 - 4x) = 0$ $\qquad$ $x = 0 \ \lor \ x = \frac{4}{3}$

LE EQUAZIONI COMPLETE

la teoria è a pag. 62

RICORDA

■ Per trovare le soluzioni dell'equazione di secondo grado $ax^2 + bx + c = 0$ si applica la formula:

$$\frac{-b \pm \sqrt{b^2 - 4ac}}{2a} \qquad \text{oppure, se } b \text{ è pari} \qquad \frac{-\frac{b}{2} \pm \sqrt{\left(\frac{b}{2}\right)^2 - ac}}{a}$$

■ L'espressione $\Delta = b^2 - 4ac$ si chiama discriminante e si verifica che:

– se $\Delta > 0$ l'equazione ha due soluzioni reali e distinte

– se $\Delta = 0$ l'equazione ha due soluzioni reali uguali

– se $\Delta < 0$ l'equazione non ha soluzioni reali.

Comprensione

36 Considerata l'equazione $3x^2 - 7x + 2 = 0$, il discriminante è l'espressione:

a. $\sqrt{49 - 24}$ $\qquad$ **b.** $49 - 24$ $\qquad$ **c.** $\sqrt{49 - 6}$ $\qquad$ **d.** $49 - 6$

37 Un'equazione di secondo grado, completa o incompleta:

a. può avere una soluzione reale e l'altra non reale V F

b. ha sempre due soluzioni in R V F

c. può avere soluzioni non reali V F

d. può avere soluzioni reali opposte. V F

38 Nell'equazione $2x^2 + 5x - 3 = 0$:

a. il discriminante è uguale a: ① 1 ② 49 ③ 31 ④ 19

b. le soluzioni sono: ① $\dfrac{-5 \pm \sqrt{31}}{2}$ ② $-1, 6$ ③ $3, -\dfrac{1}{2}$ ④ $-3, \dfrac{1}{2}$

39 Applicando la formula ridotta alla risoluzione dell'equazione $x^2 - 8x - 20 = 0$ si ottiene:

a. $\dfrac{4 \pm \sqrt{16 + 20}}{2}$ **b.** $4 \pm \sqrt{16 + 20}$ **c.** $4 \pm \sqrt{16 + 80}$ **d.** $4 \pm \sqrt{16 + 5}$

40 Le soluzioni dell'equazione $x(4x - 3) = 1$ si ottengono ponendo:

a. $x = 1 \ \lor \ 4x - 3 = 1$ **b.** $x = 0 \ \lor \ 4x - 3 = 1$

c. $x(4x - 3) - 1 = 0$ **d.** $x = 4x - 3$

41 A quali delle seguenti equazioni si può applicare la formula risolutiva dell'equazione di secondo grado?

A. $x^2 - 3x = 0$ **B.** $2 - 5x^2 = 0$ **C.** $1 + 6x + x^2 = 0$ **D.** $1 - 7x = 0$ **E.** $9x^2 + 1 = 0$

a. a tutte **b.** a tutte tranne la E **c.** a tutte tranne la D **d.** solo alla C

Applicazione

Risolvi le seguenti equazioni applicando la formula risolutiva.

42 **ESERCIZIO GUIDA**

$2x^2 + x - 6 = 0$

$$x = \frac{-1 \pm \sqrt{1^2 - 4 \cdot 2 \cdot (-6)}}{2 \cdot 2} = \frac{-1 \pm \sqrt{1 + 48}}{4} = \frac{-1 \pm 7}{4} = \begin{cases} \dfrac{-1 - 7}{4} = -2 \\[2mm] \dfrac{-1 + 7}{4} = \dfrac{3}{2} \end{cases}$$

$S = \left\{ -2, \dfrac{3}{2} \right\}.$

43 $x^2 - 5x + 6 = 0$ $x^2 + 7x + 12 = 0$ $[S = \{2, 3\}; S = \{-4, -3\}]$

44 $x^2 - x - 2 = 0$ $x^2 - 3x - 4 = 0$ $[S = \{-1, 2\}; S = \{-1, 4\}]$

45 $x^2 - x - 6 = 0$ $x^2 + 7x + 10 = 0$ $[S = \{-2, 3\}; S = \{-5, -2\}]$

46 $x^2 + x - 42 = 0$ $3x^2 - x + 5 = 0$ $[S = \{-7, 6\}; S = \varnothing]$

47 $2x^2 - 3x - 2 = 0$ $5x^2 - 11x + 2 = 0$ $\left[S = \left\{ -\dfrac{1}{2}, 2 \right\}; S = \left\{ \dfrac{1}{5}, 2 \right\} \right]$

48 $x^2 - \dfrac{7}{6}x - \dfrac{2}{9} = 0$ $\dfrac{3}{2}x^2 - 2x - 1 = 0$ $\left[S = \left\{ -\dfrac{1}{6}, \dfrac{4}{3} \right\}; S = \left\{ \dfrac{2 \pm \sqrt{10}}{3} \right\} \right]$

Risolvi le seguenti equazioni applicando la formula ridotta.

49 **ESERCIZIO GUIDA**

$2x^2 - 6x - 8 = 0$

Il coefficiente b è pari ed è quindi conveniente applicare la formula ridotta $\dfrac{-\dfrac{b}{2} \pm \sqrt{\left(\dfrac{b}{2}\right)^2 - ac}}{a}$.

Per applicarla in modo semplice osserviamo che il primo termine all'interno della radice, cioè $\left(\dfrac{b}{2}\right)^2$,

è sempre il quadrato del termine esterno, cioè $\dfrac{b}{2}$; quindi, una volta calcolato il valore di $-\dfrac{b}{2}$, basta

elevarlo al quadrato; nel nostro caso $-\dfrac{b}{2} = 3$ quindi $\left(-\dfrac{b}{2}\right)^2 = 9$

$$x = \frac{3 \pm \sqrt{9+16}}{2} = \frac{3 \pm 5}{2} = \begin{cases} -1 \\ 4 \end{cases} \qquad \rightarrow \qquad S = \{-1, 4\}$$

50 $x^2 + 6x + 8 = 0$ $\qquad x^2 + 4x - 5 = 0$ $\qquad [S = \{-4, -2\}; S = \{-5, 1\}]$

51 $x^2 + 8x - 33 = 0$ $\qquad 5x^2 + 4x - 1 = 0$ $\qquad \left[S = \{-11, 3\}; S = \left\{-1, \dfrac{1}{5}\right\}\right]$

52 $x^2 - 6x - 16 = 0$ $\qquad x^2 + 10x - 25 = 0$ $\qquad \left[S = \{8, -2\}; S = \{-5 \pm 5\sqrt{2}\}\right]$

53 $x^2 + 20x + 36 = 0$ $\qquad x^2 + 4x - 12 = 0$ $\qquad [S = \{-18, -2\}; S = \{-6, 2\}]$

54 $8x^2 - 2x - 3 = 0$ $\qquad 15x^2 + 4x - 3 = 0$ $\qquad \left[S = \left\{-\dfrac{1}{2}, \dfrac{3}{4}\right\}; S = \left\{-\dfrac{3}{5}, \dfrac{1}{3}\right\}\right]$

55 $3x^2 - 8x - 3 = 0$ $\qquad 4x^2 - 4x + 1 = 0$ $\qquad \left[S = \left\{-\dfrac{1}{3}, 3\right\}; S = \left\{\dfrac{1}{2}\right\}\right]$

56 $8x^2 - 2x - 15 = 0$ $\qquad 3x^2 - 14x + 8 = 0$ $\qquad \left[S = \left\{-\dfrac{5}{4}, \dfrac{3}{2}\right\}; S = \left\{\dfrac{2}{3}, 4\right\}\right]$

57 $16x^2 + 8x - 3 = 0$ $\qquad 9x^2 + 4 = 12x$ $\qquad \left[S = \left\{-\dfrac{3}{4}, \dfrac{1}{4}\right\}; S = \left\{\dfrac{2}{3}\right\}\right]$

58 $x^2 + 25 + 10x = 0$ $\qquad 21x^2 + 2x = 3$ $\qquad \left[S = \{-5\}; S = \left\{-\dfrac{3}{7}, \dfrac{1}{3}\right\}\right]$

59 $5x^2 + 8x = 4$ $\qquad \dfrac{4}{9}x^2 + 9 = -4x$ $\qquad \left[S = \left\{\dfrac{2}{5}, -2\right\}; S = \left\{-\dfrac{9}{2}\right\}\right]$

Risolvi le seguenti equazioni a coefficienti irrazionali.

60 **ESERCIZIO GUIDA**

$x^2 + \left(\sqrt{2} - 2\sqrt{3}\right)x - 2\sqrt{6} = 0$

L'equazione si presenta già in forma normale, non è quindi necessario sviluppare il prodotto dove c'è la parentesi tonda e si può applicare subito la formula risolutiva. Tuttavia, poiché lo sviluppo del discriminante potrebbe comportare qualche calcolo in più per la presenza di radicali, conviene dapprima calcolare Δ:

$$\Delta = \left(\sqrt{2} - 2\sqrt{3}\right)^2 - 4 \cdot \left(-2\sqrt{6}\right) = 2 + 12 - 4\sqrt{6} + 8\sqrt{6} = 2 + 12 + 4\sqrt{6} = \left(\sqrt{2} + 2\sqrt{3}\right)^2$$

Osserviamo che non conviene eseguire la somma $2 + 12$ perché capita spesso in questo genere di calcoli che si ottenga il quadrato di un binomio molto simile a quello appena calcolato; in alternativa, scrivendo $14 + 4\sqrt{6}$ si dovrebbe poi applicare la formula dei radicali doppi.

Possiamo adesso trovare le soluzioni: $x = \dfrac{-(\sqrt{2} - 2\sqrt{3}) \pm (\sqrt{2} + 2\sqrt{3})}{2} = \begin{cases} -\sqrt{2} \\ 2\sqrt{3} \end{cases}$

61 $x^2 - 6\sqrt{3}x + 27 = 0$ \qquad $x^2 - \sqrt{2}x - 12 = 0$ \qquad $[S = \{3\sqrt{3}\}; \ S = \{-2\sqrt{2}, 3\sqrt{2}\}]$

62 $x^2 + (1 - \sqrt{2})x - \sqrt{2} = 0$ \qquad $x^2 - (\sqrt{3} - \sqrt{5})x - \sqrt{15} = 0$ \qquad $[S = \{-1, \sqrt{2}\}; \ S = \{-\sqrt{5}, \sqrt{3}\}]$

63 $x^2 + x\sqrt{3} - x - \sqrt{3} = 0$ \qquad $x^2 - (\sqrt{6} + 2)x + 2\sqrt{6} = 0$ \qquad $[S = \{-\sqrt{3}, 1\}; \ S = \{2, \sqrt{6}\}]$

64 $x^2 + (\sqrt{3} - \sqrt{2})x - \sqrt{6} = 0$ \qquad $x^2 + (1 - 3\sqrt{5})x = 3\sqrt{5}$ \qquad $[S = \{-\sqrt{3}, \sqrt{2}\}; \ S = \{-1, 3\sqrt{5}\}]$

65 $x^2 - (\sqrt{5} + \sqrt{3})x + \sqrt{15} = 0$ \qquad $x^2 - \sqrt{3}x = 18$ \qquad $[S = \{\sqrt{5}, \sqrt{3}\}; \ S = \{-2\sqrt{3}, 3\sqrt{3}\}]$

Risolvi le seguenti equazioni.

66 **ESERCIZIO GUIDA**

$(2x - 1)(x + 2) = 4x(x - 1) + 3$

Svolgiamo i calcoli e trasportiamo tutti i termini al primo membro:

$2x^2 - x + 4x - 2 = 4x^2 - 4x + 3 \qquad \rightarrow \qquad -2x^2 + 7x - 5 = 0 \qquad \rightarrow \qquad 2x^2 - 7x + 5 = 0$

Applichiamo la formula risolutiva: $x = \dfrac{7 \pm \sqrt{49 - 40}}{4} = \dfrac{7 \pm 3}{4} = \begin{cases} \frac{5}{2} \\ 1 \end{cases} \qquad \rightarrow \qquad S = \left\{1, \frac{5}{2}\right\}$

67 $(x - 2)(2x + 1) - 9 = 9(1 - x)$ \qquad $(2x - 1)(x + 3) = 6x - x(x + 1)$ \qquad $[S = \{-5, 2\}; \ S = \{\pm 1\}]$

68 $(x - 3)(x + 3) + 3 - 5x = 0$ \qquad $4 + (x - 4)(2x + 1) = 0$ \qquad $\left[S = \{-1, 6\}; \ S = \left\{0, \frac{7}{2}\right\}\right]$

69 $x(x + 11) + 18 = 0$ \qquad $3x(1 - x) = 3(x^2 + x - 1)$ \qquad $\left[S = \{-9, -2\}; \ S = \left\{\pm \frac{\sqrt{2}}{2}\right\}\right]$

70 $x + 2 + x\left(\dfrac{x + 1}{6}\right) = 0$ \qquad $\dfrac{x - 1}{4} + \dfrac{x^2 - 1}{2} = -x$ \qquad $\left[S = \{-4, -3\}; \ S = \left\{-3, \frac{1}{2}\right\}\right]$

71 $-1 = \dfrac{(x + 6)^2}{2}$ \qquad $\dfrac{(2x + 1)^2}{3} - \dfrac{x^2}{9} = \dfrac{1}{3}$ \qquad $\left[S = \varnothing; \ S = \left\{0, -\frac{12}{11}\right\}\right]$

72 $\left(\dfrac{2x - 1}{2}\right)^2 = 2\left(x - \dfrac{1}{2}\right)$ \qquad $x\left(x + \dfrac{1}{2}\right) = \dfrac{8}{25}\left(\dfrac{x - 3}{2}\right)^2$ \qquad $\left[S = \left\{\frac{1}{2}, \frac{5}{2}\right\}; \ S = \left\{\frac{1}{2}, -\frac{36}{23}\right\}\right]$

73 $2x - 1 + 4(x - 3) + (x - 1)^2 = 0$ \qquad $x(3x + 1) = (x - 2)^2 + \dfrac{2}{3}x(x + 1)$ \qquad $\left[S = \{-6, 2\}; \ S = \left\{-4, \frac{3}{4}\right\}\right]$

74 $(x - \sqrt{2})(x + 2\sqrt{2}) = x(4\sqrt{2} - x)$ \qquad $6(x^2 + 1) = 11\sqrt{2}x$ \qquad $\left[S = \left\{-\frac{\sqrt{2}}{2}, 2\sqrt{2}\right\}; \ S = \left\{\frac{1}{3}\sqrt{2}, \frac{3}{2}\sqrt{2}\right\}\right]$

75 $(x + 1)^2 - 4x(x + 1) = 2(1 - 3x)$ \qquad $3(2x - 3)^2 - 4(x - 2)(2x + 7) = 20$ \qquad $\left[S = \left\{\frac{1}{3}, 1\right\}; \ S = \left\{\frac{3}{2}, \frac{21}{2}\right\}\right]$

76 $2(x-2)(x+3)=(x+2)^2-8$ $(x-1)(2x+3)=4(x+2)^2-6x$ $[S=\{-2,4\}; S=\varnothing]$

77 $(3x-1)^2+2(1-3x)=(-1)^{-3}$ $(5x-3)(1-4x)+x(3x+7)=8$ $\left[S=\left\{\dfrac{2}{3}\right\}; S=\varnothing\right]$

78 $x^2+2(3x+10)=(x-2)(x-4)-(x+1)(x-3)+4x$ $[S=\{-3\}]$

79 $9+(2\sqrt{5}x+3)^2-2\sqrt{5}(7x+2)=x(19x-2)+18$ $[S=\{-2, 2\sqrt{5}\}]$

80 $5x^2+(x-4)(x+4)+3(x-1)^2=6(2-x)$ $\left[S=\left\{\pm\dfrac{5}{3}\right\}\right]$

81 $(x-1)(x+1)+(x-1)(1-x)+3=x(2x+3)$ $\left[S=\left\{-1, \dfrac{1}{2}\right\}\right]$

82 $\left(x-\dfrac{1}{2}\right)\left(x+\dfrac{1}{2}\right)-(2x+1)^2=3\left(\dfrac{1}{4}+x\right)$ $\left[S=\left\{-2, -\dfrac{1}{3}\right\}\right]$

83 $5(x+1)+(x-1)^2+x(3+x)=(x-1)(x+1)$ $[S=\{-3\pm\sqrt{2}\}]$

84 $(x^2+x-1)^2-(x^2-1)(x^2+1)=2x(x^2-2x+2)-(x+1)^2$ $[S=\varnothing]$

85 $\left(3x-\dfrac{1}{2}\right)^2-\dfrac{1}{2}(2x-1)^2=(2x+1)^2-\left(13x-\dfrac{7}{4}\right)$ $\left[S=\left\{-3, \dfrac{1}{3}\right\}\right]$

86 $\dfrac{x-1}{3}-\dfrac{2x-x^2}{2}+6=-3x+\dfrac{1}{2}+\dfrac{(x-1)^2}{6}$ $[S=\{-5, -3\}]$

87 $\dfrac{2x+1}{5}-\dfrac{x}{10}=\dfrac{x^2+1}{15}-\dfrac{1}{5}+\dfrac{(x+1)^2}{3}$ $\left[S=\left\{0, -\dfrac{11}{12}\right\}\right]$

88 $x(2x-1)+\left(x+\dfrac{1}{3}\right)^2=(2x-1)^2-\left[-\left(\dfrac{x-2}{3}-\dfrac{5}{18}\right)(x-1)+x\right]$ $\left[S=\left\{\dfrac{1}{3}, \dfrac{33}{8}\right\}\right]$

89 $\dfrac{x^2+1-x}{6}=\dfrac{x+1}{2}-\dfrac{x+1}{6}\left(\dfrac{x-1}{2}+\dfrac{5}{2}\right)$ $[S=\{0, 1\}]$

90 $2\left(-\dfrac{x+3}{2}\right)^2+6\left(-\dfrac{x+3}{2}\right)+5x+1=0$ $[S=\{-5\pm4\sqrt{2}\}]$

91 $\dfrac{x-1}{4}+\dfrac{x^2}{3}=-\dfrac{1}{12}+\dfrac{5}{6}x\left(\dfrac{x-1}{2}\right)+\dfrac{x(x+2)}{4}$ $[S=\varnothing]$

92 $4\left(\dfrac{2}{3}x^2-\dfrac{1}{5}x\right)+(x+1)^2-1=x^2+\dfrac{3}{5}$ $\left[S=\left\{-\dfrac{3}{4}, \dfrac{3}{10}\right\}\right]$

93 $\dfrac{x^2-25}{9}+\dfrac{(x-2)^2}{3}=\dfrac{1}{3}-\left[\dfrac{x(2x-3)}{9}+\dfrac{2}{3}-x\right]$ $\left[S=\left\{\dfrac{6\pm\sqrt{51}}{3}\right\}\right]$

94 $\left(x-\dfrac{3}{2}\right)\left(x+\dfrac{3}{2}\right)+2x\left(x-\dfrac{1}{2}\right)=\left(x-\dfrac{5}{2}\right)\left(x+\dfrac{5}{2}\right)-x^2$ $[S=\varnothing]$

95 $(x-1)\left(\dfrac{x+2}{2}-\dfrac{2x-1}{3}\right)=x\left(\dfrac{11-3x}{6}\right)-\dfrac{5}{3}\left(x^2-\dfrac{1}{2}x\right)+\dfrac{1}{3}$ $\left[S=\left\{\dfrac{5}{4}, -\dfrac{2}{3}\right\}\right]$

96 $\dfrac{(x-2)(x+2)}{4}-\dfrac{(x-2)^2}{2}=2x-1-\dfrac{7+x}{4}$ $[S=\varnothing]$

97 $\dfrac{(x-2)(x-1)}{2}=\dfrac{(x+1)(x-2)}{6}-\dfrac{(x+2)(x+1)}{3}+4$ $\left[S=\left\{-\dfrac{3}{2}, 2\right\}\right]$

98 $\dfrac{(2x+3)(2x-1)}{2} - (2x+1)^2 = -x\left(x+\dfrac{1}{2}\right) - 5$ $\left[S = \left\{-\dfrac{5}{2}, 1\right\}\right]$

99 $\dfrac{1}{2}(x-2) - x(1-3x) = x(2x-1) - \dfrac{5}{4} - \dfrac{(3-2x)(x-2)}{4}$ $\left[S = \left\{-5, \dfrac{1}{2}\right\}\right]$

100 $(x+2)\left(x-\dfrac{1}{3}\right) + \dfrac{1}{3}(x+3)^2 = \dfrac{2x+1}{2} + \dfrac{10}{3} + \dfrac{17}{6}x$ $\left[S = \left\{-1, \dfrac{9}{8}\right\}\right]$

101 $\dfrac{(x-3)(x+5)}{4} + \dfrac{(x-1)(x-3)}{6} - \dfrac{x^2-5x+6}{3} = \dfrac{x(x-3)}{2}$ $\left[S = \left\{\dfrac{21}{5}, 3\right\}\right]$

102 $-\left(x+\dfrac{1}{2}\right)^2 + \left(2x-\dfrac{1}{3}\right)\left(2x+\dfrac{1}{3}\right) - \left(\dfrac{3}{2}x+1\right)^2 = -\dfrac{1}{18}(63x+20)$ $\left[S = \left\{-\dfrac{1}{3}, 1\right\}\right]$

103 $\dfrac{16x^2+24x-16}{16} + \dfrac{7}{2} + \dfrac{(x-3)(x+1)}{2} = \dfrac{(x+2)^2}{3}$ $\left[S = \left\{-\dfrac{2}{7}, 1\right\}\right]$

104 $\dfrac{1}{12}(1+3x)^2 - \dfrac{1}{4}(x-2)\left(\dfrac{1-x}{3}\right) = \dfrac{7}{4} + \dfrac{1}{12}(2-x)(5x-1)$ $\left[S = \left\{-\dfrac{4}{5}, \dfrac{4}{3}\right\}\right]$

105 $\dfrac{5x^2+45+30x}{15} + \left(\dfrac{x-5}{5}\right)^2 - \dfrac{1}{5}\left(\dfrac{26}{3} + \dfrac{1}{5}x^2\right) = \dfrac{1}{3}\left(\dfrac{1}{25} - \dfrac{2}{5}x\right)$ $\left[S = \left\{-\dfrac{13}{5}\right\}\right]$

106 $\left(x-\dfrac{2}{3}\right)\left(x+\dfrac{1}{3}\right) + \left(x-\dfrac{2}{3}\right)^2 = 3^{-2}(5x-1)^2 - 2x + \dfrac{5+2x}{9}$ $\left[S = \left\{\dfrac{4}{7}, 1\right\}\right]$

107 $\left(2x+\dfrac{1}{5}\right)^2 - \dfrac{4}{5}(4x+1)^2 + \left(1+\dfrac{29}{25}\right) = -(6x+1)^2$ $[S = \varnothing]$

108 $\dfrac{(x^2-x+1)^2}{3} - \dfrac{(x-3)^2}{2} + \dfrac{x^4-3}{3} = \dfrac{(2x^2-x+1)^2}{6}$ $[S = \{4\}]$

CORREGGI GLI ERRORI

109 $4x - 3x^2 - 1 = 0 \quad \rightarrow \quad x = \dfrac{3 \pm \sqrt{9+16}}{8} = \dfrac{3 \pm 5}{8} = \begin{cases} 1 \\ -\dfrac{1}{4} \end{cases} \quad \rightarrow \quad S = \left\{-\dfrac{1}{4}, 1\right\}$

110 $2x(x-1) = 4 \quad \rightarrow \quad x(x-1) = 2 \quad \rightarrow \quad x = 2 \vee x-1 = 2 \quad \rightarrow \quad S = \{2, 3\}$

111 $3x^2 - 4x + 1 = 0 \quad \rightarrow \quad x = \dfrac{2 \pm \sqrt{4-3}}{6} = \dfrac{2 \pm 1}{6} = \begin{cases} \dfrac{1}{2} \\ \dfrac{1}{6} \end{cases} \quad \rightarrow \quad S = \left\{\dfrac{1}{2}, \dfrac{1}{6}\right\}$

112 $x^2 - 8x + 25 = 0 \quad \rightarrow \quad x = 4 \pm \sqrt{16-25} \quad \rightarrow \quad x = 4 \pm \sqrt{-9} = 4 \pm 3 = \begin{cases} 7 \\ 1 \end{cases} \quad \rightarrow \quad S = \{7, 1\}$

113 $(3x-1)3(x+1) = 23(x+1) \quad \rightarrow \quad 3x-1 = 2 \quad \rightarrow \quad 3x = 3 \quad \rightarrow \quad x = 1 \quad \rightarrow \quad S = \{1\}$

114 $6(x-3)(x+2) = 6 \quad \rightarrow \quad (x-3)(x+2) = 0 \quad \rightarrow \quad x = 3 \vee x = -2 \quad \rightarrow \quad S\{-2, 3\}$

Comprensione

115 L'equazione $\dfrac{4x^2 - 2x - 3}{x^2 + x} = 1$ e l'equazione $4x^2 - 2x - 3 = x^2 + x$ sono equivalenti:

a. in R **b.** in $R - \{0\}$ **c.** in $R - \{0, 1\}$ **d.** in $R - \{0, -1\}$

116 Un'equazione frazionaria A ha dominio $D = R - \{\pm 1, 0\}$; ridotta in forma intera assume la forma $B : x^2 - x - 2 = 0$. Si può dire che:

a. le soluzioni di B sono anche soluzioni di A

b. delle soluzioni di B una sola è anche soluzione di A

c. nessuna delle soluzioni di B è anche soluzione di A.

Quale delle precedenti affermazioni è la sola vera?

Applicazione

Risolvi le seguenti equazioni frazionarie dopo averne determinato il dominio.

117 **ESERCIZIO GUIDA**

$$\frac{x+3}{3} + \frac{4}{3}\left(\frac{x+5}{x+3} - 1\right) = \frac{5x+1}{x+3}$$

Determiniamo il dominio imponendo le condizioni di esistenza: $x + 3 \neq 0$ cioè $x \neq -3$.
Allora $D = R - \{-3\}$.

Svolgiamo i calcoli e trasportiamo tutti i termini al primo membro:

$$\frac{x+3}{3} + \frac{4}{3} \cdot \frac{x+5-x-3}{x+3} = \frac{5x+1}{x+3} \quad \rightarrow \quad \frac{x+3}{3} + \frac{8}{3(x+3)} = \frac{5x+1}{x+3} \quad \rightarrow$$

$$3(x+3) \cdot \frac{(x+3)^2 + 8}{3(x+3)} = \frac{3(5x+1)}{3(x+3)} \cdot 3(x+3) \quad \rightarrow \quad x^2 + 6x + 9 + 8 = 15x + 3 \quad \rightarrow$$

$$x^2 - 9x + 14 = 0 \quad \rightarrow \quad x = \frac{9 \pm \sqrt{81 - 56}}{2} = \frac{9 \pm 5}{2} = \begin{cases} 2 \\ 7 \end{cases}$$

Le soluzioni trovate appartengono a D quindi: $S = \{2, 7\}$.

118 **ESERCIZIO GUIDA**

$$\frac{6x - (x^2 + 5)}{x - 1} = x - 1$$

Il dominio dell'equazione è l'insieme $D = R - \{1\}$.

L'equazione in forma intera assume la forma:

$$6x - (x^2 + 5) = (x - 1)^2 \quad \rightarrow \quad 2x^2 - 8x + 6 = 0 \quad \rightarrow \quad x^2 - 4x + 3 = 0$$

Applicando la formula ridotta otteniamo: $x = 2 \pm \sqrt{4 - 3} = 2 \pm 1 = \begin{cases} 1 \\ 3 \end{cases}$

Delle soluzioni trovate solo 3 appartiene al dominio, quindi: $S = \{3\}$.

119 $x - \dfrac{1}{x} = 2$ $\qquad$ $2 - \dfrac{3}{x+10} = -\dfrac{x+4}{8}$ $\qquad$ $\left[S = \{1 \pm \sqrt{2}\};\ S = \{-22,\ -8\} \right]$

120 $\dfrac{4}{3-2x} = 8 + \dfrac{5x-1}{x+1}$ $\qquad$ $\dfrac{13+3x}{3(3x+1)} = \dfrac{(3x+1)}{6}$ $\qquad$ $\left[S = \left\{ -\dfrac{1}{2},\ \dfrac{17}{13} \right\};\ S = \left\{ \pm\dfrac{5}{3} \right\} \right]$

121 $\dfrac{3x}{x^2-4} = \dfrac{4x}{x-2} + \dfrac{6x}{x+2}$ $\qquad$ $\dfrac{7-x}{x-5} = \dfrac{13}{6} - \dfrac{x-5}{7-x}$ $\qquad$ $\left[S = \left\{ 0,\ \dfrac{7}{10} \right\};\ S = \left\{ \dfrac{29}{5},\ \dfrac{31}{5} \right\} \right]$

122 $\dfrac{8}{x^2} + 4 = \dfrac{x-x^2}{2x^2} - \dfrac{25}{2x}$ $\qquad$ $\dfrac{6}{x+1} - \dfrac{1}{x-1} = \dfrac{2}{x}$ $\qquad$ $\left[S = \left\{ -\dfrac{4}{3} \right\};\ S = \left\{ \dfrac{1}{3},\ 2 \right\} \right]$

123 $\dfrac{x-4}{x^2-9} - 1 + \dfrac{1}{3-x} = 0$ $\qquad$ $x = \dfrac{3x^2 - 2x - 4}{x-2}$ $\qquad$ $\left[S = \{\pm\sqrt{2}\};\ S = \{\pm\sqrt{2}\} \right]$

124 $\dfrac{x}{x-2} - \dfrac{6}{x^2-x-2} = \dfrac{5}{x+1}$ $\qquad$ $\dfrac{5}{x+5} = 1 - \dfrac{4}{x+4}$ $\qquad$ $\left[S = \varnothing;\ S = \{\pm 2\sqrt{5}\} \right]$

125 $\dfrac{(x-1)^2 - 1}{(1-x)^2} + \dfrac{3x}{x-1} = 0$ $\qquad$ $\dfrac{x+1}{x+3} + \dfrac{4+4x}{3(2-x)} = 1$ $\qquad$ $\left[S = \left\{ 0,\ \dfrac{5}{4} \right\};\ S = \left\{ 0,\ -\dfrac{11}{2} \right\} \right]$

126 $\dfrac{(x+1)^3}{x^2+2x+1} = \dfrac{1}{2x}$ $\qquad$ $\dfrac{1}{x} + \dfrac{2}{x^2} - 3 = 0$ $\qquad$ $\left[S = \left\{ \dfrac{-1 \pm \sqrt{3}}{2} \right\};\ S = \left\{ -\dfrac{2}{3},\ 1 \right\} \right]$

127 $\dfrac{x(x-2)}{x+1} + 1 = \dfrac{31}{x+1}$ $\qquad$ $\dfrac{2}{x}(x^2 + 3x - 18) = x + 6$ $\qquad$ $\left[S = \{-5,\ 6\};\ S = \{\pm 6\} \right]$

128 $\dfrac{1}{4x-x^2} - \dfrac{3}{x(x+3)} = \dfrac{1}{2x}$ $\qquad$ $\dfrac{x}{x-1} + \dfrac{x+2}{x+1} = \dfrac{x^2+6x-5}{x^2-1}$ $\qquad$ $\left[S = \{-10,\ 3\};\ S = \{3\} \right]$

129 $\dfrac{(2x-1)^2}{x-3} - 4 = 2x - \dfrac{13}{3-x}$ $\qquad$ $\dfrac{3}{x} - \dfrac{1}{x^2} = 2$ $\qquad$ $\left[S = \{0,\ 1\};\ S = \left\{ \dfrac{1}{2},\ 1 \right\} \right]$

130 $\dfrac{2x^2-2x}{x^2-4x+3} + 1 = \dfrac{x-1}{x+3}$ $\qquad$ $\dfrac{x+1}{x^2} - \dfrac{x-1}{x} = 3$ $\qquad$ $\left[S = \{-6\};\ S = \left\{ \dfrac{1 \pm \sqrt{5}}{4} \right\} \right]$

131 $\dfrac{2x+3}{x-2} - \dfrac{2x-3}{1-x} + \dfrac{6x-7}{x^2-3x+2} = 0$ $\qquad$ $\dfrac{2}{x^2-x} + \dfrac{3}{x^2+x} = \dfrac{x}{x^2-1}$ $\qquad$ $\left[S = \{-1\};\ S = \left\{ \dfrac{5 \pm \sqrt{21}}{2} \right\} \right]$

132 $\dfrac{2x-1}{x+2} + \dfrac{x+2}{1-2x} = \dfrac{7+5x}{2x^2+3x-2}$ $\qquad$ $\dfrac{1}{3x} + \dfrac{x}{x-1} = \dfrac{x^2-3}{x^2+x}$ $\qquad$ $\left[S = \left\{ -\dfrac{2}{3},\ 5 \right\};\ S = \left\{ -2,\ \dfrac{5}{7} \right\} \right]$

133 $\dfrac{1}{x+1} + \dfrac{2(x^2-3)-9x}{(x+1)^2} + 2 = 0$ $\qquad$ $\left(\dfrac{1}{x} - \dfrac{2}{x-1} \right)(x+1) = \dfrac{x-2}{x-1}$ $\qquad$ $\left[S = \left\{ -\dfrac{1}{2},\ \dfrac{3}{2} \right\};\ S = \varnothing \right]$

134 $\dfrac{2(3x^2-4x+2)}{x^2-5x+8} - \dfrac{2x-1}{x-2} = \dfrac{1-4x}{x-3}$ $\qquad$ $\left(1 + \dfrac{x-1}{x^2+2x} \right)\left(1 - \dfrac{x-5}{x-3} \right) = -\dfrac{1}{x}$ $\qquad$ $\left[S = \left\{ \dfrac{1}{2},\ \dfrac{3}{4} \right\};\ S = \left\{ -\dfrac{8}{3},\ 1 \right\} \right]$

135 $\dfrac{2(1+2x)}{x^2-x-2} - \dfrac{x^2}{2-x} = \dfrac{7x}{x-2} + \dfrac{2+x^3}{(x-2)(x+1)}$ $\qquad$ $\left[S = \left\{ 0,\ -\dfrac{1}{2} \right\} \right]$

136 $\dfrac{-2\sqrt{3}(x-\sqrt{2})}{(x-\sqrt{2})(x-\sqrt{3})} + \dfrac{x+\sqrt{3}}{x-\sqrt{2}} + \dfrac{2x}{x-\sqrt{3}} = 2$ $\qquad$ $\left[S = \{-\sqrt{3}\} \right]$

137 $\dfrac{1}{4} + \dfrac{1}{3} \cdot \dfrac{(x+1)^2}{x^2+4x+4} - \dfrac{2}{3} - \dfrac{1}{3}\left(\dfrac{x+3}{x+2} \right)^2 = 0$ $\qquad$ $\left[S = \left\{ -\dfrac{26}{5} \right\} \right]$

138 $\dfrac{(x+1)^2}{2x^3 + x^2 - 8x - 4} + \dfrac{1}{4x+2} = 0$ $\left[S = \left\{\dfrac{-2 \pm \sqrt{10}}{3}\right\}\right]$

139 $\dfrac{x^2 + 8x + 11}{x^2 + 5x + 6} + \dfrac{x-1}{x+3} = \dfrac{x-2}{x+2}$ $[S = \{-5\}]$

140 $\dfrac{3}{x-1} + \dfrac{2x}{x+3} = \dfrac{10}{x^2 + 2x - 3}$ $\left[S = \left\{-1, \dfrac{1}{2}\right\}\right]$

141 $\dfrac{x+1}{2x+5} + \dfrac{5}{4x^2 - 25} + \dfrac{3x}{5 - 2x} = 0$ $\left[S = \left\{-\dfrac{9}{2}, 0\right\}\right]$

142 $\dfrac{8x}{x^2 + 10x + 25} = \dfrac{4}{x^2 + 7x + 10} - \dfrac{1}{x+2}$ $\left[S = \left\{\dfrac{-11 \pm 2\sqrt{19}}{9}\right\}\right]$

143 $\dfrac{x(3x-2)}{x-3} - 1 = \dfrac{2x^2 + 1}{x-2} + \dfrac{x(x^2 - 4) - 3}{x^2 - 5x + 6}$ $[S = \{0, 4\}]$

144 $\dfrac{x}{x-1} - \dfrac{x}{x+1} - \dfrac{2x}{x^2 - 2x + 1} = \dfrac{2}{x^2 - 1} - \dfrac{1}{x-1} - \dfrac{1}{x+1}$ $[S = \{2 \pm \sqrt{3}\}]$

145 $\dfrac{2}{x^2 - 3x + 2} + \dfrac{2x(3-x) + 4}{x^3 - 2x^2 - x + 2} = 0$ $[S = \{2 \pm \sqrt{7}\}]$

146 $\dfrac{1}{x-1} + \dfrac{6}{2x-7} = \dfrac{9}{4} - \dfrac{5}{2x^2 - 9x + 7}$ $\left[S = \left\{\dfrac{95}{18}\right\}\right]$

147 $\dfrac{1}{-x^2 + 5x - 6} = \dfrac{1}{x-3}\left(1 + \dfrac{1}{x-3}\right) + \dfrac{1}{2-x}\left(1 - \dfrac{1}{2-x}\right)$ $\left[S = \left\{\dfrac{4 \pm \sqrt{2}}{2}\right\}\right]$

148 $\dfrac{x+1}{x-3} + \dfrac{x-1}{1-3x} = \dfrac{2(x-2)}{3x^2 - 10x + 3}$ $[S = \{0, -2\}]$

149 $\dfrac{x-2}{x-1} - 2 = \dfrac{3}{2-x} + \dfrac{x-1}{x-2} + \dfrac{x+1}{x^2 - 3x + 2}$ $[S = \varnothing]$

150 $\dfrac{24}{x-1} + 3x\left(1 + \dfrac{5}{x} - \dfrac{1}{3x}\right) = \dfrac{12(x+1)}{x-1}$ $\left[S = \left\{-\dfrac{2}{3}\right\}\right]$

151 $\dfrac{1}{x} - \dfrac{x+1}{x-2} = \dfrac{(x - 2\sqrt{2})(x + 2\sqrt{2})}{x^2 - 2x}$ $[S = \{\pm\sqrt{3}\}]$

LE EQUAZIONI LETTERALI

la teoria è a pag. 68

RICORDA

Per discutere un'equazione letterale devi:

- determinare il dominio D escludendo i valori di x che annullano i denominatori
- escludere gli eventuali valori dei parametri che annullano i denominatori
- svolgere i calcoli fino ad arrivare alla forma normale dell'equazione
- imporre che il coefficiente di x^2, se letterale, sia diverso da zero
- applicare la formula risolutiva per trovare le soluzioni e imporre $\Delta \geq 0$ se ci sono dei parametri
- confrontare le soluzioni con gli eventuali valori esclusi dal dominio
- stabilire che cosa accade all'equazione per i valori dei parametri che annullano il coefficiente di x^2.

152 Per poter applicare la formula risolutiva all'equazione $(a-2)x^2 - (a-1)x + a + 2 = 0$ deve essere:

a. $a \neq 1$ **b.** $a \neq 2$ **c.** $a \neq 1 \wedge a \neq 2$ **d.** $a \neq \pm 2$

153 Risolvendo un'equazione letterale di dominio $R - \{0\}$ si ottengono le soluzioni $x = a + 1$ e $x = a$; l'insieme delle soluzioni è:

a. $\{a, a+1\} \ \forall a \in R$ **b.** $\{a, a+1\}$ se $a \neq 0$

c. $\{a, a+1\}$ se $a \neq 0 \wedge a \neq -1$ **d.** $\{a, a+1\}$ se $a \neq 0 \wedge a \neq 1$

154 Il dominio dell'equazione letterale $\dfrac{x^2 + x - 1}{a} - \dfrac{x(x+1)}{1-a} = \dfrac{x-1}{a}$ è:

a. R **b.** $R - \{0, 1\}$ **c.** $R - \{0\}$ **d.** $R - \{1\}$

155 L'equazione del precedente esercizio ha soluzioni $x = 0 \ \vee \ x = \dfrac{a}{1 - 2a}$; esse sono accettabili:

a. $\forall a \in R$ **b.** se $a \neq 0 \wedge a \neq 1 \wedge a \neq \dfrac{1}{3}$

c. se $a \neq 0 \wedge a \neq 1$ **d.** se $a \neq 0 \wedge a \neq 1 \wedge a \neq \dfrac{1}{2}$

156 Il dominio di un'equazione letterale di parametro a è l'insieme $R - \{-a, a\}$; non vi sono condizioni iniziali sul parametro che può assumere qualsiasi valore reale. Risolvendo l'equazione si ottiene $x = a + 1 \vee x = 6a$. Le soluzioni sono accettabili:

a. $\forall a \in R$ **b.** se $a \neq 0$ **c.** se $a \neq 0 \wedge a \neq -\dfrac{1}{2}$ **d.** se $a \neq \pm 6 \wedge a \neq 0$

Applicazione

Equazioni letterali intere

Risolvi e discuti le seguenti equazioni.

157 **ESERCIZIO GUIDA**

$(a+1)x^2 - 2ax + a - 1 = 0$

L'equazione si presenta già in forma normale e possiamo procedere alla sua risoluzione. Discutiamo il coefficiente del termine di secondo grado:

- se $a + 1 \neq 0$ cioè se $a \neq -1$

  possiamo applicare la formula risolutiva; visto poi che il coefficiente del termine di primo grado è divisibile per 2, possiamo usare la formula ridotta.

  Calcoliamo dapprima il discriminante: $\dfrac{\Delta}{4} = a^2 - (a+1)(a-1) = a^2 - a^2 + 1 = 1$

  Applichiamo la formula: $x = \dfrac{a \pm 1}{a + 1} = \begin{cases} \dfrac{a-1}{a+1} \\[2mm] \dfrac{a+1}{a+1} = 1 \end{cases}$

- se $a + 1 = 0$ cioè se $a = -1$

  non possiamo applicare la formula; sostituendo questo valore nell'equazione otteniamo:

$$(-1+1)x^2 + 2x - 1 - 1 = 0 \qquad \rightarrow \qquad 2x - 2 = 0 \qquad \rightarrow \qquad x = 1$$

Riassumendo: se $a \neq -1 : S = \left\{1, \dfrac{a-1}{a+1}\right\}$; se $a = -1 : S = \{1\}$.

158 $2ax^2 + (a^2 - 2)x - a = 0$ $\qquad \left[\text{se } a \neq 0 : S = \left\{-\dfrac{a}{2}, \dfrac{1}{a}\right\}; \text{ se } a = 0 : S = \{0\}\right]$

159 $(b-2)x^2 + bx + 2(4 - 3b) = 0$ $\qquad \left[\text{se } b \neq 2 : S = \left\{2, \dfrac{3b-4}{2-b}\right\}; \text{ se } b = 2 : S = \{2\}\right]$

160 $2x^2(2a - 1) + (6a - 1)x + 2a = 0$ $\qquad \left[\text{se } a \neq \dfrac{1}{2} : S = \left\{-\dfrac{1}{2}, \dfrac{2a}{1-2a}\right\}; \text{ se } a = \dfrac{1}{2} : S = \left\{-\dfrac{1}{2}\right\}\right]$

161 $x^2 + x - 2ax = a - a^2$ $\qquad [S = \{a, a - 1\}]$

162 $\dfrac{(a-x)^2}{9} = 1$ $\qquad [S = \{a + 3, a - 3\}]$

163 $(x-1)(x+1) = a(x-1)$ $\qquad [S = \{1, a - 1\}]$

164 $(x-a)^2 = (a-x)(a+x)$ $\qquad [S = \{0, a\}]$

165 $2x(a-1) - 2(a-2) = \dfrac{1}{2}\left[(x+1)^2 + (x-1)^2\right]$ $\qquad [S = \{1, 2a - 3\}]$

166 $\left(x - \dfrac{a}{9}\right)^2 - \left(3x - \dfrac{a}{3}\right)^2 = -\dfrac{8}{81}a^2$ $\qquad \left[S = \left\{0, \dfrac{2}{9}a\right\}\right]$

167 $x(3a + x + 1) + (3a + x - 1)(6a + x) = 2[1 + 3a(3a + 1)]$ $\qquad [S = \{1, -(6a + 1)\}]$

168 $(3a - x)(3a + x) + (x + 3a)^2 - 9(a^2 + x^2) = 0$ $\qquad \left[S = \left\{\dfrac{a}{3}\left(1 \pm \sqrt{10}\right)\right\}\right]$

169 $a(x-2) + x(x-2) = 0$ $\qquad [S = \{-a, 2\}]$

170 $(1-a)x^2 + 2ax = 0$ $\qquad \left[\text{se } a \neq 1 : S = \left\{0, \dfrac{2a}{a-1}\right\}; \text{ se } a = 1 : S = \{0\}\right]$

171 $\left(\dfrac{a}{3} - x\right)\left(\dfrac{a}{3} + x\right) - \left(2x - \dfrac{1}{3}a\right)^2 = (a - 5)x^2 + \dfrac{1}{3}ax$ $\qquad [\text{se } a = 0 : S = R; \text{ se } a \neq 0 : S = \{0, 1\}]$

172 $k(x-3)(x+3) = 3x - 9$ $\qquad \left[\text{se } k \neq 0 : S = \left\{3, \dfrac{3(1-k)}{k}\right\}; \text{ se } k = 0 : S = \{3\}\right]$

173 $a^2x^2 - x(a+2) + 1 = 4x^2 - x(a-2) + 2$ $\qquad \left[\begin{array}{l} \text{se } a \neq 2 \;\wedge\; a \neq -2 : S = \left\{\dfrac{1}{a-2}, \dfrac{-1}{a+2}\right\}; \\[2mm] \text{se } a = 2 \;\vee\; a = -2 : S = \left\{-\dfrac{1}{4}\right\} \end{array}\right]$

174 **ESERCIZIO GUIDA**

$$\dfrac{x}{a} + x^2 = \dfrac{6}{a^2}$$

Condizioni sul parametro: $a \neq 0$

Riduciamo l'equazione in forma normale: $a^2x^2 + ax - 6 = 0$

Abbiamo già posto la condizione $a \neq 0$ relativa al coefficiente di x^2, possiamo quindi applicare la formula risolutiva:

$$x = \frac{-a \pm \sqrt{a^2 + 24a^2}}{2a^2} = \frac{-a \pm 5a}{2a^2} = \begin{cases} -\dfrac{3}{a} \\[2mm] \dfrac{2}{a} \end{cases}$$

Riassumendo: se $a \neq 0 : S = \left\{ -\dfrac{3}{a}, \dfrac{2}{a} \right\}$

se $a = 0$: l'equazione perde significato.

175 $\dfrac{x-a}{a} + x^2 = 9\left(a^2 + \dfrac{2}{9}\right)$ $\left[\text{se } a \neq 0 : S = \left\{ 3a, -\dfrac{3a^2+1}{a} \right\}; \text{ se } a = 0 : \text{l'equazione perde significato} \right]$

176 $\dfrac{x^2}{a^2} - \dfrac{1+x^2}{2} = \dfrac{(a-\sqrt{2})x - a}{2a}$ $\left[\begin{array}{l} \text{se } a \neq 0 \ \wedge \ a \neq \pm\sqrt{2} : S = \left\{ 0, \dfrac{-a}{a+\sqrt{2}} \right\}; \\[2mm] \text{se } a = -\sqrt{2} : S = \{0\}; \\[1mm] \text{se } a = \sqrt{2} : S = R; \\[1mm] \text{se } a = 0 : \text{l'equazione perde significato} \end{array} \right]$

177 $\dfrac{2(2x^2+a)}{2a+1} + 2x = 0$ $\left[\text{se } a \neq -\dfrac{1}{2} : S = \left\{ -a, -\dfrac{1}{2} \right\}; \text{ se } a = -\dfrac{1}{2} : \text{l'equazione perde significato;} \right]$

178 $\dfrac{4ax}{(a+1)^2} + (a-1)^2 = \dfrac{x^2}{(a+1)^2}$ $\left[\begin{array}{l} \text{se } a \neq -1 : S = \{ (a+1)^2, \ -(a-1)^2 \}; \\[1mm] \text{se } a = -1 : \text{l'equazione perde significato} \end{array} \right]$

179 $\dfrac{3x^2}{a-3} + \dfrac{2x}{a} = \dfrac{4}{a^2-3a}$ $\left[\text{se } a \neq 0 \ \wedge \ a \neq 3 : S = \left\{ \dfrac{2}{a}, -\dfrac{2}{3} \right\}; \text{ se } a = 0 \ \vee \ a = 3 : \text{l'equazione perde significato} \right]$

180 $\dfrac{x^2+a}{a-1} + \dfrac{x^2-a}{a+1} = \dfrac{5ax}{a^2-1}$ $\left[\begin{array}{l} \text{se } a \neq 0 \ \wedge \ a \neq \pm 1 : S = \left\{ \dfrac{1}{2}, 2 \right\}; \\[2mm] \text{se } a = -1 \ \vee \ a = 1 : \text{l'equazione perde significato;} \\[1mm] \text{se } a = 0 : S = R \end{array} \right]$

181 $x(x+a) = \dfrac{a+x}{a+2}$ $\left[\text{se } a \neq -2 : S = \left\{ \dfrac{1}{a+2}, -a \right\}; \text{ se } a = -2 : \text{l'equazione perde significato} \right]$

182 $\dfrac{(x-b)(bx-1)}{b-2} = \dfrac{(b+2)(bx-1)}{b}$ $\left[\begin{array}{l} \text{se } b \neq 0 \ \wedge \ b \neq 2 : S = \left\{ \dfrac{1}{b}, \dfrac{2b^2-4}{b} \right\}; \\[2mm] \text{se } b = 0 \ \vee \ b = 2 : \text{l'equazione perde significato} \end{array} \right]$

183 $\dfrac{x+a}{2a} + \dfrac{4}{a-1} = \dfrac{x^2-x+4a}{a^2-a}$ $\left[\begin{array}{l} \text{se } a \neq 0 \ \wedge \ a \neq 1 : S = \left\{ \dfrac{1-a}{2}, a \right\}; \\[2mm] \text{se } a = 0 \ \vee \ a = 1 \ \text{l'equazione perde significato} \end{array} \right]$

Equazioni letterali frazionarie

Risolvi e discuti le seguenti equazioni.

184   **ESERCIZIO GUIDA**

$$\dfrac{2a-x}{x+1} - \dfrac{a}{x} = -\dfrac{1}{2}$$

Condizioni per x: $x \neq 0 \ \wedge \ x \neq -1$;   dominio dell'equazione: $D = R - \{-1, 0\}$.

Non ci sono condizioni iniziali sul parametro.

Riduciamo l'equazione in forma normale:

$$2x(2a - x) - 2a(x + 1) + x(x + 1) = 0 \qquad \rightarrow \qquad x^2 - x(1 + 2a) + 2a = 0$$

Possiamo subito applicare la formula risolutiva; calcoliamo prima di tutto il determinante:

$$\Delta = (1 + 2a)^2 - 8a = 4a^2 - 4a + 1 = (2a - 1)^2$$

Applichiamo la formula: $\qquad x = \dfrac{1 + 2a \pm (2a - 1)}{2} = \begin{cases} 1 \\ 2a \end{cases}$

La prima soluzione è accettabile; stabiliamo per quali valori di a lo è la seconda:

$$2a \neq -1 \qquad \rightarrow \qquad a \neq -\frac{1}{2}$$

$$2a \neq 0 \qquad \rightarrow \qquad a \neq 0$$

Riassumendo: $\qquad$ se $a \neq -\dfrac{1}{2} \wedge a \neq 0 : \qquad S = \{1, 2a\}$

$$\text{se } a = -\frac{1}{2} \vee a = 0 : \qquad S = \{1\}.$$

185 $\quad \dfrac{x + a}{x - 1} - \dfrac{x - a}{x} + \dfrac{1 + a}{1 - x} + 1 = 0$ $\qquad \left[\text{se } a \neq 0 \wedge a \neq -1 : S = \{-a\}; \text{ se } a = 0 \vee a = -1 : S = \varnothing \right]$

186 $\quad \dfrac{a^2}{x}\left(\dfrac{1}{2} - \dfrac{1}{x}\right) = \dfrac{2(a - 1)}{x + 2}$ $\qquad \left[\begin{array}{l} \text{se } a \neq 2 \ \wedge \ a \neq 0 \ \wedge \ a \neq 1 : S = \left\{\pm\dfrac{2a}{a - 2}\right\}; \\ \text{se } a = 2 \ \vee \ a = 0 : S = \varnothing; \\ \text{se } a = 1 : S = \{2\} \end{array} \right]$

187 $\quad (x + 1)a^2 = a + \dfrac{a(x + 1) - 1}{2x + 1}$ $\qquad \left[\begin{array}{l} \text{se } a \neq 0 \ \wedge \ a \neq 2 : S = \left\{\dfrac{1 - a}{2a}, \ \dfrac{1 - a}{a}\right\}; \\ \text{se } a = 2 : S = \left\{-\dfrac{1}{4}\right\}; \\ \text{se } a = 0 : S = \varnothing \end{array} \right]$

188 $\quad \dfrac{2(2a + x)}{x - a} + \dfrac{4a}{x + a} = 0$ $\qquad \left[\text{se } a \neq 0 : S = \{0, -5a\}; \text{ se } a = 0 : S = \varnothing \right]$

189 $\quad x\left(2 + \dfrac{1}{x} + \dfrac{ax}{x + 1}\right) - \left(1 + x - \dfrac{a}{x + 1}\right) = (x - 1)a + \dfrac{3(x + a)}{x + 1}$ $\quad \left[\begin{array}{l} \text{se } a > -1 \ \wedge \ a \neq 0 : S = \{1 \pm \sqrt{a + 1}\}; \\ \text{se } a = 0 : S = \{2\} \end{array} \right]$

190 **ESERCIZIO GUIDA**

$$\dfrac{a(x - 1)}{a - 2} + 1 = \dfrac{1}{2 - x} + \dfrac{2 + a}{ax - 2x - 2a + 4}$$

Scomponiamo dapprima i denominatori: $\qquad \dfrac{a(x - 1)}{a - 2} + 1 = -\dfrac{1}{x - 2} + \dfrac{2 + a}{(a - 2)(x - 2)}$

Condizione per x: $\quad x \neq 2$; $\quad$ il dominio dell'equazione è l'insieme $\quad D = R - \{2\}$

Dobbiamo inoltre imporre la condizione sul parametro: $\quad a \neq 2$

Svolgendo i calcoli si giunge alla forma normale dell'equazione:

$$ax^2 - 2ax - 2x = 0 \qquad \rightarrow \qquad x(ax - 2a - 2) = 0$$

Procediamo alla discussione:

- se $a \neq 0$: $\qquad x = 0 \quad \vee \quad x = \dfrac{2(a+1)}{a}$

La prima soluzione è accettabile, la seconda lo è se: $\qquad \dfrac{2(a+1)}{a} \neq 2$

Poiché questa condizione è sempre verificata anche questa soluzione è sempre accettabile.

- se $a = 0$ l'equazione diventa: $\quad -2x = 0 \quad$ che ha soluzione $x = 0$.

In definitiva: $\qquad$ se $a = 2$: $\qquad\qquad$ l'equazione perde significato

$\qquad\qquad\qquad$ se $a \neq 0 \wedge a \neq 2$: $\qquad S = \left\{ 0, \dfrac{2(a+1)}{a} \right\}$

$\qquad\qquad\qquad$ se $a = 0$: $\qquad\qquad\qquad S = \{0\}$.

---

191 $\quad \dfrac{x}{2} + \dfrac{x-3}{2a(3-x)} = 0 \quad \left[\text{se } a \neq 0 \ \wedge \ a \neq \dfrac{1}{3}: S = \left\{ \dfrac{1}{a} \right\}; \text{ se } a = \dfrac{1}{3}: S = \varnothing; \text{ se } a = 0: \text{l'equazione perde significato} \right]$

192 $\quad \dfrac{42}{x^2 - a^2} - \dfrac{x-a}{x+a} = \dfrac{x-a}{a^2 - x^2}$ $\qquad \left[\begin{array}{l} \text{se } a \neq 3 \ \wedge \ a \neq -\dfrac{7}{2}: S = \{a+7, \, a-6\}; \\[2mm] \text{se } a = 3: S = \{10\}; \\[2mm] \text{se } a = -\dfrac{7}{2}: S = \left\{ -\dfrac{19}{2} \right\} \end{array} \right]$

193 $\quad \dfrac{a}{x^2 + x - 2ax - 2a} = \dfrac{2}{x - 2a} - \dfrac{1}{x+1} + \dfrac{2}{a}$ $\qquad \left[\begin{array}{l} \text{se } a \neq 0 \ \wedge \ a \neq -1 \ \wedge \ a \neq -\dfrac{2}{3}: S = \left\{ a, \, \dfrac{a-2}{2} \right\}; \\[2mm] \text{se } a = 0: \text{l'equazione perde significato}; \\[2mm] \text{se } a = -1: S = \left\{ -\dfrac{3}{2} \right\}; \\[2mm] \text{se } a = -\dfrac{2}{3}: S = \left\{ -\dfrac{2}{3} \right\} \end{array} \right]$

194 $\quad \dfrac{2ax - x(4+a)}{a(4-a)} + \dfrac{2a}{x} = -1$ $\qquad \left[\begin{array}{l} \text{se } a \neq 4 \ \wedge \ a \neq 0: S = \{-a, \, 2a\}; \\[2mm] \text{se } a = 0 \ \vee \ a = 4: \text{l'equazione perde significato} \end{array} \right]$

195 $\quad \dfrac{36}{x^2 - 9} + \dfrac{x-3}{x+3} = a \left[\dfrac{1}{x+3} + \dfrac{x+3}{a(x-3)} - 1 \right]$ $\qquad \left[\begin{array}{l} \text{se } a \neq -12 \ \wedge \ a \neq \dfrac{12}{5} \ \wedge \ a \neq 0: S = \left\{ \dfrac{2(6-a)}{a} \right\}; \\[2mm] \text{se } a = 0: \text{l'equazione perde significato}; \\[2mm] \text{se } a = -12 \ \vee \ a = \dfrac{12}{5}: S = \varnothing \end{array} \right]$

ESERCIZI RIASSUNTIVI SULLE EQUAZIONI

Risolvi in R le seguenti equazioni e discuti quelle letterali.

196 $\quad \sqrt{6}x^2 - \left(3 - \sqrt{2}\right)x - \sqrt{3} = 0$ $\qquad\qquad\qquad \left[S = \left\{ -\dfrac{\sqrt{3}}{3}, \, \dfrac{\sqrt{6}}{2} \right\} \right]$

197 $\quad x^2 + 2\left(2\sqrt{6} - \sqrt{2}\right)x - 16\sqrt{3} = 0$ $\qquad\qquad\qquad \left[S = \{ -4\sqrt{6}, \, 2\sqrt{2} \} \right]$

198 $\quad \dfrac{(x+2)(x-3)}{2} = \dfrac{x^2 + 2 + x}{4} + x - \left[5 - \dfrac{x(x-1)}{2} \right]$ $\qquad \left[S = \{1, \, -6\} \right]$

199 $\dfrac{(x-1)^3-(x+1)^3}{4}-(x-1)(-x-1)=-x^2-1$ $[S=\{\pm 1\}]$

200 $\left(x-\sqrt{3}\right)\left(x+\sqrt{3}\right)-\left(x-\sqrt{3}\right)^2=\left(x+\sqrt{3}\right)^2-10x$ $[S=\{1,9\}]$

201 $\dfrac{(1-x)(x+2)}{5}+\dfrac{24x+1}{35}=\dfrac{(3-x)(3+x)}{7}$ $\left[S=\left\{\dfrac{5}{2},6\right\}\right]$

202 $2x-\left[\left(\dfrac{x+3}{2}\right)^2-\dfrac{3}{2}\left(\dfrac{x+1}{3}-\dfrac{1-2x}{6}\right)-x\right]=\dfrac{1}{2}+\dfrac{3}{4}x$ $[S=\{2,5\}]$

203 $\dfrac{x^2+4}{1-\sqrt{2}}-\dfrac{\sqrt{2}x}{1+\sqrt{2}}=\dfrac{8+x^2(1-\sqrt{2})}{\sqrt{2}-2}-\dfrac{x^2}{\sqrt{2}}$ $[S=\{-\sqrt{2},4-2\sqrt{2}\}]$

204 $\dfrac{1}{4x}-\dfrac{1}{4x+1}+\dfrac{1}{4x-1}=\dfrac{x-\dfrac{3}{4}}{x^3-\dfrac{1}{16}x}$ $\left[S=\left\{\dfrac{7\pm\sqrt{2}}{4}\right\}\right]$

205 $\dfrac{1}{x-2\sqrt{2}}+\dfrac{1}{x^2-8}+\dfrac{1+2\sqrt{2}}{x^2+8-4\sqrt{2}x}=0$ $[S=\{-2(1+\sqrt{2}),0\}]$

206 $\dfrac{x-\sqrt{3}}{x+\sqrt{3}}-\dfrac{x+2\sqrt{3}}{x-2\sqrt{3}}=3-\dfrac{6\sqrt{3}x}{x^2-\sqrt{3}x-6}$ $[S=\varnothing]$

207 $\dfrac{\dfrac{75}{2}}{15x+3}+\dfrac{1}{30x^2+6x}-\dfrac{5}{3x}=0$ $\left[S=\left\{\dfrac{9}{25}\right\}\right]$

208 $\dfrac{\left(\sqrt{6}-x\right)^2}{3\sqrt{6}-3}-x=\dfrac{x-6}{\sqrt{6}-1}$ $[S=\{4\sqrt{6},\sqrt{6}\}]$

209 $\dfrac{1}{x^2-5x+6}+\dfrac{1}{x^2-7x+10}+\dfrac{2}{x^2-8x+15}=\dfrac{5}{x-2}$ $\left[S=\left\{\dfrac{29}{5}\right\}\right]$

210 $1+\dfrac{x}{a+5}+\dfrac{5a+x}{x(a+5)}-\dfrac{1}{a+5}=0$ $\left[\begin{array}{l}\text{se } a\neq 0 \wedge a\neq -5: S=\{-5,-a\};\\ \text{se } a=0: S=\{-5\}\end{array}\right]$

211 $\dfrac{ax^2}{a+1}-\dfrac{x(3a^2-1)}{a^2-1}+\dfrac{2a+1}{a-1}=0$ $\left[\begin{array}{l}\text{se } a\neq 0 \wedge a\neq \pm 1: S=\left\{\dfrac{2a+1}{a},\dfrac{a+1}{a-1}\right\};\\ \text{se } a=0: S=\{-1\}\end{array}\right]$

212 $\dfrac{2x}{a-x}-\dfrac{a(x^2+1)}{x^2-ax}=\dfrac{1-x}{x}$ $[\text{se } a=-1: S=R-\{0,-1\}; \text{ se } a\neq -1: S=\{-1\}]$

Le equazioni con i moduli

Risolvi in R le seguenti equazioni che contengono anche termini in modulo.

213   **ESERCIZIO GUIDA**

$3x^2-|2x-1|=4$

Studiamo il segno dell'argomento del modulo: $|2x-1|=\begin{cases} 2x-1 & \text{se } x\geq \dfrac{1}{2}\\[2mm] 1-2x & \text{se } x<\dfrac{1}{2}\end{cases}$

L'equazione è quindi equivalente a:
$$\begin{cases} x \geq \dfrac{1}{2} \\ 3x^2 - (2x - 1) = 4 \end{cases} \qquad \vee \qquad \begin{cases} x < \dfrac{1}{2} \\ 3x^2 - (1 - 2x) = 4 \end{cases}$$

Risolvendo l'equazione del primo sistema si ottiene:

$$3x^2 - 2x - 3 = 0 \quad \rightarrow \quad x = \begin{cases} \dfrac{1 - \sqrt{10}}{2} & \text{soluzione non accettabile perché minore di } \dfrac{1}{2} \\ \dfrac{1 + \sqrt{10}}{2} & \text{soluzione accettabile perché maggiore di } \dfrac{1}{2} \end{cases}$$

Risolvendo l'equazione del secondo sistema si ottiene:

$$3x^2 + 2x - 5 = 0 \quad \rightarrow \quad x = \begin{cases} -\dfrac{5}{3} & \text{soluzione accettabile perché minore di } \dfrac{1}{2} \\ 1 & \text{soluzione non accettabile perché maggiore di } \dfrac{1}{2} \end{cases}$$

In definitiva $S = \left\{ \dfrac{1 + \sqrt{10}}{2}, -\dfrac{5}{3} \right\}$.

---

214 $\quad 1 + x \cdot |2 - x| = x - 5 \qquad 4x|1 - 2x| = 4x^2 + 3 \qquad \left[S = \{-2\}; \ S = \left\{ \dfrac{3}{2} \right\} \right]$

215 $\quad x^2 - 6|x - 1| = 2x - 6 \qquad |x - 3| + x^2 = 3 \qquad [S = \{-4, 0, 2, 6\}; \ S = \{0, 1\}]$

216 $\quad 3x - 2|x - 1| = x^2 \qquad 2x^2 - 5x = 4 - |4 - x| \qquad \left[S = \left\{ 2, \dfrac{5 - \sqrt{17}}{2} \right\}; \ S = \{0, 3\} \right]$

217 $\quad x^2 - 6|x| + 5 = 0 \qquad 2(5x - 3)^2 = 4|3 - 5x| \qquad \left[S = \{-5, -1, 1, 5\}; \ S = \left\{ \dfrac{1}{5}, \dfrac{3}{5}, 1 \right\} \right]$

218 $\quad x^2 - 2|x + 1| = 2x \qquad -2 + 9x = 2x\left|3x + \dfrac{1}{2}\right| \qquad \left[S = \{2 \pm \sqrt{6}\}; \ S = \left\{ \dfrac{-5 - \sqrt{37}}{6}, \dfrac{1}{3}, 1 \right\} \right]$

219 $\quad 4x \cdot |x + 1| + 3(x + 2) = 3 \qquad 2 + 3x \cdot |3x + 4| = 6x + 1 \qquad \left[S = \left\{ -1, -\dfrac{3}{4} \right\}; \ S = \left\{ -\dfrac{1}{3}, \dfrac{-3 - \sqrt{10}}{3} \right\} \right]$

I LEGAMI FRA COEFFICIENTI E SOLUZIONI
la teoria è a pag. 71

> **RICORDA**
>
> - Fra le soluzioni x_1 e x_2 dell'equazione $ax^2 + bx + c = 0$ e i coefficienti a, b, c intercorrono le seguenti relazioni:
> $$x_1 + x_2 = -\dfrac{b}{a} \qquad\qquad x_1 \cdot x_2 = \dfrac{c}{a}$$
>
> - Il trinomio $ax^2 + bx + c$, indicate con x_1 e x_2 le soluzioni dell'equazione associata, si scompone in:
> $$a(x - x_1)(x - x_2)$$

Comprensione

220 Data l'equazione $4x^2 - 3x - 1 = 0$ si può dire che:

a. la somma delle soluzioni è: ① $\dfrac{3}{8}$ ② $\dfrac{3}{4}$ ③ $-\dfrac{1}{4}$

b. il prodotto delle soluzioni è: ① $\dfrac{3}{4}$ ② $\dfrac{1}{4}$ ③ $-\dfrac{1}{4}$

221 Un'equazione di secondo grado, avente il coefficiente di x^2 uguale a 3, ha soluzioni -1 e $\frac{2}{3}$; il trinomio ad essa associato si scompone in:

a. $3(x-1)\left(x+\frac{2}{3}\right)$ **b.** $(x+1)(3x-2)$ **c.** $(x-1)\left(\frac{2}{3}x+1\right)$ **d.** $(x-2)(x-3)$

222 L'equazione che ha per soluzioni due numeri h e k ha equazione:

a. $x^2 - kx - h = 0$ **b.** $x^2 - hx + k = 0$

c. $x^2 + (h+k)x - hk = 0$ **d.** $x^2 - (h+k)x + hk = 0$

223 L'equazione $x^2 + (a+b)x + ab = 0$ ha soluzioni:

a. $a \lor b$ **b.** $-a \lor -b$ **c.** $a \lor -b$ **d.** $-a \lor b$

Applicazione

Applicando le relazioni tra i coefficienti e le soluzioni di una equazione di secondo grado, trova le soluzioni delle seguenti equazioni.

224 **ESERCIZIO GUIDA**

$x^2 - 6x - 16 = 0$

$x_1 + x_2 = 6$ $\qquad$ $x_1 \cdot x_2 = -16$ $\qquad$ quindi $x_1 = 8$ $\quad$ $x_2 = -2$

L'insieme delle soluzioni è $S = \{8, -2\}$.

225 **ESERCIZIO GUIDA**

$x^2 + 2x - 15 = 0$

$x_1 + x_2 = -2$ $\qquad$ $x_1 \cdot x_2 = -15$ $\qquad$ Quindi $x_1 = \ldots..$ $\quad$ $x_2 = \ldots..$

226 $x^2 + 4x - 21 = 0$ $\qquad$ **227** $x^2 + 8x - 20 = 0$

228 $x^2 + 12x - 13 = 0$ $\qquad$ **229** $x^2 + 2x - 24 = 0$

230 $x^2 + 16x + 15 = 0$ $\qquad$ **231** $x^2 - 7x - 18 = 0$

232 $x^2 - 8x + 15 = 0$ $\qquad$ **233** $x^2 - 5x - 14 = 0$

234 $x^2 + \frac{7}{4}x + \frac{3}{4} = 0$ $\qquad$ **235** $x^2 - 4\sqrt{3}x - 15 = 0$

Di due numeri sono noti la somma s ed il prodotto p. Determina tali numeri nei seguenti casi.

236 **ESERCIZIO GUIDA**

$s = \frac{5}{4}$ $\qquad$ $p = \frac{3}{8}$

Dobbiamo scrivere un'equazione di secondo grado in cui il coefficiente di x^2 è 1, quello di x è $-\frac{5}{4}$ ed il termine noto è $\frac{3}{8}$:

$x^2 - \frac{5}{4}x + \frac{3}{8} = 0$ $\qquad$ cioè $\qquad$ $8x^2 - 10x + 3 = 0$

Risolviamo l'equazione: $x = \dfrac{5 \pm \sqrt{25 - 24}}{8} = \dfrac{5 \pm 1}{8} = \begin{cases} \dfrac{1}{2} \\ \dfrac{3}{4} \end{cases}$

I numeri richiesti sono quindi $\dfrac{1}{2}$ e $\dfrac{3}{4}$.

237 $s = \dfrac{5}{4}$ $\qquad p = \dfrac{3}{8}$ $\qquad$ **238** $s = \dfrac{5}{2}$ $\qquad p = -\dfrac{3}{2}$

239 $s = 2$ $\qquad p = 2$ $\qquad$ **240** $s = 2a$ $\qquad p = a^2 - 4$

241 $s = -\dfrac{3}{10}$ $\qquad p = -\dfrac{1}{10}$ $\qquad$ **242** $s = 3a + 1$ $\qquad p = 2a^2 + a$

243 $s = 3\sqrt{3}$ $\qquad p = 6$ $\qquad$ **244** $s = 1 + \sqrt{3}$ $\qquad p = \sqrt{3}$

Tenendo presenti le relazioni tra i coefficienti e le soluzioni di un'equazione di secondo grado, scrivi le equazioni che hanno le seguenti soluzioni.

245 **ESERCIZIO GUIDA**

$x_1 = 3 \quad \vee \quad x_2 = -7$

$x_1 + x_2 = 3 - 7 = -4$ e $x_1 \cdot x_2 = 3 \cdot (-7) = -21$. L'equazione cercata è $x^2 + 4x - 21 = 0$.

246 $x_1 = 5$ $\qquad x_2 = 8$ $\qquad$ **247** $x_1 = 1$ $\qquad x_2 = \dfrac{1}{2}$

248 $x_1 = \sqrt{2}$ $\qquad x_2 = -6$ $\qquad$ **249** $x_1 = \sqrt{3} + 1$ $\qquad x_2 = \sqrt{3} - 1$

250 $x_1 = 4$ $\qquad x_2 = a$ $\qquad$ **251** $x_1 = \dfrac{a}{2}$ $\qquad x_2 = \dfrac{b}{2}$

252 $x_1 = -3a$ $\qquad x_2 = 2$ $\qquad$ **253** $x_1 = -3$ $\qquad x_2 = \sqrt{2}$

254 $x_1 = -\dfrac{5}{3}$ $\qquad x_2 = \dfrac{3}{10}$ $\qquad$ **255** $x_1 = a$ $\qquad x_2 = a + 1$

256 $x_1 = a + 1$ $\qquad x_2 = 2a - 1$ $\qquad$ **257** $x_1 = a + \sqrt{2}$ $\qquad x_2 = -a - \sqrt{2}$

Delle seguenti equazioni è data una soluzione; senza applicare la formula risolutiva, determina l'altra.

258 **ESERCIZIO GUIDA**

$3x^2 - 5x - 2 = 0 \qquad x_1 = 2$

poiché $x_1 \cdot x_2 = -\dfrac{2}{3}$ e $x_1 = 2$ si ha che $2x_2 = -\dfrac{2}{3}$ cioè $x_2 = -\dfrac{1}{3}$.

259 **a.** $2x^2 + 5x - 3 = 0$ $\qquad x_1 = -3$ $\qquad$ **b.** $2x^2 + 11x - 21 = 0$ $\qquad x_1 = \dfrac{3}{2}$

260 **a.** $3x^2 + 10x - 8 = 0$ $\qquad x_1 = \dfrac{2}{3}$ $\qquad$ **b.** $3x^2 + 4x - 20 = 0$ $\qquad x_1 = 2$

261 **a.** $4x^2 - 7x - 2 = 0$ $\qquad x_1 = 2$ $\qquad$ **b.** $12x^2 + 16x - 3 = 0$ $\qquad x_1 = \dfrac{1}{6}$

262 **a.** $3x^2 - 2x - 5 = 0$ $\qquad x_1 = -1$ $\qquad$ **b.** $6x^2 + 13x - 5 = 0$ $\qquad x_1 = \dfrac{1}{3}$

Scomponi in fattori i seguenti trinomi.

263 **ESERCIZIO GUIDA**

$6x^2 + 7x - 3$

Determiniamo le soluzioni dell'equazione associata:

$$6x^2 + 7x - 3 = 0 \qquad x = \frac{-7 \pm \sqrt{49 + 72}}{12} = \frac{-7 \pm 11}{12} = \begin{cases} -\dfrac{3}{2} \\[2mm] \dfrac{1}{3} \end{cases}$$

Allora: $\quad 6x^2 + 7x - 3 = 6\left(x + \dfrac{3}{2}\right)\left(x - \dfrac{1}{3}\right) = 6\left(\dfrac{2x + 3}{2}\right)\left(\dfrac{3x - 1}{3}\right) = (2x + 3)(3x - 1)$

264 $x^2 - 3x - 4$ $\qquad\qquad$ $10x^2 - 27x - 28$

265 $45x^2 + 3x - 84$ $\qquad\qquad$ $x^2 + 2x + 3$

266 $2x^2 - \sqrt{2}x - 2$ $\qquad\qquad$ $x^2 + 3x + 4$

267 $x^2 + x + 5$ $\qquad\qquad$ $13x^2 - 10x + 13$

268 $3x^2 + 4x + 7$ $\qquad\qquad$ $x^2 - \dfrac{1}{2}x - \dfrac{1}{2}$

Semplifica le seguenti frazioni.

269 $\dfrac{3x^2 - 2x - 8}{6x^2 + 5x - 4}$ $\qquad\qquad$ $\dfrac{x^2 + x}{2x^2 - x - 3}$ $\qquad\qquad$ $\left[\dfrac{x - 2}{2x - 1} \; ; \; \dfrac{x}{2x - 3}\right]$

270 $\dfrac{6x^2 + 7x - 10}{x^2 - x - 6}$ $\qquad\qquad$ $\dfrac{4x^2 - 1}{6x^2 - 5x - 4}$ $\qquad\qquad$ $\left[\dfrac{6x - 5}{x - 3} \; ; \; \dfrac{2x - 1}{3x - 4}\right]$

271 $\dfrac{2x^3 + x^2 - x}{x^2 - 1}$ $\qquad\qquad$ $\dfrac{2x^2 - 11x - 6}{2x^2 - 3x - 2}$ $\qquad\qquad$ $\left[\dfrac{x(2x - 1)}{x - 1} \; ; \; \dfrac{x - 6}{x - 2}\right]$

272 $\dfrac{3x^2 + 5x - 2}{x^2 - 4}$ $\qquad\qquad$ $\dfrac{4x^2 - \dfrac{22}{3}x + 2}{2x - 4x^2 + 6}$ $\qquad\qquad$ $\left[\dfrac{3x - 1}{x - 2} \; ; \; \dfrac{1 - 3x}{3(x + 1)}\right]$

273 $\dfrac{8x^2 + 2x - 15}{2x^2 + 5x + 3}$ $\qquad\qquad$ $\dfrac{4x^2 + 3x - 10}{12x^2 - 23x + 10}$ $\qquad\qquad$ $\left[\dfrac{4x - 5}{x + 1} \; ; \; \dfrac{x + 2}{3x - 2}\right]$

LA PARABOLA E L'INTERPRETAZIONE GRAFICA DI UN'EQUAZIONE DI SECONDO GRADO

la teoria è a pag. 74

RICORDA

■ Una parabola è il luogo dei punti equidistanti da un punto fisso (**fuoco**) e da una retta fissa (**direttrice**); se la direttrice è parallela all'asse x, la sua equazione ha la forma

$$y = ax^2 + bx + c \qquad \text{con } a \neq 0$$

- Se $a > 0$ la parabola rivolge la concavità verso l'alto;
- se $a < 0$ la parabola rivolge la concavità verso il basso.

■ Il vertice della parabola ha coordinate $x_V = -\dfrac{b}{2a}$ $\quad y_V = -\dfrac{\Delta}{4a}$ essendo $\Delta = b^2 - 4ac$

Una volta calcolata l'ascissa del vertice con la formula indicata, la sua ordinata può anche essere trovata per sostituzione nell'equazione della parabola.

■ L'asse di simmetria è la retta di equazione $x = -\dfrac{b}{2a}$.

Comprensione

274 L'equazione $y = ax^2 + bx + c$ rappresenta una parabola:

a. sempre

b. solo se $a \neq 0$

c. solo se a è positivo

d. solo se i coefficienti a, b, c sono tutti diversi da zero

275 Il vertice della parabola di equazione $y = x^2 - 6x$ ha coordinate:

a. $(3, 9)$ **b.** $(-3, 9)$ **c.** $(-3, 27)$ **d.** $(3, -9)$

276 La parabola di equazione $y = x^2 - 3$:

a. ha il vertice sull'asse x Ⓥ Ⓕ

b. ha il vertice sull'asse y Ⓥ Ⓕ

c. passa per l'origine del sistema di riferimento Ⓥ Ⓕ

d. ha concavità rivolta verso l'alto. Ⓥ Ⓕ

277 La funzione di equazione $y = 6x^2 + 3 + 7x$ ha:

a. uno zero **b.** due zeri **c.** nessuno zero

278 La funzione $f(x) = 4x^2 - x$ ha come zeri:

a. 0 e $\dfrac{1}{4}$ **b.** 0 e 4 **c.** 0 e -4 **d.** 0 e $-\dfrac{1}{4}$

Applicazione

Delle seguenti parabole determina il vertice, l'asse di simmetria, la concavità e costruiscine il grafico.

279 (**ESERCIZIO GUIDA**)

$y = -3x^2 + 6x - 4$

I coefficienti della parabola sono: $a = -3$ $b = 6$ $c = -4$

Poiché $a < 0$ la concavità è rivolta verso il basso; troviamo le coordinate del vertice:

$x_V = \dfrac{-6}{2 \cdot (-3)} = 1$ troviamo y_V per sostituzione: $y_V = -3 + 6 - 4 = -1$ $\rightarrow$ $V(1, -1)$

L'asse di simmetria è la retta che passa per V ed è parallela all'asse y; essa ha quindi equazione: $x = 1$. Troviamo le coordinate di qualche punto alla sinistra del vertice (sarebbe lo stesso trovarli alla destra):

x	0	$\dfrac{1}{2}$
y	-4	$-\dfrac{7}{4}$

Dopo aver rappresentato anche i simmetrici di questi punti possiamo costruire il grafico.

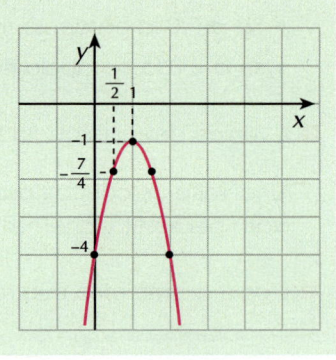

280 $y = 3x^2 + 6x - 1$ $\qquad\qquad$ $y = -5x^2 + 10x + 2$

281 $y = x - 2x^2$ $\qquad\qquad$ $y = x^2 - 2x - 5$

282 $y = \dfrac{1}{2}x^2$ $\qquad\qquad$ $y = \dfrac{2}{3}x^2 - \dfrac{1}{3}x$

283 $y = -\dfrac{1}{3}x^2 + \dfrac{1}{6}x + \dfrac{1}{48}$ $\qquad\qquad$ $y = -2x^2 + 4$

284 $y = x^2 - 2x + 1$ $\qquad\qquad$ $y = -2x^2 + 10x - \dfrac{9}{2}$

285 $y = x^2 - 1$ $\qquad\qquad$ $y = \dfrac{1}{4}x^2 - \dfrac{1}{2}x + \dfrac{1}{2}$

286 $y = 2x^2 - 4x + 5$ $\qquad\qquad$ $y = -\dfrac{3}{2}x^2$

Trova, se esistono, gli zeri delle seguenti funzioni.

287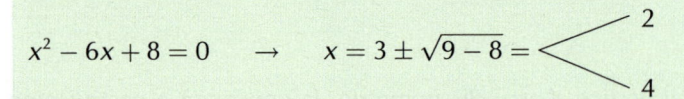

$f(x) = x^2 - 6x + 8$

La funzione rappresenta la parabola di vertice $V(3, -1)$ il cui grafico è in figura. Per trovare gli zeri risolviamo l'equazione:

$$x^2 - 6x + 8 = 0 \quad \rightarrow \quad x = 3 \pm \sqrt{9 - 8} = \begin{cases} 2 \\ 4 \end{cases}$$

La parabola interseca l'asse delle ascisse in $x = 2$ e $x = 4$.

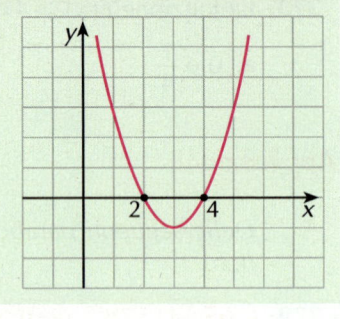

288 $f(x) = x^2 - 4$ $\qquad\qquad$ **289** $f(x) = x^2 + x$

290 $f(x) = x^2 - 6x - 3$ $\qquad\qquad$ **291** $f(x) = 1 + 4x^2$

292 $f(x) = 6x - 5x^2$ $\qquad\qquad$ **293** $f(x) = x^2 - 3x + 4$

294 $f(x) = \dfrac{1}{2}x^2 - 3x + 1$ $\qquad\qquad$ **295** $f(x) = \dfrac{2}{3}x^2 - \dfrac{1}{6}x$

296 $f(x) = 4x^2 - x + 3$ $\qquad\qquad$ **297** $f(x) = 9x^2 + 3$

298 $f(x) = 3x^2 - 4$ $\qquad\qquad$ **299** $f(x) = \dfrac{3}{4}x^2 - 1$

300 $f(x) = -\dfrac{2}{3}x^2$

301 $f(x) = -\dfrac{3}{2}x^2 + 2x - 1$

302 $f(x) = 3x^2 - \dfrac{1}{2}x + 1$

303 $f(x) = x^2 + \dfrac{4}{9}$

LE DISEQUAZIONI DI SECONDO GRADO

la teoria è a pag. 78

> **RICORDA**
>
> Per risolvere la disequazione $ax^2 + bx + c \gtrless 0$, posto $a > 0$, si deve applicare il seguente procedimento:
> - si associa al trinomio la parabola di equazione $y = ax^2 + bx + c$
> - si stabilisce la sua concavità e si trovano gli eventuali zeri
> - si disegna la parabola tenendo conto soltanto della concavità e della posizione rispetto all'asse x
> - il trinomio risulta:
>   - positivo in corrispondenza dei rami della parabola che stanno "al di sopra" dell'asse x
>   - negativo in corrispondenza dei rami che stanno "al di sotto" dell'asse x.

Comprensione

304 Un trinomio di secondo grado è associato alla parabola in figura; completa le seguenti proposizioni:

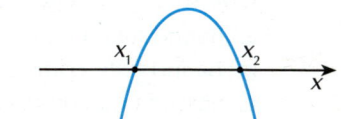

    a. il trinomio è positivo se ....

    b. il trinomio si annulla se ....

    c. il trinomio è negativo se ....

305 Nelle figure che seguono la parabola disegnata è associata al trinomio $ax^2 + bx + c$; indica in rosso le parti dell'asse x che corrispondono agli intervalli in cui il trinomio è positivo, in blu quelle in cui il trinomio è negativo.

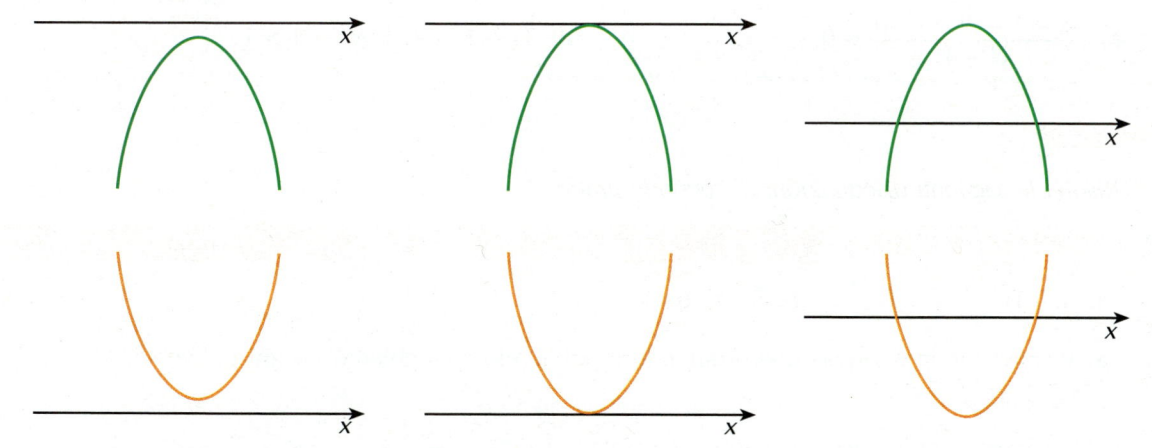

306 Supponendo che il coefficiente a del trinomio $ax^2 + bx + c$ sia positivo e indicando con x_1 e x_2 le soluzioni reali dell'equazione associata, completa le seguenti proposizioni:

    a. se $\Delta > 0$ il trinomio è positivo se ...., è negativo se ....

    b. se $\Delta = 0$ il trinomio è positivo se ...., è negativo se ....

    c. se $\Delta < 0$ il trinomio è positivo se ...., è negativo se ....

307 Barra vero o falso.

a. La disequazione $3x^2 + 7 > 0$ è verificata $\forall x \in R$ V F

b. La disequazione $x^2 + 1 < 0$ non è mai verificata in R V F

c. La disequazione $(x^2 - 6)^2 > 0$ è equivalente a $x^2 - 6 > 0$ V F

d. La disequazione $(3x - x^2)^3 < 0$ è equivalente a $x^2 - 3x > 0$.   V F

308 La disequazione $x^2 - 3x + 8 > 0$:

a. non è mai soddisfatta in R **b.** è sempre soddisfatta in R

c. è soddisfatta solo se è $x > 0$ **d.** è soddisfatta per ogni $x \neq 0$.

309 Sono date le seguenti disequazioni:

① $5x^2 + 7 > 0$ ② $-3x^2 - 1 < 0$ ③ $-2x^2 - 3 > 0$ ④ $-4x^2 > 9$

Di esse si può dire che:

a. sono tutte impossibili perché per ognuna di esse $\Delta < 0$ V F

b. sono impossibili solo la ③ e la ④   V F

c. hanno tutte come soluzione R V F

d. hanno soluzione R solo la ① e la ②.   V F

310 Sono date le seguenti disequazioni:

① $5x^2 > 0$ ② $(x - 2)^2 < 0$ ③ $(2x + 1)^2 > 0$ ④ $(x - 1)^2 + 2 > 0$

Una sola delle seguenti affermazioni è vera; individuala motivando la scelta:

a. hanno tutte come soluzione R

b. hanno tutte come soluzione R tranne la ②

c. nessuna ha come soluzione l'insieme vuoto

d. solo la ④ ha come soluzione R.

311 La disequazione $\dfrac{3x - 1}{x^2 - 4} > 2$ è verificata se:

a. $3x - 1 > 2 \ \wedge \ x^2 - 4 > 0$ **b.** $3x - 1 > 2(x^2 - 4)$

c. $\dfrac{3x - 1 - 2(x^2 - 4)}{x^2 - 4} > 0$ **d.** $3x - 1 > 2 \ \wedge \ x^2 - 4 > 1$

Applicazione

Risolvi le seguenti disequazioni di secondo grado.

312 **ESERCIZIO GUIDA**

a. $4 - 3x^2 - 4x > 0$ **b.** $5x^2 + 6x + 3 > 0$

a. Riscriviamo la disequazione ordinando il polinomio e cambiamo i segni e il verso:

$3x^2 + 4x - 4 < 0$

Troviamo le radici dell'equazione associata: $x = \dfrac{-2 \pm \sqrt{4 + 12}}{3} = $ -2 $\dfrac{2}{3}$

Rappresentiamo la parabola in riferimento all'asse x :

Scegliamo l'intervallo corrispondente al segno negativo: $-2 < x < \dfrac{2}{3}$.

b. Troviamo le soluzioni dell'equazione associata: $x = \dfrac{-3 \pm \sqrt{9-15}}{5} = \dfrac{-3 \pm \sqrt{-6}}{5}$

Avendo trovato un discriminante negativo la parabola non ha zeri; di conseguenza il suo grafico non interseca l'asse x:

La disequazione è quindi verificata in tutto l'insieme R.

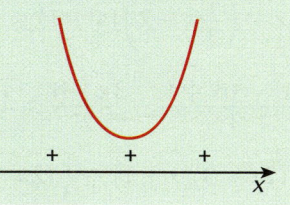

---

313 $1 - x^2 > 0$

314 $x^2 - 6x + 9 > 0$

315 $1 - 3x^2 \geq 0$

316 $6x^2 - x > 0$

317 $x^2 - 8 \geq 0$

318 $5 + 4x^2 \leq 0$

319 $3 - x^2 \leq 0$

320 $25 - x^2 \geq 0$

321 $-6x^2 < 0$

322 $x^2 - 5x - 6 < 0$

323 $(x-1)^2 \leq 0$

324 $-8x^2 \geq 0$

325 $12x^2 - 4x - 1 < 0$

326 $x^2 - 10x + 25 \geq 0$

327 $9x^2 - 1 < 0$

328 $x^2 - 4x + 4 < 0$

329 $2x^2 - 6x + 2 > 0$

330 $5x^2 + 4x \geq 0$

331 $-x^2 + 3x + 4 \geq 0$

332 $x^2 - \dfrac{4}{5}x + \dfrac{4}{25} < 0$

333 $\dfrac{1}{3}x^2 - 6x < 0$

334 $2x^2 - \dfrac{1}{3}x - \dfrac{1}{3} > 0$

335 $7x - 14x^2 \leq 0$

336 $x^2 + \dfrac{x}{6} \geq \dfrac{1}{3}$

337 $\dfrac{1}{4}x^2 - 2x + 4 > 0$

338 $12 - x^2 \geq 0$

339 $x^2 - \dfrac{x}{4} \leq \dfrac{3}{4}$

340 $3x^2 - 5x - 3 \leq 0$

341 $3x^2 - 5x + 3 \leq 0$

342 $25x^2 - 5x < 6$

343 $3x^2 + 12 < 0$

344 $7x^2 \leq 0$

345 $-3x^2 \geq x$

346 $-3(x^2 + 2x + 8) \geq 0$

347 $-3 - x^2 < 0$

348 $-2(x-3)(x+4) > 0$

349 $(1-x)(1+x) \geq 0$

350 $4x^2 - 5x > 0$

351 $x^2 \geq 7x - 10$

352 $3x^2 - 3x + 1 < 0$

353 $x^2 + \sqrt{2}x \geq 4$ — $\left[S = \varnothing;\ x \leq -2\sqrt{2}\ \vee\ x \geq \sqrt{2}\right]$

354 $3x^2 + 4(3x+1) < 0$

355 $x^2 + \sqrt{3} > 0$ — $\left[\dfrac{-6-2\sqrt{6}}{3} < x < \dfrac{-6+2\sqrt{6}}{3};\ S = R\right]$

356 $x^2 - \dfrac{5}{4}x + \dfrac{3}{4} \geq 0$

357 $x^2 < \dfrac{1}{4}\left(5x + \dfrac{3}{2}\right)$ — $\left[S = R;\ -\dfrac{1}{4} < x < \dfrac{3}{2}\right]$

358 $3(2x^2 + 1) + 11(1 - x) < 11$ — $\left[\dfrac{1}{3} < x < \dfrac{3}{2}\right]$

359 $(5-x)^2 - (4+3x)^2 > (2x-7)(x+1) - 23$ — $\left[-\dfrac{39}{10} < x < 1\right]$

360 $4(1-x)^2 + x(3x-1) - 2 \geq 2x(x+6) + 2$ — $\left[x \leq 0\ \vee\ x \geq \dfrac{21}{5}\right]$

361 $(x-2)^2 - (2x+1)(2x-1) \geq 5$ — $\left[-\dfrac{4}{3} \leq x \leq 0\right]$

362 $4(2x-1)^2 - 23(2x-1) < -15$ — $\left[\dfrac{7}{8} < x < 3\right]$

363 $(2x+1)^2-(x-3)^2 \geq 2(x-1)(x+2)-11$ $\qquad$ $[x \leq -7 \vee x \geq -1]$

364 $\frac{3}{4}(x-1)+x(2x-1) > x^2+\frac{9}{8}$ $\qquad$ $\left[x < -\frac{5}{4} \vee x > \frac{3}{2}\right]$

365 $\frac{2}{3}x-\left(\frac{1}{3}x-2\right)(x+1) \leq \frac{9}{2}-\frac{1}{2}x^2$ $\qquad$ $[-15 \leq x \leq 1]$

366 $\frac{4x^2-6x+1}{3}-\frac{3x+4}{2} > 1-\frac{2x^2+x+5}{2}+\frac{x-7}{6}$ $\qquad$ $\left[x < \frac{1}{2} \vee x > \frac{6}{7}\right]$

367 $\frac{1}{2}(2x-3)(x+1)-\frac{1}{3}(2x-1)(3x+2) \geq 0$ $\qquad$ $[S = \varnothing]$

368 $1-\frac{2x-1}{3} \leq \frac{5}{3}(x-2)^2$ $\qquad$ $\left[x \leq \frac{8}{5} \vee x \geq 2\right]$

369 $\frac{1-3x}{2}-\frac{x^2}{4}+10 > (3x+1)\left(x-\frac{1}{2}\right)$ $\qquad$ $\left[-2 < x < \frac{22}{13}\right]$

370 $\frac{1}{6}-\left(\frac{3}{2}+x\right)\left(\frac{3}{2}-2x\right) \leq \left(\frac{2x-1}{2}\right)^2+\frac{20}{3}$ $\qquad$ $\left[-\frac{9}{2} \leq x \leq 2\right]$

371 $\frac{1}{2}(x^2-1)+\frac{13}{10}x \geq \frac{4-x^2}{5}-\frac{11}{10}$ $\qquad$ $\left[x \leq -2 \vee x \geq \frac{1}{7}\right]$

372 $\frac{2}{3}x+\frac{x(x-3)}{4}+\frac{1}{2} < \frac{5}{3}-\frac{1}{6}(x+7)+\frac{1}{2}x$ $\qquad$ $\left[0 < x < \frac{5}{3}\right]$

373 $\left(x-\frac{1}{2}\right)^2+\left(\frac{1}{2}x+1\right)^2-\left(\frac{1}{2}x-1\right)^2 \geq \frac{1}{2}+x$ $\qquad$ $\left[x \leq -\frac{1}{2} \vee x \geq \frac{1}{2}\right]$

374 $\left(\frac{x-2}{2}\right)^2+(2x-1)^2-\frac{1}{2} \geq \frac{1}{4}x^2+\frac{3}{2}$ $\qquad$ $\left[x \leq 0 \vee x \geq \frac{5}{4}\right]$

375 $(1-\sqrt{3}x)(\sqrt{3}x+1)-(\sqrt{3}x-1)^2 \geq (2\sqrt{3}-5)x+1$ $\qquad$ $\left[\frac{1}{3} \leq x \leq \frac{1}{2}\right]$

376 $(2-x)(2+x)-\frac{3}{2} \geq \frac{5}{2}x-1$ $\qquad$ $\left[-\frac{7}{2} \leq x \leq 1\right]$

377 $\frac{(2-x)^2}{16}-\frac{1}{8}+\frac{-3x-8}{32} \geq -\frac{1}{2}$ $\qquad$ $\left[x \leq \frac{3}{2} \vee x \geq 4\right]$

378 $\frac{(x+3)^3}{4}-(7+15x) < \frac{(x-1)^3}{4}$ $\qquad$ $[0 < x < 3]$

379 $-\frac{1}{2}x+\frac{x^2+3}{8}+\frac{1}{4}x^2 > -\frac{x+2}{8}$ $\qquad$ $[S = \mathbb{R}]$

380 $\frac{(2x+5)^2-16}{4}+\frac{3x-7}{2}+\frac{25}{4} \geq \frac{(2x+3)^2}{2}+\frac{x-1}{4}$ $\qquad$ $\left[-\frac{3}{4} \leq x \leq 1\right]$

Disequazioni frazionarie

381 ⬤ **ESERCIZIO GUIDA**

$\frac{x-4}{x+1}-\frac{1}{x}+\frac{7}{6} > 0$ il dominio della disequazione è $D = \mathbb{R} - \{0, -1\}$.

382 $\quad \dfrac{x^2}{x^2-1} \leq 0 \qquad\qquad \dfrac{x^2-1}{x^2-2x+8} \leq 0 \qquad\qquad [-1 < x < 1; \ -1 \leq x \leq 1]$

383 $\quad \dfrac{x^2+2x-8}{x^2+x-6} > 0 \qquad\qquad \dfrac{(x+1)^2-4x}{x^2-6x+12} > 0 \qquad\qquad [x < -4 \ \lor \ x > -3 \ \land \ x \neq 2; \ S = R - \{1\}]$

384 $\quad x+1 \geq \dfrac{5}{1-x} \qquad\qquad 2x+1 \leq \dfrac{x-1}{2x-1} \qquad\qquad \left[x > 1; \ x \leq 0 \ \lor \ \dfrac{1}{4} \leq x < \dfrac{1}{2}\right]$

385 $\quad x-34 > \dfrac{32}{1-x} \qquad\qquad \dfrac{x}{3x-5} < x \qquad\qquad \left[1 < x < 2 \ \lor \ x > 33; \ 0 < x < \dfrac{5}{3} \ \lor \ x > 2\right]$

386 $\quad \dfrac{x-4}{x+4} - \dfrac{x+8}{x-8} \geq 3 \qquad\qquad \dfrac{x}{x^2-1} > \dfrac{2}{3} \qquad\qquad \left[-8 \leq x < -4 \ \lor \ 4 \leq x < 8; \ -1 < x < -\dfrac{1}{2} \ \lor \ 1 < x < 2\right]$

387 $\quad 8x + \dfrac{73}{x} \leq 73 + \dfrac{8}{x^2} \qquad\qquad \dfrac{1}{x} < x \qquad\qquad \left[x < 0 \ \lor \ 0 < x \leq \dfrac{1}{8} \ \lor \ 1 \leq x \leq 8; \ -1 < x < 0 \ \lor \ x > 1\right]$

388 $\quad \dfrac{2-x}{x+1} > \dfrac{x-2}{3-x} \qquad\qquad \dfrac{3+x}{x} < \dfrac{1}{x+1} \qquad\qquad [-1 < x < 2 \ \lor \ x > 3; \ -1 < x < 0]$

389 $\quad \dfrac{5x}{x+1} < -\dfrac{x}{x-1} \qquad\qquad 1 - \dfrac{x}{x^2+4} > 0 \qquad\qquad \left[-1 < x < 0 \ \lor \ \dfrac{2}{3} < x < 1; \ S = R\right]$

390 $\quad \dfrac{2x^2+1}{3x^2-1} \leq \dfrac{1}{2} \qquad\qquad \dfrac{21}{2} - \dfrac{3x-4}{x} > x \qquad\qquad \left[-\dfrac{\sqrt{3}}{3} < x < \dfrac{\sqrt{3}}{3}; \ x < -\dfrac{1}{2} \ \lor \ 0 < x < 8\right]$

391 $\quad 4 - \dfrac{5(x+1)}{2x+1} < 1 - \dfrac{2}{x} \qquad\qquad \dfrac{x+2}{3x-3} + 2 \leq \dfrac{x}{x+1} \qquad\qquad \left[-\dfrac{1}{2} < x < 0; \ -2 \leq x < -1 \ \lor \ \dfrac{1}{2} \leq x < 1\right]$

392 $\quad \dfrac{1-x}{3} - \dfrac{2}{x^2} \geq \dfrac{2-x}{3} \qquad\qquad \dfrac{1-5x}{x} < 6\left(\dfrac{1}{x+2} - 1\right) \qquad\qquad [S = \varnothing; \ -2 < x < 0 \ \lor \ 1 < x < 2]$

393 $\quad \dfrac{x+3}{x-2} - \dfrac{x+1}{x+2} < 1 \qquad\qquad [x < -2 \ \lor \ 3 - \sqrt{21} < x < 2 \ \lor \ x > 3 + \sqrt{21}]$

394 $\quad \dfrac{x-8}{2} + \dfrac{2x-8}{x-3} < -\dfrac{x-1}{3} \qquad\qquad \left[x < \dfrac{29 - \sqrt{241}}{10} \ \lor \ 3 < x < \dfrac{29 + \sqrt{241}}{10}\right]$

395 $\quad \dfrac{7x-1}{1+3x} - \dfrac{5x-2}{3x-1} > \dfrac{63}{9x^2-1} \qquad\qquad \left[x < -\dfrac{5}{2} \ \lor \ -\dfrac{1}{3} < x < \dfrac{1}{3} \ \lor \ x > 4\right]$

396 $\quad \dfrac{1-3x}{1-x} + 2 \leq \dfrac{8x}{x^2-2x+1} \qquad\qquad \left[\dfrac{1}{5} \leq x < 1 \ \lor \ 1 < x \leq 3\right]$

397 $\quad \dfrac{1-x}{x+3} + \dfrac{2x-4}{3-x} > \dfrac{11-3x}{x^2-9} \qquad\qquad \left[-3 < x < \dfrac{2}{3} \ \lor \ 1 < x < 3\right]$

398 $\dfrac{1}{x-3} - \dfrac{1}{x} < -\dfrac{x^2 - 2x - 2}{x^2 - 3x}$ $\qquad\qquad [0 < x < 3 \ \wedge \ x \neq 1]$

399 $\dfrac{2x-1}{x} + \dfrac{2(2x+1)}{2x - x^2} \geq \dfrac{x}{x-2}$ $\qquad\qquad [x < 2 \ \vee \ x \geq 9]$

400 $\dfrac{x+2}{2x-4} + \dfrac{4x+24}{4x^2 - 16} > \dfrac{1}{4}$ $\qquad\qquad [x < -6 \ \vee \ -6 < x < -2 \ \vee \ x > 2]$

401 $\dfrac{x+3}{2x} - \dfrac{28 - 5x}{4x^2 + 2x} > \dfrac{3x+1}{2x+1}$ $\qquad\qquad \left[-\dfrac{1}{2} < x < 0\right]$

402 $\dfrac{5}{x^2 - 5x + 6} - \dfrac{1}{x-2} - \dfrac{1}{3-x} \geq 1$ $\qquad\qquad [0 \leq x < 2 \ \vee \ 3 < x \leq 5]$

I sistemi di disequazioni

403 **ESERCIZIO GUIDA**

$$\begin{cases} x - 9x^2 > 0 \\[2mm] \dfrac{1}{2}x^2 \geq 3x - \dfrac{5}{2} \end{cases}$$

Risolviamo, una alla volta, le due disequazioni del sistema.

I disequazione $\qquad x - 9x^2 > 0 \qquad 9x^2 - x < 0 \qquad \rightarrow \qquad 0 < x < \dfrac{1}{9}$

II disequazione $\qquad \dfrac{1}{2}x^2 \geq 3x - \dfrac{5}{2} \qquad x^2 - 6x + 5 \geq 0 \qquad \rightarrow \qquad x \leq 1 \vee x \geq 5$

Costruiamo la tabella delle soluzioni:

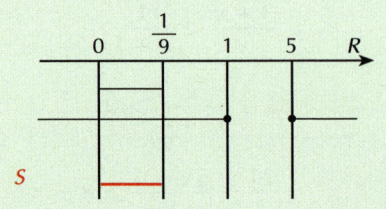

Il sistema è verificato se: $\quad 0 < x < \dfrac{1}{9}$

404 $\begin{cases} 6x^2 + 1 > 5x \\ x^2 - 6\sqrt{2}x + 16 > 0 \end{cases}$ $\qquad \begin{cases} x^2 - 4 > 0 \\ 7 - 6x > x^2 \end{cases}$ $\qquad \left[x < \dfrac{1}{3} \ \vee \ \dfrac{1}{2} < x < 2\sqrt{2} \ \vee \ x > 4\sqrt{2}; \ -7 < x < -2\right]$

405 $\begin{cases} 4x^2 - 5x \leq 0 \\ 1 - x - 6x^2 > 0 \end{cases}$ $\qquad \begin{cases} \dfrac{x^2}{6} < x \\ 35 + 2x - x^2 \geq 0 \end{cases}$ $\qquad \left[0 \leq x < \dfrac{1}{3}; \ 0 < x < 6\right]$

406 $\begin{cases} 25 - x^2 \geq 0 \\ x^2 - 5x + 6 > 0 \end{cases}$ $\qquad \begin{cases} 2x^2 + 3x \geq 20 \\ (x-2)^2 - 4 < 0 \end{cases}$ $\qquad \left[-5 \leq x < 2 \ \vee \ 3 < x \leq 5; \ \dfrac{5}{2} \leq x < 4\right]$

407 $\begin{cases} x^2 + x - 6 > 0 \\ x - 1 < 0 \end{cases}$ $\qquad \begin{cases} 1 > (x+1)^2 \\ 9 < (2x-1)^2 \end{cases}$ $\qquad [x < -3; \ -2 < x < -1]$

408 $\begin{cases} -x^2 \leq -9 \\ -x + 1 < \dfrac{1}{5} \end{cases}$ $\qquad \begin{cases} (2x-1)^2 > 4 \\ 8 < 2(3-x)^2 \end{cases}$ $\qquad \left[x \geq 3; \ x < -\dfrac{1}{2} \ \vee \ x > 5\right]$

409
$$\begin{cases} 1 \geq \dfrac{2x+1}{3} \\ x^2 + 2x - 8 < 0 \end{cases}$$
$$\begin{cases} \dfrac{x^2+3}{4} \leq 2 \\ 3x^2 + 4x > 15 \end{cases}$$
$$\left[-4 < x \leq 1; \; \dfrac{5}{3} < x \leq \sqrt{5}\right]$$

410 **ESERCIZIO GUIDA**

$$\begin{cases} 2x(x-1) \geq x \\ (5x-2)^2 + 3 < 0 \end{cases}$$

Osserviamo la seconda disequazione: poiché il primo membro è la somma di due quantità positive e non può quindi essere negativo, la disequazione non è mai verificata in R.
Di conseguenza non vale la pena di risolvere la prima disequazione perché il sistema non è mai verificato:
$$S = \varnothing$$

411 **ESERCIZIO GUIDA**

$$\begin{cases} x^2 + 4 > 0 \\ 4x(x+1) \geq 7 \end{cases}$$

La prima disequazione, essendo il primo membro la somma di due termini positivi, è sempre verificata in R; per risolvere il sistema è quindi sufficiente risolvere la seconda disequazione:

$$4x(x+1) \geq 7 \quad \rightarrow \quad 4x^2 + 4x - 7 \geq 0 \quad \rightarrow \quad x = \frac{-2 \pm \sqrt{4+28}}{4} = \frac{-1 \pm 2\sqrt{2}}{2}$$

Il sistema è dunque verificato se: $\quad x \leq \dfrac{-1 - 2\sqrt{2}}{2} \;\lor\; x \geq \dfrac{-1 + 2\sqrt{2}}{2}$

412
$$\begin{cases} (x-1)^2 + 5 > 0 \\ x^2 + x > 0 \end{cases}$$
$$\begin{cases} x^2 < -8 \\ 3 > x^2 + x \end{cases}$$
$$[x < -1 \;\lor\; x > 0; \; S = \varnothing]$$

413
$$\begin{cases} 3x(x-2) < x^2 \\ x - 2x^2 \geq 0 \end{cases}$$
$$\begin{cases} (x-3)^2 < -1 \\ x^2 > 3x(x+4) \end{cases}$$
$$\left[0 < x \leq \dfrac{1}{2}; \; S = \varnothing\right]$$

414
$$\begin{cases} (2x+1)^2 \leq 9x \\ 4x^2 < 2x \end{cases}$$
$$\begin{cases} 1 + (3-2x)^2 > 0 \\ (1+2x)^2 - 9 < 0 \end{cases}$$
$$\left[\dfrac{1}{4} \leq x < \dfrac{1}{2}; \; -2 < x < 1\right]$$

415
$$\begin{cases} \dfrac{x^2}{4} - x > 0 \\ \dfrac{x^2}{4} - x + 3 > 0 \end{cases}$$
$$\begin{cases} \dfrac{x^2-1}{3} < 1 \\ \dfrac{x^2-1}{3} < 3 \end{cases}$$
$$[x < 0 \;\lor\; x > 4; \; -2 < x < 2]$$

416
$$\begin{cases} \dfrac{1}{3}x > -2x + 7 \\ x^2 - 4 \geq 0 \end{cases}$$
$$\begin{cases} \dfrac{1}{4}x^2 \leq \dfrac{1}{2}x + 1 \\ 2x^2 > 3(3-x) \end{cases}$$
$$\left[x > 3; \; \dfrac{3}{2} < x \leq 1 + \sqrt{5}\right]$$

417
$$\begin{cases} x^2 - 3x + 10 < 0 \\ x^2 - 3x \geq 0 \end{cases}$$
$$\begin{cases} 4x^2 + 6x \geq 0 \\ (\sqrt{3}x + 1)^2 + \sqrt{5} > 0 \end{cases}$$
$$\left[S = \varnothing; \; x \leq -\dfrac{3}{2} \;\lor\; x \geq 0\right]$$

418
$$\begin{cases} 7x - x^2 > 0 \\ x^2 - 6x - 4 < 0 \end{cases}$$
$$\begin{cases} (1 + \sqrt{2}x)^2 - 4 > 0 \\ 3 < -(2 - \sqrt{3}x)^2 \end{cases}$$
$$[0 < x < 7; \; S = \varnothing]$$

419
$$\begin{cases} x^3 - 1 - 3x^2 + 3x < 0 \\ x^2 - \dfrac{4}{3} < 0 \end{cases} \qquad \begin{cases} 4x^2 + 12x + 9 > 0 \\ 3x^2 - 2\sqrt{3}x + 1 \geq 0 \end{cases} \qquad \left[-\dfrac{2\sqrt{3}}{3} < x < 1; \ S = R - \left\{ -\dfrac{3}{2} \right\} \right]$$

Le equazioni e le disequazioni con i moduli

Risolvi le seguenti equazioni.

420 **ESERCIZIO GUIDA**

$3x - |x^2 - x| = 6x^2 - 11$

Studiamo il segno dell'argomento del modulo: $x^2 - x \geq 0 \qquad x(x-1) \geq 0 \qquad \rightarrow \qquad x \leq 0 \ \lor \ x \geq 1$

Allora $\quad |x^2 - x| = \begin{cases} x^2 - x & \text{se } x \leq 0 \ \lor \ x \geq 1 \\ x - x^2 & \text{se } 0 < x < 1 \end{cases}$

Dobbiamo quindi risolvere i due sistemi:

$$\begin{cases} x \leq 0 \ \lor \ x \geq 1 \\ 3x - \boxed{(x^2 - x)} = 6x^2 - 11 \end{cases} \qquad \lor \qquad \begin{cases} 0 < x < 1 \\ 3x - \boxed{(x - x^2)} = 6x^2 - 11 \end{cases}$$

Risolviamo l'equazione del primo sistema: $\quad 3x - x^2 + x = 6x^2 - 11 \quad \rightarrow \quad 7x^2 - 4x - 11 = 0$

$$x = \begin{cases} -1 \quad \text{soluzione accettabile} \\ \dfrac{11}{7} \quad \text{soluzione accettabile} \end{cases}$$

Risolviamo l'equazione del secondo sistema: $\quad 3x - x + x^2 = 6x^2 - 11 \quad \rightarrow \quad 5x^2 - 2x - 11 = 0$

$$x = \begin{cases} \dfrac{1 - 2\sqrt{14}}{5} \approx -1{,}3 \ \text{ soluzione non accettabile} \\ \dfrac{1 + 2\sqrt{14}}{5} \approx 1{,}7 \ \text{ soluzione non accettabile} \end{cases}$$

In definitiva $\quad S = \left\{ -1, \dfrac{11}{7} \right\}.$

421 $|x^2 - 1| - 3x = 3 \qquad\qquad |x^2 + x| = 1 - x \qquad\qquad \left[S = \{-1, 4\}; \ S = \{-1 \pm \sqrt{2}\} \right]$

422 $|x^2 - x| + x = 2 \qquad\qquad 2 + |x^2 - 4| = x + 4 \qquad\qquad \left[S = \{\pm\sqrt{2}\}; \ S = \{-2, 1, 3\} \right]$

423 $|x^2 - 9| - 2x^2 = 0 \qquad\qquad 3x^2 - |2x - x^2| = 0 \qquad\qquad \left[S = \{\pm\sqrt{3}\}; \ S = \left\{-1, 0, \dfrac{1}{2}\right\} \right]$

424 $|x^2 - 1| + x^2 = 0 \qquad\qquad 2x + |3x^2 - 4| = 4 \qquad\qquad \left[S = \varnothing; \ S = \left\{-2, 0, \dfrac{2}{3}, \dfrac{4}{3}\right\} \right]$

425 **ESERCIZIO GUIDA**

$|4x^2 - 5x| = 6$

Le equazioni della forma $|f(x)| = k$, con k numero reale positivo o nullo, si possono risolvere in modo più rapido riflettendo sul fatto che:

- se $f(x) \geq 0$ l'equazione diventa $f(x) = k$

  ma se $f(x)$ deve essere uguale a un numero positivo, allora la condizione $f(x) \geq 0$ è superflua perché automaticamente verificata;

- se $f(x) < 0$ l'equazione diventa $f(x) = -k$

  ma se $f(x)$ deve essere uguale a un numero negativo, allora la condizione $f(x) < 0$ è superflua perché automaticamente verificata.

In conclusione, se $k \geq 0$, l'equazione:

$|f(x)| = k$ è equivalente alle due equazioni $f(x) = k \ \lor \ f(x) = -k$.

Se invece $k < 0$ l'equazione non ha soluzioni reali (un numero positivo non può essere uguale a un numero negativo).
Nel nostro caso basta quindi risolvere le due equazioni

$$4x^2 - 5x = 6 \qquad\qquad\qquad 4x^2 - 5x = -6$$
$$\downarrow \qquad\qquad\qquad\qquad\qquad \downarrow$$
$$x = \frac{5 \pm \sqrt{25 + 96}}{8} = \begin{cases} -\dfrac{3}{4} \\[2mm] 2 \end{cases} \qquad x = \frac{5 \pm \sqrt{25 - 96}}{8} \quad \text{nessuna soluzione reale}$$

In definitiva $S = \left\{ -\dfrac{3}{4}, 2 \right\}$.

---

426 $|3x(x-1)| = 6$ $\qquad$ $|4x^2 - 1| = 4$ $\qquad\qquad$ $\left[S = \{-1, 2\}; S = \left\{ \pm \dfrac{\sqrt{5}}{2} \right\} \right]$

427 $|5x^2 - x| = -3$ $\qquad$ $|3x - x^2 + 1| = 3$ $\qquad\qquad$ $[S = \varnothing; S = \{\pm 1, 2, 4\}]$

428 $|1 - 9x^2| + 1 = 0$ $\qquad$ $\dfrac{1}{2}|4x^2 - 5| = 6$ $\qquad\qquad$ $\left[S = \varnothing; S = \left\{ \pm \dfrac{\sqrt{17}}{2} \right\} \right]$

429 $|(x+2)(2x-3)| = 9$ $\qquad$ $|x^2 - 16| = 1$ $\qquad\qquad$ $\left[S = \left\{ -3, \dfrac{5}{2} \right\}; S = \{\pm\sqrt{15}, \pm\sqrt{17}\} \right]$

Risolvi le seguenti disequazioni con i moduli.

430 **ESERCIZIO GUIDA**

$|x^2 + 2x| - 3 > 1 - x$

La disequazione è equivalente ai seguenti due sistemi:

$$\begin{cases} x^2 + 2x \geq 0 \\ x^2 + 2x - 3 > 1 - x \end{cases} \qquad \lor \qquad \begin{cases} x^2 + 2x < 0 \\ -x^2 - 2x - 3 > 1 - x \end{cases}$$

Risolvendo il primo otteniamo:

$$\begin{cases} x \leq -2 \ \lor \ x \geq 0 \\ x < -4 \ \lor \ x > 1 \end{cases}$$

$$S_1 : x < -4 \ \lor \ x > 1$$

Risolvendo il secondo sistema otteniamo: $\begin{cases} -2 < x < 0 \\ \text{mai verificata} \end{cases} \qquad \rightarrow \qquad S_2 : \varnothing$

L'insieme delle soluzioni è l'unione dei due insiemi S_1 e S_2 ed è: $S : x < -4 \ \lor \ x > 1$.

431 $|5 - x^2| < 1 - 2x$ $\qquad \left[-1 - \sqrt{7} < x < 1 - \sqrt{5} \right]$

432 $|3 - x^2| + x^2 - 2x \geq 0$ $\qquad \left[x \leq \dfrac{3}{2} \ \lor \ x \geq \dfrac{1 + \sqrt{7}}{2} \right]$

433 $x^2 - |2x - 3| + 1 < 0$ $\qquad \left[-1 - \sqrt{3} < x < -1 + \sqrt{3} \right]$

434 $|3x + 9| \leq x^2 + 3x$ $\qquad \left[x \leq -3 \ \lor \ x \geq 3 \right]$

435 $x^2 + 1 \leq 2|x| - 2x$ $\qquad \left[-2 - \sqrt{3} \leq x \leq -2 + \sqrt{3} \right]$

PROBLEMI DI SECONDO GRADO

la teoria è a pag. 84

Problemi di natura algebrica

436 **ESERCIZIO GUIDA**

La somma di due numeri è 48 ed il loro prodotto è 560. Calcola il valore dei due numeri.

Indicando con x il primo numero, il secondo è $48 - x$. L'equazione allora è:

$$x(48 - x) = 560 \quad \rightarrow \quad 48x - x^2 = 560 \quad \rightarrow \quad x^2 - 48x + 560 = 0 \quad \rightarrow \quad x = 28 \ \lor \ x = 20$$

Se il primo numero è 28 l'altro è $48 - 28 = 20$ e reciprocamente. I due numeri sono perciò 28 e 20.

437 Trova due numeri naturali consecutivi il cui prodotto sia 306. $\qquad [17, 18]$

438 Trova due numeri consecutivi tali che la somma dei loro quadrati sia 25. $\qquad [-4, -3 \ \lor \ 3, 4]$

439 Trova due numeri positivi consecutivi pari tali che la somma dei loro quadrati sia 100. $\qquad [6, 8]$

440 Determina nell'insieme N un numero tale che la differenza fra il quadrato del suo successivo ed il suo triplo sia uguale a 3. $\qquad [2]$

441 Determina in R^+ un numero tale che il prodotto fra il numero stesso diminuito di $\sqrt{5}$ e il numero stesso sommato a 2 sia uguale a $\dfrac{5}{9}$. $\qquad \left[\dfrac{3 + 5\sqrt{5}}{6} \right]$

442 Il prodotto di un numero per il suo doppio aumentato di 1 vale 0; quanto vale il numero? $\qquad \left[0 \ \lor \ -\dfrac{1}{2} \right]$

443 Il quadrato di un numero razionale è uguale al numero stesso aumentato di 6. Trova il numero. $\qquad [-2 \ \lor \ 3]$

444 Trova tre numeri interi consecutivi tali che la somma dei quadrati del primo e del terzo superi di 68 il secondo. $\qquad [5, 6, 7]$

445 Dividi il numero 30 in due parti in modo che il quadrato della prima parte superi di 36 il doppio del quadrato della seconda. $\qquad [12, 18]$

446 Un numero naturale supera un altro di 4 unità. Trova i due numeri sapendo che la somma dei loro reciproci è uguale a $\dfrac{4}{15}$. $\qquad [6, 10]$

447 Trova i medi di una proporzione fra numeri naturali sapendo che uno supera l'altro di 17 e che gli estremi sono 12 e 5. $\qquad [3, 20]$

448 Il quadrato di un numero reale, aumentato di 1, è uguale al triplo della differenza fra il numero stesso e 1. Trova il numero. [impossibile in R]

449 Il doppio del quadrato di un numero negativo, diminuito di 6, è uguale all'opposto del numero stesso. Qual è il numero? $[-2]$

450 Il doppio della differenza fra un numero e 3 è uguale al prodotto del numero stesso per tale differenza. Determina il numero. $[2 \vee 3]$

451 Una frazione ha il numeratore che supera di 4 unità il denominatore. Aggiungendo ad essa la somma del suo numeratore con il denominatore si ottiene $\dfrac{37}{3}$. Qual è la frazione? $\left[\dfrac{7}{3}\right]$

452 Di tre numeri naturali consecutivi si sa che il prodotto dei primi due addizionato al prodotto del secondo e del terzo è uguale al quadruplo della loro somma. Quali sono i tre numeri? $[5, 6, 7]$

453 La somma dei quadrati di tre numeri naturali dispari consecutivi è 155. Trova i tre numeri. $[5, 7, 9]$

454 Trova due numeri pari consecutivi in modo che la somma dei loro reciproci sia $\dfrac{5}{12}$. $[4, 6]$

Problemi nel mondo reale

455 In un torneo di tennis fra amici ognuno gioca con ciascuno degli altri una sola volta. Se le partite giocate sono in tutto 28, quanti sono i giocatori? $[8]$

456 La somma delle età di due amici è 34. Fra due anni il prodotto delle loro età sarà 360. Quanti anni ha ciascun amico? $[16, 18]$

457 Fra tre anni l'età di un bambino sarà un quadrato perfetto; tre anni fa la sua età era esattamente la radice di quel quadrato. Quanti anni ha il bambino? $[6 \text{ anni}]$

458 La mamma di Lucia ha 40 anni e Lucia ne ha 5. Fra quanti anni il quadrato dell'età che avrà allora Lucia sarà uguale all'età che avrà la madre aumentata di 11 volte il numero di tali anni? $[5 \text{ anni}]$

459 La spesa per la potatura delle piante del giardino di un condominio è di € 2400 e va ripartita in parti uguali fra tutti i condomini. Due di essi, tuttavia, sono in difficoltà economiche e gli altri decidono di accollarsi anche le loro quote; la spesa di ciascuno aumenta così di € 5. Quanti sono i condomini in tutto? $[32]$

460 Una ditta spende mensilmente € 73500 in stipendi per i propri dipendenti. Aumentando di 5 il numero dei dipendenti e riducendo l'orario di lavoro, riesce, diminuendo in corrispondenza ciascun stipendio di € 200, a spendere € 2500 in più. Quanti dipendenti aveva inizialmente l'azienda e quanto guadagnava ciascuno? $[35, € 2100]$

461 In una pizzeria la pizza margherita costa € 8 e ha il diametro di 28cm. Si aumenta il diametro della pizza di una quantità x (se $x > 0$ la pizza è più grande, se $x < 0$ la pizza è più piccola) variando i prezzi in proporzione. Qual è la funzione che esprime il costo C di ogni pizza al variare del diametro? Se una pizza costa € 12, qual è il suo diametro? $\left[C = \dfrac{2}{49}\left(14 + \dfrac{1}{2}x\right)^2; \approx 34{,}3\text{cm}\right]$

462 Una forza di 50kg viene applicata perpendicolarmente ad una superficie quadrata producendo una pressione che è la metà di quella esercitata da una forza quadrupla della precedente e che agisce perpendicolarmente ad una superficie quadrata che supera di 100cm^2 la precedente. Quanto misura il lato di ciascuna delle due superfici?

(Suggerimento: la pressione è il rapporto tra la forza e la superficie su cui questa viene esercitata) $[10\text{cm}, 10\sqrt{2}\text{cm}]$

463 Carlo e Mario abitano nello stesso palazzo ma a piani diversi. Da una finestra dei rispettivi appartamenti lanciano contemporaneamente nel cortile due palloni uguali. Carlo lancia il suo da un'altezza di 15m con una velocità iniziale $v_0 = 7$m/s; Mario da un'altezza di 12m con una velocità iniziale $v_0 = 5$m/s. Quale dei due palloni tocca terra per primo?

(Suggerimento: il moto di caduta è uniformemente accelerato e la sua equazione oraria è data dalla relazione $s = v_0 t + \frac{1}{2} gt^2$. Toccherà terra per primo quello che impiega meno tempo, quindi....)

[quello di Mario]

464 Una palla è lanciata verticalmente verso l'alto a partire dal suolo con una velocità iniziale $v_0 = 29,4$m/s. Dopo quanto tempo la palla sarà a 39,2m di altezza dal suolo? Interpreta i risultati ottenuti.

(Suggerimento: il moto è uniformemente decelerato e l'equazione oraria è $s = v_0 t - \frac{1}{2} gt^2$) 　　　[2s, 4s]

465 Un corpo parte con velocità iniziale di 2m/s e subisce un'accelerazione di 0,2m/s^2 percorrendo un certo spazio y. Un secondo corpo parte con velocità iniziale di 1m/s e subisce un'accelerazione di 0,4m/s^2 percorrendo lo stesso spazio y. Quanto dura il moto di ognuno dei due corpi? Qual è lo spazio percorso?

[10s, 30m]

466 Due fratelli, Lucio e Alberto, decidono di imbiancare casa. Per dipingere l'appartamento lavorano insieme 12 ore; se Lucio dipingesse la casa da solo impiegherebbe 7 ore in più di quante non ne impieghi Alberto. Quanto tempo avrebbe impiegato da solo Lucio?

(Suggerimento: indica con x il tempo in ore che Alberto impiegherebbe per dipingere la casa da solo; il tempo che impiegherebbe Lucio è $x + 7$. Se indichi con L il lavoro di imbiancatura, il lavoro fatto da Alberto in 1 ora è $\frac{L}{x}$, quello fatto da Lucio è.........)

[28 ore]

467 Il Paradiso è un luogo bellissimo ma non è comodo da raggiungere; per arrivare si deve salire una scalinata lunghissima e con gradini molto alti e scivolosi e pochi ce la fanno. Ma una volta arrivati, il panorama che si gode da lassù non ha eguali!

Lucilla tenta la scalata ma dopo aver fatto i primi 15 scalini si deve fermare a riposare e così facendo scivola in giù di uno scalino.

Ma non si perde d'animo e riprende la salita; di nuovo fa 15 scalini ma anche questa volta si deve fermare perché ha il fiatone e così scivola in giù di due.

Al terzo tentativo sale ancora di 15 scalini ma, essendo sempre più stanca, si ferma a riposare di più e scivola in giù di tre.

Ad ogni nuovo tentativo riesce sempre a salire di 15 scalini ma scivola in giù di uno scalino in più ogni volta.

La povera Lucilla non si arrende ma, alla fine, si ritrova al punto di partenza, sulla Terra. Quante serie di 15 scalini ha fatto?

Morale della favola: se vuoi andare in Paradiso ti devi allenare prima e fare tutti i gradini in una volta sola.

(Suggerimento: al primo tentativo Lucilla fa $15 - 1$ gradini, al secondo ne fa $15 - 2$, al terzo ne fa $15 - 3$ e così via; in totale, dopo n tentativi ne fa: $(15 - 1) + (15 - 2) + (15 - 3) + ... + (15 - n)$. È poi necessario considerare che la somma dei primi n numeri naturali vale $\frac{n(n+1)}{2}$). 　　[29 serie di 15 gradini]

Problemi di natura geometrica

RICORDA

Ricordiamo i principali teoremi e proprietà che possono essere utili per la risoluzione di questo gruppo di esercizi.

Teoremi di Pitagora e di Euclide:

- $\overline{BC}^2 = \overline{AB}^2 + \overline{AC}^2$
- $\overline{AB}^2 = \overline{BC} \cdot \overline{BH}$
- $\overline{AH}^2 = \overline{BH} \cdot \overline{HC}$

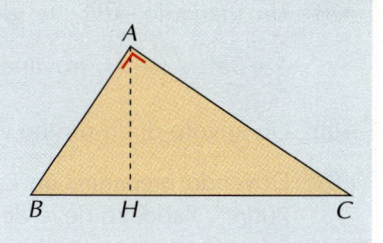

Triangoli particolari:

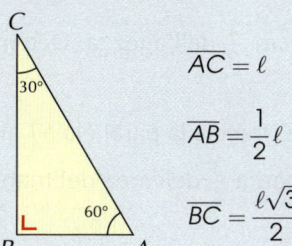

$\overline{AC} = \ell$

$\overline{AB} = \dfrac{1}{2}\ell$

$\overline{BC} = \dfrac{\ell\sqrt{3}}{2}$

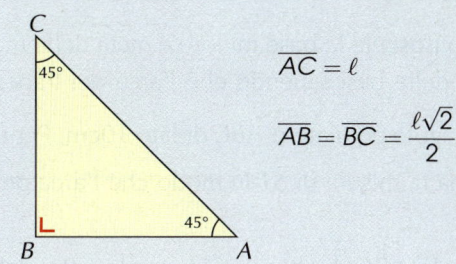

$\overline{AC} = \ell$

$\overline{AB} = \overline{BC} = \dfrac{\ell\sqrt{2}}{2}$

---

468 Il triplo dell'area di un quadrato di lato x supera di 1m^2 quella del rettangolo che ha un lato congruente a quello del quadrato e l'altro di 2m. Quanto misura il perimetro del quadrato? $[2p = 4\text{m}]$

469 Un segmento AB lungo 15cm è diviso da un punto C in due parti in modo che la somma delle aree dei quadrati costruite su di esse vale 153cm^2. Determina la lunghezza di AC. $[AC = 12\text{cm} \ \vee \ AC = 3\text{cm}]$

470 L'area di un triangolo rettangolo è 54cm^2; determina il suo perimetro sapendo che un cateto è $\dfrac{3}{4}$ dell'altro. $[36\text{cm}]$

471 Determina area e perimetro di un triangolo rettangolo sapendo che l'altezza relativa all'ipotenusa, che è lunga 12cm, divide l'ipotenusa stessa in due parti la cui differenza è di 7cm. $[150\text{cm}^2, 60\text{cm}]$

472 Calcola perimetro e area di un triangolo rettangolo sapendo che un cateto è lungo 2,4cm e che l'ipotenusa è uguale alla differenza fra il doppio dell'altro cateto e il primo. $[9,6\text{cm}, 3,84\text{cm}^2]$

473 La base di un triangolo isoscele è lunga 18cm. Sapendo che il triplo dell'altezza supera di 6cm il doppio del lato obliquo trova perimetro e area del triangolo. $[48\text{cm}, 108\text{cm}^2]$

474 Sul lato AB di un rettangolo di dimensioni $\overline{AB} = 3a$ e $\overline{BC} = a$ determina un punto P in modo che sia verificata la relazione $\overline{DP}^2 + \overline{PC}^2 = 7a^2$. $[\overline{AP} = a \ \vee \ 2a]$

475 I lati di un rettangolo misurano 80cm e 90cm, internamente ad esso disegna un quadrato di lato ℓ in modo che i lati del quadrato siano paralleli a quelli del rettangolo. Determina la misura del lato ℓ in modo che l'area del quadrato sia uguale alla parte complementare rispetto al rettangolo. $[\ell = 60\text{cm}]$

476 E' dato il triangolo scaleno ABC nel quale le proiezioni dei lati AB e AC sul lato BC sono rispettivamente uguali ai $\dfrac{4}{5}$ e ai $\dfrac{3}{5}$ del lato AB. Sapendo che l'altezza AH è lunga 30cm calcola il perimetro e l'area del triangolo. $\left[2p = 30\left(4 + \sqrt{2}\right)\text{cm}, \text{area} = 1050\text{cm}^2\right]$

477 In un triangolo ABC, rettangolo in A, il cateto AB è lungo 36cm e l'altezza AH relativa all'ipotenusa è $\dfrac{4}{3}$ della proiezione BH del cateto AB sull'ipotenusa. Calcola il perimetro e l'area del triangolo ABC. $[144\text{cm}, 864\text{cm}^2]$

478 In un triangolo rettangolo ABC i cateti AB e AC misurano rispettivamente 10cm e 7cm; prolunga il cateto AB dalla parte di B di un segmento BP e prendi poi un punto Q su AC in modo che $CQ \cong BP$. Determina la lunghezza del segmento BP in modo che l'area del triangolo APQ sia di 15cm^2. $[5\text{cm}]$

479 Un triangolo ABC ha gli angoli adiacenti alla base AB di 60° e 45°. Sapendo che la sua area è $\frac{2}{3}\sqrt{3}a^2(\sqrt{3}+1)$, trovane il perimetro. $[2a(1+\sqrt{2}+\sqrt{3})]$

480 Un angolo di un rombo è di 120°, sapendo che la sua area $162\sqrt{3}a^2$ trovane il perimetro. $[72a]$

481 Dovendo preparare un cartellone pubblicitario di forma rettangolare, la cui superficie deve essere di $70dm^2$, l'addetto deve determinare le sue dimensioni in modo che il lato maggiore superi il minore di 3dm. Quali sono le dimensioni del cartellone? $[7dm, 10dm]$

482 In un trapezio isoscele la base minore è metà della maggiore e supera di 5cm $\frac{1}{3}$ dell'altezza. Determina la lunghezza delle basi sapendo che l'area del trapezio è $108cm^2$. $[8cm, 16cm]$

483 È dato un triangolo equilatero ABC di lato 10cm. Per un punto S del lato AC traccia la parallela ST al lato CB. Determina la misura di ST in modo che l'area del trapezio $STBC$ sia pari a $\frac{3}{4}$ dell'area del triangolo dato. $[5cm]$

484 Dato il triangolo ABC di altezza CH uguale a $9a$, determina a quale distanza dal vertice C deve essere condotta una retta parallela alla base AB in modo che il triangolo venga diviso in due parti equivalenti. $\left[\text{distanza da } C = \frac{9a\sqrt{2}}{2}\right]$

485 Il rapporto tra le due diagonali di un rombo è $\frac{3}{4}$. Calcola il perimetro del rombo sapendo che la sua area misura $864a^2$. Trova inoltre la misura della distanza tra due lati opposti del rombo. $\left[120a, \frac{144}{5}a\right]$

486 In un triangolo ABC il lato AB è congruente alla mediana AM relativa al lato BC e misura 4cm. Determina la misura del lato BC in modo che il quadrato costruito su di esso sia equivalente a 4 volte il quadrato costruito sull'altezza ad esso relativa. $\left[\frac{16\sqrt{5}}{5}cm\right]$

487 I lati BC e AB di un rettangolo $ABCD$ misurano 12cm e 25cm rispettivamente; determina dove deve essere preso un punto E su AB in modo che il triangolo CDE sia rettangolo in E. $[AE = 16cm \lor AE = 9cm]$

488 ABC è un triangolo, rettangolo in C, il cui cateto BC misura 3cm mentre la proiezione del cateto AC sull'ipotenusa misura $\frac{\sqrt{2}}{4}$ cm. Determina la misura dell'ipotenusa del triangolo. $\left[\frac{9}{4}\sqrt{2}cm\right]$

489 E' dato il triangolo rettangolo ABC di ipotenusa AB in cui il rapporto tra i cateti è $\frac{3}{4}$ e l'ipotenusa misura $\frac{25}{2}a$. Trova l'altezza del rettangolo di area $\frac{50}{3}a^2$ inscritto nel triangolo con un lato sull'ipotenusa. $[4a \lor 2a]$

490 E' dato il triangolo rettangolo ABC di area $96cm^2$ in cui i cateti AC e CB sono proporzionali ai numeri 3 e 4. Dal punto P preso sull'ipotenusa AB traccia la perpendicolare all'ipotenusa stessa che incontra CB in K. Determina la posizione di P in modo che l'area del triangolo PKB sia $24cm^2$. $[AP = 12cm]$

491 Da un rettangolo di dimensioni 15cm e 8cm si vuole ritagliare una parte triangolare come nella figura a lato in modo che la sua area sia i $\frac{7}{40}$ dell'area del rettangolo. Quali devono essere le misure della base e dell'altezza del triangolo? $[7cm, 6cm]$

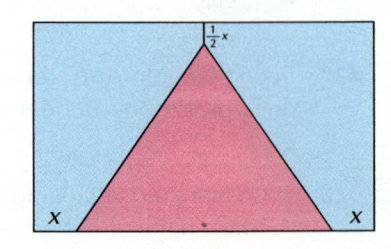

492 Un rettangolo ha dimensioni 30m e 50m. Di quanto si devono aumentare i suoi lati affinché la sua area aumenti di $249m^2$. $[3m]$

493 In un trapezio isoscele la base maggiore è doppia della minore che, a sua volta, è i $\frac{3}{4}$ dell'altezza. Determina il perimetro del trapezio sapendo che esso è equivalente ad un quadrato il cui lato è uguale al prodotto di $\sqrt{2}$ per la base minore del trapezio diminuita di 10cm. $\left[\left(\frac{45+5\sqrt{73}}{3}\right)\text{cm}\right]$

494 E' dato il triangolo equilatero ABC di lato $3a$. Traccia una corda DE parallela al lato BC in modo che il triangolo DHE abbia area uguale ad $\frac{a^2\sqrt{3}}{2}$, essendo H il piede dell'altezza del triangolo relativa al lato BC. $[DE = a \lor 2a]$

495 E' dato il trapezio rettangolo $ABCD$. Il rapporto tra l'altezza AD e la differenza delle basi AB e DC è $\frac{4}{3}$, la base minore è $10a$ e l'area del triangolo ABE ottenuto prolungando l'altezza DA del trapezio e il lato obliquo CB è uguale a $\frac{968}{3}a^2$. Calcola il perimetro del trapezio. $[68a]$

496 E' dato il triangolo ABC, rettangolo in C, nel quale il cateto AC è lungo 2cm e l'ipotenusa AB è i suoi $\frac{5}{3}$. Determina la posizione di un punto P su AB in modo che, condotte da P le perpendicolari PH e PK rispettivamente ai cateti CB e AC sia verificata la relazione $6PH^2 + PK^2 = 6a^2$. $\left[AP = 3a \lor \frac{15}{7}a\right]$

497 E' dato un triangolo ABC rettangolo in A. La mediana CM relativa al cateto AB forma con il lato stesso l'angolo $CMA = 30°$. Sapendo che l'area del triangolo CMB misura $8\sqrt{3}\text{cm}^2$, calcola il perimetro del triangolo ABC. $[4(1 + 2\sqrt{3} + \sqrt{13})\text{cm}]$

498 Nel trapezio rettangolo $ABCD$ (retto in A e D) il lato obliquo CB forma un angolo di 60° con la base maggiore AB e la diagonale AC è perpendicolare al lato obliquo. Sapendo che l'area misura $168a^2\sqrt{3}$ calcola il perimetro del trapezio. $[12a(1 + 3\sqrt{3})]$

499 Il quadrilatero $ABCD$ è composto da un triangolo rettangolo isoscele ABC di ipotenusa AB e da un triangolo equilatero ABD che giace nel semipiano opposto. Sapendo che l'area del quadrilatero $ADBC$ è uguale a $36a^2(1 + \sqrt{3})$ trovane il perimetro. $[12a(2 + \sqrt{2})]$

500 In un triangolo isoscele gli angoli alla base sono di 30° e l'area misura $\frac{2-\sqrt{3}}{\sqrt{3}}\text{cm}^2$. Calcola il perimetro del triangolo. $\left[\frac{\sqrt{6}}{3}(\sqrt{3}-1)(\sqrt{3}+2)\text{cm}\right]$

501 In un trapezio isoscele $ABCD$ gli angoli adiacenti alla base maggiore AB misurano 60°. Sapendo che la somma dei quadrati delle due basi è uguale a 544cm^2 e che la base maggiore supera di 8cm la minore trova perimetro e area del trapezio. $[80\text{cm}, 192\sqrt{3}\text{cm}^2]$

502 E' dato il parallelogramma $ABCD$ in cui l'angolo DAB misura 60° e l'angolo DBA misura 45°. Sapendo che la somma dei quadrati di DB e AB è uguale a $18(\sqrt{3} + 5)\text{cm}^2$, trova il perimetro del parallelogramma. $[6\sqrt{3}(\sqrt{3} + 1)\text{cm}]$

503 È dato un triangolo equilatero ABC di lato ℓ. Trova la posizione di un punto P sul lato AB in modo che la somma dei quadrati delle sue distanze dai lati AC e BC sia uguale ai $\frac{5}{2}$ dell'area del rettangolo di lati AP e PB. $\left[\overline{AP} = \frac{1}{4}\ell \lor \frac{3}{4}\ell\right]$

504 In un rettangolo il segmento tracciato da uno dei vertici perpendicolarmente alla diagonale è lungo 48cm. Calcola l'area del rettangolo sapendo che il piede della perpendicolare divide la diagonale in due parti tali che una è $\frac{1}{9}$ dell'altra. $[A = 7680\text{cm}^2]$

505 Un triangolo rettangolo ha un cateto di 15cm e la sua proiezione sull'ipotenusa sta all'ipotenusa stessa come 9 sta a 25. Calcola la lunghezza dell'altezza relativa all'ipotenusa. [12cm]

506 In un trapezio rettangolo la diagonale minore è 24cm ed è perpendicolare al lato obliquo. Calcola il perimetro e l'area del trapezio sapendo che la lunghezza della proiezione della diagonale minore sulla base maggiore è $\frac{1}{4}$ rispetto a quella della base stessa. $\left[2p = (60 + 36\sqrt{3})\text{cm}; A = 360\sqrt{3}\text{cm}^2\right]$

507 La diagonale minore di un trapezio rettangolo è perpendicolare al lato obliquo ed è i $\frac{5}{4}$ della sua proiezione sulla base maggiore. Calcola il perimetro e l'area del trapezio sapendo che la proiezione del lato obliquo sulla base maggiore è 27cm. $[2p = 204\text{cm}; A = 2214\text{cm}^2]$

508 L'area di un rettangolo è 1440cm^2 e la base è il doppio dell'altezza. Dopo aver tracciato da uno dei vertici il segmento perpendicolare alla diagonale, calcola l'area e il perimetro dei due triangoli così ottenuti. $\left[A_1 = 144\text{cm}^2; 2p_1 = (36 + 12\sqrt{5})\text{cm}; A_2 = 576\text{cm}^2; 2p_2 = (72 + 24\sqrt{5})\text{cm}\right]$

509 In un quadrato di lato ℓ è inscritto un rettangolo come nella figura qui a lato. Determina le sue dimensioni in modo che la sua area sia i $\frac{4}{9}$ di quella del quadrato. $\left[\frac{1}{3}\ell\sqrt{2}, \frac{2}{3}\ell\sqrt{2}\right]$

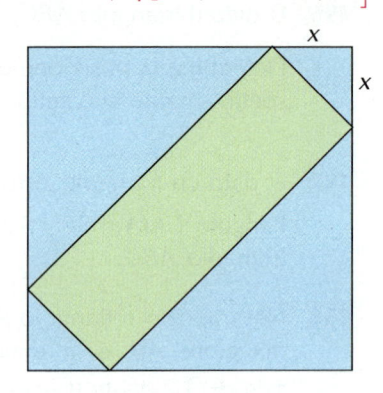

510 In un triangolo rettangolo l'altezza relativa all'ipotenusa è i $\frac{12}{25}$ dell'ipotenusa stessa e la proiezione di uno dei cateti sull'ipotenusa è 144cm. Calcola l'area e il perimetro del triangolo.

$\left[2p = 960\text{cm}, A = 38400\text{cm}^2 \lor 2p = 540\text{cm}, A = 12150\text{cm}^2\right]$

511 In un trapezio isoscele le diagonali sono perpendicolari ai lati obliqui, l'altezza è i $\frac{4}{3}$ della proiezione del lato obliquo sulla base maggiore; si sa inoltre che la base maggiore è lunga 50cm. Determina area e perimetro del trapezio. $[A = 768\text{cm}^2; 2p = 124\text{cm}]$

512 Un rettangolo ha i lati lunghi 5cm e 8cm; se si aumenta ciascun lato di un segmento di misura (in cm) x, la diagonale del nuovo rettangolo che si ottiene è lunga $\sqrt{149}\text{cm}$. Quanto vale x? [2]

513 Sull'ipotenusa BC del triangolo rettangolo ABC, avente i cateti $\overline{AB} = 3a$ e $\overline{AC} = 4a$, determina un punto P in modo che, dette H e K le sue proiezioni su AB e AC, l'area del rettangolo $AHPK$ valga $\frac{72}{25}a^2$.

$\left[\overline{PB} = 2a \lor \overline{PB} = 3a\right]$

514 In un parallelogramma $ABCD$ la diagonale AC è perpendicolare al lato AD; si sa inoltre che $\overline{AB} = 25a$ e che l'area del parallelogramma è $300a^2$. Calcola la misura delle diagonali. $[20a, 10a\sqrt{13}]$

515 In un quadrato di lato $(\sqrt{3} + 3)\text{cm}$ disegna un altro quadrato come nella figura a lato. Determina il lato del quadrato più interno in modo che la sua area sia pari a quella di uno dei due trapezi congruenti in cui resta divisa la parte rimanente del quadrato più esterno.

$[(\sqrt{3} + 1)\text{cm}]$

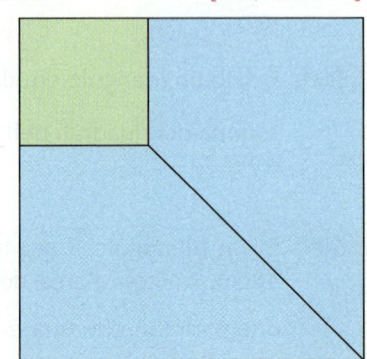

516 In un triangolo rettangolo l'altezza relativa all'ipotenusa supera di 4cm la proiezione del cateto minore sull'ipotenusa, mentre è minore di 6cm rispetto alla proiezione del cateto maggiore sull'ipotenusa. Calcola la lunghezza dell'altezza relativa all'ipotenusa. [12cm]

517 Di un triangolo *ABC* rettangolo in *A* si sa che l'angolo di vertice *B* ha ampiezza 60° e $\overline{AB} = a$. Determina un punto *P* sul cateto *AB* in modo che, indicata con *H* la proiezione di *P* sull'ipotenusa *BC*, sia verificata la relazione $\overline{PC}^2 + 2\overline{PH}^2 = \frac{37}{40}\overline{CB}^2$. $\left[\overline{AP} = \frac{4}{5}a \vee \overline{AP} = \frac{2}{5}a\right]$

518 La diagonale di un rettangolo che è lunga 20cm divide l'angolo retto in due parti tali che una è doppia dell'altra. Da un punto *P* di uno dei suoi lati e dal suo simmetrico *Q* rispetto al centro del rettangolo traccia le parallele alle diagonali. Dopo aver dimostrato che esse si incontrano sugli altri due lati del rettangolo, calcola la posizione del punto *P* in modo che il parallelogramma così inscritto nel rettangolo abbia area $48\sqrt{3}$cm². $[6\sqrt{3}$cm $\vee$ $4\sqrt{3}$cm$]$

519 In un rettangolo *ABCD* il lato *AD* è lungo 12cm ed il lato *AB* è lungo 34cm. Indicato con *O* il centro di simmetria del rettangolo, sia *r* una retta per *O* che incontra il lato *DC* in *P* e il lato *AB* in *Q*. Calcola la lunghezza del segmento *DP* in modo che il triangolo *APQ* risulti rettangolo in *P*. $[8$cm $\vee$ 9cm$]$

520 In un parallelogramma avente il perimetro di 80cm la diagonale *AC* è perpendicolare al lato *AD* ed il loro rapporto è $\frac{4}{3}$. Dopo aver determinato le lunghezze dei lati del parallelogramma, determina un punto *P* su *AD* in modo che $\overline{PC}^2 = \frac{4}{5}\overline{DC}^2$. $[AP = 10$cm$]$

521 Dato il triangolo equilatero *ABC* di lato $\overline{AB} = \ell$, sia *r* una retta parallela al lato *CB* che interseca in *D* e in *E* i lati *AC* e *AB*. Su *r*, ed esternamente al triangolo, considera un punto *P* in modo che $PD \cong DE$. Determina come deve essere tracciata la retta *r* in modo che $\overline{PA}^2 + \overline{PK}^2 = \frac{29}{12}\ell^2$ essendo *K* il piede dell'altezza uscente dal vertice *A*. $\left[\overline{PD} = \frac{2}{3}\ell\right]$

522 In un triangolo *ABC*, la base *AB* è lunga 8*a* e l'altezza *CH* è lunga 3*a*. Determina la lunghezza dei lati di un rettangolo in esso inscritto in modo che uno dei suoi lati appartenga ad *AB* e che la superficie del rettangolo sia 6*a*². $\left[\frac{3}{2}a, 4a\right]$

523 Considera un triangolo rettangolo *ABC* in cui l'angolo *C* è di 60° e l'ipotenusa *BC* è lunga 4dm. Determina sul cateto *AC* un punto *D* in modo che, condotta la perpendicolare *DE* all'ipotenusa, i triangoli *CDE* e *ABD* risultino equivalenti. $[4(\sqrt{2} - 1)$dm$]$

524 Di un rettangolo *ABCD* si sa che *AB* = 6cm e *AD* = 4cm; determina la posizione di due punti *P* e *Q* sul lato *AB* ed equidistanti dagli estremi di tale lato, in modo che *DQ* e *CP* siano perpendicolari. $[AP = BQ = 2$cm$]$

525 In un triangolo isoscele la base supera il lato obliquo di 3cm e l'altezza è 12cm. Determina la lunghezza della corda parallela alla base che divide il triangolo in due parti equivalenti. $[9\sqrt{2}$cm$]$

I SISTEMI DI GRADO SUPERIORE AL PRIMO

la teoria è a pag. 88

RICORDA

■ Per risolvere un sistema di grado superiore al primo si applicano ancora i metodi di sostituzione e riduzione.

■ Se il sistema si presenta nella forma $\begin{cases} x + y = s \\ xy = p \end{cases}$ si dice **simmetrico**; le sue soluzioni sono le coppie (t_1, t_2) e (t_2, t_1) dove t_1 e t_2 sono le soluzioni dell'equazione $t^2 - st + p = 0$.

Comprensione

526 Un sistema della forma $\begin{cases} ax^n + by^h + c = 0 \\ dx^m + ey^k + f = 0 \end{cases}$ è di secondo grado se:

a. $n = 2 \land h = 1 \land m = 2 \land k = 1$ V F

b. $n = 2 \land h = 2 \land m = 1 \land k = 1$ V F

c. $n = 1 \land h = 1 \land m = 2 \land k = 2$ V F

d. $n = 2 \land h = 1 \land m = 2 \land k = 2$ V F

527 Per risolvere il sistema $\begin{cases} x^2 - 2xy + 3y^2 - x = 1 \\ x + 2y = 0 \end{cases}$ è conveniente:

a. ricavare l'espressione di x dalla prima equazione e procedere per sostituzione

b. ricavare l'espressione di x dalla seconda equazione e procedere per sostituzione

c. ricavare l'espressione di y dalla seconda equazione e procedere per sostituzione

d. applicare il principio di riduzione e sommare membro a membro le due equazioni.

528 Un sistema di due equazioni in due incognite è simmetrico ed ammette come soluzione la coppia $(3, 4)$; indica quale fra le seguenti coppie è anche soluzione:

a. $\left(\dfrac{1}{3}, \dfrac{1}{4}\right)$ b. $(4, 3)$ c. $(-3, -4)$ d. $\left(\dfrac{1}{4}, \dfrac{1}{3}\right)$

529 Per risolvere il sistema simmetrico $\begin{cases} x + y = 2 \\ xy = 3 \end{cases}$ si deve risolvere l'equazione:

a. $t^2 + 2t + 3 = 0$ b. $t^2 + 3t + 2 = 0$ c. $t^2 - 2t + 3 = 0$ d. $t^2 - 3t + 2 = 0$

Applicazione

Sistemi di secondo grado

Risolvi in R i seguenti sistemi di secondo grado interi.

530 **ESERCIZIO GUIDA**

$$\begin{cases} 4x - yx = 6 \\ x + y - 3 = 0 \end{cases}$$

Sappiamo che conviene ricavare l'espressione di una delle due variabili dall'equazione di primo grado. Nel nostro caso possiamo ricavare indifferentemente la variabile x o la variabile y dalla seconda equazione (hanno entrambe coefficiente 1), ma se ricaviamo y dobbiamo sostituire la sua espressione nella prima equazione una sola volta.

$$\begin{cases} y = \boxed{3 - x} \\ 4x - x(3 - x) = 6 \end{cases} \rightarrow \begin{cases} y = 3 - x \\ x^2 + x - 6 = 0 \end{cases}$$

$$\begin{cases} x = -3 \\ y = 3 - x \end{cases} \lor \begin{cases} x = 2 \\ y = 3 - x \end{cases}$$

$$\begin{cases} x = -3 \\ y = 6 \end{cases} \lor \begin{cases} x = 2 \\ y = 1 \end{cases}$$

Pertanto l'insieme delle soluzioni è $S = \{(-3, 6); (2, 1)\}$.

531 $\begin{cases} 5y^2 + x = 2y + 3 \\ 3y - 1 = x \end{cases}$ $\begin{cases} x + 2y = 6 \\ y^2 + xy = 9 \end{cases}$ $\left[S = \left\{ \left(\dfrac{7}{5}, \dfrac{4}{5} \right); (-4, -1) \right\}; S = \{(0, 3)\} \right]$

532 $\begin{cases} 3y^2 + 12y = x - 14 \\ x = 8y + 13 \end{cases}$ $\begin{cases} 7x^2 - y = 6 \\ 4x + 3y = 7 \end{cases}$ $\left[S = \left\{ (5, -1); \left(\dfrac{31}{3}, -\dfrac{1}{3} \right) \right\}; S = \left\{ (1, 1); \left(-\dfrac{25}{21}, \dfrac{247}{63} \right) \right\} \right]$

533 $\begin{cases} x^2 - 3y = -1 \\ 3x + 6y = 2 \end{cases}$ $\begin{cases} x + 2y = -1 \\ x^2 - y = -1 \end{cases}$ $\left[S = \left\{ \left(0, \dfrac{1}{3} \right); \left(-\dfrac{3}{2}, \dfrac{13}{12} \right) \right\}; S = \varnothing \right]$

534 $\begin{cases} 4x^2 + 3x - 17 + 5y = 0 \\ x - y - 20 = 0 \end{cases}$ $\begin{cases} 2x + 3y = 6 \\ 2xy = 3 \end{cases}$ $\left[S = \left\{ \left(\dfrac{9}{2}, -\dfrac{31}{2} \right); \left(-\dfrac{13}{2}, -\dfrac{53}{2} \right) \right\}; S = \left\{ \left(\dfrac{3}{2}, 1 \right) \right\} \right]$

535 $\begin{cases} x + 2y^2 = 1 \\ 3x + y = 2 \end{cases}$ $\begin{cases} x + 2y = -1 \\ 2x^2 - y = 2 \end{cases}$ $\left[S = \left\{ \left(\dfrac{7}{9}, -\dfrac{1}{3} \right); \left(\dfrac{1}{2}, \dfrac{1}{2} \right) \right\}; S = \left\{ (-1, 0); \left(\dfrac{3}{4}, -\dfrac{7}{8} \right) \right\} \right]$

536 $\begin{cases} x - 2y = 5 \\ x^2 + y^2 = 50 \end{cases}$ $\begin{cases} \sqrt{3}x^2 - x = 2\sqrt{3} - y \\ (1 - 2\sqrt{3})x - y + 3\sqrt{3} = 0 \end{cases}$ $\left[S = \{(7, 1); (-5, -5)\}; S = \{(1, \sqrt{3} + 1)\} \right]$

537 $\begin{cases} \dfrac{1}{2}x^2 + 1 = 5x - y \\ 4y - 19x = -5 \end{cases}$ $\begin{cases} x = y - 2 \\ 3x^2 - y^2 = -6 \end{cases}$ $\left[S = \left\{ \left(1, \dfrac{7}{2} \right); \left(-\dfrac{1}{2}, -\dfrac{29}{8} \right) \right\}; S = \{(1, 3)\} \right]$

538 $\begin{cases} \dfrac{x}{2} + \dfrac{y}{3} = 1 \\ x^2 + 3y = 4 \end{cases}$ $\begin{cases} y + x = 0 \\ y^2 + xy = y + x \end{cases}$ $\left[S = \left\{ (2, 0); \left(\dfrac{5}{2}, -\dfrac{3}{4} \right) \right\}; \text{indeterminato} \right]$

539 $\begin{cases} 3x^2 - 3y^2 = xy + 21 \\ \dfrac{x - 1}{2} + \dfrac{y + 2}{4} = 1 \end{cases}$ $\left[S = \left\{ (3, -2); \left(\dfrac{23}{7}, -\dfrac{18}{7} \right) \right\} \right]$

540 $\begin{cases} 2y = x^2 - 8 \\ \dfrac{2x - 1}{2} = y \end{cases}$ $\left[S = \left\{ \left(1 + 2\sqrt{2}, \dfrac{1}{2} + 2\sqrt{2} \right); \left(1 - 2\sqrt{2}, \dfrac{1}{2} - 2\sqrt{2} \right) \right\} \right]$

541 $\begin{cases} \sqrt{2}y - 2 = x - y^2 \\ \sqrt{2}y + x = 1 \end{cases}$ $\left[S = \{(3 + \sqrt{10}, -\sqrt{2} - \sqrt{5}); (3 - \sqrt{10}, -\sqrt{2} + \sqrt{5})\} \right]$

542 $\begin{cases} 2x - y = 1 \\ 2y + 1 = x - x(x - 3) \end{cases}$ $\left[S = \{(1, 1); (-1, -3)\} \right]$

543 $\begin{cases} (x + 2)(x - 2) + y(y - 4) = 2 \\ 2x + y = 1 \end{cases}$ $\left[S = \left\{ \left(-\dfrac{9}{5}, \dfrac{23}{5} \right); (1, -1) \right\} \right]$

544 $\begin{cases} x - y = -2 \\ 2x + y^2 = 31 \end{cases}$ $\left[S = \{(3, 5); (-9, -7)\} \right]$

Risolvi i seguenti sistemi frazionari.

545 **ESERCIZIO GUIDA**

$$\begin{cases} x + y = -3 \\ \dfrac{x + 1}{y + 1} = \dfrac{3}{y - 3} \end{cases}$$

Poniamo le condizioni sui denominatori: $y \neq -1 \wedge y \neq 3$

Riduciamo il sistema in forma intera e risolviamo:

$$\begin{cases} x + y = -3 \\ (x+1)(y-3) = 3(y+1) \end{cases} \quad \begin{cases} x = -3 - y \\ (-2-y)(y-3) = 3y+3 \end{cases} \quad \begin{cases} x = -3 - y \\ y^2 + 2y - 3 = 0 \end{cases} \to \quad y = \begin{cases} -3 \\ 1 \end{cases}$$

otteniamo i due sistemi

$$\begin{cases} y = -3 \\ x + y = -3 \end{cases} \to \begin{cases} y = -3 \\ x = 0 \end{cases} \qquad \vee \qquad \begin{cases} y = 1 \\ x + y = -3 \end{cases} \to \begin{cases} y = 1 \\ x = -4 \end{cases}$$

Dunque $S = \{(0, -3); (-4, 1)\}$.

546 $\begin{cases} x - y^2 + 2 = 0 \\ \dfrac{x}{x-1} - \dfrac{y}{y+1} = 0 \end{cases}$ $\begin{cases} \dfrac{1}{x-2} + \dfrac{1}{y-1} = 2 \\ \dfrac{2}{x-1} = \dfrac{3y}{y-1} - 5 \end{cases}$ $\left[S = \{(2, -2); (-1, 1)\}; S = \left\{ (3, 2); \left(\dfrac{5}{4}, \dfrac{13}{10} \right) \right\} \right]$

547 $\begin{cases} x + 2y = 3 \\ \dfrac{2y}{x} + \dfrac{3x}{y} = \dfrac{27}{xy} \end{cases}$ $\begin{cases} \dfrac{1}{y} + x = 5 \\ xy = 1 \end{cases}$ $\left[S = \left\{ \left(-\dfrac{15}{7}, \dfrac{18}{7} \right) \right\}; S = \left\{ \left(\dfrac{5}{2}, \dfrac{2}{5} \right) \right\} \right]$

548 $\begin{cases} \dfrac{x - 2y}{x + y} = \dfrac{1}{2} \\ x^2 + y^2 - xy = 7 \end{cases}$ $\begin{cases} \dfrac{2y - 2}{x - 1} = 2 \\ x^2 + 2xy - y^2 = x + 1 \end{cases}$ $\left[S = \left\{ \left(\pm \dfrac{5\sqrt{3}}{3}, \pm \dfrac{\sqrt{3}}{3} \right) \right\}; S = \left\{ \left(-\dfrac{1}{2}, -\dfrac{1}{2} \right) \right\} \right]$

549 $\begin{cases} \dfrac{2}{x-2} + \dfrac{x}{2y+1} = 1 \\ x + y = 1 \end{cases}$ $\begin{cases} \dfrac{y^2 + 10y + 9}{x^2 + 2x + 1} = 4 \\ \dfrac{x-1}{y-1} = 1 \end{cases}$ $\left[S = \left\{ \left(\dfrac{4}{3}, -\dfrac{1}{3} \right); (3, -2) \right\}; S = \left\{ \left(\dfrac{5}{3}, \dfrac{5}{3} \right) \right\} \right]$

550 $\begin{cases} \dfrac{x^2}{y+4} = 2 - y \\ 3x = \dfrac{x + 4xy}{x + 4} \end{cases}$ $\left[S = \left\{ (0, 2); \left(-\dfrac{9}{5}, \dfrac{7}{5} \right) \right\} \right]$

551 $\begin{cases} \dfrac{x+1}{12} + \dfrac{y+2}{3} = \dfrac{1}{6} \\ \dfrac{x^2}{2} + y^2 = \dfrac{9}{2} \end{cases}$ $\left[S = \left\{ (1, -2); \left(-\dfrac{23}{9}, -\dfrac{10}{9} \right) \right\} \right]$

Determina, se esistono, i punti di intersezione delle seguenti parabole con le rette indicate.

552 **ESERCIZIO GUIDA**

$y = x^2 + 3x + 4 \qquad y = -x + 1$

Risolviamo il sistema $\begin{cases} y = x^2 + 3x + 4 \\ y = -x + 1 \end{cases}$

Sostituendo il valore di y ricavato dalla seconda equazione nella prima otteniamo:

$$\begin{cases} -x + 1 = x^2 + 3x + 4 \\ y = -x + 1 \end{cases} \qquad \to \qquad \begin{cases} x^2 + 4x + 3 = 0 \\ y = -x + 1 \end{cases}$$

$$\begin{cases} x = -3 \\ y = -x+1 \end{cases} \lor \begin{cases} x = -1 \\ y = -x+1 \end{cases}$$

$$\begin{cases} x = -3 \\ y = 4 \end{cases} \lor \begin{cases} x = -1 \\ y = 2 \end{cases}$$

Le due curve si intersecano nei punti di coordinate $(-3, 4)$ e $(-1, 2)$.

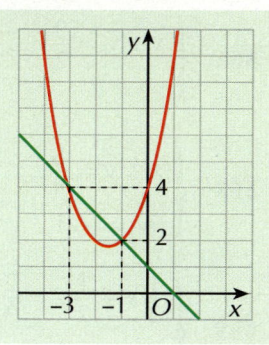

553 $y = 2x^2 + x - 1$ e $y = -2x + 1$ $\left[(-2, 5); \left(\dfrac{1}{2}, 0\right)\right]$

554 $y = \dfrac{1}{2}x^2 - \dfrac{3}{4}x + 6$ e $2y + 3x - 1 = 0$ [non esistono intersezioni]

555 $y = \dfrac{2}{3}x^2 - \dfrac{8}{3}$ e $y = \dfrac{2}{3}\sqrt{2}x - 3$ $\left[\left(\dfrac{\sqrt{2}}{2}, -\dfrac{7}{3}\right)\right]$

556 $y = -2x^2 + 5x - 5$ e $y = 2x - 5$ $\left[(0, -5); \left(\dfrac{3}{2}, -2\right)\right]$

557 $y = \dfrac{5}{7}x^2 + 3x - 1$ e $y = 7x - 8$ [non esistono intersezioni]

558 $y = -5x - 2x^2 + 3$ e $y = 5x + 3$ $[(0, 3); (-5, -22)]$

559 $y = 2x^2 - \dfrac{3}{2}x + 1$ e $y + \dfrac{1}{2}x - 7 = 0$ $\left[(2, 6); \left(-\dfrac{3}{2}, \dfrac{31}{4}\right)\right]$

560 $y = x^2 + 6x + 8$ e $4x - 3y - 3 = 0$ [non esistono intersezioni]

561 $y = -4 + x^2$ e $y - 4x = -8$ $[(2, 0)]$

562 $y = -\dfrac{3}{4}x^2 + \dfrac{19}{4}x - 5$ e $y = x - 2$ $[(4, 2); (1, -1)]$

Sistemi simmetrici

Risolvi i seguenti sistemi simmetrici.

563 **ESERCIZIO GUIDA**

$$\begin{cases} x + y = 9 \\ xy = 8 \end{cases}$$

Il sistema è già scritto nella forma tipica. L'equazione di secondo grado ad esso associata è

$$t^2 - 9t + 8 = 0$$

le cui soluzioni sono $t_1 = 1 \lor t_2 = 8$. Dunque $S = \{(1, 8); (8, 1)\}$.

564 $\begin{cases} x + y = 29 \\ xy = 120 \end{cases}$ $\begin{cases} x + y = \dfrac{39}{35} \\ xy = \dfrac{2}{7} \end{cases}$ $\left[S = \{(24, 5); (5, 24)\}; S = \left\{\left(\dfrac{5}{7}, \dfrac{2}{5}\right); \left(\dfrac{2}{5}, \dfrac{5}{7}\right)\right\}\right]$

565 $\begin{cases} x + y = 5 \\ xy = 6 \end{cases}$ $\begin{cases} x + y = -\dfrac{7}{45} \\ xy = -\dfrac{2}{9} \end{cases}$ $\left[S = \left\{(3, 2); (2, 3)\right\}; S = \left\{\left(-\dfrac{5}{9}, \dfrac{2}{5}\right); \left(\dfrac{2}{5}, -\dfrac{5}{9}\right)\right\}\right]$

566 $\begin{cases} x + y = \dfrac{9}{2} \\ xy = 2 \end{cases}$ $\qquad$ $\begin{cases} x + y = 2 \\ xy = \dfrac{3}{4} \end{cases}$ $\qquad$ $\left[S = \left\{ \left(4, \dfrac{1}{2} \right); \left(\dfrac{1}{2}, 4 \right) \right\}; S = \left\{ \left(\dfrac{1}{2}, \dfrac{3}{2} \right); \left(\dfrac{3}{2}, \dfrac{1}{2} \right) \right\} \right]$

567 $\begin{cases} x + y = \dfrac{5}{4} \\ xy = -21 \end{cases}$ $\qquad$ $\begin{cases} 2x + 2y = \dfrac{7}{2} \\ xy = \dfrac{5}{8} \end{cases}$ $\qquad$ $\left[S = \left\{ \left(\dfrac{21}{4}, -4 \right); \left(-4, \dfrac{21}{4} \right) \right\}; S = \left\{ \left(\dfrac{5}{4}, \dfrac{1}{2} \right); \left(\dfrac{1}{2}, \dfrac{5}{4} \right) \right\} \right]$

568 $\begin{cases} \dfrac{1}{2}x + \dfrac{1}{2}y = \dfrac{2}{3} \\ xy = -\dfrac{4}{3} \end{cases}$ $\qquad$ $\begin{cases} x + y = \dfrac{5}{2} \\ xy = 1 \end{cases}$ $\qquad$ $\left[S = \left\{ \left(-\dfrac{2}{3}, 2 \right); \left(2, -\dfrac{2}{3} \right) \right\}; S = \left\{ \left(2, \dfrac{1}{2} \right); \left(\dfrac{1}{2}, 2 \right) \right\} \right]$

569 $\begin{cases} (3x + y)^2 = 3(3x^2 + 1) + y^2 \\ x + y = -\dfrac{17}{12} \end{cases}$ $\qquad$ $\left[S = \left\{ \left(-\dfrac{2}{3}, -\dfrac{3}{4} \right); \left(-\dfrac{3}{4}, -\dfrac{2}{3} \right) \right\} \right]$

Per la verifica delle competenze

1 Nell'equazione $2x^2 - hx + 2k = 0$ la somma delle soluzioni è 4 ed il prodotto è 3. Determina i valori di h e k. $\hspace{1cm} [h = 8, \ k = 3]$

2 Data l'equazione $2mx^2 - 8mx + 8m + 1 = 0$ determina per quali valori del parametro m essa ammette due soluzioni positive.

(Suggerimento: devono essere positivi sia la somma che il prodotto delle soluzioni) $\qquad \left[m < -\dfrac{1}{8} \right]$

3 Data l'equazione $(5k - 1)x^2 + (k + 3)x + 1 = 0$ determina il valore di k in modo che essa abbia due soluzioni negative. $\hspace{1cm} [k > 13]$

4 Per quali valori del parametro k l'equazione $x^2 + (3k - 1)x + 4 = 0$ ammette soluzioni non reali?

$\left[-1 < k < \dfrac{5}{3} \right]$

5 Per quali valori del parametro k l'equazione $2x^2 - (k + 4)x - 2k = 0$ ammette soluzioni reali?

$[k \leq -12 - 8\sqrt{2} \ \lor \ k \geq -12 + 8\sqrt{2}]$

6 Data l'equazione $3x^2 + (k^2 + 1)x - 3k^2 = 0$ determina l'insieme dei valori che il parametro k può assumere in R in modo che:

a. la somma delle radici sia maggiore di 5 $\hspace{1cm} [\nexists k \in R]$

b. il prodotto delle radici sia maggiore di -9. $\hspace{1cm} [-3 < k < 3]$

7 Determina per quali valori di k in R, la disequazione parametrica $kx^2 - 4kx + k + 5 > 0$ è verificata per qualsiasi valore di x.

(Suggerimento: ricorda che devono valere contemporaneamente le condizioni $\Delta < 0$ e $a > 0$)

$\left[0 < k < \dfrac{5}{3} \right]$

8 Stabilisci per quali valori del parametro m l'equazione $2x + 5 - m^2 = 0$ ha una soluzione maggiore di 2. $[m < -3 \ \lor \ m > 3]$

9 Stabilisci per quali valori del parametro m l'equazione $(m-3)x + 2m - 1 = 0$ ha soluzione compresa tra -2 e 3.

$$[m < 2]$$

Soluzioni esercizi di comprensione

1 a. V, b. V, c. F, d. F   **2** a. F, b. V, c. V, d. V   **3** a. ④, b. ②, c. ①, d. ③

4 c.   **5** d.   **36** b.

37 a. F, b. F, c. V, d. V   **38** a. ②, b. ④   **39** b.   **40** c.

41 c.   **115** d.   **116** b.   **152** b.

153 c.   **154** a.   **155** d.   **156** c.

220 a. ②, b. ③   **221** b.   **222** d.   **223** b.

274 b.   **275** d.   **276** a. F, b. V, c. F, d. V

277 c.   **278** a.

304 a. $x_1 < x < x_2$;   b. $x = x_1 \lor x = x_2$;   c. $x < x_1 \lor x > x_2$

306 a. se $x < x_1 \lor x > x_2$; $x_1 < x < x_2$;   b. se $x \neq x_1$;   mai;   c. sempre;   mai

307 a. V, b. V, c. F, d. V   **308** b.   **309** a. F, b. V, c. F, d. V   **310** d.

311 c.   **526** a. F, b. V, c. V, d. F   **527** b., c.   **528** b.

529 c.

Test finale di autovalutazione

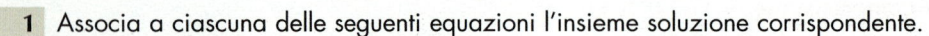

CONOSCENZE

1 Associa a ciascuna delle seguenti equazioni l'insieme soluzione corrispondente.

a. $7x^2 = 49x$ ① $S = \varnothing$

b. $15 - 3x^2 = 0$ ② $S = \{0, 9\}$

c. $7x^2 + 49 = 0$ ③ $S = \{\pm\sqrt{5}\}$

d. $3x^2 - 27x = 0$ ④ $S = \varnothing$

e. $(x + 1)^2 = 2x$ ⑤ $S = \{0, 7\}$ 10 punti

2 Indica a quali tra le seguenti equazioni è conveniente applicare la formula risolutiva ridotta:

a. $x^2 - 7x + 1 = 0$ **b.** $4x^2 + 8x - 3 = 0$ **c.** $4x^2 - x + 1 = 0$ **d.** $15x^2 - 4x - 6 = 0$

2 punti

3 L'insieme soluzione dell'equazione $\dfrac{3}{2}x^2 - \dfrac{11}{2}x - 2 = 0$ è:

a. $S = \left\{\dfrac{1}{3}, 4\right\}$ **b.** $S = \left\{-\dfrac{1}{3}, \dfrac{1}{2}\right\}$ **c.** $S = \left\{-3, \dfrac{1}{2}\right\}$ **d.** $S = \left\{-\dfrac{1}{3}, 4\right\}$

3 punti

4 L'insieme delle soluzioni dell'equazione $\dfrac{2x}{x^2 - 16} - \dfrac{1}{x - 4} + \dfrac{x}{x + 4} = 0$ è:

a. $S = \{1, -4\}$ **b.** $S = \{-1, 4\}$ **c.** $S = \{-1\}$ **d.** $S = \varnothing$

10 punti

5 Barra vero o falso.

L'equazione $ax^2 - x(a^2 + 1) + a = 0$:

a. ha dominio R V F

b. ha come soluzioni $x = a \ \lor \ x = \dfrac{1}{a}$ per qualsiasi valore di a V F

c. ha soluzione $x = 0$ se $a = 0$ V F

d. ha come unica soluzione $x = 1$ se $a = 1$ V F

9 punti

6 La somma di due numeri è $\dfrac{3}{4}$ e il loro prodotto è $-\dfrac{1}{2}$, l'equazione che permette di trovare i due numeri è:

a. $x^2 - \dfrac{3}{4}x - \dfrac{1}{2} = 0$ **b.** $x^2 + \dfrac{3}{4}x + \dfrac{1}{2} = 0$ **c.** $x^2 + \dfrac{3}{4}x - \dfrac{1}{2} = 0$ **d.** $x^2 - \dfrac{3}{4}x + \dfrac{1}{2} = 0$

3 punti

7 Senza risolverla, puoi dire che l'equazione $3x^2 - 4x - 2 = 0$ ha:

a. somma delle soluzioni uguale a: ① $\dfrac{4}{3}$ ② $-\dfrac{4}{3}$ ③ $\dfrac{2}{3}$

b. prodotto delle soluzioni uguale a: ① $-\dfrac{2}{3}$ ② $\dfrac{2}{3}$ ③ $\dfrac{1}{2}$

2 punti

8 La parabola di equazione $y = 2x^2 - 6x$ ha:

a. vertice nel punto:　　① $\left(\dfrac{3}{2}, -\dfrac{9}{2}\right)$　　　② $\left(-\dfrac{3}{2}, \dfrac{27}{2}\right)$　　　③ $(3, 0)$

b. zeri nei punti:　　① 0 e -3　　　② 2 e 3　　　③ 0 e 3

8 punti

9 La disequazione $4x - 5x^2 > 0$ è verificata se:

a. $x > \dfrac{4}{5}$　　　　**b.** $x < 0 \vee x > \dfrac{4}{5}$　　　**c.** $0 < x < \dfrac{4}{5}$　　　**d.** $0 < x < \dfrac{5}{4}$

5 punti

10 La disequazione $\dfrac{2x^2 + 3x - 2}{x^2 + x} < 0$ ha soluzione:

a. $x < -2 \vee x > \dfrac{1}{2}$　　**b.** $-2 < x < -1 \vee 0 < x < \dfrac{1}{2}$

c. $-2 < x < \dfrac{1}{2}$　　**d.** $x < -1 \vee x > 0$

10 punti

11 Il sistema $\begin{cases} x^2 \leq 0 \\ x^2 + x \geq 0 \end{cases}$ ha soluzione:

a. $x \leq -1 \vee x \geq 0$　　**b.** R　　　　　**c.** $x = 0$　　　　**d.** $\varnothing$

8 punti

12 In un triangolo la base supera l'altezza di 2cm e la sua area è 24cm^2; indicata con x la misura della base, il modello che permette di trovare la sua misura è:

a. $\dfrac{1}{2}x(x + 2) = 24$　　**b.** $x(x - 2) = 24$　　**c.** $\dfrac{1}{2}x(x - 2) = 24$　　**d.** $\dfrac{1}{2}x + (x - 2) = 24$

10 punti

13 Senza risolverlo, puoi dire che il sistema $\begin{cases} x^2 + y^2 + 1 = 0 \\ y = x - 1 \end{cases}$ è:

a. impossibile　　　**b.** indeterminato　　　**c.** determinato　　　8 punti

14 Un sistema simmetrico ha una soluzione data dalla coppia $(-3, 2)$; si può dire che ha un'altra soluzione data dalla coppia:

a. $(3, -2)$　　　**b.** $(2, -3)$　　　**c.** $\left(\dfrac{1}{3}, -\dfrac{1}{2}\right)$　　　**d.** $\left(-\dfrac{1}{3}, \dfrac{1}{2}\right)$

2 punti

Esercizio	1	2	3	4	5	6	7	8	9	10	11	12	13	14	Totale
Punteggio															

Voto: $\dfrac{\text{totale}}{10} + 1 =$

ABILITÀ

1 Risolvi le seguenti equazioni intere in R:

a. $\frac{1}{5}(x+1)^2 - \frac{2}{3}x = \frac{5}{3} + \frac{1}{5}(2x+1)$ — 2 punti

b. $\left(\frac{1}{3} - x\right)\left(x + \frac{1}{2}\right) + \frac{6x+1}{6} = \frac{1}{3}(x+1)$ — 2 punti

2 Risolvi le seguenti equazioni frazionarie:

a. $\frac{1}{x} + \frac{x}{x-1} = \frac{2-x^2}{x^2-x}$ — 4 punti

b. $\left(\frac{8x-2}{x^2-3x+2} - \frac{x+2}{x-2}\right) : (x^2 - 8x + 7) + \frac{2x}{x^2-3x+2} = 0$ — 5 punti

3 Risolvi e discuti le seguenti equazioni letterali:

a. $\frac{x^2}{a+1} - \frac{ax+2}{a-1} = \frac{x^2 + a^2x + 2 + 2a}{1-a^2}$ — 8 punti

b. $1 + \frac{2(a-1)}{x-2} - \frac{x+a+1}{x} = \frac{a+3}{x+2}$ — 10 punti

4 Utilizzando le relazioni fra i coefficienti e le soluzioni di un'equazione di secondo grado, risolvi i seguenti esercizi:

a. scrivi un'equazione di secondo grado che ha come insieme delle soluzioni $S = \{\sqrt{6}, -2\sqrt{6}\}$

b. scomponi in fattori il trinomio $6x^2 + x - 35$

c. semplifica la frazione $\frac{2x^3 + x^2 - 10x}{6x^2 + 7x - 20}$. — 9 punti

5 Costruisci i grafici delle seguenti parabole:

a. $y = -x^2 + 4x$ — 2 punti

b. $y = x^2 + 1$ — 2 punti

6 Risolvi le seguenti disequazioni:

a. $\frac{x-1}{2} + \left(x - \frac{3}{4}\right)\left(2x + \frac{1}{2}\right) > -\frac{7}{8}$ — 2 punti

b. $\frac{3x^2-1}{x^2+x} \leq 1$ — 4 punti

7 Risolvi il seguente sistema di disequazioni: $\begin{cases} \dfrac{x-1}{2} + x^2 > \dfrac{7}{16} \\ (x-1)(5x+3) < 13 \end{cases}$ — 6 punti

8 Risolvi il seguente problema.
In un triangolo isoscele ABC di perimetro $64a$, il lato obliquo è $\frac{5}{4}$ dell'altezza AH relativa alla base BC. Dopo

avere trovato le misure dei lati del triangolo, prendi un punto P sulla base in modo che tracciate da P le parallele ai lati del triangolo dato, che intersecano AC in R e AB in S, l'area del quadrilatero $PRAS$ sia uguale a

$\frac{190}{3}a^2$. — 10 punti

9 Risolvi il seguente sistema e interpretane geometricamente le soluzioni costruendo il grafico delle funzioni associate alle due equazioni:

$$\begin{cases} y = -x^2 + 4x - 3 \\ x - 2y - 1 = 0 \end{cases}$$

7 punti

Risolvi in R i seguenti sistemi.

10
$$\begin{cases} 3(x + y) = 2(2 + y) \\ \dfrac{x}{y} = \dfrac{2}{y(x+1)} - \dfrac{x}{x+1} \end{cases}$$

7 punti

11
$$\begin{cases} \dfrac{2}{x+y} = \dfrac{1}{3}x \\ (x - \sqrt{3})(x + \sqrt{3}) = -y(x+1) \end{cases}$$

7 punti

12
$$\begin{cases} x + y = \dfrac{7}{4} \\ xy = \dfrac{3}{8} \end{cases}$$

3 punti

Esercizio	1	2	3	4	5	6	7	8	9	10	11	12	Totale
Punteggio													

Voto: $\dfrac{\text{totale}}{10} + 1 =$

Soluzioni

CONOSCENZE

1 a. ⑤, b. ③, c. ①, d. ②, e. ④   **2** b., d.   **3** d.   **4** c.

5 a. F, b. V, c. V   **6** a.   **7** a. ①, b. ①   **8** a. ①, b. ③

9 c.   **10** b.   **11** c.   **12** c.

13 a.   **14** b.

ABILITÀ

1 a. $S = \left\{ -\dfrac{5}{3}, 5 \right\}$;   b. $S = \left\{ 0, \dfrac{1}{2} \right\}$ **2** a. $S = \left\{ -\dfrac{3}{2} \right\}$;   b. $S = \left\{ 0, \dfrac{3}{2} \right\}$

3 a. se $a \neq 0 \;\wedge\; a \neq 1 \;\wedge\; a \neq -1 : S = \{0, 1\}$; se $a = \pm 1$: l'equazione perde significato; se $a = 0 : S = R$;

b. se $a = 1 \;\vee\; a = -1 \;\vee\; a = -3 : S = \left\{ -\dfrac{2}{3} \right\}$; se $a \neq 1 \;\wedge\; a \neq -1 \;\wedge\; a \neq -3 : S = \left\{ -\dfrac{2}{3}, a+1 \right\}$

4 a. $x^2 + x\sqrt{6} - 12 = 0$;   b. $(2x+5)(3x-7)$;   c. $\dfrac{x(x-2)}{3x-4}$

5 a. 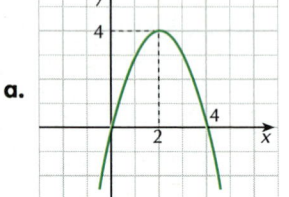   b.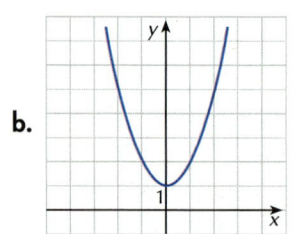

6 a. $x < 0 \;\vee\; x > \dfrac{1}{4}$;   b. $-1 < x \le -\dfrac{1}{2} \;\vee\; 0 < x \le 1$ **7** $-\dfrac{8}{5} < x < -\dfrac{5}{4} \;\vee\; \dfrac{3}{4} < x < 2$

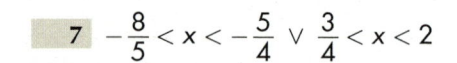

8 $PC = 19a \;\vee\; 5a$ **9** $S = \left\{ (1, 0), \left(\dfrac{5}{2}, \dfrac{3}{4} \right) \right\}$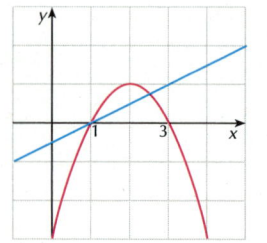

10 $S = \left\{ (2, -2); \left(\dfrac{1}{2}, \dfrac{5}{2} \right) \right\}$ **11** $S = \left\{ \dfrac{3 \pm \sqrt{33}}{2}, -3 \right\}$

12 $S = \left\{ \left(\dfrac{1}{4}, \dfrac{3}{2} \right); \left(\dfrac{3}{2}, \dfrac{1}{4} \right) \right\}$

Modelli di grado superiore e irrazionali

LE EQUAZIONI POLINOMIALI

la teoria è a pag. 96

RICORDA

■ Per risolvere l'equazione $E(x) = 0$, con $E(x)$ polinomio di grado $n > 2$, si deve:
- scomporre $E(x)$ in fattori al più di primo o secondo grado
- applicare la legge di annullamento del prodotto.

■ Se $E(k) = 0$ allora k è una radice dell'equazione $E(x) = 0$; le altre radici si possono determinare dividendo $E(x)$ per $(x - k)$ e annullando il polinomio quoziente ottenuto.

■ Un'equazione **binomia** ha la forma $x^n = k$ e le sue soluzioni sono:
- se n è pari e $k \geq 0$: $x = \pm\sqrt[n]{k}$
- se n è dispari: $x = \sqrt[n]{k}$

■ Un'equazione **trinomia** ha la forma $ax^{2n} + bx^n + c = 0$ con $a \neq 0$. Si risolve operando la sostituzione $x^n = t$.

Comprensione

1 Dell'equazione $E(x) = 0$ si può dire che:
- **a.** se $E(3) = 0$ allora 3 è soluzione dell'equazione Ⓥ Ⓕ
- **b.** se $E(0) = 1$ allora 1 è soluzione dell'equazione Ⓥ Ⓕ
- **c.** se il polinomio $E(x)$ non si può scomporre con i metodi noti, l'equazione non ha soluzioni reali Ⓥ Ⓕ
- **d.** se il polinomio $E(x)$ è irriducibile, le soluzioni non si possono determinare con i metodi algebrici a noi noti. Ⓥ Ⓕ

2 Un'equazione della forma $2x^3 + 5x^2 + 5x + 2 = 0$ con $a, b \in R$ ha fra le sue soluzioni:
- **a.** 1
- **b.** −1
- **c.** −1 e 1
- **d.** né −1 né +1.

3 Un'equazione reciproca ha fra le sue soluzioni il numero k; essa ammette anche come soluzione:
- **a.** $-k$
- **b.** $\dfrac{1}{k}$
- **c.** $-\dfrac{1}{k}$
- **d.** $1 - k$.

4 Completa indicando il numero delle soluzioni reali dell'equazione binomia $x^n = k$ e il loro segno nei seguenti casi:
- **a.** n dispari e k positivo
- **b.** n dispari e k negativo
- **c.** n pari e k positivo
- **d.** n pari e k negativo

5 L'equazione di quarto grado $ax^4 - b = 0$:
- **a.** ha sempre solo due soluzioni reali opposte
- **b.** ha sempre quattro soluzioni reali

c. ha due soluzioni reali opposte solo se a e b sono concordi

d. ha due soluzioni reali opposte solo se a e b sono discordi.

6 Un'equazione binomia ha $\dfrac{1}{2}$ come unica soluzione reale; quale fra le seguenti può essere l'equazione?

a. $8x^3 + 1 = 0$ **b.** $16x^4 - 1 = 0$

c. $32x^5 - 1 = 0$ **d.** $64x^6 - 1 = 0$

7 Per risolvere un'equazione biquadratica si pone $x^2 = t$ e per t si ottengono le soluzioni 2 e -1. L'equazione data ha:

a. solo due soluzioni reali   **b.** quattro soluzioni reali

c. nessuna soluzione reale   **d.** una sola soluzione reale

Applicazione

8 ⬭ **ESERCIZIO GUIDA**

$$2x^4 + x^3 - 18x^2 - 9x = 0$$

Scomponiamo il polinomio al primo membro mediante raccoglimento a fattor comune:

$$x(2x^3 + x^2 - 18x - 9) = 0 \quad \rightarrow \quad x[x^2(2x+1) - 9(2x+1)] = 0 \quad \rightarrow \quad x(2x+1)(x^2-9) = 0$$

Applichiamo la legge di annullamento del prodotto: $\quad x = 0 \quad \vee \quad 2x+1 = 0 \quad \vee \quad x^2 - 9 = 0$

Risolvendo la seconda e la terza equazione otteniamo: $\quad x = -\dfrac{1}{2} \quad \vee \quad x = \pm 3$

In definitiva $\quad S = \left\{ -3, -\dfrac{1}{2}, 0, 3 \right\}$.

9 $\quad 3x^2 + 4x = 6x^3 + 2 \qquad\qquad 3x(x+1) + 5x^3 + 5 = 0 \qquad\qquad \left[S = \left\{ \dfrac{1}{2}, \pm\sqrt{\dfrac{2}{3}} \right\}; S = \{-1\} \right]$

10 $\quad 2x^3 + x^2 - 8x - 4 = 0 \qquad\qquad 2x^5 - 8x^4 + x^3 = 0 \qquad\qquad \left[S = \left\{ \pm 2, -\dfrac{1}{2} \right\}; S = \left\{ 0, \dfrac{4 \pm \sqrt{14}}{2} \right\} \right]$

11 $\quad x^3 + x^2 - x - 1 = 0 \qquad\qquad 3x^2(2x-3) = 2x - 3 \qquad\qquad \left[S = \{-1, 1\}; S = \left\{ \dfrac{3}{2}, \pm\dfrac{\sqrt{3}}{3} \right\} \right]$

12 $\quad x^5 - 4x^3 + x^2 - 4 = 0 \qquad\qquad 5x^3 + 5x^2 - 15x - 15 = 0 \qquad\qquad \left[S = \{-1, \pm 2\}; S = \{-1, \pm\sqrt{3}\} \right]$

13 $\quad x^3 - x^2 - 16x + 16 = 0 \qquad\qquad (x+1)^3 = 5(x+1) \qquad\qquad \left[S = \{\pm 4, 1\}; S = \{-1, -1 \pm \sqrt{5}\} \right]$

14 $\quad 12x^3 - 4x^2 = 4 - 12x \qquad\qquad x^2(x^2 - x + 3) = 2x(2x+1) \qquad\qquad \left[S = \left\{ \dfrac{1}{3} \right\}; S = \{0, 2\} \right]$

15 ⬭ **ESERCIZIO GUIDA**

$$4x^3 - 8x^2 + 5x - 1 = 0$$

Poichè non è possibile scomporre il polinomio al primo membro mediante raccoglimenti o riconoscimenti di prodotti notevoli, usiamo il teorema e la regola di Ruffini:

$$E(1) = 4 - 8 + 5 - 1 = 0 \qquad\qquad 1 \text{ è soluzione dell'equazione}$$

Troviamo il polinomio quoziente della divisione di $E(x)$ per $(x-1)$ con la regola di Ruffini:

16 $\quad x^3 - 8x^2 - 11x + 18 = 0 \quad\checkmark \qquad x^3 + 3x^2 = 13x + 15 \qquad [S = \{-2, 1, 9\}; \ S = \{-5, -1, 3\}]$

17 $\quad x^4 + 2x^3 + x^2 - 2x - 2 = 0 \qquad 2x^3 - 9x^2 - 38x + 21 = 0 \qquad \left[S = \{\pm 1\}; \ S = \left\{ -3, \dfrac{1}{2}, 7 \right\} \right]$

18 $\quad x^5 + 2x^4 - 2x^3 + 3x(2x + 3) = 0 \qquad (3 - x^3)(x - 1) = x^3 - x^4 \qquad [S = \{-1, -3, 0\}; \ S = \{1\}]$

19 $\quad 4x^3 - x^2 - 11x - 6 = 0 \qquad 2x^3 + 7x^2 + 2x - 3 = 0 \qquad \left[S = \left\{ -1, -\dfrac{3}{4}, 2 \right\}; \ S = \left\{ -3, -1, \dfrac{1}{2} \right\} \right]$

20 $\quad x^4 - 2x^3 - 7x^2 + 8x + 12 = 0 \qquad 10x = 5x^3 - x^4 - 4 \qquad \left[S = \{-2, -1, 2, 3\}; \ S = \{-1, 2, 2 \pm \sqrt{6}\} \right]$

21 $\quad 3x^4 + 4x^3 = 7x^2 + 4x - 4 \quad\checkmark \qquad x^2 + x - 6 = (x - 2)^3 \qquad \left[S = \left\{ -1, -2, 1, \dfrac{2}{3} \right\}; \ S = \left\{ 2, \dfrac{5 \pm \sqrt{21}}{2} \right\} \right]$

22 $\quad (x^4 - 16)x^2 - x^4 + 16 = 0 \qquad 2x^2(x - 1) + x^2 = 7x - 6 \qquad \left[S = \{\pm 1, \pm 2\}; \ S = \left\{ \dfrac{3}{2}, 1, -2 \right\} \right]$

23 $\quad 8x^3 - 4x^2 - 18x + 9 = 0 \qquad 2x^3 - 2x = 2(x^2 - 1) \qquad \left[S = \left\{ \pm \dfrac{3}{2}, \dfrac{1}{2} \right\}; \ S = \{1, -1\} \right]$

24 $\quad 3x - 3x^2 + 4(1 - x) = 2x(x - 1)(x + 3) \qquad \left[S = \left\{ -4, -\dfrac{1}{2}, 1 \right\} \right]$

25 $\quad 13 + (x + 1)^2(x^2 - 1) = (x^2 - x)(x^2 + 2x + 2) + 13x \qquad [S = \{1, -4, 3\}]$

26 $\quad \dfrac{3(2x - 1)}{x^2 - 4x} + 2x = 1 \qquad \left[S = \left\{ \dfrac{1}{2}, 1, 3 \right\} \right]$

27 $\quad \dfrac{x^2 - 4}{4x^2 - 1} = x - 2 \qquad \left[S = \left\{ 1, 2, -\dfrac{3}{4} \right\} \right]$

28 $\quad \dfrac{3x - 2}{x^3} = 3 - 2x \qquad [S = \{\pm 1\}]$

29 $\quad \dfrac{2(4x + 1)}{x^2 + 2x} - \dfrac{7x + 2}{x} = \dfrac{2x^2 - 1}{x + 2} \qquad \left[S = \left\{ -1, -\dfrac{1}{2} \right\} \right]$

30 $\quad \dfrac{2x^2 + 1}{x - 1} - \dfrac{1 + 4x - 8x^2}{x^2 - 3x + 2} = \dfrac{x + 1}{x - 2} \qquad \left[S = \left\{ -2, -\dfrac{1}{2} \right\} \right]$

31 $\quad \dfrac{7x^2 - 10}{1 - x^2} + \dfrac{15}{x^2 + 1} = \dfrac{x^2(7 - x^4)}{x^4 - 1} \qquad [S = \{\pm \sqrt{5}\}]$

32 $\quad \dfrac{x(x - 2)}{x - 6} = \dfrac{x - 2}{x^2 - 2x - 4} \qquad [S = \{1, \pm 2, 3\}]$

33 $\quad \dfrac{x^3 + 4}{x^2 + 5x + 4} = \dfrac{3x + 4}{x + 1} \qquad [S = \{-2, 6\}]$

Risolvi le seguenti equazioni reciproche.

34 **ESERCIZIO GUIDA**

$x^3 - 4x^2 + 4x - 1 = 0$

I coefficienti dei termini equidistanti dagli estremi sono uguali in valore assoluto, ma sono di segno opposto. L'equazione è allora reciproca ed ammette il valore 1 come soluzione, infatti $P(1) = 0$. Calcoliamo il quoziente della divisione per $x - 1$ con la regola di Ruffini

	1	-4	$+4$	-1
1		1	-3	1
	1	-3	1	0

$Q(x) = x^2 - 3x + 1$

Risolviamo l'equazione $x^2 - 3x + 1 = 0$ → $x = \dfrac{3 \pm \sqrt{9 - 4}}{2} = \dfrac{3 \pm \sqrt{5}}{2}$

Osserviamo che i valori trovati sono reciproci: $\dfrac{3 - \sqrt{5}}{2} \cdot \dfrac{3 + \sqrt{5}}{2} = 1$.

In definitiva $S = \left\{ 1, \dfrac{3 \pm \sqrt{5}}{2} \right\}$.

35 $15x^3 - 19x^2 = 19x - 15$ $\left[S = \left\{ -1, \dfrac{3}{5}, \dfrac{5}{3} \right\} \right]$

36 $2x^3 + 3x^2 = 3x + 2$ $\left[S = \left\{ -2, -\dfrac{1}{2}, 1 \right\} \right]$

37 $4x^3 + 13x^2 = 13x + 4$ $\left[S = \left\{ 1, -\dfrac{1}{4}, -4 \right\} \right]$

38 $6x^4 - 5x^3 + 5x - 6 = 0$ $[S = \{\pm 1\}]$

39 $2x^4 + 5x^3 = 5x + 2$ $\left[S = \left\{ \pm 1, -2, -\dfrac{1}{2} \right\} \right]$

40 $3x^4 + 10x(x^2 - 1) = 3$ $\left[S = \left\{ -3, -\dfrac{1}{3}, -1, 1 \right\} \right]$

41 $2(x^4 - 1) = 5x(x^2 - 1)$ $\left[S = \left\{ \pm 1, \dfrac{1}{2}, 2 \right\} \right]$

42 $x - \dfrac{31}{5} = \dfrac{1}{x^2} - \dfrac{31}{5x}$ $\left[S = \left\{ 1, 5, \dfrac{1}{5} \right\} \right]$

43 $12(x^2 - 1) = \dfrac{25x(x^2 - 1)}{x^2 + 1}$ $\left[S = \left\{ \pm 1, \dfrac{3}{4}, \dfrac{4}{3} \right\} \right]$

44 $2\left(1 + \dfrac{1}{x^3} \right) = \dfrac{3(x + 1)}{x^2}$ $\left[S = \left\{ -1, 2, \dfrac{1}{2} \right\} \right]$

45 $\dfrac{1}{x^2} + x = \dfrac{3}{2}\left(1 + \dfrac{1}{x} \right)$ $\left[S = \left\{ -1, 2, \dfrac{1}{2} \right\} \right]$

46 $x - \dfrac{31}{5} = \dfrac{1}{x^2} - \dfrac{31}{5x}$ $\left[S = \left\{ 1, 5, \dfrac{1}{5} \right\} \right]$

47 $2x\left(x + \dfrac{5}{2} \right) - \dfrac{5x + 2}{x^2} = 0$ $\left[S = \left\{ \pm 1, -2, -\dfrac{1}{2} \right\} \right]$

48 $x^4 - 4x^3 = x - 4$ $\qquad$ $x^3(\cancel{x - 4}) = (\cancel{x - 4})$ $\qquad$ $x^3 = 1$ $\qquad$ $x = 1$

49 $4x^3 - 5x^2 - 5x + 4 = 0$ $\qquad$ $x^2(4x - 5) - (5x - 4) = 0$ $\qquad$ $(4x - 5)(x^2 - 1)(5x - 4) = 0$

• $4x - 5 = 0 \;\to\; x = \dfrac{5}{4}$ $\qquad$ • $5x - 4 = 0 \;\to\; x = \dfrac{4}{5}$ $\qquad$ • $x^2 - 1 = 0 \;\to\; x = \pm 1$

$S = \left\{ \pm 1, \dfrac{4}{5}, \dfrac{5}{4} \right\}$

50 $x^2 - 2x^3 + 2x - 1 = 0$ $\qquad$ equazione reciproca, si annulla per $x = 1$

$$
\begin{array}{c|ccc|c}
 & 1 & -2 & 2 & -1 \\
1 & & 1 & -1 & 1 \\
\hline
 & 1 & -1 & 1 & 0
\end{array}
$$

$x^2 - x + 1 = 0$ $\qquad$ $x = \dfrac{1 \pm \sqrt{1 - 4}}{2}$ $\qquad$ $\Delta < 0$ nessuna soluzione reale $\qquad$ $S = \{1\}$.

Le equazioni binomie e trinomie

Risolvi in R le seguenti equazioni binomie.

51 **ESERCIZIO GUIDA**

a. $x^6 - 64 = 0$ $\qquad$ **b.** $x^4 + 16 = 0$ $\qquad$ **c.** $3x^5 + 32 = 0$

a. $x^6 - 64 = 0$ $\quad\to\quad$ $x^6 = 64$ $\quad\to\quad$ $x = \pm\sqrt[6]{64}$ $\quad\to\quad$ $x = \pm 2$

b. $x^4 + 16 = 0$ $\quad\to\quad$ $x^4 = -16$ $\quad\to\quad$ impossibile in R

c. $3x^5 + 32 = 0$ $\quad\to\quad$ $x^5 = -\dfrac{32}{3}$ $\quad\to\quad$ $x = \sqrt[5]{-\dfrac{32}{3}}$ $\quad\to\quad$ $x = -\dfrac{2}{\sqrt[5]{3}}$

52 $27x^3 + 1 = 0$ $\qquad$ $8x^6 - 125 = 0$ $\qquad$ $\left[S = \left\{ -\dfrac{1}{3} \right\}; \; S = \left\{ \pm\sqrt{\dfrac{5}{2}} \right\} \right]$

53 $x^4 - 1 = 0$ $\qquad$ $x^9 + 1 = 0$ $\qquad$ $[S = \{\pm 1\}; \; S = \{-1\}]$

54 $243 - x^5 = 0$ $\qquad$ $81x^8 - 1 = 0$ $\qquad$ $\left[S = \{3\}; \; S = \left\{ \pm\dfrac{\sqrt{3}}{3} \right\} \right]$

55 $x^3 - \dfrac{8}{125} = 0$ $\qquad$ $x^4 + 9 = 0$ $\qquad$ $\left[S = \left\{ \dfrac{2}{5} \right\}; \; S = \varnothing \right]$

56 $8x^3 + 1 = 0$ $\qquad$ $9x^4 - 16 = 0$ $\qquad$ $\left[S = \left\{ -\dfrac{1}{2} \right\}; \; S = \left\{ \pm\dfrac{2\sqrt{3}}{3} \right\} \right]$

57 $8x^3 - 9 = 0$ $\qquad$ $49x^4 - 9 = 0$ $\qquad$ $\left[S = \left\{ \dfrac{\sqrt[3]{9}}{2} \right\}; \; S = \left\{ \pm\sqrt{\dfrac{3}{7}} \right\} \right]$

58 $\dfrac{1}{x^5} = 32$ $\qquad$ $\dfrac{8}{x^3} - 1 = 0$ $\qquad$ $\left[S = \left\{ \dfrac{1}{2} \right\}; \; S = \{2\} \right]$

59 $\dfrac{3}{1 - x^4} = \dfrac{5}{1 + x^4}$ $\qquad$ $27x - \dfrac{8}{x^2} = 0$ $\qquad$ $\left[S = \left\{ \pm\dfrac{\sqrt{2}}{2} \right\}; \; S = \left\{ \dfrac{2}{3} \right\} \right]$

60 $(x - 2)^2 + \dfrac{x}{(x - 2)^2} = \dfrac{1 + x}{(2 - x)^2}$ $\qquad\qquad [S = \{1, 3\}]$

61 $\dfrac{3x}{x - 2} + (x - 1)^2(x + 1) = \dfrac{3x^2 + 7x - 8}{x^2 - x - 2}$ $\qquad\qquad [S = \{\pm\sqrt{3}\}]$

Risolvi in R le seguenti equazioni trinomie, riconoscendo fra esse le biquadratiche.

62 **ESERCIZIO GUIDA**

$4x^4 - 13x^2 + 3 = 0$

Si tratta di un'equazione biquadratica; poniamo $x^2 = t$ e risolviamo l'equazione di secondo grado ottenuta:

$$4t^2 - 13t + 3 = 0 \qquad t = \frac{13 \pm \sqrt{169 - 48}}{8} = \frac{13 \pm 11}{8} = \begin{cases} \dfrac{1}{4} \\[2mm] 3 \end{cases}$$

Se adesso sostituiamo al posto di t i valori trovati otteniamo le due equazioni binomie:

$x^2 = \dfrac{1}{4} \ \vee \ x^2 = 3$ $\quad$ dalle quali ricaviamo che $\quad x = \pm\dfrac{1}{2} \ \vee \ x = \pm\sqrt{3}$

63 $2x^4 - 5x^2 + 2 = 0$ $\qquad x^6 - 8x^3 - 9 = 0$ $\qquad \left[S = \left\{\pm\sqrt{2}, \ \pm\dfrac{\sqrt{2}}{2}\right\}; S = \{\sqrt[3]{9}, \ -1\}\right]$

64 $x^{10} - 13x^5 + 36 = 0$ $\qquad -x^6 - 4x^3 + 45 = 0$ $\qquad \left[S = \{\sqrt[5]{4}, \ \sqrt[5]{9}\}; S = \{-\sqrt[3]{9}, \ \sqrt[3]{5}\}\right]$

65 $x^4 - 18x^2 + 81 = 0$ $\qquad x^6 - 3x^3 - 28 = 0$ $\qquad \left[S = \{\pm 3\}; S = \{-\sqrt[3]{4}, \ \sqrt[3]{7}\}\right]$

66 $x^4 - 7x^2 + 12 = 0$ $\qquad 8x^6 + 15x^3 - 2 = 0$ $\qquad \left[S = \{\pm 2, \ \pm\sqrt{3}\}; S = \left\{\dfrac{1}{2}, \ -\sqrt[3]{2}\right\}\right]$

67 $4x^8 + 63x^4 - 16 = 0$ $\qquad x^6 + 16x^3 + 15 = 0$ $\qquad \left[S = \left\{\pm\dfrac{\sqrt{2}}{2}\right\}; S = \{-1, \ -\sqrt[3]{15}\}\right]$

68 $2x^4 - 11x^2 + 9 = 0$ $\qquad x^4 - 4x^2 - 5 = 0$ $\qquad \left[S = \left\{\pm\dfrac{3\sqrt{2}}{2}, \ \pm 1\right\}; S = \{\pm\sqrt{5}\}\right]$

69 $2x^4 + 5x^2 - 3 = 0$ $\qquad x^6 - 26x^3 - 27 = 0$ $\qquad \left[S = \left\{\pm\dfrac{\sqrt{2}}{2}\right\}; S = \{-1, \ 3\}\right]$

70 $36x^4 + 23x^2 - 3 = 0$ $\qquad x^4 - 8x^2 + 4 = 0$ $\qquad \left[S = \left\{\pm\dfrac{1}{3}\right\}; S = \{\pm(\sqrt{3} - 1), \ \pm(1 + \sqrt{3})\}\right]$

71 $x^{12} - 65x^6 + 64 = 0$ $\qquad x^6 - (3\sqrt{3} - 1)x^3 - 3\sqrt{3} = 0$ $\qquad \left[S = \{\pm 1, \ \pm 2\}; S = \{\sqrt{3}, \ -1\}\right]$

72 $x^4 - x^2(2 + \sqrt{3}) + 2\sqrt{3} = 0$ $\quad 32x^{10} - 97x^5 + 3 = 0$ $\qquad \left[S = \{\pm\sqrt{2}, \ \pm\sqrt[4]{3}\}; S = \left\{\dfrac{1}{2}, \ \sqrt[5]{3}\right\}\right]$

73 $2x^4 - 9x^2 + 4 = 0$ $\qquad x^8 + 4x^4 + 3 = 0$ $\qquad \left[S = \left\{\pm 2, \ \pm\dfrac{\sqrt{2}}{2}\right\}; S = \varnothing\right]$

74 $\dfrac{1}{x^4} + x^4 = 2$ $\qquad x^5 = 33 - \dfrac{32}{x^5}$ $\qquad [S = \{\pm 1\}; S = \{1, \ 2\}]$

75 $\dfrac{1}{1 + 3x^4} - \dfrac{3}{28x^2} = 0$ $\qquad \dfrac{x^2 - 3}{x^2 + 1} - \dfrac{5}{x^2 - 4} = \dfrac{2}{3}$ $\qquad \left[S = \left\{\pm\dfrac{1}{3}, \ \pm\sqrt{3}\right\}; S = \{\pm 1, \ \pm\sqrt{29}\}\right]$

76 $\dfrac{3 - 19x^2}{3x^2 - 1} + 3x^2 + 1 = 0$ $\qquad \dfrac{4(x^2 - 9)}{x^2 - 1} + \dfrac{8}{x^4 - x^2} = \dfrac{1}{x^2}$ $\qquad \left[S = \left\{\pm\dfrac{1}{3}, \ \pm\sqrt{2}\right\}; S = \left\{\pm 3, \ \pm\dfrac{1}{2}\right\}\right]$

77 $\dfrac{x^2 - 2x + 1}{x^2 - 4} + \dfrac{2x - 6}{x^2} = \dfrac{4(2x - 5)}{4x^2 - x^4}$ $\qquad\qquad [S = \{\pm 1\}]$

78 $\dfrac{10 - 33x^2}{x^4 - x^2} + \dfrac{5x^2 + 1}{x^2} + \dfrac{x^2}{1 - x^2} = 0$ $\qquad\qquad \left[S = \left\{\pm 3, \pm\dfrac{1}{2}\right\}\right]$

CORREGGI GLI ERRORI

79 $4x^4 - 17x^2 + 4 = 0 \qquad x^2 = t$

$4t^2 - 17t + 4 = 0 \qquad t = \dfrac{17 \pm \sqrt{289 - 64}}{8} = \dfrac{17 \pm 15}{8} = <\begin{matrix} \frac{1}{4} \\ \\ 4 \end{matrix} \qquad \rightarrow \qquad S = \left\{4, \dfrac{1}{4}\right\}$

80 $12x^6 - 19x^2 + 4 = 0 \qquad x^2 = t$

$12t^2 - 19t + 4 = 0 \qquad t = \dfrac{19 \pm \sqrt{361 - 192}}{24} = \dfrac{19 \pm 13}{24} = <\begin{matrix} \frac{4}{3} \\ \\ \frac{1}{4} \end{matrix}$

$t^2 = \dfrac{4}{3} \ \rightarrow \ t = \dfrac{2\sqrt{3}}{3} \qquad \lor \qquad t^2 = \dfrac{1}{4} \ \rightarrow \ t = \dfrac{1}{2} \qquad \rightarrow \qquad S = \left\{\dfrac{2\sqrt{3}}{2}, \dfrac{1}{2}\right\}$

ESERCIZI RIASSUNTIVI SULLE EQUAZIONI

Risolvi in R le seguenti equazioni riconoscendo eventuali tipi particolari.

81 $x^3 - 3x^2 + 7x - 21 = 0 \qquad\qquad 4x^2(1 - x) = x^2 - 1$ $\qquad\qquad [S = \{3\}; S = \{1\}]$

82 $\dfrac{2x - 1}{4x^2} = 1 - 2x \qquad\qquad x^3 - 8 + (x - 2)^3 = 0$ $\qquad \left[S = \left\{\dfrac{1}{2}\right\}; S = \{2\}\right]$

83 $\dfrac{1}{x^2(1 - x)} + \dfrac{1}{x} = \dfrac{x}{1 - x} \qquad\qquad \dfrac{x^4 - 1}{1 + 4x^2} = \dfrac{x - x^3}{4x}$ $\qquad [S = \{-1\}; S = \{\pm 1\}]$

84 $(x^2 - 2x)^3 = 1 \qquad\qquad \left(\dfrac{x}{x + 1}\right)^4 = 16$ $\qquad \left[S = \{1 \pm \sqrt{2}\}; S = \left\{-2, -\dfrac{2}{3}\right\}\right]$

(Suggerimento: poni $(x^2 - 2x) = t$)

85 $\left(\dfrac{1 + x}{2 - x} + \dfrac{1}{x}\right)^3 - 27 = 0 \qquad\qquad \left(\dfrac{3x - 2}{3x - 9}\right)^4 = \dfrac{16}{81}$ $\qquad \left[S = \left\{1, \dfrac{1}{2}\right\}; S = \left\{-4, \dfrac{8}{5}\right\}\right]$

86 $9(x^3 + 1)^2 = 4 \qquad\qquad \left(\dfrac{x^2 - 3x}{x - 1}\right)^2 = 4$ $\qquad \left[S = \left\{-\dfrac{1}{\sqrt[3]{3}}, -\sqrt[3]{\dfrac{5}{3}}\right\}; S = \left\{2, -1, \dfrac{5 \pm \sqrt{17}}{2}\right\}\right]$

87 $(x^2 - 3x + 2)^2 - 5(x^2 - 3x) - 4 = 0$ $\qquad\qquad \left[S = \left\{0, 3, \dfrac{3 \pm \sqrt{13}}{2}\right\}\right]$

88 $\dfrac{4x^2(x^2 - 2)}{6x^4 - 7x^2 - 24} + \dfrac{3}{2x^2 + 3} = \dfrac{4}{3x^2 - 8}$ $\qquad\qquad [S = \{\pm 2\}]$

89 $\dfrac{x^2}{2x - 4} + \dfrac{3x}{2x - 8} = \dfrac{1 - 4x}{x^2 - 6x + 8}$ $\qquad\qquad [S = \{1\}]$

90 $x^2 + 1 + \dfrac{x^2 + 4}{x^2 + 3x + 1} = 3x$ $\qquad [S = \{\pm 1, \pm \sqrt{5}\}]$

91 $\dfrac{(1 - x^2)^2 - (x^2 - 4)^2}{(1 - x^2)(x^2 - 4)} = -\dfrac{16}{15}$ $\qquad \left[S = \left\{ \pm \sqrt{\dfrac{17}{2}}, \pm \dfrac{1}{2}\sqrt{\dfrac{17}{2}} \right\} \right]$

LE EQUAZIONI IRRAZIONALI

la teoria è a pag. 100

RICORDA

- Un'equazione è irrazionale se l'incognita compare nell'argomento di un radicale

- Per risolvere l'equazione $\sqrt[3]{A(x)} = B(x)$ basta risolvere quella che si ottiene elevando al cubo i due membri:

$$A(x) = [B(x)]^3$$

e questa regola vale per tutte le equazioni con i radicali di indice dispari

- Per risolvere l'equazione $\sqrt{A(x)} = B(x)$ si può procedere in due modi:

  - risolvere l'equazione $A(x) = [B(x)]^2$ ed effettuare la verifica delle soluzioni ottenute
  - risolvere l'equazione $A(x) = [B(x)]^2$ con la condizione $B(x) \geq 0$

e questa regola vale per tutte le equazioni con i radicali di indice pari.

Comprensione

92 Dati due numeri a e b non nulli:

a. se $a = b$ anche $a^n = b^n$ per qualsiasi valore di n Ⅴ Ⅾ

b. se $a = -b$, allora $a^n = b^n$ solo se n è pari   Ⅴ Ⅾ

c. se $a = -b$, allora $a^n = b^n$ solo se n è dispari   Ⅴ Ⅾ

d. se $a = -b$, allora $a^n = -b^n$ solo se n è dispari.   Ⅴ Ⅾ

93 L'equazione $\sqrt[3]{x + 4} - x + 2 = 0$ è equivalente a:

a. $x + 4 - x^3 + 8 = 0 \quad \forall x \in R$ **b.** $x + 4 - x^3 + 8 = 0 \quad$ per $x \geq 2$

c. $x + 4 = (x - 2)^3 \quad$ per $x \geq -4$ **d.** $x + 4 = (x - 2)^3 \quad \forall x \in R$

94 L'equazione $x^2 + 1 = (3x - 1)^2$ ha come soluzioni 0 e $\dfrac{3}{4}$; si può dire che l'equazione $\sqrt{x^2 + 1} = 3x - 1$ ha soluzioni:

a. solo 0   **b.** 0 e $\dfrac{3}{4}$ **c.** solo $\dfrac{3}{4}$ **d.** né 0, né $\dfrac{3}{4}$

95 L'equazione $x + 3 = (x + 1)^2$ ha come soluzioni -2 e 1; si può dire che:

a. anche l'equazione $\sqrt{x + 3} = x + 1$ ha le stesse soluzioni   Ⅴ Ⅾ

b. anche l'equazione $\sqrt{x + 3} = -(x + 1)$ ha le stesse soluzioni   Ⅴ Ⅾ

c. solo 1 è soluzione dell'equazione $\sqrt{x + 3} = x + 1$ Ⅴ Ⅾ

d. solo -2 è soluzione dell'equazione $\sqrt{x + 3} = -x - 1$ Ⅴ Ⅾ

e. l'equazione $\sqrt{x + 3} = -(x + 1)$ non ha soluzioni in R.   Ⅴ Ⅾ

96 Dell'equazione $\sqrt{x - 1} + \sqrt{x^2 + x - 2} + \sqrt{x^2 - 1} = 0$; si può dire che:

a. non ha soluzioni reali   **b.** ha soluzione $x = 1$

c. ha soluzione R **d.** nessuna delle precedenti affermazioni è vera.

Applicazione

Fra le seguenti equazioni nell'incognita x, riconosci quelle irrazionali.

97 $2x - \sqrt{2} = \sqrt{x-2}$

98 $\dfrac{1}{2}a + \dfrac{1}{\sqrt{3a}} = x + \dfrac{3}{2x+1}$

99 $\dfrac{\sqrt{3}}{x} + \dfrac{\sqrt{x}}{3} = 1$

100 $\dfrac{3}{4}x^2 - \sqrt{a^2+1} = 5$

101 $\sqrt{2}x - 5 = \sqrt{2} + x$

102 $\sqrt{3} - \sqrt{x} = 2\sqrt{3}x$

103 $\dfrac{x-1}{3} = \dfrac{5}{2} + \dfrac{\sqrt{x}}{4}$

104 $\sqrt{5-x} = 2 + x^2$

Stabilisci, senza trovare le soluzioni, quali delle seguenti equazioni sono determinate, indeterminate, impossibili.

105 **ESERCIZIO GUIDA**

$\sqrt{x+1} + \sqrt{x} = -2$

Il primo membro dell'equazione è la somma di due numeri positivi o nulli, il secondo membro è negativo; l'uguaglianza non può sussistere e quindi l'equazione è impossibile.

106 $\sqrt{x^2-3} = 7$

107 $\sqrt{x^2} = x$

108 $\sqrt{x^2+x} = -3$

109 $x\sqrt{x+1} = -2$

110 $\sqrt[3]{1-x} = 2x$

111 $\sqrt{x+3} + \sqrt{x^2-8} = 0$

112 $\sqrt{x-5} - \sqrt{2x+6} = 0$

113 $\sqrt{7x+1} = -\sqrt{3x-4}$

114 $\sqrt[3]{x} = \sqrt{x}$

115 $\sqrt[3]{x^3} = x$

116 $\sqrt{2-x} - \sqrt{x-3} = -2$

117 $\sqrt[3]{2x-5} = -7$

118 $\sqrt[4]{x} = -3$

119 $3 + \sqrt{x} = 0$

120 $2\sqrt{x} + 3\sqrt{x^2-3x} = 0$

121 $\dfrac{-1}{\sqrt{x^2-x-4}} = 1$

122 $\sqrt{x^2-4} - \sqrt{x+1} = 0$

123 $\sqrt{x^2+3} = -\sqrt{x+1}$

Risolvi le seguenti equazioni irrazionali con un solo radicale di indice dispari.

124 **ESERCIZIO GUIDA**

$\sqrt[3]{x-1} = 2x - 3$

Il radicale è di indice dispari e quindi basta risolvere l'equazione che si ottiene elevando al cubo i due membri dell'equazione data:

$$x - 1 = (2x-3)^3 \quad \rightarrow \quad 8x^3 - 36x^2 + 53x - 26 = 0$$

Scomponiamo il polinomio al primo membro: $(x-2)(8x^2 - 20x + 13) = 0$

Applichiamo la legge di annullamento del prodotto: $x - 2 = 0 \quad \rightarrow \quad x = 2$

$$8x^2 - 20x + 13 = 0 \qquad x = \frac{10 \pm \sqrt{100 - 104}}{8} \quad \rightarrow \quad \text{impossibile in } R$$

L'insieme delle soluzioni è quindi $S = \{2\}$.

125 $\quad \sqrt[3]{4x^2(x+7) + 4 - 7x} = 2x + 1 \qquad \sqrt[3]{9 + 4x^2} = 3 \qquad \left[S = \left\{ \frac{1}{2}, 3 \right\}; S = \left\{ \pm \frac{3\sqrt{2}}{2} \right\} \right]$

126 $\quad \sqrt[3]{x^3 + x(x+2) - 8} = x \qquad \sqrt[3]{x^3 - 5x^2} = x - 2 \qquad \left[S = \{-4, 2\}; S = \{6 \pm 2\sqrt{7}\} \right]$

127 $\quad \sqrt[3]{x^2 + 8x} + 2 = 0 \qquad \sqrt[3]{x^2 + x} - \sqrt[3]{2} = 0 \qquad \left[S = \{-4 \pm 2\sqrt{2}\}; S = \{-2, 1\} \right]$

128 $\quad x - \sqrt[3]{2x - 1} = 1 \qquad \sqrt[3]{x^2 + 1} + 3x - 4 = 4x - 3 \qquad \left[S = \left\{ 0, \frac{3 \pm \sqrt{5}}{2} \right\}; S = \{0\} \right]$

129 $\quad \dfrac{x+1}{2x} \cdot \sqrt[3]{\dfrac{8x^2}{x^2 + 2x + 1}} = \dfrac{3}{4} \qquad x \cdot \sqrt[3]{\dfrac{2}{2x^3 + 5x^4}} = 1 \qquad \left[S = \left\{ -\dfrac{64}{37} \right\}; S = \varnothing \right]$

Risolvi le seguenti equazioni irrazionali con un solo radicale di indice pari.

130 **ESERCIZIO GUIDA**

$$\sqrt{2x^2 - 5x - 3} = x - 1$$

I metodo

Eleviamo al quadrato i due membri dell'equazione e sviluppiamo i calcoli:

$$2x^2 - 5x - 3 = (x - 1)^2 \quad \rightarrow \quad 2x^2 - 5x - 3 = x^2 - 2x + 1 \quad \rightarrow \quad x^2 - 3x - 4 = 0 \quad \rightarrow \quad x = \begin{cases} -1 \\ 4 \end{cases}$$

Procediamo alla verifica delle soluzioni:

- per $x = -1$: $\quad \sqrt{2 + 5 - 3} = -2 \qquad \rightarrow \qquad 2 = -2 \quad$ falso

- per $x = 4$: $\quad \sqrt{32 - 20 - 3} = 3 \qquad \rightarrow \qquad 3 = 3 \quad$ vero

L'insieme delle soluzioni è quindi $S = \{4\}$.

II metodo

La condizione di equivalenza è: $\quad x - 1 \geq 0 \quad \rightarrow \quad x \geq 1$

Elevando al quadrato si ottiene la stessa equazione precedente che ha soluzioni $\quad x = -1 \lor x = 4$.

Di esse solo la seconda è accettabile perché soddisfa la condizione di equivalenza: $\quad S = \{4\}$.

131 **ESERCIZIO GUIDA**

$$\sqrt{4x^2 - 3x - 1} = 1 - x$$

I metodo

Eleviamo al quadrato i due membri e risolviamo l'equazione ottenuta:

$$4x^2 - 3x - 1 = (1 - x)^2 \qquad 3x^2 - x - 2 = 0 \qquad x = \begin{cases} -\dfrac{2}{3} \\ 1 \end{cases}$$

Procediamo alla verifica delle soluzioni:

- per $x = -\frac{2}{3}$: $\sqrt{4 \cdot \frac{4}{9} - 3\left(-\frac{2}{3}\right) - 1} = 1 + \frac{2}{3}$ $\rightarrow$ $\sqrt{\frac{16}{9} + 2 - 1} = \frac{5}{3}$ $\rightarrow$ $\frac{5}{3} = \frac{5}{3}$ vero

- per $x = 1$: $\sqrt{4 - 3 - 1} = 1 - 1$ $\rightarrow$ $0 = 0$ vero

Entrambe le soluzioni sono accettabili ed è $S = \left\{-\frac{2}{3}, 1\right\}$.

Il metodo

Affinché ci sia concordanza di segno fra i due membri deve essere: $1 - x \geq 0$ cioè $x \leq 1$.
In tale ipotesi, eleviamo al quadrato; l'equazione polinomiale che si ottiene è la stessa di quella ottenuta con il metodo precedente.

Entrambe le soluzioni $-\frac{2}{3}$ e 1 soddisfano la condizione $x \leq 1$ e quindi $S = \left\{-\frac{2}{3}, 1\right\}$.

132 **ESERCIZIO GUIDA**

$\sqrt{x^2 + x - 2} = 2$

Il secondo membro dell'equazione è un numero positivo; l'equazione è quindi equivalente a quella che si ottiene elevando al quadrato.

$$x^2 + x - 2 = 4 \qquad \rightarrow \qquad x^2 + x - 6 = 0 \qquad x = \begin{array}{c} -3 \\ \\ 2 \end{array}$$

133 $\sqrt{x^3 - 1} = \sqrt{7}$ $\qquad$ $\sqrt{1 - 4x} = 2$ $\qquad$ $\left[S = \{2\}; S = \left\{-\frac{3}{4}\right\}\right]$

134 $\sqrt{x^2 - 1} = x + 4$ $\qquad$ $\sqrt{x^2 - 12x + 20} = x + 10$ $\qquad$ $\left[S = \left\{-\frac{17}{8}\right\}; S = \left\{-\frac{5}{2}\right\}\right]$

135 $\sqrt{x + 3} = x + 1$ $\qquad$ $\sqrt{x + 4} = x + 3$ $\qquad$ $\left[S = \{1\}; S = \left\{\frac{-5 + \sqrt{5}}{2}\right\}\right]$

136 $\sqrt{x^3 - 7} = x - 1$ $\qquad$ $\sqrt{5 - x^2} = \frac{1}{2}x - 2$ $\qquad$ $[S = \{2\}; S = \varnothing]$

137 $\sqrt{x} - 2x + 1 = 0$ $\qquad$ $\sqrt{x} = 2x - 3$ $\qquad$ $\left[S = \{1\}; S = \left\{\frac{9}{4}\right\}\right]$

138 $\sqrt{9x^2 + 1} = 3x - 5$ $\qquad$ $\sqrt{x^2 - x - 12} - 3 = x$ $\qquad$ $[S = \varnothing; S = \{-3\}]$

139 $\sqrt{x^2 + x} = x - \frac{1}{2}$ $\qquad$ $\sqrt{5x^2 - 1} - x = 2(x + 1)$ $\qquad$ $\left[S = \varnothing; S = \left\{-\frac{1}{2}\right\}\right]$

140 $x - \sqrt{x + 5} = -3$ $\qquad$ $\sqrt{6x + 1} = 2x - 3$ $\qquad$ $[S = \{-1\}; S = \{4\}]$

141 $\sqrt{x^2 - 4x} = x - 1$ $\qquad$ $\sqrt{4x^2 + 7x - 2} = x + 2$ $\qquad$ $[S = \varnothing; S = \{1, -2\}]$

142 $\sqrt{9x^2 - 144} = 9$ $\qquad$ $\sqrt{x^2 - x - 1} = x - 1$ $\qquad$ $[S = \{5, -5\}; S = \{2\}]$

143 $\sqrt{x^2 - 5} = x + 3$ $\qquad$ $2\sqrt{x} + 5 = 2x - 1$ $\qquad$ $\left[S = \left\{-\frac{7}{3}\right\}; S = \left\{\frac{7 + \sqrt{13}}{2}\right\}\right]$

144 $\sqrt{4x+17}=x+3$ $x-\sqrt{6+x}-6=0$ $[S=\{2\};\ S=\{10\}]$

145 $1+\sqrt{x^2-x-6}=x$ $\sqrt{2x-3}-x=2$ $[S=\{7\};\ S=\varnothing]$

146 $1+\sqrt{x^2-2x+5}=x+\sqrt{5}-1$ $\sqrt{x^2+5}=2x-1$ $[S=\{2\};\ S=\{2\}]$

147 $2x+4+\sqrt{x^2-4x-12}=3x$ $2\sqrt{10x+5}=1+4x$ $\left[S=\{7\};\ S=\left\{\dfrac{4+\sqrt{35}}{4}\right\}\right]$

148 $\sqrt{x^2-5x+6}-3(x-2)=5-2x$ $\sqrt{x^2-4x+3}=2x-1$ $\left[S=\left\{\dfrac{5}{3}\right\};\ S=\left\{\sqrt{\dfrac{2}{3}}\right\}\right]$

149 $x\cdot\sqrt{2x+1}=x+8$ $x^2=\sqrt{x^2+6}$ $\left[S=\{4\};\ S=\{\pm\sqrt{3}\}\right]$

150 $x\cdot\sqrt{x^2-4}=\sqrt{5}$ $2=x-\sqrt{x^3-8}$ $\left[S=\{\sqrt{5}\};\ S=\{2\}\right]$

151 $\sqrt{4x+5}(\sqrt{2}+\sqrt{3})=1$ $\sqrt{\dfrac{x-1}{x+2}}=\dfrac{1}{2}$ $\left[S=\left\{-\dfrac{\sqrt{6}}{2}\right\};\ S=\{2\}\right]$

152 $\sqrt{x^4-1}-1=x^2$ $x\sqrt{x-1}=10$ $[S=\varnothing;\ S=\{5\}]$

153 $\sqrt{3-2x^2}=3x^2-2$ $\sqrt{2x+3}-1=x$ $\left[S=\{\pm1\};\ S=\{\sqrt{2}\}\right]$

154 $x\cdot\sqrt{9x^2+16}+3x^2=8$ $2\sqrt{5-x}-x=-2$ $[S=\{1\};\ S=\{4\}]$

155 $8\sqrt{x+2}+\dfrac{1}{2}x=14+\dfrac{3}{2}x$ $1-\sqrt{4x^2-5x}=x-1$ $\left[S=\{34,2\};\ S=\left\{-1,\dfrac{4}{3}\right\}\right]$

156 $2\sqrt{x(x-1)}=2x+3$ $x+\sqrt{x-8}=\dfrac{x+11}{2}$ $\left[S=\left\{-\dfrac{9}{16}\right\};\ S=\{9\}\right]$

CORREGGI GLI ERRORI

157 $\sqrt{x^2-3}+1=0$

condizione di esistenza del radicale $x^2-3\geq0$ $x\leq\sqrt{3}\ \vee\ x\geq\sqrt{3}$

$x^2-3+1=0$ $x^2=2$ $x=\pm\sqrt{2}$ non accettabili $S=\varnothing$

158 $\sqrt{x-3}=9-2x$ condizione di positività del II membro $9-2x\geq0$ $x\geq\dfrac{9}{2}$

$x-3=81+4x^2-36x$ $4x^2-37x+84=0$

$x=\dfrac{37\pm\sqrt{1369-1344}}{8}=\dfrac{37\pm5}{8}$ $\bigg\langle$ $\dfrac{21}{4}$ soluzione accettabile perché maggiore di $\dfrac{9}{2}$

4 soluzione non accettabile perché minore di $\dfrac{9}{2}$

159 $\sqrt{x+3}-2=\dfrac{1}{2}x$ condizione di esistenza del radicale $x\geq-3$

$x+3-4=\dfrac{1}{4}x^2$

$x^2-4x+4=0$

$x=2\pm\sqrt{4-4}=2$ soluzione accettabile

Risolvi le seguenti equazioni irrazionali che contengono dei radicali al denominatore.

160 **ESERCIZIO GUIDA**

$$\frac{x-1}{\sqrt{3x-x^2}} = \frac{\sqrt{2}}{2}$$

Per l'esistenza del radicale, tenendo presente che si trova al denominatore, deve essere

$$3x - x^2 > 0 \qquad \text{cioè} \qquad 0 < x < 3$$

In tali ipotesi, facciamo il denominatore comune e rendiamo intera l'equazione:

$$2(x-1) = \sqrt{2(3x-x^2)}$$

Condizione di equivalenza: $x - 1 \geq 0$ cioè $x \geq 1$

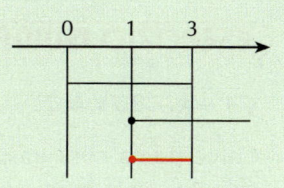

Potremo quindi accettare solo soluzioni che soddisfano il sistema

$$\begin{cases} 0 < x < 3 \\ x \geq 1 \end{cases} \quad \text{e quindi soluzioni appartenenti all'insieme } 1 \leq x < 3.$$

Eleviamo al quadrato e sviluppiamo i calcoli:

$$4(x-1)^2 = 2(3x-x^2) \ \rightarrow \ 2(x-1)^2 = 3x - x^2 \ \rightarrow \ 3x^2 - 7x + 2 = 0 \ \rightarrow \ x = \begin{cases} \frac{1}{3} \\ 2 \end{cases}$$

Delle soluzioni trovate solo 2 appartiene all'intervallo $1 \leq x < 3$, quindi $S = \{2\}$.

In alternativa, dopo aver posto le condizioni di esistenza del radicale che ci permettono eventualmente di scartare subito le eventuali soluzioni che non rispettano questa condizione, si può procedere alla verifica delle soluzioni:

- verifica per $x = \frac{1}{3}$: $\dfrac{\frac{1}{3} - 1}{\sqrt{1 - \frac{1}{9}}} = \dfrac{\sqrt{2}}{2} \qquad \rightarrow \qquad -\dfrac{\sqrt{2}}{2} = \dfrac{\sqrt{2}}{2}$ falso

- verifica per $x = 2$: $\dfrac{2-1}{\sqrt{6-4}} = \dfrac{\sqrt{2}}{2} \qquad \rightarrow \qquad \dfrac{\sqrt{2}}{2} = \dfrac{\sqrt{2}}{2}$ vero

Dunque $S = \{2\}$.

161 $\dfrac{1}{\sqrt{x-3}} = 1$ $\qquad\qquad$ $\dfrac{x}{\sqrt[3]{x+6}} = 1$ $\qquad\qquad$ $[S = \{4\}; \ S = \{2\}]$

162 $\dfrac{x+2}{\sqrt{13+4x}} = 1$ $\qquad\qquad$ $\dfrac{2-x}{\sqrt{x-3}} = -2$ $\qquad\qquad$ $[S = \{3\}; \ S = \{4\}]$

163 $\dfrac{x-3}{2} = \dfrac{x-3}{\sqrt{x}}$ $\qquad\qquad$ $x - 1 = \dfrac{x(x-1)-5}{\sqrt{x^2-2}}$ $\qquad\qquad$ $\left[S = \{3, 4\}; \ S = \left\{ -\dfrac{3}{2} \right\} \right]$

164 $\dfrac{2x-1}{\sqrt{x^2-5}} = \dfrac{5}{2}$ $\qquad\qquad$ $2 + \dfrac{5x^2+x-6}{\sqrt{5x^2-x}} = \sqrt{5x^2-x}$ $\qquad\qquad$ $\left[S = \{3\}; \ S = \left\{ -\dfrac{9}{4}, 1 \right\} \right]$

165 $\dfrac{2}{\sqrt{4-3x}} - x = \sqrt{4-3x}$ $\qquad$ $\sqrt{x-2} + \sqrt{x} = \dfrac{2}{\sqrt{x-2}}$ $\qquad$ $\left[S = \left\{ 1, \dfrac{-4-2\sqrt{7}}{3} \right\}; \ S = \left\{ \dfrac{8}{3} \right\} \right]$

166 $\dfrac{1}{x-\sqrt{x^2-1}} - \dfrac{1}{x+\sqrt{x^2-1}} = 3$ $\qquad\qquad$ $\left[S = \left\{ \pm\dfrac{\sqrt{13}}{2} \right\} \right]$

167 $\sqrt{2x} + \dfrac{2x}{2-\sqrt{2x}} = 2\left(\sqrt{2} + 1 \right)$ $\qquad\qquad$ $[S = \{1\}]$

168 $\sqrt{x-10} - \sqrt{x-5} = \dfrac{5}{\sqrt{x-5}}$ $\qquad\qquad$ $[S = \varnothing]$

169 $\dfrac{5}{2\sqrt{1+x^2}} = \sqrt{1+x^2} + x$ $\qquad\qquad$ $\left[S = \left\{\dfrac{3}{4}\right\}\right]$

170 $\dfrac{10}{\sqrt{9x^2+4}} - 3x = \sqrt{9x^2+4}$ $\qquad\qquad$ $\left[S = \left\{\dfrac{1}{2}\right\}\right]$

(APPROFONDIMENTI) *Le equazioni irrazionali con due radicali*

171 **(ESERCIZIO GUIDA)**

$\sqrt{4-x} - 2\sqrt{x} = 2$

Come prima cosa trasportiamo il secondo radicale al secondo membro per rendere più semplice il calcolo senza porci per il momento il problema della determinazione del dominio:

$$\sqrt{4-x} = 2 + 2\sqrt{x}$$

Eleviamo al quadrato: $\quad 4 - x = 4 + 4x + 8\sqrt{x} \quad \rightarrow \quad 8\sqrt{x} = -5x$

Eleviamo nuovamente al quadrato: $\quad 64x = 25x^2$

Risolviamo l'equazione ottenuta: $\quad x = 0 \ \vee \ x = \dfrac{64}{25}$

Avendo ottenuto soluzioni razionali, conviene procedere alla verifica delle soluzioni:

- per $x = 0$: $\quad \sqrt{4} - 2\sqrt{0} = 2 \qquad \rightarrow \quad 2 = 2 \qquad$ vero

- per $x = \dfrac{64}{25}$: $\quad \sqrt{4 - \dfrac{64}{25}} - 2\sqrt{\dfrac{64}{25}} = 2 \quad \rightarrow \quad -2 = 2 \qquad$ falso

L'insieme delle soluzioni è quindi: $\quad S = \{0\}$.

---

172 $\sqrt{3+x} + 2 = \sqrt{x+19}$ $\qquad$ $\sqrt{x+18} - 3 = \sqrt{x}$ $\qquad$ $\left[S = \{6\}; \ S = \left\{\dfrac{9}{4}\right\}\right]$

173 $\sqrt{3x-1} + \sqrt{3x+1} = 2$ $\qquad$ $2\sqrt{x-1} = 2 - \sqrt{2x-4}$ $\qquad$ $\left[S = \left\{\dfrac{5}{12}\right\}; \ S = \{2\}\right]$

174 $\sqrt[3]{x+8} = 2 + \sqrt[3]{x}$ $\qquad$ $\sqrt[3]{x-1} + \sqrt[3]{3-x} = \sqrt[3]{2}$ $\qquad$ $[S = \{0, -8\}; \ S = \{1, 3\}]$

175 $\sqrt{-3x-1} - \sqrt{4x+3} = 0$ $\qquad$ $\sqrt{x^2-5} + \sqrt{x^2+16} = 7$ $\qquad$ $\left[S = \left\{-\dfrac{4}{7}\right\}; \ S = \{\pm 3\}\right]$

176 $\sqrt{x-3} + \sqrt{x-6} = 3\sqrt{3}$ $\qquad$ $\sqrt{x-1} - \sqrt{3x+1} + 2 = 0$ $\qquad$ $\left[S = \left\{\dfrac{34}{3}\right\}; \ S = \{1, 5\}\right]$

177 $\sqrt{2(6x+5)} = 9 - \sqrt{12x+1}$ $\qquad$ $\sqrt{4(x+1)} = 5 - \sqrt{9-2x}$ $\qquad$ $\left[S = \left\{\dfrac{5}{4}\right\}; \ S = \left\{0, \dfrac{40}{9}\right\}\right]$

178 $\sqrt{4x+2} - \sqrt{4x-2} = 2$ $\qquad$ $\sqrt{2+x} + \sqrt{2-x} = 2$ $\qquad$ $\left[S = \left\{\dfrac{1}{2}\right\}; \ S = \{\pm 2\}\right]$

179 $\sqrt{x^2-x-6} + \sqrt{x-3} = 0$ $\qquad$ $\sqrt{3-x} - \sqrt{x+2} = 1$ $\qquad$ $[S = \{3\}; \ S = \{-1\}]$

180 $\sqrt{1+2x} + \sqrt{2x-1} = x+2$ $\qquad$ $\sqrt{3x+1} - \sqrt{2x+3} = 0$ $\qquad$ $[S = \varnothing; \ S = \{2\}]$

RICORDA

- La disequazione $\sqrt[3]{A(x)} \gtrless B(x)$ è equivalente a $A(x) \gtrless [B(x)]^3$

- La disequazione $\sqrt{A(x)} < B(x)$ è equivalente al sistema $\begin{cases} A(x) \geq 0 \\ B(x) > 0 \\ A(x) < [B(x)]^2 \end{cases}$

- La disequazione $\sqrt{A(x)} > B(x)$ è equivalente ai due sistemi $\begin{cases} B(x) \geq 0 \\ A(x) > [B(x)]^2 \end{cases} \vee \begin{cases} A(x) \geq 0 \\ B(x) < 0 \end{cases}$

  dei quali si deve poi trovare l'unione delle soluzioni.

Comprensione

181 La disequazione $\sqrt{2x^2 + 7x} + 2 > 0$ è verificata:

    a. per $x < -4 \vee x > \dfrac{1}{2}$ **b.** $-4 < x < \dfrac{1}{2}$ **c.** $x \leq -\dfrac{7}{2} \vee x \geq 0$ **d.** per nessun valore di x

182 Indica quali fra le seguenti disequazioni sono impossibili in R:

    a. $\sqrt{x} - 1 > 0$ **b.** $-\sqrt{2 + x} > 1$ **c.** $\sqrt[3]{x - 1} > -3$

    d. $\sqrt{x^2 - 4} > \sqrt{x^2 + 1}$ **e.** $\sqrt{2 - 5x} + 4 < 0$ **f.** $\sqrt{x} + x < 0$

183 Le seguenti affermazioni sono tutte errate; per ognuna trova l'errore e correggi.

    a. $\sqrt{x^2 - 4} > 0$ è verificata $\forall x \in R$

    b. $\sqrt{x + 8} < \sqrt{x + 7}$ è verificata se $x < 0$

    c. $\sqrt{x + 1} + \sqrt{x^2 - 1} \leq 0$ non è mai verificata

    d. $\sqrt{-4 - x^2} > 0$ è verificata $\forall x \in R$

    e. $\sqrt{x^4 + 1} \geq 1$ è verificata se $x \geq 0$

Applicazione

Risolvi le seguenti disequazioni irrazionali con radicali cubici.

184 **ESERCIZIO GUIDA**

$\sqrt[3]{x^3 - 2x^2} < x - 1$

Eleviamo al cubo entrambi i membri e risolviamo la disequazione ottenuta:

$x^3 - 2x^2 < (x - 1)^3 \quad \rightarrow \quad \cancel{x^3} - 2x^2 < \cancel{x^3} - 3x^2 + 3x - 1 \quad \rightarrow \quad x^2 - 3x + 1 > 0$

$x < \dfrac{3 - \sqrt{5}}{2} \vee x > \dfrac{3 + \sqrt{5}}{2}$

185 $x + 3 > \sqrt[3]{x^3 - 1}$ $[S = R]$

186 $x \leq \sqrt[3]{x^3 - x + 1}$ $[x \leq 1]$

187 $\sqrt[3]{2x - 2} < -\sqrt[3]{2x + 5}$ $\left[x < -\dfrac{3}{4} \right]$

188 $\sqrt[3]{3x^2 - 5x + 1} \le \sqrt[3]{x^2 - 1}$ $\left[\dfrac{1}{2} \le x \le 2\right]$

189 $\sqrt[3]{x^3 - x + 1} \ge x - 2$ $[S = R]$

190 $x - 2 > \sqrt[3]{3x^3 - 6x^2}$ $\left[x < -1 - \sqrt{3} \ \lor \ -1 + \sqrt{3} < x < 2\right]$

Risolvi le seguenti disequazioni irrazionali con radicali quadratici.

191 **ESERCIZIO GUIDA**

$\sqrt{-x^2 + 4x - 3} < 2x + 1$

L'indice della radice è pari e la disequazione ha la forma $\sqrt{A(x)} < B(x)$. Essa è quindi equivalente al sistema:

$$\begin{cases} -x^2 + 4x - 3 \ge 0 & \text{esistenza del radicale} \\ 2x + 1 > 0 & \text{il secondo membro deve essere positivo} \\ -x^2 + 4x - 3 < (2x + 1)^2 & \text{verifica della disuguaglianza} \end{cases}$$ $[1 \le x \le 3]$

192 $\sqrt{5 - x} < 1$ $\qquad 2\sqrt{3x - 4} - 3 \le 0$ $\left[4 < x \le 5; \ \dfrac{4}{3} \le x \le \dfrac{25}{12}\right]$

193 $9 - x > \sqrt{10x + 6}$ $\qquad \sqrt{2x + 5} < x + 3$ $\left[-\dfrac{3}{5} \le x < 3; \ x \ge -\dfrac{5}{2} \ \land \ x \ne -2\right]$

194 **ESERCIZIO GUIDA**

$2x - 1 < \sqrt{x^2 - 4x}$

Puoi riscrivere la disequazione nella forma $\sqrt{x^2 - 4x} > 2x - 1$

Essa è del tipo $\sqrt{A(x)} > B(x)$ ed è quindi equivalente ai due sistemi

$$\begin{cases} x^2 - 4x \ge 0 \\ 2x - 1 < 0 \end{cases} \qquad \lor \qquad \begin{cases} 2x - 1 \ge 0 \\ x^2 - 4x > (2x - 1)^2 \end{cases}$$

Risolvendo ciascuno di essi e considerando l'unione delle loro soluzioni trovi quella della disequazione. $[x \le 0]$

195 $2x - 3 < 2\sqrt{x^2 + 2x + 5}$ $\qquad 7x - 1 < \sqrt{5 - 2x}$ $\left[S = R; \ x < \dfrac{6 + 2\sqrt{58}}{49}\right]$

196 $7 - x \le \sqrt{25 - x^2}$ $\qquad \sqrt{3x - 2} > 2(x - 1)$ $\left[3 \le x \le 4; \ \dfrac{2}{3} \le x < 2\right]$

197 $4 - 2x > \sqrt{3x + 4}$ $\qquad 2x - 3 - \sqrt{5 + x} > 0$ $\left[-\dfrac{4}{3} \le x < \dfrac{3}{4}; \ x > \dfrac{13 + \sqrt{105}}{8}\right]$

198 $x + 1 \ge \sqrt{9x^2 - 6x - 8}$ $\qquad \sqrt{9 - x^2} \ge x + 7$ $\left[\dfrac{2 - \sqrt{22}}{4} \le x \le -\dfrac{2}{3} \ \lor \ \dfrac{4}{3} \le x \le \dfrac{2 + \sqrt{22}}{4}; \ S = \emptyset\right]$

199 $\sqrt{3x + x^2 - 10} > x - 2$ $\qquad \sqrt{x^2 + x + 1} < 4$ $\left[x \le -5 \ \lor \ x > 2; \ \dfrac{-1 - \sqrt{61}}{2} < x < \dfrac{-1 + \sqrt{61}}{2}\right]$

200 $x + \sqrt{x^2 + 2x - 3} > 0$ $\qquad \sqrt{\dfrac{4x + 5}{x + 3}} > 2$ $[x \ge 1; \ x < -3]$

201 $x - 1 - \sqrt{x^2 + 2x + 5} > 2$ $\qquad \sqrt{5x + 10} > 8 - x$ $[S = \emptyset; \ x > 3]$

202 $\sqrt{\dfrac{x-9}{x-1}} < 2$ $\qquad$ $\sqrt{4x^2-18} > \dfrac{3}{2}$ $\qquad$ $\left[x < -\dfrac{5}{3} \vee x \geq 9; \, x < -\dfrac{9}{4} \vee x > \dfrac{9}{4}\right]$

203 $2x-8 < \sqrt{16x-x^2}$ $\qquad$ $\sqrt{x^2+x+1} < 2x+3$ $\qquad$ $[0 \leq x < 8; \, x > -1]$

204 $\sqrt{2(x-1)(2x-3)} < 2x+3$ $\qquad$ $\sqrt{6x-x^2} < 3-2x$ $\qquad$ $\left[-\dfrac{3}{22} < x \leq 1 \vee x \geq \dfrac{3}{2}; \, 0 \leq x < \dfrac{3}{5}\right]$

205 $\sqrt{5+2x+x^2} < x-\dfrac{3}{2}$ $\qquad$ $\sqrt{x^2-2x-1} < x-1$ $\qquad$ $[S=\varnothing; \, x \geq 1+\sqrt{2}]$

206 $\sqrt{\dfrac{x-1}{x+2}} > 2$ $\qquad$ $\sqrt{\dfrac{x^3-1}{x}} + 2 < 0$ $\qquad$ $[-3 < x < -2; \, S=\varnothing]$

PROBLEMI

Risolvi i seguenti problemi che hanno come modello un'equazione irrazionale.

207 **ESERCIZIO GUIDA**

La radice quadrata della somma di 8 con il quadrato di un numero è uguale al quadruplo del numero stesso diminuito di 1. Quanto vale il numero?

Indichiamo con x il numero da trovare e traduciamo in un'equazione le informazioni date dal problema:
$$\sqrt{8+x^2} = 4x-1$$

Risolviamo l'equazione:

- condizione di equivalenza: $4x-1 \geq 0$ $\rightarrow$ $x \geq \dfrac{1}{4}$

- eleviamo al quadrato entrambi i membri e troviamo le soluzioni:

$$8+x^2 = (4x-1)^2 \qquad 15x^2-8x-7=0 \qquad \rightarrow \qquad x = \begin{cases} -\dfrac{7}{15} \\ 1 \end{cases}$$

Solo la seconda soluzione soddisfa la condizione di equivalenza ed è la sola soluzione accettabile; dunque $x=1$.

208 Un numero, addizionato alla sua radice quadrata, dà per risultato 6. Trova il numero. $\qquad$ [4]

209 Se al doppio di un numero aggiungi 6 e ne calcoli poi la radice quadrata, trovi la metà del numero stesso aumentata di $\dfrac{5}{2}$. Trova il numero. $\qquad$ [−1]

210 Se alla radice quadrata della differenza del cubo di un numero con il suo quadrato si aggiunge il numero stesso, si trova il doppio del numero diminuito di 1. Trova il numero. $\qquad$ [1]

211 Il doppio della radice cubica di un numero, diminuita di 1, dà per risultato 3. Trova il numero. $\qquad$ [8]

212 Se la somma della radice quadrata di un numero aumentato di 2 con il numero stesso dà 10, quanto vale quel numero? $\qquad$ [7]

213 Un triangolo isoscele ABC ha l'altezza CH relativa alla base AB che misura 8cm. Calcola le misure dei lati del triangolo in modo che il suo perimetro sia pari a 32cm. $\qquad$ [12cm, 10cm, 10cm]

214 Un rettangolo ha la diagonale che misura 15dm. Quanto misurano i suoi lati se il perimetro deve essere $15(\sqrt{3}+1)$dm? $\qquad$ $\left[\dfrac{15}{2}\text{dm}, \dfrac{15}{2}\sqrt{3}\text{dm}\right]$

215 Calcola l'area di un triangolo ABC sapendo che $\overline{AB} = 14a$, $\widehat{CAB} = 60°$ e che il perimetro misura $70a$.

$$\left[105a^2\sqrt{3}\right]$$

216 Sul lato AB di un quadrato $ABCD$ di lato ℓ determina un punto P in modo che valga la relazione $PD + PC = \dfrac{5+\sqrt{17}}{4}\ell$.

$$\left[\overline{AP} = \frac{1}{4}\ell \ \lor \ \frac{3}{4}\ell\right]$$

Per la verifica delle competenze

1 Determina il valore del parametro b affinché l'equazione $b^2x^4 - (b^4 + 1)x^2 + b^2 = 0$ abbia, fra le sue soluzioni, il valore 2.

$$\left[\pm\frac{1}{2}, \pm 2\right]$$

2 Determina il valore del parametro k affinché l'equazione $x^4 - (2k^2 - 1)x^2 - k^4 + 1 = 0$ abbia, fra le sue soluzioni, il valore 1.

$$[k = \pm 1]$$

3 Relativamente all'equazione $\sqrt{x^2 + 5x + 6} = 1 + k$ determina:

a. il valore del parametro reale k in modo che abbia soluzione uguale a -1 e stabilisci poi se per tale valore di k esistono altre soluzioni;

$$[k = \sqrt{2} - 1, x = -4]$$

b. i valori di k per i quali l'equazione non ammette soluzioni reali;

$$[k < -1]$$

c. se esiste un valore di k per il quale l'equazione ammette soluzioni reciproche.

$$[k = -1 + \sqrt{5}]$$

4 Nell'equazione parametrica $2x^2(1 - k) + 3kx + \sqrt{4k^2 - 1} = 0$, determina il valore di k per il quale il prodotto delle soluzioni è uguale a 1.

$$\left[k = \frac{5}{8}\right]$$

5 Determina il dominio della funzione di equazione $y = \sqrt{\sqrt{x^2 + 3x} - 2}$.

$$[x \leq -4 \ \lor \ x \geq 1]$$

6 Dopo averne determinato il dominio, trova gli zeri della funzione $f(x) = 3\sqrt{x + 1} - 2x$.

$$[x = 3]$$

Soluzioni esercizi di comprensione

1 a. V, **b.** F, **c.** F, **d.** V   **2 b.**   **3 b.**

4 a. 1 soluzione; **b.** 1 soluzione; **c.** 2 soluzioni; **d.** 0 soluzioni   **5 c.**

6 c.   **7 a.**   **92 a.** V, **b.** V, **c.** F, **d.** V

93 d.   **94 c.**   **95 a.** F, **b.** F, **c.** V, **d.** V, **e.** F

96 b.   **181 c.**   **182 b., d., e., f.**

183 a. è verificata se il radicale esiste, cioè se $x \leq -2 \lor x \geq 2$; **b.** non è mai vera perché 8 non è minore di 7; **c.** è verificata per $x = -1$ perché questo valore annulla contemporaneamente i due radicali; **d.** il radicando è un numero sempre negativo, la disequazione non ha significato; **e.** è verificata $\forall x \in R$ perché il radicando è sempre positivo e maggiore o uguale a 1

Testfinale di autovalutazione

CONOSCENZE

1 Barra vero o falso.

    a. Se in un'equazione della forma $A(x) = 0$ si verifica che $A(1) = 0$, allora 1 è soluzione dell'equazione.   V F

    b. Se in un'equazione della forma $A(x) = 1$ si verifica che $A(0) = 1$, allora 1 è soluzione dell'equazione.   V F

    c. Se in un'equazione della forma $A(x) = \dfrac{1}{2}$ si verifica che $A\left(\dfrac{1}{2}\right) = 0$, allora $\dfrac{1}{2}$ è soluzione dell'equazione.   V F

    d. Se in un'equazione della forma $A(x) = 2x$ si verifica che $A(3) = 6$, allora 3 è soluzione dell'equazione.   V F

            12 punti

2 L'equazione $\;x^3 - 2x^2 - 3x + 6 = 0\;$ ha come insieme delle soluzioni:

    a. $S = \{2, -3, 3\}$ **b.** $S = \{2\}$ **c.** $S = \{2, -\sqrt{3}, \sqrt{3}\}$ **d.** $S = \{2, \sqrt{3}\}$

            10 punti

3 L'equazione $\;x^2(x - 3) = x^2(x^2 - 4)\;$ è equivalente a:

    a. $x - 3 = x^2 - 4$ **b.** $x = 0 \vee x - 3 = x^2 - 4$

    c. $x = 0 \vee x - 3 = 0 \vee x^2 - 4 = 0$ **d.** nessuna delle precedenti   10 punti

4 L'equazione $\;6x^3 - 19x^2 + 19x - 6 = 0\;$ ha una soluzione uguale a $\dfrac{2}{3}$; senza svolgere calcoli, si può dire che ammette anche una soluzione uguale a:

    a. $\dfrac{3}{2}$ **b.** $-\dfrac{2}{3}$ **c.** $-\dfrac{3}{2}$ **d.** $\dfrac{1}{3}$ 6 punti

5 L'equazione $\;8x^3 + 1 = 0\;$:

    a. non ha soluzioni reali   **b.** ha una sola soluzione reale $x = -\dfrac{1}{2}$

    c. ha una sola soluzione reale $x = \dfrac{1}{2}$ **d.** ha due soluzioni reali $x = \pm\dfrac{1}{2}$ 6 punti

6 L'equazione $\;6x^4 + x^2 - 1 = 0\;$ ha:

    a. due soluzioni reali $-\dfrac{1}{2}, \dfrac{1}{3}$ **b.** due soluzioni reali $\dfrac{1}{2}, -\dfrac{1}{3}$

    c. due soluzioni reali $\pm\dfrac{\sqrt{3}}{3}$ **d.** quattro soluzioni reali $\pm\dfrac{\sqrt{3}}{3}, \pm\dfrac{\sqrt{2}}{2}$

            10 punti

7 Data l'equazione irrazionale $\;\sqrt{x^2 + 3x} = x + 1\;$ quale tra le seguenti affermazioni è la sola falsa?

    a. Le soluzioni devono soddisfare la condizione $x + 1 \geq 0$.

    b. E' sufficiente che le soluzioni soddisfino la condizione $x^2 + 3x \geq 0$.

    c. La condizione $x^2 + 3x \geq 0$ è superflua se si pone $x + 1 \geq 0$.

    d. La soluzione verifica contemporaneamente le condizioni $x^2 + 3x \geq 0$ e $x + 1 \geq 0$.

            10 punti

8 L'equazione $x + 5 = (x - 1)^2$ ammette soluzioni $x = -1 \vee x = 4$. L'equazione $\sqrt{x+5} = x - 1$ ha soluzioni:

 a. $-1 \vee 4$ **b.** solo -1 **c.** solo 4 **d.** né 1 né 4   10 punti

9 Per risolvere la disequazione $\sqrt{x^2 - 4} < x - 1$ si deve risolvere:

 a. il sistema $\begin{cases} x^2 - 4 \geq 0 \\ x - 1 > 0 \\ x^2 - 4 < (x - 1)^2 \end{cases}$ **b.** i due sistemi $\begin{cases} x^2 - 4 \geq 0 \\ x - 1 < 0 \end{cases} \vee \begin{cases} x - 1 \geq 0 \\ x^2 - 4 > (x - 1)^2 \end{cases}$

 c. il sistema $\begin{cases} x^2 - 4 \geq 0 \\ x^2 - 4 < (x - 1)^2 \end{cases}$ **d.** la disequazione $x^2 - 4 < (x - 1)^2$

                           8 punti

10 La disequazione $\sqrt{x - 3} + 1 > 0$

 a. è equivalente a $x - 3 + 1 > 0$ **b.** è impossibile

 c. ha come soluzione R **d.** ha come soluzione $x \geq 3$.   8 punti

Esercizio	1	2	3	4	5	6	7	8	9	10	Totale
Punteggio											

Voto: $\dfrac{\text{totale}}{10} + 1 =$

ABILITÀ

Risolvi in R le seguenti equazioni razionali.

1 $x^4 + 4x^2 = (x + 2)(x^2 + 4)$ 6 punti

2 $3x^3 - 14x^2 + 13x + 6 = 0$ 6 punti

3 $6x^3 - 19x^2 + 19x - 6 = 0$ 6 punti

4 $x^6 - 27 = 0$ 6 punti

5 $12x^4 - 103x^2 + 25 = 0$ 6 punti

6 $\dfrac{3x^2}{x^2 - 1} + \dfrac{2x^4 + 4}{1 - x^4} = \dfrac{8}{5}$ 8 punti

Risolvi le seguenti equazioni irrazionali.

7 $\sqrt{9 - 2x^2} + 1 = x$ 7 punti

8 $\sqrt[3]{x^3 + 7x} = x + 1$ 7 punti

9 $\dfrac{2\sqrt{1 + x} - 1}{\sqrt{1 + x} + 1} = \sqrt{1 + x} - 1$ 9 punti

10 $\dfrac{5}{2} - \sqrt{1 + \dfrac{3}{4}x} = \dfrac{1}{2}\sqrt{x - 3}$ 9 punti

Risolvi le seguenti disequazioni irrazionali.

11 $\sqrt[3]{x+5} > \dfrac{2}{3}x$ | 10 punti

12 $\sqrt{16-x^2} \geq x+4$ | 10 punti

Esercizio	1	2	3	4	5	6	7	8	9	10	11	12	Totale
Punteggio													

Voto: $\dfrac{totale}{10} + 1 =$

Soluzioni

CONOSCENZE

1 a. V, b. F, c. F, d. V   **2** c.   **3** b.   **4** a.

5 b.   **6** c.   **7** b.   **8** c.

9 a.   **10** d.

ABILITÀ

1 $S = \{-1, 2\}$

2 $S = \left\{-\dfrac{1}{3}, 2, 3\right\}$

3 $S = \left\{1, \dfrac{2}{3}, \dfrac{3}{2}\right\}$

4 $S = \{\pm\sqrt{3}\}$

5 $S = \left\{\pm\dfrac{1}{2}, \pm\dfrac{5\sqrt{3}}{3}\right\}$

6 $S = \{-2, 2\}$

7 $S = \{2\}$

8 $S = \left\{1, \dfrac{1}{3}\right\}$

9 $S = \{3, -1\}$

10 $S = \{4\}$

11 $x < 3$

12 $-4 \leq x \leq 0$

Problems - Area 1

GLOSSARY

completing square method	metodo di completamento del quadrato
expression	espressione
even	pari
factor	fattore
fraction	frazione
interval notation	notazione di intervallo
odd	dispari
polynomial	polinomio
quadratic inequality	disequazione di secondo grado
quotient	quoziente
remainder	resto
roommate	compagno di stanza
trinomial	trinomio
vertex (pl. vertices)	vertice
zero	zero (di un polinomio)

1 When the polynomial $ax - 3a - bx + 3b$ is factored completely, **one** of the factors is:

   a. $x + 3$ **b.** $a - b$ **c.** $a + b$ **d.** $3 - x$ **e.** none of these

2 When the polynomial $x^{12} - y^8$ is factored completely, **one** of the factors is:

   a. $x^6 + y^4$ **b.** $x^2 + y^2$ **c.** $x^2 - y^2$ **d.** $x - y$ **e.** none of these

3 Find the quotient and the remainder: $\dfrac{x^3 + 3x^2 - 7x + 6}{x - 2}$

   a. $x^2 + 5x + 3 + \dfrac{12}{x - 2}$ **b.** $x^2 + x - 9 + \dfrac{24}{x - 2}$ **c.** $x^2 + 6x + 5 + \dfrac{6}{x - 2}$

   d. $x^2 - 6x + 5 - \dfrac{12}{x - 2}$ **e.** $x^2 + 3x - 7 + \dfrac{6}{x - 2}$

4 Simplify the rational expression: $\dfrac{x^3 + 3x^2 - 9x - 27}{x^2 + 6x + 9}$

   a. $(x + 3)(x - 3)$ **b.** $x - 3$ **c.** $x + 3$ **d.** $3 - x$ **e.** $(x + 3)(x + 3)$

5 Perform the indicated operation and simplify: $\dfrac{x^3 - 27}{x^2 - 9} : \dfrac{x^2 + 3x + 9}{x^2 + 8x + 15}$

   a. $\dfrac{(x - 3)(x - 3)}{x^2 + 3x + 9}$ **b.** $\dfrac{x + 5}{x - 3}$ **c.** $\dfrac{(x - 3)(x + 3)}{x^2 + 3x + 9}$ **d.** $x + 5$ **e.** none of these

6 Simplify and express the result with positive exponents only: $(2y^3)^4 \cdot (-4y^2)^{-2}$

a. y^8 **b.** $64y^7$ **c.** y^3 **d.** $64y^8$ **e.** none of these

7 Simplify the fraction: $\dfrac{a^{-1}b^{-1}}{a^{-1}+b^{-1}}$

a. $\dfrac{1}{a+b}$ **b.** $\dfrac{1}{ab}$ **c.** $\dfrac{1}{2}$ **d.** $a+b$ **e.** none of these

8 Simplify and express the result with positive exponents only: $\left(\dfrac{5x^{-3}}{3y^2}\right)^{-2}$

a. $\dfrac{5x^6y^4}{3}$ **b.** $\dfrac{9x^6}{25y^4}$ **c.** $\dfrac{9y^4}{25x^9}$ **d.** $\dfrac{9x^6y^4}{25}$ **e.** none of these

9 Solve the equation $\dfrac{x}{x-3}+\dfrac{2}{x}=\dfrac{3}{x-3}$

a. $x=4$ **b.** no solution   **c.** $x=-2$ **d.** $x=3$ or $x=-2$ **e.** $x=6$ or $x=3$

10 If the completing square method is used to solve the equation $4x^2-8x=12$, the number which must be added to both sides to produce a perfect square trinomial on the left is what?

a. 16   **b.** -16 **c.** 4   **d.** 1   **e.** 5

11 The sum of two numbers is 4, and the product of the number is -21. The smaller of the two numbers is:

a. 3   **b.** -3 **c.** 7   **d.** -7 **e.** none of these

12 Solve the equation $x^{-2}-2=x^{-1}$. One of the solutions is:

a. $x=2$ **b.** $x=\dfrac{1}{2}$ **c.** $x=-2$ **d.** $x=1$ **e.** none of these

13 Solve the equation $(x+1)^2+2(x+1)=3$. One of the solutions is:

a. $x=-3$ **b.** $x=1$ **c.** $x=-4$ **d.** $x=3$ **e.** none of these

14 Working together, two roommates can paint their apartament in 10 hours. Working alone, one of them can complete the job in 15 hours less time than the other. How long would the faster person take, working alone?

a. 30 hours   **b.** 15 hours   **c.** 19 hours   **d.** 10 hours   **e.** none of these

15 Determine the vertex and the x-intercepts for the graph of $y=x^2-6x+8$:

a. vertex $(-3, 35)$ x-intercepts at: $(2, 0)$ $(4, 0)$
b. vertex $(3, -1)$ x-intercepts at: $(2, 0)$ $(4, 0)$
c. vertex $(-3, 35)$ x-intercepts at: $(-2, 0)$ $(-4, 0)$
d. vertex $(3, -1)$ x-intercepts at: $(-2, 0)$ $(-4, 0)$
e. none of these

16 Evaluate $f(-2)$ for $f(x)=x^2-(4-x)$:

a. -10 **b.** -6 **c.** 2   **d.** -2 **e.** none of these

17 For the quadratic function $f(x)=2x^2+8x+7$:

a. determine the vertex of the parabola defined by the function $f(x)$;
b. determine all x-intercept of the graph of $f(x)$.

18 Solve the quadratic inequality and write your answer in interval notation $2x^2-4x-5\geq 0$.

a. $(-\infty, -0.87]\cup[2.87, +\infty)$ **b.** $[-0.87, 2.87]$

c. $(-\infty, -1]\cup[2.5, +\infty)$ **d.** $[-1, 2.5]$ **e.** none of these

19 Choose the correct graph of the equation $y = (x-3)^2 - 4$

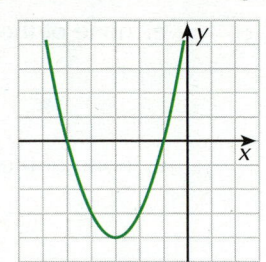 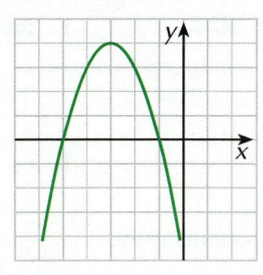 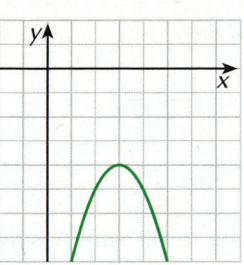 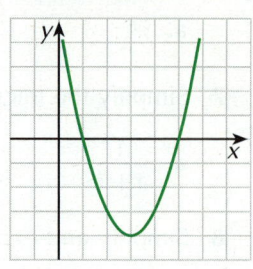

a.   **b.**   **c.**   **d.**

e. none of these.

20 Solve the rational inequality $\dfrac{16x}{x+3} \leq 2x$

a. $(-3, 0] \cup [5, +\infty)$ **b.** $[-3, 5]$ **c.** $[8, 5]$ **d.** $(-3, 0) \cup (5, 8)$ **e.** $(-3, 5) \cup (8, +\infty)$

21 Solve the equation $x^3 + x^2 - 6x = 0$.

22 Solve the equation $\sqrt{1-5x} + 5 = 1$

a. $x = -3$ **b.** $x = 1$ **c.** $x = \dfrac{4}{5}$ **d.** $x = -1$ **e.** no solution

23 Find the real zeros of the polynomial: $P(x) = (x+1)(x^2 - 5x + 6)$

a. $x = 1$ $x = -5$ and $x = 6$
b. $x = -1$ $x = 2$ and $x = 3$
c. $x = -1$ $x = 1$ and $x = 6$
d. $x = 1$ $x = -2$ and $x = -3$
e. $x = 1$ $x = 5$ and $x = -6$

24 Solve the system of equations $\begin{cases} x^2 + y^2 = 36 \\ x - y = -6 \end{cases}$

a. $(0, 6)\ \ (-6, 0)$ **b.** $(6, 0)$ only   **c.** $(5, 11)$ **d.** $(2, 8)$ **e.** none of these

Solutions.

1 b.   **2** a.   **3** a.   **4** b.   **5** d.   **6** a.   **7** a.   **8** d.

9 c.   **10** c.   **11** b.   **12** b.   **13** c.   **14** b.   **15** b.   **16** d.

17 $V(-2, -1); \dfrac{-4 \pm \sqrt{2}}{2}$ **18** a.   **19** d.   **20** a.   **21** $S = \{-3, 0, 2\}$ **22** e.   **23** b.

24 a.

La circonferenza e i poligoni

I LUOGHI GEOMETRICI E LA CIRCONFERENZA

la teoria è a pag. 115

RICORDA

■ Si chiama circonferenza il luogo dei punti del piano che hanno la stessa distanza da un punto fisso detto centro; tale distanza è il raggio della circonferenza.

■ Cerchio è la parte di piano delimitata da una circonferenza; un cerchio è il luogo dei punti che hanno distanza dal centro minore o uguale al raggio.

■ In una circonferenza:
- il centro è centro di simmetria
- ogni retta per il centro è asse di simmetria
- ogni corda viene dimezzata dal raggio ad essa perpendicolare
- corde congruenti hanno la stessa distanza dal centro e viceversa
- angoli al centro congruenti sottendono corde congruenti e viceversa.

Comprensione

1 Un luogo di punti è:
   a. l'insieme dei punti che possiedono una proprietà p
   b. l'insieme dei punti che soddisfano una proprietà p in modo che nessun altro punto la soddisfi
   c. l'insieme dei punti che possiedono solo una data proprietà p
   d. una qualunque linea formata da punti.

2 Dopo aver dato la definizione di circonferenza e di cerchio, spiega il significato dei seguenti termini:
   a. corda e diametro   **b.** segmento circolare a una e a due basi
   c. settore circolare   **d.** arco e angolo al centro.

es. 3

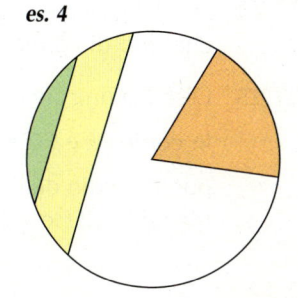

3 Con riferimento alla figura indica se le seguenti proposizioni sono vere o false:

   a. il punto O è un punto della circonferenza   Ⓥ Ⓕ

   b. CB è una corda   Ⓥ Ⓕ

   c. $\widehat{COB}$ è un angolo al centro   Ⓥ Ⓕ

   d. $\widehat{BAD}$ è uno dei due archi individuati dai punti D e B.   Ⓥ Ⓕ

es. 4

4 Osserva la figura e completa assegnando il nome corretto alle parti indicate:

   a. la parte in arancio è un ....   **b.** la parte in verde è un ....
   c. la parte in giallo è un ....

5 Barra vero o falso.

a. Ogni diametro di una circonferenza è anche una corda. ☑ ☒

b. Ogni corda di una circonferenza è anche diametro. ☑ ☒

c. Un angolo al centro di una circonferenza è sempre convesso. ☑ ☒

d. Due punti su una circonferenza individuano sempre due archi che sono sottesi dalla stessa corda. ☑ ☒

6 Una circonferenza è individuata in modo unico se sono dati:

a. il centro e il raggio ☑ ☒

b. il centro ed un punto che le appartiene ☑ ☒

c. una corda qualsiasi ☑ ☒

d. gli estremi di un diametro ☑ ☒

e. tre punti non allineati ☑ ☒

f. quattro punti non allineati ☑ ☒

g. due punti. ☑ ☒

7 Completa le seguenti proposizioni relative ad una circonferenza:

a. angoli al centro congruenti insistono ....

b. se due archi sono disuguali gli angoli al centro corrispondenti ....

c. la corda che ha lunghezza maggiore è ....

d. se due corde hanno diversa distanza dal centro allora ....

Applicazione

8 Determina il luogo dei punti equidistanti dai lati congruenti di un triangolo isoscele; dimostra poi che il punto di intersezione delle perpendicolari a tali lati condotte per gli estremi della base appartiene al luogo individuato.

9 Sono dati due segmenti AB e CD non paralleli; sfruttando il concetto di luogo, determina un punto P non appartenente ad essi in modo che i triangoli PAB e PCD siano isosceli.

10 Considera l'insieme dei triangoli ABC che hanno per base un segmento AB e per altezza un segmento di lunghezza h; qual è il luogo dei vertici C?

11 Un rettangolo $ABCD$ ha il lato AB di lunghezza assegnata a ed il lato BC di lunghezza variabile; qual è il luogo dei centri di questi rettangoli?

12 Un quadrato ha il lato AB di lunghezza variabile che appartiene ad una semiretta fissa r di origine A; qual è il luogo dei centri del quadrato?

es. 13

13 Di una circonferenza si sa che ha centro su una retta r e che ha come corda un segmento AB come in figura. Come puoi disegnare la circonferenza?

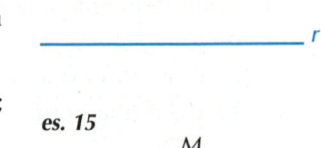

14 Sia A l'insieme degli archi di una circonferenza e B l'insieme delle corde; che tipo di corrispondenza si può stabilire fra archi e corde?

es. 15

15 Disegna una circonferenza e prendi su di essa tre punti E, F e G in modo che le corde FE e FG siano congruenti. Come sono gli archi $\overset{\frown}{EF}$ e $\overset{\frown}{GF}$? Se M è il punto medio dell'arco $\overset{\frown}{FE}$ e N è il punto medio dell'arco $\overset{\frown}{FG}$, come sono i triangoli MEF e NFG?

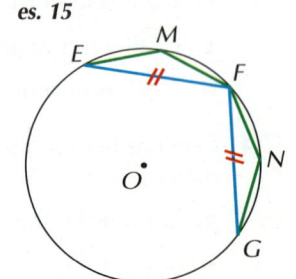

Da un punto *P* di una circonferenza escono due corde. Dimostra che se esse formano angoli congruenti con il diametro che passa per *P*, allora sono anch'esse congruenti. Viceversa, dimostra che se le corde sono congruenti, la bisettrice dell'angolo da esse formato passa per il centro della circonferenza.

Per la prima parte della dimostrazione considera gli archi sottesi dalle due corde.

Per la seconda parte osserva che $\overset{\frown}{ABP}$ è isoscele e che quindi la bisettrice è anche mediana e altezza.

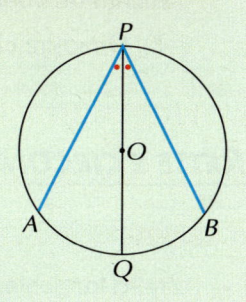

17 Sui raggi *CA* e *CB* di una circonferenza di centro *C* si prendono due punti *D* ed *E* in modo che sia $CD \cong CE$. Dimostra che *DE* è parallelo ad *AB*.

18 Dimostra che se un diametro è asse di due corde *AB* e *CD* di una circonferenza, queste sono parallele. Dimostra inoltre che in questo caso gli archi $\overset{\frown}{AC}$ e $\overset{\frown}{BD}$ sono fra loro congruenti.

es. 18

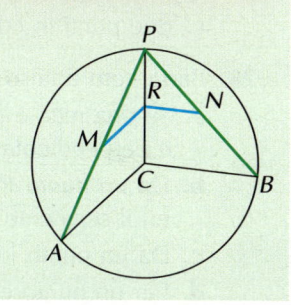

19 Considera su una corda *AB* di una circonferenza di centro *C*, due punti *R* ed *S* equidistanti dai suoi estremi. Dimostra che $CR \cong CS$.

20 Prolunga una corda *AB* di una circonferenza, di due segmenti congruenti *EA* e *BD*. Congiungi *E* e *D* con il punto medio *M* di uno dei due archi determinati dalla corda. Dimostra che il triangolo *EMD* è isoscele.

Da un punto *P* di una circonferenza di centro *C* traccia due corde qualsiasi *PA* e *PB* e indica con *M* e *N* i loro punti medi; traccia il raggio *CP* e indica con *R* il suo punto medio. Dimostra che $MR \cong RN$.

Traccia i raggi *CA* e *CB* e considera il triangolo *PAC* : il segmento *MR* congiunge i punti medi dei lati *AP* e *PC* ed è quindi congruente a ....; analogamente, nel triangolo *PCB* il segmento *RN* è congruente a ...., quindi ....

22 Considera un angolo al centro di una circonferenza di centro *C*, i cui lati tagliano la circonferenza nei punti *A* e *B*. Sui lati dell'angolo prendi due punti *D* ed *E* tali che $CE \cong CD$. Dimostra che $DE \parallel AB$.

23 Sono dati una circonferenza γ e due punti *A* e *B* su di essa che individuano una corda *AB* di lunghezza assegnata *a*; qual è il luogo dei punti medi della corda *AB* al variare dei punti *A* e *B* su γ ? (Suggerimento: al variare di *A* e *B* sulla circonferenza la lunghezza della corda si mantiene invariata, quindi anche la sua distanza dal centro rimane costante; il luogo dei punti medi è quindi ....)

24 Disegna un angolo convesso $\overset{\frown}{ab}$ di vertice *V*, traccia la sua bisettrice e prendi un punto *C* su di essa in modo che si possa tracciare una circonferenza con centro in *C* e raggio minore del segmento *CV*, che incontri la semiretta *a* nei punti *A* e *B* e la semiretta *b* nei punti *D* ed *E*. Dimostra che:
a. le corde *AB* e *DE* sono congruenti
b. $VB \cong VE$.

25 Considerate due corde congruenti *PQ* ed *RS* di una circonferenza che non si intersecano (i punti *P, Q, R, S* si susseguono nell'ordine), indica con *T* e *V* i punti di intersezione fra la circonferenza e la retta che unisce i punti medi *M* e *N* delle due corde. Dimostra la congruenza dei segmenti *PT, VS* e *TQ, VR*. (Suggerimento: puoi dimostrarlo sia utilizzando i criteri di congruenza dei triangoli, sia considerando la simmetria rispetto all'asse della corda *QR* o *PS*)

26 In una circonferenza di centro O è data una corda AB; prolunga tale corda dalla parte di B di un segmento BC congruente al raggio e traccia la semiretta CO che incontra la circonferenza oltre O nel punto D. Dimostra che l'angolo $\widehat{AOD}$ è triplo dell'angolo $\widehat{ACO}$.

RETTE E CIRCONFERENZE: POSIZIONI RECIPROCHE

la teoria è a pag. 119

> **RICORDA**
>
> - La **retta tangente ad una circonferenza** ed il raggio passante per il punto di tangenza sono fra loro perpendicolari.
>
> - Se da un punto P esterno ad una circonferenza si conducono le rette tangenti, i segmenti di tangente sono congruenti e la retta che congiunge P con il centro è bisettrice dell'angolo formato dalle tangenti.
>
> - Se due circonferenze sono **tangenti internamente o esternamente** la tangente comune nel punto di intersezione è perpendicolare alla retta dei centri.

Comprensione

27 Completa le seguenti proposizioni motivandole ogni volta.

Se una retta e una circonferenza hanno:

a. un punto in comune, allora sono .... e la distanza della retta dal centro è ....

b. nessun punto in comune, allora sono .... e la distanza della retta dal centro è ....

c. due punti in comune, allora sono .... e la distanza della retta dal centro è ....

28 Barra vero o falso.

a. Se una retta è tangente ad una circonferenza, allora il raggio nel punto di tangenza è perpendicolare alla retta. ⊻ 𝔽

b. Da un punto P esterno ad una circonferenza di centro C si conducono le tangenti ed il segmento CP: i segmenti di tangenza sono congruenti a CP. ⊻ 𝔽

c. Da un punto interno ad una circonferenza si possono condurre solo rette secanti. ⊻ 𝔽

d. Per un punto che appartiene ad una circonferenza si possono condurre solo rette tangenti. ⊻ 𝔽

29 Sono dati una circonferenza γ di centro O e un punto P; si può dire che:

① se $P \in \gamma$, allora si può dire che:

a. esiste una sola retta tangente passante per P ⊻ 𝔽

b. la tangente è perpendicolare al diametro perpendicolare ad OP ⊻ 𝔽

c. P è il punto della tangente che ha minore distanza da O ⊻ 𝔽

② se $P \notin \gamma$, allora si può dire che:

a. esistono due rette tangenti per P ⊻ 𝔽

b. i segmenti di tangente sono congruenti ⊻ 𝔽

c. PO è la bisettrice dell'angolo al centro formato dai raggi passanti per i punti di tangenza. ⊻ 𝔽

30 Dagli estremi di un diametro si conducono le rette tangenti alla circonferenza; tali rette sono:

a. perpendicolari

b. parallele

c. incidenti ma non perpendicolari.

Dai la risposta corretta dando motivazione della tua scelta.

31 I segmenti di tangente condotti ad una circonferenza da un punto esterno sono congruenti al raggio. Il quadrilatero da essi formato con i raggi nei punti di tangenza è:
a. un rombo
b. un quadrato
c. un rettangolo
d. un quadrilatero senza nessuna caratteristica particolare.

Dai la risposta corretta dando motivazione della tua scelta.

32 Completa le seguenti proposizioni in modo che risultino vere.
Due circonferenze si dicono:
a. esterne l'una all'altra se .... **b.** tangenti esternamente se ....
c. secanti se .... **d.** tangenti internamente se ....
e. interne l'una all'altra se .... **f.** concentriche se ....

33 Indicata con d la distanza fra i centri di due circonferenze e con a e b i rispettivi raggi (con $a > b$), indica qual è la posizione reciproca delle due circonferenze nei seguenti casi:
a. $d \cong a + b$
b. $d > a - b$ e $d < a + b$
c. $d \cong a - b$
d. $d > a + b$

34 Nelle seguenti proposizioni sono state date definizioni incomplete; riscrivile completando.
a. Due circonferenze sono esterne se non si intersecano e ....
b. Due circonferenze sono tangenti internamente se i punti dell'una sono interni all'altra e ....
c. Due circonferenze sono tangenti esternamente se hanno un solo punto di intersezione e ....

Applicazione

35 ┃**ESERCIZIO GUIDA**┃

Disegna una circonferenza di diametro AB e centro C e traccia le rette tangenti in A e in B; una terza tangente in un punto D della circonferenza interseca le altre due rispettivamente in P e in Q. Dimostra che $PQ \cong PA + QB$.

Considera i segmenti di tangente uscenti da P e da Q; il segmento PA è congruente al segmento ...., il segmento QB è congruente al segmento ...., quindi ....

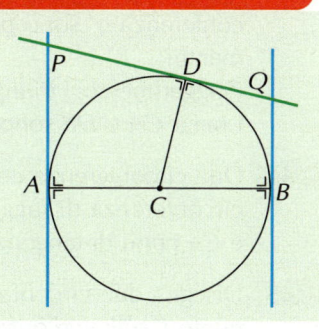

36 E' data la semicirconferenza di diametro AB. Conduci da B la tangente alla semicirconferenza e prendi su di essa un punto M in modo che sia $BM \cong AB$. Dimostra che il segmento AM divide la semicirconferenza in due archi congruenti.

37 Da un punto P esterno ad una circonferenza di centro C traccia le due tangenti e siano E ed F i punti di tangenza. Dimostra che la semiretta PC è asse di EF e che, detto T il suo punto di intersezione con la circonferenza oltre C, il triangolo ETF è isoscele.
(Suggerimento: per il teorema sulle tangenti puoi dire che il triangolo PEF è isoscele e che PC è la bisettrice dell'angolo al vertice, quindi ....)

es. 37

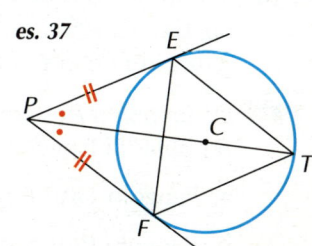

Due circonferenze sono tangenti internamente in P; dall'estremo A del diametro PA della circonferenza più esterna traccia le tangenti alla circonferenza interna; esse intersecano in B e C la tangente comune per P. Dimostra che il triangolo ABC è isoscele.

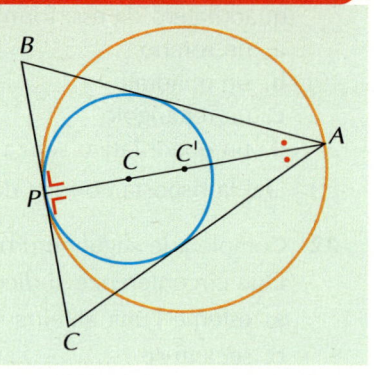

Per le proprietà delle rette tangenti $\widehat{BAP} \cong \widehat{CAP}$ e $BC \perp PA$.

I due triangoli rettangoli BAP e CAP sono quindi congruenti e perciò $AB \cong AC$. Il triangolo ABC è quindi isoscele.

39 Da un punto P di una circonferenza di centro C traccia la retta r ad essa tangente; traccia poi un diametro qualsiasi AB e dai suoi estremi A e B le perpendicolari AH e BK a r. Dimostra che il triangolo CHK è isoscele.
(Suggerimento: traccia il raggio PC e considera il fascio di rette parallele che si è venuto in questo modo a determinare)

40 Due circonferenze sono interne l'una all'altra; una retta t perpendicolare alla retta dei centri incontra la circonferenza minore in A e B e quella maggiore in C e D. Dimostra che i segmenti AC e BD sono congruenti.

41 Considera due circonferenze secanti e congruenti di centri C e C' ed una delle loro tangenti comuni. Siano A e B i punti di tangenza. Dimostra che il quadrilatero $CC'BA$ è un rettangolo.

42 Due circonferenze congruenti di centri O e O' sono tangenti esternamente; una retta parallela alla retta dei centri interseca la prima circonferenza in A e B, la seconda C e D. Dimostra che i quadrilateri $OO'CA$ e $OO'DA$ sono rispettivamente un parallelogramma e un trapezio isoscele.

43 Due circonferenze γ e γ' rispettivamente di centri C e D sono tangenti esternamente in P; una retta per P incontra γ in A e γ' in B. Dimostra che le tangenti condotte per A alla circonferenza γ e per B alla circonferenza γ' sono parallele. La stessa proprietà vale anche se le circonferenze sono tangenti internamente?
(Suggerimento: i triangoli CAP e DPB sono isosceli ed hanno gli angoli ordinatamente congruenti, quindi i raggi CA e DB sono ....)

44 Due circonferenze concentriche hanno i raggi che sono uno il doppio dell'altro; per un punto A della circonferenza di raggio maggiore traccia le tangenti alla circonferenza ad essa interna e indica con B e C i punti di tangenza. Dimostra che il triangolo ABC è equilatero.

45 Disegna due circonferenze concentriche di centro C in cui un raggio è il doppio dell'altro; prendi un punto P sulla circonferenza più interna e traccia da P la retta ad essa tangente che interseca la circonferenza maggiore in R e in S; traccia infine il raggio CT della circonferenza maggiore che passa per P. Che tipo di quadrilatero è $CRTS$?

46 Per un punto A di una circonferenza di centro O conduci la retta tangente e prendi su di essa, da parti opposte rispetto ad A, due punti B e C tali che sia $BA \cong CA$. Le rette BO e CO incontrano la circonferenza in D e in E (oltre O). Dimostra che il quadrilatero $BCDE$ è un trapezio isoscele.

47 Da un punto P esterno ad una circonferenza di centro O traccia le rette ad essa tangenti e indica con A e B i punti di tangenza; traccia poi il diametro uscente da A e traccia la corda AB. Dimostra che:

a. l'angolo $\widehat{OAB}$ (oppure $\widehat{OBA}$) è la metà dell'angolo formato dalle tangenti

b. l'angolo $\widehat{PAB}$ è la metà dell'angolo $\widehat{AOB}$.

> **RICORDA**
>
> - Un **angolo alla circonferenza** è congruente alla metà del corrispondente angolo al centro.
> - Angoli alla circonferenza che insistono sullo stesso arco o su archi congruenti sono congruenti.
> - Un angolo alla circonferenza che insiste su una semicirconferenza è retto.

Comprensione

48 Dopo averne dato la definizione, indica quali fra i seguenti sono angoli alla circonferenza.

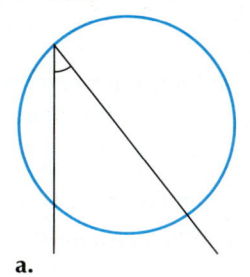 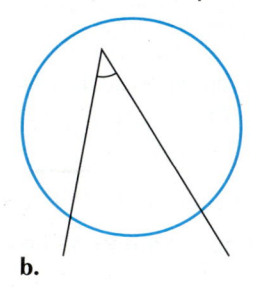 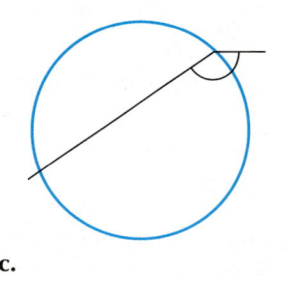 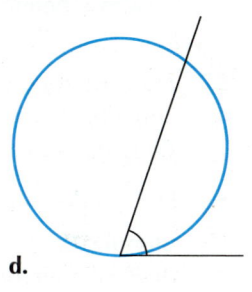

a. **b.** **c.** **d.**

49 Se α è un angolo alla circonferenza e β è il corrispondente angolo al centro, quale fra le seguenti relazioni è esatta?

a. $\alpha \cong \beta$ **b.** $\alpha \cong 2\beta$ **c.** $\beta \cong 2\alpha$ **d.** $\beta \cong 180° - \alpha$

50 Barra vero o falso.

a. Ogni angolo alla circonferenza ha un solo angolo al centro corrispondente.   V F

b. Ogni angolo al centro ha un solo angolo alla circonferenza corrispondente.   V F

c. Angoli alla circonferenza che insistono su archi congruenti sono congruenti.   V F

d. Se un angolo alla circonferenza è retto, i punti in cui i suoi lati intersecano la circonferenza sono diametralmente opposti.   V F

51 E' dato un triangolo ABC rettangolo in A; esiste sempre una circonferenza che passa per A ed ha per diametro BC. Stabilisci se questa affermazione è vera o falsa motivando la risposta.

Applicazione

52 Due corde AB e CD di una circonferenza si intersecano in P. Dimostra che i triangoli PAC e PBD hanno gli angoli ordinatamente congruenti.

53 In un triangolo ABC traccia le altezze AM relativa al lato BC e BL relativa al lato AC. Dimostra che i punti A, B, M, L, giacciono sulla stessa circonferenza.
(Suggerimento: i triangoli ALB e AMB sono rettangoli, quindi ....)

es. 54

54 Due circonferenze congruenti si intersecano nei punti R ed S; traccia da R una retta qualsiasi che intersechi ulteriormente le due circonferenze in P e Q. Dimostra che il triangolo SPQ è isoscele.
(Suggerimento: considera gli angoli alla circonferenza di vertici P e Q)

55 Considera un punto P su una circonferenza di diametro AB e centro O. Traccia i segmenti PA, PB e la semiretta PO di origine P che incontra ulteriormente la circonferenza in D. Posto $\widehat{PAB} = \alpha$, esprimi in funzione di α gli angoli della figura. Come sono i segmenti AP e BD?

AB e CD sono due corde perpendicolari di una circonferenza. Dimostra che la somma di due archi non consecutivi individuati da tali corde è congruente alla somma degli altri due.

Devi dimostrare che $\overset{\frown}{AD} + \overset{\frown}{BC} \cong \overset{\frown}{AC} + \overset{\frown}{BD}$.
Considera allora gli angoli alla circonferenza che insistono sui quattro archi:

per gli archi AD e BC : $\qquad \widehat{ACD} + \widehat{CAB} = \dots\dots\dots$

per gli archi AC e BD : $\qquad \widehat{CBA} + \widehat{BCD} = \dots\dots\dots$

La somma degli angoli al centro corrispondenti è quindi un angolo piatto e perciò $\dots\dots\dots\dots\dots$

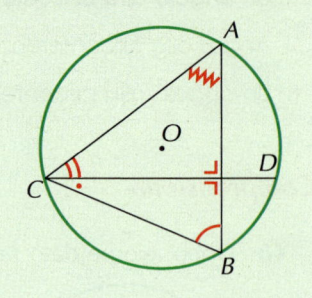

57 PQ e RS sono due corde parallele di una circonferenza. Indicato con O il punto di intersezione di QS con PR, dimostra che sono congruenti i triangoli PRS e QRS, PRQ e PSQ. Che tipi di triangoli sono OPQ e ORS?

58 Su uno dei due archi $\overset{\frown}{AB}$ di una circonferenza fissa un punto P; traccia la semiretta AP di origine A e prendi su di essa un punto S esterno alla circonferenza. Dimostra che l'angolo $\widehat{SPB}$ è costante al variare di P sulla circonferenza.

59 Su una circonferenza di diametro AB considera un punto C in modo che l'angolo $\widehat{CAB}$ sia doppio dell'angolo $\widehat{CBA}$. Dimostra che la corda AC è congruente al raggio della circonferenza.

60 Due circonferenze sono tangenti internamente e quella più interna passa per il centro C di quella più esterna. Dal punto P di tangenza conduci una semiretta che incontra la circonferenza maggiore in R e quella minore in Q. Dimostra che $PR \cong 2PQ$.

es. 60

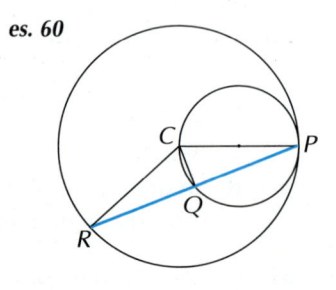

61 Su una circonferenza di centro C prendi tre punti A, B, D in modo che $AB \cong AD \cong BD$. Traccia il diametro AE uscente da A e dimostra che il triangolo CBE è equilatero e che ammette la retta BD come asse di simmetria.

62 Due circonferenze congruenti si intersecano in A e B; la retta dei centri interseca la prima circonferenza in P e Q, la seconda in R e S (i punti si susseguono in questo ordine: P, R, Q, S). Dimostra che i quadrilateri APBS e ARBQ sono dei rombi.

63 Siano $\overset{\frown}{AB}$ e $\overset{\frown}{DE}$ due archi congruenti di una circonferenza. Dimostra che il quadrilatero ABDE (oppure ABED a seconda di come hai disposto le lettere) è un trapezio isoscele.

64 Traccia la bisettrice dell'angolo di vertice B di un triangolo rettangolo ABC di ipotenusa BC e sia F l'intersezione fra la bisettrice ed il lato AC. Considera la circonferenza di diametro BF e chiama P il suo ulteriore punto di intersezione con l'ipotenusa. Dimostra che esiste una circonferenza di centro F che è tangente al cateto AB e all'ipotenusa BC; qual è il raggio di tale circonferenza?
(Suggerimento: traccia il segmento PF e considera che anche l'angolo $\widehat{BPF}$ è retto perché $\dots\dots\dots$)

es. 64

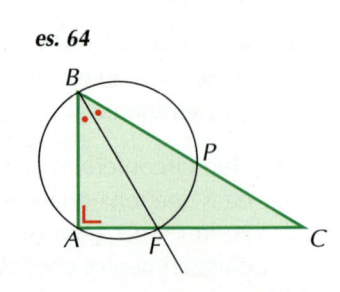

65 Data una corda AE di una circonferenza, considera un triangolo isoscele AEV contenente il centro della circonferenza ed avente il vertice V esterno al cerchio. Indicati con B e D i punti di intersezione dei lati VA e VE con la circonferenza, dimostra che le corde BE ed AD sono congruenti e che $VB \cong VD$.

66 Due circonferenze congruenti si intersecano in P e Q; traccia per P la retta tangente ad una delle circonferenze ed indica con R l'ulteriore punto di intersezione con l'altra circonferenza. Dimostra che gli angoli $\widehat{RPQ}$ e $\widehat{PRQ}$ sono congruenti.

(Suggerimento: l'angolo $\widehat{RPQ}$ ha un lato tangente ed un lato secante alla circonferenza di centro C ed insiste quindi sull'arco ....; l'angolo $\widehat{PRQ}$ insiste sull'arco ...., quindi ....)

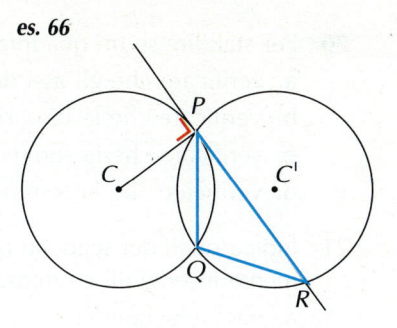

es. 66

POLIGONI INSCRITTI E POLIGONI CIRCOSCRITTI

la teoria è a pag. 125

Comprensione

67 Un quadrilatero $ABCD$ è inscritto in una circonferenza; indica quali, fra le seguenti situazioni, sono compatibili con questa caratteristica:

a. $\widehat{A} = 85°$ $\widehat{B} = 78°$ $\widehat{C} = 95°$ $\widehat{D} = 102°$

b. $\widehat{A} = 45°$ $\widehat{B} = 128°$ $\widehat{C} = 84°$ $\widehat{D} = 103°$

c. $\widehat{A} = 165°$ $\widehat{B} = 15°$ $\widehat{C} = 90°$ $\widehat{D} = 90°$

d. $\widehat{A} = 115°$ $\widehat{B} = 120°$ $\widehat{C} = 65°$ $\widehat{D} = 60°$

e. $\widehat{A} = 115°$ $\widehat{B} = 83°$ $\widehat{C} = 65°$ $\widehat{D} = 97°$.

68 Per stabilire se un quadrilatero è inscrittibile in una circonferenza si può:

a. verificare che gli assi dei suoi lati si incontrino nello stesso punto   V F

b. verificare che le bisettrici dei suoi angoli si incontrino nello stesso punto   V F

c. verificare che abbia gli angoli opposti supplementari   V F

d. verificare che abbia i lati a due a due paralleli.   V F

69 Un quadrilatero $ABCD$ è circoscritto ad una circonferenza; indica quali, fra le seguenti situazioni, sono compatibili con questa caratteristica:

a. $\overline{AB} = 15$ $\overline{BC} = 25$ $\overline{DC} = 30$ $\overline{AD} = 20$

b. $\overline{AB} = 36$ $\overline{BC} = 28$ $\overline{DC} = 30$ $\overline{AD} = 34$

c. $\overline{AB} = 14$ $\overline{BC} = 18$ $\overline{DC} = 32$ $\overline{AD} = 26$

d. $\overline{AB} = 12$ $\overline{BC} = 29$ $\overline{DC} = 22$ $\overline{AD} = 13$.

70 Per stabilire se un quadrilatero è circoscrittibile ad una circonferenza si può:

a. verificare che gli assi dei suoi lati si incontrino nello stesso punto   V F

b. verificare che le bisettrici dei suoi angoli si incontrino nello stesso punto   V F

c. verificare che la somma di due lati opposti sia congruente alla somma degli altri due   V F

d. verificare che la somma di due lati consecutivi sia congruente alla somma degli altri due.   V F

71 Indica quali dei seguenti quadrilateri sono sempre inscrittibili, sempre circoscrittibili o contemporaneamente inscrittibili e circoscrittibili ad una circonferenza, motivando le tue risposte:

a. parallelogramma   b. rettangolo

c. rombo   d. quadrato.

72 Un quadrilatero ha due angoli retti; si può dire che:

a. è sempre inscrittibile in una circonferenza   V F

b. è sempre circoscrittibile a una circonferenza   V F

c. è inscrittibile in una circonferenza solo se gli angoli retti sono opposti   V F

d. è circoscrittibile ad una circonferenza solo se gli angoli retti sono opposti.   V F

73 Il quadrilatero in figura è formato dall'accostamento di due triangoli rettangoli congruenti; indica quali delle seguenti affermazioni è corretta:

a. è sempre solo inscrittibile in una circonferenza

b. è sempre solo circoscrittibile ad una circonferenza

c. è sempre sia inscrittibile che circoscrittibile ad una circonferenza.

74 Barra vero o falso.

a. Se un poligono è circoscrittibile ad una circonferenza allora è regolare.   V F

b. Se un poligono è regolare allora è inscrittibile in una circonferenza.   V F

c. Il centro della circonferenza inscritta e quello della circonferenza circoscritta ad un poligono regolare sono in genere due punti diversi.   V F

d. La circonferenza inscritta e quella circoscritta ad un poligono regolare sono concentriche.   V F

75 Barra vero o falso.

a. Un triangolo è sempre inscrittibile e circoscrittibile ad una circonferenza.   V F

b. Il centro della circonferenza inscritta in un triangolo è il punto d'incontro degli assi dei lati.   V F

c. Il centro della circonferenza inscritta in un triangolo è il punto d'incontro delle bisettrici degli angoli.   V F

d. Il centro della circonferenza circoscritta a un triangolo è il punto d'incontro delle altezze.   V F

e. Il centro della circonferenza circoscritta a un triangolo è il punto d'incontro degli assi dei lati.   V F

76 In un triangolo isoscele i punti notevoli:

a. appartengono tutti alla retta dell'altezza relativa ad uno dei lati obliqui;

b. appartengono tutti alla retta della mediana relativa alla base;

c. non sono allineati;

d. sono allineati solo se il triangolo è equilatero.

Applicazione

77 Dimostra che la mediana relativa all'ipotenusa di un triangolo rettangolo è congruente al raggio della circonferenza ad esso circoscritta.

78 Dimostra che un trapezio isoscele è sempre inscrittibile in una circonferenza.

79 Dimostra che gli assi dei lati di un trapezio isoscele passano tutti per uno stesso punto. Che cosa rappresenta tale punto?

80 Da un punto P esterno ad una circonferenza di centro C, traccia le tangenti PR e PS. Dimostra che il quadrilatero $PRCS$ è inscrittibile e circoscrittibile ad una circonferenza.

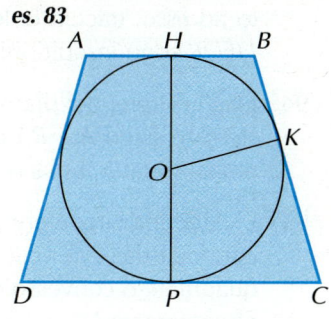
es. 83

81 Dimostra che se un parallelogramma è circoscritto ad una circonferenza, allora è un rombo.

82 Un quadrilatero è inscritto in una circonferenza; come sono fra loro gli angoli esterni di due angoli opposti?

83 Dimostra che un trapezio isoscele circoscritto ad una circonferenza ha il lato obliquo congruente alla semisomma delle basi.

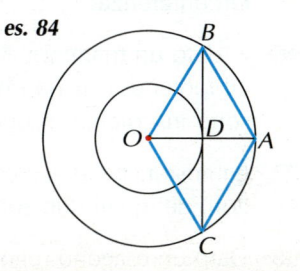
es. 84

84 Due circonferenze concentriche di centro O hanno i raggi che sono uno il doppio dell'altro. Un raggio OA della circonferenza maggiore incontra quella minore in D; sia BC la corda della circonferenza esterna tangente a quella interna in D. Dimostra che il quadrilatero $OBAC$ è circoscrittibile ad una circonferenza.

85 **ESERCIZIO GUIDA**

> Dimostra che se un trapezio è circoscritto ad una semicirconferenza, la sua base maggiore è congruente alla somma dei lati obliqui.
>
> Congiungi il centro della circonferenza con D e con E: DC è bisettrice dell'angolo $\widehat{EDB}$ perchè ....
>
> Analogamente EC ....
>
> Tenendo presente che $ED \parallel AB$, ...

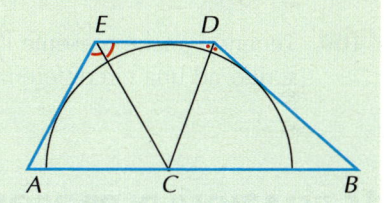

86 Dato un trapezio circoscritto ad una circonferenza di centro C, congiungi gli estremi di uno dei lati non paralleli con il centro. Dimostra che ottieni un triangolo rettangolo in C.

87 Dato un triangolo equilatero EFC, prolunga il lato FC di un segmento CQ congruente al lato del triangolo. Considera, adesso, il triangolo FQT simmetrico di FEQ rispetto alla retta FQ. Dimostra che il quadrilatero $EFTQ$ è inscrittibile in una circonferenza.

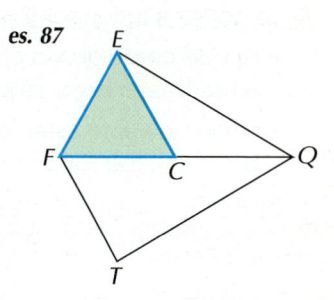
es. 87

88 Due circonferenze γ e γ' sono tangenti internamente in A. Dall'estremo B del diametro AB della circonferenza maggiore traccia le tangenti BP e BQ a quella minore. Dimostra che il quadrilatero $BPAQ$ è circoscrittibile.

89 Dimostra che un esagono regolare $ABCDEF$ viene diviso dalla diagonale AD in due trapezi isosceli congruenti.

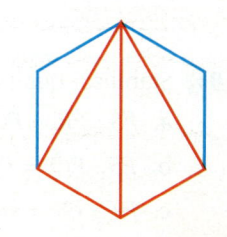
es. 91

90 Dimostra che il lato di un esagono regolare inscritto in una circonferenza è congruente al raggio.

91 Dimostra che le diagonali uscenti da un vertice di un esagono regolare individuano due triangoli rettangoli congruenti.

92 Dato un qualunque triangolo ABC siano BH e CK due delle sue altezze che si intersecano in O. Dimostra che i quadrilateri $BCHK$ e $AKOH$ sono inscrittibili in una circonferenza.

93 Dati due triangoli rettangoli ABE e ABD con il cateto AB coincidente e situati in semipiani opposti rispetto ad esso, traccia le loro altezze AH e AK relative all'ipotenusa. Dimostra che i quadrilateri $BHAK$ e $HEDK$ sono inscrittibili.

94 Dagli estremi del diametro di una circonferenza di centro O, traccia le tangenti r e s alla circonferenza stessa e siano A e B i punti nei quali esse intersecano una terza tangente in un punto P della circonferenza. Qual è il diametro della circonferenza circoscritta al triangolo AOB?

95 E' data una circonferenza di centro O e diametro AB e un punto C su di essa; sia AH la perpendicolare condotta da A al raggio OC e sia K la proiezione di C sul diametro. Dimostra che $AH \cong CK$ e che il quadrilatero convesso di vertici A, C, H, K è inscrittibile in una circonferenza. Qual è il diametro di tale circonferenza?

96 E' dato un triangolo ABC rettangolo in A; da un punto D dell'ipotenusa BC conduci la perpendicolare all'ipotenusa stessa che incontra le rette dei cateti AB e AC rispettivamente in E e in F. Dimostra che sono inscrittibili in una circonferenza i quadrilateri convessi di vertici A, E, D, C e A, D, B, F.

97 Dimostra che le diagonali uscenti da uno dei vertici di un esagono regolare, lo dividono in quattro triangoli, dei quali due sono isosceli e due rettangoli e che tali triangoli sono a due a due congruenti.

98 Dato un esagono regolare $ABCDEF$, dimostra che le diagonali AC e AE determinano sulla diagonale BF tre segmenti congruenti.

99 Dimostra che l'altezza di un triangolo equilatero inscritto in una circonferenza è congruente ai $\frac{3}{2}$ del raggio.
(Suggerimento: ricorda le proprietà del baricentro)

100 Tenendo anche presente l'esercizio precedente, dimostra che l'altezza di un triangolo equilatero circoscritto ad una circonferenza è congruente al triplo del raggio.

LE RELAZIONI DI PROPORZIONALITÀ NELLA CIRCONFERENZA   *la teoria è a pag. 130*

RICORDA

■ Le corde e le tangenti di una circonferenza godono delle seguenti proprietà:

- se due corde di una circonferenza si intersecano, i segmenti in cui rimane divisa una corda sono i medi e i segmenti in cui rimane divisa l'altra corda sono gli estremi di una proporzione
- se da un punto esterno ad una circonferenza si tracciano due semirette secanti, una secante e la sua parte esterna sono i medi, l'altra secante e la sua parte esterna sono gli estremi di una proporzione
- se da un punto esterno ad una circonferenza si tracciano una tangente ed una secante, il segmento di tangente è medio proporzionale fra l'intera secante e la sua parte esterna.

Comprensione

101 Stabilisci quali delle relazioni indicate sono vere e quali sono false.

es. 101

a. $PS : PR = PQ : PT$ Ⓥ Ⓕ

b. $PS : PQ = PT : PR$ Ⓥ Ⓕ

c. $PT : PS = SR : TQ$ Ⓥ Ⓕ

102 Stabilisci quali delle relazioni indicate sono vere e quali sono false. **es. 102**

    a. $PA : PB = PC : PD$ V F

    b. $AB : AP = DC : PD$ V F

    c. $AP : PD = PC : PB$ V F

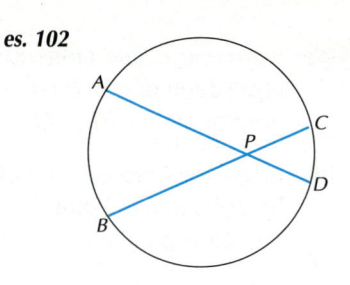

103 Stabilisci quali delle relazioni indicate sono vere e quali sono false. **es. 103**

    a. $PB : AP = AP : BC$ V F

    b. $PC : AP = AP : PB$ V F

    c. $AP : PC = PB : AP$ V F

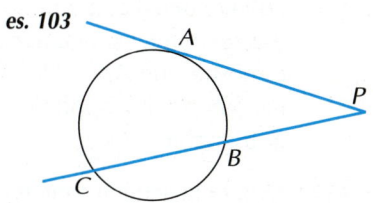

Applicazione

104 (**ESERCIZIO GUIDA**)

Due circonferenze secanti γ e γ' si intersecano nei punti A e B; da un punto P della retta AB traccia le tangenti PD e PE alle due circonferenze. Dimostra che $PD \cong PE$.

Applica il teorema delle secanti e delle tangenti alla circonferenza γ:

$PA : PD = $ ....

Applica lo stesso teorema alla circonferenza γ':

$PA : PE = $ ....

Confrontando le due proporzioni ottieni la tesi.

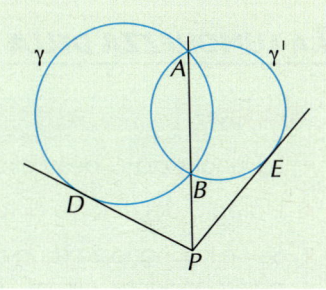

105 Dall'estremo B di una corda AB di una circonferenza traccia la perpendicolare BH alla tangente nel punto A. Dimostra che la corda è media proporzionale fra il diametro e HB.
(Suggerimento: traccia il diametro AE)

106 (**ESERCIZIO GUIDA**)

Due circonferenze γ_1 e γ_2 sono secanti. Per un punto P esterno alle due circonferenze ed appartenente alla retta della corda comune MN traccia una secante che incontra γ_1 in A e B (con $PA < PB$) ed una seconda secante che incontra γ_2 in C e D (con $PC < PD$). Dimostra che $DP : PB = AP : PC$.

Relativamente alla circonferenza γ_1, PB e PN sono due secanti e puoi quindi scrivere la proporzione ....
Relativamente alla circonferenza γ_2, PD e PN sono due secanti e puoi quindi scrivere la proporzione .... Dal confronto delle due relazioni segue la tesi.

107 Due circonferenze γ_1 e γ_2 sono secanti ed una tangente comune incontra γ_1 in B e γ_2 in A. Per il punto B traccia una semiretta che incontra γ_2 in C e D (con $BC < BD$); per il punto A traccia una semiretta che incontra γ_1 in E ed F (con $AE < AF$). Dimostra che $AF : BD = BC : AE$.
(Suggerimento: applica due volte il teorema della secante e della tangente)

108 Siano *r* e *r'* due tangenti parallele ad una circonferenza γ; sia poi *s* una terza tangente che incontra le precedenti due in *P* e *Q* e la circonferenza in *T*. Dimostra che il raggio della circonferenza è medio proporzionale fra *PT* e *QT*.

109 In un triangolo *ABC* conduci le altezze *AH*, *BK*, *CL* e sia *O* il loro punto d'intersezione; siano poi *M* e *N* le proiezioni del punto *H* su *AB* e su *AC*. Dimostra che i triangoli *MNH* e *OLK* sono simili e deduci da ciò che *LK* è parallelo a *MN*.

110 Sulla retta del diametro *PB* di una circonferenza di centro *O* prendi un punto *A* esterno alla circonferenza e da esso traccia la tangente *AC*. Indicato con *H* il piede della perpendicolare condotta da *C* al diametro, dimostra che $AO : AB = AP : AH$.
(Suggerimento: applica prima il teorema della secante e della tangente e poi il primo teorema di Euclide al triangolo *AOC*)

111 E' data la semicirconferenza di diametro *AB*. Conduci da *B* la tangente *t* alla semicirconferenza e da *A* una semiretta che interseca la semicirconferenza in *C* e la tangente in *D*; sia poi *E* la proiezione del punto *C* su *t*. Dimostra che $CE : BC = BC : AB$ e che $CE : CA = CD : AB$.

112 Dagli estremi del diametro *AB* di una semicirconferenza di centro *O* conduci le rette ad essa tangenti; da un punto *P* della semicirconferenza conduci una terza tangente che incontra le prime due in *C* e in *D*. Dimostra che il triangolo *COD* è rettangolo e che *OP* è medio proporzionale fra *CP* e *PD*.

LA LUNGHEZZA DELLA CIRCONFERENZA E L'AREA DEL CERCHIO
la teoria è a pag. 132

> **RICORDA**
>
> - La lunghezza *C* della circonferenza rettificata di raggio *r* è $C = 2\pi r$
> - L'area *S* del cerchio di raggio *r* è $S = \pi r^2$
> - Se ℓ è la lunghezza di un arco di una circonferenza di raggio *r* e α è la misura in gradi dell'angolo al centro corrispondente, allora: $\ell : C = \alpha : 360$
> - Se *T* è l'area di un settore circolare di ampiezza α, allora: $T : S = \alpha : 360$

Comprensione

113 Barra vero o falso.
   a. Se si aumenta il numero dei lati dei poligoni inscritti in una circonferenza, anche il perimetro aumenta. V F
   b. Se si diminuisce il numero dei lati dei poligoni circoscritti ad una circonferenza, il perimetro aumenta. V F
   c. Aumentando il numero dei lati dei poligoni regolari circoscritti ad una circonferenza, il perimetro si mantiene costante. V F
   d. Un poligono regolare di *n* lati circoscritto ad una circonferenza ha un perimetro maggiore di un analogo poligono regolare di 2*n* lati. V F

114 Le circonferenze rettificate sono proporzionali:
   a. ai rispettivi raggi V F
   b. ai rispettivi diametri V F
   c. a qualunque corda V F
   d. a qualunque angolo al centro. V F

115 Se r è il raggio e d è il diametro di una circonferenza, C è la circonferenza rettificata e A è l'area del cerchio, determina quali delle seguenti proposizioni sono corrette:

a. $A = \dfrac{\pi d^2}{4}$ **b.** $A = \dfrac{1}{2} Cr$ **c.** $d = \dfrac{2 \cdot A}{\pi}$ **d.** $A = \dfrac{1}{2} \pi r^2$

116 Un arco di circonferenza di raggio r è lungo $\dfrac{3}{4} \pi r$; l'angolo al centro misura:

a. $45°$ **b.** $135°$ **c.** $120°$ **d.** $150°$

117 L'angolo al centro di una circonferenza di raggio r è ampio $120°$; l'area del settore circolare corrispondente è:

a. $\dfrac{1}{2} \pi r^2$ **b.** $\dfrac{2}{3} \pi r^2$ **c.** $\dfrac{1}{3} \pi r^2$ **d.** $\dfrac{5}{6} \pi r^2$

Applicazione

N.B.: Per la risoluzione di alcuni problemi è necesario ricorrere alle equazioni.

Problemi sulla lunghezza della circonferenza e delle sue parti.

118 Il rapporto fra le lunghezze di due circonferenze è $\dfrac{4}{5}$. Qual è il rapporto fra i rispettivi raggi?

119 ### ESERCIZIO GUIDA

Dato un segmento PQ considera due punti qualsiasi A e B su di esso e dimostra che la lunghezza della circonferenza di diametro PQ è congruente alla somma delle circonferenze di diametri PA, AB e BQ.

La lunghezza della circonferenza di diametro PQ è $C = \pi \overline{PQ}$

Le lunghezze delle circonferenze di diametri PA, AB e BQ sono rispettivamente

$$C_1 = \dots\dots \qquad C_2 = \dots\dots \qquad C_3 = \dots\dots$$

Sommando otteniamo $C_1 + C_2 + C_3 = \dots\dots\dots\dots\dots\dots\dots\dots\dots\dots\dots$

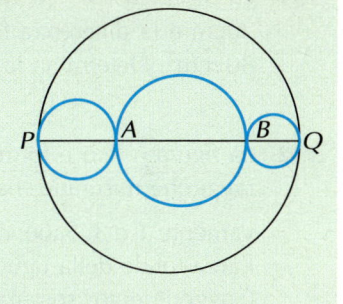

120 Le lunghezze di due circonferenze misurano in cm, rispettivamente 24π e 14π. Determina la loro posizione reciproca sapendo che la distanza fra i loro centri è 20cm.   [esterne]

121 Le lunghezze di due circonferenze misurano in cm, rispettivamente 18π e 27π. Determina la loro posizione reciproca sapendo che la distanza fra i loro centri è 20cm.   [secanti]

122 La distanza fra i centri di due circonferenze tangenti internamente è 9cm. Sapendo che la lunghezza di una delle due circonferenze è 30πcm, calcola la lunghezza dell'altra.   [12πcm, 48πcm]

123 Dato un quadrato $ABCD$ di lato ℓ, costruisci, con centro nel punto medio di ogni suo lato ed esternamente al quadrato, le semicirconferenze di raggio $\dfrac{\ell}{2}$. Dimostra che la somma di tali semicirconferenze è congruente alla semicirconferenza di raggio ℓ.

124 La ruota di una bicicletta ha il raggio di 42cm. Se si percorrono approssimativamente $63,3$m, quanti giri compie la ruota per coprire tale distanza?   [≈ 24 giri]

125 Determina la lunghezza della circonferenza circoscritta ad un quadrato di lato 4cm.   [$4\sqrt{2}\pi$cm]

126 Una corda AB di una circonferenza di raggio r misura $r\sqrt{3}$. Calcola la lunghezza del minore dei due archi $\overset{\frown}{AB}$ che sottendono la corda.

$$\left[\frac{2}{3}\pi r\right]$$

127 Una circonferenza è lunga 260πcm e due sue corde parallele, situate da parti opposte rispetto al centro, misurano rispettivamente 132cm e 252cm. Calcola la distanza fra le due corde. [144cm]

128 Osserva la figura a lato, ottenuta disegnando le semicirconferenze di diametro AB, BC, CD, DE in cui ogni diametro è doppio del precedente. Se la lunghezza di tale linea è 30π, qual è il diametro di ciascuna delle semicirconferenze? $[\overline{AB} = 4\text{cm}]$

es. 128

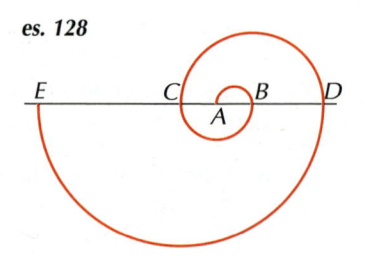

Problemi sull'area del cerchio e delle sue parti.

129 Il rapporto fra le aree di due cerchi è $\frac{4}{3}$; qual è il rapporto fra i rispettivi raggi?

$$\left[\frac{2}{\sqrt{3}}\right]$$

es. 130

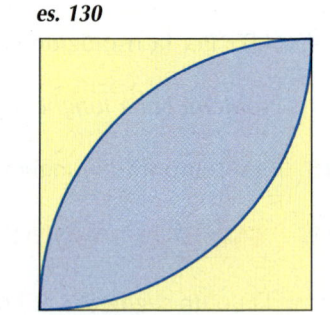

130 È dato un quadrato di lato ℓ. Con centro in due vertici opposti e raggio ℓ traccia due archi di circonferenza come nella figura a lato. Trova l'area della parte di piano delimitata dai due archi.

$$\left[\ell^2\left(\frac{1}{2}\pi - 1\right)\right]$$

131 La distanza fra i centri di due circonferenze tangenti esternamente è 20cm e la differenza fra le aree dei due cerchi che esse delimitano è $80\pi\text{cm}^2$. Determina la lunghezza delle due circonferenze.

$[24\pi\text{cm}, 16\pi\text{cm}]$

132 La figura a lato è formata da due cerchi che si intersecano ed hanno raggi che misurano, rispetto ad una prefissata unità di misura, rispettivamente 1 e 3. Sapendo che l'area della regione comune è $\frac{\pi}{2}$, calcola l'area totale della figura.
(Suggerimento: sommando le aree dei due cerchi conti due volte la parte comune)

$$\left[\frac{19}{2}\pi\right]$$

es. 132

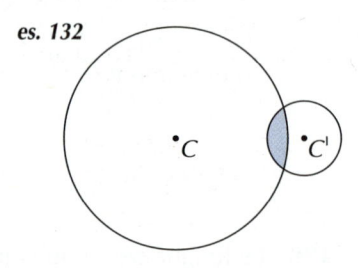

133 Due circonferenze sono tangenti esternamente e la distanza fra i loro centri è 10cm. Se la somma fra le loro aree è $68\pi\text{cm}^2$, quanto misurano i raggi dei due cerchi? [8cm, 2cm]

134 La ruota della roulette è divisa in settori ciascuno dei quali corrisponde ad un numero (37 numeri in tutto). Se la ruota ha raggio 30cm, qual è la lunghezza di ciascuno degli archi corrispondenti ad ogni settore? $[\approx 5{,}09\text{cm}]$

135 Due circonferenze secanti hanno raggi $r_1 = 2a$ e $r_2 = \sqrt{2}a$, mentre i loro centri distano fra loro $(1+\sqrt{3})a$. Calcola la lunghezza della corda comune alle due circonferenze e l'area della regione di piano da esse limitata.

$$\left[2a; \left(\frac{7}{6}\pi - 1 - \sqrt{3}\right)a^2\right]$$

136 Tracciata la circonferenza inscritta e quella circoscritta a un esagono regolare di lato ℓ, calcola il rapporto fra l'area della regione compresa fra l'esagono e la circonferenza inscritta e quella della corona circolare compresa fra le due circonferenze.

$$\left[\frac{6\sqrt{3} - 3\pi}{\pi}\right]$$

137 E' dato il triangolo equilatero di area $363\sqrt{3}a^2$; con centro nei tre vertici del triangolo e con apertura uguale a metà lato descrivi due archi interni ed uno esterno al triangolo. Calcola il perimetro della figura delimitata dai tre archi (in giallo nella figura a lato). $\left[\frac{77}{3}\sqrt{3}a\right]$

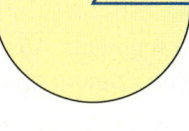
es. 137

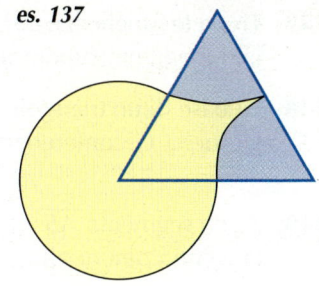

138 Tre circonferenze di raggio r sono a due a due tangenti esternamente. Indicati con A, B e C i punti di contatto, calcola l'area e il perimetro del triangolo curvilineo ABC. $\left[\left(\sqrt{3}-\frac{\pi}{2}\right)r^2; \pi r\right]$

139 E' dato il triangolo ABC equilatero di area $9\sqrt{3}a^2$ circoscritto ad una circonferenza. Condotta la corda ED parallela ad AB e tangente alla circonferenza, calcola perimetro e area del trapezio $ABDE$. Trova inoltre l'area delle quattro parti comprese tra la circonferenza e il trapezio. $\left[16a; 8a^2\sqrt{3}; (3\sqrt{3}-\pi)a^2; \frac{a^2}{2}(2\sqrt{3}-\pi)\right]$

es. 138

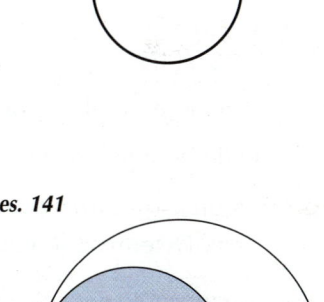

140 E' dato il triangolo ABC rettangolo in C, in cui l'angolo in A misura $60°$. Con centro in A e raggio AC traccia l'arco di circonferenza $\overset{\frown}{CD}$ interno al triangolo ($D \in AB$) e con centro in B descrivi l'arco $\overset{\frown}{DE}$ interno al triangolo ($E \in CB$). Sapendo che il perimetro del triangolo mistilineo CDE è uguale a $(3\pi + 6\sqrt{3} - 6)$cm, calcola l'area del triangolo ABC. $[18\sqrt{3}\,cm^2]$

141 Se l'area in colore in figura è $600\pi cm^2$ quanto misura il diametro AB tenendo presente che $AC \cong CD \cong DB$? $[60\sqrt{2}\,cm]$

es. 141

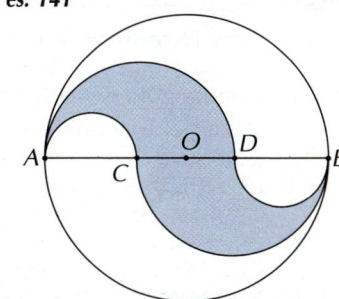

142 E' dato un esagono regolare; con centro in ciascuno dei vertici descrivi, esternamente ad esso, tanti archi di raggio uguale alla metà del lato dell'esagono. Sapendo che l'area della parte di piano delimitata da tali archi e dai lati dell'esagono misura $12\pi cm^2$, calcola l'apotema dell'esagono. $[3\,cm]$

143 Tre circonferenze congruenti, tangenti a due a due, delimitano un triangolo curvilineo la cui area è $50(2\sqrt{3}-\pi)cm^2$. Calcola la misura dell'area della superficie del triangolo che si ottiene congiungendo i centri. $[100\sqrt{3}\,cm^2]$

Problemi riassuntivi.

144 La lunghezza della tangente condotta da un punto A esterno ad una circonferenza di raggio r è $\frac{4}{3}r$. Calcola la misura della distanza di A dalla circonferenza. $\left[\frac{2}{3}r\right]$

145 Un triangolo ABC è inscritto in una semicirconferenza di diametro $AB = 6\sqrt{2}$cm. Se l'altezza relativa all'ipotenusa è $\sqrt{10}$cm, calcola le misure dei segmenti CA e CB. $[2\sqrt{3}\,cm, 2\sqrt{15}\,cm]$

146 In un cerchio di diametro AB si conduca la corda BC, che misura $\frac{15}{4}a$, in modo che la sua proiezione sul diametro sia i $\frac{9}{25}$ del diametro stesso. Dopo aver trovato la lunghezza del diametro, calcola il perimetro e l'area del triangolo ABC. $\left[\overline{AB} = \frac{25}{4}a; 2p = 15a, area = \frac{75}{8}a^2\right]$

147 Trova le lunghezze dei lati di un rettangolo inscritto in una circonferenza di raggio 13cm sapendo che il lato maggiore supera di 4 il doppio del lato minore.
[10cm, 24cm]

148 La base di un triangolo isoscele è 6cm e la misura dei lati congruenti è 12cm. Calcola la misura del raggio della circonferenza circoscritta al triangolo.
$\left[r = \dfrac{8\sqrt{15}}{5} \right]$

149 Su un segmento $\overline{AB} = 2\ell$ prendi un punto P e traccia le circonferenze di diametri AP e PB; sia r una delle tangenti comuni alle due circonferenze non perpendicolare ad AB. Detti R ed S i punti di intersezione con le circonferenze, determina la lunghezza del segmento PB in modo che $\overline{RS}^2 = \dfrac{3}{4}\ell^2$. $\left[\dfrac{1}{2}\ell \vee \dfrac{3}{2}\ell \right]$

150 Su una semicirconferenza di centro O e diametro $\overline{AB} = 4r$ e determina un punto P tale che, essendo K la proiezione di P su AB, sia verificata la relazione: $\dfrac{2\overline{PB}^2 + \overline{OK}^2 - \overline{PK}^2}{\overline{PA}^2} = \dfrac{41}{12}$. $\left[\overline{AK} = \dfrac{4}{3}r \right]$

151 Un rettangolo è inscritto in una circonferenza di raggio r in modo che $AB = 2BD$. Determina le dimensioni del rettangolo. $\left[\dfrac{6}{5}r, \dfrac{8}{5}r \right]$

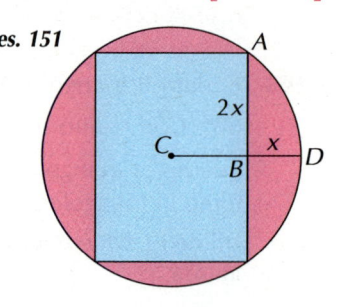
es. 151

152 Calcola la misura del raggio del cerchio inscritto nel triangolo isoscele ABC di base BC sapendo che la distanza del vertice A dal centro del cerchio è $\dfrac{5}{3}$ del raggio e che la somma dei quadrati del lato obliquo e della base del triangolo è uguale a $244a^2$.
[3a]

153 Un triangolo ABC è inscritto in una semicirconferenza di diametro $AB = 6\sqrt{2}$cm. La sua altezza CH è 4cm. Determina le lunghezze di AC e BC.
$[2\sqrt{6}\text{cm}, 4\sqrt{3}\text{cm}]$

154 Un triangolo isoscele è inscritto in una circonferenza di diametro 25cm. Determina la lunghezza dell'altezza del triangolo in modo che la base sia 24cm.
$[16\text{cm} \vee 9\text{cm}]$

155 Determina la base e l'altezza di un triangolo isoscele inscritto in una circonferenza di raggio r in modo che la loro somma dei loro quadrati sia uguale a $5r^2$.
$\left[\text{base} = 2r; \text{altezza} = r \vee \text{base} = \dfrac{2\sqrt{5}}{3}r; \text{altezza} = \dfrac{5}{3}r \right]$

156 Sul segmento AB di misura ℓ determina un punto P in modo che, disegnata la circonferenza di diametro AP e tracciata la tangente BT ad essa uscente da B, sia verificata la relazione $\overline{BT}^2 + \overline{AP}^2 = \dfrac{35}{2}\overline{PB}^2$.
$\left[\overline{AP} = \dfrac{34 \pm \sqrt{67}}{33}\ell \right]$

157 In una semicirconferenza di diametro $\overline{AB} = 2r$ e di centro O, considera un punto C su OA ed un punto D su OB in modo che $CO \cong 2OD$. Indicati rispettivamente con P e con Q le intersezioni delle perpendicolari al diametro in C e D con la semicirconferenza, determina la misura, in funzione del raggio, del segmento OD in modo che: $\overline{CP}^2 + \overline{DQ}^2 = \dfrac{13}{9}\overline{CD}^2$.
$\left[\overline{OD} = \dfrac{1}{3}r \right]$

158 E' data una circonferenza di raggio r ed una sua corda AB. Per A traccia la retta tangente alla circonferenza che incontra la retta del diametro perpendicolare ad AB in P. Determina a quale distanza dal centro deve essere condotta la corda AB affinché $\overline{AP} = \dfrac{4}{3}r$.
$\left[\dfrac{3}{5}r \right]$

159 Da un punto P esterno ad una circonferenza di centro O si conducono le rette tangenti alla circonferenza stessa che la incontrano nei punti A e B. Sapendo che P dista dal centro 40cm e che i segmenti di tangenza sono i $\dfrac{2}{3}$ del diametro, calcola il perimetro del triangolo PAB.
[102,4cm]

Per la verifica delle competenze

1 Un arco $\overset{\frown}{AB}$ è sufficiente per determinare la circonferenza cui appartiene? Se sì, in che modo puoi costruirla?

2 Sono date tre circonferenze disposte come nella **figura a lato**; sapendo che BC supera AB di 2cm e che l'area della regione in colore azzurro è $24\pi\,\text{cm}^2$, calcola la misura dei diametri delle tre circonferenze.

$$[6\text{cm}; 8\text{cm}; 14\text{cm}]$$

3 In un quadrato di lato $8a$ sono inscritti dei cerchi come nelle figure a lato. Quale fra le tre zone in colore ha la superficie maggiore?

Considera adesso i cerchi che riempiono il quadrato e che si ottengono dimezzando ogni volta il raggio del cerchio della precedente figura; quanto misura l'area del quadrato che non è occupata dai cerchi?

$$\left[(64 - 16\pi)a^2\right]$$

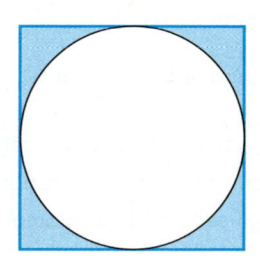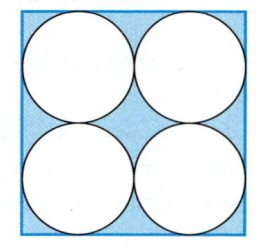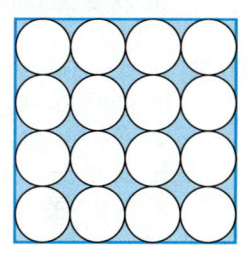

4 Sul diametro AB di una circonferenza di raggio r determina un punto P in modo che il quadrato della corda RQ, perpendicolare ad AB in P, sia uguale al quadrato del raggio.

$$\left[\overline{AP} = \frac{2+\sqrt{3}}{2}\,r \ \vee\ \overline{AP} = \frac{2-\sqrt{3}}{2}\,r\right]$$

5 Un trapezio isoscele è inscritto in una semicirconferenza di raggio 50cm; di esso si sa che l'altezza è i $\frac{2}{3}$ della base minore. Calcola il perimetro e l'area del trapezio. $\left[2p = 40(4+\sqrt{5})\text{cm}; A = 3\,200\text{cm}^2\right]$

Soluzioni esercizi di comprensione

1 b.   **3 a.** F, **b.** F, **c.** V, **d.** V   **5 a.** V, **b.** F, **c.** F, **d.** V

6 a. V, **b.** V, **c.** F, **d.** V, **e.** V, **f.** F, **g.** F   **28 a.** V, **b.** F, **c.** V, **d.** F   **29** ① **a.** V, **b.** F, **c.** V; ② **a.** V, **b.** V, **c.** V

30 b.   **31 b.**

33 a. tangenti esternamente; **b.** secanti, **c.** tangenti internamente, **d.** esterne   **48 a., d.**

49 c.   **50 a.** V, **b.** F, **c.** V, **d.** V   **51** V

67 a., d., e.   **68 a.** V, **b.** F, **c.** V, **d.** F   **69 a.**

70 a. F, **b.** V, **c.** V, **d.** F

71 a. né inscrittibile, né circoscrittibile, **b.** inscrittibile, **c.** circoscrittibile, **d.** inscrittibile e circoscrittibile

72 a. F, **b.** F, **c.** V, **d.** F   **73 c.**   **74 a.** F, **b.** V, **c.** F, **d.** V

75 a. V, **b.** F, **c.** V, **d.** F, **e.** V   **76 b.**   **101 a.** F, **b.** V, **c.** F

102 a. V, **b.** F, **c.** F   **103 a.** F, **b.** V, **c.** V   **113 a.** V, **b.** V, **c.** F, **d.** V

114 a. V, **b.** V, **c.** F, **d.** F   **115 a., b.**   **116 b.**   **117 c.**

Testfinale di autovalutazione

CONOSCENZE

1 In una circonferenza di centro O sono date due corde congruenti PQ avente punto medio M e RS avente punto medio N (i punti si succedono nell'ordine P, Q, R, S). Completa le seguenti proposizioni:

a. $\widehat{PSQ} \cong$ ....

b. la retta OM è perpendicolare a PQ e anche a RS solo se ....

c. il segmento MN passa per il centro se ....

d. PR è perpendicolare a RS se ....

    8 punti

2 Data una circonferenza γ di centro O, siano r una retta tangente a γ in un punto A e s una retta tangente a γ in un punto B; si può dire che:

a. A è il punto medio di uno degli archi individuati da qualsiasi corda parallela a r V F

b. se le due rette si intersecano in P, i segmenti PA e PB sono congruenti   V F

c. se le due rette sono parallele A e B sono gli estremi di un diametro   V F

d. la corda AB è bisettrice dell'angolo $\widehat{OAP}$ V F

    8 punti

3 Su una circonferenza di centro O sono fissati nell'ordine tre punti A, B e C; si può dire che:

a. $\widehat{ABC} \cong 2\widehat{AOC}$ dove $\widehat{AOC}$ è sempre l'angolo convesso   V F

b. $\widehat{AOB} \cong 2\widehat{ACB}$ V F

c. $\widehat{BAC} \cong \frac{1}{2}\widehat{BOC}$ V F

d. $\widehat{ABC} \cong \frac{\pi}{2}$ se $O \in AC$ V F

    8 punti

4 Di un quadrilatero $ABCD$ si conoscono le ampiezze degli angoli $\widehat{A} = \frac{\pi}{3}$ e $\widehat{C} = \frac{2}{3}\pi$; indica quale delle seguenti affermazioni è vera:

a. è inscrittibile in una circonferenza

b. non è inscrittibile in una circonferenza

c. i dati non sono sufficienti per concludere se è inscrittibile in una circonferenza.

    3 punti

5 Di un quadrilatero $ABCD$ si conoscono le lunghezze di alcuni lati: $AB = 3a$, $BC = 5a$, $DC = 7a$; quale deve essere la lunghezza del segmento AD affinché il quadrilatero sia circoscrittibile ad una circonferenza?

a. $4a$ **b.** $5a$ **c.** $6a$ **d.** $3a$

    3 punti

6 Un poligono convesso ha tutti i lati congruenti; di esso si può dire che:

a. è sempre sia inscrittibile che circoscrittibile ad una circonferenza   V F

b. è circoscrittibile ad una circonferenza solo se è un quadrilatero   V F

c. è inscrittibile in una circonferenza solo se è un quadrilatero   V F

d. è sia inscrittibile che circoscrittibile ad una circonferenza solo se ha gli angoli congruenti.   V F

    8 punti

7 Un esagono regolare di lato ℓ è inscritto in una circonferenza; la circonferenza ha lunghezza:

a. 6ℓ **b.** $\pi\ell$ **c.** $2\pi\ell$ **d.** non si può calcolare perché i dati sono insufficienti.

> 4 punti

8 Un quadrato di lato ℓ è inscritto in una circonferenza; un quadrato di lato $\sqrt{2}\ell$ è circoscritto ad una circonferenza; dopo aver spiegato perché la circonferenza circoscritta al primo quadrato e quella inscritta nel secondo sono congruenti, indica quali delle seguenti proposizioni sono vere e quali sono false:

a. la circonferenza ha raggio $\dfrac{\sqrt{2}}{2}\ell$ V F

b. la lunghezza della circonferenza è $\sqrt{2}\pi\ell$ V F

c. l'area del cerchio è $\pi\ell^2$ V F

d. l'area del cerchio è compresa fra ℓ^2 e $2\ell^2$ V F

> 12 punti

9 Un triangolo equilatero di perimetro 6ℓ è circoscritto ad una circonferenza; di tale circonferenza si può dire che:

a. ha raggio $\dfrac{1}{2}\ell$ V F

b. ha raggio $\dfrac{\sqrt{3}}{3}\ell$ V F

c. la lunghezza della circonferenza è $\pi\ell$ V F

d. l'area del cerchio è $\dfrac{1}{3}\pi\ell^2$ V F

> 12 punti

10 Due corde di una circonferenza si intersecano individuando due segmenti di lunghezza $6a$ e $3a$ sulla prima corda; si può dire che:

a. se uno dei segmenti individuati sull'altra corda è lungo $2a$, l'intera corda è lunga $11a$ V F

b. senza altre informazioni non si può sapere nulla sulla lunghezza della seconda corda   V F

c. se la seconda corda è lunga $12a$, le due parti in cui resta divisa sono lunghe $4a$ e $8a$ V F

d. è possibile che le due parti in cui rimane divisa l'altra corda siano lunghe $2a$ e $9a$.   V F

> 12 punti

11 Da un punto P esterno ad una circonferenza si conduce una secante sulla quale si hanno le seguenti informazioni: l'intera secante è lunga $9a$, la sua parte esterna è lunga $4a$; si può dire che:

a. il segmento di tangente condotto da P è lungo $6a$ V F

b. se un'altra secante condotta da P è lunga $18a$, la sua parte esterna è lunga $2a$ V F

c. se la secante data passa per il centro, la circonferenza ha raggio $5a$ V F

d. se un'altra secante condotta da P ha la parte interna lunga $9a$, quella esterna è lunga $3a$.   V F

> 12 punti

Esercizio	1	2	3	4	5	6	7	8	9	10	11	Totale
Punteggio												

Voto: $\dfrac{\text{totale}}{10} + 1 =$

ABILITÀ

1 Dall'estremo *B* del diametro *AB* di una semicirconferenza traccia una corda *BC* e prolungala di un segmento *CD* tale che sia $CD \cong CB$. Prolunga poi il diametro di un segmento *AT* tale che sia $AT \cong AB$. Individua il centro della circonferenza circoscritta al triangolo *TBD* motivando esaurientemente la risposta.

20 punti

2 E' data la semicirconferenza di diametro $\overline{AB} = 30r$. Conduci la tangente in *B* e prendi su di essa il punto *C* in modo tale che *CB* sia lungo $40r$. Detto *D* il punto di intersezione di *AC* con la semicirconferenza, calcola perimetro e area del triangolo *ABD*.

20 punti

3 Un triangolo *ABC* è inscritto in una circonferenza; conduci dal vertice *A* la retta *t* tangente alla circonferenza e dal vertice *B* la perpendicolare a *t* che la incontra in *H*. Detto *K* il piede dell'altezza condotta da *A* dimostra che $AC : AB = AK : HB$.

30 punti

4 Un triangolo rettangolo ha i cateti che sono lunghi $6a$ e $8a$; calcola la lunghezza della circonferenza circoscritta al triangolo e l'area del cerchio corrispondente.

20 punti

Esercizio	1	2	3	4	Totale
Punteggio					

Voto: $\dfrac{\text{totale}}{10} + 1 =$

Soluzioni

CONOSCENZE

1 **a.** $\widehat{RPS}$, $\widehat{PRQ}$, $\widehat{SQR}$; **b.** $PQ \parallel RS$; **c.** $PQ \parallel RS$; **d.** PS è un diametro

2 **a.** V, **b.** V, **c.** V, **d.** F

3 **a.** F, **b.** V, **c.** V, **d.** V

4 **a.**

5 **b.**

6 **a.** F, **b.** V, **c.** F, **d.** V

7 **c.**

8 **a.** V, **b.** V, **c.** F, **d.** V

9 **a.** F, **b.** V, **c.** F, **d.** V

10 **a.** V, **b.** V, **c.** F, **d.** V

11 **a.** V, **b.** V, **c.** F, **d.** V

ABILITÀ

1

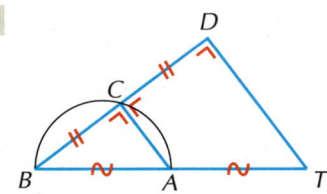

Il triangolo ABC è rettangolo in C; il segmento CA congiunge i punti medi dei lati BD e BT del triangolo BDT; esso è quindi parallelo a DT. Il triangolo BDT è quindi retto in D ed il centro della circonferenza ad esso circoscritta, che ha raggio AB, è il punto A.

2 Applicando il teorema di Pitagora al triangolo ABC si ottiene $\overline{AC} = 50r$. Applicando il primo teorema di Euclide ancora ad $\widehat{ABC}$ si ottiene $\overline{AD} = 18r$. Applicando il teorema di Pitagora al triangolo ADB si ottiene $\overline{DB} = 24r$. Quindi $2p(ADB) = 72r$, area$(ADB) = 216r^2$.

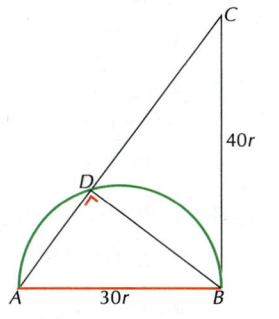

3

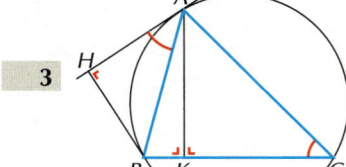

$\widehat{HAB} \cong \widehat{ACB}$ perché angoli alla circonferenza che insistono sullo stesso arco $\widehat{AB}$; i triangoli rettangoli HAB e AKC sono quindi simili e si deduce subito la tesi.

4 L'ipotenusa del triangolo è $10a$, quindi il raggio della circonferenza è $5a$; lunghezza circonferenza: $10\pi a$, area del cerchio: $25\pi a^2$.

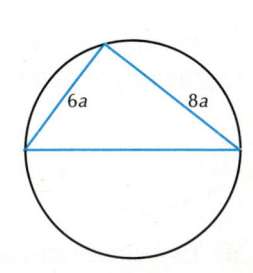

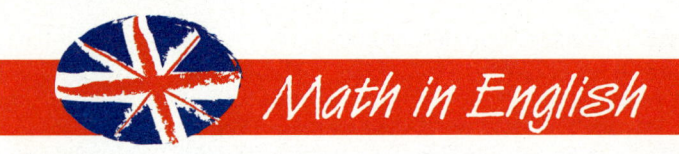

Math in English

Problems - Area 2

GLOSSARY

arc	arco	**diameter**	diametro
chord	corda	**radius (pl. radii)**	raggio
circle	cerchio	**secant**	(retta) secante
circumferenence	circonferenza	**tangent**	(retta) tangente

1 Let P be a point on the circumference of a circle. Perpendiculars PA and PB are drawn to points A and B on two mutually perpendicular diameters. If $AB = 36$ inches, what is the diameter of the circle?

    a. 8 in   **b.** 16 in   **c.** 24 in   **d.** 36 in   **e.** 72 in

2 Let ABC be an equilateral triangle with side lenght of 6. Let P be the point of intersection of the three angle bisectors. Find the lenght of AP.

    a. $2\sqrt{3}$ **b.** $\sqrt{3}$ **c.** $3\sqrt{3}$ **d.** $5\sqrt{3}$ **e.** $4\sqrt{3}$

3 A regular polygon has an interior angle that measures 144 degrees, and a side of which is 12 units long. What is the perimeter of the regular polygon?

    a. 80   **b.** 100   **c.** 120   **d.** 140   **e.** 160

4 In the figure shown, $AB \perp CD$. Which of the following is true?

ex. 4

    1. $\widehat{AD} \cong \widehat{AB}$ **2.** $\widehat{BD} \cong \widehat{AB}$ **3.** $AC \cong CD$

    a. 1.   **b.** 2.   **c.** 3.

    d. 1., 2., 3.   **e.** none of these

5 In the figure shown, AB is a diameter of the circle. If $\widehat{A} - 20°$ and $\widehat{B} = 50°$, what is the measure of the arc $\widehat{DE}$?

    a. 60°   **b.** 55°   **c.** 25°

    d. 40°   **e.** 30°

("measure of the arc $\widehat{DE}$" is the measure of the angle $\widehat{DOE}$, where O is the centre of the circle)

ex. 5

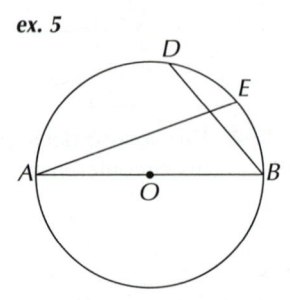

6 Two circles can divide a plane into 4 regions at most. What is the maximum number of regions obtained by dividing a plane with 4 circles?

    a. 8   **b.** 10   **c.** 12   **d.** 14   **e.** 16

7 In the circle shown, AB is the diameter. Chords CD and EF are perpendicular to AB. The lenghts AP, PQ and QB are 5, 7 and 9 respectively. Determine the sum of the lenght of CP and EQ.

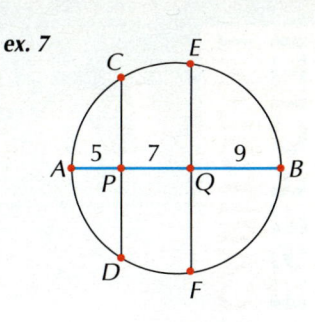

ex. 7

  a. $4\sqrt{5} + 2\sqrt{3}$ **b.** $2\sqrt{5} + 12\sqrt{3}$ **c.** $4\sqrt{5} + 6\sqrt{3}$

  d. $\sqrt{5} + \sqrt{3}$ **e.** $6\sqrt{5} + 2\sqrt{3}$

8 Consider the region on the right hand formed by three semicircles with diameters AB, BC and AC, where point B lies on the semicircle defined by diameter AC. Find the area of the shaded region.

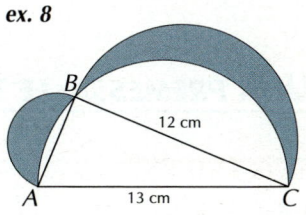

ex. 8

9 Circle A and circle B are externally tangent and have radii of 4cm and 10cm respectively. If an external tangent is drawn to the two circles that intersects circle A at point C and intersects circle B at point D, find the length of CD.

10 In the figure shown, $ABCD$ is a square. $AB = 1$, $\overarc{AC}$ and $\overarc{BD}$ are arcs with radius 1 and centres at D and A respectively. What is the difference between the areas of the two shaded regions?

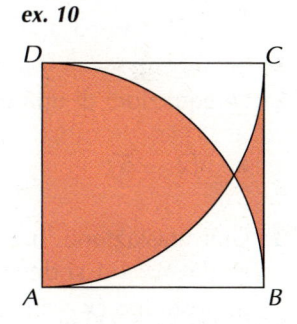

ex. 10

  a. $\dfrac{\pi}{2} - 1$ **b.** $1 - \dfrac{\pi}{4}$ **c.** $\dfrac{\pi}{3} - 1$

  d. $1 - \dfrac{\pi}{6}$ **e.** $\pi - 1$

Solutions.

1 e.	**2** a.	**3** c.	**4** e.	**5** d.	**6** d.
7 c.	**8** 30cm^2	**9** $4\sqrt{10}$cm	**10** a.		

La parabola

UNA PREMESSA: LE TRASFORMAZIONI NEL PIANO CARTESIANO

la teoria è a pag. 142

Comprensione

1 Indica quali fra le seguenti sono le leggi della traslazione di vettore $\vec{v}(-1, 3)$:

a. $\begin{cases} x' = x + 1 \\ y' = y - 3 \end{cases}$ **b.** $\begin{cases} x' = x - 1 \\ y' = y + 3 \end{cases}$ **c.** $\begin{cases} x' = x + 1 \\ y' = y + 3 \end{cases}$ **d.** $\begin{cases} x' = x - 1 \\ y' = y - 3 \end{cases}$

2 Le equazioni di una traslazione sono $\begin{cases} x' = x - 2 \\ y' = y + 5 \end{cases}$; il vettore di traslazione è:

a. $\vec{v}(2, -5)$ **b.** $\vec{v}(-2, -5)$ **c.** $\vec{v}(-2, 5)$ **d.** $\vec{v}(2, 5)$

3 Una traslazione ha equazioni $\begin{cases} x' = x - 1 \\ y' = y - 3 \end{cases}$; per trovare la retta r' che corrisponde alla retta $r : y = 4x + 1$ si deve:

a. sostituire $(x - 1)$ al posto di x e $(y - 3)$ al posto di y

b. sostituire $(x + 1)$ al posto di x e $(y + 3)$ al posto di y

c. sostituire $(1 - x)$ al posto di x e $(3 - y)$ al posto di y

4 Nella simmetria rispetto alla bisettrice del primo e terzo quadrante, la retta di equazione $2x - 3y + 4 = 0$ ha per corrispondente:

a. $-2x + 3y - 4 = 0$

b. $2y - 3x + 4 = 0$

c. $-2y + 3x + 4 = 0$

d. $2x - 3y - 4 = 0$

5 Il simmetrico del punto $P(-3, 8)$:

a. rispetto all'asse x ha coordinate: ① $(-3, 8)$ ② $(3, 8)$ ③ $(3, -8)$

b. rispetto all'asse y ha coordinate: ① $(-3, -8)$ ② $(3, 8)$ ③ $(3, -8)$

c. rispetto all'origine ha coordinate: ① $(3, 8)$ ② $(8, -3)$ ③ $(3, -8)$

d. rispetto alla bisettrice $y = x$ ha coordinate: ① $(8, -3)$ ② $(3, -8)$ ③ $(-8, 3)$

6 La retta di equazione $y = 3x + 6$:

a. ha come simmetrica rispetto all'asse x quella di equazione:

   ① $y = -3x + 6$ ② $y = -3x - 6$ ③ $y = 3x - 6$

b. ha come simmetrica rispetto all'asse y quella di equazione:

   ① $y = -3x - 6$ ② $y = -\dfrac{1}{3}x + 6$ ③ $y = -3x + 6$

c. ha come simmetrica rispetto all'origine quella di equazione:

   ① $y = 3x - 6$ ② $y = -3x - 6$ ③ $y = -3x + 6$

Applicazione

Risolvi i seguenti esercizi sulle traslazioni.

7 Al segmento di estremi $A(9, 2)$ e $B(3, 5)$ viene applicata una traslazione di vettore $\vec{v}(-4, 2)$. Determina le coordinate dei nuovi estremi e verifica che la lunghezza del segmento resta invariata.

$$[A'(5, 4); B'(-1, 7)]$$

8 Considera il segmento di estremi $A(-2, -4)$ e $B(-7, 3)$. Determina le coordinate del punto M' trasformato del punto medio M di AB nella traslazione di vettore $\vec{v}$ di componenti 5 e -2. $\left[M'\left(\dfrac{1}{2}, -\dfrac{5}{2}\right)\right]$

9 Considera il triangolo di vertici $A(1, -3)$, $B(-2, 1)$ e $C(-5, -1)$. Determina le coordinate dei vertici del triangolo trasformato mediante la traslazione di equazioni $\begin{cases} x' = x + 5 \\ y' = y + 4 \end{cases}$.

Date le funzioni di equazione assegnata scrivi quella delle loro trasformate nella traslazione di vettore indicato.

10 **ESERCIZIO GUIDA**

$y = 2x - 3 \qquad \vec{v}(5, -2)$

Scriviamo le equazioni della traslazione $\begin{cases} x' = x + 5 \\ y' = y - 2 \end{cases}$ da esse ricaviamo $\begin{cases} x = x' - 5 \\ y = y' + 2 \end{cases}$

Dobbiamo quindi operare nell'equazione iniziale con le sostituzioni $\begin{cases} x \to x - 5 \\ y \to y + 2 \end{cases}$

Otteniamo così l'equazione della curva trasformata: $\quad y + 2 = 2(x - 5) - 3 \quad$ da cui $\quad y = 2x - 15$

11 $y = 3x + 5 \qquad \vec{v}(5, -3)$ $\qquad\qquad\qquad [y = 3x - 13]$

12 $y = x + 6 \qquad \vec{v}(-5, -2)$ $\qquad\qquad\qquad [y = x + 9]$

13 $y = -x - 4 \qquad \vec{v}(3, 5)$ $\qquad\qquad\qquad [y = -x + 4]$

14 $y = -\dfrac{1}{3}x - 2 \qquad \vec{v}(3, 2)$ $\qquad\qquad\quad \left[y = -\dfrac{1}{3}x + 1\right]$

Risolvi i seguenti esercizi sulla simmetria rispetto all'asse delle ascisse.

15 Individua quali fra i seguenti punti sono simmetrici rispetto all'asse x:

$$A(3, 4) \quad B\left(\dfrac{1}{2}, -5\right) \quad C\left(-\dfrac{3}{4}, 7\right) \quad D(3, -4) \quad E(8, -1) \quad F\left(\dfrac{3}{4}, -7\right) \quad G\left(-5, \dfrac{1}{2}\right) \quad H(8, 1)$$

16 Dato il segmento di estremi $A(1, 2)$, $B(5, 6)$, trova le coordinate del simmetrico del suo punto medio M rispetto all'asse delle ascisse.

17 Il triangolo ABC ha i vertici di coordinate $A(1, 2)$, $B\left(3, \dfrac{9}{2}\right)$, $C(0, 5)$. Determina le coordinate dei vertici del triangolo $A'B'C'$ simmetrico di ABC rispetto all'asse x; trova poi il perimetro e l'area dei due triangoli e verifica che sono uguali.

18 Dato il triangolo di vertici $A(2, 1)$, $B(4, 4)$, $C(-1, 4)$, trova il suo simmetrico rispetto all'asse delle ascisse e verifica che le aree dei due triangoli sono uguali.

19 Scrivi l'equazione delle curve simmetriche rispetto all'asse x di quelle date:

a. $y = \dfrac{1}{2}x - 3$ $\qquad$ $y = 2x + 5$ $\qquad$ $y + 4x - 1 = 0$ $\qquad$ $3y + x - 5 = 0$

b. $y = \dfrac{1}{2}x^2 - 3x$ $\qquad$ $y = 4 - \dfrac{3}{2}x^2$ $\qquad$ $y = \dfrac{x^3 - 1}{2}$ $\qquad$ $y = \sqrt{x}$

Risolvi i seguenti esercizi sulla simmetria rispetto all'asse delle ordinate.

20 Calcola le coordinate dei punti P' simmetrici rispetto all'asse y dei punti P assegnati:

$$P\left(-\dfrac{1}{2}, 0\right) \qquad P\left(-1, -\dfrac{4}{3}\right) \qquad P(7, 4) \qquad P\left(-4, \dfrac{7}{2}\right)$$

21 Dopo aver verificato che il quadrilatero di vertici $A(3, 5)$, $B(5, 2)$, $C(0, -1)$, $D(-2, 2)$ è un parallelogramma, trova le coordinate dei vertici del suo simmetrico rispetto all'asse y. Quali sono i punti uniti?

22 Per ognuna delle seguenti curve, determina l'equazione della simmetrica rispetto all'asse delle ordinate e calcola le coordinate di eventuali punti uniti:

a. $y = 2x + 1$ $\qquad$ **b.** $x + 2y = 0$ $\qquad$ **c.** $3x + 2y - 5 = 0$ $\qquad$ **d.** $y = \dfrac{1}{2}x - 3$

e. $y = x^2 - 4x$ $\qquad$ **f.** $y = -x^2 + 6x$ $\qquad$ **g.** $x^2 - 2y - 2x - 8 = 0$ $\qquad$ **h.** $y = -x^2 - 6x - 5$

23 Trova le equazioni delle simmetriche rispetto all'asse y delle seguenti curve:

a. $y = x^2 - x + 3$ $\qquad$ **b.** $y = \dfrac{x^3 - 1}{x}$ $\qquad$ **c.** $y = \dfrac{2x^2 + x + 1}{2x - 3}$ $\qquad$ **d.** $y = \dfrac{x^3 + 1}{x}$

Risolvi i seguenti esercizi sulla simmetria rispetto all'origine degli assi.

24 Un parallelogramma ha due vertici consecutivi di coordinate $\left(2, -\dfrac{1}{2}\right)$ e $\left(1, \dfrac{5}{2}\right)$ ed ha centro in O. Quali sono le coordinate degli altri vertici?

25 Trova le equazioni delle curve simmetriche di quelle date rispetto all'origine degli assi. Fra esse, ci sono delle curve unite (cioè che hanno per trasformate se stesse) nella trasformazione?

a. $y = \dfrac{5}{2}x + 4$ $\qquad$ **b.** $2x - 3y + 1 = 0$ $\qquad$ **c.** $x - 2y + 3 = 0$ $\qquad$ **d.** $3x - y = 0$

e. $x = 5$ $\qquad$ **f.** $y + 2 = 0$ $\qquad$ **g.** $y = x^2 - 4x$ $\qquad$ **h.** $x^2 + y^2 - 5 = 0$

Risolvi i seguenti esercizi sulla simmetria rispetto alla bisettrice $y = x$.

26 Scrivi l'equazione della retta simmetrica di quella di equazione $4x - 7y + 3 = 0$ rispetto alla retta $y = x$. $\hfill [7x - 4y - 3 = 0]$

27 Un triangolo isoscele ABC ha per asse di simmetria la retta $y = x$. Un estremo della base è il punto $A(1, -3)$ e il suo vertice C ha ascissa 3. Calcola le coordinate di B e C. $\hfill [B(-3, 1), C(3, 3)]$

28 Un quadrato con i lati paralleli agli assi cartesiani ha un vertice in $P\left(-1, \dfrac{5}{2}\right)$ ed ha come asse di simmetria la bisettrice del primo e terzo quadrante; calcola le coordinate degli altri vertici.

$$\left[(-1, -1); \left(\dfrac{5}{2}, -1\right); \left(\dfrac{5}{2}, \dfrac{5}{2}\right)\right]$$

29 Una retta ha equazione $3x - 2y + 1 = 0$; trova l'equazione della sua simmetrica rispetto alla bisettrice $y = x$ e verifica che le due rette si intersecano sulla bisettrice. $\hfill [3y - 2x + 1 = 0; (-1, -1)]$

RICORDA

■ Una parabola con asse di simmetria parallelo all'asse y ha equazione $y = ax^2 + bx + c$

- Il vertice ha coordinate $V\left(-\dfrac{b}{2a}, -\dfrac{\triangle}{4a}\right)$
- il fuoco ha coordinate $F\left(-\dfrac{b}{2a}, \dfrac{1-\triangle}{4a}\right)$

- l'asse di simmetria ha equazione $x = -\dfrac{b}{2a}$
- la direttrice ha equazione $y = -\dfrac{1+\triangle}{4a}$

■ L'equazione della parabola in funzione delle coordinate (x_0, y_0) del suo vertice è $y - y_0 = a(x - x_0)^2$

■ Una parabola con asse di simmetria parallelo all'asse x ha equazione $x = ay^2 + by + c$

- Il vertice ha coordinate $V\left(-\dfrac{\triangle}{4a}, -\dfrac{b}{2a}\right)$
- il fuoco ha coordinate $F\left(\dfrac{1-\triangle}{4a}, -\dfrac{b}{2a}\right)$

- l'asse di simmetria ha equazione $y = -\dfrac{b}{2a}$
- la direttrice ha equazione $x = -\dfrac{1+\triangle}{4a}$

■ L'equazione della parabola in funzione delle coordinate (x_0, y_0) del suo vertice è $x - x_0 = a(y - y_0)^2$

Comprensione

La parabola $y = ax^2$

30 E' data la parabola di equazione $y = 3x^2$; scegli fra le seguenti la risposta corretta:

a. il fuoco ha coordinate ① $\left(0, \dfrac{1}{3}\right)$ ② $\left(0, \dfrac{1}{12}\right)$ ③ $\left(0, -\dfrac{1}{12}\right)$ ④ $\left(\dfrac{1}{12}, 0\right)$

b. il vertice ha coordinate ① $\left(0, \dfrac{1}{12}\right)$ ② $(0, 0)$ ③ $\left(-\dfrac{1}{6}, 0\right)$ ④ $\left(\dfrac{1}{6}, 0\right)$

c. la direttrice ha equazione ① $y = -\dfrac{1}{12}$ ② $y = \dfrac{1}{12}$ ③ $y = -3$ ④ $y = -\dfrac{4}{3}$

31 Indica, fra le seguenti, quale parabola ha l'ampiezza maggiore e quale ha l'ampiezza minore:

a. $y = 3x^2$ **b.** $y = \dfrac{1}{2}x^2$ **c.** $y = 5x^2$ **d.** $y = \dfrac{1}{4}x^2$

32 Associa a ciascuna equazione il corrispondente grafico.

a. $y = -2x^2$ **b.** $y = -\dfrac{1}{4}x^2$ **c.** $y = \dfrac{1}{3}x^2$ **d.** $y = \dfrac{2}{3}x^2$

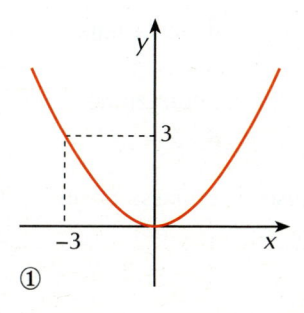
①

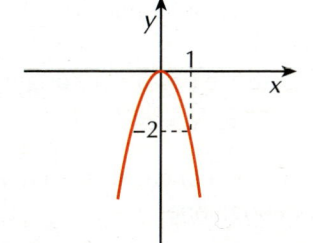
②

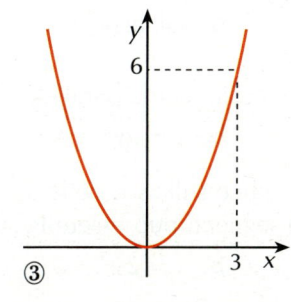
③

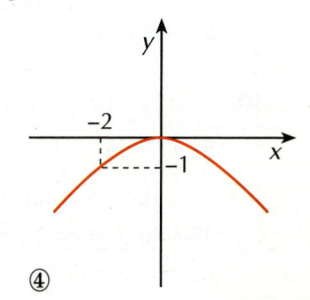
④

La parabola $y = ax^2 + bx + c$

33 La parabola di equazione $y - 1 = (x + 3)^2$ corrisponde a quella di equazione $y = x^2$ nella traslazione di vettore:

a. $\vec{v}(1, -3)$ **b.** $\vec{v}(-3, -1)$ **c.** $\vec{v}(-3, 1)$ **d.** $\vec{v}(-1, 3)$

34 Una parabola ha equazione $y - y_0 = a(x - x_0)^2$; completa le seguenti proposizioni:

a. il vertice della parabola è il punto di coordinate ....

b. l'asse di simmetria della parabola è la retta di equazione ....

35 Stabilisci quali delle seguenti affermazioni sono vere.

La parabola di equazione $y = -\dfrac{1}{2}x^2 + x + 1$:

a. è simmetrica rispetto all'asse y Ⓥ Ⓕ

b. è simmetrica rispetto alla retta $x = 1$ Ⓥ Ⓕ

c. passa per l'origine   Ⓥ Ⓕ

d. passa per il punto di coordinate $\left(-1, \dfrac{1}{2}\right)$ Ⓥ Ⓕ

e. è concava verso l'alto.   Ⓥ Ⓕ

36 Data l'equazione di una parabola, indica quali dei seguenti elementi è necessario individuare per costruirne il grafico:

a. il fuoco

b. il vertice

c. l'asse di simmetria

d. la direttrice

e. le coordinate di qualche punto.

La parabola $x = ay^2 + by + c$

37 E' data la parabola di equazione $x = \dfrac{1}{2}y^2$; scegli fra le seguenti la risposta corretta:

a. il vertice ha coordinate: ① $(0, 2)$ ② $(0, -2)$ ③ $(0, 0)$

b. il fuoco ha coordinate: ① $\left(0, \dfrac{1}{2}\right)$ ② $\left(\dfrac{1}{2}, 0\right)$ ③ $(0, 0)$

c. la direttrice ha equazione: ① $y = -\dfrac{1}{2}$ ② $y = -2$ ③ $x = -\dfrac{1}{2}$

38 La parabola di equazione $x = -y^2 + 4y$ ha il vertice:

a. sull'asse x **b.** sull'asse y **c.** sulla retta $x = 2$ **d.** sulla retta $y = 2$

39 La parabola di equazione $x = 4y^2 - 1$ ha il vertice:

a. sull'asse x **b.** sull'asse y **c.** sulla retta $y = -1$ **d.** sulla retta $x = \dfrac{1}{8}$

40 Una parabola ha asse di simmetria parallelo all'asse x e passa per l'origine. La sua equazione è del tipo:

a. $y = ax^2 + bx$ **b.** $x = ay^2 + by$ **c.** $x = ay^2 + c$ **d.** $y = ax^2 + c$

41 Una parabola ha il vertice sull'asse delle ascisse e la concavità rivolta verso il semiasse positivo delle ascisse. Quale fra le seguenti può essere la sua equazione?

a. $y = 3x^2 + 4$ **b.** $x = 2y^2 + 5y$ **c.** $x = y^2 - 3$ **d.** $y = 2x^2 - 4x$

Applicazione

La parabola $y = ax^2$

Scrivi l'equazione e traccia il grafico della parabola che ha fuoco nel punto F e per direttrice la retta d.

42 **ESERCIZIO GUIDA**

$$F\left(0, \frac{3}{2}\right) \qquad d : y = -\frac{3}{2}$$

Puoi procedere in due modi diversi.

I modo: applicando la definizione.

Indicato con $P(x, y)$ il generico punto della parabola, deve essere: $\sqrt{x^2 + \left(y - \frac{3}{2}\right)^2} = \left|y + \frac{3}{2}\right|$

Svolgendo i calcoli trovi l'equazione della parabola.

II modo: applicando le formule.

Il fuoco appartiene all'asse y; inoltre fuoco e direttrice sono equidistanti dall'asse x. La parabola ha quindi equazione generale $y = ax^2$ e deve essere

$$\frac{1}{4a} = \frac{3}{2} \quad \rightarrow \quad a = \frac{1}{6} \quad \text{equazione della parabola}: y = \frac{1}{6}x^2$$

43 **a.** $F(0, 1)$ $\qquad d : y = -1$ $\qquad$ **b.** $F(0, -2)$ $\qquad d : y = 2$ $\qquad \left[y = \frac{1}{4}x^2; y = -\frac{1}{8}x^2\right]$

44 **a.** $F\left(0, \frac{1}{4}\right)$ $\qquad d : y = -\frac{1}{4}$ $\qquad$ **b.** $F\left(0, -\frac{1}{2}\right)$ $\qquad d : y = \frac{1}{2}$ $\qquad \left[y = x^2; y = -\frac{1}{2}x^2\right]$

45 Determina l'equazione della parabola avente per fuoco il punto F assegnato e vertice nell'origine degli assi. Tracciane poi il grafico relativo:

a. $F(0, 2)$ $\qquad$ **b.** $F\left(0, -\frac{3}{4}\right)$ $\qquad \left[y = \frac{1}{8}x^2; y = -\frac{1}{3}x^2\right]$

46 Determina l'equazione della parabola che ha vertice nell'origine degli assi e per direttrice la retta di equazione assegnata:

a. $y = 2$ $\qquad$ **b.** $y = -\frac{1}{3}$ $\qquad \left[y = -\frac{1}{8}x^2; y = \frac{3}{4}x^2\right]$

47 Calcola l'equazione della direttrice e le coordinate del fuoco della parabola avente la seguente equazione:

a. $y = 2x^2$ $\qquad$ **b.** $y = -\frac{1}{2}x^2$ $\qquad$ **c.** $y = -\frac{1}{4}x^2$ $\qquad$ **d.** $y = \frac{3}{8}x^2$

La parabola $y = ax^2 + bx + c$

Di ciascuna delle seguenti parabole trova l'equazione della corrispondente nella traslazione di vettore $\vec{v}$ assegnato e costruisci il grafico di entrambe.

48 **ESERCIZIO GUIDA**

$$y = -\frac{1}{2}x^2 \qquad \vec{v}(1, -2)$$

Le equazioni della traslazione sono:

$$\begin{cases} x' = x + 1 \\ y' = y - 2 \end{cases} \quad \text{cioè} \quad \begin{cases} x = x' - 1 \\ y = y' + 2 \end{cases}$$

Operiamo allora sull'equazione data le sostituzioni $\begin{cases} x \to x - 1 \\ y \to y + 2 \end{cases}$

Otteniamo così l'equazione cercata:

$$y + 2 = -\frac{1}{2}(x - 1)^2 \qquad y = -\frac{1}{2}x^2 + x - \frac{5}{2}$$

I grafici delle due parabole sono in figura.

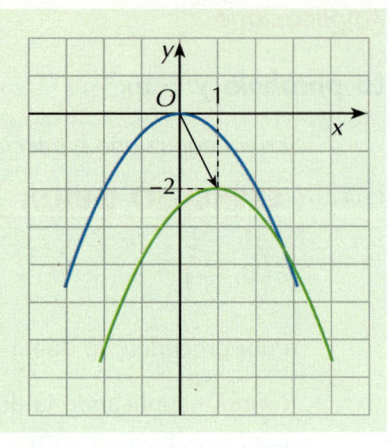

49 $y = x^2$ $\vec{v}(1, 3)$ $[y = x^2 - 2x + 4]$

50 $y = -x^2$ $\vec{v}(-1, 2)$ $[y = -x^2 - 2x + 1]$

51 $y = \frac{1}{2}x^2$ $\vec{v}(3, -2)$ $\left[y = \frac{1}{2}x^2 - 3x + \frac{5}{2}\right]$

Scrivi l'equazione della parabola, con asse parallelo all'asse y, di vertice V e coefficiente a assegnati.

52 $V(4, -3)$ $a = -1$ $[y = -x^2 + 8x - 19]$

53 $V(-1, 2)$ $a = \frac{1}{3}$ $\left[y = \frac{1}{3}x^2 + \frac{2}{3}x + \frac{7}{3}\right]$

54 $V\left(\frac{1}{2}, \frac{5}{2}\right)$ $a = 2$ $[y = 2x^2 - 2x + 3]$

55 $V(0, -4)$ $a = 1$ $[y = x^2 - 4]$

Delle parabole associate alle seguenti equazioni determina le coordinate del vertice e del fuoco, le equazioni dell'asse di simmetria e della direttrice. Tracciane poi il grafico.

56 **a.** $y = x^2 + x - 3$ **b.** $y = 3x^2 + x$

57 **a.** $y = 2x^2 + x - 1$ **b.** $y = -x^2 + 4x - 3$

58 **a.** $y = 2x^2 + 4x + 3$ **b.** $y = \frac{1}{4}x^2 - 2$

59 **a.** $y = -\frac{1}{2}x^2 + 4x - 9$ **b.** $y = 3x^2 - 6x + 3$

La parabola $x = ay^2 + by + c$

Delle seguenti parabole, trova le coordinate del vertice e del fuoco, l'equazione dell'asse e della direttrice e costruiscine poi il grafico.

60 **a.** $x = -y^2$ **b.** $x = 2y^2$ **c.** $x = -\frac{1}{2}y^2$

61 **a.** $x = 3y^2 - 4$ **b.** $x = -y^2 + y$ **c.** $x = -\frac{2}{3}y^2 + y - 1$

62 a. $x = -y^2 - 2y$ **b.** $x = -\dfrac{1}{2}y^2 + 3$ **c.** $x = 3y^2 + 2y$

63 a. $x = \dfrac{1}{4}y^2 - 1$ **b.** $x = -\dfrac{3}{2}y^2 + y$ **c.** $x = \dfrac{1}{2}y^2 - 3y + 1$

CONDIZIONI PER DETERMINARE L'EQUAZIONE DI UNA PARABOLA   *la teoria è a pag. 151*

Comprensione

64 Una parabola è univocamente determinata se si conoscono:
 a. le coordinate di tre suoi punti   V F
 b. le coordinate del vertice e di un suo punto   V F
 c. le coordinate del vertice e dell'asse di simmetria   V F
 d. le coordinate del fuoco e della direttrice   V F
 e. le coordinate del fuoco e dell'asse di simmetria.   V F

65 Una parabola passa per l'origine e per i punti di coordinate $(1, 1)$ e $(2, 2)$; di tali parabole ne esistono:
 a. una sola   **b.** due   **c.** nessuna   **d.** infinite

66 Una parabola ha la retta $x = 3$ come asse di simmetria e ha vertice in $V(3, -1)$; di tali parabole ne esistono:
 a. una sola   **b.** due   **c.** nessuna   **d.** infinite

67 Una parabola ha vertice in $V(1, -1)$ e passa per $P(2, 4)$; di tali parabole ne esistono:
 a. una sola   **b.** due   **c.** nessuna   **d.** infinite

Applicazione

Scrivi l'equazione della parabola, con asse parallelo all'asse y, passante per la seguente terna di punti.

68 **ESERCIZIO GUIDA**

$A(0, -6);$ $B(2, -4);$ $C(1, -6)$

La parabola richiesta ha equazione del tipo $y = ax^2 + bx + c$. Per determinare i coefficienti a, b, c imponi le 3 condizioni, indipendenti, corrispondenti al passaggio per i 3 punti non allineati.

Sostituisci le coordinate dei punti nell'equazione della parabola e risolvi il sistema ottenuto:

$$\begin{cases} -6 = c & \text{passaggio per } A \\ -4 = 4a + 2b + c & \text{passaggio per } B \\ -6 = a + b + c & \text{passaggio per } C \end{cases}$$

Se hai risolto correttamente il sistema, troverai che la parabola richiesta ha equazione $y = x^2 - x - 6$.
Ricorda che puoi in ogni caso controllare l'esattezza dei tuoi calcoli verificando l'appartenenza dei punti A, B, C alla parabola trovata.

69 Scrivi l'equazione della parabola con asse parallelo all'asse y che passa per l'origine e per i punti di coordinate $(3, 0)$ e $(-1, 8)$. $[y = 2x^2 - 6x]$

70 Scrivi l'equazione della parabola con asse parallelo all'asse x che passa per i punti $A\left(\dfrac{5}{2}, 1\right)$, $B(3, 0)$, $C(1, 2)$.

$$\left[x = -\frac{1}{2}y^2 + 3\right]$$

71 Scrivi l'equazione della parabola con asse parallelo all'asse x che passa per i punti in cui la retta di equazione $2y - 2 + x = 0$ interseca gli assi cartesiani sapendo che l'ordinata del vertice è uguale a -2.

$$\left[x = -\frac{2}{5}y^2 - \frac{8}{5}y + 2\right]$$

72 **ESERCIZIO GUIDA**

Scrivi l'equazione della parabola con asse parallelo all'asse y che ha vertice in $V(4, -2)$ e passa per il punto $P(2, -1)$.

Puoi procedere in due modi:

- usando la formula $y - y_0 = a(x - x_0)^2$ e imponendo poi il passaggio per P

- risolvendo il sistema che ottieni con le seguenti relazioni:
  passaggio per P : ....
  passaggio per V : ....
  ascissa del vertice uguale a 4 : ....

$$\left[y = \frac{1}{4}x^2 - 2x + 2\right]$$

73 Scrivi l'equazione della parabola con asse parallelo all'asse y che ha vertice in $V(-2, 1)$ e ha ordinata all'origine uguale a -3.

$$[y = -x^2 - 4x - 3]$$

74 Scrivi l'equazione della parabola, con asse parallelo a quello delle ordinate, che ha vertice in $V(-2, -2)$ e passa per $P(1, -3)$. Scrivi poi l'equazione della parabola con le stesse caratteristiche, ma con asse di simmetria parallelo a quello delle ascisse.

$$\left[y = -\frac{1}{9}x^2 - \frac{4}{9}x - \frac{22}{9}; \; x = 3y^2 + 12y + 10\right]$$

75 Scrivi l'equazione della parabola con asse parallelo all'asse y che ha vertice in $V(-1, 3)$ e interseca la retta $x - y + 1 = 0$ nel suo punto di ascissa 1.

$$\left[y = -\frac{1}{4}x^2 - \frac{1}{2}x + \frac{11}{4}\right]$$

76 Scrivi l'equazione della parabola con asse parallelo all'asse y che passa per i punti di coordinate $\left(\dfrac{1}{2}, -\dfrac{1}{8}\right)$, $\left(1, -\dfrac{5}{4}\right)$, $\left(0, \dfrac{1}{4}\right)$, trova le coordinate dei suoi punti di intersezione A e B con l'asse x e determina infine l'area del triangolo AVB, essendo V il vertice della parabola.

$$\left[y = -\frac{3}{2}x^2 + \frac{1}{4}; \; A\left(-\frac{\sqrt{6}}{6}, 0\right); \; B\left(\frac{\sqrt{6}}{6}, 0\right), \text{ area} = \frac{\sqrt{6}}{24}\right]$$

77 Scrivi l'equazione della parabola con asse parallelo all'asse x che passa per i punti di coordinate $(-2, 3)$, $(-11, 0)$, $(-6, 1)$; scrivi poi l'equazione della parabola ad essa simmetrica rispetto alla bisettrice del primo e terzo quadrante.

$$[x = -y^2 + 6y - 11; \; y = -x^2 + 6x - 11]$$

78 **ESERCIZIO GUIDA**

Scrivi l'equazione della parabola con asse parallelo all'asse y con vertice in $V(0, 1)$ e fuoco in $F(0, 2)$.

Si può risolvere l'esercizio in diversi modi:

- sfruttando l'informazione relativa al vertice si può scrivere l'equazione della parabola nella forma

$$y - 1 = ax^2 \qquad \rightarrow \qquad y = ax^2 + 1$$

Imponendo poi che l'ordinata del fuoco sia uguale a 2 si ottiene l'equazione $\dfrac{1+4a}{4a} = 2$ dalla quale si ricava il valore di a.

Osserva che non è possibile usare come ulteriore informazione l'ascissa del fuoco perché questa coincide con quella del vertice già utilizzata.

- Dai dati del problema si deduce che la direttrice è proprio l'asse x; si può quindi applicare la definizione di parabola come luogo di punti per i quali $\overline{PF} = \overline{PH}$:

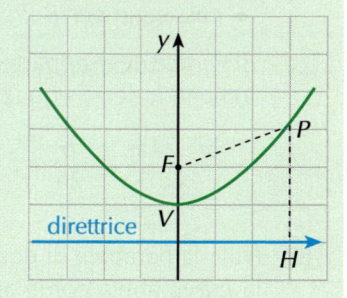

$$\sqrt{x^2 + (y-2)^2} = |y| \qquad \left[y = \frac{1}{4}x^2 + 1\right]$$

79 Scrivi l'equazione della parabola con asse di simmetria parallelo all'asse x che ha vertice in $V(1, -2)$ e fuoco in $F\left(\dfrac{3}{2}, -2\right)$.
$$\left[x = \frac{1}{2}y^2 + 2y + 3\right]$$

80 Scrivi l'equazione della parabola che passa per i punti $A(0, 2)$ e $B(1, 1)$ e ha direttrice di equazione $x = \dfrac{13}{8}$.
$$\left[x = -4y^2 + 11y - 6; \; x = -\frac{1}{2}y^2 + \frac{1}{2}y + 1\right]$$

81 Scrivi l'equazione della parabola con asse di simmetria parallelo all'asse x che ha vertice in $V(-1, 0)$ e passa per $P\left(-\dfrac{1}{2}, \dfrac{3}{2}\right)$; calcola poi la lunghezza della corda da essa individuata sull'asse delle ordinate.
$$\left[x = \frac{2}{9}y^2 - 1; \; 3\sqrt{2}\right]$$

82 Scrivi l'equazione della parabola che ha fuoco in $F\left(2, \dfrac{7}{4}\right)$ e ha per direttrice la retta $y = \dfrac{9}{4}$.
$$[y = -x^2 + 4x - 2]$$

83 Scrivi l'equazione della parabola che ha vertice in $V\left(\dfrac{3}{2}, -\dfrac{1}{2}\right)$ e direttrice di equazione $y = -\dfrac{5}{8}$.
$$[y = 2x^2 - 6x + 4]$$

84 Scrivi l'equazione della parabola che ha asse di simmetria di equazione $y = 2$, vertice di ascissa 2 e passa per il punto $A(3, 1)$.
$$[x = y^2 - 4y + 6]$$

85 Data la parabola di equazione $y = -2x^2 + bx + c$, determina il valore dei coefficienti b e c in modo che essa abbia come asse di simmetria la retta $x = 1$ e passi per il punto $P(-2, -10)$.
$$[y = -2x^2 + 4x + 6]$$

86 Determina l'equazione della parabola, con asse parallelo a quello delle ordinate, che ha fuoco in $F(-3, 4)$ e passa per l'origine degli assi.
$$\left[y = -\frac{1}{2}x^2 - 3x \; \lor \; y = \frac{1}{18}x^2 + \frac{1}{3}x\right]$$

87 Determina l'equazione della parabola del tipo $x = ay^2 + by + c$, sapendo che passa per $A(2, 1)$ e per $B(3, 0)$ e che, inoltre, la sua direttrice ha equazione $x = \dfrac{7}{4}$.
$$[x = y^2 - 2y + 3 \; \lor \; x = 2y^2 - 3y + 3]$$

88 **ESERCIZIO GUIDA**

Scrivi l'equazione della parabola con asse parallelo all'asse y che passa per i punti $A(0, 3)$, $B(3, 0)$ e ha vertice sulla retta di equazione $y = -x + 5$.

Imponendo il passaggio per i due punti otteniamo le prime due condizioni:

89 Data la parabola di equazione $y = ax^2 + 4x + c$, determina il valore dei coefficienti a e c in modo che la curva abbia come asse di simmetria la retta $x + 1 = 0$ e passi per il punto $P(1, 0)$.

$$[y = 2x^2 + 4x - 6]$$

90 Scrivi l'equazione della parabola che ha asse di equazione $x = -1$ e passa per $A(0, 2)$ e $B(-3, 5)$.

$$[y = x^2 + 2x + 2]$$

91 Una parabola con asse parallelo all'asse y ha vertice nel punto di intersezione delle rette di equazioni $y = x - 4$ e $y = 5 - 2x$ e interseca l'asse y nello stesso punto in cui lo interseca la retta $x - 2y + 16 = 0$. Trova la sua equazione.

$$[y = x^2 - 6x + 8]$$

92 Scrivi l'equazione della parabola che passa per il punto P di intersezione della retta $2x - y + 1 = 0$ con l'asse y e per il punto $Q(4, 1)$, sapendo che il vertice ha ordinata uguale a -1.

$$\left[y = \frac{1}{2}x^2 - 2x + 1\right]$$

93 Scrivi l'equazione della parabola con asse parallelo all'asse x che passa per i vertici del triangolo i cui lati appartengono alle rette di equazioni:

$$x + y - 3 = 0 \qquad x - 3y - 7 = 0 \qquad 5x + y - 3 = 0.$$

$$\left[x = -\frac{4}{5}y^2 + \frac{3}{5}y + \frac{27}{5}\right]$$

94 Scrivi l'equazione della parabola con asse parallelo all'asse y che ha vertice sulla retta di equazione $y = x$ e passa per i punti $A(0, 4)$ e $B(4, 4)$.

$$\left[y = \frac{1}{2}x^2 - 2x + 4\right]$$

95 Scrivi l'equazione della parabola che ha asse di equazione $y = 0$ e passa per $A(-1, 1)$ e $B(2, -2)$.

$$[x = y^2 - 2]$$

96 Scrivi l'equazione della parabola con asse parallelo all'asse y che ha vertice sulla retta di equazione $x + y + 1 = 0$ e passa per $A(1, 4)$ e $B\left(0, \dfrac{7}{3}\right)$.

$$\left[y = \frac{55}{3}x^2 - \frac{50}{3}x + \frac{7}{3}; \, y = \frac{1}{3}x^2 + \frac{4}{3}x + \frac{7}{3}\right]$$

97 Scrivi l'equazione della parabola che ha asse di equazione $x = 3$, vertice appartenente alla retta di equazione $x - 3y = 0$ e passa per l'origine.

$$\left[y = -\frac{1}{9}x^2 + \frac{2}{3}x\right]$$

98 Scrivi l'equazione della parabola con asse parallelo all'asse x che ha vertice sulla retta di equazione $x - 2y + 1 = 0$ e passa per i punti $A(1, 0)$ e $B(9, -1)$.

$$[x = 24y^2 + 16y + 1; \, x = 4y^2 - 4y + 1]$$

99 Scrivi l'equazione della parabola che passa per i punti $A(0, 0)$ e $B(-1, 4)$ e ha direttrice di equazione $x = -5$.

$$\left[x = \frac{17}{16}y^2 - \frac{9}{2}y; \, x = \frac{1}{16}y^2 - \frac{1}{2}y\right]$$

100 Scrivi l'equazione della parabola che passa per il punto $A(-1, 1)$ e interseca l'asse x nei punti di ascissa -3 e 0.

$$\left[y = -\frac{1}{2}x^2 - \frac{3}{2}x\right]$$

101 Scrivi l'equazione della parabola con asse parallelo all'asse y che passa per $A(2, 5)$ e $B(0, -1)$ e interseca la retta di equazione $x - y + 2 = 0$ nel punto di ascissa 1. $[y = -x^2 + 5x - 1]$

102 Scrivi l'equazione della parabola che passa per $O(0, 0)$, ha vertice di ascissa -2 e stacca sull'asse y una corda lunga 4.

$$\left[x = \frac{1}{2}y^2 + 2y; \ x = \frac{1}{2}y^2 - 2y\right]$$

103 Scrivi l'equazione della parabola con asse parallelo all'asse y che ha il vertice sulla bisettrice del primo e terzo quadrante, interseca l'asse y nel punto di ordinata $\frac{3}{2}$ e passa per il punto $A(-1, 3)$.

$$\left[y = \frac{1}{2}x^2 - x + \frac{3}{2}; \ y = \frac{21}{2}x^2 + 9x + \frac{3}{2}\right]$$

104 Scrivi l'equazione della parabola che ha asse di equazione $x = 2$, direttrice di equazione $y = 0$ e passa per $A(1, -1)$.

$$\left[y = -\frac{1}{2}x^2 + 2x - \frac{5}{2}\right]$$

105 Una parabola ha vertice nell'origine O degli assi e come direttrice la retta $x = -1$. Dopo averne scritto l'equazione, calcola i punti A e B in cui essa interseca la retta $y = 2x - 4$, quindi determina l'area del triangolo AOB.

$$\left[x = \frac{1}{4}y^2; \ \text{area} = 6\right]$$

Scrivi l'equazione delle parabole associate ai seguenti grafici.

106 **ESERCIZIO GUIDA**

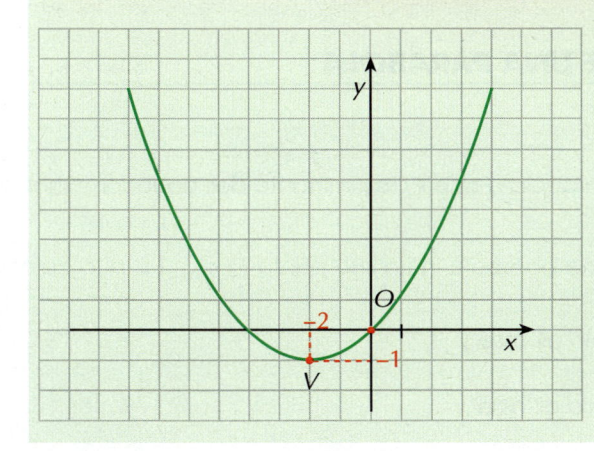

Dal grafico puoi dedurre che la parabola ha vertice in $V(-2, -1)$ e passa per l'origine.

È quindi conveniente usare l'equazione nella forma

$$y - y_0 = a(x - x_0)^2$$

Sostituendo in essa le coordinate del vertice ottieni

$$y - \ldots = a(x - \ldots)^2$$

Se imponi anche il passaggio per il punto O hai che .... da cui puoi ricavare il valore di a.

La parabola ha dunque equazione: $y = \frac{1}{4}x^2 + x$

107

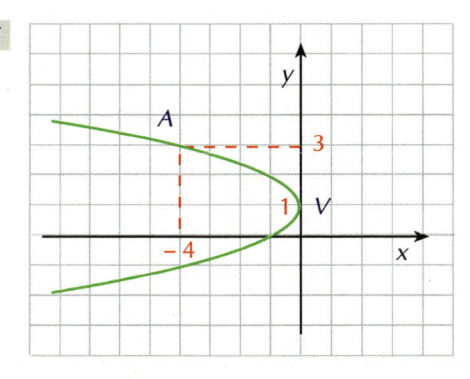

$$\left[x = -(y - 1)^2\right]$$

108

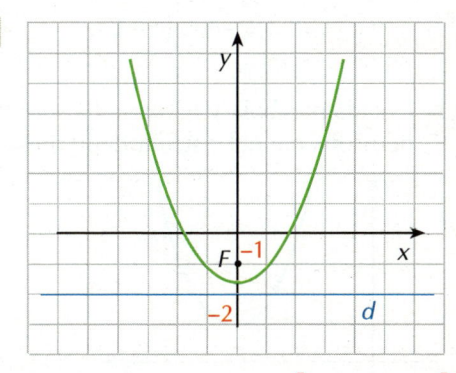

$$\left[y = \frac{1}{2}x^2 - \frac{3}{2}\right]$$

109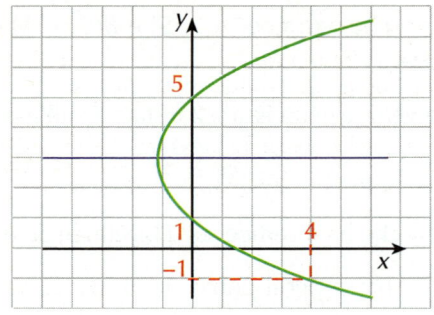

$$\left[x = \frac{1}{3}y^2 - 2y + \frac{5}{3}\right]$$

110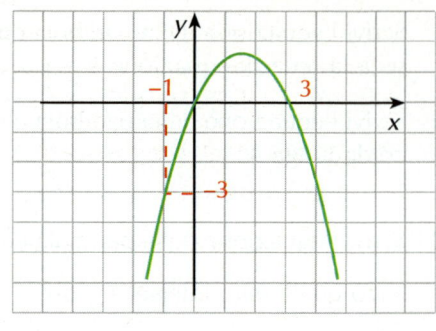

$$\left[y = -\frac{3}{4}x^2 + \frac{9}{4}x\right]$$

111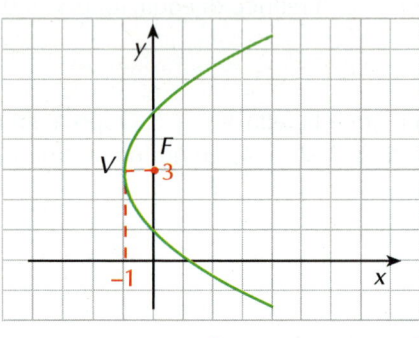

$$\left[x = \frac{1}{4}y^2 - \frac{3}{2}y + \frac{5}{4}\right]$$

112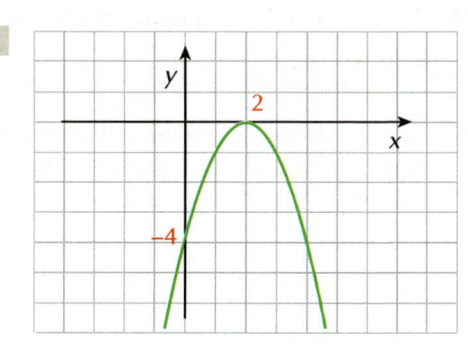

$$\left[y = -x^2 + 4x - 4\right]$$

POSIZIONI RECIPROCHE DI UNA RETTA E UNA PARABOLA

la teoria è a pag. 156

RICORDA

■ La condizione di tangenza fra una retta e una parabola è che il discriminante dell'equazione risolvente del sistema retta-parabola sia uguale a zero.

■ Il coefficiente angolare della retta tangente a una parabola in un suo punto $P(x_0, y_0)$ si può calcolare anche con la formula:

- $m = 2ax_0 + b$ se la parabola ha l'asse parallelo all'asse y

- $m = \dfrac{1}{2ay_0 + b}$ se la parabola ha l'asse parallelo all'asse x

Comprensione

113 Data la parabola $y = ax^2 + bx + c$ e la retta $y = mx + q$ e indicato con Δ il discriminante dell'equazione risolvente del sistema delle due curve, completa le seguenti proposizioni:

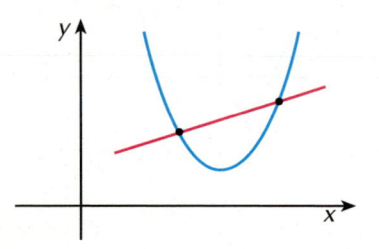 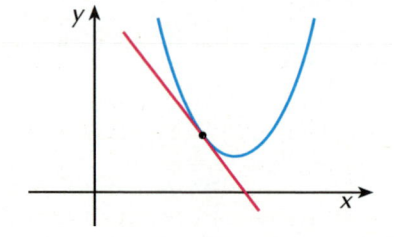 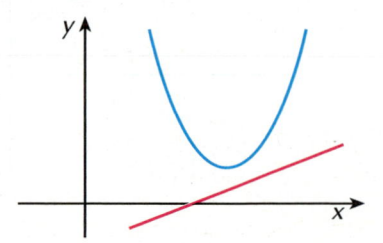

a. Δ......... la retta è ....   **b.** Δ......... la retta è ....   **c.** Δ......... la retta è ....

114 Una parabola è tangente all'asse delle ascisse. Il suo vertice si trova:

    a. in un punto qualsiasi del primo quadrante   **b.** sull'asse delle ascisse

    c. sull'asse delle ordinate   **d.** su una delle bisettrici dei quadranti.

115 Una parabola è tangente all'asse y nel punto $A(0, 1)$. Quale fra le seguenti può essere la sua equazione?

    a. $y = 3x^2 - 6x + 1$ **b.** $y = 3x^2 - 6x$ **c.** $x = y^2 - 2y + 1$ **d.** $x = y^2 + 1$

116 Il coefficiente angolare della retta tangente alla parabola $y = 3x^2 - 6x + 9$ nel suo punto di ascissa zero è uguale a:

    a. 6   **b.** 3   **c.** -6 **d.** 0

Applicazione

Determina la posizione reciproca della parabola γ e della retta r di equazioni assegnate.

117 $\gamma : y = 3x^2 - 12x + 10$ $r : 2x - 1 = 0$ [secante]

118 $\gamma : y = -2x^2 + 3x + 1$ $r : y = -x + 7$ [esterna]

119 $\gamma : x = -y^2 + 4y - 4$ $r : y = -\dfrac{3}{2}x + 4$ [esterna]

120 $\gamma : y = \dfrac{1}{3}x^2 - x + 2$ $r : x - 3y + 2 = 0$ [tangente]

121 $\gamma : x = y^2 - 2y - 1$ $r : 2x - 3y - 2 = 0$ [secante]

122   **ESERCIZIO GUIDA**

> Calcola le equazioni delle rette tangenti alla parabola di equazione $y = x^2 + 2x + 2$ uscenti dal punto $P\left(-\dfrac{3}{2}, -1\right)$. Determina poi le coordinate dei punti di tangenza.
>
> Il fascio di rette di centro P ha equazione $y + 1 = m\left(x + \dfrac{3}{2}\right)$ $\rightarrow$ $y = mx + \dfrac{3}{2}m - 1$
>
> Il sistema fra la parabola e la retta ha equazione risolvente $2x^2 + 2x(2 - m) + 6 - 3m = 0$
>
> La condizione di tangenza è $(2 - m)^2 - 2(6 - 3m) = 0$ $\rightarrow$ $m = -4 \ \vee \ m = 2$
>
> Le rette tangenti hanno quindi equazione $y = -4x - 7$ e $y = 2x + 2$
>
> Risolvendo il sistema si ottengono infine i punti di tangenza che sono $A(-3, 5)$ e $B(0, 2)$.

123 Scrivi le equazioni delle rette tangenti alla parabola di equazione $y = -x^2 + 2x + 4$, condotte dal punto $P\left(\dfrac{1}{2}, 7\right)$ e le coordinate dei punti di tangenza. $[4x - y + 5 = 0; \ 2x + y - 8 = 0; \ (-1,1); \ (2,4)]$

124 Trova le equazioni delle rette tangenti alla parabola $y = -x^2 + 5x + 1$ che sono parallele alla bisettrice del primo e terzo quadrante. $[y = x + 5]$

125 Fra tutte le parabole di equazione $y = 4x^2 + ax + a$, individua quella tangente alla retta di equazione $3x - y - 2 = 0$. $[a = 23 \ \vee \ a = -1]$

126 Determina l'equazione della retta tangente alla parabola di equazione $y = -\dfrac{1}{4}x^2 + x$ in modo che essa sia perpendicolare alla retta di equazione $y = x + 1$. $[y = -x + 4]$

127 Individua l'equazione della retta tangente alla parabola di equazione $y = x^2 - 4x + 3$ nel suo punto di ascissa 1. $[2x + y - 2 = 0]$

128 Scrivi le equazioni delle rette tangenti alla parabola di equazione $y = \frac{1}{2}x^2 - x$ nei suoi punti di intersezione con l'asse x.
$$[x + y = 0; \; x - y - 2 = 0]$$

129 Data la parabola di equazione $y = -x^2 + 4x - 2$, determina l'equazione della retta ad essa tangente, parallela a quella di equazione $4x - 3y + 6 = 0$. Determina poi le coordinate del punto di tangenza.
$$\left[12x - 9y - 2 = 0; \left(\frac{4}{3}; \frac{14}{9}\right)\right]$$

130 Data la parabola di equazione $y = \frac{1}{4}x^2 - x + 2$, determina l'equazione della retta ad essa tangente, perpendicolare alla retta di equazione $2x - 3y + 1 = 0$ e le coordinate del punto di tangenza.
$$\left[6x + 4y - 7 = 0; \left(-1, \frac{13}{4}\right)\right]$$

131 Data la parabola di equazione $y = 3x^2 - 12x + 10$, determina l'equazione della tangente nel suo punto P di ascissa 1.
$$[6x + y - 7 = 0]$$

132 Scrivi l'equazione della retta t tangente alla parabola di equazione $y = x^2 - 4x + 1$ nel suo punto di ascissa 3. Indica poi con Q il punto in cui t interseca l'asse y e calcola area e perimetro del triangolo QPO.
$$[y = 2x - 8; \text{area} = 12; 2p = 8 + \sqrt{13} + 3\sqrt{5}]$$

133 Calcola l'equazione della retta tangente alla parabola di equazione $x = -\frac{1}{2}y^2 + 1$ nel suo punto di ordinata 2.
$$[x + 2y - 3 = 0]$$

134 Data la parabola di equazione $y = 2x^2 - 3$, calcola l'equazione della retta ad essa tangente, parallela alla retta passante per $A(0, 1)$ e $B(1, 5)$ e le coordinate del punto di tangenza.
$$[4x - y - 5 = 0; (1, -1)]$$

135 Scrivi l'equazione della parabola con asse parallelo all'asse y passante per $A(2, 2)$ ed avente vertice in $V(-1, 1)$; trova poi l'equazione della retta ad essa tangente in A.
$$\left[y = \frac{1}{9}x^2 + \frac{2}{9}x + \frac{10}{9}, 2x - 3y + 2 = 0\right]$$

136 Scrivi l'equazione della parabola che è tangente all'asse x nel punto di ascissa 2 e passa per $A(0, 1)$.
$$\left[y = \frac{1}{4}x^2 - x + 1\right]$$

137 Scrivi l'equazione della parabola con asse di simmetria di equazione $x = 2$, tangente all'asse x e passante per il punto $A(3, -1)$. Trova poi le equazioni delle rette ad essa tangenti uscenti dal punto del suo asse di ordinata 1, verifica che hanno coefficienti angolari opposti e dai una giustificazione di ciò.
$$[y = -x^2 + 4x - 4; y = 2x - 3, y = -2x - 5]$$

138 Scrivi l'equazione della parabola con asse parallelo all'asse y, vertice in $V(3, -2)$ e tangente alla retta di equazione $2x - y - 10 = 0$. Calcola le coordinate del punto di tangenza.
$$\left[y = \frac{1}{2}x^2 - 3x + \frac{5}{2}; (5,0)\right]$$

139 Scrivi l'equazione della parabola con asse parallelo all'asse y, passante per il punto $A(1,1)$ e tangente alla retta di equazione $x - y + 4 = 0$ nel suo punto di ascissa -3.
$$\left[y = -\frac{1}{4}x^2 - \frac{1}{2}x + \frac{7}{4}\right]$$

140 Scrivi l'equazione della parabola con asse parallelo all'asse x, di vertice $V(1, -2)$ e tangente alla retta di equazione $x + 4y + 3 = 0$. Calcola le coordinate del punto di tangenza.
$$[x = -y^2 - 4y - 3; (-3, 0)]$$

141 Scrivi l'equazione della parabola con asse parallelo all'asse x, tangente alla retta di equazione $x = -1$ e avente fuoco in $F\left(-\frac{1}{4}, 2\right)$.
$$\left[x = \frac{1}{3}y^2 - \frac{4}{3}y + \frac{1}{3}\right]$$

142 Data la parabola di equazione $y = 3x^2 - 6x + 3$, scrivi l'equazione della retta ad essa tangente nel suo punto P di ascissa $\frac{1}{2}$. Indicato con A il punto di intersezione della parabola con l'asse y, calcola l'area del quadrilatero concavo *APVO*, essendo *V* il vertice della parabola e *O* l'origine del sistema di riferimento.

$$\left[y = -3x + \frac{9}{4}; \text{ area} = \frac{9}{8}\right]$$

143 Determina le equazioni delle rette tangenti alla parabola di equazione $x = y^2 - 5y + 4$ condotte dall'origine degli assi e le coordinate dei punti di tangenza. Calcola poi l'equazione della retta che passa per i punti di tangenza.

$$[x + y = 0; \ x + 9y = 0; \ (-2, 2); \ (18, -2); \ x + 5y - 8 = 0]$$

144 Scrivi l'equazione della parabola, con asse parallelo all'asse *y*, avente vertice in $V(1, 3)$ e passante per il punto $A(-1, -1)$. Determina poi le equazioni delle rette tangenti alla parabola, passanti per il punto $P\left(1, \frac{21}{4}\right)$ e della retta che passa per i punti di tangenza.

$$\left[y = -x^2 + 2x + 2; \ y = 3x + \frac{9}{4}; \ y = -3x + \frac{33}{4}; \ 4y - 3 = 0\right]$$

145 Scrivi l'equazione della parabola con asse parallelo all'asse *y* passante per i punti $A(-3, 2)$, $B(0, -1)$, $C(-1, 2)$. Calcola le equazioni delle tangenti alla parabola uscenti dal punto $P(-1, 6)$ e l'area del triangolo avente come vertici il punto *P* e i punti di tangenza. $[y = -x^2 - 4x - 1; \ y = 2x + 8; \ y = -6x; \text{ area} = 16]$

PROBLEMI RIASSUNTIVI

146 Determina l'equazione di una retta parallela all'asse *x* in modo che la corda staccata su essa dalla parabola di equazione $y = -\frac{1}{3}x^2 - \frac{2}{3}x + \frac{8}{3}$ sia lunga 2. $\left[y = \frac{8}{3}\right]$

147 Scrivi l'equazione della parabola di vertice $V(0, 5)$ e fuoco $F\left(0, \frac{19}{4}\right)$. Calcola la lunghezza della corda avente per estremi i punti di intersezione tra la parabola e la retta di equazione $2x + y + 2 = 0$.

$$[y = 5 - x^2; \ 4\sqrt{10}]$$

148 Una parabola $y = ax^2 + bx + c$ ha il vertice sulla retta *r* di equazione $x - 3y + 9 = 0$ e incontra l'asse *x* nei punti di ascissa 1 e 5. Dopo aver trovato la sua equazione, scrivi quella della retta *t* ad essa tangente nel suo punto *A* di ascissa 2 e calcola poi l'area del triangolo *AVB* essendo *V* il vertice della parabola e *B* il punto d'intersezione delle rette *r* e *t*. $\left[y = -x^2 + 6x - 5, \ t: y = 2x - 1, \ B: \left(\frac{12}{5}, \frac{19}{5}\right); \text{ area} = \frac{1}{5}\right]$

149 Scrivi l'equazione della parabola, con asse parallelo all'asse *y*, tangente all'asse *x* nel punto $A(2,0)$ e che interseca l'asse *y* nel punto di ordinata 1. Detti *B* e *C* i punti di intersezione della parabola e della retta di equazione $x + 2y - 6 = 0$, calcola l'area del triangolo *ABC*. $\left[y = \frac{1}{4}x^2 - x + 1; \text{ area} = 6\right]$

150 Nell'equazione parametrica $y = (k - 2)x^2 - kx + 3$ determina *k* in modo che la parabola corrispondente:
a. volga la concavità verso il basso $[k < 2]$
b. abbia ascissa del vertice maggiore di 1 $[2 < k < 4]$
c. abbia come direttrice l'asse delle ascisse. $[k = 6 \pm \sqrt{11}]$

151 Determina per quali valori del parametro reale *k* l'equazione $y = (k - 2)x^2 + 3kx + 1 - k$, rappresenta:

a. una parabola che ha fuoco sulla retta $y = 2$ $\left[k = -\frac{9}{13} \lor k = 1\right]$

b. una parabola il cui vertice appartiene alla retta di equazione $y = x$ $[\nexists k]$
c. una parabola che interseca il semiasse positivo delle ordinate. $[k < 1]$

152 Scrivi l'equazione della parabola con asse parallelo all'asse y che ha vertice in $V(2, 2)$ e passa per il punto $A(0, -2)$. Trovate le equazioni delle rette r e s tangenti alla parabola in A e in V, calcola l'area del triangolo AVC, essendo C il punto di intersezione di r e s. $[y = -x^2 + 4x - 2; y = 4x - 2; \text{area} = 2]$

153 Scrivi l'equazione della parabola con asse parallelo all'asse x, di vertice $V\left(-\dfrac{3}{2}, 2\right)$, passante per $P\left(-\dfrac{1}{2}, 1\right)$. Determina l'equazione della retta parallela alla bisettrice del primo e del terzo quadrante che intercetta sulla parabola una corda lunga $3\sqrt{2}$. $\left[x = y^2 - 4y + \dfrac{5}{2}; 2x - 2y + 3 = 0\right]$

154 Nell'equazione $y = -x^2 + 4x + c$ determina il valore del parametro c in modo che la parabola P_1 ad essa associata stacchi sulla retta di equazione $y - 3 = 0$ una corda congruente a quella che la parabola P_2 di equazione $y = x^2 - 4$ stacca sulla stessa retta. $[c = 6]$

155 Scrivi l'equazione della parabola γ: $y = ax^2$ che passa per il punto di coordinate $(-2, 8)$; scrivi poi l'equazione della parabola γ' corrispondente di γ nella traslazione di vettore $\vec{v}(3, 2)$. Detto A il punto di intersezione delle due parabole, calcola l'area del triangolo OVA, essendo V il vertice di γ' e O l'origine del sistema di riferimento. $\left[y = 2x^2 - 12x + 20; \text{area} = \dfrac{20}{3}\right]$

156 La parabola di equazione $y = ax^2 + bx + 2$ ha il vertice nel primo quadrante ed è tangente alle rette di equazioni $y = 6$ e $y = 18 - 8x$. Trovane l'equazione e determina poi l'area del triangolo che ha vertici nell'origine e nei punti di tangenza. $[y = -4x^2 + 8x + 2; \text{area} = 5]$

157 Data la parabola γ di equazione $y = x^2 - 1$, scrivi l'equazione della parabola γ' simmetrica di γ rispetto all'origine. Calcola le coordinate dei punti A e B di intersezione tra γ e γ' e le equazioni delle tangenti in A e in B alle due parabole. Verifica analiticamente che queste tangenti formano un rombo.

$$[\gamma' : y = 1 - x^2; A(-1, 0); B(1, 0); y = \pm 2x + 2; y = \pm 2x - 2]$$

158 Scrivi l'equazione della parabola con asse parallelo all'asse y che è tangente nell'origine alla retta di equazione $y + x = 0$ ed ha vertice nel punto di ascissa 2. Dopo aver scritto l'equazione della sua simmetrica rispetto all'asse x, trova l'area del rettangolo con i lati paralleli agli assi cartesiani, inscritto nella regione di piano delimitata dalle due parabole e avente un vertice di ascissa 1.

$$\left[y = \dfrac{1}{4}x^2 - x; \text{area} = 3\right]$$

159 Scrivi l'equazione della parabola con asse di equazione $x = 2$, passante per l'origine e con vertice sulla retta di equazione $x + 2y - 14 = 0$. Detto A l'ulteriore punto di intersezione tra la parabola e l'asse x, determina le coordinate del punto P della parabola di ordinata positiva tale che l'area del triangolo OPA sia 9.

$$\left[y = -\dfrac{3}{2}x^2 + 6x; P_1\left(3, \dfrac{9}{2}\right); P_2\left(1, \dfrac{9}{2}\right)\right]$$

160 Scrivi l'equazione della parabola con asse coincidente con l'asse x, passante per i punti $P(-1, 1)$ e $Q(2, 2)$. Determina l'equazione della retta parallela all'asse y che interseca la parabola in A e B, in modo che il triangolo VAB sia equilatero, essendo V il vertice della parabola. $[x = y^2 - 2; x = 1]$

161 Date le parabole γ di equazione $x = 2y^2 - 4y - 1$ e γ' di equazione $x = \dfrac{3}{4}y^2 - \dfrac{9}{4}y + \dfrac{27}{16}$ determina l'equazione della retta parallela all'asse y che intercetta corde uguali su γ e su γ'. $\left[x = \dfrac{9}{5}\right]$

162 Determina le coordinate di un punto P appartenente alla retta di equazione $x - 2y + 2 = 0$, tale che la somma dei quadrati delle sue coordinate sia minima. $\left[\left(-\dfrac{2}{5}, \dfrac{4}{5}\right)\right]$

163 Trova un punto P sull'arco della parabola $y = -x^2 + 3$ che appartiene al primo quadrante in modo che sia massimo il valore dell'espressione $\overline{PH} + \overline{PK}$, essendo H e K le proiezioni del punto P sugli assi cartesiani.

$$\left[P\left(\frac{1}{2}, \frac{13}{4} \right) \right]$$

Per la verifica delle competenze

1 Scrivi l'equazione della parabola con asse parallelo all'asse y che ha vertice in $V\left(-2, \frac{5}{2} \right)$ e che interseca l'asse x in un punto di ascissa $\frac{1}{2}$. Risolvi il problema in almeno due modi diversi.

$$\left[y = -\frac{2}{5} x^2 - \frac{8}{5} x + \frac{9}{10} \right]$$

2 Trova le equazioni della parabola e della retta in figura e determina poi la lunghezza della corda da essi intercettata.

$$\left[x = -y^2 + 3y; \ y = 1 - 2x; \ \frac{\sqrt{205}}{4} \right]$$

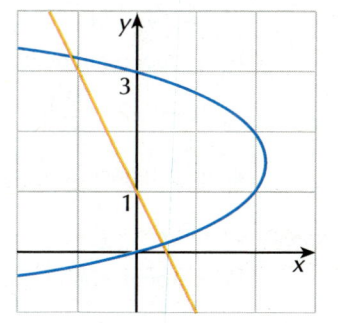

3 Le parabole di equazione $y = x^2 + kx + k$ passano tutte per uno stesso punto. Quali sono le sue coordinate? $[(-1, 1)]$

4 Le parabole $y = \frac{3}{2} x^2$ e $y = \frac{3}{2} x^2 - 6x + 7$ si corrispondono in una traslazione di vettore $\vec{v}$. Quali sono le componenti di $\vec{v}$? $[\vec{v}(2, 1)]$

5 Un segmento AB è lungo 10cm e un punto P lo divide in due parti; posto $\overline{AP} = x$, spiega perché il rettangolo di lati AP e PB ha area massima quando $x = 5$.

6 Trova i valori dei parametri h e k in modo che le due parabole di equazioni $y = 3x^2 - 2hx + k + 3$ e $y = -x^2 + kx + 1$ abbiano lo stesso vertice.

$$\left[h = 3, k = 2 \lor h = -\frac{3}{2}, k = -1 \right]$$

7 Sono date le parabole di equazioni $y = kx^2 - (k-1)x + 2$ e $y = 2x^2 + x + 2$. Esiste un valore del parametro k per il quale le due parabole sono simmetriche rispetto all'asse y? $[k = 2]$

Risultati di alcuni esercizi.

1 b. **2 c.** **3 b.** **4 b.** **5 a.** ①, **b.** ②, **c.** ③, **d.** ①

6 a. ②, **b.** ③, **c.** ① **30 a.** ②, **b.** ②, **c.** ① **31 c., d.** **32 a.** ②, **b.** ④, **c.** ①, **d.** ③

33 c. **34 a.** (x_0, y_0), **b.** $x = x_0$ **35 a.** F, **b.** V, **c.** F, **d.** F, **e.** F **36 b., e.**

37 a. ③, **b.** ②, **c.** ③ **38 d.** **39 a.** **40 b.** **41 c.**

64 a. V, **b.** V, **c.** F, **d.** V, **e.** F **65 c.** **66 d.** **67 a.**

113 a. $\Delta > 0$, secante, **b.** $\Delta = 0$, tangente, **c.** $\Delta < 0$, esterna **114 b.** **115 c.** **116 c.**

Testfinale di autovalutazione

CONOSCENZE

1 La parabola di equazione $y = -\dfrac{1}{2}x^2$:

    a. ha vertice nell'origine   V F

    b. ha fuoco nell'origine   V F

    c. è concava verso l'alto   V F

    d. ha direttrice parallela all'asse x.   V F

    4 punti

2 Della parabola di equazione $y = x^2 + 4x - 1$ si può dire che:

    a. ha vertice nel punto di coordinate:

       ① $(2, 11)$ ② $(-2, 11)$ ③ $(-2, -5)$ ④ $(-4, -1)$

    b. ha fuoco nel punto di coordinate:

       ① $\left(-2, \dfrac{19}{4}\right)$ ② $\left(-2, -\dfrac{19}{4}\right)$ ③ $(2, -5)$ ④ $(-4, -5)$

    c. ha direttrice di equazione:

       ① $y = \dfrac{21}{4}$ ② $y = \dfrac{19}{4}$ ③ $y = -\dfrac{21}{4}$ ④ $y = -\dfrac{19}{4}$

    Indica quali sono le risposte corrette.   8 punti

3 La parabola con asse parallelo all'asse y e che ha vertice in $V(1, -2)$ ha equazione:

    a. $y + 2 = a(x - 1)$ **b.** $y + 2 = a(x - 1)^2$ **c.** $y - 2 = a(x + 1)^2$ **d.** $x - 1 = a(y + 2)^2$

    4 punti

4 Della parabola di equazione $x = 3y^2 - 6y$ si può dire che:

    a. ha vertice nel punto di coordinate:

       ① $(-3, 1)$ ② $(1, -3)$ ③ $(9, -1)$ ④ $(1, 3)$

    b. ha fuoco nel punto di coordinate:

       ① $\left(1, -\dfrac{35}{12}\right)$ ② $\left(-\dfrac{35}{12}, 1\right)$ ③ $\left(\dfrac{35}{12}, 1\right)$ ④ $\left(1, -\dfrac{37}{12}\right)$

    c. ha direttrice di equazione:

       ① $x = -\dfrac{37}{12}$ ② $x = \dfrac{37}{12}$ ③ $x = \dfrac{35}{12}$ ④ $y = -\dfrac{37}{12}$

    Indica quali sono le risposte corrette.   8 punti

5 Una parabola avente asse di simmetria parallelo all'asse y passa per l'origine e per i punti di coordinate $(1, -1)$ e $(0, 2)$; la sua equazione:

    a. è $y = x^2 - 2x$ **b.** è $y = x^2 + 2$ **c.** non esiste.   8 punti

6 Una parabola avente asse di simmetria parallelo all'asse y ha vertice in $V(2, -3)$ e passa per $A(0, 1)$; la sua equazione:

    a. non si può determinare   **b.** è $y = -\dfrac{1}{9}x^2 - \dfrac{2}{3}x + 1$ **c.** è $y = x^2 - 4x + 1$

    10 punti

7 Una parabola avente asse di simmetria parallelo all'asse x ha vertice in $V(-1, -2)$ e passa per l'origine; la sua equazione:

a. è $x = \dfrac{1}{4}y^2 + y$ **b.** è $x = 2y^2 + 4y$ **c.** è $x = \dfrac{1}{4}y^2 - y$

10 punti

8 La parabola avente asse di simmetria parallelo all'asse y che passa per i punti di coordinate $(1, 2)$, $(-3, 1)$, $(0, 4)$ ha equazione:

a. $y = x^2 + 4$ **b.** $y = -\dfrac{3}{4}x^2 - \dfrac{5}{4}x + 4$ **c.** $y = -\dfrac{3}{4}x^2 + \dfrac{5}{4}x - 4$

10 punti

9 La parabola $y = -x^2 + 3x$ e la retta $y = \dfrac{1}{2}x + 1$ si intersecano:

a. in due punti   **b.** in un punto   **c.** in nessun punto

8 punti

10 Completa le seguenti proposizioni indicando se la retta è tangente, secante o esterna alla parabola. Data la parabola di equazione $y = x^2 + 6x + 5$, si può dire che:

a. la retta $x + y = 0$ è ....

b. la retta $x = -1$ è ....

c. la retta $y = -4$ è ....

d. la retta $2x - y + 1 = 0$ è ....

10 punti

11 Data la parabola di equazione $y = -\dfrac{1}{2}x^2 + x$, la retta ad essa tangente nell'origine ha equazione:

a. $y = x$ **b.** $y = 2x$ **c.** $y = -\dfrac{1}{2}x$ **d.** $y = x + 1$

10 punti

Esercizio	1	2	3	4	5	6	7	8	9	10	11	Totale
Punteggio												

Voto: $\dfrac{\text{totale}}{10} + 1 =$

ABILITÀ

1 Scrivi l'equazione della parabola con asse parallelo all'asse y che passa per i punti di coordinate $(0, 2)$, $(1, -2)$, $(-2, 1)$ e costruiscine poi il grafico.

6 punti

2 Scrivi l'equazione della parabola con asse parallelo all'asse x che ha vertice in $V\left(-1, \dfrac{1}{2}\right)$ e passa per il punto $A(1, 2)$ e costruiscine poi il grafico.

6 punti

3 Scrivi l'equazione della parabola che ha per asse di simmetria la retta $x = -\frac{3}{2}$, fuoco nel punto $\left(-\frac{3}{2}, -\frac{1}{8}\right)$ e passa per $A(0, 1)$.

8 punti

4 Data la parabola di equazione $y = 3x^2 - 4x + 2$, scrivi le equazioni delle rette ad essa tangenti uscenti dal punto $P(1, 0)$.

8 punti

5 Scrivi l'equazione della parabola con asse parallelo all'asse y che passa per il punto di coordinate $(-1, 2)$ e che nel punto di ascissa 1 ha come retta tangente quella di equazione $y = 2x + 1$.

10 punti

6 Scrivi l'equazione della parabola con asse parallelo all'asse x che ha vertice in $V(4, 2)$ ed è tangente alla retta di equazione $y = \frac{1}{2}x - \frac{1}{2}$; successivamente, detti O e B i punti di intersezione di tale parabola con la bisettrice del primo e terzo quadrante, trova l'area del triangolo OVB.

16 punti

7 Scrivi l'equazione della parabola con asse parallelo all'asse y che passa per i punti di coordinate $(4, 0)$, $\left(-1, \frac{5}{2}\right)$, $\left(\frac{2}{3}, -\frac{10}{9}\right)$. Indicato con A il suo punto d'intersezione con l'asse x diverso dall'origine, determina sull'arco OA di parabola un punto P in modo che la somma delle sue distanze dagli assi cartesiani sia uguale a $\frac{16}{9}$.

16 punti

8 Scrivi l'equazione della parabola con asse parallelo all'asse x che ha vertice nel punto $V(2, -3)$ e incontra l'asse y nel punto di ordinata -1. Indicata con r la retta ad essa tangente perpendicolare alla bisettrice del primo e terzo quadrante e detto A il punto di tangenza, scrivi l'equazione della parabola con asse parallelo all'asse y che ha vertice in V e passa per A.

20 punti

Esercizio	1	2	3	4	5	6	7	8	Totale
Punteggio									

Voto: $\dfrac{\text{totale}}{10} + 1 =$

Soluzioni

CONOSCENZE

1 a. V, b. F, c. F, d. V

2 a. ③, b. ②, c. ③

3 b.

4 a. ①, b. ②, c. ①

5 c.

6 c.

7 a.

8 b.

9 a.

10 a. secante, b. secante, c. tangente, d. tangente

11 a.

ABILITÀ

1 $y = -\dfrac{3}{2}x^2 - \dfrac{5}{2}x + 2$

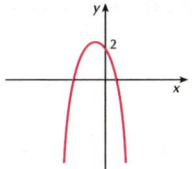

2 $x = \dfrac{8}{9}y^2 - \dfrac{8}{9}y - \dfrac{7}{9}$

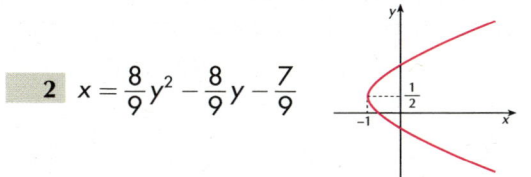

3 2 soluzioni: $y = -\dfrac{1}{6}x^2 - \dfrac{1}{2}x + 1$; $y = \dfrac{2}{3}x^2 + 2x + 1$

4 $y = (2 \pm 2\sqrt{3})(x - 1)$

5 $y = \dfrac{3}{4}x^2 + \dfrac{1}{2}x + \dfrac{7}{4}$

6 $x = -y^2 + 4y$, area $= 3$

7 $y = \dfrac{1}{2}x^2 - 2x$, $P\left(\dfrac{2}{3}, \ -\dfrac{10}{9}\right)$

8 $x = -\dfrac{1}{2}y^2 - 3y - \dfrac{5}{2}$, $r : y = -x - \dfrac{1}{2}$, $A\left(\dfrac{3}{2}, -2\right)$, $y = 4x^2 - 16x + 13$

La circonferenza

LA CIRCONFERENZA NEL PIANO CARTESIANO

la teoria è a pag. 166

RICORDA

■ La circonferenza avente centro nell'origine e raggio r ha equazione $x^2 + y^2 = r^2$

■ La circonferenza avente centro in (p, q) e raggio r ha equazione $(x - p)^2 + (y - q)^2 = r^2$

■ L'equazione $x^2 + y^2 + ax + by + c = 0$ rappresenta una circonferenza se e solo se $a^2 + b^2 - 4c \geq 0$; in questo caso il centro ha coordinate $\left(-\dfrac{a}{2}, -\dfrac{b}{2}\right)$ ed il raggio è $r = \dfrac{1}{2}\sqrt{a^2 + b^2 - 4c}$.

Comprensione

1 Stabilisci se le seguenti equazioni rappresentano delle circonferenze oppure no motivando la tua risposta.

a. $x^2 + y^2 + x - 2y + 3 = 0$
b. $x^2 + y^2 + 2x - y + 1 = 0$
c. $2x^2 + 2y^2 - x + 2y - 3 = 0$
d. $x^2 + y^2 + 2y + 4 = 0$

2 Scrivi la forma generale dell'equazione di una circonferenza che ha le caratteristiche indicate di seguito:

a. passa per l'origine del sistema di riferimento
b. ha centro nell'origine
c. ha centro sull'asse delle ascisse
d. ha centro sull'asse delle ordinate
e. ha centro sull'asse x e passa per l'origine
f. ha centro sull'asse y e passa per l'origine.

Di ognuna di esse costruisci poi un esempio particolare.

3 La circonferenza che ha centro nel punto $C(-3, 5)$ e raggio uguale a quello della circonferenza $x^2 + y^2 = 8$ ha equazione:

a. $(x - 3)^2 + (y + 5)^2 = 8$　　　　　　**b.** $x^2 + y^2 + 6x - 10y + 26 = 0$
c. $(x + 3)^2 + (y - 5)^2 = 2\sqrt{2}$　　　　**d.** $x^2 + y^2 - 6x - 10y + 26 = 0$

4 Il raggio della circonferenza di equazione $3x^2 + 3y^2 - 2x + 4y - 2 = 0$ è:

a. $\sqrt{7}$　　　　**b.** $\dfrac{1}{3}\sqrt{11}$　　　　**c.** $\dfrac{1}{3}\sqrt{7}$　　　　**d.** $\dfrac{2}{3}\sqrt{11}$

5 Della circonferenza di equazione $x^2 + y^2 - 4x + 6y + 1 = 0$ si può dire che:

a. ha centro in $C(2, -3)$ e raggio 1
b. ha centro in $C(-2, 3)$ e raggio $2\sqrt{3}$

c. ha centro in $C(2, -3)$ e raggio $2\sqrt{3}$

d. ha centro in $C(4, 6)$ e raggio $\sqrt{3}$.

6 La curva di equazione $2x^2 + 3y^2 - 2x - 1 = 0$:

a. rappresenta una circonferenza con centro nel punto $(-3, -2)$

b. rappresenta una circonferenza con centro nel punto $(1, 0)$

c. non rappresenta una circonferenza.

7 La curva di equazione $4x^2 + 4y^2 - 3x + 8y - 1 = 0$:

a. rappresenta una circonferenza con centro nel punto $\left(\frac{3}{2}, -4\right)$

b. rappresenta una circonferenza con centro nel punto $\left(\frac{3}{8}, -1\right)$

c. non rappresenta una circonferenza.

8 Delle due circonferenze $\Gamma_1 : x^2 + y^2 - 2x + 4y + 4 = 0$ e $\Gamma_2 : x^2 + y^2 - 2x + 4y = 0$ puoi dire che:

a. hanno lo stesso centro   Ⓥ Ⓕ

b. Γ_1 ha raggio maggiore di Γ_2 Ⓥ Ⓕ

c. una di esse passa per l'origine degli assi   Ⓥ Ⓕ

d. Γ_1 non interseca l'asse x ma interseca l'asse y. Ⓥ Ⓕ

Applicazione

9 Individua quali fra le seguenti equazioni rappresentano una circonferenza:

a. $x^2 + y^2 - 4 = 0$ **b.** $x^2 + y^2 - 3x = 1$

c. $x^2 + y^2 = 6$ **d.** $x^2 + 4y^2 - 3x + 2y + 1 = 0$

e. $2x^2 + 2y^2 - y = 5$ **f.** $4x^2 + 4y^2 - 3 = 0$

g. $4x^2 + 2y^2 = 1$ **h.** $x^2 + y^2 - 2x + y + 3 = 0$

10 Scrivi l'equazione della circonferenza trasformata di quella indicata nella traslazione di vettore $\vec{v}$ assegnato:

a. $x^2 + y^2 = 4$ $\qquad$ $\vec{v}(2, -1)$ $\qquad\qquad\qquad$ $[x^2 + y^2 - 4x + 2y + 1 = 0]$

b. $x^2 + y^2 = 1$ $\qquad$ $\vec{v}(3, 0)$ $\qquad\qquad\qquad$ $[x^2 + y^2 - 6x + 8 = 0]$

c. $x^2 + y^2 = 1$ $\qquad$ $\vec{v}(0, -2)$ $\qquad\qquad\qquad$ $[x^2 + y^2 + 4y + 3 = 0]$

11 Considera il luogo dei punti associato all'equazione $(x - 1)^2 + (y + 2)^2 = 16$; senza svolgere ulteriori calcoli sull'equazione, sai individuarne le caratteristiche?

12 Scrivi l'equazione della circonferenza che ha centro nel punto $(-3, 2)$ e raggio 1.

Verifica se le seguenti equazioni rappresentano circonferenze reali; in caso affermativo, determinane il centro ed il raggio e traccia poi il grafico ad esse associato.

13 $x^2 + y^2 - 4 = 0$ $\qquad\qquad\qquad\qquad\qquad\qquad\qquad$ $[C(0, 0)\ r = 2]$

14 $x^2 + y^2 + 1 = 0$ $\qquad\qquad\qquad\qquad\qquad\qquad\qquad$ $[\text{non reale}]$

15 $x^2 + y^2 - 4y = 0$ $\qquad\qquad\qquad\qquad\qquad\qquad\qquad$ $[C(0, 2)\ r = 2]$

16 $x^2 + y^2 - 2x = 0$ $\qquad\qquad\qquad\qquad\qquad\qquad\qquad$ $[C(1, 0)\ r = 1]$

17 $x^2 + y^2 + 6x - 4y = 0$ $\qquad\qquad\qquad\qquad\qquad$ $\left[C(-3, 2)\ r = \sqrt{13}\right]$

18 $2x^2 + 2y^2 - 3x = 0$ $\qquad\qquad\qquad\qquad\qquad$ $\left[C\left(\frac{3}{4}, 0\right)\ r = \frac{3}{4}\right]$

19 $x^2 + y^2 + 2x + 2y + 1 = 0$ $\qquad\qquad$ $[C(-1, -1)\ r = 1]$

20 $x^2 + y^2 + 2x - 2y + 4 = 0$ $\qquad\qquad$ [non reale]

21 $3x^2 + 3y^2 + x + y + 3 = 0$ $\qquad\qquad$ [non reale]

22 $x^2 + y^2 + 4x - 4y = 0$ $\qquad\qquad$ $\left[C(-2, 2)\ r = 2\sqrt{2}\right]$

23 Verifica se i seguenti punti appartengono alle circonferenze indicate:

a. $(-1, 2)$ e $(2, 1)$ $\qquad\qquad$ $x^2 + y^2 + 2x - 4y + 5 = 0$

b. $(3, 0)$ e $(1, 1)$ $\qquad\qquad$ $x^2 + y^2 - 6x + 2y + 2 = 0$

c. $(0, 0)$ e $(-4, 2)$ $\qquad\qquad$ $x^2 + y^2 + 4x - 2y = 0$

d. $(1, -5)$ e $(2, 1)$ $\qquad\qquad$ $x^2 + y^2 + 6x + 10y + 18 = 0$

24 Stabilisci se i seguenti punti sono interni, esterni o appartengono alla circonferenza di equazione $x^2 + y^2 - 4y - 5 = 0$:

$O(0, 0)$ $\qquad$ $A(3, 2)$ $\qquad$ $B(1, 5)$ $\qquad$ $C(-3, 0)$ $\qquad$ $D(1, 1)$ $\qquad$ $E\left(\sqrt{5}, 4\right)$

25 Determina per quali valori del parametro c le seguenti equazioni rappresentano una circonferenza:

a. $x^2 + y^2 - 2x + 3y + c = 0$ $\qquad\qquad$ $\left[c \leq \dfrac{13}{4}\right]$

b. $x^2 + y^2 + 4x + 2y + c = 0$ $\qquad\qquad$ $[c \leq 5]$

c. $x^2 + y^2 + 2x + 2y + c = 0$ $\qquad\qquad$ $[c \leq 2]$

d. $x^2 + y^2 + cx + 3cy - 2 = 0$ $\qquad\qquad$ $[\forall c \in R]$

26 Stabilisci per quali valori di k l'equazione $x^2 + y^2 + (1 - 2k)x - 2ky + 5k + 3 = 0$ rappresenta una circonferenza e in quale caso:

a. la circonferenza passa per l'origine $\qquad\qquad$ $\left[k = -\dfrac{3}{5}\right]$

b. la circonferenza ha centro sull'asse delle ascisse $\qquad\qquad$ [mai]

c. la circonferenza ha centro sull'asse delle ordinate. $\qquad\qquad$ [mai]

27 Stabilisci per quali valori di k l'equazione $x^2 + y^2 + 2kx - 3(k + 1)y + 2k - 1 = 0$ rappresenta una circonferenza e in quale caso:

a. passa per il punto $A(2, -1)$ $\qquad\qquad$ $\left[k = -\dfrac{7}{9}\right]$

b. ha raggio uguale a 2 $\qquad\qquad$ $\left[k = -1 \ \lor \ k = \dfrac{3}{13}\right]$

c. ha centro di ascissa $\dfrac{1}{2}$. $\qquad\qquad$ $\left[k = -\dfrac{1}{2}\right]$

Scrivi l'equazione di ciascuna delle circonferenze di cui è dato il grafico.

28

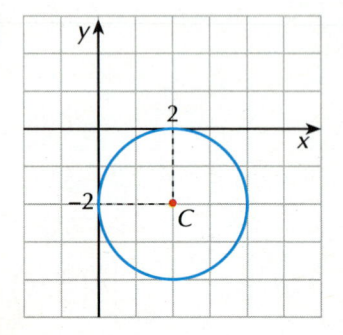

29

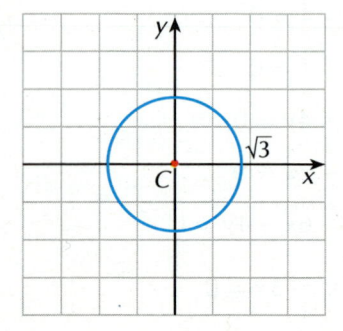

30 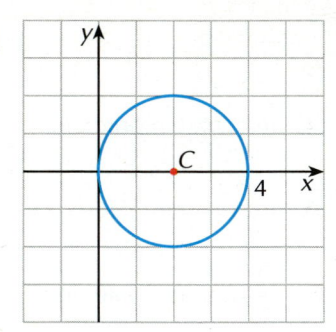	**31** 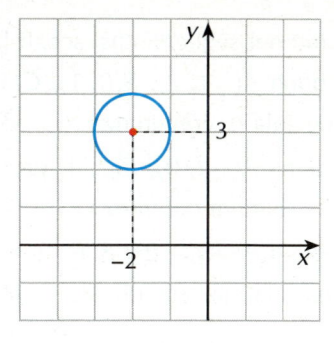
32 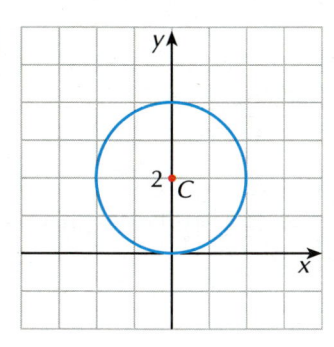	**33** 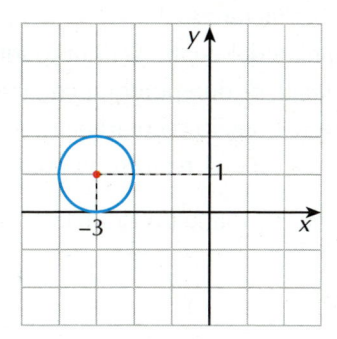

COME DETERMINARE L'EQUAZIONE DI UNA CIRCONFERENZA

la teoria è a pag. 171

■ Per determinare i coefficienti a, b, c dell'equazione di una circonferenza occorrono tre condizioni; in particolare ricorda che:

- la conoscenza del centro equivale a due condizioni; se, per esempio si ha che $C(2, 1)$, si ottengono le due equazioni $-\dfrac{a}{2} = 2 \ \wedge \ -\dfrac{b}{2} = 1$

- la conoscenza del raggio fornisce una condizione; se, per esempio si ha che $r = 3$, si può scrivere l'equazione $\dfrac{1}{2}\sqrt{a^2 + b^2 - 4c} = 3$

- la conoscenza delle coordinate di un punto equivale a una condizione; l'equazione corrispondente si ottiene sostituendo le coordinate del punto nell'equazione canonica della circonferenza

- l'appartenenza del centro a una retta equivale a una condizione; l'equazione corrispondente si ottiene sostituendo le generiche coordinate del centro $\left(-\dfrac{a}{2}, -\dfrac{b}{2}\right)$ nell'equazione della retta.

Comprensione

34 Una circonferenza ha centro in $C(1, -1)$ e raggio 2; i coefficienti della sua equazione sono:

a. $a = \dfrac{1}{2}$, $b = -\dfrac{1}{2}$, $c = -\dfrac{31}{8}$
b. $a = -2$, $b = 2$, $c = -2$

c. $a = -\dfrac{1}{2}$, $b = +\dfrac{1}{2}$, $c = -\dfrac{31}{8}$
d. $a = -2$, $b = 2$, $c = 2$

35 In ciascuno dei seguenti casi scegli la risposta esatta:

    a. per i punti $A(-1, 2)$, $B(0, 1)$, $C(1, 4)$ passa:

       ① una sola circonferenza   ② infinite circonferenze   ③ nessuna circonferenza

    b. per i punti $A(-2, 0)$, $B(2, 4)$ passa:

       ① una sola circonferenza   ② infinite circonferenze   ③ nessuna circonferenza

    c. per i punti $A(-3, -2)$, $B(1, 0)$, $C(3, 1)$ passa:

       ① una sola circonferenza   ② infinite circonferenze   ③ nessuna circonferenza

36 Stabilisci in quali dei seguenti casi le informazioni assegnate sono sufficienti per individuare l'equazione di una circonferenza:

    a. coordinate del centro e di un punto

    b. coordinate di due punti ed equazione della retta cui appartiene il centro

    c. misura del raggio e coordinate di un punto

    d. tangenza ad una retta in un punto ed ascissa del centro.

37 Gli estremi del diametro di una circonferenza γ sono i punti $A(-1, 2)$ e $B(3, 4)$; l'equazione di γ è:

    a. $(x - 1)^2 + (y - 3)^2 = 20$ **b.** $(x + 1)^2 + (y + 3)^2 = 20$

    c. $x^2 + y^2 - 2x - 6y + 5 = 0$ **d.** $x^2 + y^2 - 2x - 6y = 0$

Applicazione

Scrivi l'equazione della circonferenza che soddisfa le seguenti condizioni.

38 **(ESERCIZIO GUIDA)**

> Ha per diametro il segmento AB di estremi $A(-2, 4)$ e $B(0, 2)$.
>
> Il centro della circonferenza è il punto medio del segmento AB:
>
> $$x_C = \frac{-2 + 0}{2} = -1 \qquad y_C = \frac{4 + 2}{2} = 3 \quad \rightarrow \quad C(-1, 3)$$
>
> Il raggio è la misura del segmento BC
>
> $$\overline{BC} = \sqrt{(0 + 1)^2 + (2 - 3)^2} = \sqrt{2}$$
>
> La circonferenza ha quindi equazione
>
> $$(x + 1)^2 + (y - 3)^2 = 2 \quad \rightarrow \quad x^2 + y^2 + 2x - 6y + 8 = 0$$

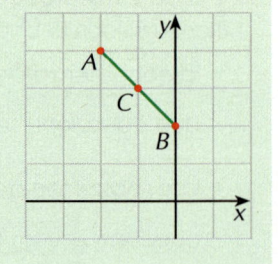

39 Ha come diametro il segmento di estremi $(-3, 1)$ e $(3, 0)$. Stabilisci poi se i seguenti punti le appartengono: $(1, 0)$ e $(-3, 7)$. $[x^2 + y^2 - y - 9 = 0]$

40 Ha centro nel punto $(1, 1)$ e passa per il punto $(-2, 0)$. $[x^2 + y^2 - 2x - 2y - 8 = 0]$

41 Ha per diametro il segmento intercettato dagli assi coordinati sulla retta di equazione $2x - y - 4 = 0$. $[x^2 + y^2 - 2x + 4y = 0]$

42 Passa per i punti $(0, 0)$ $(3, 1)$ e $(3, 3)$. $[x^2 + y^2 - 2x - 4y = 0]$

43 Passa per i punti $(-4, 2)$ $(-2, -2)$ e $(2, 10)$. $[x^2 + y^2 - 6x - 6y - 32 = 0]$

44 Passa per i punti $(1, -1)$ $(0, 2)$ e $(-3, 1)$. $[x^2 + y^2 + 2x - 4 = 0]$

45 Passa per i punti $(3, 4)$ $(0, 7)$ e $(5, 2)$.   [non esiste, perché?]

Ha centro sull'asse y e passa per i punti $A(1, 5)$ e $B(-3, 1)$.

Consideriamo l'equazione generale della circonferenza $x^2 + y^2 + ax + by + c = 0$

Se il centro appartiene all'asse y la sua ascissa è uguale a zero.

Imponiamo poi il passaggio per i punti A e B

$$\begin{cases} -\dfrac{a}{2} = 0 & \leftarrow \text{ ascissa del centro} \\ 1 + 25 + a + 5b + c = 0 & \leftarrow \text{ passaggio per } A \\ 9 + 1 - 3a + b + c = 0 & \leftarrow \text{ passaggio per } B \end{cases}$$

Risolvendo il sistema otteniamo che $a = 0$, $b = -4$, $c = -6$.

L'equazione della circonferenza è quindi $x^2 + y^2 - 4y - 6 = 0$.

47 Ha centro sull'asse x e passa per i punti $A(-4, 5)$ e $B(3, 2)$. $\qquad [x^2 + y^2 + 4x - 25 = 0]$

48 Ha centro sull'asse delle ascisse e passa per l'origine degli assi e per il punto $A(4, 1)$.

$$[4x^2 + 4y^2 - 17x = 0]$$

49 Ha centro sulla retta $y = x + 1$ e passa per i punti $(3, 2)$ e $(1, 0)$. $\quad [x^2 + y^2 - 2x - 4y + 1 = 0]$

50 Ha centro sulla retta $2x + y = 0$, passa per $P(3, 5)$ e ha raggio 5. $\quad [x^2 + y^2 + 2x - 4y - 20 = 0]$

51 Ha centro sulla retta $x = 1$, passa per l'origine e ha raggio $\sqrt{5}$. $\quad [x^2 + y^2 - 2x \pm 4y = 0]$

52 Passa per l'origine e ha centro nel punto di intersezione delle rette $y = 3x + 5$ e $y = -x + 1$.

$$[x^2 + y^2 + 2x - 4y = 0]$$

53 Passa per i punti $A(1, 2)$, $B(3, 6)$ e ha raggio 5.

$$[x^2 + y^2 + 4x - 12y + 15 = 0; \, x^2 + y^2 - 12x - 4y + 15 = 0]$$

54 Ha centro sulla retta di equazione $x + 2y + 1 = 0$ e passa per i punti di coordinate $(3, -1)$ e $(1, 1)$.

$$[x^2 + y^2 - 2x + 2y - 2 = 0]$$

55 Ha centro sull'asse y e passa per i punti $A(3, -1)$ e $B(1, 2)$. $\quad \left[x^2 + y^2 + \dfrac{5}{3}y - \dfrac{25}{3} = 0\right]$

56 Passa per i punti $(-1, 1)$ e $(3, -3)$ e ha raggio $\sqrt{26}$. $\quad [x^2 + y^2 - 8x - 4y - 6 = 0; \, x^2 + y^2 + 4x + 8y - 6 = 0]$

57 Passa per i punti $(3, 2)$ e $(0, -1)$ e ha raggio 3. $\quad [x^2 + y^2 - 4y - 5 = 0; \, x^2 + y^2 - 6x + 2y + 1 = 0]$

58 Passa per i punti $(0, 1)$ e $(2, -3)$ e ha raggio $\sqrt{5}$. $\quad [x^2 + y^2 - 2x + 2y - 3 = 0]$

59 Passa per il punto $(2, 5)$ e taglia l'asse y nei punti di ordinata 1 e 3. $\quad [x^2 + y^2 - 6x - 4y + 3 = 0]$

60 È concentrica alla circonferenza di equazione $x^2 + y^2 - 6x + 2y + 9 = 0$ e passa per il punto $(1, 1)$.

$$[x^2 + y^2 - 6x + 2y + 2 = 0]$$

61 Ha centro sull'asse x e ha per corda il segmento di estremi $(-1, 2)$ e $(1, 4)$. $\quad [x^2 + y^2 - 6x - 11 = 0]$

62 È circoscritta al triangolo di vertici $O(0, 0)$ $A(3, 0)$ e $B(1, 2)$. $\quad [x^2 + y^2 - 3x - y = 0]$

63 Passa per i punti $A(2, -4)$ e $B(0, -2)$ e ha raggio $r = \sqrt{2}$. Giustifica geometricamente il fatto di aver ottenuto una sola circonferenza. $\quad [x^2 + y^2 - 2x + 6y + 8 = 0]$

64 È circoscritta al triangolo determinato dalla retta $y = 2x + 4$ e dagli assi coordinati.

$$[x^2 + y^2 + 2x - 4y = 0]$$

65 È circoscritta al triangolo di lati $y = 4$, $y = -x + 4$, $y = 2x - 8$.

$$[x^2 + y^2 - 6x - 6y + 8 = 0]$$

66 Ha centro nel primo quadrante sulla retta $3x - 4y = 0$, raggio 3 ed è tangente all'asse x.

$$[x^2 + y^2 - 8x - 6y + 16 = 0]$$

POSIZIONI RECIPROCHE DI UNA CIRCONFERENZA E UNA RETTA

la teoria è a pag. 174

> *RICORDA*
>
> ■ Per trovare l'equazione della retta tangente ad una circonferenza e passante per un punto P devi scrivere l'equazione del fascio di centro P e poi:
>
> • impostare il sistema fra l'equazione del fascio e quella della circonferenza e imporre che il discriminante dell'equazione risolvente sia uguale a zero, oppure
>
> • calcolare la distanza del centro della circonferenza dalla generica retta del fascio e imporre che sia uguale al raggio.
>
> Se P appartiene alla circonferenza puoi inoltre scrivere l'equazione della perpendicolare al raggio in $P(x_0, y_0)$.

Comprensione

67 Della circonferenza di equazione $x^2 + y^2 + 6x + 6y + 9 = 0$ puoi dire che:

    a. è tangente solo all'asse x **b.** è tangente solo all'asse y

    c. è tangente a entrambi gli assi cartesiani   **d.** non è tangente a nessuno degli assi cartesiani

68 Considerata la circonferenza di equazione $x^2 + y^2 + 3x - 4y - 1 = 0$, indica quante sono le rette tangenti che puoi condurre dal punto P in ciascuno dei seguenti casi:

    a. $P(-1, 1)$ ☐ una   ☐ due   ☐ nessuna

    b. $P(1, -1)$ ☐ una   ☐ due   ☐ nessuna

    c. $P(1, 1)$ ☐ una   ☐ due   ☐ nessuna

69 Di una circonferenza si sa che è tangente ad una retta data in un suo punto; questa informazione consente di individuare:

    a. una sola circonferenza   **b.** nessuna circonferenza   **c.** infinite circonferenze

70 La circonferenza avente centro nel punto $C(1, -2)$ e tangente all'asse delle ascisse:

    a. ha raggio: ① 1   ② 2   ③ $\sqrt{5}$

    b. ha equazione:

        ① $x^2 + y^2 - 2x + 4y + 4 = 0$ ② $x^2 + y^2 + 2x - 4y + 1 = 0$ ③ $x^2 + y^2 - 2x + 4y + 1 = 0$

Applicazione

Stabilisci se le rette r assegnate sono esterne, secanti o tangenti rispetto alle circonferenze Γ di cui è data l'equazione. Nel caso di rette secanti o tangenti, calcola le coordinate dei punti di intersezione.

71 $r : y = x + 3$ $\Gamma : x^2 + y^2 - 4x - 4y = 0$ [secante]

72 $r : x + 3 = 0$ $\Gamma : x^2 + y^2 + 2x - 4y + 1 = 0$ [tangente]

73 $r : x = 2$ $\Gamma : x^2 + y^2 + 2x - 2y = 0$ [esterna]

74 $r : y = x$ $\Gamma : x^2 + y^2 - 4y = 0$ [secante]

75 $r : x + y = 0$ $\qquad$ $\Gamma : x^2 + y^2 + 6x + 6y = 0$ $\qquad$ [tangente]

76 $r : x - y + 5 = 0$ $\qquad$ $\Gamma : x^2 + y^2 - 4x - 4y + 4 = 0$ $\qquad$ [esterna]

77 $r : y = 3x + 3$ $\qquad$ $\Gamma : x^2 + y^2 - 6x - 4y + 3 = 0$ $\qquad$ [tangente]

78 $r : y = x + 3$ $\qquad$ $\Gamma : x^2 + y^2 + 2x - 1 = 0$ $\qquad$ [tangente]

Scrivi le equazioni delle rette passanti per il punto P assegnato e tangenti alla circonferenza data.

79 **ESERCIZIO GUIDA**

$x^2 + y^2 - 6x - 2y + 9 = 0$ $\qquad$ $P(0, 1)$

La circonferenza ha centro in $C(3, 1)$ e raggio 1. Il punto P è esterno alla circonferenza, quindi esistono due rette tangenti.

Scriviamo l'equazione del fascio di rette per P: $\quad y - 1 = m(x - 0) \quad \rightarrow \quad mx - y + 1 = 0$

Calcoliamo la distanza del centro dalla retta: $\dfrac{|3m - 1 + 1|}{\sqrt{m^2 + 1}} = \dfrac{|3m|}{\sqrt{m^2 + 1}}$

Imponiamo che la distanza sia uguale al raggio:

$$\dfrac{|3m|}{\sqrt{m^2 + 1}} = 1 \quad \rightarrow \quad m = \pm \dfrac{\sqrt{2}}{4}$$

Le rette tangenti hanno quindi equazione: $\quad \pm \dfrac{\sqrt{2}}{4} x - y + 1 = 0$

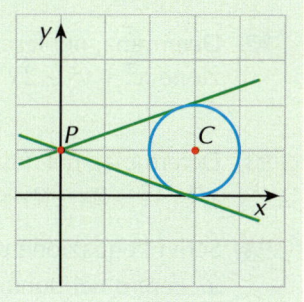

80 $x^2 + y^2 - 8x - 2y + 12 = 0$ $\qquad$ $P(1, 0)$ $\qquad$ $\left[y = 2x - 2; \; y = -\dfrac{1}{2}x + \dfrac{1}{2} \right]$

81 $x^2 + y^2 + 2x + 4y + 1 = 0$ $\qquad$ $P(-3, 0)$ $\qquad$ $[x = -3; \; y = 0]$

82 **ESERCIZIO GUIDA**

$x^2 + y^2 + 2x - 2y - 8 = 0$ $\qquad$ $P(2, 2)$

La circonferenza ha centro in $C(-1, 1)$ e raggio $\sqrt{10}$.

Il punto P appartiene alla circonferenza; possiamo trovare l'equazione della retta tangente considerando che essa è perpendicolare al raggio CP.

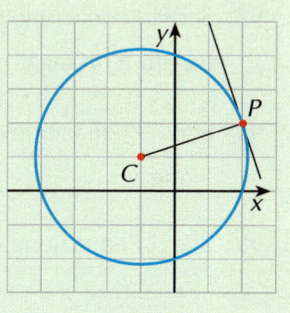

Coefficiente angolare della retta CP: $\dfrac{2 - 1}{2 + 1} = \dfrac{1}{3}$

Coefficiente angolare della tangente. -3

Equazione della tangente: $\qquad y - 2 = -3(x - 2) \quad \rightarrow \quad y = -3x + 8$

83 $x^2 + y^2 - 6x - 4y + 8 = 0$ $\qquad$ $P(1, 3)$ $\qquad$ $[y = 2x + 1]$

84 $x^2 + y^2 - 4x - 21 = 0$ $\qquad$ $P(-3, 15)$ $\qquad$ $\left[x = -3; \; y = -\dfrac{4}{3}x + 11 \right]$

85 $x^2 + y^2 + 2x - 4y + 3 = 0$ $\qquad$ $P(-2, 1)$ $\qquad$ $[y = -x - 1]$

86 $x^2 + y^2 - 4x - 4y + 4 = 0$ $\qquad$ $P(-2, 0)$ $\qquad$ $\left[y = 0; \ y = \dfrac{4}{3}x + \dfrac{8}{3} \right]$

87 $5x^2 + 5y^2 - 10x - 10y + 1 = 0$ $\qquad$ $P(-2, -2)$ $\qquad$ $\left[y = \dfrac{1}{2}x - 1; \ y = 2x + 2 \right]$

88 Considera l'equazione $(x + 3)^2 + (y - 1)^2 = 1$ e verifica che la circonferenza ad essa associata è tangente all'asse delle ascisse. Stabilisci poi la sua posizione rispetto alla retta di equazione $y = 2x + 3$.

[esterna]

89 Dopo aver scritto l'equazione della circonferenza che ha centro in $C(2, -3)$ e passa per $P(0, 1)$, scrivi l'equazione delle sue tangenti condotte dal punto $Q(0, 3)$. Qual è la posizione reciproca delle due rette?

$$\left[y = 2x + 3; \ y = -\dfrac{1}{2}x + 3 \right]$$

90 Scrivi l'equazione della circonferenza che, avendo centro in $C(-1, 3)$, è tangente all'asse delle ordinate.

$$[x^2 + y^2 + 2x - 6y + 9 = 0]$$

91 Determina, nel fascio di rette di equazione $x - y + k = 0$, le rette tangenti alla circonferenza di equazione $x^2 + y^2 + 2x - 6y + 8 = 0$.

$$[x - y + 6 = 0; \ x - y + 2 = 0]$$

92 Determina, nel fascio di rette di equazione $x + 3y + k = 0$, quelle tangenti alla circonferenza di equazione $x^2 + y^2 + 2x + 2y - 8 = 0$ e calcola le coordinate dei punti di contatto.

$$[x + 3y + 14 = 0; \ x + 3y - 6 = 0; \ (-2, -4); \ (0, 2)]$$

93 Determina, nel fascio di equazione $y = kx + 1$, le rette tangenti alla circonferenza di equazione $x^2 + y^2 + 2x + 2y = 0$.

$$\left[y = \left(-2 \pm \sqrt{6} \right)x + 1 \right]$$

94 Scrivi l'equazione della circonferenza che ha:
  a. centro nel punto $(-2, 1)$ ed è tangente all'asse x $\qquad$ $[x^2 + y^2 + 4x - 2y + 4 = 0]$
  b. centro nel punto $(3, 1)$ ed è tangente all'asse y. $\qquad$ $[x^2 + y^2 - 6x - 2y + 1 = 0]$

95 Determina, nel fascio di rette parallele alla bisettrice del secondo e quarto quadrante, le rette tangenti alla circonferenza di equazione $x^2 + y^2 - 2x - 4y - 4 = 0$.

$$[x + y \pm 3\sqrt{2} - 3 = 0]$$

96 Scrivi le equazioni delle rette tangenti alla circonferenza $x^2 + y^2 - 4x - 2y - 3 = 0$ nei suoi punti di intersezione con l'asse y e calcola l'area del quadrilatero formato da tali tangenti e dai raggi nei punti di tangenza.

$$[y = x + 3; \ y = -x - 1; \ \text{area} = 8]$$

97 Scrivi l'equazione della circonferenza avente il centro nel primo quadrante che è tangente agli assi cartesiani e ha raggio $\dfrac{7}{2}$.

$$[4x^2 + 4y^2 - 28x - 28y + 49 = 0]$$

98 Scrivi l'equazione della circonferenza che è tangente agli assi coordinati e ha centro sulla retta di equazione $y = -\dfrac{3}{2}x - \dfrac{1}{2}$.

$$[x^2 + y^2 + 2x - 2y + 1 = 0; \ 25x^2 + 25y^2 + 10x + 10y + 1 = 0]$$

99 Scrivi l'equazione della circonferenza con centro in $(3, 1)$ e tangente alla retta $x - 2y + 4 = 0$.

$$[x^2 + y^2 - 6x - 2y + 5 = 0]$$

100 Data l'equazione della circonferenza $x^2 + y^2 + 2x - 6y + 9 = 0$, scrivi l'equazione della circonferenza concentrica a quella data e tangente alla retta $y = x - 2$.

$$[x^2 + y^2 + 2x - 6y - 8 = 0]$$

101 Scrivi l'equazione della circonferenza concentrica a quella di equazione $x^2 + y^2 - 4x + 6y = 0$ e tangente alla retta $x + 2y = 0$.

$$[5x^2 + 5y^2 - 20x + 30y + 49 = 0]$$

102 Scrivi l'equazione della circonferenza concentrica a quella di equazione $x^2 + y^2 - 8x + 2 = 0$ e tangente alla retta $2x - y + 2 = 0$.

$$[x^2 + y^2 - 8x - 4 = 0]$$

103 Considerata la circonferenza di equazione $x^2 + y^2 - 8x - 6y = 0$, conduci la tangente t_1 in O e le tangenti t_2 e t_3 uscenti dal punto $(9, 18)$. Di che natura è il triangolo individuato dalle tre tangenti? [isoscele]

104 (**ESERCIZIO GUIDA**)

Scrivi l'equazione della circonferenza passante per il punto $P(2, 3)$, tangente alla retta r di equazione $y = 1$ e avente centro sulla retta di equazione $5x + 2y - 2 = 0$.

Considerata l'equazione generale della circonferenza $x^2 + y^2 + ax + by + c = 0$:

- imponiamo il passaggio per P: $4 + 9 + 2a + 3b + c = 0$

- imponiamo che il centro appartenga alla retta data, cioè che le coordinate del centro $\left(-\dfrac{a}{2}, -\dfrac{b}{2}\right)$ soddisfino la sua equazione:

$$5 \cdot \left(-\frac{a}{2}\right) + 2\left(-\frac{b}{2}\right) - 2 = 0$$

- troviamo la condizione di tangenza imponendo che l'equazione risolvente del sistema retta-circonferenza soddisfi la condizione $\Delta = 0$:

$$\begin{cases} x^2 + y^2 + ax + by + c = 0 \\ y = 1 \end{cases} \qquad \begin{cases} x^2 + 1 + ax + b + c = 0 \\ y = 1 \end{cases}$$

equazione risolvente $\quad x^2 + ax + b + c + 1 = 0$

condizione di tangenza $\quad a^2 - 4(b + c + 1) = 0$

Risolvi adesso il sistema delle tre equazioni trovate.

$$\left[\begin{array}{l} x^2 + y^2 + 4x - 12y + 15 = 0; \\ x^2 + y^2 + 8x - 22y + 37 = 0 \end{array}\right]$$

105 Scrivi l'equazione della circonferenza tangente all'asse y e passante per i punti $(2, -1)$ e $(1, 0)$.
$$[x^2 + y^2 - 2x + 2y + 1 = 0; \ x^2 + y^2 - 10x - 6y + 9 = 0]$$

106 Scrivi l'equazione della circonferenza passante per l'origine, tangente alla retta $x = -1$ e avente raggio 5.
$$[x^2 + y^2 - 8x + 6y = 0; \ x^2 + y^2 - 8x - 6y = 0]$$

107 Scrivi l'equazione della circonferenza tangente nell'origine alla retta $x + 2y = 0$ e avente raggio $\sqrt{5}$.
$$[x^2 + y^2 \pm 2x \pm 4y = 0]$$

108 Scrivi l'equazione della circonferenza tangente alle rette di equazione $y = 0$ e $y = 2$ e avente centro su quella di equazione $x + 2y = 0$.
$$[x^2 + y^2 + 4x - 2y + 4 = 0]$$

109 Scrivi l'equazione della circonferenza avente centro sull'asse y e tangente alla retta di equazione $2x + 3y + 12 = 0$ nel suo punto P di intersezione con l'asse x.
$$[x^2 + y^2 - 18y - 36 = 0]$$

(Suggerimento: il centro si trova, oltre che sull'asse y, anche sulla retta per P perpendicolare alla retta data)

110 Scrivi l'equazione della circonferenza tangente nell'origine alla bisettrice del primo e terzo quadrante e avente centro sulla retta $x - 2y + 6 = 0$.
$$[x^2 + y^2 + 4x - 4y = 0]$$

111 Scrivi l'equazione della circonferenza passante per l'origine degli assi, ivi tangente alla retta $x + 5y = 0$ e avente centro sulla retta $y = x - 2$.
$$[x^2 + y^2 + x + 5y = 0]$$

112 Scrivi l'equazione della circonferenza di raggio 2, avente centro sulla retta $5x - 2y = 0$ e tangente all'asse y.
(Suggerimento: il centro della circonferenza è il punto della retta data che ha distanza 2 dall'asse y)
$$[x^2 + y^2 \pm 4x \pm 10y + 25 = 0]$$

113 Scrivi l'equazione della circonferenza che passa per il punto $P(\sqrt{7}, 3)$, ha centro sulla retta $y + x - 4 = 0$ ed è tangente alla bisettrice del primo e terzo quadrante; successivamente trova le coordinate dei vertici del triangolo isoscele in essa inscritto che ha la base parallela all'asse delle ascisse e area uguale a $4\left(1 + \sqrt{2}\right)$.

$$\left[x^2 + y^2 - 8y + 8 = 0;\ (\pm 2, 2),\ \left(0, 4 + 2\sqrt{2}\right);\ (\pm 2, 6),\ \left(0, 4 - 2\sqrt{2}\right)\right]$$

Scrivi l'equazione della circonferenza tangente alle rette date.

114 **(ESERCIZIO GUIDA)**

$r : y = 1$ $\qquad$ $s : 3x - 4y = 0$ $\qquad$ $t : 3x + 4y + 32 = 0$

Puoi procedere in due modi:

- imporre che il discriminante dell'equazione risolvente il sistema retta-circonferenza sia uguale a zero per ciascuna delle tre rette;

- considerare che la circonferenza è inscritta nel triangolo individuato dalle tre rette e che il centro C è quindi il punto di intersezione di due bisettrici. In questo caso ricorda che l'equazione della bisettrice dell'angolo formato da due rette si calcola imponendo che un generico punto (x, y) sia equidistante dalle due rette.

$$[9x^2 + 9y^2 + 96x + 22y + 225 = 0]$$

115 $r : x - 2y + 10 = 0$ $\qquad$ $s : x + 2y + 10 = 0$ $\qquad$ $t : 2x - y - 10 = 0$ $\qquad$ $\left[x^2 + y^2 = 20\right]$

116 $r : y = 8$ $\qquad$ $s : x = -6$ $\qquad$ $t : \sqrt{3}x - y - 10 = 0$ $\qquad$ $\left[x^2 + y^2 - 4y - 32 = 0\right]$

117 $r : \sqrt{3}x + y = 0$ $\qquad$ $s : y = -2$ $\qquad$ $t : \sqrt{3}x + y - 16 = 0$ $\qquad$ $\left[x^2 + y^2 - 4\sqrt{3}x - 4y = 0\right]$

118 $r : 5x + 12y - 155 = 0$ $\quad$ $s : 12x - 5y + 135 = 0$ $\quad$ $t : 4x + 3y + 63 = 0$ $\quad$ $\left[x^2 + y^2 - 4x + 4y - 161 = 0\right]$

119 Scrivi l'equazione della circonferenza situata nel semipiano delle ordinate positive, tangente a entrambi gli assi coordinati e avente centro sulla retta $y = \dfrac{1}{3}x + 2$. Prima di risolvere il problema, sai prevedere quante circonferenze troverai?
(Suggerimento: il centro della circonferenza è il punto della retta che è equidistante dagli assi cartesiani)
$$\left[x^2 + y^2 - 6x - 6y + 9 = 0;\ 4x^2 + 4y^2 + 12x - 12y + 9 = 0\right]$$

120 Scrivi le equazioni delle circonferenze tangenti alle rette $y = x$ e $y = x + 8$ e passanti per il punto $(0, 4)$.
$$\left[x^2 + y^2 - 4x - 12y + 32 = 0;\ x^2 + y^2 + 4x - 4y = 0\right]$$

121 Scrivi l'equazione della circonferenza tangente alle rette di equazioni $y = -2$ e $x = 3$ ed avente il centro sulla retta $y = x$.
$$\left[4x^2 + 4y^2 - 4x - 4y - 23 = 0\right]$$

122 Scrivi l'equazione della circonferenza che ha centro di ascissa 2 e che è tangente alle rette di equazione $x - y + 1 = 0$ e $x - y - 3 = 0$.
$$\left[x^2 + y^2 - 4x - 2y + 3 = 0\right]$$

PROBLEMI RIASSUNTIVI

123 Dopo aver verificato che i punti di coordinate $(1, 1)$, $(3, 1)$, $(1, 3)$, $(3, 3)$ sono i vertici di un quadrato:
a. scrivi l'equazione della circonferenza C_1 ad esso circoscritta
b. scrivi l'equazione della circonferenza C_2 in esso inscritta

c. trova le coordinate dei vertici del quadrato inscritto in C_2 che ha i lati paralleli alle diagonali del quadrato dato. $\quad[\mathbf{a}.\ x^2 + y^2 - 4x - 4y + 6 = 0;\ \mathbf{b}.\ x^2 + y^2 - 4x - 4y + 7 = 0;\ \mathbf{c}.\ (2, 1),\ (3, 2),\ (2, 3),\ (1, 2)]$

124 Scrivi l'equazione della circonferenza che ha centro in $C(2, 2)$ e passa per il punto $P(0, 3)$; indicati con A e B i punti in cui la retta parallela alla bisettrice del primo e terzo quadrante e passante per il punto di coordinate $(2, 1)$ taglia la circonferenza, calcola l'area del triangolo PAB.
$$[x^2 + y^2 - 4x - 4y + 3 = 0;\ A(1,0);\ B(4, 3);\ \text{area} = 6]$$

125 Scrivi l'equazione delle circonferenze tangenti a entrambi gli assi coordinati e aventi centro sulla retta di equazione $x - 2y - 2 = 0$. $\qquad [9x^2 + 9y^2 - 12x + 12y + 4 = 0;\ x^2 + y^2 + 4x + 4y + 4 = 0]$

126 Scrivi l'equazione delle circonferenze tangenti a entrambi gli assi coordinati e passanti per il punto $(4, 2)$. $\qquad [x^2 + y^2 - 4x - 4y + 4 = 0;\ x^2 + y^2 - 20x - 20y + 100 = 0]$

127 Scrivi l'equazione della circonferenza che è tangente agli assi coordinati e che ha centro nel quarto quadrante sulla retta di equazione $2y + 3x - 4 = 0$. $\qquad [x^2 + y^2 - 8x + 8y + 16 = 0]$

128 Determina le coordinate dei rimanenti tre vertici del quadrato $ABCD$ inscritto nella circonferenza di equazione $x^2 + y^2 - 3x - y - 4 = 0$ e avente un vertice nel punto $A(-1, 0)$. Verificato che si ottengono i punti $B(2, -2)$, $C(4, 1)$ e $D(1, 3)$, scrivi l'equazione della circonferenza tangente alle rette dei lati AD e AB e avente il centro sulla retta $x - 2y = 0$.
$$[9x^2 + 9y^2 - 12x - 6y - 8 = 0;\ 121x^2 + 121y^2 + 220x + 110y + 112 = 0]$$

129 **ESERCIZIO GUIDA**

Calcola il valore della lunghezza della corda intercettata dalla circonferenza di equazione $x^2 + y^2 - 8x - 2y + 8 = 0$ sulla retta $x - 3y + 2 = 0$

I modo.

Impostando il sistema formato dalle equazioni delle due curve, puoi trovare le coordinate degli estremi A e B della corda e calcolare quindi la lunghezza di AB.

II modo.

Dopo aver determinato le coordinate del centro e la misura del raggio della circonferenza, puoi calcolare la distanza CH della corda dal centro C della circonferenza, applicare il teorema di Pitagora al triangolo CBH e, ricordando che H è punto medio di AB, calcolare la lunghezza di AB.

$$\left[\overline{AB} = \frac{9\sqrt{10}}{5}\right]$$

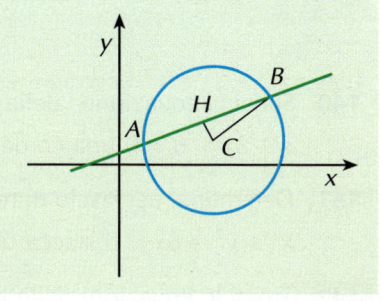

130 Calcola la lunghezza della corda intercettata dalla retta di equazione $2x - y + 2 = 0$ sulla circonferenza $x^2 + y^2 - 4x - 2y - 5 = 0$. $\qquad [2\sqrt{5}]$

131 Calcola la lunghezza della corda comune alle circonferenze di equazione $x^2 + y^2 - 4x + 8y = 0$ e $x^2 + y^2 + 2x - 10y - 24 = 0$. $\qquad [2\sqrt{10}]$

132 Determina come deve essere condotta una retta parallela all'asse y in modo che la corda staccata su di essa dalla circonferenza di equazione $x^2 + y^2 - 8x - 2y - 8 = 0$ abbia lunghezza 8. $\qquad [x = 1;\ x = 7]$

133 Scrivi l'equazione della circonferenza avente centro in $C(-2, -1)$ e tangente alla retta di equazione $x - 2y + 5 = 0$. Dopo aver determinato le coordinate del punto A di tangenza, trova l'area del quadrilatero avente vertici in A e nei punti di intersezione della circonferenza con gli assi cartesiani.
$$[x^2 + y^2 + 4x + 2y = 0;\ A(-3,1);\ \text{area} = 6]$$

134 Determina come deve essere condotta una retta parallela all'asse x se si vuole che le corde staccate su di essa dalle circonferenze di equazioni $x^2 + y^2 + 6x + 1 = 0$ e $x^2 + y^2 - 10x - 10y + 37 = 0$ abbiano la stessa lunghezza. $[y = 2]$

135 Scrivi l'equazione della circonferenza che è tangente alla parabola di equazione $y = \dfrac{1}{4}x^2 + \dfrac{1}{2}x - 3$ nel suo vertice ed è anche tangente alla sua direttrice. $[16x^2 + 16y^2 + 32x + 120y + 237 = 0]$

136 Considerata la circonferenza di equazione $x^2 + y^2 - 6x - 2y = 0$, scrivi le equazioni delle rette tangenti nei suoi punti O e B di intersezione con l'asse x e calcola l'area del quadrilatero $OABC$, dove C è il centro della circonferenza e A il punto di intersezione delle tangenti. Infine scrivi l'equazione della circonferenza circoscritta al quadrilatero $OABC$. $[3x + y = 0; 3x - y - 18 = 0; 30; x^2 + y^2 - 6x + 8y = 0]$

137 Considerata la circonferenza Γ di equazione $x^2 + y^2 - 2\sqrt{3}x - 2y + 3 = 0$:

a. scrivi le equazioni delle rette uscenti da O e tangenti a Γ $[y = 0; y = \sqrt{3}x]$

b. determina le coordinate dei punti di contatto P e Q $\left[(\sqrt{3}, 0); \left(\dfrac{\sqrt{3}}{2}, \dfrac{3}{2} \right) \right]$

c. calcola l'area del triangolo OPQ. $\left[\dfrac{3}{4}\sqrt{3} \right]$

138 Calcola perimetro e area del quadrilatero avente vertici nei quattro punti di intersezione della circonferenza di equazione $x^2 + y^2 - 8x - 8y + 12 = 0$ con gli assi coordinati. $\left[8(\sqrt{2} + 1); 16 \right]$

139 **ESERCIZIO GUIDA**

Scrivi l'equazione della circonferenza che ha centro nel punto $(-1, -2)$ e stacca sull'asse x una corda lunga 6.

Osserva che, se la corda è lunga 6, il segmento HA ed il segmento HB hanno lunghezza 3. Il punto A ha quindi coordinate .... ed il raggio della circonferenza misura .... $[x^2 + y^2 + 2x + 4y - 8 = 0]$

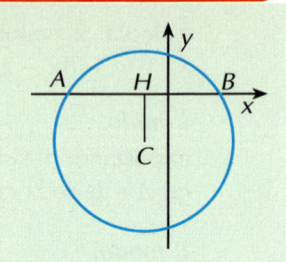

140 Scrivi l'equazione della circonferenza con centro nel punto $(4, -1)$ che stacca sulla retta $x + 3y - 6 = 0$ una corda di lunghezza $3\sqrt{10}$. $[x^2 + y^2 - 8x + 2y - 8 = 0]$

141 Determina, nel fascio di rette uscenti dal punto $(2, 7)$, le rette sulle quali la circonferenza di equazione $x^2 + y^2 + 8x = 0$ stacca una corda di lunghezza $4\sqrt{3}$. $[3x - 4y + 22 = 0; 15x - 8y + 26 = 0]$

142 Trova le equazioni delle rette tangenti alla circonferenza di equazione $x^2 + y^2 - 4y - 1 = 0$ condotte dal punto $P(-1, 5)$ e calcola le coordinate dei punti A e B di tangenza. Detti A' e B' le proiezioni di A e B sull'asse delle ascisse, calcola perimetro e area del quadrilatero $ABB'A'$. $\left[A(-2, 3), B(1, 4); 2p = 10 + \sqrt{10}; \text{area} = \dfrac{21}{2} \right]$

143 Scrivi l'equazione della circonferenza che ha centro nel punto $C(-1, -2)$ e raggio 3; trova poi le equazioni dei lati del quadrato in essa inscritto avente una coppia di lati parallela alla bisettrice del secondo e quarto quadrante. $[y = x + 2, y = x - 4, y = -x; y = -x - 6]$

144 Scrivi l'equazione della circonferenza Γ_1 avente centro in $A(-2, 0)$ e passante per $B(2, 2)$ e della circonferenza Γ_2 avente centro in B e passante per A. Rispetto a quale asse di simmetria si corrispondono Γ_1 e Γ_2? $[x^2 + y^2 + 4x - 16 = 0; x^2 + y^2 - 4x - 4y - 12 = 0; 2x + y - 1 = 0]$

145 Dopo aver scritto l'equazione della circonferenza di diametro AB ove $A(-4, 2)$ e $B(2, -6)$ conduci la corda CD passante per O e parallela ad AB e calcola l'area del trapezio $ABCD$. $\left[10 + 2\sqrt{21} \right]$

146 Determina l'equazione della circonferenza avente per diametro la corda comune alle circonferenze $x^2 + y^2 - 4x - 2y = 0$ e $x^2 + y^2 - 6x + 4y = 0$. $\qquad [5x^2 + 5y^2 - 21x - 7y = 0]$

147 Considerata la circonferenza di equazione $x^2 + y^2 - 10x - 14y + 24 = 0$ conduci le tangenti nei suoi punti $(0, 12)$ e $(4, 0)$ e calcola l'area del quadrilatero determinato dalle tangenti stesse e dai raggi che terminano nei punti di contatto. $\qquad [100]$

148 Scrivi l'equazione della retta passante per $B(2, -2)$ e parallela alla bisettrice del primo e terzo quadrante; trova poi l'equazione della circonferenza tangente alle due rette e passante per $P(3, 3)$.
$$[x^2 + y^2 - 8x - 4y + 18 = 0]$$

149 Scrivi l'equazione della circonferenza circoscritta al triangolo di vertici $(-1, 0)$ $(3, 0)$ e $\left(\dfrac{7}{2}, \dfrac{3}{2}\right)$. Determina poi le equazioni delle rette tangenti nei vertici del triangolo.
$$\left[x^2 + y^2 - 2x - 3y - 3 = 0;\ x = \frac{7}{2};\ y = -\frac{4}{3}x - \frac{4}{3};\ y = \frac{4}{3}x - 4 \right]$$

150 Scrivi l'equazione della circonferenza avente centro sull'asse x e tangente alle rette $x + 2y = 0$ e $x + 2y - 16 = 0$. $\qquad [5x^2 + 5y^2 - 80x + 256 = 0]$

151 Determina per quale valore di m la retta di equazione $y = x + m$ stacca sulla circonferenza di equazione $x^2 + y^2 + 2x - 2y - 14 = 0$ una corda di lunghezza $4\sqrt{2}$. $\qquad [m = -2; m = 6]$

152 Nel fascio di rette con centro nell'origine, determina la retta sulla quale la circonferenza di equazione $x^2 + y^2 - 10x - 10y + 25 = 0$ stacca una corda di lunghezza $2\sqrt{15}$.
$$\left[y = \frac{1}{3}x;\ y = 3x \right]$$

153 Determina le coordinate dei vertici del triangolo circoscritto alla circonferenza di equazione $x^2 + y^2 - 8x - 6y = 0$ e avente due lati paralleli agli assi coordinati e il terzo lato tangente nel suo punto di ascissa 8. $\qquad [(-1, 18)\ (14, -2)\ (-1, -2)]$

154 Determina le coordinate dei vertici del rettangolo avente un lato sulla retta $y = -3x + 6$ e inscritto nella circonferenza di equazione $x^2 + y^2 - 9x - 5y + 14 = 0$. $\qquad [(1, 3); (2, 0); (8, 2); (7, 5)]$

155 Verifica che le circonferenze di equazioni $x^2 + y^2 - 20x + 20 = 0$ e $x^2 + y^2 - 20 = 0$ hanno, nei loro punti di intersezione, tangenti tra loro perpendicolari.

156 Scritta l'equazione della circonferenza con centro nell'origine del sistema di riferimento e raggio 5, determina le equazioni dei lati dei quadrati inscritto e circoscritto sapendo che un lato è parallelo alla retta di equazione $y = 2x$.
$$\left[y = 2x \pm \frac{5}{2}\sqrt{10};\ y = -\frac{1}{2}x \pm \frac{5}{4}\sqrt{10};\ y = -\frac{1}{2}x \pm \frac{5\sqrt{5}}{2};\ y = 2x \pm 5\sqrt{5} \right]$$

157 **ESERCIZIO GUIDA**

Nella circonferenza avente centro nell'origine del sistema di riferimento e raggio 2 inscrivi un rettangolo, con i lati paralleli agli assi cartesiani, che abbia la base doppia dell'altezza.

Anche in questo caso si può procedere in due modi:

- trovare le coordinate dei punti A e B di intersezione della generica retta $y = k$ con la circonferenza (i punti C e D sono i loro simmetrici rispetto l'asse x) e imporre che sia $\overline{AB} = 2\overline{BC}$;

- considerare che la retta DB passa per l'origine e, dovendo essere $\overline{BC} = \frac{1}{2}\overline{DC}$, ha coefficiente angolare $\frac{1}{2}$.

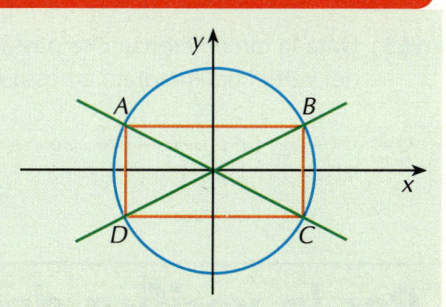

$$\left[\left(\pm\frac{4\sqrt{5}}{5},\ \frac{2\sqrt{5}}{5} \right); \left(\pm\frac{4\sqrt{5}}{5},\ -\frac{2\sqrt{5}}{5} \right) \right]$$

158 Nella circonferenza avente centro in $C(-3, 2)$ e raggio 4 è inscritto un rettangolo, con i lati paralleli agli assi cartesiani, avente la base che è la metà dell'altezza. Dopo aver calcolato le coordinate dei suoi vertici, trova il perimetro e l'area del rettangolo.

$$\left[\left(\frac{-15 \pm 4\sqrt{5}}{5}, \frac{10 \pm 8\sqrt{5}}{5}\right); 2p = \frac{48\sqrt{5}}{5}; \text{area} = \frac{128}{5}\right]$$

159 Considerata la circonferenza di equazione $x^2 + y^2 - 10x + 6y + 9 = 0$, siano A e B i suoi punti di ascissa 2, C il centro, D il punto di intersezione delle tangenti condotte in A e B. Verifica che il quadrilatero $ADBC$ è inscrittibile in una circonferenza, e scrivi la sua equazione.

$$\left[D\left(-\frac{10}{3}, -3\right); x^2 + y^2 - \frac{5}{3}x + 6y - \frac{23}{3} = 0\right]$$

160 Nella circonferenza di centro $C(2, 1)$ e raggio 2 è inscritto un triangolo equilatero avente un lato parallelo all'asse x. Determina le coordinate dei suoi vertici.

$$\left[(2, 3); (2 \pm \sqrt{3}, 0) \lor (2, -1); (2 \pm \sqrt{3}, 2)\right]$$

161 Dopo aver scritto l'equazione della circonferenza passante per i punti $A(-3, 0)$ e $B(5, 0)$ e avente il centro sulla retta di equazione $y = 3$, calcola le coordinate degli estremi del diametro parallelo all'asse x. Determina poi i coefficienti dell'equazione $y = ax^2 + bx + c$ in modo che la parabola da essa rappresentata tagli l'asse delle ordinate nel punto $C(0, 4)$ e passi per gli estremi del diametro suddetto.

$$\left[x^2 + y^2 - 2x - 6y - 15 = 0; y = -\frac{1}{24}x^2 + \frac{1}{12}x + 4\right]$$

162 Scrivi l'equazione della parabola tangente nel punto $P(3, 3)$ alla retta r di equazione $x - 4y + 9 = 0$ e avente per asse la retta $y = 1$, e quella della circonferenza anch'essa tangente in P a r e avente centro sulla retta di equazione $y = x - 5$, verificando che passano entrambe per l'origine. Indicato poi con Q il loro ulteriore punto di intersezione, calcola l'area del triangolo OPQ.

$$[x = y^2 - 2y; x^2 + y^2 - 8x + 2y = 0; Q(8, -2); \text{area} = 15]$$

163 Scrivi l'equazione della circonferenza che passa per i punti di coordinate $(1, 3)$, $(0, 2)$, $(3, -1)$; trova poi le equazioni delle rette r e s ad essa tangenti condotte dal punto $A(2, 6)$ e della tangente t che passa per il punto della circonferenza di ascissa 3 e ordinata negativa. Determina infine l'area del triangolo individuato dalle tre tangenti.

$$[x^2 + y^2 - 4x - 2y = 0; 2x - y + 2 = 0, 2x + y - 10 = 0, x - 2y - 5 = 0; \text{area} = 30]$$

164 Considerato il quadrato Q avente centro nell'origine, lati paralleli agli assi cartesiani e perimetro uguale a 24, scrivi l'equazione della circonferenza che ha centro nel vertice di Q che appartiene al primo quadrante e passa per l'origine; scrivi poi le equazioni delle rette ad essa tangenti condotte dal vertice opposto P. Indicati con A e B i punti di tangenza, determina:

a. il rapporto fra le aree di Q e del triangolo PAB

$$\left[\frac{8\sqrt{3}}{9}\right]$$

b. l'equazione della circonferenza γ inscritta nel quadrato

$$[x^2 + y^2 = 9]$$

165 Data la circonferenza che passa per i punti di coordinate $(1, 0)$, $(2, 1)$ e $(-2, -1)$, trova le coordinate dei vertici del quadrato ad essa circoscritto avente due lati paralleli alla retta di equazione $3x - 4y = 0$.

$$[x^2 + y^2 + 4x - 8y - 5 = 0, (-1, 11), (-9, 5), (-3, -3), (5, 3)]$$

Per la verifica delle competenze

1 Scrivi l'equazione della circonferenza che passa per il punto di coordinate $(-3, 2)$ ed è concentrica a quella di equazione $x^2 + y^2 - x - 2y = 0$; risolvi il problema in almeno due modi diversi. Successivamente trova l'equazione della retta ad essa tangente nel suo punto ascissa -3 e ordinata positiva; risolvi anche questo problema in almeno due modi diversi.

$$\left[x^2 + y^2 - x - 2y - 12 = 0; \ y = \frac{7}{2}x + \frac{25}{2}\right]$$

2 Una circonferenza passa per i punti di coordinate $(0, 2)$, $(2, 1)$, $\left(1, \dfrac{3}{2}\right)$. Questo problema ammette:
  a. una soluzione
  b. due soluzioni
  c. nessuna soluzione
  Dai la risposta e motivala in modo esauriente.

3 Spiega in quali dei seguenti casi si ottiene una sola circonferenza, in quali se ne ottengono due, in quali un numero infinito:
  a. la circonferenza passa per i punti di coordinate $(0, 2)$ e $(1, -1)$ e ha raggio 2;
  b. la circonferenza ha centro in $C(6, 1)$;
  c. la circonferenza ha il centro sulla retta $y = x$ e passa per il punto $A(3, -1)$;
  d. la circonferenza ha centro nel punto $C(2, 1)$ ed è tangente alla retta $y = x - 3$;
  e. la circonferenza è tangente nell'origine all'asse y ed è tangente alla retta $x + 2y - 4 = 0$.

  [una soluzione: **d.**; due soluzioni: **a.**, **e.**; infinite soluzioni: **b.**, **c.**]

4 Considerata la seguente equazione $(4 - 2h + 2k)x^2 - 3ky^2 + (3h + 1)x + (2k - h)y + 2 = 0$ stabilisci per quali valori di h e k essa rappresenta:
  a. una circonferenza che interseca l'asse y nel punto di ordinata -1 $\qquad\left[h = 6; \ k = \dfrac{8}{5}\right]$

  b. una circonferenza che ha centro di ascissa uguale a 1 $\qquad\left[h = -1; \ k = -\dfrac{6}{5}\right]$

  c. una parabola con asse parallelo all'asse y che ha vertice di ascissa uguale a -1 $\qquad [k = 0; h = 1]$

5 L'equazione $(k - 1)x^2 - (3 - 2k^2)y^2 - 2kx + (k + 2)y - 1 = 0$ rappresenta una circonferenza:

  a. per nessun valore di k $\qquad\qquad$ **b.** se $k = \dfrac{1 + \sqrt{17}}{4}$

  c. se $k = -2 \vee k = 1$ $\qquad\qquad$ **d.** per ogni valore reale di k

  Una sola fra le precedenti affermazioni è corretta; individuala motivando adeguatamente la scelta.

  [**b.**]

Risultati di alcuni esercizi.

1 sono circonferenze: **b.**, **c.** $\qquad$ **3 b.** $\qquad$ **4 b.** $\qquad$ **5 c.** $\qquad$ **6 c.** $\qquad$ **7 b.**

8 a. V, **b.** F, **c.** V, **d.** V $\qquad$ **28** $x^2 + y^2 - 4x + 4y + 4 = 0$ $\qquad$ **29** $x^2 + y^2 = 3$

30 $x^2 + y^2 - 4x = 0$ $\qquad$ **31** $x^2 + y^2 + 4x - 6y + 12 = 0$ $\qquad$ **32** $x^2 + y^2 - 4y = 0$

33 $x^2 + y^2 + 6x - 2y + 9 = 0$ $\qquad$ **34 b.** $\qquad$ **35 a.** ①, **b.** ②, **c.** ③

36 a., **b.**, **d.** $\qquad$ **37 c.** $\qquad$ **67 c.** $\qquad$ **68 a.** nessuna, **b.** due, **c.** una

69 c. $\qquad$ **70 a.** ②, **b.** ③

Test finale di autovalutazione

CONOSCENZE

1 L'equazione della circonferenza che ha centro nell'origine e raggio 3 ha equazione:

   a. $x^2 + y^2 = 3$ **b.** $x^2 + y^2 + 3 = 0$

   c. $x^2 + y^2 - 9 = 0$ **d.** $x^2 + y^2 + 9 = 0$.

       5 punti

2 L'equazione della circonferenza che ha centro in $C(2, 3)$ e raggio 3 ha equazione:

   a. $(x - 2)^2 + (y - 3)^2 + 9 = 0$ **b.** $(x - 2)^2 + (y - 3)^2 - 9 = 0$

   c. $(x - 3)^2 + (y - 2)^2 = 9$ **d.** $(x - 2) + (y - 3) = 3$.

       5 punti

3 La circonferenza di equazione $x^2 + y^2 - 4x + 6y + 1 = 0$ ha:

   a. centro in $C(2, 3)$ e raggio $r = 2\sqrt{3}$ **b.** centro in $C(2, -3)$ e raggio $r = 2\sqrt{3}$

   c. centro in $C(2, -3)$ e raggio $r = 4\sqrt{3}$ **d.** centro in $C(-2, 3)$ e raggio $r = 4\sqrt{3}$.

       10 punti

4 La circonferenza di equazione $x^2 + y^2 - 3x = 0$:

   a. ha centro sull'asse x **b.** ha centro sull'asse y

   c. passa per l'origine   **d.** ha raggio uguale all'ascissa del centro.

   Qual è la sola proposizione falsa?

       10 punti

5 L'equazione della circonferenza che passa per i punti di coordinate $(1, 1)$, $(2, 2)$, $(3, 3)$:

   a. è $x^2 + y^2 - 4x - 4y + 6 = 0$ **b.** è $x^2 + y^2 - 2x - 2y = 0$ **c.** non esiste.

       10 punti

6 La circonferenza che ha come estremi di un diametro i punti $A(-3, 0)$ e $B(1, 4)$:

   a. passa anche per l'origine   **b.** interseca l'asse x nel punto di ascissa 1   **c.** ha raggio $4\sqrt{2}$.

       10 punti

7 La circonferenza che ha centro sulla retta $x - y - 2 = 0$ e passa per $A(-1, 1)$ e $B(0, 2)$:

   a. ha equazione $x^2 + y^2 - 3x + y - 6 = 0$ ☑ Ⓕ

   b. ha equazione $x^2 + y^2 + 3x - y - 6 = 0$ ☑ Ⓕ

   c. ha centro in $C\left(\dfrac{3}{2}, -\dfrac{1}{2}\right)$ ☑ Ⓕ

   d. ha raggio $\sqrt{6}$.   ☑ Ⓕ

       10 punti

8 Data la circonferenza di equazione $x^2 + y^2 - 3x - y - 1 = 0$ e valutando la distanza del suo centro dalla retta data, stabilisci quali fra le seguenti proposizioni sono vere:

   a. la retta $y = x - 1$ è una retta diametrale   ☑ Ⓕ

   b. la retta $y - x + 1 + \sqrt{7} = 0$ è tangente alla circonferenza   ☑ Ⓕ

   c. la retta $y = 2x - 3$ è esterna alla circonferenza   ☑ Ⓕ

   d. la retta $y = x + 1$ è secante la circonferenza.   ☑ Ⓕ

       10 punti

9 Data la retta di equazione $y = \frac{1}{2}x - 1$, indica quali fra le seguenti circonferenze sono ad essa tangenti:

a. $x^2 + y^2 - 2x - 4y = 0$ **b.** $x^2 + y^2 + 2x - 2y - 3 = 0$ **c.** $x^2 + y^2 - 4y - 2 = 0$

10 punti

10 Data la circonferenza avente centro nel punto $C(-1, 3)$ e raggio 3, le rette ad essa tangenti condotte dal punto $P(2, -2)$ hanno equazioni:

a. $y = 2$ e $y = -\frac{1}{2}x - 1$ **b.** $x = 2$ e $8x + 15y + 14 = 0$ **c.** $y = 8x - 10$ e $8x + 15y + 14 = 0$

10 punti

Esercizio	1	2	3	4	5	6	7	8	9	10	Totale
Punteggio											

Voto: $\dfrac{totale}{10} + 1 =$

ABILITÀ

1 Individua fra le seguenti quali equazioni rappresentano delle circonferenze e, di queste, trova le coordinate del centro e la misura del raggio:

a. $x^2 + y^2 - 4x + 2y + 6 = 0$ **b.** $x^2 + y^2 - 1 = 0$

c. $x^2 - y^2 + x - 2y = 0$ **d.** $x^2 + y^2 - 6x - 2y + 1 = 0$

12 punti

2 Scrivi l'equazione di ciascuna delle circonferenze che soddisfano alle seguenti condizioni:

a. ha centro in $C\left(-\frac{1}{2}, 2\right)$ e passa per $P(0, 4)$

b. passa per i punti di coordinate $(1, 1)$, $(-2, 3)$, $(-1, 1)$

c. ha centro sulla retta $x - 2y + 3 = 0$, raggio uguale a $3\sqrt{2}$ e passa per l'origine

d. ha centro in $C(1, -3)$ ed è tangente alla retta di equazione $x + 2y - 4 = 0$

e. passa per i punti $A(0, 2)$, $B(3, 1)$ ed è tangente in A alla retta di coefficiente angolare uguale a $\frac{1}{2}$.

30 punti

3 Un triangolo ABC isoscele di base AB ha vertici nei punti $A(-1, 1)$ e $B(5, 3)$ e area uguale a 10; dopo aver trovato le coordinate di C e considerato il triangolo il cui vertice C appartiene al primo quadrante, scrivi l'equazione della circonferenza ad esso circoscritta. Qual è il diametro di tale circonferenza?

20 punti

4 Scrivi l'equazione della circonferenza che ha centro nel punto di intersezione delle rette di equazioni $y + x - 5 = 0$ e $x - 4y = 0$ e passa per il punto di coordinate $(6, 0)$. Quindi determina:

a. le equazioni delle rette tangenti alla circonferenza uscenti dal punto $D(4, 6)$

b. le equazioni delle rette tangenti alla circonferenza, parallele alla retta di equazione $y = -\frac{1}{2}x + 2$

c. le coordinate dei vertici del triangolo formato dalle tangenti uscenti da D e dalla tangente trovata al punto **b.** avente ordinata all'origine minore

d. l'equazione della circonferenza circoscritta a tale triangolo.

28 punti

Esercizio	1	2	3	4	Totale
Punteggio					

Voto: $\dfrac{\text{totale}}{10} + 1 =$

Soluzioni

CONOSCENZE

1 c.

2 b.

3 b.

4 b.

5 c.

6 b.

7 **a.** V, **b.** F, **c.** V, **d.** F

8 **a.** V, **b.** V, **c.** F, **d.** V

9 **a.** e **b.**

10 b.

ABILITÀ

1 **a.** no, **b.** $C(0, 0)$ $r = 1$, **c.** no, **d.** $C(3, 1)$ $r = 3$

2 **a.** $x^2 + y^2 + x - 4y = 0$, **b.** $2x^2 + 2y^2 - 11y + 7 = 0$,
c. $x^2 + y^2 - 6x - 6y = 0$, $5x^2 + 5y^2 + 42x + 6y = 0$, **d.** $5x^2 + 5y^2 - 10x + 30y - 31 = 0$,
e. $x^2 + y^2 - 2x - 4 = 0$

3 $C_1(1, 5)$; $C_2(3, -1)$, $x^2 + y^2 - 4x - 4y - 2 = 0$, diametro $= AB$

4 $x^2 + y^2 - 8x - 2y + 12 = 0$, **a.** $y - 2x + 2 = 0$; $y + 2x - 14 = 0$, **b.** $x + 2y - 1 = 0$; $2y + x - 11 = 0$,
c. $A(1, 0)$, $B(9, -4)$, $D(4, 6)$, **d.** $x^2 + y^2 - 13x - 2y + 12 = 0$

L'ellisse e l'iperbole

L'EQUAZIONE DELL'ELLISSE

la teoria è a pag. 183

> **RICORDA**
>
> ■ La forma canonica dell'equazione di un'ellisse è $\dfrac{x^2}{a^2} + \dfrac{y^2}{b^2} = 1$
>
> - se $a > b$, i fuochi appartengono all'asse x e hanno coordinate $\left(\pm\sqrt{a^2 - b^2}, 0\right)$
> - se $a < b$, i fuochi appartengono all'asse y e hanno coordinate $\left(0, \pm\sqrt{b^2 - a^2}\right)$.

Comprensione

1 Fissati due punti A e B nel piano, si chiama ellisse il luogo geometrico dei punti per i quali si mantiene costante:

a. la distanza di P da A e da B

b. la somma delle distanze di P da A e da B

c. la differenza delle distanze di P da A e da B

d. la somma delle distanze di P da A e di A da B.

2 Dopo aver messo in evidenza le caratteristiche geometriche di un'ellisse, stabilisci se sono vere o false le seguenti proposizioni.

L'ellisse di equazione $\dfrac{x^2}{a^2} + \dfrac{y^2}{b^2} = 1$ presenta:

a. una simmetria rispetto all'asse delle ascisse V F

b. una simmetria rispetto all'asse delle ordinate V F

c. una simmetria rispetto all'origine degli assi V F

d. una simmetria rispetto alle bisettrici dei quadranti. V F

3 Le equazioni dei lati del rettangolo che contiene l'ellisse di equazione $\dfrac{x^2}{4} + \dfrac{y^2}{6} = 1$ sono:

a. $x = \pm\sqrt{6}, \ y = \pm 2$ **b.** $x = \pm 4, \ y = \pm 6$ **c.** $x = \pm 2, \ y = \pm\sqrt{6}$ **d.** $x = \pm 6, \ y = \pm 4$

4 Riconosci, fra le seguenti equazioni, quelle che rappresentano una ellisse con i fuochi sull'asse x, e quelle che rappresentano una ellisse con i fuochi sull'asse y.

a. $x^2 + 2y^2 = 18$ **b.** $\dfrac{x^2}{9} + \dfrac{y^2}{4} = 1$ **c.** $\dfrac{x^2}{4} + \dfrac{y^2}{5} = 1$

d. $\dfrac{x^2}{16} + \dfrac{y^2}{25} = 1$ **e.** $x^2 + \dfrac{y^2}{3} = 1$ **f.** $\dfrac{x^2}{12} + \dfrac{y^2}{5} - 1 = 0$

g. $\dfrac{x^2}{3} + \dfrac{y^2}{2} = 8$ **h.** $4x^2 + 5y^2 = 20$ **i.** $16x^2 + 5y^2 = 80$

5 Verificato che l'equazione $8x^2 + y^2 = 8$ corrisponde a un'ellisse con i fuochi sull'asse y, individua fra quelle proposte l'equazione dell'ellisse ad essa congruente ma con i fuochi sull'asse x.

a. $8x^2 - y^2 = 8$ **b.** $x^2 + 8y^2 = 8$ **c.** $-x^2 + 8y^2 = 8$ **d.** $x^2 + 8y^2 + 8 = 0$

6 Associa a ciascuna delle seguenti equazioni il proprio grafico, scegliendolo fra quelli indicati in figura.

a. $x^2 + \dfrac{y^2}{4} = 1$ **b.** $4y^2 + 2x^2 = 16$ **c.** $\dfrac{x^2}{3} + y^2 = 1$ **d.** $4x^2 + 3y^2 = 9$

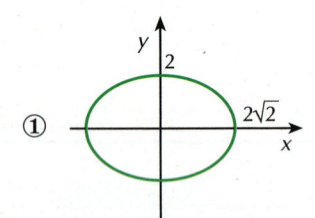

7 L'ellisse di equazione $\dfrac{x^2}{9} + \dfrac{y^2}{k-1} = 1$ ha i fuochi sull'asse y se e solo se è $k < 10$. E' vera o falsa questa affermazione?

Applicazione

Individua le caratteristiche delle ellissi che hanno le seguenti equazioni, specificando dove si trovano i fuochi e quali sono le coordinate dei vertici. Traccia poi il grafico ad esse relativo.

8 **ESERCIZIO GUIDA**

$$\frac{x^2}{49} + \frac{y^2}{25} = 1$$

In questa ellisse: $a = 7$ $b = 5$ $c = \sqrt{49 - 25} = 2\sqrt{6}$

Poiché $a > b$ i fuochi si trovano sull'asse delle ascisse ed hanno coordinate $(\pm 2\sqrt{6}, 0)$.

In figura il suo grafico.

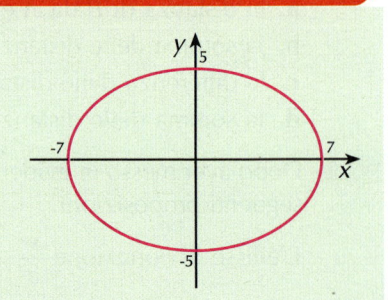

9 $\dfrac{x^2}{25} + \dfrac{y^2}{121} = 1$ **10** $\dfrac{x^2}{64} + \dfrac{y^2}{36} = 1$ **11** $\dfrac{x^2}{16} + \dfrac{y^2}{49} = 1$

12 $x^2 + \dfrac{y^2}{4} = 1$ **13** $\dfrac{x^2}{36} + \dfrac{y^2}{81} = 1$ **14** $\dfrac{x^2}{25} + \dfrac{y^2}{12} = 1$

15 $\dfrac{x^2}{40} + \dfrac{y^2}{36} = 1$ **16** $\dfrac{3}{8}x^2 + \dfrac{5}{2}y^2 = 1$ **17** $x^2 + \dfrac{y^2}{45} = 1$

Dopo aver scritto le equazioni delle seguenti ellissi in forma canonica, individuane le caratteristiche e tracciane il grafico.

18 $5x^2 + 9y^2 = 45$ **19** $9x^2 + 16y^2 = 576$ **20** $x^2 + 2y^2 = 4$

21 $2x^2 + 3y^2 = 6$ **22** $x^2 + 8y^2 = 16$ **23** $4x^2 + 5y^2 = 1$

24 $9x^2 + 25y^2 = 225$ **25** $9x^2 + 10y^2 = 90$ **26** $x^2 + 49y^2 = 49$

27 $x^2 + 2y^2 = 8$ **28** $4x^2 + 9y^2 = 36$ **29** $4x^2 + 3y^2 = 3$

RICORDA

■ L'eccentricità di una ellisse è il rapporto fra la semidistanza focale ed il semiasse maggiore:

$$e = \frac{c}{\text{semiasse maggiore}} \qquad \text{ed è} \qquad 0 \le e \le 1$$

Di conseguenza:

● se $a > b$ $\qquad e = \dfrac{c}{a}$ $\qquad\qquad$ ● se $a < b$ $\qquad e = \dfrac{c}{b}$

Comprensione

30 Dopo aver definito l'eccentricità di un'ellisse e spiegato che cosa rappresenta, indica se sono vere o false le seguenti proposizioni. L'eccentricità di una ellisse:

a. è sempre minore di 1 $\qquad$ Ⓥ Ⓕ

b. è sempre maggiore di 1 $\qquad$ Ⓥ Ⓕ

c. è tanto più grande quanto più l'ellisse è "schiacciata" $\qquad$ Ⓥ Ⓕ

d. vale 0 se l'ellisse è una circonferenza $\qquad$ Ⓥ Ⓕ

e. vale 1 se l'ellisse è una circonferenza. $\qquad$ Ⓥ Ⓕ

31 Dell'ellisse di equazione $\dfrac{x^2}{a^2} + \dfrac{y^2}{b^2} = 1$ si sa che $a^2 < b^2$; la sua eccentricità è definita dall'espressione:

a. $\dfrac{\sqrt{a^2 - b^2}}{a}$ $\qquad$ **b.** $\dfrac{\sqrt{a^2 - b^2}}{b}$ $\qquad$ **c.** $\dfrac{\sqrt{b^2 - a^2}}{a}$ $\qquad$ **d.** $\dfrac{\sqrt{b^2 - a^2}}{b}$

32 Stabilisci se, fra i valori assegnati, ve ne sono alcuni che rappresentano le eccentricità delle ellissi il cui grafico è proposto di seguito.

a. $\dfrac{1}{2}$ $\qquad$ **b.** $\dfrac{\sqrt{2}}{2}$ $\qquad$ **c.** $\dfrac{2}{3}$ $\qquad$ **d.** $\dfrac{1}{5}$

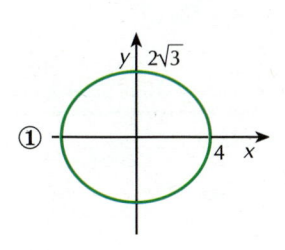 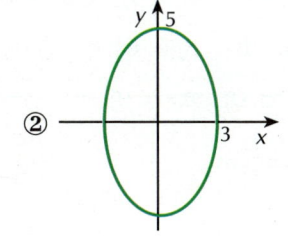 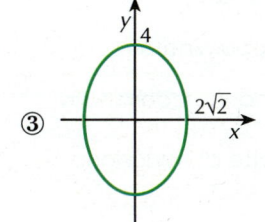 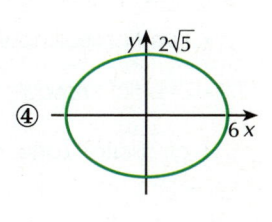

33 Un'ellisse ha eccentricità $e = \dfrac{\sqrt{3}}{2}$:

a. di ellissi con questa caratteristica ne esistono: ① una ② due ③ infinite

b. quale tra le seguenti potrebbe essere la sua equazione?

① $4x^2 + 25y^2 = 100$ $\qquad$ ② $4x^2 + 16y^2 = 64$ $\qquad$ ③ $2x^2 + 9y^2 = 18$

Applicazione

Tenendo presente quanto ricordato, determina l'eccentricità delle seguenti ellissi. In base ai valori trovati, sai dire se, fra esse, sono presenti delle circonferenze?

34 $\dfrac{x^2}{81} + \dfrac{y^2}{144} = 1$ $\qquad\qquad$ $x^2 + 8y^2 = 64$ $\qquad\qquad$ $\left[\dfrac{\sqrt{7}}{4}; \dfrac{\sqrt{14}}{4} \right]$

35 $\dfrac{x^2}{25} + \dfrac{y^2}{16} = 1$ $\qquad$ $2x^2 + y^2 = 72$ $\qquad\qquad$ $\left[\dfrac{3}{5}; \dfrac{\sqrt{2}}{2}\right]$

36 $5x^2 + y^2 = 1$ $\qquad$ $3x^2 + 3y^2 = 17$ $\qquad\qquad$ $\left[\dfrac{2\sqrt{5}}{5}; 0\right]$

37 $x^2 + 6y^2 = 1$ $\qquad$ $4x^2 + y^2 = 5$ $\qquad\qquad$ $\left[\dfrac{\sqrt{30}}{6}; \dfrac{\sqrt{3}}{2}\right]$

38 $\dfrac{x^2}{9} + \dfrac{y^2}{3} = 1$ $\qquad$ $\dfrac{x^2}{8} + \dfrac{y^2}{8} = 3$ $\qquad\qquad$ $\left[\dfrac{\sqrt{6}}{3}; 0\right]$

39 $\dfrac{6x^2}{5} + \dfrac{6y^2}{5} = 10$ $\qquad$ $\dfrac{8x^2}{3} + 2y^2 = 3$ $\qquad\qquad$ $\left[0; \dfrac{1}{2}\right]$

L'EQUAZIONE DELL'IPERBOLE

la teoria è a pag. 190

RICORDA

■ L'iperbole che ha i fuochi sull'asse x ha equazione $\qquad$ $\dfrac{x^2}{a^2} - \dfrac{y^2}{b^2} = 1$

- i fuochi hanno coordinate $\qquad\qquad$ $F_1(-c, 0)$ $\quad$ $F_2(c, 0)$ $\quad$ essendo $\quad c = \sqrt{a^2 + b^2}$

- i vertici reali hanno coordinate $\qquad\qquad$ $A_1(-a, 0)$ $\quad$ $A_2(a, 0)$

- i vertici immaginari hanno coordinate $\qquad$ $B_1(0, -b)$ $\quad$ $B_2(0, b)$

- gli asintoti hanno equazione $\qquad\qquad$ $y = \pm \dfrac{b}{a} x$

■ L'iperbole che ha i fuochi sull'asse y ha equazione $\qquad$ $\dfrac{x^2}{a^2} - \dfrac{y^2}{b^2} = -1$

- i fuochi hanno coordinate $\qquad\qquad$ $F_1(0, -c)$ $\quad$ $F_2(0, c)$ $\quad$ essendo $\quad c = \sqrt{a^2 + b^2}$

- i vertici reali hanno coordinate $\qquad\qquad$ $B_1(0, -b)$ $\quad$ $B_2(0, b)$

- i vertici immaginari hanno coordinate $\qquad$ $A_1(-a, 0)$ $\quad$ $A_2(a, 0)$

- gli asintoti sono le rette di equazione $\qquad$ $y = \pm \dfrac{b}{a} x$

Comprensione

40 L'equazione $px^2 + qy^2 = 1$ rappresenta:

a. un'iperbole solo se p e q sono discordi $\hfill$ Ⓥ Ⓕ

b. un'iperbole con i fuochi sull'asse x se p e q sono entrambi negativi $\hfill$ Ⓥ Ⓕ

c. un'iperbole con i fuochi sull'asse y se p è negativo e q è positivo $\hfill$ Ⓥ Ⓕ

d. un'iperbole che ha i fuochi sull'asse x se p e q sono concordi. $\hfill$ Ⓥ Ⓕ

41 Il grafico dell'iperbole di equazione $\dfrac{x^2}{a^2} - \dfrac{y^2}{b^2} = 1$ appartiene interamente alla regione di piano definita da:

a. $-a \le x \le a$ $\qquad$ **b.** $-b \le x \le b$ $\qquad$ **c.** $x \le -a \vee x \ge a$ $\qquad$ **d.** $x \le -b \vee x \ge b$

42 Dopo aver spiegato che cosa rappresentano gli asintoti di un'iperbole, considera la curva di equazione $\frac{x^2}{9} - \frac{y^2}{5} = 1$; i suoi asintoti hanno equazione:

a. $y = \pm \frac{9}{5}x$ **b.** $y = \pm \frac{5}{9}x$ **c.** $y = \pm \frac{\sqrt{5}}{3}x$ **d.** $y = \pm \frac{3}{\sqrt{5}}x$

43 Dell'iperbole di equazione $\frac{x^2}{12} - \frac{y^2}{8} = 1$ si può dire che:

a. i fuochi hanno coordinate $(\pm 2, 0)$ V F

b. i vertici reali hanno coordinate $(\pm 2\sqrt{3}, 0)$ V F

c. i vertici immaginari hanno coordinate $(\pm 2\sqrt{2}, 0)$ V F

d. gli asintoti hanno equazione $y = \pm \frac{1}{3}x$ V F

44 Riconosci, fra le seguenti equazioni, quelle che hanno per grafico un'iperbole con i vertici reali appartenenti all'asse x, quelle che hanno per grafico un'iperbole con i vertici reali appartenenti all'asse y, e quelle il cui grafico non rappresenta una iperbole.

a. $4x^2 - y^2 = 1$ **b.** $\frac{x^2}{9} - \frac{y^2}{4} = -1$ **c.** $2x^2 + \frac{y^2}{4} = 1$

d. $\frac{x^2}{4} + \frac{y^2}{9} = -1$ **e.** $y^2 - x^2 = 1$ **f.** $\frac{x^2}{4} - \frac{y^2}{5} - 1 = 0$

g. $\frac{y^2}{4} - \frac{x^2}{9} = 3$ **h.** $4x^2 - 5y^2 = 20$ **i.** $4x^2 - 6y^2 = -3$

45 Associa a ciascuna delle seguenti equazioni il proprio grafico, scegliendolo fra quelli indicati in figura.

a. $x^2 - \frac{y^2}{4} = 2$ **b.** $4y^2 - 2x^2 = 1$ **c.** $\frac{x^2}{3} - y^2 = 1$ **d.** $4x^2 - y^2 = -1$

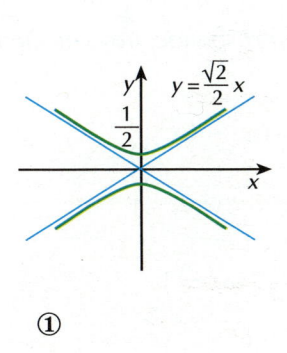 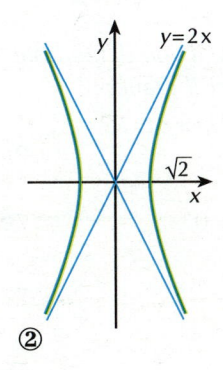 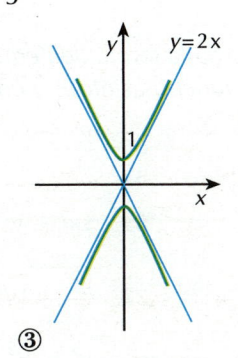 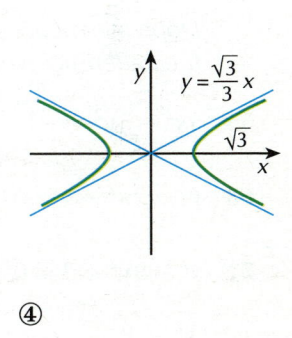

①   ②   ③   ④

Applicazione

L'iperbole con i fuochi sull'asse x

Scrivi le equazioni delle seguenti iperboli in forma canonica e determina le coordinate dei fuochi e quelle dei vertici; scrivi poi l'equazione degli asintoti e traccia il grafico ad esse corrispondenti.

46 **ESERCIZIO GUIDA**

$5x^2 - 9y^2 = 45$

L'equazione in forma canonica si ottiene dividendo per 45: $\frac{x^2}{9} - \frac{y^2}{5} = 1$.

Essendo $a^2 = 9$ e $b^2 = 5$, si ha che $c^2 = 14$.

Quindi i vertici hanno coordinate.................

I fuochi hanno coordinate ....

Nella figura a lato il grafico dell'iperbole ottenuto disegnando dapprima il rettangolo di semidimensioni a e b.

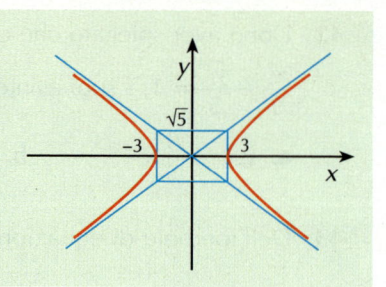

47 $x^2 - 2y^2 = 1$

48 $x^2 - y^2 = 3$

49 $y^2 - 4x^2 + 2 = 0$

50 $\frac{1}{2}x^2 - y^2 - 2 = 0$

51 $25x^2 - 4y^2 = 100$

52 $x^2 - 9y^2 = 3$

53 $\frac{1}{2}x^2 - \frac{1}{4}y^2 = 1$

54 $6x^2 - y^2 = 6$

55 $36x^2 - 9y^2 - 36 = 0$

56 $x^2 - 25y^2 - 25 = 0$

57 $4x^2 - 8y^2 = 25$

58 $x^2 - 9y^2 = 36$

L'iperbole con i fuochi sull'asse y

Delle iperboli che hanno le seguenti equazioni, trova le coordinate dei vertici e dei fuochi, individua le equazioni degli asintoti e tracciane il grafico.

59 $\frac{x^2}{4} - \frac{y^2}{15} = -1$

60 $x^2 - \frac{y^2}{3} = -1$

61 $\frac{x^2}{36} - y^2 = -1$

62 $\frac{y^2}{4} - \frac{x^2}{5} = 1$

63 $3y^2 - 8x^2 = 48$

64 $12y^2 - 9x^2 = 15$

Dopo aver riconosciuto dalla forma dell'equazione il tipo di iperbole a cui corrisponde, trova gli elementi caratteristici (vertici, fuochi, asintoti) e costruisci il grafico.

65 $5x^2 - 5y^2 = -1$

66 $\frac{y^2}{4} - x^2 = 1$

67 $3 = 6y^2 - 6x^2$

68 $y^2 - 2x^2 - 4 = 0$

69 $5x^2 - y^2 + 5 = 0$

70 $\frac{1}{5}x^2 - 5y^2 = -1$

71 $x^2 - 9y^2 + 3 = 0$

72 $\frac{y^2}{3} - 3x^2 = 3$

73 $y^2 - 25x^2 = 1$

74 $\frac{x^2}{25} - \frac{y^2}{4} = -1$

75 $\frac{x^2}{4} - \frac{y^2}{3} = 1$

76 $\frac{x^2}{6} - \frac{y^2}{2} = 1$

L'ECCENTRICITÀ DELL'IPERBOLE

la teoria è a pag. 197

RICORDA

■ L'eccentricità di un'iperbole è un numero reale maggiore di 1 che si definisce in questo modo:

- nell'iperbole di equazione $\frac{x^2}{a^2} - \frac{y^2}{b^2} = 1$: $e = \frac{c}{a}$

- nell'iperbole di equazione $\frac{x^2}{a^2} - \frac{y^2}{b^2} = -1$: $e = \frac{c}{b}$

Comprensione

77 L'iperbole di equazione $\dfrac{16}{49}x^2 - \dfrac{1}{49}y^2 + 1 = 0$ ha eccentricità:

    a. $\sqrt{15}$
    b. $\dfrac{\sqrt{15}}{4}$
    c. $\sqrt{17}$
    d. $\dfrac{\sqrt{17}}{4}$

78 Indica quale fra le seguenti iperboli presenta una minore apertura:

    a. $7x^2 - 4y^2 = 28$
    b. $12x^2 - 3y^2 = -1$
    c. $9x^2 - 4y^2 = 36$
    d. $x^2 - 12y^2 = -4$

79 Stabilisci se, fra i valori assegnati, ve ne sono alcuni che rappresentano le eccentricità delle iperboli il cui grafico è proposto di seguito.

    a. $\dfrac{\sqrt{5}}{2}$
    b. $\sqrt{2}$
    c. $\sqrt{5}$
    d. 5

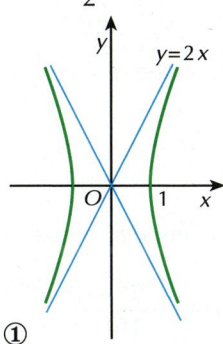 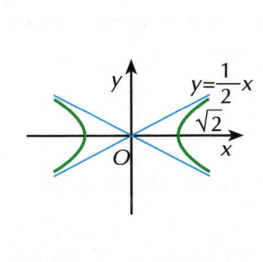 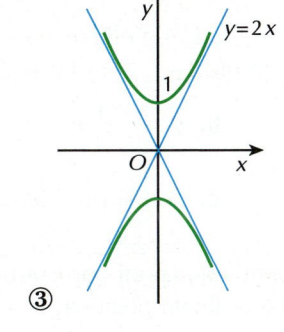 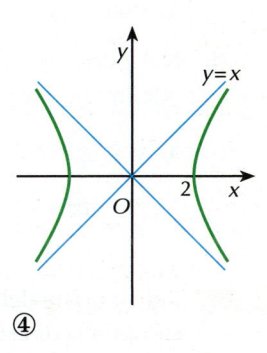

①   ②   ③   ④

Applicazione

Calcola l'eccentricità delle iperboli che hanno le seguenti equazioni.

80 $\dfrac{x^2}{16} - y^2 = 1$ $\dfrac{x^2}{16} - \dfrac{y^2}{4} = 1$ $\dfrac{x^2}{16} - \dfrac{y^2}{25} = 1$ $\left[\dfrac{\sqrt{17}}{4}, \dfrac{\sqrt{5}}{2}, \dfrac{\sqrt{41}}{4}\right]$

81 $\dfrac{y^2}{4} - \dfrac{x^2}{4} = 1$ $\dfrac{y^2}{4} - x^2 = 1$ $\dfrac{y^2}{4} - \dfrac{x^2}{49} = 1$ $\left[\sqrt{2}, \dfrac{\sqrt{5}}{2}, \dfrac{\sqrt{53}}{2}\right]$

82 $\dfrac{1}{2}x^2 - y^2 = 2$ $\dfrac{x^2}{4} - 3y^2 = -12$ $x^2 - 4y^2 = 1$ $\left[\dfrac{\sqrt{6}}{2}, \sqrt{13}, \dfrac{\sqrt{5}}{2}\right]$

PROBLEMI SULL'ELLISSE

la teoria è a pag. 198

Comprensione

83 Per determinare l'equazione di una ellisse è sufficiente conoscere:

    a. le coordinate dei due fuochi   Ⓥ Ⓕ

    b. le coordinate di due suoi punti non simmetrici   Ⓥ Ⓕ

    c. le coordinate di un fuoco e di un suo punto   Ⓥ Ⓕ

    d. le coordinate di un vertice ed il valore dell'eccentricità   Ⓥ Ⓕ

    e. le coordinate di due vertici non appartenenti allo stesso asse   Ⓥ Ⓕ

    f. le coordinate dei due vertici che appartengono all'asse delle ascisse   Ⓥ Ⓕ

    g. l'eccentricità   Ⓥ Ⓕ

h. l'eccentricità e le coordinate di un suo punto

i. l'equazione della retta ad essa tangente e il punto di tangenza.

84 L'equazione di una ellisse dipende da un parametro k ed è $\dfrac{x^2}{25} + \dfrac{y^2}{k} = 1$; puoi determinare il valore di k se sai che:

a. passa per il punto di coordinate $(1, 2)$

b. ha fuoco nel punto di coordinate $(4, 0)$

c. ha un vertice nel punto di coordinate $(-5, 0)$

d. ha un vertice nel punto di coordinate $(0, 3)$

e. ha eccentricità $e = 0{,}5$.

85 Le tangenti all'ellisse di equazione $\dfrac{x^2}{8} + \dfrac{y^2}{6} = 1$ condotte dal punto $P(1, 2)$ sono:

a. una   **b.** due   **c.** nessuna.

86 Nel punto di coordinate $(2, 1)$ un'ellisse ha come retta tangente quella di equazione $y = -\dfrac{1}{2}x + 2$; quella che passa per il punto $(-2, -1)$ ha equazione:

a. $y = \dfrac{1}{2}x + 2$ **b.** $y = -\dfrac{1}{2}x - 2$

c. $y = \dfrac{1}{2}x - 2$ **d.** non si può determinare se non si conosce l'equazione dell'ellisse

87 Indica quale delle seguenti equazioni corrisponde alla tangente all'ellisse di equazione $\dfrac{x^2}{16} + \dfrac{y^2}{9} = 1$ nel suo punto di ascissa 2 e ordinata positiva:

a. $\dfrac{\sqrt{3}}{6}x + \dfrac{1}{8}y = 1$ **b.** $\dfrac{1}{8}x + \dfrac{\sqrt{3}}{6}y = 1$ **c.** $\dfrac{1}{8}x - \dfrac{\sqrt{3}}{6}y = 1$

Applicazione

Sulla determinazione dell'equazione di una ellisse

88 (**ESERCIZIO GUIDA**)

Scrivi l'equazione dell'ellisse che ha due vertici nei punti $A(3, 0)$, $B(0, 1)$ e trovane i fuochi.

Poiché $a = 3$ e $b = 1$ troviamo subito l'equazione dell'ellisse: $\dfrac{x^2}{9} + y^2 = 1$

Essendo $a > b$, i fuochi si trovano sull'asse x; troviamo il valore di c:

$$c = \sqrt{a^2 - b^2} = \sqrt{9 - 1} = \sqrt{8} = 2\sqrt{2} \quad \rightarrow \quad F(\pm 2\sqrt{2}, 0)$$

89 Scrivi l'equazione dell'ellisse che ha un fuoco in $F(-7, 0)$ e un vertice in $P(0, 3)$. $\left[\dfrac{x^2}{58} + \dfrac{y^2}{9} = 1\right]$

90 Trova l'equazione dell'ellisse che ha un vertice in $A(3, 0)$.   [non è possibile determinarla, perché?]

91 Trova l'equazione dell'ellisse avente i fuochi di coordinate $(-1, 0)$ e $(1, 0)$, sapendo che la somma delle distanze di uno qualunque dei suoi punti dai fuochi vale 3.

(Suggerimento: applica la definizione, deve essere $\overline{PF_1} + \overline{PF_2} = 3$) $[20x^2 + 36y^2 = 45]$

92 Scrivi l'equazione dell'ellisse che ha semiassi di lunghezza 5 e 3.

(Suggerimento: conosci la posizione dei fuochi?) $\left[\dfrac{x^2}{25} + \dfrac{y^2}{9} = 1 \ \vee \ \dfrac{x^2}{9} + \dfrac{y^2}{25} = 1\right]$

93 **ESERCIZIO GUIDA**

Scrivi l'equazione dell'ellisse con i fuochi sull'asse y sapendo che la somma dei semiassi è 11 e la distanza fra i due fuochi è $2\sqrt{77}$.

Se la somma dei semiassi è 11, puoi scrivere l'equazione $a + b = 11$;

se la distanza fra i fuochi è $2\sqrt{77}$, cioè $c = \sqrt{77}$, puoi scrivere l'equazione $b^2 - a^2 = 77$.

Risolvendo il sistema trovi: $a = 2 \wedge b = 9$.

L'ellisse ha quindi equazione $\dfrac{x^2}{4} + \dfrac{y^2}{81} = 1$.

94 Determina l'equazione dell'ellisse che ha un fuoco in $A(0, -5)$ e la somma dei semiassi è 25.
$$\left[\frac{x^2}{144} + \frac{y^2}{169} = 1\right]$$

95 Scrivi l'equazione dell'ellisse, avente i fuochi sull'asse delle ascisse, che ha semiasse maggiore uguale a 10 e che taglia l'asse delle ordinate in $P(0, 6)$.
$$[9x^2 + 25y^2 = 900]$$

96 Un'ellisse ha un fuoco nel punto di coordinate $(-2, 0)$ ed un vertice in $(0, -4)$; trova la sua equazione.
$$[4x^2 + 5y^2 = 80]$$

97 Trova l'equazione dell'ellisse che ha un fuoco in $F(0, 2)$ e un vertice in $P(0, 1)$.   [impossibile]

98 Determina l'equazione dell'ellisse che ha un fuoco in $F(0, 1)$ e un vertice in $P(0, 2)$. $\left[\dfrac{x^2}{3} + \dfrac{y^2}{4} = 1\right]$

99 Scrivi l'equazione dell'ellisse che ha un fuoco in $F\left(\sqrt{2}, 0\right)$ ed eccentricità uguale a $\sqrt{\dfrac{1}{6}}$. $\left[\dfrac{x^2}{12} + \dfrac{y^2}{10} = 1\right]$

100 Scrivi l'equazione dell'ellisse di eccentricità $\dfrac{3}{5}$ che ha un vertice in $A(-3, 0)$.
$$\left[\frac{x^2}{9} + \frac{16}{225}y^2 = 1 \ \vee \ \frac{x^2}{9} + \frac{25}{144}y^2 = 1\right]$$

101 Trova l'equazione di un'ellisse di eccentricità $\dfrac{1}{2}$ e che passa per $P(1, 3)$.
$$[3x^2 + 4y^2 = 39 \ \vee \ 4x^2 + 3y^2 = 31]$$

102 Scrivi l'equazione dell'ellisse che passa per i punti $P(4, 1)$ e $Q(2, 2)$. $\left[\dfrac{x^2}{20} + \dfrac{y^2}{5} = 1\right]$

103 Trova l'equazione dell'ellisse che passa per i punti $P\left(-\sqrt{3}, 3\right)$ e $Q(2, -1)$. $[8x^2 + y^2 = 33]$

104 Un'ellisse ha un fuoco in $F(0, 5)$ e passa per $P(0, -8)$; trova la sua equazione. $\left[\dfrac{x^2}{39} + \dfrac{y^2}{64} = 1\right]$

105 Individua l'equazione dell'ellisse che ha i fuochi sull'asse x, passa per $P\left(3, \dfrac{12}{5}\right)$ e ha distanza focale uguale a 8.
$$\left[\frac{x^2}{25} + \frac{y^2}{9} = 1\right]$$

106 Un'ellisse passa per $P(1, 2)$ ed ha un vertice in $A(0, 3)$. Qual è la sua equazione? $[5x^2 + y^2 = 9]$

107 Scrivi l'equazione dell'ellisse che ha un vertice nel punto $A(0, -2)$ ed eccentricità $\dfrac{\sqrt{3}}{2}$.
$$\left[x^2 + \frac{y^2}{4} = 1; \ \frac{x^2}{16} + \frac{y^2}{4} = 1\right]$$

108 Un'ellisse con i fuochi sull'asse delle ascisse ha il semiasse maggiore lungo 4 ed eccentricità uguale a $\dfrac{1}{4}$. Trova la sua equazione.
$$\left[\frac{x^2}{16} + \frac{y^2}{15} = 1\right]$$

109 Scrivi l'equazione dell'ellisse che ha un fuoco nel punto $F(-3, 0)$ ed eccentricità uguale a $\frac{3}{4}$; calcola poi l'area del quadrilatero che ha i vertici coincidenti con quelli dell'ellisse.

$$\left[\frac{x^2}{16} + \frac{y^2}{7} = 1; \text{ area} = 8\sqrt{7}\right]$$

110 Scritta l'equazione dell'ellisse che passa per i punti di coordinate $(2\sqrt{3}, -1)$ e $\left(\sqrt{15}, \frac{1}{2}\right)$, calcola la lunghezza della corda che la retta di equazione $y = 1$ stacca su di essa.

$$[4\sqrt{3}]$$

111 Scrivi l'equazione dell'ellisse che è inscritta in un rettangolo con i lati paralleli agli assi cartesiani di perimetro 20, sapendo che il suo vertice sul semiasse positivo delle ascisse appartiene alla retta di equazione $y = 2x - 6$.

$$\left[\frac{x^2}{9} + \frac{y^2}{4} = 1\right]$$

112 Scrivi l'equazione dell'ellisse avente un fuoco nel punto $F(2, 0)$ e passante per $P\left(-\frac{3}{\sqrt{5}}, 2\right)$. Indicati con A e B i punti di intersezione di tale ellisse con la retta di equazione $y - x - \sqrt{5} = 0$, calcola l'area del triangolo ABO, essendo O l'origine degli assi.

$$\left[\frac{45}{14}\right]$$

113 Determina i punti di intersezione fra l'ellisse di equazione $\frac{x^2}{9} + \frac{y^2}{4} = 1$ e la retta parallela alla bisettrice del primo e terzo quadrante che passa per il punto $(-2, 0)$.

$$\left[(0, 2); \left(-\frac{36}{13}, -\frac{10}{13}\right)\right]$$

114 Scrivi l'equazione dell'ellisse con i fuochi sull'asse y sapendo che la somma dei semiassi è 3 e che la distanza fra i due fuochi è $2\sqrt{3}$.

$$\left[x^2 + \frac{y^2}{4} = 1\right]$$

115 Trova l'equazione dell'ellisse con i fuochi sull'asse x sapendo che passa per il punto $P\left(\sqrt{2}, -\frac{2}{\sqrt{5}}\right)$ e che ha eccentricità $\frac{3\sqrt{10}}{10}$.

$$[x^2 + 10y^2 = 10]$$

116 Determina l'equazione dell'ellisse con i fuochi sull'asse y sapendo che la somma degli assi è $24 + 8\sqrt{5}$ e che un vertice ha coordinate $(0, -12)$.

$$\left[\frac{x^2}{80} + \frac{y^2}{144} = 1\right]$$

117 Trova l'equazione dell'ellisse con i fuochi sull'asse x sapendo che la somma degli assi è 36 ed un fuoco ha coordinate $(6, 0)$.

$$\left[\frac{x^2}{100} + \frac{y^2}{64} = 1\right]$$

118 Di un'ellisse con i fuochi sull'asse x si sa che la somma degli assi è 16 e che l'eccentricità vale $\frac{2}{3}\sqrt{2}$. Trova la sua equazione.

$$\left[\frac{x^2}{36} + \frac{y^2}{4} = 1\right]$$

119 Scrivi l'equazione dell'ellisse avente due vertici nei punti di coordinate $(4, 0)$ e $(0, -\sqrt{7})$ e determina le sue intersezioni con la bisettrice del primo e terzo quadrante.

$$\left[\left(\pm 4\sqrt{\frac{7}{23}}; \pm 4\sqrt{\frac{7}{23}}\right)\right]$$

120 Scrivi l'equazione dell'ellisse di eccentricità $\frac{3}{4}$ che ha un fuoco nel punto di intersezione della retta di equazione $y = \frac{1}{2}x - \frac{3}{2}$ con l'asse delle ascisse.

$$\left[\frac{x^2}{16} + \frac{y^2}{7} = 1\right]$$

121 Data l'ellisse di equazione $x^2 + 16y^2 = 16$, determina per quali valori di k le rette del fascio di equazione $y = 2x + k$ intersecano l'ellisse.

$$[-\sqrt{65} \leq k \leq \sqrt{65}]$$

122 Data l'ellisse di equazione $4x^2 + 9y^2 = 1$, determina il valore di k in modo che la retta di equazione $y = k$ individui sull'ellisse un segmento di lunghezza $\frac{1}{6}$. $$\left[k = \pm\frac{\sqrt{35}}{18}\right]$$

123 Scritta l'equazione dell'ellisse che ha eccentricità uguale a $\frac{1}{2}$ e passa per il punto $P(-2, 0)$, calcola la lunghezza della corda AB che essa stacca sulla retta $x - 2y - 2 = 0$ e l'area del triangolo ABC, dove C è il vertice dell'ellisse di ordinata positiva. $$\left[3x^2 + 4y^2 = 12; \ \frac{3\sqrt{5}}{2}; \ \frac{3}{2}\left(1 + \sqrt{3}\right)\right]$$

124 Scritta l'equazione dell'ellisse che passa per i punti di coordinate $\left(2\sqrt{3}, -1\right)$ e $\left(\sqrt{15}, \frac{1}{2}\right)$, calcola la lunghezza della corda che la retta di equazione $y = 1$ stacca su di essa. $$\left[4\sqrt{3}\right]$$

125 Data l'ellisse di equazione $x^2 + 3y^2 = 3$, considera la retta parallela all'asse y e passante per il suo fuoco di ascissa positiva. Indicati con A e B i punti in cui tale retta incontra l'ellisse e con P e Q i vertici appartenenti all'asse x, calcola l'area dei triangoli ABP e ABQ. $$\left[\frac{3 - \sqrt{6}}{3}; \ \frac{3 + \sqrt{6}}{3}\right]$$

Sulle rette tangenti

Scrivi le equazioni delle rette tangenti all'ellisse indicata uscenti dal punto P assegnato.

126 $\dfrac{x^2}{12} + \dfrac{y^2}{4} = 1$ $\qquad P(0, 4)$ $\qquad\qquad [y = \pm x + 4]$

127 $4x^2 + 3y^2 = 12$ $\qquad P\left(-\dfrac{3}{2}, 1\right)$ $\qquad\qquad [y = 2x + 4]$

128 $4x^2 + y^2 = 40$ $\qquad P(3, -2)$ $\qquad\qquad [y = 6x - 20]$

129 $\dfrac{x^2}{4} + \dfrac{y^2}{9} = 1$ $\qquad P\left(1, \dfrac{3\sqrt{3}}{2}\right)$ $\qquad\qquad [3x + 2\sqrt{3}y - 12 = 0]$

130 $x^2 + \dfrac{y^2}{6} = 1$ $\qquad P(3, 0)$ $\qquad\qquad \left[y = \pm\dfrac{\sqrt{3}}{2}(x - 3)\right]$

131 $x^2 + \dfrac{y^2}{3} = 1$ $\qquad P(1, 2)$ $\qquad\qquad [4y - x - 7 = 0; \ x = 1]$

132 $\dfrac{x^2}{5} + y^2 = 1$ $\qquad P(-3, 1)$ $\qquad\qquad [3x + 2y + 7 = 0; \ y = 1]$

133 $x^2 + 3y^2 = 9$ $\qquad P(\sqrt{6}, 1)$ $\qquad\qquad [\sqrt{6}x + 3y = 9]$

134 $x^2 + 2y^2 = 6$ $\qquad P\left(\dfrac{1}{2}, 1\right)$ $\qquad\qquad [\text{impossibile, perché?}]$

135 $9x^2 + y^2 = 36$ $\qquad P(\sqrt{3}, -3)$ $\qquad\qquad [3\sqrt{3}x - y = 12]$

136 Scrivi l'equazione della retta tangente all'ellisse di equazione $6x^2 + y^2 = 60$ nel suo punto P di ascissa -2 e ordinata negativa.
$$[2x + y + 10 = 0]$$

137 Scrivi l'equazione della retta tangente all'ellisse di equazione $9x^2 + 4y^2 = 36$ nel suo punto di ascissa positiva e ordinata $\frac{3}{2}$.
$$[9\sqrt{3}x + 6y - 36 = 0]$$

138 Determina l'equazione delle rette tangenti all'ellisse di equazione $\frac{x^2}{12} + \frac{y^2}{9} = 1$, condotte dal punto $P(0, -4)$.
$$[6y \pm \sqrt{21}x + 24 = 0]$$

139 Scrivi l'equazione dell'ellisse che passa per il punto di coordinate $(0, 4)$ ed è tangente alla retta di equazione $y = -x + 5$.
$$\left[\frac{x^2}{9} + \frac{y^2}{16} = 1\right]$$

140 Determina le equazioni delle rette parallele a quella di equazione $y = 2x + 1$ e tangenti all'ellisse di equazione $3x^2 + y^2 = 3$.
$$[y = 2x \pm \sqrt{7}]$$

141 Data l'ellisse di equazione $\frac{x^2}{81} + \frac{y^2}{25} = 1$, determina le equazioni delle rette ad essa tangenti che sono parallele alla bisettrice del primo e terzo quadrante.
$$[y = x \pm \sqrt{106}]$$

142 Scrivi l'equazione dell'ellisse passante per il punto di coordinate $\left(3, \frac{\sqrt{7}}{2}\right)$ e tangente alla retta di equazione $3x + 2\sqrt{7}y - 16 = 0$.
$$\left[\frac{x^2}{16} + \frac{y^2}{4} = 1\right]$$

143 Scrivi l'equazione delle rette parallele a quella di equazione $y = 3x + 5$ che sono tangenti all'ellisse di equazione $3x^2 + y^2 - 3 = 0$.
$$[y = 3x \pm 2\sqrt{3}]$$

144 Scrivi l'equazione dell'ellisse tangente alle rette di equazione $y = 2$ e $2y - \sqrt{3}x = 8$. $\quad[x^2 + 4y^2 = 16]$

145 Data l'ellisse di equazione $5x^2 + 3y^2 = 32$, scrivi le equazioni delle rette ad essa tangenti nei suoi punti di ascissa 1 e -2 ed ordinata positiva; calcola poi le coordinate del loro punto di intersezione.
$$\left[\left(-\frac{4}{5}, 4\right)\right]$$

146 Dopo aver scritto l'equazione dell'ellisse che passa per $P\left(1, \frac{4}{3}\right)$ e $Q\left(2, -\frac{\sqrt{10}}{3}\right)$, individua nel fascio di centro P, la retta ad essa tangente. Calcola poi l'area del triangolo che tale tangente forma con gli assi cartesiani.
$$\left[2x^2 + 9y^2 = 18; \; x + 6y - 9 = 0; \; \text{area} = \frac{27}{4}\right]$$

147 Data l'ellisse di equazione $\frac{x^2}{25} + \frac{y^2}{9} = 1$, determina per quali valori di m la retta di equazione $y = mx + 4$ è secante, tangente o esterna all'ellisse.
$$\left[\text{rette tangenti per } m = \pm\frac{\sqrt{7}}{5}\right]$$

148 Dopo aver scritto l'equazione dell'ellisse con i fuochi sull'asse x di semiassi 3 e 2, considera le rette ad essa tangenti che appartengono ai fasci di equazione $y = \frac{1}{3}x + k$ e $y = -\frac{1}{3}x + h$. Calcola l'area del quadrilatero formato da tali tangenti. Sai dire di che natura è il quadrilatero?
$$[\text{area} = 30]$$

149 Dopo aver scritto l'equazione dell'ellisse che passa per $P\left(\sqrt{14}, \sqrt{\frac{3}{5}}\right)$ e che è tangente alla retta t di equazione $y = 3$, considera le rette s e r del fascio di centro $(0, -4)$ che sono tangenti a tale ellisse. Calcola l'area del triangolo individuato dalle rette r, s, t.
$$\left[\frac{x^2}{15} + \frac{y^2}{9} = 1; \; \text{area} = 7\sqrt{105}\right]$$

Comprensione

150 Stabilisci quali delle seguenti informazioni consentono di individuare l'equazione di un'iperbole:
   a. le coordinate dei due fuochi
   b. le coordinate di due suoi punti non simmetrici
   c. le coordinate di un fuoco e di un suo punto
   d. le coordinate di un vertice ed il valore dell'eccentricità
   e. le coordinate dei due vertici reali.

151 Di iperboli $\dfrac{x^2}{a^2} - \dfrac{y^2}{b^2} = 1$ che passano per i punti $A(2, 3)$ e $B(-2, -3)$ ne esistono:
   a. una sola   **b.** due   **c.** infinite   **d.** nessuna

152 Dal punto $P(2, 3)$ si possono condurre all'iperbole di equazione $\dfrac{x^2}{4} - \dfrac{y^2}{8} = 1$:
   a. una retta tangente di equazione $y = \dfrac{17}{12}x + \dfrac{1}{6}$
   b. una sola tangente che ha equazione $x = 2$
   c. due tangenti di equazioni $x = 2$ e $y = \dfrac{17}{12}x + \dfrac{1}{6}$
   d. nessuna retta tangente.

Applicazione

Sulla determinazione dell'equazione di un'iperbole

153 Scrivi l'equazione di un'iperbole con l'asse trasverso coincidente con quello delle ascisse, sapendo che la semidistanza focale è $\sqrt{2}$ e che $2a = 1$.
$$\left[4x^2 - \frac{4}{7}y^2 = 1\right]$$

154 Scrivi l'equazione dell'iperbole che ha come asintoti le rette di equazione $y = \pm\dfrac{\sqrt{5}}{2}x$ e i fuochi di coordinate $\left(\pm\dfrac{3}{5}, 0\right)$.
$$\left[\frac{25}{4}x^2 - 5y^2 = 1\right]$$

155 Scrivi l'equazione dell'iperbole che ha come asse trasverso quello delle ascisse e passa per i punti $A\left(2\sqrt{3}, -1\right)$ e $B\left(-4, \sqrt{3}\right)$.
$$\left[\frac{x^2}{10} - \frac{y^2}{5} = 1\right]$$

156 Scrivi l'equazione dell'iperbole riferita al centro e agli assi che passa per i punti di coordinate $(1, 1)$ e $(3, 2)$.
$$\left[\frac{3}{5}x^2 - \frac{8}{5}y^2 = -1\right]$$

157 Un'iperbole passa per il punto $P\left(-\sqrt{3}, 2\sqrt{2}\right)$ e uno dei fuochi ha coordinate $\left(0, \sqrt{7}\right)$. Scrivi la sua equazione.
$$\left[\frac{x^2}{3} - \frac{y^2}{4} = -1\right]$$

158 Scrivi l'equazione dell'iperbole riferita al centro e agli assi che ha semiasse non trasverso sull'asse x uguale a 3 e un asintoto che passa per il punto $P(6, 7)$.
$$\left[\frac{x^2}{9} - \frac{4y^2}{49} = -1\right]$$

159 Determina il parametro a nell'equazione dell'iperbole $\dfrac{x^2}{a^2} - \dfrac{y^2}{9} = 1$, in modo che la curva passi per il punto $C(1, 4)$; determina poi le equazioni dei suoi asintoti e tracciane il grafico.
$$\left[a = \frac{3}{5}\right]$$

160 Puoi determinare l'equazione di un'iperbole con i fuochi appartenenti all'asse delle ordinate che passa per i punti $P(-2, 0)$ e $Q\left(2, \dfrac{5}{2}\right)$? E quella di un'iperbole con i fuochi sull'asse delle ascisse e passante per i punti $A(0, 2)$ e $B(3, 1)$? [impossibile in entrambi i casi]

161 Scrivi l'equazione dell'iperbole che ha un fuoco nel punto $F(\sqrt{5}, 0)$ e che ha per asintoti le rette di equazioni $x - 3y = 0$ e $x + 3y = 0$. $[2x^2 - 18y^2 = 9]$

162 Un'iperbole ha semidistanza focale $c = \sqrt{5}$, semiasse trasverso coincidente con quello delle ascisse e passa per il punto $P(-3, -2)$. Scrivi la sua equazione. $\left[\dfrac{x^2}{3} - \dfrac{y^2}{2} = 1\right]$

163 Scrivi, se è possibile, l'equazione dell'iperbole che soddisfa alle seguenti condizioni:

a. ha un vertice nel punto $V(-2, 0)$ e passa per $A(-3, 2)$ $[4x^2 - 5y^2 = 16]$

b. ha i fuochi sull'asse delle ordinate e passa per i punti $A(3, 3)$ e $B(-2, 1)$ [impossibile]

c. ha un vertice in $V(0, 7)$ e passa per $P(2, 9)$ $[8x^2 - y^2 = -49]$

d. ha un vertice in $V\left(\dfrac{3}{2}, 0\right)$ ed eccentricità $e = \dfrac{4}{3}$. $\left[\dfrac{4}{9}x^2 - \dfrac{4}{7}y^2 = 1\right]$

164 Scrivi l'equazione dell'iperbole che ha per asintoti le rette di equazioni $y = -2x$ e $y = 2x$ e passa per il punto $P\left(\dfrac{\sqrt{5}}{2}, 3\right)$. $\left[x^2 - \dfrac{y^2}{4} = -1\right]$

(Suggerimento: disegnati gli asintoti e individuata la posizione del punto P, è facile stabilire a quale tipo di equazione ci si deve riferire)

165 Scrivi l'equazione dell'iperbole che ha fuochi nei punti $F_1(0, -\sqrt{3})$, $F_2(0, \sqrt{3})$ e asse trasverso lungo 2. Determina poi l'equazione della retta passante per il suo vertice di ordinata positiva e parallela a quella di equazione $3x - y + 4 = 0$ e la lunghezza della corda da essa individuata sui due rami dell'iperbole. $\left[y^2 - \dfrac{x^2}{2} = 1; 3x - y + 1 = 0; \dfrac{12}{17}\sqrt{10}\right]$

166 Scrivi l'equazione di un'iperbole sapendo che i suoi vertici sono i punti $A_1(-6, 0)$ e $A_2(6, 0)$ e che la semidistanza focale è $2\sqrt{10}$. Determina poi un punto P sull'asse y in modo che la retta condotta per esso e parallela all'asse delle ascisse intercetti sull'iperbole una corda lunga $6\sqrt{13}$. $\left[\dfrac{x^2}{36} - \dfrac{y^2}{4} = 1; P(0, \pm 3)\right]$

167 Un'iperbole ha un fuoco di coordinate $(-\sqrt{3}, 0)$ e passa per il punto $P\left(5, -\sqrt{\dfrac{23}{2}}\right)$. Scrivi la sua equazione. Determina poi la parallela r all'asintoto che attraversa il secondo e quarto quadrante e che passa per il vertice di ascissa negativa; calcola infine perimetro ed area del triangolo che r forma con gli assi coordinati. $\left[\dfrac{x^2}{2} - y^2 = 1; x + \sqrt{2}y + \sqrt{2} = 0; 2p = 1 + \sqrt{2} + \sqrt{3}; \text{area} = \dfrac{\sqrt{2}}{2}\right]$

168 Scrivi l'equazione dell'iperbole riferita al centro e agli assi che ha i fuochi nei punti F_1 e F_2 di coordinate $(0, \pm 4)$ e ha come asintoti le rette di equazione $y = \pm\sqrt{\dfrac{5}{3}}x$. Preso un punto P su di essa di coordinate positive, considera il triangolo PF_1F_2 e determina le coordinate di P in modo che la sua area sia uguale a 10. $\left[\dfrac{x^2}{6} - \dfrac{y^2}{10} = -1; P\left(\dfrac{5}{2}, \dfrac{7\sqrt{15}}{6}\right)\right]$

169 Un'iperbole riferita al centro e agli assi ha un fuoco nel punto di coordinate $\left(0, \sqrt{13}\right)$ e ha un asintoto perpendicolare alla retta di equazione $2x + 3y - 3 = 0$. Dopo aver scritto la sua equazione, averne tracciato il grafico e individuato i vertici, scrivi l'equazione della sua simmetrica rispetto alla bisettrice del primo e terzo quadrante e individua gli elementi caratteristici di quest'ultima. Calcola infine le equazioni delle rette del quadrilatero che ha vertici nei vertici delle due iperboli.

$$\left[\frac{x^2}{4} - \frac{y^2}{9} = -1; \; \frac{x^2}{9} - \frac{y^2}{4} = 1; \; y = x \pm 3; \; y = -x \pm 3\right]$$

170 Scrivi l'equazione del luogo geometrico dei punti P, tali che la differenza della loro distanza da $\left(0, -\frac{3}{2}\right)$ e $\left(0, \frac{3}{2}\right)$, sia costante ed uguale a 2. Calcola poi l'eccentricità della curva ottenuta.

$$\left[4x^2 - 5y^2 = -5; \; e = \frac{3}{2}\right]$$

171 Scrivi l'equazione dell'iperbole riferita al centro e agli assi che passa per i punti $A\left(-4, -\sqrt{3}\right)$ e $B\left(6, \sqrt{13}\right)$; trova poi le coordinate del punto P dell'iperbole, di ascissa positiva, che, insieme con A e B, forma un triangolo di area $4\left(\sqrt{13} + \sqrt{3}\right)$.

$$\left[\frac{x^2}{10} - \frac{y^2}{5} = 1; \; P\left(4, -\sqrt{3}\right)\right]$$

172 Scrivi l'equazione dell'iperbole che passa per i punti $P(1, 0)$ e $Q(\sqrt{3}, 4)$. Trova poi:
a. il rettangolo che ha i vertici sull'iperbole e i lati paralleli agli assi cartesiani di area uguale a $4\sqrt{6}$
b. il quadrato che ha i vertici sull'iperbole e i lati paralleli agli assi.

$$\left[x^2 - \frac{y^2}{8} = 1; \text{ vertici del rettangolo } \left(\pm\frac{\sqrt{6}}{2}, \pm 2\right); \text{ vertici del quadrato } \left(\pm\frac{2\sqrt{14}}{7}, \pm\frac{2\sqrt{14}}{7}\right), \left(\pm\frac{2\sqrt{14}}{7}, \mp\frac{2\sqrt{14}}{7}\right)\right]$$

173 Le perpendicolari all'asse x per i punti $A\left(-\sqrt{\frac{5}{2}}, 0\right)$ e $B\left(\sqrt{\frac{5}{2}}, 0\right)$ di un'iperbole intersecano i suoi asintoti nei vertici di un rettangolo che ha diagonale lunga $\frac{5\sqrt{6}}{3}$. Scrivi l'equazione dell'iperbole e calcolane l'eccentricità.

$$\left[2x^2 - 3y^2 = 5; \; e = \sqrt{\frac{5}{3}}\right]$$

174 Determina l'equazione dell'iperbole che ha un vertice nel punto $V(2\sqrt{2}, 0)$ e come asintoti le rette di equazione $y = -2x$ e $y = 2x$. Calcola poi la lunghezza del segmento individuato dai punti di intersezione fra la curva e la retta di equazione $y + x - 1 = 0$.

$$\left[4x^2 - y^2 = 32; \; \frac{20}{3}\sqrt{2}\right]$$

175 Un'iperbole ha un fuoco nel punto $F(0, -2)$ e ha per asintoti le rette di equazione $y = -\frac{1}{2}x$ e $y = \frac{1}{2}x$.

Dopo aver determinato l'equazione di tale curva ed averla tracciata nel piano cartesiano, considera il vertice V di ordinata positiva e da esso traccia una retta parallela all'asse x, indicando con P e Q i punti nei quali interseca gli asintoti. Determina infine l'area del triangolo OPQ.

$$\left[20y^2 - 5x^2 = 16; \; \frac{8}{5}\right]$$

Sulle rette tangenti

Determina la posizione di ciascuna retta rispetto all'iperbole assegnata.

176 $x^2 - 4y^2 = 8$ $y = 3x + 1$ [esterna]

177 $9x^2 - 4y^2 = 36$ $y = -x + 3$ [secante]

178 $36x^2 - 9y^2 = 16$ $3\sqrt{5}x - 3y - 2 = 0$ [tangente]

179 $12x^2 - 4y^2 = 16$ $2y + 3x - 4 = 0$ [secante]

180 $4x^2 - 9y^2 = 18$ $y = \dfrac{2}{3}x - 1$ [secante]

181 $11x^2 - 9y^2 = -33$ $y = \dfrac{1}{2}x + \dfrac{1}{3}$ [esterna]

182 $4x^2 - y^2 = -9$ $8x - 5y + 9 = 0$ [tangente]

Scrivi le equazioni delle rette tangenti all'iperbole indicata uscenti dal punto P assegnato.

183 $P\left(\dfrac{1}{2}, -1\right)$ $8x^2 - y^2 = 1$ $[y = -4x + 1]$

184 $P(2\sqrt{5}, 0)$ $\dfrac{x^2}{4} - 5y^2 = 5$ $[x = 2\sqrt{5}]$

185 $P(-1, \sqrt{2})$ $x^2 - y^2 + 1 = 0$ $[\sqrt{2}x + 2y - \sqrt{2} = 0]$

186 $P(0, -1)$ $y^2 - 8x^2 = 2$ $[y = \pm 2x - 1]$

187   Scrivi l'equazione della retta tangente all'iperbole di equazione $x^2 - 4y^2 = 1$ nel suo punto di ascissa 2 e di ordinata positiva. $[2x - 2\sqrt{3}y - 1 = 0]$

188   Scritta l'equazione dell'iperbole con i fuochi sull'asse y, di semiassi trasverso 1 e non traverso $\sqrt{5}$, determina le equazioni delle rette tangenti condotte dal punto $P(0, -1)$ alla curva. $[y = -1]$

189   Scritta l'equazione dell'iperbole, con i fuochi sull'asse delle ascisse, avente semiasse reale uguale a 3 e passante per $P(2\sqrt{3}, 1)$, determina le equazioni delle rette ad essa tangenti condotte dal punto $A(-1, 0)$. $\left[y = \pm \dfrac{\sqrt{6}}{4}(x + 1)\right]$

190   Scrivi l'equazione dell'iperbole che ha i fuochi sull'asse x e che è tangente alle rette di equazioni $3\sqrt{2}x - 2y = 6$ e $3\sqrt{5}x - 4y = 6$. $\left[\dfrac{x^2}{4} - \dfrac{y^2}{9} = 1\right]$

191   Scrivi l'equazione dell'iperbole che ha per asintoti le rette di equazioni $3y - 2x = 0$ e $3y + 2x = 0$ ed è tangente alla retta di equazione $\sqrt{3}x - 3y + 3 = 0$.
(Suggerimento: una volta disegnate le rette date, la posizione della retta tangente ti dà informazioni sul tipo di equazione da usare) $\left[\dfrac{x^2}{9} - \dfrac{y^2}{4} = -1\right]$

192   Scrivi l'equazione dell'iperbole $\dfrac{x^2}{a^2} - \dfrac{y^2}{b^2} = 1$ che passa per il punto P di ordinata $-3\sqrt{3}$ ed ha in tale punto come retta tangente quella di equazione $6x + \sqrt{3}y = 3$. $\left[x^2 - \dfrac{y^2}{9} = 1\right]$

L'IPERBOLE EQUILATERA

la teoria è a pag. 204

RICORDA

L'iperbole equilatera ha equazione:

■ $x^2 - y^2 = \pm a^2$ se è riferita ai propri assi ed in questo caso $F(\pm a\sqrt{2}, 0)$ oppure $F(0, \pm a\sqrt{2})$

■ $xy = h$ se è riferita ai propri asintoti ed in questo caso rappresenta una legge di proporzionalità inversa

■ La funzione omografica ha equazione $y = \dfrac{ax+b}{cx+d}$ con $c \neq 0 \;\wedge\; ad - bc \neq 0$ e corrisponde all'iperbole equilatera di centro $\left(-\dfrac{d}{c}, \dfrac{a}{c}\right)$ che ha come asintoti le rette $x = -\dfrac{d}{c}$ e $y = \dfrac{a}{c}$.

Comprensione

193 L'equazione $\dfrac{x^2}{2k-4} + \dfrac{y^2}{3-k} = 1$ corrisponde ad un'iperbole equilatera:

    a. se $k = 1$ **b.** se $k = 0$ **c.** se $k = -1$ **d.** mai

194 Completa le seguenti proposizioni che si riferiscono all'iperbole di equazione $x^2 - y^2 = -10$:

    a. i fuochi appartengono .... e hanno coordinate ....

    b. gli asintoti hanno equazione ....

    c. l'eccentricità vale ....

195 Associa a ciascuna delle seguenti equazioni il corrispondente grafico:

    a. $xy + 5 = 0$ **b.** $4xy = 2$ **c.** $1 - xy = 0$ **d.** $3xy - 2 = 0$

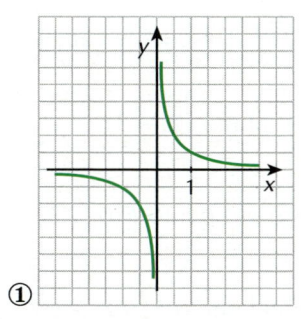 ①   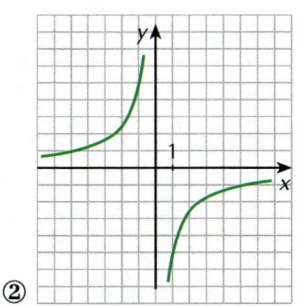 ②   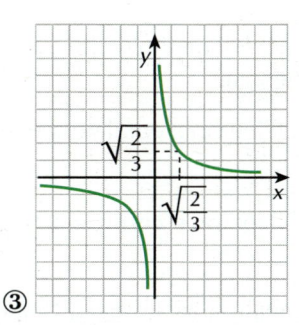 ③   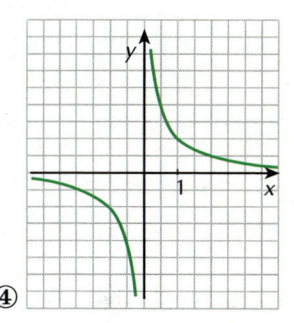 ④

196 L'equazione di un'iperbole riferita agli asintoti esprime:

    a. proporzionalità diretta fra le variabili x e y

    b. proporzionalità inversa fra le variabili x e y

    c. proporzionalità diretta fra le variabili x e $\dfrac{1}{y}$

    d. nessun tipo di proporzionalità.

197 L'equazione $y = \dfrac{x-1}{x+1}$ rappresenta un'iperbole equilatera che ha per asintoti le rette:

    a. $y = 1 \;\wedge\; x = 1$ **b.** $y = 1 \;\wedge\; x = -1$ **c.** $y = -1 \;\wedge\; x = -1$

198 L'equazione $y = \dfrac{2-x}{x+3}$ rappresenta un'iperbole equilatera che ha centro nel punto di coordinate:

    a. $(2, -3)$ **b.** $(-3, 2)$ **c.** $(-1, -3)$ **d.** $(-3, -1)$

Applicazione

Stabilisci quali fra le seguenti equazioni hanno per grafico una iperbole equilatera specificando se si tratta di una iperbole riferita ai propri assi o ai propri asintoti; di ognuna di esse traccia poi il grafico.

199 $4x^2 - 4y^2 = 2$ $\dfrac{x^2}{4} - 4y^2 = 1$ $\dfrac{x^2}{2} - \dfrac{y^2}{2} = 1$

200 $x^2 + y^2 = 4$ $\qquad$ $4y^2 - 4x^2 = 1$ $\qquad$ $y^2 - x^2 = 4$

201 $y = 2x$ $\qquad$ $xy + 1 = 0$ $\qquad$ $y = \dfrac{2}{x}$

202 $x^2 - 16 = y^2$ $\qquad$ $x^2 + 9 = y^2$ $\qquad$ $y = \dfrac{5}{x}$

203 $x^2 - y^2 = -4$ $\qquad$ $4xy + 1 = 0$ $\qquad$ $xy = -4$

204 $xy - \dfrac{3}{2} = 0$ $\qquad$ $y = \dfrac{3}{x}$ $\qquad$ $x^2 - y^2 = 3$

205 $3x^2 - 3y^2 = 4$ $\qquad$ $2x^2 - 2y^2 = 1$ $\qquad$ $xy + \sqrt{2} = 0$

206 $2x^2 - 2y^2 = 9$ $\qquad$ $3xy = 4$ $\qquad$ $xy - \sqrt{3} = 0$

Risolvi i seguenti problemi.

207 Scrivi l'equazione dell'iperbole equilatera, riferita ai propri asintoti, che ha un fuoco nel punto $F\left(-\sqrt{3}, -\sqrt{3}\right)$. $\qquad\left[xy = \dfrac{3}{2}\right]$

208 Determina l'equazione dell'iperbole che passa per i punti $A(-2, -1)$ e $B\left(3, \sqrt{6}\right)$. Descrivi le caratteristiche della curva ottenuta. $\qquad [x^2 - y^2 = 3]$

209 Scrivi l'equazione dell'iperbole equilatera riferita ai propri assi che passa per il punto $(2, -3)$. $\qquad [x^2 - y^2 + 5 = 0]$

210 Scrivi l'equazione dell'iperbole equilatera riferita ai propri assi che ha un fuoco nel punto $F\left(0, \sqrt{3}\right)$. $\qquad [2x^2 - 2y^2 = -3]$

211 Scrivi l'equazione dell'iperbole equilatera riferita agli asintoti che ha un fuoco nel punto $F\left(\sqrt{2}, -\sqrt{2}\right)$. $\qquad [xy = -1]$

212 Scrivi l'equazione dell'iperbole equilatera riferita ai propri asintoti che ha un fuoco in $F(2, 2)$. Determina quindi i suoi punti di intersezione con la bisettrice del primo e terzo quadrante. Che cosa rappresentano tali punti? $\qquad [xy = 2]$

213 Determina l'equazione di ciascuna delle iperboli equilatere riferite ai propri asintoti che soddisfano alle seguenti condizioni:

a. passa per il punto $P(-1, 2)$ $\qquad [xy = -2]$

b. ha un vertice nel punto $V\left(-\dfrac{3}{2}, \dfrac{3}{2}\right)$ $\qquad\left[xy = -\dfrac{9}{4}\right]$

c. passa per il punto $P\left(\sqrt{2}, -1\right)$ $\qquad [xy = -\sqrt{2}]$

d. incontra la retta di equazione $y = -2x$ nel punto di ascissa 1. $\qquad [xy = -2]$

214 Scrivi l'equazione dell'iperbole equilatera riferita agli asintoti con un vertice nel punto $V\left(\sqrt{2}, \sqrt{2}\right)$; determina poi le coordinate dei punti A e B di intersezione fra la curva data e la retta di equazione $y + 2x - 5 = 0$ e l'area del parallelogramma $ABA'B'$, dove A' e B' sono i simmetrici di A e B rispetto all'origine degli assi. $\qquad\left[xy = 2; A\left(\dfrac{1}{2}, 4\right); B(2, 1); \text{area} = 15\right]$

215 Scrivi le equazioni delle rette tangenti a ciascuna delle iperboli date e passanti per il punto P indicato:

a. $P(-3, -1)$ $\qquad xy = 3$ $\qquad [x + 3y + 6 = 0]$

b. $P(4, 0)$ $\qquad$ $4xy - 7 = 0$ $\qquad\qquad\qquad\qquad\qquad$ $[y = 0; 7x + 16y - 28 = 0]$

c. $P(2, -2)$ $\qquad$ $y = -\dfrac{4}{x}$ $\qquad\qquad\qquad\qquad\qquad$ $[y + 4 - x = 0]$

d. $P(3, 2)$ $\qquad$ $xy = 6$ $\qquad\qquad\qquad\qquad\qquad$ $[2x + 3y - 12 = 0]$

216 Dopo aver scritto l'equazione dell'iperbole equilatera riferita agli assi avente un fuoco in $F\left(3\sqrt{2}, 0\right)$, determina le equazioni delle rette ad essa tangenti condotte dal punto $P(1, 0)$. Calcola poi l'area del triangolo PAB dove A e B sono i punti di tangenza.

$$\left[y = \pm\frac{3\sqrt{2}}{4}(x - 1); 48\sqrt{2}\right]$$

217 Tra le rette del fascio di equazione $y = -2x + k$, individua quelle tangenti all'iperbole equilatera riferita agli asintoti che passa per il punto $A\left(1, \dfrac{1}{2}\right)$. $\qquad\qquad$ $[y = -2x \pm 2]$

La funzione omografica

Delle seguenti funzioni omografiche individua:
- le equazioni degli asintoti
- le coordinate del centro di simmetria
- le coordinate dei punti di intersezione con gli assi cartesiani.
Traccia poi il loro grafico.

218 (**ESERCIZIO GUIDA**)

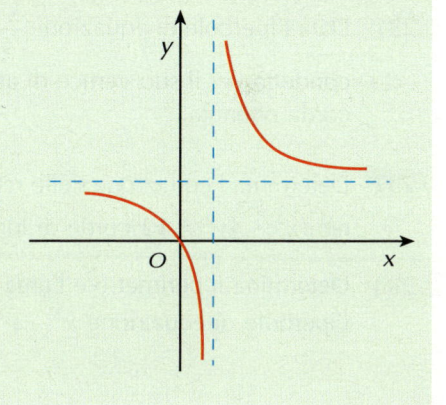

$$y = \frac{9x}{6x - 4}$$

Gli asintoti sono le rette di equazione $x = \dfrac{2}{3}$ e $y = \dfrac{3}{2}$

Il centro di simmetria ha quindi coordinate $\left(\dfrac{2}{3}, \dfrac{3}{2}\right)$

I punti di intersezione con gli assi cartesiani si trovano risolvendo i sistemi ....

I vertici sono i punti di intersezione della curva con la retta ....

In figura puoi vedere il suo grafico.

219 $y = \dfrac{-8x - 10}{2x + 1}$ $\qquad$ **220** $y = \dfrac{4 - 2x}{x - 1}$ $\qquad$ **221** $y = \dfrac{3}{x - 1}$

222 $y = \dfrac{x - 4}{3x - 21}$ $\qquad$ **223** $y = \dfrac{10 - 12x}{15x}$ $\qquad$ **224** $y = \dfrac{2x + 1}{1 - 6x}$

PROBLEMI RIASSUNTIVI

225 Scrivi l'equazione dell'ellisse che passa per i punti di coordinate $(-2, -3)$ e $\left(1, \sqrt{11}\right)$. Calcola poi la lunghezza della corda da essa intercettata sulla retta di equazione $y = 2x$. $\qquad$ $\left[2x^2 + 3y^2 = 35; 5\sqrt{2}\right]$

226 Scrivi le equazioni delle rette tangenti all'ellisse $\frac{x^2}{9} + \frac{y^2}{25} = 1$ condotte dal punto $P(0, 6)$. Indicati con A e B i punti di tangenza e con O l'origine degli assi, calcola l'area del quadrilatero $OAPB$.

$$\left[y = \pm \frac{\sqrt{11}}{3} x + 6; \text{ area} = 3\sqrt{11} \right]$$

227 Nel fascio di rette parallele di coefficiente angolare $\sqrt{3}$, determina quelle tangenti all'ellisse di equazione $x^2 + 2y^2 = 1$. Considera poi il quadrilatero che ottieni intersecando tali rette con le tangenti all'ellisse per i due vertici che appartengono all'asse y; determina l'area di tale quadrilatero.

$$\left[\text{area} = \frac{2\sqrt{21}}{3} \right]$$

228 Dopo aver scritto l'equazione dell'ellisse tangente alle rette di equazioni $y = 3$ e $x = -6$, inscrivi in essa un rettangolo che abbia la base doppia dell'altezza. Calcola le coordinate dei vertici di tale rettangolo.

$$\left[\left(\pm 3\sqrt{2}, \ \pm \frac{3}{2}\sqrt{2} \right); \left(\mp 3\sqrt{2}, \ \pm \frac{3}{2}\sqrt{2} \right) \right]$$

229 Dopo aver scritto l'equazione dell'ellisse con i fuochi sull'asse y passante per il punto $A\left(\frac{1}{3}, -\frac{1}{2} \right)$ ed avente eccentricità uguale a $\frac{2}{3}$, trova le equazioni della retta tangente e della retta normale in A. Indicati con B e C i punti di intersezione di tali rette con l'asse y, scrivi l'equazione della circonferenza circoscritta al triangolo ABC.

$$\left[4x^2 + \frac{20}{9} y^2 = 1; \ 12x - 10y = 9; \ 15x + 18y + 4 = 0; \ x^2 + y^2 + \frac{101}{90} y + \frac{1}{5} = 0 \right]$$

230 Scrivi l'equazione dell'ellisse che ha due vertici nei punti $A(-5, 0)$ e $B(0, 3)$. Determina l'equazione di una retta parallela all'asse x che intercetti sull'ellisse una corda di lunghezza pari alla semidistanza focale.

$$\left[y = \pm \frac{3}{5}\sqrt{21} \right]$$

231 Data l'iperbole di equazione $\frac{x^2}{4} - \frac{y^2}{2} = 1$, determina le coordinate dei punti in cui essa incontra la retta condotta per il suo vertice di ascissa negativa e coefficiente angolare $\frac{1}{2}$. Calcola poi la lunghezza della corda ottenuta.

$$\left[(-2, 0)(6, 4); \ 4\sqrt{5} \right]$$

232 Determina l'equazione delle rette parallele all'asse delle ordinate che staccano sull'iperbole di equazione $3x^2 - 4y^2 = 12$ corde di lunghezza $\sqrt{3}$.

$$[x = \pm\sqrt{5}]$$

233 Determina il perimetro e l'area del rettangolo, con i lati paralleli agli assi cartesiani, avente i vertici sull'iperbole di equazione $x^2 - y^2 + 2 = 0$ e con due lati opposti passanti per i fuochi dell'iperbole.

$$[2p = 8 + 4\sqrt{2}; \ \text{area} = 8\sqrt{2}]$$

234 Dopo aver determinato le coordinate dei punti di intersezione tra le iperboli di equazioni $9x^2 - y^2 = 9$ e $y^2 - 6x^2 = 2$, calcola il perimetro e l'area del quadrilatero che ha per vertici tali punti.

$$\left[2p = 4\sqrt{\frac{11}{3}} + 8\sqrt{6}; \ \text{area} = 8\sqrt{22} \right]$$

235 Dopo aver determinato il valore del parametro k in modo che l'iperbole $x^2 - y^2 = k$ passi per il punto di coordinate $(\sqrt{2}, 3)$, trova l'equazione dell'ellisse che ha il semiasse maggiore uguale al semiasse focale dell'iperbole e che è tangente alla retta $x = \sqrt{7}$. Calcola poi le coordinate dei punti di intersezione delle due curve, verifica che il quadrilatero che si ottiene è un rettangolo e trovane il perimetro e l'area.

$$\left[k = -7; \ 2x^2 + y^2 = 14; \ 2p = 4\sqrt{21}; \ \text{area} = \frac{56}{3} \right]$$

236 Determina l'equazione dell'iperbole con i fuochi sull'asse y che passa per i punti $P\left(1, 2\sqrt{2}\right)$ e $Q(2, 4)$.

Dal punto $S(1, 0)$ traccia poi le tangenti alla curva e, indicati con T e V i punti di contatto, calcola l'area del triangolo STV.
$$[3y^2 - 8x^2 = 16; \text{ area} = 12]$$

237 Determina i punti di intersezione fra la curva di equazione $\dfrac{x^2}{4} - \dfrac{y^2}{9} = 1$ e la retta che passa per l'origine

ed ha coefficiente angolare $-\dfrac{1}{2}$. Calcola poi l'area del triangolo che ha vertici nell'origine del sistema di

riferimento, nel vertice di ascissa negativa dell'iperbole e nel punto di intersezione di ascissa negativa.

$$\left[\left(\frac{3}{2}\sqrt{2}, -\frac{3}{4}\sqrt{2}\right); \left(-\frac{3}{2}\sqrt{2}, \frac{3}{4}\sqrt{2}\right); \frac{3\sqrt{2}}{4}\right]$$

238 Calcola le coordinate dei punti di intersezione tra l'iperbole di equazione $x^2 - 2y^2 - 2 = 0$ e l'ellisse di

equazione $\dfrac{x^2}{8} + \dfrac{y^2}{2} = 1$. Scrivi poi le equazioni delle rette tangenti all'iperbole in tali punti e calcola l'area del poligono da esse delimitato.
$$[(\pm 2, \pm 1); (\pm 2, \mp 1); \text{ area} = 2]$$

239 Un rettangolo, con centro di simmetria nell'origine e con i lati paralleli agli assi del sistema di riferimento, ha un vertice nel punto $A(-3, 2)$; determina l'equazione dell'iperbole avente per asintoti le diagonali del rettangolo e i vertici appartenenti all'asse x e al rettangolo. Condotte dal punto $T(0, -6)$ le tangenti alla curva considerata, calcola l'area del quadrilatero che ha per vertici i punti di intersezione delle tangenti con gli asintoti dell'iperbole.
$$\left[\frac{x^2}{9} - \frac{y^2}{4} = 1; y = \pm \frac{2}{3}\sqrt{10}x - 6; \text{ area} = \frac{80}{3}\right]$$

Per la verifica delle competenze

1 Quanti sono i rettangoli inscritti nell'ellisse di semiassi 5 e 2 avente i fuochi sull'asse x che hanno perimetro uguale a 16? Motiva adeguatamente la tua risposta.

2 L'equazione di un'ellisse dipende da un parametro k ed è $4x^2 + 8y^2 = k$: tale ellisse ha come retta tangente quella di equazione $x + \sqrt{10}y = 12$. Quante ellissi soddisfano questa condizione? Quali sono le loro equazioni?
[una sola, equazione: $x^2 + 2y^2 = 24$]

3 Di un'ellisse si sa che passa per i punti di coordinate $\left(2, -\dfrac{1}{2}\right)$ e $\left(-2, \dfrac{1}{2}\right)$. Quante ne esistono? Motiva esaurientemente la risposta.

4 Stabilisci per quali valori del parametro reale k l'equazione $\dfrac{x^2}{2k+1} + \dfrac{y^2}{3-k} = 1$ rappresenta:

a. un'ellisse

b. una circonferenza

c. un'ellisse con i fuochi sull'asse y

d. un'ellisse di eccentricità $\dfrac{1}{2}$.

Posto poi $k = 1$ e $k = 0$, trova l'area del quadrilatero che ha vertici nei punti di intersezione di queste due ellissi.
$$\left[\mathbf{a.} -\frac{1}{2} < k < 3; \mathbf{b.}\ k = \frac{2}{3};\ \mathbf{c.} -\frac{1}{2} < k < \frac{2}{3};\ \mathbf{d.}\ k = \frac{9}{10} \vee k = \frac{5}{11}; \text{ area} = \frac{24}{7}\right]$$

5 Un rettangolo con i lati paralleli agli assi cartesiani ha i vertici sull'iperbole di equazione $\dfrac{x^2}{25} - \dfrac{y^2}{9} = 1$ ed

ha il perimetro uguale a 16. Quanti rettangoli esistono che hanno queste caratteristiche? Motiva adeguatamente la tua risposta. E se il perimetro fosse uguale a 4?

6 Di un'iperbole si sa che passa per i punti di coordinate $\left(1, \frac{1}{2}\right)$ e $\left(-1, -\frac{1}{2}\right)$. Quante iperboli esistono che hanno queste caratteristiche? E se l'iperbole fosse anche equilatera?

7 Stabilisci per quali valori del parametro k l'equazione $(k-2)x^2 + (4-k)y^2 = k-1$ rappresenta:
a. un'ellisse
b. un'iperbole.
Specifica poi per quali valori di k l'ellisse e l'iperbole hanno i fuochi sull'asse delle ascisse.

$$[\textbf{a. } 2 < k < 4; \quad \textbf{b. } k < 1 \lor 1 < k < 2 \lor k > 4; \, 2 < k < 3; \, k < 1 \lor k > 4]$$

8 Stabilisci per quali valori del parametro k l'equazione $(3k+1)x^2 + (3-k)y^2 + k - 2 = 0$ rappresenta:
a. una circonferenza
b. un'iperbole
c. un'ellisse.

$$\left[\textbf{a. } k = \frac{1}{2}; \quad \textbf{b. } k < -\frac{1}{3} \lor k > 3; \quad \textbf{c. } -\frac{1}{3} < k < 2\right]$$

Risultati di alcuni esercizi.

1 b.   **2 a.** V; **b.** V; **c.** V; **d.** F   **3 c.**   **5 b.**   **6 a.** ③, **b.** ①, **c.** ④, **d.** ②   **7** falsa, deve essere $k > 10$

30 a. V; **b.** F; **c.** V; **d.** V; **e.** F   **31 d.**   **32 a.** ①, **b.** ③, **c.** ④   **33 a.** ③, **b.** ②

40 a. V, **b.** F, **c.** V, **d.** F   **41 c.**   **42 c.**   **43 a.** F, **b.** V, **c.** F, **d.** F

45 a. ②, **b.** ①, **c.** ④, **d.** ③   **77 d.**   **78 b.**   **79** ① **c.**, ② **a.**, ③ **a.**, ④ **b.**

83 a. F; **b.** V; **c.** V; **d.** V; **e.** V; **f.** F; **g.** F; **h.** V; **i.** V   **84 a.** sì; **b.** sì; **c.** no; **d.** sì; **e.** sì

85 c.   **86 b.**   **87 b.**   **150 b., c., d.**   **151 c.**   **152 c.**   **193 a.**

195 a. ②, **b.** ①, **c.** ④, **d.** ③   **196 b.**   **197 b.**   **198 d.**

Testfinale di autovalutazione

CONOSCENZE

1 Di ciascuna delle seguenti ellissi indica se ha i fuochi sull'asse x o sull'asse y e scrivine le coordinate:

a. $\dfrac{x^2}{7} + \dfrac{y^2}{3} = 1$ **b.** $5x^2 + y^2 = 5$ **c.** $x^2 + 5y^2 = 25$ **9 punti**

2 Dell'ellisse di equazione $\dfrac{x^2}{10} + \dfrac{y^2}{3} = 1$ si può dire che:

a. ha i fuochi sull'asse x V F

b. il suo grafico è contenuto nel rettangolo avente centro nell'origine e dimensioni 10 lungo l'asse x e 3 lungo l'asse y V F

c. i vertici hanno coordinate $(\pm\sqrt{10},\, 0),\ (0,\, \pm\sqrt{3})$ V F

d. i fuochi hanno coordinate $(0,\, \pm 7)$.   V F

8 punti

3 L'ellisse di equazione $4x^2 + 8y^2 = 32$ ha eccentricità uguale a:

a. $\sqrt{2}$ **b.** $\dfrac{\sqrt{6}}{2}$ **c.** $\dfrac{\sqrt{2}}{2}$ **d.** 1 **6 punti**

4 L'ellisse che ha fuochi in $(0,\, \pm 1)$ e passa per $P\left(1,\ \dfrac{2}{3}\sqrt{6}\right)$ ha equazione:

a. $3x^2 + 4y^2 = 12$ **b.** $4x^2 + 3y^2 = 12$ **c.** $\dfrac{x^2}{4} + \dfrac{2}{9}y^2 = 1$ **10 punti**

5 Di ciascuna delle seguenti iperboli indica se ha i fuochi sull'asse x o sull'asse y e scrivine le coordinate:

a. $\dfrac{x^2}{4} - \dfrac{y^2}{8} = 1$ **b.** $x^2 - 5y^2 = -10$ **c.** $y^2 - 6x^2 = -36$ **9 punti**

6 Dell'iperbole di equazione $\dfrac{x^2}{9} - \dfrac{y^2}{4} = -1$ si può dire che:

a. ha i fuochi sull'asse x V F

b. ha per asintoti le rette $y = \pm\dfrac{2}{3}x$ V F

c. il semiasse non trasverso è lungo 3   V F

d. i vertici reali hanno coordinate $(\pm 2,\, 0)$.   V F

8 punti

7 Associa a ciascuna iperbole il proprio grafico:

a. $\dfrac{x^2}{4} - \dfrac{y^2}{2} = 1$ **b.** $\dfrac{1}{4}x^2 - \dfrac{1}{4}y^2 + 1 = 0$ **c.** $x^2 - 4y^2 = 1$

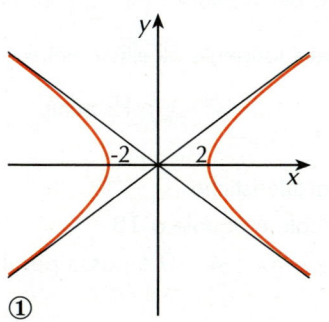 ①   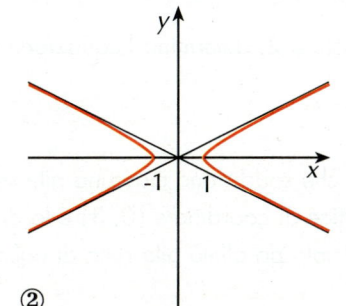 ②   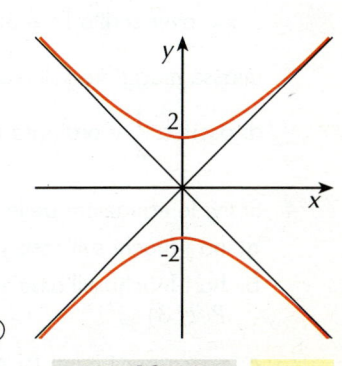 ③

12 punti

8 L'iperbole di equazione $4x^2 - 6y^2 = -24$ ha eccentricità uguale a:

a. $\sqrt{\dfrac{5}{2}}$ **b.** $\sqrt{\dfrac{5}{3}}$ **c.** $\dfrac{\sqrt{5}}{3}$ **d.** $\dfrac{\sqrt{5}}{2}$ 6 punti

9 L'iperbole che ha fuochi in $(0, \pm 2\sqrt{2})$ e passa per $P(2, 3\sqrt{2})$ ha equazione:

a. $\dfrac{x^2}{6} - \dfrac{y^2}{2} = 1$ **b.** $\dfrac{x^2}{16} - \dfrac{y^2}{24} = -1$ **c.** $\dfrac{x^2}{2} - \dfrac{y^2}{6} = -1$ 12 punti

10 L'iperbole equilatera riferita ai propri assi che passa per $P(3, 4)$ ha equazione:

a. $xy = 3$ **b.** $x^2 - y^2 = 7$ **c.** $x^2 - y^2 = -7$ **d.** $xy = 12$ 10 punti

Esercizio	1	2	3	4	5	6	7	8	9	10	Totale
Punteggio											

Voto: $\dfrac{\text{totale}}{10} + 1 =$

ABILITÀ

1 Scrivi le equazioni delle ellissi con centro nell'origine che soddisfano le seguenti condizioni:
  a. ha semiasse maggiore uguale a 8 e semidistanza focale uguale a 5

  b. ha i fuochi sull'asse y, passa per il punto di coordinate $\left(\dfrac{1}{3}, \sqrt{26}\right)$ e semiasse maggiore triplo del minore

  c. ha semiasse maggiore uguale a 5 e passa per il punto di coordinate $\left(\dfrac{5}{4}, -\sqrt{15}\right)$

  d. nel punto di coordinate $\left(-3, \dfrac{8}{5}\right)$ è tangente alla retta di equazione $3x - 10y + 25 = 0$.

  24 punti

2 Data l'ellisse di equazione $\dfrac{x^2}{9} + \dfrac{y^2}{16} = 1$, scrivi le equazioni delle rette ad essa tangenti uscenti dal punto di coordinate $(0, -6)$. 10 punti

3 Dopo aver scritto l'equazione dell'ellisse con centro nell'origine che passa per il punto $P\left(1, \dfrac{3}{2}\right)$ ed ha il semiasse maggiore sull'asse x uguale a 2, determina l'equazione della retta t tangente all'ellisse nel suo punto di ascissa $\dfrac{1}{2}$ e ordinata positiva. 12 punti

4 Scrivi le equazioni delle iperboli che soddisfano ciascuna alle seguenti caratteristiche:
  a. ha i fuochi sull'asse y, un vertice di coordinate $(0, 3)$ e la distanza focale è uguale a 18
  b. ha i fuochi sull'asse y, un asintoto parallelo alla retta di equazione $4y - 3x + 4 = 0$ e passa per il punto $P(2, 3)$
  c. passa per i punti $P\left(4, \dfrac{\sqrt{7}}{3}\right)$ e $Q(3\sqrt{2}, -1)$

d. è equilatera riferita agli asintoti e tracciando le perpendicolari agli assi da uno qualunque dei suoi punti si ottiene un rettangolo con due lati sugli assi cartesiani di area 9.

24 punti

5 Data l'iperbole di equazione $\dfrac{x^2}{4} - \dfrac{y^2}{16} = 1$, scrivi le equazioni delle rette ad essa tangenti parallele alla retta $y = \dfrac{5}{2}x$.

10 punti

6 Dopo aver scritto l'equazione dell'iperbole equilatera riferita ai propri asintoti che passa per il punto $A(5, -2)$, scrivi l'equazione della retta ad essa tangente in A.

10 punti

Esercizio	1	2	3	4	5	6	Totale
Punteggio							

Voto: $\dfrac{\text{totale}}{10} + 1 =$

Soluzioni

CONOSCENZE

1 **a.** $F(\pm 2, 0)$, **b.** $F(0, \pm 2)$, **c.** $F(\pm 2\sqrt{5}, 0)$

2 **a.** V, **b.** F, **c.** V, **d.** F

3 **c.**

4 **b.**

5 **a.** asse x $F(\pm 2\sqrt{3}, 0)$, **b.** asse y $F(0, \pm 2\sqrt{3})$, **c.** asse x $F(\pm \sqrt{42}, 0)$

6 **a.** F, **b.** V, **c.** V, **d.** F

7 **a.** ①, **b.** ③, **c.** ②

8 **a.**

9 **c.**

10 **c.**

ABILITÀ

1 **a.** $\dfrac{x^2}{64} + \dfrac{y^2}{39} = 1 \lor \dfrac{x^2}{39} + \dfrac{y^2}{64} = 1$, **b.** $\dfrac{x^2}{3} + \dfrac{y^2}{27} = 1$, **c.** $\dfrac{x^2}{25} + \dfrac{y^2}{16} = 1 \lor \dfrac{32}{125}x^2 + \dfrac{y^2}{25} = 1$, **d.** $\dfrac{x^2}{25} + \dfrac{y^2}{4} = 1$

2 $y = \pm \dfrac{2\sqrt{5}}{3}x - 6$

3 $\dfrac{x^2}{4} + \dfrac{y^2}{3} = 1$, $x + 2\sqrt{5}y - 8 = 0$

4 **a.** $\dfrac{x^2}{72} - \dfrac{y^2}{9} = -1$, **b.** $\dfrac{x^2}{12} - \dfrac{4y^2}{27} = -1$, **c.** $\dfrac{x^2}{9} - y^2 = 1$, **d.** $xy = \pm 9$

5 $y = \dfrac{5}{2}x \pm 3$

6 $2x - 5y - 20 = 0$

Problems - Area 3

GLOSSARY

axis (pl. axes)	asse (di simmetria)	**graph**	grafico
bisector	bisettrice	**hyperbola**	iperbole
circle	cerchio	**intercept**	intercetta (sull'asse x o y)
conic	conica	**lenght**	lunghezza
directrix (pl. directrices)	direttrice	**locus (pl. loci)**	luogo (di punti)
eccentricity	eccentricità	**quadratic function**	funzione quadratica
ellipse	ellisse	**tangent line**	retta tangente
focus (pl. foci)	fuoco	**vertex (pl. vertices)**	vertice

1 Find the focus, the vertex, the directrix and the axis of symmetry of the parabola of equation $y = x^2 - 6x$ and then draw its graph.

2 Find the equation of parabola $y = ax^2 + bx + c$ which has point $V(-2, -1)$ as vertex and passes through point $(-1, 1)$.

3 Parabola $y = 4 - x^2$ intersects the x-axis at two points, A and B; find the equation of the tangent lines passing through these points.

4 Find the equation of the locus of points equidistant from point $F(2, 1)$ and from line $y = 3$; draw the graph.

5 Identify and draw the graphs of the following equations:
  a. $x^2 + y^2 - 2x - 1 = 0$ **b.** $4x^2 - y^2 = 1$
  c. $9x^2 + 4y^2 = 36$ **d.** $x = 3y^2 - 1$
  e. $xy + 4 = 0$

6 Find the equation of the circle through points $(-2, 1)$, $(1, 4)$, $(-3, 2)$; then determine the equation of the tangent line which is parallel to $x + y = 0$.

7 Find the length of segment AB, where A and B are the points of intersection of circles $x^2 + y^2 - 2x + 4y + 1 = 0$ and $x^2 + y^2 + 2y - 1 = 0$.

8 Find the equation of the circle passing through $A(-5, 0)$ and $B(1, 2)$ knowing that its centre belongs to line $5x - 4y - 3 = 0$. Then find the equation of parabola $y = ax^2 + bx + c$ having its vertex in the centre of the circle and going through B. Determine the point of intersection of the circle and the parabola as well as B.

9 Identify graph γ of the equation $25x^2 - 16y^2 = 100$; if A and B are the points of intersection of γ with the x-axis, find a point P on γ so that triangle ABP has an area equal to 5.

10 Find the equation of the ellipses, satisfying the following conditions:

a. has one focus at $(2, 0)$ and contains the point $\left(1, \frac{2}{3}\sqrt{10}\right)$

b. has a semi-major axis on the y-axis of length 6 and passes through $(1, 5)$

c. has eccentricity $e = \dfrac{\sqrt{21}}{5}$ and a semi-minor axis on the x-axis of length 2.

11 For the quadratic function $f(x) = 2x^2 + 8x + 7$:
a. determine the vertex of the parabola defined by the function $f(x)$
b. determine all x-inteceps (with exact values) of the graph of $f(x)$.

12 The straight line $\dfrac{x}{4} + \dfrac{y}{3} = 1$ intersects the ellipse $\dfrac{x^2}{16} + \dfrac{y^2}{9} = 1$ at two points A and B. There is a point P on this ellipse such that the area of triangle PAB is equal to 3. How many points P does it exist?

a. 1   **b.** 2   **c.** 3   **d.** 4

13 Suppose $a, b \in R$, where $ab \neq 0$. Then the graph of the straight line $ax - y + b = 0$ and the conic section $bx^2 + ay^2 = ab$ is

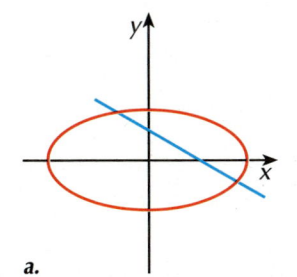
a.
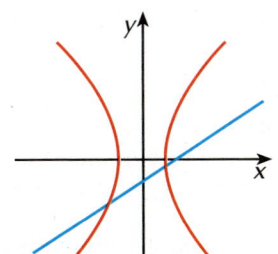
b.
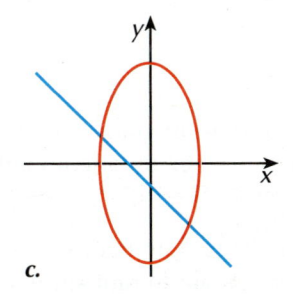
c.
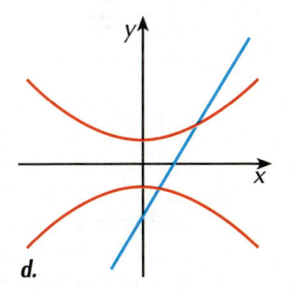
d.

14 Let a line with the inclination angle of $60°$ be drawn through the focus F of the parabola $y^2 = 8(x + 2)$. If the two intersection points of the line and the parabola are A and B, and the perpendicular bisector of the chord AB intersects the x-axis at the point P, then the length of the segment PF is:

a. $\dfrac{16}{3}$ **b.** $\dfrac{8}{3}$ **c.** $\dfrac{16\sqrt{3}}{3}$ **d.** $8\sqrt{3}$

15 Suppose points F_1 and F_2 are the foci of the ellipse of equation $\dfrac{x^2}{9} + \dfrac{y^2}{4} = 1$, P is a point on the ellipse, and $PF_1 : PF_2 = 2 : 1$. Then, what is the area of triangle PF_1F_2?

Solutions.

2 $y = 2x^2 + 8x + 7$ **3** $y = 8 - 4x;\ y = 4x + 8$ **4** $y = -\dfrac{1}{4}x^2 + x + 1$

6 $x^2 + y^2 + 2x - 6y + 5 = 0;\ x + y - 2 \pm \sqrt{10} = 0$ **7** $A(-1, -2),\ B(1, 0);\ \overline{AB} = 2\sqrt{2}$

8 $x^2 + y^2 + 2x + 4y - 15 = 0;\ y = x^2 + 2x - 1;\ (-3, 2)$ **9** $P\left(\pm 2\sqrt{2},\ \pm\dfrac{5}{2}\right)$

10 a. $5x^2 + 9y^2 = 45$;   **b.** $11x^2 + y^2 = 36$;   **c.** $25x^2 + 4y^2 = 100$ **11 a.** $V(-2, -1)$; **b.** $x = \dfrac{-4 \pm \sqrt{2}}{2}$

12 b.   **13 b.**   **14 a.**   **15** 4

Goniometria e trigonometria

COME SI MISURANO GLI ANGOLI

la teoria è a pag. 213

RICORDA

■ La misura in radianti di un angolo α è il rapporto fra la lunghezza dell'arco rettificato AB su cui insiste l'angolo e il raggio della circonferenza.

■ Fra la misura x in radianti di un angolo e la sua misura y in gradi sussiste la proporzione $\pi : x = 180 : y$.

Comprensione

1 Indica quali sono le misure in gradi e in radianti di:
   a. un angolo piatto
   b. un angolo retto
   c. un angolo giro

2 Completa:
   a. se la misura di un angolo in gradi è x, la sua misura in radianti è $y = \ldots\ldots\ldots$
   b. se la misura di un angolo in radianti è y, la sua misura in gradi è $x = \ldots\ldots\ldots$

3 Un angolo di ampiezza $215°$ in radianti misura:
   a. $\dfrac{36}{43}\pi$
   b. $\dfrac{43}{72}\pi$
   c. $\dfrac{43}{36}\pi$
   d. $\dfrac{43}{36}$

4 L'angolo equivalente a $1588°$ che è minore di un angolo giro misura:

   a. in gradi: ① 148 ② 48 ③ 4

   b. in radianti: ① $\dfrac{37}{45}$ ② $\dfrac{37}{45}\pi$ ③ $\dfrac{45}{37}\pi$

5 Un angolo è ottuso; quale fra le seguenti relazioni caratterizza la sua misura α in radianti?
   a. $0 < \alpha < \dfrac{\pi}{2}$
   b. $\dfrac{\pi}{2} < \alpha < \pi$
   c. $\pi < \alpha < \dfrac{3}{2}\pi$
   d. $\alpha > \dfrac{\pi}{2}$

Applicazione

Riscrivi in forma decimale le misure dei seguenti angoli.

6 **ESERCIZIO GUIDA**

$$37°15'45'' = \left(37 + \frac{15}{60} + \frac{45}{3600}\right)^° = \left(\frac{2981}{80}\right)^° = 37,2625°$$

7 **a.** $12°15'$ **b.** $65°23'46''$ **c.** $4°34'20''$ **d.** $45°5'21''$

8 **a.** $21°10'25''$ **b.** $13°23'17''$ **c.** $18°11'30''$ **d.** $12°24'32''$

Converti le misure dei seguenti angoli in gradi, primi e secondi.

9 ⬤ **ESERCIZIO GUIDA**

> 23,42°
>
> I gradi sono 23; calcoliamo i primi: $(23,42 - 23) \cdot 60 = 25,2$
>
> I primi sono 25; calcoliamo i secondi: $(25,2 - 25) \cdot 60 = 12$
>
> $23,42° = 23°25'12''$

10 **a.** 34,76553° **b.** 65,43572° **c.** 24,56743° **d.** 76,84352°

11 **a.** 31,24° **b.** 33,15° **c.** 22,18° **d.** 14,45°

Esegui le seguenti operazioni con gli angoli.

12 $25°12'36'' + 14°37'29''$ $\qquad$ $18°42'48'' + 87°16'52''$

13 $173°28'32'' - 85°32'27''$ $\qquad$ $83°12'5'' - 46°30'20''$

14 $16°22'51'' \cdot 5$ $\qquad$ $36°28'10'' \cdot 8$

15 $144°17'32'' : 4$ $\qquad$ $96°4'48'' : 8$

Converti in radianti le misure espresse in gradi dei seguenti angoli.

16 **a.** 60° **b.** 90° **c.** 240° **d.** −120°

17 **a.** 45° **b.** 150° **c.** 135° **d.** 330°

18 **a.** 22°30′ **b.** 112°30′ **c.** 48°45′ **d.** 78°45′

19 **a.** 54°45′ **b.** 21°36′ **c.** 337°30′ **d.** 30°10′

20 **a.** 2° **b.** 630° **c.** −780° **d.** 900°

Converti in gradi le misure, espresse in radianti, dei seguenti angoli.

21 **a.** $\dfrac{\pi}{6}$ **b.** $\dfrac{\pi}{12}$ **c.** $\dfrac{\pi}{8}$ **d.** $\dfrac{\pi}{15}$

22 **a.** $\dfrac{5}{6}\pi$ **b.** $\dfrac{3}{4}\pi$ **c.** $\dfrac{1}{5}\pi$ **d.** $\dfrac{7}{8}\pi$

23 **a.** $\dfrac{\pi}{9}$ **b.** $\dfrac{4}{3}\pi$ **c.** $\dfrac{11}{6}\pi$ **d.** $\dfrac{7}{6}\pi$

24 **a.** $\dfrac{3}{5}\pi$ **b.** $\dfrac{5}{8}\pi$ **c.** 1,308 **d.** 2,534

25 **a.** 0,94248 **b.** 0,8476 **c.** 1 **d.** 5

Risolvi i seguenti problemi.

26 In un triangolo isoscele gli angoli alla base sono ampi ciascuno 35°10′. Determina l'ampiezza dell'angolo al vertice.
$\qquad\qquad\qquad\qquad\qquad\qquad\qquad\qquad\qquad\qquad\qquad$ [109°40′]

27 In un triangolo isoscele l'angolo al vertice è ampio $\dfrac{\pi}{4}$ radianti. Calcola l'ampiezza di ciascuno degli angoli alla base.
$\qquad\qquad\qquad\qquad\qquad\qquad\qquad\qquad\qquad\qquad\qquad$ $\left[\dfrac{3\pi}{8}\right]$

28 Gli angoli $\widehat{A}$ e $\widehat{B}$ sono supplementari. Determina la loro ampiezza in gradi e, nel sistema radiale, sapendo che $\widehat{A} = \dfrac{5}{7}\widehat{B}$.

$$\left[105°, 75°, \frac{7}{12}\pi, \frac{5}{12}\pi\right]$$

29 Gli angoli $\widehat{A}$ e $\widehat{B}$ sono supplementari. Determina la loro ampiezza in gradi sapendo che $3\widehat{A} - \widehat{B} = 50°$.

$$[57°30', 122°30']$$

30 Gli angoli $\widehat{A}$ e $\widehat{B}$ sono complementari. Determina la loro ampiezza, in radianti, sapendo che $\widehat{A} = \dfrac{5}{7}\widehat{B}$.

$$\left[\frac{7}{24}\pi, \frac{5}{24}\pi\right]$$

31 Gli angoli $\widehat{A}$ e $\widehat{B}$ sono complementari. Determina la loro ampiezza in gradi sapendo che $\widehat{A} = 5\widehat{B}$.

$$[15°, 75°]$$

32 Un quadrilatero $ABCD$ è inscritto in una circonferenza. Sapendo che gli angoli $\widehat{A}$ e $\widehat{B}$ misurano rispettivamente 30° e 120°, calcola la misura, in gradi e in radianti, degli altri due angoli.

$$\left[\widehat{C} = 150°, \frac{5}{6}\pi; \widehat{D} = 60°, \frac{\pi}{3}\right]$$

33 Da un punto P esterno ad una circonferenza di centro O conduci le tangenti che la incontrano in A e in B. Sapendo che $\widehat{APB} = 45°$, calcola le misure in gradi degli angoli $\widehat{AOB}$, $\widehat{PAB}$, $\widehat{OBA}$. $\quad[135°, 67°30', 22°30']$

34 Calcola, in gradi e in radianti, la misura degli angoli interni e degli angoli esterni dei seguenti poligoni regolari:

a. triangolo equilatero;   **b.** quadrato;   **c.** pentagono;   **d.** esagono;

e. ottagono;   **f.** decagono;   **g.** dodecagono.

LE FUNZIONI GONIOMETRICHE FONDAMENTALI

la teoria è a pag. 216

> **RICORDA**
>
> Data una circonferenza goniometrica e considerato un angolo α, si definisce:
>
> • **seno di** α l'ordinata del punto P $\sin\alpha = \overline{HP}$
>
> • **coseno di** α l'ascissa del punto P $\cos\alpha = \overline{OH}$
>
> • **tangente di** α l'ordinata del punto T $\tan\alpha = \overline{AT}$

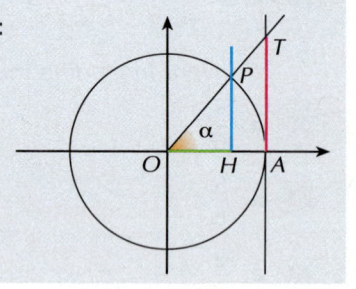

Comprensione

35 Il seno di un angolo α:

a. ha significato per qualunque valore di α Ⓥ Ⓕ

b. esiste solo se $0 \leq \alpha \leq 360°$ Ⓥ Ⓕ

c. non può assumere valori maggiori di 1   Ⓥ Ⓕ

d. è compreso fra 0 e 1 solo se α è acuto.   Ⓥ Ⓕ

36 Un angolo α è concavo, quale tra le seguenti relazioni caratterizza la sua misura in radianti?

a. $\dfrac{\pi}{2} < \alpha < \pi$ **b.** $\pi < \alpha < 2\pi$ **c.** $0 < \alpha < \pi$ **d.** $0 < \alpha < \dfrac{\pi}{2}$

37 Barra vero o falso.

a. Il seno di un angolo acuto è sempre positivo. $\boxed{V}\ \boxed{F}$

b. Il coseno di un angolo ottuso è sempre negativo. $\boxed{V}\ \boxed{F}$

c. C'è almeno un angolo il cui seno è uguale a $\dfrac{4}{3}$. $\boxed{V}\ \boxed{F}$

d. C'è almeno un angolo la cui tangente è uguale a 3. $\boxed{V}\ \boxed{F}$

38 Il coseno di un angolo α è positivo (con $0 < \alpha < 2\pi$); la sua tangente:

a. è anch'essa positiva

b. è negativa solo se $\dfrac{3}{2}\pi < \alpha < 2\pi$

c. è positiva solo se l'angolo è acuto

d. è negativa se l'angolo è ottuso.

Stabilisci quali delle affermazioni fatte sono vere e spiega perché le altre sono false.

39 La tangente di un angolo α:

a. ha significato per qualunque valore di α $\boxed{V}\ \boxed{F}$

b. non può assumere valore -2 $\boxed{V}\ \boxed{F}$

c. quando $180° < \alpha < 270°$ assume valori positivi $\boxed{V}\ \boxed{F}$

d. quando α è ottuso assume valori negativi. $\boxed{V}\ \boxed{F}$

Applicazione

Stabilisci in quale quadrante si trova il secondo lato dell'angolo α sapendo che:

40 **ESERCIZIO GUIDA**

$\sin \alpha < 0$ e $\cos \alpha > 0$

Osserviamo che $\sin \alpha < 0$ quando l'angolo appartiene al 3° o al 4° quadrante e che $\cos \alpha > 0$ quando α appartiene al 1° o al 4° quadrante. Pertanto, l'angolo che soddisfa entrambe le condizioni deve appartenere al 4° quadrante.

41 **a.** $\sin \alpha < 0$ e $\tan \alpha > 0$ **b.** $\sin \alpha > 0$ e $\cos \alpha < 0$

42 **a.** $\cos \alpha > 0$ e $\tan \alpha < 0$ **b.** $\tan \alpha > 0$ e $\cos \alpha < 0$

43 **a.** $\sin \alpha < 0$ e $\cos \alpha < 0$ **b.** $\sin \alpha > 0$ e $\tan \alpha < 0$

Dopo aver disegnato la circonferenza goniometrica, rappresenta graficamente:

44 il seno dei seguenti angoli: $30°, 120°, \dfrac{3}{4}\pi, -\dfrac{\pi}{2}$

45 il coseno dei seguenti angoli: $45°, -60°, \dfrac{5}{3}\pi, -\dfrac{\pi}{4}$

46 la tangente dei seguenti angoli: $50°, -25°, -\dfrac{\pi}{8}, \dfrac{7}{6}\pi$

Costruisci graficamente l'angolo che soddisfa alle seguenti condizioni:

47 $\sin \alpha = \dfrac{2}{3}$ con $90° < \alpha < 180°$

48 $\cos \alpha = -\dfrac{1}{2}$ con $180° < \alpha < 270°$

49 $\tan \alpha = \dfrac{4}{5}$ con $180° < \alpha < 270°$

50 $\sin \alpha = -\dfrac{1}{3}$ con $270° < \alpha < 360°$

51 $\tan \alpha = 3$ con $180° < \alpha < 270°$

Determina graficamente tutti gli angoli α (con $0 \le \alpha \le 2\pi$), per i quali:

52 **a.** $\sin \alpha = \dfrac{1}{2}$ **b.** $\sin \alpha = -\dfrac{3}{5}$ **c.** $\sin \alpha = \dfrac{7}{8}$

53 **a.** $\cos \alpha = \dfrac{2}{5}$ **b.** $\cos \alpha = -\dfrac{1}{2}$ **c.** $\cos \alpha = 0,4$

54 **a.** $\tan \alpha = 4$ **b.** $\tan \alpha = -\dfrac{3}{2}$ **c.** $\tan \alpha = \dfrac{5}{2}$

55 **a.** $\sin \alpha = \dfrac{2}{3}$ **b.** $\cos \alpha = -\dfrac{3}{5}$ **c.** $\tan \alpha = -\dfrac{1}{2}$

56 **a.** $\sin \alpha = \dfrac{3}{4}$ **b.** $\tan \alpha = -3$ **c.** $\cos \alpha = -\dfrac{1}{3}$

Calcola il valore delle seguenti espressioni goniometriche.

57 $\cos 180° \sin 0° - \cos 0°$ $[-1]$

58 $\sin 180° \cos 90° - 3 \cos 0°$ $[-3]$

59 $3\sin 90° + 2\cos 270° - 3\tan 0°$ $[3]$

60 $3(\cos 180° + 2\sin 90°) - 2(\tan 180° + 4\cos 0°)$ $[-5]$

61 $2(\sin 180° - \cos 180°) + 2\sin 90° \cos 180°$ $[0]$

62 $\dfrac{3}{4} \sin 270° - \dfrac{3}{2} \cos 90° - \cos 180° + \tan 180°$ $\left[\dfrac{1}{4}\right]$

63 $(a \cos 0° + b \sin 270°)(a \sin 90° - b \cos 360°)$ $[(a - b)^2]$

64 $3\tan 0° + \dfrac{\sin 180°}{\cos 0°}$ $[0]$

65 $\dfrac{2}{\sin 90°} - \dfrac{\cos 0°}{\cos 180°}$ $[3]$

66 $\dfrac{4\sin 0° - 2 \cos 0°}{\sin 270°} + 2\tan 180°$ $[2]$

67 $\dfrac{\sin 90° - \sin 270° + \tan 180°}{\cos 0° \cos 270° - \sin 90° \cos 180°}$ $[2]$

68 $\left(\tan 0° + \dfrac{1 + \cos 90°}{1 - \cos 270°}\right)\left(-1 + \dfrac{a \sin 180° - 1}{a \cos 180° + 2a}\right)$ $\left[-\dfrac{a+1}{a}\right]$

69 $8\sin \dfrac{\pi}{2} + 12\cos 2\pi + 6\cos 0 - \sin \dfrac{3}{2}\pi$ $[27]$

RICORDA

Valgono le relazioni: • $\sin^2\alpha + \cos^2\alpha = 1$ • $\tan\alpha = \dfrac{\sin\alpha}{\cos\alpha}$ • $\cotan\alpha = \dfrac{\cos\alpha}{\sin\alpha}$

Comprensione

70 Utilizzando le due relazioni fondamentali, indica qual è l'espressione di:

a. $\sin x$ in funzione di $\cos x$ **b.** $\cos x$ in funzione di $\sin x$ **c.** $\sin x$ in funzione di $\tan x$

71 Di un angolo acuto α si sa che $\sin\alpha = \dfrac{2}{3}$; indica quali delle seguenti affermazioni sono vere:

a. $\cos\alpha = \dfrac{\sqrt{5}}{3}$ **b.** $\cos\alpha = -\dfrac{\sqrt{5}}{3}$ **c.** $\tan\alpha = 2\sqrt{5}$ **d.** $\tan\alpha = \dfrac{2}{\sqrt{5}}$

72 Di un angolo ottuso α si sa che $\cos\alpha = -\dfrac{3}{5}$; indica quali delle seguenti affermazioni sono vere:

a. $\sin\alpha = \dfrac{4}{5}$ **b.** $\sin\alpha = -\dfrac{4}{5}$ **c.** $\tan\alpha = \dfrac{4}{3}$ **d.** $\tan\alpha = -\dfrac{4}{3}$

73 Di un angolo α si sa che $\tan\alpha = 3$ e che $\pi < \alpha < \dfrac{3}{2}\pi$; indica quali delle seguenti affermazioni sono vere:

a. $\sin\alpha = -\dfrac{3}{10}$ **b.** $\sin\alpha = -\dfrac{3}{\sqrt{10}}$ **c.** $\cos\alpha = -\dfrac{1}{10}$ **d.** $\cos\alpha = -\dfrac{1}{\sqrt{10}}$

Applicazione

Rappresenta graficamente l'angolo α e calcola poi i valori esatti delle altre funzioni goniometriche di α, nota quella assegnata.

74 **ESERCIZIO GUIDA**

$\sin\alpha = \dfrac{1}{5}$ con $90° < \alpha < 180°$

Dalla prima relazione fondamentale, tenendo presente che il coseno di un angolo che appartiene all'intervallo indicato è negativo, ricaviamo che

$$\cos\alpha = -\sqrt{1 - \sin^2\alpha} = -\sqrt{1 - \dfrac{1}{25}} = -\dfrac{2\sqrt{6}}{5}$$

Dalla seconda relazione fondamentale ricaviamo che $\tan\alpha = \dfrac{\sin\alpha}{\cos\alpha} = \dfrac{\frac{1}{5}}{-\frac{2\sqrt{6}}{5}} = -\dfrac{\sqrt{6}}{12}$

75 $\cos\alpha = -\dfrac{2}{5}$ con $90° < \alpha < 180°$

76 $\tan\alpha = 2$ con $180° < \alpha < 270°$

77 $\tan\alpha = -4$ con $270° < \alpha < 360°$

78 $\sin\alpha = -\dfrac{1}{3}$ con $\pi < \alpha < \dfrac{3}{2}\pi$

79 $\cos\alpha = \dfrac{\sqrt{2}}{5}$ con $\dfrac{3}{2}\pi < \alpha < 2\pi$

80 $\tan\alpha = -3\sqrt{3}$ con $\dfrac{\pi}{2} < \alpha < \pi$

81 $\sin\alpha = -\dfrac{2}{\sqrt{5}}$ con $\pi < \alpha < \dfrac{3}{2}\pi$

82 $\cos\alpha = \sqrt{\dfrac{11}{15}}$ con $\dfrac{3}{2}\pi < \alpha < 2\pi$

Tenendo presenti le relazioni fondamentali, semplifica le seguenti espressioni goniometriche.

83 **ESERCIZIO GUIDA**

$2\sin^2\alpha - \tan^2\alpha + \tan^2\alpha \, \sin^2\alpha + \cos^2\alpha$

Raccogliamo il fattore $(-\tan^2\alpha)$ fra il 2° e il 3° termine: $\quad 2\sin^2\alpha - \tan^2\alpha \, (1 - \sin^2\alpha) + \cos^2\alpha$

Tenendo presenti le due relazioni fondamentali possiamo scrivere:

$2\sin^2\alpha - \dfrac{\sin^2\alpha}{\cos^2\alpha} \cdot \cos^2\alpha + \cos^2\alpha \qquad$ da cui $\qquad 2\sin^2\alpha - \sin^2\alpha + \cos^2\alpha = \sin^2\alpha + \cos^2\alpha = 1$

84 $\quad \sin^2\alpha + \cos^2\alpha + \tan^2\alpha$ $\qquad\qquad \left[\dfrac{1}{\cos^2\alpha} \right]$

85 $\quad \dfrac{\cos^2\alpha + \sin^2\alpha \, \cos^2\alpha}{\sin^2\alpha \, \cos^2\alpha} - \dfrac{1 + \sin^2\alpha}{\sin^2\alpha} + \cos^2\alpha$ $\qquad [\cos^2\alpha]$

86 $\quad (1 + \tan\alpha)^2 + (1 - \tan\alpha)^2 + \dfrac{1}{1 + \sin\alpha} + \dfrac{1}{1 - \sin\alpha}$ $\qquad \left[\dfrac{4}{\cos^2\alpha} \right]$

87 $\quad (1 + \tan\alpha)^2 + \left(1 + \dfrac{1}{\tan\alpha}\right)^2 - \left(\dfrac{1}{\cos\alpha} + \dfrac{1}{\sin\alpha}\right)^2$ $\qquad [0]$

88 $\quad \left(1 + \tan\alpha + \dfrac{1}{\cos\alpha}\right) \cdot \left(1 + \dfrac{1}{\tan\alpha} - \dfrac{1}{\sin\alpha}\right)$ $\qquad [2]$

89 $\quad \dfrac{1}{\tan\beta \, (1 - \tan\beta)} + \dfrac{\tan^2\beta}{\tan\beta - 1} - \dfrac{1}{\sin\beta \, \cos\beta}$ $\qquad [1]$

90 $\quad \left[\dfrac{\tan\alpha}{(\sin\alpha + \cos\alpha)^2} - \dfrac{\sin\alpha}{1 + 2\sin\alpha \, \cos\alpha} \right] \cdot \dfrac{1}{\tan\alpha \, (1 - \cos\alpha)}$ $\qquad \left[\dfrac{1}{1 + 2\sin\alpha \, \cos\alpha} \right]$

91 $\quad (1 - \sin\alpha \, \cos\alpha) \, (1 + \sin\alpha \, \cos\alpha) - \dfrac{\sin\alpha \, \cos^3\alpha}{\tan\alpha}$ $\qquad [\sin^2\alpha]$

92 $\quad 1 + \cos\alpha + \dfrac{\sin^2\alpha}{\cos\alpha} - \dfrac{1}{\cos\alpha} - \dfrac{1}{1 + \tan^2\alpha}$ $\qquad [\sin^2\alpha]$

93 $\quad \dfrac{1}{\cos^2\alpha} - \tan^2\alpha - \dfrac{\sin^2\alpha}{\tan^2\alpha} - \dfrac{1}{1 + \tan^2\alpha}$ $\qquad [2\sin^2\alpha - 1]$

94 $\quad 1 + \cos^2\alpha \left(\dfrac{1}{\cos^2\alpha} - \tan^2\alpha\right) - 2\cos^2\alpha \, (1 + \tan^2\alpha) + \dfrac{2\tan^2\alpha}{1 + \tan^2\alpha}$ $\qquad [\sin^2\alpha]$

95 $\quad \tan\alpha \cdot \dfrac{\cos\alpha}{\sin\alpha} - \sin^2\alpha + \cos\alpha \, (1 - \cos\alpha)$ $\qquad [\cos\alpha]$

96 $\quad 1 - \sin^2\alpha + \dfrac{1}{\cos\alpha} - \sin\alpha \, \tan\alpha - \dfrac{1}{1 + \tan^2\alpha}$ $\qquad [\cos\alpha]$

97 $\quad (3 - 4\sin^2\alpha)^2 \, \tan^2\alpha + (1 - 4\sin^2\alpha)^2$ $\qquad \left[\dfrac{1}{\cos^2\alpha} \right]$

98 $\quad \dfrac{\cos\alpha}{\sin\alpha} + \dfrac{1}{\cos^2\alpha} - \tan^2\alpha - 1$ $\qquad \left[\dfrac{\cos\alpha}{\sin\alpha} \right]$

99 $\quad \dfrac{(\cos\alpha - \sin\alpha)^2}{\sin\alpha \, \cos\alpha} - \dfrac{\sin\alpha + \cos\alpha}{\sin\alpha}$ $\qquad \left[\dfrac{\sin\alpha - 3\cos\alpha}{\cos\alpha} \right]$

100 $\quad \dfrac{\tan\alpha}{1 + \tan^2\alpha} + \dfrac{\sin^3\alpha}{\cos\alpha} + \dfrac{\sin\alpha}{\cos\alpha} - \tan\alpha$ $\qquad [\tan\alpha]$

Comprensione

101 Completa:

$\sin 30° = $ .... $\cos 60° = $ .... $\tan 30° = $ ....

$\cos 45° = $ .... $\cos 30° = $ .... $\tan 45° = $ ....

$\sin 90° = $ .... $\tan 0° = $ .... $\cotan 30° = $ ....

102 Dopo aver disegnato il grafico delle funzioni goniometriche studiate, determina il valore di verità delle seguenti proposizioni:

a. esiste un solo angolo il cui seno vale 0,5   V F

b. esistono infiniti angoli il cui coseno vale 0,5   V F

c. esiste almeno un angolo il cui coseno vale $\sqrt{2}$ V F

d. esiste almeno un angolo la cui tangente vale $\sqrt{3}$ V F

e. non esiste alcun angolo la cui tangente è negativa   V F

f. la tangente dell'angolo retto è un numero reale, molto grande, positivo.   V F

Applicazione

Senza utilizzare la calcolatrice scientifica, calcola il valore esatto delle seguenti espressioni goniometriche.

103 $2(\sin 30° + 3\cos 30°) + 3(\tan 30° - 2\cos 60°)$ $[4\sqrt{3} - 2]$

104 $4\sqrt{2}\sin 45° - 6(\tan 45° + \tan 60°) + 3\tan 30°$ $[-2 - 5\sqrt{3}]$

105 $\cos^2 60° + \sin^2 30° - \sin 30° \cos 30° - \tan 45° + \tan 60° \cdot \sin^2 30°$ $\left[-\dfrac{1}{2}\right]$

106 $(1 + \sin 60° + \cos 60°)^2 - 4(1 + \sin 45°) \cdot (1 - \cos 45°) - 3\cos 30°$ $[1]$

107 $\tan^2 45° + 4\cos^2 45° + 2\tan^2 60° - 8\sin^2 60°$ $[3]$

108 $\dfrac{4\cos 30° + 6\tan 45° - 2\tan 60°}{2\cos 45° + 3\tan 30° - 2\cos 30°}$ $[3\sqrt{2}]$

109 $\cos 2\pi + 2\sin \dfrac{\pi}{2} \cos \dfrac{\pi}{6} + \tan^2 \dfrac{\pi}{3} - \sqrt{3}\left(\sin \dfrac{\pi}{3} + \sqrt{3} \tan \dfrac{\pi}{6}\right)$ $\left[\dfrac{5}{2}\right]$

110 $4\sin \dfrac{\pi}{6} + 3 \cos \dfrac{\pi}{6} - \dfrac{1}{2} \tan \dfrac{\pi}{3} - 2 \tan \dfrac{\pi}{4}$ $[\sqrt{3}]$

111 $\sin 2\pi - 3\cos 0 + 6\sin \dfrac{\pi}{6}\pi - \cos 3\pi + 3\tan \dfrac{\pi}{6}\pi - \tan \dfrac{\pi}{3}$ $[1]$

112 $\dfrac{8\sin \dfrac{\pi}{4} + 4\sqrt{2} \tan^2 \dfrac{\pi}{4} + 4\sqrt{3} \sin \dfrac{\pi}{6} \sin \dfrac{\pi}{3} - 3}{\tan^2 \dfrac{\pi}{4} - \sqrt{3} \cos \dfrac{\pi}{6} + 3 \sin \dfrac{\pi}{4} \cos \dfrac{\pi}{4}}$ $[8\sqrt{2}]$

113 $\dfrac{\cos 2\pi + \dfrac{2}{\sqrt{3}} \sin \dfrac{\pi}{3}}{\cos 0 + \sin \dfrac{\pi}{4} - \cos \dfrac{\pi}{4}} - \dfrac{\sin \dfrac{\pi}{6} - \cos \dfrac{\pi}{3}}{\left(\sin \dfrac{\pi}{4} + \cos \dfrac{\pi}{4}\right)\dfrac{1}{\sqrt{2}}}$ $[2]$

114 $\dfrac{2\left(\cos^2\dfrac{\pi}{6}-\sin^2\dfrac{\pi}{6}+\cos^2\dfrac{9}{4}\pi\right)\tan\dfrac{\pi}{6}}{1-\tan^2\dfrac{\pi}{6}}$ $\qquad [\sqrt{3}]$

115 $\dfrac{\left(\sin\dfrac{\pi}{3}-\sin\dfrac{\pi}{6}\right)\left(\cos\dfrac{\pi}{3}-\cos\dfrac{\pi}{6}\right)-\left(\sin\dfrac{\pi}{3}+\sin\dfrac{\pi}{6}\right)\left(\cos\dfrac{\pi}{3}+\cos\dfrac{\pi}{6}\right)}{\left(\sin\dfrac{\pi}{3}+\sin\dfrac{\pi}{6}\right)\left(\cos\dfrac{\pi}{3}-\cos\dfrac{\pi}{6}\right)}$ $\qquad [4]$

116 $\dfrac{2\sin\dfrac{\pi}{6}\left(\dfrac{2\sqrt{3}}{3}\cos\dfrac{\pi}{6}+4\cos\dfrac{\pi}{3}\right)}{2\sin\dfrac{\pi}{2}\left(\cos\dfrac{\pi}{3}+1\right)\left(1+4\sin\dfrac{\pi}{6}\right)}$ $\qquad \left[\dfrac{1}{3}\right]$

Calcola il valore delle funzioni goniometriche dei seguenti angoli utilizzando la calcolatrice scientifica e approssimando i risultati alla seconda cifra decimale.

117 **a.** $20°12'$ **b.** $71°27'13''$ **c.** $65°30'42''$

118 **a.** $112°6'9''$ **b.** $-37°41'18''$ **c.** $-68°40''$

119 **a.** $241°12'24''$ **b.** $647°18'15''$ **c.** $-500°5'5''$

120 **a.** $\dfrac{\pi}{5}$ **b.** $\dfrac{3}{8}\pi$ **c.** $\dfrac{9}{10}\pi$

121 **a.** $\dfrac{5}{9}\pi$ **b.** $-\dfrac{7}{8}\pi$ **c.** $-\dfrac{8}{5}\pi$

122 **a.** $\dfrac{24}{7}\pi$ **b.** $-\dfrac{14}{5}\pi$ **c.** $-\dfrac{33}{8}\pi$

123 **a.** $\dfrac{3}{8}\pi$ **b.** $-\dfrac{7}{13}\pi$ **c.** $\dfrac{7}{18}\pi$

La tangente e il coefficiente angolare di una retta

124 In un sistema di riferimento cartesiano ortogonale, scrivi l'equazione della retta che forma con la direzione positiva dell'asse x un angolo di $45°$ e che passa per $P(-1, 0)$. $\qquad [y = x + 1]$

125 Determina l'ampiezza dell'angolo che la retta di equazione $y = \sqrt{3}x + 5$ forma col verso positivo dell'asse x. $\qquad [60°]$

126 Una retta forma un angolo di $30°$ con la direzione positiva dell'asse delle ascisse; scrivi l'equazione della retta ad essa parallela che passa per il punto $\left(2, -\dfrac{3}{4}\right)$. $\qquad [4\sqrt{3}x - 12y - 8\sqrt{3} - 9 = 0]$

127 Scrivi l'equazione della retta che passa per il punto $P(2, 1)$ ed è parallela alla retta passante per l'origine degli assi, inclinata di $45°$ rispetto alla direzione positiva dell'asse delle ascisse. $\qquad [y = x - 1]$

128 Scrivi l'equazione della retta che passa per il punto di incontro delle rette di equazione $-3x - y + 2 = 0$ e $6x - y - 16 = 0$ e che forma un angolo di $30°$ con la direzione positiva dell'asse delle ascisse. $\qquad [x - \sqrt{3}y - 4\sqrt{3} - 2 = 0]$

129 Determina l'angolo che una qualunque delle rette del fascio delle perpendicolari alla retta di equazione $y + \sqrt{3}x + 2 = 0$ forma con il semiasse positivo delle ascisse. $\qquad [30°]$

Comprensione

130 Dato un angolo acuto α, indica su una circonferenza goniometrica quali sono, nell'intervallo $[0, 2\pi]$, gli angoli che hanno:

    a. lo stesso seno di α **b.** lo stesso coseno di α **c.** la stessa tangente di α

131 Dato un angolo acuto α, indica su una circonferenza goniometrica quali sono, nell'intervallo $[0, 2\pi]$, gli angoli che hanno, rispetto ad α:

    a. il seno opposto   **b.** il coseno opposto   **c.** la tangente opposta

132 Tenendo presenti le relazioni sugli archi associati, completa le seguenti uguaglianze:

    a. $\cos(90° - \alpha) = $ ....   **b.** $\sin(180° + \alpha) = $ ....   **c.** $\tan(90° - \alpha) = $ ....

    d. $\sin(360° - \alpha) = $ ....   **e.** $\cos(90° + \alpha) = $ ....   **f.** $\tan(180° - \alpha) = $ ....

    g. $\sin(270° - \alpha) = $ ....   **h.** $\cos(270° + \alpha) = $ ....   **i.** $\sin(90° + \alpha) = $ ....

133 Gli angoli α e β sono complementari; se $\sin\beta = \dfrac{1}{4}$, quali fra le seguenti uguaglianze sono vere?

    a. $\cos\alpha = \dfrac{1}{4}$ **b.** $\sin\alpha = \dfrac{1}{4}$ **c.** $\sin\alpha = \dfrac{\sqrt{15}}{4}$ **d.** $\tan\alpha = \dfrac{\sqrt{15}}{15}$

Applicazione

Semplifica le seguenti espressioni applicando le relazioni goniometriche degli angoli supplementari.

134 $\sin(180° - \alpha)\cos\alpha - \cos(180° - \alpha)\sin\alpha + (\sin\alpha - \cos\alpha)^2$ [1]

135 $2\sin^2(\pi - \alpha) + \cos^4\alpha - \sin^4(\pi - \alpha)$ [1]

136 $\sin(180° - \alpha)\cos(180° - \alpha) - \tan(180° - \alpha)\cotan(180° - \alpha) + 1$ $[-\sin\alpha\cos\alpha]$

137 $\sin^2(180° - \alpha) - 1 + \cos(180° - \alpha) + \cos^2\alpha$ $[-\cos\alpha]$

138 $\cos^2(\pi - \alpha)\tan\alpha - \dfrac{\cos^2\alpha}{\tan(\pi - \alpha)}$ $\left[\dfrac{1}{\tan\alpha}\right]$

Semplifica le seguenti espressioni applicando le relazioni goniometriche degli angoli che differiscono di un angolo piatto.

139 $\cos(180° + \alpha) + \sin(180° + \alpha)\tan(180° + \alpha)$ $\left[-\dfrac{1}{\cos\alpha}\right]$

140 $\tan\alpha\left[1 + \dfrac{1}{\tan(180° + \alpha)}\right] - 1 + \tan\alpha$ $[2\tan\alpha]$

141 $\left[\dfrac{1 + \cos(\pi + \alpha)}{1 - \cos(\pi + \alpha)} - \dfrac{1 + 2\cos(\pi + \alpha)}{\sin^2(\pi + \alpha)}\right] \cdot \tan\alpha$ [1]

142 $\dfrac{\cos^3\alpha + \sin^3(\pi + \alpha)}{\sin^2(\pi + \alpha) + \sin(\pi + \alpha)\cos(\pi + \alpha) + \cos^2(\pi + \alpha)}$ $[\cos\alpha - \sin\alpha]$

Semplifica le seguenti espressioni applicando le relazioni goniometriche degli angoli esplementari.

143 $\sin(360° - \alpha)\cotan(360° - \alpha) - \cos(360° - \alpha)$ [0]

144 $\tan (360° - \alpha) [\cos^2(360° - \alpha) - \sin^2(360° - \alpha)]$ $\qquad$ $[-\tan \alpha]$

145 $\dfrac{\cos (2\pi - \alpha) - \cos \alpha}{\cos \alpha \cotan (2\pi - \alpha)} - \tan (2\pi - \alpha)$ $\qquad$ $[\tan \alpha]$

146 $\dfrac{\cotan (2\pi - \alpha) \tan (2\pi - \alpha)}{\cos (2\pi - \alpha) \cotan \alpha} + \dfrac{\sin (2\pi - \alpha)}{\cos^2 (2\pi - \alpha)}$ $\qquad$ $[0]$

Semplifica le seguenti espressioni applicando le relazioni goniometriche degli angoli opposti.

147 $\sin (-\alpha) \cotan (-\alpha) + \cos (-\alpha) \tan (-\alpha)$ $\qquad$ $[\cos \alpha - \sin \alpha]$

148 $\sin (-\alpha) - \tan (-\alpha) [\cos^2 (-\alpha) + \sin^2 (-\alpha)]$ $\qquad$ $[\tan \alpha (1 - \cos \alpha)]$

149 $\dfrac{\sin (-\alpha) + \tan (-\alpha)}{\cotan (-\alpha) \cos (-\alpha) + \cotan (-\alpha)}$ $\qquad$ $[\tan^2 \alpha]$

150 $\sin (-\alpha) + \cos (-\alpha) - \dfrac{\cos (-\alpha)}{\cotan (-\alpha)}$ $\qquad$ $[\cos \alpha]$

Semplifica le seguenti espressioni applicando le relazioni goniometriche degli angoli complementari.

151 $\sin \alpha \sin (90° - \alpha) - \cos \alpha \cos (90° - \alpha)$ $\qquad$ $[0]$

152 $\cos \alpha \cdot \dfrac{1}{\sin (90° - \alpha)} + \sin \alpha \cdot \dfrac{1}{\cos (90° - \alpha)}$ $\qquad$ $[2]$

153 $\dfrac{\sin (90° - \alpha)}{\tan (90° - \alpha)} + \cos (90° - \alpha) \tan^2 (90° - \alpha)$ $\qquad$ $\left[\dfrac{1}{\sin \alpha}\right]$

154 $\sin \left(\dfrac{\pi}{2} - \alpha\right)\cos \alpha - \dfrac{\cos \alpha}{\cos \left(\dfrac{\pi}{2} - \alpha\right) \tan \left(\dfrac{\pi}{2} - \alpha\right)} + \cos \left(\dfrac{\pi}{2} - \alpha\right) \sin \alpha$ $\qquad$ $[0]$

Semplifica le seguenti espressioni applicando le relazioni goniometriche degli angoli che differiscono di un angolo retto.

155 $\sin (90° + \alpha) \sin \alpha + \cos (90° + \alpha) \cos \alpha + \tan (90° + \alpha) \tan \alpha$ $\qquad$ $[-1]$

156 $\tan \left(\dfrac{\pi}{2} + \alpha\right) \sin \alpha + \dfrac{\cos^2 \alpha}{\sin \left(\dfrac{\pi}{2} + \alpha\right)}$ $\qquad$ $[0]$

157 $\sin \left(\dfrac{\pi}{2} + \alpha\right) - \dfrac{2 \cos \left(\dfrac{\pi}{2} + \alpha\right)}{\sin \left(\dfrac{\pi}{2} + \alpha\right)} - \cos \alpha$ $\qquad$ $[2 \tan \alpha]$

158 $\sin (90° + \alpha) \cotan (90° + \alpha) - \sin (90° + \alpha) + \cos \alpha$ $\qquad$ $[-\sin \alpha]$

Semplifica le seguenti espressioni applicando le relazioni goniometriche degli angoli che differiscono di tre angoli retti.

159 $\sin (270° + \alpha) \sin \alpha + \cos (270° + \alpha) \cos \alpha$ $\qquad$ $[0]$

160 $\sin (270° + \alpha) \tan (\alpha + 270°) [1 + \tan^2 (270° + \alpha)] \tan^2 \alpha$ $\qquad$ $\left[\dfrac{1}{\sin \alpha}\right]$

161 $\left[\sin \left(\dfrac{3}{2}\pi + \alpha \right) \cos \alpha - \cos \left(\dfrac{3}{2}\pi + \alpha \right) \sin \alpha \right] \tan \left(\dfrac{3}{2}\pi + \alpha \right)$ [cotan α]

162 $\cos \alpha \cos (270° + \alpha) - \sin \alpha \sin (270° + \alpha) - 2 \sin \alpha \cos \alpha$ [0]

Semplifica le seguenti espressioni applicando le relazioni goniometriche degli angoli che hanno somma pari a tre angoli retti.

163 $\sin (270° - \alpha) \cos \alpha + \cos (270° - \alpha) \sin \alpha$ [−1]

164 $\cos (270° - \alpha) \cos \alpha - \sin (270° - \alpha) \sin \alpha$ [0]

165 $\cos \left(\dfrac{3}{2}\pi - \alpha \right) \sin \alpha + \sin^2 \alpha - \cos \alpha \sin \left(\dfrac{3}{2}\pi - \alpha \right)$ [$\cos^2 \alpha$]

Semplifica le seguenti espressioni riassuntive sugli angoli associati.

166 $\sin (\alpha + 180°) \sin (-\alpha) - \sin (180° - \alpha) \cos (90° - \alpha)$ [0]

167 $\sin^2 \left(\dfrac{3}{2}\pi - \alpha \right) + \tan^2 \left(\dfrac{\pi}{2} + \alpha \right) - \sin (-\alpha) \cos \left(\dfrac{\pi}{2} - \alpha \right)$ $\left[\dfrac{1}{\sin^2 \alpha} \right]$

168 $a^2 \sin^2 (180° + \alpha) + a^2 \sin^2 (270° - \alpha) - 2\,ab \cot (90° - \alpha) \cot (180° + \alpha) +$
$+ b^2 \cos^2 (270° - \alpha) + b^2 \cos^2 (-\alpha)$ [$(a - b)^2$]

169 ╠ **ESERCIZIO GUIDA**

$\sin (\alpha - \pi) + \cos \left(\alpha - \dfrac{\pi}{2} \right) + \cos (\alpha - \pi) + \sin \left(\alpha - \dfrac{\pi}{2} \right) =$

Ricorda le importanti relazioni sugli archi opposti:

- $\sin (-\alpha) = -\sin \alpha$ • $\cos (-\alpha) = \cos \alpha$ • $\tan (-\alpha) = -\tan \alpha$ ecc.

Con esse puoi trasformare il testo proposto in questo modo:

$= \sin \left[-(\pi - \alpha) \right] + \cos \left[-\left(\dfrac{\pi}{2} - \alpha \right) \right] + \cos \left[-(\pi - \alpha) \right] + \sin \left[-\left(\dfrac{\pi}{2} - \alpha \right) \right] =$

$= -\sin (\pi - \alpha) + \cos \left(\dfrac{\pi}{2} - \alpha \right) + \ \dots\dots\ = -2\cos \alpha$

170 $\sin \left(\alpha - \dfrac{\pi}{2} \right) + \sin (-\alpha) - \cos \left(\alpha - \dfrac{\pi}{2} \right) - 2 \sin (\alpha - \pi)$ [−cos α]

171 $\sin \left(\alpha - \dfrac{\pi}{2} \right) \cos \left(\alpha - \dfrac{3}{2}\pi \right) - 2 \tan \left(\alpha - \dfrac{3}{2}\pi \right) \sin^2 (\alpha - \pi)$ [3 sin α]

172 $\tan (\alpha - \pi) \cot \left(\alpha + \dfrac{\pi}{2} \right) + 2 \tan (\pi - \alpha) \cot \left(\alpha - \dfrac{\pi}{2} \right)$ [$\tan^2 \alpha$]

Applicando le relazioni sugli archi associati, calcola:

173 ╠ **ESERCIZIO GUIDA**

$\sin 150°$

Osserva che $\sin 150° = \sin (180° - 30°) = \sin 30° = \dots$

oppure $\sin 150° = \sin (90° + 60°) = \cos 60° = \dots$

174 **a.** $\sin 120°$ **b.** $\tan 135°$ **c.** $\cos 150°$

175 **a.** $\sin \dfrac{7}{6}\pi$ **b.** $\cos \dfrac{4}{3}\pi$ **c.** $\tan \dfrac{5}{4}\pi$

176 **a.** $\sin 330°$ **b.** $\cos 315°$ **c.** $\tan 300°$

177 **a.** $\sin(-135°)$ **b.** $\cos\left(-\dfrac{7}{6}\pi\right)$ **c.** $\tan(-300°)$

Calcola il valore delle seguenti espressioni goniometriche.

178 $\dfrac{\sin 210° \cos 150° - \cos 210° \sin 150°}{\cos 240° \cos 120° - \sin 240° \sin 120°}$ $\left[\dfrac{\sqrt{3}}{2}\right]$

179 $\dfrac{\tan \dfrac{7}{4}\pi \cdot \sin \dfrac{7}{6}\pi - \cos \dfrac{5}{3}\pi \cdot 2\cos^2 \dfrac{3}{4}\pi}{\cos \dfrac{5}{3}\pi \sin \dfrac{7}{6}\pi}$ $[0]$

180 $2\,a^2 \sin 150° + \sqrt{2}\,ab \tan 135° + b^2 \cos 300° - (a + b \sin 225°)^2$ $[0]$

181 $\dfrac{4 \sin 315° \cos(-135°) - 6 \tan 150° \cos 120°}{\cos 240° \sin 150° - \sin 300° \cos 150°}$ $[\sqrt{3} - 2]$

182 $\dfrac{\cos \dfrac{5}{4}\pi \sin \dfrac{7}{4}\pi}{\cotan \dfrac{3}{4}\pi \cos\left(-\dfrac{\pi}{4}\right)} + \dfrac{\sin\left(-\dfrac{3}{4}\pi\right) \cos \dfrac{7}{4}\pi}{\tan \dfrac{7}{4}\pi \sin\left(-\dfrac{\pi}{4}\right)}$ $[-\sqrt{2}]$

183 $\dfrac{\sin \dfrac{2}{3}\pi - \sqrt{3} \cos \dfrac{2}{3}\pi}{3 \cos\left(-\dfrac{\pi}{6}\right)} + \dfrac{4 \tan \dfrac{2}{3}\pi + \tan \dfrac{4}{3}\pi}{\sin \dfrac{4}{3}\pi}$ $\left[\dfrac{20}{3}\right]$

184 $\dfrac{\tan^2 45° - \cotan^2 210° + 2\sqrt{3} \sin 120° + \tan 315°}{\sqrt{3}\tan 210° - 2\sqrt{2} \cos 315° + 2 \cos 300°}$ $[0]$

185 $\dfrac{8\sin^2 \dfrac{2}{3}\pi - 2\tan \dfrac{\pi}{6} - \tan^2 \dfrac{7}{6}\pi - 2\tan \dfrac{5}{6}\pi + 8\cos^2 \dfrac{4}{3}\pi + \dfrac{2}{3}\tan \dfrac{3}{4}\pi}{\sin^2 \dfrac{\pi}{4} + \cos^2 \dfrac{5}{4}\pi - 4\tan\left(-\dfrac{\pi}{4}\right) + 2\left(\sin \dfrac{\pi}{2} + \cos^2 \dfrac{3}{2}\pi\right)}$ $[1]$

I TRIANGOLI RETTANGOLI

la teoria è a pag. 232

RICORDA

■ In ogni triangolo rettangolo (osserva la figura):

$b = a \sin \beta$ $c = a \sin \gamma$

$b = a \cos \gamma$ $c = a \cos \beta$

$b = c \tan \beta$ $c = b \tan \gamma$

$b = c \cotan \gamma$ $c = b \cotan \beta$.

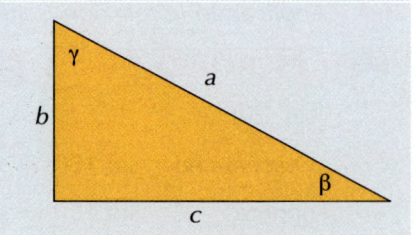

Comprensione

186 Di un triangolo rettangolo si sa che un angolo acuto è di 60°; quali delle seguenti affermazioni sono vere?
a. L'altro angolo acuto misura 30°.
b. Non è possibile calcolare le misure dei lati del triangolo.
c. Il cateto opposto all'angolo di 60° ha lunghezza doppia del cateto opposto all'angolo di 30°.
d. Il cateto opposto all'angolo di 30° ha lunghezza uguale a metà dell'ipotenusa.

187 Dato un triangolo rettangolo e usando opportunamente i suoi angoli acuti, indica tutti i modi in cui si può esprimere un cateto in funzione:
a. dell'altro cateto
b. dell'ipotenusa.

188 Un cateto di un triangolo rettangolo è lungo 30cm e l'ipotenusa è lunga 50cm; indica quali delle seguenti affermazioni sono vere.
a. Non è possibile conoscere le misure degli angoli.
b. Non è possibile conoscere la misura dell'altro cateto.
c. Il coseno dell'angolo acuto adiacente al cateto è uguale a $\frac{3}{5}$.
d. La tangente dell'angolo acuto opposto al cateto è uguale a $\frac{3}{4}$.

189 Osserva le seguenti relazioni che si riferiscono al triangolo ABC in figura e stabilisci quali di esse sono vere.

a. $\overline{AC} = \overline{BC} \sin \beta$ **b.** $\overline{AC} = \overline{AB} \tan \gamma$

c. $\overline{AB} = \overline{BC} \cos \beta$ **d.** $\overline{BC} = \overline{AC} \tan \gamma$

e. $\overline{BC} = \overline{AC} \cos \gamma$

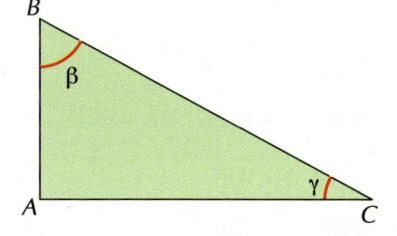

190 Le misure dei lati di un triangolo rettangolo sono, in una certa unità di misura, 30, 40, 50. Indicando con α l'angolo opposto al cateto che misura 30 e con β l'angolo opposto al cateto che misura 40, stabilisci quali delle seguenti relazioni sono corrette:

a. $\sin \beta = \frac{3}{5}$ **b.** $\cos \beta = \frac{3}{5}$ **c.** $\cos \alpha = \frac{4}{5}$ **d.** $\sin \alpha = \frac{5}{3}$

e. $\tan \alpha = \frac{4}{3}$ **f.** $\tan \beta = \frac{5}{4}$ **g.** $\tan \beta - \frac{4}{3}$ **h.** $\tan \alpha = \frac{3}{4}$

Applicazione

Riferendoti alla figura che segue, nella quale abbiamo indicato in modo diverso rispetto al solito lati ed angoli, calcola i valori delle funzioni goniometriche fondamentali degli angoli acuti dei triangoli di cui sono note le misure indicate.

191 $a = 8$ $b = 3$

192 $a = 5$ $c = 12$

193 $b = 10$ $c = 20$

194 $a = 2\sqrt{3}$ $b = \sqrt{3}$

195 $c = 3\sqrt{2}$ $a = 1$

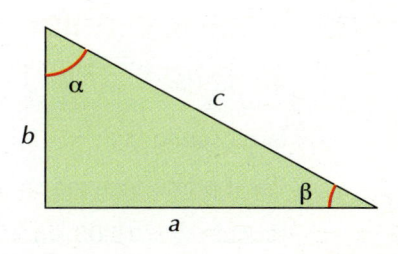

196 Gli angoli α e β sono gli angoli acuti di un triangolo rettangolo; completa le seguenti uguaglianze:

a. se $\cos \beta = \dfrac{1}{3}$ allora $\sin \alpha = \ldots\ldots\ldots$ **b.** se $\sin \alpha = \dfrac{1}{2}$ allora $\cos \beta = \ldots\ldots\ldots$

c. se $\tan \beta = 2$ allora $\tan \alpha = \ldots\ldots\ldots$ **d.** se $\tan \alpha = \dfrac{5}{3}$ allora $\sin \beta = \ldots\ldots\ldots$

Senza l'uso della calcolatrice e riferendoti alla consueta convenzione (ricordata anche nell'esercizio che segue), risolvi i seguenti triangoli rettangoli.

197 ⬭ **ESERCIZIO GUIDA**

$b = 10 \qquad c = \dfrac{10\sqrt{3}}{3}$

Applicando il secondo teorema ricaviamo che:

$$b = c \tan \beta \quad \rightarrow \quad \tan \beta = \frac{b}{c} = \sqrt{3} \quad \rightarrow \quad \beta = 60° \quad \text{quindi} \quad \gamma = 30°$$

Per trovare l'ipotenusa possiamo applicare il teorema di Pitagora oppure il primo teorema sui triangoli rettangoli:

$$b = a \sin \beta \quad \rightarrow \quad a = \frac{b}{\sin \beta} = \frac{10}{\sin 60°} = \frac{20\sqrt{3}}{3}$$

198 $c = \sqrt{21}$	$b = \sqrt{7}$	$[a = 2\sqrt{7}; \ \beta = 30°; \ \gamma = 60°]$
199 $c = 35{,}8$	$\alpha = 30°$	$[\beta = 60°; \ a = 17{,}9; \ b = 17{,}9\sqrt{3}]$
200 $b = 2\sqrt{6}$	$c = 2\sqrt{2}$	$[a = 4\sqrt{2}; \ \beta = 60°; \ \gamma = 30°]$
201 $a = 16$	$b = 8$	$[c = 8\sqrt{3}; \ \beta = 30°; \ \gamma = 60°]$
202 $b = 18$	$\alpha = 30°$	$[c = 12\sqrt{3}; \ a = 6\sqrt{3}; \ \beta = 60°]$
203 $a = 90$	$\beta = 30°$	$[\gamma = 60°; \ b = 45; \ c = 45\sqrt{3}]$
204 $a = 27{,}4$	$\beta = 60°$	$[c = 13{,}7; \ b = 13{,}7\sqrt{3}; \ \gamma = 30°]$
205 $a = 28{,}4$	$\gamma = 30°$	$[\beta = 60°; \ c = 14{,}2; \ b = 14{,}2 \ \sqrt{3}]$
206 $b = 33$	$\beta = 30°$	$[\gamma = 60°; \ c = 33\sqrt{3}; \ a = 66]$
207 $b = 46$	$\gamma = 45°$	$[\beta = 45°; \ c = 46; \ a = 46\sqrt{2}]$
208 $c = 5\sqrt{2}$	$\gamma = 30°$	$[\beta = 60°; \ b = 5\sqrt{6}; \ a = 10\sqrt{2}]$

Con riferimento alla stessa convenzione del precedente gruppo di esercizi relativa all'indicazione dei lati e degli angoli, risolvi i seguenti triangoli rettangoli facendo uso della calcolatrice scientifica.

209 ⬭ **ESERCIZIO GUIDA**

$a = 12{,}05 \qquad \beta = 36°52'$

Si ha subito che: $\gamma = 90° - 36°52' = 53°8'$

Per il primo teorema sui triangoli rettangoli si ha poi: $\quad b = a \sin \beta$

da cui $\quad b = 12{,}05 \sin 36°52' = 7{,}23 \quad$ e quindi $\quad c = a \cos \beta = 12{,}05 \cos 36°52' = 9{,}64$

210	$c = 42,5$	$b = 36,8$	$[a = 56,2;\ \beta = 40°53'19'';\ \gamma = 49°6'41'']$
211	$c = 8,2$	$b = 8,3$	$[a = 11,67;\ \gamma = 44°39'10'';\ \beta = 45°20'50'']$
212	$a = 89,6$	$\gamma = 54°15'$	$[\beta = 35°45';\ c = 72,72;\ b = 52,35]$
213	$a = 12,85$	$b = 8,32$	$[c = 9,79;\ \gamma = 49°38'56'';\ \beta = 40°21'4'']$
214	$a = 29$	$c = 12$	$[b = 26,4;\ \gamma = 24°26'36'';\ \beta = 65°33'24'']$
215	$a = 9,4$	$c = 8,5$	$[b = 4,01;\ \gamma = 64°43'23'';\ \beta = 25°16'37'']$
216	$c = 18,6$	$\gamma = 52°10'$	$[\beta = 37°50';\ a = 23,55;\ b = 14,44]$
217	$b = 5,6$	$\beta = 15°8'$	$[\gamma = 74°52';\ c = 20,71;\ a = 21,45]$
218	$c = 7,25$	$\gamma = 36°20'$	$[a = 12,24;\ b = 9,86;\ \beta = 53°40']$
219	$c = 16,2$	$b = 10,4$	$[a = 19,25;\ \beta = 32°41'58'';\ \gamma = 57°18'2'']$
220	$c = 2,96$	$b = 3,85$	$[a = 4,86;\ \gamma = 37°33'15'';\ \beta = 52°26'45'']$
221	$c = 56,42$	$\beta = 64°12'$	$[\gamma = 25°48';\ a = 129,63;\ b = 116,71]$
222	$b = 1,3$	$\gamma = 84°12'15''$	$[\beta = 5°47'45'';\ a = 12,87;\ c = 12,81]$

Problemi numerici sul triangolo rettangolo

Risolvi usando la calcolatrice scientifica.

223 **ESERCIZIO GUIDA**

La proiezione di un segmento su una retta misura 51,3. Calcola la lunghezza del segmento sapendo che la sua inclinazione rispetto alla retta è 66°.

Dal punto A tracciamo la parallela alla retta r e consideriamo il triangolo ABC:

$$\overline{AC} = \overline{HK} = 51,3 \qquad \widehat{BAC} = 66°$$

Applicando il primo teorema sui triangoli rettangoli troviamo AB:

$$\overline{AC} = \overline{AB} \cos \alpha \quad \rightarrow \quad \overline{AB} = \frac{\overline{AC}}{\cos \alpha}$$

Quindi: $\overline{AB} = \dfrac{51,3}{\cos 66°} = 126,13.$

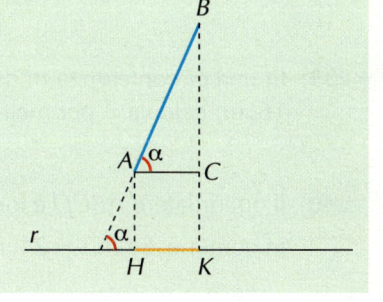

224 In un triangolo rettangolo le proiezioni dei cateti sull'ipotenusa, rispetto ad una stessa unità, misurano rispettivamente 6 e 40. Risolvi il triangolo. $[a = 46;\ b = 42,9;\ c = 16,61;\ \gamma = 21°10'17'';\ \beta = 68°49'43'']$

225 In un triangolo rettangolo l'altezza relativa all'ipotenusa misura $3\sqrt{5}$ ed uno degli angoli acuti misura 24°54'. Risolvi il triangolo. $[\beta = 65°6';\ b = 15,93;\ c = 7,4;\ a = 17,56]$

226 In un triangolo isoscele gli angoli alla base misurano 25°12'30'' e il lato è lungo $45a$. Determina perimetro e area del triangolo. $[2p = 171,43a;\ \text{area} = 780,51a^2]$

227 In un triangolo isoscele la base misura 48 e l'angolo al vertice misura 56°28'. Determina il suo perimetro. $[2p = 149,47]$

228 In un rombo uno degli angoli misura 74°20′ e la diagonale ad esso opposta è lunga 40,8cm. Calcola l'area del rombo. [area = 1097,87cm²]

229 In un triangolo isoscele l'angolo al vertice misura 57° e uno dei lati uguali è lungo 6cm. Calcola il perimetro e l'area del triangolo. [2p = 17,72cm; area = 15,096cm²]

230 In una circonferenza il diametro AB, rispetto ad una stessa unità ℓ, misura 75 e la corda AC misura 58,5. Calcola la distanza di C dal diametro. [36,61ℓ]

231 Un triangolo isoscele ha la base lunga 12,72m e l'angolo ad essa adiacente di 58°. Determina il perimetro e l'area del triangolo. [2p = 36,72m; area = 64,73m²]

232 In un rettangolo la diagonale è lunga 13,5cm e divide gli angoli in due parti α e β tali che $\alpha = \frac{5}{3}\beta$. Determina il suo perimetro. [2p = 37,45cm]

233 In un rombo di perimetro 48 dm uno degli angoli acuti misura 48°36′; calcola l'area del rombo e la lunghezza del raggio del cerchio in esso inscritto. [area = 108,08dm²; raggio = 4,5dm]

234 In un rombo l'ampiezza di un angolo al vertice è 64° e l'altezza è 26cm. Calcola perimetro e area del rombo. [2p = 115,71cm; area = 752,12cm²]

235 In un trapezio isoscele $ABCD$, la base minore AB è lunga 10cm; la diagonale DB biseca l'angolo di vertice D del trapezio e si sa che sin $\widehat{D} = \frac{3}{4}$. Dopo aver calcolato le ampiezze degli angoli del trapezio, trovane il perimetro e l'area. [2p = 53,22; area = 124,575]

236 Un triangolo ABC, isoscele di base BC, è circoscritto ad una circonferenza di raggio $r = 5$cm; calcola il perimetro del triangolo sapendo che l'angolo di vertice A è ampio 52°16′. [52,46cm]

237 Un trapezio $ABCD$ ha gli angoli adiacenti alla base maggiore di ampiezza $\widehat{A} = 46°$ e $\widehat{B} = 78°$; si sa inoltre che il lato obliquo AD è lungo 15cm, mentre la base minore CD è lunga 8cm. Calcola il perimetro del trapezio e la sua area. [2p = 54,74cm; area = 154,89cm²]

238 In un trapezio $ABCD$, rettangolo in A e in D, la diagonale AC è perpendicolare al lato obliquo CB. Sapendo che $\widehat{CAB} = 32°$ e che $BC = 18$m, calcola le misure dei lati e degli angoli del trapezio.

$$\left[AB = 33,97\text{m}; CD = 24,43\text{m}; AD = 15,27\text{m}; \widehat{DCB} = 122°, \widehat{CBA} = 58° \right]$$

239 In una circonferenza di diametro $AB = 20$cm si traccia una corda CD perpendicolare al diametro lunga 16cm; calcola il perimetro del quadrilatero $ACBD$ e le misure dei suoi angoli.

$$\left[2p = 24\sqrt{5}\text{cm}; 90°; 90°; 126°52'12''; 53°7'48'' \right]$$

240 Il quadrilatero $ABCD$ è formato dall'accostamento di due triangoli isosceli ABD e CBD aventi la base BD in comune. Se $BD = 24$cm, $\widehat{BAD} = 82°$ e $\widehat{DCB} = 108°$, quali sono il perimetro e l'area del quadrilatero? [2p = 66,24cm; area = 270,24cm²]

241 In un triangolo ACB rettangolo in B l'altezza BH relativa all'ipotenusa divide l'angolo retto in due parti tali che $\widehat{ABH}$ è il triplo di $\widehat{CBH}$; si prolunga BH di un segmento $HD = 2BH$. Se $BH = 8$cm, quanto misurano i lati e gli angoli del quadrilatero $ABCD$?

$$\left[\begin{array}{l} BC = 8,66\text{cm}; AB = 20,91\text{cm}; AD = 25,08\text{cm}; CD = 16,34\text{cm}; \\ \widehat{BCD} = 145°47'29''; \widehat{BAD} = 62°8'23''; \widehat{CDA} = 62°4'8'' \end{array} \right]$$

242 **ESERCIZIO GUIDA**

Un trapezio rettangolo ha l'angolo acuto di 40°. Determina l'area, il perimetro e la misura delle diagonali sapendo che le basi del trapezio misurano rispettivamente 9 e 12.

$\beta = 40°$
$\overline{AB} = 12$
$\overline{DC} = 9$

Consideriamo il trapezio disegnato in figura; nel triangolo rettangolo CHB si ha: $\overline{CH} = \overline{HB} \cdot \tan \beta$.

Poiché $\overline{HB} = \overline{AB} - \overline{DC} = 12 - 9 = 3$ si ha che: $\overline{CH} = 3 \tan 40° = 3 \cdot 0{,}8390996 = 2{,}52$

L'area del trapezio è allora: $\dfrac{(\overline{AB} + \overline{DC}) \cdot \overline{CH}}{2} = \ldots\ldots\ldots$

Per determinare il perimetro dobbiamo determinare la misura di BC.

Poiché $\overline{CH} = \overline{BC} \cdot \sin \beta$ si ha che: $\overline{BC} = \dfrac{\overline{CH}}{\sin \beta} = \dfrac{2{,}52}{0{,}6427876} = \ldots$

Per il teorema di Pitagora si ha poi: $\overline{AC} = \ldots$

In modo analogo, per determinare la diagonale DB puoi applicare il teorema di Pitagora al triangolo rettangolo...

$$\left[2p = 27{,}44;\ \text{area} = 24{,}46;\ \overline{AC} = 9{,}34;\ \overline{DB} = 12{,}26 \right]$$

243 In un triangolo isoscele l'ampiezza dell'angolo al vertice è 67°. Sapendo che l'altezza relativa ad uno dei lati obliqui è di 24cm, determina il perimetro e l'area del triangolo. $\quad [2p = 80{,}92\text{cm};\ \text{area} = 312{,}87\text{cm}^2]$

244 Calcola l'ampiezza dell'angolo sotto cui è visto un segmento AB, di lunghezza 24cm, da un punto S che si trova sul suo asse e che dista 26 cm dagli estremi A e B del segmento.

(Suggerimento: devi calcolare l'ampiezza dell'angolo $\widehat{ASB}$) $\qquad\qquad\qquad [54°58'22'']$

245 Di un triangolo ABC, isoscele di base AB, si sa che $\overline{AC} = 8\ell$ e che la mediana AM è 6ℓ. Trova la lunghezza della base del triangolo e le ampiezze dei suoi angoli.

$$\left[\overline{AB} = 6{,}32\ell;\ \widehat{C} = 46°34'2'';\ \widehat{A} = \widehat{B} = 66°42'59'' \right]$$

246 In un trapezio rettangolo l'altezza misura 16 e la base maggiore 30; inoltre la diagonale maggiore divide in due parti uguali l'angolo formato dal lato obliquo e dalla base maggiore. Determina la misura della base minore e l'area del trapezio. $\qquad\qquad\qquad\qquad [\text{area} = 394{,}16]$

247 Un trapezio isoscele ha gli angoli adiacenti alla base maggiore di ampiezza 30°, il lato obliquo misura 28 e la base minore misura 21. Calcola il perimetro, l'area, la misura delle diagonali e l'ampiezza dell'angolo ottuso che la diagonale forma col lato obliquo.

$$\left[2p = 98 + 28\sqrt{3};\ \text{area} = 98\left(2\sqrt{3} + 3\right);\ \text{diagonale} = 47{,}36;\ \alpha = 132°48'28'' \right]$$

248 In un trapezio rettangolo la base minore misura 5 come l'altezza. Sapendo che l'area è 40, determina l'ampiezza dell'angolo compreso fra la base maggiore e il lato obliquo. $\qquad [39°48'20'']$

L'area di un triangolo e il teorema della corda

RICORDA

- L'area di un triangolo, note le misure a e b di due suoi lati e quella dell'angolo γ fra essi compreso, è data da $S = \dfrac{1}{2} ab \sin \gamma$.

- In ogni circonferenza, ciascuna corda è uguale al prodotto del diametro per il seno di uno qualunque degli angoli alla circonferenza che insistono sulla corda.

249 Scrivi l'espressione che consente di calcolare la lunghezza di una corda se sono noti il diametro d della circonferenza e l'ampiezza ϑ dell'angolo al centro che insiste sulla corda.

250 Completa scrivendo la formula corretta e calcolando il valore, eventualmente approssimato, in funzione di r.
  a. Il lato del quadrato inscritto misura ....
  b. Il lato del triangolo equilatero inscritto misura ....
  c. Il lato dell'esagono regolare inscritto misura ....
  d. Il lato del pentagono regolare inscritto misura ....
  e. Il lato dell'ottagono regolare inscritto misura ....
  f. Il lato del decagono regolare inscritto misura ....

251 Di un triangolo ABC si sa che $\overline{BC} = 8$, $\overline{AB} = 12$, $\cos \widehat{ABC} = \frac{3}{4}$; l'area del triangolo:

  a. è uguale a $12\sqrt{7}$ **b.** è uguale a $24\sqrt{7}$ **c.** è uguale a 36   **d.** non si può calcolare

Applicazione

L'area di un triangolo

252 **ESERCIZIO GUIDA**

Calcola l'area del triangolo scaleno ABC sapendo che $\overline{BC} = 8$, $\overline{AC} = 6$ e l'angolo $\widehat{ACB} = 60°$.

Applicando la formula, si ha:

$$S = \frac{1}{2} \cdot 8 \cdot 6 \cdot \sin 60° = 24 \cdot \frac{\sqrt{3}}{2} = 12\sqrt{3}$$

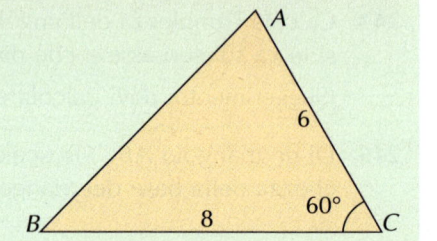

253 Calcola l'area del triangolo ABC sapendo che $\overline{AC} = 5,2$, $\overline{AB} = 6,3$ e che $\widehat{CAB} = 45°$.   [11,58]

254 Di un triangolo ABC, si sa che $\overline{AB} = 5\sqrt{3}$, $\overline{BC} = 7$ e $\widehat{ABC} = 30°$. Calcola la sua area. $\left[\frac{35}{4}\sqrt{3}\right]$

255 In un parallelogramma $ABCD$ i due lati consecutivi misurano rispettivamente 4,5 e 7,2 e l'angolo fra essi compreso misura $37°42'$. Calcola l'area del parallelogramma.   [19,81]

256 Un rombo ha il lato che misura 5 e un angolo di $72°$. Calcolane l'area.   [23,78]

257 Un pentagono regolare ha il lato che misura 57. Calcola l'area.   [5589,83]

258 In un triangolo due lati consecutivi misurano 30 e 120 e l'angolo fra essi compreso misura $30°$. Trova la misura dell'ipotenusa di un triangolo rettangolo isoscele equivalente al triangolo dato.   [60]

259 In un triangolo acutangolo si sa che l'area è 387,5592 e che due lati consecutivi misurano rispettivamente 28,56 e 54,28. Calcola l'ampiezza dell'angolo compreso fra tali lati.   [30°]

260 Un triangolo ottusangolo ha un angolo di $125°$ e i due lati che lo comprendono rispettivamente di 18,25 e 10,3. Calcolane l'area.   [76,99]

261 In un parallelogramma i due lati consecutivi misurano 13,5 e 7,8 e l'angolo fra essi compreso misura $70°$. Calcola la misura del lato di un quadrato equivalente al parallelogramma dato.   [9,95]

262 In un triangolo ABC l'area misura $(1 + \sqrt{3})$ ed i due lati b e c rispettivamente 2 e $(\sqrt{6} + \sqrt{2})$. Determina l'ampiezza dell'angolo α compreso fra tali lati. Quante soluzioni ha il problema?   [135°, 45°]

263 I lati di un parallelogramma sono lunghi rispettivamente 15cm e 35cm e la sua area è 239,18cm². Calcola l'ampiezza degli angoli del parallelogramma. [27°6′8″; 152°53′52″]

264 Due lati di un triangolo di area 25cm² formano un angolo che misura 24°30′. Se uno dei due lati è 12cm, quanto misura l'altro lato? [10,05cm]

265 In un triangolo ABC di area 24m², il lato AB è lungo 8m, il lato AC è lungo 12m. Qual è l'ampiezza dell'angolo di vertice A? Quante soluzioni ha il problema? [30°; 120°]

Il teorema della corda

266 **ESERCIZIO GUIDA**

In una circonferenza di lunghezza 12π, determina la lunghezza di una corda il cui angolo al centro è di 45°.

Uno qualunque degli angoli alla circonferenza che insistono sulla corda AB è la metà del corrispondente angolo al centro:

$$\alpha = 45° : 2 = 22°30′$$

Il raggio della circonferenza è: $r = \dfrac{12\pi}{2\pi} = 6$

Applicando il teorema della corda abbiamo che:

$\overline{AB} = 2r \sin \alpha = 12\sin 22°30′ = 4,59$

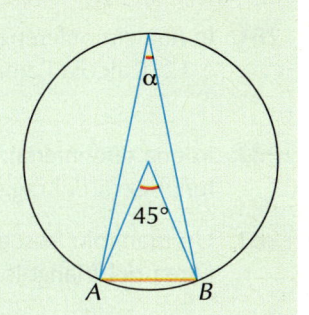

267 In una circonferenza di raggio 10 un angolo alla circonferenza di ampiezza 60° insiste su una corda AB. Calcola la lunghezza di AB. [$10\sqrt{3}$]

268 In una circonferenza di diametro 12 una corda sottende un angolo al centro di 108°. Determina la lunghezza della corda. [9,71]

269 In una circonferenza di raggio 26 una corda AB misura 40. Determina l'ampiezza dell'angolo acuto alla circonferenza corrispondente ad AB. [50°17′6″]

270 In una circonferenza una corda misura $4\sqrt{6}$ e l'angolo al centro ad essa corrispondente è di 120°. Calcola la lunghezza della circonferenza. [$8\sqrt{2}\pi$]

271 In una circonferenza di raggio $r = 2\sqrt{5}$ una corda misura $(5 + \sqrt{5})$. Calcola l'ampiezza del minore degli angoli al centro corrispondenti. [108°]

272 Una corda di una circonferenza è lunga 27cm e l'angolo al centro corrispondente è di 100°. Determina il diametro della circonferenza. [35,25cm]

273 Determina la lunghezza di una circonferenza sapendo che una sua corda misura 77,2 e un suo corrispondente angolo alla circonferenza ha ampiezza 80°20′. [246,02]

274 Determina la lunghezza di una circonferenza in cui una corda misura 36 e l'angolo al centro corrispondente ha ampiezza 46°32′. [286,31]

275 Determina il lato di un decagono regolare inscritto in una circonferenza di raggio 30cm. Calcola inoltre l'area del poligono. [$\ell = 18,54$cm; area $= 2645,03$cm²]

276 Un pentagono regolare ha il lato di 25cm. Determina il raggio della circonferenza circoscritta e l'area del pentagono stesso. [$r = 21,27$cm; area $= 1075,30$cm²]

277 Una corda AB di una circonferenza è i $\frac{5}{7}$ del diametro; calcola l'ampiezza dell'angolo (acuto) alla circonferenza che insiste su tale corda.

[$45°35'5''$]

278 Un triangolo è inscritto in una circonferenza di raggio 15,8cm e due dei suoi angoli misurano rispettivamente 57° e 63°. Calcola la lunghezza dei suoi lati e la sua area.

[28,16cm; 27,37cm; 26,50cm; area = 323,20cm²]

279 Dei tre lati di un triangolo inscritto in una circonferenza, il primo rappresenta il lato del quadrato inscritto e il secondo il lato del triangolo equilatero inscritto. Quanto misura il terzo lato se il raggio del cerchio è 8cm?

[15,45cm]

280 In un triangolo isoscele ABC la base BC è lunga 36cm e il coseno dell'angolo al vertice è uguale a $\frac{5}{8}$.

Dopo aver calcolato le ampiezze degli angoli del triangolo e la lunghezza dei lati obliqui, calcola l'area di ciascuno dei triangoli in cui la mediana BM divide il triangolo dato; quale teorema giustifica l'equivalenza dei due triangoli?

[41,57cm; 337,24cm²]

281 In una circonferenza di raggio 18 due corde consecutive AB e BC hanno lunghezze rispettivamente di 6 e 12. Calcola l'ampiezza dell'angolo compreso fra le due corde e l'area del triangolo ABC.

[angolo = $150°56'5'$; area = 17,49]

282 In una circonferenza è inscritto un poligono regolare di 12 lati il cui lato è lungo 24,2cm. Determina la lunghezza del raggio di tale circonferenza e l'area del poligono. [r = 46,75cm; area = 6556,91cm²]

283 Un triangolo isoscele acutangolo è inscritto in una circonferenza di raggio 10cm. Calcola il perimetro e l'area del triangolo sapendo che la base è uguale al raggio della circonferenza.

[$2p$ = 48,64cm; area = 93,30cm²]

I TRIANGOLI QUALSIASI

la teoria è a pag. 237

RICORDA

■ **Il teorema dei seni:** In un triangolo i lati sono proporzionali ai seni degli angoli opposti. Con le solite convenzioni, fra le misure dei lati e gli angoli del triangolo sussiste quindi la relazione:

$$\frac{a}{\sin \alpha} = \frac{b}{\sin \beta} = \frac{c}{\sin \gamma}$$

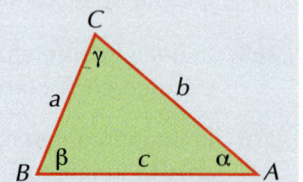

■ **Il teorema del coseno (o di Carnot):** In ogni triangolo, il quadrato della misura di un lato è uguale alla somma dei quadrati delle misure degli altri due lati diminuita del loro doppio prodotto moltiplicato per il coseno dell'angolo fra essi compreso. In simboli:

$$a^2 = b^2 + c^2 - 2bc \cos \alpha \qquad b^2 = a^2 + c^2 - 2ac \cos \beta \qquad c^2 = a^2 + b^2 - 2ab \cos \gamma$$

Comprensione

284 Di un triangolo sono note le misure di due lati e dell'angolo compreso. Quale teorema devi usare per calcolare la misura del terzo lato?

285 E' sempre possibile risolvere un triangolo se sono note le misure di:

a. un lato e l'angolo opposto a uno di essi   **b.** tre lati

c. due lati e un angolo qualsiasi   **d.** due lati e l'angolo fra essi compreso

e. un lato e i due angoli ad esso adiacenti   **f.** due lati.

286 Di un triangolo si conosce la misura a di un lato e quella degli angoli β e γ ad esso adiacenti; quali delle seguenti relazioni permette di trovare la misura b del lato opposto a β:

a. $b = \dfrac{a \sin \beta}{\sin \gamma}$ **b.** $\dfrac{a \sin (\beta + \gamma)}{\sin \beta}$ **c.** $\dfrac{a \sin \beta}{\sin (\beta + \gamma)}$ **d.** $\dfrac{a \sin \gamma}{\sin (\beta + \gamma)}$

287 Di un triangolo ABC sono assegnate le ampiezze degli angoli α e β e la misura c del lato fra essi compreso. Tracciata la bisettrice AD, con questi dati è possibile risolvere:

a. soltanto il triangolo ABC

b. il triangolo ABC e i due triangoli in cui esso rimane diviso dalla bisettrice

c. solo i triangoli ABC e ABD

d. solo i triangoli ABC e ACD

e. nessuno dei triangoli precedenti.

Applicazione

Il teorema dei seni

Di un triangolo ABC sono noti gli elementi indicati; rispondi alle richieste.

288 $a = 12$ $c = 10$ $\alpha = 30°$ trova $\sin \gamma$ $\left[\dfrac{5}{12}\right]$

289 $b = 6$ $\sin \beta = \dfrac{3}{4}$ $\sin \alpha = \dfrac{1}{3}$ trova a $\left[\dfrac{8}{3}\right]$

290 $c = 9$ $b = 8$ $\sin \beta = \dfrac{2}{5}$ trova $\sin \gamma$ $\left[\dfrac{9}{20}\right]$

291 $c = 10$ $b = 12$ $\sin \beta = \dfrac{3}{4}$ trova $\sin \gamma$ $\left[\dfrac{5}{8}\right]$

292 $b = 6$ $\sin \beta = \dfrac{5}{6}$ $\sin \alpha = \dfrac{2}{3}$ trova a $[4{,}8]$

293 $\alpha = 30°$ $\beta = 15°$ $a = 6$ trova b $[3(\sqrt{6} - \sqrt{2})]$

294 $a = 8$ $c = 15$ $\alpha = 30°$ trova $\sin \gamma$ $\left[\dfrac{15}{16}\right]$

295 $a = 2\sqrt{3}$ $b = 4$ $\cos \alpha = \dfrac{\sqrt{13}}{4}$ trova $\sin \beta$ $\left[\dfrac{1}{2}\right]$

296 $b = 12$ $\cos \beta = \dfrac{2}{3}$ $\sin \gamma = \dfrac{3}{4}$ trova c $\left[\dfrac{27\sqrt{5}}{5}\right]$

297 $b = 8$ $c = 10$ $\cos \beta = \dfrac{3}{4}$ trova $\cos \gamma$ $\left[\dfrac{9}{16}\right]$

298 $a = 15$ $\sin \alpha = \dfrac{3}{5}$ $\cos \gamma = \dfrac{1}{2}$ trova c $\left[\dfrac{25\sqrt{3}}{2}\right]$

299 Di un triangolo ABC si sa che $\widehat{BAC} = 52°$, $\widehat{ACB} = 45°$ e $AC = 10\,\text{cm}$. Trova le lunghezze degli altri lati del triangolo. $[BC = 7{,}94\,\text{cm}; \ AB = 7{,}12\,\text{cm}]$

300 Di un parallelogramma $ABCD$ si sa che $\widehat{DAB} = 60°$, il lato AB è $12\,\text{cm}$, la diagonale DB è $18\,\text{cm}$. Calcola il perimetro del parallelogramma. $[12(3 + \sqrt{6})\,\text{cm}]$

301 Di un triangolo ABC si sa che $\widehat{ACB} = 30°$, $\widehat{ABC} = 37°$, $\overline{AC} = 31{,}12$. Trova il perimetro e l'area del triangolo. $[2p = 104{,}58; \ \text{area} = 370{,}33]$

302 Del triangolo ABC sono noti: $\overline{AB} = 15\text{cm}$, $\overline{BC} = 23\text{cm}$, $\widehat{CAB} = 53°12'$. Determina la lunghezza del perimetro e la misura dell'area del triangolo.
$$[2p = 66,6\text{cm}; \text{area} = 171,76\text{cm}^2]$$

303 Nel triangolo ABC, $BC = 16\text{cm}$, $\tan \widehat{ACB} = \dfrac{\sqrt{15}}{7}$ e $\cos \widehat{ABC} = \dfrac{11}{16}$. Risali alle misure degli angoli e, dopo aver stabilito se il triangolo è acutangolo o ottusangolo, determina la lunghezza del perimetro e l'area della superficie.
$$[36\text{cm}; 46,48\text{cm}^2]$$

Il teorema di Carnot

Di un triangolo ABC sono noti gli elementi indicati; rispondi alle richieste.

304	$a = 10$	$b = 8$	$\gamma = 60°$	trova c	$\left[2\sqrt{21}\right]$
305	$b = 15$	$c = 4\sqrt{2}$	$\alpha = 45°$	trova a	$\left[\sqrt{137}\right]$
306	$a = 12$	$b = 9$	$c = 6$	trova $\cos \alpha$	$\left[-\dfrac{1}{4}\right]$
307	$a = 5\sqrt{2}$	$b = 8\sqrt{2}$	$c = 9$	trova $\cos \beta$	$\left[\dfrac{\sqrt{2}}{60}\right]$
308	$a = 5$	$b = 3$	$\gamma = 30°$	trova c	$\left[\sqrt{34 - 15\sqrt{3}}\right]$
309	$b = 3\sqrt{2}$	$c = 6$	$\alpha = 45°$	trova a	$\left[3\sqrt{2}\right]$
310	$a = 7$	$b = 10$	$c = 12$	trova α	$[35°39'33']$
311	$b = 2\sqrt{3}$	$c = 6$	$\sin \alpha = \dfrac{\sqrt{3}}{3}$	trova a	$[3,75]$
312	$a = 4$	$b = 8$	$c = 5\sqrt{3}$	trova β	$[67°3'48']$
313	$a = 6$	$c = 8$	$\tan \beta = \dfrac{4}{3}$	trova b	$\left[\dfrac{2\sqrt{265}}{5}\right]$

314 In un parallelogramma $ABCD$ i lati AB e AD sono lunghi rispettivamente 12cm e 8cm mentre la diagonale BD è lunga 15cm. Calcola un valore approssimato ai secondi delle ampiezze in gradi degli angoli del parallelogramma.
$$\left[\widehat{BAD} = 95°4'47''; \widehat{ADC} = 84°55'13''\right]$$

315 Di un triangolo ABC si sa che la mediana AM e il lato BC sono entrambi lunghi 16cm e che AM forma con MC un angolo di $120°$. Trova le lunghezze dei lati del triangolo, individuane la natura e calcolane l'area.
$$\left[\overline{AC} = 8\sqrt{7}\text{cm}; \overline{AB} = 8\sqrt{3}\text{cm}; \widehat{B} = 90°; \text{area} = 64\sqrt{3}\text{cm}^2\right]$$

316 In un triangolo isoscele ABC l'angolo di vertice C misura $120°$ e la base AB misura $18\sqrt{3}$. Considera due punti P e Q sul lato BC che lo dividono in tre parti uguali. Determina le lunghezze dei segmenti AP e AQ.
$$\left[\overline{AC} = \overline{BC} = 18; \overline{AQ} = 6\sqrt{13}; \overline{AP} = 6\sqrt{19}\right]$$

317 Di un triangolo ABC isoscele di base AB si sa che $\overline{AC} = 18$, e che $\sin \widehat{CAB} = \dfrac{1}{3}$. Calcola la misura della mediana BM e l'angolo α che tale mediana forma con la base.
$$\left[\overline{BM} = 3\sqrt{73}; \alpha = 6°43'17''\right]$$

318 Nel trapezio $ABCD$ la base maggiore AB è uguale alla diagonale DB ed entrambe sono lunghe 80cm. L'angolo $\widehat{DBA}$ misura $36°$ e la base minore DC è lunga 40cm. Trova il perimetro del trapezio e l'ampiezza dei suoi angoli.
$$\left[2p = 222,57\text{cm}; \widehat{A} = 72°; \widehat{B} = 62°15'55''; \widehat{C} = 117°44'5''; \widehat{D} = 108°\right]$$

Comprensione

319 Di un triangolo sono note le misure di due lati e dell'angolo tra essi compreso. Il problema ammette:
    a. due soluzioni
    b. una sola soluzione
    c. nessuna soluzione
    d. non è possibile rispondere perché non si conoscono le misure degli elementi indicati.

320 Di un triangolo sono note le misure dei tre lati. Si può dire che:
    a. è possibile che il problema non ammetta soluzioni   Ⓥ Ⓕ
    b. c'è sempre almeno una soluzione   Ⓥ Ⓕ
    c. è possibile che ci siano due soluzioni   Ⓥ Ⓕ
    d. tutte le precedenti affermazioni sono corrette.   Ⓥ Ⓕ

321 Si deve risolvere un triangolo; in quali dei seguenti casi potrebbero non esserci soluzioni?
    a. Sono note le misure di due lati e dell'angolo compreso.
    b. Sono note le misure di tre lati.
    c. Sono note le misure di due angoli e un lato.
    d. Sono note le misure di due lati e dell'angolo opposto a uno di essi.

322 Di un triangolo ABC si sa che $\overline{AB} = 10a$, $\overline{BC} = 8a$, $\widehat{BAC} = 45°$. Quanti triangoli esistono con queste caratteristiche?

Applicazione

Usando la calcolatrice risolvi i seguenti triangoli, essendo note le misure di due angoli e di un lato.

323 **ESERCIZIO GUIDA**

$a = 15$ $\alpha = 60°$ $\beta = 45°$

Per risolvere il triangolo dobbiamo trovare l'ampiezza dell'angolo γ, la lunghezza del lato b e la lunghezza del lato c. Poiché conosciamo due angoli del triangolo possiamo trovare il terzo

$$\gamma = 180° - (\alpha + \beta) = 180° - (60° + 45°) = 75°$$

Per calcolare b, applicando il teorema dei seni, possiamo scrivere:

$$\frac{a}{\sin \alpha} = \frac{b}{\sin \beta} \quad \text{da cui} \quad b = \frac{a \sin \beta}{\sin \alpha} = \frac{15 \sin 45°}{\sin 60°} = 12{,}25$$

Per calcolare c possiamo applicare indifferentemente il teorema dei seni o il teorema di Carnot.

Con il teorema dei seni: $\dfrac{c}{\sin \gamma} = \dfrac{a}{\sin \alpha} \;\Rightarrow\; c = \dfrac{a \sin \gamma}{\sin \alpha} = \dfrac{15 \sin 75°}{\sin 60°} = 16{,}73.$

Con il teorema di Carnot:

$$c = \sqrt{a^2 + b^2 - 2ab \cos \gamma} = \sqrt{15^2 + 12{,}25^2 - 2 \cdot 15 \cdot 12{,}48 \cdot \cos 75°} = 16{,}68.$$

324 $\alpha = 45°$ $\beta = 60°$ $a = 5\sqrt{2}$ $\left[\gamma = 75°; \; b = 5\sqrt{3}; \; c = \dfrac{5}{2}\left(\sqrt{6} + \sqrt{2}\right)\right]$

325	$\alpha = 15°$	$\gamma = 60°$	$b = 8$	$[\beta = 105°; a = 2{,}14; c = 7{,}17]$
326	$\beta = 75°$	$\alpha = 30°$	$a = 2{,}83$	$[\gamma = 75°; b = c = 5{,}47]$
327	$\alpha = 73°$	$\gamma = 52°20'$	$c = 84{,}3$	$[\beta = 54°40'; a = 101{,}84; b = 86{,}88]$
328	$\alpha = 75°$	$\gamma = 60°$	$b = 4$	$[\beta = 45°; a = 5{,}46; c = 4{,}90]$
329	$\alpha = 88°$	$\gamma = 33°20'$	$c = 172{,}78$	$[\beta = 58°40'; a = 314{,}23; b = 268{,}57]$
330	$\alpha = 60°58'$	$\gamma = 82°40'$	$a = 7{,}6$	$[\beta = 36°22'; b = 5{,}2; c = 8{,}7]$
331	$\alpha = 30°55'$	$\gamma = 76°20'$	$b = 28{,}6$	$[\beta = 72°45'; a = 15{,}39; c = 29{,}10]$
332	$\gamma = 7°43'$	$\beta = 15°13'$	$c = 53{,}94$	$[\alpha = 157°4'; a = 156{,}53; b = 105{,}44]$
333	$\alpha = 30°42'$	$\beta = 113°18'$	$c = 13{,}9$	$[a = 12{,}07; b = 21{,}72; \gamma = 36°]$

Usando la calcolatrice risolvi i seguenti triangoli, essendo noti due lati e l'angolo fra essi compreso.

334 **ESERCIZIO GUIDA**

$a = 20$ $\qquad$ $b = 13$ $\qquad$ $\gamma = 68°15'$

In base al teorema di Carnot puoi scrivere: $c^2 = a^2 + b^2 - 2ab \cos \gamma$ cioè $c = ...$

Dal teorema di Carnot puoi ricavare anche la misura dell'angolo β : $\cos \beta = \dfrac{a^2 + c^2 - b^2}{2\,ac}$

da cui $\cos \beta = ...$ cioè $\beta = ...$

Allora $\alpha = ...$

$[c = 19{,}40; \alpha = 38°29'29''; \beta = 73°15'31'']$

335	$b = 16{,}4$	$c = 13{,}8$	$\alpha = 52°4'$	$[a = 13{,}46; \beta = 73°57'34''; \gamma = 53°58'26'']$
336	$b = 18{,}63$	$c = 7{,}42$	$\alpha = 32°12'$	$[a = 12{,}97; \beta = 130°3'33''; \gamma = 17°44'57'']$
337	$b = 15{,}4$	$a = 28{,}7$	$\gamma = 116°45'$	$[c = 38{,}19; \alpha = 42°9'30''; \beta = 21°25'30'']$
338	$b = 1{,}64$	$a = 0{,}73$	$\gamma = 76°20'$	$[c = 1{,}63; \alpha = 25°48'; \beta = 77°52']$
339	$a = 27{,}82$	$c = 34{,}15$	$\beta = 68°32'$	$[b = 35{,}28; \alpha = 47°12'38''; \gamma = 64°15'22'']$
340	$a = 4{,}9$	$c = 5{,}8$	$\beta = 50°20'15''$	$[b = 4{,}62; \alpha = 54°32'56''; \gamma = 75°6'49'']$
341	$b = 14{,}9$	$c = 11{,}1$	$\alpha = 47°10'$	$[a = 10{,}97; \beta = 84°55'38''; \gamma = 47°54'22'']$
342	$b = 42{,}21$	$c = 18{,}96$	$\alpha = 28°38'$	$[a = 27{,}13; \beta = 131°48'16''; \gamma = 19°33'44'']$
343	$b = 12{,}9$	$a = 24{,}31$	$\gamma = 112°30'$	$[c = 31{,}58; \alpha = 45°19'44''; \beta = 22°10'16'']$
344	$b = 2{,}85$	$a = 1{,}54$	$\gamma = 76°20'$	$[c = 2{,}90; \alpha = 31°2'37''; \beta = 72°37'23'']$

Usando la calcolatrice risolvi i seguenti triangoli, essendo noti i 3 lati.

345 **ESERCIZIO GUIDA**

$a = 16$ $\qquad$ $b = 18$ $\qquad$ $c = 10$

Conoscendo b e c applicando il teorema di Carnot ricavi che:

$\cos \alpha = \ldots\ldots$ da cui $\alpha = \ldots\ldots$

Per determinare la misura di β puoi ricorrere ancora al teorema di Carnot oppure usare il teorema dei seni. Infine $\gamma = \ldots\ldots$ $[\alpha = 62°10'55''; \ \beta = 84°15'39''; \ \gamma = 33°33'26'']$

346 $a = 5{,}6$ $b = 3{,}5$ $c = 4{,}7$ $[\alpha = 84°48'11''; \ \beta = 38°29'38''; \ \gamma = 56°42'11'']$

347 $a = 42$ $b = 31$ $c = 44{,}6$ $[\alpha = 64°35'54''; \ \beta = 41°48'57''; \ \gamma = 73°35'9'']$

348 $a = 39{,}7$ $b = 159$ $c = 124{,}9$ $[\alpha = 8°16'21''; \ \beta = 144°48'24''; \ \gamma = 26°54'54'']$

349 $a = 91{,}3$ $b = 73$ $c = 89$ $[\alpha = 67°46'40''; \ \beta = 47°44'47''; \ \gamma = 64°28'33'']$

350 $a = 4{,}9$ $b = 3{,}7$ $c = 4{,}2$ $[\alpha = 76°22'40''; \ \beta = 47°12'37''; \ \gamma = 56°24'43'']$

351 $a = 125$ $b = 97$ $c = 134$ $[\alpha = 63°9'11''; \ \beta = 43°49'2''; \ \gamma = 73°1'47'']$

352 $a = \sqrt{3}$ $b = 1$ $c = 2$ $[\alpha = 60°; \ \beta = 30°; \ \gamma = 90°]$

353 $a = 40{,}6$ $b = 87{,}4$ $c = 94{,}5$ $[\alpha = 25°24'34''; \ \beta = 67°28'22''; \ \gamma = 87°7'4'']$

354 $a = 63$ $b = 54$ $c = 59$ $[\alpha = 67°36'6''; \ \beta = 52°25'4''; \ \gamma = 59°58'50'']$

355 $a = 15{,}3$ $b = 18{,}6$ $c = 37{,}2$ $[\text{impossibile}]$

Usando la calcolatrice risolvi i seguenti triangoli, conoscendo due lati e l'angolo opposto ad uno di essi. (Suggerimento: ricorda che in questo caso il problema: non ha soluzioni se $a < b \sin \alpha$; ha una sola soluzione se $a \geq b$; ha due soluzioni se $b \sin \alpha \leq a < b$)

356 **ESERCIZIO GUIDA**

$a = 9$ $b = 12$ $\alpha = 45°$

Disegniamo l'angolo α e prendiamo il segmento b su uno dei suoi lati.

Affinché il triangolo esista, il lato a deve essere lungo almeno come l'altezza h del triangolo:

$$h = b \sin \alpha = 12 \frac{\sqrt{2}}{2} = 6\sqrt{2}$$

Poiché $9 > 6\sqrt{2}$ il problema ammette soluzione. Inoltre, essendo $a < b$, esistono due triangoli che soddisfano alle richieste.

Risolviamo il triangolo ABC:

$a : \sin \alpha = b : \sin \beta \quad \rightarrow \quad \sin \beta = \dfrac{b \sin \alpha}{a} = \dfrac{2\sqrt{2}}{3} \quad \rightarrow \quad \beta = 70°31'44''$

$\gamma = 180° - 45° - 70°31'44'' = 64°28'16''$

$a : \sin \alpha = c : \sin \gamma \quad \Rightarrow \quad c = \dfrac{a \sin \gamma}{\sin \alpha} \quad \rightarrow \quad c = 11{,}49$

Risolviamo il triangolo $AB'C$:

$\beta' = 180° - \beta = 109°28'16''$ $\gamma' = 25°31'44''$ $c' : \sin \gamma' = a : \sin \alpha \rightarrow c' = \dfrac{a \sin \gamma'}{\sin \alpha} = 5{,}49$

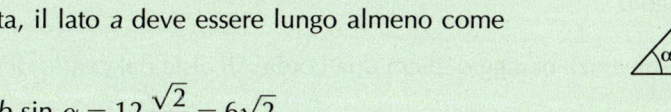

357 $a = 38,8$ $\qquad$ $b = 24,46$ $\qquad$ $\alpha = 43°44'$ $\qquad$ $[c = 52,59;\ \beta = 25°50'12'';\ \gamma = 110°25'48'']$

358 $a = 34,5$ $\qquad$ $b = 69,5$ $\qquad$ $\alpha = 21°15'$
$[c_1 = 88,35;\ \beta_1 = 46°53'50'';\ \gamma_1 = 111°51'10'';\ c_2 = 41,20;\ \beta_2 = 133°6'10'';\ \gamma_2 = 25°38'50'']$

359 $a = 15,76$ $\qquad$ $c = 10,44$ $\qquad$ $\gamma = 80°20'$ $\qquad$ [nessuna soluzione]

360 $a = 3,97$ $\qquad$ $c = 12,49$ $\qquad$ $\alpha = 8°20'$
$[b_1 = 15,89;\ \gamma_1 = 27°7'38'';\ \beta_1 = 144°32'22'';\ b_2 = 8,82;\ \gamma_2 = 152°52'22'';\ \beta_2 = 18°47'38'']$

361 $b = 52,2$ $\qquad$ $c = 75,7$ $\qquad$ $\gamma = 128°16'$ $\qquad$ $[a = 31,32;\ \alpha = 18°57'15'';\ \beta = 32°46'45'']$

362 $a = 10$ $\qquad$ $b = 25,7$ $\qquad$ $\alpha = 35°$ $\qquad$ [nessuna soluzione]

363 $a = 17,25$ $\qquad$ $c = 34,75$ $\qquad$ $\alpha = 21°14'$
$[b_1 = 44,19;\ \beta_1 = 111°54'55'';\ \gamma_1 = 46°51'5'';\ b_2 = 20,59;\ \beta_2 = 25°37'5'';\ \gamma_2 = 133°8'55'']$

364 $b = 15,5$ $\qquad$ $c = 32,7$ $\qquad$ $\beta = 54°$ $\qquad$ [nessuna soluzione]

Problemi riassuntivi sui triangoli

Problemi di geometria da risolvere con l'uso della calcolatrice scientifica.

365 In un triangolo due lati misurano 20,3 e 17,55. Determina l'ampiezza dell'angolo opposto al primo lato sapendo che l'angolo opposto al secondo misura 41°10'. Quante soluzioni ha il problema?
[49°35'15''; 130°24'45'']

366 In un triangolo un lato misura 100 e gli angoli ad esso adiacenti misurano 34°30' e 60°34'. Calcola la misura degli altri due lati, l'ampiezza del terzo angolo e l'area del triangolo.
[56,86; 87,43; 84°56'; area = 2476,04]

367 In un parallelogramma $ABCD$ l'angolo $\widehat{DAB}$ è di 45° e la diagonale DB misura 12. Calcola l'area del parallelogramma sapendo che la misura dell'altezza è $4\sqrt{2}$. [91,87]

368 Un parallelogramma ha i lati consecutivi che misurano 84 e 26 e la sua area è 1092. Trova le ampiezze dei suoi angoli. [30°; 150°]

369 In una circonferenza di raggio 25cm una corda AB dista dal centro di un segmento uguale ai $\frac{3}{5}$ del raggio. Determina l'ampiezza dell'angolo acuto formato dalla corda con la tangente alla circonferenza in un estremo della corda stessa. [53°7'48'']

370 In un triangolo inscritto in una circonferenza di raggio 3 la misura di un lato è 4,87 e uno degli angoli ad esso adiacenti misura 13°10'. Determina il perimetro del triangolo. [11,78]

371 In un trapezio isoscele la base maggiore misura 9, la minore misura 6 e l'altezza misura 3,6. Calcola l'ampiezza degli angoli del trapezio e la lunghezza del lato obliquo. [67°22'49''; 112°37'11''; 3,9]

372 In un triangolo ABC il lato AB misura 54, la mediana CD relativa al lato AB misura 31,5 e l'angolo $\widehat{A}$ misura 50°. Calcola il perimetro e l'area del triangolo ABC. [2p = 137,97; area = 850,29]

373 In una circonferenza di raggio 32 è inscritto un triangolo i cui angoli sono proporzionali ai numeri 7, 13, 25. Determina le lunghezze dei suoi lati. [30,05; 63,03; 50,43]

374 In un trapezio rettangolo l'angolo acuto adiacente alla base maggiore è di 58°, la diagonale minore misura 7 e il lato obliquo 8. Calcola il perimetro e l'area del trapezio. [2p = 22,46; area = 26,06]

375 Un punto P esterno ad una circonferenza di centro O, dista dal centro 39cm. Indicato con A il punto di contatto di una tangente condotta da P alla circonferenza, l'angolo $\widehat{OPA}$ misura 22°37′22″. Calcola la misura del raggio della circonferenza. [15]

376 In un trapezio isoscele $ABCD$ la base maggiore AB misura 65cm, il lato obliquo AD misura 23cm e l'angolo $\widehat{DAB}$ è 72°. Calcola la lunghezza delle diagonali ed il perimetro del trapezio.
$$[\overline{DB} = 61{,}89; \overline{DC} = 50{,}79]$$

377 In un trapezio isoscele il lato obliquo misura 20 e forma con la base maggiore un angolo di 53°. Sapendo che la diagonale del trapezio misura 34, determina la misura delle due basi e dell'altezza.
[base maggiore = 42,05; base minore = 17,98; altezza = 15,97]

378 In una circonferenza il diametro AB misura 130. Considera due punti C e D sulla circonferenza, simmetrici rispetto ad AB. Calcola l'area del quadrilatero $ACBD$ sapendo che $\widehat{BAC} = 24°2′$. [6 286,15]

379 In un quadrilatero $ABCD$ sappiamo che $\overline{AB} = 60$, $\overline{BC} = 68$, $\overline{CD} = 44$, $\overline{AD} = 50$, $\widehat{ABC} = 80°$. Determina le ampiezze degli altri angoli e l'area del quadrilatero.
(Suggerimento: dividi il quadrilatero in due triangoli tracciando la diagonale AC)
$$[\widehat{A} = 80°57′19″; \widehat{C} = 76°26′17″; \widehat{D} = 122°36′24″; \text{area} = 2935{,}64]$$

380 Da un punto P esterno ad una circonferenza conduci le tangenti e indica con A e B i punti di tangenza. Congiungendo il punto P con il centro O della circonferenza, l'angolo $\widehat{OPA}$ misura 44°. Sapendo che PO misura 95, determina la lunghezza della corda AB. [94,94]

381 Di un quadrilatero $ABCD$ si sa che il lato AB misura 90, la diagonale AC misura 75 e la diagonale BD misura 68. Determina il perimetro del quadrilatero sapendo che $\widehat{CAB} = 40°$ e $\widehat{DBA} = 20°$. [223,2]

382 Un quadrilatero $ABCD$ è inscritto in una circonferenza di raggio r. Sapendo che i lati AB e CD sottendono un angolo al centro di 90° e che il lato BC sottende un angolo al centro di 60° calcola:

a. le ampiezze degli angoli del quadrilatero $\quad [\widehat{B} = \widehat{C} = 105°; \widehat{A} = \widehat{D} = 75°]$

b. le misure delle diagonali $\quad [\overline{AC} = \overline{BD} = 1{,}93r]$

c. il perimetro e l'area del quadrilatero. $\quad [2p = 5{,}56r; \text{area} = 1{,}87r^2]$

383 Un triangolo isoscele ha l'area di 2348m^2 e l'angolo al vertice ha ampiezza 32°58′. Calcola la lunghezza dei lati del triangolo. $\quad [b = c = 92{,}9\text{m}; a = 52{,}72\text{m}]$

384 In un trapezio isoscele $ABCD$ di base maggiore AB, la diagonale AC è bisettrice dell'angolo acuto di vertice A e misura 120; ognuno dei lati obliqui misura 72. Calcola il perimetro del trapezio e l'ampiezza di ciascuno dei suoi angoli. $\quad [2p = 344; \alpha = 67°6′53″; \gamma = 112°53′7″]$
(Suggerimento: osserva che il triangolo ADC è isoscele perché .....)

385 Di un quadrilatero convesso $ABCD$ si sa che $AB = 15$m, $BC = 12$m, $CD = 18$m ed inoltre $\widehat{ABC} = 120°$ e $\widehat{BCD} = 85°$. Calcola la misura del lato AD e l'area del quadrilatero. $\quad [AD = 18{,}6\text{m}; \text{area} = 242{,}58\text{m}^2]$

386 Un triangolo isoscele il cui lato è 15 ha l'area che misura 67,704. Calcola l'ampiezza degli angoli del triangolo ed il suo perimetro. $\quad [37°; 71°30′; 2p = 39{,}52]$

387 In un trapezio scaleno la base maggiore misura 12,04 e la minore 7,65. Un lato obliquo misura 4,8 e forma con la base maggiore un angolo di 48°27′. Calcola la misura dell'altro lato obliquo e quella degli altri angoli del trapezio. $\quad$ [lato obliquo = 3,79; 131°33′; 108°33′45″; 71°26′15″]

388 Del trapezio rettangolo $ABCD$ si conoscono: $\widehat{A} = \widehat{D} = 90°$, $\widehat{B} = 30°$, $\cos \widehat{CAB} = \dfrac{3}{5}$ e la base maggiore $AB = 39$cm. Determina la lunghezza del perimetro e l'area del trapezio.

[97,92cm; 398,98cm²]

389 I lati del triangolo ABC sono lunghi 4cm, 5cm e $\sqrt{5}$cm. Calcola la lunghezza delle tre mediane e l'area del triangolo.

[2,06cm; 4,39cm; 3,32cm; 4,36cm²]

390 I lati AB e AC del triangolo ABC sono lunghi rispettivamente 4cm e 5cm, mentre l'angolo fra essi compreso è ampio 60°. Risolvi il triangolo determinando gli elementi incogniti e, successivamente, calcola le lunghezze della bisettrice AK relativa all'angolo di vertice A e dei due segmenti in cui essa divide il lato su cui cade.

$[\overline{BC} = 4{,}58; \overline{AK} = 3{,}85; \overline{CK} = 2{,}04; \overline{BK} = 2{,}55]$

391 I lati del triangolo ABC sono lunghi 12cm, 6cm, $6\sqrt{3}$cm. Calcola la lunghezza delle tre bisettrici e l'area del triangolo.

[5,38cm; 10,76cm; 6,93cm; 31,18cm²]

Problemi che richiedono l'applicazione dei teoremi sui triangoli

392 La pendenza di una strada viene definita, in termini percentuali, come il rapporto tra l'innalzamento verticale e l'avanzamento orizzontale. Qual è l'angolo di inclinazione, approssimato al centesimo di grado, se la strada ha una pendenza del:

a. 40% **b.** 20% **c.** 100% [21,80°; 11,31°; 45°]

393 Determina l'inclinazione percentuale di una strada che forma un angolo di 37° con il piano orizzontale.

[≈ 75%]

394 Una strada con pendenza costante ha un angolo di inclinazione di 15°. Quanto sale lungo un percorso di 1500 m?

[≈ 388m]

395 Il tetto di un pergolato è sostenuto da quattro colonne alte 2,5m; visto di fronte la forma del tetto è triangolare con i due spioventi che hanno la stessa lunghezza di 4,8m. Quanto dista dal pavimento il punto più alto del tetto se l'inclinazione dei due spioventi è di 12° rispetto al piano orizzontale? [≈ 3,5m]

396 Ponendosi a 30m dalla base di un albero, la sua cima è vista sotto un angolo di 24°30'. Determina l'altezza dell'albero.

[≈ 13,67m]

397 Due pozzi che si trovano a 800m di distanza devono essere messi in comunicazione da una condotta; il primo raggiunge una profondità di 120m, il secondo di 55m. Quanto deve essere lunga la condotta e che inclinazione deve avere? [≈ 803 metri; 4°38'42"]

398 Un ripetitore è posto su una base di altezza AB. Un osservatore O che dista 20m dalla base vede l'estremità superiore della base sotto un angolo $\alpha = 30°$ e la cima del ripetitore sotto un angolo $\beta = 60°$ (osserva la figura). Qual è l'altezza del ripetitore?

$\left[h = \dfrac{40\sqrt{3}}{3} \right]$

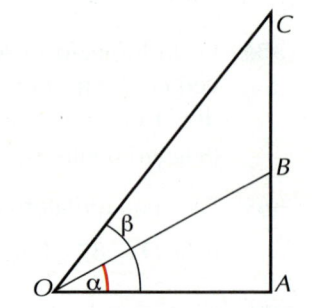

399 Un faro alto 5m si trova sulla cima di un promontorio a picco sul mare alto 120m; una nave vede la luce del faro sotto un angolo di elevazione di 18°. Quanto dista la nave dalla base del promontorio? [≈ 385m]

400 Le sponde opposte di un fiume sono collegate da un ponte che forma un angolo di 23° con la linea delle sponde ed è lungo 215m. Qual è la larghezza del fiume in quel tratto? [≈ 84m]

401 Un bambino sta osservando un elicottero che si alza verticalmente ad una distanza orizzontale di 400m da lui. L'angolo di elevazione sotto cui viene osservato l'elicottero ad un certo istante è di 38°. Calcola l'altezza a cui si trova l'elicottero. [≈ 312,5m]

402 Un aereo si sta alzando in volo con un angolo di elevazione di 25° e percorre in questo modo 800m; successivamente diminuisce l'inclinazione riducendola a 18° per altri 1500m. A che quota si trova dopo queste operazioni? [≈ 802m]

403 Uno dei grandi alberghi di Las Vegas, lo Stratosphere, ha una torre alta 350 metri dalla quale si gode una splendida vista sulla città. Da uno dei cannocchiali posti in cima alla torre si vede la cima di un grattacielo alto 210 metri che si trova a 2300 metri di distanza dalla base della torre. Sotto quale angolo di depressione è necessario puntare il cannocchiale per vedere la cima del grattacielo? e per vedere la sua base? [3°29'; 8°39'9"]

404 Un aereo che si trova ad una altezza di 6000m scende per 15km con un angolo di 9°30' rispetto all'orizzontale. Qual è la sua nuova altitudine quando riassume l'andatura normale di volo? [≈ 3524m]

405 In un parco giochi un'altalena ha le funi lunghe 4,5m e il seggiolino, quando le funi sono verticali, si trova a 50cm da terra. A quale altezza dal suolo si trova il seggiolino quando le funi formano un angolo di 38° con la verticale? [≈ 1,45m]

406 Una struttura di sostegno è costruita con due lastre parallele di acciaio poste a distanza di 2m una dall'altra; per mantenere costante la distanza e dare stabilità alla struttura, sui bordi laterali delle due lastre vengono fissate delle aste inclinate di 50° rispetto alle lastre stesse come illustrato in figura. Quante aste occorre sistemare e di quale lunghezza se le lastre sono alte circa 10m? [6 lastre lunghe 2,61m]

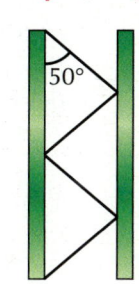

407 Un bambino vede la cima di un albero sotto un angolo di 30°. Se si avvicina di 10m alla base dell'albero l'angolo diventa di 60°. Quanto è alto l'albero? $[5\sqrt{3}m]$

408 Durante una corsa campestre un ragazzo deve andare da A a B come in figura. Per evitare un tratto fangoso segue il percorso A-C-B in cui $\widehat{CAB} = 20°$ e $\widehat{CBA} = 40°$. Di quanto allunga la strada sapendo che $AC = 340m$? [≈ 63m]

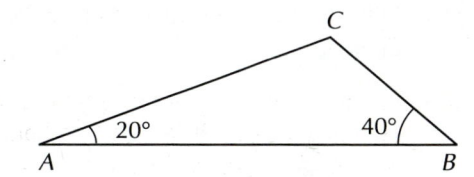

409 Due treni partono dalla stessa stazione ferroviaria nello stesso istante lungo rotaie rettilinee che formano fra loro un angolo di 60°. Il primo viaggia a 30km/h e il secondo a 60km/h. A quale distanza l'uno dall'altro si trovano i due treni dopo un'ora? $[d = 30\sqrt{3}]$

410 Una piccola barca si sposta nel lago sotto l'azione di due spinte, una esercitata dal motore l'altra dal vento. La prima le imprime una velocità di 4m/s, l'altra di 0,6m/s e formano fra loro un angolo di 45°. Qual è la velocità con cui si sposta la barca? Quale la sua inclinazione rispetto alla velocità imposta dal motore? [4,44m/s; 5°29']

Per la verifica delle competenze

1 Il miglio marino è la lunghezza dell'arco di 1' di meridiano terrestre. Calcolane la lunghezza in metri, supponendo che la Terra sia perfettamente sferica e che la circonferenza massima sia lunga 40000km.
[1851,85m; nel 1929 l'International Hydrographic Bureau ha definito il miglio marino pari a 1852m]

2 Calcola, senza l'uso della calcolatrice, il valore di $\sin^2 22° + \sin^2 68°$. [1]

3 Dimostra che l'area di un quadrilatero è $\frac{1}{2}$ del prodotto delle sue diagonali per il seno di uno degli angoli fra esse compreso.

4 Secondo il codice della strada il segnale di *salita ripida* (figura a lato) preavverte di un tratto di strada con pendenza tale da costituire pericolo. La pendenza vi è espressa in percentuale e nell'esempio è 10%. Se si sta realizzando una strada rettilinea che, con un percorso di 1,2km, supera un dislivello di 85m, qual è la sua inclinazione (in gradi sessagesimali)? Quale la percentuale da riportare sul segnale? $[4°3'43''; 7\%]$

5 Il comandante di una nave decide di raggiungere il porto B partendo dal punto A e seguendo un percorso rettilineo. A causa di un errore, però, la nave inizia la sua navigazione lungo una rotta leggermente diversa da quella prevista. Dopo 5 ore ci si accorge dello sbaglio e il comandante ordina di virare di un angolo di 23° in modo da dirigere ora esattamente verso il porto B, che viene raggiunto dopo 3 ore. Se l'imbarcazione ha mantenuto sempre una velocità costante, quanto tempo si è perso a causa dell'errore?

[9 minuti]

6 In cima ad una roccia a picco sulla riva di un fiume è stata costruita una torretta d'osservazione alta 11 metri. Le ampiezze degli angoli di depressione per un punto situato sulla riva opposta del fiume, misurate rispettivamente dalla base e dalla sommità della torretta, sono pari a 18° e 24°. Si determini la larghezza del fiume in quel punto.

[91,4m]

Risultati di alcuni esercizi.

1 a. π **b.** $\dfrac{\pi}{2}$, **c.** 2π **2 a.** $y = x \cdot \dfrac{\pi}{180°}$; **b.** $x = y \cdot \dfrac{180°}{\pi}$ **3 c.**   **4 a.** ①, **b.** ②

5 b.   **35 a.** V, **b.** F, **c.** V, **d.** F   **36 b.**   **37 a.** V, **b.** V, **c.** F, **d.** V

38 b., c.   **39 a.** F, **b.** F, **c.** V, **d.** V   **71 a., d.**   **72 a., d.**   **73 b., d.**

75 $\sin \alpha = \dfrac{\sqrt{21}}{5}$, $\tan \alpha = -\dfrac{\sqrt{21}}{2}$ **76** $\sin \alpha = -\dfrac{2\sqrt{5}}{5}$, $\cos \alpha = -\dfrac{\sqrt{5}}{5}$

77 $\sin \alpha = -\dfrac{4}{\sqrt{17}}$, $\cos \alpha = \dfrac{1}{\sqrt{17}}$ **78** $\cos \alpha = -\dfrac{2}{3}\sqrt{2}$, $\tan \alpha = \dfrac{\sqrt{2}}{4}$

79 $\sin \alpha = -\dfrac{\sqrt{23}}{5}$, $\tan \alpha = -\sqrt{\dfrac{23}{2}}$ **80** $\sin \alpha = \dfrac{3}{2}\sqrt{\dfrac{3}{7}}$, $\cos \alpha = -\dfrac{1}{2\sqrt{7}}$

81 $\cos \alpha = -\dfrac{1}{\sqrt{5}}$, $\tan \alpha = 2$ **82** $\sin \alpha = -\dfrac{2}{\sqrt{15}}$, $\tan \alpha = -\dfrac{2}{\sqrt{11}}$

102 a. F, **b.** V, **c.** F, **d.** V, **e.** F, **f.** F   **133 a., c.**   **173** $\dfrac{1}{2}$

174 a. $\dfrac{\sqrt{3}}{2}$; **b.** -1; **c.** $-\dfrac{\sqrt{3}}{2}$ **175 a.** $-\dfrac{1}{2}$, **b.** $-\dfrac{1}{2}$, **c.** 1

176 a. $-\dfrac{1}{2}$, **b.** $\dfrac{\sqrt{2}}{2}$, **c.** $-\sqrt{3}$ **177 a.** $-\dfrac{\sqrt{2}}{2}$, **b.** $-\dfrac{\sqrt{3}}{2}$, **c.** $\sqrt{3}$

186 a., b., d.   **188 c., d.**   **189 a., c.**   **190 b., c., g., h.**   **249** $d \sin \dfrac{\vartheta}{2}$

250 a. $2r \sin 45° = r\sqrt{2}$, **b.** $2r \sin 60° = r\sqrt{3}$, **c.** $2r \sin 30° = r$, **d.** $2r \sin 36° = 1,18r$,
   e. $2r \sin 22°30' = 0,77r$, **f.** $2r \sin 18° = 0,62r$

251 a.   **285 b.** solo se i lati soddisfano le disuguaglianze triangolari, **c., d., e.**   **286 c.**

287 b.   **319 b.**   **320 a.** V, **b.** F, **c.** F, **d.** F   **321 b., d.**

322 2 triangoli

Test finale di autovalutazione

CONOSCENZE

1 Se $\cos \alpha = -\dfrac{2}{7}$ e $90° < \alpha < 180°$, allora:

a. $\sin \alpha$ è uguale a: ① $\dfrac{3\sqrt{5}}{7}$ ② $-\dfrac{3\sqrt{5}}{7}$ ③ $\dfrac{5\sqrt{3}}{7}$

b. $\tan \alpha$ è uguale a: ① $\dfrac{3\sqrt{5}}{2}$ ② $-\dfrac{3\sqrt{5}}{2}$ ③ $-\dfrac{5\sqrt{3}}{2}$

8 punti

2 Sapendo che $\sin \alpha = \dfrac{3}{4}$ e che α è un angolo acuto, indica quali fra le seguenti uguaglianze sono vere:

a. $\sin (180° + \alpha) = -\dfrac{3}{4}$ **b.** $\sin (90° - \alpha) = \dfrac{3}{4}$ **c.** $\sin (180° - \alpha) = \dfrac{3}{4}$ **d.** $\sin (270° + \alpha) = -\dfrac{\sqrt{7}}{4}$

10 punti

3 Sapendo che $\tan \alpha = 4$ e che α è un angolo acuto, indica quali fra le seguenti uguaglianze sono vere:

a. $\tan (\pi + \alpha) = -4$ **b.** $\tan\left(\dfrac{\pi}{2} - \alpha\right) = \dfrac{1}{4}$ **c.** $\tan\left(\dfrac{3}{2}\pi + \alpha\right) = -\dfrac{1}{4}$ **d.** $\tan (\pi - \alpha) = 4$

10 punti

4 Considerato il triangolo rettangolo in figura, indica quali fra le seguenti uguaglianze sono vere e quali sono false:

a. $p = m \cos \beta$ Ⓥ Ⓕ

b. $m = p \sin \alpha$ Ⓥ Ⓕ

c. $\tan \beta = \dfrac{n}{m}$ Ⓥ Ⓕ

d. $m = n \tan \beta$ Ⓥ Ⓕ

e. $\tan \alpha = \dfrac{n}{m}$ Ⓥ Ⓕ

f. $\sin \alpha = \dfrac{p}{m}$ Ⓥ Ⓕ

g. $\cos \alpha = \dfrac{n}{p}$ Ⓥ Ⓕ

h. $m = p \cos \beta$ Ⓥ Ⓕ

12 punti

5 Di un triangolo si sa che due lati misurano rispettivamente 6 e 4 e che l'angolo fra essi compreso è di 60°; la sua area è:

a. 12 **b.** $24\sqrt{3}$ **c.** $6\sqrt{3}$ **d.** $3\sqrt{3}$

8 punti

6 Un rombo di lato ℓ ha l'angolo acuto di ampiezza α tale che $\cos \alpha = \dfrac{1}{3}$; la sua area è uguale a:

a. $\dfrac{2\sqrt{2}}{3}\ell^2$ **b.** $\dfrac{\sqrt{2}}{3}\ell^2$ **c.** $\dfrac{1}{3}\ell^2$ **d.** $\dfrac{2}{3}\ell^2$

10 punti

7 In una circonferenza di raggio 10 una corda misura 4; l'angolo al centro che insiste su di essa misura:

    a. $11°32'13''$ **b.** $23°4'26''$ **c.** $5°46'7''$ **d.** non si può determinare

    8 punti

8 Di un triangolo si sa che i lati misurano rispettivamente 4, 8, 3; si può dire che:

    a. un angolo misura $45°$
    b. il triangolo non esiste
    c. ci sono due triangoli che hanno queste caratteristiche

    6 punti

9 Di un triangolo si sa che due lati misurano rispettivamente 10 e 12 e che l'angolo opposto a quello di misura 10 è ampio $60°$; di esso si può dire che:

    a. l'angolo opposto al lato di misura 12 è ampio $65°$
    b. c'è solo un triangolo che ha queste caratteristiche
    c. il triangolo non esiste
    d. ci sono due triangoli che hanno queste caratteristiche.

    6 punti

10 L'angolo che permette ad un osservatore che si trova a 3km di distanza dalla base di un promontorio di vederne la sommità che è a 400m dal livello del suolo è:

    a. $82°24'19''$ **b.** $7°35'41''$ **c.** $35°7'41''$ **d.** $82°20'16''$

    12 punti

Esercizio	1	2	3	4	5	6	7	8	9	10	Totale
Punteggio											

Voto: $\dfrac{\text{totale}}{10} + 1 =$

ABILITÀ

1 Calcola il valore delle seguenti espressioni:

    a. $\dfrac{\tan 60° - 3\tan 30° - \sqrt{2}\tan 45° + 10\sin 45°}{2\sin 60° - 3\tan 60° + 6\cos 30° + 6\sqrt{3}\cos 60°}$

    b. $\dfrac{\tan \dfrac{\pi}{3} - \sqrt{3}\sin \dfrac{2}{3}\pi + 2\sqrt{3}\sin \dfrac{3}{2}\pi + 2\cos \dfrac{\pi}{6}}{\tan \dfrac{\pi}{4} - \cos \dfrac{\pi}{6} + \sin \dfrac{\pi}{3}}$

    6 punti

2 Sapendo che $\sin \alpha = \dfrac{1}{4}$ e che $90° < \alpha < 180°$, trova i valori delle altre funzioni goniometriche.

    4 punti

3 Semplifica le seguenti espressioni goniometriche:

    a. $\dfrac{\tan \alpha}{\sin \alpha - 1} + \dfrac{1}{\cos \alpha - \sin \alpha \cos \alpha}$

    b. $\sin \alpha \cos \alpha + \dfrac{\sin^3 \alpha}{\cos \alpha} - \tan \alpha$

c. $\dfrac{[\cos (90° + \alpha) + \cos (180° - \alpha)]^2 + 2\cos (90° + \alpha) \sin (90° - \alpha)}{[\sin (180° - \alpha) + \sin (90° + \alpha)]^2 + 2\sin (270° + \alpha) \sin (180° - \alpha)}$

d. $\dfrac{\sin^3\alpha + \cos^3\alpha}{1 - \sin \alpha \cos \alpha} - \dfrac{(\sin \alpha + \cos \alpha)^2 - \sin \alpha \cos \alpha}{\sin^3\alpha - \cos^3\alpha}$

16 punti

4 L'area di un triangolo rettangolo è 60cm² e un cateto è lungo 15cm. Quanto misurano i suoi angoli acuti?

6 punti

5 Risolvi il seguente triangolo e calcolane l'area: $a = 15\sqrt{3}$, $b = 15$, $\beta = 30°$.

10 punti

6 Usando la calcolatrice scientifica, risolvi i seguenti triangoli:

a. $a = 2\sqrt{2}$ $b = 2\sqrt{3}$ $c = 2$

b. $a = 36$ $c = 37$ $\beta = 48°$

16 punti

7 In un triangolo isoscele la base misura 48 e l'angolo al vertice misura $56°28'$. Determina il suo perimetro.

8 punti

8 Un triangolo ABC rettangolo in A è circoscritto a una semicirconferenza di raggio $r = 10$cm, la sua ipotenusa BC appartiene alla retta del diametro e l'angolo di vertice B è ampio $72°$. Calcola il perimetro e l'area del triangolo.

10 punti

9 Un campanile, quando viene colpito dai raggi solari inclinati di $45°$ sul piano orizzontale, proietta un'ombra che si allunga di 20m quando i raggi assumono una inclinazione di $30°$. Determina l'altezza del campanile.

10 punti

10 Una strada ha pendenza costante e l'angolo di inclinazione è di $19°$; di quanto sale in un tratto di due chilometri?

4 punti

Esercizio	1	2	3	4	5	6	7	8	9	10	Totale
Punteggio											

Voto: $\dfrac{\text{totale}}{10} + 1 =$

Soluzioni

CONOSCENZE

1 a. ①, b. ②   **2** a., c., d.   **3** b., c.   **4** a. F, b. V, c. V, d. F, e. F, f. F, g. V, h. V

5 c.   **6** a.   **7** b.   **8** b.   **9** c.   **10** b.

ABILITÀ

1 a. $\dfrac{\sqrt{6}}{3}$, b. $-\dfrac{3}{2}$

2 $\cos \alpha = -\dfrac{\sqrt{15}}{4}$, $\tan \alpha = -\dfrac{\sqrt{15}}{15}$

3 a. $\dfrac{1}{\cos \alpha}$, b. 0, c. 1, d. $\dfrac{-2\cos^2\alpha}{\sin \alpha - \cos \alpha}$

4 $28°4'21''$ e $61°55'39''$

5 due soluzioni: $c = 30$; $\alpha = 60°$; $\gamma = 90°$; area $= \dfrac{225\sqrt{3}}{2}$

$c = 15$; $\alpha = 120°$; $\gamma = 30°$; area $= \dfrac{225\sqrt{3}}{4}$

6 a. $\alpha = 54°44'8''$, $\beta = 90°$, $\gamma = 35°15'52''$;   b. $b = 29{,}71$, $\alpha = 64°15'27''$, $\gamma = 67°44'33''$

7 149,47   **8** $2p = 96{,}90$; area $= 270{,}17$

9 27,32m   **10** $\approx 651\,\text{m}$

ESERCIZI CAPITOLO 2

I vettori

SCALARI, VETTORI E OPERAZIONI

la teoria è a pagg. 250 e 252

> **RICORDA**
>
> ■ Una **grandezza scalare** è individuata da un numero che rappresenta la sua misura rispetto all'unità pre-fissata.
>
> ■ Una **grandezza vettoriale** è individuata da tre caratteristiche:
> - la *direzione*, cioè la retta lungo cui agisce
> - il *verso* che indica il senso di percorrenza sulla retta
> - il *modulo* che è il valore numerico associato alla grandezza.

Comprensione

1 Indica quali fra le seguenti grandezze sono scalari (S) e quali vettoriali (V).
a. l'area di una figura piana
b. il tempo
c. uno spostamento
d. una massa
e. una forza
f. una velocità.

2 Se un vettore $\vec{a}$ ha modulo 2 e un vettore $\vec{b}$ ha modulo 5, il vettore $\vec{a} + \vec{b}$ ha modulo:

a. 7 **b.** 3 **c.** 0 **d.** non si può determinare senza altre informazioni

Applicazione

Per ciascuna delle seguenti coppie di vettori determina graficamente il vettore $\vec{a} + \vec{b}$ e il vettore $\vec{a} - \vec{b}$.

3
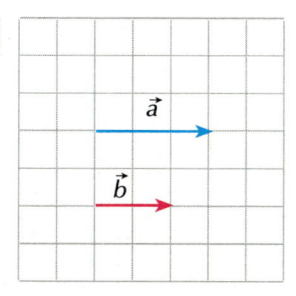

4
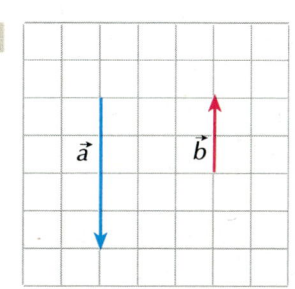

5
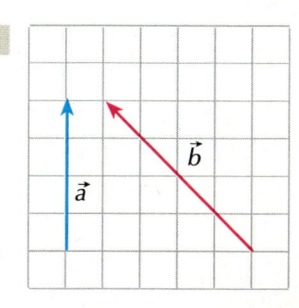

6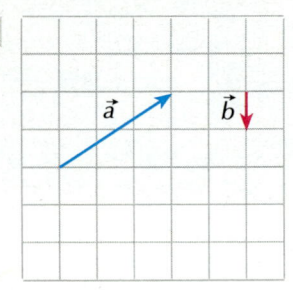

7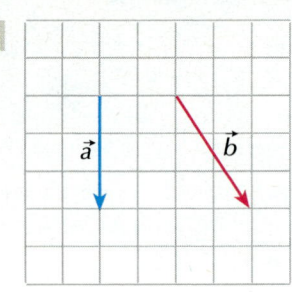

8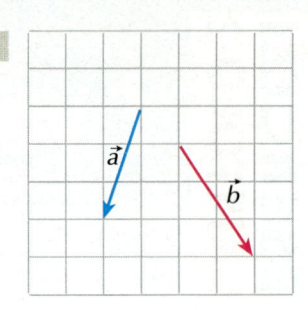

Determina graficamente il risultato delle operazioni indicate tra i vettori dei seguenti esercizi.

9 $\frac{1}{2}\vec{a} + \vec{b}$

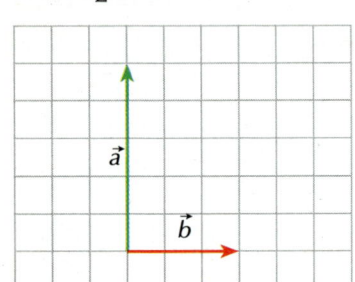

10 $3\vec{a} - \vec{b}$

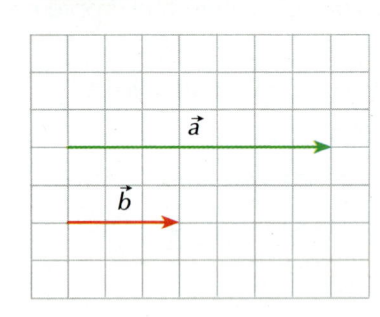

11 $\vec{a} - 2\vec{b}$

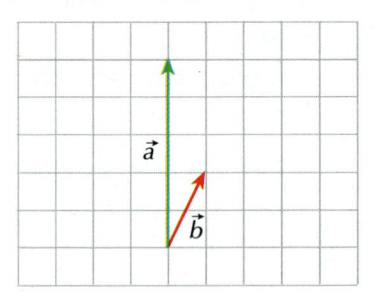

12 $2\vec{a} + 3\vec{b}$

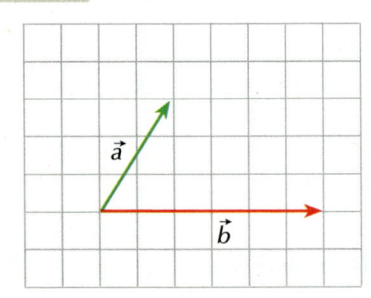

13 $5\vec{a} - 2\vec{b}$

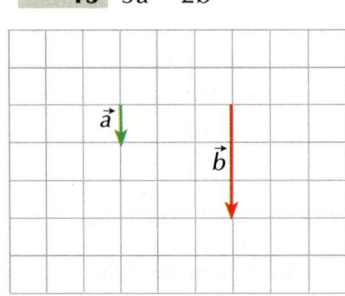

14 $2\vec{a} + 2\vec{b}$

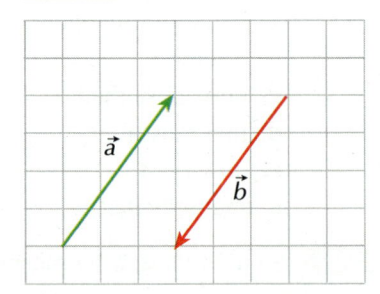

Determina graficamente le componenti del vettore $\vec{v}$ rappresentato in ciascuno dei seguenti esercizi, secondo le direzioni indicate nei vari casi.

15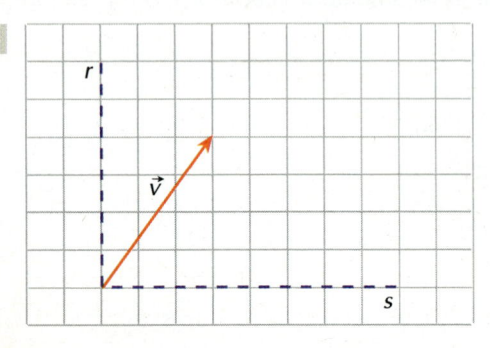

16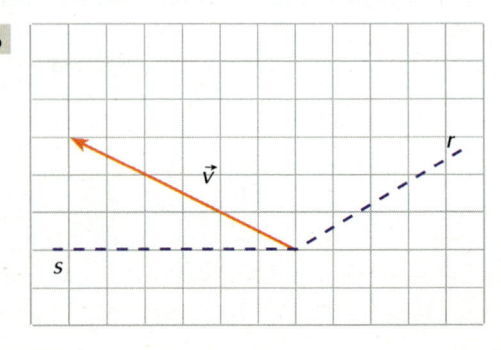

17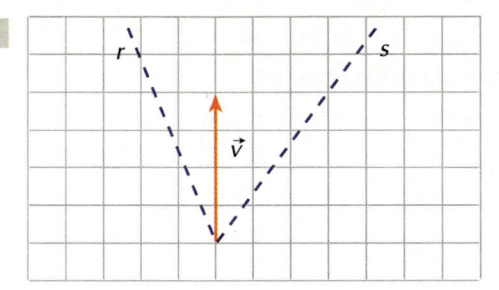

18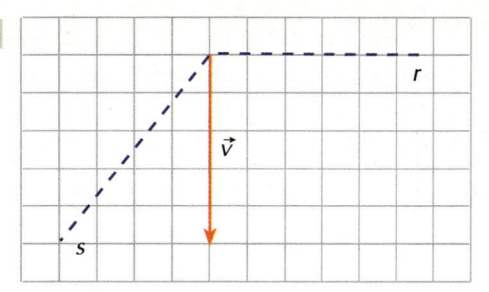

19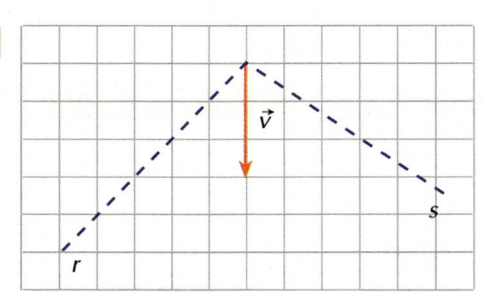

20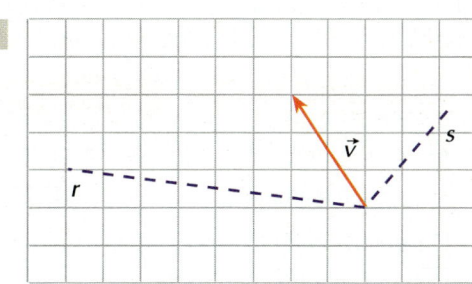

I VETTORI NEL PIANO CARTESIANO

la teoria è a pag. 255

> ### RICORDA
>
> ■ Dato un vettore $\vec{v}(v_x, v_y)$ si ha che:
>
> • $v = \sqrt{v_x^2 + v_y^2}$ $\tan \alpha = \dfrac{v_y}{v_x}$ $\sin \alpha = \dfrac{v_y}{v}$ $\cos \alpha = \dfrac{v_x}{v}$
>
> Viceversa, noti v e α, si ha che:
>
> • $v_x = v \cos \alpha$ $v_y = v \sin \alpha$
>
> ■ Se un vettore $\vec{v}$ è assegnato mediante le coordinate (x_A, y_A) e (x_B, y_B) dei suoi estremi A e B, si ha che
>
> • $v = \sqrt{(x_B - x_A)^2 + (y_B - y_A)^2}$
>
> ■ Dati due vettori $\vec{r}(r_x, r_y)$ e $\vec{s}(s_x, s_y)$ ed un numero reale k si ha che:
>
> • $\vec{r} \pm \vec{s} = (r_x \pm s_x, r_y \pm s_y)$
>
> • $k\vec{r} = (kr_x, kr_y)$

Comprensione

21 Un vettore $\vec{a}$ ha modulo 10 ed è inclinato di 30° rispetto all'asse delle ascisse. Scegli fra quelle presentate la risposta corretta.

   a. La componente a_x ha modulo: ① 5   ② $5\sqrt{2}$ ③ $5\sqrt{3}$

   b. La componente a_y ha modulo: ① $5\sqrt{3}$ ② 5   ③ $5\sqrt{6}$

22 Il vettore $\vec{v}(4, -2)$ ha modulo uguale a:

   a. $2\sqrt{5}$ **b.** $2\sqrt{3}$ **c.** 4   **d.** 5

23 Se $\vec{v}(1, 1)$ e $\vec{s}(-2, 3)$, allora $\vec{v} + \vec{s}$ è il vettore:

   a. $(3, 4)$ **b.** $(-1, -2)$ **c.** $(1, 4)$ **d.** $(-1, 4)$

Applicazione

Rappresenta i seguenti vettori nel piano cartesiano e calcola il loro modulo.

24 $\vec{v}(2, -1)$ $\qquad\qquad \vec{s}\left(\sqrt{3}, \dfrac{2}{3}\right)$ $\qquad\qquad \vec{t}\left(-\dfrac{1}{2}, 0\right)$

25 $\vec{a}\left(3\sqrt{2}, -\dfrac{1}{4}\right)$ $\qquad\qquad \vec{b}(1, -3)$ $\qquad\qquad \vec{c}(0, \sqrt{5})$

Per ciascuno dei seguenti vettori calcola il modulo e l'angolo che esso forma con la direzione positiva dell'asse delle ascisse aiutandoti anche con la rappresentazione cartesiana.

26 (**ESERCIZIO GUIDA**)

$\vec{v}(-\sqrt{3}, -1)$

Il modulo del vettore $\vec{v}$ è: $\quad v = \sqrt{3+1} = 2$

Per determinare la direzione lavoriamo sul triangolo OAB dove:
$\overline{OA} = 2$ e $\overline{AB} = 1$; quindi:

$$\sin \alpha = \frac{1}{2} \quad \to \quad \alpha = 30°$$

Il vettore forma quindi un angolo uguale a $180° + 30° = 210°$
con la direzione positiva dell'asse x.

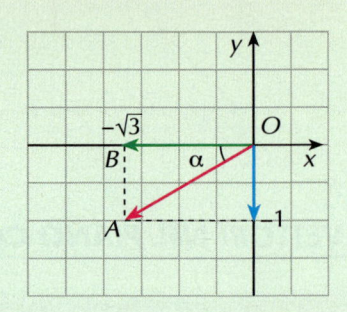

27 $\vec{v}(0, 1)$ $\qquad \vec{w}(-3, +\sqrt{3})$ $\qquad \left[v = 1,\ \alpha_v = 90°;\ w = 2\sqrt{3},\ \alpha_w = 150°\right]$

28 $\vec{v}(-1, 0)$ $\qquad \vec{w}(4, -4)$ $\qquad \left[v = 1,\ \alpha_v = 180°;\ w = 4\sqrt{2},\ \alpha_w = 315°\right]$

29 $\vec{v}(1, -\sqrt{3})$ $\qquad \vec{w}(-1, 1)$ $\qquad \left[v = 2,\ \alpha_v = 300°;\ w = \sqrt{2},\ \alpha_w = 135°\right]$

30 $\vec{w}(\sqrt{2}, 1)$ $\qquad \vec{u}(-2, -\sqrt{2})$ $\qquad \left[w = \sqrt{3},\ \alpha_w = 35°15'52'';\ u = \sqrt{6},\ \alpha_u = 215°15'52''\right]$

31 $\vec{v}(1, 2)$ $\qquad \vec{w}\left(\dfrac{1}{2}, -2\right)$ $\qquad \left[v = \sqrt{5},\ \alpha_v = 63°26'6'';\ w = \dfrac{\sqrt{17}}{2},\ \alpha_w = -75°57'50''\right]$

32 $\vec{u}(-10, 4)$ $\qquad \vec{v}\left(-\dfrac{2}{3}, -\dfrac{1}{2}\right)$ $\qquad \left[u = 2\sqrt{29},\ \alpha_u = 158°11'54'';\ v = \dfrac{5}{6},\ \alpha_v = 216°52'11''\right]$

Per ciascuno dei seguenti vettori, dei quali si assegnano l'origine P ed il secondo estremo Q, calcola il modulo e l'angolo formato con la direzione positiva dell'asse delle ascisse.

33 (**ESERCIZIO GUIDA**)

$P\left(-\dfrac{1}{2}, 0\right) \qquad\qquad Q(-2, -2)$

Le componenti cartesiane del vettore $\overrightarrow{PQ}$ sono:

$$v_x = x_Q - x_P = -2 + \frac{1}{2} = -\frac{3}{2} \qquad v_y = y_Q - y_P = -2 - 0 = -2$$

Di conseguenza, il modulo di $\overrightarrow{PQ}$ è ....

Per determinare l'angolo α lavoriamo sul triangolo PQR dove

$$\sin \alpha = \frac{\overline{QR}}{\overline{PQ}} = \ldots\ldots$$

$\left[\dfrac{5}{2},\ 233°7'48''\right]$

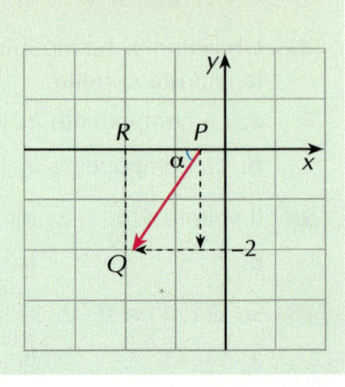

34 $P(1, 0)$ $\qquad$ $Q(4, 3)$ $\qquad$ $[3\sqrt{2}; 45°]$

35 $P\left(\dfrac{2}{3}, 0\right)$ $\qquad$ $Q\left(\dfrac{5}{3}, 1\right)$ $\qquad$ $[\sqrt{2}; 45°]$

36 $P\left(0, \dfrac{\sqrt{3}}{2}\right)$ $\qquad$ $Q\left(\dfrac{1}{2}, \sqrt{3}\right)$ $\qquad$ $[1; 60°]$

37 $P(-1, 0)$ $\qquad$ $Q(-\sqrt{3} - 1, 1)$ $\qquad$ $[2; 150°]$

38 $A\left(\dfrac{1}{2}, 0\right)$ $\qquad$ $B\left(-\dfrac{3}{2}, -2\sqrt{3}\right)$ $\qquad$ $[4; 240°]$

39 $C(3, 0)$ $\qquad$ $D\left(\dfrac{\sqrt{3}+6}{2}, -\dfrac{1}{2}\right)$ $\qquad$ $[1; 330°]$

40 $P(2, 2)$ $\qquad$ $Q\left(3, \dfrac{5}{2}\right)$ $\qquad$ $\left[\dfrac{\sqrt{5}}{2}; 26°33'54''\right]$

41 $P(-2, 1)$ $\qquad$ $Q(1, -3)$ $\qquad$ $[5; 306°52'12'']$

42 $P(-1, -1)$ $\qquad$ $Q(-4, -2)$ $\qquad$ $[\sqrt{10}; 198°26'6'']$

43 $P(-1, 1)$ $\qquad$ $Q(-3, 5)$ $\qquad$ $[2\sqrt{5}; 116°33'54'']$

44 $P(1, 0)$ $\qquad$ $Q(0, -\sqrt{3})$ $\qquad$ $[2; 240°]$

Calcola le componenti cartesiane dei seguenti vettori, di cui sono assegnati il modulo e l'angolo da essi formato con la direzione positiva dell'asse delle ascisse. Rappresentali poi nel piano cartesiano.

45 **a.** $v = \dfrac{1}{2}$ $\qquad$ $\alpha = 240°$ $\qquad$ $\left[\vec{v}\left(-\dfrac{1}{4}, -\dfrac{\sqrt{3}}{4}\right)\right]$

$\quad$ **b.** $v = 4$ $\qquad$ $\alpha = 330°$ $\qquad$ $\left[\vec{v}\left(2\sqrt{3}, -2\right)\right]$

46 **a.** $v - 5$ $\qquad$ $\alpha - 30°$ $\qquad$ $\left[\vec{v}\left(\dfrac{5}{2}\sqrt{3}, \dfrac{5}{2}\right)\right]$

$\quad$ **b.** $v = 1$ $\qquad$ $\alpha = 120°$ $\qquad$ $\left[\vec{v}\left(-\dfrac{1}{2}, \dfrac{\sqrt{3}}{2}\right)\right]$

47 **a.** $v = \sqrt{2}$ $\qquad$ $\alpha = 135°$ $\qquad$ $[\vec{v}(-1, 1)]$

$\quad$ **b.** $v = 2$ $\qquad$ $\alpha = 300°$ $\qquad$ $[\vec{v}(1, -\sqrt{3})]$

48 **a.** $v = 4$ $\qquad$ $\alpha = 270°$ $\qquad$ $[\vec{v}(0, -4)]$

$\quad$ **b.** $v = \sqrt{\dfrac{3}{2}}$ $\qquad$ $\alpha = 225°$ $\qquad$ $\left[\vec{v}\left(-\dfrac{\sqrt{3}}{2}, -\dfrac{\sqrt{3}}{2}\right)\right]$

49 **a.** $v = 10$ $\qquad$ $\alpha = 150°$ $\qquad$ $[\vec{v}(-5\sqrt{3}, 5)]$

$\quad$ **b.** $v = \sqrt{3}$ $\qquad$ $\alpha = 240°$ $\qquad$ $\left[\vec{v}\left(-\dfrac{\sqrt{3}}{2}, -\dfrac{3}{2}\right)\right]$

50 **a.** $v = \dfrac{1}{\sqrt{2}}$ $\qquad\qquad$ $\alpha = 315°$ $\qquad\qquad\qquad$ $\left[\vec{v}\left(\dfrac{1}{2}, -\dfrac{1}{2} \right) \right]$

$\qquad$ **b.** $v = 8$ $\qquad\qquad\qquad$ $\alpha = 210°$ $\qquad\qquad\qquad$ $\left[\vec{v}\left(-4\sqrt{3}, -4 \right) \right]$

Calcola la somma e la differenza delle seguenti coppie di vettori, assegnati mediante le loro componenti cartesiane.

51 **a.** $\vec{v}\left(\dfrac{1}{5}, -1 \right)$ $\qquad\qquad$ $\vec{w}\left(-5, -\dfrac{1}{2} \right)$ $\qquad\qquad$ $\left[\begin{array}{l} \vec{v} + \vec{w} = \left(-\dfrac{24}{5}, -\dfrac{3}{2} \right) \\[2mm] \vec{v} - \vec{w} = \left(\dfrac{26}{5}, -\dfrac{1}{2} \right) \end{array} \right]$

$\qquad$ **b.** $\vec{a}(3, -2)$ $\qquad\qquad\qquad$ $\vec{b}\left(\dfrac{1}{2}, -\dfrac{3}{4} \right)$ $\qquad\qquad$ $\left[\begin{array}{l} \vec{a} + \vec{b} = \left(\dfrac{7}{2}, -\dfrac{11}{4} \right) \\[2mm] \vec{a} - \vec{b} = \left(\dfrac{5}{2}, -\dfrac{5}{4} \right) \end{array} \right]$

52 **a.** $\vec{a}(-2, -4)$ $\qquad\qquad$ $\vec{b}(5, 4)$ $\qquad\qquad\qquad$ $\left[\begin{array}{l} \vec{a} + \vec{b} = (3, 0) \\ \vec{a} - \vec{b} = (-7, -8) \end{array} \right]$

$\qquad$ **b.** $\vec{v}\left(\sqrt{2}, -3 \right)$ $\qquad\qquad$ $\vec{w}\left(3\sqrt{2}, -\dfrac{5}{2} \right)$ $\qquad\qquad$ $\left[\begin{array}{l} \vec{v} + \vec{w} = \left(4\sqrt{2}, -\dfrac{11}{2} \right) \\[2mm] \vec{v} - \vec{w} = \left(-2\sqrt{2}, -\dfrac{1}{2} \right) \end{array} \right]$

53 **a.** $\vec{v}\left(\dfrac{\sqrt{2}}{2}, \dfrac{\sqrt{2}}{2} \right)$ $\qquad\qquad$ $\vec{w}(0, 1)$ $\qquad\qquad$ $\left[\begin{array}{l} \vec{v} + \vec{w} = \left(\dfrac{\sqrt{2}}{2}, \dfrac{\sqrt{2}+2}{2} \right) \\[2mm] \vec{v} - \vec{w} = \left(\dfrac{\sqrt{2}}{2}, \dfrac{\sqrt{2}-2}{2} \right) \end{array} \right]$

$\qquad$ **b.** $\vec{r}\left(\dfrac{5\sqrt{3}}{2}, \dfrac{5}{2} \right)$ $\qquad\qquad$ $\vec{s}\left(-\dfrac{7}{2}, \dfrac{7\sqrt{3}}{2} \right)$ $\qquad$ $\left[\begin{array}{l} \vec{r} + \vec{s} = \left(\dfrac{5\sqrt{3}-7}{2}, \dfrac{5+7\sqrt{3}}{2} \right) \\[2mm] \vec{r} - \vec{s} = \left(\dfrac{5\sqrt{3}+7}{2}, \dfrac{5-7\sqrt{3}}{2} \right) \end{array} \right]$

54 Dati i vettori $\vec{a}(-2, 3)$ e $\vec{b}(3, -5)$, calcola

$\qquad$ **a.** $\vec{v} = 3\vec{a} + 5\vec{b}$ $\qquad\qquad\qquad\qquad\qquad\qquad\qquad\qquad$ $\left[\vec{v}(9, -16) \right]$

$\qquad$ **b.** $\vec{w} = \dfrac{1}{2}\vec{a} - \vec{b}$ $\qquad\qquad\qquad\qquad\qquad\qquad\qquad$ $\left[\vec{w}\left(-4, \dfrac{13}{2} \right) \right]$

55 Dati i vettori $\vec{v}(1, -4)$ e $\vec{w}(0, 6)$, calcola

$\qquad$ **a.** $\vec{r} = 5\vec{v} - 2\vec{w}$ $\qquad\qquad\qquad\qquad\qquad\qquad\qquad\qquad$ $\left[\vec{r}(5, -32) \right]$

$\qquad$ **b.** $\vec{p} = 2\vec{v} + \dfrac{1}{2}\vec{w}$ $\qquad\qquad\qquad\qquad\qquad\qquad\qquad$ $\left[\vec{p}(2, -5) \right]$

56 Dati i vettori $\vec{a}(1, -1)$ e $\vec{b}\left(-1, \dfrac{1}{2} \right)$, calcola

$\qquad$ **a.** $\vec{v} = -3\vec{a} + \dfrac{1}{3}\vec{b}$ $\qquad\qquad\qquad\qquad\qquad\qquad\qquad$ $\left[\vec{v}\left(-\dfrac{10}{3}, \dfrac{19}{6} \right) \right]$

$\qquad$ **b.** $\vec{w} = \dfrac{1}{5}\vec{a} - \vec{b}$ $\qquad\qquad\qquad\qquad\qquad\qquad\qquad$ $\left[\vec{w}\left(\dfrac{6}{5}, -\dfrac{7}{10} \right) \right]$

57 Dati i vettori $\vec{a}(4, 4)$, $\vec{b}(-7, 1)$ e $\vec{c}(-2, -1)$, calcola

a. $\vec{v} = \dfrac{1}{2}\vec{a} + 3\vec{b} - \vec{c}$ $\qquad [\vec{v}(-17, 6)]$

b. $\vec{w} = \dfrac{3}{2}\vec{a} - \vec{b} + 4\vec{c}$ $\qquad [\vec{w}(5, 1)]$

58 Dati i vettori $\vec{v}(\sqrt{2}, -\sqrt{2})$, $\vec{w}\left(-\dfrac{\sqrt{2}}{2}, -\dfrac{\sqrt{2}}{2}\right)$ e $\vec{u}(-\sqrt{2}, \sqrt{2})$, calcola

a. $\vec{a} = \dfrac{1}{2}\vec{v} - 2\vec{w} + \dfrac{1}{2}\vec{u}$ $\qquad [\vec{a}(\sqrt{2}, \sqrt{2})]$

b. $\vec{b} = 3\vec{v} - \vec{w} - \dfrac{1}{2}\vec{u}$ $\qquad \left[\vec{b}(4\sqrt{2}, -3\sqrt{2})\right]$

59 Dati i vettori $\vec{v}(\sqrt{2}, -3)$, $\vec{w}(3, 1)$ $\vec{r}(2\sqrt{2}, 0)$, calcola

a. $\vec{a} = \vec{v} - 2\vec{w} - \dfrac{1}{2}\vec{r}$

b. $\vec{b} = \dfrac{3}{2}\vec{v} + 2\vec{w} - \dfrac{3}{4}\vec{r}$

c. $\vec{c} = 2\vec{v} + \vec{w} - \vec{r}$

Calcola infine il vettore $\vec{s} = \vec{a} + \vec{b} + \vec{c}$. $\qquad \left[\vec{s}\left(3, -\dfrac{25}{2}\right)\right]$

60 Dati i vettori $\vec{a}$ e $\vec{b}$, calcola le componenti cartesiane, il modulo e la direzione di $\vec{a}+\vec{b}$ e $\vec{a}-\vec{b}$.

a. $\vec{a} = (-1, 3)$ e $\vec{b} = (3, 6)$ $\quad [(2, 9), m = \sqrt{85}, \alpha = 77°28'16''; (-4, -3), m = 5, \beta = 216°52'12'']$

b. $\vec{a} = (1, 2)$ e $\vec{b} = (-2, 3)$ $\quad [(-1, 5), m = \sqrt{26}, \alpha = 101°18'36''; (3, -1), m = \sqrt{10}, \beta = -18°26'6'']$

c. $\vec{a} = (3, -4)$ e $\vec{b} = (-2, 3)$ $\quad [(1, -1), m = \sqrt{2}, \alpha = -45°; (5, -7), m = \sqrt{74}, \beta = -54°27'44'']$

Determina le componenti dei vettori $\vec{a}$ e $\vec{b}$ di cui, di seguito, sono date la somma $\vec{s}$ e la differenza $\vec{d}$.

61 **(ESERCIZIO GUIDA)**

$\vec{s}(5, -2)$ $\qquad \vec{d}(1, 3)$

Calcoliamo le componenti dei due vettori secondo gli assi del riferimento cartesiano.

Detti $\vec{a}(a_x, a_y)$ e $\vec{b}(b_x, b_y)$ i due vettori, se la loro somma è il vettore $\vec{s}$ allora

$$\begin{cases} a_x + b_x = \ldots.. \\ a_y + b_y = \ldots.. \end{cases}$$

Se la loro differenza è il vettore $\vec{d}$ allora $\quad \begin{cases} a_x - b_x = \ldots.. \\ a_y - b_y = \ldots.. \end{cases}$ $\qquad \left[\vec{a}\left(3, \dfrac{1}{2}\right), \vec{b}\left(2, -\dfrac{5}{2}\right)\right]$

62 $\vec{s}(0, -8)$ $\qquad\qquad \vec{d}(2, -2)$ $\qquad\qquad \begin{bmatrix} \vec{a}(1, -5) \\ \vec{b}(-1, -3) \end{bmatrix}$

63 $\vec{s}(-14, 1)$ $\qquad\qquad \vec{d}\left(-6, -\dfrac{1}{3}\right)$ $\qquad\qquad \begin{bmatrix} \vec{a}\left(-10, \dfrac{1}{3}\right) \\ \vec{b}\left(-4, \dfrac{2}{3}\right) \end{bmatrix}$

64 $\vec{s}(\sqrt{2}, -\sqrt{2})$ $\qquad$ $\vec{d}(\sqrt{2}, \sqrt{2})$ $\qquad$ $\begin{bmatrix} \vec{a}(\sqrt{2}, 0) \\ \vec{b}(0, -\sqrt{2}) \end{bmatrix}$

65 $\vec{s}\left(-\dfrac{3}{2}, -\dfrac{1}{3}\right)$ $\qquad$ $\vec{d}\left(\dfrac{5}{2}, -\dfrac{1}{3}\right)$ $\qquad$ $\begin{bmatrix} \vec{a}\left(\dfrac{1}{2}, -\dfrac{1}{3}\right) \\ \vec{b}(-2, 0) \end{bmatrix}$

66 $\vec{s}(-\sqrt{3}, 2\sqrt{2})$ $\qquad$ $\vec{d}(3\sqrt{3}, -4\sqrt{2})$ $\qquad$ $\begin{bmatrix} \vec{a}(\sqrt{3}, -\sqrt{2}) \\ \vec{b}(-2\sqrt{3}, 3\sqrt{2}) \end{bmatrix}$

(APPROFONDIMENTI) *I vettori nello spazio*

67 Dati i vettori $\vec{a}(1, -1, -3)$ e $\vec{b}\left(-1, \dfrac{1}{2}, 2\right)$, calcola:

a. $\vec{v} = -3\vec{a} + \dfrac{1}{3}\vec{b}$ $\qquad$ $\left[\vec{v}\left(-\dfrac{10}{3}, \dfrac{19}{6}, \dfrac{29}{3}\right)\right]$

b. $\vec{w} = \dfrac{1}{5}\vec{a} - \vec{b}$ $\qquad$ $\left[\vec{w}\left(\dfrac{6}{5}, -\dfrac{7}{10}, -\dfrac{13}{5}\right)\right]$

68 Dati i vettori $\vec{r}\left(-\dfrac{1}{2}, 1, -1\right)$ e $\vec{s}\left(1, -\dfrac{1}{3}, 4\right)$, calcola:

a. $\vec{r} + \vec{s}$ $\qquad$ $\left[\left(\dfrac{1}{2}, \dfrac{2}{3}, 3\right)\right]$

b. $\vec{r} - \vec{s}$ $\qquad$ $\left[\left(-\dfrac{3}{2}, \dfrac{4}{3}, -5\right)\right]$

c. $2\vec{r} + 3\vec{s}$ $\qquad$ $[(2, 1, 10)]$

69 Dati i vettori $\vec{r}(2, -1, 4)$, $\vec{s}(-5, 3, -1)$ e $\vec{u}(-1, 1, 0)$, calcola:

a. $\vec{r} + \vec{s} + \vec{u}$ $\qquad$ $[(-4, 3, 3)]$

b. $\vec{r} + \vec{s} - \vec{u}$ $\qquad$ $[(-2, 1, 3)]$

c. $-2\vec{r} + 3\vec{s} + 5\vec{u}$ $\qquad$ $[(-24, 16, -11)]$

70 Dati i vettori $\vec{v}\left(\sqrt{2}, -3, \dfrac{3}{4}\right)$, $\vec{w}(3, 1, 0)$, e $\vec{r}(2\sqrt{2}, 0, 0)$, calcola:

a. $\vec{a} = \vec{v} - 2\vec{w} - \dfrac{1}{2}\vec{r}$

b. $\vec{b} = \dfrac{3}{2}\vec{v} + 2\vec{w} - \dfrac{3}{4}\vec{r}$

c. $\vec{c} = 2\vec{v} + \vec{w} - \vec{r}$

Calcola infine il vettore $\vec{s} = \vec{a} + \vec{b} + \vec{c}$. $\qquad$ $\left[\vec{s}\left(-3, -\dfrac{25}{2}, \dfrac{27}{8}\right)\right]$

Determina le componenti dei vettori $\vec{a}$ e $\vec{b}$ di cui, di seguito, sono date la somma $\vec{s}$ e la differenza $\vec{d}$.

71 $\vec{s}\left(-\dfrac{3}{2}, -\dfrac{1}{3}, \dfrac{4}{3}\right)$ $\qquad$ $\vec{d}\left(\dfrac{5}{2}, -\dfrac{1}{3}, -\dfrac{2}{3}\right)$ $\qquad$ $\left[\vec{a}\left(\dfrac{1}{2}, -\dfrac{1}{3}, \dfrac{1}{3}\right); \vec{b}(-2, 0, 1)\right]$

72 $\vec{s}\left(\dfrac{14}{5}, -\dfrac{1}{2}, -2\right)$ $\qquad$ $\vec{d}\left(-\dfrac{6}{5}, \dfrac{3}{2}, -2\right)$ $\qquad$ $\left[\vec{a}\left(\dfrac{4}{5}, \dfrac{1}{2}, -2\right); \vec{b}(2, -1, 0)\right]$

Applicazione

73 Calcola il prodotto scalare e il modulo del prodotto vettoriale dei vettori $\vec{p}$ e $\vec{q}$, che formano l'angolo ϑ indicato.

    a. $\vec{p}$ di modulo 3, $\vec{q}$ di modulo 6, $\vartheta = 85°$ [1,57; 17,93]

    b. $\vec{p}$ di modulo 5, $\vec{q}$ di modulo 4, $\vartheta = 120°$ $[-10; 10\sqrt{3}]$

    c. $\vec{p}$ di modulo 2, $\vec{q}$ di modulo 7, $\vartheta = 210°$ $[-7\sqrt{3}; -7]$

74 Due forze F_1 ed F_2 fra loro perpendicolari e rispettivamente di intensità 50 ed 80 Newton vengono applicate ad un corpo. Qual è l'intensità della risultante e l'angolo che essa forma con F_2?

                                              [$R = 94,34$ Newton; $\alpha = 32°19''$]

75 Un corpo di massa $m = 40$kg, soggetto al proprio peso, scivola senza attrito lungo un piano inclinato di 25° rispetto al suolo. Calcola la componente della forza peso che agisce nella direzione del piano inclinato.

                                                   [≈ 166kg]

76 Una slitta viene trascinata per 10 metri lungo il terreno. La trazione sulla corda che la traina viene esercitata con una forza di 75 Newton e l'angolo fra la corda e la linea orizzontale è di 28°. Calcola il lavoro compiuto dalla forza.

                                                   [≈ 662 joule]

77 **(ESERCIZIO GUIDA)**

> Un corpo scivola senza attrito lungo un piano inclinato lungo 400m impiegando 40 secondi. Determina l'inclinazione del piano rispetto a quello orizzontale.
>
> Il moto di un corpo lungo un piano inclinato è uniformemente accelerato e quindi soggetto alla legge $s = \frac{1}{2} at^2$ da cui ricavi che $a = $ ....
>
> Poiché, in questo caso, $s = 400$ e $t = 40$, si ha che $a = $ ....
>
> Indicando con ℓ la lunghezza del piano inclinato e con h la sua altezza, vale poi la relazione $\frac{h}{\ell} = \frac{a}{g}$ dove g è l'accelerazione di gravità.
>
> Ma $\frac{h}{\ell}$ rappresenta............... quindi...............   [$\alpha = 2°55'28''$]

78 Sopra un piano inclinato c'è un peso di 400 Newton e per mantenerlo in equilibrio occorre una forza di 92 Newton parallela al piano. Calcola l'inclinazione del piano.   [$13°17'49''$]

79 Una forza F è la risultante di due forze F_1 ed F_2 che formano con la direzione di F un angolo rispettivamente di 40°32' e di 49°28'. Se $F_1 = 49,78$ Newton qual è l'intensità di F_2?   [42,57 Newton]

80 Due treni partono dalla stessa stazione ferroviaria nello stesso istante lungo rotaie rettilinee che formano fra loro un angolo di 60°. Il primo viaggia a 30km/h e il secondo a 60km/h. A quale distanza l'uno dall'altro si trovano i due treni dopo un'ora?   [$d = 30\sqrt{3}$]

81 Due forze di intensità rispettivamente $F_1 = 5$ Newton e $F_2 = 8,5$ Newton hanno una risultante $\vec{R}$ di intensità 10 Newton. Calcola l'angolo γ che $\vec{R}$ forma con $\vec{F_1}$ e l'angolo α che le due forze $\vec{F_1}$ ed $\vec{F_2}$ formano tra loro.   [$\gamma = 58°9'48''$; $\alpha = 88°8'45''$]

82 Una forza di 150 Newton ha per componenti due forze $\vec{F_1}$ ed $\vec{F_2}$ che formano con quella data angoli di 76°30' e 54°18'. Calcola le intensità di $\vec{F_1}$ e $\vec{F_2}$.   [160,92 Newton; 192,68 Newton]

83 Ad un punto sono applicate due forze F_1 e F_2 di intensità rispettivamente 7,65 Newton e 26,35 Newton. Calcola l'intensità della risultante sapendo che le loro direzioni formano un angolo di 115°30′.

[24,07 Newton]

84 In un piano inclinato, l'angolo di inclinazione è 36°28′. Calcola la forza che si deve applicare, parallelamente alla direzione del piano, ad un corpo del peso di 50 Newton appoggiato su di esso, per ottenere l'equilibrio, supponendo trascurabile l'attrito.

[29,72 Newton]

85 Calcola l'angolo di inclinazione di un piano inclinato sapendo che per equilibrare su di esso un peso di 36 Newton occorre una forza di 9,3 Newton parallela alla base del piano.

[14°58′16″]

86 Un corpo è appoggiato su un piano, inclinato di 25° sul piano orizzontale, ed è tenuto in equilibrio da una forza di 33,81 Newton parallela al piano. Calcola il peso del corpo, supponendo trascurabile l'attrito.

[80 Newton]

Per la verifica delle competenze

1 A partire da un punto O disegna uno spostamento $\overrightarrow{OA}$ di 3m verso Nord, da A uno spostamento $\overrightarrow{AB}$ di 5m verso Est e infine uno spostamento $\overrightarrow{BC}$ di 8m verso Sud. Da quale vettore è descritto lo spostamento complessivo?

$$\left[\text{modulo del vettore } \overrightarrow{OC} = 5\sqrt{2}\text{m; direzione Est } 45° \text{ Sud} \right]$$

2 Un ragazzo attraversa un fiume in direzione perpendicolare alla corrente nuotando con una velocità di 2,5m/s; la velocità dell'acqua è di 3,5m/s. Un tale osserva la situazione dalla riva; qual è la velocità del ragazzo rispetto all'osservatore?

[4,3m/s in direzione 35°32′16″ rispetto alla riva]

3 Una nave si sposta in direzione Est 50° Sud per un tratto di 80,0 miglia marine. Di quanto si è spostata verso Sud?

[61,3 miglia]

4 Un aereo vola in direzione Nord per un tratto di 320km; di quanto deve spostarsi in direzione Nord 45° Ovest per raggiungere la destinazione che si trova a 415km dal luogo di decollo?

[122km]

Soluzioni esercizi di comprensione

1 a. S, **b.** S, **c.** V, **d.** S, **e.** V, **f.** V   **2 d.**   **21 a.** ③, **b.** ②   **22 a.**   **23 d.**

Test finale di autovalutazione

CONOSCENZE

1 Dati i vettori $\vec{a}$ e $\vec{b}$ in figura, quali tra i seguenti rappresenta la loro somma?

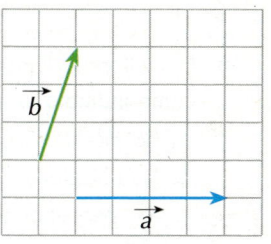

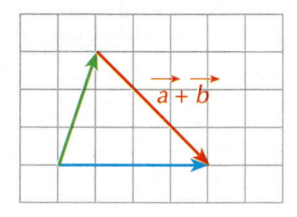
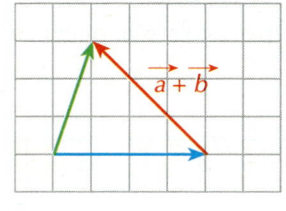
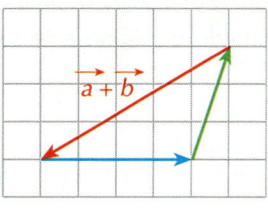
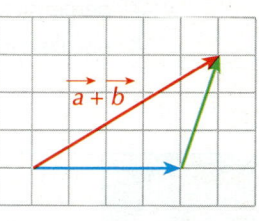

a. **b.** **c.** **d.**

8 punti

2 In un sistema di riferimento cartesiano ortogonale, un vettore $\vec{v}$ di modulo 3 è inclinato di 120° rispetto all'asse delle ascisse; le sue componenti lungo gli assi cartesiani sono:

a. $\left(-\dfrac{3}{2}, \dfrac{3}{2}\sqrt{2}\right)$ **b.** $\left(-\dfrac{3}{2}\sqrt{3}, \dfrac{3}{2}\right)$ **c.** $\left(-\dfrac{3}{2}, \dfrac{3}{2}\sqrt{3}\right)$ **d.** $\left(\dfrac{3}{2}, \dfrac{3}{2}\sqrt{3}\right)$

10 punti

3 Il vettore $\vec{v}\left(-1, -\sqrt{3}\right)$:

a. ha modulo: ① 2 ② $\sqrt{2}$ ③ 4
b. ha direzione: ① 210° ② 30° ③ 150°

12 punti

4 Dati i vettori $\vec{a}(3, -2)$, $\vec{b}(-1, 3)$, $\vec{c}(-2, 1)$

a. $\vec{a} + \vec{b}$ ha componenti: ① $(4, 1)$ ② $(2, 1)$ ③ $(2, -1)$
b. $\vec{a} - \vec{c}$ ha componenti: ① $(5, -1)$ ② $(1, -3)$ ③ $(5, -3)$
c. $\dfrac{1}{2}\vec{a} + 2\vec{b} - \vec{c}$ ha componenti: ① $\left(\dfrac{3}{2}, 4\right)$ ② $\left(4, \dfrac{3}{2}\right)$ ③ $\left(-\dfrac{5}{2}, 6\right)$

15 punti

5 Di un vettore $\overrightarrow{AB}$ sono assegnati gli estremi $A(-3, -1)$ e $B(1, 1)$; completa:

a. le sue componenti cartesiane sono ....
b. il suo modulo è ....
c. l'angolo che $\overrightarrow{AB}$ forma con l'asse delle ascisse è circa ....

12 punti

6 Un elicottero radiocomandato vola in direzione Sud per 100m quando gli viene impartito un cambio di rotta in direzione Sud 30° Ovest; se vola in questa direzione per 150m di quanto si è spostato complessivamente verso Sud?

a. circa 200m **b.** circa 180m **c.** circa 230m **d.** circa 175m

15 punti

7 Un vettore $\vec{v}$ di modulo 10 e un vettore $\vec{s}$ di modulo 15 formano un angolo di 120°. Il loro prodotto scalare ha modulo:

a. 75   **b.** −75   **c.** $75\sqrt{3}$ **d.** $-75\sqrt{3}$

8 punti

8 Un vettore $\vec{v}$ di modulo 8 e un vettore $\vec{s}$ di modulo 12 formano un angolo di 30° come indicato in figura. Il prodotto vettoriale $\vec{v} \times \vec{s}$:

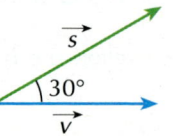

a. ha modulo: ① $48\sqrt{3}$ ② 48   ③ $48\sqrt{2}$

b. ha direzione:

    ① perpendicolare al piano della pagina e verso uscente

    ② perpendicolare al piano della pagina e verso entrante

    ③ parallelo al piano della pagina e verso perpendicolare al primo vettore.

10 punti

Esercizio	1	2	3	4	5	6	7	8	Totale
Punteggio									

Voto: $\dfrac{\text{totale}}{10} + 1 =$

ABILITÀ

1 Completa i disegni calcolando quanto richiesto:

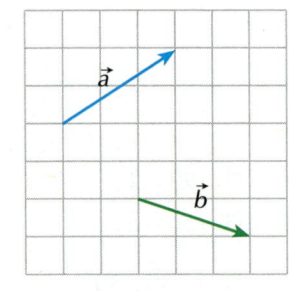 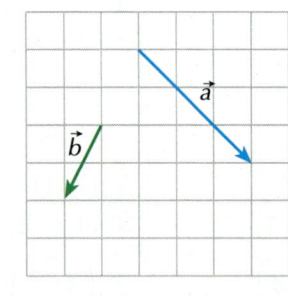 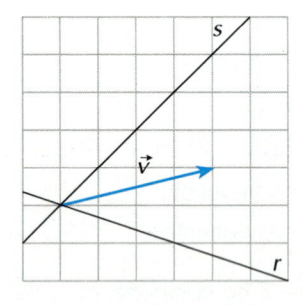

a. trova $\vec{a} + \vec{b}$ **b.** trova $\vec{a} - \vec{b}$ **c.** scomponi $\vec{v}$ lungo le direzioni indicate

12 punti

2 Un vettore $\vec{v}$ ha modulo 12 ed è inclinato di 15° rispetto al semiasse positivo delle ascisse; trova le sue componenti lungo gli assi cartesiani.

10 punti

3 Dati i due vettori $\vec{v}\left(-\dfrac{1}{2}, \dfrac{1}{3}\right)$ e $\vec{w}\left(\dfrac{2h+1}{2}, -\dfrac{h}{3}\right)$, stabilisci se esistono valori del parametro reale h per i quali risulta $\vec{v} = \vec{w}$.

12 punti

4 Dati nel piano cartesiano i vettori $\vec{a}(5, 4)$, $\vec{b}(2, 1)$, $\vec{c}(-1, 1)$, $\vec{d}(2, 4)$ verifica che i vettori $\vec{b} - \vec{a}$ e $\vec{c} - \vec{d}$ hanno lo stesso modulo, direzione e verso.

18 punti

5 Un aquilone viene fatto volare tenendolo con un filo lungo 85m che forma un angolo di 50° col piano orizzontale, su un promontorio di 100m di altezza. A quanti metri dalla superficie del mare si trova l'aquilone?

18 punti

6 Un ragazzo trascina uno slittino per una distanza di 100m esercitando una forza costante di 90N tramite una fune inclinata di 25° rispetto al piano. Se la forza di attrito dinamico è di 35N, qual è il lavoro complessivo che viene eseguito sullo slittino?

20 punti

Esercizio	1	2	3	4	5	6	Totale
Punteggio							

Voto: $\dfrac{\text{totale}}{10} + 1 =$

Soluzioni

CONOSCENZE

1 d.

2 c.

3 a. ①, b. ①

4 a. ②, b. ③, c. ①

5 a. (4, 2), b. $2\sqrt{5}$, c. 26°33'54"

6 c.

7 b.

8 a. ②, b. ①

ABILITÀ

1 a. 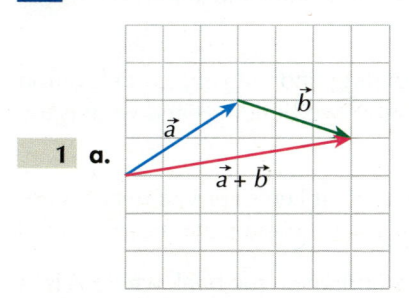 b. 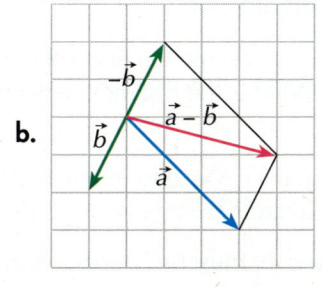 c.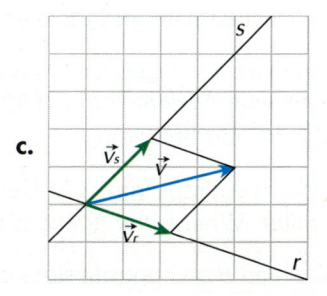

2 $v_x = 12\cos 15° = 11,59$ $\qquad v_y = 12\sin 15° = 3,11$

3 $h = -1$

4 $\vec{b} - \vec{a} = \vec{c} - \vec{d} = (-3, -3)$; modulo $= 3\sqrt{2}$, $\vartheta = 225°$

5 165,11m

6 circa 4657 Joule

Problems - Area 4

GLOSSARY

angle	angolo	**i.e. (id est)**	cioè
circumcircle	circonferenza circoscritta	**mile**	miglio
cosinus	coseno		(1 miglio = 1,609km)
degree	grado	**radiant**	radiante
foot (pl. feet)	piede	**radius**	raggio
	(1 piede = 30,48cm)	**set**	insieme
gradient	pendenza, inclinazione	**sinus**	seno
ground speed	velocità rispetto al suolo	**to sketch**	tracciare un grafico
height	altezza	**tangent**	tangente

1 Translate the following degree measures into radian measures: 54° 120° 150°.

2 In a circle of radius $r = 3$ centimeters, what arc lenght s along the circumference corresponds to a central angle α of $\frac{\pi}{6}$ radians?

3 Find $\sin \alpha$ if α is an acute angle such that $\cos \alpha = \frac{4}{5}$.

4 Find $\sin \alpha$ and $\tan \alpha$ if α is an acute angle such that $\cos \alpha = \frac{5}{6}$.

5 In triangle ABC is $\overline{AB} = 5$, $\overline{AC} = 7$ and $\cos \widehat{ABC} = \frac{3}{5}$. Find $\overline{BC}$.

6 You are traveling uphill on a road and see a sign telling you this is a 5% grade, i.e. rising 5 meters for every 100 meters of road. What is the angle between the road and the horizontal direction?

7 An airplane is flying at 170 km/s towards the north-east, in a direction making an angle of 52° with the eastward direction. The wind is blowing at 30 km/s towards the north west, making an angle 20° with the northward direction. What is the actual "ground speed" of the airplane, and what is the angle A between the airplane's actual path and the eastward direction?

8 From the top of a building 60 feet high we can see the top of another building under an angle of elevation of 20° and an angle of depression of 32°. What is the distance between the two buildings and what is the height of the second building?

9 The Colorado river drops from 3200 feet at Lake Mead to 900 feet elevation at Lee's Ferry, a river distance of 270 miles. What is the gradient in degrees?

10 Two points A and B on opposite sides of a river must be connected by a bridge; on the bank where A is, a segment AC is measured and its length is 450 feet; then the angles $\widehat{BAC}$ and $\widehat{BCA}$ are measured and $\widehat{BAC} = 115°$ and $\widehat{BCA} = 28°$. What must the minimum length of the bridge be? What is its length in metres?

11 A hot hair balloon passes between two points A and B, 3 miles apart; the angle of elevation of the balloon from A is $83°$, the angle of elevation from B is $56°$. What is the altitude of the balloon in miles and in kilometres?

12 If a, b, c are the lengths of the sides of a triangle, α, β, γ are its angles and R is the radius of its circumcircle, prove that

a. $a^2 + b^2 + c^2 = 4R^2\left(\sin^2\alpha + \sin^2\beta + \sin^2\gamma\right)$

b. $abc = 8R^3\sin\alpha \sin\beta \sin\gamma$

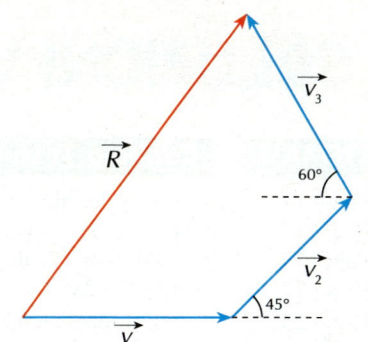

13 The three vectors in the figure represent the three successive shifts of a point; what is the length of the resultant vector and what is the angle that it forms with the first vector if $v_1 = 5m$, $v_2 = 4m$, $v_3 = 6m$?

14 Triangle ABC is inscribed in a unit circle. The three bisectors of the angles A, B and C are extended to intersect the circle at A_1, B_1 and C_1 respectively. Then the value of

$$\frac{AA_1\cos\dfrac{A}{2} + BB_1\cos\dfrac{B}{2} + CC_1\cos\dfrac{C}{2}}{\sin A + \sin B + \sin C}$$

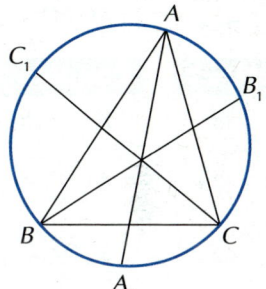

is:

a. 2   **b.** 4   **c.** 6   **d.** 8

Solutions.

1 $\dfrac{3}{10}\pi;\ \dfrac{2}{3}\pi;\ \dfrac{5}{6}\pi$ **2** $s = \dfrac{\pi}{2}$ centimeters   **3** $\dfrac{3}{5}$

4 $\sin\alpha = \dfrac{\sqrt{11}}{6}$ $\tan\alpha = \dfrac{\sqrt{11}}{5}$ **5** $4\sqrt{2}$ **6** $2{,}87°$

7 $59{,}8°$ **8** Distance: ≈ 96 feet; height: ≈ 95 feet

9 $34{,}5°$ **10** $\approx 351{,}05$ feet, $\approx 107m$ **11** $3{,}76$ miles, $6{,}05km$

13 $9{,}37m$, $58°\ 57'\ 52''$ **14 a.**

SOLUZIONI VERIFICHE DI COMPRENSIONE

TEMA 1	Capitolo 1: La fattorizzazione dei polinomi e la divisione tra polinomi

Pag. 14   **1. c.**;   **2. b., d.**;   **3. c.**

Pag. 17   **1. c.**;   **2. a.**;   **3. c.**;   **4. c.**

Pag. 19   **1.** -7 e $+4$;   **2. d.**

Pag. 22   **1.** $Q(x) = 2x^2 + x + 3$ $R(x) = 3x + 8$

Pag. 25   **1.** no, si, no;   **2.** $Q(y) = y^2 - y - 1$ $R = 0$;

         3. $P(1) = -4$ $P(-1) = 0$ $\rightarrow$ $Q(a) = 2a^2 - 7a + 3$; $P(3) = 0$ $\rightarrow$ $Q(a) = 2a^2 + a - 1$ $P(2) = -9$

Pag. 29   **1. a.** $\pm 1, \pm 2, \pm 4, \pm 8, \pm\dfrac{1}{3}, \pm\dfrac{2}{3}, \pm\dfrac{4}{3}, \pm\dfrac{8}{3}$;   **b.** ① ③;   **c.** ①;   **2. c.**

Pag. 31   **1.** $M.C.D. = ax(2a - 3b)$ $m.c.m. = ax^2(2a - 3b)(2a + 3b)$ **a.** F, **b.** V, **c.** V, **d.** F

TEMA 1	Capitolo 2: Le frazioni algebriche

Pag. 38   **1. b.**;   **2. b., d., e., h.**;   **3. c., d.**

Pag. 39   **1. a.**;   **2. a.** $\dfrac{3x^2(x - 3)}{3x^2(x - 2)} = \dfrac{x - 3}{x - 2}$, **b.** $\dfrac{2(a - 1)}{(a - 1)(a + 1)} = \dfrac{2(a - 1)}{a + 1}$

Pag. 42   **1. a.** $\dfrac{2a(a - 1)}{a^2 - 1}$, **b.** $\dfrac{3x - 3}{6x}$, **c.** $\dfrac{x^2 - 1}{(3x + 2)(x - 1)}$, **d.** $\dfrac{6x}{4(x^2 + 1)}$;   **2. c.**;   **3. c., d.**

Pag. 44   **1. c.**;   **2. a., d.**;   **3. a.** ②, **b.** ②

Pag. 46   **1. a.** F, **b.** V, **c.** F, **d.** V

Pag. 49   **1. b.**;   **2. c.**;   **3. a.**

Pag. 53   **1. a., d.**;   **2. d.**;   **3. c.**

Pag. 54   **1. a.** ③, **b.** ③, **c.** ③, **d.** ①

TEMA 1	Capitolo 3: Modelli di secondo grado

Pag. 61   **1. a.** F, **b.** V, **c.** F, **d.** V;   **2. b.**

Pag. 66   **1. d.**;   **2. c.**;   **3. b.**

Pag. 67   **1. d.**;   **2. d.**

Pag. 71   **1. d.**;   **2. a.** F, **b.** V, **c.** V; **d.** V;   **3. c.**

Pag. 74   **1. c.**;   **2. b.**;   **3. a.** ③, **b.** ③

Pag. 77   **1. a.** ③, **b.** ②, **c.** ②;   **2. a.** ②, **b.** ①;   **3. a.**

Pag. 84   **1. a.** V, **b.** F, **c.** V, **d.** V, **e.** F;   **2. a.** ②, **b.** ②, **c.** ④;   **3. d.**;   **4. c.**

Pag. 88   **1. c.**;   **2. a.** ②, **b.** ②

Pag. 91   **1.** ① c., ② a., ③ d., ④ b.;   **2. a.**;   **3. c.**

TEMA 1	Capitolo 4: Modelli di grado superiore e irrazionali

Pag. 100   **1. c.**;   **2. a.**;   **3. a., c., d.**;   **4. c.**

Pag. 106   **1. b.**;   **2. a.** I, **b.** P, **c.** I, **d.** P;   **3. b.**

Pag. 111   **1. a., d.**;   **2. c.**

TEMA 2	Capitolo 1: La circonferenza e i poligoni

Pag. 119   **1. a.** F, **b.** V, **c.** F, **d.** V;   **2. a.** V, **b.** F, **c.** V, **d.** F;   **3. a., c.**

Pag. 121   **1. a.** V, **b.** V, **c.** F, **d.** V;   **2. a.** V, **b.** V, **c.** F, **d.** F;   **3. a.** V, **b.** F, **c.** F, **d.** V, **e.** V

Pag. 124   **1. a.** F, **b.** V, **c.** F, **d.** V;   **2. b., d.**

Pag. 129   **1. c.**;   **2. a.** gli angoli $\widehat{A}$ e $\widehat{C}$ sono retti e quindi supplementari, **b.** DB, **c.** $AD + BC \cong AB + DC$;   **3. a.** F, **b.** V, **c.** F, **d.** V;   **4. a.** F, **b.** V, **c.** F, **d.** V

Pag. 132   **1. a., c., f.**

Pag. 135   **1. c.**;   **2. b.**;   **3. a.**

TEMA 3 — Capitolo 1: La parabola

Pag. 149   **1. a.** V, **b.** F, **c.** V, **d.** F;   **2. a.**;   **3. c.**
Pag. 151   **1. a.** F, **b.** F, **c.** V, **d.** F;   **2. c.**;   **3. a.** $k = 1$, **b.** $k = -1$, **c.** $k = 0$, **d.** $k < 1$
Pag. 156   **1. a., c., e.**;   **2. a.** D, **b.** I, **c.** I, **d.** D, **e.** I
Pag. 161   **1. b.**;   **2. a.** V, **b.** V, **c.** F, **d.** V

TEMA 3 — Capitolo 2: La circonferenza

Pag. 170   **1. c.**;   **2. c.**;   **3. b., c.**;   **4. b.**
Pag. 173   **1. a., e.**;   **2. d.**
Pag. 179   **1. b.**;   **2. b.**;   **3.** il centro del fascio è interno alla circonferenza

TEMA 3 — Capitolo 3: L'ellisse e l'iperbole

Pag. 188   **1. a.** ③, **b.** ①, **c.** ②, **d.** ①;   **2. c.**
Pag. 197   **1. a.** ①, **b.** ③, **c.** ②, **d.** ③;   **2. b.**;   **3. b.**;   **4. d.**;   **5. d.**
Pag. 203   **1. d.**;   **2. b.**;   **3. b.**
Pag. 207   **1. c.**;   **2. c.**;   **3. a.** V, **b.** F, **c.** V, **d.** V, **e.** F

TEMA 4 — Capitolo 1: Goniometria e trigonometria

Pag. 216   **1. b.**;   **2. d.**
Pag. 223   **1. a., e., f.**;   **2. a.** V, **b.** V, **c.** V, **d.** F, **e.** F
Pag. 226   **1. c.**;   **2. a.** V, **b.** F, **c.** V, **d.** F
Pag. 229   **1. b.**;   **2. c.**;   **3. a., b.**;   **4. a.**
Pag. 232   **1. a.**;   **2. a., d.**;   **3. c.**
Pag. 235   **1. c.**;   **2.** $\overline{BH} = \overline{AH} = 4$; $\overline{HC} = 4\sqrt{3}$; $\overline{AC} = 8$;   **3 c.**
Pag. 237   **1. c.**;   **2. d.**
Pag. 241   **1. a.**;   **2. b.**
Pag. 245   **1. a.** nessuna soluzione, **b.** una soluzione, **c.** due soluzioni, **d.** nessuna soluzione (i lati non verificano le disuguaglianze triangolari)

TEMA 4 — Capitolo 2: I vettori

Pag. 258   **2. a.** $\sqrt{185}$; $\alpha = 287°6'10''$;   **b.** $\sqrt{202}$; $\alpha = 129°17'22''$;   **3.** sono paralleli

FORMULARIO

ALGEBRA

Soluzioni equazione di secondo grado $ax^2 + bx + c = 0$: $\qquad x = \dfrac{-b \pm \sqrt{b^2 - 4ac}}{2a}$

Formula ridotta (da usare se b è pari): $\qquad x = \dfrac{-\dfrac{b}{2} \pm \sqrt{\left(\dfrac{b}{2}\right)^2 - ac}}{a}$

Segno del trinomio di secondo grado $ax^2 + bx + c$ con $a > 0$:

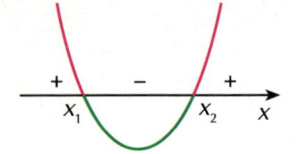 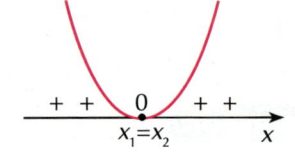 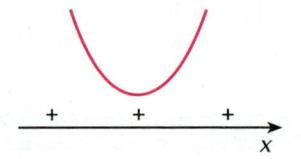

Risoluzione delle disequazioni irrazionali:

$\sqrt{A(x)} > B(x) \qquad$ è equivalente ai due sistemi $\qquad \begin{cases} B(x) \geq 0 \\ A(x) > [B(x)]^2 \end{cases} \quad \vee \quad \begin{cases} A(x) \geq 0 \\ B(x) < 0 \end{cases}$

$\sqrt{A(x)} < B(x) \qquad$ è equivalente al sistema $\qquad \begin{cases} A(x) \geq 0 \\ B(x) > 0 \\ A(x) < [B(x)]^2 \end{cases}$

GEOMETRIA ANALITICA

Distanza fra $A(x_A, y_A)$ e $B(x_B, y_B)$ $\qquad \overline{AB} = \sqrt{(x_B - x_A)^2 + (y_B - y_A)^2}$

Coordinate del punto M, medio fra A e B $\qquad x_M = \dfrac{x_A + x_B}{2} \qquad y_M = \dfrac{y_A + y_B}{2}$

La retta

Equazione in forma esplicita $\qquad y = mx + q$ (m coefficiente angolare, q ordinata all'origine)

Equazione in forma implicita $\quad ax + by + c = 0 \qquad \left(m = -\dfrac{a}{b} ; q = -\dfrac{c}{b} \right)$

Equazione del fascio di rette per $P(x_0, y_0)$ $\qquad y - y_0 = m(x - x_0)$

Equazione della retta per $P(x_1, y_1)$ e $Q(x_2, y_2)$ $\qquad \dfrac{y - y_1}{y_2 - y_1} = \dfrac{x - x_1}{x_2 - x_1}$

Coefficiente angolare della retta per $P(x_1, y_1)$ e $Q(x_2, y_2)$ $\qquad m = \dfrac{y_2 - y_1}{x_2 - x_1}$

Distanza di $P(x_0, y_0)$ dalla retta di equazione $ax + by + c = 0$ $\qquad d = \dfrac{|ax_0 + by_0 + c|}{\sqrt{a^2 + b^2}}$

La parabola

Equazione della parabola

■ con asse parallelo all'asse delle ordinate: $\quad y = ax^2 + bx + c$

$$V\left(-\frac{b}{2a}, -\frac{\Delta}{4a}\right) \qquad\qquad F\left(-\frac{b}{2a}, \frac{1-\Delta}{4a}\right)$$

equazione direttrice: $y = -\dfrac{1+\Delta}{4a}$ $\qquad\qquad$ equazione asse: $x = -\dfrac{b}{2a}$

Se è assegnato il vertice $V(x_0, y_0)$: $\quad y - y_0 = a(x - x_0)^2$

■ con asse parallelo all'asse delle ascisse: $\quad x = ay^2 + by + c$

$$V\left(-\frac{\Delta}{4a}, -\frac{b}{2a}\right) \qquad\qquad F\left(\frac{1-\Delta}{4a}, -\frac{b}{2a}\right)$$

equazione direttrice $x = -\dfrac{1+\Delta}{4a}$ $\qquad\qquad$ equazione asse $y = -\dfrac{b}{2a}$

Se è assegnato il vertice $V(x_0, y_0)$: $\quad x - x_0 = a(y - y_0)^2$

La circonferenza

■ Equazione della circonferenza: $\quad x^2 + y^2 + ax + by + c = 0 \quad$ se $\quad a^2 + b^2 - 4c \geq 0$

$$C\left(-\frac{a}{2}, -\frac{b}{2}\right) \qquad r = \frac{1}{2}\sqrt{a^2 + b^2 - 4c}$$

■ Equazione della circonferenza di centro $C(p,q)$ e raggio r: $\quad (x - p)^2 + (y - q)^2 = r^2$

L'ellisse

Equazione: $\dfrac{x^2}{a^2} + \dfrac{y^2}{b^2} = 1$

Vertici: $\qquad (\pm a, 0) \qquad (0, \pm b)$

■ Ellisse con i fuochi sull'asse x:
- $a^2 > b^2$
- Fuochi $(\pm c, 0) \qquad$ con $\quad c = \sqrt{a^2 - b^2}$
- eccentricità $\dfrac{c}{a}$

■ Ellisse con i fuochi sull'asse y:
- $a^2 < b^2$
- Fuochi $(0, \pm c) \qquad$ con $\quad c = \sqrt{b^2 - a^2}$
- eccentricità $\dfrac{c}{b}$

L'iperbole

Equazione dell'iperbole

■ con i fuochi appartenenti all'asse x: $\quad \dfrac{x^2}{a^2} - \dfrac{y^2}{b^2} = 1$

    vertici reali: $\qquad\qquad A_1(-a,0) \qquad A_2(a,0)$

    vertici immaginari: $\quad B_1(0,-b) \qquad B_2(0,b)$

    equazioni asintoti: $\quad y = \pm\dfrac{b}{a}x$

    fuochi: $\qquad\qquad\quad F_1(-c,0) \qquad F_2(c,0) \qquad \text{con} \quad c = \sqrt{a^2+b^2}$

■ con i fuochi appartenenti all'asse y: $\quad \dfrac{x^2}{a^2} - \dfrac{y^2}{b^2} = -1$

    vertici reali: $\qquad\qquad A_1(0,-b) \qquad A_2(0,b)$

    vertici immaginari: $\quad B_1(-a,0) \qquad B_2(a,0)$

    equazioni asintoti: $\quad y = \pm\dfrac{b}{a}x$

    fuochi: $\qquad\qquad\quad F_1(0,-c) \qquad F_2(0,c) \qquad \text{con} \quad c = \sqrt{a^2+b^2}$

Funzione omografica

■ equazione: $\qquad\qquad y = \dfrac{ax+b}{cx+d} \quad \text{con} \quad c \neq 0 \quad \wedge \quad ad-bc \neq 0$

    asintoti: $\qquad\qquad\quad y = \dfrac{a}{c} \quad \text{e} \quad x = -\dfrac{d}{c}$

TRASFORMAZIONI

	Equazioni trasformazione	Sostituzioni
Traslazione di vettore $\vec{v}(a,b)$	$\begin{cases} x' = x+a \\ y' = y+b \end{cases}$	$x \to x-a$ $y \to y-b$
Simmetria rispetto all'asse delle ascisse	$\begin{cases} x' = x \\ y' = -y \end{cases}$	$x \to x$ $y \to -y$
Simmetria rispetto all'asse delle ordinate	$\begin{cases} x' = -x \\ y' = y \end{cases}$	$x \to -x$ $y \to y$
Simmetria rispetto all'origine degli assi	$\begin{cases} x' = -x \\ y' = -y \end{cases}$	$x \to -x$ $y \to -y$
Simmetria rispetto alla bisettrice $y = x$	$\begin{cases} x' = y \\ y' = x \end{cases}$	$x \to y$ $y \to x$

GONIOMETRIA E TRIGONOMETRIA

Funzione nota	$\sin \alpha$	$\cos \alpha$	$\tan \alpha$	$\cot \alpha$
$\sin \alpha$	$\sin \alpha$	$\pm\sqrt{1 - \sin^2\alpha}$	$\pm\dfrac{\sin \alpha}{\sqrt{1 - \sin^2\alpha}}$	$\pm\dfrac{\sqrt{1 - \sin^2\alpha}}{\sin \alpha}$
$\cos \alpha$	$\pm\sqrt{1 - \cos^2\alpha}$	$\cos \alpha$	$\pm\dfrac{\sqrt{1 - \cos^2\alpha}}{\cos \alpha}$	$\pm\dfrac{\cos \alpha}{\sqrt{1 - \cos^2\alpha}}$
$\tan \alpha$	$\pm\dfrac{\tan \alpha}{\sqrt{1 + \tan^2\alpha}}$	$\pm\dfrac{1}{\sqrt{1 + \tan^2\alpha}}$	$\tan \alpha$	$\dfrac{1}{\tan \alpha}$
$\cot \alpha$	$\pm\dfrac{1}{\sqrt{1 + \cot^2\alpha}}$	$\pm\dfrac{\cot \alpha}{\sqrt{1 + \cot^2\alpha}}$	$\dfrac{1}{\cot \alpha}$	$\cot \alpha$

Gradi	Radianti	Seno	Coseno	Tangente	Cotangente
$0°$	0	0	1	0	non esiste
$15°$	$\dfrac{1}{12}\pi$	$\dfrac{1}{4}\left(\sqrt{6} - \sqrt{2}\right)$	$\dfrac{1}{4}\left(\sqrt{6} + \sqrt{2}\right)$	$2 - \sqrt{3}$	$2 + \sqrt{3}$
$18°$	$\dfrac{1}{10}\pi$	$\dfrac{1}{4}\left(\sqrt{5} - 1\right)$	$\dfrac{1}{4}\sqrt{10 + 2\sqrt{5}}$	$\dfrac{1}{5}\sqrt{25 - 10\sqrt{5}}$	$\sqrt{5 + 2\sqrt{5}}$
$22°30'$	$\dfrac{1}{8}\pi$	$\dfrac{1}{2}\sqrt{2 - \sqrt{2}}$	$\dfrac{1}{2}\sqrt{2 + \sqrt{2}}$	$\sqrt{2} - 1$	$\sqrt{2} + 1$
$30°$	$\dfrac{1}{6}\pi$	$\dfrac{1}{2}$	$\dfrac{\sqrt{3}}{2}$	$\dfrac{\sqrt{3}}{3}$	$\sqrt{3}$
$36°$	$\dfrac{1}{5}\pi$	$\dfrac{1}{4}\sqrt{10 - 2\sqrt{5}}$	$\dfrac{1}{4}\left(\sqrt{5} + 1\right)$	$\sqrt{5 - 2\sqrt{5}}$	$\dfrac{1}{5}\sqrt{25 + 10\sqrt{5}}$
$45°$	$\dfrac{1}{4}\pi$	$\dfrac{\sqrt{2}}{2}$	$\dfrac{\sqrt{2}}{2}$	1	1
$54°$	$\dfrac{3}{10}\pi$	$\dfrac{1}{4}\left(\sqrt{5} + 1\right)$	$\dfrac{1}{4}\sqrt{10 - 2\sqrt{5}}$	$\dfrac{1}{5}\sqrt{25 + 10\sqrt{5}}$	$\sqrt{5 - 2\sqrt{5}}$
$60°$	$\dfrac{1}{3}\pi$	$\dfrac{\sqrt{3}}{2}$	$\dfrac{1}{2}$	$\sqrt{3}$	$\dfrac{\sqrt{3}}{3}$
$67°30'$	$\dfrac{3}{8}\pi$	$\dfrac{1}{2}\sqrt{2 + \sqrt{2}}$	$\dfrac{1}{2}\sqrt{2 - \sqrt{2}}$	$\sqrt{2} + 1$	$\sqrt{2} - 1$
$72°$	$\dfrac{2}{5}\pi$	$\dfrac{1}{4}\sqrt{10 + 2\sqrt{5}}$	$\dfrac{1}{4}\left(\sqrt{5} - 1\right)$	$\sqrt{5 + 2\sqrt{5}}$	$\dfrac{1}{5}\sqrt{25 - 10\sqrt{5}}$
$75°$	$\dfrac{5}{12}\pi$	$\dfrac{1}{4}\left(\sqrt{6} + \sqrt{2}\right)$	$\dfrac{1}{4}\left(\sqrt{6} - \sqrt{2}\right)$	$2 + \sqrt{3}$	$2 - \sqrt{3}$
$90°$	$\dfrac{1}{2}\pi$	1	0	non esiste	0
$180°$	π	0	-1	0	non esiste
$270°$	$\dfrac{3}{2}\pi$	-1	0	non esiste	0
$360°$	2π	0	1	0	non esiste

I teoremi sui triangoli rettangoli

In ogni triangolo rettangolo:

◼ ciascun cateto è uguale al prodotto dell'ipotenusa per il seno dell'angolo opposto al cateto stesso oppure per il coseno dell'angolo adiacente:

$$b = a \sin \beta \qquad b = a \cos \gamma$$

◼ ciascun cateto è uguale al prodotto dell'altro cateto per la tangente dell'angolo opposto al cateto stesso oppure per la cotangente dell'angolo adiacente:

$$b = c \tan \beta \qquad b = c \cotan \gamma$$

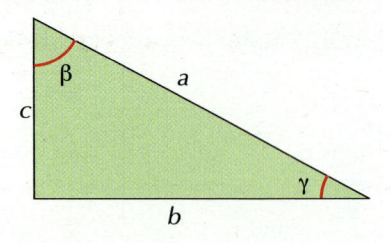

Il teorema della corda

In ogni circonferenza una corda è uguale al prodotto del diametro per il seno di uno qualunque degli angoli alla circonferenza che insistono sulla corda:

$$\overline{AB} = 2r \sin \alpha$$

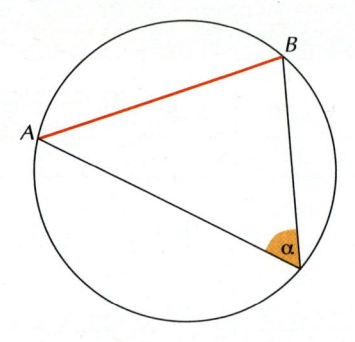

I teoremi sui triangoli qualsiasi

◼ Teorema dei seni:
$$\frac{a}{\sin \alpha} = \frac{b}{\sin \beta} = \frac{c}{\sin \gamma}$$

◼ Teorema di Carnot:
$$a^2 = b^2 + c^2 - 2bc \cos \alpha$$
$$b^2 = a^2 + c^2 - 2ac \cos \beta$$
$$c^2 = a^2 + b^2 - 2ab \cos \gamma$$

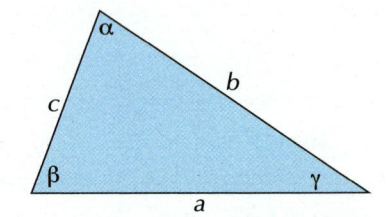